ELSEVIER
现代食品科学学术著作丛书

马铃薯化学与技术

（第二版）

［新西兰］贾斯普里特·辛格（Jaspreet Singh）
洛夫迪普·考尔（Lovedeep Kaur）｜主编
胡宏海
曾凡逵｜主译

ADVANCES IN POTATO CHEMISTRY AND TECHNOLOGY

（SECOND EDITION）

中国轻工业出版社

图书在版编目(CIP)数据

马铃薯化学与技术：第二版 / (新西兰) 贾斯普里特・辛格 (Jaspreet Singh)，(新西兰) 洛夫迪普・考尔 (Lovedeep Kaur) 主编；胡宏海，曾凡逵主译. — 北京：中国轻工业出版社，2024. 8
ISBN 978-7-5184-2707-9

Ⅰ. ①马… Ⅱ. ①贾… ②洛… ③胡… ④曾… Ⅲ. ①马铃薯—研究 Ⅳ. ①S532

中国版本图书馆 CIP 数据核字(2019)第 246832 号

责任编辑：贾　磊　　责任终审：白　洁
文字编辑：吴梦芸　　责任校对：吴大朋　　封面设计：锋尚设计
策划编辑：贾　磊　　版式设计：砚祥志远　　责任监印：张　可

出版发行：中国轻工业出版社（北京鲁谷东街 5 号，邮编：100040）
印　　刷：三河市万龙印装有限公司
经　　销：各地新华书店
版　　次：2024 年 8 月第 1 版第 1 次印刷
开　　本：787×1092　1/16　印张：42. 5
字　　数：900 千字
书　　号：ISBN 978-7-5184-2707-9　定价：280. 00 元
邮购电话：010-85119873
发行电话：010-85119832　010-85119912
网　　址：http://www. chlip. com. cn
Email：club@ chlip. com. cn

191158K1X101ZYW

本书编者、译者和审校人员

章节	编者	译者	审校人员
0 绪论（马铃薯的化学、加工和营养特性）	Jaspreet Singh, Lovedeep Kaur	胡宏海	张　良
1 马铃薯的起源和生产	Stef de Haan, Flor Rodriguez	张　良	胡宏海
2 马铃薯细胞壁多糖	Marie-Christine Ralet, Fanny Buffetto, Isabelle Capron, Fabienne Guillon	姚　佳	胡宏海
3 马铃薯淀粉结构	Eric Bertoft, Andreas Blennow	张　良	胡宏海
4 马铃薯蛋白质——功能性食品成分	Amanda Waglay, Salwa Karboune	胡宏海	赵瑞璇
5 马铃薯脂质	Mohamed Fawzy Ramadan	徐　芬	胡宏海
6 马铃薯中的维生素、植物营养素和矿物质元素	Duroy A. Navarre, Roshani Shakya, Hanjo Hellmann	曾凡逵	刘　刚
7 马铃薯中的糖苷生物碱和打碗花精生物碱	Mendel Friedman, Carol E. Levin	曾凡逵	刘　刚
8 马铃薯淀粉及其改性	Jaspreet Singh, Rosana Colussi, Owen J. McCarthy, Lovedeep Kaur	曾凡逵	刘　刚
9 彩色马铃薯	Lachman Jaromír, Hamouz Karel, Orsák Matyáš	王英飒	胡宏海
10 马铃薯的采后贮藏	Reena Grittle Pinhero, Rickey Y. Yada	赵瑞璇	胡宏海
11 有机马铃薯	Vaiva Bražinskienė, Kristina Gaivelytė	姚　佳	胡宏海
12 马铃薯风味	Marian McKenzie, Virginia Corrigan	曾凡逵	刘　刚
13 马铃薯的微观结构、淀粉消化和血糖指数	Lovedeep Kaur, Jaspreet Singh	曾凡逵	刘　刚
14 马铃薯的热处理	María Dolores Álvarez Torres, Wenceslao Canet Parreño	曾凡逵	刘　刚
15 油炸和脱水马铃薯制品	Franco Pedreschi, María Salomé Mariotti, Pablo Cortés	赵瑞璇	胡宏海
16 生、熟马铃薯的质构特性	Jaspreet Singh, Lovedeep Kaur, M. A. Rao	姚　佳	胡宏海

章节	编者	译者	审校人员
17 炸薯条吸油的机制	Anna Patsioura, Jean - Michaël Vauvre, Régis Kesteloot, Paul Smith, Gilles Trystram, Olivier Vitrac	刘 伟	胡宏海
18 马铃薯加工产品中的丙烯酰胺	Bruno De Meulenaer, Raquel Medeiros, Frédéric Mestdagh	曾凡逵	刘 刚
19 评估马铃薯及其相关产品质量的先进分析技术	Carmen Jarén, Ainara López, Silvia Arazuri	曾凡逵	刘 刚
20 马铃薯在生物医学/制药和发酵中的应用	Shrikant A. Survase, Jaspreet Singh, Rekha S. Singhal	王英飒	胡宏海
21 马铃薯的新应用	Lovedeep Kaur, Jaspreet Singh	曾凡逵	刘 刚
22 马铃薯蛋白质组学——马铃薯加工业发展的新方法	Cristina Barsan	刘 伟	胡宏海
23 马铃薯与人类健康	Mary E. Camire	曾凡逵	刘 刚

《马铃薯化学与技术》(第二版) 撰稿人

María Dolores Álvarez Torres

Department of Characterization, Quality, and Safety, Institute of Food Science, Technology and Nutrition (ICTAN-CSIC), Madrid, Spain

Silvia Arazuri

Department of Agricultural Projects and Engineering, Universidad Pública de Navarra, Pamplona, Navarra, Spain

Cristina Barsan

Université de Toulouse, INP-ENSA Toulouse, Génomique et Biotechnologie des Fruits, Castanet-Tolosan, France

INRA, Génomique et Biotechnologie des Fruits, Chemin de Borde Rouge, Castanet-Tolosan, France

Led Academy, Toulon, France

Eric Bertoft

Department of Food Science and Nutrition, University of Minnesota, St Paul, MN, USA

Andreas Blennow

Department of Plant and Environmental Sciences, University of Copenhagen, Frederiksberg C, Denmark

Vaiva Bražinskienė

Faculty of Business and Technologies, Utena University of Applied Sciences, Utena, Lithuania

Fanny Buffetto

INRA, UR1268 Biopolymères, Interactions et Assemblages, Nantes, France

Mary E. Camire

School of Food and Agriculture, University of Maine, Orono, ME, USA

Isabelle Capron

INRA, UR1268 Biopolymères, Interactions et Assemblages, Nantes, France

Marie-Christine Ralet

INRA, UR1268 Biopolymères, Interactions et Assemblages, Nantes, France

Rosana Colussi

Riddet Institute and Massey Institute of Food Science and Technology, Massey University, Palmerston North, New Zealand

Departamento de Ciênciae Tecnologia Agroindustrial, Universidade Federal de Pelotas, Pelotas, Brazil

Virginia Corrigan

The New Zealand Institute for Plant & Food Research Ltd, Palmerston North, New Zealand

Pablo Cortés

Department of Chemical Engineering and Bioprocesses, Pontificia Universidad Católica de Chile, Santiago, Chile

Stef de Haan

International Center for Tropical Agriculture (CIAT), Tu Liem, Hanoi, Vietnam

Bruno De Meulenaer

NutriFOODchem Unit, Department of Food Safety and Food Quality, Faculty of Bioscience Engineering, Ghent University, Ghent, Belgium

Mendel Friedman

United States Department of Agriculture, Agricultural Research Service, Western Regional Research Center, Albany, CA, USA

Kristina Gaivelytė

Department of Pharmacognosy, Lithuanian University of Health Science, Kaunas, Lithuania

Fabienne Guillon

INRA, UR1268 Biopolymères, Interactions et Assemblages, Nantes, France

Hanjo Hellmann

School of Biological Sciences, Washington State University, Pullman, WA, USA

Carmen Jarén

Department of Agricultural Projects and Engineering, Universidad Pública de Navarra, Pamplona, Navarra, Spain

Lachman Jaromír

Department of Chemistry, Faculty of Agrobiology, Food and Natural Resources, Czech University of Life Sciences, Prague, Czech Republic

Salwa Karboune

Department of Food Science and Agricultural Chemistry, McGill University, Ste-Anne de Bellevue, Quebec, Canada

Hamouz Karel

Department of Plant Production, Faculty of Agrobiology, Food and Natural Resources, Czech University of Life Sciences, Prague, Czech Republic

Lovedeep Kaur

Riddet Institute and Massey Institute of Food Science and Technology, Massey University, Palmerston North, New Zealand

Régis Kesteloot

Régis Kesteloot Conseil, Lambersart, France

Carol E. Levin

United States Department of Agriculture, Agricultural Research Service, Western Regional Research Center, Albany, CA, USA

Ainara López

Department of Agricultural Projects and Engineering, Universidad Pública de Navarra, Pamplona, Navarra, Spain

María Salomé Mariotti

Department of Chemical Engineering and Bioprocesses, Pontificia Universidad Católica de Chile, Santiago, Chile

Orsák Matyáš

Department of Chemistry, Faculty of Agrobiology, Food and Natural Resources, Czech University of Life Sciences, Prague, Czech Republic

Owen J. McCarthy

Massey Institute of Food Science and Technology, Massey University, Palmerston North, New Zealand

Marian McKenzie

The New Zealand Institute for Plant & Food Research Ltd, Palmerston North, New Zealand

Raquel Medeiros

NutriFOODchem Unit, Department of Food Safety and Food Quality, Faculty of Bioscience Engineering, Ghent University, Ghent, Belgium

Frédéric Mestdagh

NutriFOODchem Unit, Department of Food Safety and Food Quality, Faculty of Bioscience Engineering, Ghent University, Ghent, Belgium

Duroy A. Navarre

USDA-ARS, Washington State University, Prosser, WA, USA

Wenceslao Canet Parreño

Department of Characterization, Quality, and Safety, Institute of Food Science, Technology and Nutrition (ICTAN-CSIC), Madrid, Spain

Anna Patsioura

INRA, UMR1145 Ingénierie Procédés Alimentaires, Group Interaction between Materials and Media in Contact, Massy, France

AgroParisTech, UMR1145 Ingénierie Procédés Alimentaires, Massy, France

Franco Pedreschi

Department of Chemical Engineering and Bioprocesses, Pontificia Universidad Católica de Chile, Santiago, Chile

Reena Grittle Pinhero

Department of Food Science, University of Guelph, Guelph, Ontario, Canada

Mohamed Fawzy Ramadan

Agricultural Biochemistry Department, Faculty of Agriculture, Zagazig University, Zagazig, Egypt

M. A. Rao

Cornell University, Geneva, NY, USA

Flor Rodriguez

International Potato Center (CIP), La Molina, Lima, Peru

Roshani Shakya

USDA-ARS, Washington State University, Prosser, WA, USA

Jaspreet Singh

Riddet Institute and Massey Institute of Food Science and Technology, Massey University, Palmerston North, New Zealand

Rekha S. Singhal

Food Engineering and Technology Department, Institute of Chemical Technology, Mumbai, Maharashtra, India

Paul Smith

Cargill R&D Centre Europe, Vilvoorde, Belgium

Shrikant A. Survase

Food Engineering and Technology Department, Institute of Chemical Technology, Mumbai, Maharashtra, India

Gilles Trystram

AgroParisTech, UMR 1145 Ingénierie Procédés Alimentaires, Group Interaction between Materials and Media in Contact, Massy, France

Jean-Michaël Vauvre

INRA, UMR1145 Ingénierie Procédés Alimentaires, Group Interaction between Materials and Media in Contact, Massy, France

AgroParisTech, UMR1145 Ingénierie Procédés Alimentaires, Massy, France

McCain Alimentaire S. A. S., Parc d' entreprises de la Motte du Bois, Harnes, France

Olivier Vitrac

INRA, UMR1145 Ingénierie Procédés Alimentaires, Group Interaction between Materials and Media in Contact, Massy, France

AgroParisTech, UMR1145 Ingénierie Procédés Alimentaires, Massy, France

Amanda Waglay

Department of Food Science and Agricultural Chemistry, McGill University, Ste-Anne de Bellevue, Quebec, Canada

Rickey Y. Yada

Department of Food Science, University of Guelph, Guelph, Ontario, Canada

Food, Nutrition, and Health Program, Faculty of Land and Food Systems, University of British Columbia, Vancouver, British Columbia, Canada

作者序

马铃薯起源于安第斯山脉，那里有 4000 多种本地马铃薯，至少从公元前 5000 年起，人们就开始种植马铃薯，并将其作为食物来源。

如今，马铃薯是世界上仅次于水稻、小麦和玉米的第四大重要作物，全球有超过 10 亿人将马铃薯作为日常饮食的一部分，100 多个国家的马铃薯年产量超过 3 亿 t。在全球范围内，马铃薯种植和消费的趋势正在发生变化。欧洲和美洲是马铃薯生产和消费的传统地区，但 1990 年以来，亚洲和非洲的马铃薯生产和消费开始急剧增加。

预计到 2050 年，由于全球人口规模和财富的增长，将需要比现在多 70%的粮食。在这种情况下，马铃薯在全球人口营养结构中的作用将变得越来越重要。为了确保最有效地利用日益稀缺的自然资源，我们必须确保了解马铃薯的功能成分，以及如何将其应用于食品和非食品中。

随着马铃薯化学与技术领域的快速发展，本书较之前的版本添加了以下最新内容：

（1）马铃薯风味　烹饪、质地和代谢产物的影响；

（2）马铃薯蛋白质　提取、营养和健康促进特性及其在多肽生物生成中的应用；

（3）彩色马铃薯　化学和健康相关特性；

（4）马铃薯产品中的丙烯酰胺；

（5）马铃薯微观结构、淀粉消化和血糖指数；

（6）有机种植和传统种植马铃薯的成分差异；

（7）炸薯条的吸油机制；

（8）马铃薯蛋白质组学；

（9）马铃薯及其产品质量评估的先进分析技术；

（10）马铃薯及其副产品的新食品和非食品用途；

（11）马铃薯与人类健康；

（12）马铃薯淀粉改性的新方法；

（13）马铃薯在全球粮食安全中的作用；

（14）转基因马铃薯品种的脂质成分。

本公司（新西兰马铃薯公司 Potatoes NZ，Inc.）非常荣幸能与各位作者合作，并祝贺他们对这一领域已作出的突出贡献进行了全面地更新。

本书适合从事食品化学、农学、遗传学、园艺和营养学领域的科学家、研究人员及研究生参考及使用。

我相信，当他们试图在分子水平的层面上加深对马铃薯的理解，并开发新的应用场景，以确保这种“不起眼”的马铃薯在下一个千年中仍是人类营养的基石时，他们会发现本书是一位不可或缺的“伙伴”。

Champak Mehta

新西兰马铃薯公司总裁

译者序

马铃薯原产于南美，在世界各地广泛种植，是仅次于水稻、小麦和玉米的第四大粮食作物。马铃薯营养丰富，可加工食品种类繁多，全球超过 10 亿人将马铃薯作为日常饮食的一部分。我国作为马铃薯的主产地之一，2022 年马铃薯年产量已达到 0.96 亿 t，位居世界第一。因此，对马铃薯化学与技术进行系统、全面地研究，有助于更高效地利用自然资源，促进我国马铃薯产业的发展。

Jaspreet Singh 和 Lovedeep Kaur 主编的 *Advances in Potato Chemistry and Technology*（《马铃薯化学与技术》）于 2009 年 6 月出版，是马铃薯化学与技术领域非常全面、系统且极具参考价值的图书。随着马铃薯化学与技术领域的研究与成果不断更新，第二版对第一版之后的马铃薯化学与技术领域最新成果和进展进行增补，内容更为全面、结构更为清晰合理，包括科研人员的最新研究成果，让读者有机会学习并研究全世界马铃薯化学与技术进展，同时对我国马铃薯研究、生产和加工均具有重要的借鉴意义。

《马铃薯化学与技术（第二版）》增加了最新相关内容，包括马铃薯风味，马铃薯蛋白质，彩色马铃薯，马铃薯产品中的丙烯酰胺，马铃薯微观结构、淀粉消化和血糖指数，有机种植和传统种植马铃薯的成分差异，炸薯条的吸油机制，马铃薯蛋白质组学，马铃薯及其产品质量评估的先进分析技术，马铃薯及其副产品的新食品和非食品用途，马铃薯与人类健康，马铃薯淀粉改性的新方法，马铃薯在全球粮食安全中的作用，转基因马铃薯品种的脂质成分。本书偏重于系统阐述马铃薯化学与技术进展，在分子水平上对马铃薯进行了详细、严谨地解读，阐述透彻，实用性强，弥补了我国对马铃薯化学与技术领域系统研究的空白，对从事食品化学、农学、遗传学、园艺学、营养学等领域的科研工作者和学生具有极大的帮助。

为了将马铃薯化学与技术领域这一著作广泛传播，国家马铃薯产业技术体系“主食产品加工”岗位科学家、中国农业科学院农产品加工研究所胡宏海研究员和国家马铃薯产业技术体系“质量安全与营养品质评价”岗位科学家、中国科学院兰州化学物理研究所曾凡逵研究员担任主译，对 *Advances in Potato Chemistry and Technology*（*Second Edition*）进行了翻译。翻译过程中得到了中国科学院兰州化学物理研究所刘刚研究员的技术指导。

译者在此感谢在翻译过程和出版过程中提供帮助和支持的所有人员。由于译者水平有限，书中难免有不妥之处，敬请读者批评指正。

胡宏海

2023 年 11 月

目录

0　绪论（马铃薯的化学、加工和营养特性）

参考文献　/　4

1　马铃薯的起源和生产

1.1　引言　/　6

1.2　起源、驯化和多样性　/　6

1.3　原产地中心马铃薯生产　/　16

1.4　原产地外的传播和全球生产趋势　/　17

1.5　原产地中心的保护　/　20

1.6　原产地中心马铃薯的用途　/　23

1.7　可持续保护和利用趋势　/　25

参考文献　/　26

2　马铃薯细胞壁多糖

2.1　引言　/　38

2.2　马铃薯细胞壁的分离　/　38

2.3　细胞壁多糖　/　39

2.4　加热对马铃薯细胞壁多糖的影响　/　50

2.5　马铃薯块茎细胞壁中果胶的分布和功能　/　50

参考文献　/　53

3　马铃薯淀粉结构

3.1　引言　/　62

3.2　马铃薯淀粉的多糖组成　/　63

3.3　马铃薯中的淀粉颗粒　/　67

3.4　磷酸化马铃薯淀粉　/　69

3.5　马铃薯淀粉的合成　/　70

3.6　结论　/　72

参考文献　/　73

4　马铃薯蛋白质——功能性食品成分

4.1　引言　/　80

4.2　马铃薯蛋白质　/　80

4.3　结论　/　101

参考文献　/　101

5　马铃薯脂质

5.1　引言　/　106

5.2 马铃薯脂质 / 107
5.3 转基因马铃薯品种的脂质 / 107
参考文献 / 114

6 马铃薯中的维生素、植物营养素和矿物质元素
6.1 引言 / 118
6.2 马铃薯营养价值及其争论 / 119
6.3 马铃薯基本营养成分 / 119
6.4 马铃薯中的维生素 / 121
6.5 糖苷生物碱 / 127
6.6 马铃薯中的矿物质 / 133
6.7 马铃薯中的苯丙素类 / 136
6.8 马铃薯的发育对块茎植物营养素的影响 / 142
6.9 类胡萝卜素 / 143
6.10 烹调对马铃薯植物营养素含量的影响 / 144
6.11 马铃薯在全球粮食安全中发挥的作用 / 145
6.12 结论 / 148
参考文献 / 149

7 马铃薯中的糖苷生物碱和打碗花精生物碱
7.1 引言 / 166
7.2 糖苷生物碱 / 166
7.3 打碗花精生物碱 / 179
7.4 结论 / 182
致谢 / 183
参考文献 / 183

8 马铃薯淀粉及其改性
8.1 引言 / 194
8.2 马铃薯淀粉与谷类淀粉 / 194
8.3 马铃薯淀粉的改性 / 204
8.4 营养和毒理学方面 / 231
8.5 结论 / 231
参考文献 / 232

9 彩色马铃薯
9.1 引言 / 244
9.2 红色和紫色果肉的马铃薯 / 244
9.3 马铃薯抗氧化成分 / 246
9.4 彩色马铃薯的抗氧化性 / 254
9.5 影响彩色马铃薯植物化学物质、抗氧化性和抗营养因子水平的因素 / 255
9.6 彩色马铃薯的健康益处、营养和用途 / 265
9.7 总结 / 267

致谢 / 268
参考文献 / 268
10 马铃薯的采后贮藏
10.1 引言 / 276
10.2 块茎成熟度 / 277
10.3 影响采后贮藏的条件 / 277
10.4 影响采后贮藏的采收与处理条件 / 279
10.5 病虫害 / 281
10.6 块茎贮藏过程中的生化变化 / 281
10.7 贮藏准备和贮藏条件 / 287
10.8 贮藏过程 / 289
10.9 贮存环境管理 / 292
10.10 马铃薯采后贮藏对加工和营养品质的影响 / 293
参考文献 / 297
11 有机马铃薯
11.1 引言 / 304
11.2 宏量元素（氮、磷、钾、镁、硫、钙） / 305
11.3 酚类化合物 / 310
11.4 类胡萝卜素 / 313
11.5 糖苷生物碱 / 314
11.6 抗坏血酸 / 315
11.7 结论 / 317
参考文献 / 318
12 马铃薯风味
12.1 引言 / 326
12.2 香味和风味 / 327
12.3 识别风味化合物 / 337
12.4 味道 / 339
12.5 质地 / 342
12.6 生长和贮藏环境对风味的影响 / 343
12.7 将感官评分与分子、代谢组学结合起来 / 345
12.8 结论 / 347
参考文献 / 348
13 马铃薯的微观结构、淀粉消化和血糖指数
13.1 引言 / 356
13.2 马铃薯的淀粉消化和血糖指数 / 357
13.3 马铃薯的微观结构和淀粉消化 / 362
13.4 食物基质的淀粉消化和流变学 / 370
13.5 配方食品和淀粉消化 / 374

13.6 结论 / 378
致谢 / 378
参考文献 / 378
14 马铃薯的热处理
14.1 引言 / 386
14.2 产品与产品质量 / 388
14.3 加工和质量 / 393
14.4 软化动力学 / 410
14.5 质量优化 / 414
14.6 新的或新兴的方法和对未来的展望 / 422
参考文献 / 424
15 油炸和脱水马铃薯制品
15.1 引言 / 434
15.2 化学成分在马铃薯加工中的影响 / 435
15.3 马铃薯加工中显微结构的重要性 / 436
15.4 马铃薯加工：重要的衍生产品 / 437
15.5 结论 / 443
参考文献 / 443
16 生、熟马铃薯的质构特性
16.1 引言 / 450
16.2 蒸煮特性和感官特征 / 451
16.3 质构特性 / 453
16.4 流变和热特性 / 460
16.5 结论 / 466
参考文献 / 467
17 炸薯条吸油的机制
17.1 前言 / 474
17.2 冷却过程中冷却和吸油的物理性质 / 475
17.3 油脂吸收缺点的类型学 / 481
17.4 油脂吸收的多量程模型 / 484
17.5 不同于广泛接受的油脂吸收机制 / 487
17.6 结论 / 490
致谢 / 491
参考文献 / 491
18 马铃薯加工产品中的丙烯酰胺
18.1 引言 / 496
18.2 影响油炸马铃薯制品中丙烯酰胺形成的因素和可能的缓解策略 / 502
18.3 从实验室测试到工业规模的添加剂或加工助剂 / 515

18.4 风险管理的评估 / 517
18.5 结论 / 519
参考文献 / 520
19 评估马铃薯及其相关产品质量的先进分析技术
19.1 引言 / 532
19.2 分析技术 / 532
19.3 质量评估 / 538
19.4 先进的技术 / 547
19.5 结论 / 554
参考文献 / 554
20 马铃薯在生物医学/制药和发酵中的应用
20.1 引言 / 570
20.2 生物医学应用 / 571
20.3 药物应用 / 573
20.4 发酵应用 / 576
20.5 其他应用 / 579
参考文献 / 582
21 马铃薯的新应用
21.1 引言 / 590
21.2 生物降解包装 / 591
21.3 纤维增强的生物可降解复合材料、用于航空航天、汽车及其他领域的构建部件 / 597
21.4 可食性薄膜 / 598
21.5 纺织和造纸 / 599
21.6 淀粉球晶和纳米晶体 / 600
21.7 马铃薯废料利用及其他用途 / 604
参考文献 / 606
22 马铃薯蛋白质组学——马铃薯加工业发展的新方法
22.1 引言 / 612
22.2 蛋白质组学技术综述 / 612
22.3 蛋白质组学在食品营养与加工中的应用 / 614
22.4 马铃薯蛋白质组学与品质改良 / 615
22.5 发挥马铃薯的优势——蛋白质组学在产品质量中的应用前景 / 627
22.6 结论 / 630
22.7 致谢 / 631
参考文献 / 631
23 马铃薯与人类健康
23.1 引言 / 644
23.2 营养贡献 / 644

23.3 饮食指南 / 648
23.4 肥胖 / 649
23.5 糖尿病 / 650
23.6 免疫功能和炎症 / 650
23.7 心血管疾病 / 650
23.8 癌症 / 652
23.9 肠胃健康 / 653
23.10 慢性肾病 / 654
23.11 消费者利益 / 654
23.12 结论 / 656
参考文献 / 656

0 绪论（马铃薯的化学、加工和营养特性）

Jaspreet Singh, Lovedeep Kaur

Riddet Institute and Massey Institute of Food Science and Technology, Massey University, Palmerston North, New Zealand

马铃薯（*Solanum tubusosum* L.）的全球年产量超过 3.76 亿 t（2013 年），中国位居第一（联合国粮农组织统计数据库，Food and agriculture data，FAOSTAT，2015）（译者注：2022 年马铃薯的全球年产量超过 3.74 亿 t，中国位居第一。）。与其他块茎作物相比，马铃薯单产高、营养丰富，其产量也在逐年增加。目前，发展中国家的马铃薯产量已经超过了发达国家（FAOSTAT，2010）。马铃薯属茄科多年生草本植物，花白色至紫色、雄蕊黄色，有些品种结绿色小果实，每颗果实所含种子超过 300 粒。马铃薯的地下块茎（地下根茎或匍匐茎的膨大部分）具有腋眼和鳞片叶痕，富含淀粉且贮藏蛋白质。马铃薯可由种子萌发生长，也可以通过块茎繁殖。马铃薯块茎表面芽眼实际上是休眠芽，在条件适宜时会生长成新枝（芽）。发芽的土豆不能食用和加工，但当块茎用于繁殖时，则需要适当发芽。马铃薯的生产潜力相当高，近 80%的马铃薯植物生物质可转化成经济收益（Osaki et al.，1996）。

随着育种技术的发展，产量更高、抗病性更强、终端用途更理想的马铃薯新品种正在被不断开发。过去多年来，通过育种已开发出了多种具有理想产量、干物质含量、蒸煮质地（如蜡质、粉质）、果肉颜色和抗病性的马铃薯品种。同时，随着基因工程技术的发展，许多直链淀粉/支链淀粉含量高、抗氧化活性高、产量高的转基因马铃薯也被开发出来。然而，由于消费者对健康、环境关注度的提高，许多国家并未批准转基因马铃薯用于食品。在这些转基因马铃薯得到食品管理部门的批准和消费者的接受之前，它们可用于非食品领域或其他工业用途。

从形态学上看，马铃薯块茎界于椭圆形与圆形之间，一般为白肉和淡褐色外皮，不同品种马铃薯在大小、形状和果肉/外皮颜色方面经常存在差异，这取决于其遗传基因。马铃薯的颜色、大小和质地是消费者评判其可接受性的主要品质指标。高品质的马铃薯通常被认为应相对光滑、结实，没有发芽或其他疾病。马铃薯块茎中干物质约占 20%，其余为水分。马铃薯的产量、干物质及干物质组成因马铃薯品种、土壤、温度、地域、栽培方式、成熟度、采后贮藏条件及其他因素而异（Burton，1989）。淀粉是干物质的主要成分，约占其 70%。新鲜马铃薯块茎主要由薄壁组织构成，淀粉颗粒作为储能物质分布其中。马铃薯富含优质蛋白质、维生素、矿物质和微量元素。马铃薯块茎基本成分平均含量范围如下：淀粉（10%~18%），其中直链淀粉含量为 22%~30%、总糖（1%~7%）、蛋白质（1%~2%）、膳食纤维（0.5%）、脂类（0.1%~0.5%）、维生素 A（微量/100g 鲜重，湿基）、维生素 C（30mg/100g，湿基）、矿物质（微量）、糖烷烃（1~3mg/100g，湿基）。马铃薯块茎基本成分如表 0.1 所示。

表 0.1　马铃薯块茎基本成分表（带皮蒸煮后除皮）

成分	含量（100g 中）	成分	含量（100g 中）
水分	77g	能量	358.44kJ
碳水化合物	20.13g	蛋白	1.87g

续表

成分	含量（100g 中）	成分	含量（100g 中）
脂肪	0.1g	铁	0.31mg
钙	5mg	烟酸	1.44mg
钾	379mg	硫胺素	0.106mg
磷	44mg	核黄素	0.02mg

（资料来源：美国农业部，National Nutrient Database of Agriculture，USDA.）

过去，马铃薯育种工程仅以作物单产和抗病性作为目标，对新种质的营养成分、可加工性和健康相关特性的认识明显不足。马铃薯块茎中不为人所熟知的成分有类胡萝卜素和酚类物质，它们是有效的抗氧化剂。白肉马铃薯块茎中胡萝卜素含量为 50～100μg/100g（湿基），而深黄至橙色的马铃薯块茎中其含量可达 2000μg/100g（湿基）。马铃薯还含有酚类化合物，主要是绿原酸，白肉马铃薯中黄酮类化合物含量可达 30μg/100g（湿基），红肉和紫肉土豆中其含量可达约 60μg/100g（湿基）。整个未剥皮的红肉和紫肉马铃薯的总花青素含量为 40mg/100g（湿基）左右（Brown，2005）。如果采用不破坏其花青素和类胡萝卜素的方式加工有色马铃薯，可能有助于降低人类多种慢性疾病的发病率。

马铃薯通常经煮制、捣泥、油炸等方法加工后食用。马铃薯加工过程中化学成分的影响对保持马铃薯加工产品的质量具有重要意义。例如，马铃薯薯片的口感主要取决于马铃薯原料的淀粉含量。另外，非淀粉多糖（细胞壁）对薯片质量也起着至关重要的作用，同时也影响着块茎的膳食纤维含量。薄壁细胞紧密排列、小而不规则的马铃薯，其硬度和黏聚性较高；相反，薄壁细胞大且松散的马铃薯通常硬度较低。烹饪后马铃薯的细胞壁特性也对人体内淀粉消化、葡萄糖释放起着重要作用（Singh et al.，2013）。

淀粉是马铃薯干物质的主要成分，由直链淀粉和支链淀粉组成。马铃薯淀粉的结构特征、直链淀粉/支链淀粉比例因品种而异。马铃薯及其制品（冷冻和干燥）的营养和加工品质主要受淀粉特性的影响。许多化学、物理和酶法改性方法被用于提高马铃薯淀粉加工性能，大多数改性方法被安全部门公认为是安全的。目前正在开发几种可缓慢消化的改性马铃薯淀粉，可能为人类提供营养益处。此外，这些淀粉也有可能用于治疗某些疾病（如糖原累积病和糖尿病）。

马铃薯块茎中总糖含量为 1～7g/kg。还原糖（葡萄糖、果糖）在未成熟块茎中含量最高，在生长期结束时显著减少。贮藏过程中淀粉—糖的转化也会引起块茎糖含量的变化，这是薯片加工业需考虑的重要因素。在过去的几年里，先进的分析和仪器技术被用于评价马铃薯及其制品的品质。这些技术提供了有关马铃薯成分结构和功能的深入信息，有助于根据需要定制马铃薯产品。

马铃薯是至关重要的、能量和膳食纤维的来源，并且其淀粉消化性、对人体血糖指数和相对升糖作用等营养特性对人类健康至关重要。鲜薯和加工/贮存过程中马铃薯的微观结构在胃肠道淀粉消化过程中起着重要的作用，并影响马铃薯对人体血糖指数的波动。许多科学家已采用体外和体内方法研究了马铃薯块茎成分组成和人体血液中葡萄糖释放之间的相关性。仔细选择合适的马铃薯品种、加工技术和贮存条件，有助于从马铃薯获得更好的营养功效。同时，适合不同人群营养和口味需求的马铃薯加工新产品有助于促进马铃薯的出售。除了食用之外，马铃薯制品还被用于生物降解包装、发酵、疫苗和药品等非食品领域。同时，因为废物处理的费用极高，所以马铃薯副产物和废弃物的新型利用方式也正被开发，以应对挑战。

参考文献

Brown C. R. Antioxidants in potato. *American Journal of Potato Research*. 2005;82:163-172.

Burton W. G. *The Potato*. New York: John Wiley and Sons, Inc.; 1989.

FAOSTAT. Food and Agriculture Organization of the United Nations. 2015. http://www.faostat3.fao.org (accessed 17.09.15.).

FAO. *Strengthening Potato Value Chains: Technical and Policy Options for Developing Countries*. Rome, Italy: Food and Agricultural Organization of United Nations; 2010.

Osaki M, Matsumoto M, Shinano T, Tadano T. A root-shoot interaction hypothesis for high productivity of root crops. *Soil Science and Plant Nutrition*. 1996;42(2):289-301.

Singh J, Kaur L, Singh H. Food microstructure and starch digestion. *Advances in Food and Nutrition Research*. 2013;70:137-179.

1 马铃薯的起源和生产

Stef de Haan[1], Flor Rodriguez[2]

[1] *International Center for Tropical Agriculture (CIAT), Tu Liem, Hanoi, Vietnam*

[2] *International Potato Center (CIP), La Molina, Lima, Peru*

1.1 引言

南美洲西部是马铃薯作物及野生种的起源中心，品种多样。而现代地方品种基因源于智利南纬 45°至哥伦比亚北纬 12°（Hawkes，1990）。马铃薯野生种（*Solanum* section *Petota*，Solanaceae）分布范围更广，从巴塔哥尼亚地区北部到美国南部，从阿塔卡马沙漠西部到南美洲东部（Hijmans et al.，2002；Spooner et al.，2004）。地方品种和野生近缘种的遗传多样性一直是并将继续是对遗传增强、作物改良和化学组成差异解析有非常重要价值的变异来源（Brown et al.，2007；Hanneman，1989；Jansky et al.，2013；Osman et al.，1978；Vaananen，2007）。同时，农户种植过程中马铃薯多样性的持续演变将有助于适应气候变化，并在极端农业生态环境下继续保障粮食安全（Johns et al.，1986；Zimmerer，2014）。

马铃薯在其原产地中心的情况特殊，地方品种仍由小农户采用半传统和市场导向的生产方式广泛种植。关于地方品种资源丧失、遗传侵蚀和遗传多样性消失等现象（Fowler et al.，1990；Hawkes，1973；Ochoa，1975）并没有在安第斯山脉地区出现，这可能是因为农户的自主耕作理念和多种创新，如地方菜系、农贸市场和生物多样性种子销售的再评估重新燃起了当地保护品种多样性的兴趣（de Haan et al.，2010b；Monteros，2011）。

通过筛选和评估马铃薯遗传资源，以探索其化学组分特征，确定（抗）营养物质的含量范围以及测试技术创新的机会很多。马铃薯基因库具有丰富的本地品种多样性和众多的野生种，为筛查、预育种和细分市场开发提供了广泛的选择。同时，生物技术、基因组学、分析技术和采后技术的发展也为增加遗传资源的利用率提供了许多新的可能性（Jo et al.，2014；Singh et al.，2009；Slattery et al.，2010）。

1.2 起源、驯化和多样性

1.2.1 生物系统学与演变

栽培马铃薯的历史和进化起源尚未完全知晓，近 90 年来，遗传学家、古细菌学家和分类学家分别提出了不同的假设（Spooner et al.，2014）。然而，在栽培种水平上，不同种（*Solanum tuberosum*、*Solanum curtilobum*、*Solanum ajanhuiri* 和 *Solanum juzepczukii*）和群（*S. tuberosum* Chilotanum 和 *S. tuberosum* Andigenum）已被充分证实是各自独立进化的结果，具有不同的生物地理分布模式。

在所有栽培种中，*S. tuberosum* Chilotanum 种群（$2n=4x=48$）对欧洲和北美基因库和全球作物改良具有主要的基础性作用（图 1.1）。根据 van der Berg 和 Groendijk－Wilders（2014）的研究结果，99%以上的欧洲现存品种具有 Chilotanum 种群细胞质。同时，与 Andigenum 种群相比，*S. tuberosum* Chilotanum 种群的种内多样性水平较低。分布范围基本上限于智利中南部的智鲁岛（Contreras et al.，2008；Manzur，2012）。关于 Chilotanum 地方品种的起源通常有两种假说（Spooner et al.，2012）。第一种观点认为它们独立起源于智利南部，可能与假定的野生祖先 *Solanum maglia*（Dillehay，1997；Ugent et al.，1987）或 *Solanum tarijense*（*Solanum bertaultii*）杂交种有关（Hosaka，2003；Spooner et al.，2014）；第二种观点认为安第斯地方品种早期传入智利，并逐渐演变成能够长期适应当地自然条件的 Chilotanum 地方品种（Hawkes，1990、1999；Salaman，1946；Simmonds，1964、1966）。

图 1.1 智利卡斯特罗岛 Chilotanum 地方品种混合样本

（摄影：S. de Haan）

根据 Ovchinnikova 等（2011）和 Spooner 等（2005a，2014）的分类，*S. tuberosum* Andigenum 种群有二倍体、三倍体和四倍体亚种，而之前被 Hawkes（1990）和 Ochoa（1990、1999）认为是单独的物种。该种群的生物地理学分布贯穿智利北部、阿根廷直至哥伦比亚。Spooner 等（2005a、2014）认为 Andigenum 种群源自 *Solanum brevicaule* 复合体（*S. brevicaule* 和 *Solanum candolleanum*），与杂交、自然变异、多倍体化和人工选择有关。另一方面，Hawkes（1990）和 Ochoa（1990、1999）先前提出了基于分类学的单独起源，被认为可能的祖先物种包括 *Solanum bukasovii*、*Solanum canasense*、*Solanum lptophyes* 和 *Solanum sparsipilum*，现在被认为是 *S. brevicaule* 复合体。

与其他物种和 *S. tuberosum* Chilotanum 种群相比，*S. tuberosum* Andigenum 种群具有更多的种内多样性（图 1.2）。基于倍性、物种生物学分类、海拔分布和热点浓度分布，几个栽培种群还可被区分。一个明显例子是 Phureja 栽培种，在当地被分类为 Phureja（玻利维亚西北部）或 Chaucha（秘鲁），它们具有不同的农艺性状（早期膨大、无休眠期和一年种植

3次），在其分布范围内通过海拔与 *S. tuberosum* Andigenum 种群中的其他栽培种群区分开（Ghislain et al.，2006；Zimmerer，1991a、b）。

图 1.2 秘鲁中部安第斯山脉混合 Andigenum 地方品种样本

（摄影：S. de Haan）

S. ajanhuiri（$2n=2x=24$）、*S. juzepczukii*（$2n=3x=36$）和 *S. curtilobum*（$2n=5x=60$）这三个品种具有特有的进化途径。*S. ajanhuiri* 仅分布于 Titicaca 湖周围的玻利维亚-秘鲁高原地区，并通过二倍体栽培种 *Solanum stenotomum*（*S. tubosum* Andigenum 种群）和野生种 *Solanum megistrolobum*（*Solanum boliviense*）之间杂交进化（Huaman et al.，1982；Johns，1985；Johns and Keen，1986）。*Solanum juzepczukii* 和 *S. curtilobum* 中茄碱含量较高，被称为苦味马铃薯，它们通常被安第斯农户用于传统冷冻干燥（图 1.3）。这两个品种主要分布在玻利维亚南部到秘鲁中部。*Solanum juzepczukii* 被认为是 *S. stenotomum* 和四倍体 *Solanum acaule* 之间

图 1.3 秘鲁安第斯山脉南部农民正准备将苦味马铃薯块茎进行冷冻干燥

（摄影：C. Fonseca.）

的杂交品种（Hawkes，1962；Schmiediche et al.，1980）。五倍体 *S. curtilobum* 被认为具有不同的起源，可能与四倍体 Andigenum 种群和 *S. juzepczukii*（Hawkes，1962、1990）杂交有关，也可能与三倍体 Andigenum 种群和 *S. acaule* 杂交有关（Gavrilenko et al.，2013；Spooner et al.，2014）。

1.2.2 野生种

野生种（*Solanum* section *Petota*）的分类因物种间的杂交亲和性、种间杂交、同源多倍体和异源多倍体、有性繁殖和无性繁殖的交叉，物种差异和表型可塑性而变得十分复杂。这种复杂性导致野生种难以界定和区分（Camadro et al.，2012；Huaman et al.，2002；Knapp，2008；Masuelli et al.，2009；Rodriguez et al.，2010；Spooner，2009；Spooner et al.，1992）。马铃薯有合子前和合子后的杂交障碍。*Solanum* 依据相互间的杂交能力分配胚乳平衡数（endosperm balance number，EBN）（Hanneman，1994；Johnston et al.，1980；Ortiz et al.，1992）。EBN 是很强的合子后杂交障碍。排除其他杂交障碍，当雄配子和雌配子具有匹配的 EBN 时，无论倍性如何，都有望成功杂交。另一种机制是单向不相容，即合子前杂交障碍，其花粉管伸长受到花柱组织的抑制，但当自相容物种被用作雌性时，反向杂交是可以实现的（Spooner et al.，2014）。

Hawkes（1956）首次提出了 *Petota* 野生种的现代综合分类方案，Correll（1962）、Hawkes（1963、1990）、Bukasov（1978）、Gorbatenko（2006）和 Spooner 等（2014）继续采用这种分类方式。直至 1990 年，仅以形态学来鉴定物种。之后，许多分子标记和核酸序列逐渐与形态学方法相结合，广泛用于更好地明确物种边界。Petota 野生种形态学研究表明，近缘种间性状状态有较大差异和重叠（Spooner et al.，2014）。Spooner 等（2014）重新分类确定 107 个野生物种，而不是 Hawkes（1990）先前提出的 228 个野生物种。最新分类方法是利用形态学和分子标记来重新界定物种边界，结合鉴别物种的实际能力，根据物种系统发育学理念进行分类。由 Spooner 等（2014）鉴别的野生马铃薯物种完整列表如表 1.1 所示。

表 1.1　*Solanum* Section *Petota* 野生种的三字母标准缩写、产地、倍性（EBN 数）和基因库分类

野生种[①]	缩写[①]	产地[①]	倍性[①]（EBN 数）[①]	基因库[②]
Solanum acaule Bitter	acl	阿根廷、玻利维亚、秘鲁	$4x$（2EBN），$6x$	初级
Solanum acroglossum Juz.	acg	秘鲁	$2x$（2EBN）	次级
Solanum acroscopicum Ochoa	acs	秘鲁	$2x$	次级
Solanum × *aemulans* Bitter 和 L. Wittmack	aem	阿根廷	$3x$，$4x$（2EBN）	

续表

野生种[①]	缩写[①]	产地[①]	倍性[①]（EBN 数）[①]	基因库[②]
Solanum agrimonifolium Rydberg	agf	危地马拉、洪都拉斯、墨西哥	$4x$（2EBN）	次级
Solanum albicans（Ochoa） Ochoa	alb	厄瓜多尔、秘鲁	$6x$（4EBN）	次级
Solanum albornozii Correll	abz	厄瓜多尔	$2x$（2EBN）	次级
Solanum anamatophilum Ochoa	amp	秘鲁	$2x$（2EBN）	三级
Solanum andreanum Baker	adr	哥伦比亚、厄瓜多尔	$2x$（2EBN），$4x$（4EBN）	次级
Solanum augustii Ochoa	agu	秘鲁	$2x$（1EBN）	三级
Solanum ayacuchense Ochoa	ayc	秘鲁	$2x$（2EBN）	次级
Solanum berthaultii J. G. Hawkes	ber	阿根廷、玻利维亚	$2x$（2EBN）， $3x$	初级
Solanum × *blanco-galdosii* Ochoa	blg	秘鲁	$2x$（2EBN）	
Solanum boliviense M. F. Dunal in DC	blv	玻利维亚、秘鲁	$2x$（2EBN）	次级
Solanum bombycinum C. M. Ochoa	bmb	玻利维亚	$4x$	次级
Solanum brevicaule bitter	brc	阿根廷、玻利维亚	$2x$（2EBN），$4x$（4EBN），$6x$（4EBN）	初级
Solanum × *brucheri* D. S. Correll	bru	阿根廷	$3x$	
Solanum buesii Vargas	bue	秘鲁	$2x$（2EBN）	次级
Solanum bulbocastanum Dunal in Poiret	blb	危地马拉、墨西哥	$2x$（1EBN）， $3x$	三级
Solanum burkartii Ochoa	brk	秘鲁	$2x$	次级
Solanum cajamarquense Ochoa	cjm	秘鲁	$2x$（1EBN）	次级
Solanum candolleanum berthault	buk	秘鲁	$2x$（2EBN）， $3x$	初级
Solanum cantense Ochoa	cnt	秘鲁	$2x$（2EBN）	次级
Solanum cardiophyllum Lindley	cph	墨西哥	$2x$（1EBN）， $3x$	三级
Solanum chacoense bitter	chc	阿根廷、玻利维亚、巴拉圭、秘鲁、乌拉圭	$2x$（2EBN）， $3x$	次级
Solanum chilliasense Ochoa	chl	厄瓜多尔	$2x$（2EBN）	次级
Solanum chiquidenum Ochoa	chq	秘鲁	$2x$（2EBN）	次级
Solanum chomatophilum bitter	chm	秘鲁	$2x$（2EBN）	次级
Solanum clarum D. S. Correll	clr	危地马拉、墨西哥	$2x$	次级

续表

野生种①	缩写①	产地①	倍性①（EBN 数）①	基因库②
Solanum colombianum Dunal	col	哥伦比亚、厄瓜多尔、巴拿马、委内瑞拉	4*x*（2EBN）	次级
Solanum commersonii M. F. Dunal	cmm	阿根廷、巴西、乌拉圭	2*x*（1EBN），3*x*	三级
Solanum contumazaense Ochoa	ctz	秘鲁	2*x*（2EBN）	次级
Solanum demissum Lindley	dms	危地马拉、墨西哥	6*x*（4EBN）	次级
Solanum × *doddsii* D. S. Correll	dds	玻利维亚	2*x*（2EBN）	
Solanum dolichocremastrum bitter	dcm	秘鲁	2*x*（1EBN）	三级
Solanum × *edinense* P. Berthault	edn	墨西哥	5*x*	
Solanum ehrenbergii（bitter）Rydberg	ehr	墨西哥	2*x*（1EBN）	三级
Solanum flahaultii bitter	flh	哥伦比亚	4*x*	次级
Solanum gandarillasii H. M. Cárdenas	gnd	玻利维亚	2*x*（2EBN）	次级
Solanum garcia-barrigae Ochoa	gab	哥伦比亚	4*x*	次级
Solanum gracilifrons bitter	grc	秘鲁	2*x*	次级
Solanum guerreroense D. S. Correll	grr	墨西哥	6*x*（4EBN）	次级
Solanum hastiforme Correll	hsf	秘鲁	2*x*（2EBN）	次级
Solanum hintonii D. S. Correll	hnt	墨西哥	2*x*	次级
Solanum hjertingii J. G. Hawkes	hjt	墨西哥	4*x*（2EBN）	次级
Solanum hougasii D. S. Correll	hou	墨西哥	6*x*（4EBN）	次级
Solanum huancabambense Ochoa	hcb	秘鲁	2*x*（2EBN）	次级
Solanum humectophilum Ochoa	hmp	秘鲁	2*x*（1EBN）	三级
Solanum hypacrarthrum bitter	hcr	秘鲁	2*x*（1EBN）	三级
Solanum immite Dunal	imt	秘鲁	2*x*（1EBN），3*x*	三级
Solanum incasicum Ochoa	ins	秘鲁	2*x*（2EBN）	次级
Solanum infundibuliforme R. A. Philippi	Inf	阿根廷、玻利维亚	2*x*（2EBN）	初级
Solanum iopetalum（bitter）J. G. Hawkes	iop	墨西哥	6*x*（4EBN）	次级
Solanum jamesii J. Torrey	jam	墨西哥、美国	2*x*（1EBN）	三级

续表

野生种[①]	缩写[①]	产地[①]	倍性[①]（EBN 数）[①]	基因库[②]
Solanum kurtzianum bitter and L. Wittmack	ktz	阿根廷	2*x*（2EBN）	次级
Solanum laxissimum bitter	lxs	秘鲁	2*x*（2EBN）	次级
Solanum lesteri J. G. Hawkes and Hjerting	les	墨西哥	2*x*	次级
Solanum lignicaule Vargas	lgl	秘鲁	2*x*（1EBN）	三级
Solanum limbaniense Ochoa	lmb	秘鲁	2*x*（2EBN）	次级
Solanum lobbianum bitter	lbb	哥伦比亚	4*x*（2EBN）	次级
Solanum longiconicum bitter	lgc	哥斯达黎加、巴拿马	4*x*	次级
Solanum maglia D. F. L. von Schlechtendal	mag	智利	2*x*，3*x*	次级
Solanum malmeanum bitter		阿根廷、巴西、巴拉圭、乌拉圭	2*x*（1EBN），3*x*	三级
Solanum medians bitter	med	秘鲁	2*x*（2EBN），3*x*	次级
Solanum × *michoacanum* （bitter） Rydberg	mch	墨西哥	2*x*	
Solanum microdontum bitter	mcd	阿根廷、玻利维亚	2*x*（2EBN），3*x*	次级
Solanum minutifoliolum Correll	min	厄瓜多尔	2*x*（1EBN）	三级
Solanum mochiquense Ochoa	mcq	秘鲁	2*x*（1EBN）	三级
Solanum morelliforme bitter and Muench	mrl	危地马拉、墨西哥、洪都拉斯	2*x*	次级
Solanum multiinterruptum bitter	mtp	秘鲁	2*x*（2EBN），3*x*	次级
Solanum neocardenasii J. G. Hawkes and J. P. Hjerting	ncd	玻利维亚	2*x*	次级
Solanum neorossii J. G. Hawkes and J. P. Hjerting	nrs	阿根廷	2*x*	次级
Solanum neovavilovii Ochoa	nvv	秘鲁	2*x*（2EBN）	次级
Solanum × *neoweberbaueri* Wittm	nwb	秘鲁	3*x*	
Solanum nubicola Ochoa	mub	秘鲁	4*x*（2EBN）	次级
Solanum okadae J. G. Hawkes and J. P. Hjerting	oka	玻利维亚	2*x*	初级

续表

野生种①	缩写①	产地①	倍性①（EBN 数）①	基因库②
Solanum olmosense Ochoa	olm	厄瓜多尔、秘鲁	2*x*（2EBN）	次级
Solanum oxycarpum Schiede in D. F. L. von Schlechtendal	oxc	墨西哥	4*x*（2EBN）	次级
Solanum paucissectum Ochoa	pcs	秘鲁	2*x*（2EBN）	次级
Solanum pillahuatense Vargas	pit	秘鲁	2*x*（2EBN）	次级
Solanum pinnatisectum Dunal	pnt	墨西哥	2*x*（1EBN）	三级
Solanum piurae bitter	pur	秘鲁	2*x*（2EBN）	次级
Solanum polyadenium Greenman	pld	墨西哥	2*x*	次级
Solanum raphanifolium Cárdenas and Hawkes	rap	秘鲁	2*x*（2EBN）	次级
Solanum raquialatum Ochoa	raq	秘鲁	2*x*（1EBN）	三级
Solanum × *rechei* J. G. Hawkes and J. P. Hjerting	rch	阿根廷	2*x*，3*x*	
Solanum rhomboideilanceolatum Ochoa	rhl	秘鲁	2*x*（2EBN）	次级
Solanum salasianum Ochoa	sls	秘鲁	2*x*	次级
Solanum × *sambucinum* Rydberg	smb	墨西哥	2*x*	
Solanum scabrifolium Ochoa	scb	秘鲁	2*x*	三级
Solanum schenckii bitter	snk	墨西哥	6*x*（4EBN）	次级
Solanum simplicissimum Ochoa	smp	秘鲁	2*x*（1EBN）	三级
Solanum sogarandinum Ochoa	sgr	秘鲁	2*x*（2EBN），3*x*	次级
Solanum stenophyllidium bitter	sph	墨西哥	2*x*（1EBN）	三级
Solanum stipuloideum Rusby	stp	玻利维亚	2*x*（1EBN）	
Solanum stoloniferum D. F. L. von Schlechtendal	sto	墨西哥	4*x*（2EBN）	次级
Solanum tarnii J. G. Hawkes and Hjerting	trn	墨西哥	2*x*	三级
Solanum trifidum D. S. Correll	trf	墨西哥	2*x*（1EBN）	三级
Solanum trinitense Ochoa	trt	秘鲁	2*x*（1EBN）	三级
Solanum × *vallis-mexici* Juz	vll	墨西哥	3*x*	

续表

野生种[1]	缩写[1]	产地[1]	倍性[1]（EBN 数）[1]	基因库[2]
Solanum venturii J. G. Hawkes and J. P. Hjerting	vnt	阿根廷	2*x*（2EBN）	次级
Solanum vernei bitter and L. Wittmack	vrn	阿根廷	2*x*（2EBN）	初级
Solanum verrucosum D. F. L. von Schlechtendal	ver	墨西哥	2*x*（2EBN），3*x*，4*x*	次级
Solanum violaceimarmoratum bitter	vio	玻利维亚、秘鲁	2*x*（2EBN）	次级
Solanum wittmackii bitter	wtm	秘鲁	2*x*（1EBN）	三级

注：①Spooner 等，2014；

②Castañeda-Álvarez 等，2015。

亲缘关系也可根据 Harlan 和 deWet（1971）的基因库概念进行确定。基于物种间的杂交程度，基因库可分为三级：初级（GP-1）、次级（GP-2）和三级（GP-3）。初级基因库由生物物种组成，该基因库内容易杂交。杂交种生命力旺盛，拥有正常的减数分裂染色体配对，并具有完全的生育能力。在 GP-2 基因库中野生亲缘种可通过某些处理手段杂交，而 GP-3 基因库是那些需要全新尖端技术才可实现基因转移的物种。Bradeen 和 Haynes（2011），Jansky 等（2013），Veilleux 和 De Jong（2007）试图确定这三类马铃薯基因库，但受 EBN 和合子形成前和合子后的杂交障碍的制约，很难将基因库概念应用于马铃薯（Chen et al.，2004；Jansky et al.，2013；Masuelli et al.，1997）。Spooner 等（2014）提出了基于 EBN 和自兼容/自不相容系统的五个可杂交群组。他们预测了大多数成功杂交的可能性，并认为尽管群间杂交比群内杂交更难，但并非完全不可能。

1.2.3 地方品种

马铃薯种内多样性丰富，其无性繁殖特性有助于种群和单个品种民间分类的一致性（Brush，1980；de Haan et al.，2007；La Barre，1947）。地方品种是安第斯和智鲁岛农民管理和保护的基本品种，地方品种同时也被普遍认可和命名。国际马铃薯中心基因库和大多数起源地中心基因库都保存着无性系地方品种和植物种子。从使用的角度，可区分为 3 个地方品种群：①商业或世界性粉质地方品种；②非商业粉质地方品种；③苦味地方品种。

商业或世界性地方品种是一组经筛选的品种，有市场需求、消费者认可，或种植面积相对较大（Brush，2004）。位于马铃薯起源中心的国家拥有最为丰富的地方品种（表 1.2）。一些地方品种，如秘鲁的二倍体 Peruanita 和哥伦比亚的 Criollo Amarilla，常见于常规市场和商超中。其他品种，如智利的四倍体 Mechune Roja 或阿根廷的 Tuni，只能在特色餐厅和集市上可见。自21世纪初以来，玻利维亚、厄瓜多尔和秘鲁的一些产业链项目改变了以前非商业的本土品种的市场需求。

表1.2 起源与多样性中心地区地方品种现有种植面积、面积占比和多样性

地区	马铃薯面积/hm^2	地方品种面积占比/%	地方品种原位多样性近似总数	著名的商业或世界性地方品种	著名的苦味地方品种
阿根廷	69500	<5	50~70	Chicarera, Tuni, Perija, Negrita, Churqueña	—
玻利维亚	192277	70~80	1000~1500	Alqa Imilla, Yana Imilla, Yuraq Imilla, Imilla Rosada, Waycha Paceña	Azul Luki, Wila Luki, Laran Luki, Qanqu Chuqipitu
智利	49576	<5	300~400	Michuñe Roja, Michuñe Negra, Michuñe Blanca, Cabra, Murta, Clavela	—
哥伦比亚	114715	10~12	180~240	Criolla Amarilla, Tuquerreña, Carriza, Argentina, Salentuna, Colombina, Bandera, Mambera, Ratona, Tomilla	—
厄瓜多尔	47302	<5	350~450	Yema de huevo, Uvilla, Leona Blanca, Leona Negra, Coneja Negra, Coneja Blanca, Puña, Bolona, Jubaleña, Chaucha Amarilla	—
秘鲁	317132	30~40	2800~3300	Peruanita, Camotillo Muru Huayro, Huayro Macho, Huamantanga, Amarilla Tumbay, Amarilla del Centro, Ccompis	Yuraq Siri, Yana Siri, Piñaza, Qanchillu, Locka
委内瑞拉	35233	<5	30~40	Arbolona Negra, Cucuba, Tocana, Concha Gruesa, Tiniruca, Guadalupe	—

注：数据来源 Coca Morante（2002）、Contreras et al.（2008）、FAO（2013）、Iriarte et al.（2009）、Monteros（2011）、Monteros et al.（2010）、Pumisacho et al.（2002）、Terrazas et al.（2008）以及 Ugarte et al.（2000）；专家意见由哥伦比亚国立大学、Corpoica、INIAP 厄瓜多尔、INIA 秘鲁、INIAF 玻利维亚验证。

安第斯和智鲁岛的农户种植的地方品种大部分都是非商业性的粉质（无苦味）品种。该种群包含数千个品种，几乎完全用于家庭消费。农户种植这些多样化品种主要是迫于生计，要考虑降低风险、保证产量、管理选择、偏好特征、当地菜系中的优异品质、声望、文化认同以及其他因素（Brush，2004；Zimmerrer，1996）。有些地区可被认为是具有高度多样性的当代地方品种的热点区域，如万卡韦利卡（秘鲁）（CIP，2006；de Haan et al.，2013）、保卡坦博（秘鲁）（Perez Baca，1996；Zimmerrer，1996）、拉巴斯北部（玻利维亚）（Iriarte et al.，2009）和波托西北部（玻利维亚）（Terrazas et al.，2008）。然而，尽管其他地区可能只有中等的总多样性水平，但其多样性可能由独特的或地方性的品种构成。

秘鲁中南部和玻利维亚的小农户种植本地的苦味品种，主要包括一些健壮且通常抗冻的地方品种（Christiansen，1977；Condori et al.，2014）。它们几乎专门用于将块茎冷冻成chuño、moraya或tunta（de Haan et al.，2010a）。*S. juzepczukii* 和 *S. curtilobum* 的种内多样性完全由苦味地方品种构成。然而，有一种误解，认为 *S. Ajanhuiri* 的种内多样性也完全由苦味的地方品种构成，而四倍体 Andigenum 地方品种通常是无苦味的。*Solanum ajanhuiri* 地方品种通常是无苦味的，而 Andigenum 地方品种有时具有苦味，被专门用于冷冻干燥。与粉质的地方品种相比，苦味地方品种的多样性不太多，但在秘鲁和玻利维亚至少有 100 个不同的品种。

1.3 原产地中心马铃薯生产

在原产地中心，马铃薯栽培制度极为多样化，比如可根据其主要目标和农业生态环境进行区分。目标包括用于保障家庭粮食安全的小规模非机械化家庭种植到基于市场销售的中型至大型机械化生产，以及追求自给自足和创收的中型混合生产制度。该区域的宏观马铃薯农业生态环境主要包括中部干旱安第斯山脉（秘鲁和玻利维亚）、北部潮湿安第斯山脉（厄瓜多尔至委内瑞拉）和南锥地区。

从依赖这种活动的家庭数量来看，小规模家庭农业在该地区占主导地位。仅在秘鲁，就有 60 多万个家庭依靠马铃薯生产来维持生计（表 1.3）。小规模家庭农业（0.1~2hm^2/户）通常具有依靠动物牵引或脚犁、田地分散、地方品种多样、外部投入有限以及采用半传统种植方法，如免耕种植等特点（DeHaan et al.，2010；Oswald et al.，2009）。中型到大型机械化生产（5~80hm^2/户）往往是集约化的，主要适合于种植选育出的品种或世界性的地方品种。虽然对加工品种的需求一直在增长，但大部分商业生产都以商品马铃薯供应为导向（Scott，2011a）。追求自给自足和创收的中型混合生产制度（2~5hm^2/户）在安第斯和智利南部很常见。根据生产的最终目的，无论是家庭消费还是面向市场，外部投入品的使用常常是有差别的。

表 1.3 原产地中心马铃薯的生产单位数量、平均产量、总产量和消费量

地区	生产单位数量（家庭/企业*）	平均产量（kg/hm²）	总产量（t）	消费量（kg/人）
阿根廷	3500	28777	2000000	42
玻利维亚	240000	5768	1108994	43
智利	59265	23379	1159022	51
哥伦比亚	100000	20900	2129319	45
厄瓜多尔	88130	7313	345922	32
秘鲁	600000	14413	4570673	68
委内瑞拉	12500	17694	623399	25

注：阿根廷和智利的私营部门。

[资料来源：Devaux 等（2010），FAO（2013），INIA 等（2012）和 Scott（2011b）；哥伦比亚国立大学、哥伦比亚 CORPOICA、INIA 委内瑞拉、INTA 和 McCain Argentina 的专家意见验证。]

在秘鲁和玻利维亚中部干旱的安第斯山脉，马铃薯生产遵循一年两熟的种植模式，包括大种植季（11 月~翌年 5 月），恰逢雨季，以及小种植季或早种植季（6~12 月）。选育品种和地方品种的种植季节一般相同，尽管选育品种的收获期往往较早。马铃薯可在海拔 4300m 的短日照条件下生产。从厄瓜多尔北部潮湿的安第斯山脉到委内瑞拉，马铃薯可在海拔 3300m 的短日照条件下生产，与干燥的安第斯山脉相比，其种植季节界限更不明确。在智利南部，马铃薯可在夏天长日照条件下种植，大规模种植从 *papa guarda* 季的 10 月份开始，收获期持续到翌年 4 月。

种薯块茎主要通过农民或非正式种子系统供应（Thiele，1999）。与此不同，在智利和阿根廷提供经认证的选育品种的种薯块茎。气候变化和随之而来的病虫害对种子质量和商品马铃薯生产都是一个巨大的威胁。实际上，马铃薯晚疫病（*Phytophthora infestans*）和马铃薯块茎蛾（*Phthorimaea operculella*）的纵向扩张对高海拔安第斯山脉地区的马铃薯种植构成威胁（Giraldo et al.，2010；Kroschel et al.，2013）。

1.4 原产地外的传播和全球生产趋势

1.4.1 新的世界作物的传播

植物学家、历史学家、经济学家、人类学家和小说家均对马铃薯从起源中心传播到世界其他地区的故事感兴趣。即使如此，关于马铃薯早期传入欧洲的历史记录很少（Glendinning，1983；Oliemans，1988；Salaman，1949）。最初的 14 世纪的引入已被证明是起源于安

第斯山脉；而源于智利的引入发生于1811年，比欧洲晚疫病（P. infestans）流行时期早34年（Ames et al.，2008）。欧洲马铃薯的第一份书面记载可追溯到1567年。现存文件记载了一批自加那利群岛运往比利时的马铃薯（Lobo-Cabrera，1988；Rios et al.，2007；Spooner et al.，2005b）。Hawkes和Francisco-Ortega（1993）推测，马铃薯早在1562年就被引入加那利群岛。11年后的1573年，西班牙大陆也报道了马铃薯（Hamilton，1934；Hawkes et al.，1992；Salaman，1937）。第二份关于从加那利群岛运送到法国的马铃薯运输记录是在1574年（Hawkes et al.，1993；Ríos et al.，2007）。

根据Salaman（1949）的记载，马铃薯是在1586年左右由Francis Drake公爵引进英格兰的，17世纪初由葡萄牙海员引入印度，大约同时由英国人引入斯里兰卡（Graves，2001；Nunn et al.，2011）。1613年左右，英国人把马铃薯带到百慕大，1621年从那里带到弗吉尼亚州（美国）（Graves，2001）。马铃薯在16世纪末到达爱尔兰（Salaman，1949）。毫无疑问，马铃薯改变了欧洲社会，因为农民可以在较短的时间和小地块内生产更多的食物。这一飞跃促进了人口增长，并促成了工业革命（Reader，2008）。据记载，1603年荷兰殖民者将马铃薯带到中国台湾海峡的澎湖列岛。大约在同一时期的明朝末年，马铃薯栽培也迅速传播至整个中国。人们普遍认为，马铃薯是18世纪末由James Cook船长和法国探险家Marion du Fresne（Harris et al.，1999）首次引入新西兰的。马铃薯很快就成为一种主食，许多品种都冠以Maori的名字。马铃薯传入非洲的时间较晚，19世纪德国和英国的殖民者和传教士将马铃薯引入东非（Kiple et al.，2000）。

1.4.2 生产趋势

目前，马铃薯是仅次于水稻、小麦和玉米的第四大主要主食作物，全球种植面积约2000万公顷。自1960年代初以来，非洲和亚洲的马铃薯产量增长迅速超过了所有其他粮食作物。2005年，非洲、亚洲和南美洲的马铃薯总产量首次超过欧洲和美国（Birch et al.，2012；FAO，2008）。如今，全球马铃薯种植面积大约一半都集中在亚洲（9600万 hm^2）。

中国、印度和俄罗斯是迄今为止世界上最大的马铃薯生产国，2013年产量分别为8800万t、4500万t和3000万t，而欧盟28个成员国、美国和原产地中心分别为5200万t、1900万t和900万t。在30年间（1981—2011年），美洲和大洋洲的马铃薯种植面积总体保持稳定。而非洲和亚洲出现了惊人的增长，总面积增长了300%和237%。相反，欧洲的种植面积在此期间减少了一半。

全球马铃薯平均产量为18.9t/hm^2。非洲的产量差距特别大，其平均产量只有14.2t/hm^2，而亚洲、欧洲和美洲的平均产量分别为18.3t/hm^2、21.1t/hm^2和25.9t/hm^2（FOASTAT，2013）。低收入至中等收入国家的国际和国内育种项目专注于弥补产量差距，通过抗性育种解决病毒（马铃薯病毒Y、马铃薯叶卷病毒）和晚疫病（*P. infestans*）等传统约束以及新的挑战。后者主要包括非生物胁迫（耐热性、耐盐性和耐旱性）、质量要求（微量营养素和口味特征）、早熟和可贮存性。当然，改良的和可持续的管理办法必须与遗传增益相结合，以弥补产量差距。

在某些亚洲、非洲和拉丁美洲国家，一个明显的趋势是政府加大了对马铃薯研究、开发和生产能力建设方面的投资。不幸的是，这一积极趋势在所有以马铃薯为主要主食的低收入和中等收入国家并未出现。因此，同一大洲内马铃薯研究项目的强弱之分依然非常明显。在过去数十年间，中国、印度、卢旺达、巴西、厄瓜多尔和智利等国的马铃薯研究都从政府和针对性的研究计划中得到支持。这促进了适合本国的专门技术研发和多种技术组合的推广，包括选育品种和种薯技术。

在欧洲和美国，许多马铃薯通过加工以满足快餐、小吃和方便食品行业日益增长的需求。联合国粮食及农业组织的数据显示，自 2003 年至 2007 年，全世界平均出口额占总产量的 7%左右（FAO，2013）。这一发展背后的主要驱动因素包括城市人口增长、收入增加以及饮食和生活方式的多样化，从而使得人们食用鲜马铃薯的机会减少（FAO，2008）。Walker 等（1999）强调，随着人均收入的增加，马铃薯人均消费量逐渐下降。然而，2000—2010 年，全球对炸薯条的需求继续增长，来自前 10 个出口国的出口增长了 71.5%。非洲、亚洲和南美洲的需求也在继续扩大，但国内产能相对较低，从而助长了来自欧洲、大洋洲和美国的进口。

国际贸易以炸薯条、淀粉和种薯为主。发展中国家仍然是国际马铃薯贸易的净进口国。然而，跨国和秘鲁国内加工企业一直在扩大其在亚洲和非洲的业务和加工能力。因此，在将马铃薯作为主食的国家，用于加工和方便食品工业的马铃薯国内供应将持续增加（Bradshaw et al.，2009；Kirkman，2007）。自 1993 年以来，中国一直是世界上最大的马铃薯生产国，占 1990—2002 年全球马铃薯产量增长的 80%以上（Wang et al.，2004）。中国马铃薯产业的发展并未改变全球市场，中国马铃薯出口量仍然不高。自 2005 年以来，中国鲜马铃薯的年出口量稳定在 30 万～35 万 t，马来西亚、越南和俄罗斯是最重要的进口国。

尽管马铃薯作为主食，在对抗饥饿和贫困方面具有重要意义，但在粮食作物的农业发展政策中，马铃薯在很大程度上被忽视了。这在一定程度上可能与马铃薯作为快餐导致高收入国家肥胖水平上升的印象有关。从这个意义上讲，全球马铃薯界，包括产业界要倾向于加大强调非油炸马铃薯的多种健康益处方面的努力。美国马铃薯委员会发起的“Potato goodness unearthed”运动和荷兰 HZPC 集团的“Potatoes are healthy”宣传就是这一重要努力的两个案例。越来越多的研究为马铃薯在提供非脂肪来源的能量、维生素 C、微量营养素、类胡萝卜素和抗氧化剂方面的积极作用提供了证据基础（Burgos et al.，2007、2009a、b；Graham et al.，2007；King et al.，2013；Nesterenko et al.，2003；Singh et al.，2009；Vinson et al.，2012）。

1.5 原产地中心的保护

1.5.1 迁地保护

迁地保护包括在植物园、基因库或圈养繁殖计划中保护其自然栖息地以外的生物多样性组成部分（联合国环境与发展会议，United Nations Conference on Environment and Development，UNCED，1992）。迁地保护的目标是收集基因库中重要粮食作物的品种，包括地方品种和现代品种、种间杂交种、育种克隆体以及作物野生种（全球作物多样性信托基金，Global Crop Diversity Trust，GCDT，2006）。种质资源的迁地保护合乎理想地被那些需随时获取以实现基因增强、作物改良、品种选育或原产地保护区修复等目的的用户所期盼（Cohen et al.，1991）。

在马铃薯原产地中心，至少有 8 个被认定的重要马铃薯收藏机构（表 1.4），共保存了约 19777 份种质资源（GCDT，2006；与机构负责人的个人交流）。马铃薯遗传资源主要以植物种子（野生种）或块茎和试管苗（栽培种和育种资源）的形式保存。地方品种是最大的种质资源，其次是野生种。在原产地中心的基因库之间预计会有较高的重复。

表 1.4　　拉丁美洲马铃薯种质资源的组成和大小

种质资源/国家	①CIP，秘鲁	①INTA，阿根廷	②CORPOICA，哥伦比亚	③INIAF，玻利维亚	①UACH，智利	①INIAP，厄瓜多尔	①INIA，秘鲁	④INIA，智利
野生种	151	30	10	35	6	43	0	0
野生种，种质资源	2363	1460	118	500	183	275	0	0
地方品种，种质资源	4461	551	947	1400	331	222	310	388
栽培种（旧/新）	314	0	20	7	83	14	20	540
其他品种⑤	3170	0	0	300	1500	0	300	
总种质数	10308	2011	1085	2207	2097	511	630	928

注：①GCDT（2006）；
②CORPOICA（个人交流）；
③INIAF Bolivia（个人交流）；
④INIA Chile（个人交流）；
⑤育种品系、杂交种等。

国际马铃薯中心（International Potato Center，CIP）（秘鲁）是世界上最大的马铃薯体外培养和实生种子的收集机构，拥有来自所有栽培种的约 4461 份本地品种和 2520 份栽培马铃薯的野生种（Castaneda-Alvarez et al.，2015）。通过《粮食和农业植物遗传资源国际条约》设计的多边系统，可在全球范围内获得 CIP 所保护的遗传多样性以及各种质资源的相关信息。

拉丁美洲重要的马铃薯种质资源保存在国家基因库中，包括阿根廷国家农业技术研究所（INTA）（阿根廷），哥伦比亚农业研究公司（CORPOICA）（哥伦比亚），哥伦比亚国立大学（UNC）（哥伦比亚），国家农业和林业创新研究所（INIAF）（玻利维亚），智利农业研究所（INIA）（智利），智利南方大学（UACH）（智利），厄瓜多尔国家农业研究所（INIAP）（厄瓜多尔），国家遗传资源中心—国家林业研究所（CNGBdb）（中国），墨西哥农业和畜牧业（CNRG-INIFAB）（墨西哥），国家农业创新研究所（INIA）（秘鲁），国家农业研究所（INIA）（乌拉圭）和巴西农业研究公司（EMBARA）（巴西）的国家遗传资源和生物技术研究中心（CENARGEN）（巴西）。

保存在国家基因库中的大多数种质资源都是本地来源（FAO，2010）。这意味着它们通常是某些品种或栽培种群的独特代表。例如，智利的 *S. tumosum* Chilotanum（INIA 和 UACH）、玻利维亚的 *S. ajanhuiri*（INIAF）和哥伦比亚的 Phureja 种群（UNC）。但是，并非所有独特的种质资源在全球范围内都可获得。在该地区较小的基因库中也有许多马铃薯的迁地保护资源。例如，秘鲁的 AGROECO 项目（2011—2014 年）收集了来自 Cusco 地区所有马铃薯产区的 3501 个地方品种。这些品种是由 233 个小农户提供的，经形态学、分子、植物学和农艺学研究后，确定了 509 个独特的地方品种。所有这些品种保存在拉莫利纳国立农业大学（秘鲁，利马）和圣安东尼奥阿巴德国立大学（秘鲁，库斯科）。

国际马铃薯研究中心（CIP）和国际热带农业中心（CIAT）一直在努力查明全球作物野生种收集方面的差距。对栽培马铃薯近缘种迁地保护现状进行了评估（Castaneda-Alvarez et al.，2015）。共编制了马铃薯野生种 73 种的 49164 份记录，对应 11100 份种质材料和 37251 份参考。由于国际研究界在异地收集方面存在巨大差距，32 个品种（44%）被列为进一步收集的优先对象。重要的是，*S. ayacuchense*、*S. neovavilovii*、*S. olmosense* 和 *S. salasianum* 这 4 个品种需要迫切关注，因为目前在任何全球收集机构中均没有相关的有效种质资源。此外，国际马铃薯研究中心目前正在对栽培种群 *S. tuberosum* Chilotanum 进行遗传差异分析，涉及以下基因库：CIP（秘鲁，129 份材料）、INIA（智利，335 份材料）、Vavilov 研究所（俄罗斯，60 份材料）和美国农业部（12 份材料），目的是在地域和基因水平上明确收集品种间的差异和重复状况。

1.5.2 农家保护

严格意义上讲，农家保护马铃薯地方品种是一种历史的和自发的农民驱动现象（Brush，2000）。尽管有严重冲击、负面趋势和整体社会变化，安第斯和奇洛埃群岛的农民仍在继续栽培和保护令人印象深刻的本土物种多样性。农民驱动保护是一种动态的管理策略，导致地方品种的组成因农民需求和适应性潜力而发生变化（Bretting et al.，1997）。因此，其结果不是静态的或绝对的，并非基因库保护所期望的理想状态。

自 1990 年初以来，旨在支持马铃薯农家努力保护农场本地品种多样性的项目和措施有所增加（Scott，2011c）。这些举措大多是基于马铃薯多样性正在丧失的观念采取的。然而，尽管有几项研究探索了这种现象及其可能的潜在原因，但关于地方物种丧失和遗传侵蚀的科学证据仍然很少（Brush et al.，1992；de Haan et al.，2013；Duenas et al.，1992；Winters et al.，2006；Zimmerrer，1991a）。农场保护干预措施本身在方法上存在巨大差异，往往基于不同的发展观点，从价值链提升（Meinzen-Dick et al.，2009）到所谓的文化重申（Apffel-Marglin，1998）。发展和非政府组织采取了多种干预措施，包括自然保护区模式、社区种子库、青年参与和病虫害综合治理。生物多样性种子展销是一种非常成功的方法（Tapia，2000；Tapia et al.，1993）。

自 21 世纪初以来，整个安第斯山脉已经采取了多项举措，在社区（Cosio Cuentas，2006；Gutierrez et al.，2010；Hancco et al.，2008）、省级（CIP，2006；Gonzalez，2013）或国家级（Monteros et al.，2010）目录中登记当代马铃薯地方品种多样性水平。这些信息为今后监测本地品种的保护动态提供了初步数据，尽管目前还不完整。然而，除了记录单纯的本地品种多样性外，还必须登记它们的相对丰度、空间分布、相关收集知识以及农户认为对保护的阻碍和威胁。国际马铃薯研究中心已开始建立一个补充的观测网络，用于系统的基线记录和未来监测，以便科学家能够了解关于地方品种保护的经验教训，从而得出基于相关证据的经验。

1.5.3 持续进化

在遗传、分类和考古证据的基础上，对栽培马铃薯驯化和进化的认识取得了重大进展。然而，除了极个别的例外（Johns，1989；Johns et al.，1986），关于农民实际上如何促进这一过程，有多少是自发的（自然选择）或是人为的（人为选择），以及农家驱动的马铃薯进化是过去的还是正在进行的过程，我们知之甚少。要了解作物的进化适应性，就需要了解其人类生态学，以及农民在操控与相容野生种很接近的地方品种时所做的选择努力（McKey et al.，2012）。

作物遗传资源在起源和多样性中心的持续进化通常被认为是动态农家保护的重要贡献，它们面临着动态的管理、环境压力，与野生种相近，以及自然和人工选择的影响（Bretting et al.，1997；Maxted et al.，1997）。农家驱动的马铃薯持续进化至少有四种途径。首先是地方品种和相容的野生品种之间的基因流动，并最终将新的基因型引入农家地方品种中；第二种是收集优选的半野生马铃薯进行种植；第三种途径涉及突变导致克隆体内变异；第四种是和达尔文主义的自然选择有关，是将地方品种混合物暴露在压力源和其他选择压力下，从而使最能适应新环境的基因型“适者生存”。

如果不考虑前哥伦布时期农民有意识地使用植物种子的可能性，就很难解释地方物种的高度多样性。有一些报道认为有性种子的使用是一种传统做法（IBPGR，1991；Quiros et al.，1992)。然而，这种做法在安第斯山脉和奇洛埃群岛已不再常见。另外，基于开放授粉和自发有性生殖的基因流动，杂交种子的发芽，疑似杂草的出现和建立以及种子块茎种和农家管理的本地品种的混合，代表了另一种文献仍未记载的可能途径（Johns et al.，1986；Johns et al.，1987；Lawson，1983；Rabinowitz et al.，1990)。从基因流动到植物种子发芽的途径确实得到很好的证实（Celis et al.，2004；Scurrah et al.，2008)，但成功构建杂交种并被农户接纳的最后阶段是基于假设的。

Araq 马铃薯是一个传统分类学种群，具有相当大的种内多样性，其特点是杂草化或野生状态，被安第斯地区农民收集和消费（deHaan et al.，2007)。这些半野生马铃薯广泛分布在从玻利维亚到厄瓜多尔的安第斯马铃薯产地中心，他们有各种不同的本地名称：Araq Papa（秘鲁中部和南部)、Chayka Papa（秘鲁中部)、Papa Curao（秘鲁中部和北部)、Lelekkoya（玻利维亚）和 Semillu（玻利维亚)。这些四倍体野生马铃薯属于 *S. tuberosum* Andigenum 种群，具有特点匍匐茎长、块茎大、表皮厚等特点（Ochoa，1990、1999)。已观察到收集这些半野生马铃薯用于栽培，并可能在基于动态的栽培—野生种质更新系统的持续进化中发挥作用。

欧洲和北美普通马铃薯品种的嵌合体或所谓变异的发生已被广泛记载（Lawrence et al.，1994；Ramulu et al.，1984；van Harten，1998)。但该现象在安第斯地方品种中的记录不多，但很有可能发生并在形态多样化中发挥作用，特别是考虑到地方品种与选育品种相比的进化时间。此外，高海拔地区的高水平紫外线辐射可能导致更高的突变率（Blumthaler et al.，1997)。

安第斯山脉农民以混杂的方式种植不同地方品种马铃薯。这些品种在克丘亚语中通常被称为 chaqru，随着环境或社会经济条件的变化，它们实际上为小农提供了“一篮子选择”方案。气候变化，如发生在小冰河期（1300—1850）或目前全球变暖的情况下，毫无疑问对本地物种施加了选择压力。这种压力可能因气候变化直接发生，也可能通过生物胁迫水平的改变间接发生。关于达尔文选择对种内多样性的影响知之甚少。基线通常不可获得，时间线序列难以重建。然而，地方品种在连续世代繁殖中的遗传组成特别是等位基因和基因频率的变化是被预期可能发生的。这种变化也可能涉及空间分布模式的改变。

1.6 原产地中心马铃薯的用途

1.6.1 传统用途

传统用途的描述，包括加工和转化的地域差异以及其对最终产品生化组成的影响，是一个有待探索的研究领域，可能有利于发现并更好地理解其对粮食安全的影响。几千年来，马铃薯一直是拉丁美洲西部粮食体系的主粮作物和必要组成部分（Coe，1994)。该作物的驯化和多样化与多种用途共同进化。与食品相关的用途多样，主要加工方法包括煮、蒸、冷冻干燥、干燥和发酵（Towle，1961）。这些方法改变了马铃薯的生化组分，并提高贮藏能力，以确保全年的有效食物的供应。此外，马铃薯还被用作药物和动物饲料，也用于节日或庆典（CIP，2006；Graves，2001；Iriarte et al.，2009）。

的的喀喀湖周边的安第斯农民仍然普遍使用的一种早期传统用途和食土习俗有关（Browman et al.，1996）。马铃薯煮熟后蘸上一种叫做 ch'ago 的黏土蘸料食用。黏土具有解毒功能，可中和人体摄入的潜在有害的糖苷生物碱（Johns，1986）。从食土习俗这种源于毒性相关应激的普通反应，到采用冷冻干燥等更专业的脱毒技术的转变，被认为是促进拓展资源开发和驯化的重要一步（Johns，1989、1990）。

冷冻干燥、干燥和发酵等加工技术有利于马铃薯长期贮存（Werge，1979）。传统的冷冻干燥技术有许多形式，主要包括白丘纽（*chuño*）（Tunta，Moraya）和黑丘纽（Woolfe，1987）。白丘纽的制作包括块茎的预处理、冷冻、踩踏、冲洗和干燥。白丘纽通常需要经清洗或浸泡，为了部分去除茄碱（Johns，1990）。另一方面，黑丘纽的制作不涉及洗涤或浸泡，与白丘纽相比，其制作通常更简单（Mamani，1981）。农民利用夜间的严重霜冻，白天的高水平太阳辐射和旱季的低水平相对湿度来加工这两种丘纽（Sattaur，1988）。冷冻干燥使两种类型的丘纽中的锌、钾、磷和镁含量降低，而白丘纽中的铁和钙含量在加工后增加（de Haan et al.，2010a、2013）。

Papa seca（干马铃薯）加工在相对干燥的安第斯西部地区很常见。在秘鲁安第斯山脉东部和北部相对潮湿的地区，小农户专门制作厌氧发酵的 tocosh。Tocosh 被用作食物和药物，被认为含有青霉素。tocosh 和 papa seca 生化成分构成仍并未被研究。在安第斯山脉和奇洛埃岛，所有传统的土豆制作方法基本上都涉及煮和蒸。Ch'ago、chuño、papa seca 和 tocosh 等马铃薯在食用前都需要煮。另一种传统的、广泛使用的土豆制作技术涉及到准备土烤炉。存在许多区域性方法，包括秘鲁中部的 pachamanka，秘鲁南部到玻利维亚北部的 *huatia*，以及智利南部的 *curanto*（Brush et al.，1980；Olivas Weston，2001）。

1.6.2 现代用途

目前，大多数拉丁美洲育种计划都致力于晚疫病持久抗性、抗病毒性、耐热和抗旱性、质量性状和低投入农业适应性。为了实现这一目标，已经加强了对栽培马铃薯和地方品种的野生近缘种的利用。例如，2000 年 INIA-乌拉圭启动了一项针对晚疫病抗性的预育种计划，使用的杂交品种涉及 *S. bulbocastanum*、*S. microdontum* 和 *S. circaeifolium* 这些品种还与拉丁美洲其他项目合作进行了品种选育。此外，INIA 乌拉圭与共和国大学（Udela R）合作，INIA 通过乌拉圭地方野生品种 *Colanum commersonii* 和具有耐热性及抗细菌性枯萎病的 *Colanum chacoense* 杂交培育出了四倍体 *S. tuberosum* 品种，以 Phureja 为纽带，将细菌性枯萎病抗性转移至栽培种质，扩大作物的遗传基础，增强对非生物胁迫的抗性（Galvan et al.，2007；

Gonzalez et al. , 2013；Narancio et al. , 2013）。

巴西 EMBRAPA 公司以野生种 *S. sparipilum*、*S. chacoense*、*S. microdontum* 和栽培品种 Phureja 杂交选育出抗枯萎病的预育种品系。在温暖的条件下选育出具有枯萎病抗性和农艺性状良好的亲本克隆和衍生后代。同样，CIP 也以 Piurana 种群野生种杂交选育出具有晚疫病抗性新基因的 4 倍体 *S. tuberosum* 杂交品种，并培育出具有抗枯萎病性状的初始杂交品种。这些杂交品种的遗传背景包括耐热和耐旱的育成品种。

哥伦比亚国立大学（UNC）的育种计划利用其收集的 Phureja 地方品种，培育出了休眠增强的现代二倍体 Phureja 品种。该大学还开始了一项以营养性状为重点的二倍体马铃薯育种计划。首先他们查明了 Phureja 核心品种马铃薯中营养成分（糖、蛋白质、矿物质、淀粉、水分、脂肪、膳食纤维、类胡萝卜素、维生素 C 和其他抗氧化物）和抗营养因子（茄碱）的含量（Duarte-Delgado et al. , 2015；Pena et al. , 2015）。宏量营养素、微量营养素和功能性化合物的含量差异为选择亲本材料进行育种提供了条件（Duarte et al. , 2013；Pineros et al. , 2013）。

营养素的高含量和适宜组成是全球作物改良的重要目标。二倍体品种 Phureja、Stenotomum 和 Goniocalyx 的微量营养素含量已被证实相对较高（Burgos et al. , 2009a、b；Paget et al. , 2014）。这些早期驯化品种具有良好的农艺性状，随着马铃薯育种的发展进程，它们通过杂合未减数配子与四倍体马铃薯杂交，形成具有杂交优势的四倍体杂交品种。这个二倍体地方品种种质已被国际马铃薯研究中心选为培育营养丰富的优势杂交品种的首个基因库，并经过 3 个循环的反复选择，通过组间和组内杂交提高铁和锌的含量。

源自广泛的地方和野生马铃薯品种，CIP 的两个最先进四倍体培育种群被用于筛选不同的适应性，以满足热带高地（B 种群）和亚热带低地（LTVR 种群）的农业生态可持续生产需求（Bonierbale et al. , 2003；Trognitz et al. , 2001）。这两个种群的群间杂交在适销马铃薯块茎产量方面获得了显著的正向杂种优势。在适宜环境下，新杂交群体超过亲本群体的平均值，但在不利于马铃薯生长的温暖环境下则没有。在有利环境下鉴定出更多的杂交优势种族，但在不利环境下鉴定出的少量杂交优势品种在有利环境下同样具有杂交优势。这表明，为了充分表达杂种优势，两个基因库对新杂交种可能所处环境的适应性是很重要的。因此，耐热性、耐盐碱性、耐旱性和较长临界光周期等适应性性状是在国际马铃薯研究中心被用于基因库增强和杂种优势育种的重要性状（Bonierbale et al. , 2008；Khan et al. , 2014）。

1.7 可持续保护和利用趋势

了解气候变化对原始马铃薯野生种种群生态学、遗传学和繁殖动力学的影响将是拉丁美洲研究项目的重要研究课题。据预测，数个品种可能会在未来几十年内消失（Jarvis et al.，2008）。监测脆弱野生种的保护状况，并在必要时实施缓解战略，将成为最优先事项（Cadima，2014）。通过使用下一代测序技术来更精确地研究自然栖息地中的生物，并评估人类干扰的影响，从而加速生态学和保护遗传学的发展（Narum et al.，2013）。同时，还必须在填补品种空白方面取得进展，以确保迁地收集样本可完全代表野生种基因库（Castaneda-Alvarez et al.，2015）。

同样，本地物种的农场保护也需构建一个更加协调的框架。从本质上讲，使用标准程序来衡量保护状况，并在选定的热点地区对地方品种库的动态进行强有力的监测，将是安第斯和奇洛埃群岛马铃薯的未来趋势。记录不同农家保护策略的影响也很重要，这样的干预措施就可以有越来越多的依据，并针对那些当地利益相关者的需要提供外部支持的地点。基于下一代标记技术的迁地保护和农家地方种群的结构对比有望使栽培水平的差异分析更加有效。此外，还将明确迁地保护种群的差异。

基因组学、蛋白质组学、代谢组学和生物信息学的进步将使育种者更智能地创制新一代的高级种质，以满足新出现的优先事项或特殊需求。现在随着高通量测序、基因分型新技术和参考基因组的普及，对数千个植物品种的核苷酸差异和缺失突变的表征将呈指数级增长（Dereeper et al.，2011）。这种快速发展需要生物信息学工具的并行发展，以实现有效的数据管理、分析和遗传资源记录。

毫无疑问，更广泛地利用马铃薯野生近缘种将在创新育种方法中发挥重要作用（Jansky et al.，2013）。全球和拉丁美洲的育种专家正在培育具有抗气候特性的新品种，包括耐热性、耐旱性和耐盐性，以及以早膨大作为逃逸机制。非生物抗逆性的初步筛选工作通常涉及地方品种。基因修饰技术可应用于生产具有工业价值的分子化合物，通过代谢工程在生物工厂将马铃薯转化为具有潜在用途的新分子化合物，用于制药、化妆品或农用化学工业（Feingold et al.，2010）。一些研究还报道了马铃薯对人类健康的新的有益作用，如降血压、抗炎和抗菌等（Pineros et al.，2014）。对潜在的新用途或未被开发的特性进行更深入的研究，例如影响块茎风味、质地、感官和物理化学特性的因素（Ezekiel et al.，2013；Seefeldt et al.，2011），将促进马铃薯研究和遗传资源利用的发展。

参考文献

Ames M，Spooner D. M. DNA from herbarium specimens settles a controversy about origins of the European potato. *American Journal of Botany*. 2008;95:252-257.

Apffel-Marglin F. *The Spirit of Regeneration*: *Andean Culture Confronting Western Notions of Development*. London: Zed Books; 1998.

Birch P. R. J，Bryan G，Fenton B，Gilroy E. M，Hein I，Jones J. T，Prashar H，Taylor M. A，Torrance

L, Toth I. K. Crops that feed the world 8: potato: are the trends of increased global production sustainable? *Food Security*. 2012;4(4):477-508.

Blumthaler M, Ambach W, Ellinger R. Increase in solar UV radiation with altitude. *Journal of Photochemistry and Photobiology B: Biology*. 1997;39:130-134.

Bonierbale M, Amoros W, Landeo J. Improved resistance and quality in potatoes for the tropics. *Acta Horticulturae*. 2003;619:15-22.

Bonierbale M, Amoros W, Quiroz R, Carli C, Mihovilovich E, Schafleitner R. Breeding potato for wide adaptation: conventional and molecular approaches. In: *Global Potato Conference, 9-12 December 2008, New Delhi, India, Conference Summary*. 2008:5-6.

Bradeen J. M, Haynes K. G. Introduction to potato. In: Bradeen J. J, Kole C, eds. *Genetics, Genomics and Breeding of Potato*. Enfield, NH: CRC Press/Science Publishers; 2011:1-19.

Bradshaw J. E, Ramsay G. Potato origin and production. In: Singh J, Kaur L, eds. *Advances in Potato Chemistry and Technology*. Burlington: Academic Press; 2009:1-26.

Bretting P. K, Duvick D. N. Dynamic conservation of plant genetic resources. *Advances in Agronomy*. 1997;61:1-51.

Browman D. L, Gundersen N. G. Altiplano comestible earths: prehistoric and historic geophagy of highland Peru and Bolivia. *Geoarcheology*. 1996;8:413-425.

Brown C. R, Culley D, Bonierbale M, Amoros W. Anthocyanin, carotenoid content, and antioxidant values in native South American potato cultivars. *HortScience*. 2007;42:1733-1736.

Brush S. B. Potato taxonomies in andean agriculture. In: Brokensha D. W, Warren D. M, Werner O, eds. *Indigenous Knowledge Systems and Development*. Lanham, MD: University Press of America; 1980:37-48.

Brush S. B. *Genes in the Field: On-farm Conservation of Crop Diversity*. Boca Raton, FL: International Development Research Centre(IDRC), International Plant Genetic Resources Institute(IPGRI), Lewis Publishers; 2000.

Brush S. B. *Farmers' Bounty: Locating Crop Diversity in the Contemporary World*. New Haven, CT: Yale University Press; 2004.

Brush S. B, Carney H. J, Huamán Z. *The Dynamics of Andean Potato Agriculture* Social Science Department Working Paper Series 1980-5. Lima: International Potato Center(CIP); 1980.

Brush S. B, Taylor J. E, Bellon M. R. Technology adoption and biological diversity in Andean potato agriculture. *Journal of Development Economics*. 1992;39:365-387.

Bukasov S. M. ,1978. Systematics of the potato. *Trudy po Prikladnoj Botanike Genetike i Selekcii*. 1978; 62:3-35.

Burgos G, Amoros W, Morote M, Stangoulis J, Bonierbale M. Iron and zinc concentration of native Andean potato varieties from a human nutrition perspective. *Journal of the Science of Food and Agriculture*. 2007;87(4):668-675.

Burgos G, Auqui S, Amoros W, Salas E, Bonierbale M. Ascorbic acid concentration of native Andean potato varieties as affected by environment, cooking and storage. *Journal of Food Composition and Analysis*. 2009;22:533-538.

Burgos G, Salas E, Amoros W, Auqui M, Munoa L, Kimura M, Bonbierale M. Total and individual carotenoid profiles in *Solanum phureja* of cultivated potatoes: I. Concentrations and relationships as determined by spectrophotometry and HPLC. *Journal of Food Composition and Analysis*. 2009;22:503-508.

La Barre W. Potato taxonomy among the Aymara indians of Bolivia. *Acta Americana*. 1947;5:83-103.

van der Berg R, Groendijk-Wilders N. Taxonomy. In: Navarre R, Pavek M, eds. *The Potato: Botany, Production and Uses*. Surrey: CABI Publishing; 2014:12-28.

Cadima X. *Conserving the Genetic Diversity of Bolivian Wild Potatoes* Ph. D. thesis. Wageningen: Wageningen University; 2014.

Camadro E. L, Erazzú L. E, Maune J. F, Bedogni M. C. A genetic approach to the species problem in wild potato. *Plant Biology*. 2012;14:543-554.

Castañeda-Álvarez N, de Haan S, Juarez H, Khoury C. K, Achicanoy H. A, Sosa C. C, Bernau V, Salas A, Heider B, Simon R, Maxted N, Spooner D. Msitu conservation priorities for the wild relatives of potato(*Solanum* L. section *Petota*). *PLoS ONE*. 2015;10(6):e0129873. doi: 10.1371/journal.pone.0129873.

Celis C, Scurrah M, Cowgill S, Chumbiauca S, Green J, Franco J, Main G, Kiezebrink D, Visser R. G. F, Atkinson H. J. Environment biosafety and transgenic potato in a centre of diversity for this crop. *Nature*. 2004;432:222-225.

Centro Internacional de la Papa(CIP), Federación Departamental de Comunidades Campesinas de Huancavelica(FEDECCH). *Catálogo de Variedades de Papa Nativa de Huancavelica-Perú*. Lima, Peru: Metrocolor; 2006.

Chen Q, Lynch D, Platt W. H, Li H. Y, Shi Y, Li H. J, Beasley D, Rakosy-Tican L, Theme R. Interspecific crossability and cytogenetic analysis of sexual progenies of Mexican wild diploid 1EBN species *Solanum pinnatisectum* and *S. cardiophyllum*. *American Journal of Potato Research*. 2004;81:159-169.

Christiansen J. *The Utilization of Bitter Potatoes to Improve Food Production in the High Altitude of the Tropics* Ph. D. thesis. Ithaca, NY: Cornell University; 1977.

Coca Morante M. *Las Papas en Bolivia: Una Aproximación a la Realidad del Mejoramiento del Cultivo de la Papa en Bolivia*. Cochabamba, Bolivia: Universidad Mayor de San Simon; 2002.

Coe S. D. *America's First Cuisines*. Austin, TX: University of Texas Press; 1994.

Cohen J. I, Williams J. T, Plucknett D. L, Shands H. Ex situ conservation of plant genetic resources: global development and environmental concerns. *Science*. 1991;253:866-872.

Condori B, Hijmans R. J, Ledent J. F, Quiroz R. Managing potato biodiversity to cope with frost risk in the high Andes: a modeling perspective. *PLoS ONE*. 2014;9:e81510.

Contreras A, Castro I. *Catálogo de Variedades de Papas Nativas de Chile*. Validivia, Chile: Universidad Austral de Chile; 2008.

Correll D. S. The potato and its wild relatives. Contributions from the Texas Research Foundation. *Botanical Studies*. 1962;4:1-606.

Cosio Cuentas P. *Variabilidad de Papas Nativas en Seis Comunidades de Calca y Urubamba-Cusco*. Cusco, Peru: Asociación Arariwa; 2006.

Dereeper A, Nicolas S, Cunff L, Bacilieri R, Doligez A, Peros J. P, Ruiz M, This P. SNiPlay: a web-based tool for detection, management and analysis of SNPs. Application to grapevine diversity projects. *BMC Bioinformatics*. 2011;12:134.

Devaux A, Ordinola M, Hibon A, Flores R. *El Sector Papa en la Región Andina: Diagnóstico y Elementos para una Visión Estratégica(Bolivia, Ecuador y Perú)*. Lima, Peru: Centro Internacional de la Papa; 2010.

Dillehay T. D. *Monte Verde: A Late Pleistocene Settlement in Chile, the Archeological Context and Interpretation*. vol. 2. Washington, DC: Smithsonian Press; 1997.

Duarte D, Restrepo P, Kushalappa A, Mosquera T. Phenotypic characterization of reducing and non-reducing sugars content in *Solanum tuberosum* group Phureja. In: *Poster Presented at Solanaceae Conference, Genome vs Phenome, October 1-17, Beijing, China*. 2013 Available at: http://issuu.com/seguridadalimentarianarinoproyecto/(accessed in 2015).

Duarte-Delgado D, Narváez-Cuenca C. E, Restrepo-Sánchez L. P, Kushalappa A, Mosquera-Vásquez T. Development and validation of a liquid chromatographic method to quantify sucrose, glucose, and fructose in tubers of *Solanum tuberosum* Group Phureja. *Journal of Chromatography B*. 2015;975:18-23.

Dueñas A, Mendivil R, Lovaton G, Loaiza A. Campesinos y Papas: a Propósito de la Variabilidad y

Erosión Genética en Comunidades Campesinas del Cusco. In: Degregori C. I, Escobal J, Marticorena B, eds. *Perú : el Problema Aagrario en Debate SEPIA IV, Seminario Permanente de Investigación Agraria(SEPIA)*. Iquitos, Peru: Universidad Nacional de la Amazonía Peruana(UNAP); 1992:287-309.

Ezekiel R, Singh N, Sharma S, Kaur A. Beneficial phytochemicals in potato-a review. *Food Research International*. 2013;50:487-496.

Feingold S. E, Massa G. A, Norero N. S, Lorenzen J. Initiatives on potato functional genetics. *The Americas Journal of Plant Science and Biotechnology*. 2010;4:79-89.

Food and Agriculture Organization of the United Nations (FAOSTAT). FAOSTAT database. http://faostat3.fao.org/home/E, 2013.

Food and Agriculture Organization of the United Nations(FAO). *International Year of the Potato: The Global Potato Economy*. Rome, Italy: FAO; 2008.

Food and Agriculture Organization of the United Nations(FAO). *The Second Report on the State of the World's Plant Genetic Resources for Food and Agriculture*. Rome, Italy: FAO; 2010.

Food and Agriculture Organization of the United Nations(FAO). FAOSTAT Database. FAO; 2013 Available at:. http://faostat3.fao.org(accessed in 2015).

Fowler C, Mooney P. *Shattering: Food, Politics, and the Loss of Genetic Diversity*. Tucson, AZ: University of Arizona Press; 1990.

Galván G, Fraguas F, Quirici L, Santos C, Silvera E, Siri M. I, Villanueva P, Raudiviniche L, González M, Torres D, Castillo A, Da Rizza M, Vilaró F, Gepp V, Ferreira F, Pianzzola M. J. Solanum commersonii: Una especie con gran potencial para el mejoramiento genético de papa por resistencia a *Ralstonia solanacearum*. In: Clausen A, Condon F, Berretta A, eds. *Avances de Investigación en Recursos Genéticos en el CONO SUR II*. 2007:87-102.

Gavrilenko T, Antonova O, Shuvalova A, Krylova E, Alpatyeva N, Spooner D. M, Novikova L. Genetic diversity and origin of cultivated potatoes based on plastid microsatellite polymorphism. *Genetic Resources and Crop Evolution*. 2013;60:1997-2015.

Ghislain M, Andrade D, Rodriguez F, Hijmans R. J, Spooner D. M. Genetic analysis of the cultivated potato *Solanum tuberosum* L. Phureja Group using RAPDs and nuclear SSRs. *Theoretical and Applied Genetics*. 2006;113:1515-1527.

Giraldo D, Juarez H, Pérez W, Trebejo I, Yzarra W, Forbes G. Severity of potato late blight(*Phytophthora infestans*) in agricultural areas of Peru associated with climate change. *Revista Peruana Geo-Atmosférica*. 2010;2:56-67.

Glendinning D. R. Potato introductions and breeding up to the early 20th century. *New Phytologist*. 1983;94:479-505.

Global Crop Diversity Trust(GCDT). Global Strategy for the Ex Situ Conservation of Potato. GCDT; 2006 Available at:. http://www.croptrust.org/documents/web/Potato-Strategy-FINAL-30Jan07.pdf (accessed in 2011).

González L. *Catálogo de Variedades de Papas Nativa y de Uso Local en el Estado de Mérida, Venezuela*. Maracay, Venezuela: Instituto Nacional de Investigaciones Agrícolas; 2013.

González M, Galván G. A, Siri M. I, Borges A, Vilaró F. Resistencia a la marchitez bacteriana de la papa en *Solanum commersonii*. *Agrociencia(Uruguay)*. 2013;17:45-54.

Gorbatenko L. E. *Potato Species of South America: Ecology, Geography, Introduction, Taxonomy, and Breeding Value, Russian Academy of Agricultural Sciences*. St. Petersburg, Russia: State Scientific Centre of the Russian Federation; 2006.

Graham R. D, Welch R. M, Saunders D. A, Ortiz-Monasterio I, Bouis H. E, Bonierbale M, de Haan S, Burgos G, Thiele G, Liria R, Meisner C. A, Beebe S. E, Potts M. J, Kadian M, Hobbs P. R, Gupta R. K,

Twomlow S. N subsistence food systems. *Advances in Agronomy*. 2007;92:1-74.

Graves C. *The Potato Treasure of the Andes: from Agriculture to Culture*. Lima, Peru: International Potato Center; 2001.

Gutiérrez R, Valencia C. *Las Papas Nativas de Canchis: Un Catálogo de Biodiversidad*. Lima, Peru: Intermediate Technology Development Group; 2010.

de Haan S, Juarez H. Land use and potato genetic resources in Huancavelica, central Peru. *Journal of Land Use Science*. 2010;5:179-195.

de Haan S, Bonierbale M, Ghislain M, Núñez J, Trujillo G. Indigenous biosystematics of Andean potatoes: folk taxonomy, descriptors, and nomenclature. *Acta Horticulturae*. 2007;745:89-134.

de Haan S, Burgos G, Arcos J, Ccanto R, Scurrah M, Salas E, Bonierbale M. Traditional processing of black and white chuño in the Peruvian Andes: regional variants and effect on the mineral content of native potato cultivars. *Economic Botany*. 2010;64:217-234.

de Haan S, Núñez J, Bonierbale M, Ghislain M. Multilevel agrobiodiversity and conservation of Andean potatoes in central Peru. *Mountain Research and Development*. 2010;30:222-231.

de Haan S, Núñez J, Bonierbale M, Ghislain M, van der Maesen J. A simple sequence repeat (SSR) marker comparison of a large in-and ex-situ potato landrace cultivar collection from Peru reaffirms the complementary nature of both conservation strategies. *Diversity*. 2013;5:505-521.

Hamilton E. *American Treasure and the Price Revolution in Spain, 1501-1650*. Cambridge, USA: Harvard University Press; 1934.

Hancco J, Blas R, Quispe M, Ugás R. *Pampacorral: Catálogo de sus Papas Nativas*. Lima, Peru: Universidad Nacional Agraria La Molina; 2008.

Hanneman R. E. The potato germplasm resource. *American Potato Journal*. 1989;66:655-667.

Hanneman R. E. Assignment of endosperm balance numbers to the tuber-bearing Solanums and their close non-tuber-bearing relatives. *Euphytica*. 1994;74:19-25.

van Harten A. M. *Mutation Breeding: Theory and Practical Applications*. Cambridge: Cambridge University Press; 1998. Harlan J. R, de Wet J. M. J. Toward a rational classification of cultivated plants. *Taxon*. 1971; 20:509-517.

Harris G. F, Niha P. P. *Nga Riwai Maori: Maori Potatoes* Working Papers No. 2-99. Lower Hutt, New Zealand: The Open Polytechnic of New Zealand; 1999.

Hawkes J. G. Taxonomic studies on the tuber-bearing Solanums. 1. *Solanum tuberosum* and the tetraploid species complex. *Proceedings of the Linnean Society*. 1956;166:97-144.

Hawkes J. G. The origin of *Solanum juzepczukii* Buk. and *S. curtilobum* Juz. et Buk. *Zeitschrift für Pflanzenzüchtung*. 1962;47:1-14.

Hawkes J. G. *A Revision of the Tuber-Bearing Solanums. II* Scottish Plant Breeding Station Record 1963. 1963:76-181.

Hawkes J. G. Potato genetic erosion survey: preliminary report. *CIP Bulletin*. 1973;166(Lima, Peru).

Hawkes J. G. *The Potato: Evolution, Biodiversity & Genetic Resources*. London: Belhaven Press; 1990.

Hawkes J. G. The evidence of the extent of N. I. Vavilov's new world Andean centres of cultivated plant origins. *Genetic Resources and Crop Evolution*. 1999;46:163-168.

Hawkes J. G, Francisco-Ortega J. The potato in Spain during the late 16th century. *Economic Botany*. 1992;46:86-97.

Hawkes J. G, Francisco-Ortega J. The early history of the potato in Europe. *Euphytica*. 1993;70:1-7.

Hijmans R. J, Spooner D. M, Salas A. R, Guarino L, De la Cruz J. *Atlas of Wild Potatoes*. Rome: International Plant Genetic Resources Institute; 2002.

Hosaka K. T-type chloroplast DNA in *Solanum tuberosum* L. ssp. *tuberosum* was conferred from some populations of *S. tarijense* Hawkes. *American Journal of Potato Research*. 2003;80:21-32.

Huamán Z, Spooner D. M. Reclassification of landrace populations of cultivated potatoes(*Solanum* sect. *Petota*). *American Journal of Botany*. 2002;89:947-965.

Huamán Z, Hawkes J. G, Rowe P. R. A biosystematics study of the origin of the diploid potato *Solanum ajanhuiri*. *Euphytica*. 1982;31:665-675.

Instituto Nacional de Innovación Agraria(INIA), Red LatinPapa. *Catálogo de Nuevas Variedades de Papa: Sabores y Colores para el Gusto Peruano*. Lima, Peru: Tarea Asociación Gráfica Educativa; 2012.

International Board for Plant Genetic Resources(IBPGR). *Geneflow: Women and Plant Genetic Resources*. Rome: International Board for Plant genetic Resources; 1991.

Iriarte V, Condori B, Parapo D, Acuña D. *Catálogo Etnobotánico de Papas Nativas del Altiplano Norte de La Paz-Bolivia*. Cochabamba, Bolivia: Fundación PROINPA; 2009.

Jansky S. H, Dempewolf H, Camadro E. L, Simon R, Zimnoch-Guzowska E, Bisognin D. A, Bonierbale M. A case for crop wild relative preservation and use in potato. *Crop Science*. 2013;53:746-754.

Jarvis A, Lane A, Hijmans R. J. The effect of climate change on crop wild relatives. *Agriculture, Ecosystems and Environment*. 2008;126:13-23.

Jo K. R, Kim C. J, Kim S. J, Kim T. K, Bergervoet M, Jongsma M. A, Visser R. G. F, Jacobsen E, Vossen J. H. Development of late blight resistant potatoes by cisgene stacking. *BMC Biotechnology*. 2014;14:50.

Johns T. *Chemical Ecology of the Aymara of Western Bolivia: Selection for Glycoalkaloids in the Solanum × Ajanhuiri Complex* Ph. D. thesis. Ann Arbor, MI: University of Michigan; 1985.

Johns T. Detoxification function of geophagy and the domestication of potato. *Journal of Chemical Ecology*. 1986;12:635-646.

Johns T. A chemical-ecological model of roots and tuber domestication in the Andes. In: Harris D. R, Hillman G. C, eds. *Foraging and Farming*. London: Unwin Hyman; 1989:504-519.

Johns T. *With Bitter Herbs They Shall Eat It: Chemical Ecology and the Origins of Human Diet and Medicine*. Tucson, AZ: University of Arizona Press; 1990.

Johns T, Keen S. L. Ongoing evolution of the potato on the altiplano of western Bolivia. *Economical Botany*. 1986;40:409-424.

Johns T, Huamán Z, Ochoa C, Schmiediche P. E. Relationships among wild, weed, and cultivated potatoes in the *Solanum ajanhuiri* complex. *Systematic Botany*. 1987;12:541-552.

Johnston S. A, den Nijs T. P. M, Peloquin S. J, Hanneman R. E. The significance of genic balance to endosperm development in interspecific crosses. *Theoretical and Applied Genetics*. 1980;57:5-9.

King J. C, Slavin J. L. White potatoes, human health, and dietary guidance. *Advances in Nutrition*. 2013;4:3935-4015.

Kiple K. F, Ornelas K. C, eds. *The Cambridge World History of Food*. Cambridge, UK: Cambridge University Press; 2000.

Khan M. A, Saravia D, Munive S, Lozano F, Farfan E, Eyzaguirre R, Bonierbale M. Multiple QTLs linked to agro-morphological and physiological traits related to drought tolerance in potato. *Plant Molecular Biology Reporter*. 2014:1-13.

Kirkman M. A. Global markets for processed potato products. In: Vreugdenhil D, ed. *Potato Biology and Biotechnology: Advances and Perspectives*. Oxford: Elsevier; 2007:27-44.

Knapp S. Species concepts and floras: what are species for? *Biological Journal of the Linnean Society*. 2008;95:17-25.

Kroschel J, Sporleder M, Tonnang H. E. Z, Juarez H, Carhuapoma P, Gonzales J. C, Simon R. Predicting climate change caused changes in global temperature on potato tuber moth *Phthorimaea operculella* (Zeller) distribution and abundance using phenology modeling and GIS mapping. *Agricultural and Forest Meteorology*.

2013;170:228-241.

Lawrence D. F, Slack S. A, Plaisted R. L. Russet Bake-King: a uniform russeted sport of Bake-King. *American Potato Journal*. 1994;71:127-129.

Lawson H. M. True potato seeds as arable weeds. *Potato Research*. 1983;26:237-246.

Lobo-Cabrera M. *El comercio canario europeo bajo Felipe II. Viceconsejería de Cultura y Deportes del Gobierno de Canarias y Secretaría Regional de Turismo*. Funchal, Portugal: Cultura e Emigraçao de Governo Regional da Madeira; 1988.

Mamani M. El chuño: Preparación, uso, almacenamiento. In: Lechtmand H, Soldi A. M, eds. *La Tecnología en el Mundo Andino*. México DF: Universidad Nacional Autónoma de México; 1981:235-246.

Manzur M. I. *Cátalogo de Semillas Tradicionales de Chile*. Santiago, Chile: Fundación Sociedades Sustentables; 2012.

Masuelli R. W, Camadro E. L. Crossability relationships among wild potato species with different ploidies and endosperm balance numbers. *Euphytica*. 1997;94:227-235.

Masuelli R. W, Camadro E. L, Erazzú L. E, Bedogni M. C, Marfil C. F. Homoploid hybridization in the origin and evolution of wild diploid potato species. *Plant Systematics and Evolution*. 2009;277:143-151.

Maxted N, Ford-Lloyd B. V, Hawkes J. G. *Plant Genetic Conservation: The In-situ Approach*. London: Chapman & Hall; 1997.

McKey D. B, Elias M, Pujol B, Duputié A. Ecological approaches to crop domestication. In: Gepts P, Famula T. R, Bettinger R. L, Brush S. B, Damania A. B, McGuire P. E, Qualset C. O, eds. *Biodivers in Agriculture: Domestication, Evolution, and Sustainability*. Cambridge: Cambridge University Press; 2012: 377-406.

Meinzen-Dick R. S, Devaux A, Antezana I. Underground assets: potato biodiversity to improve the livelihoods of the poor. *International Journal of Agricultural Sustainability*. 2009;7:235-248.

Monteros A. R. *Potato Landraces: Description and Dynamics in Three Areas of Ecuador* Ph. D. thesis. Wageningen: Wageningen University; 2011.

Monteros C, Yumisaca F, Andrade-Piedra J, Reinoso I. *Catálogo: Cultivares de Papas Nativas. Sierra Centro Norte del Ecuador*. Quito, Ecuador: Instituto Nacional Autónomo de Investigaciones Agropecuarias, Centro Internacional de la Papa; 2010.

Narancio R, Zorrilla P, Gonzalez M, Vilaró F, Pritsch C, Dalla Rizza M. Insights on gene expression response of a characterized resistant genotype of *Solanum commersonii* against *Ralstonia solanacearum*. *European Journal of Plant Pathology*. 2013;136:823-835.

Narum S, Buerkle C. A, Davey J. W, Miller M. R, Hohenlohe P. A. Genotyping-by-sequencing in ecological and conservation genomics. *Molecular Ecology*. 2013;22:2841-2847.

Nesterenko S, Sink K. C. Carotenoid profiles of potato breeding lines and selected cultivars. *HortScience*. 2003;38:1173-1177.

Nunn N, Qian N. Columbus's contribution to world population and urbanization: a natural experiment examining the introduction of potatoes. *Quarterly Journal of Economics*. 2011;126:593-650.

Ochoa C. M. Potato collecting expeditions in Chile, Bolivia and Peru, and genetic erosion of indigenous cultivars. In: Frankel O. H, Hawkes J. G, eds. *Crop Genetic Resources for Today and Tomorrow*. Cambridge: Cambridge University Press; 1975:167-173.

Ochoa C. M. *The Potatoes of South America: Bolivia*. Cambridge: Cambridge University Press; 1990.

Ochoa C. M. *Las Papas de Sudamérica: Peru*. Lima, Peru: Centro Internacional de la Papa(CIP); 1999.

Oliemans W. H. *Het Brood van de Armen: de geschiedenis van de aardappel temidden van ketters, kloosterlingenen kerkvorsten*. The Hague, Holland: SDU uitgeverij; 1988.

Olivas Weston R. *La Cocina de los Incas: Costumbres Gastronómicas y Técnicas Culinarias*. Lima, Peru:

Universidad San Martín de Porres; 2001.

Ortiz R, Ehlenfeldt M. The importance of endosperm balance number in potato breeding and the evolution of tuber-bearing *Solanum* species. *Euphytica*. 1992;60:105-113.

Osman S. F, Herb S. F, Fitzpatrick P. J, Schmiediche P. Glycoalkaloid composition of wild and cultivated tuber-bearing *Solanum* species of potential value in potato breeding programs. *Journal of Agricultural and Food Chemistry*. 1978;26:1246-1248.

Oswald A, de Haan S, Sanchez J, Ccanto R. The complexity of simple tillage systems. *Journal of Agricultural Science*. 2009;147:399-410.

Ovchinnikova A, Krylova E, Gavrilenko T, Smekalova T, Zhuk M, Knapp S, Spooner D. M. Taxonomy of cultivated potatoes(*Solanum* section *Petota*: Solanaceae). *Botanical Journal of the Linnean Society*. 2011;165:107-155.

Paget M, Amoros W, Salas E, Eyzaguirre R, Alspach P, Apiolaza L, Noble A, Bonierbale M. Genetic evaluation of micronutrient traits diploid potato from a base population of Andean landrace cultivars. *Crop Science*. 2014;54:1-11.

Peña C, Restrepo-Sánchez L. P, Kushalappa A, Rodríguez-Molano L. E, Mosquera T, Narváez-Cuenca C. E. Nutritional contents of advanced breeding clones of *Solanum tuberosum* group Phureja. *LWT—Food Science and Technology*. 2015;62(1)doi: 10. 1016/j. lwt. 2015. 01. 038.

Pérez Baca L. *Crianza de la Papa en Paucartambo-Qosqo*. Cusco, Peru: Centro de Servicios Agropecuarios; 1996.

Piñeros C, Guateque A, Peña C, Cuéllar D, Kushalappa A, Narváez C, Restrepo P, Mosquera T. Genetic diversity in potato breeding for nutritional quality in Colombia. In: *Poster Presented at Solanaceae Conference, Genome vs Phenome, October 1-17, Beijing, China*. 2013 Available at:. http://issuu. com/seguridadalimentarianarinoproyecto/(accessed in 2015).

Piñeros C, Peña C, Del Catillo S, Rodriguez E, Restrepo P, Kubow S, Sabally K, Kushalappa A, Mosquera T. Exploring biodiversity to introduce nutritional quality criteria in potato breeding programs. In: *Oral Presentation Presented at the European Association for Potato Research 19th Triennial Conference, July 6-11, Brussels, Belgium*. 2014 Available at:. http://www. seguridadalimentarianarino. unal. edu. co/sites/default/files/pdf-eventos/EC_2014-07_Introducing. nutritional. criteria. potato. breeding. programs. pdf(accessed in 2015).

Pumisacho M, Sherwood S. *El Cultivo de la Papa en Ecuador*. Quito, Ecuador: Instituto Nacional Autónomo de Investigaciones Agropecuarias, Centro Internacional de la Papa; 2002.

Quiros C. F, Ortega R, Van Raamsdonk L, Herrera-Montoya M, Cisneros P, Schmidt E, Brush S. B. Increase of potato genetic resources in their center of diversity: the role of natural outcrossing and selection by Andean farmers. *Genetic Resources and Crop Evolution*. 1992;39:107-113.

Rabinowitz D, Linder C. R, Ortega R, Begazo D, Murguia H, Douches D. S, Quiros C. F. High levels of interspecific hybridization between *Solanum sparsipilum* and *S. stenotomum* in experimental plots in the Andes. *American Potato Journal*. 1990;67:73-82.

Ramulu K. S, Dijkhuis P, Roest S. Genetic instability in protoclones of potato(*Solanum tuberosum* L. cv. 'Bintje'): new types of variation after vegetative propagation. *Theoretical and Applied Genetics*. 1984;68:515-519.

Reader J. *Propitious Esculent: The Potato in World History*. Portsmouth, England: William Heinemann; 2008.

Ríos D, Ghislain M, Rodriguez F, Spooner D. M. What is the origin of the European potato? Evidence from Canary Island landraces. *Crop Science*. 2007;47:127-1280.

Rodríguez F, Ghislain M, Clausen A. M, Jansky S. H, Spooner D. M. Hybrid origins of cultivated potatoes. *Theoretical and Applied Genetics*. 2010;121:1187-1198.

Salaman R. N. The potato in its early home and its early introduction into Europe. *Journal of the Royal Horticultural Society*. 1937;62:61-266.

Salaman R. N. The early European potato: its character and place of origin. *Journal of the Linnean Society (Botany)*. 1946;53:1-27.

Salaman R. N. *The History and Social Influence of the Potato*. Cambridge, England: Cambridge University Press; 1949.

Sattaur O. A bitter potato that saves lives. *New Scientist*. 1988;1612:51.

Schmiediche P. E, Hawkes J. G, Ochoa C. M. The breeding of the cultivated potato species *Solanum* × *juzepczukii* Buk. and *S.* × *curtilobum* Juz. et Buk. I. A study of the natural variation of *S.* × *juzepczukii*, *S.* × *curtilobum* and their wild progenitor *S. acaule* Bitt. *Euphytica*. 1980;29:685-704.

Scott G. J. Growth rates for potatoes in Latin America in comparative perspective: 1961-07. *American Journal of Potato Research*. 2011;88:143-152.

Scott G. J. Tendencias cruzadas: el consumo y utilizaci6n de la papa en América Latina entre 1961 y 2007 y sus implicancias para la industria. *Revista Latinoamericana de la Papa*. 2011;16:1-38.

Scott G. J. Plants, people, and the conservation of biodiversity of potatoes in Peru. *Natureza & Conservação*. 2011;9:21-38.

Scurrah M, Celis-Gamboa C, Chumbiauca S, Salas A, Visser R. G. F. Hybridization between wild and cultivated potato species in the Peruvian Andes and biosafety implications for the deployment of GM potatoes. *Euphytica*. 2008;164:881-892.

Seefeldt H. F, Tønning E, Wiking L, Thybo A. K. Appropriateness of culinary preparations of potato(*Solanum tuberosum* L.) varieties and relation to sensory and physicochemical properties. *Journal of the Science of Food and Agriculture*. 2011;91:412-420.

Simmonds N. W. Studies on the tetraploid potatoes. II. Factors in the evolution of the *tuberosum* group. *Journal of the Linnean Society(Botany)*. 1964;59:43-56.

Simmonds N. W. Studies on the tetraploid potatoes. III. Progress in the experimental re-creation of the *tuberosum* group. *Journal of the Linnean Society(Botany)*. 1966;59:279-288.

Singh J, Kaur L. *Advances in Potato Chemistry and Technology*. Burlington: Academic Press; 2009.

Slattery C. J, Halil KavakliI, Okita T. W. Engineering starch for increased quantity and quality. *Trends in Plant Science*. 2010;5:91-298.

Spooner D. M. DNA barcoding will frequently fail in complicated groups: an example in wild potatoes. *American Journal of Botany*. 2009;96:1177-1189.

Spooner D. M, van den Berg R. G. An analysis of recent taxonomic concepts in wild potatoes(*Solanum* sect. *Petota*). *Genetic Resources and Crop Evolution*. 1992;39:23-37.

Spooner D. M, van der Berg R. G, Rodríguez A, Bamberg J, Hijmans R. J, Lara Cabrera S. I. Wild potatoes(*Solanum* section *Petota*, Solanaceae) of North and Central America. *Systematic Botany Monographs*. 2004;68.

Spooner D. M, McLean K, Ramsay G, Waugh R, Bryan G. J. A single domestication for potato based on multilocus amplified fragment length polymorphisms genotyping. *Proceedings of the National Academy of Science (PNAS)*. 2005;102:14694-14699.

Spooner D. M, Nuñez J, Rodríguez F, Naik P. S, Ghislain M. Nuclear and chloroplast DNA reassessment of the origin of Indian potato varieties and its implications for the origin of the early European potato. *Theoretical Applied Genetics*. 2005;110:1020-1026.

Spooner D. M, Jansky S. H, Clausen A, Herrera M. R, Ghislain M. The enigma of *Solanum maglia* in the origin of the Chilean cultivated potato, *Solanum tuberosum* Chilotanum Group. *Economic Botany*. 2012;66:12-

21.

Spooner D. M, Ghislain M, Simon R, Jansky S. H, Gavrilenko T. Systematics, diversity, genetics, and evolution of wild and cultivated potatoes. *Botanical Review*. 2014;80:283-383.

Tapia M. E. Mountain agrobiodiversity in Peru: seed fairs, seed banks, and mountain-to-mountain exchange. *Mountain Research and Development*. 2000;20:220-225.

Tapia M. E, Rosas A. Seed fairs in the Andes: a strategy for local conservation of plant genetic resources. In: de Boef W, Amanor K, Wellard K, Bebbington A, eds. *Cultivating Knowledge: Genetic Diversity, Farmer Experimentation and Crop Research*. London: Intermediate Technology Publications; 1993:111-118.

Terrazas F, Cadima X, Garcia R, Zeballos J. *Catálogo Etnobotánico de Papas Nativas: Tradición y Cultura de los Ayllus del Norte Potosí y Oruro*. Cochabamba, Bolivia: Fundación PROINPA; 2008.

Thiele G. Informal potato seed systems in the Andes: why are they important and what should we do with them? *World Development*. 1999;27:83-99.

Towle M. A. *The Ethnobotany of Pre-Columbian Peru*. Chicago, IL: Viking Fund Publications in Anthropology; 1961.

Trognitz B. R, Bonierbale M, Landeo J. A, Forbes G, Bradshaw J. E, Mackay G. R, Waugh R, Huarte M. A, Colon L. Improving potato resistance to disease under the global initiative on late blight. In: Cooper H. D, Spillane C, Hodgkin T, eds. *Broadening the Genetic Base of Crop Production*. New York: IPGRI/FAO; 2001:385-398.

Ugarte M. L, Iriarte V. *Papas Bolivianas: Catálogo de Cien Variedades Nativas*. Cochabamba, Bolivia: Fundación PROINPA; 2000.

Ugent D, Dillehay T, Ramirez C. Potato remains from a late pleistocene settlement in Southcentral Chile. *Economical Botany*. 1987;41:17-27.

United Nations Conference on Environment and Development(UNCED). Convention on Biological Diversity. Geneva, Italy: United Nations; 1992 Available at:. https://www.cbd.int/doc/legal/cbd-en.pdf(accessed in 2015).

Väänänen T. *Glycoalkaloid Content and Starch Structure in Solanum Species and Interspecific Somatic Potato Hybrids* Ph. D. thesis. Helsinki: University of Helsinki; 2007.

Veilleux R. E, De Jong H. Potato. In: Singh R. J, ed. *Genetic Resources, Chromosome Engineering, and Crop Improvement*. vol. 3. Boca Raton: CRC Press; 2007:17-58.

Vinson J. A, Demkosky C. A, Navarre D. A, Smyda M. A. High-antioxidant potatoes: acute in vivo antioxidant source and hypotensive agent in humans after supplementation to hypertensive subjects. *Journal of Agricultural Food Chemistry*. 2012;60:6749-6754.

Walker T. S, Schmiediche P. E, Hijmans R. J. World trends and patterns in the potato crop: an economic and geographic survey. *Potato Research*. 1999;42(2):241-264.

Wang Q, Zhang W. China's potato industry and potential impacts on the global market. *American Journal of Potato Research*. 2004;81(2):101-109.

Werge R. W. Potato processing in the central highlands of Peru. *Ecology of Food and Nutrition*. 1979;7:229-234.

Winters P, Hintze L. H, Ortiz O. Rural development and the diversity of potatoes on farms in Cajamarca, Peru. In: Smale M, ed. *Valuing Crop Biodiversity: On-farm Genetic Resources and Economic Change*. Wallingford: CABI Publishing; 2006:146-161.

Woolfe J. A. *The Potato in the Human Diet*. Cambridge: Cambridge University Press; 1987.

Zimmerer K. S. Labor shortages and crop diversity in the southern Peruvian sierra. *Geographical Review*. 1991;82:414-432.

Zimmerer K. S. The regional biogeography of native potato cultivars in highland Peru. *Journal of Biogeog-*

raphy. 1991;18:165-178.

Zimmerer K. S. *Changing Fortunes: Biodiversity and Peasant Livelihood in the Peruvian Andes*. Berkeley, CA: University of California Press; 1996.

Zimmerer K. S. Conserving agrobiodiversity amid global change, migration, and nontraditional livelihood networks: the dynamic use of cultural landscape knowledge. *Ecology and Society*. 2014;19:1.

2 马铃薯细胞壁多糖

Marie-Christine Ralet, Fanny Buffetto, Isabelle Capron, and Fabienne Guillon
INRA, UR1268 Biopolymères, Interactions et Assemb lages, Nantes, France

2.1 引言

植物细胞壁是陆地生物质最丰富的来源。细胞壁包围在细胞膜外，形成一个连续的胞外基质，构成植物组织的骨架。植物细胞壁是一个高度复杂和动态的实体，在植物的生长和发育过程中具有极其重要的作用。它们被认为是一个纤维素聚合物，其中纤维素微纤维嵌入复杂的碳水化合物和木质素的基质中。这些生物聚合物共同决定了植物细胞的形状和机械性能。植物细胞壁一般由以下三个结构层次构成。

（1）胞间层　胞间层位于相邻两细胞之间，是细胞壁的最外层，主要由果胶构成，在细胞分裂时形成，起连接相邻细胞的作用。

（2）初生细胞壁　初生细胞壁位于生长细胞的周围，是一个高度亲水，由纤维素、半纤维素和果胶组成的松散网络结构，在细胞膨胀阶段形成。

（3）次生细胞壁　当细胞膨胀结束，不再生长时，次生细胞壁逐渐形成。初生细胞壁和次生细胞壁可通过果胶、木质素的含量及半纤维素的结构来区分。在次生细胞壁中，果胶含量急剧下降，主要被木质素取代。细胞壁失去韧性，变得更厚，形成一个坚硬的支撑结构。

在马铃薯淀粉生产过程中，会产生一种低价值、富含细胞壁的副产品，称为马铃薯渣或马铃薯压榨纤维。Meyer 等（2009）报道，欧洲每年共产生至少 100 万 t 的马铃薯渣（即 2×10^5t 干物质）。马铃薯渣的主要成分是薯肉和薯皮的细胞壁及残渣（占干物质质量的 40%～65%），及部分残余淀粉（通常占干物质质量的 20%～30%）。目前，马铃薯渣主要用作动作的饲料，没有其他重要用途（Ravn et al.，2015）。因此这也促使马铃薯细胞壁多糖提取和利用研究的兴起。

2.2 马铃薯细胞壁的分离

马铃薯细胞壁较难分离纯化，主要问题是淀粉污染，还包括一些共性问题，如钝化内源性细胞壁降解酶、难以去除细胞壁结合蛋白质等（Jardine et al.，2002）。

马铃薯原淀粉和细胞壁都是水不溶性的，因此很难彼此分离（Jardine et al.，2002）。Ring 和 Selvendran（1978）开发了一种在室温下用 90%二甲基亚砜（DMSO）水溶液有效去除淀粉的方法，该方法涉及大量 DMSO 使用和长时间孵育。目前一些综合联用手段被开发用于从工业马铃薯渣中去除鲜马铃薯块茎中的淀粉，纯化细胞壁。Jardine 等（2002）首次建立了三种从去皮马铃薯块茎中高效、方便地分离细胞壁的方法，其中一种方法可以高效、快速地去除小批量马铃薯中的淀粉，但难以去除工业加工过程中马铃薯淀粉。因此，开发了另外两种替代方法。一是在4℃低温下，用匀浆机将马铃薯细胞在10g/L脱氧胆酸钠的缓冲液中破碎，残渣用苯酚：乙酸：水（2：1：1，质量：体积：体积）萃取，去除非共价结合蛋白质、脂质和脱氧胆酸钠。然后将残渣溶解在pH=4的缓冲液中，并在70℃下加热使淀粉糊化。冷却后，加入α-淀粉酶和普鲁兰酶在37℃下酶解淀粉，最后进行离心、过滤和洗涤。二是将马铃薯细胞在Triton 100的混合阳离子缓冲液中均质，并用饱和苯酚溶液进行萃取。然后将残渣冷冻成小颗粒，研磨后溶解于混合阳离子缓冲液中。淀粉糊化和去除如第一种方法所述。这两种方法都可有效去除马铃薯中淀粉，同时也可弥补第一种方法从工业上专用生产马铃薯品种中提取淀粉的不足。Jardine等（2002）指出，第一种方法似乎比第二种方法更有效，但更耗时。

上述这些方法可有效将淀粉和蛋白质分离，但不适合大规模处理马铃薯渣。Thomassen和Meyer（2010）采用酶法降解去除马铃薯渣淀粉，通过“尽可能少的步骤、少的酶活性、低的酶用量、低耗能和高干物质”来去除淀粉。因此，通过改变干物质含量、处理方法时间、处理温度和耐热α-淀粉酶的用量进行了试验设计（参考AOAC方法985.29和理论最大值）（Meyer et al.，2009）。在70℃，80g/kg马铃薯渣干物质使用0.2%淀粉酶/底物（体积质量比，每克干物质中含有2.4KNU单位的酶活性）反应65~85min可以一次性去除马铃薯渣中的淀粉（Thomassen et al.，2010）。Byg等（2012）用耐热α-淀粉酶对冷冻马铃薯渣进行了类似处理，但采用10g/L干物质含量，每克干物质中含有0.5KNU单位的Termamy酶活性，在80℃下处理60min。Ramaswamy等（2013）也使用耐热α-淀粉酶（85℃，30min），并进一步用淀粉葡萄糖苷酶（30℃，20h）循环两次处理残渣。经淀粉酶解后，对浆液进行真空过滤（Byg et al.，2012）或离心处理（Thomassen et al.，2010；Ramaswamy et al.，2013）。Ramaswamy等（2013）采用的耐热淀粉酶-淀粉葡萄糖苷酶水解马铃薯渣方法，可溶解大部分细胞壁多糖（>50%），但在过滤时也会损失。Byg等（2012）采用该方法时，并未对损失的细胞多糖进行定量分析。而Thomassen和Meyer（2010）比较了单独使用耐热淀粉酶和耐热淀粉酶-蛋白酶-淀粉葡萄糖苷酶联用两种处理方法的损失，这两种方法离心上清液中细胞壁多糖损失量相当。另外，马铃薯淀粉去除过程中，物理处理方法（研磨、粉碎等）也会或多或少提高细胞壁多糖的溶解，这也严重影响了细胞壁的分离及组成。

2.3 细胞壁多糖

马铃薯块茎和薯肉主要由薄壁组织—初生细胞壁构成。马铃薯是典型的真双子叶植物，其初生细胞壁主要由果胶、纤维素和半纤维素组成（McCann et al.，1991）。

2.3.1 纤维素

纤维素是地球上最丰富的可再生聚合物，在纳米技术研究中受到广泛关注，可用于生产再生材料。马铃薯渣作为加工废弃物是工业用纤维素较好来源。纤维素不溶于水，约占马铃薯初生细胞壁干物质的 30%~40%（Dufresne et al.，2000；Oomen et al.，2004）。

纤维素分子由 β-(1,4)-D-吡喃葡萄糖组成，形成一种可延伸的刚性带状结构。单链葡萄糖上的多个羟基与同链或相邻链的葡萄糖上的氧原子形成氢键，稳定纤维素分子的线性平行取向（Sugiyama et al.，1991），链间通过氢键和范德华力连接形成多链复合体，构成细胞壁的刚性结构。整个结构导致了固态假晶纤维的产生，形成微纤维。Cosgrove（2014）运用新型物理手段和模型研究指出组成一个微纤维的分子链数大约为 18~25。

纤维素作为一种化学原料，以纤维或其衍生物的形式应用于人们的日常生活中，已有近 150 年的历史。60 多年前，科学家们发现纳米结晶纤维素（CNCs）由棒状结晶组成，是由纤维素的无定形区优先水解产生的固体晶体颗粒，这种水解作用会导致纳米级的高度结晶的棒状颗粒的形成（Revol et al.，1992；Klemm et al.，2011）。CNCs 在材料界已经受到广泛的关注，它的应用与其固有特性有关：低密度、低机械强度、低硬度、低热膨胀系数、低光学透明度和非均质性以及柔性表面化学（Klemm et al.，2011）。因此，这种纳米晶材料已被研究应用于许多方面，如聚合物纳米复合材料、透明或手性薄膜、流变改性剂和水凝胶、药物载体、人造血管和伤口敷料等（Habibi et al.，2010）。Kalashnikova 等（2011、2012、2013）研究表明 CNCs 利用其在油水界面的自组装能力，可以螺旋排列自组装成手性向列的（胆固醇型）液晶相，这也是人们研究 CNC 的另一个方向，可使 CNC 薄膜具有光子带隙的结构（Lagerwall et al.，2014）。由于这些薄膜具有较好的光学特性，可将其应用于安全纸和无镜激光等的生产。同时，也可将逐层组装技术应用于 CNC，设计出具有先进功能的纳米纤维素/聚合物薄膜和涂层，如半反射彩色薄膜（Martin et al.，2014），酶检测器（Cerclier et al.，2011），以及与导电粒子（如碳纳米管）相关的导电薄膜（Olivier et al.，2012）。

马铃薯纤维素微纤维可从马铃薯渣中提取，通过氢氧化钾或氢氧化钠溶液除去半纤维素和果胶后，再进一步用次氯酸钠漂白得到（Dufresne et al.，1998；Dufresne et al.，2000；Abe et al.，2009）。去除非细胞壁物质后，相邻平行的微纤维聚集（Earl et al.，1981；Newman et al.，2013），通过机械处理即可得到单个微纤维（Dufresne et al.，1998；Dufresne et al.，2000；Abe et al.，2009）。微纤维的长度为 10~100μm，直径约为 10nm，是淀粉-纤维素复合材料的有效增强剂（Dufresne et al.，2000）。

从马铃薯皮渣中提取得到的纳米结晶纤维素，与棉花的 CNC 相比，马铃薯衍生的 CNC 具有较宽的长度分布范围（Chen et al.，2012）。用马铃薯 CNC 制备热塑性淀粉和聚乙烯醇纳米复合膜，可以改善两种复合膜的机械性能（Chen et al.，2012）。

2.3.2 半纤维素

半纤维素约占初生细胞壁干物质的25%，它们与纤维素、果胶共同组成细胞壁多糖。半纤维素通常用稀碱性溶液提取。半纤维素可以是同聚物或异质多聚体构成。同聚物主链由β-1,4-D-吡喃葡萄糖糖组成，也可以由木糖或甘露糖构成（图2.1），这些半纤维素分别被称为葡聚糖、木聚糖或甘露聚糖。异质多聚体的主链包含吡喃葡萄糖残基，可以与甘露糖（异甘露聚糖）连接，也可以与异链（混杂β-葡聚糖）连接。半纤维素可以被各种短侧链取代，增加了半纤维素的结构多样性。不同的植物生长阶段或植物种类中，细胞壁的半纤维素聚合物不同。在双子叶植物的初生细胞壁中，最常见的半纤维素是葡甘露聚糖、葡糖醛酸阿拉伯木聚糖和木聚糖（Harris et al.，2009；Scheller et al.，2010）。

2.3.2.1 半乳葡甘露聚糖

一般来说，甘露聚糖是最原始的植物细胞壁半纤维素，大部分被种子植物其他半纤维素所取代（Scheller et al.，2010；Pauly et al.，2013）。葡甘聚糖通常占被子植物初生壁的3%~5%，杂化主链由（1→4）-β-D-甘露糖与β-D-葡萄糖残基交替连接而成［图2.1（3）］。在某些植物中，甘露聚糖主要以半乳糖甘露聚糖的形式存在，其中甘露糖残基在O-6位被α-D-半乳糖取代或被α-1,2-D-半乳糖-D-半乳糖二糖取代（Harris et al.，2009）。马铃薯中从未分离得到异甘露聚糖，但从糖的组成和键的分析来看（Jarvis et al.，1981），这些糖肯定存在。

2.3.2.2 葡萄糖醛酸阿拉伯木聚糖

葡萄糖醛酸阿拉伯木聚糖存在于真双子叶植物的初生细胞壁中，通常约占干物质的5%（Darvill et al.，1980；Scheller et al.，2010）。不同细胞组织和发育阶段，木聚糖的分支结构不同（Scheller et al.，2010）。在葡萄糖醛酸阿拉伯木聚糖中，α-L-阿拉伯糖和α-D-葡萄糖-阿拉伯糖分支在木聚糖主链的O-2位置［图2.1（2）］，也可以在O-2位和O-3位置发生乙酰化（Gille et al.，2012）。由于在马铃薯细胞壁碱提物中发现了少量的β-1,4-D-木糖，因此推断马铃薯细胞壁中可能存在杂木聚糖（Ring et al.，1978）。

2.3.2.3 木葡聚糖

木葡聚糖是马铃薯初生细胞壁中含量最丰富的半纤维素聚合物，约占干物质的11%（Oomen et al.，2003）。木葡聚糖由β-1,4-D-葡萄糖主链和O-6位处的α-D-木糖分支链组成（Hayashi，1989）。根据木葡聚糖主链的取代度，木葡聚糖可以分为两类（Vincken et al.，1997；Pauly et al.，2013）。大多数高等植物木葡聚糖，每四个葡萄糖残基中有三个被木糖残基取代，这就是 XXXG 型分支模式。XXGG 类型具有较小的取代度，每四个葡萄糖残留物仅包含两个木糖残基［图 2.1（1）］，这种分支模式是茄科植物特有的木葡聚糖类型（Vincken et al.，1997；Scheller et al.，2010；Pauly et al.，2013）。用内源β-1,4-葡聚糖酶处理茄科植物的木葡聚糖，不仅可以产生 XXGG，而且可以生成 XGXG、GXXG、GXGG、XXG 和 XGG 低聚糖（Vincken et al.，1996；Jia et al.，2003；Quéméner et al.，2015）。这些类型有两方面的原因：一方面是在主链上存在非相邻的木糖残基；另一方面是葡聚糖主链上存在

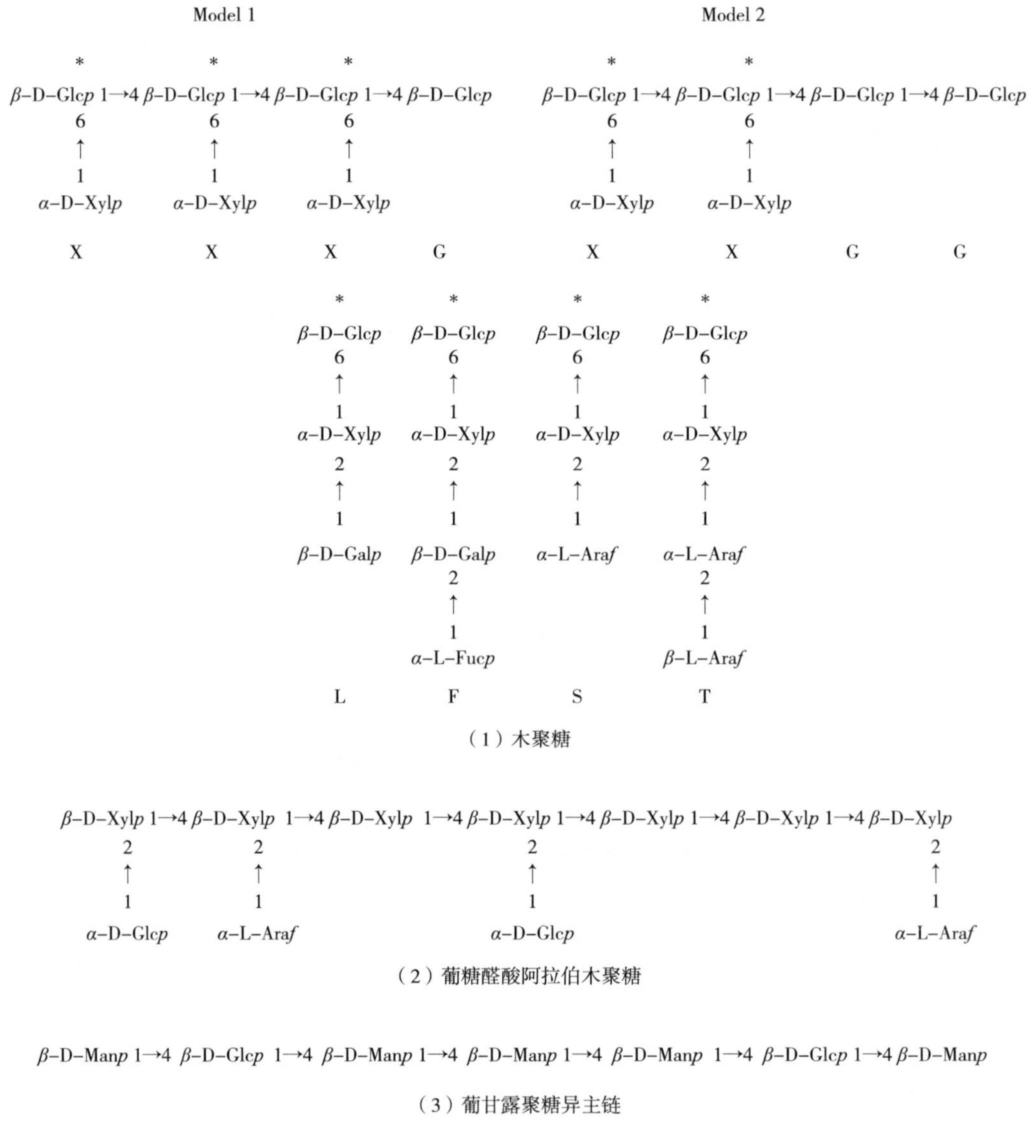

图 2.1　真双子叶植物初生细胞壁最常见的半纤维素结构

注：介绍了木聚糖的两种模型，对于这两种分支模式，短侧链是可变的，每个侧链非还原端的最后一个糖用字母（G、X、L、F、S 和 T）表示（Fry et al.，1993）

内切葡聚糖酶的两个可降解的位点。实际上，两个相邻的未被取代的葡萄糖残基会产生不同的结构（XXGG↓XXG↓GXXG）。XXXG 型分支模式虽然在茄科植物中不常见，但已在烟草花粉粒和花粉管壁中检测到（Lampugnani et al.，2013）。

木糖残基上也可结合其他糖，Fry 等（1993）建立了一种用单个字母代表侧链末端糖残基的命名方法如表 2.1 所示。在茄科植物中，已鉴定出几个侧链（表 2.1），但岩藻糖基侧链仅出现在烟草 XXXG 型木聚糖（Harris et al.，2009；Lampugnani et al.，2013）。不同的研究表明，马铃薯木聚糖中 Glc、Xyl、Gal 和 Ara 的物质的量比为 6∶3∶1∶1（Ring et al.，1981；Vincken et al.，1996；York et al.，1996），这与三个主要侧链-α-D-木糖（X）、β-D-甘露糖 α-1,2-D-木糖（L）、α-1,2-L-阿拉伯糖-α-D-木糖（S）含量相近的假设一致。

表 2.1 Fry 等（1993）命名法和 XXGG 型侧链的描述

马铃薯木葡聚糖侧链字母命名法				参考文献
G	+[1]	+	β-D-Glc*p*[3]	Ring 等（1981）
X	+	+	α-D-Xyl*p*-（1→6）-β-D-Glc*p*	Ring 等（1981）
L	+	+	β-D-Gal*p*-（1→2）-α-D-Xyl*p*-（1→6）-β-D-Glc*p*	Ring 等（1981）
S	+	+	α-L-Ara*f*-（1→2）-α-D-Xyl*p*-（1→6）-β-D-Glc*p*	Ring 等（1981）
T	+	-[2]	β-L-Ara*f*-（1→3）-α-L-Ara*f*-（1→2）-α-D-Xyl*p*-（1→6）-β-D-Glc*p*	York 等（1996）
U	+	-	β-D-Xyl*p*-（1→2）-α-D-Xyl*p*-（1→6）-β-D-Glc*p*	Quéméner 等（2015）

注：①+为检测到；

②-为未检测到；

③β-D-Glc*p* 为木葡糖主链的葡萄糖。

木葡聚糖也可以发生乙酰化。对茄科植物的研究表明，乙酰化主要发生在靠近非还原端的未被取代的葡萄糖残基的 *O*-6 位处（Ring et al.，1981；Sims et al.，1996；Jia et al.，2005），也可以发生在阿拉伯糖残基的 *O*-5 位处（Jia et al.，2005）。

2.3.3 果胶

果胶是真双子叶植物初生细胞壁的重要组成成分，可发挥不同的细胞功能，参与植物生长过程，在马铃薯细胞壁中含量尤为丰富。

果胶是一种富含半乳糖醛酸（Gal*p*A）的复杂异型多糖，由半乳糖醛酸聚糖（HG）、HG 类似物和鼠李半乳糖醛酸聚糖-I（RGI）三个结构域通过共价键连接而成（Caffall et al.，2009），这三个结构域的精细分子结构仍不清楚（Vincken et al.，2003；Ralet et al.，2009）。

果胶分子中的半乳糖醛酸聚糖含量最多，约占 65%［Thibault et al.，1993；Hellin et al.，2005；Round et al.，2010，图 2.2（1）］，由 85~320 个 α-D-半乳糖醛酸并以 α-1,4 糖苷键链接成主链，在 *C*-6 位上有部分甲酯化的半乳糖残基（Voragen et al.，1995）。在某些物种中，在 *O*-2 位或 *O*-3 位上有部分乙酰化的半乳糖残基（Ralet et al.，2005、2008）。甲基酯化度（DM）（即甲基酯化 Gal*p*A 残基（100 个 Gal*p*A 残基）和乙酰化（DA）（即 100 个 Gal*p*A 的乙酰化 Gal*p*A 残基的数量残留物）对果胶的相互作用有着重要的影响。此外，酯的分布对果胶的性质也很重要。不同种类的植物、生长阶段、细胞壁位置，果胶的乙酰化度和分布也不同，它们共同决定果胶的性质和功能（Bonnin et al.，2008；Caffall et al.，2009）。

在 HG 类似物中，有芹菜糖和木糖的单糖侧链或二糖侧链，也有更长更复杂的侧链［如图 2.2（1）所示］。在水生植物的细胞壁中，芹半乳糖醛酸在 *O*-2 位或 *O*-3 位处有 β-D-芹菜糖侧链（Hart et al.，1970；Ovodov et al.，1971；Ridley et al.，2001）。在其他的一些植物中，木聚乳糖醛酸则在 *O*-3 位处有 β-D-木糖的单糖或聚糖侧链（Schols et al.，1995；Le Goff et al.，2001；Zandleven et al.，2006）。鼠李半乳糖醛酸聚糖 II 是一种低分子量、高度复杂的大分子，由 12 种不同的糖基单元和 20 多种不同的连接方式组成（O'Neill et al.，2004），其含有一个短链的、侧链被五种不同的稀有糖取代的 HG 骨架，如槭汁酸、岩藻糖、木糖、3-脱氧-D-甘露-2-辛醛酸和 3-脱氧-D-来苏-2-庚醛酸。

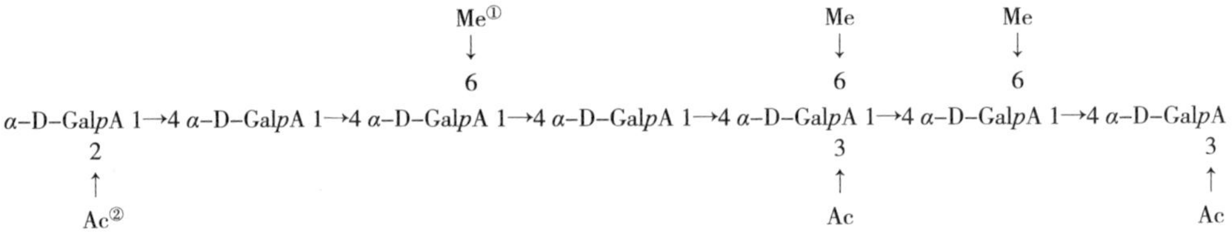

（1）乙酰基和甲酯基在同型半乳糖醛酸聚糖主链上的位置

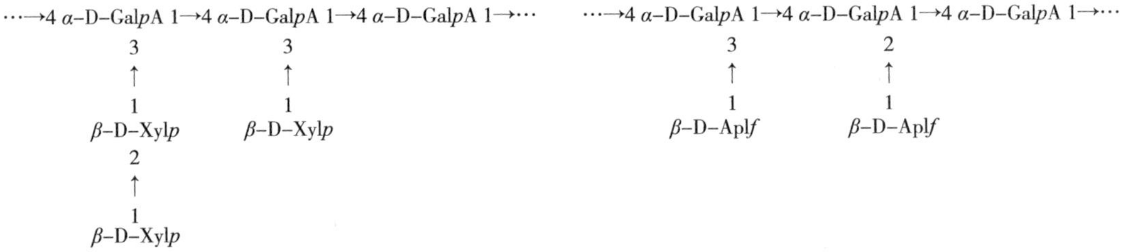

（a）木低聚半乳聚糖　　（b）芹半乳糖醛酸聚糖

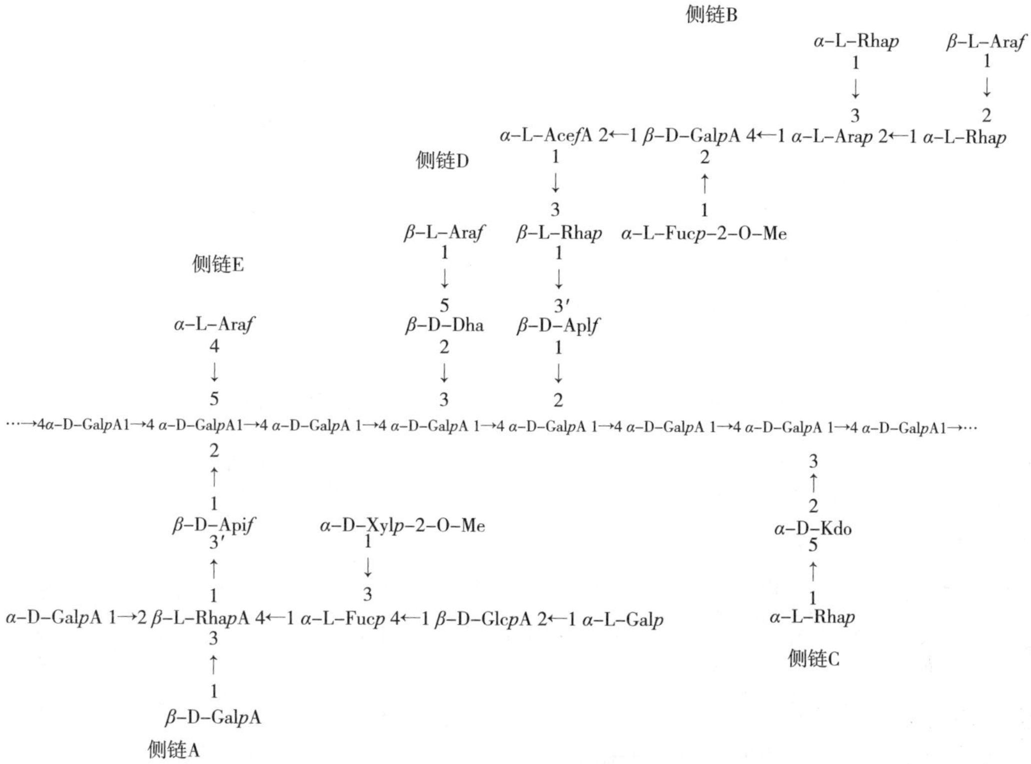

（c）鼠李半乳糖醛糖聚糖

（2）三种同型半乳糖醛酸类似物

图 2.2 同型半乳糖醛酸聚糖和同型半乳糖醛酸聚糖类似物的结构表征

注：①甲基基团；

②乙酰基基团；未显示乙酰化和甲酯化。

鼠李糖乳糖醛酸聚糖 I 通常占果胶多糖的 20%~35%。RGI 主链由重复的鼠李半乳糖醛酸二糖构成（Schols et al.，1990；Renard et al.，1995；Albersheim et al.，1996），平均聚合度为 120~240（Ralet et al.，2009；McNeil et al.，1984）。乙酰化通常发生在半乳糖醛酸残基的 *O*-2 位和 *O*-3 位（Komalavilas et al.，1989；Ishii，1997）。鼠李糖乳糖醛酸聚糖 I 的侧链通常被直链和支链的 α-L-阿拉伯呋喃糖基（Araf）和/或 β-D-半乳吡喃糖（Galp）残基（图 2.3）取代，在鼠李糖残基的 *O*-4 位有更强的取代度，鼠李糖残基的取代度、取代类型、长度比例，侧链分支度因植物来源、分类、器官和组织而异（Ridley et al.，2001；Willats et al.，2001；Caffall et al.，2009）。

阿拉伯糖由 α-1,5-L-阿拉伯糖主链构成，在 *O*-2 位或 *O*-3 位由 L-阿拉伯糖单聚体或短链的寡聚物取代。半乳聚糖可细分为半乳糖、阿拉伯半乳聚糖 I（AGI）和阿拉伯半乳聚糖 II（AGII）。半乳糖和 AGI 包含 β-1,4-D-半乳糖的骨架，在 AGI 中，还有阿拉伯糖或木聚糖单体或低聚体的侧链。AGII 主链由 β-1,3-D-半乳糖结合而成，具有 β-1,6-D-半乳聚

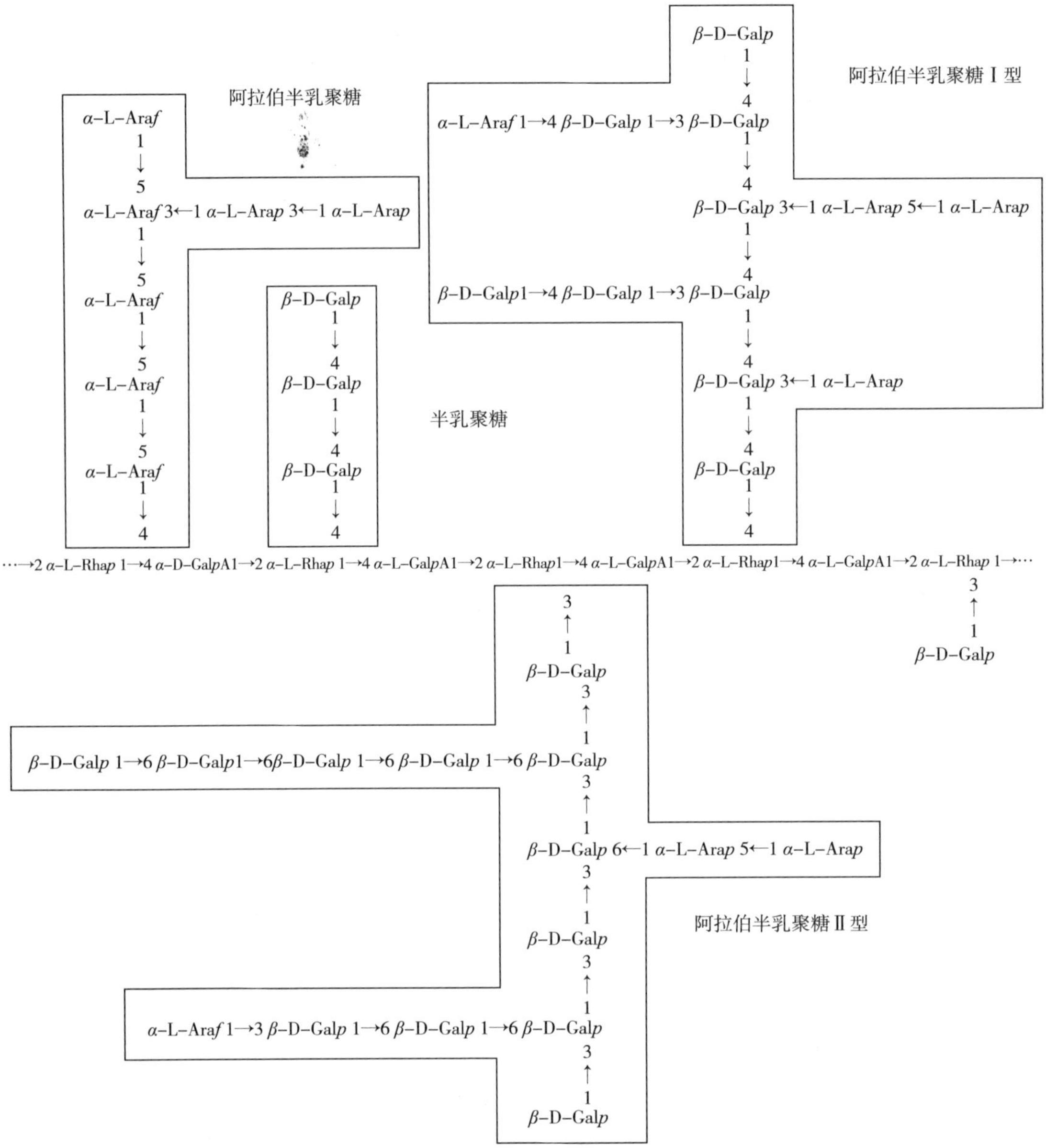

图 2.3　鼠李半乳多糖Ⅰ的结构表征

注：这个果胶结构域可能出现不同的侧链。阿拉伯半乳聚糖、半乳聚糖、阿拉伯半乳聚糖Ⅰ型和阿拉伯半乳聚糖Ⅱ型侧链的长度和比例与植物和组织特性有关。

糖分支链。在次级半乳聚糖侧链的非还原端 O-3 位可结合阿拉伯糖单元。除了这些多聚物的线性和支链结构外，鼠李糖残基也可以被半乳糖残基取代（Schols，1995）。

2.3.4　马铃薯果胶的提取及结构特性

马铃薯细胞壁富含果胶，占细胞壁多糖的 55%~60%（干基重）（Ryden et al.，1990）。

构成果胶的主要单糖分子是半乳糖醛酸和半乳糖，其次是阿拉伯糖、鼠李糖，通过对其连接方式分析可知，半乳糖醛酸和半乳糖主要是4-位连接，鼠李糖是2-位或2,4-位连接，阿拉伯糖主要是5-位连接（Ring et al.，1978），其他连接形式，如3,5-阿拉伯糖、2,3-半乳糖、2,4-半乳糖、3,4-半乳糖和4,6-半乳糖的含量较少，证明马铃薯细胞壁富含不分枝的阿拉伯糖链和I型半乳糖链。VanMarle等（1997a）研究发现马铃薯细胞壁果胶的甲酯化度和乙酰化度为45%~50%。

马铃薯果胶的提取率取决于马铃薯品种和提取方法（VanMarle et al.，1997a）。一般来说，温和溶剂可大量提取马铃薯细胞壁中的果胶。Jarvis等（1981）和VanMarle等（1997a）发现了冷或热的钙螯合剂可以快速溶解15%~20%的细胞壁物质（不含淀粉，大约占总果胶的30%）。Ng和Waldron（1997）研究指出运用二甲基亚砜去淀粉后，马铃薯细胞壁依次用水、氯化钠和冷钙螯合剂提取，可获得更高含量的果胶（如37%的无淀粉细胞壁物质，可获得总果胶的60%）。以工业马铃薯渣为原料，用pH=5.2的醋酸钠缓冲液在85℃条件下提取30min后，再用pH=5.5的醋酸钠缓冲液在30℃条件下提取20h，可溶解46%的细胞壁物质（约占总果胶的75%）（Ramaswamy et al.，2013）。为了提高果胶提取率，可进一步用冷稀碱溶解（Jarvis et al.，1981；Ryden et al.，1990；Ng et al.，1997；VanMarle et al.，1997a）。通常情况下，并非所有的果胶物质都能被提取，一些果胶分子与其他细胞壁物质通过交联或缠绕方式结合，会残留在纤维素的残渣中而无法提取（Ryden et al.，1990；VanMarle et al.，1997a；Øbro et al.，2004）。

无论使用哪种提取剂，马铃薯果胶的主要结构特征是含有高比例的RGI和低比例的HG（Oomen et al.，2003）。而在一些研究中还发现马铃薯果胶存在RGII和木聚半乳糖醛酸聚糖，但尚未得到证实（Øbro et al.，2004；Zandleven et al.，2006）。

2.3.5 马铃薯RGI提取与结构域分析

目前，从马铃薯副产物中直接分离提取RGI的研究受到广泛关注。RGI或经酶改性的RGI都可作为高附加值的功能性组分（Meyer et al.，2009）或药物制剂（Øbro et al.，2004），还可以用于改善骨骼和牙科植入物的生物相容性（Kokkonen et al.，2012）。从营养学角度看，增加膳食纤维的摄入量可降低患慢性病的风险。研究表明可溶性膳食纤维的摄入量与控制胆固醇和血糖有直接的关系；另外，膳食纤维的摄入也可促进短链脂肪酸的产生，从而抑制肝脏胆固醇的合成（Lærke et al.，2007）。从马铃薯渣中提取的富含鼠李半乳糖醛酸聚糖的可溶性膳食纤维具有高发酵性能，可刺激肠道产生大量的双歧杆菌（Lærke et al.，2007；Thomassen et al.，2011）。

利用果胶分子中RGI和HG结构域的块状排列，可以从细胞壁中直接提取RGI（Byg et al.，2012）。实际上，只有可溶RGI的HG结构域才能进行化学改性或酶解。Khodaei和Karboune（2013）研究指出，在强碱条件下，β-消除反应可促进HG结构域的降解，马铃薯渣分别经 0.5mol/L、1mol/L 和 2mol/L NaOH 或 KOH 溶液在 60℃下提取 24h 后，再经过中和、透析，可得到占细胞壁干物质 22.2%~55.7%的提取物。提取条件碱性越强，提取率越高，提高碱液浓度会同时促进半纤维素的提取。

HG 降解酶、内多聚半乳糖醛酸酶和果胶裂解酶也可辅助提取 RGI（Øbro et al.，2004；Thomassen et al.，2011；Byg et al.，2012；Khodaei et al.，2013）。Byg 等（2012）采用经纯化的内聚半乳糖醛酸酶直接从马铃薯浆中大规模提取 RGI。Bonnin 等（2002）进一步研究发现，内聚半乳糖醛酸酶仅对未酯化或低甲酯化的 HGs 有效。Øbro 等（2004）和 Khodaei 等（2013）采用内多聚半乳糖醛酸酶处理马铃薯渣，在处理之前运用温和的化学方法进行去酯化处理，与 Byg 等（2012）的研究结果相比，鼠李糖乳糖醛酸聚糖的提取率显著增加（占马铃薯渣干物质的 38%~40%）。Thomassen 等（2011）采用内源聚半乳糖醛酸酶和果胶裂解酶处理马铃薯渣，由于果胶酶可使 HG 结构域通过 β-消除反应去甲酯化（Ralet et al.，2012）。在 pH=6，60℃的条件下孵育 1min 复合酶处理可释放 75%的马铃薯渣干物质释放，而没有果胶酶处理的情况下，41%的马铃薯渣干物质被释放。有机溶剂异丙醇能够沉淀可溶性多糖，但同时一些磷酸盐也会发生共沉淀现象，导致偏高的提取率。沉淀通过凝胶排阻色谱进行分离，洗脱分离后，可发现大量低分子质量的组分（不超过 1.3ku），这也证实了大量残留盐的存在。

Schols 和 Voragen（1994）采用果胶水解酶、半纤维素水解酶和纤维素水解酶的混合酶制剂从马铃薯渣中分离出高分子质量的果胶组分，这种酶制剂含有内多聚半乳糖醛酸酶、果胶裂解酶和果胶甲基酯酶，它们共同作用使 HG 结构域降解（Bonnin et al.，2014）。马铃薯渣经酶水解后，进行灭活和离心处理，将上清液超滤得到 RGI 组分。RGI 经过酶解至一定程度，可得到被命名为修饰毛状区（modified hairy region，MHR）的组分 MHR，马铃薯渣中可分离出的 MHR 占干基重的 4.1%。

在马铃薯细胞壁中，GalA/Rha 的物质的量比为 12.3~18.2，Gal/Rha 的物质的量比为 8.8~26.2，Ara/Rha 的物质的量比为 1.3~6.5（表 2.2）。通过碱提法 RGI 中的 GalA/Rha 值远低于未处理的，这表明 HG 结构域被降解，HG 衍生的低聚物在透析后被大量除去。而细胞壁中 Gal/Rha 和 Ara/Rha 值与未处理的一致，说明碱液提取对阿拉伯糖和半乳糖侧链无降解作用。而内源聚半乳糖醛酸酶会酶解 RGI，而对半乳糖和阿拉伯糖侧链基本无影响。Thomassen 等（2011）研究指出 GalA/Rha、Gal/Rha 和 Ara/Rha 的值比较高可能是低估了 Rha 的含量。Øbro 等（2004）研究发现经排阻色谱法纯化后，RGI 片段的 GalA/Rha 值为 1.2（纯化前为 3.2），与纯 HG 链的 GalA/Rha 理论值 1.0 接近，这是由于带负电的低聚半乳糖醛酸不能通过透析被除去（Mort et al.，1991；Øbro et al.，2004）。同样的，马铃薯细胞壁 MHR 的 GalA/Rha 值为 2.2，而通过排阻色谱纯化后，比值下降为 1.3（表 2.2）。Schols 和 Voragen（1994）的研究结果表明，在酶法提取中，由于阿拉伯糖和半乳糖侧链的降解，Gal/Rha 和 Ara/Rha 会有所下降，超滤后，阿拉伯糖和半乳糖的寡聚糖会进一步损失。

表 2.2 马铃薯细胞壁中提取的 RGI 片段及 GalA、 Rha、 Gal 和 Ara 的物质的量比

提取	平均回收率	产量[①]	GalA/Rha[②]	Gal/Rha[②]	Ara/Rha[②]	参考文献
CWM[③]	—	—	13.9	11.8	5.8	Ryden 等（1990）
CWM[③]	—	—	18.2	26.2	6.5	Meyer 等（2009）
CWM[③]	—	—	12.3	8.8	1.3	Khodaei 等（2013）
Raw RGI	0.5mol/L NaOH	24.4	4.3	21.7	4.2	Khodaei 等（2013）
Raw RGI	2mol/L NaOH	53.6	3.1	19.4	4.4	Khodaei 等（2013）
Raw RGI	PG[④]	9.0	2.9	11.4	1.5	Byg 等（2012）
Raw RGI	PG[④]	40.0	3.2	13.2	3.9	Øbro 等（2004）
Raw RGI	PG[④]	37.9	8.3	15.7	3.2	Khodaei 等（2013）
Raw RGI	PG + PL[④,⑤]	75.0	17.5	45.5	6.6	Thomassen 等（2011）
Purified RGI	PG[④]	—	1.2	14.3	3.5	Øbro 等（2004）
Raw MHR[⑥]	Rapidase	6.0g	2.2	1.5	1.0	Schols 等（1994）[⑦]
Purified MHR[⑥]	Rapidase	—	1.3	1.3	1.0	Schols 等（1994）

注：①去淀粉的马铃薯细胞壁的干物质百分比；

②物质的量比；

③CWM，细胞壁物质；

④PG，内聚半乳糖醛酸酶；

⑤PL，果胶裂解酶；

⑥MHR，改良毛区；

⑦按照 Schols 和 Voragen（1994）的方法重新计算值，假设淀粉占马铃薯渣总量的 30%。

马铃薯 RGI 中存在大量的线性阿拉伯糖和 I 型半乳糖侧链。然而，Øbro 等（2004）和 Buffetto 等（2015）的研究表明 RGI 结构异常复杂。Øbro 等（2004）研究了β-1-4 半乳聚糖内切酶、α-1,5-阿拉伯糖内切酶分别酶解或联合酶解马铃薯 RGI，作者指出，β-1,4-半乳聚糖几乎没有短链的阿拉伯糖取代基团，α-1,5-阿拉伯聚糖可通过短链半乳糖锚链连接到 RGI 主链上，而β-1,4-半乳聚糖作为阿拉伯糖的侧链存在。Øbro 等（2004）还证明了α-1,5-阿拉伯聚糖能够抵抗抗酶促降解的发生。Buffetto 等（2015）分离出了由（1,4）键连

接的 Galp 残基与少量（1,5）键连接的 Araf 残基交联的寡聚糖，发现 α-1,5-阿拉伯糖二聚体通过单个 Gal 锚链连接到 RGI 主链上，这与 Øbro 等（2004）等的假设一致。

2.4 加热对马铃薯细胞壁多糖的影响

质构是决定马铃薯蒸煮品质的关键因素。淀粉含量、细胞壁结构和组成，中间层的完整性等都会影响蒸煮马铃薯的质构（van Marle et al.，1992）。通过这些参数可以将马铃薯分为硬质和粉质马铃薯（van Marle et al.，1992）。粉质（Irene）和非粉质（Nicola）品种的细胞壁结构以及烹饪时果胶溶解的种类和数量也都不同。初生细胞壁具有更紧凑的结构和可溶性的果胶聚合物，对于粉质（Irene）品种来说，果胶的分支更多，且几乎不含 HG 区域（van Marle et al.，1997b）。近年来，一些科学家从分子水平上研究了马铃薯块茎的质地特性。Ducreux 等（2008）利用马铃薯基因微阵列鉴定了块茎的基因表达，结果表明不同块茎性状的差异以质构最为明显。Phureja 和 Tuberosum 两个品种中，参与细胞壁生物合成的基因表达存在显著差异，特别是果胶甲酯酶活性对影响马铃薯质构特性具有非常重要的作用（Ducreux et al.，2008）。Ross 等（2011）研究发现当编码两种果胶甲酯酶异构体的基因表达量较低时，总果胶甲酯酶活性也会降低 3~5 倍，Phureja（粉质）品种的果胶甲酯化度高于 Tuberosum（非粉质）。同时，Orfila 等（2012）研究指出，乙酰化水平对块茎的质构特性可能也有一定的影响。

2.5 马铃薯块茎细胞壁中果胶的分布和功能

2.5.1 块茎的形成与组织学

马铃薯块茎在匍匐茎的远端发育而成，块茎化是在较短时间和低温下开始的，并受激素和糖的调节（Xu et al.，1998a、1998b；Bush et al.，2001）。块茎形成初期，匍匐茎伸长，髓、皮层细胞扩大并纵向分裂，导致匍匐茎顶端肿胀。当块茎直径达到 0.8cm 时，其纵向分裂停止，但在髓周区域发生随机定向分裂和细胞等径膨胀，直至块茎达到最终直径。随着成熟度的增加，皮层薄壁细胞的细胞壁增厚并发育出细胞间隙。

成熟的马铃薯块茎可分为不同的组织：髓周区（果肉），周皮（皮）的薄壁组织以及一些维管组织（Bush et al.，1999）。马铃薯的周皮由三层组成：木栓层、木栓形成层和栓内层（Reeve et al.，1969）（图 2.4）。木栓层和栓内层是由木栓形成层不断进行周向分裂形成的，在马铃薯成熟期间，由侧分生组织进行调节。当木栓细胞发育成熟，逐渐栓化然后死亡，形成一个保护性的屏障（Sabba et al.，2002）。马铃薯果肉主要由贮藏薄壁组织构成，含有非木质化的初生细胞壁，结合在淀粉颗粒周围（Ramaswamy et al.，2013）。除了初生细胞壁，在马铃薯皮中还含有一些次生细胞壁（McDougall et al.，1996；Sabba et al.，2002）。

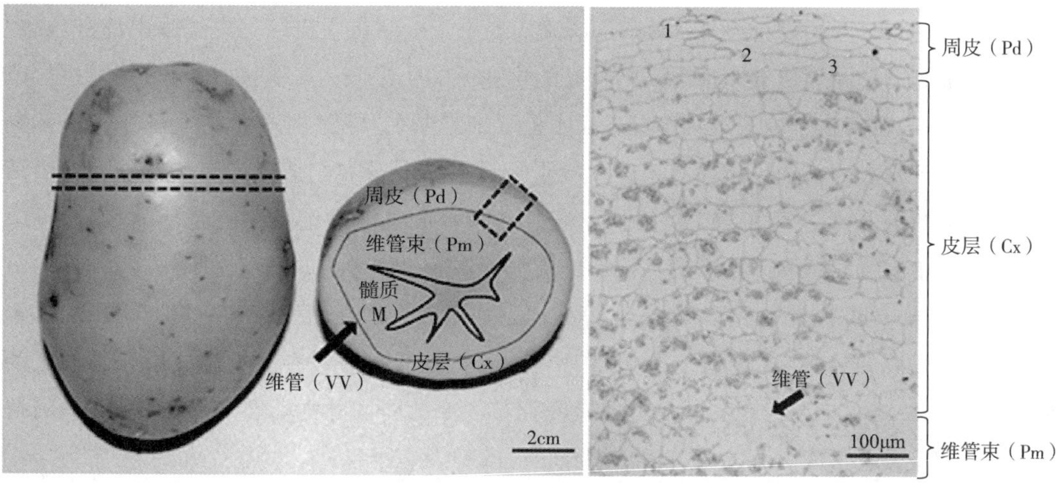

1—木栓层；2—木栓形成层；3—栓内层。

图 2.4 马铃薯组织结构

注：皮层（Cx）是存在于表皮和维管（VV）之间的组织；髓周区由髓质（M）分隔，位于维管束（Pm）环内。

2.5.2 果胶在马铃薯块茎发育和成熟过程中的分布

马铃薯块茎在发育和成熟过程中的果胶分布研究，可以采用单克隆抗体法（Bush et al.，1999；Bush et al.，2001；Oomen et al.，2002；Sabba et al.，2004、2005；Buffetto et al.，2015）和染色法（Sabba et al.，2002）。果胶抗原表位的分布在马铃薯块茎形成的过程中调控发展，在匍匐茎伸长过程中，匍匐茎顶端幼嫩细胞的细胞壁富含高甲酯化 HG（JIM7 抗原）和 α-1,5-阿拉伯糖（LM6 抗原），而低甲基化 HG（JIM5）和 β-1,4-半乳糖（LM5）集中于靠近钩的伸长细胞壁。在块茎形成过程中，所有果胶抗原在薄壁细胞的细胞壁中存在。高甲酯化果胶集中在所有细胞壁。低酯化果胶分布在成熟的薄壁细胞的细胞壁中，在中间层和细胞间空隙的联结处、细胞三角区浓度更高。2F4 抗原（与未酯化果胶结合）大部分集中于三角区和内层细胞间隙。β-1,4-半乳糖存在于最近形成的薄壁细胞的细胞壁中，主要位于成熟细胞的初生细胞壁。α-1,5-阿拉伯糖存在于整个细胞壁，除了细胞三角区扩大的中间层和厚皮层细胞壁的中间层。维管束细胞壁包含高酯化和部分甲酯化的果胶，但只存在少量的半乳糖和阿拉伯糖（Bush et al.，1999；Oomen et al.，2002）。Buffetto 等（2015）使用 INRA-RU1 抗体研究了马铃薯块茎的 RGI 骨架（Ralet et al.，2010），当不用半乳糖酶处理时，RGI 骨架的抗原表位存在梯度分布，皮层最外层的反应比深皮质和髓周区更强烈，RGI 骨架主要在中间层和细胞三角区外围层可见。当用酶法去除半乳糖后，RGI 骨架和所有皮层和髓周区的细胞壁都有抗原标记，由此可知，除了靠近质膜区域，RGI 骨架均匀地分布于整个细胞壁。

Sabba 和 Lulai（2002、2004、2005）研究发现果胶抗原在周皮层三类细胞中都有分布，且这三种细胞的抗原表位分布情况不同。高酯化和低酯化果胶、半乳糖（LM5）、阿拉伯糖（LM6）抗原表位存在于栓内层细胞壁，而木栓层细胞壁主要是高酯化果胶，几乎没有低酯化果胶、半乳糖和阿拉伯糖抗原表位。木栓形成层的抗原分布与成熟度有关，分生组织活跃的木栓形成层无半乳糖和 HG 果胶抗原表位，随着成熟度的增大，抗原标记显著增多。相反，在分生组织活跃和不活跃的木栓形成层都存在 α-1,5-阿拉伯糖抗原表位。

Bush 和 McCann（1999）以及 Bush 等（2001）研究发现在新鲜收获和短期贮藏的马铃薯块茎中，果胶的分布存在差异。在贮藏块茎中，低酯化果胶分布于整个皮层和髓周区的细胞壁，且 β-1,4-半乳糖在皮层中出现梯度分布，而髓周区的中间层不存在 α-1,5-阿拉伯糖。这种差异性可能由于贮藏过程中果胶相关酶的影响所致。

2.5.3 细胞壁果胶功能

关于果胶对植物细胞生长的作用已有大量报道，不同物种和组织中果胶的作用各不相同。与伸长细胞相比，幼嫩细胞和分生细胞富含高甲酯化果胶（Bush et al.，2001；Leboeuf et al.，2005；Sobry et al.，2005）。细胞发育也与 RGI 的侧链分布有关，在增殖细胞中可监测到富含阿拉伯糖侧链的 RGI（Willats et al.，1999），而在伸长细胞和形成层中则可检测到富含半乳糖侧链的 RGI（Willats et al.，1999；Ermel et al.，2000；Bush et al.，2001；McCartney et al.，2003）。

如前所述，果胶抗原表位并不均匀分布于细胞壁。高酯化果胶出现在整个细胞壁，而低酯化果胶和未酯化果胶更倾向于与钙反应，集中于中间层、内层的细胞间隙和细胞连接区（Willats et al.，2001）。阿拉伯糖和半乳糖主要位于初生细胞壁，大量研究发现，这两种单糖在细胞连接区不存在。在细胞连接区，高浓度的 HG 通过钙桥形成凝胶，趋向于抵抗细胞分离的压力（Jarvis et al.，2003）。在马铃薯中，木栓组织包含未酸化的果胶，这一结果表明马铃薯细胞交联存在不同的机制。在体外实验中，软的酸性凝胶包含氢键和疏水相互作用，与植物细胞的粘附机制有关（Tibbits et al.，1998；Gilsenan et al.，2000）。细胞壁中阿拉伯糖和半乳糖侧链作用还不清楚。转基因马铃薯可表达出内源 α-1,5-阿拉伯糖酶，使阿拉伯糖的含量下降，并有特异的表型：这种植物不能产生侧枝花以及匍匐枝、块茎（Skjøt et al.，2002）。当高尔基体中出现这种酶时，植物和块茎中的阿拉伯糖含量下降，但没有不利的表型产生。转基因马铃薯植物表达鼠李糖半乳糖酸裂解酶，块茎的形态发生改变，如周皮细胞膨胀，皮层胞间隙发育（Oomen et al.，2002）。与野生型马铃薯块茎的初生细胞壁相比，半乳糖和阿拉伯糖含量下降，在细胞角落的中间层出现部分半乳糖。这一结果也表明在细胞壁的特定区域存在半乳糖和阿拉伯糖的 RGI 骨架，RGI 对细胞壁的完整性和功能性有重要的作用。有研究表明果胶侧链与细胞壁的机械性能有关（McCartney et al.，2000；McCartney et al.，2002）。Ulvskov 等（2005）通过使用真菌酶在体内模拟 RGI 结构，说明 RGI 对细胞壁的流变性有显著的影响，进一步证明果胶侧链与细胞壁的机械性能的相关性。两个转化系的块茎中几乎不存在直链半乳糖或分支阿拉伯糖的 RGI 分子。转基因的马铃薯块茎的脆性增大，因此可以推断果胶在承载纤维素微纤维传递应力中发挥重要作用，而基质环境的微小变化会影响细胞壁的生物物理性质。在植物生长发育过程中，果胶侧链也会增加细胞壁的可塑性和持水性。Larsen 等（2011）通过^{13}C 交叉极化魔术角旋转实验观察了从马铃薯提取的原 RGI 和用阿拉伯糖酶和半乳糖酶处理的 RGI，结果表明阿拉伯糖侧链比半乳糖侧链有更强的水合性，侧链的精细结构和侧链长度对细胞壁的水合性有调节作用。在寒冷的季节，马铃薯块茎积累了大量的半乳糖，作为碳水化合物的来源和下一个生长季植物生长的能量来源。

显然，下一步需要研究果胶的复杂性及其与细胞壁结构和功能的关系。

参考文献

Abe K, Yano H. Comparison of the characteristics of cellulose microfibril aggregates of wood, rice straw and potato tuber. *Cellulose*. 2009;16(6):1017-1023.

Albersheim P, Darvill A. G, O'Neill M. A, Schols H. A, Voragen A. G. J. An hypothesis: the same six polysaccharides are components of the primary cell wall of all higher plants. In: Visser J, Voragen A. G. J, eds. *Pectins and Pectinases*. Amsterdam: Elsevier; 1996:47-53.

Bonnin E, Le Goff A, Korner R, Vigouroux J, Roepstorff P, Thibault J. F. Hydrolysis of pectins with different degrees and patterns of methylation by the endopolygalacturonase of *Fusarium moniliforme*. *Biochimica et Biophysica Acta*. 2002;1596:83-94.

Bonnin E, Clavurier K, Daniel S, Kauppinen S, Mikkelsen J. D. M, Thibault J. F. Pectin acetylesterases from *Aspergillus* are able to deacetylate homogalacturonan as well as rhamnogalacturonan. *Carbohydrate Polymers*. 2008;74(3):411-418.

Bonnin E, Garnier C, Ralet M. C. Pectin-modifying enzymes and pectin-derived materials: applications and impacts. *Applied Microbiology and Biotechnology*. 2014;98(2):519-532.

Buffetto F, Cornuault V, Gro Rydahl M, Ropartz D, Alvarado C, Echasserieau V, Le Gall S, Bouchet B, Tranquet O, Verhertbruggen Y, Willats W. G. T, Knox J. P, Ralet M. -C, Guillon F. The Deconstruction of Pectic Rhamnogalacturonan I Unmasks the Occurrence of a Novel Arabinogalactan Oligosaccharide Epitope. *Plant and Cell Physiology*. 2015 doi: 10. 1093/pcp/pcv128(in press).

Bush M. S, McCann M. C. Pectic epitopes are differentially distributed in the cell walls of potato(*Solanum tuberosum*) tubers. *Physio logia Plantarum*. 1999;107(2):201-213.

Bush M. S, Marry M, Huxham I. M, Jarvis M. C, McCann M. C. Developmental regulation of pectic epitopes during potato tuberisation. *Planta*. 2001;213(6):869-880.

Byg I, Diaz J, Øgendal L. H, Harholt J, Jørgensen B, Rolin C, Svava R, Ulvskov P. Large-scale extraction of rhamnogalacturonan I from industrial potato waste. *Food Chemistry*. 2012;131(4):1207-1216.

Caffall K. H, Mohnen D. The structure, function, and biosynthesis of plant cell wall pectic polysaccharides. *Carbohydrate Research*. 2009;344(14):1879-1900.

Cerclier C, Guyomard-Lack A, Moreau C, Cousin F, Beury N, Bonnin E, Jean B, Cathala B. Coloured semi-reflective thin films for biomass-hydrolyzing enzyme detection. *Advanced Materials*. 2011; 23 (33): 3791-3795.

Chen D, Lawton D, Thompson M. R, Liu Q. Biocomposites reinforced with cellulose nanocrystals derived from potato peel waste. *Carbohydrate Polymers*. 2012;90(1):709-716.

Cosgrove D. J. Re-constructing our models of cellulose and primary cell wall assembly. *Current Opinion in Plant Biology*. 2014;22:122-131.

Darvill J. E, McNeil M, Darvill A. G, Albersheim P. Structure of plant-cell walls. 11. Glucuronoarabinoxylan, a 2nd hemicellulose in the primary-cell walls of suspension-cultured sycamore cells. *Plant Physiology*. 1980;66(6):1135-1139.

Ducreux L. J. M, Morris W. L, Prosser I. M, Morris J. A, Beale M. H, Wright F, Shepherd T, Bryan G. J, Hedley P. E, Taylor M. A. E profiling of potato germplasm differentiated in quality traits leads to the identification of candidate flavour and texture genes. *Journal of Experimental Botany*. 2008;59(15):4219-4231.

Dufresne A, Vignon M. R. Improvement of starch film performances using cellulose microfibrils. *Macromolecules*. 1998;31(8):2693-2696.

Dufresne A, Dupeyre D, Vignon M. R. Cellulose microfibrils from potato tuber cells: processing and characterization of starch-cellulose microfibril composites. *Journal of Applied Polymer Science*. 2000;76(14):2080-2092.

Earl W. L, Vanderhart D. L. Observations by high-resolution c-13 nuclear magnetic-resonance of cellulose-i related to morphology and crystal-structure. *Macromolecules*. 1981;14(3):570-574.

Ermel F. F, Follet-Gueye M. L, Cibert C, Vian B, Morvan C, Catesson A. M, Goldberg R. Differential localization of arabinan and galactan side chains of rhamnogalacturonan 1 in cambial derivatives. *Planta*. 2000; 210(5):732-740.

Fry S. C, York W. S, Albersheim P, Darvill A, Hayashi T, Joseleau J. P, Kato Y, Lorences E. P, Maclachlan G. A, McNeil M, Mort A unambiguous nomenclature for xyloglucan-derived oligosaccharides. *Physio logia Plantarum*. 1993;89:1-3.

Gille S, Pauly M. O-acetylation of plant cell wall polysaccharides. *Frontiers in Plant Science*. 2012;3.

Gilsenan P. M, Richardson R. K, Morris E. R. Thermally reversible acid-induced gelation of low-methoxy pectin. *Carbohydrate Polymers*. 2000;41(4):339-349.

Habibi Y, Lucia L. A, Rojas O. J. Cellulose nanocrystals: chemistry, self-assembly, and applications. *Chemical Reviews*. 2010;110:3479-3500.

Harris P. J, Singh J, Kaur L. Chapter 3: cell-wall polysaccharides of potatoes. In: Singh J, Kaur L, eds. *Advances in Potato Chemistry and Technology*. San Diego: Academic Press; 2009:63-81.

Hart D. A, Kindel P. K. Isolation and partial characterization of apiogalacturonans from the cell wall of Lemna minor. *The Biochemical Journal*. 1970;116(4):569-579.

Hayashi T. Xyloglucans in the primary-cell wall. *Annual Review of Plant Physiology and Plant Molecular Biology*. 1989;40:139-168.

Hellin P, Ralet M. C, Bonnin E, Thibault J. F. Homogalacturonans from lime pectins exhibit homogeneous charge density and molar mass distributions. *Carbohydrate Polymers*. 2005;60(3):307-317.

Ishii T. O-acetylated oligosaccharides from pectins of potato tuber cell walls. *Plant Physiology*. 1997;113(4):1265-1272.

Jardine W. G, Doeswijk-Voragen C. H. L, MacKinnon I. M. R, van den Broek L. A. M, Ha M. A, Jarvis M. C, Voragen A. G. J. Methods for the preparation of cell walls from potatoes. *Journal of the Science of Food and Agriculture*. 2002;82(8):834-839.

Jarvis M. C, Hall M. A, Threlfall D. R, Friend J. The polysaccharide structure of potato cell walls: chemical fractionation. *Planta*. 1981;152(2):93-100.

Jarvis M. C, Briggs S. P. H, Knox J. P. Intercellular adhesion and cell separation in plants. *Plant Cell and Environment*. 2003;26:977-989.

Jia Z, Qin Q, Darvill A. G, York W. S. Structure of the xyloglucan produced by suspension-cultured tomato cells. *Carbohydrate Research*. 2003;338:1197-1208.

Jia Z. H, Cash M, Darvill A. G, York W. S. NMR characterization of endogenously O-acetylated oligosaccharides isolated from tomato (*Lycopersicon esculentum*) xyloglucan. *Carbohydrate Research*. 2005;340(11): 1818-1825.

Kalashnikova I, Bizot H, Cathala B, Capron I. New pickering emulsions stabilized by bacterial cellulose nanocrystals. *Langmuir*. 2011;27(12):7471-7479.

Kalashnikova I, Bizot H, Cathala B, Capron I. Modulation of cellulose nanocrystals amphiphilic properties to stabilize oil/water interface. *Biomacromolecules*. 2012;13(1):267-275.

Kalashnikova I, Bizot H, Bertoncini P, Cathala B, Capron I. Cellulosic nanorods of various aspect ratios for oil in water pickering emulsions. *Soft Matter*. 2013;9(3):952-959.

Khodaei N, Karboune S. Extraction and structural characterisation of rhamnogalacturonan I-type pectic polysaccharides from potato cell wall. *Food Chemistry*. 2013;139(1-4):617-623.

Klemm D, Kramer F, Moritz S, Lindström T, Ankerfors M, Gray D, Dorris A. Nanocelluloses: a new family of nature-based materials. *Angewandte Chemie-International Edition*. 2011;50(24):5438-5466.

Kokkonen H, Verhoef R, Kauppinen K, Muhonen V, Jorgensen B, Damager I, Schols H. A, Morra M, Ulvskov P, Tuukkanen J. A osteoblastic responses with in vivo engineered potato pectin fragments. *Journal of Biomedical Materials Research Part A*. 2012;100(1):111-119.

Komalavilas P, Mort A. J. The acetylation at *O*-3 of galacturonic acid in the rhamnose-rich portion of pectins. *Carbohydrate Research*. 1989;189:261-272.

Lærke H. N, Meyer A. S, Kaack K. V, Larsen T. Soluble fiber extracted from potato pulp is highly fermentable but has no effect on risk markers of diabetes and cardiovascular disease in Goto-Kakizaki rats. *Nutrition Research*. 2007;27(3):152-160.

Lagerwall J. P. F, Schutz C, Salajkova M, Noh J, Park J. H, Scalia G, Bergstrom L. Cellulose nanocrystal-based materials: from liquid crystal self-assembly and glass formation to multifunctional thin films. *NPG Asia Materials*. 2014;6:e80.

Lampugnani E. R, Moller I. E, Cassin A, Jones D. F, Koh P. L, Ratnayake S, Beahan C. T, Wilson S. M, Bacic A, Newbigin E. In vi grown pollen tubes of *Nicotiana alata* actively synthesise a fucosylated xyloglucan. *PLoS One*. 2013;8:e77140.

Larsen F. H, Byg I, Damager I, Diaz J, Engelsen S. B, Ulvskov P. Residue specific hydration of primary cell wall potato pectin identified by solid-state 13C single-pulse MAS and CP/MAS NMR spectroscopy. *Biomacromolecules*. 2011;12(5):1844-1850.

Le Goff A, Renard C. M. G. C, Bonnin E, Thibault J. F. Extraction, purification and chemical characterisation of xylogalacturonans from pea hulls. *Carbohydrate Polymers*. 2001;45(4):325-334.

Leboeuf E, Guillon F, Thoiron S, Lahaye M. Biochemical and immunohistochemical analysis of pectic polysaccharides in the cell walls of Arabidopsis mutant QUASIMODO 1 suspension-cultured cells: implications for cell adhesion. *Journal of Experimental Botany*. 2005;56(422):3171-3182.

Martin C, Jean B. Nanocellulose/polymer multilayered thin films: tunable architectures towards tailored physical properties. *Nordic Pulp & Paper Research Journal*. 2014;29(1):19-30.

McCann M, Roberts K. Architecture of the primary cell wall. In: Lloyd C. W, ed. *The Cytoskeletal Basis of Plant Growth and Form*. London: Academic Press; 1991:109-129.

McCartney L, Ormerod A. P, Gidley M. J, Knox J. P. Temporal and spatial regulation of pectic(1→4)-beta-D-galactan in cell walls of developing pea cotyledons: implications for mechanical properties. *The Plant Journal*. 2000;22(2):105-113.

McCartney L, Knox J. P. Regulation of pectic polysaccharide domains in relation to cell development and cell properties in the pea testa. *Journal of Experimental Botany*. 2002;53(369):707-713.

McCartney L, Steele-King C. G, Jordan E, Knox J. P. Cell wall pectic(1→4)-β-d-galactan marks the acceleration of cell elongation in the Arabidopsis seedling root meristem. *The Plant Journal*. 2003;33(3):447-454.

McDougall G. J, Morrison I. M, Stewart D, Hillman J. R. Plant cell walls as dietary fibre: range, structure, processing and function. *Journal of the Science of Food and Agriculture*. 1996;70:133-150.

McNeil M, Darvill A. G, Fry S. C, Albersheim P. Structure and function of the primary cell walls of plants. *Annual Review of Biochemistry*. 1984;53:625-663.

Meyer A. S, Dam B. R, Laerke H. N. Enzymatic solubilization of a pectinaceous dietary fiber fraction from potato pulp: optimization of the fiber extraction process. *Biochemical Engineering Journal*. 2009;43(1):106-112.

Mohnen D. Pectin structure and biosynthesis. *Current Opinion in Plant Biology*. 2008;11(3):266-277.

Mort A. J, Moerschbacher B. M, Pierce M. L, Maness N. O. Problems encountered during the extraction, purification, and chromatography of pectic fragments, and some solutions to them. *Carbohydrate Research*. 1991;215:219-227.

Newman R. H, Hill S. J, Harris P. J. Wide-angle X-ray scattering and solid-state nuclear magnetic resonance data combined to test models for cellulose microfibrils in mung bean cell walls. *Plant Physiology*. 2013;163(4):1558-1567.

Ng A, Waldron K. W. Effect of steaming on cell wall chemistry of potatoes(*Solanum tuberosum* Cv. Bintje) in relation to firmness. *Journal of Agricultural and Food Chemistry*. 1997;45(9):3411-3418.

O'Neill M. A, Ishii T, Albersheim P, Darvill A. G. Rhamnogalacturonan II: structure and function of a borate cross-linked cell wall pectic polysaccharide. *Annual Review of Plant Biology*. 2004;55:109-139.

Øbro J, Harholt J, Scheller H. V, Orfila C. Rhamnogalacturonan I in Solanum tuberosum tubers contains complex arabinogalactan structures. *Phytochemistry*. 2004;65(10):1429-1438.

Olivier C, Moreau C, Bertoncini P, Bizot H, Chauvet O, Cathala B. Cellulose nanocrystal-assisted dispersion of luminescent single-walled carbon nanotubes for layer-by-layer assembled hybrid thin films. *Langmuir*. 2012;28(34):12463-12471.

Oomen R. F. J, Doeswijk-Voragen C. H. L, Bush M. S, Vincken J. -P, Borkhardt B, Van Den Broek L. A. M, Corsar J, Ulvskov P, Voragen A. G. J, McCann M. C, Visser R. G. F. In muro fragmentation of the rhamnogalacturonan I backbone in potato(*Solanum tuberosum* L.) results in a reduction and altered location of the galactan and arabinan side chains and abnormal periderm development. *The Plant Journal*. 2002;30(4):403-413.

Oomen R. F. J, Vincken J. -P, Bush M, Skjøt M, Doeswijk-Voragen C. L, Ulvskov P, Voragen A. G. J, McCann M. C, Visser R. G. F. Towards unravelling the biological significance of the individual components of pectic hairy regions in plants. In: Voragen F, Henk S, Richard V, eds. *Advances in Pectin and Pectinase Research*. Dordrecht: Kluwer Academic Publishers; 2003:15-34.

Oomen R. F. J, Tzitzikas E. N, Bakx E. J, Straatman-Engelen I, Bush M. S, McCann M. C, Schols H. A, Visser R. G, Vincken J. P. Modulation of the cellulose content of tuber cell walls by antisense expression of different potato(*Solanum tuberosum* L.) CesA clones. *Phytochemistry*. 2004;65(5):535-546.

Orfila C, Dal Degan F, Jørgensen B, Scheller H. V, Ray P. M, Ulvskov P. Expression of mung bean pectin acetyl esterase in potato tubers: effect on acetylation of cell wall polymers and tuber mechanical properties. *Planta*. 2012;236(1):185-196.

Ovodov Y. S, Ovodova R. G, Bondarenko O. D, Krasikova I. N. The pectic substances of *zosteraceae*: part IV. Pectinase digestion of zosterine. *Carbohydrate Research*. 1971;18(2):311-318.

Pauly M, Gille S, Liu L, Mansoori N, de Souza A, Schultink A, Xiong G. Hemicellulose biosynthesis. *Planta*. 2013;238(4):627-642.

Quéméner B, Vigouroux J, Rathahao E, Tabet J. -C, Dimitrijevic A, Lahaye M. Negative electrospray ionization mass spectrometry: a method for sequencing and determining linkage position in oligosaccharides from branched hemicelluloses. *Journal of Mass Spectrometry*. 2015;50(1):247-264.

Ralet M. C, Cabrera J. C, Bonnin E, Quéméner B, Hellin P, Thibault J. -F. Mapping sugar beet pectin acetylation pattern. *Phytochemistry*. 2005;66:1832-1843.

Ralet M. C, Crepeau M. J, Bonnin E. Evidence for a blockwise distribution of acetyl groups onto homogalacturonans from a commercial sugar beet(*Beta vulgaris*)pectin. *Phytochemistry*. 2008;69(9):1903-1909.

Ralet M. C, Thibault J. F. Hydrodynamic properties of isolated pectin domains: a way to figure out pectin macromolecular structure? In: Schols H. A, Visser R. G. F, Voragen A. G. J, eds. *Pectins and Pectinases*. Wageningen: Academic Publisher; 2009:35-48.

Ralet M. C, Tranquet O, Poulain D, Moise A, Guillon F. Monoclonal antibodies to rhamnogalacturonan I backbone. *Planta*. 2010;231:1373-1383.

Ralet M. C, Williams M. A. K, Tanhatan-Nasseri A, Ropartz D, Quemener B, Bonnin E. Innovative enzymatic approach to resolve homogalacturonans based on their methylesterification pattern. *Biomacromolecules*. 2012;13(5):1615-1624.

Ramaswamy U. R, Kabel M. A, Schols H. A, Gruppen H. Structural features and water holding capacities of pressed potato fibre polysaccharides. *Carbohydrate Polymers*. 2013;93(2):589-596.

Ravn H. C, Sørensen B. O, Meyer A. S. Time of harvest affects the yield of soluble polysaccharides extracted enzymatically from potato pulp. *Food and Bioproducts Processing*. 2015;93:77-83.

Reeve R. M, Hautala E, Weaver M. L. Anatomy and compositional variation within potatoes. *American Potato Journal*. 1969;46(10):361-373.

Renard C. M, Thibault J. F, Mutter M, Schols H. A, Voragen A. G. Some preliminary results on the action of rhamnogalacturonase on rhamnogalacturonan oligosaccharides from beet pulp. *International Journal of Biological Macromolecules*. 1995;17(6):333-336.

Revol J. F, Bradford H, Giasson J, Marchessault R. H, Gray D. G. Helicoidal self-ordering of cellulose microfibrils in aqueous suspension. *International Journal of Biological Macromolecules*. 1992;14(3):170-172.

Ridley B. L, O'Neill M. A, Mohnen D. A. Pectins: structure, biosynthesis, and oligogalacturonide-related signaling. *Phytochemistry*. 2001;57(6):929-967.

Ring S. G, Selvendran R. R. Purification and methylation analysis of cell wall material from *Solanum tuberosum*. *Phytochemistry*. 1978;17(4):745-752.

Ring S. G, Selvendran R. R. An arabinogalactoxyloglucan from the cell wall of *Solanum tuberosum*. *Phytochemistry*. 1981;20(11):2511-2519.

Ross H. A, Wright K. M, McDougall G. J, Roberts A. G, Chapman S. N, Morris W. L, Hancock R. D, Stewart D, Tucker G. A, Jame tuber pectin structure is influenced by pectin methyl esterase activity and impacts on cooked potato texture. *Journal of Experimental Botany*. 2011;62(1):371-381.

Round A. N, Rigby N. M, MacDougall A. J, Morris V. J. A new view of pectin structure revealed by acid hydrolysis and atomic force microscopy. *Carbohydrate Research*. 2010;345(4):487-497.

Ryden P, Selvendran R. R. Structural features of cell-wall polysaccharides of potato(*Solanum tuberosum*). *Carbohydrate Research*. 1990;195(2):257-272.

Sabba R. P, Lulai E. C. Histological analysis of the maturation of native and wound periderm in potato(*Solanum tuberosum* L.)Tuber. *Annals of Botany*. 2002;90(1):1-10.

Sabba R. P, Lulai E. C. Immunocytological comparison native and wound periderm maturation in potato tuber. *American Journal of Potato Research*. 2004;81(2):119-124.

Sabba R. P, Lulai E. C. Immunocytological analysis of potato tuber periderm and changes in pectin and extensin epitopes associated with periderm maturation. *Journal of the American Society for Horticultural Science*. 2005;130(6):936-942.

Scheller H. V, Ulvskov P. Hemicelluloses. *Annual Review of Plant Biology*. 2010;61:263-289.

Schols H. A, Geraeds C. C. J. M, Searle-van Leeuwen M. F, Kormelink F. J. M, Voragen A. G. J. Rhamnogalacturonase: a novel enzyme that degrades the hairy regions of pectins. *Carbohydrate Research*. 1990;206(1):105-115.

Schols H. A, Voragen A. G. J. Occurrence of pectic hairy regions in various plant cell wall materials and their degradability by rhamnogalacturonase. *Carbohydrate Research*. 1994;256(1):83-95.

Schols H. A. *Structural Characterization of Pectic Hairy Regions Isolated from Apple Cell Walls*. Wageningen Universiteit; 1995.

Schols H. A, Bakx E. J, Schipper D, Voragen A. G. J. A xylogalacturonan subunit present in the modified hairy regions of apple pectin. *Carbohydrate Research*. 1995;279:265-279.

Sims I. M, Munro S. L. A, Currie G, Craik D, Bacic A. Structural characterisation of xyloglucan secreted by suspension-cultured cells of *Nicotiana plumbaginifolia*. *Carbohydrate Research*. 1996;293(2):147-172.

Skjøt M, Pauly M, Bush M. S, Borkhardt B, McCann M. C, Ulvskov P. Direct interference with rhamnogalacturonan I biosynthesis in golgi vesicles. *Plant Physiology*. 2002;129(1):95-102.

Sobry S, Havelange A, Van Cutsem P. Immunocytochemistry of pectins in shoot apical meristems: consequences for intercellular adhesion. *Protoplasma*. 2005;225(1-2):15-22.

Sugiyama J, Persson J, Chanzy H. Combined infrared and electron diffraction study of the polymorphism of native celluloses. *Macromolecules*. 1991;24(9):2461-2466.

Thibault J. F, Renard C. M. G. C, Axelos M. A. V, Roger P, Crépeau M. -J. Studies of the length of homogalacturonic regions in pectins by acid hydrolysis. *Carbohydrate Research*. 1993;238:271-286.

Thomassen L. V, Meyer A. S. Statistically designed optimisation of enzyme catalysed starch removal from potato pulp. *Enzyme and Microbial Technology*. 2010;46(3-4):297-303.

Thomassen L. V, Vigsns L. K, Licht T. R, Mikkelsen J. D, Meyer A. S. Maximal release of highly bifidogenic soluble dietary fibers from industrial potato pulp by minimal enzymatic treatment. *Applied Microbiology and Biotechnology*. 2011;90(3):873-884.

Tibbits C. W, MacDougall A. J, Ring S. G. Calcium binding and swelling behaviour of a high methoxyl pectin gel. *Carbohydrate Research*. 1998;310(1-2):101-107.

Ulvskov P, Wium H, Bruce D, Jørgensen B, Qvist K. B, Skjøt M, Hepworth D, Borkhardt B, Sørensen S. O. Biophysical consequences of remodeling the neutral side chains of rhamnogalacturonan I in tubers of transgenic potatoes. *Planta*. 2005;220:609-620.

van Marle J. T, Clerkx A. C. M, Boekestein A. Cryoscanning electron-microscopy investigation of the texture of cooked potatoes. *Food Structure*. 1992;11(3):209-216.

van Marle J. T, DeVries R, Wilkinson E. C, Yuksel D. Sensory evaluation of the texture of steam-cooked table potatoes. *Potato Research*. 1997;40(1):79-90.

van Marle J. T, Recourt K, van Dijk C, Schols H. A, Voragen A. G. J. Structural features of cell walls from potato(*Solanum tuberosum* L.) cultivars Irene and Nicola. *Journal of Agricultural and Food Chemistry*. 1997;45(5):1686-1693.

Vincken J. P, Wijsman A. J, Beldman G, Niessen W. M, Voragen A. G. Potato xyloglucan is built from

XXGG-type subunits. *Carbohydrate Research*. 1996;288:219-232.

Vincken J. P, York W. S, Beldman G, Voragen A. G. J. Two general branching patterns of xyloglucan, XXXG and XXGG. *Plant Physiology*. 1997;114(1):9-13.

Vincken J. P, Schols H. A, Oomen R. J, McCann M. C, Ulvskov P, Voragen A. G, Visser R. G. If homogalacturonan were a side chain of rhamnogalacturonan I. Implications for cell wall architecture. *Plant Physiology*. 2003;132(4):1781-1789.

Voragen A. G. J, Pilnik W, Thibault J. F, Axelos M. A. V, Renard C. M. G. C. Pectin. In: Stephen A. M, ed. *Food Polysaccharides and Their Applications*. New York: Marcel Dekker; 1995:287-339.

Willats W. G, Steele-King C. G, Marcus S. E, Knox J. P. Side chains of pectic polysaccharides are regulated in relation to cell proliferation and cell differentiation. *The Plant Journal*. 1999;20(6):619-628.

Willats W. G. T, McCartney L, Mackie W, Knox J. P. Pectin: cell biology and prospects for functional analysis. *Plant Molecular Biology*. 2001;47(1):9-27.

Xu X, van Lammeren A. A, Vermeer E, Vreugdenhil D. The role of gibberellin, abscisic acid, and sucrose in the regulation of potato tuber formation in vitro. *Plant Physiology*. 1998;117(2):575-584.

Xu X, Vreugdenhil D, van Lammeren A. A. M. Cell division and cell enlargement during potato tuber formation. *Journal of Experimental Botany*. 1998;49(320):573-582.

York W. S, Kolli V. S. K, Orlando R, Albersheim P, Darvill A. G. The structures of arabinoxyloglucans produced by solanaceous plants. *Carbohydrate Research*. 1996;285:99-128.

Zandleven J, Beldman G, Bosveld M, Schols H. A, Voragen A. G. J. Enzymatic degradation studies of xylogalacturonans from apple and potato, using xylogalacturonan hydrolase. *Carbohydrate Polymers*. 2006;65(4):495-503.

3 马铃薯淀粉结构

Eric Bertoft[1], Andreas Blennow[2]

[1]*Department of Food Science and Nutrition, University of Minnesota, St Paul, MN, USA*

[2]*Department of Plant and Environmental Sciences, University of Copenhagen, Frederiksberg C, Denmark*

3.1 引言

淀粉是马铃薯块茎的主要成分，占其重量的15%~20%。因此，马铃薯应用在食品中体现其功能性的主要因素是淀粉。在工业领域，与大多数其他类型的淀粉相比，马铃薯淀粉更为纯正。与其他淀粉商品相比，马铃薯淀粉还具有一些独特的性质，这归因于其颗粒和分子结构，包括颗粒大、光滑，高含量的磷酸基团，长支链淀粉链和高分子量直链淀粉。这些特性使马铃薯淀粉成为食品和材料学领域功能型生物聚合物的重要来源。特别是，马铃薯淀粉在湿部化学方面有许多应用，可以制造高品质的纸张（Blennow et al.，2003），生产黏性水胶体体系（Wiesenborn et al.，1994）。此外，与大多数谷物淀粉相比，天然马铃薯淀粉颗粒致密有序的结构使其能抵抗如淀粉葡糖糖苷酶和α-淀粉酶等水解酶的酶促降解（Sun et al.，2006）。

在马铃薯块茎中，淀粉是直径为10~100μm的独特颗粒（Hoover，2001）。这种颗粒由两种仅由葡萄糖作为单体组分的多糖构成。吡喃葡萄糖残基通过α-D-(1,4)-链连接，形成还原性端侧的α-D-(1,6)-支链，该链与其他相似的链相连。一般而言，支链淀粉是淀粉的主要成分，在马铃薯中，无论颗粒大小（Noda et al.，2005），支链淀粉通常占重量的70%~80%（Hoover，2001；Yusuph et al.，2003）。4%~6%的链接是α-D-(1,6)-型的，这使得它具有广泛的分支。支链淀粉的重均分子质量约为10^7u（Aberle et al.，1994；Ratnayake et al.，2007）；因此，这种大分子由大量相对较短的链组成，平均聚合度为21~28个残基（McPherson et al.，1999；Zhu et al.，1996）。淀粉的次要组分是直链淀粉，它比支链淀粉小得多，基本上是一种线性聚合物，由聚合度为2000~5000个残基的链组成（Hoover，2001）。然而，在该结构中发现了一些分支，主要是以下两种成分：直链淀粉和支链淀粉（图3.1）。

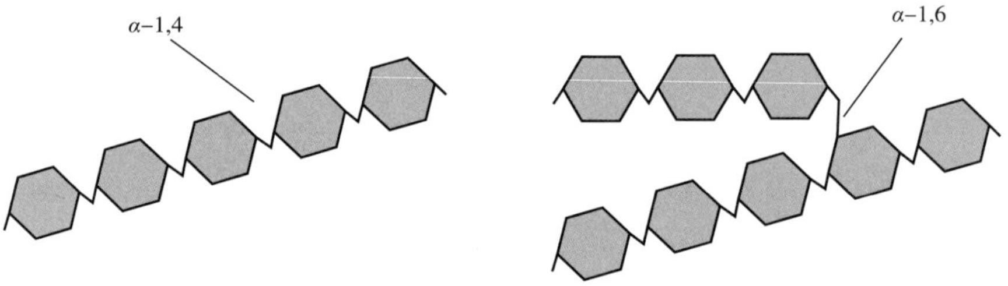

（1）直链淀粉结构　　（2）分支的直链淀粉和支链淀粉结构

图3.1 淀粉的组成成分

除了多糖成分外，马铃薯淀粉还含有少量非碳水化合物性质的成分。淀粉颗粒中蛋白质含量占不到0.5%（Yusuph et al.，2003），主要参与淀粉合成。与其他一些块茎和根茎淀粉一样，马铃薯淀粉中几乎不含脂质（Hizukuri et al.，1970；Hoover，2001），这与许多其他淀粉（尤其是谷物淀粉）不同。马铃薯淀粉还含有与支链淀粉组分共价连接的磷酸盐形式的磷（Hizukuri et al.，1970）。这被认为是影响马铃薯淀粉特性的重要因素。大多数其他淀粉也含有共价结合的磷酸盐，尽管含量很少。磷也是谷物淀粉中的一种成分。然而，它以溶血磷脂的形式，与直链淀粉组分形成非共价复合物（Morrison，1995）。马铃薯淀粉颗粒中还含有含量的不同阳离子，其中主要是钾，也被认为是马铃薯颗粒中的微量元素，钾能与磷酸基团配位结合（Blennow et al.，2005a；Noda et al.，2005）。

本章研究了马铃薯中直链淀粉和支链淀粉组分的分子结构，以及它们是如何在淀粉粒内形成特征结构，还讨论了普通马铃薯和转基因马铃薯中淀粉的磷酸化及其组分的合成。

3.2 马铃薯淀粉的多糖组成

直链淀粉在淀粉中含量少且相对分子质量小，是主要的线性组分。直链淀粉的分子尺寸分布，以重均分子质量（M_w）表示，为（0.2~3.9）$\times 10^6$u，而数均聚合度（DP_n）在840~21800（Hizukuri et al.，1984）。多分散指数 DP_w/DP_n（或 M_w/M_n）为1.29~6.9。直链淀粉的微支化特性早在20世纪50年代就已为人所知，但直到近年来才有了计算直链淀粉的支链摩尔分数的方法（Takeda et al.，1987）。外切型β-淀粉酶水解葡萄糖链非还原末端依次切开相隔的α-1,4键，生成麦芽糖。如果分子具有分支，酶会在分支附近停止酶解，形成含有还原末端的β-限制糊精。因此，直链淀粉的支链物质的量可以通过氚标记的β-限制糊精进行检测（Takeda et al.，1992）。在马铃薯中，直链淀粉组分的β-淀粉分解极限为68%~88%（Hizukuri et al.，1981；Takeda et al.，1984），支链与直链淀粉的物质的量比为0.38（Takeda et al.，1992）。整个直链淀粉组分的每个分子的平均链数只有7.3~12.2（Hizukuri et al.，1981；Takeda et al.，1984）。这个数字包括线性和支化链组分，因此支化的直链淀粉的实际链数更高。虽然支化组分的大小未知（它被检测为β-限制糊精），但研究表明，支化程度随着淀粉分子的增大而增加（Takeda et al.，1984）。

如前所述，支链淀粉的分子质量比直链淀粉大得多。据研究表明，马铃薯支链淀粉的重均分子质量（M_w）为60.9$\times 10^6$u，回转半径（R_g）为224.3nm（Aberle et al.，1994），而数均值要更低。荧光标记支链淀粉的凝胶色谱测得的 DP_n 值为11200（相当于 M_n 为1.8$\times 10^6$）（Takeda et al.，2003）。此外，分离技术表明支链淀粉组分有三种，其 DP_n 值分别为16100、5500和2100左右。大组分的物质的量比例占主导地位（61%）。支链淀粉的多种组分并不是马铃薯淀粉独有的，在玉米、大米和红薯淀粉中也有类似的组成（Takeda et al.，2003）。

支链淀粉中链的排列有利于不连续的功能结晶区和无定型区的自我组合。因此，剖析链族群和分支点聚类可在分子水平上提供有关淀粉结构的重要信息。通常，淀粉的单位链分为长链和短链两类。淀粉颗粒经酸处理后，其组分结构可以构建团簇模型（French，1972；Nikuni，1978；Robin et al.，1974）。在该模型中，短链存在于团簇中，长链连接相邻的团簇（Hizukuri，1986）。支链淀粉中的链最初被分为A链（未被其他链取代的链）、B链（被其他链取代）和C链，它们在大分子中携带唯一的还原末端残基（是一种特殊的B链）（Peat et al.，1952）。在Hizukuri（1986）的命名法中，B链被细分了。B_1链是短B链，与A链一起形成短链的主要基团。长链被细分为B_2-链（跨越两个团簇）和B_3-链（跨越三个团簇）等。然而，团簇模型的细节以及不同来源的支链淀粉之间的差异仍然不清楚。

大量的研究明确了马铃薯支链淀粉的单位链分布。这种单位链采用淀粉酶和普鲁兰酶脱支后，再通过分子排阻色谱法（Hanashiro et al.，2002）、阴离子交换层析（McPherson et al.，1999）或毛细管电泳（Morell et al.，1998）而获得的。在马铃薯中，短链DP的分布范围从6~35/36，平均链长为14~17个残基，在所获得的色谱图中DP在13~14处有一个峰。在DP为6~8短链通常具有最高DP6含量和最低的DP8（Bertoft，2004；Hanashiro et al.，2002；McPherson et al.，1999；Noda et al.，2005）。长链的DP（DP≥36）为48~57，短链与长链的物质的量比为5.3%~6.5%（Bertoft，2004；Hanashiro et al.，2002；Noda et al.，2005）。长链由至少两个亚组组成，DPw约为58（B2链）和75（B3链）（Hizukuri，1986）。它们的相对物质的量含量分别占9%~14%和2%~3%（Bertoft，2004；Hizukuri，1986）。此外，DP大于100的超长链并不常见，且含量极低（Noda et al.，2005）。通过脱支荧光标记的支链淀粉，可以鉴定不同植物来源的淀粉C链的大小分布（Hanashiro et al.，2002）。C链的DP值范围10~130，马铃薯淀粉在DP为42处有一个峰，在DP为25处有一个肩缝，这表明其C链分别对应于B_2链和B_1链的长度。然而，标记的C链部分中有1/3的分子没有脱支，因此C链的平均长度可能更短（Hanashiro et al.，2002）。因此，据推测大分子的合成从C链开始，其长度很短。

在马铃薯支链淀粉中，A链与B链的物质的量比为1.1~1.5（Bender et al.，1982；Bertoft，2004；Zhu et al.，1996）。支链淀粉极限糊精中B链的大小分布显示了支链淀粉的内部单元链特征，其中从最外面分支延伸出来的外链大部分被去掉了。研究发现，一系列不同淀粉中，长的内部B链被细分为与整个支链淀粉的长链相同的组（Bertoft et al.，2008）。它们的含量也几乎与整个支链淀粉的含量相同，这表明支链淀粉的长链一般仅由B链组成。然而，在不含直链淀粉的土豆样品中，也存在少量（2.6mol%）长A链（Bertoft，2004）。短的内部B链还可以进一步分组。一个分子的内部长度小到2~6，在数量上是一个较小的组。另一类DP值是7~24，这是主要的组。这两组也存在于其他淀粉中，并不是马铃薯淀粉所特有的。然而，短的B链基团的物质的量比在不同的淀粉中是不同的（Bertoft et al.，2008），这些链是团簇的一部分，这表明不同支链淀粉中团簇结构不同。

团簇的大小是根据短链和长链的比例间接估计的，这对于马铃薯来说，表明单个团簇大约由6条链组成（Hanashiro et al.，2002）。根据支链淀粉的大小，单个支链淀粉大分子被估计由15~117个团簇组成（Takeda et al.，2003）。此外，还使用内切酶从大分子中分离出团簇作为限制糊精。采用来自 *Klebsiella pneumoniae* 的环糊精转移酶，Bender（1982）在马铃薯淀粉中发现了三种不同大小的团簇，其DP为40~140，然而Finch和Sebesta（1992）使用来自 *P. stutzeri* 的四糖形成淀粉酶时，只发现较大尺寸的团簇（对应于 M_n 23000）。利用来自 *B. amyloliquefaciens* 的α-淀粉酶（或 *Bacillus subtilis* 的α-淀粉酶），发现这些团簇DP值为33~70，对应于5~10个链（Zhu et al.，1996）。

在构建支链淀粉的分子精细结构时，可以从三个不同的层次水平进行解析。最低级别（构建块）由小的、紧密分支的单元组成，与第二级集群中的链的内部组织有关。域是第三级，由更小或更大的集群组成，关注它们如何互连，以及不同域中是否存在不同结构的集群。在一系列实验（Bertoft，2007a、b）中，我们利用B. amyloliquefaciens的α-淀粉酶从无直链淀粉的马铃薯淀粉中分离出了这三个结构，并对它们的结构进行了分析。在支链淀粉的初始水解过程中，大分子迅速解聚，当反应中断时，分离出含有团簇的结构域。然后，这些结构域被酶进一步水解，直到反应速度变得很慢（Bertoft，2007a），在这个阶段，没有足够长的内链填满酶活性位点的所有9个亚位点时，簇已经从结构域中释放出来。在极限糊精的形式下，普通马铃薯淀粉的团簇大小为DP 127（Jensen et al.，2013b），而另一个样本的团簇大小在DP 33~70（Zhu et al.，1996），这表明马铃薯品种之间存在差异。对于α-葡聚糖、水双激酶活性受到抑制的转基因低磷淀粉，其平均大小为DP 86（Jensen et al.，2003b），而不含直链淀粉的马铃薯的团簇有两个主要大小，即DP分别为54和75（Bertoft，2007a）。由于外链大约占该结构的50%，支链淀粉中完整簇的实际尺寸几乎是原来的两倍。不同结构域之间的簇组成差异很小，表明马铃薯支链淀粉的结构是均一的（Bertoft，2007a）。根据先前的假设，在只包含两个簇的小区域中发现的长链的数量表明，一个长链参与了它们之间的相互连接（Hizukuri，1986）。然而，随着团簇数量的增加，往往会出现长链过剩的情况。这表明，在更高的结构水平上，替代模型是有效的（Bertoft，2007a）。主链模型是一种允许链的可变排列的替代方案，在该模型中，长链形成主链，构建块沿着主链绑定并形成簇（Bertoft，2013）（图3.2）。在马铃薯淀粉中，一些短枝可能与主链相连，而在其他植物（如谷物）中，主链分枝更广泛（Bertoft et al.，2012）。

通过用过量的α-淀粉酶处理分离不含直链淀粉的马铃薯淀粉簇，分析了这些簇中的分枝的结构单元组成（Bertoft，2007b）。在这种条件下，酶被迫继续攻击簇内约短于9个残基的内链。结果释放了实际上可以抵抗进一步攻击的结构单元（即它们是接近极限的糊精）。马铃薯支链淀粉中的嵌段具有短小的平均内链长度（ICL），分支之间的残基约为2.5个残基（Bertoft，2007b）。每个群集由5~7个构建块组成，具体取决于其DP。最小的嵌段

（约 60mol%），在 DP 5～9 处组成一个基团，呈单枝状。在 DP 10～14 处的嵌段是双支化的葡聚糖，而较大的嵌段是多支化糊精，并且只在簇中发现少量。在马铃薯中，团簇的密度略有不同，这使得它们有可能分成结构特征略有不同的两组。构建块通过块间片段与 ICL 7～8 互连。在此基础上，有人提出簇的一般定义是由短于 9 个残基的内链相互连接的链（Bertoft，2007b）。马铃薯支链淀粉簇构建块结构的假设模型如图 3.3 所示。

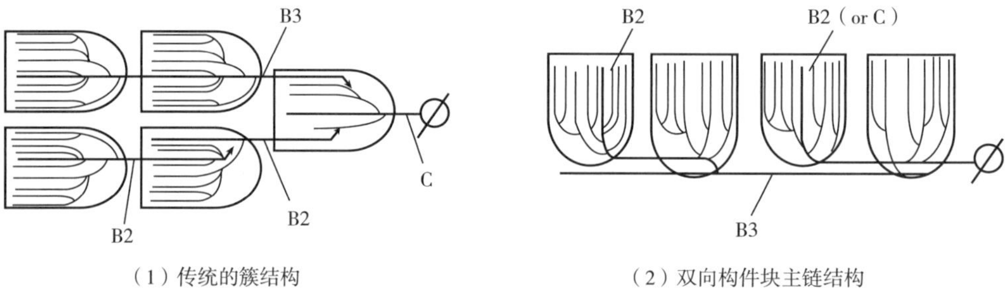

图 3.2 实现簇的互连的结构

注：方框表示具有短链（灰色线）的簇。黑线是参与群集互连的 B2-链和 B3-链。在其他方面类似于 B 链的 C 链携带还原末端残基（Φ）。

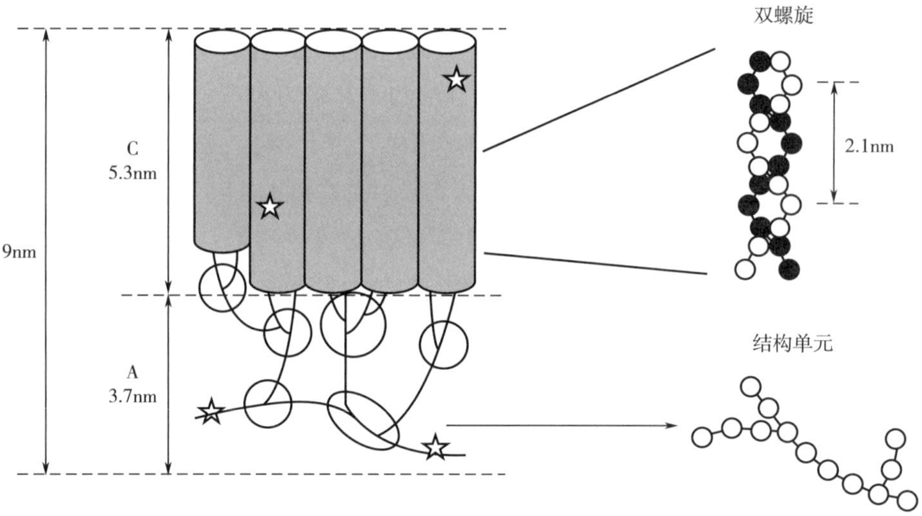

图 3.3 马铃薯支链淀粉簇构建块结构的假设模型

注：支链结构单元（环绕的）主要存在于淀粉颗粒中半结晶环的无定形片层（A）内。双螺旋（象征为圆柱体）从构件延伸到结晶层（C）。右侧显示了双螺旋段的放大图，其中的单链是平行的和左旋的，还有一个结构单元。磷酸基团（用“☆”表示）是马铃薯支链淀粉的特征。

3.3 马铃薯中的淀粉颗粒

尽管不同植物的淀粉颗粒大小和形状千差万别，但它们的内部组织结构却非常相似。淀粉大分子存在无定形和半结晶的颗粒环或壳，通常被称为生长环（Jenkins et al.，1993），这些环的厚度为100~400nm。马铃薯淀粉颗粒的结构见图3.4。

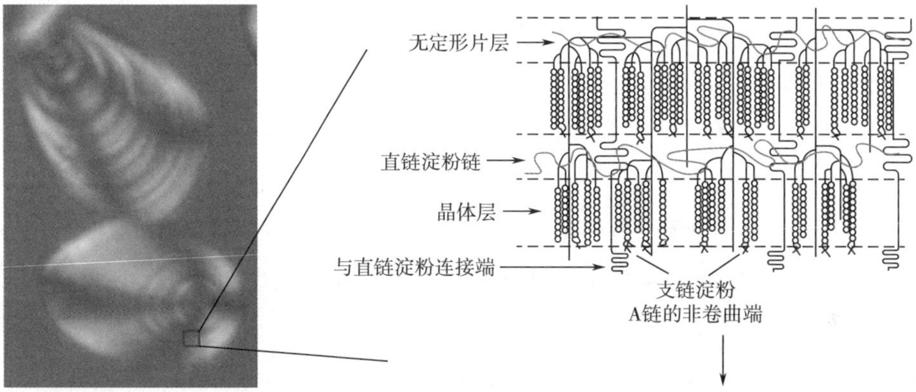

（1）偏振光下的马铃薯淀粉颗粒[①]　　（2）放大的半结晶环结构[②]

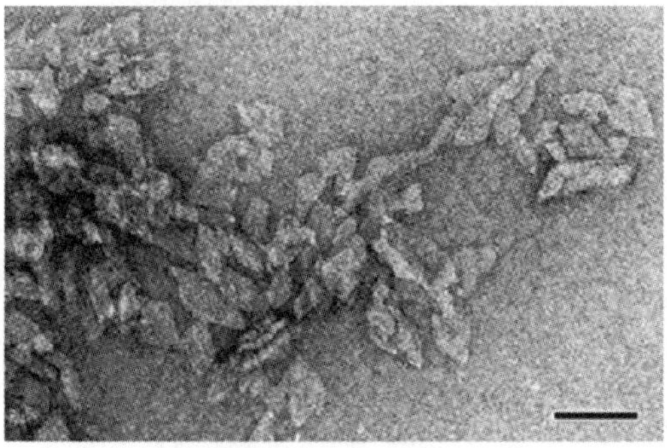

（3）天然A型糯玉米淀粉颗粒在一定条件下的透射电子显微镜图像[③]

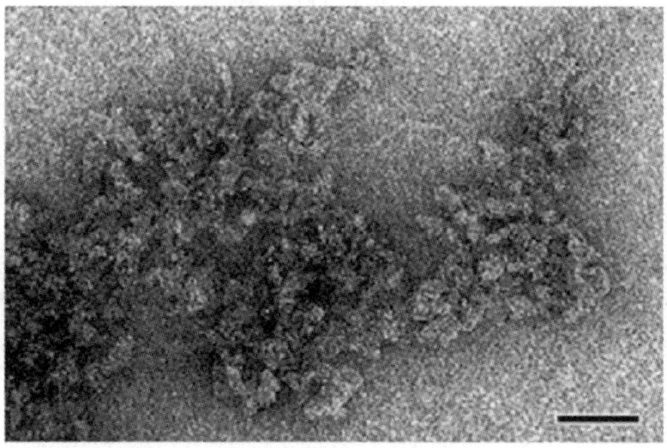

（4）B型马铃薯支链淀粉颗粒[④]

图3.4　马铃薯淀粉颗粒的结构

注：①图中表现出有特征的马耳他十字，以及无定形和半结晶环交替出现（文由J. Wikman，Abo Akademi，Turku. 提供）；

②图中直链淀粉分子同时嵌入无定形片层内和晶片中支链淀粉的双螺旋之间（Kozlov et al.，2007）；

③是富含支链淀粉的天然A型糯玉米淀粉颗粒在36℃下用2.2mol/L盐酸水解18d后的结晶残留物的透射电子显微镜图像；

④是B型马铃薯支链淀粉颗粒，并用醋酸铀酰对其进行负染色（比例尺=50nm）。

（资料来源：图片由J.-L. Putaux，CERMAV-CNRS提供）。

不同植物颗粒之间的差异取决于颗粒中直链淀粉的含量（Kozlov et al.，2007）。通常认为，直链淀粉组分的物理状态是无定形的，因此存在于颗粒的无定形部分，而支链淀粉成分中不存在这类结构。通过对聚合物进行化学交联，结果表明直链淀粉与支链淀粉发生了交联，因此这两种成分并排出现在颗粒中（Jane et al.，1992）。不同植物的直链淀粉的排列可能不同，这取决于颗粒中直链淀粉的含量（Kozlov et al.，2007）。

半结晶环的主要成分是支链淀粉，支链淀粉通过其相对较短的链，形成薄层、交替的晶片和非晶片特征堆叠（图 3.4）。片层的重复距离为 8.8~9.2nm，其中结晶部分为 5.3~5.5nm（Jenkins et al.，1993；Kozlov et al.，2007）。无定形片层包含短链簇的大部分分枝的内部结构，而簇的外链形成左旋双螺旋（图 3.3）。螺距（单链一圈）为 2.1nm，由 6 个葡萄糖残基组成。在结晶片中，双螺旋以平行方式排列（Imberty et al.，1991）。在马铃薯淀粉颗粒中，发现了一种 B 型晶体同素异形体（Srichuwong et al.，2005）。在这种情况下，双螺旋排列成六角形结构，该结构的内部包含一个圆柱形的空间，里面装满了与碳水化合物残基的羟基配位的水（Imberty et al.，1991）。B-异形体并不是马铃薯淀粉所特有的，但通常在含有支链淀粉且单位链较长的淀粉颗粒中形成（Hizukuri，1985）。如果在显微镜下偏振光下观察到淀粉颗粒，可以看到典型的马耳他十字形（图 3.4）。淀粉颗粒已被证明是正双折射的（Blennow et al.，2003），这表明支链淀粉链在颗粒内呈放射状取向。利用微焦点 X 射线衍射束进行分析，表明马铃薯淀粉颗粒的核心成分只有轻微的取向，但是高度朝向外围，这似乎有助于提高马铃薯颗粒表面结构的致密性。相反，谷物淀粉颗粒中的微晶，就像在小麦中发现的那样，含有 A 型晶体，并且只有微弱的定向（Buléon et al.，1997）。原子力显微镜观察显示，其表面充满直径为 10~50nm 的圆形结构，从中延伸出较大的突起（50~300nm）（Baldwin et al.，1998）。这种结构也被称为小体结构（Blocklets）（Gallant et al.，1997），在颗粒内部（至少在玉米颗粒中）被发现（Ridout et al.，2002），它们的尺寸表明它们可能与支链淀粉分子相同。冷冻电子衍射和光学断层扫描从马铃薯颗粒获得的图像被解释为支链淀粉组分的复杂超螺旋（Oostergetel et al.，1993）。显然，超螺旋形成了一个细密的网络，颗粒就是围绕着这个网络建立起来的。后来，基于小角 X 射线微焦点散射的观察结果，人们提出了马铃薯支链淀粉的超螺旋结构（Waigh et al.，1999）。超螺旋被描绘成包含饼形单位，可能是簇。螺旋的间距为 9nm，即对应于片层重复距离，外径和内径分别为 19nm 和 8nm（Waigh et al.，1999）。根据分子结构的不同，支链淀粉形成超螺旋的方式主要有两种。在传统的团簇模型下（图 3.2），超螺旋是由几个支链淀粉分子平行排列而成的协同结构。通过主链模型，可以由单个支链淀粉大分子形成超螺旋结构（Bertoft，2004）。到目前为止，超螺旋模型和区块之间的联系还不确定，然而，小体结构也有可能代表超螺旋的一种视觉形式。

马铃薯淀粉颗粒的结晶度取决于其水分含量。在干燥颗粒中，支链淀粉组分以玻璃状向列状态存在，呈无序的双螺旋结构。水化后，无定形骨架变得高度塑化，双螺旋被重组成相当于9nm片层重复距离的近晶结构（Waigh et al.，2000）。差示扫描量热法显示土豆颗粒中的晶体熔化（或糊化）的温度区间为59~70℃，峰值温度（T_p）约为63℃（Yusuph et al.，2003）（确切的间隔取决于样品和实验条件）。如果颗粒在略低于糊化起始温度（T_0）的温度下处理，双螺旋会重组成更理想的结构，从而导致熔融温度提高和间隔变窄（Jacobs et al.，1998）。这种现象被称为退火，是双螺旋通过它们所连接的无定形内链的运动而重组的结果（Tester et al.，2000）。特别的是，簇中较长的区块间片段促进双螺旋的最佳堆积（Vamadevan et al.，2013）。

通过在稀盐酸或硫酸中处理淀粉颗粒，颗粒的无定形部分被水解（lintnerization）（Robin et al.，1974）。由此产生的耐酸材料（通常称为lintners）由晶片的残留物组成。对lintners分子组成的分析表明，它们由前一簇的双螺旋组成（Jacobs et al.，1998）。马铃薯lintners中链条的长度为14~15，与晶片的厚度密切相关（Genina et al.，2007；Srichuwong et al.，2005）。与A型结晶颗粒相比，马铃薯淀粉和其他B型结晶颗粒的lintners中只发现了很少的分支，这表明马铃薯淀粉中只有很少的分支散布在结晶片层中（Jane et al.，1997）。当用透射电子显微镜观察时，A结晶颗粒的晶体残留物具有锐角为60°~65°纳米晶体，其具有独特的平行六面体块体（Putaux et al.，2003），这与理论分子模型（Angellier-Coussy et al.，2009）非常一致。马铃薯颗粒lintners中的类似残留物相对不规则且碎裂（图3.4）（Wikman et al.，2014），这很出乎意料，因为如前所述，马铃薯颗粒中成分的总体结构取向很高（Buléon et al.，1997）。

3.4 磷酸化马铃薯淀粉

大多数天然淀粉类型都被单酯化为葡萄糖残基的磷酸基团轻微磷酸化（Blennow et al.，2002）。研究淀粉中磷酸酯已有一个多世纪的历史（Fernbach，1904），淀粉中的磷酸酯含量很低。然而，这些基团在植物和精制淀粉中的效果是显著的。如下文所述，在植物中，需要磷酸盐才能完全降解淀粉。此外，磷酸化淀粉具有巨大的水合能力，能产生透明和高度黏稠的糊状物（Wiesenborn et al.，1994；Viksø-Nielsen et al.，2001）。磷酸化程度最高的淀粉，如从马铃薯块茎中提取的并变性的淀粉，只有200个葡萄糖残基中的一个被取代（Schwall et al.，2000；Blennow et al.，2005b）。发现磷酸酯为连接在葡萄糖单元的C-6位和C-3位的单酯（Posternak，1935；Bay-Smidt et al.，1994；Hizukuri et al.，1970；Tabata et al.，1971）。C-3键结合的磷酸酯是一个显著的特征，因为在该位置的磷酸化在自然界中很少见。

磷酸单酯几乎全部存在于支链淀粉组分中（Samec，1914），尤其是长链中（Takeda et al.，1982；Tabata et al.，1971；Blennow et al.，1998），内部长度约为DP 20（Wikman et al.，2011）。马铃薯淀粉中分离的磷酸化簇比未磷酸化的簇更大，簇中的磷酸化链比其他链要长得多（Wikman et al.，2011）。这是很有趣的，因为长链支链淀粉主要形成在块茎和植物绿色光合作用组织中的 B 型晶体多晶型，这表明对这些类型的淀粉的结构有特殊的要求。据推测，这与这些淀粉被高度水合的器官中的特定酶降解能力有关，相反，干燥种子的淀粉中含有相当少的磷酸盐。

正如差示扫描量热法（Muhrbeck et al.，1991）所证实的那样，淀粉颗粒结晶区中磷酸基团会影响淀粉颗粒的结晶度；lintners 磷酸基团的存在代表淀粉颗粒的结晶薄片（Blennow et al.，2000）；分子模型表明，它紧密地定位在双螺旋中的一个丛中（Engelsen et al.，2003）；无法通过电顺磁共振形成与铜的络合物（Blennow et al.，2006），以及核磁共振成像显示低迁移率（Larsen et al.，2007）。大量的淀粉也存在于淀粉颗粒的无定形部分（Blennow et al.，2000；Wikman et al.，2013、2014）。不同的磷酸化 lintners 提供了对磷酸盐诱导的非晶化效应的支持：lintners 淀粉的熔融热焓与天然淀粉中的磷酸盐含量以及剩余的 lintners 淀粉中的磷酸盐含量呈负相关（Wikman et al.，2014）。此外，磷酸基可能会影响糊化淀粉中支链和直链葡聚糖链之间的相互作用。在较高的淀粉糊浓度（30%～40%）下，磷酸基团排斥支链淀粉和直链淀粉，很可能导致糊化淀粉中这些多糖之间的相分离（Jensen et al.，2013a）。然而，磷酸单酯对淀粉分子堆积的影响尚未完全阐明。

磷酸盐在天然淀粉颗粒中的分布似乎不是随机的。目前，缺乏这种分布数据，这是由于难以分析半结晶基质中（如淀粉颗粒中发现的分子）的分子实体和元素。根据颗粒诱导的 X 射线的数据推断，磷酸盐集中在淀粉颗粒的中心（Blennow et al.，2005a）。这一发现得到了一项化学糊化研究的证据支持（Jane et al.，1993），在该研究中，颗粒外围的磷酸盐浓度低于颗粒中心的磷酸盐浓度。相反，使用磷酸盐特异性荧光探针进行的激光共聚焦扫描显微镜研究发现，磷酸盐出现在表面，特别是靠近表面的边缘或者散布在整个淀粉颗粒中，具体取决于植物的基因型（Glaring et al.，2006）。

3.5 马铃薯淀粉的合成

从功能上讲，淀粉是一种可降解的合成多糖。因此，淀粉颗粒的生物合成是在葡聚糖链延伸和降解破坏结构之间的微妙平衡。为了在马铃薯块茎中完成该酶催化的过程，需要多种酶的参与。

淀粉合成包括葡萄糖残基的活化，葡聚糖链的延长，以及形成分支结构的线性主链的转移。与糖原生物合成相比，这一过程通常更为复杂。淀粉生物合成涉及许多不同的同源酶，这些酶被认为负责在不同组织和不同发育阶段合成淀粉颗粒的特定结构。据推测，这些酶中的许多相互作用形成酶复合体或代谢物，以引导底物和产物（Hennen-Bierwagen et al.，2009）。Zeeman 等（2010）的文章就该问题进行全面总结，并参阅下文所述的详细情况。

3.5.1 糖活化与合成调控

植物合成淀粉的途径是通过在酶 ADP-葡萄糖焦磷酸化酶的催化反应中，由活化的糖腺苷二磷酸葡萄糖（ADP-葡萄糖）从 1-磷酸葡萄糖和三磷酸腺苷开始的（Zeeman et al.，2010）。这个反应是淀粉合成的限速步骤。在叶绿体中，AGPase 被 3-磷酸甘油酸酯（光合作用的第一产物）变构激活，并被游离磷酸盐抑制。这一调节的基本原理是感测高光合作用（高水平的 3-磷酸甘油酸酯），这需要淀粉生物合成作为贮存同化碳的一种手段，同样，细胞内的高游离磷酸盐显示出低水平的光合作用。

3.5.2 链延长

支链淀粉是由可溶性淀粉合成酶（soluble starch synthase，SSS）和淀粉分支酶（starch branching enzyme，SBE）在颗粒表面合成的（Zeeman et al.，2010）。可溶性淀粉合成酶催化非还原末端的链的延长，在这一反应中，ADP 和 ADP 葡萄糖分子被生长中的葡萄糖链的末端的羟基所取代，产生延长的线性 α-(1,4)-葡聚糖链。合成直链淀粉只需要一种酶，与颗粒结合的结合态淀粉合成酶（granule-bound starch synthase，GBSS），它就像 SSS 一样，GBSS 将 ADP-葡萄糖中的葡萄糖单元添加到葡萄糖链的非还原末端。颗粒结合态淀粉合成酶完全结合在淀粉颗粒上，并逐步延长葡聚糖链，即酶在不同底物链之间没有扩散（Zeeman et al.，2010）。已有数据为磷酸化酶参与链延长提供了支持（Fettke et al.，2012；Kaminski et al.，2012）。

3.5.3 分枝和成熟脱枝

SBE 催化淀粉中 α-(1,6)-糖苷键的合成，在该反应中，链内的 α-(1,4)-糖苷键被水解，并且在酶解葡聚糖链的还原端和相邻链的 C-6 连接的氧之间形成 α-(1,6)-糖苷键。淀粉分支酶活性以多种酶亚型存在。A 族异构体在支链形成过程中优先使用比 B 族更短的葡聚糖链。因此，这两种异构体在支链淀粉合成中虽有差异但又相互依赖的。生物合成过程中脱支反应的活性可能对于淀粉颗粒的正确组装很重要（Zeeman et al.，2010；Hennen-Bierwagen et al.，2012）。这类由脱支酶催化的反应通过水解而切断了未正确定位在分子中的支链，从而产生适合于结晶的分支结构。在植物突变体中缺乏特定的脱枝酶时，会积累高度分枝的植物糖原。由于植物糖原的分枝结构，它不能形成晶体阵列，因此是可溶的。植物中的两种脱枝酶分别属于异淀粉酶型和普鲁兰酶型脱枝酶。这两种类型都能有效地的水解支链淀粉 α-(1,6)-糖苷键。如前所述，分支和去分支之间的平衡很可能是形成结构良好的结构域、簇和小体的基础，但在合成这些结构域、簇和小体的过程中发生酶促反应尚不清楚。

3.5.4 淀粉磷酸化

对于块茎淀粉，特别是马铃薯淀粉，B 型结晶的多晶型物是主要的结晶单元。尽管这种结晶类型淀粉含有结合水的通道，但这些类型的淀粉通常有序、致密，并具有平滑的淀粉颗粒形貌。这显然是因为支链淀粉簇中相对长链有效地填充了微晶。正因为如此，这些类型的颗粒对淀粉酶解具有抗性（Jane et al.，1997）。为了促进和调节发芽过程中块茎中淀粉的降解，淀粉颗粒被磷酸化（Blennow et al.，2002）。直到最近，催化磷酸化的葡聚糖—水双激酶（glucan－water dikinase，GWD）才被发现（Lorberth et al.，1998；Ritte et al.，2002）。磷酸基团对淀粉颗粒的代谢产生了一些特殊的影响，它也为植物中淀粉降解提供分子信号。有研究表明，磷酸盐通过对淀粉颗粒进行重组，这会影响颗粒的降解性（Blennow et al.，2002）。现有的数据表明，淀粉磷酸酯在体外激发了水解酶活性（Edner et al.，2007），并证实了磷酸酯本身可以重组淀粉颗粒，从而促进降解。然而，达到降解效果可能更普遍。第一，具有低 GWD 活性的拟南芥（*Arabidopsis thaliana*）植株的淀粉颗粒具有颗粒表面葡聚糖链结构，这可能会限制淀粉活性酶，无论是降解还是生物合成（Mahlow et al.，2014）。第二，大麦中的 GWD 的过度表达并不会降低淀粉产量（Shaik et al.，2014）。第三，GWD 的过度表达不会刺激拟南芥叶片中淀粉的降解。第四，知道 GWD 活性降至 30%后，淀粉降解才受到抑制。为了得到更普遍的淀粉磷酸化效果，降低 GWD 会抑制淀粉的生物合成，这表明淀粉磷酸化可以刺激淀粉的生物合成和淀粉的降解（Skefflington et al.，2014）。

3.6 结论

与谷物淀粉相比，马铃薯淀粉和块茎淀粉通常具有一些独特的性质，最重要的是支链淀粉长链形成水合且有序的 B 型微晶，以及存在磷酸酯基团。马铃薯支链淀粉簇相对较小，由 5~10 个短链组成。团簇的内部形成支链结构单元，主要存在于半晶体颗粒环的无定形片层中。链的外部链段构成双螺旋，排列成 B 型同素异形体特有的六角形结构。在颗粒内部，结晶取向的有序性较低，但外围有序性相对较高。到目前为止，有关马铃薯淀粉的某些精细结构仍不清楚，这包括支链淀粉组分的簇单元相互链接模式以及所提出的超螺旋结构与颗粒中块状结构之间的关联。淀粉的合成是复杂的，并涉及一系列的酶。通过基因工程，有可能控制合成并开发出特殊结构和功能的马铃薯淀粉。特别的是，GWD 是目前直接在植物生化反应中替代淀粉的唯一物质。

参考文献

Aberle T, Burchard W, Vorwerg W, Radosta S. Conformational contributions of amylose and amylopectin to the structural properties of starches from various sources. *Starch/Stärke*. 1994;46:329-335.

Angellier-Coussy H, Putaux J. -L, Molina-Boisseau S, Dufresne A, Bertoft E, Pérez S. The molecular structure of waxy maize starch nanocrystals. *Carbohydrate Research*. 2009;344:1558-1566.

Baldwin P. M, Adler J, Davies M. C, Melia C. D. High resolution imaging of starch granule surfaces by atomic force microscopy. *Joural of Cereal Science*. 1998;27:255-265.

Bay-Smidt A. M, Wischmann B, Olsen C. -E, Nielsen T. H. Starch bound phosphate in potato as studied by a simple method for determination of organic phosphate and ^{31}P-NMR. *Stärke*. 1994;46:167-172.

Bender H, Siebert R, Stadler-Szöke A. Can cyclodextrin glycosyltransferase be useful for the investigation of the fine structure of amylopectins? Characterisation of highly branched clusters isolated from digests with potato and maize starches. *Carbohydrate Research*. 1982;110:245-259.

Bertoft E. On the nature of categories of chains in amylopectin and their connection to the super helix model. *Carbohydrate Polymer*. 2004;57:211-224.

Bertoft E. Composition of clusters and their arrangement in potato amylopectin. *Carbohydrate Polymer*. 2007;68:433-446.

Bertoft E. Composition of building blocks in clusters from potato amylopectin. *Carbohydrate Polymer*. 2007;70:123-136.

Bertoft E. On the building block and backbone concepts of amylopectin structure. *Cereal Chemistry*. 2013; 90:294-311.

Bertoft E, Piyachomkwan K, Chatakanonda P, Sriroth K. Internal unit chain composition in amylopectins. *Carbohydrate Polymer*. 2008;74:527-543.

Bertoft E, Koch K, Åman P. Building block organisation of clusters in amylopectin of different structural types. *International Journal of Biological Macromolecule*. 2012;50:1212-1223.

Blennow A, Bay-Smidt A. M, Wischmann B, Olsen C. E, Møller B. L. The degree of starch phosphorylation is related to the chain length distribution of the neutral and the phosphorylated chains of amylopectin. *Carbohydrate Research*. 1998;307:45-54.

Blennow A, Bay-Smidt A. M, Olsen C. A, Møller B. L. The distribution of covalently bound starch-phosphate in native starch granules. *International Journal of Biological Macromolecule*. 2000;27:211-218.

Blennow A, Engelsen S. B, Nielsen T. H, Baunsgaard L, Mikkelsen R. Starch phosphorylation—a new front line in starch research. *Trends in Plant Science*. 2002;7:445-450.

Blennow A, Bay-Smidt A. M, Leonhardt P, Bandsholm O, Madsen H. M. Starch paste stickiness is a relevant native starch selection criterion for wet-end paper manufacturing. *Starch*. 2003;55:381-389.

Blennow A, Sjöland K. A, Andersson R, Kristiansson P. The distribution of elements in the native starch granule as studied by particle-induced X-ray emission and complementary methods. *Analytical Biochemistry*. 2005;347:327-329.

Blennow A, Wischmann B, Houborg K, Ahmt T, Madsen F, Poulsen P, Jørgensen K, Bandsholm O. Structure-function relationships of transgenic starches with engineered phosphate substitution and starch branching. *International Journal of Biological Macromolecule*. 2005;36:159-168.

Blennow A, Houborg K, Andersson R, Bidzińska E, Dyrek K, Łabanowska M. Phosphate positioning and availability in the starch granule matrix as studied by EPR. *Biomacromolecules*. 2006;7:965-974.

Buléon A, Pontoire B, Riekel C, Chanzy H, Helbert W, Vuong R. Crystalline ultrastructure of starch granules revealed by synchrotron radiation microdiffraction mapping. *Macromolecules*. 1997;30:3952-3954.

Edner C, Li J, Albrecht T, Mahlow S, Hejazi M, Hussain H, Kaplan F, Guy C, Smith S. M, Steup M, Ritte G. Glucan, water dikinase activity stimulates breakdown of starch granules by plastidial β-amylases. *Plant Physiology*. 2007;145:17-28.

Engelsen S. B, Madsen M. A. O, Blennow A, Motawia S, Møller B. L, Larsen S. The phosphorylation site in double helical amylopectin as investigated by a combined approach using chemical synthesis, crystallography and molecular modeling. *FEBS Letters*. 2003;541:137-144.

Fernbach A. Quelques observations sur la composition de l' amidon de pommes de terre. *Comptes Rendus de l' Académie des Sciences*. 1904;138:428-430.

Fettke J, Leifels L, Brust H, Herbst K, Steup M. Two carbon fluxes to reserve starch in potato(*Solanum tuberosum* L.) tuber cells are closely interconnected but differently modulated by temperature. *Journal of Experimental Botany*. 2012;63:3011-3029.

Finch P, Sebesta D. W. The amylase of *Pseudomonas stutzeri* as a probe of the structure of amylopectin. *Carbohydrate Research*. 1992;227:c1-c4.

French D. Fine structure of starch and its relationship to the organization of starch granules. *Journal of Japanese Society of Starch Science*. 1972;19:8-25.

Gallant D. J, Bouchet B, Baldwin P. M. Microscopy of starch: evidence of a new level of granule organization. *Carbohydrate Polymer*. 1997;32:177-191.

Genkina N. K, Wikman J, Bertoft J, Yuryev V. P. Effects of structural imperfection on gelatinization characteristics of amylopectin starches with A-and B-type crystallinity. *Biomacromolecules*. 2007;8:2329-2335.

Glaring M. A, Koch K. B, Blennow A. Genotype specific spatial distribution of starch molecules in the starch granule: a combined CLSM and SEM approach. *Biomacromolecules*. 2006;7(8):2310-2320.

Hanashiro I, Tagawa M, Shibahara S, Iwata K, Takeda Y. Examination of molar-based distribution of A, B and C chains of amylopectin by fluorescent labeling with 2-aminopyridine. *Carbohydrate Research*. 2002;337: 1211-1215.

Hennen-Bierwagen T. A, James M. G, Myers A. M. Involvement of debranching enzymes in starch biosynthesis. In: Tetlow I, ed. *Starch, Origins, Structure and Metabolism. Essential Reviews in Experimental Biology*. vol. 5. London: The Society for Experimental Biology; 2012:179-215.

Hennen-Bierwagen T. A, Lin Q, Grimaud F, Planchot V, Keeling P. L, James M. G, Myers A. M. Proteins from multiple metabolic pathways associate with starch biosynthetic enzymes in high molecular weight complexes: a model for regulation of carbon allocation in maize amyloplasts. *Plant Physiology*. 2009; 149: 1541-1559.

Hizukuri S, Tabata S, Nikuni Z. Studies on starch phosphate. Part 1. Estimation of glucose-6-phosphate residues in starch and the presence of other bound phosphate(s). *Stärke*. 1970;22:338-343.

Hizukuri S, Takeda Y, Yasuda M, Suzuki A. Multi-branched nature of amylose and the action of debranching enzymes. *Carbohydrate Research*. 1981;94:205-213.

Hizukuri S, Takagi T. Estimation of the distribution of molecular weight for amylose by the low-angle laser-light-scattering technique combined with high-performance gel chromatography. *Carbohydrate Research*. 1984; 134:1-10.

Hizukuri S. Relationship between the distribution of the chain length of amylopectin and the crystalline structure of starch granules. *Carbohydrate Research*. 1985;141:295-306.

Hizukuri S. Polymodal distribution of the chain lengths of amylopectins, and its significance. *Carbohydrate Research*. 1986;147:342-347.

Hoover R. Composition, molecular structure, and physicochemical properties of tuber and root starches: a review. *Carbohydrate Polymer*. 2001;45:253-267.

Imberty A, Buléon A, Tran V, Pérez S. Recent advances in knowledge of starch structure. *Starch/Stärke*. 1991;43:375-384.

Jacobs H, Eerlingen R. C, Rouseu N, Colonna P, Delcour J. A. Acid hydrolysis of native and annealed wheat, potato and pea starches-DSC melting features and chain length distributions of lintnerised starches. *Carbohydrate Research*. 1998;308:359-371.

Jane J. -L, Xu A, Radosavljevic M, Seib P. A. Location of amylose in normal starch granules. I. Susceptibility of amylose and amylopectin to cross-linking reagents. *Cereal Chemistry*. 1992;69:405-409.

Jane J. -L, Shen J. J. Internal structure of the potato starch granule revealed by chemical gelatinization. *Carbohydrate Research*. 1993;247:279-290.

Jane J. -L, Wong K. -S, McPherson A. E. Branch-structure difference in starches of A-and B-type X-ray patterns revealed by their Naegeli dextrins. *Carbohydrate Research*. 1997;300:219-227.

Jenkins P. J, Cameron R. E, Donald A. M. A universal feature in the structure of starch granules from different botanical sources. *Starch/Stärke*. 1993;45:417-420.

Jensen S. L, Larsen F. H, Bandsholm O, Blennow A. Stabilization of semi-solid-state starch by branching enzyme-assisted chain-transfer catalysis at extreme substrate concentration. *Biochemical Engineering Journal*. 2013;72:1-10.

Jensen S. L, Zhu F, Vamadevan V, Bertoft E, Seetharaman K, Bandsholm O, Blennow A. Structural and physical properties of granule stabilized starch obtained by branching enzyme treatment. *Carbohydrate Polymer*. 2013;98:1490-1496.

Kaminski K. P, Petersen A. H, Sønderkær M, Pedersen L. H, Pedersen H, Feder C, Nielsen K. L. Transcriptome analysis suggests that starch synthesis may proceed via multiple metabolic routes in high yielding potato cultivars. *PLoS One*. 2012;7:e51248.

Kozlov S. S, Blennow A, Krivandin A. V, Yuryev V. P. Structural and thermodynamic properties of starches extracted from GBSS and GWD suppressed potato lines. *International Journal of Biological Macromolecule*. 2007;40:449-460.

Larsen F. H, Blennow A, Engelsen S. B. Starch granule hydration—a MAS NMR investigation. *Food Biophysics*. 2007;3:25-32.

Lorberth R, Ritte G, Willmitzer L, Kossmann J. Inhibition of a starch-granule-bound protein leads to modified starch and repression of cold sweetening. *Nature Biotechnology*. 1998;16:473-477.

Mahlow S, Hejazi M, Kuhnert F, Garz A, Brust H, Baumann O, Fettke J. Phosphorylation of transitory starch by α-glucan, water dikinase during starch turnover affects the surface properties and morphology of starch granules. *New Phytology*. 2014;203:495-507.

McPherson A. E, Jane J. Comparison of waxy potato with other root and tuber starches. *Carbohydrate Polymer*. 1999;40:57-70.

Morell M. K, Samuel M. S, O'Shea M. G. Analysis of starch structure using fluorophore-assisted carbohydrate electrophoresis. *Electrophoresis*. 1998;19:2603-2611.

Morrison W. R. Starch lipids and how they relate to starch granule structure and functionality. *Cereal Foods World*. 1995;40:437-446.

Muhrbeck P, Eliasson A. -C. Influence of the naturally-occurring phosphate-esters on the crystallinity of potato starch. *Journal of the Science and Food Agriculture*. 1991;55:13-18.

Nikuni Z. Studies on starch granules. *Stärke*. 1978;30:105-111.

Noda T, Takigawa S, Matsuura-Endo C, Kim S. -J, Hashimoto N, Yamauchi H, Hanashiro I, Takeda Y. Physicochemical properties and amylopectin structures of large, small, and extremely small potato starch granules. *Carbohydrate Polymer*. 2005;60:245-251.

Oostergetel G. T, Bruggen E. F. J. V. The crystalline domains in potato starch granules are arranged in a helical fashion. *Carbohydrate Polymer*. 1993;21:7-12.

Peat S, Whelan W. J, Thomas G. J. Evidence of multiple branching in waxy maize starch. *Journal of the Chemical Society, Chemical Communications*. 1952:4546-4548.

Posternak T. Sur le phosphore des amidons. *Helvetica Chimica Acta*. 1935;18:1351-1369.

Putaux J. -L, Molina-Boisseau S, Momaur T, Dufresne A. Platelet nanocrystals resulting from the disruption of waxy maize starch granules by acid hydrolysis. *Biomacromolecules*. 2003;4:1198-1202.

Ratnayake W. S, Jackson D. S. A new insight into the gelatinization process of native starches. *Carbohydrate Polymer*. 2007;67:511-529.

Ridout M. J, Gunning A. P, Parker M. L, Wilson R. H, Morris V. J. Using AFM to image the internal structure of starch granules. *Carbohydrate Polymer*. 2002;50:123-132.

Ritte G, Lloyd J. R, Eckermann N, Rottmann A, Kossmann J, Steup M. The starch-related R1 protein is an alpha-glucan, water dikinase. *Proceedings of the National Academy of Sciences of the USA*. 2002; 99: 7166-7171.

Robin J. P, Mercier C, Charbonnière R, Guilbot A. Lintnerized starches. Gel filtration and enzymatic studies of insoluble residues from prolonged acid treatment of potato starch. *Cereal Chemistry*. 1974; 51: 389-406.

Samec M. Studien über Pflanzenkolloide, IV. Die Verschiebungen des Phosphorgehaltes beider Zustandsänderungen und dem diastatischen Abbau der Stärke. *Kolloidchemische Beheife*. 1914;4:2-54.

Schwall G. P, Safford R, Westcott R. J, Jeffcoat R, Tayal A, Shi Y. C, Gidley M. J. Production of very-high-amylose potato starch by inhibition of SBE A and B. *Nature Biotechnology*. 2000;18:551-554.

Shaik S. S, Carciofi M, Martens H. J, Hebelstrup K. H, Blennow A. Starch bioengineering affects cereal grain germination and seedling establishment. *Journal of Experimental Botany*. 2014;65:2257-2270.

Skeffligton A. W, Graf A, Duxbury Z, Gruissem W, Smith A. M. Glucan, water dikinase exerts little control over starch degradation in Arabidopsis leaves at night. *Plant Physiology*. 2014;165:866-879.

Srichuwong S, Isono N, Mishima T, Hisamatsu M. Structure of linterized starch is related to X-ray diffraction pattern and susceptibility to acid and enzyme hydrolysis of starch granules. *International Journal of Biological Macromolecule*. 2005;37:115-121.

Sun T, Lærke H. N, Jørgensen H, Bach Knudsen K. E. The effect of heat processing of different starch sources on the in vitro and in vivo digestibility in growing pigs. *Animal Feed Science and Technology*. 2006; 131:66-85.

Tabata S, Hizukuri S. Studies on starch phosphate. Part 2. Isolation of glucose 3-phosphate and maltose phosphate by acid hydrolysis of potato starch. *Stärke*. 1971;23:267-272.

Takeda Y, Hizukuri S. Location of phosphate groups in potato amylopectin. *Carbohydrate Research*. 1982; 102:321-327.

Takeda Y, Shirasaka K, Hizukuri S. Examination of the purity and structure of amylose by gel-permeation chromatography. *Carbohydrate Research*. 1984;132:83-92.

Takeda Y, Hizukuri S, Takeda C, Suzuki A. Structures of branched molecules of amyloses of various origins, and molecular fractions of branched and unbranched molecules. *Carbohydrate Research*. 1987; 165: 139-145.

Takeda Y, Maruta N, Hizukuri S. Examination of the structure of amylose by tritium labelling of the reducing terminal. *Carbohydrate Research*. 1992;227:113-120.

Takeda Y, Shibahara S, Hanashiro I. Examination of the structure of amylopectin molecules by fluorescent labeling. *Carbohydrate Research*. 2003;338:471-475.

Tester R. F, Debon S. J. J. Annealing of starch—a review. *International Journal of Biological Macromole-*

cule. 2000;27:1-12.

Vamadevan V, Bertoft E, Soldatov D. V, Seetharaman K. Impact on molecular organization of amylopectin in starch granules upon annealing. *Carbohydrate Polymer*. 2013;98:1045-1055.

Viksø-Nielsen A, Blennow A, Kristensen K. H, Jensen A, Møller B. L. Structural, physicochemical, and pasting properties of starches from potato plants with repressed *r*1-gene. *Biomacromolecules*. 2001;3:836-841.

Waigh T. A, Donald A. M, Heidelbach F, Riekel C, Gidley M. J. Analysis of the native structure of starch granules with small angle X-ray microfocusing scattering. *Biopolymers*. 1999;49:91-105.

Waigh T. A, Kato K. L, Donald A. M, Gidley M. J, Clarke C. J, Riekel C. Side-chain liquid-crystalline model for starch. *Starch/Stärke*. 2000;52:450-460.

Wiesenborn D. P, Orr P. H, Casper H. H, Tacke B. K. Potato starch paste behavior as related to some physical/chemical properties. *Journal of Food Science*. 1994;59:644-648.

Wikman J, Larsen F. H, Motawia M. S, Blennow A, Bertoft E. Phosphate esters in amylopectin clusters of potato tuber starch. *International Journal of Biological Macromolecule*. 2011;48:639-649.

Wikman J, Blennow A, Bertoft E. Effect of amylose deposition on potato tuber starch granule architecture and dynamics as studied by lintnerization. *Biopolymers*. 2013;99:73-83.

Wikman J, Blennow A, Buléon A, Putaux J. -L, Pérez S, Seetharaman K, Bertoft E. Influence of amylopectin structure and degree of phosphorylation on the molecular composition of potato starch lintners. *Biopolymers*. 2014;101:257-271.

Yusuph M, Tester R. F, Ansell R, Snape C. E. Composition and properties of starches extracted from tubers of different potato varieties grown under the same environmental conditions. *Food Chemistry*. 2003;82:283-289.

Zeeman S. C, Kossmann J, Smith A. M. Starch: its metabolism, evolution, and biotechnological modification in plants. *Annual Review of Plant Biology*. 2010;61:209-234.

Zhu Q, Bertoft E. Composition and structural analysis of alpha-dextrins from potato amylopectin. *Carbohydrate Research*. 1996;288:155-174.

4 马铃薯蛋白质——功能性食品成分

Amanda Waglay, Salwa Karboune

Department of Food Science and Agricultural Chemistry, McGill University,

Ste-Anne de Bellevue, Quebec, Canada

4.1 引言

马铃薯（Solanum Tuberosum）是仅次于水稻、小麦和玉米的第四大高产作物（Kamnerdpetch et al.，2007）。尽管马铃薯的蛋白质含量较低（1.7%），但每公顷作物中马铃薯的蛋白质含量仅次于小麦，是蛋白质含量第二高的作物。北美消费者将马铃薯与不健康饮食联系在一起，主要与采取的不良加工方式有关，比如油炸。与这一不利方面相反，马铃薯富含膳食纤维、优质蛋白质，多种维生素和矿物质（Bártova et al.，2009）。这些优质蛋白质主要由高比例的赖氨酸（Kamnerdpetch et al.，2007）、苏氨酸、色氨酸和蛋氨酸组成，后者是谷物和蔬菜作物中通常缺乏的一种必需氨基酸（Kärenlampi et al.，2009）。由于其氨基酸组成，马铃薯蛋白营养价值被认为与动物蛋白、溶菌酶相当（Ralet et al.，2000）。

马铃薯蛋白通常分为三类，即马铃薯糖蛋白、蛋白酶抑制剂和高分子质量蛋白。这些组分对于人体健康有积极的作用，如降低过敏反应（Fu et al.，2002）、抗菌作用（Kim et al.，2005）、抗氧化作用（Pihlanto et al.，2008）、调控血压、血清胆固醇（Pihlanto et al.，2008；Liyanage et al.，2008）以及对抗癌有一定作用（Blanco-Aparicio et al.，1998）。除了这些有益作用，还有一些其他功能有助于扩大马铃薯蛋白在食品工业中的应用，如乳化性和起泡性。

目前，马铃薯蛋白的价值并未受到广泛关注，但从淀粉加工业副产物中去除马铃薯蛋白十分必要，可以减少其因高污染造成的经济影响（Strolle et al.，1973）。近年来，科学家已经开发出多种能保持或提升蛋白质功能特性的提取技术（Cheng et al.，2010；Miedzianka et al.，2011）。有必要进一步研究开发工业化规模、低成本、功能破坏小的马铃薯蛋白提取工艺，以拓宽其潜在的应用前景。例如，基于细胞壁降解酶法可以有效回收非变性马铃薯蛋白（Waglay et al.，2015）。本章将探讨不同提取方法，如热酸沉淀法、盐沉淀法、乙醇沉淀法、饱和 $(NH_4)_2SO_4$ 溶液法和羧甲基纤维素（CMC）络合法制备分离蛋白。已有大量研究考察不同方法对分离马铃薯蛋白的得率、功能性、组分和结构的影响。

4.2 马铃薯蛋白质

4.2.1 化学性质和结构

4.2.1.1 马铃薯糖蛋白

马铃薯中主要蛋白质是糖蛋白（patatin），也被称为马铃薯球蛋白。马铃薯糖蛋白主要存在于植物的块茎或匍匐茎中，特别是在薄壁组织细胞液泡中（Straetkven et al.，1999）。

然而，在马铃薯块茎和匍匐茎被移除时，地上的小芽中也含有大量的马铃薯糖蛋白。其他研究也表明，在马铃薯茎中同样发现少量的糖蛋白（Park，1983）。

马铃薯蛋白约占块茎中可溶性蛋白的 40%，分子质量在 40~45ku（Kärenlampi et al.，2009）。非变性电泳结果表明马铃薯糖蛋白以 88ku 二聚体形式存在。然而，在十二烷基硫酸钠（SDS）电泳后，如图 4.1 所示，蛋白质被分解成单体（Ralet et al.，2000）。马铃薯糖蛋白由大约 366 个氨基酸组成，这些氨基酸残基带有正电和负电，分布在蛋白质中（Pots et al.，1998）。马铃薯糖蛋白的等电点为 pH=4.9（van Koningsveld et al.，2001a），3 个糖基化位点是马铃薯糖蛋白的特异性位点。这些位点存在于天冬酰胺残基上，具有特殊的生物学功能。这些糖基化位点是由天冬酰胺连接的寡聚糖，它们与细胞内靶向信号、保护蛋白质水解以及通过蛋白折叠保持蛋白质稳定性有关（Sonnewald et al.，1989）。

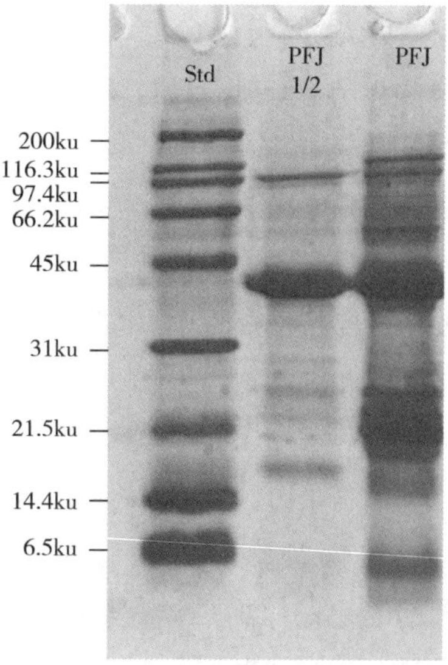

图 4.1 Russett 品种中 PFJ 蛋白 SDS-PAGE

从结构上讲，马铃薯糖蛋白是一种三级结构稳定的蛋白。Pots 等（1998）发现马铃薯糖蛋白含有大约 45%的 β 折叠和 33%的 α-螺旋。三级结构在 45℃以下是稳定的，然而，随着温度升高，马铃薯糖蛋白的二级结构开始展开，在 55℃的条件下，α-螺旋部分变性（Pots et al.，1998）。与其他蔬菜蛋白质相比较，马铃薯糖蛋白具有与鸡蛋蛋白同等的营养价值，并且比大豆蛋白具有更好的乳化性（Løkra et al.，2008）。

马铃薯糖蛋白由两类多基因家族代表的蛋白质组成（Pots et al.，1999）。Ⅰ类基因家族在块茎中含量较高，而Ⅱ类基因家族在整个马铃薯植株中含量较低（Pots et al.，1999）。相关研究表明，对于马铃薯品种 Bintje，糖蛋白根据电荷可以分为四种异构体。异构体是“一种蛋白质的功能与另一种蛋白质相同，但不同的基因编码，其序列可能略有不同”（MediCineNet，2004）。马铃薯糖蛋白有 A、B、C、D 四种异构体，含量分别是 62%、26%、5%、7%，四种异构体在性质上都是同源的，并且具有相同的免疫应答（Pots et al.，1999）。一般来说，异构体根据电荷、相对分子质量或结构性质的不同而不同。不同马铃薯品种中，马铃薯糖蛋白异构体略有差异。例如，cv. Désirée 品种有 9 种异构体，而 Bintje 品种只有 4 种（Leherranta et al.，2005；Pots et al.，1999）。基于电荷特征，可以观察到不同马铃薯糖蛋白异构体比率。这个重要参数可以帮助区分系列马铃薯物种的马铃薯糖蛋白家族（Bohac，1991）。

马铃薯糖蛋白异构体由电荷差异可以通过阴离子交换进行验证（Pots et al.，1999）。Pots 等（1999）发现异构体 A 与阴离子交换柱亲和力较低，表现为其在非变性凝胶上电泳距离最短。结果表明，与 B、C、D 三种异构体相比，A 异构体的表面电荷最低，具有最高的等电聚焦和最短的毛细管电泳时间。根据蛋白质的等电点，在 pH=3 时，亚型 A 含有正电残基最多；在 pH=8 时，与其他亚型 B、C 和 D 相比，它含有最多的负电荷残基（Pots et al.，1999）。Pots 等（1999）发现不同异构体之间分子质量的差异是 40.4ku 和 41.8ku。将这些异构体的分子量差异与 Mignery 等（1984）的研究进行了比较，在马铃薯品种 Superior 中，异构体含有 366 个氨基酸，含有 21 个变异的氨基酸。实验表明，不同异构体间突变氨基酸的摩尔质量差为 663u。然而，Mignery 等（1984）计算出理论上的差异为 100u。这一差异表明马铃薯中存在的蛋白质和碳水化合物之间可能发生了糖基化反应。Pots 等（1999）对 Bintje 变异品种中的异构体采用了类似的计算。根据计算，该品种的异构体分子质量最大差异可达 198u。然而，该计算与基质辅助激光解析—电离时间—离光质谱（MALDI-TOF MS）（Pots et al.，1999）获得的结果之间没有相关性。

马铃薯糖蛋白作为主要的存储蛋白存在于块茎中，但研究表明，马铃薯糖蛋白及其异构体同样存在于植物发育阶段，它在块茎中除了有存储功能外，还兼具有其他功能比如抗氧化活性（Liu et al.，2003；Wang et al.，2005；Kärenlampi et al.，2009）。此外，它还被归类为酯酶复合物（Vreugdenhil et al.，2007）。马铃薯糖蛋白通过脂酰水解酶（LAH）和酰基转移酶证明了对脂质代谢的酶活性（Höfgen et al.，1990；Liu et al.，2003）。据推测，马铃薯糖蛋白通过上述机制参与植物自身防御（Kärenlampi et al.，2009）。研究发现 LAH 与马铃薯品种、提取技术和脂肪酸底物有关（表 4.1）。如表 4.1 所示，当使用底物对硝基苯月桂酸酯时，脂酰水解酶活性（LAHA）一般较高（Pots et al.，1999；Waglay et al.，2014）。然而，纯化的马铃薯糖蛋白与其对应的 LAHA 底物对硝基苯丁酸盐的检测提供了可比的结果。结果表明，所使用的沉淀剂对马铃薯糖蛋白的影响很大，硫酸铵的保存效果最好，其次是乙醇和三氯化铁（Waglay et al.，2014）。目前使用热和酸沉淀会使马铃薯糖蛋白完全变性，导致其失去所有活性（Waglay et al.，2014）。这种水解酶活性是因为马铃薯糖蛋白的中心核心由平行的 β-折叠组成，而催化丝氨酸位于亲核的肘环（Rydel et al.，2003）。这个核心由平行的 β-折叠组成，催化残基埋在肘环中，是属于水解酶家族的一个关键特征（Rydel et al.，2003）。

表 4.1 利用不同提取技术获得的马铃薯糖蛋白与脂酰水解酶（LAH）活性的比较

栽培品种	马铃薯糖蛋白	提取技术	LAH 活性	底物	参考文献
Beroline	40%	0.1%聚乙烯-聚吡咯烷酮，DEAE-Sephacel 和伴刀豆球蛋白 A-琼脂糖层析	5①	对硝基苯脂肪酸酯（链长 2~18）	Höfgen 等（1990）
Désirée	20%		0.5①		

续表

栽培品种	马铃薯糖蛋白	提取技术	LAH 活性	底物	参考文献
Bintje	纯化	DEAE - Sephacel Cl-6B，伴刀豆球蛋白 A-琼脂糖 4B	4.54②	对硝基苯酚丁酸酯	Pots 等（1998）
	马铃薯糖蛋白家族	伴刀豆球蛋白 A，SourceQ	3.72②	对硝基苯月桂酸酯	Pots 等（1999）
	62%为亚型 A		3.66②		
	26%为亚型 B		3.55②		
	7%为亚型 D		3.80②		
Elkana	100.00%	纯化蛋白：Source 15Q 色谱柱，Superdex 75 色谱柱	1.84②	对硝基苯酚丁酸酯	van Koningsveld 等（2001a）
PFJ（Lyckeby Amylex，Czech Republic）	30.70%	冻干马铃薯汁水	0.03②	对硝基苯酚丁酸酯	Bártová 等（2009）
	25.60%	乙醇	0.07②		
	20.30%	氯化铁	0.03②		
	32.30%	热凝	0.01②		
	n. a.	纯化蛋白：乙醇 ppt DEAE52-cellulose Servacel，伴刀豆球蛋白 A-琼脂糖 4B 柱 SephadexG-25 凝胶过滤柱	0.5②		
Russett	22.90%	PFJ	1.17③（对硝基苯酚丁酸酯）；1.76③（对硝基苯月桂酸酯）	对硝基苯酚丁酸酯；对硝基苯月桂酸酯	Waglay 等（2014）
	37.90%	热和酸	<0.04③；<0.04③		
	11.10%	酸性 ppt	0.67③；0.97③		
	37.70%	三氯化铁	0.15③；1.55③		
	37.70%	乙醇	0.15③；0.52③		
	36.50%	硫酸铵	0.47③；1.15③		
	36.60%	CMC	<0.04③；0.2③		

注：①活性单位以 nm/minx mg 马铃薯糖蛋白表示；

②活性单位以 μmol/min/mg 蛋白表示；

③活性单位以 μmol/min/mg 马铃薯糖蛋白表示。

4.2.1.2 蛋白酶抑制剂

马铃薯中第二类蛋白质是蛋白酶抑制剂（protease inhibitor，PI），其分子质量从 5ku 到 25ku（van Koningsveld et al.，2002）。与马铃薯糖蛋白一样，这些蛋白酶抑制剂占块茎蛋白总量的 30%~40%（Pouvreau et al.，2001；Jørgensen et al.，2006）。蛋白酶抑制剂通过抑制丝氨酸蛋白酶、半胱氨酸蛋白酶、天冬氨酸蛋白酶和金属蛋白酶活性发挥作用（Kärenlampi et al.，2009）。但是，这会降低蛋白质的消化率和利用率（Kärenlampi et al.，2009）。马铃薯糖蛋白与蛋白酶抑制剂相比，蛋白酶抑制剂具有更多的亲水性，然而在受热时都容易变性凝固（Kärenlampi et al.，2009）。

蛋白酶抑制剂比马铃薯糖蛋白家族更加多样化，能够作用于各种蛋白酶和其他酶。表 4.2 详细总结了 cv. Elkana 品种中马铃薯蛋白酶抑制剂亚类，子类别包括蛋白酶抑制剂Ⅰ、蛋白酶抑制剂Ⅱ、马铃薯天冬氨酸蛋白酶抑制剂、马铃薯半胱氨酸蛋白酶抑制剂、马铃薯 Kunitz 型蛋白酶抑制剂，其他丝氨酸蛋白酶抑制剂和马铃薯羧肽酶抑制剂（PCI）（Pouvreau et al.，2001）。然而，研究表明这些蛋白酶抑制剂与链长、氨基酸组成和抑制活性有关（Pouvreau et al.，2001；Jørgensen et al.，2006）。蛋白酶抑制剂Ⅰ是一种五聚体丝氨酸蛋白酶抑制剂，由 5 个 7~8ku 的同源抑制剂前体组成（Pouvreau et al.，2001）。蛋白酶抑制剂Ⅰ对胰凝乳蛋白酶、胰蛋白酶和人白细胞弹性蛋白酶有很强的亲和力，并抑制它们的活性（Pouvreau et al.，2001）。蛋白酶抑制剂Ⅱ是一种二聚体丝氨酸蛋白酶抑制剂，由两个 10.2ku 的蛋白通过二硫键连接在一起（Pouvreau et al.，2001）。它们在亚类之间的抑制作用具有差异，但通常抑制胰蛋白酶、胰凝乳蛋白酶和人类白细胞弹性蛋白酶（Pouvreau et al.，2001）。马铃薯天冬氨酸蛋白酶抑制剂亚类之间的抑制作用也不同，但它们通常抑制胰蛋白酶、胰凝乳蛋白酶、组织蛋白酶 D 和人类白细胞弹性蛋白酶（Pouvreau et al.，2001）。马铃薯半胱氨酸蛋白酶抑制剂因亚基不同而不同，但大多数对胰蛋白酶、胰凝乳蛋白酶、木瓜蛋白酶具有抑制活性，人类白细胞弹性蛋白酶抑制作用相对较低（Pouvreau et al.，2001）。马铃薯 Kunitz 型和其他丝氨酸蛋白酶抑制剂都能够抑制胰蛋白酶和胰凝乳蛋白酶，而只有其他丝氨酸蛋白酶抑制剂能够抑制人体白细胞弹性蛋白酶（Pouvreau et al.，2001）。最后，PCI 是一种耐热的 4.3ku 的单一亚基肽（Pouvreau et al.，2001）。

表 4.2 cv. Elkana 品种中马铃薯蛋白酶抑制剂亚类

名称	MW	等电点	cv. Elkana 马铃薯汁水中 PI 占比
马铃薯抑制剂Ⅰ	7683~7873	5.1~6.3	3.9
	7683~7873	7.2，7.8	3.1
	7683~7873	5.1，6.3	1.8

续表

名称	MW	等电点	cv. Elkana 马铃薯汁水中 PI 占比
马铃薯抑制剂Ⅱ	20279	6.5	14.5
	20023	6	4.5
	20273	6.1	11.3
	20674	5.8	0.6
	20676	5.5	2.6
	20315	5.9	6.9
	20265	6.9	3.7
马铃薯天冬氨酸蛋白酶抑制剂	19987	6.2	0.2
	20039	8.4	2.8
	22025	8.6	2.8
	19878	8.7	2.6
	20141	7.5	2.4
	19883	8.2	0.8
	22755	6.7	1.5
	22769	6.6	1.6
	22674	5.8	2.6
马铃薯半胱氨酸蛋白酶抑制剂	22773	7.1	0.9
	20096	8	2.6
	20127	8.6	4.1
	20134	>9.0	3.1
	20433	8.3	7.2
马铃薯 Kunitz 型蛋白酶抑制剂	20237	>9.0	1.8
	20194	8	5.3
其他丝氨酸蛋白酶抑制剂	21025	8.8	1.3
	21804	7.5	1.7
马铃薯羧肽酶抑制剂	4274	n.d	1.8

注：改编自 Pouvreau 等，2001。

Jørgensen 等（2006）对欧洲马铃薯淀粉行业常用的马铃薯品种 cv. Kuras 进行了研究，研究发现 Kuras 有一个蛋白酶抑制蛋白组分，可以分成 5 个不同的家族。这些家族分别是 13A、Ⅰ13 肽酶抑制剂Ⅰ、Ⅰ20 肽酶抑制剂Ⅱ、Ⅰ25 多菌体肽酶抑制剂和Ⅰ37 羧肽酶抑制剂（Jørgensen et al.，2006）。

蛋白酶抑制剂活性随着马铃薯贮藏和发芽时间的延长而增强。据推测，抑制活性是块茎发育阶段蛋白质分解所必需的。更具体地说，丝氨酸蛋白酶抑制剂通过调控蛋白质在叶绿体形成过程中去除蛋白质，以及在萌发和叶片衰老过程中协助氮代谢（Weeda et al.，2009）。马铃薯多半胱氨酸蛋白酶抑制剂已被证明能在体外降解马铃薯糖蛋白，它是块茎中蛋白质积累的调节剂（Weeda et al.，2009）。

4.2.1.3 **其他**

马铃薯中还存在一些高分子质量的蛋白质（van Koningsveld et al.，2002）。这部分蛋白质还未进行广泛的研究。

4.2.2 营养和促进健康的特性

马铃薯富含淀粉，为身体提供能量，并含有蛋白质、维生素和膳食纤维等营养素，通常被认为是具有健康作用的食物（Kärenlampi et al.，2009）。其中，碳水化合物约占干物质的75%。本节将主要聚焦马铃薯蛋白的营养特性。

按鲜重（FW）计算，马铃薯块茎含有蛋白质20g/kg（Kärenlampi et al.，2009）。研究证明马铃薯蛋白营养价值比其他大多数植物和谷物蛋白要好，接近蛋清蛋白（溶菌酶）（Ralet et al.，2000）。因此，马铃薯蛋白具有很高的营养价值，这主要归功于蛋白质的氨基酸组成。与大多数谷物和植物蛋白不同，马铃薯蛋白含有高比例的必需氨基酸——赖氨酸（Kamnerdpetch et al.，2007；He et al.，2013），以及相对较高比例的含硫氨基酸，如蛋氨酸和半胱氨酸（Kärenlampi et al.，2009）。

与其他蛋白相比，马铃薯蛋白致敏性发生率较低（Fu et al.，2002）。而其他常见的蛋白质如蛋清蛋白、谷朊蛋白、大豆蛋白、鱼蛋白和坚果蛋白等，大约1%~2%的人群存在过敏反应（Løkra et al.，2008）。研究表明，当800名婴儿接受过敏测试时，只有5%的婴儿对马铃薯蛋白过敏，而鸡蛋和牛乳的过敏反应分别为15%和9%（Kärenlampi et al.，2009；He et al.，2013）。大多数成人对马铃薯过敏反应可以通过烹饪消除（Kärenlampi et al.，2009）。过敏反应症状可能包括湿疹、胃肠道问题、荨麻疹和血管性水肿，喘息和过敏性休克（Kärenlampi et al.，2009）。

蛋白酶抑制剂被证明具有抗癌活性和其他膳食功能。马铃薯蛋白酶抑制剂存在三种特异性机制的抗癌作用：干扰肿瘤细胞增殖，形成过氧化氢，以及参与太阳紫外线（UV）照射相关的过程（Pouvreau et al.，2001）。马铃薯蛋白酶抑制剂还可以通过抑制饥饿，从而对饱腹感有积极影响（Schoenbeck et al.，2013）。

Kim等（2005）研究发现，在马铃薯叶片和块茎中积累的Kunitz类型的蛋白酶抑制剂有助于修复机械伤害，紫外线辐射以及由昆虫或植物病原微生物引发的伤口。前期对西红柿的研究发现，致病微生物产生细胞外蛋白酶造成植物病害（Kim et al.，2005）。作为一种防御机制，植物产生抑制性多肽来使胞外蛋白酶失活。就马铃薯而言，丝氨酸蛋白酶种类的蛋白酶抑制剂起到了植物防御的作用。Kim 等（2005）研究了马铃薯蛋白酶抑制剂 Potamin-1（PT-1）的抗菌活性，发现该这种肽对人体致病真菌白色念珠菌，植物病原真菌立枯丝核菌和致病细菌密歇根棒状杆菌具有一定的抗菌活性，并测试了 PT-1 作为丝氨酸蛋白酶抑制剂对抑制胰蛋白酶，胰凝乳蛋白酶和木瓜蛋白酶的能力。发现 PT-1 对所有三种丝氨酸蛋白酶的抑制均呈剂量依赖性，从而将其抗菌作用与丝氨酸蛋白酶抑制剂联系起来（Kim et al.，2005）。

马铃薯糖蛋白具有抗氧化活性（Wang et al.，2005）。酶法水解产生的马铃薯蛋白水解物中含有大量的马铃薯多肽。Wang 和 Xiong（2005）采用过氧化物和硫代巴比妥酸法（thiobarbituric acid reactive substances，TBARS）研究了煮熟牛肉饼中马铃薯蛋白水解物部分的抗氧化能力。研究发现马铃薯蛋白具有还原作用，这可以归因于肽水解，产生很多可利用的氢离子。与较大的蛋白质相比，这些氢离子能够更大程度地转移和稳定来自较小肽段的自由基。氨基酸组成可能与蛋白质的抗氧化活性密切相关，相关研究表明蛋氨酸、组氨酸和赖氨酸可以抑制脂质氧化。这些氨基酸存在于马铃薯蛋白中，有助于改善熟制牛肉饼冷藏过程中氧化稳定性（Wang et al.，2005）。

Liu 等（2003）研究了纯化马铃薯糖蛋白的抗氧化活性。他们发现，当以丁基羟基甲苯（butylated hydroxytoluene，BHT）和还原型谷胱甘肽为对照，用 1,1-二苯基-2-苦基肼抗氧化试验检测马铃薯糖蛋白的抗自由基活性时，马铃薯糖蛋白表现出剂量依赖性。当纳摩尔水平时，纯化的马铃薯糖蛋白与 BHT 的抗氧化能力类似，并且比还原型谷胱甘肽具有更好的抗氧化反应。同一项研究使用 TBARS 试验确定了马铃薯糖蛋白对低密度脂蛋白（low-density lipoprotein，LDL）的过氧化作用，LDL 过氧化与人类动脉粥样硬化的发展有关。TBARS 试验表明，增加马铃薯糖蛋白的浓度可以降低氧化 LDL 的水平。因此，马铃薯糖蛋白对人类 LDL 氧化具有剂量依赖性保护效应（Liu et al.，2003）。

生物活性肽是蛋白质经过水解获得的，这些活性肽通常比原蛋白质聚合物具有更好的功能特性，可以参与蛋白调控（Liyanage et al.，2008）。许多研究验证了大豆肽的益处，包括降低胆固醇血症。Liyanage 等（2008）饲喂无胆固醇饮食大鼠，比较了大豆和马铃薯肽特性对大鼠脂质代谢的影响。对比的蛋白肽包括大豆，酪蛋白和马铃薯。其中，只喂食马铃薯蛋白的老鼠体重增加最少，这可能与马铃薯蛋白的吸湿能力有关，导致饮食质量下降。结果表明马铃薯和大豆肽的摄入量与血清胆固醇水平之间存在相关性。与酪蛋白组相比，马铃薯多肽与大豆肽相比表现出相似的作用：低水平的非 HDL-C 浓度，高的粪便脂质排泄和较低的 apoB 信使核糖核酸（mRNA）水平（Liyanage et al.，2008）。肝脏 apoB mRNA 是一个表达 LDL 受体的肝脏基因。当 apoB mRNA 处于低水平时，肝脏会诱导增加对 LDL 胆固醇的清除，这与粪便中更高的排泄水平和血清低胆固醇水平有关。与大豆多肽和酪蛋白饮食相比，饲喂马铃薯肽饮食的大鼠血清甘油三酯浓度最低。血清甘油三酯的低浓度可能是由于马铃薯肽饮食摄入量低以及总脂质排泄量增加所致。该研究认为根据不同的脂蛋白和甘油三酯，马铃薯肽饮食具有不同的机制来影响马铃薯肽喂养组的血清胆固醇水平（Liyanage et al.，2008）。

研究发现生物活性肽可以降血压（Liyanage et al.，2008）。生物活性肽可以通过抑制血管紧张素转换酶Ⅰ（angiotensin-coverting enzyme，ACE）的机制发挥作用。升高血压的机制可以通过两种方式：第一种是通过将血管紧张素Ⅰ转化为血管紧张素Ⅱ来催化的，血管紧张素Ⅱ是一种已知的血管收缩剂，它向肾脏发出信号，让肾脏保留盐和水，从而增加细胞外液体的体积，导致血压上升。第二种是通过去激活血管扩张剂缓激肽。血管紧张素转换酶抑制剂通过降低外周血管阻力和稳定肾功能降低血压（Mäkinen et al.，2008）。Mäkinen等（2008）研究了马铃薯多肽对血管紧张素转换酶（ACE）的抑制作用。他们发现，马铃薯蛋白的水解导致ACE抑制增加，而蛋白质的自溶作用导致ACE抑制作用增强（Mäkinen et al.，2008）。

4.2.3 功能特性

蛋白质的功能特性主要包括溶解性、保水性、凝胶性、起泡性和乳化性，这些性质对食品体系极为重要（McClements et al.，2009）。研究表明，马铃薯蛋白具有起泡性和乳化性（van Koningsveld et al.，2002、2006）。在工业生产中，很难通过低成本获得理想的蛋白特性。马铃薯蛋白一般从马铃薯汁水（potato fruit juice，PFJ）中提取（Ralet et al.，2001）。在提取蛋白质时，适当的提取方法以保持蛋白质的原始状态极为重要，因为蛋白质一旦变性，它通常会失去所有的功能特性。

4.2.3.1 溶解性

蛋白质的溶解性受到溶质成分的影响，包括酸热处理、透析，金属盐和有机溶剂等的添加物（van Koningsveld et al.，2001b）。溶解度是单一蛋白质溶液中容易获得的参数，然而，在混合蛋白质中，其溶解度检测变得困难，因为不同的蛋白质具有不同的溶解度。如前所述，马铃薯蛋白由许多蛋白质组成，因此很难评估其溶解度，可以将蛋白质的溶解度与不溶性蛋白质联系起来（van Koningsveld et al.，2001b）。在这项研究中，van Koningsveld等（2001b）将溶液沉淀得到蛋白的溶解能力与PFJ中总蛋白进行比较。在硫酸（H_2SO_4）、盐酸（HCl），柠檬酸和乙酸的存在下分别测试了它们的溶解度。在PFJ蛋白质中，大多数的等电点在pH=4.5~6.5（van Koningsveld et al.，2001）。

在不同酸存在的情况下，马铃薯蛋白似乎在pH=3时更易沉淀（van Koningsveld et al.，2001）。就沉淀物的溶解度而言，弱酸（柠檬酸和醋酸）似乎比强酸（盐酸和硫酸）具有更高的溶解度，弱酸比强酸能够多溶解大约4%的PFJ蛋白质（van Koningsveld et al.，

2001）。

将纯化的马铃薯糖蛋白和 PFJ 中的总蛋白质进行比较时，纯化的马铃薯糖蛋白在 pH=4 时几乎完全溶解，在 pH=5 时沉淀，在 pH=6 时完全溶解。相反，PFJ 蛋白在 pH<4 时沉淀最大，在 pH=5 时收集的沉淀物至 pH=7 时只有部分溶解。研究人员得出结论，纯化的马铃薯糖蛋白和 PFJ 马铃薯蛋白不同，因为 PFJ 蛋白质的溶解性与其等电点并无关联（van Koningsveld et al.，2001b）。Waglay 等（2014）的研究也发现一趋势，PFJ 中存在的蛋白质在 pH=3 时溶解度低，在该条件之外溶解度都会增加（Waglay et al.，2014）。

van Koningsveld 等（2001a）测试了马铃薯蛋白在热处理条件下的溶解度。结果表明，当 PFJ 加热到 40℃以上时，蛋白质开始从溶液中沉淀出来。结果表明，50%的沉淀在 60℃ 时发生，70℃ 时完全变性，Waglay 等（2014）也证实了这一点。Waglay 等（2014）指出，60℃ 的溶解率为 50%，而 70℃ 时的溶解率低于 10%（Waglay et al.，2014）。提高离子强度对温度影响不大。通过调节 $(NH_4)_2SO_4$ 浓度沉淀马铃薯蛋白时，溶解性与未变性的马铃薯蛋白相似。当在高离子强度 200mmol/L NaCl 溶液中，随着温度变化了 5℃，变性温度稍有改变，在 75℃ 时完全变性，而非之前观察到的 70℃。相反，降低离子强度对溶解度曲线似乎没有影响。van Koningsveld 等（2001a）也研究了马铃薯蛋白的溶解性，并得出结论：蛋白酶抑制剂的沉淀温度似乎比马铃薯糖蛋白略高。蛋白酶抑制剂在 50~60℃ 的温度下开始沉淀，而马铃薯糖蛋白在 40℃ 以上开始沉淀（van Koningsveld et al.，2001a）。

4.2.3.2 乳化性

根据 Smith 和 Culbertson（2000）的定义，乳状液被定义为“至少两种不相容的液体的混合物，其中一种以微液滴的形式分散在另一种液体中”。为了获得稳定的乳液，添加一种两亲性表面活性剂（如蛋白质）通常是有益的。由于氨基酸的缘故，蛋白质同时含有疏水和亲水特性，因此，当添加蛋白质到乳状液中时，它们会根据极性将自己定向到适当分子的界面上。界面上的这种取向可以降低两种不相容液体之间的界面张力，从而获得稳定的乳状液（Smith et al.，2000）。

一旦形成乳状液，其他因素往往会影响其稳定性。van Koningsveld 等（2006）认为，常见的不稳定性包括乳状物之沉淀和液滴聚集。乳状化是低密度液滴在高密度水相上方分层的结果。液滴聚集是指液滴聚集在一起并增加每个液滴的平均尺寸，这被描述为液滴之间的胶体吸引。液滴聚集的其他可能原因包括桥联絮凝和空缺絮凝作用。桥联絮凝涉及一种在界面和液滴之间建立桥梁的分子，而空缺絮凝作用发生在高浓度的非吸附聚合物中（van Koningsveld et al.，2006）。

van Koningsveld 等（2006）研究了不同来源的马铃薯蛋白样品乳状液形成和稳定效果。PFJ 是从 cv. Elkana 马铃薯品种中提取的。用不同的提取技术从 PFJ 制备蛋白质样品中获得五类独特的蛋白质：马铃薯分离蛋白、$(NH_4)_2SO_4$ 沉淀、马铃薯糖蛋白，乙醇沉淀马铃薯糖蛋白和蛋白酶抑制剂（van Koningsveld et al.，2006）。这些乳状液是在中性环境中形成的，在显微镜下观察到含有马铃薯糖蛋白的乳状液没有液滴聚集，而其他蛋白质样品则表现出严重的液滴聚集，因此乳状液是不稳定的。

van Koningsveld 等（2006）证实了马铃薯蛋白质中发生的聚集类型。为了在聚合类型之间进行分析，采用不同技术进行处理。对于空缺絮凝作用，液滴之间的相互作用力较弱，因此，随着剪切速率的增加，乳状液的黏度降低。在本试验中，马铃薯分离蛋白和蛋白酶抑制剂在低剪切速率下表现出较高的黏度，因此空缺絮凝作用不会导致乳状液的不稳定。此外，二硫苏糖醇的加入完全打破了聚集体，显示了蛋白酶抑制剂和二硫苏糖醇中存在的二硫键之间的桥联聚集。这个过程可以通过在乳状液形成初步阶段不掺入空气，从而避免聚集（van Koningsveld et al.，2006）。

蛋白质维持其功能特性的关键参数是蛋白质溶液 pH 环境。当蛋白质接近其等电点时，其溶解度低，因此失去了大部分乳化能力（Smith et al.，2000）。Ralet 和 Guéguen（2000）研究了不同马铃薯蛋白组分在 pH=4~8 时的乳化性。他们观察到，在没有 NaCl 的酸性环境中，与有 NaCl 存在的乳剂相比，马铃薯糖蛋白乳液更稳定。此外，研究蛋白酶抑制剂的乳化性时，发现它不具有 pH 依赖性（Ralet et al.，2000）。

4.2.3.3 起泡性

根据 Phillips 等（1990）的论述，泡沫被定义为"一种两相系统，在该两相系统中，明显的气泡相被连续的液层相包围"。蛋白质通常被加入到泡沫中，以帮助稳定它们。可归因于发泡物质的分子特征是其溶解性、形成界面相互作用的能力、在界面展开的能力、与气相或水相反应的能力，防止泡沫形成的带电和极性亚基的数量以及空间效应（Ralet et al.，2001）。当研究特定蛋白质的发泡特性时，形成泡沫的起泡能力和稳定性是很重要的。这些参数是通过测定泡沫体积和随时间损失的液体量进行评估。

目前，超滤、CMC 络合和阴离子交换层析等提取方法可有效保持马铃薯蛋白起泡功能特征（van Koningsveld et al.，2002）。

van Koningsveld 等（2002）研究了马铃薯蛋白形成和稳定泡沫的能力。泡沫通过两种不同的方法形成，即喷射和搅打。对于高级结构的蛋白质来说，喷射效果更好，因为刚性蛋白质可以在界面上有更多的保留时间，这会导致由于浮力而释放气泡（van Koningsveld et al.，2002）。搅打可以先行打浆，这会引起速度和压力的波动，气泡相互作用导致界面面积和表面张力随时间变化。一旦搅打速度高到足以使表面张力变得过大，泡沫就会形成，从而允许气泡聚合。不同蛋白质通常具有泡沫形成的最佳搅打时间。较长的搅打时间与泡沫体积呈正相关，可以产生有益的效果；然而，缺点是过度搅拌将导致蛋白质变性聚集，从而减少泡沫体积（van Koningsveld et al.，2002）。

引起泡沫稳定性降低的因素有很多，其中一个原因是疏水分子聚集在一起，导致气泡扩散，或者它们的颗粒尺寸大于泡沫气泡，这会增大泡沫的破裂；另一个原因是析水，这是重力迫使液体离开泡沫的结果。然而，在蛋白质存在的情况下，由于形成了停滞层，析水大大减少。影响泡沫稳定的另一个负面影响是 Ostwald 熟化。理想的泡沫是由许多小气泡组成的，空气在液相中的溶解度更高，因此在小气泡周围的溶解度更高。这会导致较大气泡持续生长，这一过程被称为 Ostwald 熟化（van Koningsveld et al.，2002）。

van Koningsveld 等（2002）观察了 β-乳球蛋白、β-酪蛋白、15%乙醇分离的马铃薯蛋白、20%乙醇分离的马铃薯蛋白、$(NH_4)_2SO_4$ 马铃薯分离蛋白、马铃薯糖蛋白、20%乙醇沉淀提取的马铃薯糖蛋白、蛋白酶抑制剂和 20%乙醇沉淀分离的蛋白酶抑制剂等不同蛋白在不同搅打速度下的搅打时间。结果表明，在标准搅打时间为 70s 时，蛋白酶抑制剂没有最佳的搅打速度，而 $(NH_4)_2SO_4$ 马铃薯分离蛋白、20%乙醇提取的马铃薯糖蛋白和 20%乙醇提取的蛋白酶抑制剂的最佳搅拌速度均为 4000r/min，20%乙醇提取的马铃薯分离蛋白在 3000r/min 时形成泡沫。用标准的搅拌时间（70s）检测，没有产生泡沫，因此，搅拌时间缩短到 30s，最佳搅拌速度为 3000r/s。总体而言，对于大多数蛋白质样品，随着搅打速度的提高和搅打次数的增加，泡沫形成和泡沫体积变得更好，直至一个最佳水平（van Koningsveld et al.，2002）。

马铃薯糖蛋白在中性 pH 条件下形成的泡沫在外观上与溶菌酶（蛋清蛋白）形成的泡沫相似。马铃薯糖蛋白在结构上是刚性的，因此，正如预测的那样，蛋白质在界面上展开所需的搅打时间更少和速度更低。通过搅打试验可以得出两个结论：不是蛋白展开速度非常慢，就是折叠速度非常快，这就解释了为什么较长的搅大次数并不能改善泡沫形成，这也是为什么搅打时间越长，泡沫形成的速度就越快。当使用喷射试验时，结果与其他蛋白质相似。如前所述，气泡是低表面膨胀率的结果。这项技术在泡沫形成中的结论是，马铃薯糖蛋白必须表现出缓慢地展开速度，因此泡沫不能稳定，更不能抵抗析水，聚结和 Ostwald 熟化的影响（van Koningsveld et al.，2002）。

Ralet 和 Guéguen（2001）将马铃薯粗蛋白、马铃薯糖蛋白和分子质量为 16~25ku 的马铃薯蛋白（蛋白酶抑制剂）与标准的 Ovomousse M（商用喷雾干燥蛋清粉）进行了比较。采用塑料柱和多孔金属盘形成泡沫。空气通过金属圆盘吹入塔中，塔中的两个电极测量泡沫一旦形成，就会排出。所有样品需要相同的搅打时间才能在中性 pH 和没有添加 NaCl 溶液的情况下达到 35mL 的体积。在此条件下，由于泡沫结构没有明显破坏，马铃薯糖蛋白、马铃薯粗蛋白和 Ovomousse M 随着时间的推移表现出相同的特征。当三个样品进行比较时，随着时间的推移，马铃薯糖蛋白似乎形成更稳定的泡沫，而分子质量为 16~25ku 的蛋白由于析水而失去了大部分泡沫特性。当向蛋白质样品中加入盐溶液时，样品似乎更快的形成了更稳定的泡沫，并且它们变得不依赖于 pH。溶液的 pH 很重要，因为蛋白质的静电电荷依赖于 pH。当蛋白质在接近其等电点的溶液中时，由于静电斥力的降低而形成稳定的泡沫。马铃薯糖蛋白是一个例外，因为正如观察到的那样，马铃薯糖蛋白在 pH=4 时不溶解（Ralet et al.，2001）。

4.2.4 马铃薯副产物中的马铃薯蛋白

马铃薯在工业上主要用来生产淀粉，在淀粉生产过程中会产生废水，称作马铃薯汁水（PFJ），每吨马铃薯会产生 5~12m^3（Ralet et al.，2000；Miedzianka et al.，2014）的马铃薯汁水。然而，这种废水具有很高的污染能力，很难处理。因此，当收集其蛋白质成分，获得可在食品工业中应用的蛋白质是非常有意义的（Ralet et al.，2001）。从马铃薯汁水中提取蛋白质的方法已有大量的研究，与其他淀粉工业副产物相比，马铃薯淀粉废水中含有最高生物需氧量（Strolle et al.，1973）。

马铃薯汁水含有许多可以提取的成分，包括蛋白质、氨基酸、有机酸和钾离子。蛋白质从 PFJ 中去除，汁水再经过离子交换层析，从而分离出其他成分。然而，蛋白质浓度必须低于 180mg/kg，以防止蛋白质在色谱柱中分离，而非其他成分。对原 PFJ 的分析表明，蛋白质水平为 1500~4000mg/kg（Strolle et al.，1973）或约为 25g 蛋白质/kg（Pastuszewska et al.，2009）。与大豆和动物蛋白相比，从 PFJ 中提取的蛋白质具有类似的氨基酸含量（Pastuszewska et al.，2009）。马铃薯汁水中的可溶性成分有 35%的粗蛋白、35%的总糖、20%的矿物质、4%的有机酸和 6%的其他成分组成（Strolle et al.，1973）。马铃薯汁水含有大约 15g/L 的可溶性蛋白，大部分蛋白是 Patatin 和蛋白酶抑制剂蛋白（van Koningsveld et al.，2006）。PFJ 中蛋白质的相对分子质量分布如图 4.1 所示。如图 4.1 所示，马铃薯汁主要由一条分子质量约为 43ku 的浓缩条带组成，称为马铃薯糖蛋白，在分子质量为 15~25ku 的附近一大簇条带代表蛋白酶抑制剂，以及广泛分布的高分子质量蛋白质。在表 4.3 中进一步表征了这些条带，其中马铃薯糖蛋白、蛋白酶抑制剂和高分子质量蛋白质，它们的含量分别是 22.9%、53.9%（译者注：原著为 53.9%，但实际为 53.4%）和 23.7%。

表 4.3 不同提取技术获得马铃薯汁水中蛋白质形态①

提取技术	马铃薯糖蛋白/%	蛋白酶抑制剂/%			其他
	39~43ku	21~25ku	15~20ku	14ku	链长/%
PFJ	22.9	24.6	18.4	10.4	23.7
Combination thermal/acidic①	37.8	0	20.2	31.3	10.7
Acidic②	9.9	8.8	13.6	15.5	41.4
$FeCl_3$③	35.7	0	25.5	38.8	0
Ethanol④	36.5	7.7	21.7	25.6	5.2
$(NH_4)_2SO_4$⑤	36.1	5.2	20.5	25.8	11.2

续表

提取技术	马铃薯糖蛋白/%	蛋白酶抑制剂/%			其他
	39~43ku	21~25ku	15~20ku	14ku	链长/%
CMC⑥	34.2	10.8	2.6	21.6	24.1

注：①改编自 Waglay（2014）；

②采用 H_2SO_4 分别在 pH=4.8 和 pH=2.5 的条件下进行热酸沉淀和酸沉淀；

③$FeCl_3$ 浓度为 5mmol/L；

④Ethanol 浓度为 20%；

⑤$(NH_4)_2SO_4$ 饱和度为 60%；

⑥CMC 与马铃薯蛋白的比例为 0.1。

从 PFJ 中提取蛋白质最常用的方法是添加酸热沉淀法。然而，为了提高马铃薯蛋白的质量，人们已经探索了几种改进措施，因为加热和酸处理会使蛋白质变性。这些变性蛋白不再具有其功能特性，如起泡、乳化和持水或持油能力，减少了它们在食品中的应用（van Koningsveld et al.，2006；Miedzianka et al.，2014）。

PFJ 中存在的抗营养或具有毒性的成分包括茄啶糖类生物碱和蛋白酶抑制剂等，特别是胰蛋白酶抑制剂。Pastuszewska 等（2009）进行的一项研究发现茄啶糖类生物碱和蛋白酶抑制剂的含量差异很大，这种差异可能是马铃薯品种的差异造成的。然而，研究发现 PFJ 中这两种物质浓度与块茎中茄啶糖类生物碱的浓度相似，蛋白酶抑制剂的浓度与豆粕相似（Pastuszewska et al.，2009）。这项研究没有提到蛋白酶抑制剂的有益作用，因此结论与其他研究不同。

4.2.5 蛋白质提取方法

从马铃薯工业废弃物中提取蛋白而不破坏其功能特性，这是一项巨大的挑战。下面将重点介绍不同蛋白质回收方法的优点和缺点。

4.2.5.1 酸热沉淀法

蛋白质酸法或热法凝固沉淀一直是蛋白质回收的主要方法（Knorr et al.，1977）。历史上，这种技术曾经用来除去 PFJ 中的蛋白质，从而减少污染和经济损失。然而，这两种技术并不完美，因为酸和热絮凝会导致蛋白质变性。当蛋白质结构改变时，其功能特性也会完全丧失，导致无法进一步添加至其他食品中再利用。

马铃薯淀粉工业中，热凝固蛋白是常用的方法，使用的温度一般超过 90℃，这种方式的主要缺点是成本高，另一方面，马铃薯蛋白变性后，也限制了其在食品行业和制药行业的应用（Knorr et al.，1977）。热凝固蛋白具有不同的方式。Strolle 等（1973）研究了蒸汽喷射加热，将蒸汽直接注入 PFJ 中，将马铃薯汁水的温度加热到 104.4℃。对马铃薯汁水快速降温，以便收集蛋白。研究表明，蒸汽加热的理想条件是，温度要高于 99℃，pH = 5.5。蒸汽喷射加热是一种从 PFJ 中去除蛋白质的有效且简单的方法。然而，该技术同样不够经济，能源消耗大且需要通过离子交换除去有机酸、氨基酸等成分（Strolle et al.，1973）。

如图 4.2 所示，Waglay 等（2014）的研究表明，热法和酸法结合提取蛋白质的回收率高，但纯度极低。因此，在这一过程对马铃薯蛋白凝固没有选择性，而 PFJ 中的其他成分也会与蛋白质结合在一起。反之，酸性沉淀法的产率较低，而纯度较高，表明单独酸沉淀对马铃薯蛋白有很强的亲和力。另一方面，如表 4.3 所示，酸热法结合提取的马铃薯糖蛋白的含量较高，而蛋白酶抑制剂较少。实际上，热处理会导致蛋白完全变性，所以提取的马铃薯糖蛋白可应用的范围很少，同时，酸处理对马铃薯糖蛋白也有明显的负面影响，而对高分子质量蛋白质有积极作用（表 4.3）。

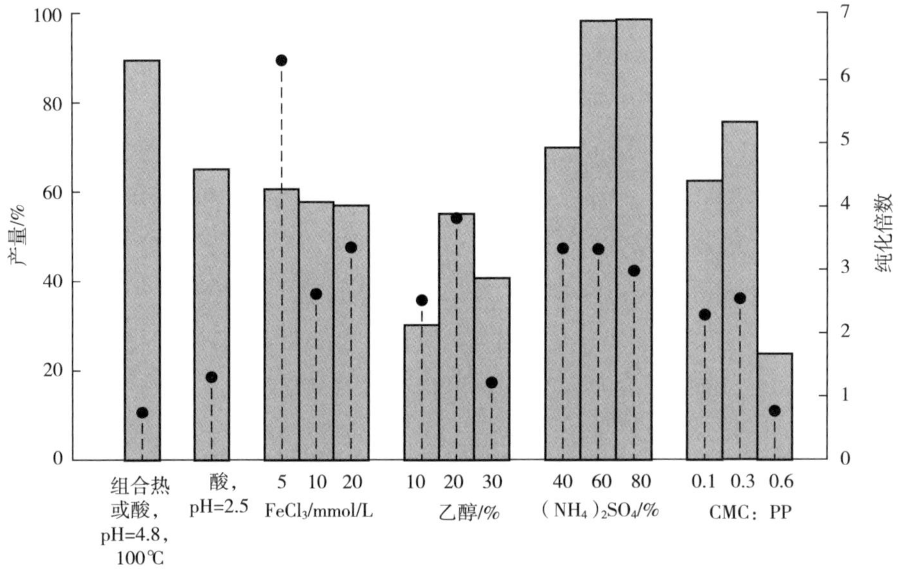

图 4.2 沉淀剂对马铃薯蛋白回收率和纯化因子的影响

（资料来源：Waglay 等，2014。）

酸凝固蛋白通常使用 HCl、磷酸（H_3PO_4）或 H_2SO_4，Knorr 等（1977）研究了酸和热凝固从废水中提取马铃薯蛋白，结果表明，在 pH = 2~4 时，氯化铁（$FeCl_3$）絮凝蛋白质回收率与 HCl 相似，高于此范围（pH = 5~6）时，HCl 处理蛋白质回收率更高。当用酸或热凝固法回收 PFJ 蛋白时，由于极端的提取环境，它们通常会有黑色的外观，并且有强烈的煮熟味道。因此，用这些技术提取的蛋白质，通常被用作动物饲料（Straetkven et al.，1999）。

4.2.5.2 沉淀方法

a. 盐析

盐沉淀马铃薯蛋白最常用的盐是 $FeCl_3$（Knorr，1981）。这些盐通过调节离子强度来提取蛋白（Knorr，1981）。Knorr 等（1977）发现 $FeCl_3$ 能够与酸热处理一样凝固 PFJ 中的马铃薯蛋白。在这项研究中，蛋白质沉淀物的组成与不同的提取技术有关，盐酸（HCl）、酸或热处理和 $FeCl_3$ 沉淀都不相同，与其他方法相比，单独使用 HCl 似乎提取了更多的成分（Knorr et al.，1977）。Knorr 等（1977）还发现，在提取过程中不加热时，沉淀维生素 C 含量会更高，而 $FeCl_3$ 提取的沉淀含有更多的铁（Knorr et al.，1977）。通过检测氮的溶解度比较了不同提取技术造成的蛋白质变性量，在变性程度中，氮的溶解度越大，变性的蛋白质越少（Knorr et al.，1977），因此保留的功能性越多。在不同的技术中，$FeCl_3$ 显示出最高的氮溶解度，其次是 HCl，最后是加热条件下的 HCl（Knorr et al.，1977）。Waglay 等（2014）研究表明，蛋白质回收率几乎没有浓度依赖性，然而，在低浓度（5mmol/L）时，与纯化因子有很强的相关性，纯化因子达到 6（图 4.2）。因此，低浓度的 $FeCl_3$ 对马铃薯蛋白具有很强的亲和力。事实上，$FeCl_3$ 可以提取高比例的马铃薯糖蛋白，而蛋白酶抑制剂很少，几乎没有高分子质量的蛋白质（表 4.3）。

$FeCl_3$ 沉淀法是一种从溶液中沉淀蛋白质的简单技术，增加 $FeCl_3$ 的浓度可以提高蛋白质的回收率。然而，这种提取技术有一个缺点，在测定蛋白质含量时，$FeCl_3$ 沉淀的蛋白质需要螯合剂才能溶解。此外，高铁离子含量会对螯合剂造成干扰，会干扰 Bradford 或 BCA 方法测定蛋白质（Bártova et al.，2009）。

b. 乙醇沉淀

乙醇沉淀法的结果与 $FeCl_3$ 沉淀法比较相似。Bártova 和 Bárta（2009）比较了乙醇和 $FeCl_3$ 两种沉淀技术，结果表明，乙醇有一个最优浓度，蛋白质的提取率越高，而 $FeCl_3$ 浓度越高，蛋白质的回收率越高。研究还发现，这两种方法沉淀中含有较低比例的马铃薯糖蛋白。可能原因是，SDS 缓冲液的提取能力较低造成检测时数值小，与同样存在的更耐热的蛋白酶抑制剂相比，马铃薯糖蛋白的热稳定性较差。与 Waglay 等（2014）的工作进行了比较，如图 4.2 所示，对于蛋白质回收率和纯化因子，乙醇的峰值浓度均为 20%。当乙醇浓度为 20%时，马铃薯糖蛋白和蛋白酶抑制剂的含量高，而高分子质量蛋白质的比例较低（表 4.2）。

乙醇和 $FeCl_3$ 沉淀的蛋白质营养特性好，必需氨基酸的高比例证明了这一点（Bártova et al.，2009）。当比较蛋白沉淀的 LAHA 时，乙醇沉淀的蛋白质似乎显示出高的 LAHA 值（表 4.1）。然而，由于缓冲液中沉淀蛋白质的溶解性较差（Bártova et al.，2009），$FeCl_3$ 沉淀获得的低 LAHA 是由于缓冲液中沉淀蛋白质的溶解性较差所致（Bártova et al.，2009）。研究表明，与 $FeCl_3$ 沉淀相比，乙醇沉淀效果更好，产生具有高营养价值和 LAHA 的蛋白质，这表明轻微蛋白质变性（Bártova et al.，2009）。

c. 硫酸铵沉淀

硫酸铵［$(NH_4)_2SO_4$］沉淀法是根据溶解度差异提取蛋白质的常用方法。这项技术通常用于回收未变性的马铃薯蛋白。van Koningsveld 等（2001a）采用 60%饱和度 $(NH_4)_2SO_4$

从 pH=5.7 的酸化 PFJ 中提取马铃薯蛋白。与未变性的马铃薯分离蛋白相比，由于提取的蛋白比例高（75%），分子质量变化较大。与其他技术相比，硫酸铵沉淀法也能提取很大比例的马铃薯糖蛋白（van Koningsveld et al.，2001a）。Waglay 等（2014）报告指出，与其他沉淀技术相比，提取的马铃薯糖蛋白显示出最高的 LAHA（Waglay et al.，2014）。

图 4.2 显示，在 60%和 80%的饱和度下，蛋白提取率高且具有高纯化因子。通过研究蛋白质组成（表 4.3），可以看到，60%饱和 $(NH_4)_2SO_4$ 提取的马铃薯糖蛋白比例高，蛋白酶抑制剂分布良好，而高分子质量蛋白质比例低（Waglay et al.，2014）。

van Koningsveld et al.（2001）进一步评估了 $(NH_4)_2SO_4$ 沉淀法的影响因素，离子强度会影响溶解度。当使用高离子强度，在 pH=3 时，溶解度最小，然而在低离子强度下，pH≈5.0，溶解曲线更宽，溶解度最小（van Koningsveld et al.，2001a）。在考察温度的影响时，高离子强度影响变性温度，使变性温度上浮 5℃（van Koningsveld et al.，2001a）。

d. 羧甲基纤维素（CMC）络合

另一种提取方法使用多糖 CMC 作为沉淀剂。在蛋白质溶液中加入 CMC 可以使蛋白质絮凝，通过简单离心即可收集。沉淀物的形成受环境的 pH、蛋白质和多糖的离子强度、电荷以及分子间的大小、形状和相互作用的影响（Vikelouda et al.，2004）。使用 CMC 等络合剂已被认为是减少马铃薯工业废水污染的潜在解决方案。Vikelouda 和 Kiosseoglou（2004）研究了 CMC 络合对蛋白质提取和功能性质的影响。CMC 沉淀蛋白质是相反电荷蛋白质与 CMC 的羧基发生静电相互作用的结果。当存在于酸性环境（pH=2.5）中时，蛋白质与 CMC 相互作用，导致分子的净电荷总体减少。这会改变蛋白质的等电点，从而导致中性沉淀（Vikelouda et al.，2004）。将 pH 调节到 2.5 会影响蛋白质的功能特性。然而，添加多糖也有一些好处，可以增强某些功能特性，如起泡性。与 CMC 络合后回收的蛋白沉淀物具有良好的溶解性和起泡性。CMC 的存在可能会影响发泡性能，因为高表面活性的蛋白质会与多糖相互作用，这对发泡能力和稳定性有积极的影响。关于乳化性，CMC 主要在界面上吸附，生成的蛋白质-CMC 复合物凸起，造成空间障碍（Vikelouda et al.，2004）。

Gonzalez 等（1991）报道称，与单独的蛋白质溶液不同（pH=3 左右时不溶），CMC 添加有助于在更广的 pH 范围内形成稳定的沉淀。结果表明，对于取代度较低的 CMC，pH=2.5 是蛋白质理想的回收条件，而对于取代度较高的 CMC，pH=3.5~4.0 时最佳。据报道，CMC 与蛋白质的比例也是一个重要的参数，因为过多的 CMC 会导致上清液呈现浑浊外观。研究还发现 0.05∶1 和 0.1∶1（CMC 与马铃薯蛋白质量比）的比例是不同程度取代 CMC 的最佳量（Gonzalez et al.，1991）。事实上，当 CMC 的添加过量时，凝聚会分两个阶段发生（Gonzalez et al.，1991）。第一个阶段通过蛋白质聚集形成沉淀物；第二个阶段涉及聚集体的溶解。第二阶段发生在蛋白质与 CMC 形成稳定的复合物时，这使得 CMC 上可以有更小的颗粒和更多可以水合的活性位点（Gonzalez et al.，1991）。

Waglay 等（2014）发现 CMC：马铃薯蛋白的比率在 0.1 和 0.3 时，回收率和纯化因子达到平均水平（图 4.2）。CMC：马铃薯蛋白为 0.1 时，蛋白质组分中含有较高比例的马铃薯糖蛋白，且蛋白酶抑制剂分布较好。然而，为了形成络合现象，pH 调节至 2.5，这会使高分子质量蛋白质提取出来，这与单独的酸性沉淀相似（表 4.3）。

总体而言，CMC 络合技术是从 PFJ 中回收蛋白质的有效且简单的方法。然而，缺点是需要酸性环境，这可能导致蛋白质功能特征的丧失（Vikelouda et al.，2004）。

4.2.5.3 离子交换

Løkra 等（2008）采用层析技术从 PFJ 中分离水溶性蛋白。与热凝固技术相反，吸附色层分离法具有许多优点，包括能够收集特定部分的蛋白质，易于去除其他非营养成分，以及能够去除任何干扰成分（低分子质量成分）（Løkra et al.，2008）。扩张床吸附技术能有效去除 PFJ 中的杂质，如纤维、矿物质和颜料（Løkra et al.，2008）。采用扩张床吸附分离蛋白质，还需要经过干燥过程才能应用于食品工业。大多数干燥技术的缺点是使用热空气，这也会影响蛋白质的功能特性，并增加了蛋白质的颜色，限制了它们在食品中的应用。因此，有必要采用温和的干燥技术（Løkra et al.，2008）。Claussen 等（2007）认为最有效的干燥方法是对马铃薯浓缩蛋白采用常压冷冻干燥。

Straetkven 等（1999）研究了用微 pH 调节和混合型高密度吸附剂作为固定相从 PFJ 中提取生物活性马铃薯糖蛋白的方法，该方法需要通过调节 pH（pH=2~3）将马铃薯糖蛋白从吸附材料中洗脱出来。与其他树脂相比，使用混合模式吸附剂的优点包括分离一些棕色产物的能力和离子结合问题。这种混合模式的吸附剂是由包裹了琼脂糖的小玻璃微珠与低分子亲和配体取代制成。这些配体由一个疏水的内核组成，由芳香族、杂芳族或脂肪族分子组成，允许各种亲水性或离子分子连接。在各种混合模式吸附剂中，混合模式 ES 和混合模式 ExF 对马铃薯糖蛋白表现出较强的结合能力和特异性。这些树脂的不同之处在于配体的浓度，其中 ExF 在低浓度时被取代，而 ES 在高浓度时被取代（Straetkven et al.，1999）。混合型 ES 树脂在 pH=6.5~8.5 的范围内表现出良好的结合性能，洗脱时间为 2.3min。与混合模式 ES 相比，混合模式 ExF 中较低的配体浓度对 PFJ 中的马铃薯糖蛋白具有更高的选择性。使用混合模式 ExF 的好处是 pH 环境为 3.5~4.5，比混合模式 ES 洗脱所需的 pH 范围要少，从而保持了更高程度的蛋白质功能。树脂不区分马铃薯糖蛋白异构体，这表明洗脱不仅基于电荷，还基于基团对柱材料的亲和力（Straetkven et al.，1999）。

Zeng 等（2013）研究了连续聚合物和孔隙相 Amberlite XAD7HP 的影响。这种膜有很多的表面积和脂肪族表面，这允许极性和非极性化合物的吸收。结果表明，这种方法产生的提取物由很大比例的蛋白酶抑制剂组成（Zeng et al.，2013）。

虽然色谱技术显示潜在的效果，但它们有两个主要缺点：第一点是难以在工业规模上应用，以及需要高昂的投资成本；第二点是工业应用极其困难，因为这项技术的限制包括高密度树脂及其结合位点的损失（Straetkven et al.，1999），这会随着作用时间的推移降低柱分离的效率。

4.2.6 生物活性蛋白和多肽的分离

马铃薯蛋白的分级通常基于不同大小和电荷，与蛋白酶抑制剂相比，马铃薯糖蛋白具有更高的相对分子质量和较低的等电点。可以基于电荷分离马铃薯糖蛋白中存在的不同异构体，因为每个异构体拥有不同的电荷（Pots et al.，1998）。

Ralet 和 Guéguen（2000、2001）使用阴离子交换色谱法从 PFJ 中分离马铃薯糖蛋白和蛋白酶抑制剂，二乙氨基乙醇（DEAE）共价连接到 Sepharose Fast Flow 柱（25mmol/L 磷酸盐缓冲液，pH=8）。在 pH=8 时，在 NaCl 的线性梯度上回收酸性部分，而未结合的样品用 SP-Sepharose Fast Flow（25mmol/L 磷酸盐缓冲液，pH=8）进一步分馏，在 pH=8 时用 NaCl 的线性梯度回收碱性部分（Ralet et al.，2000）。

Jørgensen 等（2006）使用 Superdex 200HR 10/30 的尺寸排阻柱分离块茎蛋白（50mmol/L 磷酸盐缓冲液，pH=7.0，含 40mmol/L NaCl）。利用 MALDI-TOF MS 进一步回收的蛋白质组分的分子质量，并通过各种活性测试（包括蛋白酶抑制、α-甘露糖苷酶、乳酸脱氢酶、过氧化物酶、乙醛酸酶Ⅰ和乙醛酸酶Ⅱ）来测定它们的活性（Jørgensen et al.，2006）。

Racusen 和 Foote（1980）开发了一种应用广泛的马铃薯糖蛋白纯化方法。通过比较 DEAE-纤维素和刀豆蛋白 A-琼脂糖凝胶的使用情况，刀豆蛋白 A 是一种四聚体金属蛋白，含有 α-D-甘露糖和 α-D-吡喃葡萄糖的糖分子在刀豆蛋白 A 所需的 C-3、C-4 和 C-5 羟基的存在下具有很强的亲和力（GE Healthcare，2005）。结果表明，DEAE-纤维素能够获得更纯净的样品，没有干扰蛋白质，这一点从银染 SDS-聚丙烯酰胺凝胶电泳（PAGE）的结果中得到了证实。然而，用刀豆蛋白 A-琼脂糖凝胶收集的蛋白质样本在 SDS-PAGE 中检测到轻微的蛋白质污染（Racusen et al.，1980）。Bohac（1991）改进了马铃薯蛋白纯化方法，首先使用 Bio-Gel P-100 色谱柱和磷酸盐缓冲液为流动相进行凝胶过滤。以 DEAE-Sephacel 为流动相，线性梯度 NaCl 为流动相，糖蛋白特异性色谱柱，25mmol/L，pH=7.0 的刀豆蛋白 A-Sepharose 柱，0.5mol/L NaCl 磷酸盐运行缓冲液，进行阴离子交换层析，与 Racusen 和 Foote（1980）一样，用 SDS-PAGE 纯化刀豆蛋白 A-琼脂糖组分也得到了类似的结论，在 SDS-PAGE 上，刀豆蛋白 A-琼脂糖组分仍含有许多污染带，但亲和层析对蛋白活性破坏小（Bohac，1991）。

马铃薯糖蛋白本身是块茎中发现的主要贮藏蛋白，因此，人们对其进行了广泛的研究。当在 SDS-PAGE 上检测马铃薯糖蛋白时，马铃薯糖蛋白以一条宽带的形式存在。当使用等电聚焦（基于电荷将蛋白质分离到许多带中）来研究马铃薯糖蛋白时，发现了异构体之间的差异（Pots et al.，1999）。Pots 等（1999）在刀豆蛋白 A-琼脂糖柱上最初分离了马铃薯糖蛋白。Bártova 和 Bárta（2009）将蛋白质沉淀悬浮在 25mmol/L Tris-HCl 缓冲液中至 pH=

8.0，Patatin 的等电点为 4.9，因此在 pH=8 时，Patatin 会带很强的负电荷，这种负电荷与带正电的柱子相互作用，这取决于异构体的电荷。采用阴离子色谱法进行初步分离，Pots 等（1999），Bártova 和 Bárta（2009）分别使用 Source Q 柱和 DEAE52-Cellulose serv-acel 柱。纤维素色谱柱是一种无孔色谱柱，由分离良好的电荷基团组成，允许最低程度的吸附。因此，可以指定吸附位置的数量，在解吸过程中可以使用温和的条件（Serv ACEL，2007）。经过阴离子色谱后，Bártova 和 Bárta（2009）在刀豆蛋白 A-Sepharose 柱上分离了马铃薯糖蛋白，这与 Pots 等（1999）的过程相反。

4.2.7 马铃薯蛋白的应用前景

酶水解可用于生物制短肽，短肽往往比大蛋白具有更好的功能特性（Moreno et al.，1993；Wang et al.，2005）。当较大的蛋白质经过一组特定的水解步骤以产生较小的肽段时，味道、黏度、搅拌能力以及乳化和起泡能力都会得到改善（Moreno et al.，1993）。

使用蛋白酶的主要优点是它们具有选择性和特异性。蛋白酶在温和的反应条件下起作用，用于水解部分多肽链。蛋白酶根据其作用机制分为内切酶和外切酶，内切蛋白酶能够剪切蛋白质链内的肽键；相反，外切酶在蛋白质链的 C-末端或 N-末端酶解肽键。为增强酶水解能力，它们通常使用复合酶以增加末端的数量（Kamnerdpetch et al.，2007）。为了了解蛋白质的结构特性，控制其水解成合适的多肽十分重要。

Wang 和 Xiong（2005）研究了使用内切蛋白酶将马铃薯蛋白水解物水解成马铃薯多肽（表 4.4）。酶解时间越长，水解度越高（Kamnerdpetch et al.，2007；Wang et al.，2005）。随着水解度的增加，水解产物的溶解度也增加。因为多肽比蛋白质显示更多的带电基团，所以蛋白质与水的相互作用增强，多肽分子间的静电斥力也增加（Wang et al.，2005）。用 SDS-PAGE 对底物中存在的多肽进行了鉴定。水解前，底物呈现约 45ku（马铃薯糖蛋白）和 18~25ku（蛋白酶抑制剂）的条带。但在水解 0.5h 后，马铃薯糖蛋白条带消失，出现小分子质量蛋白条带，说明酶解后有较小的肽段出现（Wang et al.，2005）。

表 4.4 马铃薯蛋白酶研究进展

起始物料	酶的类型	酶的名称/组合	培养时间/h	水解度	参考文献
马铃薯蛋白①	Endo	碱性蛋白酶（1：100 酶：底物）	05	0.72	Wang 等（2005）
			1	1.9	
			6	2.3	
马铃薯渣②	Endo	Alcalase	26	5	Kamnerdpetch 等（2007）
		Novo Pro-D	26	2.5	
	Endo/Exo	Flavourzyme	26	20	

续表

起始物料	酶的类型	酶的名称/组合	培养时间/h	水解度	参考文献
马铃薯渣[2]	Exo	Corolase	26	2	Kamnerdpetch 等（2007）
	Mixtures	（2%Alc + 5%Fla）	26	40	
		（3%Alc + 4%Fla）	26	35	
		（2%Alc + 5%Cor）	26	15	
		（3%Alc + 4%Cor）	26	18	
		（2%NPD + 5%Fla）	26	40	
		（3%NPD + 4%Fla）	26	30	
		（2%NPD + 5%Cor）	26	15	
		（3%NPD + 4%Cor）	26	15	
马铃薯蛋白浓缩物[3]	Endo	Alcalase	2	3.5	Miedzianka 等（2014）
		Alcalase	4	7.7	
马铃薯分离蛋白[4]	Endo	Alcalase（5000mg/kg）	n. d.	60	Pęksa 等（2014）
	Endo/Exo	Flavourzyme（5000mg/kg）	n. d.	n. d.	
	Mixture	1Alc: 1Fla	n. d.	60	

注：①从 AVEBE B. A（芬丹，荷兰）中获得马铃薯浓缩蛋白；

②马铃薯浆取自 AVEBE B. A.（芬丹，荷兰）；

③马铃薯浓缩蛋白是从波兰沃姆扎的一个淀粉厂获得的；

④马铃薯果汁由波兰 Niechiów 一家淀粉加工厂提供，然后进行组合热处理（70~80℃）10~20min。

Kamnerdpetch 等（2007）研究了特定蛋白酶对马铃薯浆的酶解效果：两种内切蛋白酶（Alcalase 2.41，415 U/mL；Novo Pro-D，400 U/mL）、一种外切蛋白酶（Corolase LAP，350Lapu/g）和内切蛋白酶和外肽酶的组合（Favourzyme，1000Lapu/g）及其组合。在水解26h 时，Favourzyme（70g/kg）的水解度最高，为 22%，其次是 Alcalase（70g/kg）、Novo Pro-D（70g/kg）和 Corolase（70g/kg），水解度分别为 8%、3% 和 2%，其次是 Alcalase（70g/kg）、Novo Pro-D（70g/kg）和 Corolase（70g/kg）。由于内切酶和外切酶同时存在，外切酶作用的末端得到加强，从而产生更多的羧肽酶（C 末端）或氨基肽酶（N 末端）键的水解。比较两种内切酶，碱性蛋白酶是一种比活力较高、特异性较广的丝氨酸碱性蛋白酶，其水解度较高。在所有情况下，与单独的酶相比，符合蛋白酶具有更高的水解度（Kamnerdpetch et al.，2007）。20g/kg Alcalase 和 50g/kg Favourzyme 水解度最高（44%）（Kamnerdpetch et al.，2007）。

Liyanage 等（2008）发现，使用碱性商业蛋白酶从马铃薯浆中提取的马铃薯肽对大鼠的脂质代谢有积极影响。这种酶解过程产生了分子质量在 700~1840u 的多肽，主要分子质量为 850u（占总分子质量的 90%）。他们的结论是这种方式的酶水解是一种经济的过程，可以很容易扩大到大规模的工业过程（Liyanage et al.，2008）。

Miedzianka 等（2014）使用一种商业产品 Alcalase（地衣芽孢杆菌的内切酶，比活力为 2.4 AU/g）研究了改进马铃薯分离蛋白的方法，2h 和 4h 两种孵育时间条件下（表 4.4），研究表明 2h 酶解即可改善蛋白溶解度和功能性（Miedzianka et al.，2014）。

Pęksa 和 Miedzianka（2014）研究了两种商用蛋白酶 Alcalase、Favourzyme 及其组合对氨基酸组成的影响（表 4.4），研究发现，Alcalase 和 Favourzyme 复合处理效果很好，因为 Alcalase 提供了更多的末端来提高 Favourzyme 的效率。相反，更多的肽被水解成寡肽和游离氨基酸，减少了与蛋白质水解物相关的苦味（Pęksa et al.，2014）。当单独使用 Alcalase 时，蛋氨酸和半胱氨酸的氨基酸比例较低（Pęksa et al.，2014），因此，这种对热凝固蛋白质的酶修饰可以增大马铃薯蛋白的用途（Pęksa et al.，2014）。

由于功能特性的改善，将马铃薯蛋白水解为马铃薯多肽的意义重大。尽管有各种优势，但一些异味特征限制了应用范围。Ney（1979）研究表明，由于疏水氨基酸的增加，马铃薯蛋白具有高度的疏水性。这种疏水性与多肽产生苦味有关，使得将马铃薯多肽加入食品中变得困难。因此，最佳水解度往往受到这些肽的苦味程度的限制。Ney（1979）发现，6000u 以上的肽似乎不像较小的肽那样具有苦味。在马铃薯蛋白底物中添加明胶可以减少小于 6000u 的多肽出现，明胶和马铃薯蛋白的比例为 4∶1，可以有效减少苦味肽的形成（Ney，1979）。

4.3 结论

马铃薯是许多国家的主食，提供各种营养价值，如碳水化合物、蛋白质、维生素和矿物质。由于马铃薯的高消费量，人们对马铃薯蛋白特别感兴趣，因为其在营养上优于动物蛋白。块茎中存在的蛋白质的主要组分是马铃薯糖蛋白，蛋白酶抑制剂和其他高分子质量蛋白质。不同的提取技术可以保留其功能性和相关的健康功效，进而提升其潜在的应用价值。

参考文献

Bártova V，Bárta J. Chemical composition and nutritional value of protein concentrates isolated from potato (*Solanum tuberosum* L.) fruit juice by precipitation with ethanol and ferric chloride. *Journal of Agricultural and Food Chemistry*. 2009:9028-9034.

Blanco-Aparicio C，Molina M. A，Fernández-Salas E，Frazier M. L，Mas J. M，Avilés F. X，et al. Potato carboxypeptidase inhibitor，a T-knot protein，is an epidermal growth factor antagonist that inhibits tumor cell growth. *The Journal of Biological Chemistry*. 1998:12370-12377.

Bohac J. R. A modified method to purify patatin from potato tubers. *Journal of Agricultural and Food Chemistry*. 1991:1411-1415.

Cheng Y, Xiong Y, Chen J. Antioxidant and emulsifying properties of potato protein hydrolysate in soybean oil-in-water emulsions. *Food Chemistry*. 2010:101-108.

Claussen I. C, Strømmen I, Egelandsdal B, Straetkvern K. O. Effects of drying methods on functionality of a native potato protein concentrate. *Drying Technology*. 2007:1101-1108.

Fu T. J, Abbott U. R, Hatzos C. Digestibility of food allergens and nonallergenic proteins in simulated gastric fluid and simulated intestinal fluid-a comparative study. *Journal of Agricultural and Food Chemistry*. 2002: 7154-7160.

GE Healthcare, 2005. GE Healthcare. Retrieved November 22, 2010, from ConA Sepharose 4B: http://www.gelifesciences.com/aptrix/upp00919.nsf/Content/F766BC24E96220C7C1257628001CFE2A/$file/71707700AF.pdf.

Gonzalez J. M, Lindamood J. B, Desai N. Recovery of protein from potato plant waste effluents by complexation with carboxymethylcellulose. *Food Hydrocolloids*. 1991:355-363.

He T, Spelbrink R. E, Witterman B. J, Giuseppin M. L. Digestion kinetics of potato protein isolates in vitro and in vivio. *International Journal of Food Sciences and Nutrition*. 2013:787-793.

Höfgen R, Willmitzer L. Biochemical and genetic analysis of different patatin isoforms expressed in various organs of potato(*Solanum tuberosum*). *Plant Science*. 1990:221-230.

Jørgensen M, Bauw G, Welinder K. G. Molecular properties and activities of tuber proteins from starch potato cv. Kuras. *Journal of Agricultural and Food Chemistry*. 2006:9389-9397.

Kamnerdpetch C, Weiss M, Kasper C, Scheper T. An improvement of potato pulp protein hydrolyzation process by the combination of protease enzyme systems. *Enzyme and Microbial Technology*. 2007:508-514.

Kärenlampi S. O, White P. J. Potato proteins, lipids, and minerals. In: Singh J, Kaur L, eds. *Advances in Potato Chemistry and Technology*. Burlington, Maine: Elsevier; 2009:99-108.

Kim J. -Y, Park S. -C, Kim M. -H, Lim H. -T, Park Y, Hahm K. -S. Antimicrobial activity studies on a trypsin-chymotrypsin protease inhibitors obtained from potato. *Biochemical and Biophysical Research Communications*. 2005:921-927.

Knorr D. Effects of recovery method on the functionality of protein concentrates from food processing wastes. *Journal of Food Process Engineering*. 1981:215-230.

Knorr D, Kohler G. O, Betschart A. A. Potato protein concentrates: the influence of various methods of recovery upon yield, compositional and functional characteristics. *Journal of Food Processing and Preservation*. 1977;1:235-247.

Lehesranta S. J, Davies H. V, Shepherd L. T, Nunan N, McNicol J. W, Auriola S, et al. Comparison of tuber proteomes of potato(*Solanum* sp.)varieties, landraces, and genetically modified lines. *Plant Physiology*. 2005;138:1690-1699.

Liu Y. -W, Han C. -H, Lee M. -H, Hsu F. -L, Hou W. -C. Patatin, the tuber storage protein of potato (*Solanum tuberosum* L.), exhibits antioxidant activity in vitro. *Journal of Agricultural and Food Chemistry*. 2003:4389-4393.

Liyanage R, Han K. -H, Watanabe S, Shimada K-i, Sekikawa M, Ohba K, et al. Potato and soy peptide diets modulate lipid metabolism in rats. *Bioscience, Biotechnology, and Biochemistry*. 2008:943-950.

Løkra S, Helland M. H, Claussen I. C, Straetkvern K. O, Egelandsdal B. Chemical characterization and functional properties of a potato protein concentrate prepared by large-scale expanded bed adsorption chromatography. *Swiss Society of Food Science and Technology*. 2008:1089-1099.

Mäkinen S, Kelloniemi J, Pihlanto A, Mäkinen K, Korhonen H, Hopia A, et al. Inhibition of angiotensin converting enzyme I caused by autolysis of potato proteins by enzymatic activities confined to different parts of the potato tuber. *Journal of Agricultural and Food Chemistry*. 2008:9875-9883.

McClements D. J, Decker E. A, Park Y, Weiss J. Structural design principles for delivery of bioactive components in nutraceuticals and functional foods. *Critical Reviews in Food Science and Nutrition*. 2009: 577-606.

MedicineNet, August 7, 2004. Definition of Isoform. Retrieved November 17, 2010, from MedicineNet. com: http://www. medterms. com/script/main/art. asp?articlekey=38302.

Miedzianka J, Pęksa A, Aniolowska M. Properties of acetylated potato protein preparations. *Food Chemistry*. 2011 doi: 10. 1016/j. foodchem. 2011. 08. 080.

Miedzianka J, Pęksa A, Pokora M, RytelE, Tajner-Czopek A, Kita A. Improving the properties of fodder potato protein concentrate by enzymatic hydrolysis. *Food Chemistry*. 2014:512-518.

Mignery G, Pikaard C, Hannapel D, Park W. Isolation and sequence analysis of cDNAs for the major potato tuber protein, patatin. *Nucleic Acid Research*. 1984:7987-8000.

Moreno M. M, Cuadrado F. V. Enzymic hydrolysis of vegetable proteins: mechanism and kinetics. *Process Biochemistry*. 1993:481-490.

Ney K. H. Taste of potato protein and its derivatives. *Journal of the American Oil Chemists Society*. 1979: 295-297.

Park W. D. Tuber proteins of potato—a new and surprising molecular system. *Plant Molecular Biology Reporter*. 1983:61-66.

Pastuszewska B, Tusnio A, Taciak M, Mazurczyk W. Variability in the composition of potato protein concentrate produced in different starch factories—a preliminary survey. *Animal Feed Science and Technology*. 2009:260-264.

Pęksa A, Miedzianka J. Amino acid composition of enzymatically hydrolysed potato protein preparations. *Czech Journal of Food Science*. 2014;32:265-272.

Phillips L. G, German J. B, O' Neill T. E, Foregeding E. A, Harwalkar V. R, Kilara A, et al. Standardized procedure for measuring foaming properties of three proteins, a collaborative study. *Journal of Food Science*. 1990:1441-1453.

Pihlanto A, Akkanen S, Korhonen H. J. ACE-inhibitory and antioxidant properties of potato(*Solanum tuberosum*). *Food Chemistry*. 2008:104-112.

Pots A. M, De Jongh H. H, Gruppen H, Hamer R. J, Voragen A. G. Heat-induced conformational changes of patatin, the major potato tuber protein. *European Journal of Biochemistry*. 1998:66-72.

Pots A. M, Gruppen H, Hessing M, van Boekel M. A, Voragen A. G. Isolation and characterization of patatin isoforms. *Journal of Agricultural and Food Chemistry*. 1999:4587-4592.

Pouvreau L, Gruppen H, Piersma S. R, van den Broek L. A, van Koningsveld G. A, Voragen A. G. Relative abundance and inhibitory distribution of protease inhibitors in potato juice from cv. Elkana. *Journal of Agricultural and Food Chemistry*. 2001:2864-2874.

Racusen D, Foote M. A major soluble glycoprotein of potato tubers. *Journal of Food Biochemistry*. 1980; 4:43-52.

Ralet M. -C, Guéguen J. Fractionation of potato proteins: solubility, thermal coagulation and emulsifying properties. *Lebensmittle-Wissenschaft Und Technologie*. 2000:380-387.

Ralet M. -C, Guéguen J. Foaming properties of potato raw proteins and isolated fractions. *Lebensmittle-Weissenschaft Und Technologie*. 2001:266-269.

Rydel T. J, Williams J. M, Krieger E, Moshiri F, Stallings W. C, Brown S. M, et al. The crystal structure, mutagenesis, and activity studies reveal that patatin is a lipid acyl hydrolase with a Ser-Asp catalytic Dyad. *Biochemistry*. 2003;42:6696-6708.

Schoenbeck I, Graf A, Leuthold M, Pastor A, Beutel S, Scheper T. Purification of high value proteins from particle containing potato fruit juice via direct capture membrane adsorption chromatography. *Journal of Biotechnology*. 2013:693-700.

SERVACEL, . Serva Electrophoresis Retrieved November 22, 2010, from: SERVACEL(R)Cellulose Ion Exchangers:. http://www. serva. de/enDE/Catalog/88_Ion_Exchange_Media_SERVACEL_reg_Cellulose_Ion_Exchangers. ht Smith D. M, Culbertson J. D. Proteins: functional properties. In: Christen G. L, Smith J. S, eds. *Food Chemistry: Principles and Applications*. West Sacramento: Science Technology System; 2000: 132-147.

Sonnewald U, Sturm A, Chrispeels M. J, Willmitzer L. Targeting and glycosylation of patatin the major potato tuber protein in leaves of transgenic tobacco. *Planta*. 1989:171-180.

Straetkvern K. O, Schwarz J. G, Wiesenborn D. P, Zafirakos E, Lihme A. Expanded bed adsorption for recover of patatin from crude potato juice. *Bioseparation*. 1999:333-345.

Strolle E. O, Cording J. J, Aceto N. C. Recovering potato proteins coagulated by steam injection heating. *Journal of Agricultural and Food Chemistry*. 1973:974-977.

van Koningsveld G. A, Gruppen H, de Jongh H. H, Wijngaards G, van Boekel M. A, Walstra P, et al. Effects of pH and heat treatments on the structure and solubility of potato proteins in different preparations. *Journal of Agricultural Food Chemistry*. 2001:4889-4897.

van Koningsveld G. A, Gruppen H, de Jongh H. H, Wijngaards G, van Boekel M. A, Walstra P, et al. The solubility of potato proteins from industrial potato fruit juice as influenced by pH and various additives. *Journal of the Science of Food and Agriculture*. 2001:134-142.

van Koningsveld G. A, Walstra P, Gruppen H, Wijngaards G, van Boekel M. A, Voragen A. G. Formation and stability of foam made with various potato protein preparations. *Journal of Agricultural and Food Chemistry*. 2002:7651-7659.

van Koningsveld G. A, Walstra P, Voragen A. G, Kuijpers I. J, van Boekel M. A, Gruppen H. Effects of protein composition and enzymatic activity on formation and properties of potato protein stabilized emulsions. *Journal of Agricultural and Food Chemistry*. 2006:6419-6427.

Vikelouda M, Kiosseoglou V. The use of carboxymthylcellulose to recover potato proteins and control their functional properties. *Food Hydrocolloids*. 2004:21-27.

Vreugdenhil D, Bradshaw J, Gebhardt C, Govers F, MacKerron D. K, Taylor M. A, et al. *Potato Biology and Biotechnology Advances and Perspectives*. Oxford: Elsevier; 2007.

Waglay A, Karboune S, Alli I. Potato protein isolates: recovery and characterization of their properties. *Food Chemistry*. 2014:373-382.

Waglay A, Karboune S, Khodadadi M. Investigation and optimization of a novel enzymatic approach for the isolation of protein from potato pulp. *LWT -Food Science and Technology*. 2015. http://dx. doi. org/10. 1016/j. lwt. 2015. 07. 070.

Wang L. L, Xiong Y. L. Inhibition of lipid oxidation in cooked beef patties by hydrolyzed potato protein is reducing and radical scavenging ability. *Journal of Agricultural and Food Chemistry*. 2005:9186-9192.

Weeda S. M, Kuman G. M, Knowles N. R. Developmentally linked changed in proteases and protease inhibitors suggest a role for potato multicystatin in regulating protein content in potato tubers. *Planta*. 2009: 73-84.

Zeng F. -K, Liu H, Ma P. -J, Liu G. Recovery of native protein from potato root water by expanded bed adsorption with amberlite XAD7HP. *Biotechnology and Bioprocess Engineering*. 2013;18:981-988.

5 马铃薯脂质

Mohamed Fawzy Ramadan

Agricultural Biochemistry Department,

Faculty of Agriculture, Zagazig University, Zagazig, Egypt

5.1 引言

块茎是马铃薯最重要的部分，富含碳水化合物、蛋白质和维生素。马铃薯是人类的主食之一，也是淀粉工业的重要原料。马铃薯块茎因淀粉含量高（占 FW 的 30.4%以上）及其可消化性而受到重视（Jansen et al., 2001）。马铃薯蛋白质（高达 2%）因其氨基酸组成而具有很高的价值。与鸡蛋（100）、大豆（84）和豆类（73）相比，马铃薯块茎的生物价在 90~100。马铃薯也是维生素和矿物质的重要来源，如维生素 C（0.20mg/g FW）、维生素 B_6（2.5mg/g FW）、钾（5.64mg/g FW）、磷（0.30~0.60mg/g FW）和钙（0.06~0.18mg/g FW）（Ridgman，1989；Buckenhüskes，2005）。研究表明，马铃薯作为一种具有抗氧化活性的食物，对健康有一定的益处（Robert et al., 2006）。马铃薯以健康为导向的特性是因为其含有较高含量的抗氧化剂（维生素 C）和抗氧化酚类化合物，如酚酸和类黄酮（Kostyn et al., 2013）。世界上产出的大部分马铃薯是黄肉马铃薯，其类胡萝卜素总量高于白肉马铃薯品种（Brown，2005）。白肉马铃薯和黄肉马铃薯类胡萝卜素的组成类似，后者的黄色主要是由较高含量的叶黄素引起（Gross，1991；Brown et al., 1993）。生育酚是一种膳食抗氧化剂，被认为在人体防御活性氧参与衰老和许多退行性疾病（如心血管疾病和癌症）的发病机制中起着关键作用。据研究，马铃薯中含有中等含量的亲脂性生育酚（Brown，2005；Ramadan et al., 2012）。

总脂质（TL）占马铃薯块茎干重的 0.1%~0.5%。马铃薯中的脂类主要由磷脂［phospholipid（PL），47%］、糖脂［glycolipid（GL），22%］和中性脂类［neutral fat（NL），21%］组成，其中 94%以上的块茎脂质以酯化脂肪酸的形式存在。Galliard（1973）报告称，马铃薯块茎脂质由 47.4%磷脂、21.6%半乳糖脂、6.4%酯化固醇葡萄糖苷、1.3%磺基脂质、2.4%脑苷脂（cerebroside，CER）和 15.4%甘油三酯组成。大部分脂质和一部分三酰甘油（triacylglycerol，TAG）存在于块茎的膜结构，尽管细胞质中偶尔会发现脂质体，但块茎中不太可能含有大量的脂质储备。因此，马铃薯块茎的脂肪酸组成主要反映细胞膜的组成（Spychalla et al., 1990）。从马铃薯块茎中分离出的脂肪酸含有 1~3 个不饱和双键，主要是亚麻酸（40%~50%），具有较高的营养价值，（Kolbe et al., 1996；Trevini et al., 1983）。但马铃薯中的脂肪含量较低，100g 块茎中亚油酸含量为 32.13mg，亚麻酸含量为 22.75mg，这意味着每天能从马铃薯中摄取的这种脂肪极少（Scherz et al., 1994；Prescha et al., 2001）。

5.2 马铃薯脂质

脂质只占鲜马铃薯的一小部分，约为0.15g/150g FW，比米饭（1.95g）或意大利面（0.5g）还少（Priestley，2006）。脂类、磷酸盐和低分子质量蛋白质以相对低的水平存在于淀粉颗粒内部。它们在淀粉颗粒中的存在和相互作用强烈影响淀粉在不同工艺过程（即蒸煮、烘焙和挤压）中的糊化、回生、膨胀、黏度和可溶性碳水化合物的浸出行为（Kitahara et al.，1997；Lin et al.，1998；Blaszczak et al.，2003）。

马铃薯脂质用正丙醇-水（3∶1，体积比）从马铃薯淀粉（PSt）颗粒中提取，通过冷/热处理后可获得淀粉颗粒表面和内部的脂质。PSt脂质（0.53g/100g）的特征是表面脂质含量（0.32g/100g）较高，而内部脂质含量（0.21g/100g）较低（Blaszczak et al.，2003）。Dhital等（2011）将PSt颗粒分成非常小、小、中、大和非常大的组分，其中小颗粒中总脂质含量较高。PSt的脂肪酸顺序：C16∶0>C18∶2>C18∶3>C18∶1。PSt的冷提取物中含有高含量的饱和脂肪酸（42.1%）。当利用热溶剂混合物从PSt中提取脂质时，C16∶0（49.9%）、C18∶1（13.6%）和C18∶0（7.35%）的脂肪酸百分比增加。Vasanthan和Hoover（1992）也观察到热提取后PSt中饱和脂肪酸的量增加，C20∶1（*n*-9）只能通过热提取法从PSt颗粒中提取，色谱图结果还表明，C16∶1（1.05%）和C20∶1（0.27%）脂肪酸只能通过热溶剂从PSt颗粒中去除（Blaszczak et al.，2003）。

马铃薯含有低含量的风味物质，热加工会影响其风味的产生。马铃薯挥发物的前体包括糖和氨基酸，在加工过程中，这两种前体物质可通过美拉德反应产生吡嗪化合物，形成一种具有泥土气味的类似土豆的味道。马铃薯中的不饱和脂肪酸可氧化生成烷基呋喃，脂肪酸衍生的挥发物被认为是马铃薯产生令人不愉快气味的主要原因；例如，己醛和2-戊基呋喃是一种青涩的味道，而2,4-癸二烯醛具有脂肪的特性（Dobson et al.，2004）。

5.3 转基因马铃薯品种的脂质

5.3.1 总脂质和脂质类别

马铃薯是生物技术应用的重要目标作物，在信号传递过程中作为模型作物具有重要的研究价值。马铃薯易受许多病原体和害虫的影响。由于其四倍体的性质，很难通过育种来提高马铃薯对这些疾病的抗性。马铃薯中的总脂质含量很低（约0.5%），因此筛选油脂含量高的马铃薯品种就变得很重要。目前，已在马铃薯品种的改良过程中积极地应用基因工程技术，利用的主要是碳水化合物的代谢，其可为氨基酸和其他有机化合物的合成提供碳的骨架。

1990 年，美国开始用马铃薯品种 Russet Burbank 对马铃薯进行抗病毒工程的研究，利用马铃薯 X 病毒和马铃薯 Y 病毒的外壳蛋白基因对马铃薯进行了基因改造。1993 年，通过将苏云金芽孢杆菌（Bacillus thuringiensis，Bt）的 *Cry* 杀虫蛋白基因引入科罗拉多马铃薯，研究了其对甲虫的抗性（Prescha et al.，2001）。根据 Banerjee 等（2006）的观点，基因转化的有效性对于快速的遗传分析是至关重要的。此外，还有许多关于农杆菌介导的转基因马铃薯的报道，包括 Bintje、Desiree、Russet-Burbank 和 Superior（Wenzler et al.，1989；Arvanitoyannis et al.，2008），如利用 *Cry V* 基因培育了抗块茎蛾的 Spunta 系马铃薯；利用 Bt 的 *Cry V* 基因培育了抗 Bt 马铃薯 Spunta G2 和 Spunta G3 品种。马铃薯中含有由 35S CaMV 启动子表达的 *Cry V* 基因，还含有一个可选择的标记基因，由诺帕林合酶启动子表达的抗卡那霉素的 NPTII 基因（El-Sanhoty et al.，2004）。El-Sanhoty 等（2006）评价了转基因马铃薯（GMP）Sputa（含 *Cry V* 基因）品系与非转基因马铃薯（NGMP）Sputa 在大鼠体内的安全性，结果表明各组大鼠的食物摄入量、日增重、饲料效率和血清生化指标无显著性差异。

Prescha 等（2001）研究表明，对照组马铃薯含有 0.52%的总脂质，转基因马铃薯 J2 的块茎中脂质增加了 69%。对照组中块茎含有少量的非极性脂质（0.13%），而转基因的非极性脂质几乎增加了三倍。对照组的极性脂质占 0.32%，而转基因马铃薯中这一比例的增加较小（25%）。通过比较马铃薯总脂质中极性和非极性脂质的含量发现，在对照组中，中性脂质占 25.6%，极性脂质占总脂质的 61.2%，而 J2 马铃薯中这两者的比例显著不同。在 J2 马铃薯块茎中，非极性脂质比对照组高 50%，极性脂质部分比对照低 20%。这些结果表明，转基因马铃薯中总脂质含量的增加主要是由块茎中中性脂质的合成量较高引起的。

Prescha 等（2003）对含有 14-3-3 蛋白异构体的 P14-3-3a（29G）和 P14-3-3c（20R）过表达或表达不足的转基因马铃薯进行了田间试验。Arvanitoyannis 等（2008）测定了转基因马铃薯和对照组中的蛋白质、淀粉、糖和脂质含量，结果表明，过量表达西葫芦 14-3-3 蛋白可使马铃薯 *Cucurbita pepo* 品种的脂肪含量增加，14-3-3 异构体可控制碳水化合物和脂质代谢，而 14-3-3 蛋白的过量表达不会影响蛋白质合成和维生素 C 含量，但确实影响脂质的含量。转基因马铃薯块茎的脂肪含量和组成发生了变化。与对照组相比，转基因马铃薯块茎中含有 69%以上的总脂质。将脂质分离成极性和非极性部分，结果表明转基因马铃薯的非极性脂质几乎是对照组的三倍，脂肪酸组成图谱显示亚油酸是转基因和非转基因马铃薯的主要脂肪酸，转基因马铃薯的非极性脂质中不饱和脂肪酸的含量较高（Prescha et al.，2001、2003）。

Ramadan 和 Elsanhoty（2012）比较了转基因马铃薯 Spunta G2、Spunta G3 和非转基因马铃薯的脂肪酸、固醇、生育酚分布和脂质类别（中脂、糖脂和磷脂）以及不皂化物水平。非转基因马铃薯、转基因马铃薯 Spunta G2 和转基因马铃薯 Spunta G3 分别含有 0.59%、

0.75%和0.72%的总脂质。在非转基因马铃薯的脂质中（图5.1），磷脂的含量最高（53%），其次分别是中脂（24%）和糖脂（23%）。在转基因马铃薯Spunta G2和Spunta G3中，中脂含量分别增加到总脂质的40%和39%，而总极性脂质（磷脂和糖脂）水平降低。转基因马铃薯G2和G3的磷脂水平显著下降（非转基因马铃薯为53%，转基因马铃薯为40%），而糖脂含量由23%下降至20%。

转基因马铃薯和非转基因马铃薯Spunta中的中性脂质含量见表5.1。非转基因马铃薯中性脂质含量为240g/kg，而转基因马铃薯G2和G3中的中性脂质含量较高（分别为400g/kg和390g/kg）。在转基因和非转基因马铃薯中，中性脂质的类别依次为TAG、二酰基甘油（DAG）、单酰基甘油（MAG）、游离脂肪酸（FFA）和固醇酯（STE）。其中含量较高的为TAG（约占中性脂质总量的85%），其次是DAG（占中性脂质总量的5%~5.6%），而FFA、MAG和STE的含量较低（Ramadan et al.，2012）。

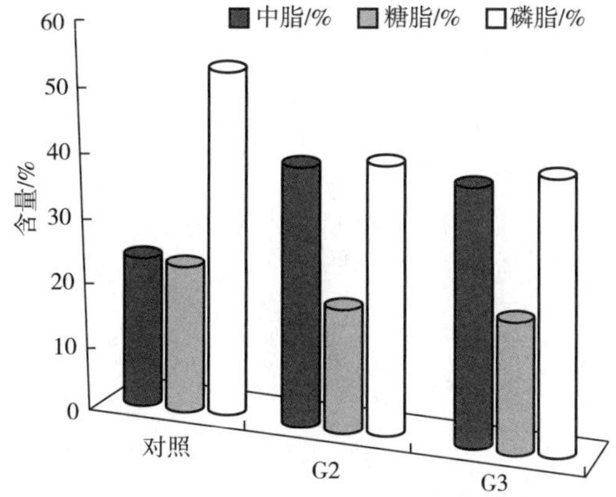

图5.1 转基因马铃薯和非转基因马铃薯Spunta中非极性和极性脂的含量

表5.1 转基因马铃薯和非转基因马铃薯Spunta中的中性脂质含量

单位：g/100g（总脂质）

脂质类	NGMP	GMP G2	GMP G3
单酰基甘油（MAG）	0.96	1.52	1.32
二酰基甘油（DAG）	1.32	2.00	2.18
游离脂肪酸（FFA）	0.91	1.20	1.24
三酰甘油（TAG）	20.2	33.9	33.1
固醇酯（STE）	0.55	1.32	1.05

由图5.2可知，转基因和非转基因马铃薯Spunta中糖脂的种类分别是磺酰二酰基甘油（SQD）、二乳糖二酰基甘油（DGD）、CER、固醇葡萄糖苷（SG）、单半乳糖二酰基甘油

（MGD）和酯化固醇葡萄糖苷（ESG）（图5.3）。非转基因马铃薯中测定的总糖脂含量最高（230g/kg），其次是转基因马铃薯G3（200g/kg）和转基因马铃薯G2（190g/kg）。二乳糖二酰基甘油、MGD、ESG和SQD是糖脂的主要成分，约占总量的90%。非转基因和转基因马铃薯Spunta中CER和SG含量较低。据报道，人类平均每日摄入的糖脂含量为ESG 140mg，SG 65mg，CER 50mg，MGD 90mg和DGD 220mg（Ramadan et al.，2003）。

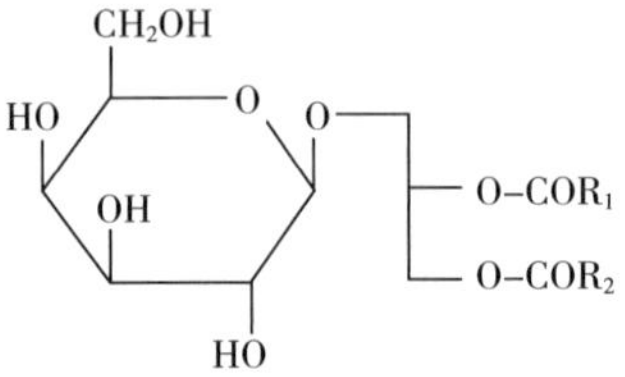

单半乳糖二酰基甘油（MGD）

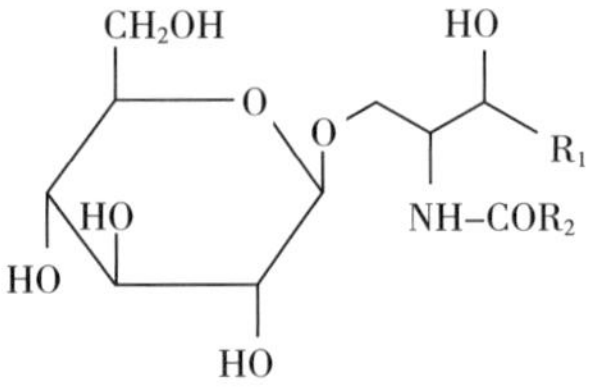

脑苷脂（CER）

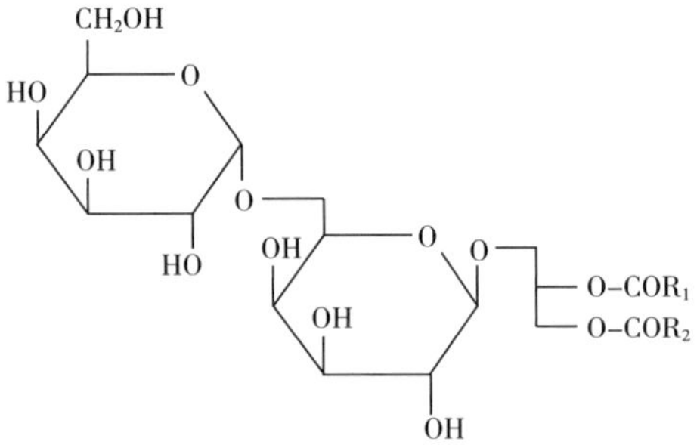

二乳糖二酰基甘油（DGD）

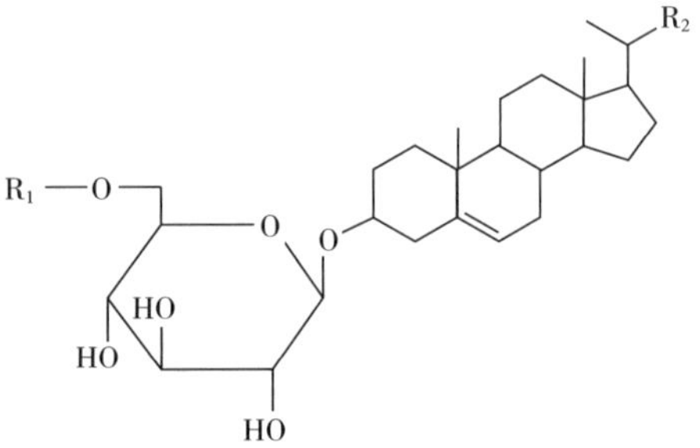

R_1-H，固醇葡萄糖苷（SG）

R_1-acyl，酰基固醇葡萄糖苷（ASG）

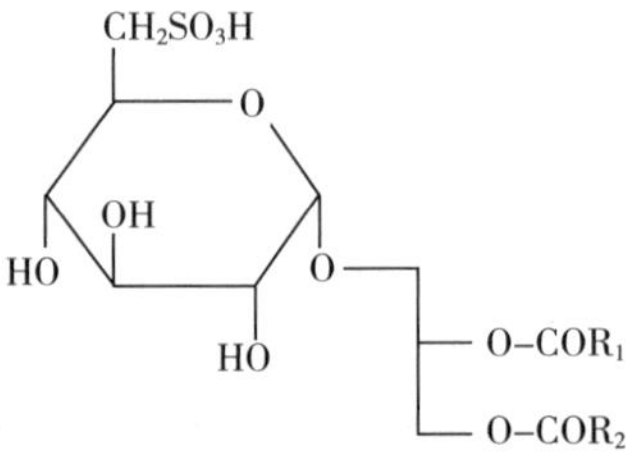

磺酰二酰基甘油（SQD）

图5.2 马铃薯脂类中糖脂的化学结构

使用高效液相色谱法将转基因和非转基因马铃薯中的磷脂类分成四个主要部分。由图5.4可知，非转基因和转基因马铃薯Spunta中主要的磷脂类是磷脂酰胆碱（phosphatidyl cholines，PC），其次分别是磷脂酰乙醇胺（phosphatidyl ethanolamine，PE）、磷脂酰丝氨酸（phosphatidylserine，PS）和磷脂酰肌醇（phosphatidylinositol，PI）（Ramadan et al.，2012），其中磷脂酰丝氨酸（占总磷脂的16%～19%）和磷脂酰肌醇（占总磷脂的57%）含量较低。

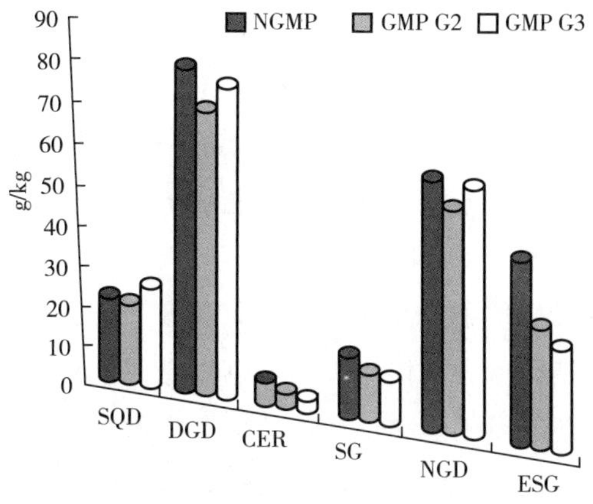

图 5. 3 转基因和非转基因马铃薯 Spunta 中的糖脂种类

注：SQD，磺基醌磺酰基甘油；DGD，二半乳糖基二酰基甘油；CER，脑苷脂；SG，固醇葡萄糖苷；MGD，单半乳糖基二酰基甘油；ESG，酯化固醇葡萄糖苷。

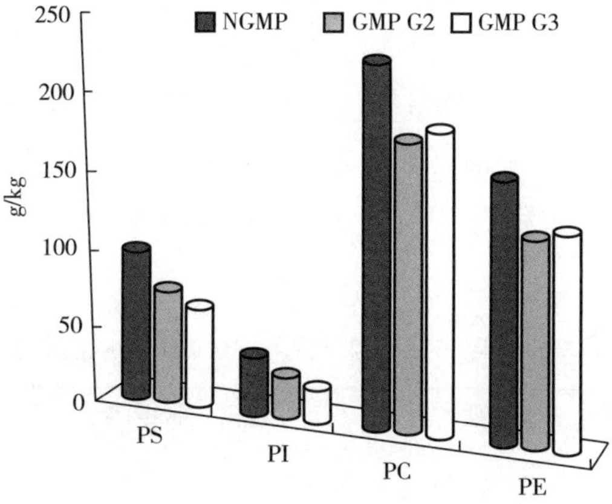

图 5. 4 转基因和非转基因马铃薯 Spunta 中的磷脂种类

注：PS 指磷脂酰丝氨酸，PI 指磷脂酰肌醇，PC 指磷脂酰胆碱，PE 指磷脂酰乙醇胺。

5. 3. 2 脂肪酸组成

马铃薯脂质具有较高的营养价值，其脂肪酸是由 1~3 个不饱和双键组成的不饱和脂肪酸，主要为油酸、亚油酸和亚麻酸。然而，马铃薯块茎中的脂质含量低，100g 马铃薯块茎的可食用部分中亚油酸和亚麻酸的含量分别只有 32. 1mg 和 22. 7mg。因此，种植高脂质含量的马铃薯品种是非常重要的（Prescha et al. , 2001）。

由野生型（D）和 14-3-3 蛋白过表达型（J2）的脂肪酸组成分析可知，油酸、亚油酸和亚麻酸的百分含量与已报道的结果非常一致（Kolbe et al. , 1996；Trevini et al. , 1983；

Tevini et al. , 1986)。马铃薯中主要的脂肪酸为亚油酸，野生型马铃薯中亚油酸含量为49%，棕榈酸和亚麻酸含量也较高，分别为10%和14%，转基因块茎（J2）中脂肪酸的组成比例与对照组基本相似而转基因马铃薯的油酸含量增加了55%，但这种酸只占J2马铃薯总脂肪酸含量的4.5%。非极性脂肪酸主要是棕榈酸、亚油酸和亚麻酸。在野生型马铃薯中，棕榈酸、亚油酸和亚麻酸的含量分别占总脂肪酸的40%、21%和13%。而在转基因马铃薯中，非极性脂肪酸中的不饱和脂肪酸含量显著增大，亚油酸含量增加了48%，亚麻酸增加了33%。油酸含量显著增加了71%，而棕榈酸含量下降了43%。

马铃薯总脂质中极性脂类是非极性脂类的两倍以上。此外，棕榈酸在非极性脂质中的含量是总脂质的两倍。在转基因块茎（J2）中，非极性脂质的增加主要是不饱和脂肪酸含量的增加引起（Prescha et al. , 2001）。转基因马铃薯和非转基因马铃薯因含有高含量的不饱和脂肪酸而具有较高的营养价值。

Ramadan 和 Elsanhoty（2012）研究了转基因马铃薯和非转基因马铃薯品种 Spunta 的脂肪酸组成，实验结果见表5.2。油酸和顺式-α-亚油酸是不同马铃薯 Spunta 系的主要脂肪酸，其次是棕榈酸和顺式-α-亚麻酸。油酸和亚油酸占总脂肪酸含量的62.5%~64.5%。转基因马铃薯 Spunta G2 和 G3 块茎中的脂肪酸含量与非转基因组的脂肪酸含量不同，其中主要是不饱和脂肪酸含量的不同。多不饱和脂肪酸在转基因马铃薯中的含量（31.5%~31.9%）高于在非转基因马铃薯中的含量（31%）。非转基因马铃薯的饱和脂肪酸和单不饱和脂肪酸的含量高于转基因马铃薯，且研究结果与前人结果一致（ElSanhoty et al. , 2004；Dobson et al. , 2004）。总之，转基因马铃薯中的脂肪酸的组成变化一致，但其变化机制尚不清楚。

表5.2 转基因马铃薯和非转基因马铃薯 Spunta 中的脂肪酸组成 单位：%

脂肪酸	NGMP	GMP G2	GMP G3
C16：0	11.0	10.5	10.7
C18：0	4.00	4.00	3.90
C18：1n-9	45.0	44.5	43.9
C18：2n-6	19.5	20.0	20.6
C18：3n-3	11.5	11.5	11.3
Other acid	9.00	9.50	9.60

5.3.3 固醇成分

在马铃薯 Spunta 系中，转基因马铃薯 G3 中的总不皂化物含量最高（占脂质的4%），其次分别是转基因马铃薯 G2（占总脂质的3.9%）和非转基因马铃薯（占脂类的3.9%）（Ramadan et al. , 2012）。转基因马铃薯 G3 的总固醇（ST）含量最高（29g/kg 油脂），其次是转基因马铃薯 G2（6g/kg 油脂）和非转基因马铃薯（25g/kg 油脂）。由表 5.3 可知，转基因和非转基因马铃薯 Spunta 中 ST 含量相近。马铃薯 Spunta 系中以 β-谷固醇为主要化合物，占总 ST 含量的 43.1%~43.7%（图 5.5）。另一个主要组分是菜油甾醇（大约占总脂质的 26%）和 Δ5-燕麦固醇（大约占总脂质的 20%）。其他组分，如菜子固醇，Δ7-燕麦固醇以及豆固醇的含量较低，约占总固醇的 10%。羊角固醇，谷固醇，Δ5,24-豆甾烷醇在转基因和非转基因马铃薯 Spunta 的不皂化物中未检出（Ramadan et al.，2012）。在不同的固醇中，β-谷固醇因具有许多有益作用，在人体生理方面的研究最为深入。

表 5.3　转基因和非转基因马铃薯 Spunta 中植物固醇含量

单位：g/100g（总脂质）

组分	NGMP	GMP G2	GMP G3
油菜素固醇	0.103	0.129	0.134
菜油固醇	0.670	0.679	0.754
豆固醇	0.056	0.025	0.024
β谷固醇	1.080	1.180	1.260
δ5-燕麦固醇	0.500	0.551	0.574
δ7-燕麦固醇	0.093	0.135	0.153

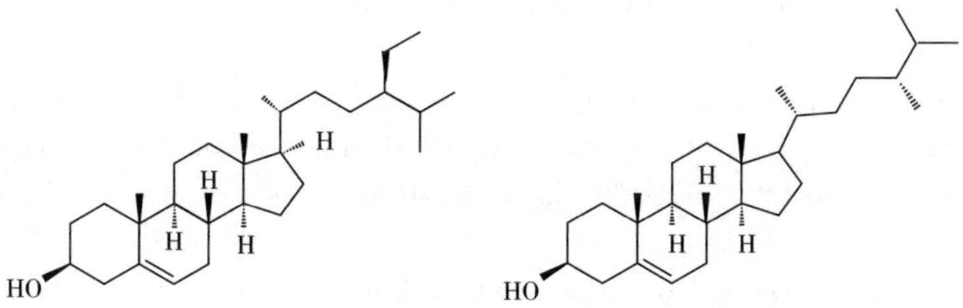

图 5.5　马铃薯脂类中主要固醇的化学结构

5.3.4　生育酚组分

转基因和非转基因马铃薯 Spunta 中生育酚的含量和组成如表 5.4 所示。结果显示，转基因马铃薯 G3 中总生育酚含量最高（5g/kg 油脂），其次是转基因马铃薯 G2（4.5g/kg 油脂）和非转基因马铃薯（3.5g/kg 油脂）（Ramadan et al.，2012）。在转基因马铃薯和非转基因马铃薯 Spunta 中，主要化合物为 α-生育酚（占总生育酚的 77.5%~80%），其次是 β-生育酚（占总生育酚的 16.2%~19%）。δ-生育酚和 γ-生育酚含量较低。安第斯山脉马铃薯中的 α-生育酚含量为 2.73~20.80mg/kg，高于文献中报道的商业品种的含量（0.6~

3mg/kg）（Chun et al. , 2006；Spychalla et al. , 1990）。Nicola 马铃薯的皮呈褐色，肉呈淡黄色，Vitelotte 马铃薯的皮呈紫色，肉部分呈紫色，α-生育酚的含量分别为 0. 8mg/kg 和 2. 3mg/kg（Andre et al. , 2007）。一般认为，饮食中增加 α-生育酚可在一定程度上降低患慢性疾病的风险。因此，增加马铃薯中生育酚的含量是一个值得关注的研究方向。

表 5. 4　　转基因和非转基因马铃薯 Spunta 中生育酚含量

单位：g/100g（总脂质）

组分	NGMP	GMP G2	GMP G3
α -生育酚	0. 271	0. 356	0. 400
β -生育酚	0. 067	0. 077	0. 081
γ -生育酚	0. 009	0. 013	0. 015
δ -生育酚	0. 004	0. 004	0. 005

参考文献

Andre C. M, Mouhssin Oufir M, Guignard C, Hoffmann L, Hausman J, Evers D, Larondelle Y. Antioxidant profiling of native Andean potato tubers (*Solanum tuberosum* L.) reveals cultivars with high levels of β-carotene, α-tocopherol, chlorogenic acid, and petanin. *Journal of Agricultural and Food Chemistry*. 2007;55:10839-10849.

Arvanitoyannis I. S, Vaitsi O, Mavromatis A. Potato: a comparative study of the effect of cultivars and cultivation conditions and genetic modification on the physico-chemical properties of potato tubers in conjunction with multivariate analysis towards authenticity. *Critical Reviews in Food Science and Nutrition*. 2008;48:799-823.

Banerjee A. K, Prat S, Hannapel D. J. Efficient production of transgenic potato (*S. tuberosum* L. ssp. *andigena*) plants via *Agrobacterium tumefaciens*-mediated transformation. *Plant Science*. 2006;170:732-738.

Blaszczak W, Fornal J, Amarowicz R. Lipids of wheat, corn and potato starch. *Journal of Food Lipids*. 2003;10:301-312.

Brown C. R. Antioxidants in potato. *American Journal of Potato Research*. 2005;82:163-172.

Brown C. R, Edwards C. G, Yang C. -P, Dean B. B. Orange flesh trait in potato: inheritance and carotenoid content. *Journal of the American Society for Horticultural Science*. 1993;118:145-150.

Buckenhüskes H. J. Nutritionally relevant aspects of potatoes and potato constituents. In: Haverkort A. J, ed. *Potato in Progress: Science Meets Practice*. Weimar, TX: Culinary and Hospitality Industry Publication Services; 2005:17-26.

Chun J, Lee J, Ye L, Exler J, Eitenmiller R. R. Tocopherol and tocotrienol contents of raw and processed fruits and vegetables in the United States diet. *Journal of Food Composition and Analyses*. 2006;19:196-204.

Dhital S, Shrestha A. K, Hasjim J, Gidley M. J. Physicochemical and structural properties of maize and potato starches as a function of granule size. *Journal of Agricultural and Food Chemistry*. 2011;59:10151-10161.

Dobson G, Griffiths D. W, Davies H. V, Mcnicol J. W. Comparison of fatty acid and polar lipid contents of tubers from two potato species, *Solanum tuberosum* and *Solanum phureja*. *Journal of Agricultural and Food Chemistry*. 2004;52:6306-6314.

El-Sanhoty R, Abd El-Maged A. D, Ramadan M. F. Safety assessment of genetically modified potato Spunta: degradation of DNA in gastrointestinal track and carry over to rat organs. *Journal of Food Biochemistry*. 2006;30:556-578.

El-Sanhoty R, El-Rahman A. A, Bogl K. W. Quality and safety evaluation of genetically modified potatoes spunta with *Cry V* gene: compositional analysis, determination of some toxins, antinutrients compounds and feeding study in rats. *Nahrung/Food*. 2004;48:13-18.

Fridman M. Potato glycoalkaloids and metabolites: roles in the plant and in the diet. *Journal of Agricultural and Food Chemistry*. 2006;54:8655-8681.

Galliard T. Lipids of potato tubers. 1. Lipid and fatty acid composition of tubers from different varieties of potato. *Journal of the Science of Food and Agriculture*. 1973;24:617-622.

Gross J. *Pigments in Vegetables: Chlorophylls and Carotenoids*. New York: Van Nostrand Reinhold; 1991.

Jansen G, Flamme W, Schüler K, Vandrey M. Tuber and starch quality of wild and cultivated potato species and cultivars. *Potato Research*. 2001;44:137-146.

Kitahara K, Tanaka T, Suganuma T, Nagahama T. Released of bound lipids in cereal starches upon hydrolysis by glucoamylase. *Cereal Chemistry*. 1997;74:1-6.

Kolbe H, Fischer J, Rogozinska I. Einflussfaktoren auf die Inhaltsstoffe der Kartoffel. Teil V: Rohfett und Fettsaeurezusammensetzung. *Kartoffelbau*. 1996;4:290-296.

Kostyn K, Szatkowski M, Kulma A, Kosieradzka I, Szopa J. Transgenic potato plants with overexpression of dihydroflavonol reductase can serve as efficient nutrition sources. *Journal of Agricultural and Food Chemistry*. 2013;61:6743-6753.

Kubo I, Fukuhara K. Steroidal glycoalkaloids in Andean potatoes. *Advances in Experimental Medicine and Biology*. 1996;405:405-417.

Lin P. -Y, Czuchajowska Z. Role of phosphorus in viscosity, gelatinisation, and retrogradation of starch. *Cereal Chemistry*. 1998;75:705-709.

Prescha A, Biernat J, Weber R, Zuk M, Szopa J. The influence of modified 14-3-3 protein synthesis in potato plants on the nutritional value of the tubers. *Food Chemistry*. 2003;82:611-617.

Prescha A, Swiedrych A, Biernat J, Szopa J. The increase in lipid content in potato tubers modified by 14-3-3 gene overexpression. *Journal of Agricultural Food Chemistry*. 2001;49:3638-3643.

Priestley H. How to think like consumers and win!. In: Haase N. U, Haverkort A. J, eds. *Potato Developments in a Changing Europe*. Wageningen Academic Pub; 2006:189-198.

Ramadan M. F, Elsanhoty R. M. Lipid classes, fatty acids and bioactive lipids of genetically modified potato Spunta with *Cry V* gene. *Food Chemistry*. 2012;133:1169-1176.

Ramadan M. F, Mörsel J. -T. Analysis of glycolipids from black cumin (*Nigella sative* L.), coriander (*Coriandrum sativum* L.) and niger (*Guizotia abyssinica* Cass.) oilseeds. *Food Chemistry*. 2003;80:197-204.

Ridgman W. J. *The Potato* by Burton, W. G., xii, 742 pp. third ed. Harlow: Longman Scientific & Technical; 1989.

Robert L, Narcy A, Rock E, Demigne C, Mazur A, Rémésy C. Entire potato consumption improves lipid metabolism and antioxidant status in cholesterol-fed rat. *European Journal of Nutrition*. 2006;45:267-274.

Scherz H, Senser F, eds. *Food Composition and Nutrition Tables*. Stuttgart, Germany: Medpharm Scientific Publishers; 1994:170-174.

Spychalla J. P, Desborough S. L. Fatty acids, membrane permeability, and sugars of stored potato tubers. *Plant Physiology*. 1990;94:1207-1213.

Tevini M, Schonecker G. Occurrence, properties and characterization of potato carotenoids. *Potato Research*. 1986;29:265.

Trevini M, Schoenecker G, Iwanzik W, Riedmann M, Stute R. *Analyse*, *Vorkommen und Verhalten von Carotenoidestern in Kartoffeln* Kartoffel-Tagung, band 5. Detmold, Germany: Granum Verlag; 1983:42-47.

Vasanthan T, Hoover R. A comparative study of the composition of lipids associated with starch granules from various botanical sources. *Food Chemistry*. 1992;43:19-27.

Wenzler H, Mignery G, May G, Park W. A rapid and efficient transformation method for the production of large numbers of transgenic potato plants. *Plant Science*. 1989;63:79-85.

6 马铃薯中的维生素、植物营养素和矿物质元素

Duroy A. Navarre[1], Roshani Shakya[1], Hanjo Hellmann[2]

[1]*USDA-ARS, Washington State Unviersity, Prosser, WA, USA*;

[2]*School of Biological Sciences, Washington State Unviersity, Pullman, WA, USA*

6.1 引言

过去几十年，全球马铃薯产量发生了显著变化，尤其是在亚洲。历史上，大多数马铃薯消费和生产都在美洲和欧洲，欧洲国家如德国、波兰和俄罗斯，人均年消费量超过几百磅（1 磅=0.453592kg，下同）。另一方面，同时期的亚洲和非洲的马铃薯产量相对较少。从安第斯山脉传入西方国家的马铃薯极大地改善了粮食安全问题，因为马铃薯每英亩（1 英亩=$4.04686\times10^3m^3$，下同）提供的热量比其他任何主要作物都多。马铃薯的种植与18 世纪和 19 世纪欧洲人口增长有关（Nunn et al.，2011）。近代以前欧洲日益加强的粮食安全可能促成了工业革命，使更多的资源得以集中用于技术发展。近年来，西方国家的马铃薯消费量显著下降，包括那些历来以马铃薯为主食的国家。然而，在过去的几十年里，发展中国家的马铃薯产量猛增，中国成为全球最大的马铃薯生产国。2013 年，中国的产量为8899 万 t，超过俄罗斯、美国、波兰和德国的总和，而印度的产量为 4500 万 t（FAOSTAT，2015）。截至 2010 年，发展中国家马铃薯产量占全球马铃薯产量的 70%以上。发达国家的产量每年减少约 1%，而新兴国家和发展中国家的产量每年增加 1%（Bond，2014）。2010—2015 年，中国马铃薯消费量增长了 40%（Zienkiewicz，2015）。中国拥有全球 22%的人口，但耕地仅占全球的 9%，为了加强中国的粮食安全，中国农业科学院在 2015 年建议将马铃薯与大米、小麦和玉米一起作为主食推广（Hairong，2015）。在美国，马铃薯种植面积从1922 年的 390 万英亩减少到 2015 年的 100 万英亩，而马铃薯农场的数量从 1974 年的 51500个减少到 2007 年的 15014 个。尽管种植面积大幅减少，由于品种改良和良好管理，产量反而增加（美国农业部海外农业局，2015）。

马铃薯是在 7000 年前在秘鲁和玻利维亚之间的安第斯山脉的迪迪喀喀湖周围被驯化的（Spooner et al.，2005）。马铃薯的遗传多样性可能比其他任何主要作物都多，这可能反映了它们在差异较大的环境中生长的能力（Hawkes，1990），从干旱的高原高山到热带雨林，再到北极圈以下的永久冻土，这一特性有助于提高马铃薯提供粮食安全的能力。马铃薯的遗传多样性是进一步提高马铃薯块茎营养成分的宝贵资源，尤其是考虑到现代马铃薯品种所含野生物种遗传多样性不足 1%的情况下。除了数千种原始品种外，还有大约 200 种野生马铃薯。

马铃薯块茎是为了提高植物的存活率和进行繁殖而进化出来的特殊器官。块茎不是来自根，是经过茎膨大而来，来源于茎地下部分腋芽的匍匐茎（Ewing et al.，1992；Fernie et al.，2001）。块茎来源于茎膨大，这一事实影响了块茎的特性和化学成分。例如，在光照下，块茎变绿和糖生物碱（GAs）增加，块茎薄壁组织中的淀粉体重新分化为叶绿体（Deng et al.，1988）。块茎具有代谢活性，能合成复杂的代谢产物混合物，证明了人们误认为块茎是简单的淀粉贮藏器官。事实上，块茎中含有大量的小分子和次生代谢产物，它们在块茎发育过程中起着至关重要的作用，从调控块茎器官到对环境的响应。此外，这些化合物中的许多成分对人体健康有积极的影响，在饮食中是非常理想的（Abuajah et al.，2015；Katan et al.，2004）。许多研究表明马铃薯在人类健康中的作用，包括心血管健康，还有更多的研究有待于挖掘（McGill et al.，2013）。

6.2 马铃薯营养价值及其争论

消费者似乎对饮食与健康的关系越来越感兴趣。据估计，1/3 的美国人每天服用维生素或膳食补充剂，年销售额高达 180 亿美元（1 美元≈7.2444 人民币，2024 年 5 月 23 日汇率）。此外，肥胖在美国和其他许多国家的流行导致人们对饮食对健康影响的认识、讨论和争论明显增加。在美国，应对肥胖症流行的措施包括：在纽约市禁止大杯碳酸饮料，整顿学校午餐计划，取消学校的零食和汽水自动售货机，以及提议对某些食品中增收附加税（sin taxes）。哈佛大学的研究人员声称马铃薯是美国肥胖的主要原因，并主张在饮食中取代马铃薯（Mozaffarian et al.，2011）。根据经济合作与发展组织的数据，墨西哥和美国分别是肥胖率第一高和第二高的国家。而根据 2009 年联合国粮食及农业组织（FAO）的数据，墨西哥和美国的人均马铃薯消费量分别在全球排名第 105 位和第 44 位。在过去马铃薯的消费量比现在高很多的时候，肥胖在欧洲国家并不足以成为一个大问题。例如，1900 年德国马铃薯的年消费量为每人 628 磅，而在 20 世纪 50 年代超过了 300 磅。

过去几年的研究表明，消费者对马铃薯营养价值的认知会对销售产生影响，鉴于最近的负面宣传，这一研究强烈表明，感知到营养价值对任何蔬菜（尤其是马铃薯）都是非常重要的特征。一般来说，作物主要是根据产量、抗病性和外观等性状进行培育和选择的。从过去来看，很少有人致力于提高任何作物的营养价值，因为有更紧迫的问题，而且这项工作有着巨大技术困难。大多数作物，包括马铃薯，只有少数几个品种的营养状况被人类了解。令人惊讶的是，对于哪些品种拥有最多的，或者在很大程度上可以开发出具有更多的新品种，人们知之甚少。技术的进步，如高通量分析、经济实惠且功能强大的质谱仪和无数分子生物学工具，使得填补这一知识空白变得更加容易。

6.3 马铃薯基本营养成分

马铃薯的水分含量约为 80%，固形物含量为 20%，尽管这可能因品种而异，如含有高植物营养的紫色、黄色马铃薯仅含 9%干物质（Pillai et al.，2013）。在 100g 块茎中的 20g

固形物中，大约 18g 是碳水化合物，剩下的 2g 则是蛋白质。马铃薯蛋白质的营养品质在植物中名列前茅。块茎中的主要贮藏蛋白质是 patatins，它占可溶性蛋白质含量的 40%（Prat et al.，1990）。马铃薯含有相对较少的单糖，主要提供复杂的碳水化合物，世界卫生组织（WHO）建议其占每日热量摄入量的 50%～75%。其中淀粉可分为快速消化淀粉（rapidly digestible starch，RDS）、慢速消化淀粉（slowly digestible starch，SDS）和抗性淀粉（resistant starch，RS）。马铃薯淀粉组成因品种而异，但通常约为 80%支链淀粉和 20%直链淀粉。马铃薯中直链淀粉的比例越高，淀粉的消化就越慢。"抗性淀粉"在饮食上是可取的，其功能类似于可溶性纤维，可有助于血糖控制和肠道健康。生马铃薯含有大量膳食所需的 RS2 抗性淀粉，比谷物淀粉（包括玉米）更不易消化。经过烹调，马铃薯淀粉变得更容易消化。在食物中添加生马铃薯淀粉具有促进健康的作用，包括降低大鼠的胆固醇和甘油三酯（Raigond et al.，2015）。煮熟后冷却的马铃薯，如马铃薯沙拉，含有饮食上可取但不易消化的 RS3 逆行淀粉，被证明具有促进健康的作用（Fuentes-Zaragoza et al.，2010）。一项仅针对 7 个品种的有限研究表明，块茎的直链淀粉含量与血糖指数或体外淀粉消化率均不相关，并建议应使用体外消化程序筛选潜在的拥有低血糖指数的马铃薯（Ek et al.，2014）。

营养密集型食品是指那些提供同等量热量又有更高营养价值的食物，而不是像糖果那样提供热量但营养很少。马铃薯是一种营养密集型食品，如图 6.1 所示，图 6.1 显示了一份 100g 的带皮烤马铃薯所提供的各种营养素的每日推荐值的百分比，数据基于每天 2000kcal（1kcal≈4.185J，下同）的饮食，来自于 nutritiondata.self.com and USDA SR-21。这一份可以提供 97kcal 或相对于每日所需热量的 5%，如图 6.1 所示，它提供的各种营养素的百分比比它所提供的热量要高，其中包括推荐值 22%的维生素 C 和 16%的钾。研究发现，马铃薯的营养贡献分别占英国人饮食总能量的 7%，但还有更多营养成分，包括 15%的维生

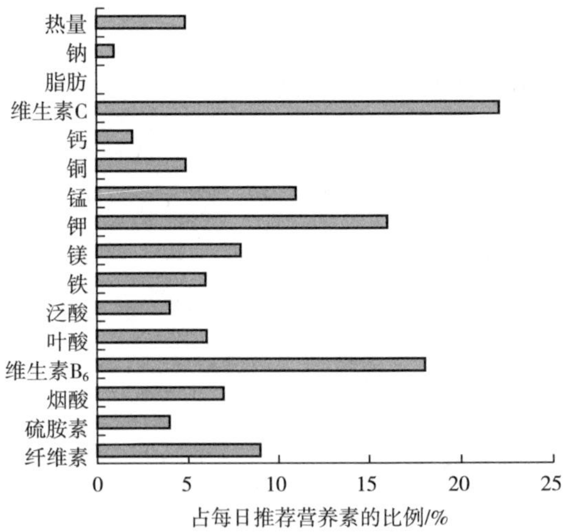

图 6.1 每 100g 马铃薯所提供的每日推荐营养素的比例

素 B_6、14%的维生素 C、13%的纤维、10%的叶酸、9%的镁和 4%的饱和脂肪酸（Gibson et al.，2012）。Gibson et al. 认为减少饱和脂肪和盐的添加量可以改善马铃薯的营养状况。图 6.1 中为植物营养素，包括多酚和类胡萝卜素，不像维生素，它们没有推荐的每日摄入量，但对健康很重要。这些植物营养素受到许多消费者的重视，以至于影响他们的购买决定。除了维生素和矿物质外，块茎还含有多种复杂的小分子，其中许多是植物营养素。包括多酚、黄酮类、花青素、酚酸、类胡萝卜素、多胺、糖苷生物碱、生育酚、打碗花精和倍半萜。

6.4 马铃薯中的维生素

6.4.1 维生素 C

马铃薯可能是维生素 C 和钾的主要来源。在所调查的 98 种蔬菜中，当计算供应每日推荐的膳食中营养素供给标准（recommended dietary allowance，RDA）的 10%的成本时，发现马铃薯是维生素 C 最便宜的来源（Drewnowski et al.，2013）。美国农业部（U. S. Department of Agriculture，USDA）的数据库显示，一个中等大小的红皮马铃薯（173g）提供大约 36%的 RDA。坏血病是维生素 C 缺乏症的最常见症状，严重时表现为牙齿脱落、肝斑和出血。块茎可以原位合成维生素 C，但也可以从叶和茎中积累维生素 C（Tedone et al.，2004；Viola et al.，1998）。维生素 C 是许多酶的辅助因子，起着电子供体的作用，在清除活性氧物质方面起着重要作用。植物是人类饮食中维生素 C 的主要来源。叶片和叶绿体可分别含有 5 和 25mmol/L L-抗坏血酸（Wheeler et al.，1998）。植物可能有多种维生素 C 生物合成途径，L-半乳糖途径的所有酶都已被表征（Laing et al.，2007；Wolucka et al.，2007）。在块茎中过表达的 GDP-L-半乳糖磷酸化酶使马铃薯块茎中维生素 C 最多增加了三倍，使番茄中的维生素 C 增加了六倍和草莓中维生素增加了两倍。一项使用无法合成维生素 C 的基因敲除小鼠的研究中表明，当喂食薯片时，老鼠会积累维生素 C 并减少活性氧种类。从而得出结论：快速干法加工薯片是膳食维生素 C 的良好的来源（Kondo et al.，2014）。2012 年 Knodo 等针对日本男性的饮食研究显示，进食马铃薯泥和薯片后血浆水平升高，发现马铃薯泥和薯片中的维生素 C 具有生物可利用性。

研究人员检测了 75 个基因型的马铃薯块茎中维生素 C 的含量，发现维生素 C 含量为 11.5~29.8mg/100g FW（Love et al.，2004）。这项研究还报道了一些基因型在多年内或在不同地点种植时其中维生素 C 的含量比其他基因型稳定，并提出马铃薯的种植年份可能比种植地点对其中维生素的影响更大。一项英国的研究检测了欧洲三个地区种植的 33 个品种的维生素 C（Daleetr et al.，2003）。如果将这些作者检测结果中的干重（DW）转换成鲜重，假设马铃薯是 80%的水，那么每 100g FW 可获得 13~30.8mg 维生素 C。在 Russet Burbank 无性繁殖的体细胞中出现了异常高的维生素 C 含量，在几百个筛查对象中维生素 C 的含量的范围为 31～39mg/100g FW（Nassar et al.，2014）。至于为什么这些结果与其他实验室报道的很多马铃薯中维生素 C 的含量的结论有如此大的差异尚不得而知。作者的确使用了可靠的方法和参考资料，表明某些未知因素导致该水平显著增加。如果这种未知的起因能够被确定，那么这将可能是通过操纵作物进一步增加马铃薯块茎中维生素 C 含量的一种方式。

众所周知，环境会影响马铃薯和其他植物中的维生素 C 含量。大量研究表明，在马铃薯冷藏期间，维生素 C 含量会迅速下降，并可能下降达 60%（Keijbets et al.，1990）。2003 年 Dale 等将 33 个基因型马铃薯进行冷藏 15～17 周后，发现与贮存前相比，维生素 C 大幅度减少。维生素 C 的减少 20%～60%取决于遗传性状。研究者们提出了一个重要的观点，即增加维生素 C 的育种工作应该关注贮存后的含量，在大多数情况下，这比新鲜收获时的浓度更相关。2013 年 Blauer 等表明冷藏过程中损失的程度与遗传性状有关，并表明氧化代谢对维生素 C 的贮存稳定性起调节作用，因为在减少 O_2 的条件下贮存减少了维生素 C 的损失。在衰老的藤蔓下，块茎的成熟后期观察到维生素的损失较小，这可能反映了维生素 C 从衰老的叶子到块茎的运输减少。从收割到贮存 7 个月，对科罗拉多州生长的 12 个基因型马铃薯中的维生素 C 含量进行了测定。冷藏 7 个月后，损失超过 50%。一个品系优良的紫色肉质的马铃薯在贮存仅 2 个月后就损失了 60%以上，而 Yukon Gold 在 2 个月后的损失与收获时相比在统计学上没有明显差异（Külen et al.，2012）。

创伤刺激会大大增加维生素 C 的含量。一项研究观察了切片或擦伤后将马铃薯贮存 2d 后维生素 C 的变化，并测定了切成薄片的块茎中维生素 C 增加了 400%，而擦伤的块茎中维生素 C 减少了 347%（Mondy et al.，1986）。发现贮存在空气中的鲜切马铃薯中的维生素 C 含量升高，而冷冻或气调贮存的马铃薯中维生素 C 含量降低（Tudela et al.，2002b）。这些和类似的结果表明，创伤处理可用于大大增加市售马铃薯产品中的维生素 C。但是，在将其广泛用作增加马铃薯中维生素 C 的策略之前，必须找到一种减少切割时可能发生褐变的方法。

土耳其的一项研究考察了冷藏对去皮、烫漂然后炸马铃薯的影响，发现在-18℃下贮存 6 个月后维生素 C 损失了 10%（Tosun et al.，2008）。然而，51%的损失是冷冻前的操作造成的，这强调了在加工过程中如何处理马铃薯的重要性。因此，如果在冷藏期间维生素 C 含量不稳定的马铃薯品种，一种减少马铃薯采后维生素 C 损失的解决办法是在收获后不久就对块茎进行最低限度的破坏性烹饪，然后对产品进行速冻贮藏。

6.4.2 B 族维生素的生物化学功能和含量

像维生素 C 一样，B 族维生素的所有成员都是水溶性化合物，但是它们在化学和功能上彼此截然不同。一直以来，维生素 B_2 被认为是维持生长和健康并防止人类和动物某些皮肤疾病发展的影响因素。目前，B 族维生素包括硫胺素（维生素 B_1）、核黄素（维生素 B_2）、烟酸（维生素 B_3）、泛酸（维生素 B_5）、吡哆素（维生素 B_6）、生物素（维生素 B_7）、叶酸（维生素 B_9）和钴胺素（维生素 B_{12}）（如图 6.2 所示）（Hellmann et al.，2010；Roje，2007）。所有这 8 种 B 族维生素都是人类饮食中必不可缺少的部分，因为与植物相比，人体不能合成这些化合物。此外，世界卫生组织《成人和儿童基本药物标准清单》中也包含了 B 族维生素中的 3 种维生素：硫胺素，核黄素和吡哆醇。

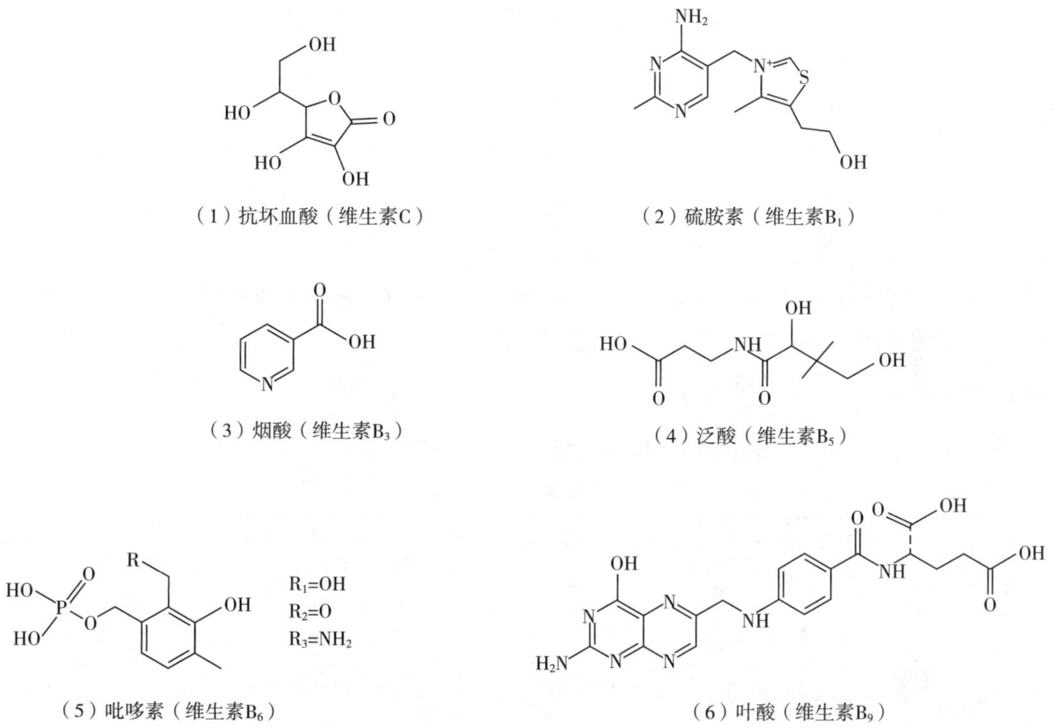

图 6.2 8 种 B 族维生素的化学结构

本节重点介绍马铃薯块茎的 5 种 B 族维生素，它们是一种很好的营养资源，并概述了它们的一般生化作用及其对消费者的有益影响。

6.4.2.1 维生素 B_1（硫胺素）

维生素 B_1 的生物活性形式为硫胺素焦磷酸［图 6.2（2）］，其在各种代谢途径中起辅助作用，如柠檬酸循环和戊糖磷酸途径。它与碳水化合物和氨基酸分解代谢，以及支链氨基酸的生物合成有关（Manzetti et al.，2014）。对人类来说，硫胺素供应不足会导致脚气病，从而导致心血管和神经系统问题（Abdou et al.，2015）。硫胺素缺乏症在主要以白米或精米为主食的国家并不少见，因为这些大米中硫胺素含量很少，而均衡饮食的人群不太可能面临这一问题（Juguan et al.，1999）。硫胺素缺乏主要发生在饮酒过量，因为这会影响维生素的运输、贮存和代谢（Rees et al.，2013）。

2009年和2010年，在田间条件下种植的33个原始品种（Solanum tuberosum group 和 Genium）和3个现代马铃薯品种的最新研究表明，受试植株之间的硫胺素浓度存在很大的差异。例如，2009年受试植株中硫胺素最低含量为（490±91）ng/g FW（PI 225710），而最高值达到（2273±107）ng/g（PI 320377），这之间相差4倍多。然而，2010年的数值在大多数情况下与2009年有显著差异，或增或减，显示偏差高达50%。总的来说，这些数据强调了通过育种来提高马铃薯中硫胺素含量的潜力。该方法还表明，在田间种植时维生素的含量可能会发生显著变化，这将使选择特定性状变得困难。尽管如此，Goyer 和 Sweek 的研究强调了进行田间试验的必要性，并在随后的几年中继续进行这些试验，以获得关于马铃薯中特定代谢物含量再现性的可靠信息。

美国国家卫生研究院为成人提供的硫胺素的RDA：男性1.2mg/d，女性为1.1mg/d。2011年Goyer 和 Sweek 的田间试验数据表明，一些马铃薯品种在100g块茎组织中已经含有将近20%的RDA。然而，硫胺素对热很敏感（Kandutsch et al.，1953），所以发现加工马铃薯中的硫胺素含量明显低于20%这一现象不会奇怪。例如，薯条和烤马铃薯每100g中的硫胺素含量分别只有0.08mg和0.067mg，低于RDA的10%。煮马铃薯仍然含有10%左右的RDA（0.106mg），这表明加工的方式对于保存马铃薯制品中硫胺素至关重要（表6.1）。

表6.1 马铃薯食品中维生素 B_1、维生素 B_3、维生素 B_5、维生素 B_6 和维生素 B_9 的含量

维生素	用植物油炸法式薯条	薯片	烘焙（带皮果肉）	蒸煮（带皮果肉）
B_1	0.08（7.27/6.67）	0.17（15.45/14.17）	0.067（5.45/5）	0.106（10/9.17）
B_3	0.28（2/1.8）	3.83（27.4/23.9）	1.41（10.1/8.8）	0.38（7.6/7.6）
B_5	0.5（10/10）	0.4（8/8）	0.38（7.6/7.6）	0.52（10.6/10.6）
B_6	0.36（24~27.69/21.18~27.69）	0.78（52~60/45.88~60）	0.31（20.7~23.85/18.24~23.85）	0.3（20~23.08/17.65~23.08）
B_9	0.03（7.5/7.5）	0.075（18.75/18.75）	0.026（6.5/6.5）	0.01（2.5/2.5）

注：第一个值代表维生素mg/100g产品，而维生素 B_1、维生素 B_3、维生素 B_6 和维生素 B_9 的第二个值为成年女性/男性的RDA百分比，以及成年女性/男性维生素 B_5%足量摄入（AI）。美国农业部国家营养数据库标准参考。

总的来说，目前可用的数据强调了硫胺素作为一种重要的植物营养素的重要性，而加工马铃薯食品的方法是保持高硫胺素含量的一个关键参数。目前可用的数据集进一步证明了马铃薯通过育种或生物工程技术提高块茎中硫胺素含量的潜力。

6.4.2.2 维生素 B_3（烟酸）

烟酸是指两种吡啶衍生物，烟酰胺或烟酸［图6.2（2）］。它在细胞内转化为 NAD^+ 或

$NADP^+$，在各种主要与光合作用、碳水化合物和脂肪酸代谢有关的氧化还原反应中起辅助作用（Wahlberg et al.，2000）。据报道，烟酸本身有助于降低胆固醇水平，并可能促进血管舒张和缓解低血压（Gehring，2004；Rolfe，2014；Williams et al.，2005）。此外，烟酸缺乏典型地与糙皮病（一种表现为腹泻、皮炎和痴呆症状的疾病）有关联（Fu et al.，2014；Kohn，1938）。烟酸的缺乏在以玉米为主食的国家中是常见的，这需要对玉米种子进行精细的加工（热碱浸泡法，nixtamalization），以使烟酸能够被摄入（Gwirtz et al.，2014）。

对马铃薯中烟酸含量的研究很少，现有数据也没有表明为数不多的受试品种之间存在主要差异（Wills et al.，1984）。目前女性和男性烟酸的 RDA 值分别为每天 14mg 和 16mg。根据这些值，马铃薯实际上是很好的维生素来源，因为 100g 烤马铃薯或煮马铃薯含有大约 RDA 的 10%（表 6.1）。

由于烟酸的重要性，并且考虑到迄今为止对马铃薯中这种维生素的研究很少，更详细地了解这种维生素及其在不同品种之间的变化情况，将有助于评估未来通过育种来提高马铃薯产品中 B_3 的含量的潜力。

6.4.2.3 维生素 B_5（泛酸）

泛酸是β-丙氨酸的前体，也是辅酶 A 的核心成分［图 6.2（4）］。它参与与碳水化合物、氨基酸和脂肪酸代谢相关的各种生物合成途径（Depeint et al.，2006）。此外，维生素 B_5 与其他 B 族维生素和维生素 C 一样，在氧化应激条件下有保护作用（Wojtczak et al.，2003）。维生素 B_5 缺乏症在人体中很少见，很可能是因为它是由肠道细菌产生的，并且在某种程度上广泛存在于所有的食品中。然而，哺乳动物和鸡的体内缺乏症已有报道，B_5 的缺乏与皮炎、贫血、惊厥和脑病有关（Bender，1999；Depeint et al.，2006；Tahiliani et al.，1991）。可能是因为泛酸营养不良是比较罕见的，所以并没有确定 RDA 值。目前只有足量摄入（adequate intake，AI）这一指标，规定成年男性和女性大约每天 5mg（Tahiliani et al.，1991）。

泛酸在马铃薯种质资源中的变化程度尚不清楚。在潮湿条件下加热时马铃薯中的维生素 B_5 含量似乎是稳定的，但在高温和干燥的条件下变得不稳定，也可能对氧化和光照敏感（Riaz et al.，2009）。因此，每 100g 煮马铃薯含有大约 10% 的每日 AI，而薯片中只有 8%（表 6.1）。尽管如此，这些结果表明，即使采用不同的加工方法，马铃薯也是维生素 B_5 的良好的来源。

6.4.2.4 维生素 B_6（吡哆素）

维生素 B_6 是一组由 6 种密切相关的化合物，这些化合物主要在其第 4 位上因羟甲基、醛基或氨甲基不同取代基而异［图 6-2（5）］。维生素可能是活细胞中功能最多的辅助因子，因为它参与 140 多种生化反应（Mooney et al.，2010）。它主要参与氨基酸的合成和分解反应，也在碳水化合物和脂肪酸代谢以及光呼吸中发挥重要作用。值得注意的是，维生素 B_6 独立于其作为辅助因子的功能，同时也是一种有效的抗氧化剂；研究表明，它对植物病原菌抗性至关重要（Denslow et al.，2007；Herrero et al.，2007；Titiz et al.，2006；Zhang et al.，2014）。

与硫胺素一样，维生素 B_6 的含量在马铃薯不同种性之间存在显著差异（Mooney et al.，2013）。对 10 个不同基因型的成熟的块茎的研究表明，维生素 B_6 的总含量从 18μg B_6/g DW（PORO07PG63-1）到 27μg B_6/g DW（Clearwater Russet）不等。在对 23 个不同基因型的未成熟、60~80 日龄的块茎进行分析时，也观察到类似的变异。含量在 16μg B_6/g DW（PO-RO07PG63-1）和 22μg B_6/g DW（Ruby Crescent）之间变化（Mooney et al.，2013）。总的来说，维生素 B_6 的含量在未成熟和成熟的块茎之间没有显著差异，这表明这两个发育阶段的块茎都是维生素的良好来源。然而，由于这些值都是基于单个收获年，所以目前仍不清楚在不同种植季节这些值在多大程度上是一致的（Mooney et al.，2013）。

目前维生素 B_6 的 RDA 值在 1.3mg（年轻人）和 1.7mg（成年男性）之间，根据美国医学研究所食物和营养委员会的建议，哺乳期妇女的 RDA 值可以达到 2mg。基于这一点，马铃薯是这种维生素的极好的营养来源。此外，维生素 B_6 是热稳定的，加工步骤，如烹调或油炸不影响其含量。例如，每 100g 烤马铃薯或薯片等产品中维生素 B_6 高达 23%和 60%的 RDA（如表 6.1 所示）。

维生素 B_6 作为辅助因子对 α-葡聚糖磷酸化酶的活性具有要求。除了 α-淀粉酶外，磷酸化酶是参与块茎中淀粉在最初分解为可溶性碳水化合物的两种关键酶之一（Kossmann et al.，2000）。在低温（4~8℃）的贮藏条件下，随着时间的推移，马铃薯块茎容易减少碳水化合物从而积累可溶性物质，如葡萄糖和果糖，这一过程被称为低温糖化（Chen et al.，2012；Kossmann et al.，2000）。马铃薯加工业并不需要这些糖，因为它们可以通过美拉德反应在油炸马铃薯制品中引起褐变和丙烯酰胺的形成（Arribas-Lorenzo et al.，2009；Lojzova et al.，2009）。值得注意的是，在长期低温贮存条件下，B_6 含量似乎也会增加（Mooney et al.，2013）。这可能有助于 α-葡聚糖磷酸化酶活性和淀粉的分解。因此，在这种条件下，防止块茎中 B_6 含量的升高可能是减缓贮藏期马铃薯淀粉分解和遇冷糖化的一种可能途径。

综上所述，马铃薯是维生素 B_6 的很好来源，不同基因型的马铃薯中 B_6 含量的差异显示出提高马铃薯块茎中 B_6 含量的巨大潜力。此外，对维生素 B_6 的研究表明，植物中 B_6 含量的升高有利于对非生物和生物胁迫的耐受（Chen et al.，2005；Denslow et al.，2005；Havaux et al.，2009；Kalbina et al.，2006；Moccand et al.，2014；Zhang et al.，2014）。因此，进一步提高 B_6 含量不仅有利于食用者，而且有利于马铃薯植株的整体生长性能和产量。

6.4.2.5 维生素 B_9（叶酸）

叶酸是 5,6,7,8-四氢叶酸（THF）的总称［图 6.2（6）］，它是 1-碳代谢的中心产物

（Hanson et al.，2011）。它参与蛋氨酸、泛酸盐（维生素 B_5）、胸苷酸盐、甲酰 Met-tRNA 和嘌呤的合成，以及硫-铁簇合代谢（da-Silva et al.，2014；Li et al.，2003；Tibbetts et al.，2010）。特别是在植物中，线粒体中的维生素也需要甘氨酸脱羧酶，甘氨酸脱羧酶是一种多聚酶复合物，作用于光呼吸途径（Douce et al.，1999）。

叶酸缺乏是一个世界性的营养问题，因为维生素 B_9 在食物中的含量通常不高，并且对某些食品加工步骤非常敏感，如对氧化条件或还原剂（Delchier et al.，2014）。叶酸摄取不足与一系列疾病症状有关，从心血管疾病、贫血、先天缺陷性的疾病（如脊柱裂）到某些癌症的风险增加（Blancquaert et al.，2010）。植物可能是维生素 B_9 最好的主要来源。然而，为了避免所有的叶酸摄入不足的问题，工业化国家通常食用叶酸强化膳食产品，其可在细胞中迅速代谢成 THF。

2007 年，Goyer 和 Navarre 对不同类型马铃薯种质中叶酸的研究表明，维生素 B_9 存在显著差异，从 A090586-11 中约 550ng 叶酸/g DW 到 Carola 中约 1400ng 叶酸/g DW（Goyer et al.，2007）。目前男性和女性的叶酸的 RDA 值都为 400μg 的膳食叶酸当量。对于孕妇，美国医学研究所食品和营养委员会强烈建议，每天通过强化食品或补充剂摄入 400μg 叶酸，以降低出生缺陷的风险。

因为维生素 B_9 对热是敏感的，因此加工后的马铃薯产品大多含有相对较低的叶酸含量，特别是与未加工马铃薯相比（Goyer et al.，2007、2009；Goyer et al.，2011）。例如，100g 煮熟或烤的马铃薯的 RDA 分别约为推荐 RDA 的 2.5%或 6.5%（如表 6.1 所示）。然而，由于马铃薯是许多国家消费频率和数量都很高的产品，因此它被认为是维生素 B_9 非常好的日常的营养来源（Alfthan et al.，2003；Brevik et al.，2005；Brussaard et al.，1997）。值得注意的是，块茎的发育状况可能是马铃薯消费时的一个重要标准，与成熟块茎相比，未成熟块茎通常含有较多叶酸（Goyer et al.，2009）。不过，与原始品种相比，现代马铃薯的叶酸含量显著提高，显示出利用育种来提高马铃薯中这一重要植物营养素的巨大潜力（Goyer et al.，2011）。

6.5 糖苷生物碱

马铃薯和其他茄科植物、茄子和西红柿一样，含有糖苷生物碱（glycoalkaloids，GAs），这是一种有助于植物抵抗害虫和病原菌的植物次级代谢产物。从饮食的角度来看，GAs 被认为是一种抗营养物质，如果大量摄入，会引起呕吐和其他不良反应（Hopkins，1995；McMillan et al.，1979）。美国的育种工作者自愿遵守的准则，即新品种的总糖苷生物碱含量应低于 20mg/100g FW（Wilson，1959），但其他国家制订的指南可能有所不同。GAs 在较高浓度下会产生苦味（Sinden et al.，1976）。在叶、芽和果实中发现的 GAs 含量比块茎高得多。

据报道，芽中 GAs 浓度接近 18g/kg FW（Valkonen et al.，1996）。

6.5.1 糖苷生物碱——是敌是友?

认为马铃薯中糖苷生物碱的存在是绝对不受欢迎的观点可能过于简单化，而且是基于人们在知道糖苷生物碱的一些好处之前就已经形成的长期的观念。例如，1984 年 Sinden 写道：“目前并未发现糖苷生物碱在人类营养中所起到的积极作用；即使是少量的天然毒物，基于目前所知都是对人体不利的。”（Sinden et al.，1984）最近许多研究显示了糖苷生物碱的潜在的促进健康的作用。显然，马铃薯中的糖苷生物碱的含量低于对人体产生任何不良影响的阈值，但培育不含 GAs 的马铃薯，或将其培育到含 GAs 非常低水平，可能会产生意想不到的后果，包括造成对风味的不利影响、潜在健康益处的损失以及由于对害虫和病原体的抵抗力下降等使杀虫剂的使用增加。在较高浓度下，GAs 会使马铃薯有苦味，但其较低的含量被认为对味道有积极影响的（Janskey，2010）。新的高重复性和统计上有力的研究可以更好地确定 GAs 引起苦味的阈值，这对育种工作者是非常有用的，因为以前的研究对苦味阈值得出了不同的结论，以前的研究认为 GAs 在 11mg/100g 时可呈现出苦味，而另一些人则认为阈值须得高于 25mg/100g。一项使用纯化的 GAs 的小型研究报告中显示，卡茄碱比茄碱苦得多（Zitnak et al.，1985），这进一步提醒我们，马铃薯中存在的各种糖苷生物碱可能具有完全不同的性质。

对于确定块茎中 GAs 含量还需要进一步的更细致的研究，特别需要研究识别合成 GAs 途径中的关键基因，从而使 GAs 浓度大大降低。如果对 GAs 调控加深理解，可以通过叶面中高浓度的 GAs 来保证它的抗虫性，而在块茎中的含量低一些。即使如此，提高叶中 GAs 的浓度，并且降低块茎中 GAs 的含量也可能对马铃薯的风味造成不利的影响，这是因为 GAs 有助于块茎对害虫的抗性和保证一些特定的健康益处。关键的缺失的信息的提供能够让科学界确定马铃薯中理想的 GAs 范围。历史上，人们曾食用的马铃薯 GAs 含量远高于 20mg/100g FW，特别是来自安第斯山脉的一些更原始的种质。支持 20mg/100g FW 的阈值的医学证据似乎不是特别有力，也不清楚为什么 20mg 才是临界值。一位专家代表粮农组织和世卫组织审查了 GAs 数据，得出结论：尽管人类食用含糖类生物碱的植物的历史悠久，现有的人类和动物实验研究的流行病学和实验数据不足以确定安全的摄入量水平……为支持这一水平而获取经验数据将需要相当大的努力（Kuiper Goodman et al.，1992）。

就已知的马铃薯品种而言，商业品种仅来源于小部分的基因库，因此已知的 GAs 主要有茄碱和卡茄碱，然而马铃薯种质中可能含有 100 多种不同类型的 GAs，但是我们对 GAs 对人类健康或植物抗病性的影响的研究很少。这种知识的缺乏有可能阻止一种宝贵的遗传资源被开发利用。如果一个新品种中 GAs 接近 20mg，那么这种育种计划可能是失败的，而且确实人们倾向于选择低于 10mg，甚至 GAs 为 5mg 的品种。在某种程度上，这种态度是由于担心特定年份或地点的环境因素可能会使 GAs 含量超过 20mg/100g FW。选育 GAs 含量越来越低的马铃薯品系的趋势可能会使更充分地利用野生马铃薯的种质多样性进行作物改良变得更加困难。通过对驯化马铃薯和野生种 *Solanum commersonii* 的摄食行为的研究，我们得出结论：驯化改变了 *S. tuberosum* 的防御能力，而两者之间 GAs 的改变解释了食草动物的不同进食行为（Altesor et al.，2014）。通过对美国科罗拉多州马铃薯甲虫侵染的驯化马铃薯和六种具有抗性的野生马铃薯物种之间的 GA 图谱进行比较，发现抗性与侧链含有个四个糖分子的 GAs 之间存在相关性，番茄碱和脱氢克默森茄碱都含有四糖侧链（Tai et al.，2014）。

6.5.2 糖苷生物碱的生物合成

马铃薯中的糖苷生物碱是一种甾体生物碱，由杂环氮和一个糖苷配基（最常见的是三糖或四糖）相连的 C27 甾族化合物组成。GAs 的生物合成途径还没有完全被揭示，即使是马铃薯中的两种主要的类型的糖苷生物碱——茄碱和卡茄碱。使用标记前体的育种实验表明，GAs 通过胆固醇从甲羟戊酸途径中获得的（Heftmann，1983；Johnson et al.，1963；Petersson et al.，2013），整个块茎中含有，但主要在周皮中合成（Krits et al.，2007）。研究发现 GAs 中的氮来源于精氨酸（Kaneko et al.，1976）。关于胆固醇转化为各种 GAs 所涉及的基因和酶学还有很多待研究的问题，而各种糖基化步骤和几种糖基转移酶已被鉴定或克隆（McCue et al.，2007；Moehs et al.，1997；Stapleton et al.，1991；Zimowski，1991）。

识别这些 GAs 生物合成基因为利用转基因的方法来降低马铃薯 GAs 含量成为可能。马铃薯中过表达大豆固醇甲基转移酶使得 GAs 量的减少（Arnqvist et al.，2003），而在几种马铃薯甾体糖基转移酶的反义表达降低 GAs 含量的同时，也影响了其他途径的代谢物（McCue et al.，2007、2005；Shepherd et al.，2015b）。番茄和马铃薯之间的比较分析识别出 10 个参与 GAs 生物合成的基因，其中 6 个基因在 7 号染色体上团聚在一起（Itkin et al.，2013）。GAs 代谢过程中 4 个基因的沉默导致 GAs 减少了 74 倍。此外，沉默的 4 个基因的植株在光照下，GAs 含量并没有增加。

大多数通过沉默基因来降低 GAs 含量的工作都集中在胆固醇上游的生物合成基因上，根据 Sawai 等的观点，这可能导致不良中间产物的积累，他们主张通过阻止胆固醇的合成来降低 GAs 的含量。先前由于植物体内胆固醇的生物的途径尚不完全清楚，因此不可能阻断胆固醇生物合成。2014 年 Sawai 等发现固醇侧链还原酶 2（StSSR2，是胆固醇生物合成的关键酶）。转录激活物样效应核酸酶（TALEN）对 StSSR2 的破坏使 GAs 含量降低到野生型马铃薯块茎的 10%，而不降低块茎产量或对马铃薯无明显的不利的影响。

6.5.3 使马铃薯中糖苷生物碱含量增加的因素

长期以来，人们已经得知，一系列生物和非生物植物胁迫都会影响马铃薯的 GAs，包括海拔高度、土壤湿度、马铃薯发育状况、土壤类型、气候、机械损伤、贮藏温度、外界损伤和疾病（Maga，1980；Sinden et al.，1984）。光诱导的马铃薯皮的变绿可能是导致 GAs 增加是已知最主要的原因，消费者通常通过削皮或丢弃严重变绿的块茎来避免摄入 GAs。在零售层面，马铃薯皮的绿化被认为是一个严重的缺陷，一些市场对它的容忍度则更低。皮的变绿与 GAs 合成的相关度还不完全清楚，但一项研究发现，当暴露在光照下时，*Solanum microdontum* 的基因型既不会发生皮的变绿也不会积累 GAs（Bamberg et al.，2015）。红光诱导块茎中形成 GAs，并通过辅酶 A 还原酶促进 GAs 生物合成基因，包括羟甲基戊二酰的表达，并且一些证据表明这些基因在转录水平上存在反馈抑制（Cui et al.，2014）。与不施肥的作物相比，高施氮量的作物 GAs 增加了 76%（Rytel et al.，2013），而另一项研究发现，有机或传统管理之间没有一致性的差异（Skrabule et al.，2013）。早期的研究也产生了关于施肥对 GAs 影响的矛盾结果（Maga，1980）。同样，关于冷藏对马铃薯中 GAs 的影响，也有相互矛盾的报道，一些研究发现马铃薯在极低温度（0~5℃）下贮藏时，GAs 含量会增加，而其他研究则认为在一定温度和时间范围内冷藏，GAs 含量不会发生变化（Maga，1994）。

6.5.4 马铃薯中糖苷生物碱的种类

马铃薯中 GAs 通常属于两种结构类型中的一种，龙葵次碱烷或者螺旋甾碱烷（图 6.3）。龙葵次碱烷、茄碱和卡茄碱通常占驯化马铃薯总 GAs 的 90%以上，而卡茄碱通常比茄碱含量更丰富（Griffiths et al.，1997；Sotelo et al.，2000）。茄碱和卡茄碱是人们最熟悉的马铃薯中的两种糖苷生物碱。但据估计，马铃薯家族，包括野生品种，可能含有超过 90 种的糖苷生物碱（Friedman et al.，1997）。在分析不同马铃薯种质中的各种各样的小分子时，我们用液相色谱—质谱法观察到 GAs 是主要的种类较多的小分子。质谱法非常适用于 GAs 分析，比许多分析 GAs 的方法具有更高的选择性和灵敏度。在我们对 4 个野生马铃薯品种和 3 个栽培品种的块茎的研究中，初步鉴定了大约 100 种 GAs（Shakya et al.，2008）。这个数量的 GAs 是出乎意料的，特别是考虑到只分析了 7 个基因型，而且我们只使用块茎，它们的 GAs 浓度比叶、芽、花或叶低（译者注："叶" 可能为 "茎"，此处可能系原著错误）得多。因此，马铃薯的 GAs 多样性可能比以前想象的要复杂得多。这种遗传多样性可能为未来生产具有更优 GAs 遗传互补的品种提供机会。茄碱和卡茄碱在现代西方栽培品种中的常见可能是由于只有很小比例的可用马铃薯种质用于这些品种的育种，这反映了商业品种遗传多样性的瓶颈。

6.5.5 糖苷生物碱的毒性作用

食用高浓度 GAs 的马铃薯对人类的影响已经有了很多的记录（Friedman，2006）。症状包括抽筋、腹泻、呕吐、出汗、脉搏加快和昏迷。GAs 的生理效应主要是由其破坏细胞膜和抑制胆碱酯酶活性引起。对于需要摄入的 GAs 量的估计值各不相同，1~5mg/kg 是一个建

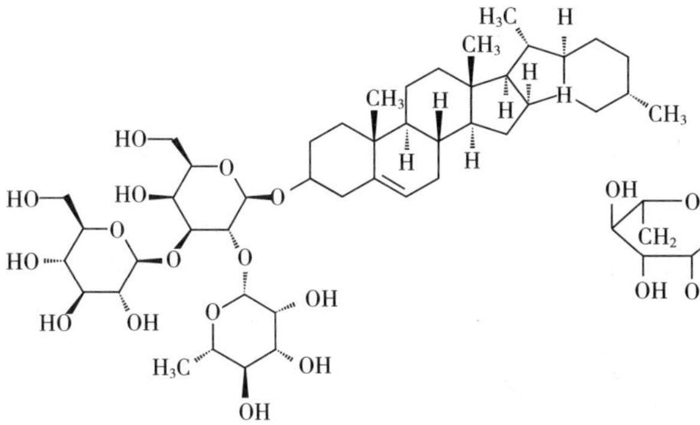

（1）茄碱

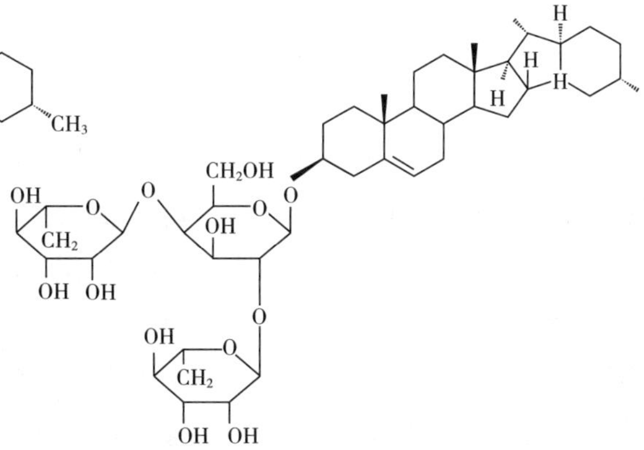

（2）卡茄碱

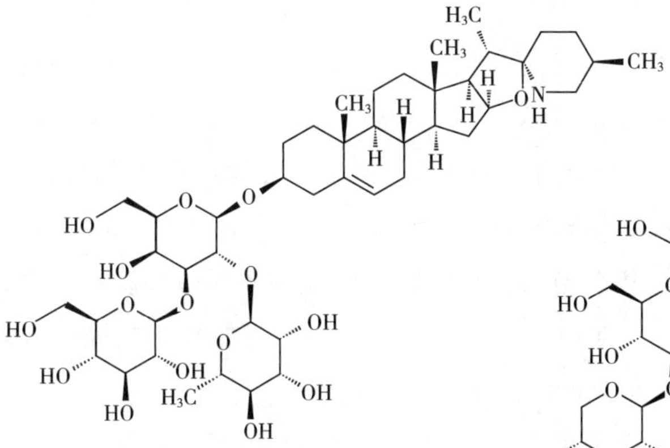

（3）澳洲茄碱

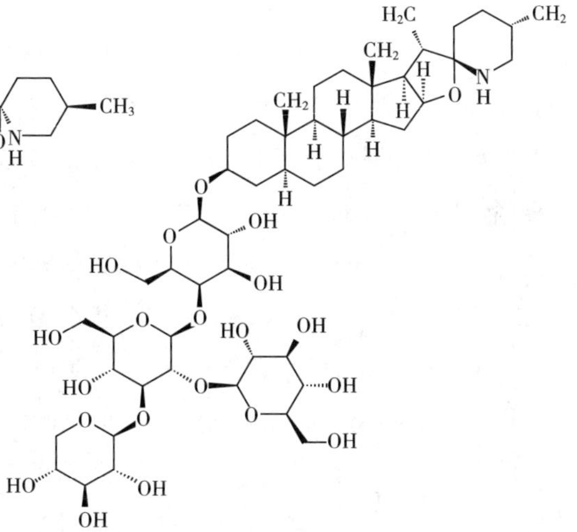

（4）番茄碱

图 6.3 马铃薯中的四种糖苷生物碱

议范围，这大致相当于马钱子碱（Mensinga et al.，2005；Morris et al.，1984）。低至 5~6mg/kg 体重的剂量可能是致命的（Morris et al.，1984）。卡茄碱比茄碱毒性更大，这两种 GAs 的毒性随着糖的逐渐流失而变得更小，其中糖苷配基的毒性最小（Friedman et al.，1997）。GAs 胆碱酯酶抑制活性的一个重要决定因素似乎是糖苷配基的 E 环和 F 环（Roddick et al.，2001）。总的来说，龙葵次碱烷比螺旋甾碱烷的毒性更大。Friedman 建议用毒性较低的番茄碱代替马铃薯中的茄啶和卡茄碱（Friedman，2002），番茄碱也有促进健康的作用。这一目标可以通过转基因方法或鉴定天然低茄啶/卡茄碱和高番茄碱的马铃薯基因型来实现。

6.5.6 糖苷生物碱的健康促进作用

几十年前有报道声称，GAs 对营养没有已知的积极影响，后来研究人员就报告了许多

GAs 对健康的促进作用。此外，在上述报道发表之前，至少有一项早期研究表明了苦茄碱对小鼠肉瘤肿瘤的抑制作用（Kupchan et al., 1965）。研究表明，GAs 对健康促进作用现在是如此之多远远超出了本书收集的内容。Friedman 认为，人类饮食中至少有六种主要 GAs 是从马铃薯、西红柿和茄子中摄入的，并认为在马铃薯中发现的浓度下，GAs 可能有助于预防多种癌症，但需要流行病学研究来加以验证（Friedman，2015）。

最近更多的研究有力地表明，一些 GAs 在体外和体内都具有抗癌特性。肺癌是导致癌症相关死亡的最常见病因，部分原因是肺癌在被诊断出癌症之前有转移的倾向。利用人肺癌细胞系，α-卡茄碱被证明可以减少癌细胞的转移，这可能成为新的化疗的方法（Shih et al., 2007）。另一项研究表明，在一些马铃薯中发现的一种 GAs，澳洲边茄碱增加了两种不同类型的人类肺癌细胞株对几种抗癌药物的敏感性（Liang et al., 2008）。

螺旋甾碱烷澳洲茄胺可以预防皮肤癌（Cham，1994）。在细胞培养试验中，包括番茄碱、茄碱和卡茄碱在内的 GAs 可以抑制人类结肠癌和肝癌细胞的生长（Friedman et al., 2005; Lee et al., 2004），其效果与抗癌药物阿霉素相似。在宫颈癌、淋巴瘤和胃癌细胞的检测中也发现 GAs 的抗癌作用，使用两种或两种以上的 GAs 进行治疗，表明两者具有协同作用和叠加效应（Friedman et al., 2005）。澳洲边茄碱增强了乳腺癌细胞对抗癌药物的敏感性，而各种茄碱对多种药物表现出耐药的癌细胞株表现出细胞毒性（Shiu et al., 2009; Zupko et al., 2014）。在人类白血病细胞和鳞状细胞癌中，微摩尔浓度的澳洲边茄碱可引发细胞凋亡，其他茄碱类也有疗效（Cui et al., 2012; Sun et al., 2011）。2015 年 Friedman 发现卡茄碱对胃癌、结肠癌、肝癌和宫颈癌和前列腺癌的细胞有功效。

一个用细胞培养试验无法回答的关键问题是饮食中的 GAs 是否也有类似的作用。马铃薯中的另一种主要 GA-茄碱对多种癌症都有疗效，包括胰腺癌、在体外人类胰腺癌细胞以及对小鼠的胰腺癌细胞的治疗中，它抑制了增殖、血管生成和转移（Lv et al., 2014）。外用制剂（即面霜）对小鼠和人类皮肤癌均有疗效，其中一项针对 86 名受试者的临床试验表明，少剂量的茄碱对皮肤癌具有 100%的疗效（Cham et al., 1991），作者建议进一步研究这些制剂是否可以治疗其他皮肤病（Tiossi et al., 2014）。一项对虹鳟鱼进行的喂食研究表明，食用番茄碱能够有效地抗癌，其中，食用番茄碱的虹鳟鱼的肿瘤发病率降低（Friedman et al., 2007），而在小鼠身上的实验表明，番茄碱抑制了前列腺癌细胞的生长（Lee et al., 2013）。番茄碱有可能作为一种化学增敏剂，通过抑制人类癌细胞的多药耐药性来提高癌症化疗的有效性（Lavie et al., 2001）。

除了潜在的抗癌功效外，GAs 还可以增强免疫反应。用茄碱治疗的小鼠的癌症得到了完全缓解，并且大多数小鼠对随后注射最终剂量的茄碱的癌细胞仍然具有抵抗力，这表明这些 GAs 可能会促进免疫系统的长期抗癌（Cham et al., 2012）。喂食 GAs 的小鼠对沙门氏菌的感染更具抵抗力（Gubarev et al., 1998），而且番茄碱可增强小鼠对疫苗的免疫反应（Rajananthanan et al., 1999）。据报道，GAs 可使几种类型的疱疹病毒失活（Chataing et al.,

1997)。一些 GAs 在体内表现出抗疟活性 (Chen et al., 2010), 对寄生在人类体内的寄生虫扁型虫是致命的 (Miranda et al., 2012)。

6.5.7 糖苷生物碱研究的未来需求

关于马铃薯中的 GAs 还有很多问题有待了解。其中一项需要更多的饮食研究, 从而更综合地确定 GAs 在多少阈值下会产生苦味。如果关于茄碱和卡茄碱的必要信息都是缺少的, 那么原始马铃薯品种中的存在的大量其他 GAs 的情况就更糟了, 因为几乎没有人知道它们对人类健康、植物抗病性或风味的影响。这些其他 GAs 即使在更高浓度下也可能容易被人类耐受, 同时也有利于植物对害虫和病原菌的抗性。除了茄碱和卡茄碱外, 马铃薯的各种 GAs 可能是一种宝贵的遗传资源, 由于缺乏知识而尚未被揭示。此外, 还需要更好地了解增加 GAs 含量的因素, 以便进行建模预测来降低 GAs 含量过高的马铃薯进入市场的可能性。究竟是某些基因型比其他基因型更容易诱导 GAs 生物合成, 还是某些基因型比其他基因型具有更稳定的 GAs 量, 目前还不清楚。对 GAs 中意外峰值的恐惧可能是促使品种选育时倾向低于 10mg/100g 的基因型的因素之一, 这样的低限可能会排除对健康没有危害的新品种, 并使具有理想性状的野生种质纳入到新的种植品系中更加困难。在开发出具有最佳 GAs 的马铃薯之前, 必须获得更多有关生物利用度、饮食相关性以及对健康的正面和负面影响的医学信息, 以及特定 GAs 对味觉和植物抗逆能力的影响的知识。如果饮食中需要一定量和类型的 GAs, 那么马铃薯、番茄和茄子可能在供应这些化合物方面发挥重要作用。

6.6 马铃薯中的矿物质

水果和蔬菜等主要的食物来源中含有多种矿物质元素。最佳矿物质摄入量对保持健康的重要性得到了广泛的认可 (Avioli, 1988)。马铃薯中的主要矿物质包括钾、磷、钙和镁。矿物质可分为营养必需的主要矿物质, 如钙 (Ca)、钾 (K)、镁 (Mg)、钠 (Na)、磷 (P)、钴 (Co)、锰 (Mn)、氮 (N) 和氯 (Cl), 以及营养必需的次要和微量矿物质, 如铁 (Fe)、铜 (Cu)、硒 (Se)、镍 (Ni)、铅 (Pb)、硫 (S)、硼 (B)、碘 (I)、硅 (Si) 和溴 (Br)。

饮食需要的马铃薯中的最重要的矿物质可能是钾, 其含量很高。美国农业部的数据库列出, 马铃薯提供了 18% RDA 的钾, 6% RDA 的铁、磷和镁以及 2% RDA 的钙和锌。在烹饪过程中避免矿物质的浸出, 将使从马铃薯摄取的矿物质质量最大化。大多数矿物质在带皮煮熟的马铃薯 (True et al., 1979) 和烤马铃薯中的保留率很高。不同基因型马铃薯的主要矿物质元素和微量矿物质元素含量存在显著差异 (Randhawa et al., 1984; True et al., 1978)。对 74 个安第斯地方品种的研究结果表明, 铁含量在 29.87~157.96μg/g DW, 锌含量为 12.6~28.83μg/g DW，而钙含量为 271.09~1092.93μg/g DW（Andre et al.，2007a）。在 9 种 Phureja 组基因组类型中，发现的矿物质元素含量的差异相对较小（Peña et al.，2015）。

除了基因型外，许多其他因素也会影响马铃薯的矿物质元素，如地理位置、发育阶段、土壤类型、土壤 pH、土壤有机质、施肥、灌溉和天气（Lombardo et al.，2013）。干旱胁迫导致 21 个安第斯品种的大多数矿物质，包括钾含量的增加（Lefèvre et al.，2012）。由于与环境的相互作用，生长在不同地点的同一基因型的马铃薯可能具有不同的矿物质浓度（Burgos et al.，2007）。种植差异可能与土壤矿物质含量、栽培方式和取样程序等差异有关（Delgado et al.，2001）。在生理成熟的块茎中，钾、磷、钙和镁的浓度随灌溉和施肥而产生变化（Ilin et al.，2000）。铁、钙和锌的总浓度随着施肥量的增加而增加，而磷和钼的含量则降低（Bibak et al.，1999；Frossard et al.，2000）。有机种植的马铃薯块茎中磷、镁和钠含量较高，而传统种植的马铃薯中锰含量较高（Hajšlová et al.，2005；Warman et al.，1998）。对地中海盆地种植的马铃薯进行的调查发现，有机种植的马铃薯中磷含量较高，而传统种植的马铃薯中钾、钙和铁含量较高（Lombardo et al.，2014）。马铃薯中硝酸盐/亚硝酸盐和钾的含量之间存在显著的正相关关系，但其与钙和镁没有相关性（Cieslik et al.，1998）。块茎芽和茎端、核心和维管束组织中的矿物质含量也有显著差异。在芽端比块茎的内层含有更高浓度的矿物质元素。铁的浓度是微量元素中最高的，在不同的组织中差异很大（Ereifej et al.，1998）。所调查的马铃薯中的矿物质含量范围十分广泛，因此可能不仅与基因型和环境因素有关，也与取样问题有一定关系。

6.6.1 钾

在饮食中增加钾和减少钠是许多营养学家的首要目标，他们认为这是促进心血管健康的一个特别重要的饮食需求。在这种情况下，马铃薯的低钠、高钾含量是值得关注的。马铃薯的钠钾比在被检测的蔬菜中是最低的（Pandino et al.，2011），这一点很重要。因为美国人的饮食指南建议减少钠的摄入量，然而许多高钾食物中的钠含量也很高。钾在酸碱调节和体液平衡中起着基本作用，是心脏、肾脏、肌肉、神经和消化系统的最佳功能所必需的。充足的钾摄入对健康的好处包括降低低钾血症、骨质疏松症、高血压、中风、炎症性肠病、肾结石和哮喘的风险。2008 年，Swarason 等曾假设摄入高钾低钠，以降低中风风险（Larsson et al.，2008；Swain et al.，2008）。然而，大多数 31~50 岁的美国女性摄入的钾量不超过推荐量的一半，而男性的摄入量仅略高（Campbell，2004）。2015 年，一个专家小组对 29 种饮食进行了评估，并将 DASH 饮食评为总体最佳。DASH（饮食控制高血压的方法）是由美国国立卫生研究院（National Institutes of Health）的研究人员根据美国农业部（USDA）的食物金字塔进行开发的。DASH 饮食允许食用马铃薯，并鼓励在减少钠的摄入量的同时，增加钾的摄入量。在发达国家，增加膳食钾的食物可能特别重要，其他矿物质缺乏并不常见，心血管疾病比铁不足对健康的威胁要大得多。

马铃薯符合美国食品与药物管理局（Food and Drug Administration，FDA）批准的健康声明，该声明称："饮食中含钾量高、钠含量低的食物可以降低患高血压和中风的风险。"在20种最常食用的蔬菜和水果中，马铃薯的含钾量最高（美国马铃薯委员会，DHHS FDA）。马铃薯中钾含量为3550~8234μg/g FW（Casanas et al.，2002；Rivero et al.，2003）。钾含量在整个生长季节都在增加（Lisinska et al.，1989）。根据2015年美国农业部公布的数据，平均1个156g的烤马铃薯含有610mg钾，这甚至比香蕉还要高，香蕉是营养师经常推荐给需要补充钾的人的食物来源。成年男性和女性每日钾的参考摄入量为3000~6000mg。美国国家科学院已将钾的日推荐摄入量提高到每天至少4700mg。在98种新鲜、冷冻和罐装蔬菜中，马铃薯和豆类是最便宜的钾来源（Drewnowski et al.，2013）。

6.6.2 磷

除了钾，磷是马铃薯块茎中的另一主要矿物质元素。它在人体中有许多作用，是健康细胞、牙齿和骨骼的关键角色。磷摄入量不足会导致血清磷酸盐水平出现异常低的情况，从而导致食欲减退、贫血、肌无力、骨痛、佝偻病、骨软化、感染易感性增加、四肢麻木和刺痛以及行走困难。马铃薯中的磷含量约为1300~6000μg/g DW（Lisinska et al.，1989；Randhawa et al.，1984；Sanchez-Castillo et al.，1998）。每人每日需要800~1000mg的磷。

6.6.3 钙

马铃薯块茎被认为是钙的重要来源，块茎中钙的含量差异很大。两项研究报告指出钙含量高达100μg/g DW和459μg/g FW（Lisinska et al.，1989；Randhawa et al.，1984）。在74个安第斯地方品种中，钙含量在271~1093μg/g DW（Andre et al.，2007a）。野生茄属植物块茎中积累钙的能力各不相同（Bamberg et al.，1998）。块茎中高含量的钙和病原体的抗性（McGuire et al.，1986）和非生物胁迫（Tawfik et al.，1996）有关。钙对骨骼和牙齿结构、血液凝固和神经传递很重要。钙摄入不足与骨骼畸形和血压异常有关。钙的RDA设定为减少骨质疏松的水平（Bachrach，2001；Bryant et al.，1999）。

6.6.4 镁和锰

马铃薯镁含量在142~359μg/g FW（Casanas et al.，2002；Rivero et al.，2003）。镁是肌肉、心脏和免疫系统正常功能所必需的。镁也有助于维持正常的血糖水平和血压。镁的RDA为400~600mg。马铃薯锰含量在0.73~3.62μg/g FW（Rivero et al.，2003）和9~13μg/g DW（Orphanos，1980）之间变化。锰作用于有关血糖、新陈代谢和甲状腺激素功能的酶反应中。在美国，每人每日锰的推荐摄入量为2~10mg。

6.6.5 铁

铁影响着全球 17 亿多人，被世界卫生组织称为世界上最普遍的健康问题。由于严重缺铁，每年有 6 万多妇女死于妊娠和分娩，近 5 亿育龄妇女贫血。膳食铁的需求取决于许多因素，例如年龄、性别和饮食成分。在美国，铁的每日推荐摄入量为 10~20mg。马铃薯是铁的重要的来源。马铃薯铁的生物利用度很高，因为它的植酸含量很低，不像植酸含量很高的谷类食品。对栽培品种的研究表明，100g 块茎中含有 0.3~2.3mg 的铁（True et al., 1978）。已调查的结果显示铁含量范围为 6~158μg/g DW（Andre et al., 2007a; Wills et al., 1984）。一些安第斯马铃薯的铁含量与某些谷物（大米、玉米和小麦）中的含量相当（Scurrah et al., 2006）。在对太平洋西北地区种植的马铃薯进行的一项研究中表明，铁含量具有广义遗传力，铁含量的范围为 17~62μg/g DW，这表明通过育种可以进一步提高马铃薯中的铁含量（Brown et al., 2010b; Paget et al., 2014）。

6.6.6 锌和铜

不同品种马铃薯中锌含量存在差异显著。马铃薯中锌含量在 1.8~10.2μg/g FW（Randhawa et al., 1984; Rivero et al., 2003; Andre et al., 2007a）。不同品种的黄色肉质的马铃薯中含锌量在 0.5~4.6μg/g FW（Dugo et al., 2004）。锌是人体免疫系统正常工作所必需的，它参与细胞分裂、细胞生长和伤口愈合，在美国，锌的 RDA 为 15~20mg。铜是合成血红蛋白、适当铁代谢和维持血管所必需的，在美国，铜的 RDA 为 1.5~3.0mg。马铃薯中的铜含量为 0.23~11.9mg/kg FW（Rivero et al., 2003; Randhawa et al., 1984）。在另一项研究中只发现了铜含量两倍的变化范围，这表明铜的广义遗传力，证实了铜的含量理论上可以通过育种来提高（Brown et al., 2010a）。和锌一样，黄色马铃薯中的铜含量也很高（Dugo et al., 2004）。

6.7 马铃薯中的苯丙素类

苯丙素类是植物次生代谢产物，在植物体内具有复杂的作用，包括促进生物和非生物胁迫耐受。苯丙素类是由数千种不同的化合物组成的一组不同的化合物，它们被认为在人类饮食中提供多种多样的促进健康的作用，包括对肠道微生物组群、寿命、智力、心血管疾病和眼睛健康的影响（Cardona et al., 2013; Manach et al., 2004; Parr et al., 2000; Scalbert et al., 2005）。酚类是饮食中最丰富的抗氧化剂。植物酚类化合物中可能含有大量潜在的促进健康的物质。例如，大众媒体上关于绿茶、咖啡或葡萄酒对健康有积极影响的许多报道都是由于酚类物质的含量。酚类物质在健康中的作用是一个活跃的医学研究领域，还有需要继续深入研究。

一篇来自科普杂志《科学美国人》的文章中有一段有争议的引文：“马铃薯主要是淀粉，并不能提供其他蔬菜能带来的健康益处”（Willett et al.，2003）。除了没有得到上述维生素和矿物质数据的支持外，这一观点也不符合许多植物分子生物学家的经验，因为马铃薯中多酚含量高，PCR 测试技术在马铃薯中遇到困难，这是一个众所周知的问题（Singh et al.，1998）。事实上，马铃薯是饮食中苯丙素类的重要来源。一项研究评估了 34 种水果和蔬菜对美国人饮食中酚类物质的贡献，得出结论认为马铃薯是仅次于苹果和橘子的第三大来源（Chun et al.，2005）。这项研究中使用的马铃薯是在超市购买的一种未指明的品种，几乎可以肯定的是，相对于高酚类物质含量的马铃薯，它仅含有少量酚类物质。

由于各种原因，确定特定的苯丙素类在人类健康中的作用是一项复杂的工作，因为苯丙素类种类繁多，并且有交叉作用的复杂基质，只有部分被摄取等。此外，最初摄入的化合物通常在体内代谢，产生的代谢物可能具有不同于最初化合物的促进健康的特性和功效（Hollman，2014）。在某些情况下，最终的代谢产物可能比最初的化合物重要。肠道微生物群对人体健康的影响是近年来健康研究中最受欢迎领域之一。然而，仍有许多事情有待于进一步了解，包括多酚类物质和微生物群之间复杂而不易理解的关系，它们之间可能的相互影响作用。个体肠道微生物群的特定组成可能会影响多酚的生物有效性，并将其代谢为具有实际促进健康效果和生物可利用性的产品，而不是原来的化合物。这又增加了一层复杂性，因为个体不一定拥有相同的微生物群，这意味着饮食中苯丙酸的功效可能因个体而异，部分取决于其特定的微生物群（Bolca et al.，2013；Cardona et al.，2013）。

马铃薯作为一种膳食中酚类物质的来源可能被低估了。我们将四个马铃薯栽培种中的总酚含量和抗氧化剂含量［通过氧自由基吸收能力（ORAC）］与超市购买的 15 种常见蔬菜进行了比较（Navarre et al.，2011）（图 6.4）。Russet Burbank 和 Norkotah Russet 是北美种植的两种最常见的白色肉质马铃薯，而 Magic Molly 是在阿拉斯加培育的紫色肉质马铃薯，而 Ama Rosa 和 CO97226 是红色肉质小马铃薯（baby potatoes）。Burbank 是北美种植最多的马铃薯，其含有抗氧化剂和酚类物质，可与其他一些蔬菜媲美，而 Norkotah 的白色肉质育种系含有大量酚类物质，其含量可与包括豌豆和胡萝卜在内的其他几种蔬菜相媲美甚至更优。特别的是，彩色肉质马铃薯中酚类物质的含量可以与其他蔬菜媲美或超过所有其他蔬菜。如果以 FW 计，彩色肉质马铃薯中多酚物质的含量要高于与之相比的蔬菜，包括菠菜和花椰菜。一种原始的 Phureja 马铃薯被发现含有非常高的酚类物质（大于 40mg/g DW）和较高的 ORAC 值（大于 1000）（Pillai et al.，2013），据我们所知，这是迄今为止所调查的马铃薯中最高的酚类物质的含量。这些数据并不是说马铃薯比其他蔬菜更好，而是为了反驳一些人的错误观念，即马铃薯只提供淀粉，几乎不含有其他物质。这些数据还表明，未来的育种可以培育出比目前最受欢迎的品种含有更多植物营养素的马铃薯，这已经使马铃薯成为美国膳食中酚类物质的第三大来源。

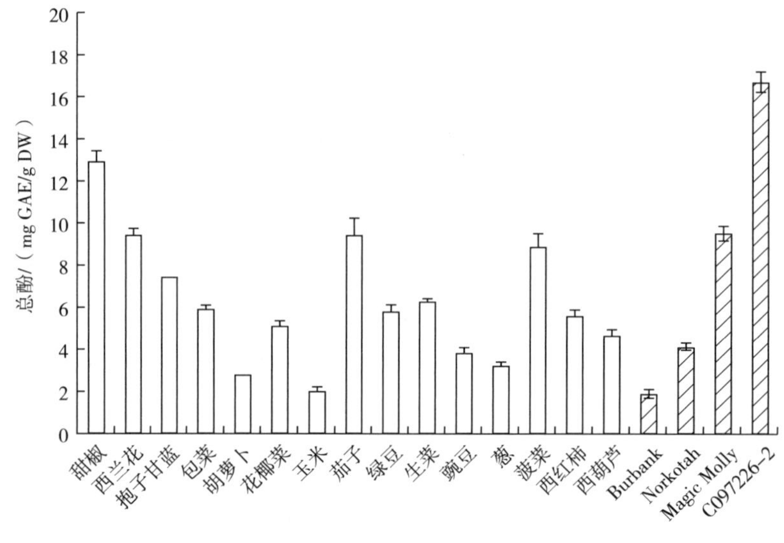

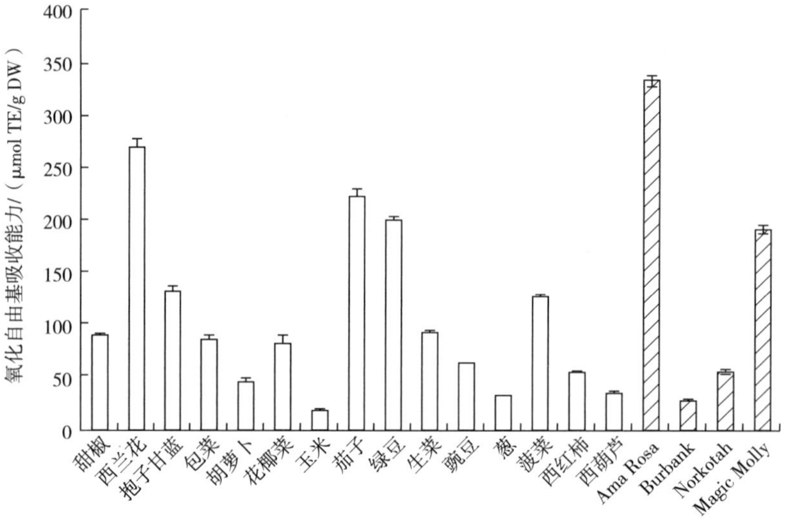

图 6.4　4 种马铃薯与 15 种蔬菜的总酚（上图）和抗氧化剂（下图）的比较

注：4 种马铃薯用斜纹条代表。总酚含量用 Folin-Ciocalteu 法测定，抗氧化剂用 ORAC 法测定。采用的马铃薯均是成熟的，除了 Ama Rosa 和 CO97226-2 这两个品种是种植 60~80d 后才收获到未发育成熟的小马铃薯。

一项对 74 个安第斯马铃薯地方品种的研究发现，其中最高总酚含量约为最低含量的 11 倍，酚类物质与总抗氧化能力之间具有高度相关性（Andre et al.，2007a）。我们筛选上千种马铃薯品种和野生马铃薯品种来检测块茎中的酚类物质，发现不同基因型马铃薯的酚类物质含量差异超过 15 倍。红色和紫色肉质马铃薯中酚类物质的含量最高，但不像白马铃薯或黄马铃薯那样被广泛食用。然而，除了花色苷以外，大多数酚类物质是无色的，因此栽培种多与白色肉质品种有关，白色肉质的马铃薯是许多国家首选类型。

许多马铃薯中的营养素在皮和果肉中积累的量不同。大多数酚类化合物在皮肤中含量较高，但也有大量的酚类化合物存在于果肉中。因为一个成熟马铃薯的大部分 FW 是由果肉贡献的。总体而言，以一个块茎大小计，果肉通常比果皮含有更多的酚类物质。在某些情况下，例如一个黄皮紫肉的马铃薯，其果肉中每单位重量的酚类物质浓度通常高于薯皮。众所周知，马铃薯皮营养丰富，意识到这一点的消费者可以选择带皮食用。由于马铃薯皮是酚类物质的丰富来源（Nara et al.，2006），薯条加工过程中产生的被视为废弃物的薯皮中的酚类物质可能作为“增值”产品非常有用。

6.7.1 绿原酸

块茎中最丰富的酚类物质是咖啡酰酯，其中以绿原酸（CGA）为主。CGA（图 6.5）可占块茎中总酚的 90%以上（Malmberg et al.，1985）。植物中 CGA 的合成被证明是通过羟基肉桂酰辅酶 A：奎宁酸羟基肉桂酰转移酶（HQT）为调控马铃薯 CGA 生物合成创造了新的机会（Niggeweg et al.，2004）。为了研究增加马铃薯块茎中多酚多样性的方法，并且因为块茎中 HQT 的表达与块茎中 CGA 的浓度不相关，通过沉默马铃薯中的 HQT 表达，以检测是否有一些 CGA 是由其他途径提供的。结果表明，通过其他途径进行的任何 CGA 的合成都是微乎其微的（Payyavula et al.，2015）。有趣的是，改变苯丙类代谢途径，使之不同于 CGA 的，其结果显示这样并没有导致苯丙素类的数量多样性显著增加，植物也没有通过增加其他苯丙素的量来完全补偿 CGA 的大量减少；相反，苯丙素的代谢以一种组织器官特异（organ-specific manner）的方式被下调。

由于 CGA 是马铃薯中含量最丰富的多酚，尤为令人感兴趣其对健康的促进作用。CGA 补充剂可在保健食品商店买到，通常从球蓟中提取。膳食中的 CGA 在人体内具有生物利用性，其生物活性可能受到肠道微生物组的调节（Farah et al.，2008；Monteiro et al.，2007；Tomas-Barberan et al.，2014）。CGA 可以有助于健康的肠道微生物群，在结肠的分批培养发酵模型中，发现 CGA（而不是咖啡因）能够促进可能有益于健康的双歧杆菌菌种（*Bifidobacterium*）的生长（Mills et al.，2015）。CGA 保护动物免受退化和与年龄有关的疾病影响，当添加到它们的饮食中时，可以降低一些癌症和心脏病的风险（Nogueira et al.，2007）。CGA 也被认为是抗高血压的（Onakpoya et al.，2015；Yamaguchi et al.，2007），并且可以对抗代谢综合征（Cheng et al.，2014）。一项小规模的人类饮食研究使用含有大量 CGA 的紫色马铃薯显著降低了受试者的血压，但这是否是由 CGA 引起的尚不清楚（Vinson et al.，2012）。

紫色马铃薯含有大量的花青素和 CGA，可以减少成年雄性的炎症和 DNA 损伤（Kaspar et al.，2011）。据报道，CGA 具有抗病毒和抗菌作用。CGA 也可能降低 2-型糖尿病的风险（Legrand and Scheen，2007），并被证明可以减缓葡萄糖释放到血液中（Bassoli et al.，2008；Tunnicliffe et al.，2011）。如果是这样的话，那么高 CGA 含量的马铃薯可能会引起较低的血糖指数值。来源于小鼠体内的 CGA 具有更好的葡萄糖耐受性、胰岛素敏感性、快速血糖升高水平和血脂模式，这显然是通过激活 AMPK 来实现的（Ong et al.，2013）。

6.7.2 黄酮醇、花青素和羟基肉桂酸酰胺

马铃薯含有黄酮醇，如芦丁（图 6.5），但由于块茎中黄酮醇的含量相当低，因此还没有被认为是膳食黄酮醇的重要来源。一组研究表明，鲜切块茎中黄酮醇含量达到 14mg/100g FW，并认为由于马铃薯的消费量大，它们可以作为黄酮醇的一种宝贵的膳食来源（Tudela et al.，2002a）。我们筛选了数千种马铃薯基因型，发现不同基因型间黄酮醇的含量变化超过 30 倍，同一基因型间甚至存在较大的差异（Navarre et al.，2011）。也许，在我们常规测定的所有化合物中，黄酮醇的变化最大。这种变异的可能的原因是块茎中黄酮醇的含量本来就非常低；有的甚至微量级，所以与含量较高（但仍然很低）的马铃薯相比，这就有很大的差异。有趣的是，虽然紫色和红色肉质马铃薯含有大量与果肉颜色相关的酚酸和花青素，但黄酮醇的浓度与果肉颜色无关。白色马铃薯可以有和彩色的马铃薯含一样高的苯丙素。另外，尽管块茎中黄酮醇的含量仅为微克/克（μg/g），但马铃薯花中黄酮醇的含量却高出 1000 倍，这表明尽管块茎中黄酮醇含量较低，马铃薯还是能够合成大量黄酮醇（Payyavula et al.，2015）。大量研究表明，槲皮素和相关黄酮醇具有多种促进健康的作用，包括可以降低患心脏病和某些呼吸道疾病的风险，如哮喘、支气管炎和肺气肿；以及降低某些癌症（如前列腺癌和肺癌）的患病风险（Kawabata et al.，2015）。

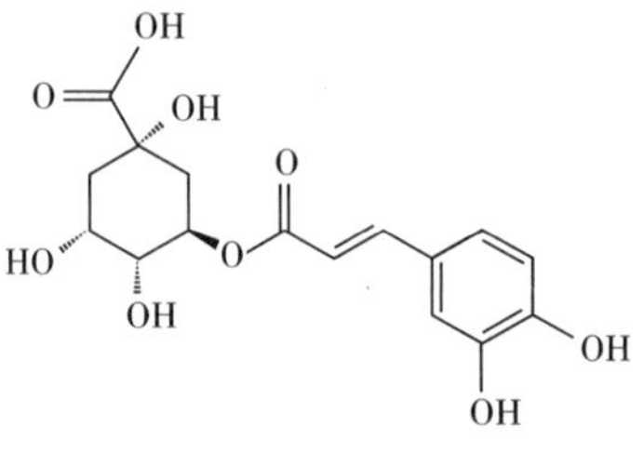

（1）绿原酸（CGA）

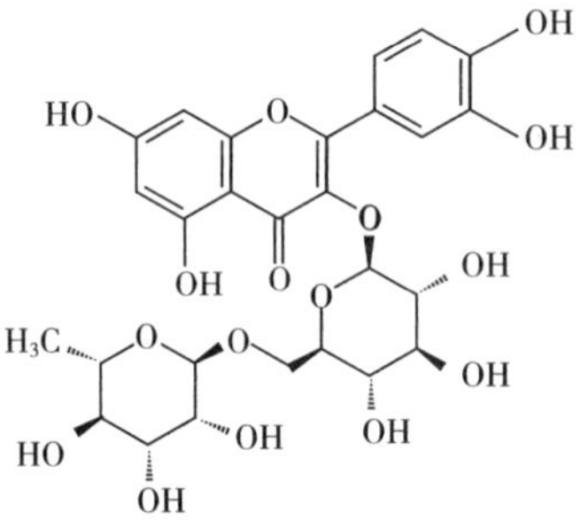

（2）芦丁

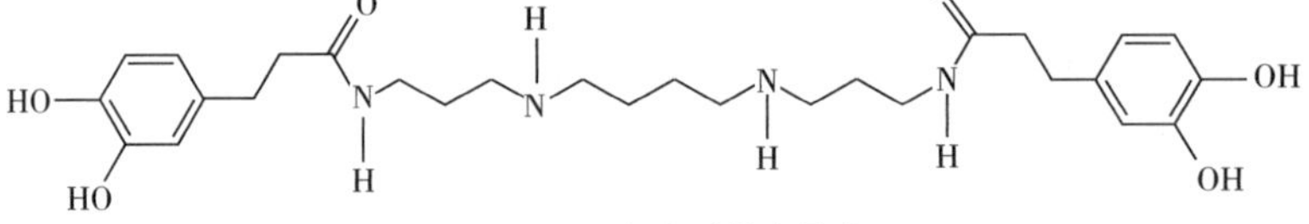

（3）地骨皮甲素

图 6.5　绿原酸（CGA）、芦丁和地骨皮甲素 A 的结构

马铃薯，特别是彩色肉质的马铃薯，含有大量的花色苷，这种化合物可以起到抗氧化剂的作用和一些其他促进健康的作用。马铃薯生产天竺葵素需要一个编码二氢黄酮醇 4-还

原酶的基因，其他相关的基因也已被识别（de Jong et al.，2003、2004）。马铃薯中富含花青素的部分具有抗癌特性（Reddivari et al.，2007）。1998 年 Lewis 筛选了 26 个彩色肉质品种的花色苷含量，发现在皮中高达 7mg/g FW，果肉中为 2mg/g FW。另一项研究评估了 31 种彩色的马铃薯的基因型，发现皮中花色苷含量为 0.5～3mg/g，果肉中的含量为 1mg/g（Jansen et al.，2006）。2005 年，Brown 评估了几种基因型的马铃薯中的花色苷，发现整个块茎含有高达 4mg/g FW 的花色苷，花色苷浓度与抗氧化价值相关（Brown et al.，2005）。

块茎含有多种羟基肉桂酸酰胺（hydroxycinnamate amides，HCAAs）。我们在一个块茎中观察到超过 30 个特定的 HCAAs。关于块茎中特定的多胺的作用的确凿证据仍然很少，但它们与淀粉生物合成（Tanemura et al.，2006）、花萼甘菊合成（Stenzel et al.，2006）、抗病性（Matsuda et al.，2005）、发芽（Kaur-Sawhney et al.，1982）、非生物胁迫抗性的调节以及马铃薯的成熟过程有关（Fellenberg et al.，2012；Gaquerel et al.，2014）。跟 CGA 一样含有咖啡酰部分，这可以解释为什么当 CGA 的合成被抑制的时候，HCAAs 的含量就会增加（Payyavula et al.，2015）。

一个英国研究小组在马铃薯中检测到了一种叫地骨皮甲素的化合物（Parr et al.，2005），这是一种羟基咖啡酰-多胺的共轭物（图 6.5），这种成分之前只在一种中药中被发现过，由于它们有降低血压的作用，所以一些研究者正在对其进行研究。还需要确定这些化合物在马铃薯中的含量是否足够多，以及其在马铃薯中的生物可利用性是否在人体内也能保持生物活性。

6.7.3 褐变

人们对富含多酚的马铃薯在加工时的担忧是它们是否会有不可接受的褐变程度，以及如以前的文献所描述的那样，烹调后变黑。多酚氧化酶是褐变的主要酶，具有多种底物，酪氨酸和 CGA 可能是其中主要的两个。最近的一项研究表明，无论是总酚酸、CGA 还是多酚氧化酶的含量都与鲜切马铃薯褐变量无关，而且这些都不限制褐变的发生（Cantos et al.，2002）。此外，使用 QTL 方法，另一组研究者发现褐变与 CGA 之间没有相关性（Werij et al.，2007）。关联遗传学采用候选基因方法鉴定了 21 个与褐变性状相关联的基因，其中最重要的可能是 polaxa 标记物，该标记物似乎是一个特定的多酚氧化酶（polyphenol oxidase，PPO）等位基因和Ⅲ类脂肪酶（Urbany et al.，2012、2011）。

马铃薯中 CGA 合成的减少显著降低了切片块茎暴露在空气中 12h 后的变色（Payyavula et al.，2015）。小马铃薯含有大量的 CGA，但似乎并不比成熟马铃薯更容易褐变。因此，包括维生素 C、有机酸和铁的含量的其他因素，都可能通过复杂的相互作用来调节褐变。马铃薯在 16℃下贮存 10d，随后切片并将切片在 2～3℃保存长达 12d 时，褐变程度明显降低（Wang et al.，2015）。马铃薯损伤后 PPO 活性和酚类物质含量均增加，尽管褐变程度有所降低，研究者认为 CGA 浓度的升高可能抑制了褐变。斑块病是一种新出现的马铃薯病害，它使马铃薯不适合用于加工，部分原因是切片使得褐变的速度大大加快。在感染斑块病的块茎中，酪氨酸、多酚氧化酶和 CGA 含量显著升高（Alvarado et al.，2012；Navarre et al.，2009）。马铃薯中的多酚氧化酶拥有一个大的基因家族，其中一些似乎比其他酶对褐变更为重要（Chi et al.，2014）。2015 年，美国农业部批准了一种由辛普劳公司进行基因工程生产的马铃薯，它通过运用限制性 RNA 抑制块茎中多酚氧化酶 5 的表达来减少块茎褐变（Waltz，2015）。多酚氧化酶表达减少的转基因马铃薯含有更高含量的各种苯丙素类化合物，包括 CGA（Llorente et al.，2014），而另一项用 PPO 抑制的转基因植物的研究显示，代谢组的差异相对较小，远小于受伤造成的差异（Shepherd et al.，2015a）。

6.8 马铃薯的发育对块茎植物营养素的影响

商业上对未成熟马铃薯（immature potatoes）有各种各样的名称，包括新马铃薯（new potatoes）、小马铃薯（baby potatoes）或美食土豆（gourmet potatoes）。小马铃薯在种植后 60~80d 收获，通常重 28~56g。这些类型的产品对马铃薯产业来说可能特别重要，因为它们对中产阶级消费者，而不是目前北美消费大量传统马铃薯产品的人口有潜在的吸引力。在发达国家，马铃薯消费量一直在下降，其中原因很复杂，包括生活方式的改变、可支配收入的增加导致饮食结构的改变、食物选择的增加、在家食用频率的减少以及对快速方便的饭菜的需求增加等。认为马铃薯不能提供太多营养的看法对一些消费者来说也是一种负面影响。小马铃薯对更富有的消费者可能更有吸引力，因为它们是一种更具异国情调的美食，并且在视觉上引人注目、烹调速度更快；而且，因为它们是带皮吃的，所以需要的准备烹饪的时间更少。一般来说，它们的价格很高，而且由于其独特的风味而受到购物者的重视。此外，小马铃薯含有比成熟时更多的植物营养素（Navarre et al.，2013；Payyavula et al.，2013），这一特性受到注重健康的消费者的重视，尽管它还没有被广泛认识到。总的来说，这些特性可以将马铃薯的吸引力扩展到新的群体中，并可能为该行业提供更多的可能。

马铃薯块茎的发育对各种植物营养素有显著影响，包括类胡萝卜素（Morris et al.，2004）、维生素 C（Blauer et al.，2013）、叶酸（Goyer and Navarre，2009）、蛋白质（Goyer et al.，2009）和苯丙酸（Hung et al.，1997；Navarre et al.，2013；Payyavula et al.，2013）。小马铃薯中的 GAs 含量也更高（Maga，1980）。在高苯丙素含量的紫色品种中，酚类物质在发育过程中从 14mg/g DW 下降到 10mg/g DW，类胡萝卜素下降 30%~70%，主要花色苷从 6.4mg/g 下降到 4mg/g。同样，植物营养素基因的表达随着成熟度的增加而降低，二氢黄酮醇还原酶-编码花色苷生物合成第一步的酶的表达量高达 70%（Payyavula et al.，2013）。在对数百个基因型进行筛选用于小马铃薯的生产过程中，我们观察到花色苷含量高达 15~19mg/g DW，ORAC 值超过 300μmol Trolox 当量/g DW，其值可与菠菜和甘蓝媲美。

如图 6. 4 所示，小马铃薯含有大量的酚类和抗氧化剂，与菠菜和花椰菜等其他蔬菜中这些物质的含量相当甚至可能会超过这些蔬菜中的含量。在一项人类饮食研究中，发现紫色小马铃薯可以降低血压（Vinson et al.，2012）。

未来市场对于小马铃薯的需求包括帮助消费者接受更多关于其营养价值的教育。这可以在不忽视成熟马铃薯的重要性的情况下实现，正如本章前面所述，成熟的马铃薯提供了许多好处。同样需要的是一贯有吸引力的包装和精心挑选的、优质的，且适用于加工的马铃薯品种。小马铃薯的生产需要选育品种和管理，以求块茎的最大化利用和小薯的大量生产，而不是大薯的小量生产。因此，其栽培管理不同于 Russet 品种常规技术要求，仍然需要研究栽培和管理方法，使每英亩产量增加几吨。

6. 9 类胡萝卜素

除上述亲水性化合物外，马铃薯还含有营养有益的亲脂化合物，如类胡萝卜素，这些化合物是由类异戊烯在质体中合成的（Dellapenna et al.，2006）。类胡萝卜素具有许多促进健康的特性，包括维生素 A 原活性和降低多种疾病的风险（Fraser et al.，2004；Gammone et al.，2015）。马铃薯块茎类胡萝卜素的构成因品种而异，但紫黄质和叶黄素通常是块茎类胡萝卜素含量最高的两种类型。它们可能对眼睛健康和降低老年性黄斑变性风险特别重要（Abdel-Aal，2013；Chucair et al.，2007；Tan et al.，2008）。研究发现一些马铃薯中的黄色/橙色果肉的颜色是由类胡萝卜素引起的。马铃薯中的橙色是由于玉米黄质（Brown et al.，1993），而叶黄素含量与黄色着色的强度密切相关。据报道，马铃薯种质中类胡萝卜素的含量变化范围超过 20 倍，但跟转录控制的变异的程度的结果并不一致（Morris et al.，2004；Payyavula et al.，2012；Zhou et al.，2011）。块茎类胡萝卜素的含量可能部分由生物合成基因的亚细胞器分隔区控制（Pasare et al.，2013）。对块茎类胡萝卜素含量的全基因组 QTL 分析确定了第 3 号染色体上的一个 QTL，该 QTL 导致了 71%的差异，可能是β-胡萝卜素羟化酶的等位基因，而在 9 号染色体上发现的第二个 QTL 导致 20%差异的基因，似乎不是生物合成基因（Campbell et al.，2014）。

白肉马铃薯通常比黄色或橙色的马铃薯含有的类胡萝卜素要少。单一等位基因 *Chy*2 可能调控果肉颜色的变化，使白色果肉变为黄色（Wolters et al.，2010）。一项研究发现白色品种的马铃薯中类胡萝卜素含量为 27～74μg/100g FW（Iwanzik et al.，1983）。通过 *Solanum stenotomum* 和 *Solanum phureja* 培育的二倍体马铃薯含有高达 2000μg/100g FW 的玉米黄质（Brown et al.，1993）。一项对 74 个安第斯地方品种的研究发现，类胡萝卜素的总含量在 3～36μg/g DW（Andre et al.，2007a）。对 24 个安第斯确认为同一基因型的栽培品种的叶黄素和玉米黄质都为 18μg/g DW、略高于β-胡萝卜素 2μg/g DW（Andre et al.，2007a）。在爱尔兰种植了两年的 60 个品种在皮和果肉中的类胡萝卜素总量分别为 28μg/g 和 9μg/g DW（Valcarcel et al.，2015）。贮藏过程会对类胡萝卜素成分产生显著影响，并使新鲜收获马铃薯中存在的类胡萝卜素的类型发生改变（Fernandez-Orozco et al.，2013）。

传统育种可以增加类胡萝卜素的含量，因为类胡萝卜素在马铃薯中具有良好的广义遗传力（Haynes et al.，2010）。许多研究者使用转基因的方法增加了马铃薯中的类胡萝卜素含量。在 Desiree 品种的块茎中过度表达的细菌番茄红素合成酶，使类胡萝卜素从 5.6μg/g DW 增加到 35μg/g DW，并改变了单个类胡萝卜素间的比例。β-胡萝卜素含量从微量增加到 11μg/g DW，叶黄素水平增加了 19 倍（Ducreux et al.，2005）。在马铃薯中，过度表达该基因的块茎或者将块茎进行 6 个月冷藏以后观察到类胡萝卜素增加了两倍，但在野生型或对照的植株/空载体转化植株（empty-vector-transformed plants）中没有观察到这种趋势（Lopez et al.，2008）。

Desiree 品种中的 3 种细菌基因的过度表达使总类胡萝卜素增加了 20 倍，达到 114μg/g DW，使β-胡萝卜素增加了 3600 倍，达到 47μg/g DW（Diretto et al.，2007）。据估计，一份 250g 的这种马铃薯可提供 50% RDA 的维生素 A。将含有更高玉米黄质水平的转基因马铃薯喂给人类受试者，发现玉米黄质具有更好的生物可利用性（Bub et al.，2008）。当使用体外消化模型进行监测时，与玉米和红辣椒相比，黄色肉质马铃薯的类胡萝卜素具有很高的生物可利用性，根据安第斯山脉马铃薯的平均摄入量，这些马铃薯可提供 150%的玉米黄质推荐含量（Burgos et al.，2013）。

6.10 烹调对马铃薯植物营养素含量的影响

大多数关于马铃薯植物营养素的研究都是测量生块茎中的含量，而从饮食角度来看，烹调后的含量才是重要的。烹饪对马铃薯中植物营养素和其他蔬菜的影响的结果文献报道差别很大的原因尚不清楚。据报道，叶酸在烹调后出现减少、增加并保持不变的不一致的结果（Konings et al.，2001），而在煮胡萝卜和马铃薯中，CGA 会被破坏（Dao et al.，1992；Miglio et al.，2008），但是根据其他报道，煮马铃薯中的 CGA 含量更高，煮熟的球蓟中 CGA 的含量几乎是生洋蓟的两倍（Ferracane et al.，2008；Navarre et al.，2010）。维生素 C 在油炸胡萝卜中被破坏，但在同一实验中，油炸西葫芦中只减少了 14%（Miglio et al.，2008）。根据推理，许多人认为烹饪会由于热降解而减少食物中的植物营养素。然而研究结果清楚地表明，有些食物可以经过适当烹调而不降低植物营养成分。事实上，一些植物营养素如叶酸的测定，需要煮沸。同样，也可以采取措施尽量减少浸出，如将马铃薯带皮煮或用微波炉加热而不是蒸煮。这一点很重要，因为它们表明，许多植物营养素不被烹饪破坏。例如，研究表明，与生马铃薯相比，烹饪过的马铃薯不会导致可提取植物营养素的变化或增加；相反，烹饪不仅不会降低植物营养素的含量，反而使其更易提取（Blessington et al., 2010；Mulinacci et al., 2008；Navarre et al., 2010）。3种不同品种的马铃薯经过烘烤、煮熟、微波炉加热、蒸制或炒制，其中包括维生素C、芦丁和CGA在内的植物营养素都没有减少，而且烹调后所有这些化合物的可提取性都有增加的趋势。其他一些报道称，通过所有烹饪方法，马铃薯中酚类物质的损失约为50%，但煮沸比微波炉或烘烤使其减少的要少（Perla et al., 2012）。在不同的品种中也观察到类似的结果，煮沸相对于烘烤或微波炉加热时，CGA和维生素C的损失较少（Lachman et al., 2013）。令人惊讶的是，烹饪使可提取花色苷含量增加了15倍（Lachman et al., 2013）；而2012年，Perla等报道了相反的结果。经过所有烹饪方法，紫色马铃薯中的总酚含量降低了，但花色苷含量增加了，并且总体抗氧化活性没有下降（Lemos et al., 2015）。花色苷对热的稳定性不同，一些花色苷可能比其他花色苷在遇热时更稳定（Kim et al., 2012）。

同样，根据不同的报道，烹饪后马铃薯中Gas出现没有变化到大幅度减少的结果（Mulinacci et al., 2008；Ponnampalam et al., 1983）。据报道，油炸薯片或薯条中的GAs减少了80%~90%（Tajner-Czopek et al., 2012）。在典型的家庭烹饪条件下烹饪时，GAs含量没有变化，直到烹饪温度超过210℃时，GA才开始分解（Takagi et al., 1990）。根据研究发现，茄碱在228~286℃分解（Porter, 1972）。

类胡萝卜素也受到烹饪的影响。据报道，煮沸后，紫黄质和环氧玉米黄质减少，但叶黄素和玉米黄质则没有减少（Burgos et al., 2012）。煮沸时也增加了块茎中类胡萝卜素异构化的量（Burmeister et al., 2011）。

6.11 马铃薯在全球粮食安全中发挥的作用

尽管几个世纪前欧洲新种植的马铃薯极大地改善了粮食安全，但随着联合国预测到2025年世界人口将达到81亿，马铃薯可能会在未来几年重新扮演这一角色。随着发展中国家中产阶级的发展和对肉类和奶制品消费量的增加，发展中国家的人口增长和饮食偏好的变化表明，到2050年，全球作物产量可能需要增加一倍（Ray et al., 2013）。在许多发达国家，马铃薯是食用最多的蔬菜。此外，在发展中国家，马铃薯的消费量正在迅速增长，2005年发展中国家马铃薯的生产首次超过发达国家。图6.6显示了1961—2011年五大洲马铃薯产量的趋势。显而易见的是欧洲的人均产量的下降，亚洲和非洲的产量的猛增，而北美的产量则相对稳定。图6.6也显示的是人均可占用的马铃薯数量，基本上反映了一个国家人均可分配的马铃薯数量（而不是人均实际消费量），也反映了该作物在每个国家对粮食安全的贡献程度。虽然中国现在的马铃薯产量比欧洲多，但与欧洲相比，中国的人均马铃薯产量却少得多。图6.7使用了FAOSTAT（联合国粮农组织统计数据库）的数据，显示了 1963—2013 年 8 个国家每年马铃薯生产的吨数，中国、印度、伊朗、尼日利亚和南非的马铃薯产量在这段时间内大幅增加，而波兰和德国的马铃薯产量则在下降。这些数据表明，马铃薯正在成为全球主要作物，有助于保证粮食缺乏地区的更高的粮食安全。

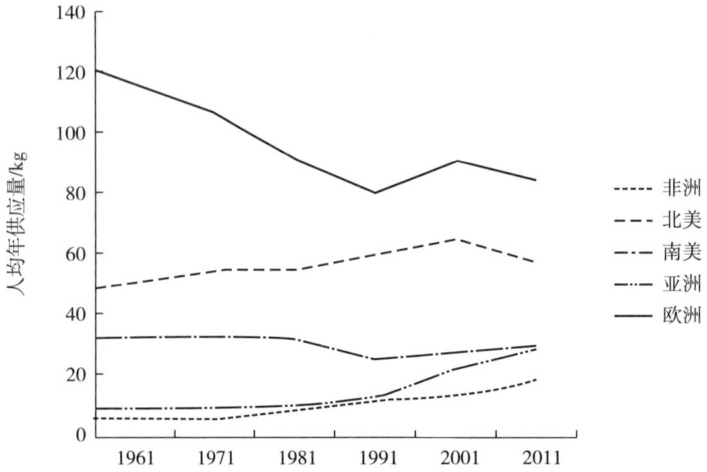

（1）人均供应量

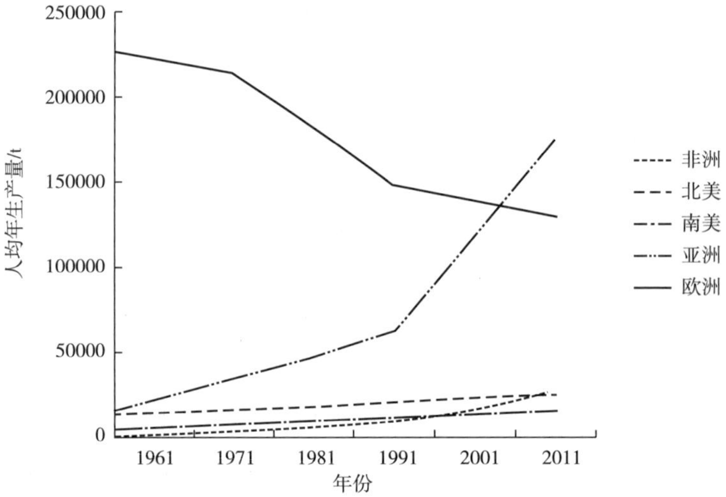

（2）产量

图 6. 6　五大洲马铃薯人均供应量及产量（1961—2011 年）

在粮食安全方面，值得一提的是，马铃薯每英亩产出的热量比任何其他主要作物都要多，这一点在全球人口不断增加、城市发展、新兴中产阶级对低热量的食品的消费增加、气候变化的不确定影响，以及生物燃料作物对农田的侵占不断加剧的情况下显得更加重要。

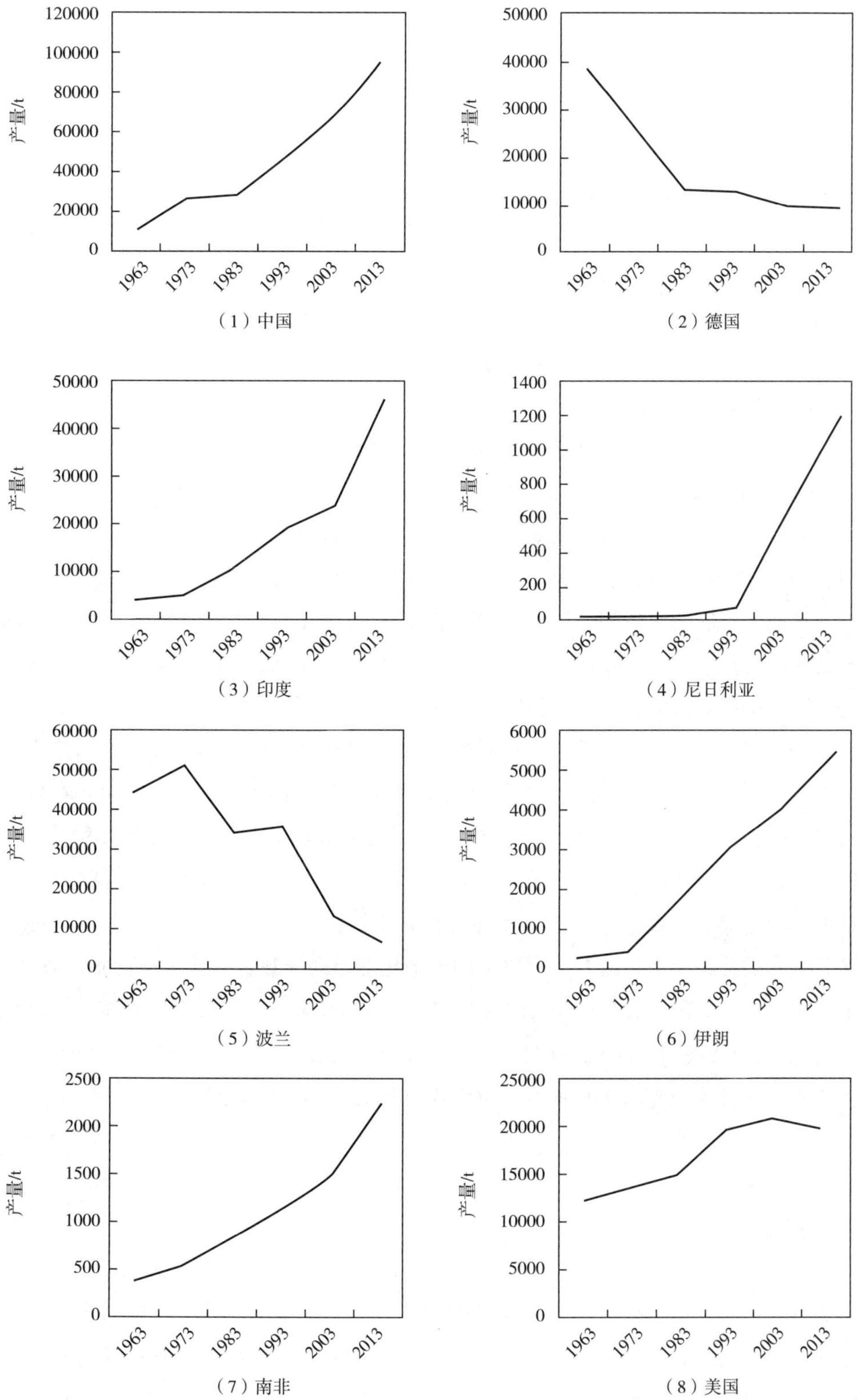

图6.7　8个国家的马铃薯产量（1963—2013年）

食品安全可以被定义为“所有人在任何时候都能获得足够、安全和有营养的食物，以满足他们活力健康生活的饮食需求。”这一定义也具体说明了“营养食品”的含义，马铃薯就是其中的一种。如本章所述，马铃薯是膳食维生素、矿物质和植物营养素的宝贵来源。此外，马铃薯与其他主食中维生素与膳食的相关性和对膳食的影响比其他食用量少的食物要多。通常认为，每英亩的马铃薯产生 920 万 kcal 的热量，但这个数字并不能反映太平洋西北部的产量。华盛顿平均 30 短吨/英亩，50 短吨/英亩（1 短吨 = 0. 907t）的 Russet 马铃薯并不少见。根据美国农业部的数据库显示，烤马铃薯的热量为每 100g 97kcal，相当于每磅 440kcal。以华盛顿州的马铃薯产量为对照，马铃薯每英亩可产能为 2600 万 ~ 4400 万 kcal，而玉米、大米、小麦和大豆分别为 750 万、740 万、300 万 kcal 和 280 万 kcal（Ensminger et al. , 1993）。根据 30 ~ 50t/英亩的产量计算，Norkotah Russet 品种每英亩可提供 150000 ~ 249000g 钾、6700 ~ 11000g 维生素 C 和 19000 ~ 38000g 酚类化合物。根据 1993 年 Ensminger 和 Ensminger 在《食品与营养百科全书》中所述，马铃薯每英亩可提供 338 磅蛋白质，而玉米、大米、小麦和大豆则分别每英亩产出 409 磅、304 磅、216 磅和 570 磅的蛋白质。以含有 2%蛋白质的马铃薯计算，华盛顿州的马铃薯每英亩可提供 1200 ~ 2000 磅的蛋白质。许多地方可能无法达到美国西北部种植 Russet 马铃薯的产量，但这些数据显示，可以通过更好的管理来提高产量的潜力。这些数据表明，马铃薯为饮食提供的不仅仅是碳水化合物，还强调了马铃薯对全球营养所起的作用。

一项研究进一步强调了马铃薯在提供粮食安全方面的重要性，该研究得出结论，在所研究的 98 种蔬菜产品中，每美元成本的马铃薯和豆类提供的营养最多（Drewnowski et al. , 2013）。奇怪的是，美国的一些营养和健康科学家主张用去皮大麦、小麦浆果和干小麦等作物代替马铃薯，因为他们认为马铃薯是导致肥胖的主要因素。不幸的是，这些主张用其他作物代替马铃薯的有关人员对一些潜在的问题并未给出数据支撑，比如，消费者是否能够负担得起更多的食物支出，或者是有更多的土地生产出同样数量、能量和营养价值食物来。

影响马铃薯在提供粮食安全方面的作用的其他因素是，它们比谷类作物更节约用水，其产量为 6. 2 ~ 11. 6kg/m^3 的水，并且可以产生 150g 蛋白质/m^3 水，相较于谷物的只有 50%可以被食用，马铃薯中高达 85%的部分可食用（Birch et al. , 2012）。

6. 12 结论

人类饮食中有关马铃薯的故事还在不断演变，从几千年前起源于安第斯山脉，到几百年前传播到西方后成为了一种主食，并使一种新的产生巨大的社会影响的粮食安全措施成为可能。近几十年来，非洲和亚洲的马铃薯产量迅速增长，而西方的马铃薯产量却在下降。目前，中国是世界上最大的马铃薯生产国，并将马铃薯作为其前瞻性粮食安全战略的关键。

如本章所述，马铃薯含有复杂的化学成分，其中包括大量的矿物质、维生素和植物营养素，而且每磅只产生 440kcal 的热量。这就强调了区分马铃薯本身的营养成分和马铃薯中的高热量的重要性。此外，那些主张在饮食中用其他食物取代马铃薯的人可能没有考虑到提供全球粮食安全所需的农业经济学问题。虽然马铃薯已经成为重要的营养来源，但是提高作物栽培管理技术，结合传统育种和采用新技术，如 TALEN 和 CRISPR 的分子育种，有可能进一步提高马铃薯中的植物营养素含量。

参考文献

Abdel-Aal E. -S, Akhtar H, Zaheer K, Ali R. Dietary sources of lutein and zeaxanthin carotenoids and their role in eye health. *Nutrients*. 2013;5:1169.

Abdou E, Hazell A. S. Thiamine deficiency: an update of pathophysiologic mechanisms and future therapeutic considerations. *Neurochemical Research*. 2015;40:353-361.

Abuajah C. I, Ogbonna A. C, Osuji C. M. Functional components and medicinal properties of food: a review. *Journal of Food Science and Technology*. 2015;52:2522-2529.

Alfthan G, Laurinen M. S, Valsta L. M, Pastinen T, Aro A. Folate intake, plasma folate and homocysteine status in a random Finnish population. *European Journal of Clinical Nutrition*. 2003;57:81-88.

Altesor P, García Á, Font E, Rodríguez-Haralambides A, Vilaró F, Oesterheld M, Soler R, González A. Glycoalkaloids of wild and cultivated solanum: effects on specialist and generalist insect herbivores. *Journal of Chemical Ecology*. 2014;40:599-608.

Alvarado V. Y, Odokonyero D, Duncan O, Mirkov T. E, Scholthof H. B. Molecular and physiological properties associated with zebra complex disease in potatoes and its relation with *Candidatus Liberibacter* contents in psyllid vectors. *PLoS One*. 2012;7:e37345.

Andre C. M, Ghislain M, Bertin P, Oufir M, Herrera Mdel R, Hoffmann L, Hausman J. F, Larondelle Y, Evers D. Andean potato cultivars (*Solanum tuberosum* L.) as a source of antioxidant and mineral micronutrients. *Journal of Agricultural and Food Chemistry*. 2007;55:366-378.

Andre C. M, Oufir M, Guignard C, Hoffmann L, Hausman J. F, Evers D, Larondelle Y. Antioxidant profiling of native Andean potato tubers (*Solanum tuberosum* L.) reveals cultivars with high levels of beta-carotene, alpha-tocopherol, chlorogenic acid, and petanin. *Journal of Agricultural and Food Chemistry*. 2007;55:10839-10849.

Arnqvist L, Dutta P. C, Jonsson L, Sitbon F. Reduction of cholesterol and glycoalkaloid levels in transgenic potato plants by overexpression of a type 1 sterol methyltransferase cDNA. *Plant Physiology*. 2003;131:1792-1799.

Arribas-Lorenzo G, Morales F. J. Effect of pyridoxamine on acrylamide formation in a glucose/asparagine model system. *Journal of Agricultural and Food Chemistry*. 2009;57:901-909.

Avioli L. V. Calcium and phosphorus. In: Shils M. E, Young E, eds. *Modern Nutrition in Health and Disease*. seventh ed. Philadelphia: Lea & Febiger; 1988:142-158.

Bachrach L. K. Acquisition of optimal bone mass in childhood and adolescence. *Trends in Endocrinology and Metabolism*. 2001;12:22-28.

Bamberg J. B, Navarre D. A, Moehninsi, Suriano J. Variation for tuber greening in the diploid wild potato *Solanum microdontum*. *American Journal of Potato Research*. 2015;92(3):435-443.

Bamberg J. B, Palta J. P, Peterson L. A, Martin M, Krueger A. R. Fine screening potato (*Solanum*) species germplasm for tuber calcium. *American Journal of Potato Research*. 1998;75:181-186.

Bassoli B. K, Cassolla P, Borba-Murad G. R, Constantin J, Salgueiro-Pagadigorria C. L, Bazotte R. B, da Silva R. S, de Souza H. M. Chlorogenic acid reduces the plasma glucose peak in the oral glucose tolerance test: effects on hepatic glucose release and glycaemia. *Cell Biochemistry and Function*. 2008;26:320-328.

Bender D. A. Optimum nutrition: thiamin, biotin and pantothenate. *Proceedings of the Nutrition Society*. 1999;58:427-433.

Bibak A, Sturup S, Haahr V, Gundersen P, Gundersen V. Concentrations of 50 major and trace elements in Danish agricultural crops measured by inductively coupled plasma mass spectrometry. 3. Potato (*Solanum tuberosum* folva). *Journal of Agricultural and Food Chemistry*. 1999;47:2678-2684.

Birch P. J, Bryan G, Fenton B, Gilroy E, Hein I, Jones J, Prashar A, Taylor M, Torrance L, Toth I. Crops that feed the world 8: potato: are the trends of increased global production sustainable? *Food Security*. 2012;4:477-508.

Blancquaert D, Storozhenko S, Loizeau K, De Steur H, De Brouwer V, Viaene J, Ravanel S, Rebeille F, Lambert W, Van Der Straeten D. Folates and folic acid: from fundamental research toward sustainable health. *Critical Reviews in Plant Sciences*. 2010;29:14-35.

Blauer J. N, Kumar M. G. N, Knowles L. O, Dingra A, Knowles N. R. Changes in ascorbate and associated gene expression during development and storage of potato tubers. *Postharvest Biology and Technology*. 2013;78:76-91.

Blessington T, Nzaramba M. N, Scheuring D. C, Hale A. L, Redivari L, Miller Jr. J. C. Cooking methods and storage treatments of potato: effects on carotenoids, antioxidant activity, and phenolics. *American Journal of Potato Research*. 2010;87:479-491.

Bolca S, Van de Wiele T, Possemiers S. Gut metabotypes govern health effects of dietary polyphenols. *Current Opinion in Biotechnology*. 2013;24:220-225.

Bond J. *Potato Utilization and Markets*. CABI; 2014.

Brevik A, Vollset S. E, Tell G. S, Refsum H, Ueland P. M, Loeken E. B, Drevon C. A, Andersen L. F. Plasma concentration of folate as a biomarker for the intake of fruit and vegetables: the Hordaland Homocysteine Study. *American Journal of Clinical Nutrition*. 2005;81:434-439.

Brown C. R, Culley D, Yang C. P, Durst R, Wrolstad R. Variation of anthocyanin and carotenoid contents and associated antioxidant values in potato breeding lines. *Journal of the American Society for Horticultural Science*. 2005;130:174-180.

Brown C. R, Edwards C. G, Yang C. P, Dean B. B. Orange flesh trait in potato: inheritance and carotenoid content. *Journal of the American Society for Horticultural Science*. 1993;118:145-150.

Brown C. R, Haynes K. G, Moore M, Pavek M. J, Hane D. C, Love S. L, Novy R. G, Miller Jr. J. C. Stability and broad-sense heritability of mineral content in potato: copper and sulfur. *American Journal of Potato Research*. 2010;91:618-624.

Brown C. R, Haynes K. G, Moore M, Pavek M. J, Hane D. C, Love S. L, Novy R. G, Miller Jr. J. C. Stability and broad-sense heritability of mineral content in potato: iron. *American Journal of Potato Research*. 2010;87:390-396.

Brussaard J. H, Lowik M. R, van den Berg H, Brants H. A, Goldbohm R. A. Folate intake and status among adults in the Netherlands. *European Journal of Clinical Nutrition*. 1997;51(Suppl. 3):S46-S50.

Bryant R. J, Cadogan J, Weaver C. M. The new dietary reference intakes for calcium: implications for osteoporosis. *Journal of the American College of Nutrition*. 1999;18:406S-412S.

Bub A. M. D, Möseneder J, Wenzel G, Rechkemmer G, Briviba K. Zeaxanthin is bioavailable from genetically modified zeaxanthin-rich potatoes. *European Journal of Nutrition*. 2008;47:99-103.

Burgos G, Amoros W, Morote M, Stangoulis J, Bonierbale M. Iron and zinc concentration of native Andean potato cultivars from a human nutrition perspective. *Journal of the Science of Food and Agriculture*. 2007; 87:668-675.

Burgos G, Amoros W, Salas E, Munoa L, Sosa P, Diaz C, Bonierbale M. Carotenoid concentrations of native Andean potatoes as affected by cooking. *Food Chemistry*. 2012;133:1131-1137.

Burgos G, Muñoa L, Sosa P, Bonierbale M, zum Felde T, Díaz C. In vitro bioaccessibility of lutein and zeaxanthin of yellow fleshed boiled potatoes. *Plant Foods for Human Nutrition*. 2013;68:385-390.

Burmeister A, Bondiek S, ApelL, Kuhne C, Hillebrand S, Fleischmann P. Comparison of carotenoid and anthocyanin profiles of raw and boiled *Solanum tuberosum* and *Solanum phureja* tubers. *Journal of Food Composition Analysis*. 2011;24:865-872.

Campbell R, Pont S. D, Morris J. A, McKenzie G, Sharma S. K, Hedley P. E, Ramsay G, Bryan G. J, Taylor M. A. Genome-wide QTL and bulked transcriptomic analysis reveals new candidate genes for the control of tuber carotenoid content in potato (*Solanum tuberosum* L.). *Theoretical and Applied Genetics*. 2014; 127: 1917-1933.

Campbell S. Dietary reference intakes: water, potassium, sodium, chloride, and sulfate. *Clinical Nutrition Insight*. 2004;30.

Cantos E, Tudela J. A, Gil M. I, Espin J. C. Phenolic compounds and related enzymes are not rate-limiting in browning development of fresh-cut potatoes. *Journal of Agricultural and Food Chemistry*. 2002;50:3015-3023.

Cardona F, Andrés-Lacueva C, Tulipani S, Tinahones F. J, Queipo-Ortuño M. I. Benefits of polyphenols on gut microbiota and implications in human health. *The Journal of Nutritional Biochemistry*. 2013; 24: 1415-1422.

Casanas R, Gonzalez M, Rodriguez E, Marrero A, Diaz C. Chemometric studies of chemical compounds in five cultivars of potatoes from Tenerife. *Journal of Agricultural and Food Chemistry*. 2002;50:2076-2082.

Cham B. E. Solasodine glycosides as anti-cancer agents: pre-clinical and clinical studies. *South Asia Pacific Journal of Pharmacology*. 1994;9:113-118.

Cham B. E, Chase T. R. Solasodine rhamnosyl glycosides cause apoptosis in cancer cells. Do they also prime the immune system resulting in long-term protection against cancer? *Planta Medica*. 2012;78:349-353.

Cham B. E, Daunter B, Evans R. A. Topical treatment of malignant and premalignant skin lesions by very low concentrations of a standard mixture (BEC) of solasodine glycosides. *Cancer Letters*. 1991;59:183-192.

Chataing B, Concepcion J. L, de Cristancho N. B, Usubillaga A. Estudio clinico de la efectividad de extractos alcaloides obtenidos de los frutos del *Solanum americanum* Miller sobre el Herpes simplex, Herpes Zoster y Herpes genitalis. *Revista de la Facultad de Farmacia*. 1997;32:18-25.

Chen H, Xiong L. Pyridoxine is required for post-embryonic root development and tolerance to osmotic and oxidative stresses. *Plant Journal*. 2005;44:396-408.

Chen X, Song B, Liu J, Yang J, He T, Lin Y, Zhang H, Xie C. Modulation of gene expression in cold-induced sweetening resistant potato species *Solanum berthaultii* exposed to low temperature. *Molecular Genetics and Genomics*. 2012;287:411-421.

Chen Y, Li S, Sun F, Han H, Zhang X, Fan Y, Tai G, Zhou Y. In vivo antimalarial activities of glycoalkaloids isolated from Solanaceae plants. *Pharmaceutical Biology*. 2010;48:1018-1024.

Cheng D. M, Pogrebnyak N, Kuhn P, Poulev A, Waterman C, Rojas-Silva P, Johnson W. D, Raskin I. Polyphenol-rich Rutgers Scarlet Lettuce improves glucose metabolism and liver lipid accumulation in diet-induced obese C57BL/6 mice. *Nutrition*. 2014;30:S52-S58.

Chi M, Bhagwat B, Lane W, Tang G, Su Y, Sun R, Oomah B, Wiersma P, Xiang Y. Reduced polyphenol oxidase gene expression and enzymatic browning in potato (*Solanum tuberosum* L.) with artificial microR-

NAs. *BMC Plant Biology*. 2014;14:62.

Chucair A. J, Rotstein N. P, Sangiovanni J. P, During A, Chew E. Y, Politi L. E. Lutein and zeaxanthin protect photoreceptors from apoptosis induced by oxidative stress: relation with docosahexaenoic acid. *Investigative Ophthalmology and Visual Science*. 2007;48:5168-5177.

Chun O. K, Kim D. O, Smith N, Schroeder D, Han J. T, Lee C. Y. Daily consumption of phenolics and total antioxidant capacity from fruit and vegetables in the American diet. *Journal of the Science of Food and Agriculture*. 2005;85:1715-1724.

Cieslik E, Sikora E. Correlation between the levels of nitrates and nitrites and the contents of potassium, calcium and magnesium in potato tubers. *Food Chemistry*. 1998;63:525-528.

Cui C. Z, Wen X. S, Cui M, Gao J, Sun B, Lou H. X. Synthesis of solasodine glycoside derivatives and evaluation of their cytotoxic effects on human cancer cells. *Drug Discovery Therapy*. 2012;6:9-17.

Cui T, Bai J, Zhang J, Zhang J, Wang D. Transcriptional expression of seven key genes involved in steroidal glycoalkaloid biosynthesis in potato microtubers. *New Zealand Journal of Crop and Horticultural Science*. 2014;42:118-126.

Dale M. F. B, Griffiths D. W, Todd D. T. Effects of genotype, environment, and postharvest storage on the total ascorbate content of potato (*Solanum tuberosum*) tubers. *Journal of Agricultural and Food Chemistry*. 2003;51:244-248.

Dao L, Friedman M. Chlorogenic acid content of fresh and processed potatoes determined by ultraviolet spectrophotometry. *Journal of Agricultural and Food Chemistry*. 1992;40:2152-2156.

De Jong W. S, De Jong D. M, De Jong H, Kalazich J, Bodis M. An allele of dihydroflavonol 4-reductase associated with the ability to produce red anthocyanin pigments in potato (*Solanum tuberosum* L.). *Theoretical and Applied Genetics*. 2003;107:1375-1383.

De Jong W. S, Eannetta N. T, De Jong D. M, Bodis M. Candidate gene analysis of anthocyanin pigmentation loci in the Solanaceae. *Theoretical and Applied Genetics*. 2004;108:423-432.

Delchier N, Ringling C, Maingonnat J. F, Rychlik M, Renard C. M. G. C. Mechanisms of folate losses during processing: diffusion vs. heat degradation. *Food Chemistry*. 2014;157:439-447.

Delgado E, Pawelzik E, Poberezny J, Rogozinska I. Effect of location and variety on the content of minerals in German and Polish potato cultivars. In: Horst W. J, Schenk M. K, Bürkert A, Claassen N, Flessa H, Frommer W. B, Goldbach H, Olfs H. W, Römheld V, *Nutrition*. vol. 92. Netherlands: Springer; 2001: 346-347.

Dellapenna D, Pogson B. Vitamin synthesis in plants: tocopherols and carotenoids. *Annual Review of Plant Biology*. 2006;57:711-738.

Deng X. W, Gruissem W. Constitutive transcription and regulation of gene expression in non-photosynthetic plastids of higher plants. *EMBO Journal*. 1988;7:3301-3308.

Denslow S. A, Rueschhoff E. E, Daub M. E. Regulation of the *Arabidopsis thaliana* vitamin B_6 biosynthesis genes by abiotic stress. *Plant Physiology and Biochemistry*. 2007;45:152-161.

Denslow S. A, Walls A. A, Daub M. E. Regulation of biosynthetic genes and antioxidant properties of vitamin B_6 vitamers during plant defense responses. *Physiological and Molecular Plant Pathology*. 2005; 66: 244-255.

Depeint F, Bruce W. R, Shangari N, Mehta R, O'Brien P. J. Mitochondrial function and toxicity: role of B vitamins on the one-carbon transfer pathways. *Chemico-Biological Interactions*. 2006;163:113-132.

Diretto G, Al-Babili S, Tavazza R, Papacchioli V, Beyer P, Giuliano G. Metabolic engineering of potato carotenoid content through tuber-specific overexpression of a bacterial mini-pathway. *PLoS One*. 2007;2:e350.

Douce R, Neuburger M. Biochemical dissection of photorespiration. *Current Opinion in Plant Biology*. 1999;2:214-222.

Drewnowski A, Rehm C. D. Vegetable cost metrics show that potatoes and beans provide most nutrients per penny. *PLoS One*. 2013;8:e63277.

Ducreux L. J. M, Morris W. L, Hedley P. E, Shepherd T, Davies H. V, Millam S, Taylor M. A. Metabolic engineering of high carotenoid potato tubers containing enhanced levels of beta-carotene and lutein. *Journal of Experimental Botany*. 2005;56:81-89.

Dugo G, La Pera L, Lo Turco V, Giuffrida D, Restuccia S. Determination of copper, zinc, selenium, lead and cadmium in potatoes (*Solanum tuberosum* L.) using potentiometric stripping methods. *Food Additives & Contaminants*. 2004;21:649-657.

Ek K. L, Wang S, Copeland L, Brand-Miller J. C. Discovery of a low-glycaemic index potato and relationship with starch digestion in vitro. *British Journal of Nutrition*. 2014;111:699-705.

Ensminger M. E, Ensminger A. H. In: *Food & Nutrition Encylopedia*. vol. 1. CRC Press; 1993.

Ereifej K, Shibli R, Ajlouni M, Hussein A. Mineral contents of whole tubers and selected tissues of ten potato cultivars grown in Jordan. *Journal of Food Science and Technology*. 1998;35:55-58.

Ewing E. E, Struik P. C. Tuber formation in potato: induction, initiation, and growth. *Horticultural Reviews*. 1992;14:89-198.

FAOSTAT, 2015. http://faostat. fao. org/site/567/DesktopDefault. aspx?PageID=567#ancor (accessed June, 2015).

Farah A, Monteiro M, Donangelo C. M, Lafay S. Chlorogenic acids from green coffee extract are highly bioavailable in humans. *Journal of Nutrition*. 2008;138:2309-2315.

Fellenberg C, Ziegler J, Handrick V, Vogt T. Polyamine homeostasis in wild type and phenolamide deficient *Arabidopsis thaliana* stamens. *Frontiers in Plant Science*. 2012;3:180.

Fernandez-Orozco R. B, Gallardo-Guerrero L, Hornero-Mendez D. Carotenoid profiling in tubers of different potato (*Solanum* sp) cultivars: accumulation of carotenoids mediated by xanthophyll esterification. *Food Chemistry*. 2013;141:2864-2872.

Fernie A. R, Willmitzer L. Molecular and biochemical triggers of potato tuber development. *Plant Physiology*. 2001;127:1459-1465.

Ferracane R, Pellegrini N, Visconti A, Graziani G, Chiavaro E, Miglio C, Fogliano V. Effects of different cooking methods on antioxidant profile, antioxidant capacity, and physical characteristics of artichoke. *Journal of Agricultural and Food Chemistry*. 2008;56:8601-8608.

Fraser P. D, Bramley P. M. The biosynthesis and nutritional uses of carotenoids. *Progress in Lipid Research*. 2004;43:228-265.

Friedman M. Tomato glycoalkaloids: role in the plant and in the diet. *Journal of Agricultural and Food Chemistry*. 2002;50:5751-5780.

Friedman M. Potato glycoalkaloids and metabolites: roles in the plant and in the diet. *Journal of Agricultural and Food Chemistry*. 2006;54:8655-8681.

Friedman M. Chemistry and anticarcinogenic mechanisms of glycoalkaloids produced by eggplants, potatoes, and tomatoes. *Journal of Agricultural and Food Chemistry*. 2015;63:3323-3337.

Friedman M, Lee K. R, Kim H. J, Lee I. S, Kozukue N. Anticarcinogenic effects of glycoalkaloids from potatoes against human cervical, liver, lymphoma, and stomach cancer cells. *Journal of Agricultural and Food Chemistry*. 2005;53:6162-6169.

Friedman M, McDonald G. M. Potato glycoalkaloids: chemistry, analysis, safety, and plant physiology. *Critical Reviews in Plant Sciences*. 1997;16:55-132.

Friedman M, McQuistan T, Hendricks J. D, Pereira C, Bailey G. S. Protective effect of dietary tomatine against dibenzo[a,l]pyrene (DBP)-induced liver and stomach tumors in rainbow trout. *Molecular Nutrition & Food Research*. 2007;51:1485-1491.

Frossard E, Bucher M, Mächler F, Mozafar A, Hurrell R. Potential for increasing the content and bioavailability of Fe, Zn and Ca in plants for human nutrition. *Journal of the Science of Food and Agriculture*. 2000;80:861-879.

Fu L. S, Doreswamy V, Prakash R. The biochemical pathways of central nervous system neural degeneration in niacin deficiency. *Neural Regeneration Research*. 2014;9:1509-1513.

Fuentes-Zaragoza E, Riquelme-Navarrete M. J, Sánchez-Zapata E, Pérez-Álvarez J. A. Resistant starch as functional ingredient: a review. *Food Research International*. 2010;43:931-942.

Gammone M. A, Riccioni G, D'Orazio N. Carotenoids: potential allies of cardiovascular health? *Food & Nutrition Research*. 2015;59.

Gaquerel E, Gulati J, Baldwin I. T. Revealing insect herbivory-induced phenolamide metabolism: from single genes to metabolic network plasticity analysis. *Plant Journal*. 2014;79:679-692.

Gehring W. Nicotinic acid/niacinamide and the skin. *Journal of Cosmetic Dermatology*. 2004;3:88-93.

Gibson S, Kurilich A. C. The nutritonal value of potatoes and potato products in the UK diet. *Nutrition Bulletin*. 2012;38:389-399.

Goyer A, Navarre D. A. Determination of folate concentrations in diverse potato germplasm using a trienzyme extraction and a microbiological assay. *Journal of Agricultural and Food Chemistry*. 2007; 55: 3523-3528.

Goyer A, Navarre D. A. Folate is higher in developmentally younger potato tubers. *Journal of the Science of Food and Agriculture*. 2009;89:579-583.

Goyer A, Sweek K. Genetic diversity of thiamin and folate in primitive cultivated and wild potato (*Solanum*) species. *Journal of Agricultural and Food Chemistry*. 2011;59:13072-13080.

Griffiths D. W, Bain H, Dale M. F. B. The effect of low-temperature storage on the glycoalkaloid content of potato (*Solanum tuberosum*) tubers. *Journal of the Science of Food and Agriculture*. 1997;74:301-307.

Gubarev M. I, Enioutina E. Y, Taylor J. L, Visic D. M, Daynes R. A. Plant derived glycoalkaloids protect mice against lethal infection with *Salmonella typhimurium*. *Phytotherapy Research*. 1998;12:79-88.

Gwirtz J. A, Garcia-Casal M. N. Processing maize flour and corn meal food products. *Technical Considerations for Maize Flour and Corn Meal Fortification in Public Health*. 2014;1312:66-75.

Hairong W. Rediscovering the value of the potato. In: *Beijing Review*. vol. 7. 2015:1-2.

Hajšlová J, Schulzova V, Slanina P, Janne K, Hellenäs K, Andersson C. Quality of organically and conventionally grown potatoes: four-year study of micronutrients, metals, secondary metabolites, enzymic browning and organoleptic properties. *Food Additives and Contaminants*. 2005;22:514-534.

Hanson A. D, Gregory J. F. Folate biosynthesis, turnover, and transport in plants. *Annual Review of Plant Biology*. 2011;62:105-125.

Havaux M, Ksas B, Szewczyk A, Rumeau D, Franck F, Caffarri S, Triantaphylides C. Vitamin B6 deficient plants display increased sensitivity to high light and photo-oxidative stress. *BMC Plant Biology*. 2009;9: 130.

Hawkes J. G. *The Potato: Evolution, Biodiversity, and Genetic Resources*. Oxford: Belhaven Press; 1990.

Haynes K. G, Clevidence B. A, Rao D, Vinyard B. T, White J. M. Genotype × environment interactions for potato tuber carotenoid content. *Journal of the American Society for Horticultural Science*. 2010; 135: 250-258.

Heftmann E. Biogenesis of steroids in Solanaceae. *Phytochemistry*. 1983;22:1843-1860.

Hellmann H, Mooney S. Vitamin B_6: a molecule for human health? *Molecules*. 2010;15:442-459.

Herrero S, Amnuaykanjanasin A, Daub M. E. Identification of genes differentially expressed in the phytopathogenic fungus *Cercospora nicotianae* between cercosporin toxin-resistant and -susceptible strains. *FEMS Microbiology Letters*. 2007;275:326-337.

Hollman P. C. H. Unravelling of the health effects of polyphenols is a complex puzzle complicated by metabolism. *Archives of Biochemistry and Biophysics*. 2014;559:100-105.

Hopkins J. The glycoalkaloids: naturally of interest (but a hot potato?). *Food and Chemical Toxicology*. 1995;33:323-328.

Hung C. -Y, Murray J. R, Ohmann S. M, Tong C. B. S. Anthocyanin accumulation during potato tuber development. *Journal of the American Society for Horticultural Science*. 1997;122:20-23.

Ilin Z, Durovka M, Markovic V. Effect of irrigation and mineral nutrition on the quality of potato. In: *II Balkan Symposium on Vegetables and Potatoes*. 2000:625-629.

Itkin M, Heinig U, Tzfadia O, Bhide A. J, Shinde B, Cardenas P. D, Bocobza S. E, Unger T, Malitsky S, Finkers R, Tikunov Y, Bov of antinutritional alkaloids in solanaceous crops is mediated by clustered genes. *Science*. 2013;341:175-179.

Iwanzik W, Tevini M, Stute R, Hilbert R. Carotinoidgehalt und -zusammensetzung verschiedener deutscher Kartoffelsorten und deren Bedeutung fur die Fleischfarbe der Knolle. *Potato Research*. 1983;26:149-162.

Jansen G, Flamme W. Coloured potatoes (*Solanum tuberosum* L.) -anthocyanin content and tuber quality. *Genetic Resources and Crop Evolution*. 2006;53:1321-1331.

Janskey S. H. Potato flavor. In: Hui Y. H, ed. *Handbook of Fruit and Vegetable Flavors*. John Wiley & Sons; 2010.

Johnson D. F, Bennett R. D, Heftmann E. Cholesterol in higher plants. *Science*. 1963;140:198-199.

Juguan J. A, Lukito W, Schultink W. Thiamine deficiency is prevalent in a selected group of urban Indonesian elderly people. *Journal of Nutrition*. 1999;129:366-371.

Kalbina I, Strid A. Supplementary ultraviolet-B irradiation reveals differences in stress responses between *Arabidopsis thaliana* ecotypes. *Plant Cell Environment*. 2006;29:754-763.

Kandutsch A. A, Baumann C. A. Factors affecting the stability of thiamine in a typical laboratory diet. *Journal of Nutrition*. 1953;49:209-219.

Kaneko K, Tanaka M. W, Mitsuhashi H. Origin of nitrogen in the biosynthesis of solanidine by *Veratrum grandiflorum*. *Phytochemistry*. 1976;15:1391-1393.

Kaspar K. L, Park J. S, Brown C. R, Mathison B. D, Navarre D. A, Chew B. P. Pigmented potato consumption alters oxidative stress and inflammatory damage in men. *Journal of Nutrition*. 2011;141:108-111.

Katan M. B, De Roos N. M. Promises and problems of functional foods. *Critical Reviews in Food Science and Nutrition*. 2004;44:369-377.

Kaur-Sawhney R, Shih L. M, Galston A. W. Relation of polyamine biosynthesis to the initiation of sprouting in potato tubers. *Plant Physiology*. 1982;69:411-415.

Kawabata K, Mukai R, Ishisaka A. Quercetin and related polyphenols: new insights and implications for their bioactivity and bioavailability. *Food & Function*. 2015;6:1399-1417.

Keijbets M. J. H, Ebbenhorst-Seller G. Loss of vitamin C (L-ascorbic acid) during long-term cold storage of Dutch table potatoes. *Potato Research*. 1990;33:125-130.

Kim H. W, Kim J. B, Cho S. M, Chung M. N, Lee Y. M, Chu S. M, Che J. H, Kim S. N, Kim S. Y, Cho Y. S, Kim J. H, Park H. J, Lee D changes in the Korean purple-fleshed sweet potato, Shinzami, as affected by steaming and baking. *Food Chemistry*. 2012;130:966-972.

Kohn H. I. The concentration of coenzyme-like substance in blood following the administration of nicotinic acid to normal individuals and pellagrins. *Biochemical Journal*. 1938;32:2075-2083.

Kondo Y, Higashi C, Iwama M, Ishihara K, Handa S, Mugita H, Maruyama N, Koga H, Ishigami A. Bioavailability of vitamin C from mashed potatoes and potato chips after oral administration in healthy Japanese men. *British Journal of Nutrition*. 2012;107:885-892.

Kondo Y, Sakuma R, Ichisawa M, Ishihara K, Kubo M, Handa S, Mugita H, Maruyama N, Koga H,

Ishigami A. Potato chip intake increases ascorbic acid levels and decreases reactive oxygen species in SMP30/GNL knockout mouse tissues. *Journal of Agricultural and Food Chemistry*. 2014;62:9286-9295.

Konings E. J, Roomans H. H, Dorant E, Goldbohm R. A, Saris W. H, van den Brandt P. A. Folate intake of the Dutch population according to newly established liquid chromatography data for foods. *American Journal of Clinical Nutrition*. 2001;73:765-776.

Kossmann J, Lloyd J. Understanding and influencing starch biochemistry. *Critical Reviews in Biochemistry and Molecular Biology*. 2000;35:141-196.

Krits P, Fogelman E, Ginzberg I. Potato steroidal glycoalkaloid levels and the expression of key isoprenoid metabolic genes. *Planta*. 2007;227:143-150.

Kuiper-Goodman T, Nawrot P. S. *JECFA Review*. 1992 (accessed 16. 06. 15.).

Külen O, Stushnoff C, Holm D. G. Effect of cold storage on total phenolics content, antioxidant activity and vitamin C level of selected potato clones. *Journal of the Science of Food and Agriculture*. 2012; 93: 2437-2444.

Kupchan S. M, Barboutis S. J, Knox J. R, Cam C. A. Beta-solamarine: tumor inhibitor isolated from *Solanum dulcamara*. *Science*. 1965;150:1827-1828.

Lachman J, Hamouz K, Musilova J, Hejtmankova K, Kotikova Z, Pazderu K, Domkarova J, Pivec V, Cimr J. Effect of peeling and three cooking methods on the content of selected phytochemicals in potato tubers with various colour of flesh. *Food Chemistry*. 2013;138:1189-1197.

Laing W. A, Wright M. A, Cooney J, Bulley S. M. The missing step of the L-galactose pathway of ascorbate biosynthesis in plants, an L-galactose guanyltransferase, increases leaf ascorbate content. *Proceedings of the National Academy of Sciences of the United States of America*. 2007;104(22):9534-9539.

Larsson S. C, Virtanen M. J, Mars M, Männistö S, Pietinen P, Albanes D, Virtamo J. Magnesium, calcium, potassium, and sodium intakes and risk of stroke in male smokers. *Archives of Internal Medicine*. 2008; 168:459-465.

Lavie Y, Harel-Orbital T, Gaffield W, Liscovitch M. Inhibitory effect of steroidal alkaloids on drug transport and multidrug resistance in human cancer cells. *Anticancer Research*. 2001;21:1189-1194.

Lee K. R, Kozukue N, Han J. S, Park J. H, Chang E. Y, Baek E. J, Chang J. S, Friedman M. Glycoalkaloids and metabolites inhibit the growth of human colon (HT29) and liver (HepG2) cancer cells. *Journal of Agricultural and Food Chemistry*. 2004;52:2832-2839.

Lee S. T, Wong P. F, He H, Hooper J. D, Mustafa M. R. Alpha-tomatine attenuation of in vivo growth of subcutaneous and orthotopic xenograft tumors of human prostate carcinoma PC-3 cells is accompanied by inactivation of nuclear factor-kappa B signaling. *PLoS One*. 2013;8:e57708.

Lefèvre I, Ziebel J, Guignard C, Hausman J. F, Gutiérrez Rosales R. O, Bonierbale M, Hoffmann L, Schafleitner R, Evers D. Drought impacts mineral contents in Andean potato cultivars. *Journal of Agronomy and Crop Science*. 2012;198:196-206.

Legrand D, Scheen A. J. Does coffee protect against type 2 diabetes? *Revue Medicale de Liege*. 2007;62: 554-559.

Lemos M. A, Aliyu M. M, Hungerford G. Influence of cooking on the levels of bioactive compounds in Purple Majesty potato observed via chemical and spectroscopic means. *Food Chemistry*. 2015;173:462-467.

Lewis C. E, Walker J. R. L, Lancaster J. E, Sutton K. H. Determination of anthocyanins, flavonoids and phenolic acids in potatoes. I. Coloured cultivars of *Solanum tuberosum* L.. *Journal of the Science of Food and Agriculture*. 1998;77:45-57.

Li G. M, Presnell S. R, Gu L. Folate deficiency, mismatch repair-dependent apoptosis, and human disease. *Journal of Nutritional Biochemistry*. 2003;14:568-575.

Liang C. H, Shiu L. Y, Chang L. C, Sheu H. M, Tsai E. M, Kuo K. W. Solamargine enhances HER2 expression and increases the susceptibility of human lung cancer H661 and H69 cells to trastuzumab and epirubicin. *Chemical Research in Toxicology*. 2008;21:393-399.

Lisinska G, Leszczynski W. *Potato Science and Technology*. Springer; 1989.

Llorente B, López M, Carrari F, Asís R, DiPaola Naranjo R, Flawiá M, Alonso G, Bravo-Almonacid F. Downregulation of polyphenol oxidase in potato tubers redirects phenylpropanoid metabolism enhancing chlorogenate content and late blight resistance. *Molecular Breeding*. 2014;34:2049-2063.

Lojzova L, Riddellova K, Hajslova J, Zrostlikova J, Schurek J, Cajka T. Alternative GC-MS approaches in the analysis of substituted pyrazines and other volatile aromatic compounds formed during Maillard reaction in potato chips. *Analytica Chimica Acta*. 2009;641:101-109.

Lombardo S, Pandino G, Mauromicale G. The influence of growing environment on the antioxidant and mineral content of "early" crop potato. *Journal of Food Composition and Analysis*. 2013;32:28-35.

Lombardo S, Pandino G, Mauromicale G. The mineral profile in organically and conventionally grown "early" crop potato tubers. *Scientia Horticulturae*. 2014;167:169-173.

Lopez A. B, Van Eck J, Conlin B. J, Paolillo D. J, O'Neill J, LiL. Effect of the cauliflower or transgene on carotenoid accumulation and chromoplast formation in transgenic potato tubers. *Journal of Experimental Botany*. 2008;59:213-223.

Love S. L, Salaiz T, Shafii B, Price W. J, Mosley A. R, Thornton R. E. Stability of expression and concentration of ascorbic acid in North American potato germplasm. *HortScience*. 2004;39:156-160.

Lv C, Kong H, Dong G, Liu L, Tong K, Sun H, Chen B, Zhang C, Zhou M. Antitumor efficacy of alpha-solanine against pancreatic cancer in vitro and in vivo. *PLoS One*. 2014;9:e87868.

Maga J. A. Potato glycoalkaloids. *CRC Critical Reviews in Food Science and Nutrition*. 1980;12:371-405.

Maga J. A. Glycoalkaloids in solanaceae. *Food Reviews International*. 1994;10:385-418.

Malmberg A, Theander O. Determination of chlorogenic acid in potato tubers. *Journal of Agricultural and Food Chemistry*. 1985;33:549-551.

Manach C, Scalbert A, Morand C, Remesy C, Jimenez L. Polyphenols: food sources and bioavailability. *American Journal of Clinical Nutrition*. 2004;79:727-747.

Manzetti S, Zhang J, van der Spoel D. Thiamin function, metabolism, uptake, and transport. *Biochemistry*. 2014;53:821-835.

Matsuda F, Morino K, Ano R, Kuzawa M, Wakasa K, Miyagawa H. Metabolic flux analysis of the phenylpropanoid pathway in elicitor-treated potato tuber tissue. *Plant and Cell Physiology*. 2005;46:454-466.

McCue K. F, Allen P. V, Shepherd L. V. T, Blake A, Maccree M. M, Rockhold D. R, Novy R. G, Stewart D, Davies H. V, Belknap W glycosterol rhamnosyltransferase, the terminal step in triose side-chain biosynthesis. *Phytochemistry*. 2007;68:327-334.

McCue K. F, Shepherd L. V. T, Allen P. V, Maccree M. M, Rockhold D. R, Corsini D. L, Davies H. V, Belknap W. R. Metabolic compensation of steroidal glycoalkaloid biosynthesis in transgenic potato tubers: using reverse genetics to confirm the in vivo enzyme function of a steroidal alkaloid galactosyltransferase. *Plant Science*. 2005;168:267-273.

McGill C. R, Kurilich A. C, Davignon J. The role of potatoes and potato components in cardiometabolic health: a review. *Annals of Medicine*. 2013;45:467-473.

McGuire R. G, Kelman A. Calcium in potato tuber cell walls in relation to tissue maceration by *Erwinia carotovora* pv. *atroseptica*. *Phytopathology*. 1986;76:401-406.

McMillan M, Thompson J. C. An outbreak of suspected solanine poisoning in schoolboys: examinations of criteria of solanine poisoning. *Quarterly Journal of Medicine*. 1979;48:227-243.

Mensinga T. T, Sips A. J, Rompelberg C. J, van Twillert K, Meulenbelt J, van den Top H. J, van Egmond H. P. Potato glycoalkaloids and adverse effects in humans: an ascending dose study. *Regulatory Toxicology and*

Pharmacology. 2005;41:66-72.

Miglio C, Chiavaro E, Visconti A, Fogliano V, Pellegrini N. Effects of different cooking methods on nutritional and physicochemical characteristics of selected vegetables. *Journal of Agricultural and Food Chemistry*. 2008;56:139-147.

Mills C. E, Tzounis X, Oruna-Concha M. J, Mottram D. S, Gibson G. R, Spencer J. P. In vitro colonic metabolism of coffee and chlorogenic acid results in selective changes in human faecal microbiota growth. *British Journal of Nutrition*. 2015;113:1220-1227.

Miranda M. A, Magalhaes L. G, Tiossi R. F, Kuehn C. C, Oliveira L. G, Rodrigues V, McChesney J. D, Bastos J. K. Evaluation of the schistosomicidal activity of the steroidal alkaloids from *Solanum lycocarpum* fruits. *Parasitology Research*. 2012;111:257-262.

Moccand C, Boycheva S, Surriabre P, Tambasco-Studart M, Raschke M, Kaufmann M, Fitzpatrick T. B. The pseudoenzyme PDX1. 2 boosts vitamin B_6 biosynthesis under heat and oxidative stress in Arabidopsis. *Journal of Biological Chemistry*. 2014;289:8203-8216.

Moehs C. P, Allen P. V, Friedman M, Belknap W. R. Cloning and expression of solanidine UDP-glucose glucosyltransferase from potato. *Plant Journal*. 1997;11:227-236.

Mondy N. I, Leja M. Effect of mechanical injury on the ascorbic acid content of potatoes. *Journal of Food Science*. 1986;51:355-357.

Monteiro M, Farah A, Perrone D, Trugo L. C, Donangelo C. Chlorogenic acid compounds from coffee are differentially absorbed and metabolized in humans. *Journal of Nutrition*. 2007;137:2196-2201.

Mooney S, Chen L, Kuhn C, Navarre R, Knowles N. R, Hellmann H. Genotype-specific changes in vitamin B6 content and the PDX family in potato. *BioMed Research International*. 2013;2013 389723.

Mooney S, Hellmann H. Vitamin B6: killing two birds with one stone? *Phytochemistry*. 2010; 71: 495-501.

Morris S. C, Lee T. H. The toxicity and teratogenicity of Solanaceae glycoalkaloids, particularly those of the potato (*Solanum tuberosum*): a review. *Food Technology in Australia*. 1984;36:118-124.

Morris W. L, Ducreux L, Griffiths D. W, Stewart D, Davies H. V, Taylor M. A. Carotenogenesis during tuber development and storage in potato. *Journal of Experimental Botany*. 2004;55:975-982.

Mozaffarian D, Hao T, Rimm E. B, Willett W. C, Hu F. B. Changes in diet and lifestyle and long-term weight gain in women and men. *New England Journal of Medicine*. 2011;364:2392-2404.

Mulinacci N, Ieri F, Giaccherini C, Innocenti M, Andrenelli L, Canova G, Saracchi M, Casiraghi M. C. Effect of cooking on the anthocyanins, phenolic acids, glycoalkaloids, and resistant starch content in two pigmented cultivars of *Solanum tuberosum* L.. *Journal of Agricultural and Food Chemistry*. 2008; 56: 11830-11837.

Nara K, Miyoshi T, Honma T, Koga H. Antioxidative activity of bound-form phenolics in potato peel. *Bioscience, Biotechnology, and Biochemistry*. 2006;70:1489-1491.

Nassar A. M. K, Kubow S, Leclerc Y, Donnelly D. J. Somatic mining for phytonutrient improvement of 'Russet Burbank' potato. *American Journal of Potato Research*. 2014;91:89-100.

Navarre D. A, Payyavula R. S, Shakya R, Knowles N. R, Pillai S. Changes in potato phenylpropanoid metabolism during tuber development. *Plant Physiology and Biochemistry*. 2013;65:89-101.

Navarre D. A, Pillai S, Shakya R, Holden M. J. HPLC profiling of phenolics in diverse potato genotypes. *Food Chemistry*. 2011;127:34-41.

Navarre D. A, Shakya R, Holden J, Crosslin J. M. LC-MS analysis of phenolic compounds in tubers showing Zebra Chip symptoms. *American Journal of Potato Research*. 2009;86:88-95.

Navarre D. A, Shakya R, Holden J, Kumar S. The effect of different cooking methods on phenolics and vitamin C in developmentally young potato tubers. *American Journal of Potato Research*. 2010;87:350-359.

Niggeweg R, Michael A. J, Martin C. Engineering plants with increased levels of the antioxidant chlorogenic acid. *Nature Biotechnology*. 2004;22:746-754.

Nogueira T, do Lago C. L. Determination of caffeine in coffee products by dynamic complexation with 3,4-dimethoxycinnamate and separation by CZE. *Electrophoresis*. 2007;28:3570-3574.

Nunn N, Qian N. The potato's contribution to population and urbanization: evidence from a historical experiment. *Quarterly Journal Economics*. 2011;126:593-650.

Onakpoya I. J, Spencer E. A, Thompson M. J, Heneghan C. J. The effect of chlorogenic acid on blood pressure: a systematic review and meta-analysis of randomized clinical trials. *Journal of Human Hypertension*. 2015;29:77-81.

Ong K. W, Hsu A, Tan B. K. Anti-diabetic and anti-lipidemic effects of chlorogenic acid are mediated by ampk activation. *Biochemical Pharmacology*. 2013;85:1341-1351.

Orphanos P. Dry matter content and mineral composition of potatoes grown in Cyprus. *Potato Research*. 1980;23:371-375.

Paget M, Amoros W, Salas E, Eyzaguirre R, Alspach P, Apiolaza L, Noble A, Bonierbale M. Genetic evaluation of micronutrient traits in diploid potato from a base population of andean landrace cultivars. *Crop Science*. 2014;54:1949-1959.

Pandino G, Lombardo S, Mauromicale G. Mineral profile in globe artichoke as affected by genotype, head part and environment. *Journal of the Science of Food and Agriculture*. 2011;91:302-308.

Parr A. J, Bolwell G. P. Phenols in the plant and in man. The potential for possible nutritional enhancement of the diet by modifying the phenols content or profile. *Journal of the Science of Food and Agriculture*. 2000;80:985-1012.

Parr A. J, Mellon F. A, ColquhounI. J, Davies H. V. Dihydrocaffeoyl polyamines (kukoamine and allies) in potato (*Solanum tuberosum*) tubers detected during metabolite profiling. *Journal of Agricultural and Food Chemistry*. 2005;53:5461-5466.

Pasare S, Wright K, Campbell R, Morris W, Ducreux L, Chapman S, Bramley P, Fraser P, Roberts A, Taylor M. The sub-cellular localisation of the potato (*Solanum tuberosum* L.) carotenoid biosynthetic enzymes, CrtRb2 and PSY2. *Protoplasma*. 2013;250 doi: 10.1007/s00709-013-0521-z.

Payyavula R. S, Navarre D. A, KuhlJ, Pantoja A. Developmental effects on phenolic, flavonol, anthocyanin, and carotenoid metabolites and gene expression in potatoes. *Journal of Agricultural and Food Chemistry*. 2013;61:7357-7365.

Payyavula R. S, Navarre D. A, Kuhl J. C, Pantoja A, Pillai S. S. Differential effects of environment on potato phenylpropanoid and carotenoid expression. *BMC Plant Biology*. 2012;12:39.

Payyavula R. S, Shakya R, Sengoda V. G, Munyaneza J. E, Swamy P, Navarre D. A. Synthesis and regulation of chlorogenic acid in potato: rerouting phenylpropanoid flux in HQT-silenced lines. *Plant Biotechnology Journal*. 2015;13:551-564.

Peña C, Restrepo-Sánchez L. -P, Kushalappa A, Rodríguez-Molano L. -E, Mosquera T, Narváez-Cuenca C. -E. Nutritional contents of advanced breeding clones of Solanum tuberosum group Phureja. *LWT -Food Science Technology*. 2015;62:76-82.

Perla V, Holm D. G, Jayanty S. S. Effects of cooking methods on polyphenols, pigments and antioxidant activity in potato tubers. *Food Science and Technology*. 2012;45:161-171.

Petersson E. V, Nahar N, Dahlin P, Broberg A, Tröger R, Dutta P. C, Jonsson L, Sitbon F. Conversion of exogenous cholesterol into glycoalkaloids in potato shoots, using two methods for sterol solubilisation. *PLoS One*. 2013;8:e82955.

Pillai S, Navarre D. A, Bamberg J. B. Analysis of polyphenols, anthocyanins and carotenoids in tubers from *Solanum tuberosum* group Phureja, Stenotomum and Andigena. *American Journal of Potato Research*.

2013;90:440-450.

Ponnampalam R, Mondy N. I. Effect of cooking on the total glycoalkaloid content of potatoes. *Journal of Agricultural and Food Chemistry*. 1983;31:493-495.

Porter W. L. A note on the melting point of alpha-solanine. *American Journal of Potato Research*. 1972; 49:403-406.

Prat S, Frommer W. B, Hofgen R, KeilM, Kobmann J, Koster-Topfer M, Liu X. -J, Muller B, Pena-Cortes H, Rocha-Sosa M, Sanchez-Serrano J. J, Sonnewald U, Willmitzer L. Gene expression during tuber development in potato plants. *FEBS Letters*. 1990;268:334-338.

Raigond P, Ezekiel R, Raigond B. Resistant starch in food: a review. *Journal of the Science of Food and Agriculture*. 2015;95:1968-1978.

Rajananthanan P, Attard G. S, Sheikh N. A, Morrow W. J. Novel aggregate structure adjuvants modulate lymphocyte proliferation and Th1 and Th2 cytokine profiles in ovalbumin immunized mice. *Vaccine*. 1999;18: 140-152.

Randhawa K. S, Sandhu K. S, Kaur G, Singh D. Studies of the evaluation of different genotypes of potato *Solanum tuberosum* for yield and mineral contents. *Plant Foods for Human Nutrition (Formerly Qualitas Plantarum)*. 1984;34:239-242.

Ray D. K, Mueller N. D, West P. C, Foley J. A. Yield trends are insufficient to double global crop production by 2050. *PLoS One*. 2013;8:e66428.

Reddivari L, Vanamala J, Chintharlapalli S, Safe S. H, Miller Jr. J. C. Anthocyanin fraction from potato extracts is cytotoxic to prostate cancer cells through activation of caspase-dependent and caspase-independent pathways. *Carcinogenesis*. 2007;28:2227-2235.

Reddivari L, Vanamala J, Safe S. H, Miller Jr. J. C. The bioactive compounds alpha-chaconine and gallic acid in potato extracts decrease survival and induce apoptosis in LNCaP and PC3 prostate cancer cells. *Nutrition and Cancer*. 2010;62:601-610.

Rees E, Gowing L. R. Supplementary thiamine is still important in alcohol dependence. *Alcohol and Alcoholism*. 2013;48:88-92.

Riaz M, Asif M, Ali R. Stability of vitamins during extrusion. *Critical Reviews in Food Science and Nutrition*. 2009;49:361-368.

Rivero R. C, Hernández P. S, Rodríguez E. M. R. g, Martín J. D, Romero C. D. a. Mineral concentrations in cultivars of potatoes. *Food Chemistry*. 2003;83:247-253.

Roddick J. G, Weissenberg M, Leonard A. L. Membrane disruption and enzyme inhibition by naturally-occurring and modified chacotriose-containing *Solanum* steroidal glycoalkaloids. *Phytochemistry*. 2001; 56: 603-610.

Roje S. Vitamin B biosynthesis in plants. *Phytochemistry*. 2007;68:1904-1921.

Rolfe H. M. A review of nicotinamide: treatment of skin diseases and potential side effects. *Journal of Cosmetic Dermatology*. 2014;13:324-328.

Rosenstock G, Zimmermann H. J. Vergleichende Studien uber den Protein und Nucleinsaurestoffwechsel beim Speicherparenchym von *Solanum tuberosum* L. mit primarer und sekundarer mitotischer Aktivitat. *Beitrage zur Biologie der Pflanzen*. 1976:413-426.

Rytel E, Lisińska G, Tajner-Czopek A. Toxic compound levels in potatoes are dependent on cultivation methods. *Acta Alimentaria*. 2013;42:308-317.

Sanchez-Castillo C. P, Dewey P. J. S, Aguirre A, Lara J. J, Vaca R, Barra P. L. d. l, Ortiz M, Escamilla I, James W. P. T. The mineral content of Mexican fruits and vegetables. *Journal of Food Composition Analysis*. 1998;11:340-356.

Sawai S, Ohyama K, Yasumoto S, Seki H, Sakuma T, Yamamoto T, Takebayashi Y, Kojima M, Sakakibara H, Aoki T, Muranaka side chain reductase 2 is a key enzyme in the biosynthesis of cholesterol, the common precursor of toxic steroidal glycoalkaloids in potato. *Plant Cell*. 2014;26:3763-3774.

Scalbert A, Manach C, Morand C, Remesy C, Jimenez L. Dietary polyphenols and the prevention of diseases. *Critical Reviews in Food Science and Nutrition*. 2005;45:287-306.

Scurrah M, Amoros W, Burgos G, Schafleitner R, Bonierbale M. Back to the future: millennium traits in native varieties. In: *VI International Solanaceae Conference: Genomics Meets Biodiversity*. vol. 745. 2006:369-378.

Shakya R, Navarre D. A. LC-MS analysis of solanidane glycoalkaloid diversity among tubers of four wild potato species and three cultivars (*Solanum tuberosum*). *Journal of Agricultural and Food Chemistry*. 2008;56:6949-6958.

Shepherd L, Alexander C, Hackett C, McRae D, Sungurtas J, Verrall S, Morris J, Hedley P, Rockhold D, Belknap W, Davies H. on the metabolome of down-regulating polyphenol oxidase in potato tubers. *Transgenic Research*. 2015;24:447-461.

Shepherd L. V, Hackett C. A, Alexander C. J, McNicol J. W, Sungurtas J. A, Stewart D, McCue K. F, Belknap W. R, Davies H. V. M glycoalkaloid content in transgenic potato -metabolome impacts. *Food Chemistry*. 2015;187:437-443.

Shih Y. W, Chen P. S, Wu C. H, Jeng Y. F, Wang C. J. Alpha-chaconine-reduced metastasis involves a PI3K/Akt signaling pathway with downregulation of NF-kappaB in human lung adenocarcinoma A549 cells. *Journal of Agricultural and Food Chemistry*. 2007;55:11035-11043.

Shiu L. Y, Liang C. H, Chang L. C, Sheu H. M, Tsai E. M, Kuo K. W. Solamargine induces apoptosis and enhances susceptibility to trastuzumab and epirubicin in breast cancer cells with low or high expression levels of HER2/neu. *Bioscience Reports*. 2009;29:35-45.

da Silva R. P, Kelly K. B, Al Rajabi A, Jacobs R. L. Novel insights on interactions between folate and lipid metabolism. *BioFactors*. 2014;40:277-283.

Sinden S. L, Deahl K. L, Aulenbach B. B. Effect of glycoalkaloids and phenolics on potato flavor. *Journal of Food Science*. 1976;41:520-523.

Sinden S. L, Sanford L. L, Webb R. E. Genetic and environmental control of potato glycoalkaloids. *American Journal of Potato Research*. 1984;61:141-156.

Singh R. P, Singh M, King R. R. Use of citric acid for neutralizing polymerase chain reaction inhibition by chlorogenic acid in potato extracts. *Journal of Virological Methods*. 1998;74:231-235.

Skrabule I, Muceniece R, Kirhnere I. Evaluation of vitamins and glycoalkaloids in potato genotypes grown under organic and conventional farming systems. *Potato Research*. 2013;56:259-276.

Sotelo A, Serrano B. High-performance liquid chromatographic determination of the glycoalkaloids alpha-solanine and alpha-chaconine in 12 commercial varieties of Mexican potato. *Journal of Agricultural and Food Chemistry*. 2000;48:2472-2475.

Spooner D. M, McLean K, Ramsay G, Waugh R, Bryan G. J. A single domestication for potato based on multilocus amplified fragment length polymorphism genotyping. *Proceedings of the National Academy of Sciences of the United States of America*. 2005;102:14694-14699.

Stapleton A, Allen P. V, Friedman M, Belknap W. R. Purification and characterization of solanidine glycosyltransferase from the potato (*Solanum tuberosum*). *Journal of Agricultural and Food Chemistry*. 1991;39:1187-1193.

Stenzel O, Teuber M, Drager B. Putrescine N-methyltransferase in *Solanum tuberosum* L., a calystegine-forming plant. *Planta*. 2006;223:200-212.

Sun L, Zhao Y, Yuan H, Li X, Cheng A, Lou H. Solamargine, a steroidal alkaloid glycoside, induces oncosis in human K562 leukemia and squamous cell carcinoma KB cells. *Cancer Chemotherapy and Pharmacolo-*

gy. 2011;67:813-821.

Swain J. F, McCarron P. B, Hamilton E. F, Sacks F. M, Appel L. J. Characteristics of the diet patterns tested in the optimal macronutrient intake trial to prevent heart disease (OmniHeart): options for a heart-healthy diet. *Journal of the American Dietetic Association*. 2008;108:257-265.

Tahiliani A. G, Beinlich C. J. Pantothenic-acid in health and disease. *Vitamins and Hormones-Advances in Research and Applications*. 1991;46:165-228.

Tai H. H, Worrall K, Pelletier Y, De Koeyer D, Calhoun L. A. Comparative metabolite profiling of Solanum tuberosum against six wild solanum species with Colorado potato beetle resistance. *Journal of Agricultural and Food Chemistry*. 2014;62:9043-9055.

Tajner-Czopek A, Rytel E, Kita A, Pęksa A, Hamouz K. The influence of thermal process of coloured potatoes on the content of glycoalkaloids in the potato products. *Food Chemistry*. 2012;133:1117-1122.

Takagi K, Toyoda M, Fijiyama Y, Saito Y. Effect of cooking on contents of chaconine and solanine in potatoes. *Journal of Food Hygienic Society of Japan*. 1990;31:67-73.

Tan J. S, Wang J. J, Flood V, Rochtchina E, Smith W, Mitchell P. Dietary antioxidants and the long-term incidence of age-related macular degeneration: the Blue Mountains Eye Study. *Ophthalmology*. 2008;115:334-341.

Tanemura Y, Yoshino M. Regulatory role of polyamine in the acid phosphatase from potato tubers. *Plant Physiology Biochemistry*. 2006;44:43-48.

Tawfik A. A, Kleinhenz M. D, Palta J. P. Application of calcium and nitrogen for mitigating heat stress effects on potatoes. *American Journal of Potato Research*. 1996;73:261-273.

Tedone L, Hancock R. D, Alberino S, Haupt S, Viola R. Long-distance transport of L-ascorbic acid in potato. *BMC Plant Biology*. 2004;4:16.

Tibbetts A. S, Appling D. R. Compartmentalization of mammalian folate-mediated one-carbon metabolism. *Annual Review of Nutrition*. 2010;30(30):57-81.

Tiossi R. F, Da Costa J. C, Miranda M. A, Praca F. S, McChesney J. D, Bentley M. V, Bastos J. K. In vitro and in vivo evaluation of the delivery of topical formulations containing glycoalkaloids of *Solanum lycocarpum* fruits. *European Journal of Pharmaceutics and Biopharmaceutics*. 2014;88:28-33.

Titiz O, Tambasco-Studart M, Warzych E, Apel K, Amrhein N, Laloi C, Fitzpatrick T. B. PDX1 is essential for vitamin B_6 biosynthesis, development and stress tolerance in Arabidopsis. *Plant Journal*. 2006;48:933-946.

Tomas-Barberan F, Garcia-Villalba R, Quartieri A, Raimondi S, Amaretti A, Leonardi A, Rossi M. In vitro transformation of chlorogenic acid by human gut microbiota. *Molecular Nutrition & Food Research*. 2014;58:1122-1131.

Tosun B. N, Yücecan S. Influence of commercial freezing and storage on vitamin C content of some vegetables. *International Journal of Food Science & Technology*. 2008;43:316-321.

True R. H, Hogan J. M, Augustin J, Johnson S. J, Teitzel C, Toma R. B, Shaw R. L. Mineral composition of freshly harvested potatoes. *American Potato Journal*. 1978;55:511-519.

True R. H, Hogan J. M, Augustin J, Johnson S. R, Teitzel C, Toma R. B, Orr P. Changes in the nutrient composition of potatoes during home preparation. III. Minerals. *American Potato Journal*. 1979;56:339-350.

Tudela J. A, Cantos E, Espin J. C, Tomas-Barberan F. A, Gil M. I. Induction of antioxidant flavonol biosynthesis in fresh-cut potatoes. Effect of domestic cooking. *Journal of Agricultural and Food Chemistry*. 2002;50:5925-5931.

Tudela J. A, Espin J. C, Gil M. I. Vitamin C retention in fresh-cut potatoes. *Postharvest Biology and Technology*. 2002;26:75-84.

Tunnicliffe J. M, Eller L. K, Reimer R. A, Hittel D. S, Shearer J. Chlorogenic acid differentially affects postprandial glucose and glucose-dependent insulinotropic polypeptide response in rats. *Applied Physiology, Nutrition, and Metabolism*. 2011;36:650-659.

Urbany C, Colby T, Stich B, Schmidt L, Schmidt J, Gebhardt C. Analysis of natural variation of the potato tuber proteome reveals novel candidate genes for tuber bruising. *Journal of Proteome Research*. 2012;11:703-716.

Urbany C, Stich B, Schmidt L, Simon L, Berding H, Junghans H, Niehoff K. H, Braun A, Tacke E, Hofferbert H. R, Lubeck J, St genetics in *Solanum tuberosum* provides new insights into potato tuber bruising and enzymatic tissue discoloration. *BMC Genomics*. 2011;12:7.

USDA-ERS. Vegetables & Pulses. 2015. http://www. ers. usda. gov/topics/crops/vegetables-pulses/potatoes. aspx (accessed June 2015).

USDA. Dietary Guidelines for Americans World Wide Web. Department of Health & Human Services(USDA/HHS); 2005. http://WWW. health. gov/dietaryguidelines/dga2005/document/html/AppendixB. htm # appB.

Valcarcel J, Reilly K, Gaffney M, O'Brien N. Total carotenoids and L-ascorbic acid content in 60 varieties of potato (*Solanum tuberosum* L.) grown in Ireland. *Potato Research*. 2015;58:29-41.

Valkonen J. P. T, Keskitalo M, Vasara T, Pietila L. Potato glycoalkaloids: a burden or a blessing? *Critical Reviews in Plant Sciences*. 1996;15(1):1-20.

Vinson J. A, Demkosky C. A, Navarre D. A, Smyda M. A. High-antioxidant potatoes: acute in vivo antioxidant source and hypotensive agent in humans after supplementation to hypertensive subjects. *Journal of Agricultural and Food Chemistry*. 2012;60:6749-6754.

Viola R, Vreugdenhil D, Davies H. V, Sommerville L. Accumulation of L-ascorbic acid in tuberising stolon tips of potato (*Solanum tuberosum* L.). *Journal of Plant Physiology*. 1998;152:58-63.

Wahlberg G, Adamson U, Svensson J. Pyridine nucleotides in glucose metabolism and diabetes: a review. *Diabetes/Metabolism Research and Reviews*. 2000;16:33-42.

Waltz E. USDA approves next-generation GM potato. *Nature Biotechnology*. 2015;33:12-13.

Wang Q, Cao Y, Zhou L, Jiang C. -Z, Feng Y, Wei S. Effects of postharvest curing treatment on flesh colour and phenolic metabolism in fresh-cut potato products. *Food Chemistry*. 2015;169:246-254.

Warman P. R, Havard K. Yield, vitamin and mineral contents of organically and conventionally grown potatoes and sweet corn. *Agriculture, Ecosystems & Environment*. 1998;68:207-216.

Werij J. S, Kloosterman B, Celis-Gamboa C, de Vos C. H, America T, Visser R. G, Bachem C. W. Unravelling enzymatic discoloration in potato through a combined approach of candidate genes, QTL, and expression analysis. *Theoretical and Applied Genetics*. 2007;115:245-252.

Wheeler G. L, Jones M. A, Smirnoff N. The biosynthetic pathway of vitamin C in higher plants. *Nature*. 1998;393:365-369.

Willett W. C, Stampfer M. J. Rebuilding the food pyramid. *Scientific American*. 2003;288:64-71.

Williams A, Ramsden D. Nicotinamide: a double edged sword. *Parkinsonism & Related Disorders*. 2005;11:413-420.

Wills R. B. H, Lim J. S. K, Greenfield H. Variation in nutrient composition of Australian retail potatoes over a 12-month period. *Journal of the Science of Food and Agriculture*. 1984;35:1012-1017.

Wilson G. S. A small outbreak of solanine poisoning. *Monthly Bulletin of the Ministry of Health and the Public Health Laboratory Service*. 1959;18:207-210.

Wojtczak L, Slyshenkov V. S. Protection by pantothenic acid against apoptosis and cell damage by oxygen free radicals -the role of glutathione (Reprinted from Thiol Metabolism and Redox Regulation of Cellular Functions). *BioFactors*. 2003;17:61-73.

Wolters A. M, Uitdewilligen J. G, Kloosterman B. A, Hutten R. C, Visser R. G, van Eck H. J. Identification of alleles of carotenoid pathway genes important for zeaxanthin accumulation in potato tubers. *Plant Molecular Biology*. 2010;73:659-671.

Wolucka B. A, van Montagu M. The VTC2 cycle and the de novo biosynthesis pathways for vitamin C in plants: an opinion. *Phytochemistry*. 2007;68:2602-2613.

Yamaguchi T, Chikama A, Mori K, Watanabe T, Shioya Y, Katsuragi Y, Tokimitsu I. Hydroxyhydroquinone-free coffee: a double-blind, randomized controlled dose-response study of blood pressure. *Nutrition, Metabolism and Cardiovascular Disease*. 2007;18(6):408-414.

Zhang Y, Jin X, Ouyang Z, Li X, Liu B, Huang L, Hong Y, Zhang H, Song F, Li D. Vitamin B_6 contributes to disease resistance against *Pseudomonas syringae* pv. tomato DC3000 and *Botrytis cinerea* in *Arabidopsis thaliana*. *Journal of Plant Physiology*. 2014;175C:21-25.

Zhou X, McQuinn R, Fei Z, Wolters A. M, van Eck J, Brown C, GiovannoniJ. J, Li L. Regulatory control of high levels of carotenoid accumulation in potato tubers. *Plant, Cell & Environment*. 2011;34:1020-1030.

Zienkiewicz M. The new staple food in China. *Spudsmart Spring*. 2015:24-26.

Zimowski J. Occurrence of a glucosyltransferase specific for solanidine in potato plants. *Phytochemistry*. 1991;30:1827-1831.

Zitnak A, Filadelfi M. A. Estimation of taste thresholds of three potato glycoalkaloids. *Canadian Institute of Food Science and Technology*. 1985;18:337-339.

Zupko I, Molnar J, Rethy B, Minorics R, Frank E, Wolfling J, Molnar J, Ocsovszki I, Topcu Z, Bito T, Puskas L. G. Anticancer and multidrug resistance-reversal effects of solanidine analogs synthetized from pregnadienolone acetate. *Molecules*. 2014;19:2061-2076.

7 马铃薯中的糖苷生物碱和打碗花精生物碱

Mendel Friedman, Carol E. Levin

United States Department of Agriculture, Agricultural Research Service,

Western Regional Research Center, Albany, CA, USA

7.1 引言

马铃薯是茄科（Solanaceae）茄属植物，众所周知，其含有的生物碱具有天然毒性。尽管如此，马铃薯依然是一种主要的、低成本的低脂食物，含有丰富的能量、优质蛋白质、纤维素、维生素和矿物质。生物碱是具有生物活性的次生代谢产物，对昆虫和真菌具有一定的防御作用。实际上，植物营养部分的生物碱含量特别高，而可食用的块茎含量相对较低，通常不用担心。但是，环境胁迫因素会刺激生物碱合成，使块茎中的生物碱含量增加，并超出安全范围。此外，不同品种马铃薯中生物碱含量是不同的，因此育种和基因工程改良马铃薯品种的过程必须进行糖苷生物碱的含量检测。马铃薯主要含有糖苷生物碱 α-茄碱和 α-卡茄碱，尽管也有少量的水解产物，如 β-、γ-和糖苷配基。已经发现一些野生型马铃薯也含有非典型的糖苷生物碱。糖苷生物碱具有潜在的毒性，因此须引起重视。尽管中毒很少见，但摄入过多仍会致命。降莨菪碱、打碗花精等是另外已知存在于马铃薯中的生物碱的种类，人们对这些有毒生物碱的了解还很少，因为直到 1993 年它们才在马铃薯中被发现。在本章中，就生物碱的分析方面、植物和饮食中的广泛性、毒性以及对健康的潜在好处进行了讨论。

7.2 糖苷生物碱

甾体类生物碱是茄属植物中天然存在的植物次级代谢产物，如马铃薯，番茄和茄子（Friedman，2002、2015；Friedman et al.，1999a、1999b、1997）。尽管高剂量生物碱有毒，但糖苷生物碱也可能对人体产生有益作用。这些作用包括降低血液中的胆固醇（Friedman et al.，2000a、b），在一定程度上防止鼠伤寒沙门氏菌感染（Gubarev et al.，1998）以及癌症的化学预防（Cham，1994；Friedman et al.，2005、2007；Lee et al.，2004）。众所周知，糖苷生物碱也会影响马铃薯的风味，因为糖苷生物碱含量低的马铃薯被认为是清淡的，而糖苷生物碱含量高的马铃薯则会导致苦味。

在商业马铃薯中，有两种主要的糖苷生物碱，α-卡茄碱和 α-茄碱，都是普通糖苷配基茄啶的三聚糖苷。这两种化合物约占马铃薯块茎中糖苷生物碱的 95%。它们的水解产物，β 和 γ 形式以及茄啶也可能在马铃薯中存在，但含量相对较小。这些糖苷生物碱的结构及水解产物如图 7.1 所示。野生型马铃薯可以包含更多种类的糖苷生物碱。例如，以栽培的马铃薯 *S. tuberosum* 和野生型茄科 *Solanum acaule* 为后代体细胞杂交的马铃薯块茎，含有 4 种糖苷生物碱，包括来自融合亲本的 α-番茄碱和垂茄碱（Kozukue et al.，1999）。

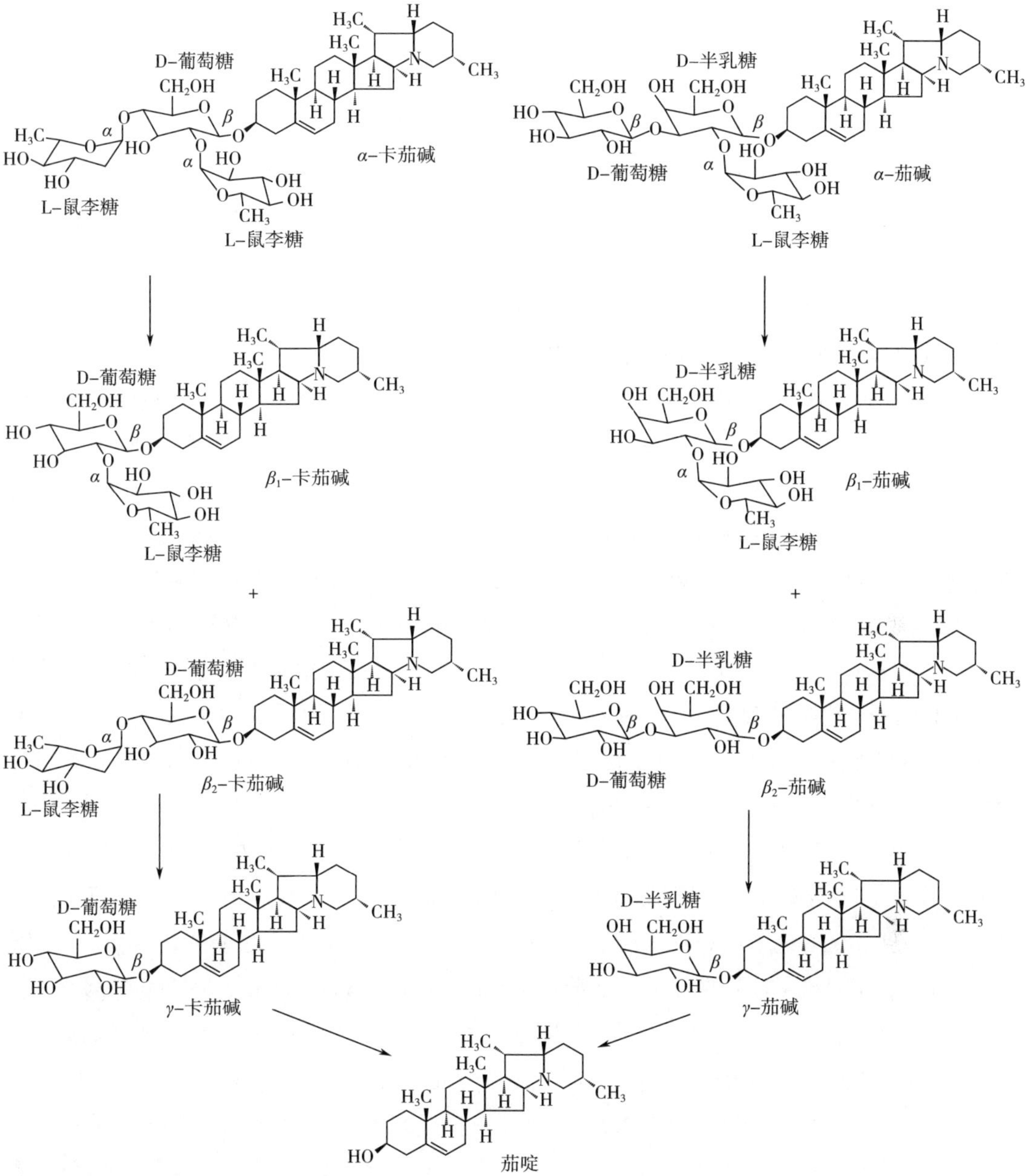

图 7.1 马铃薯糖苷生物碱 α-卡茄碱和 α-茄碱的结构及水解产物（代谢产物）

7.2.1 糖苷生物碱在马铃薯块茎中的含量

马铃薯在应对压力时会积聚糖苷生物碱。对于块茎来说，这些糖苷生物碱合成途径在采前和采后都是活跃的。而这个现象是农民和加工生产者都将面临的问题。

7.2.1.1 农艺技术对糖苷生物碱含量的影响

耕作方法不仅会影响马铃薯的品质，还会影响糖苷生物碱的含量。马铃薯响应环境胁迫而合成糖苷生物碱，因此生长条件会影响植物和块茎中这些化合物的含量也就不足为奇了。有机农业技术的研究表明，在马铃薯的生长过程中糖苷生物碱含量既有增加的时候（Wszelaki et al., 2005）又有减少的时候（Rytel et al., 2013）。另外，也有一些研究表明农艺技术与糖苷生物碱没有任何关联（Hamouz et al., 2005；Skrabule et al., 2013）。糖苷生物碱水平与有机农业之间的任何相关性似乎都可能与总体植物胁迫有关。传统耕作中使用的高氮肥可能是增加糖苷生物碱含量的一个因素（Najm et al., 2012；Rytel et al., 2013）。在野外，增加田间糖苷生物碱含量的胁迫因素，包括暴露于光线下，升高生长温度（Nitithamyong et al., 1999）和创伤。二氧化碳浓度对糖苷生物碱含量的影响存在不同的报道。一项研究发现，当 CO_2 从 350μmol/mol 增加至 1000μmol/mol 时，总生物碱含量增加 20%（Nitithamyong et al., 1999），而其他研究发现 CO_2 与糖苷生物碱之间存在负相关关系（Donnelly et al., 2001；Högy et al., 2009；Vorne et al., 2002）。土壤和灌溉管理似乎对糖苷生物碱的合成几乎没有影响（Zhang et al., 1997）。但是，干旱胁迫使糖苷生物碱的含量增加了多达 50%（Bejarano et al., 2000），相对于潮湿和凉爽的天气，干旱和温暖也导致糖苷生物碱含量的提高（Zarzecka et al., 2007）。夏季种植的马铃薯比春季或冬季种植的马铃薯具有更高的糖苷生物碱含量（Dimenstein et al., 1997）。研究表明，光照不仅会增加马铃薯中的 α-茄碱和 α-卡茄碱，而且还通常会增加在草本植物 *Solanum dulcamara*（苦甜的茄属植物）中发现的基于番茄烯胺的 α-和 β-澳洲边茄碱（Griffiths et al., 2000；Griffiths et al., 2001）。当温度高于或低于 16℃时，人工气候室中生长的植物中糖苷生物碱水平增加，而较高的温度则对糖苷生物碱的合成更具刺激性（Nitithamyong et al., 1999）。施用杀虫剂可能会增加块茎的总生物碱含量（Zarzecka et al., 2013）。浅耕技术导致糖苷生物碱少量增加（虽然增加的量不多，但差异是显著的），同时也降低了作物产量（Zarzecka et al., 2007）。当马铃薯去皮时，这种增加不显著，这表明额外的糖苷生物碱大部分积累在薯皮中（Zarzecka et al., 2007）。

品种对环境压力的反应可能有所不同。一项研究发现，糖苷生物碱含量高的品种更容易受到环境刺激（Valcarcel et al., 2014）。在另一项研究中，5 个品种在干旱情况下，其中 2 个品种的糖苷生物碱没有受到影响，而其他 3 个品种的糖苷生物碱显著增加了 2 倍至 4 倍（Andre et al., 2009）。值得注意的是，Petersson 等（2013）发现具有最高生物碱水平的品种会响应光胁迫。这就提出了一个问题：马铃薯品种中的糖生物碱是静态的还是动态的，即合成途径持续活跃的情况下，糖苷生物碱的含量会一直很高吗？

7.2.1.2 贮藏方式

马铃薯块茎持续产生糖苷生物碱，以应对采后胁迫。变绿，即块茎中叶绿素的产生，与糖苷生物碱含量有关，尽管这两个过程实际上是同时发生的，并且受不同途径控制（Kozukue et al., 2001)。然而，变绿确实可以使马铃薯加工生产者和消费者快速评估块茎所承受的光照胁迫量。曝光、受伤和发芽是最有可能在贮存过程中增加糖苷生物碱含量的胁迫。不同马铃薯品种的生物碱之间的差异受生长条件的诱导，如干旱的情况下生长的马铃薯，在 10℃贮存 4 个月后糖苷生物碱含量大大增加（Andre et al., 2009）。与干旱暴露的马铃薯不同，浇水充足的马铃薯在贮存过程中糖苷生物碱含量发生轻微的变化。

不使用抑芽剂时，无论实际观察到的发芽量如何，糖苷生物碱在马铃薯的贮存过程中均会显著增加（Haase, 2010）。暴露在日光灯下（在许多室内市场上都可以看到）比间接日光对糖苷生物碱的刺激更大（Machado et al., 2007）。实际上，间接日光似乎不会增加糖苷生物碱含量（Kaaber, 1993）。在 8000~12500lx 的荧光强度下，会产生最高的糖苷生物碱含量，而在 15400lx 时含量降低（Kozukue et al., 1993）。块茎在贮存期间暴露于荧光灯下八天，21 个品种的糖苷生物碱含量平均增加 249%，与伤口受创在 48h 内增加 246%的情况相似（Petersson et al., 2013）。块茎对荧光的反应是迅速的，在暴露仅 30min 后，测得的糖苷生物碱含量就增加了（Kozukue et al., 1993）。贮存 7d 期间加热（34℃）并没有增加糖苷生物碱含量（Petersson et al., 2013）。然而，温度似乎确实会影响块茎对光的反应，因为在较高温度下贮存（18℃和 24℃，与 6℃相比），光照引起的变绿增加（Kaaber, 1993）。

7.2.1.3 加工

光照、机械损伤和贮藏等胁迫都会提高块茎中糖苷生物碱含量（Kozukue et al., 1993; Machado et al., 2007），因此正确处理是保持糖苷生物碱含量较低的关键。去除薯皮和芽是减少马铃薯食品中糖苷生物碱最重要的方法。糖苷生物碱既不溶于水（中性 pH）也不溶于乙醚，因而不易从马铃薯中浸出。因此，在沸水中损失最小。Mulinacci 等（2008）发现煮沸或微波处理完整的马铃薯不会导致糖苷生物碱含量发生明显变化。与 Lachman 等（2013）研究结果相反，他们发现整个微波处理和烤马铃薯的损失分别为 45%和 51%。Lachman 等（2013）发现煮熟的去皮马铃薯，糖苷生物碱平均减少 12%。高温似乎对破坏糖苷生物碱有效。油炸，如炸薯条和薯片，似乎能达到大量去除的作用（约 90%）（Rytel et al., 2005; Tajner-Czopek et al., 2014）。尽管加工前马铃薯薯肉中糖苷生物碱的含量和加工条件尚不清楚，但发现两种商业冷冻法式炸薯条产品含有 0.8mg/kg 和 8.4mg/kg 的糖苷生物碱（Friedman et al., 1992）。令人担忧的是，从马铃薯加工提取的产品中糖苷生物碱含量可能很高。在马铃薯淀粉的制备过程中对糖生物碱进行了追踪，发现按照工业惯例加工的淀粉中不存在糖苷生物碱，而是集中在蛋白质中（Driedger et al., 1999）。

商业马铃薯加工业被认为是最大的农业废弃物生产者之一（Elferink et al., 2008），估计每年产生 430 万 t 废弃物（Nelson, 2010）。我们在此简短地讨论这个问题，因为在马铃薯加工过程中的大部分的废弃物，如薯皮中糖苷生物碱含量很高。Rodriguez de Sotillo（1998）提出利用薯皮中的高含量抗氧化物质作为抗菌剂。为防止可能的中毒，加工废弃物在用于生产人类或动物食品过程中（Kling et al.，1986）或将其排放到环境中时，必须格外小心。动物饲料是这类副产品的潜在市场（Nelson，2010）。使用副产品代替谷物作为动物饲料可以潜在地降低肉食消费对环境的影响（Elferink et al.，2008）。薯皮饲喂对牛肉品质没有影响（Nelson，2010）。荷兰的一项研究表明，在猪肉生产中使用马铃薯副产品是切实有效的（Elferink et al.，2008）。马铃薯蛋白饲料降低了鸡排泄物、盲肠（Ohh et al.，2009）和猪粪（Jin et al.，2008）的微生物数量。薯皮也可以发酵产生氢燃料（Djomo et al.，2008）。

7.2.1.4 分布

表 7.1 包含使用高效液相色谱（high performance liquid Chromatography，HPLC）NH_2 柱技术分析的所选马铃薯品种中糖苷生物碱含量的分析结果。所有马铃薯品种中没有一个超过 200mg 总糖苷生物碱/kg 马铃薯（见"A+B"栏），但是在薯皮中并非如此。8 个品种中有 5 个超出了此基准。Valcarcel 等（2014）对 60 个稀有、传统和商业马铃薯品种进行了测试，结果相似。

表 7.1　8 个品种的马铃薯薯肉、薯皮和全薯中糖苷生物碱和打碗花精含量

单位：mg/kg

马铃薯品种		糖苷生物碱				打碗花精			
		α-卡茄碱（A）	α-茄碱（B）	A+B	A/B	打碗花精 A_3	打碗花精 B_2	A_3+B_2	B_2/A_3
Atlantic	薯肉	4.7	2.9	7.6	1.6	1.1	1.5	2.6	1.4
	薯皮	8.8	3.6	12.4	2.4	31.2	141	172	4.5
	全薯	5	8	8	1.7	3.5	12.9	16.4	3.7
Dark red Norland	薯肉	3.4	1.3	4.7	2.6	0	1.3	1.3	—
	薯皮	128	60.3	188	2.1	6.4	33.3	39.7	5.2
	全薯	16.8	7.7	24.5	2.2	0.7	4.7	5.4	6.7
Ranger Russet	薯肉	12.8	7	19.8	1.8	1.1	2.3	3.4	2.1
	薯皮	230	110	340	2.1	87.1	380	467	4.4
	全薯	34.3	17.2	51.5	2	9.6	39.7	49.3	4.1
Red Lasoda	薯肉	4.4	2.8	7.2	1.6	1.4	4.3	5.7	3.1
	薯皮	134	96.6	231	1.4	10.5	24.83	35.3	2.4
	全薯	16	11.2	27.2	1.4	2.2	6.1	8.3	2.8
Russet Burbank	薯肉	25.9	21.4	47.3	1.2	11.1	56.5	67.8	5.1
	薯皮	182	103	285	1.8	6.6	67.8	74.4	11.8
	全薯	36.3	26.8	63.1	1.4	10.8	57.3	68.1	5.3

续表

马铃薯品种		糖苷生物碱				打碗花精			
		α-卡茄碱（A）	α-茄碱（B）	A+B	A/B	打碗花精 A_3	打碗花精 B_2	A_3+B_2	B_2/A_3
Russet Norkota	薯肉	0.74	0.54	1.3	1.4	0.2	0.8	1	4
	薯皮	48.1	23	71.1	2.1	33.6	129	163	3.9
	全薯	4.8	2.5	7.3	1.9	3	11.9	14.9	4
Shepody	薯肉	1.8	1.1	2.9	1.7	2.2	9.1	11.3	4.1
	薯皮	282	147	429	1.9	44	299	343	6.8
	全薯	25.1	13.2	38.3	1.9	5.6	33.1	38.7	5.9
Snowden	薯肉	91.5	56.5	148	1.7	0.8	0.8	1.7	1
	薯皮	372	171	543	2.2	54.2	96.3	150	1.8
	全薯	119	67.9	187	1.8	5.8	10.2	16	1.8

一些不常见的品种，含有除α-卡茄碱或α-茄碱外的其他糖苷生物碱化合物。Kirui 等（2009）发现，在尼日利亚热带气候下种植的 15 个马铃薯品种中含有大量的糖苷配基茄啶（Tigoni 植株中的含量高达 6.41mg/100g FW）。通常在未成熟的番茄中发现的α-番茄碱，在野生型马铃薯 *S. acaule* 中也出现（Kozukue et al.，1999）。2008 年 Kozukue 等证实 *S. acaule* 还含有垂茄碱。图 7.2 显示了 *S. tuberosum* 和 *S. acaule* 体细胞杂交的糖苷生物碱的模式。*S. tuberosum* 与 *S. acaule* 的杂交和另一个野生型马铃薯 *Solanum brevidens*，含有α-番茄碱和其他两种由番茄苷配基（糖苷配基的α-番茄碱）与茄三糖和马铃薯三糖结合在一起（分别存在于α-茄碱和α-卡茄碱中的两种糖）（Väänänen et al.，2005）。已发现另一种野生型马铃薯 *Solanum canasense*，含有脱氢克默森茄碱（Kozukue et al.，2008）。*Solanum juzepczukii* 和 *Solanum curtilobum* 中含有垂茄碱和两个新发现的垂茄啶糖苷生物碱（Kozukue et al.，2008）。

7.2.1.5 α-卡茄碱与α-茄碱的比例

马铃薯样品中α-卡茄碱与α-茄碱的比例随品种的不同而不同。这个比例之所以令人感兴趣，是因为如前所述的α-卡茄碱比α-茄碱的毒性强。在表 7.1 中，比例范围为 1.2~2.6。薯皮中的比例通常在约 2 的范围内，高于薯肉中的比例，其值接近 1.5。之前的研究表明，切成薄片并培养的马铃薯，两种生物碱的含量均增加，但α-卡茄碱的含量增幅更大（Fitzpatrick et al.，1977）。我们只能推测这些比例差异很大的可能原因，由于两个糖苷生物碱具有相同的糖苷配基茄啶，但具有不同的三糖侧链（图 7.2），似乎是通过不同生物合成途径合成的（Choi et al.，1994），两种糖苷生物碱在不同通道中的生物合成速率可能取决于栽培品种。对于不同比例的另一个可能的原因是，这两个糖苷生物碱的代谢速率也依赖于

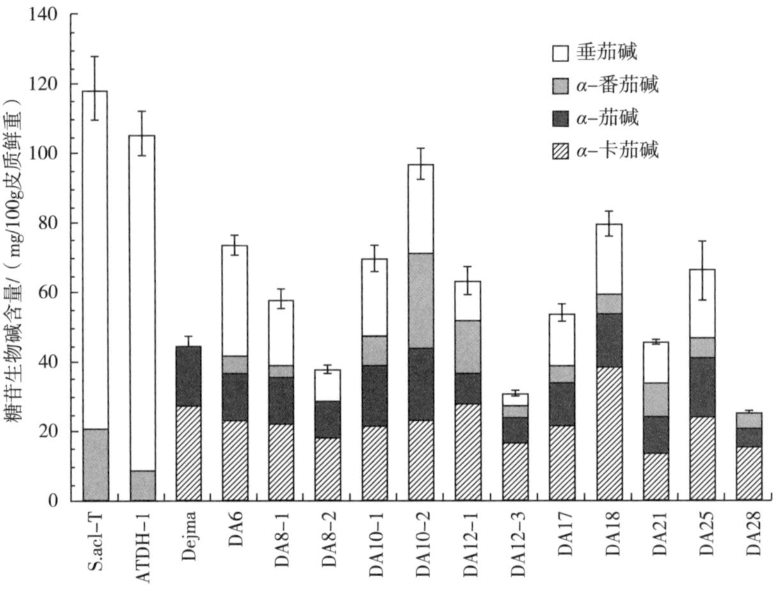

图 7.2　杂交马铃薯品种 *S. acaule*-T 融合亲本（双单倍体 *S. acaule*，ATDH-1 和 *S. tuberosum* cv. Dejima）和 12 个体细胞杂交种块茎中薯皮的糖苷生物碱含量*

注：图中垂直条线表示 3 次单独测定单个糖苷生物碱总含量的标准误差

（资料来源：Kozukue 等，1999）

品种。这些结果揭示，α-卡茄碱和/或 α-茄碱的生物合成中涉及的编码酶的基因的不同可能具有无法预测的结果。杂交马铃薯品种 *S. acaule*-T 融合亲本和 12 个体细胞杂交种块茎中薯皮的糖苷生物碱含量见图 7.2。

由于 α-番茄碱似乎对人体无毒（Friedman，2013），因此含有 α-番茄碱的马铃薯栽培种的培育和商业应用有可能增强人体健康。例如，我们报道了 *S. acaule* 编号 acl-D-3 马铃薯中的 α-番茄碱含量为 49.7μg/100g FW（Kozukue et al.，2008），该值比在红番茄中高很多。这些马铃薯可以作为一种新的功能食品。我们面临挑战目标是实现农场经济和人类健康的利益。应该强调的是，从安全考虑指导这些化合物作为预防或治疗药物在饮食中的使用。

7.2.2　毒性

糖苷生物碱在适当高水平下的毒性似乎是由于诸如抗胆碱酯酶活性对中枢神经系统（Abbott et al.，1960；Heftmann，1967）、肝损伤的诱导（Caldwell et al.，1991）以及细胞膜的破坏对消化系统和全身新陈代谢产生不利影响所致（Keukens et al.，1995）。在较低剂量下，糖苷生物碱对人体的毒性主要引起胃肠道（血糖生成指数，glycemic index，GI）紊乱，例如呕吐，腹泻和腹痛。高剂量时会产生全身毒性，包括发烧、脉搏加快、血压低、呼吸急促和神经失调等症状。据报道，有几起致命的中毒案例（Korpan et al.，2004）。由于肠中的黏膜细胞受损，通过肠壁的吸收更快。这将解释低 GI 和高毒性（急性全身）症状的差异。这也可以解释观察到的陡峭的毒性曲线中，从轻度毒性到重度毒性的转变仅是剂量增加的两倍到三倍（Hopkins，1995）。值得注意的是，番茄糖苷生物碱 α-番茄碱的无毒性似乎是由于其在消化道中与胆固醇形成复合物，然后排泄粪便所致（Friedman et al.，2000b、2007）。在一些野生型马铃薯中发现了 α-番茄碱，这表明育种计划可以提高马铃薯中这种毒性较小的糖苷生物碱的水平。

这些对毒性的关注促使建立了非正式指导的方针，将新马铃薯品种的总糖苷生物碱浓度限制在 200mg/kg FW。正如其他地方所讨论的那样，该基准线可能太高了（Friedman，2006；Friedman et al.，1997）。在一项针对人类志愿者的短期临床试验中，一名测试对象食用了含糖苷生物碱的建议剂量为 200mg/kg 的马铃薯泥后，出现了胃肠道疾病（Mensinga et al.，2005）。世界卫生组织的食品与农业组织评估了可能的茄碱摄入准线，但由于数据不足而无法给出建议。他们阐明："大量食用马铃薯，以每天食用的频率为准的经验表明，在适当生长和处理的块茎中发现的正常的糖苷生物碱水平（20~100mg/kg）并不足以担忧"（Anonymous，2009）。

目前人类进行的研究中，大多数都是非正式的，因此对每个个体的易感性和其他因素的影响尚不明确。糖苷生物碱中毒的发生率可能未得到充分报道，这可能是因为医师更倾向于将食源性病原体（也未充分报道）或一般病毒感染作为胃肠道疾病的病因。因此，我们没有确切的依据来确定由糖苷生物碱引起的中毒频率（Hopkins，1995）。

摄入糖苷生物碱后对疾病的易感性可能受到饮食和总体健康等因素的影响。糖苷生物碱在健康的 GI 中不能很好吸收。然而，肠壁受损等其他健康问题可能会使它们更快地被吸收。水解产物的 β、γ 和糖苷配基形式的毒性小于 α 形式（Rayburn et al.，1994）。因此，诱导 α 形式糖苷生物碱水解的过程，例如在黑曲霉作用 *Aspergillus niger*（Laha et al.，1983）和酸性 pH 下，可能会降低毒性。血液和饮食中的其他成分和营养素也可能影响其毒性。据报道，叶酸、6-磷酸葡萄糖和尼古丁腺嘌呤二核苷酸可保护青蛙胚胎免受 α-卡茄碱诱导的发育毒性（Friedman et al.，1997；Rayburn et al.，1995a）。值得一提的是，孕妇现在广泛食用叶酸，以保护胎儿免受神经管畸形的危害。Renwick（1972）发现胎儿先天性神经畸形、无脑和脊柱裂与母亲食用烂马铃薯之间存在流行病学相关性。最后，膳食纤维通常可以通过结合或改变肠道蠕动来改变营养素和其他化合物的吸收。

必须考虑与饮食中糖苷生物碱含量有关的其他复杂因素。α-卡茄碱的生物活性似乎比 α-茄碱的生物活性高 3~10 倍，并且两种糖苷生物碱的某些组合可以协同发挥作用（Rayburn et al.，1995b；Smith et al.，2001）。有人担心饮食中的糖苷生物碱由于其抗胆碱酯酶的特性，可能会对由乙酰胆碱酯酶和丁酰胆碱酯酶代谢的麻醉药的作用产生不利影响（Krasowski et al.，1997）。茄碱在体外试验中表现出雌激素活性（Friedman et al.，2003a），这种现象对健康的影响未知。

7.2.3 健康益处

通过微量细胞培养四唑法（MTT）检测发现，马铃薯、茄子和番茄中提取的糖苷生物碱和水解产物对人结肠（HT29）、肝脏（HepG2）、宫颈癌（HeLa）、淋巴瘤（U937）和胃癌细胞（AGS 和 KATO Ⅲ）具有活性（抗增殖活性）（Friedman et al.，2005；Kim et al.，2015；Lee et al.，2004）。活性受碳水化合物的化学结构、与糖苷配基的 3-OH 位置相连的糖苷侧链的糖苷元的数量、糖苷配基的结构影响。抗癌药阿霉素（Adriamycin）对肝癌细胞的相对效价与 α-番茄碱和 α-卡茄碱相似。茄碱将 MCF-7 细胞阻滞在 S 段，从而通过影响细胞的微管系统抑制增殖（Ji et al.，2012）。α-卡茄碱通过抑制细胞外信号调节激酶来增加细胞凋亡蛋白酶-3（caspase-3）活性，从而诱导 HT29 细胞凋亡（Yang et al.，2006）。

还需要注意的是，茄子和许多其他植物物种产生的糖苷生物碱澳洲边茄碱和澳洲茄碱也具有抗癌作用（Cham et al.，2012；Chang et al.，1998；Cui et al.，2012；Ding et al.，2012，2013；Kuo et al.，2000；Li et al.，2011；Liang et al.，2007、2008；Liu et al.，2004；Munari et al.，2014；Shiu et al.，2009；Sun et al.，2010；Zhou et al.，2014）。

糖苷生物碱抑制了约氏疟原虫（*Plasmodium yoelii*）17XL（一种仅在小鼠中具有毒性的疟疾毒株）对小鼠的感染（Chen et al.，2010）。碳水化合物基团似乎是活性位点，尤其是 6-OH，其中含马铃薯三糖的分子比含茄三糖的分子活性更高。

7.2.4 分析

长期以来我们对糖苷生物碱的研究评述，实际上是对化学分析领域的研究评述，从简单的重量分析技术到使用当今最昂贵、最灵敏的设备。饮食中糖苷生物碱的毒性性质表明，需要一种精确的方法来测量新鲜的和加工过的马铃薯以及体液（如血浆）和组织（如肝脏）中各个糖苷生物碱及其代谢产物的含量。糖苷生物碱是碱性化合物，因此可溶于酸性水溶液，但高度不溶于碱性水溶液。可以在萃取和纯化过程中利用此特性，使用沉淀、液/液萃取和/或固相萃取来去除干扰样品（Friedman et al.，1992）。典型的萃取方案可能包括萃取到稀乙酸中，然后用氨水处理，然后沉淀或液/液萃取到丁醇中。固相萃取对糖苷生物碱的选择性很高，方法是用相同的溶剂洗涤和洗脱，但在一种情况下酸化，在另一种情况下会碱化。

由于块茎的损伤会刺激糖苷生物碱的合成，因此，及时进行样品检查至关重要。在放置 7h 后，马铃薯切片中的糖苷生物碱含量增加了一倍（Maga，1981）。

7.2.4.1 总糖苷生物碱分析

为了监测农产品和食品中的糖苷生物碱含量，以下方法提供了足够的信息。然而，它们无法提供存在的单个糖苷生物碱的信息。

a. 含量分析

确定总糖苷生物碱含量的最简单方法可能是从底物中提取并进行沉淀。过滤用稀乙酸制成的马铃薯浆，用氨处理滤液，使糖苷生物碱沉淀。该方法不适用于低糖苷生物碱含量，因为所回收物质中不可避免的损失更高百分比。Rodriguez-Saona 等（1999）提醒说，当 pH 值>9.2 时，滤液中的大部分花色素苷将被破坏。

b. 比色法

总糖苷生物碱含量可以采用比色法确定。该方法仅需要简单的实验室设备和玻璃器皿。将糖苷生物碱水解为糖苷配基形式，并用溴酚蓝滴定（Fitzpatrick et al.，1978）。

c. 免疫测定

酶联免疫吸附测定（enzyme linked immunosorbent assay，ELISA）是一种简单的方法，可以在相当短的时间内分析大量样品，这在工业应用中是必需的。对与糖苷生物碱和糖苷配基反应的单克隆（Stanker et al.，1994）和多克隆抗体（PPlhak，1992；Sporns et al.，1996；Ward et al.，1988）的研究始于 20 多年前。Stanker 等继续研究 ELISA 方法（Stanker et al.，1996）。结果与高效液相色谱法一致（表 7.2）。EnviroLogix，Inc.（Portland，Maine）基于 Stanker 等的研究开发了一种 ELISA 试剂盒原型（Friedman et al.，1998a），但该产品从未应用于市场。将毛细管电泳和激光诱导荧光与多克隆抗体结合起来的溶液相免疫分析，声称比 ELISA 更快的分析（Driedger et al.，2000）。免疫测定是一种简单的方法，仍然有可能被广大用户常规使用，但需要商业上的成功才能使用。

表 7.2 HPLC（α-卡茄碱和 α-茄碱总和）和 ELISA 分析同一马铃薯品种和马铃薯加工食品中糖苷生物碱含量的比较 单位：mg/kg

样品		分析方法	
		HPLC	ELISA
全马铃薯（新鲜）	有机的 Russet	5.8	5.1
	Russet	22	24
	Yukon Gold	40	38
	紫色，小的	45	37
	红色，小的	101	128
	金黄，小的	105	113
	白色，大的	125	132
	白色，小的	203	209

续表

样品		分析方法	
		HPLC	ELISA
马铃薯植株的部位（脱水）	Red Lasoda 薯肉	45.6	51.6
	Shepody 薯皮	1432	1251
	Shepody 芽	7641	6218
	叶子	9082	8851
马铃薯加工食品（原薯）	炸薯条 A	0	1.2
	炸薯条 B	24.1	22.7
	低脂薯片	15.2	22.7
	薯皮 A	43.3	35
	薯皮 B	37.2	41

d. 生物传感器

生物传感器将生物过程的产物与电子装置结合在一起，从而起到检测器的作用。结合 pH 敏感的场效应晶体管，使糖苷生物碱与胆碱酯酶的相互作用成为一种有前景的生物传感器（Arkhypova et al.，2008；Benilova et al.，2006a、b）。该测试利用了糖苷生物碱的抗胆碱酯酶活性。Espinosa 等（2014）通过使用基因修饰的乙酰胆碱酯酶提高了上述测试的灵敏度（50μg/L）。与上述 ELISA 类似，这些测试具有很好的前景。

e. 细胞检测

除其他天然毒素外，还通过化学发光测定法测定了茄碱，该测定方法测定哺乳动物细胞中甲二酮催化产生的 H_2O_2 对细胞的损伤程度（Yamashoji et al.，2013）。

7.2.4.2 单个糖苷生物碱的分析

a. 薄层色谱法

在 HPLC 的使用之前，通常通过薄层色谱法（thin-layer chromatography，TLC）进行糖苷生物碱的分离（Fitzpatrick et al.，1978）。将提取的样品点样到 TLC 板上，使其在溶剂中向上迁移，然后通过与着色剂，如用茴香醛或碘反应进行染色（Friedman et al.，1993）。同时通过添加标准品可以快速评估存在的糖苷生物碱及其大致的浓度。与 HPLC 相比，所需的设备和专业知识的要求较低。一种更现代的方法——高效薄层色谱法，已成为一种更准确的定量的分析方法（Bodart et al.，2000；Simonovska et al.，2000）。然而，该方法降低了 TLC 方法的简便性，并且尚未获得超过 HPLC 的广泛认可。

b. 高效液相色谱

HPLC 方法是马铃薯糖苷生物碱及其水解产物实验室分析中最常用的方法（Bodart et al. , 2000；Brown et al. , 1999；Bushway, 1982；Bushway et al. , 1986；Carman et al. , 1986；Dao et al. , 1994、1996；Esposito et al. , 2002；Fragoyiannis et al. , 2001；Friedman et al. , 1998a、1993；Friedman et al. , 1992；Friedman et al. , 1992；Friedman et al. , 1995；Hellenäs et al. , 1992；Houben et al. , 1994；Kozukue et al. , 1987、1999、2001；Kubo et al. , 1996；Kuronen et al. , 1999；Nitithamyong et al. , 1999；Panovska et al. , 1997；Saito et al. , 1990；Simonovska et al. , 2000；Sotelo et al. , 2000；Väänänen et al. , 2000）。糖苷生物碱及其糖苷水解产物可通过等度洗脱一次进样就能同时分析出来。也可以使用梯度洗脱在单次运行中分析糖苷配基和糖苷生物碱。由于分子具有许多可以利用的特性，包括极性、大小和溶解度，因此选择了许多柱填料。由未封端的 C18-改性硅胶装填的混合色谱柱，利用了糖苷生物碱与填料的双重相互作用，取得了良好的效果（Friedman et al. , 1992）。分子的首次相互作用是在反相的 C18 部分发生，裸露的二氧化硅颗粒二次相互作用提供了更好的分离效果，从而实现了 α-茄碱，α-卡茄碱及其水解产物的基线分辨率［图 7. 3（1）］。像这样具有大量硅烷醇相互作用的色谱柱会引起拖尾，尤其是对于疏水性更高的分子，因此最好使用完全封端的色谱柱来分析糖苷配基［图 7. 3（2）］。反相氨基（NH_2）填料的使用也获得了成功［图 7. 3（3）］（Kozukue et al. , 1999；Meher et al. , 2003）。尽管 NH_2 柱技术的运行时间更长，但由于可以将缓冲盐的含量降至最低，因此它更适合 HPLC/MS。

由于缺乏发色团，必须使用低吸收性溶剂在 200~210nm 波长范围内最小化背景吸收以利于 UV 检测。可以使用其他检测器，如电化学检测器（Friedman et al. , 1994；Wang et al. , 2013），光散射检测器或折射率检测器来克服这些问题，但可能不那么稳定或有选择性。糖苷生物碱可通过如下方法进行鉴定：①与标准品同时进行分析并与之比较；②收集色谱峰对应的溶液并与标准品一起用 TLC 进行分析；③用 HCl 将收集到的 HPLC 峰水解成糖和糖苷配基（通常是茄碱），然后通过 TLC、气相色谱（gas chromatography，GC）、HPLC 或 GC/MS 进行鉴定（Kozukue et al. , 2003；Kozukue et al. , 1999、2008）。

c. 质谱分析法

糖苷生物碱不易挥发，因此 GC/MS 的应用受到限制。样品可以被水解，糖苷配基能够很快通过 GC/MS 进行分析，而糖则需要在分析之前进行衍生化（Friedman et al. , 1998b）。尽管糖苷配基无需衍生化即可用于 GC 分析，Laurila 等（1999）通过三甲基甲硅烷基化和五氟脯氨酰化衍生，以产生更好的离子碎片，用于改善鉴定准确性。MS 可以直接鉴定不需要分离的样品，如从 TLC 或 HPLC 收集的峰（Friedman et al. , 1993）

HPLC/MS 可以单次进样分离和分析糖苷生物碱。Ieri 等（2011）开发了一种使用 MSD API 电喷雾技术的 HPLC/MS 方法，可在 25min 内运行一次，分析马铃薯的糖苷生物碱、酚酸和花色素苷。超高效液相色谱-三重四极杆质谱法（MS）可以在 5. 5min 内检测固相萃取

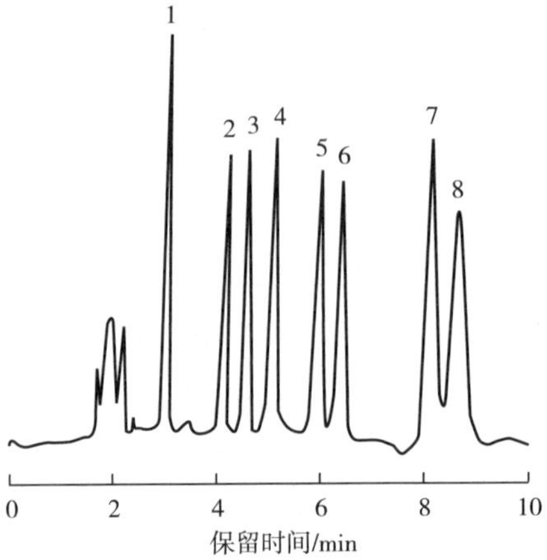

（1）马铃薯糖苷生物碱及其水解产物
各约1μg的HPLC色谱图①

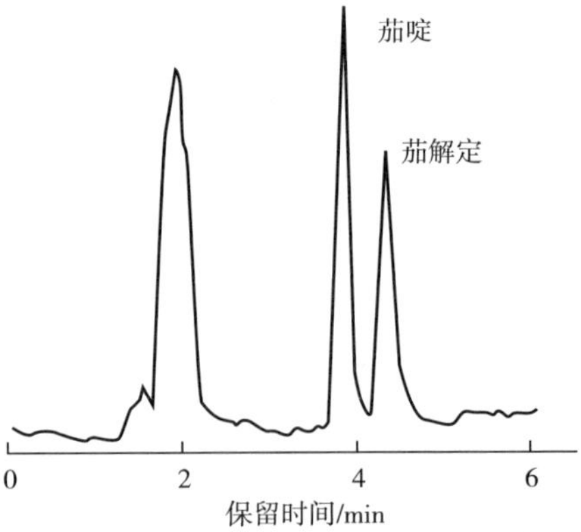

（2）苷配基茄碱和茄碱的HPLC色谱图②

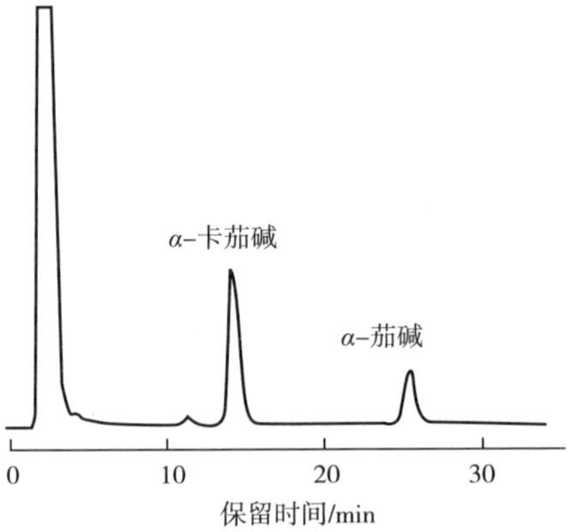

（3）HPLC测定一种马铃薯薯肉中α-卡茄碱和α-茄碱的含量③

图 7.3 HPLC 分离方法的比较

注：①1，茄碱（内标）；2，α-茄碱；3，α-卡茄碱；4，β2-茄碱；5，β1-卡茄碱；6，β2-卡茄碱；7，γ-茄碱；8，γ-卡茄碱。条件：色谱柱，解析 C18（5μm，3.9×300mm）柱；流动相，35%乙腈/100（mmol/L）铵 pH=3 的磷酸盐（一元）；流速 1.0mL/min；柱温，环境温度；紫外线检测器，200nm；

②条件为 Supelcosil C18-DB（3μm，4.6×150mm）柱；流动相，60%乙腈/10（mmol/L）磷酸铵，pH=2.5；流速 1.0mL/min；柱温，环境温度；紫外线检测器，200nm；

③条件为色谱柱，Inertsil NH_2（5μm，4.0×250mm）柱；流动相，乙腈/20mmol KH_2PO_4（80/20，*v/v*）；流速 1.0mL/min；柱温 20℃；紫外线检测器，208nm；样品量 20μL。

净化后的体液中的糖苷生物碱（Zhang et al.，2014）。超高效色谱与电喷雾电离（electrospray ionization，ESI）—飞行时间（time of fly，TOF）质谱联用仪同时鉴定了马铃薯中有机酸、氨基酸、羟肉桂酸衍生物、羟肉桂酰胺、黄酮醇以及糖苷生物碱（Chong et al.，2013）。HPLC/MS（LTQ-Orbitrap）用于单次分析糖苷配基和糖苷生物碱（Caprioli et al.，

2013)。Abell 和 Sporns (1996) 开发了一种用于马铃薯糖苷生物碱的基质辅助激光解吸/电离 (matrix-assisted laser desorption/ionization, MALDI) TOF MS 方法。Ha 等 (2012) 将该方法进一步应用于显微成像技术 (一种称为 MALDI 成像 MS 的技术), 用于分析整个未提取的生物样品。一种类似的方法已经应用于番茄, 采用激光烧蚀电喷雾质谱联用成像技术 (Nielen et al., 2014)。作者声称样品制备得到了简化, 因为它不像 MALDI 成像质谱法那样需要非常平坦的表面或添加基质。这些方法可以测量块茎部分中糖苷生物碱的分布。在分析之前, 它们不需要耗时和复杂的样品制备过程。另外, 克服了与提取有关的问题, 例如提取效率低和样品损失等。

另一种方法, Bianco 等 (2002) 使用非水毛细管电泳结合 ESI-离子阱质谱分析糖苷生物碱及其糖苷配基。

7.3 打碗花精生物碱

打碗花精是多羟基化的降莨菪碱, 于 1988 年在植物打碗花 (*Calystegia sepium*)、田旋花 (*Convolvulus arvensis*) 和颠茄 (*Atropa belladonna*) 中首次发现 (Tepfer et al., 1988)。在与土壤接触的部分植物中发现了生物碱, 似乎为某些有益的根际细菌提供了碳和氮源 (Tepferet et al., 1988)。1990 年阐明了它们的结构 (Ducrot et al., 1990; Goldmann et al., 1990)。随后, 它们也在马铃薯 (Dräger et al., 1995; Nash et al., 1993), 以及茄科和番茄等其他茄科 (Asano et al., 1997) 中被发现。据报道, 马铃薯主要含有打碗花精 A_3 和打碗花精 B_2, 如图 7.4 所示 (Asano et al., 1997; Keiner et al., 2000; Nash et al., 1993), 目前已发现了较少的其他打碗花精 (Griffiths et al., 2008)。目前已知至少有 14 个打碗花精, 根据羟基数的不同, 具有 A (三羟基正烷)、B (四羟基正烷) 和 C (五羟基正烷) 基团 (Biastoff et al., 2007)。已经从茄科植物 Duboisia leichhardtii 中分离出二羟基正烷 (Asano et al., 2001b)。在马铃薯的芽里发现了少量的打碗花精 N_1, 是一种在打碗花精桥头堡上的 OH 被 NH_2 取代的化合物。同时一起发现了 B_3、B_4 和一种未知的类似打碗花精的化合物, 命名为 X_2 (Griffiths et al., 2008)。不同的打碗花精中的羟基在位置和立体化学上都不同 (Asano et al., 2000)。此外, 生物碱在双环桥头处能够生成叔羟基的新型氨基缩酮官能团

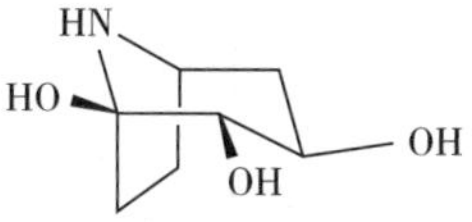

(1) 打碗花精A_3

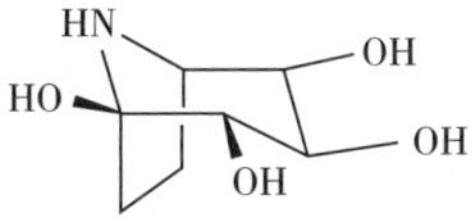

(2) 打碗花精B_2

图 7.4 常见马铃薯打碗花精的结构

（Asano et al.，2000）。降莨菪碱与莨菪烷生物碱类似，如在其他茄科植物中发现的阿托品，但它们缺乏取代氮原子的甲基（Asano et al.，2000）。打碗花精的生物合成途径似乎是莨菪烷生物碱途径的一个分支，从立体特异性还原莨菪酮开始（Keiner et al.，2000）。Stenzel 等（2006）证实，即使没有莨菪烷类生物碱的生成，在马铃薯中表达并激活了莨菪烷途径。

7.3.1 在块茎中的含量

与糖苷生物碱类似，打碗花精在芽和薯皮中的积累水平高于马铃薯块茎中的积累水平（Griffiths et al.，2008）。像糖苷生物碱一样，随着块茎的衰老和芽的产生，打碗花精在块茎中积累（Keiner et al.，2000）。但是，与糖苷生物碱不同的是打碗花精似乎在马铃薯损伤或光刺激后并未增加（Keiner et al.，2000；Petersson et al.，2013）。Griffiths 等（2008）发现 5 个 *S. tuberosum* 品种薯皮中的打碗花精浓度比薯肉中高 13 倍，而 4 个二倍体栽培种（*S. phureja* 品系）（在南美普遍食用）则高 4 倍。通常，*S. tuberosum* 的芽中糖苷生物碱浓度比薯肉高 100 倍，比薯皮中的高 8 倍。而 *S. phureja* 的芽中糖苷生物碱浓度比薯肉高 30 倍，比薯皮中的高 7 倍。在所分析的 22 个马铃薯品种中，一个发芽样品中，打碗花精 N_1 和打碗花精 X_2 含量均高于其他品种。不同品种芽中的打碗花精 B_4 浓度也有很大差异。这些结果表明，打碗花精含量在品种及马铃薯植株的不同部位中存在相当大的差异。Richter 等（2007）研究了糖代谢的变化对打碗花精合成的影响，并确定其变化水平与蔗糖的可利用性有关。因此，从品种到糖含量，再到打碗花精含量之间可能存在一定的关联性。

7.3.2 毒性

目前，还没关于打碗花精的人体中毒数据的报道。以往的马铃薯中毒是单靠糖苷生物碱毒性所致，还是因糖苷生物碱与打碗花精的共同作用所致，这一点确实还是未知的。已知打碗花精作为糖苷酶抑制剂具有生物活性（Molyneux et al.，1993）。打碗花精是多羟基化的生物碱，化学上类似于单糖，但是环上的氧被氮取代（Asano et al.，2000）。由于这种相似性，它们可以在生物学上充当单糖类似物，取代糖苷酶天然底物的糖部分（Asano et al.，2000；Molyneux et al.，1993）。打碗花精结合在活性位点使这些酶失活，而这些酶是多种生物学功能所必需的（Asano et al.，2000）。B_1 和 C_1 打碗花精是有效的 β-葡萄糖苷酶抑制剂，而 B_2 是很强的 α-半乳糖苷酶抑制剂（Asano et al.，1997）。

7.3.3 健康益处

打碗花精以及其他单糖类似物，有可能用于治疗多种疾病，如癌症、糖尿病、细菌和病毒感染以及刺激免疫系统（Asano et al.，2001a、2000；Watson et al.，2001）。同样，在研究中，模拟物可用于诱导细胞代谢中的改变或异常状态。由于糖苷酶的作用，细胞壁中的

N连接的寡糖糖蛋白具有高度特异性，因此改变其活性可以深入了解细胞代谢（Asano et al.，2000）。通过研究，得到的一个益处是可以通过产生溶酶体糖苷酶缺乏的模拟物来建立遗传性溶酶体疾病的细胞或动物模型（Asano et al.，2000）。

人们似乎对使用糖苷酶抑制剂相关的许多潜在疗法感兴趣。从马铃薯中纯化出来的打碗花精 A_3、B_2 具有通过抑制分解复杂糖类的消化糖苷酶来防止富含碳水化合物的餐后血糖水平急剧上升的潜力（Jockovic et al.，2013）。打碗花精 B_2 和同分异构体是人类溶酶体 β-葡萄糖脑苷酶的有效抑制剂，该酶与遗传戈谢（引起骨骼和神经系统疾病）病的病因有关，（Kato et al.，2014）。癌症转移与N-连接的低聚寡糖糖蛋白的变化有关，因此，模拟物用于癌症治疗或研究将引起人们的兴趣（Asano et al.，2000）。许多动物病毒的被膜是由糖蛋白组成的，糖蛋白可能会被糖苷酶抑制剂破坏（Asano et al.，2000）。现在，人们对基于打碗花精的化学合成新药和创新药感兴趣（Kaliappan et al.，2009；Pino-Gonzalez et al.，2012）。

7.3.4 分析

打碗花精是亲水性分子，易于在水/醇溶液中提取，并通过阳离子树脂过滤纯化（Friedman et al.，2003b）。使用酒精而不是水溶液可以消除马铃薯中存在的许多糖类的干扰（Dräger，2002）。Nash 等（1993）最初用高压纸电泳法和茚三酮染色分析了打碗花精。与糖苷生物碱一样，使用 TLC 可以快速进行筛选（Dräger，1995）。薄层色谱是一种快速、廉价、简单的技术，但缺少其他方法所能提供的精确定量数据（Dräger，2002）。使用气相色谱要求将生物碱甲硅烷基化或使其挥发（Dräger，1995）。Dräger（2002）发表了对托品烷（包括莨菪生物碱）分析的综述。总之，气相色谱和气相色谱/质谱具有分析时间短和选择性强的优点，但是需要精心制备样品，因为样品必须衍生化并且在不恰当的处理下很容易被破坏。高效液相色谱法（HPLC）仪器使用广泛，并且可以提供良好的分离效果。HPLC 具有在普通检测器上信号差的缺点，并且需要通过梯度洗脱，这样就增加额外的复杂性。HPLC/MS 是一个不错的选择，但需要昂贵的仪器和额外的技能。最后，毛细管电泳具有良好的分离度和灵敏度，但必须提供其他检测方案。图 7.5 用从马铃薯冻干粉中提取的打碗花精 A_3 和 B_2 的总离子色谱图，说明了打碗花精在 GC/MS 上的分离情况（Friedman et al.，2003b）。

表 7.1 使用气相色谱/质谱联用（GC/MS）方法比较了相同马铃薯品种中的打碗花精和糖苷生物碱含量（Friedman et al.，2003b），证明了糖苷生物碱与打碗花精含量之间似乎没有相关性。由于各个打碗花精异构体的生物学活性不同（Asano et al.，1997；Watson et al.，2001），因此它们的比例以及它们在各种马铃薯品种中的总量对评估饮食中打碗花精的作用可能很重要。

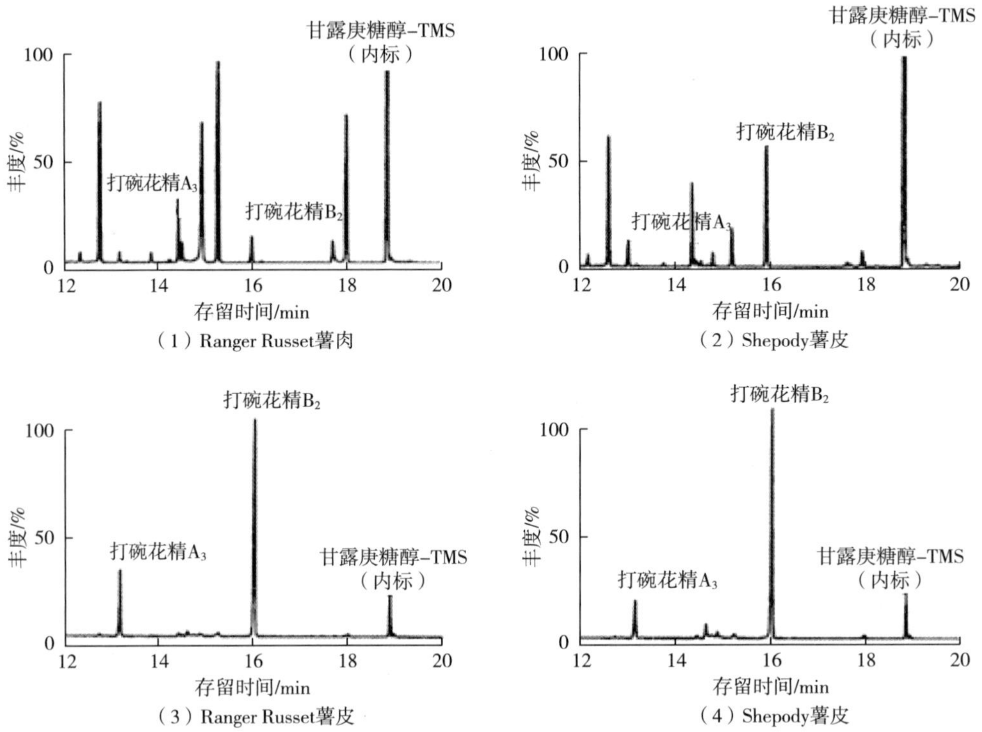

图7.5 从冻干马铃薯薯肉和薯皮中提取的亲水生物碱馏分的GC/MS总离子色谱

7.4 结论

用于分析商业马铃薯、加工马铃薯产品和新品种中的生物活性打碗花精生物碱和糖苷生物碱的参考方法，可以提高质量控制和最终产品安全性分析的准确性和可靠性。准确的分析将使种植者、研究人员、加工者和消费者都受益。分析研究还促进了同时进行的毒性和有益健康影响的研究，以及次级代谢产物的生物合成的研究。马铃薯加工者通常对为马铃薯产品赋予理想的感官特性感兴趣，发现马铃薯成分对健康有促进作用可与其具有的毒性问题相平衡，这意味着，在未来旨在提高人类饮食中这些化合物含量的努力中，分析方法将是至关重要的。由于糖苷生物碱、打碗花精的生物学活性以及在寄主植物抗性中的作用可能是相互关联的，因此有必要确定各种马铃薯品种中糖苷生物碱和打碗花精的含量，并研究其对动物和人的单独和综合的效应。此外，高打碗花精含量的马铃薯饮食可能的治疗应用也值得研究。未来的研究应尝试进一步简化和改进上述的分析方法。

致谢

我们非常感谢我们的同事，特别是在许多引用的参考文献中都出现的Nobuyuke Kozukue教授，感谢他们出色的科学合作。

参考文献

Abbott D. G, Field K, Johnson E. I. Observation on the correlation of anticholinesterase effect with solanine content of potatoes. *Analyst*. 1960;85:375-377.

Abell D. C, Sporns P. Rapid quantitation of potato glycoalkaloids by matrix-assisted laser desorption/ionization time-of-flight mass spectrometry. *Journal of Agricultural and Food Chemistry*. 1996;44:2292-2296.

Andre C. M, Schafleitner R, Guignard C, Oufir M, Aliaga C. A. A, Nomberto G, Hoffmann L, Hausman J. F, Evers D, Larondelle of the health-promoting value of potato tubers field grown under drought stress: emphasis on dietary antioxidant and glycoalkaloid contents in five native Andean cultivars (*Solanum tuberosum* L.). *Journal of Agricultural and Food Chemistry*. 2009;57:599-609.

Anonymous. Appendix: glycoalkaloids in potatoes: public standards concerning safe levels of intake. *Journal of Food Composition and Analysis*. 2009;22:625.

Arkhypova V. N, Dzyadevych S. V, Jaffrezic-Renault N, Martelet C, Soldatkin A. P. Biosensors for assay of glycoalkaloids in potato tubers. *Applied Biochemistry and Microbiology*. 2008;44:314-318.

Asano N, Kato A, Matsui K, Watson A. A, Nash R. J, Molyneux R. J, Hackett L, Topping J, Winchester B. The effects of calystegines isolated from edible fruits and vegetables on mammalian liver glycosidases. *Glycobiology*. 1997;7:1085-1088.

Asano N, Kato A, Watson A. A. Therapeutic applications of sugar-mimicking glycosidase inhibitors. *Mini Reviews in Medicinal Chemistry*. 2001;1:145-154.

Asano N, Kato A, Yokoyama Y, Miyauchi M, Yamamoto M, Kizu H, Matsui K. Calystegin N_1, a novel nortropane alkaloid with a bridgehead amino group from *Hyoscyamus niger*: structure determination and glycosidase inhibitory activities. *Carbohydrate Research*. 1996;284:169-178.

Asano N, Nash R. J, Molyneux R. J, Fleet G. W. J. Sugar-mimic glycosidase inhibitors: natural occurrence, biological activity and prospects for therapeutic application. *Tetrahedron-Asymmetry*. 2000; 11: 1645-1680.

Asano N, Yokoyama K, Sakurai M, Ikeda K, Kizu H, Kato A, Arisawa M, Höke D, Dräger B, Watson A. A, Nash R. J. Dihydro alkaloids from calystegine-producing plants. *Phytochemistry*. 2001;57:721-726.

Bejarano L, Mignolet E, Devaux A, Espinola N, Carrasco E, Larondelle Y. Glycoalkaloids in potato tubers: the effect of variety and drought stress on the α-solanine and α-chaconine contents of potatoes. *Journal of the Science of Food and Agriculture*. 2000;80:2096-2100.

Benilova I. V, Arkhypova V. M, Dzyadevych S. V, Jaffrezic-Renault N, Martelet C, Soldatkin A. P. Kinetic properties of butyrylcholinesterases immobilised on pH-sensitive field-effect transistor surface and inhibitory action of steroidal glycoalkaloids on these enzymes. *Ukrainskii Biokhimicheskii Zhurnal*. 2006;78:131-141.

Benilova I. V, Arkhypova V. N, Dzyadevych S. V, Jaffrezic-Renault N, Martelet C, Soldatkin A. P. Kinetics of human and horse sera cholinesterases inhibition with solanaceous glycoalkaloids: study by potentiometric biosensor. *Pesticide Biochemistry and Physiology*. 2006;86:203-210.

Bianco G, Schmitt-Kopplin P, de Benedetto G, Kettrup A, Cataldi T. R. I. Determination of glycoalkaloids and relative aglycones by nonaqueous capillary electrophoresis coupled with electrospray ionization-ion trap mass spectrometry. *Electrophoresis*. 2002;23:2904-2912.

Biastoff S, Dräger B. *Chapter 2 Calystegines*, *Alkaloids*: *Chemistry and Biology*. 2007:49-102.

Bodart P, Kabengera C, Noirfalise A, Hubert P, Angenot L. Determination of α-solanine and α-chaconine in potatoes by high-performance thin-layer chromatography/densitometry. *Journal of AOAC International*. 2000;83:1468-1473.

Brown M. S, McDonald G. M, Friedman M. Sampling leaves of young potato (*Solanum tuberosum*) plants for glycoalkaloid analysis. *Journal of Agricultural and Food Chemistry*. 1999;47:2331-2334.

Bushway R. J. High-performance liquid chromatographic separation of potato glycoalkaloids using a radially compressed amino column. *Journal of Chromatography*. 1982;247:180-183.

Bushway R. J, Bureau J. L, King J. Modification of the rapid high-performance liquid chromatographic method for the determination of potato glycoalkaloids. *Journal of Agricultural and Food Chemistry*. 1986;34:277-279.

Caldwell K. A, Grosjean O. K, Henika P. R, Friedman M. Hepatic ornithine decarboxylase induction by potato glycoalkaloids in rats. *Food and Chemical Toxicology*. 1991;29:531-535.

CaprioliG, Cahill M. G, Vittori S, James K. J. Liquid chromatography-hybrid linear ion trap-high-resolution mass spectrometry (LTQ-Orbitrap) method for the determination of glycoalkaloids and their aglycons in potato samples. *Food Analytical Methods*. 2013;7:1367-1372.

Carman Jr. A. S, Kuan S. S, Ware G. M, Francis Jr. O. J, Kirschenheuter G. P. Rapid high-performance liquid chromatographic determination of the potato glycoalkaloids α-solanine and α-chaconine. *Journal of Agricultural and Food Chemistry*. 1986;34:279-282.

Cham B. E. Solasodine glycosides as anti-cancer agents: pre-clinical and clinical studies. *Asia Pacific Journal of Pharmacology*. 1994;9:113-118.

Cham B. E, Chase T. R. Solasodine rhamnosyl glycosides cause apoptosis in cancer cells. Do they also prime the immune system resulting in long-term protection against cancer? *Planta Medica*. 2012;78:349-353.

Chang L. -C, TsaiT. -R, Wang J. -J, Lin C. -N, Kuo K. -W. The rhamnose moiety of solamargine plays a crucial role in triggering cell death by apoptosis. *Biochemical and Biophysical Research Communications*. 1998;242:21-25.

Chen Y, Li S, Sun F, Han H, Zhang X, Fan Y, Tai G, Zhou Y. In vivo antimalarial activities of glycoalkaloids isolated from Solanaceae plants. *Pharmaceutical Biology*. 2010;48:1018-1024.

Choi D, Bostock R. M, Avdiushko S, Hildebrand D. F. Lipid-derived signals that discriminate wound-and pathogen-responsive isoprenoid pathways in plants: methyl jasmonate and the fungal elicitor arachidonic acid induce different 3-hydroxy-3-methylglutaryl-coenzyme A reductase genes and antimicrobial isoprenoids in *Solanum tuberosum* L.. *Proceedings of the National Academy of Sciences of the United States of America*. 1994;91:2329-2333.

Chong E. S, McGhie T. K, Heyes J. A, Stowell K. M. Metabolite profiling and quantification of phytochemicals in potato extracts using ultra-high-performance liquid chromatography-mass spectrometry. *Journal of the Science of Food and Agriculture*. 2013;93:3801-3808.

Cui C. Z, Wen X. S, Cui M, Gao J, Sun B, Lou H. X. Synthesis of solasodine glycoside derivatives and evaluation of their cytotoxic effects on human cancer cells. *Drug Discoveries & Therapeutics*. 2012;6:9-17.

Dao L, Friedman M. Chlorophyll, chlorogenic acid, glycoalkaloid, and protease inhibitor content of fresh and green potatoes. *Journal of Agricultural and Food Chemistry*. 1994;42:633-639.

Dao L, Friedman M. Comparison of glycoalkaloid content of fresh and freeze-dried potato leaves determined by HPLC and colorimetry. *Journal of Agricultural and Food Chemistry*. 1996;44:2287-2291.

Dimenstein L, Lisker N, Kedar N, Levy D. Changes in the content of steroidal glycoalkaloids in potato tubers grown in the field and in the greenhouse under different conditions of light, temperature and daylength. *Physiological and Molecular Plant Pathology*. 1997;50:391-402.

Ding X, Zhu F. -S, Li M, Gao S. -G. Induction of apoptosis in human hepatoma SMMC-7721 cells by solamargine from *Solanum nigrum* L.. *Journal of Ethnopharmacology*. 2012;139:599-604.

Ding X, Zhu F, Yang Y, Li M. Purification, antitumor activity in vitro of steroidal glycoalkaloids from black nightshade (*Solanum nigrum* L.). *Food Chemistry*. 2013;141:1181-1186.

Djomo S. N, Humbert S, Dagnija B. Life cycle assessment of hydrogen produced from potato steam peels. *International Journal of Hydrogen Energy*. 2008;33:3067-3072.

Donnelly A, Lawson T, Craigon J, Black C. R, Colls J. J, Landon G. Effects of elevated CO_2 and O_3 on tuber quality in potato (*Solanum tuberosum* L.). *Agriculture, Ecosystems and Environment*. 2001;87:273-285.

Dräger B. Identification and quantification of calystegines, polyhydroxyl nortropane alkaloids. *Phytochemical Analysis*. 1995;6:31-37.

Dräger B. Analysis of tropane and related alkaloids. *Journal of Chromatography A*. 2002;978:1-35.

Dräger B, van Almsick A, Mrachatz G. Distribution of calystegines in several Solanaceae. *Planta Medica*. 1995;61:577-579.

Driedger D. R, LeBlanc R. J, LeBlanc E. L, Sporns P. A capillary electrophoresis laser-induced fluorescence method for analysis of potato glycoalkaloids based on a solution-phase immunoassay. 1. Separation and quantification of immunoassay products. *Journal of Agricultural and Food Chemistry*. 2000;48:1135-1139.

Driedger D. R, Sporns P. Glycoalkaloid concentration in by-products of potato starch extraction as measured by matrix-assisted laser desorption/ionization mass spectrometry. *Journal of Food Processing and Preservation*. 1999;23:377-390.

Ducrot P. H, Lallemand J. Y. Structure of the calystegines: new alkaloids of the nortropane family. *Tetrahedron Letters*. 1990;31:3879-3882.

Elferink E. V, Nonhebel S, Moll H. C. Feeding livestock food residue and the consequences for the environmental impact of meat. *Journal of Cleaner Production*. 2008;16:1227-1233.

Espinoza M. A, Istamboulie G, Chira A, Noguer T, Stoytcheva M, Marty J. L. Detection of glycoalkaloids using disposable biosensors based on genetically modified enzymes. *Analytical Biochemistry*. 2014;457:85-90.

Esposito F, Fogliano V, Cardi T, Carputo D, Filippone E. Glycoalkaloid content and chemical composition of potatoes improved with nonconventional breeding approaches. *Journal of Agricultural and Food Chemistry*. 2002;50:1553-1561.

Fitzpatrick T. J, Herb S. F, Osman S. F, McDermott J. A. Potato glycoalkaloids: increases and variations of ratios in aged slices over prolonged storage. *American Potato Journal*. 1977;54:539-544.

Fitzpatrick T. J, Mackenzie J. D, Gregory P. Modifications of the comprehensive method for total glycoalkaloid determination. *American Potato Journal*. 1978;55:247-248.

Fragoyiannis D. A, McKinlay R. G, D'Mello J. P. F. Interactions of aphid herbivory and nitrogen availability on the total foliar glycoalkaloid content of potato plants. *Journal of Chemical Ecology*. 2001; 27: 1749-1762.

Friedman M. Tomato glycoalkaloids: role in the plant and in the diet. *Journal of Agricultural and Food Chemistry*. 2002;50:5751-5780.

Friedman M. Potato glycoalkaloids and metabolites: roles in the plant and in the diet. *Journal of Agricultural and Food Chemistry*. 2006;54:8655-8681.

Friedman M. Anticarcinogenic, cardioprotective, and other health benefits of tomato compounds lycopene, α-tomatine, and tomatidine in pure form and in fresh and processed tomatoes. *Journal of Agricultural and Food Chemistry*. 2013;61:9534-9550.

Friedman M. Chemistry and anticarcinogenic mechanisms of glycoalkaloids produced by eggplants, potatoes, and tomatoes. *Journal of Agricultural and Food Chemistry*. 2015;63:3323-3337.

Friedman M, Bautista F. F, Stanker L. H, Larkin K. A. Analysis of potato glycoalkaloids by a new ELISA kit. *Journal of Agricultural and Food Chemistry*. 1998;46:5097-5102.

Friedman M, Burns C. F, Butchko C. A, Blankemeyer J. T. Folic acid protects against potato glycoalkaloid α-chaconine-induced disruption of frog embryo cell membranes and developmental toxicity. *Journal of Agricultural and Food Chemistry*. 1997;45:3991-3994.

Friedman M, Dao L. Distribution of glycoalkaloids in potato plants and commercial potato products. *Journal of Agricultural and Food Chemistry*. 1992;40:419-423.

Friedman M, Fitch T. E, Levin C. E, Yokoyama W. H. Feeding tomatoes to hamsters reduces their plasma low-density lipoprotein cholesterol and triglycerides. *Journal of Food Science*. 2000;65:897-900.

Friedman M, Fitch T. E, Yokoyama W. E. Lowering of plasma LDL cholesterol in hamsters by the tomato glycoalkaloid tomatine. *Food and Chemical Toxicology*. 2000;38:549-553.

Friedman M, Henika P. R, Mackey B. E. Effect of feeding solanidine, solasodine and tomatidine to non-pregnant and pregnant mice. *Food and Chemical Toxicology*. 2003;41:61-71.

Friedman M, Kozukue N, Harden L. A. Preparation and characterization of acid hydrolysis products of the tomato glycoalkaloid α-tomatine. *Journal of Agricultural and Food Chemistry*. 1998;46:2096-2101.

Friedman M, Lee K. R, Kim H. J, Lee I. S, Kozukue N. Anticarcinogenic effects of glycoalkaloids from potatoes against human cervical, liver, lymphoma, and stomach cancer cells. *Journal of Agricultural and Food Chemistry*. 2005;53:6162-6169.

Friedman M, Levin C. E. Reversed-phase high-performance liquid chromatographic separation of potato glycoalkaloids and hydrolysis products on acidic columns. *Journal of Agricultural and Food Chemistry*. 1992;40:2157-2163.

Friedman M, Levin C. E, McDonald G. M. α-Tomatine determination in tomatoes by HPLC using pulsed amperometric detection. *Journal of Agricultural and Food Chemistry*. 1994;42:1959-1964.

Friedman M, McDonald G. Postharvest changes in glycoalkaloid content of potatoes. In: Jackson L, Knize M, eds. *Impact of Food Processing on Food Safety*. New York: Plenum Press; 1999:121-143.

Friedman M, McDonald G, Haddon W. F. Kinetics of acid-catalyzed hydrolysis of carbohydrate groups of potato glycoalkaloids α-chaconine and α-solanine. *Journal of Agricultural and Food Chemistry*. 1993;41:1397-1406.

Friedman M, McDonald G. M. Acid-catalyzed partial hydrolysis of carbohydrate groups of the potato glycoalkaloids α-chaconine in alcoholic solutions. *Journal of Agricultural and Food Chemistry*. 1995; 43: 1501-1506.

Friedman M, McDonald G. M. Potato glycoalkaloids: chemistry, analysis, safety, and plant physiology. *Critical Reviews in Plant Sciences*. 1997;16:55-132.

Friedman M, McDonald G. M. Steroidal glycoalkaloids. In: Ikan R, ed. *Naturally Occurring Glycosides: Chemistry, Distribution, and Biological Properties*. Chichester: John Wiley and Sons, Ltd; 1999:311-343.

Friedman M, McQuistan T, Hendricks J. D, Pereira C, Bailey G. S. Protective effect of dietary tomatine against dibenzo[*a*,*l*]pyrene (DBP)-induced liver and stomach tumors in rainbow trout. *Molecular Nutrition & Food Research*. 2007;51:1485-1491.

Friedman M, Roitman J. N, Kozukue N. Glycoalkaloid and calystegine contents of eight potato cultivars. *Journal of Agricultural and Food Chemistry*. 2003;51:2164-2173.

Goldmann A, Milat M. -L, Ducrot P. -H, Lallemand J. -Y, Maille M, Lepingle A, Charpin I, Tepfer D.

Tropane derivatives from *Calystegia sepium*. *Phytochemistry*. 1990;29:2125-2127.

Griffiths D. W, Bain H, Deighton N, Robertson G. W, Dale M. F. B, Finlay M. Photo-induced synthesis of tomatidenol-based glycoalkaloids in *Solanum phureja* tubers. *Phytochemistry*. 2000;53:739-745.

Griffiths D. W, Dale M. F. B. Effect of light exposure on the glycoalkaloid content of *Solanum phureja* tubers. *Journal of Agricultural and Food Chemistry*. 2001;49:5223-5227.

Griffiths D. W, Shepherd T, Stewart D. Comparison of the calystegine composition and content of potato sprouts and tubers from *Solanum tuberosum* group *phureja* and *Solanum tuberosum* group tuberosum. *Journal of Agricultural and Food Chemistry*. 2008;56:5197-5204.

Gubarev M. I, Enioutina E. Y, Taylor J. L, Visic D. M, Daynes R. A. Plant-derived glycoalkaloids protect mice against lethal infection with *Salmonella typhimurium*. *Phytotherapy Research*. 1998;12:79-88.

Ha M, Kwak J. H, Kim Y, Zee O. P. Direct analysis for the distribution of toxic glycoalkaloids in potato tuber tissue using matrix-assisted laser desorption/ionization mass spectrometric imaging. *Food Chemistry*. 2012;133:1155-1162.

Haase N. U. Glycoalkaloid concentration in potato tubers related to storage and consumer offering. *Potato Research*. 2010;53:297-307.

Hamouz K, Lachman J, Dvořák P, Pivec V. The effect of ecological growing on the potatoes yield and quality. *Plant, Soil and Environment*. 2005;51:397-402.

Heftmann E. Biochemistry of steroidal saponins and glycoalkaloids. *Lloydia*. 1967;30:209-230.

Hellenäs K. E, Nyman A, Slanina P, Lööf L, Gabrielsson J. Determination of potato glycoalkaloids and their aglycone in blood serum by high-performance liquid chromatography. Application to pharmacokinetic studies in humans. *Journal of Chromatography*. 1992;573:69-78.

Högy P, Fangmeier A. Atmospheric CO_2 enrichment affects potatoes: 2. Tuber quality traits. *European Journal of Agronomy*. 2009;30:85-94.

Hopkins J. The glycoalkaloids: naturally of interest (but a hot potato?). *Food and Chemical Toxicology*. 1995;33:323-328.

Houben R. J, Brunt K. Determination of glycoalkaloids in potato tubers by reversed-phase high-performance liquid chromatography. *Journal of Chromatography A*. 1994;661:169-174.

IeriF, Innocenti M, Andrenelli L, Vecchio V, Mulinacci N. Rapid HPLC/DAD/MS method to determine phenolic acids, glycoalkaloids and anthocyanins in pigmented potatoes (*Solanum tuberosum* L.) and correlations with variety and geographical origin. *Food Chemistry*. 2011;125:750-759.

JiY. B, Liu J. Y, Gao S. Y. Effects of solanine on microtubules system of human breast cancer MCF-7 cells. *Chinese Traditional and Herbal Drugs*. 2012;43:111-114.

Jin Z, Yang Y. X, Choi J. Y, Shinde P. L, Yoon S. Y, Hahn T. -W, Lim H. T, Park Y, Hahm K. -S, Joo J. W, Chae B. J. Potato(*Solanum tuberosum* L. cv. Gogu valley) protein as a novel antimicrobial agent in weanling pigs. *Journal of Animal Science*. 2008;86:1562-1572.

Jockovic N, Fischer W, Brandsch M, Brandt W, Dräger B. Inhibition of human intestinal α-glucosidases by calystegines. *Journal of Agricultural and Food Chemistry*. 2013;61:5550-5557.

Kaaber L. Glycoalkaloids, green discoloration and taste development during storage of some potato varieties (*Solanum tuberosum* L.). *Norwegian Journal of Agricultural Sciences*. 1993;7:221-229.

Kaliappan K. P, Das P, Chavan S. T, Sabharwal S. G. A versatile access to calystegine analogues as potential glycosidases inhibitors. *Journal of Organic Chemistry*. 2009;74:6266-6274.

Kato A, Nakagome I, Nakagawa S, Koike Y, Nash R. J, Adachi I, Hirono S. Docking and SAR studies of calystegines: binding orientation and influence on pharmacological chaperone effects for Gaucher's disease. *Bioorganic and Medicinal Chemistry*. 2014;22:2435-2441.

Keiner R, Dräger B. Calystegine distribution in potato (*Solanum tuberosum*) tubers and plants. *Plant Sci-*

ence. 2000;150:171-179.

Keiner R, Nakajima K, Hashimoto T, Dräger B. Accumulation and biosynthesis of calystegines in potato. *Journal of Applied Botany*. 2000;74:122-125.

Keukens E. A, de Vrije T, van den Boom C, de Waard P, Plasman H. H, Thiel F, Chupin V, Jongen W. M, de Kruijff B. Molecular basis of glycoalkaloid induced membrane disruption. *Biochimica et Biophysica Acta*. 1995;1240:216-228.

Kim S. P, Nam S. H, Friedman M. The tomato glycoalkaloid α-tomatine induces caspase-independent cell death in mouse colon cancer CT-26 cells and transplanted tumors in mice. *Journal of Agricultural and Food Chemistry*. 2015;63:1142-1150.

Kirui G. K, Misra A. K, Olanya O. M, Friedman M, El-Bedewy R, Ewell P. T. Glycoalkaloid content of some superior potato (*Solanum tuberosum* L.) clones and commercial cultivars. *Archives of Phytopathology and Plant Protection*. 2009;42:453-463.

Kling L. J, Bushway R. J, Cleale R. M, Bushway A. A. Nutrient characteristics and glycoalkaloid content of potato distiller by-products. *Journal of Agricultural and Food Chemistry*. 1986;34:54-58.

Korpan Y. I, Nazarenko E. A, Skryshevskaya I. V, Martelet C, Jaffrezic-Renault N, El'skaya A. V. Potato glycoalkaloids: true safety or false sense of security? *Trends in Biotechnology*. 2004;22:147-151.

Kozukue N, Friedman M. Tomatine, chlorophyll, β-carotene and lycopene content in tomatoes during growth and maturation. *Journal of the Science of Food and Agriculture*. 2003;83:195-200.

Kozukue N, Kozukue E, Mizuno S. Glycoalkaloids in potato plants and tubers. *HortScience*. 1987;22:294-296.

Kozukue N, Misoo S, Yamada T, Kamijima O, Friedman M. Inheritance of morphological characters and glycoalkaloids in potatoes of somatic hybrids between dihaploid *Solanum acaule* and tetraploid *Solanum tuberosum*. *Journal of Agricultural and Food Chemistry*. 1999;47:4478-4483.

Kozukue N, Tsuchida H, Friedman M. Tracer studies on the incorporation of [2-^{14}C]-DL-mevalonate into chlorophylls a and b, α-chaconine, and α-solanine of potato sprouts. *Journal of Agricultural and Food Chemistry*. 2001;49:92-97.

Kozukue N, Tsuchida H, Mizuno S. Effect of light intensity, duration, and photoperiod on chlorophyll and glycoalkaloid production by potato tubers. *Journal of the Japanese Society for Horticultural Science*. 1993;62:669-673.

Kozukue N, Yoon K. -S, Byun G. -I, Misoo S, Levin C. E, Friedman M. Distribution of glycoalkaloids in potato tubers of 59 accessions of two wild and five cultivated *Solanum* species. *Journal of Agricultural and Food Chemistry*. 2008;56:11920-11928.

Krasowski M. D, McGehee D. S, Moss J. Natural inhibitors of cholinesterases: implications for adverse drug reactions. *Canadian Journal of Anaesthesia*. 1997;44:525-534.

Kubo I, Fukuhara K. Steroidal glycoalkaloids in Andean potatoes. *Advances in Experimental Medicine and Biology*. 1996;405:405-417.

Kuo K. -W, Hsu S. -H, Li Y. -P, Lin W. -L, Liu L. -F, Chang L. -C, Lin C. -C, Lin C. -N, Sheu H. -M. Anticancer activity evaluation of the solanum glycoalkaloid solamargine. Triggering apoptosis in human hepatoma cells. *Biochemical Pharmacology*. 2000;60:1865-1873.

Kuronen P, Väänänen T, Pehu E. Reversed-phase liquid chromatographic separation and simultaneous profiling of steroidal glycoalkaloids and their aglycones. *Journal of Chromatography A*. 1999;863:25-35.

Lachman J, Hamouz K, Musilová J, Hejtmánková K, Kotíková Z, Pazderů K, Domkářová J, Pivec V, Cimr J. Effect of peeling and three cooking methods on the content of selected phytochemicals in potato tubers with various colour of flesh. *Food Chemistry*. 2013;138:1189-1197.

Laha M. K, Basu P. K. Biological hydrolysis of glycoalkaloids from *Solanum khasianum* by a local strain of

Aspergillus niger. *International Journal of Crude Drug Research*. 1983;21:153-155.

Laurila J, Laakso I, Vaananen T, Kuronen P, Huopalahti R, Pehu E. Determination of solanidine-and tomatidine-type glycoalkaloid aglycons by gas chromatography/mass spectrometry. *Journal of Agricultural and Food Chemistry*. 1999;47:2738-2742.

Lee K. -R, Kozukue N, Han J. -S, Park J. -H, Chang E. -Y, Baek E. -J, Chang J. -S, Friedman M. Glycoalkaloids and metabolites inhibit the growth of human colon (HT29) and liver (HepG2) cancer cells. *Journal of Agricultural and Food Chemistry*. 2004;52:2832-2839.

Li X, Zhao Y, Wu W. K. K, Liu S, Cui M, Lou H. Solamargine induces apoptosis associated with p53 transcription-dependent and transcription-independent pathways in human osteosarcoma U2OS cells. *Life Sciences*. 2011;88:314-321.

Liang C. -H, Shiu L. -Y, Chang L. -C, Sheu H. -M, Kuo K. -W. Solamargine upregulation of Fas, downregulation of HER2, and enhancement of cytotoxicity using epirubicin in NSCLC cells. *Molecular Nutrition & Food Research*. 2007;51:999-1005.

Liang C. -H, Shiu L. -Y, Chang L. -C, Sheu H. -M, Tsai E. -M, Kuo K. -W. Solamargine enhances HER2 expression and increases the susceptibility of human lung cancer H661 and H69 cells to trastuzumab and epirubicin. *Chemical Research in Toxicology*. 2008;21:393-399.

Liu L. -F, Liang C. -H, Shiu L. -Y, Lin W. -L, Lin C. -C, Kuo K. -W. Action of solamargine on human lung cancer cells -enhancement of the susceptibility of cancer cells to TNFs. *FEBS Letters*. 2004;577:67-74.

Machado R. M. D, Toledo M. C. F, Garcia L. C. Effect of light and temperature on the formation of glycoalkaloids in potato tubers. *Food Control*. 2007;18:503-508.

Maga J. A. Total and individual glycoalkaloid composition of stored potato slices. *Journal of Food Processing and Preservation*. 1981;5:23-29.

Meher H. C, Gaur H. S. A new UV-LC method for estimation of α-tomatine and α-solanine in tomato. *Indian Journal of Nematology*. 2003;33:24-28.

Mensinga T. T, Sips A. J. A. M, Rompelberg C. J. M, Van Twillert K, Meulenbelt J, Van Den Top H. J, Van Egmond H. P. Potato glycoalkaloids and adverse effects in humans: an ascending dose study. *Regulatory Toxicology and Pharmacology*. 2005;41:66-72.

Molyneux R. J, Pan Y. T, Goldmann A, Tepfer D. A, Elbein A. D. Calystegins, a novel class of alkaloid glycosidase inhibitors. *Archives of Biochemistry and Biophysics*. 1993;304:81-88.

Mulinacci N, Ieri F, Giaccherini C, Innocenti M, Andrenelli L, Canova G, Saracchi M, Casiraghi M. C. Effect of cooking on the anthocyanins, phenolic acids, glycoalkaloids, and resistant starch content in two pigmented cultivars of *Solanum tuberosum* L.. *Journal of Agricultural and Food Chemistry*. 2008; 56: 11830-11837.

Munari C. C, de Oliveira P. F, Campos J. C, Martins Sde P, Da Costa J. C, Bastos J. K, Tavares D. C. Antiproliferative activity of *Solanum lycocarpum* alkaloidic extract and their constituents, solamargine and solasonine, in tumor cell lines. *Journal of Natural Medicines*. 2014;68:236-241.

Najm A. A, Hadi M. R. H. S, Fazeli F, Darzi M. T, Rahi A. Effect of integrated management of nitrogen fertilizer and cattle manure on the leaf chlorophyll, yield, and tuber glycoalkaloids of Agria potato. *Communications in Soil Science and Plant Analysis*. 2012;43:912-923.

Nash R. J, Rothschild M, Porter E. A, Watson A. A, Waigh R. D, Waterman P. G. Calystegines in *Solanum* and *Datura* species and the death' s-head hawk-moth (*Acherontia atropus*). *Phytochemistry*. 1993;34: 1281-1283.

Nelson M. L. Utilization and application of wet potato processing coproducts for finishing cattle. *Journal of Animal Science*. 2010;88:E133-E142.

Nielen M. W. F, van Beek T. A. Macroscopic and microscopic spatially-resolved analysis of food contaminants and constituents using laser-ablation electrospray ionization mass spectrometry imaging. *Analytical and Bioanalytical Chemistry*. 2014;406(27):6805-6815. doi: 10.1007/s00216-014-7948-8.

Nitithamyong A, Vonelbe J. H, Wheeler R. M, Tibbitts T. W. Glycoalkaloids in potato tubers grown under controlled environments. *American Potato Journal*. 1999;76:337-343.

Ohh S. H, Shinde P. L, Jin Z, Choi J. Y, Hahn T. -W, Lim H. T, Kim G. Y, Park Y, Hahm K. -S, Chae B. J. Potato (*Solanum tuberosum* L. cv. Gogu valley) protein as an antimicrobial agent in the diets of broilers. *Poultry Science*. 2009;88:1227-1234.

Panovska Z, Hajslova J, Kosinkova P, Cepl J. Glycoalkaloid content of potatoes sold in Czechia. *Nahrung*. 1997;41:146-149.

Petersson E. V, Arif U, Schulzova V, Krtkova V, Hajslova J, Meijer J, Andersson H. C, Jonsson L, Sitbon F. Glycoalkaloid and calystegine levels in table potato cultivars subjected to wounding, light, and heat treatments. *Journal of Agricultural and Food Chemistry*. 2013;61:5893-5902.

Pino-Gonzalez M. S, Oña N, Romero-Carrasco A. Advances in the synthesis of calystegines and related products and their biochemical properties. *Mini Reviews in Medicinal Chemistry*. 2012;12:1477-1484.

Plhak L. C. Enzyme immunoassay for potato glycoalkaloids. *Journal of Agricultural and Food Chemistry*. 1992;40:2533-2540.

Rayburn J. R, Bantle J. A, Friedman M. Role of carbohydrate side chains of potato glycoalkaloids in developmental toxicity. *Journal of Agricultural and Food Chemistry*. 1994;42:1511-1515.

Rayburn J. R, Bantle J. A, Qualls Jr. C. W, Friedman M. Protective effects of glucose-6-phosphate and NADP against α-chaconine-induced developmental toxicity in Xenopus embryos. *Food and Chemical Toxicology*. 1995;33:1021-1025.

Rayburn J. R, Friedman M, Bantle J. A. Synergistic interaction of glycoalkaloids α-chaconine and α-solanine on developmental toxicity in Xenopus embryos. *Food and Chemical Toxicology*. 1995;33:1013-1019.

Renwick J. H. Hypothesis: anencephaly and spina bifida are usually preventable by avoidance of a specific but unidentified substance present in certain potato tubers. *British Journal of Preventive and Social Medicine*. 1972;26:67-88.

Richter U, Sonnewald U, Dräger B. Calystegines in potatoes with genetically engineered carbohydrate metabolism. *Journal of Experimental Botany*. 2007;58:1603-1615.

Rodriguez-Saona L. E, Wrolstad R. E, Pereira C. Glycoalkaloid content and anthocyanin stability to alkaline treatment of red-fleshed potato extracts. *Journal of Food Science*. 1999;64:445-450.

Rodriguez de Sotillo D, Hadley M, Wolf-Hall C. Potato peel extract a nonmutagenic antioxidant with potential antimicrobial activity. *Journal of Food Science*. 1998;63:907-910.

RytelE, Golubowska G, Lisinska G, Peksa A, Anilowski K. Changes in glycoalkaloid and nitrate contents in potatoes during french fries processing. *Journal of the Science of Food and Agriculture*. 2005;85:879-882.

Rytel E, Lisińska G, Tajner-Czopek A. Toxic compound levels in potatoes are dependent on cultivation methods. *Acta Alimentaria*. 2013;42:308-317.

Saito K, Horie M, Hoshino Y, Nose N, Nakazawa H. High-performance liquid chromatographic determination of glycoalkaloids in potato products. *Journal of Chromatography*. 1990;508:141-147.

Shiu L. Y, Liang C. H, Chang L. C, Sheu H. M, Tsai E. M, Kuo K. W. Solamargine induces apoptosis and enhances susceptibility to trastuzumab and epirubicin in breast cancer cells with low or high expression levels of HER2/neu. *Bioscience Reports*. 2009;29:35-45.

Simonovska B, Vovk I. High-performance thin-layer chromatographic determination of potato glycoalkaloids. *Journal of Chromatography A*. 2000;903:219-225.

Skrabule I, Muceniece R, Kirhnere I. Evaluation of vitamins and glycoalkaloids in potato genotypes grown under organic and conventional farming systems. *Potato Research*. 2013;56:259-276.

Smith D. B, Roddick J. G, Jones J. L. Synergism between the potato glycoalkaloids α-chaconine and α-solanine in inhibition of snail feeding. *Phytochemistry*. 2001;57:229-234.

Sotelo A, Serrano B. High-performance liquid chromatographic determination of the glycoalkaloids α-solanine and α-chaconine in 12 commercial varieties of Mexican potato. *Journal of Agricultural and Food Chemistry*. 2000;48:2472-2475.

Sporns P, Abell D. C, Kwok A. S. K, Plhak L. C, Thomson C. A. Immunoassays for toxic potato glycoalkaloids. *ACS Symposium Series*. 1996;621:256-272.

Stanker L. H, Kamps-Holtzapple C, Beier R. C, Levin C. E, Friedman M. Detection and quantification of glycoalkaloids:comparison of enzyme-linked immunosorbent assay and high-performance liquid chromatography methods. In: *Presented at Immunoassays for Residue Analysis Food Safety*. vol. 621. Washington, DC: American Chemical Society; 1996:243-255.

Stanker L. H, Kamps-Holtzapple C, Friedman M. Development and characterization of monoclonal antibodies that differentiate between potato and tomato glycoalkaloids and aglycons. *Journal of Agricultural and Food Chemistry*. 1994;42:2360-2366.

Stenzel O, Teuber M, Dräger B. Putrescine N-methyltransferase in *Solanum tuberosum* L., a calystegine-forming plant. *Planta*. 2006;223:200-212.

Sun L, Zhao Y, Li X, Yuan H, Cheng A, Lou H. Alysosomal-mitochondrial death pathway is induced by solamargine in human K562 leukemia cells. *Toxicology In Vitro*. 2010;24:1504-1511.

Tajner-Czopek A, Rytel E, Aniołowska M, Hamouz K. The influence of French fries processing on the glycoalkaloid content in coloured-fleshed potatoes. *European Food Research and Technology*. 2014; 238: 895-904.

Tepfer D, Goldmann A, Pamboukdjian N, Maille M, Lepingle A, Chevalier D, Dénarié J, Rosenberg C. A plasmid of *Rhizobium meliloti* 41 encodes catabolism of two compounds from root exudate of *Calystegium sepium*. *Journal of Bacteriology*. 1988;170:1153-1161.

Väänänen T, Ikonen T, Rokka V. M, Kuronen P, Serimaa R, Ollilainen V. Influence of incorporated wild *Solanum* genomes on potato properties in terms of starch nanostructure and glycoalkaloid content. *Journal of Agricultural and Food Chemistry*. 2005;53:5313-5325.

Väänänen T, Kuronen P, Pehu E. Comparison of commercial solid-phase extraction sorbents for the sample preparation of potato glycoalkaloids. *Journal of Chromatography A*. 2000;869:301-305.

Valcarcel J, Reilly K, Gaffney M, O' Brien N. Effect of genotype and environment on the glycoalkaloid content of rare, heritage, and commercial potato varieties. *Journal of Food Science*. 2014;79:T1039-T1048.

Vorne V, OjanperäK, De Temmerman L, Bindi M, Högy P, Jones M. B, Lawson T, Persson K. Effects of elevated carbon dioxide and ozone on potato tuber quality in the European multiple-site experiment 'CHIP-project'. *European Journal of Agronomy*. 2002;17:369-381.

Wang H. Y, Liu M. Y, Hu X. X, Li M, Xiong X. Y. Electrochemical determination of glycoalkaloids using a carbon nanotubes-phenylboronic acid modified glassy carbon electrode. *Sensors*. 2013;13:16234-16244.

Ward C. M, Franklin J. G, Morgan M. R. A. Investigations into the visual assessment of ELISA end points: application to determination of potato total glycoalkaloids. *Food Additives & Contaminants*. 1988;5: 621-627.

Watson A. A, Fleet G. W, Asano N, Molyneux R. J, Nash R. J. Polyhydroxylated alkaloids -natural occurrence and therapeutic applications. *Phytochemistry*. 2001;56:265-295.

Wszelaki A. L, Delwiche J. F, Walker S. D, Liggett R. E, Scheerens J. C, Kleinhenz M. D. Sensory quality and mineral and glycoalkaloid concentrations in organically and conventionally grown redskin potatoes (*Solanum tuberosum*). *Journal of the Science of Food and Agriculture*. 2005;85:720-726.

Yamashoji S, Yoshikawa N, Kirihara M, Tsuneyoshi T. Screening test for rapid food safety evaluation by menadione-catalysed chemiluminescent assay. *Food Chemistry*. 2013;138:2146-2151.

Yang S. A, Paek S. H, Kozukue N, Lee K. R, Kim J. A. α-Chaconine, a potato glycoalkaloid, induces apoptosis of HT-29 human colon cancer cells through caspase-3 activation and inhibition of ERK 1/2 phosphorylation. *Food and Chemical Toxicology*. 2006;44:839-846.

Zarzecka K, Gugała M. Changes in the content of glycoalkaloids in potato tubers according to soil tillage and weed control methods. *Plant, Soil and Environment*. 2007;53:247-251.

Zarzecka K, Gugala M, Mystkowska I. Glycoalkaloid contents in potato leaves and tubers as influenced by insecticide application. *Plant, Soil and Environment*. 2013;59:183-188.

Zhang L, Por ter G. A, Bushway R. J. Ascorbic acid and glycoalkaloid content of atlantic and superior potato tubers as affected by supplemental irrigation and soil amendments. *American Potato Journal*. 1997;74:285-304.

Zhang X, Cai X, Zhang X. Determination of α-solanine, α-chaconine and solanidine in plasma and urine by ultra-performance liquid chromatography-triple quadrupole mass spectrometry. *Chinese Journal of Chromatography*. 2014;32:586-590.

Zhou Y, Tang Q, Zhao S, Zhang F, Li L, Wu W, Wang Z, Hann S. Targeting signal transducer and activator of transcription 3 contributes to the solamargine-inhibited growth and -induced apoptosis of human lung cancer cells. *Tumour Biology*. 2014;35(8):8169-8178. doi: 10. 1007/s13277-014-2047-1.

8 马铃薯淀粉及其改性

Jaspreet Singh[1], Rosana Colussi[1,2], Owen J. McCarthy[3], Lovedeep Kaur[1]

[1] *Riddet Institute and Massey Institute of Food Science and Technology, Massey University, Palmerston North, New Zealand;*

[2] *Departamento de Ciência e Tecnologia Agroindustrial, Universidade Federal de Pelotas, Pelotas, Brazil;*

[3] *Massey Institute of Food Science and Technology, Massey University, Palmerston North, New Zealand*

8.1 引言

在所有碳水化合物聚合物中，淀粉因其在各种食品中的用途而受到越来越多的关注。淀粉通常用于食品工业以增强各种食品的功能特性。淀粉系统的理化性质和功能特性，以及它们在各种食品中的独特性，因其生物来源而异。由于工业新增值产品的价值，人们对淀粉进行了许多研究。淀粉以离散颗粒的形式存在于植物细胞中，主要由两种聚合物组成：直链淀粉和支链淀粉。直链淀粉是由吡喃葡萄糖单元通过 α-D-(1,4) 糖苷键连接而成的线性聚合物，而支链淀粉是一种高度分支化的高分子质量的聚合物。这种成分可能会影响理化性质，如糊化、质地、保湿性、黏度和产品均一性，这些都是决定其应用的因素。

一般来说，马铃薯是淀粉极好的来源，淀粉影响各种食物的质地特性。马铃薯淀粉可作为增稠剂、胶体稳定剂、凝胶剂、膨松剂和保水剂应用于食品和其他工业领域。但其局限性，如低剪切性、热阻，以及高回生趋势，限制了其在某些工业食品中的应用。这些限制通常可以利用淀粉改性来克服，即通过衍生化来实现，如醚化、酯化、交联、接枝和分解（酸或酶水解和氧化）；也可以使用热、湿或压力等对淀粉进行物理处理。这些处理可显著改变马铃薯淀粉的糊化和回生特性。美国食品与药物管理局（FDA）规定并强调了淀粉改性中使用的每种化学品的类型和用量以及允许的最大使用百分比。

在这一章中，提供了大量关于马铃薯淀粉的重要理化特性和功能特性的信息，并与一些谷类淀粉进行了比较。此外，还讨论了用于马铃薯淀粉改性的各种改性技术和试剂，重点讨论了改性后（特别是衍生化后）其形态、理化特性、流变学和热特性的变化。对影响马铃薯淀粉改性的各种因素进行了详细的讨论。

8.2 马铃薯淀粉与谷类淀粉

与谷类淀粉相比，马铃薯淀粉表现出不同的颗粒结构和组成，这是导致淀粉功能特性变化的原因。谷类淀粉呈典型的 A 型 X-射线晶体模型，而马铃薯淀粉呈 B 型，豆类则呈混合态 C 型。A 模型、B 模型和 C 模型是支链淀粉双螺旋结构不同的淀粉聚合形式。马铃薯淀粉的结构将在另一章中进行更详细地讨论。

8.2.1 形态学

淀粉颗粒形态因植物基因型和栽培方式的不同而不同。它还取决于叶绿体/淀粉体的生物化学和植物的生理。在显微镜下观察时，马铃薯的淀粉颗粒在大小和形状上与谷类淀粉不同。图 8.1 显示了各种植物来源的淀粉颗粒的扫描电子显微照片。淀粉之间的颗粒大小差别很大，范围在 1~110μm（Hoover，2001）。对于马铃薯淀粉，小颗粒的平均粒径为 1~20μm，大颗粒的平均粒径为 20~110μm。对于玉米淀粉，小颗粒的平均粒径为 1~7μm，大颗粒的平均粒径为 15~20μm。大米淀粉颗粒的大小通常在 3~5μm。成熟的小麦胚乳含有两种类型的淀粉颗粒：大 A 型（直径 10~35μm）和小 B 型（直径 1~10μm）。

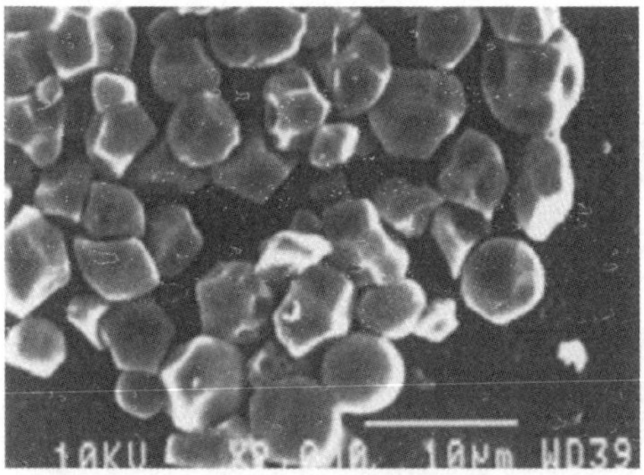

（1）大米

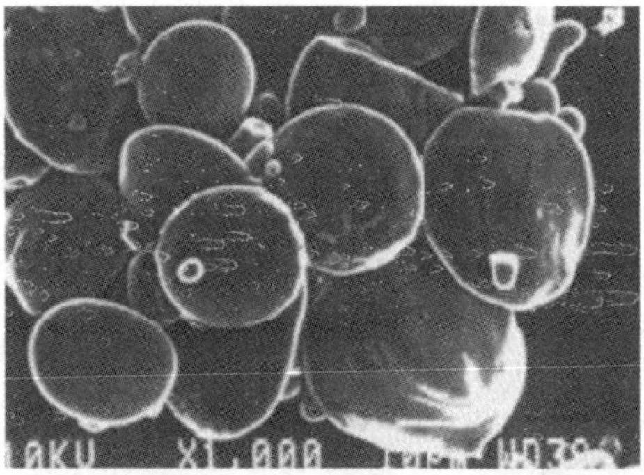

（2）小麦

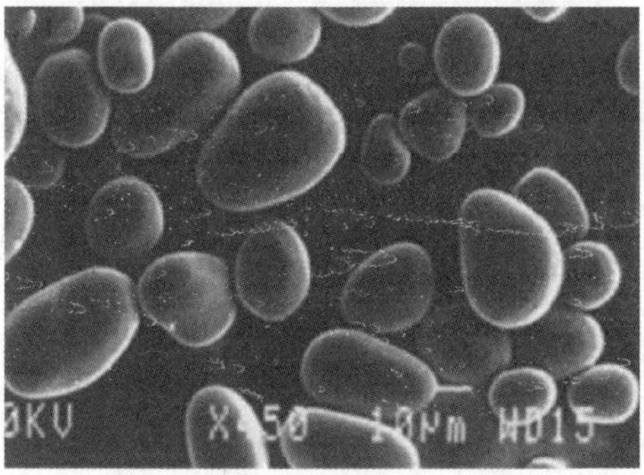

（3）马铃薯

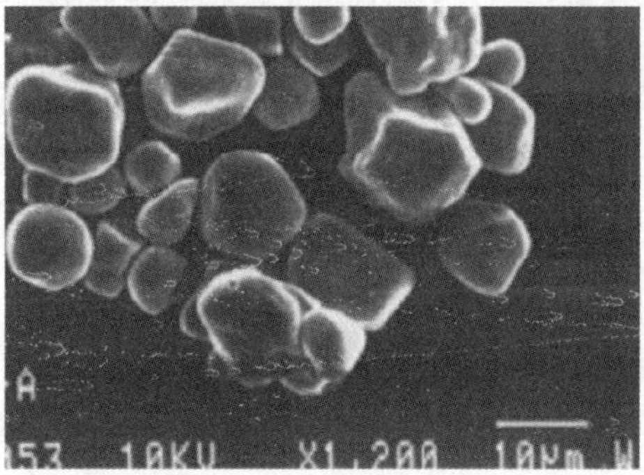

（4）玉米

图 8.1 从不同来源分离的淀粉的扫描电子显微照片（1bar = 10μm）

（资料来源：Singh 等，2003；经 Elsevier 许可。）

在马铃薯中，淀粉颗粒结构随品种的不同的变化的程度也很大。通过粒度分析仪研究的各种马铃薯品种淀粉的粒度分布如图 8.2 所示，小颗粒、中颗粒和大颗粒的百分比分布如表 8.1 所示。此外，小的马铃薯淀粉颗粒呈球形或椭圆形，而大颗粒一般为椭圆形至长方体或不规则形状。这种形状随马铃薯淀粉颗粒大小的变化可能与贮藏器官生长过程中的颗粒包裹有关。块茎细胞有限的空间可利用性可能导致生长颗粒形状的改变。玉米淀粉颗粒呈棱角状，大米为五边形和棱角状。小麦淀粉的 A 型颗粒呈圆盘状或透镜状，B 型淀粉颗粒大致呈球形或多边形。

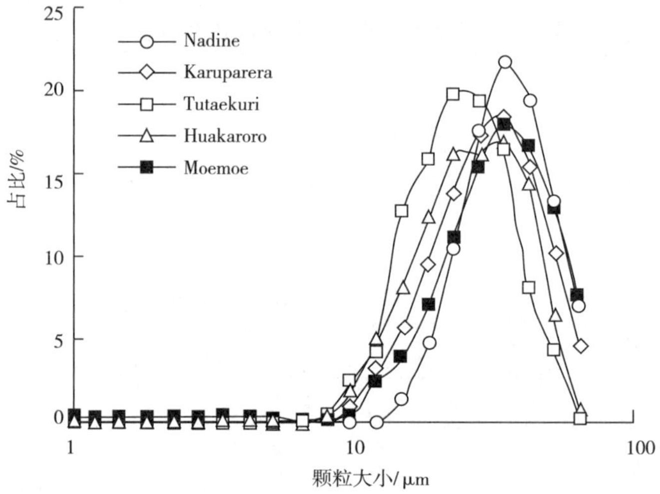

图 8.2 新西兰马铃薯品种淀粉粒径分布规律

（资料来源：Singh 等，2006；经 Elsevier 许可。）

表 8.1 不同植物源淀粉的理化性质

淀粉来源	直链淀粉含量/%	溶胀力/（g/g）/%	溶解度/%	有机磷含量①/% dsb			透光率⑤/%（650nm）
				磷酸单脂②	磷脂③	无机磷	
普通马铃薯	20.1~31.0	1159（95）	82（95）	0.086±0.007	ND④	0.0048±0.0003	96
普通玉米	22.4~32.5	22（95）	22（95）	0.003±0.001	0.0097±0.0001	0.0013±0.0007	31
糯玉米	1.4~2.7	—	—	0.0012±0.0006	ND	0.0005±0.0001	46
高直链玉米	42.6~67.8	6.3（95）	12.4（95）	0.005±0.001	0.015±0.003	0.0076±0.0006	—
普通大米	5~28.4	23~30（95）	11~18（95）	0.013	0.048	—	24
糯大米	0~2.0	45~50（95）	2.3~3.2（95）	0.003	ND	—	—
高直链大米	25~33	—	—	—	—	—	—
普通小麦	18~30	18.3~26.6（100）	1.55（100）	0.001	0.058±0.002	微量	28

续表

淀粉来源	直链淀粉含量/%	溶胀力/(g/g)/%	溶解度/%	有机磷含量①/% dsb			透光率⑤/%(650nm)
				磷酸单脂②	磷脂③	无机磷	
糯小麦	0.8~0.9	—	—	—	—	—	—

注：①根据 P 信号的积分面积计算；

②磷酸单酯 P 信号位于 4.0~4.5ppm（相对于外部 80%邻磷酸）；

③磷脂 P 信号位于-0.4~1.2ppm；

④不可检测出；

⑤用 1%的淀粉糊计算；

（资料来源：Singh 等，2003；经 Elsevier 许可。）

淀粉粒中直链淀粉和支链淀粉的结构及相对含量的变化对淀粉粒的大小和形状起着重要的控制作用。生长过程中颗粒结合淀粉合成酶（GBSS）的活性也可能影响马铃薯淀粉颗粒的形态（Blennow et al.，2002）。细胞膜和质体的物理特性也可能在颗粒发育过程中使得淀粉颗粒具有特定的形状或形态（Jane et al.，1994；Lindeboom et al.，2004）。

在扫描电子显微镜（SEM）下观察，玉米、大米和小麦淀粉颗粒表面的光滑程度低于马铃薯淀粉颗粒。Li 等（2001）观察到大的玉米淀粉颗粒中存在“针孔”和赤道沟或凹槽。Singh 等（2006）发现了马铃薯颗粒表面上的小结节、突起和碎裂（图 8.3）。理化性质，如淀粉糊的透明度、酶消化率、直链淀粉含量和膨胀力，与从不同马铃薯品种分离的淀粉的平均粒径显著相关（Kaur et al.，2007a、b）。

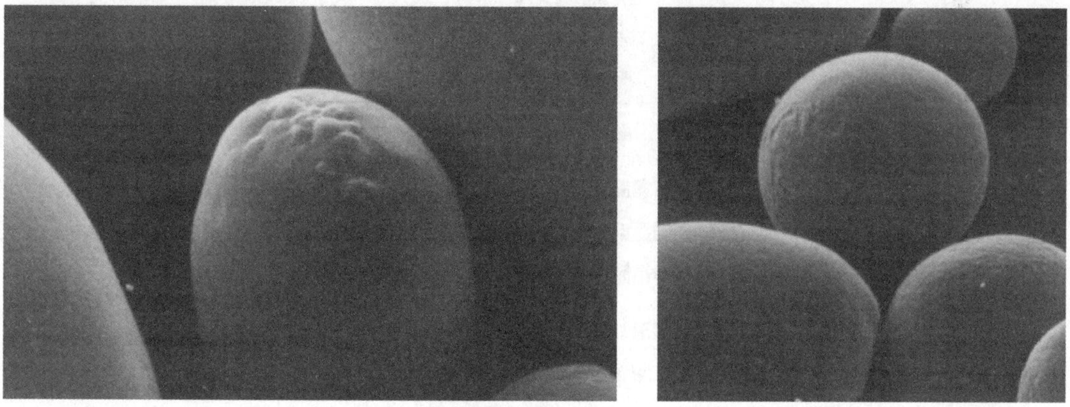

（1）马铃薯淀粉颗粒表面上的小结节或突起　　（2）马铃薯淀粉颗粒表面上的碎裂

图 8.3 扫描电子显微照片

（资料来源：Singh 等，2003；经 Elsevier 许可。）

8.2.2 组成

淀粉糊在水溶液中的性能取决于淀粉颗粒的物理和化学特性，如平均粒径、粒径分布、直链淀粉/支链淀粉比率、矿物质含量等，淀粉颗粒的直链淀粉含量随淀粉的植物来源而变化（表 8.2），并受气候条件和生长期土壤类型的影响。正常马铃薯基因型的马铃薯淀粉直链淀粉含量在 23%~34%（Kim et al.，1995；Wiesenborn et al.，1994；Cai et al.，2013）。然而，有了相关报道，蜡质马铃薯基因型，基本上不含无直链淀粉（Hermansson et al.，1996）。此外，大颗粒的马铃薯淀粉比小颗粒的直链淀粉含量更高。参与直链淀粉生物合成的 GBSS 活性和淀粉颗粒内支链淀粉生物合成的可溶性淀粉合成酶（SSS）和淀粉分支酶（SBE）的活性可能是各种淀粉之间直链淀粉含量变化的原因（Kossmann et al.，2000；Fulton et al.，2002）。据报道，缺乏 GBSS 的马铃薯突变体可以合成不含直链淀粉的马铃薯淀粉（Hovenkamp-Hermelink et al.，1987）。此外，在淀粉颗粒生长的早期阶段，由于 SSS 和 SBE 的高活性，支链淀粉组分的合成速度比直链淀粉快，在后期降低，而在整个生长过程中，GBSS 的活性与发育中的淀粉颗粒有关。因此，处于生长初期的小颗粒可能具有较高的 SSS 和 SBE 活性，导致直链淀粉含量较低。在各项研究中，可能由于使用了不同的淀粉分离程序和分析方法来测定直链淀含量，导致不同和相似植物来源的淀粉之间的直链淀粉含量的变化（表 8.2）。

表 8.2 各种新西兰马铃薯品种的淀粉的形态学参数

马铃薯淀粉来源	小颗粒（1~10 μm）/%	中颗粒（11~25 μm）/%	大颗粒（>25 μm）/%	平均体积/μm^3	比表面积/（m^2/g）
Nadine	4.4	16.4	79.2	10648	0.189
Karuparera	0.9	32.6	66.5	6859	0.198
Tutaekuri	2.7	52.8	48.5	3375	0.248
Huakaroro	2.7	42.1	55.2	4096	0.228
Moemoe	5.1	24.5	70.5	5832	0.188

（资料来源：Singh 等，2003；经 Elsevier 许可。）

磷是淀粉中非碳水化合物的成分之一，它对淀粉的功能特性有着重要影响。磷在不同淀粉中含量不同，糯玉米淀粉中为 0.003%，马铃薯淀粉中为 0.09%（Schoch，1942；Lim et al.，1994；表 8.2）。在各种淀粉中，磷以磷酸单酯和磷脂的形式存在。磷酸基团酯化到马铃薯淀粉的支链部分，有助于马铃薯淀粉具有较高的水结合能力、黏度、透明度和冻融稳定性（Craig et al.，1989；Vamadevan et al.，2015）。Haase 和 Plate（1996）报道将磷和直链淀粉含量、糊化峰值黏度和特定的大颗粒组分看作是马铃薯品系和品种选择中最重要的品质特征，用于常规育种，以适应未来的淀粉生产。淀粉中的磷脂倾向于与直链淀粉和支链淀粉形成复合物，限制淀粉颗粒膨胀，最终形成不透明和低黏度的糊状物。这就是为什么含有更多磷脂的小麦和大米淀粉产生的淀粉糊的透光率比马铃薯淀粉低（磷脂含量更少）。马铃薯淀粉中磷的含量和形态受马铃薯块茎生长条件、温度和采后贮藏的影响。据报道，马铃薯淀粉颗粒中的61%的淀粉磷酸单酯与葡萄糖基的C-6结合，38%的磷酸单酯在葡萄糖的C-3上，可能有1%的磷酸单酯在C-2位置（Jane et al.，1996）。

马铃薯淀粉比谷类淀粉含有更少的脂类。大米和玉米淀粉中的游离脂肪酸会导致直链淀粉-脂质复合物的形成，从而导致其转变温度较高且不易回生。

8.2.3 溶胀力和溶解度

当淀粉分子在过量的水中被加热时，它们的晶体结构被破坏，水分子通过氢键与直链淀粉和支链淀粉中暴露的羟基相连，导致颗粒溶胀和溶解度增加。溶胀能力和溶解度提供了非晶态和结晶结构域内淀粉链相互作用大小的信息。这种相互作用的程度受直链淀粉与支链淀粉的比率以及直链淀粉和支链淀粉在分子质量/分布、分支程度和长度以及构象方面的特性的影响（Hoover，2001；Vamadevan et al.，2015）。马铃薯淀粉比谷类淀粉具有更高的平均膨胀力（表8.2）。根据deWilligen等（1976）的报道，玉米和小麦颗粒可以膨胀到原来体积的30倍，而马铃薯淀粉颗粒可以膨胀到原来体积的100倍也不会被破坏。马铃薯淀粉具有较高的溶胀能力和溶解度，这可能是由于支链淀粉分子上存在大量的磷酸基团所致。相邻链上磷酸基团之间的排斥作用通过削弱晶域内的键合程度来增加水合作用。小颗粒马铃薯淀粉比大颗粒马铃薯淀粉具有更大的水合作用和膨胀力，这主要是由于它们具有较高的比表面积。

不同植物来源和任何一种植物来源的淀粉在溶胀和溶解度方面的差异是由直链淀粉和脂质含量以及颗粒结构的差异造成的。直链淀粉在抑制最初的溶胀中起着重要作用，因为直链淀粉先渗出后，溶胀速度会加快。淀粉溶解度的增加，伴随着悬浮液澄清度的增加，这主要是由于颗粒膨胀使得直链淀粉渗出。当颗粒膨胀时，它们越来越容易受到剪切崩解的影响，并且在崩解时释放出可溶性物质。热淀粉糊是一种溶胀颗粒和颗粒碎片，以及胶体和分子分散的淀粉颗粒的混合物。

溶胀和破碎颗粒的混合物取决于淀粉的植物来源、含水量、温度和加热过程中的剪切力。可溶物的浸出程度主要取决于淀粉的脂质含量和淀粉形成直链淀粉-脂质复合物的能力，因为与脂质形成络合物的直链淀粉的浸出被阻止溶出。谷类淀粉含有足够的脂质，可以与淀粉中7%~8%的直链淀粉形成脂质饱和复合物；因此，最大直链淀粉浸出量约为总淀粉的20%（Tester et al.，1990；Ai et al.，2015）。马铃薯淀粉的高溶解度可能是由于缺乏脂质进而缺乏淀粉-脂质包合物。

8.2.4 黏度/流变特性

在糊化过程中，淀粉颗粒溶胀到初始大小的几倍，破裂，同时直链淀粉渗出并形成三维网络。淀粉的溶胀是由于含有支链淀粉，而直链淀粉既是稀释液又是溶胀抑制剂（Tester et al.，1990）。随着温度、浓度和剪切率的变化，淀粉表现出独特的黏性行为（Nurul et al.，1999）。这可以通过 Brabender Visco-Amylo-Graph 快速黏度分析仪（rapid visco analyzer，RVA）对黏度曲线进行测量（图 8.4），所获得的峰形反映了旋转黏度值，在给定浓度下的最高峰反映了颗粒在物理崩解之前自由溶胀的能力。马铃薯淀粉比谷物淀粉具有更高的溶胀度，并且在烹饪时不易分解，因此在达到最大值后黏度显著降低。然而，淀粉悬浮液的初始浓度对峰的形状有很大的影响。冷却过程中黏度的增加表明热糊化过程中存在的各种成分（溶胀颗粒、溶胀颗粒碎片、胶体和分子构成分散的淀粉分子）随着糊化温度的降低有相互结合或回生的趋势。

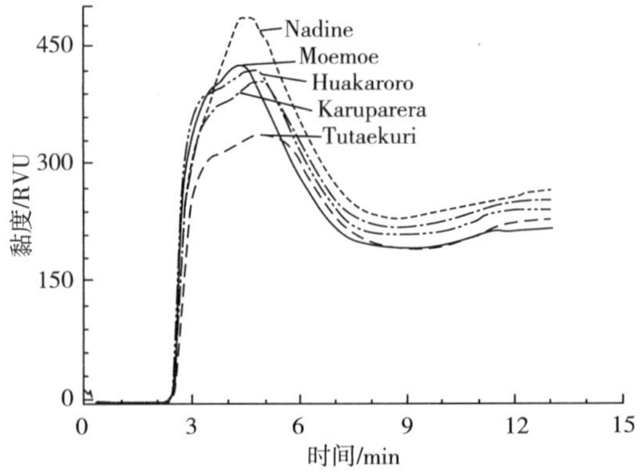

图 8.4　不同新西兰马铃薯品种淀粉的 RVA 黏度曲线

（资料来源：Singh 等，2006）

动态流变仪可以在淀粉悬浮液的温度和频率扫描测试期间连续评估动态模量。储能动态模量（G'）是对材料中储存的能量以及每个周期从材料中回收的能量的量度，而损耗模量（G''）则是对正弦变形每个周期消耗或损失的能量的量度（Ferry，1980）。损耗因子 $\tan\delta$ 是表征系统物理行为的另一个参数，用来定义每个循环的能量损失与储存能量的比率。在动态流变仪上，淀粉的 G' 在一定温度（TG'）下逐渐增大，达到最大值（G'峰），然后随着温度的升高而下降。这个 G' 的初始增加是由于颗粒膨胀，填充了整个系统的有效体积，形成了膨胀颗粒的三维网络。随着温度的进一步升高，G' 值减小，说明在长时间加热过程中凝胶结构被破坏。这种破坏是由于膨胀的淀粉颗粒中残留的结晶区融化，使淀粉颗粒变形和松动（Eliasson，1986）。

各种淀粉的流变特性在很大程度上与颗粒结构有关（表 8.3）。玉米淀粉的 G' 峰值和 G'' 峰值比马铃薯淀粉低。马铃薯淀粉中磷酸单酯含量较高，脂质和磷脂含量较低，可能是 G'

和 G''较高的原因。磷脂和玉米淀粉中存在较多的硬性颗粒可能是导致玉米淀粉 G'较低的原因。玉米淀粉糊化过程中直链淀粉-脂质复合物的形成降低了 G'和 G''。大米淀粉中的蛋白质含量与峰值黏度呈负相关，与糊化温度呈正相关（Lim et al.，1999）。

表 8.3　不同植物源淀粉在 30 ~75℃加热过程中的流变参数（使用动态流变仪测定）

来源	TG'/℃	G'峰/Pa	G''峰/Pa	G'的分解/Pa	tanδ 峰
马铃薯②	62.7	8519	1580	3606	0.1565
玉米①	70.2	6345	1208	2329	0.1905
大米①	72.4	4052	955	2831	0.1972
小麦①	69.6	6935	1370	2730	0.1976

注：①淀粉浓度为 20%；

②淀粉浓度为 15%。

（资料来源：Singh 等，2003；经 Elsevier 许可。）

淀粉糊的分解程度是衡量淀粉颗粒分解程度的指标。G'分解是 TG' 时的 G'峰与 75℃时的最小 G'之间的差值。马铃薯淀粉的 G'分解通常高于玉米、大米和小麦淀粉。淀粉分解值的差异可归因于颗粒硬度、脂质含量和峰值 G'值。直链淀粉含量是影响淀粉流变性和糊化特性的另一个因素。Singh 等（2007）在温度扫描试验中发现，直链淀粉含量较高的马铃薯淀粉的 G'值较高。Shewmaker 等（1994）报道了直链淀粉含量低的基因型马铃薯淀粉糊有低黏度。同样，从蜡质马铃薯中分离出来的淀粉表现出较低的 G'值和 G''值和较高的 tanδ 值（Kaur et al.，2002）。

8.2.5　糊化和回生——热特性

淀粉颗粒的结晶顺序往往是影响其功能特性的基本因素。淀粉颗粒内结晶顺序的崩溃表现为性质的不可逆变化，如颗粒溶胀、糊化、光学双折射损失、结晶顺序的丧失、双螺旋的解开和解离以及淀粉的溶解度的改变（Hoover，2001）。糊化现象开始于颗粒的脐点，并迅速膨胀到周围。糊化最初发生在无定形区域，而不是颗粒的结晶区域，因为这些区域的氢键较弱。用动态扫描量热仪（DSC）对淀粉颗粒悬浮液加热过程中发生的有序-无序转变进行了广泛的研究。DSC 法测定的淀粉糊化相变温度（起始温度 T_o，峰值 T_p，结束 T_c）和糊化焓（ΔH_{gel}）与结晶度有关。起始温度反映了糊化过程的开始，随后是一个峰值和结束温度。T_c 后，所有支链淀粉的双螺旋结构都已分离，虽然溶胀的颗粒结构将保留直到使用更高的温度和剪切（Tester et al.，2000）。高结晶度保证结构稳定性，使颗粒更耐糊化，最终导致更高的相变温度，淀粉的结晶度受淀粉化学成分的影响（Barichello et al.，1990；Kong et al.，2015）。

不同植物来源的淀粉组成不同，表现出不同的相变温度和糊化焓。Singh 等（2003）报道了大量关于不同植物源淀粉糊化参数的研究（见表 8.4）。颗粒形状、大小、颗粒的百分比以及磷酸酯的存在也会影响各种淀粉的糊化焓值（Singh et al.，2006；Yuan et al.，1993）。玉米和大米淀粉的较高相变温度可能是由它们的颗粒结构更加坚硬以及脂质的存在引起的。对小麦淀粉的研究发现，小颗粒在较高的温度下糊化，并且比大颗粒的回生速度慢（Ao et al.，2007）。

表 8.4 不同植物源淀粉凝胶化参数（使用 DSC 进行研究）[①]

来源	方法	T_o/℃	T_p/℃	T_c/℃	ΔH_{gel}/(J/g)[②]
马铃薯	S:W[③] 1:2.3	59.72~66.2	62.9~69.6	67.28~75.4	12.55~17.9
马铃薯	S:W 1:3.3	57.0~68.3	60.6~72.4	66.5~78.0	13.0~15.8
马铃薯	S:W 1:1.5	57.2	61.4	80.3	17.4
普通玉米	S:W 1:1.5	62.3	67.7	84.3	14.0
普通玉米	S:W 1:3	64.1	69.4	74.9	12.3
普通玉米	S:W 1:9	65.7	71.0	—	12.0
糯玉米	S:W 1:9	66.6	73.6	—	14.2
糯玉米	S:W 1:3	64.2	69.2	74.6	15.4
高直链玉米	S:W 1:9	66.8	73.7	—	13.7
大米	S:W 1:1.5	62.0	67.4	97.5	11.0
大米	S:W 1:9	57.7	65.1	—	11.5
大米	S:W 1:2.3	66.0~67.26	69.74~71.94	74.08~78.04	8.16~10.88
大米	S:W 1.3	70.3	76.2	80.2	13.2
糯大米	DSC	66.1~74.9	70.4~78.8	—	7.7~12.1
小麦	S:W 1:1.5	51.2	56.0	76.0	9.0
小麦	S:W 1:2.3	46.0~52.4	52.2~57.6	57.8~66.1	14.8~17.9
小麦	S:W 1:3	57.1	61.6	66.2	10.7

注：①T_o 为起始温度，T_p 为峰值温度，T_c 为最终温度，ΔH_{gel} 为糊化焓（dsb，基于干淀粉重量）；

②干淀粉的焓值以 J/g 表示；

③淀粉（S）：水（W）。

（资料来源：Singh 等，2003；经 Elsevier 许可。）

糊化和膨胀特性部分地受支链淀粉的分子结构（单元链长、分支化程度、相对分子质量和多分散性）控制、淀粉组成（直链淀粉与支链淀粉的比率和磷含量）和颗粒结构（结晶态与非晶态比率）（Tester，1997；Singh et al.，2001；Singh et al.，2003；Ai et al.，2015）。T_p 表示结晶质量（双螺旋长度），而糊化焓（ΔH_{gel}）则体现结晶度（质量和数量）的总体测量值，是颗粒内分子序列损失的指标（Tester et al.，1990；Cooke et al.，1992）。Gernat 等（1993）指出，天然淀粉中双螺旋序列的数量与支链淀粉含量密切相关，颗粒结晶度随支链淀粉含量的增加而增加。这表明 ΔH_{gel} 最好在支链淀粉的基础上进行计算。然而，表 8.4 中给出的各种淀粉的 ΔH_{gel} 但并未以这种方法计算。因为支链淀粉在淀粉颗粒结晶度中起主要作用，直链淀粉的存在降低了结晶区域的熔点和开始糊化的能量（Flipse et al.，1996）。在缺乏富含直链淀粉的无定形区域时，初始熔化需要更多能量（Krueger et al.，1987）。对于普通淀粉，糊化温度随直链淀粉含量增加而降低。对于高直链淀粉，支链淀粉的 B 型结晶形式比普通淀粉的糊化温度更高（Richardson et al.，2000a）。直链淀粉双螺旋也需要高温和能量才能解开，从而导致更高的糊化温度（Qin et al.，2012）。

马铃薯支链淀粉比普通马铃薯淀粉具有更高的吸热温度和焓值。普通马铃薯淀粉中的无定形直链淀粉减少了颗粒中晶体物质的相对数量，从而降低了糊化参数（Svegmark et al.，2002）。然而，平均链长较长的高直链淀粉表现出更高的相变温度（Jane et al.，1999）。

糊化淀粉糊冷却后的分子相互作用（淀粉链之间的氢键）称为回生作用（Hoover，2001）。在回生过程中，直链淀粉形成 40~70 个葡萄糖单元的双螺旋组合（Jane et al.，1984），而支链淀粉则通过最外层的短支链的结合重新结晶（Ring et al.，1987）。在变性淀粉中，焓值提供了再结晶支链淀粉熔融过程中发生的能量转换的定量测量值，以及吸热过程的相变温度的精确测量值（Karim et al.，2000）。淀粉糊化和 4℃贮藏后的吸热峰在较低的相变温度下出现。与糊化过程中的相变温度和热焓（ΔH_{ret}）相比，贮存期结束时的相变温度和回生焓（ΔH_{ret}）明显下降（表 8.5）。淀粉的回生焓和相变温度通常分别比淀粉颗粒糊化的温度低 60%~80%和 10~26℃（Baker et al.，1998）。回生淀粉的结晶形态在性质上不同于天然淀粉颗粒中的结晶形态，并且可能比天然淀粉颗粒的结晶弱，因为在回生过程中，支链淀粉的再结晶发生的顺序比天然生淀粉少。

表 8.5　　不同植物源淀粉回生过程中的热特性

来源	T_o/℃	T_p/℃	T_c/℃	ΔH_{ret}/ (J/g)	R/%⑦
马铃薯①	59.72~60.70	63.26~64.58	67.28~70.34	6.42~8.61	51.50~62.16
马铃薯②	42.5	55.7	66.9	7.5	43.4
普通玉米②	39.0	50.1	59.4	5.8	47.6
糯玉米②	40.2	51.3	60.2	7.3	47.0
高直链玉米②	44.1	ND⑥	115.4	9.9	61.0
普通大米②	40.3	51.0	60.4	5.3	40.5
普通大米③	37.05~38.43	49.80~52.59	62.42~65.92	—	—
糯大米③	36.72~37.25	50.65~51.26	62.56~62.93	—	—

续表

来源	T_o/℃	T_p/℃	T_c/℃	ΔH_{ret}/ (J/g)	R/%⑦
糯大米②	43.2	50.6	55.2	0.8	5.0
普通小麦②	38.6	47.6	55.7	3.6	33.7
普通小麦④	29.8~31.7	41.8~42.7	—	7.0~8.5	—
普通小麦⑤	30.9~32.6	41.2~42.6	—	8.1~9.7	—
普通小麦⑤	20.4~20.6	33.2~33.7	50.0	10.1~10.6	—
糯小麦⑤	19.9~20.5	33.1~33.8	50.4~51.8	11.4~12.6	—

注：①在 4℃下贮存 2 周；

②在 4℃下贮存 7d；

③在 4℃下保存 4 周；

④在 5℃下贮存 2 周；

⑤在 5℃下贮存 4 周；

⑥不可检测；

⑦回生（%）= $\Delta H_{gel}/\Delta H_{ret}$。

（资料来源：Singh 等，2003；经 Elsevier 许可。）

与谷类淀粉凝胶相比，贮藏的马铃薯淀粉凝胶的相变温度和焓降低的程度更大，这表明具有更高的回生趋势（Singh et al.，2008；Kaur et al.，2007a）。淀粉在糊化后和冷藏过程中热力学性质的变化可能受直链淀粉与支链淀粉的比率以及是否存在脂质的影响。据报道，直链淀粉含量是影响淀粉回生的因素之一（Kaur et al.，2007a；Fan et al.，1998；Shifeng et al.，2009）。通常，淀粉中大量的直链淀粉与淀粉更大的回生趋势有关（Whistler et al.，1996），但支链淀粉和中间物质在冷藏过程中对淀粉回生也起着重要作用（Yamin et al.，1999）。在冷藏条件下，链长于支链淀粉的中间物质在重新组合过程中也可能形成较长的双螺旋。支链淀粉的长链也加速了淀粉的回生（Yuan et al.，1993）。

8.3 马铃薯淀粉的改性

改性淀粉是经过化学或物理改性以改善其功能特性（黏度、表面活性、抗酶性等）的天然淀粉，用来满足工业中的特定用途（Ortega-Ojeda et al.，2005）。马铃薯淀粉和其他淀粉一样，经过改性以克服天然淀粉的局限性，如低剪切性、耐酸性和耐热性，以及很强的回生特性。天然马铃薯淀粉粒径较大，它们的高溶胀能力导致膨胀颗粒异常大（体积），不仅黏度高，而且质地不光滑。此外，膨化马铃薯淀粉颗粒的更高的脆性使其在加热和剪切时容易分散或溶解，形成脆弱、黏稠而黏性强的糊状物。因此，马铃薯淀粉的加工会导致过度烹饪。

改性，包括改变天然马铃薯淀粉的物理和化学特性，以改善其功能特性，可以用来使其适应特定的食品应用。任何淀粉改性过程的速率和效果都取决于淀粉的植物来源及其颗粒的大小和结构。这还包括颗粒的表面结构，即包括外表面和内表面以及表面的孔隙和通道，也就是所谓的比表面的提高（Juszczak，2003）。马铃薯淀粉的改性可以通过 3 种不同的方式实现：物理改性、转化改性和化学改性（衍生化）（表 8.6）。

表 8.6 几种常见的马铃薯淀粉改性类型及制备技术

改性	类型	制备
物理	热处理/水分/压力/超声处理	热处理/水分处理——在高于糊化点的温度下，将淀粉在其糊化点以上加热，水分不足，使其发生糊化 热处理——将颗粒状淀粉的浆液在低于其糊化点的温度下长时间加热 高压处理——在超高压（400MPa 以上）下处理淀粉，其作用是使淀粉糊化，但几乎不膨胀并保持它的颗粒特征 超声处理——用高于人类听力水平（20～100kHz）的声音，并可用于均质、乳化、混合、提取、干燥、脱气和细胞破裂
	预糊化	采用滚筒干燥/喷雾蒸煮/挤出/溶剂型工艺制备的预凝胶/速溶/冷水膨化淀粉
转化	部分酸水解	用盐酸或磷酸或硫酸处理
	部分酶水解	在低于糊化点的温度下用一种或多种食品级淀粉分解酶在水溶液中处理
	碱处理	用氢氧化钠或氢氧化钾处理
	氧化/漂烫	用过氧乙酸/过氧化氢、次氯酸钠/亚氯酸钠/二氧化硫/高锰酸钾/过硫酸铵处理
	热转化（糊化）	干法焙烧酸化淀粉制备焦糊精
衍生化	醚化	羟丙基淀粉—与环氧丙烷的酯化反应
	酯化	醋酸酯淀粉——与乙酸酐或醋酸乙烯酯的酯化反应 乙酰化己二酸双淀粉酯——与乙酸酐和己二酸酐酯化 辛烯基琥珀酸淀粉钠——辛烯基琥珀酸酐酯化反应
	交联	单淀粉磷酸酯——与正磷酸、正磷酸钠或正磷酸钾或三聚磷酸钠酯化 二淀粉磷酸酯——与三偏磷酸钠或氯氧磷酯化 磷酸化二淀粉磷酸酯——单淀粉磷酸盐和双淀粉磷酸盐的组合处理
	双重改性	乙酰化二淀粉磷酸酯——三偏磷酸钠或氯氧磷与乙酸酐或醋酸乙烯酯的酯化反应 羟丙基二淀粉磷酸酯——三偏磷酸钠或氯氧磷与环氧丙烷醚化反应

（资料来源：Singh 等，2007；经 Elsevier 允许。）

8.3.1 物理改性

物理改性的马铃薯淀粉是食品加工中的首选淀粉，因为它的功能特性优于其天然淀粉。此外，该改性技术可以安全地应用于各种食品和一些工业应用中。马铃薯淀粉的各种物理改性方法包括热处理（annealing，ANN）、热/湿法（heat/moisture，HMT）、高压（high-pressure test，HPT）和渗透压（osmotic pressure，OPT）处理，以及预糊化。微波加热、超声和辐照是目前使用的一些物理改性方法。

8.3.1.1 热/湿/压/超声处理

ANN 表示“马铃薯淀粉浆在低于糊化温度的水中进行的物理改性”，而 HMT“指的是淀粉在非常有限的水分含量（18%～27%）下暴露于较高温度下处理”（Collado et al.，1999）。因此，ANN 和 HMT 是相互关联的过程，严格地受淀粉水分比、温度和加热时间的限制。这两个过程都发生在高于玻璃化转变温度（T_g，非晶态区域从刚性玻璃态转变为可移动橡胶态，导致晶体中双螺旋解体），但低于糊化起始温度（T_o）（Jacobs et al.，1998）。在 HMT 和 ANN 中，淀粉颗粒内部发生物理重组。然而，HMT 需要更高的温度来引起这种重组，因为系统中的水分含量较低，这导致了 T_g 的升高。

HMT 使淀粉糊化温度和黏度升高，糊化范围（T_c-T_o）缩小。这些性质可以解释为在热处理后的马铃薯淀粉颗粒中更多的非晶态区域和支链淀粉双螺旋更有序的配位限制了淀粉颗粒在糊化过程中易于水化和提高糊化温度（Tester et al.，2000）。但由于使用的温度较低，这种处理需要更长的时间；因此，它可能在能量和时间方面具有一些工业上的意义。相比之下，微波处理需要更短的时间对马铃薯淀粉特性进行改良，与 ANN 和 HMT 相同（Lewandowicz et al.，2000）。这些处理后，颗粒形态（大小和形状）没有发生重大变化；但是，HMT 将马铃薯淀粉的 B-型 X-射线衍射模型转化为 A-型。淀粉 HMT 的例子包括婴儿食品淀粉的预处理和在玉米淀粉短缺时用马铃薯淀粉代替玉米淀粉的加工，以赋予其冻融稳定性，并改善其烘烤质量（Collado et al.，1999）。

HPT 是在超高压（400MPa 以上）处理淀粉，使淀粉糊化，但颗粒基本不溶胀并保持其颗粒状特性。这导致 HP-糊化淀粉的糊化和凝胶特性发生改变（Stute et al.，1996）。像马铃薯这样的 B-型淀粉比 A-型和 C-型淀粉更具抗压作用，需要更大的压力才能完全糊化（Kudla et al.，1992）。Błaszczak 等（2005）报道了马铃薯淀粉 HPT 处理（600 MPa 处理 2min 和 3min）后，相变温度降低。他们还观察到马铃薯淀粉颗粒的表面比其内部更耐处理（图 8.5）。据报道，颗粒的内部充满了类凝胶状的网状结构，而颗粒状的淀粉仍然保留着。Ahmed 等（2014）研究了 HPT 对天然和改性淀粉的影响。他们通过 DSC 观察到淀粉的糊化是压力依赖的。HPT 使非晶相发生可逆水化，随后结晶区发生不可逆的变形，破坏了颗粒结构。

OPT 是一种新的物理改性方法，将马铃薯淀粉悬浮在饱和的硫酸钠等盐溶液中，在

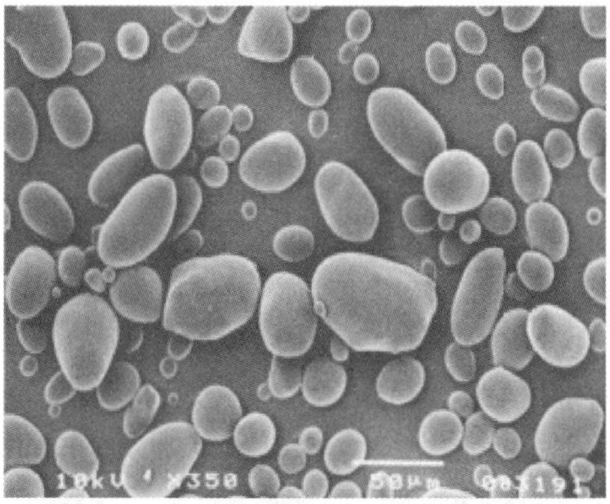

（1）天然的马铃薯淀粉SEM微观结构

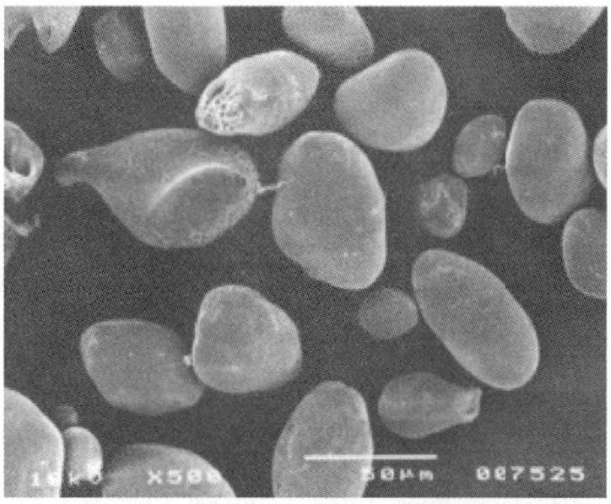

（2）600MPa下高压处理2min的马铃薯淀粉SEM微观结构

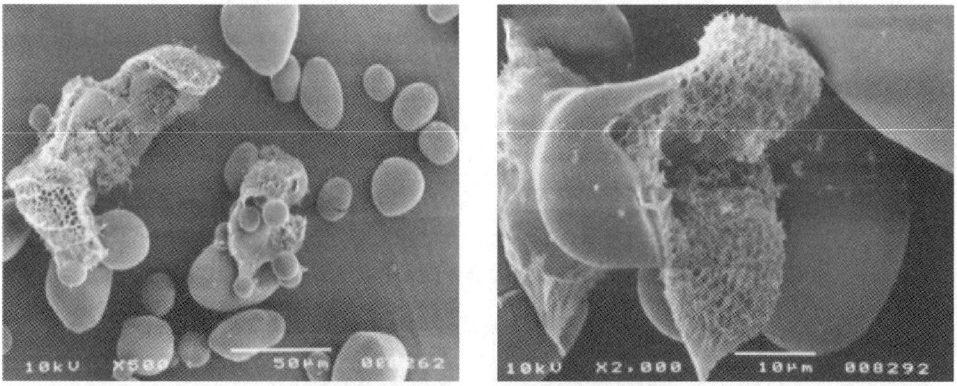

（3）600MPa下高压处理3min的马铃薯淀粉SEM微观结构

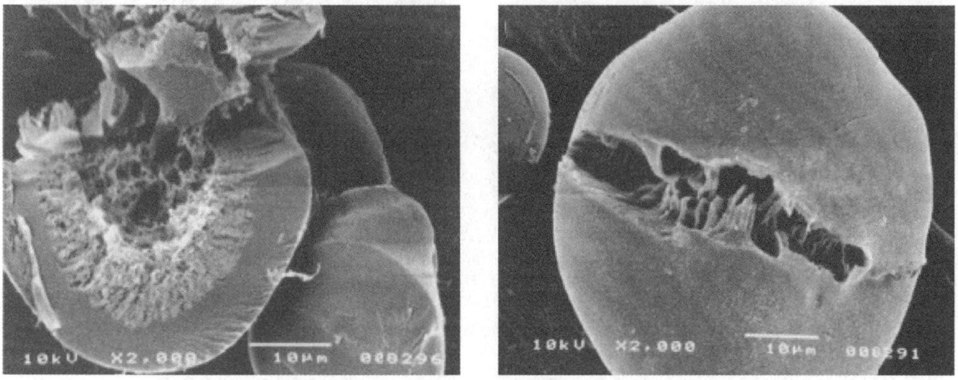

（4）600MPa下高压处理3min马铃薯淀粉SEM微观结构细节

图 8.5 马铃薯淀粉的 SEM 微观结构

（资料来源：Błaszczak，2005；经 Elsevier 许可。）

100℃以上的温度下加热（经高压蒸汽处理）不同时间。据研究，这种处理对淀粉性质的影响与 HMT 相同，但使用 OPT 改性的淀粉表现出更好的均匀性（Pukkahuta et al.，2007）。

超声改性技术在食品中的应用越来越广泛。该技术采用高于人类听力水平（20～100kHz）的声音，可用于均质化、乳化、混合、提取、干燥、脱气和细胞分裂（Chandrapala et al.，

2012)。超声波处理的一个主要作用是淀粉降解，它是由超声波引起的 OH 自由基的形成和机械损伤（Czechowska-Biskup et al.，2005）。已研究了超声波处理对不同来源的淀粉的影响。Sujka 和 Jamroz（2013）发现，超声波处理马铃薯、小麦、玉米和大米淀粉会导致解聚，并改变其功能特性，如脂肪和吸水率、最小糊化能力、糊状澄清度和黏度、溶解度、溶胀力和颗粒形态等。Luo（2008）研究了经超声波处理的蜡质玉米淀粉和高直链玉米淀粉的性质，也报道了超声波处理后的溶胀力、溶解性和颗粒结构发生的变化。超声波处理对马铃薯淀粉颗粒的影响如图 8.6 所示。

（1）原始的马铃薯颗粒（500×、3000×）

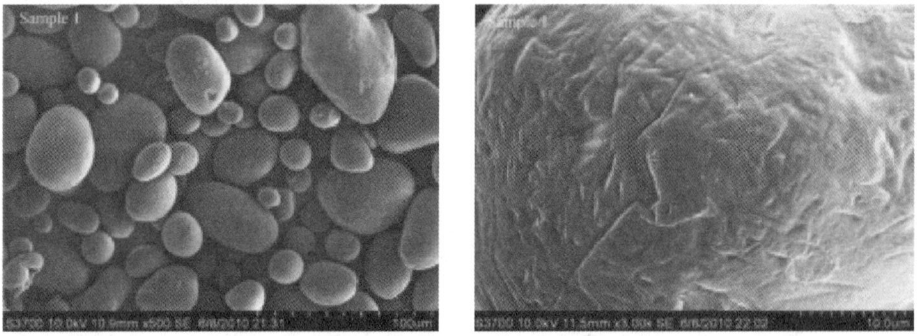

（2）样品1马铃薯颗粒置于60W下30min（500×、3000×）

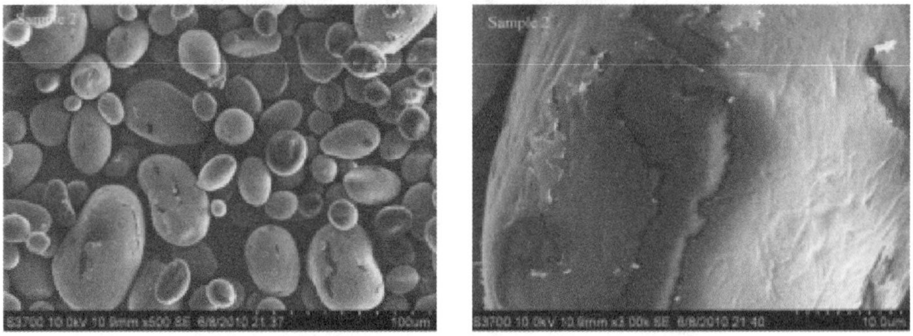

（3）样品2马铃薯颗粒置于105W下30min（500×、3000×）

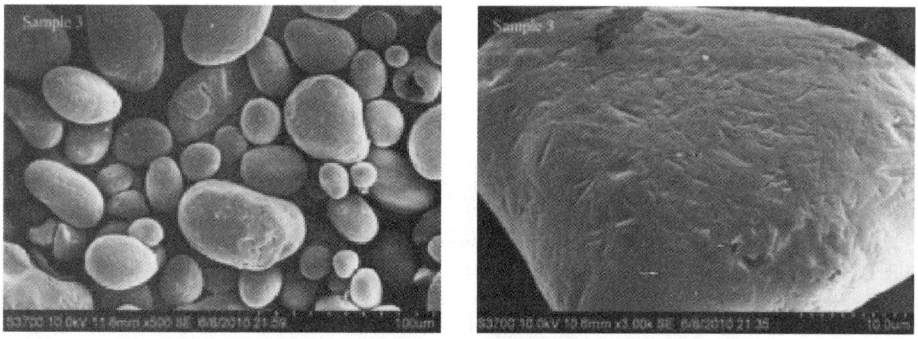

（4）样品3马铃薯颗粒置于155W下30min（500×、3000×）

图 8.6 超声功率对马铃薯淀粉颗粒的影响

（资料来源：Zhu 等，2012；经 Elsevier 许可。）

8.3.1.2 **预糊化**

物理改性可以将天然马铃薯淀粉转化为冷水可溶性淀粉或微晶淀粉。由于水和淀粉分子之间氢键的重新排列，糊化过程会导致颗粒淀粉的化学和物理性质发生变化，从而导致淀粉颗粒内分子序列的崩解或破坏（Freitas et al.，2004）。

制备这类淀粉常用的方法：直接蒸煮—使用滚筒干燥淀粉悬浮液、膨化、连续蒸煮—膨化—挤出、喷雾干燥/喷射和喷嘴喷雾干燥（Lewandowicz et al.，2004）。蒸煮淀粉在室温下的再水合作用会使糊状物的稠度降低，外观暗淡的颗粒状和凝胶的强度降低（Rajagopalan et al.，1992）。轻微的化学处理也可用于制备这种类型的淀粉，例如在乙醇水溶液、醇碱或多元醇处理中加热淀粉等。用这些方法制备的颗粒状冷水可溶性淀粉比传统预糊化淀粉具有不同的冷水溶解性、更好的黏度、更光滑的质地、更大的加工耐受性。醇碱处理导致马铃薯淀粉颗粒结构出现压痕和变形（图 8.7）。预糊化淀粉的使用包括即食淀粉产品，如低脂沙拉酱、高固体馅料、烘焙馅料和干混料（Mason，2009）。

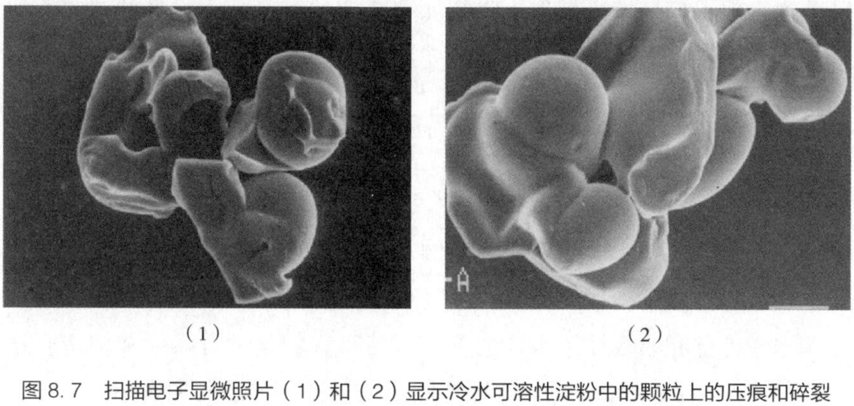

（1）　　　　　　　　（2）

图 8.7 扫描电子显微照片（1）和（2）显示冷水可溶性淀粉中的颗粒上的压痕和碎裂

（资料来源：Singh 等，2003；经 Elsevier 许可。）

8.3.2 转化

8.3.2.1 酸/酶水解

酸解马铃薯淀粉通常是由无机酸来控制水解天然淀粉制备的，可以在室温下（数天）或高温下（但低于糊化温度，数小时）。衍生的降解产物（葡萄糖、高麦芽糖浆和麦芽糊精）降低了热糊黏度（hot paste viscosity，HPV），增加了溶解度和凝胶强度，在食品、造纸和纺织工业中有着广泛的应用。酸改性可以通过干法和湿法两种方法来实现。干燥过程包括在有限的水分和一定程度酸的存在下对淀粉进行干燥焙烧。在干法焙烧过程中，糖苷键的水解伴随着分子重排，导致糊精的形成。糊精比湿法水解产品更易溶解，黏度更低，可用于黏合剂、胶和糊状物。在湿法技术中，以淀粉干基为基础，酸的浓度为1%~3%。水解所用酸的种类对相对分子质量、碱流动性数值、碘结合能力和降解产物的特性黏度有很大影响。分子改性后淀粉的质量减少，其中磷酸减少最小，盐酸和硝酸减少最高（Singh et al.，2000）。

酸改性淀粉可在较高的固形物含量下立即凝胶化，获得较短纹理和柔韧性的树胶或果胶（Zallie，1988）。在酸改性淀粉时，氢氧离子攻击葡萄糖苷的氧原子并水解葡萄糖苷键。酸解聚首先发生在淀粉颗粒的无定形区，然后才是结晶区的水解。此外，酸在进入颗粒内部之前首先侵蚀颗粒表面（Wang et al.，2001）。由于酸水解过程中遇到的一些问题，例如分支点处的随机攻击（这可能导致淀粉的线性增加）、高糖产率和随后的酸去除等，因此酶水解优于酸水解。在长链醇存在下的酸改性有助于更有效地降低支链淀粉的聚合度，并将结晶区转变为更易酸水解的无定形区。Nageli 淀粉糊精、lintner 淀粉等，都是一些酸改性淀粉衍生物。

工业规模的马铃薯淀粉酶改性通常使用淀粉水解酶，如 α-淀粉酶、β-淀粉酶、支链淀粉酶、葡糖淀粉酶和异淀粉酶（van der Maarel et al.，2002）。这些酶水解直链淀粉和支链淀粉中的 α-1,4 或 α-1,6 糖苷键，首先解开糖苷键，然后以水分子作为受体底物。麦芽糊精的性质的分类是根据葡萄糖当量作为降解和聚合度的衡量标准进行的。它们的溶解度随葡萄糖当量和水解类型而变化。酶促生成的麦芽糊精含有较少的高分子质量糖类，因此比酸水解的等量产物更具水溶性（Kennedy et al.，1995）。另一组酶，如环糊精糖基转移酶和淀粉麦芽糖酶，利用转移酶反应来改良淀粉。这些酶最初分解糖苷键，以另一个低聚糖作为受体底物而不是水，形成一个新的糖苷键。环糊精是 1 种由 6 个、7 个或 8 个葡萄糖单元通过 α-1,4 键连接而成的环状低聚糖，通过酶水解作用和环糊精糖基转移酶的作用转化而成。这些环糊精分别为 α-环糊精、β-环糊精和 γ-环糊精（French et al.，1954）。这些环糊精具有极性亲水性外部和非极性疏水性内部，这使得它们与适合尺寸和构造合适的疏水分子形成包合物（Tharanathan，2005）。这种特性被用于食品、医药和农药工业中，通过环糊精空腔来掩盖令人不愉快的气味等，通过利用淀粉麦芽糖酶水解马铃薯淀粉制备了一种新型的热可逆凝胶产品，该产品可能是一种很好的植物来源的明胶替代品（van der Maarel et al.，2005；Kurkov et al.，2013）。

8.3.2.2 氧化/漂白

漂白或氧化淀粉是在一定的温度和 pH 下，一定量的试剂与淀粉反应生成的。用低浓度试剂，如过氧化氢、过氧乙酸、过硫酸铵和次氯酸钠在水溶液中处理的淀粉称为漂白淀粉。

用于氧化淀粉的试剂包括高碘酸盐、铬酸、高锰酸盐、二氧化氮和次氯酸钠。pH、温度、试剂浓度和淀粉分子结构是控制氧化的主要因素。在氧化过程中，淀粉上的羟基（在 C-2、C-3 和 C-6 位置）首先被氧化成羰基，然后被氧化成羧基。这些庞大的羧基导致氧化淀粉糊的回生性差（Wurzburg，1986a）。淀粉上羧基和羰基的数量决定了淀粉的改性程度。氧化淀粉的黏度、相变温度、糊化和回生焓降低（Adebowale et al.，2003）。Fonseca 等（2015）用不同浓度的次氯酸钠对马铃薯淀粉进行改性，并研究其对生物降解膜形成的影响。他们研究了不同次氯酸盐浓度的活性氯对马铃薯淀粉特性的不同的影响。活性氯浓度的增加提高了马铃薯淀粉的氧化强度，氧化淀粉制备的薄膜因氧化程度不同而具有不同的性质。

氧化还导致淀粉解聚，这是造成低黏度的原因（图 8.8），还改善了氧化淀粉的澄清度和稳定性。氧化淀粉在食品中用作糖果的涂料包衣和密封剂、乳化剂、面包面团性质改进剂，而漂白淀粉则用于改善面糊和面包预拌粉在油炸食品中的黏附性。

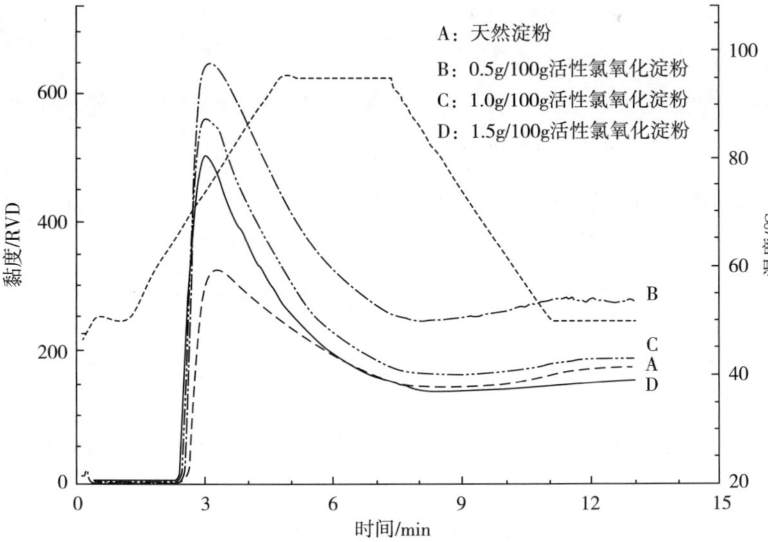

图 8.8 马铃薯淀粉的 RVA 曲线

（资料来源：Fonseca 等，2015；经 Elsevier 许可。）

8.3.3 衍生化

衍生化是工业淀粉改性中应用最广泛的方法，因此我们将对其进行更详细的讨论。

8.3.3.1 衍生化的常见类型

衍生化是指在淀粉中引入官能团，使其物理化学性质发生显著变化。一些改性淀粉的性质及其应用见表 8.7。通过化学取代改性淀粉时所获得的化学和功能性质取决于淀粉来源、反应条件（反应物浓度、反应时间、pH 和催化剂的存在）、取代基类型、取代程度（取代度 DS①，或摩尔取代度 MS②），以及取代基在淀粉分子中的分布（Rutenberg et al.，1984；Kavitha et al.，1998；Richardson et al.，2000b；Luo et al.，2012；Colussi et al.，2015）。

表 8.7 改性淀粉的一些性质及应用

类型	特性	应用
预糊化	冷水分散性	用于方便食品中
部分酸或酶水解	降低聚合物的相对分子质量，降低黏度，增加回生和回冷	用于糖果，面糊和食品涂料
氧化/漂白	低黏度，高透明度和低温稳定性	用于面糊和面包屑中，用于各种食品的涂层，在糖果中用作粘合剂和成膜剂，在乳制品中用作质地调和剂
热转化（糊化）	从低至高的溶解度取决于转化率，低黏度，高还原糖含量	用作各种食品的涂层材料，具有良好的成膜能力，并用作面包店和乳制品中的脂肪替代品
醚化	改善淀粉糊的透明度，更大的黏度，更低的脱水收缩和冻融稳定性	用于各种食品应用中，如肉汁、蘸酱、酱汁、水果馅饼馅料和布丁
酯化	更低的糊化温度和回生度，更低的形成凝胶趋势和更高的糊状透明度	用于冷藏和冷冻食品，作为乳液稳定剂和包封剂
交联	颗粒在膨胀，高温，高剪切和酸性条件下具有更高的稳定性	用作汤、酱汁、肉汁、面包和其他食品的增稠剂和质地剂调和剂
双重改性	在贮藏过程中对酸、热和机械降解以及延迟的回生具有稳定性	用于罐头食品、冷藏和冷冻食品、色拉调料、布丁和肉汁

（资料来源：Singh 等，2007；经 Elsevier 许可。）

淀粉的一些化学改性反应如表 8.8 所示。食品工业中常用的马铃薯淀粉改性方法包括

①DS 表示每个脱水葡萄糖基上由取代基衍生而来的羟基的平均数目。DS 表示为每个脱水葡萄糖基取代基的平均摩尔数。由于每个脱水葡萄糖基有三个可取代的羟基，因此最大可能的 DS 为 3。

②在改性反应过程中，某些淀粉酯和醚上的取代基可以与改性剂进一步反应，能形成低聚物或可能是聚合物取代基。在这些情况下，首选 MS，它表示取代水平为每摩尔脱水葡萄糖基的单体取代物的摩尔数。因此，与 DS 相比，MS 的值可以大于 3。

醚化、酯化和交联。乙酰化马铃薯淀粉具有较低的 DS，通常是由天然淀粉与醋酸酐存在下的酯化反应得到的碱性催化剂，而食品级羟丙基淀粉通常是通过天然淀粉与环氧丙烷在碱性催化剂存在条件下的醚化反应制备的。食品级淀粉经羟丙基化以增加糊状物的均一性和透明度，并赋予冻融和冷藏稳定性（Xu et al.，1997）。引入淀粉链的亲水羟丙基破坏了分子间和分子内的氢键，削弱了淀粉的颗粒结构，增加了淀粉颗粒对水的接触性。天然颗粒淀粉的醚化化学改性也改变了淀粉的糊化和回生特性。羟丙基淀粉可作为即食淀粉应用于汤和酱汁、熟食、糖果馅料、即食甜点、罐装水果和果酱以及冷冻食品。

表 8.8　　常见的淀粉化学改性反应

改性类型	
	醚化
羟基烷基淀粉（含烯氧基）	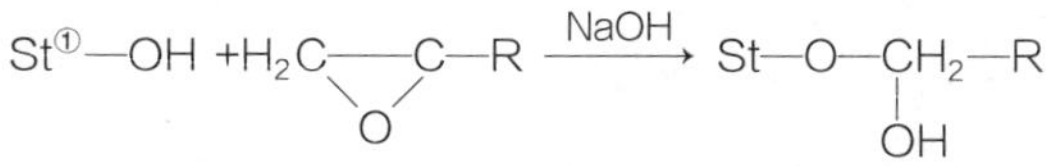
	酯化
醋酸酯淀粉（含醋酸乙烯酯）	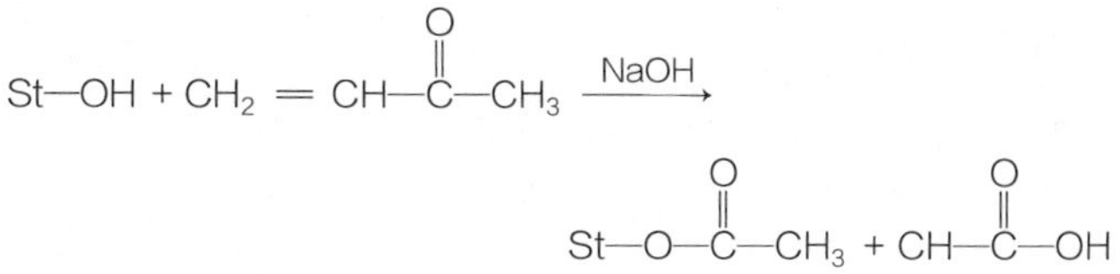
醋酸酯淀粉（与乙酸酐）	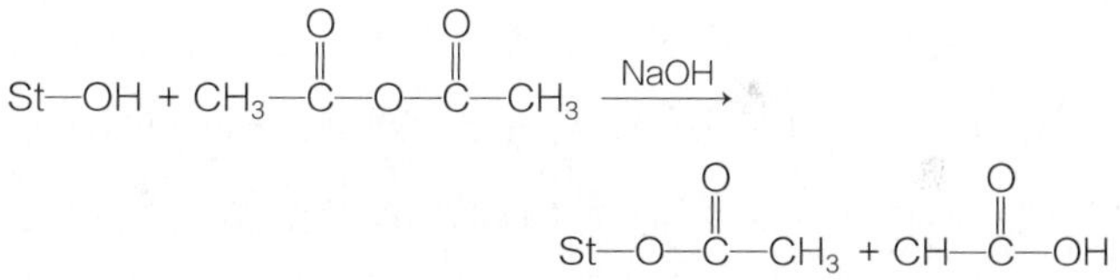
磷酸淀粉（含正磷酸盐）	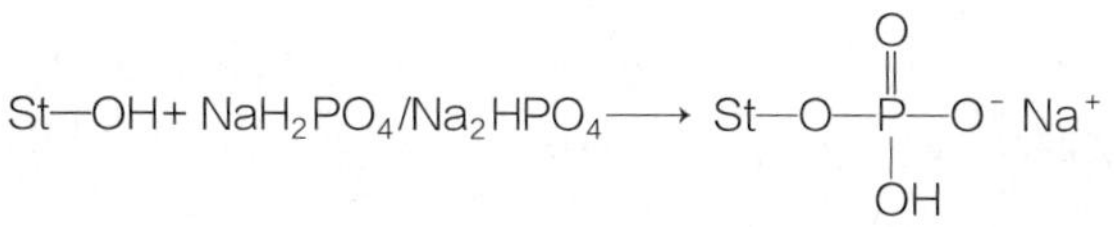
羧甲基淀粉（含一氯乙酸）	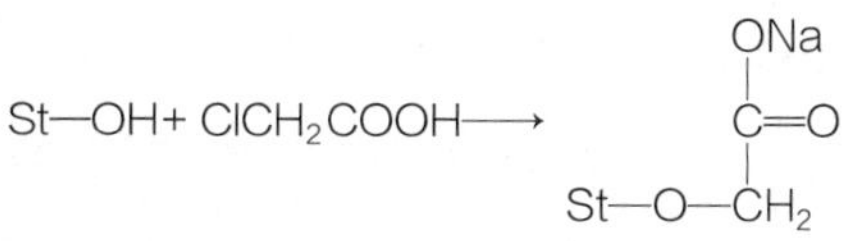
	交联
含 $POCl_3$ [2]	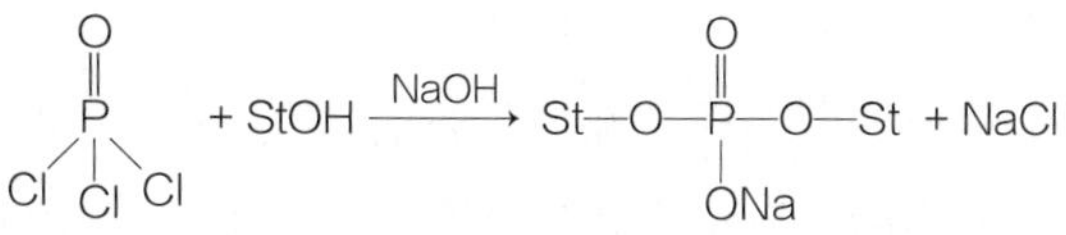

续表

改性类型	
含 STMP③	$2StOH + Na_3P_3O_9 \xrightarrow{\text{Alkali catalyst}} St-O-P(=O)(ONa)-O-St$
含 EPI④	$2StOH + EPI \xrightarrow{\text{Alkali catalyst}} St-O-CH_2-CH(OH)-CH_2-O-St$

注：①St，淀粉；

②$POCl_3$，三氯氧磷；

③STMP，偏磷酸钠；

④EPI，环氧氯丙烷。

（资料来源：Singh 等，2007；经 Elsevier 许可。）

交联处理的目的是随机地在淀粉颗粒中任意位置添加化学键，以稳定和强化颗粒。交联马铃薯淀粉制成的淀粉糊黏度更大，更加黏稠，不易因烹饪时间延长、酸含量增加或剧烈搅拌而分解。交联使烹饪过程中的颗粒破裂、黏度损失和黏稠糊状物的形成降至最低（Woo et al.，1997；Kaur et al.，2006；Prochaska et al.，2009），产生适合罐头食品和其他食品应用的马铃薯淀粉（Rutenberg et al.，1984）。对交联淀粉作为一种新的膳食纤维来源的营养功效也有报道（Wurzburg，1986c；Woo，1999）。

交联通常是通过用多功能试剂处理马铃薯淀粉颗粒来实现的，多功能试剂能够在淀粉分子上的羟基之间形成醚或酯的分子间键（Rutenberg et al.，1984；Wurzburg，1986b）。三偏磷酸钠（STMP）、磷酸二氢钠、三聚磷酸钠（STPP）、环氧氯丙烷（EPI）、三氯氧磷（$POCl_3$）、己二酸和醋酸酐的混合物以及氯乙烯是用于交联食品级淀粉的主要试剂（Yeh et al.，1993；Woo et al.，1997；Gui-Gie et al.，2006）。$POCl_3$ 是在 $pH>11$ 的中性盐的浆液中的一种有效交联剂（Felton et al.，1943）。据报道，研究表明，STMP 是一种在高温下与半干淀粉和在温水性浆液中与水合淀粉交联的高效交联剂（Kerr et al.，1962；Koo et al.，2010；Wongsagonsup et al.，2014）。EPI 不易溶于水，部分分解为甘油；因此水溶性交联剂如 $POCl_3$ 和 STMP 是首选。此外，也有报道称，STMP 交联可能比 EPI 交联分布不均匀（Shiftan et al.，2000）。因此，交联剂的种类在很大程度上决定了处理后淀粉功能性质的变化。低水平交联虽然对马铃薯淀粉颗粒膨胀特性有很大影响（Rutenberg et al.，1984），但对其吸水性的影响很小（Chilton et al.，1974）。

据研究，传统制备的磷酸酯淀粉具有高均一性的澄清的淀粉糊、良好的冻融稳定性和乳化性能，可分为两类：单磷酸酯淀粉和双磷酸酯淀粉（交联淀粉）。一般来说，单磷酸酯淀粉（单酯）比双磷酸酯淀粉（二酯）具有更高的 DS，因为即使是极少数的交联（在双酯的情况下）也能显著改变淀粉的糊状和凝胶性质。淀粉磷酸盐通常是由马铃薯淀粉与邻位、间位、焦位、三聚磷酸和氯氧磷的盐反应而成（Paschall, 1964; Nierle, 1969）。

双重改性，取代和交联的结合，已证明能够保证稳定性，防止酸、热、机械降解淀粉、并延迟贮藏期间的回生。双重改性淀粉通常用于沙拉酱、罐头食品、冷冻食品和布丁中。在用不同的交联剂和不同的淀粉基如玉米、木薯、小麦、蜡质玉米、蜡质大麦、大米、西米和马铃薯等制备双变性交联/羟丙基淀粉的过程中，反应条件的控制非常重要（Tessler, 1975; Wu et al., 1990; Yeh et al., 1993; Yook et al., 1993; Wattanchant et al., 2003; Zhao et al., 2012; Cui et al., 2014; Liu et al., 2014; Shukri et al., 2015）。制备双重改性淀粉（具有理想性质）所需的交联试剂量随淀粉来源、交联试剂类型、交联反应效率、所需 DS 和最终变性淀粉特性的规定范围而变化。淀粉基浓度、温度、pH、催化剂盐浓度等反应条件对制备双重改性羟丙基交联淀粉具有重要作用。化学改性对淀粉的热、形态和糊化/流变行为的影响可以用 DSC、SEM、Visco-Amylo-Graph/RVA 和动态流变仪等仪器来量化（Kaur et al., 2006; Singh et al., 2007; Zhao et al., 2015）。

8.3.3.2 衍生化的程度

这种化学改性过程的速率和效率取决于试剂类型、淀粉的植物来源及其颗粒的大小和结构（Huber et al., 2001; Zhao et al., 2015）。这也包括淀粉颗粒的表面结构，包括外表面和内表面的孔隙和通道，导致形成所谓比表面（Juszczak, 2003）。通向颗粒外部的通道提供了一个更大的表面积，可供化学试剂进入，并使试剂更容易进入颗粒内部。然而，在没有这些通道的情况下，试剂可能会通过外表面扩散到颗粒基质中（BeMiller, 1997）。尽管来自不同来源的淀粉具有基本的结构相似性，但它们在微观结构和超微结构的具体细节上有所不同。这些结构差异在很大程度上影响了化学改性过程。Zhao 等（2012）认为羟丙基取代基位于无定形薄片层（分支化区）和结晶薄片中侧链簇之间的无定形区域，因为无定形片层具有柔韧性并且易于化学试剂接触。支链淀粉分子的内部侧链位于晶体片层的紧密内部，羟丙基试剂不能渗透到这里，因此不能（或很少能）发生羟丙基取代。

表 8.9 列出了各种来源的化学改性淀粉的 DS 和 MS。马铃薯、玉米和大米淀粉在类似的反应条件下乙酰化时，淀粉的 DS 表现出显著的变化（Singh et al., 2004a、b）。不同来源淀粉乙酰化过程中的 DS 主要受直链淀粉与支链淀粉的比率、颗粒内的包裹和脂质的存在等因素的影响（Phillips et al., 1999; Bello-Pérez et al., 2010; Colussi et al., 2014）。

表 8.9 几种植物源变性淀粉的 DS①和 MS②

淀粉来源	DS（乙酰化）	MS（羟丙基化）	DS（交联）
普通马铃薯	0.115~0.238④	0.098~0.122⑧	0.07~0.26⑪
普通玉米	0.104~0.184④	0.091~0.092⑨	0.09~0.25⑪

续表

淀粉来源	DS（乙酰化）	MS（羟丙基化）	DS（交联）
普通玉米	ND③	0.061~0.094⑩	ND
糯玉米	0.081	0.067~0.127⑩	ND
高直链玉米	ND	0.078~0.119⑩	ND
杂交正常玉米	0.030~0.040⑤	ND	ND
普通小麦	0.035~0.131⑥	0.117~0.123⑨	0.004~0.020⑫
普通大米	0.087~0.118⑦	>0.03⑩	0.025~0.035⑬
普通大米	0.018	ND	ND
蜡质大米	0.016	ND	ND

注：①DS=替代度；
②MS=摩尔取代；
③ND=未检测到；
④不同马铃薯品种的乙酰化和淀粉含量不同；
⑤使用两种水平的乙酰化；
⑥使用不同水平的乙酰化；
⑦不同大米品种的大米淀粉；
⑧不同品种的马铃薯淀粉；
⑨降低了两个群体的淀粉颗粒的 MS 值；
⑩两个水平的羟丙基化；
⑪磷酸一钠和磷酸二钠的混合物磷酸化淀粉的 DS；
⑫MS 值，进行三个层次的交联；
⑬进行不同程度的交联。
（资料来源：Singh 等，2007；经 Elsevier 许可。）

乙酰基的 C=O 键是直链淀粉还是支链淀粉上的取代基，其经历分子环境不同（Phillips et al.，1999）。由于醋酸酐在淀粉颗粒中的穿透能力差，乙酰化发生在所有无定形区域和结晶区域的外片层，而不是整个淀粉颗粒的整个结晶区域（Chen et al.，2004）。对乙酰化马铃薯淀粉的研究（Singh et al.，2004a）表明，直链淀粉含量较低的小颗粒淀粉有利于引入乙酰基，从而导致更高的 DS。Colussi 等（2014）研究了不同级别直链淀粉的大米淀粉，发现低直链大米淀粉比中高直链大米淀粉更容易乙酰化。他们还发现，DS 值越高，淀粉的结晶度就越低，一般来说，它的糊化温度、分解、峰值和最终黏度、膨胀力和溶解度也就越低。

在羟丙基化过程中，羟丙基主要被引入在直链淀粉组成的无定形区（Steeneken et al.，1991）。羟丙基是亲水的，当引入淀粉链时，它们削弱或破坏将颗粒结合在一起的内部键结构，从而影响与淀粉的来源、反应条件、所用取代基的类型，以及MS的程度有关的物理化学性质（Schmitz et al.，2006）。在羟丙基化的玉米和马铃薯淀粉中，直链淀粉的改性程度比支链淀粉大，支链淀粉的改性发生在靠近分支点的附近，因为非晶态区域跟改性试剂的接触的机会更多（Kavita et al.，1998）。然而，Richardson等（2001）通过研究羟丙基化马铃薯支链淀粉（PAP）中取代基的分布，发现羟丙基在支链淀粉分子上分布均匀。改性反应条件和淀粉来源也可能影响羟丙基在淀粉链上的分布（Steeneken et al.，1994；Kaur et al.，2004）。对在颗粒浆料或溶液中制备的羟丙基PAP进行的研究表明，与其他地方相比，更多的取代基位于分支点附近，分支点构成了半结晶颗粒中的非晶态区域。与溶解淀粉的聚合物“溶液”中改性淀粉相比，颗粒浆液中羟丙基化的PAP具有更不均匀的取代基分布（Richardson et al.，2001）。试剂的反应活性和浓度影响交联淀粉的DS。还有，所用试剂的类型和反应条件决定了交联过程中单键和双键（酯与磷基试剂和甘油与EPI）的比例（Koch et al.，1982）。

改性时取代基的表征在单体和聚合物水平上都很重要（Richardson et al.，2003）。取代基在单体和聚合物水平上的分布可能受颗粒孔隙和通道的存在、直链淀粉的比例，支链淀粉及其排列、颗粒表面性质和颗粒溶胀等因素的影响（BeMiller，1997；Kavitha et al.，1998）。诸如核磁共振波谱（Xu et al.，1997；Heins et al.，1998）或气相色谱/质谱法等技术（Wilke et al.，1997；Richardson et al.，2000b）可能有助于测定单体水平上取代基的分布。用于分析取代基沿聚合物链的分布以及取代的均质性/异质性的方法基于聚合物通过酸水解的部分降解（Arisz et al.，1995；Mischnick et al.，1996）或酶促降解（Steeneken et al.，1994；Wilke et al.，1997；van der Burgt et al.，1998；Kavitha et al.，1998）。

8.3.3.3 马铃薯淀粉衍生物的形态特性

马铃薯淀粉改性涉及接触相表面的物理、化学和生物化学现象。显微镜（光学显微镜和扫描电镜）在加深对改性淀粉颗粒结构的理解方面发挥了重要作用。它已用于检测由化学修饰引起的结构变化和淀粉颗粒中最易被取代的区域（Kim et al.，1992；Kaur et al.，2004）。羟丙基化的大部分结构变化发生在淀粉颗粒相对有序化较弱的核心区域，即羟丙基最密集沉积的地方（Kim et al.，1992；Ratnayake et al.，2008）。

庞大体积的羟丙基所产生的“推开效应”，特别是在颗粒的中心区域，可能导致羟丙基化后颗粒形态的改变。另一个可能的解释是，从物理和化学的角度来看，淀粉颗粒本身在结构上并不均匀性，因为它有不同的物理性质（无定形和结晶区域）以及每个区域的不同化学成分（French，1984）。用环氧丙烷（10%，干重）处理马铃薯淀粉颗粒改变了其形态（图8.9）。许多受影响较小的改性颗粒形成凹陷，随后导致轻微碎裂和出现压痕，并在高度受影响颗粒的中心核心区沿纵轴形成深槽。这些颗粒呈折叠结构，呈外部向内拉伸状，呈现出甜甜圈的外观（图8.10）。此外，在所有被检测的马铃薯淀粉中，大颗粒的这些改变区域明显大于小颗粒；这可能归因于天然颗粒结构和脆性的差异。

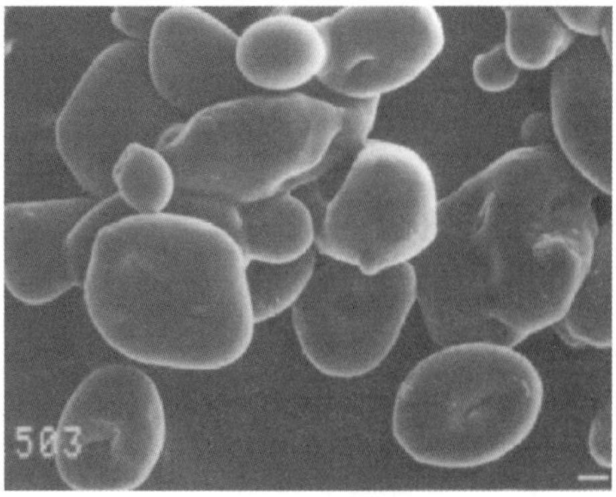

（1）在10%环氧丙烷浓度下
马铃薯淀粉羟丙基化后颗粒

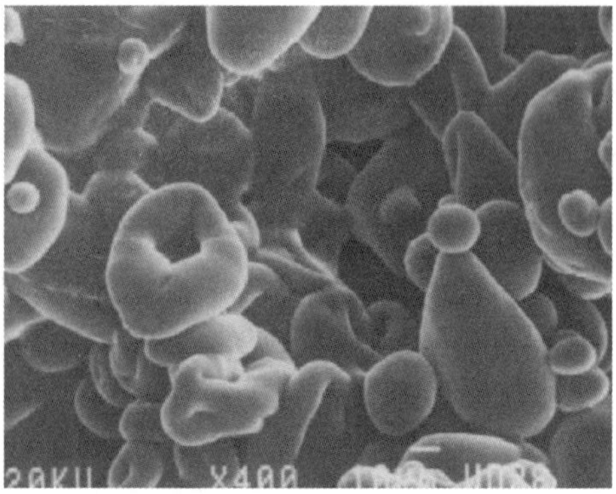

（2）在15%环氧丙烷浓度下
马铃薯淀粉羟丙基化后颗粒

图 8.9 羟丙基化对马铃薯淀粉颗粒形态的影响

（资料来源：Kaur 等，2004；经 Elsevier 许可。）

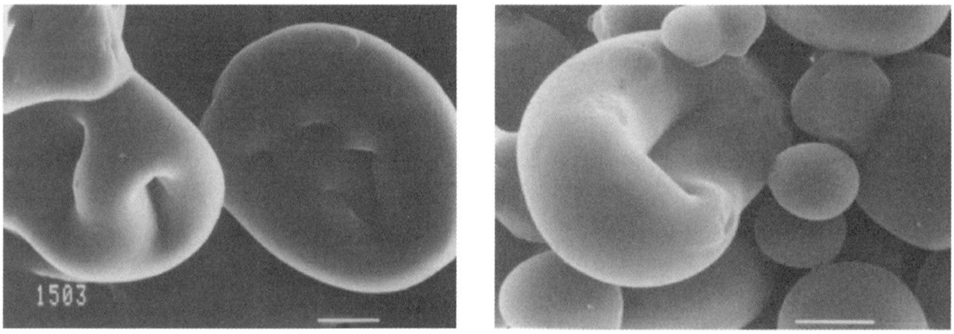

（1）在中央核心区形成一个深槽

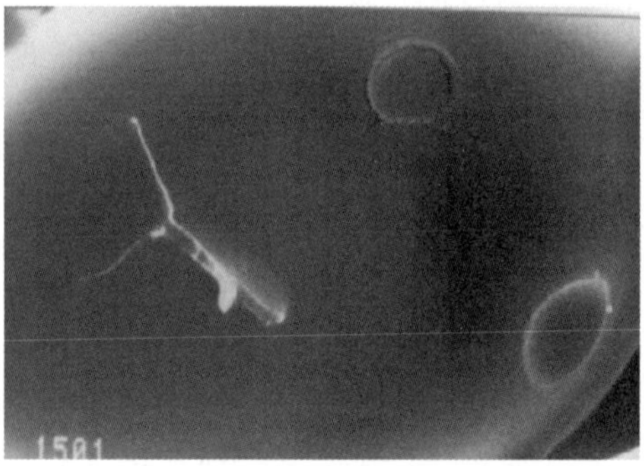

（2）在淀粉颗粒上形成泡状外观和裂缝

图 8.10 羟丙基化对马铃薯淀粉颗粒形态的影响（放大图）

（资料来源：Kaur 等，2004；经 Elsevier 许可。）

受影响较小的淀粉颗粒的外围区域和外层没有发生变化，变化仅限于中心核心区域。相比之下，受严重影响的淀粉颗粒在表面呈现水泡状外观、裂缝和小突起，以及中央核心区出现一个深槽；这表明颗粒外围区域可能是最后一个被改性的区域［图 8.10（2）］

（Kaur et al.，2004）。当使用更高浓度的环氧丙烷（15%与10%）进行反应时，颗粒结构会发生更大的改变。高度受影响的颗粒看起来像糊化的一样，失去了边界并融合在一起形成糊化的团块（图8.9）。这种影响在较大颗粒中显得更为明显（Kaur et al.，2004）。

Huber和BeMiller（2001）也报道了马铃薯淀粉颗粒内部区域的组织比外层颗粒层更容易发生反应（与环氧丙烷反应）。另外，由于马铃薯淀粉颗粒没有通道，试剂通过颗粒外表面向内扩散。环氧丙烷反应性比其他改性试剂差，在反应前可能会扩散到颗粒基质中（Huber et al.，2001）。羟丙基淀粉颗粒的结构变化随着MS的增加而变得更加明显（Kim et al.，1992；Kaur et al.，2004）。据报道，马铃薯淀粉（Kim et al.，1992）和木薯淀粉（Jyothi et al.，2007）在羟丙基化后淀粉颗粒的外观发生变化。然而，美人蕉（Chuenkamol et al.，2007）和木豆（Lawal，2011）淀粉颗粒的表面或形状特征没有变化。不同的观察结果可能与不同的改性程度、不同的制备方法以及用于羟丙基化过程的不同淀粉的形态有关。

羟丙基化还导致糊化的马铃薯淀粉凝胶结构的改变，这可能是由糊化过程中颗粒结构变弱，导致颗粒破裂加剧造成的。羟丙基化马铃薯淀粉凝胶显示颗粒残留物大量聚集。Kaur等（2004）也报道了马铃薯羟丙基淀粉凝胶（在4℃下贮藏30d后）中出现许多杆状模糊簇状微纤丝，可以很容易地区别于其他淀粉材料（图8.11）。在4℃下长期贮藏过程中发生大量的相分离，可能是这些棒状微纤维形成的原因。也有报道称缓慢冷却可以增加淀粉凝胶中非球晶形态的形成（Nordmark et al.，2002）。

图8.11 羟丙基糊化淀粉糊在长期贮存过程中形成的棒状微纤维（显示晶体结构的纵向排列）

（资料来源：Kaur等，2004；经Elsevier许可。）

乙酰化处理也被发现改变了颗粒形态，尽管程度较小。Singh等（2004a）使用不同浓度的乙酸酐对玉米和马铃薯淀粉进行乙酰化处理，并报道乙酰化处理导致玉米和马铃薯淀粉均发生颗粒融合（图8.12）。在小颗粒的马铃薯淀粉中也观察到颗粒融合更明显（Singh et al.，2004b）。玉米淀粉颗粒比马铃薯淀粉表现出更高的抗乙酰化性。在马铃薯淀粉中添加4%的乙酸酐会导致淀粉颗粒的融合，而玉米淀粉颗粒在8%或更高的乙酸酐浓度下趋于融合（Singh et al.，2004a）。观察到玉米和马铃薯淀粉颗粒的颗粒表面在乙酰化后变得略微粗糙（Singh et al.，2004b）。Gonzalez 和 Perez（2002）、Sha 等（2012）证实了大米淀粉的颗粒表面变得粗糙，并且颗粒在乙酰化后容易形成聚集体；然而，其他研究者（Sodhi et al.，2005；Colussi et al.，2015）报道了天然和乙酰化大米淀粉的外部形态之间没有显著差异。

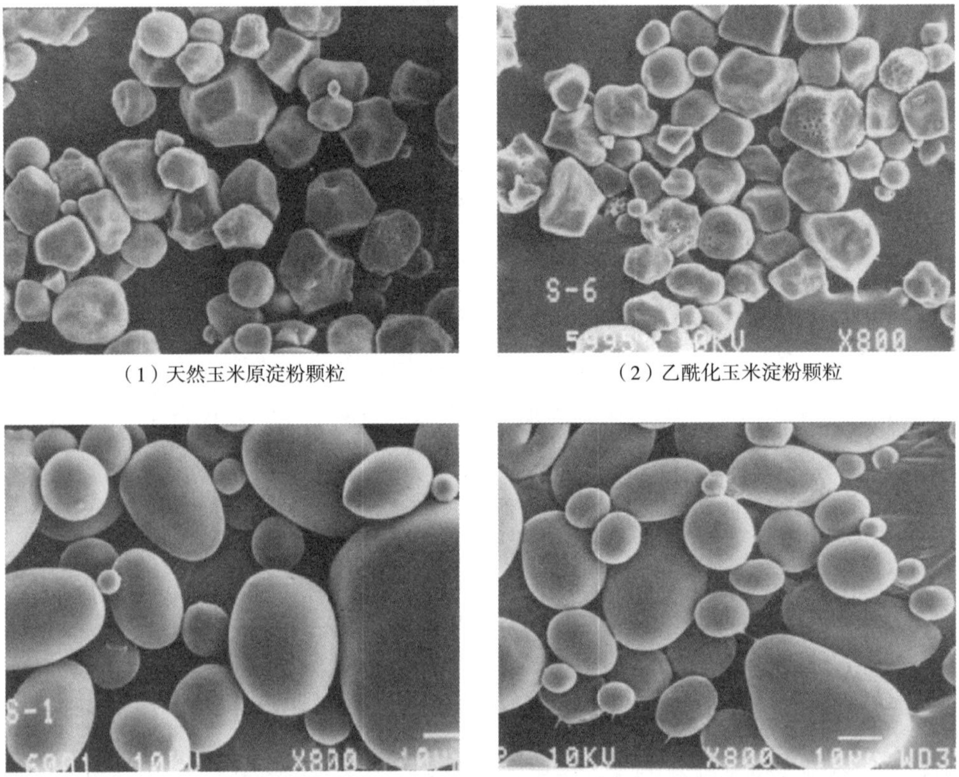

（1）天然玉米原淀粉颗粒　　（2）乙酰化玉米淀粉颗粒

（3）天然马铃薯原淀粉颗粒　　（4）乙酰化马铃薯淀粉颗粒

图 8.12　乙酰化对玉米和马铃薯淀粉颗粒形态的影响

（资料来源：Singh 等，2004a；经 Elsevier 许可。）

然而，乙酰化马铃薯和玉米淀粉中部分颗粒融合和变形，以及颗粒表面的粗糙外观，也可能是在添加 NaOH 以维持添加乙酸酐期间的碱性条件下发生的表面糊化的结果（Singh et al.，2004b）。Sha 等（2012）表明乙酰化淀粉的颗粒表面不如天然淀粉光滑，但淀粉颗粒仍保持相对完整的颗粒结构。随着乙酰化程度的增加，分子间氢键受到破坏，淀粉颗粒结构更加破碎。

磷酸化马铃薯淀粉可以用磷酸一钠和磷酸二钠的混合物制备。淀粉粒径对磷酸酯基团的 DS 变化非常敏感：DS 值越高，粒径越大。在给定 DS 值时，大米和玉米淀粉的平均粒径增长高于马铃薯淀粉。这可能是由于改性颗粒内部的磷酸基团取代，形成了一定的斥力，增大了分子间和分子内空间的大小，从而使更多的水分子被吸收。磷酸化不会引起任何可检测到的一般颗粒形状上的变化（Sitohi et al.，2001）。在使用 EPI 和 $POCl_3$ 交联后，当在 SEM 下观察时，马铃薯淀粉颗粒保持光滑并且在形态上类似于天然原淀粉颗粒，这表明改性不会引起任何可检测的形态变化（Kaur et al.，2006）。据报道，淀粉的某些化学改性会增加颗粒的表面积和颗粒的孔隙度（Fortuna et al.，1999）。

使用不同试剂（$POCl_3$ 和环氧丙烷）对蜡质玉米淀粉的研究中报道了相对反应模式的变化（Huber et al.，2001）。由于 $POCl_3$ 的反应性较高，使用高反应性的 $POCl_3$ 时，交联在颗粒表面占主导地位（Gluck-Hirsch et al.，1997；Huber et al.，2001），而反应性较弱的环氧丙烷通常在反应前扩散到颗粒基质中（Huber et al.，2001；Kaur et al.，2004）。Shiftan 等（2000）报道 EPI 交联的不均匀性，主要集中在淀粉颗粒的非结晶区。另一个可能影响交联程度的因素是淀粉颗粒群体的粒径分布（Hung et al.，2005）。据报道，在交联过程中，小颗粒的衍生程度比大颗粒大（Bertolini et al.，2003）。

8.3.3.4 马铃薯淀粉衍生物的理化性质

淀粉的理化性质，如溶胀、溶解度和透光率，受到衍生化的显著影响（表 8.10）。这些性质在改性时的变化取决于化学改性的类型。化学改性（如乙酰化和羟丙基化）增加溶胀能力、溶解度，交联会减少（取决于交联剂的类型和交联程度）各种来源的淀粉的溶胀能力和溶解度。通过乙酰化将（体积较大的）乙酰基引入淀粉分子中，由于空间位阻而导致结构重组；这导致淀粉分子之间的排斥，从而促进颗粒无定形区域内水分渗透的增加，最终增加其溶胀能力（Lawal，2004）。对乙酰化马铃薯淀粉的研究（Singh et al.，2004a、b）表明，在所有这些淀粉类型中，乙酰化后淀粉颗粒的溶胀力和溶解度显著增加。据监测，马铃薯淀粉的增加程度更高。乙酰化后引入的 DS 主要影响溶胀力的变化强度以及淀粉的溶解度。乙酰化引起的结构分解可能会弱化淀粉颗粒，这会增加直链淀粉从颗粒中的浸出，从而增加淀粉的溶解度（Lawal，2004；Colussi et al.，2014）。Liu 等（1999b）报道说，蜡质淀粉在乙酰化作用下显示出更高的溶胀力，这是因为其中的支链淀粉的结构比非蜡质淀粉更具开放性。这可以使水快速渗透，并增加溶胀力和溶解度。羟丙基化马铃薯淀粉的膨胀力和溶解度通常随着 MS 的增加而增加。由于羟丙基化作用，淀粉颗粒内结合力降低，可能导致在加热过程中水的渗透性增加，从而导致更大的溶胀（Kaur et al.，2004）。

表 8.10　各种植物来源的改性淀粉的溶胀能力

淀粉来源	SP①/（g/g）（乙酰化）	SP①/（g/g）（羟丙基化）	SP①/（g/g）（交联）
普通马铃薯	60~71（原淀粉 58~70）③，④	33~39（原淀粉 28~31）⑤	20~25（原淀粉 28~31）⑧
普通马铃薯	ND②	ND	23~27（原淀粉 28~31）⑨
普通玉米	38（原淀粉 36）	约为 20（原淀粉约为 6）⑥	ND
糯玉米	ND	约为 42（原淀粉约为 30）⑥	ND

续表

淀粉来源	SP①/(g/g)(乙酰化)	SP①/(g/g)(羟丙基化)	SP①/(g/g)(交联)
普通小麦	ND	9~16（原淀粉约为6~8）⑦	ND
普通大米	15~19（原淀粉14~18）⑤	ND	约为9（原淀粉约为18）⑤
糯大米	约为31（原淀粉约为41）	ND	约为14（原淀粉约为41）⑤

注：①SP=溶胀力（g/g）；

②未检测到；

③相应的天然原淀粉（未改性）的性质在括号中给出；

④不同马铃薯品种的淀粉；

⑤不同水稻品种的淀粉；

⑥两个水平的羟丙基化；

⑦两个小麦淀粉颗粒群体；

⑧不同马铃薯品种的淀粉，用 $POCl_3$ 交联；

⑨不同马铃薯品种的淀粉；用 EPI 进行交联。

（资料来源：Singh 等，2007；经 Elsevier 许可。）

交联增强了马铃薯淀粉链之间的结合，使颗粒的抗溶胀性随着交联度的增加而增加。与慢效交联剂（如 EPI）相比，高浓度的速效交联剂（如 $POCl_3$）导致溶胀潜力更大程度地降低（Gluck-Hirsch et al.，2002）。颗粒表面高浓度的 $POCl_3$ 交联致使表面形成一个限制颗粒膨胀的坚硬外壳（Huber et al.，2001）。Inagaki 和 Seib（1992）也报道称，交联蜡质大麦淀粉的膨胀力随着交联程度的增加而降低。交联淀粉的溶解度比天然原淀粉低，随着交联剂浓度的增加，溶解度进一步降低，这可能归因于交联密度的增加（Kaur et al.，2006）。Liu 等（2014）对交联氧化玉米淀粉的功能、理化性质和结构进行了评价，证实交联剂的引入使氧化反应更加容易。通过氧化引入亲水基团，提高了水的结合能力与透光率，降低了老化速率。结果表明，交联氧化玉米淀粉比其他 3 种淀粉具有更强的亲水性（图 8.13）。

衍生化也在很大程度上改变了马铃薯淀粉糊的透光率。据报道，乙酰化和羟丙基化可提高马铃薯淀粉的透光率（Kaur et al.，2004；Singh et al.，2004a、b）。淀粉分子上的—OH 基团被乙酰基取代，阻碍了糊化后有序结构的形成，从而延缓了回生，形成一种更具流动性和更好的长期透明度的糊状物（Lawal，2004）。进入淀粉颗粒的高保水性导致了更大的溶胀力，有利于糊状物透明性和凝胶。马铃薯淀粉来源、天然原淀粉粒径分布、直链淀粉含量和 DS 是影响乙酰化马铃薯淀粉透光率的重要因素。Singh 等（2004b）研究了在类似的反应条件下，乙酰化的马铃薯淀粉的透光率高于乙酰化的玉米淀粉。高度交联的马铃薯淀粉糊通常显示出比其对应的原淀粉更低的透光率。糊化不完全和交联淀粉溶胀度降低是其糊状澄清度降低的主要原因（Zheng et al.，1999；Morikawa et al.，2000a；Reddy et al.，2000；

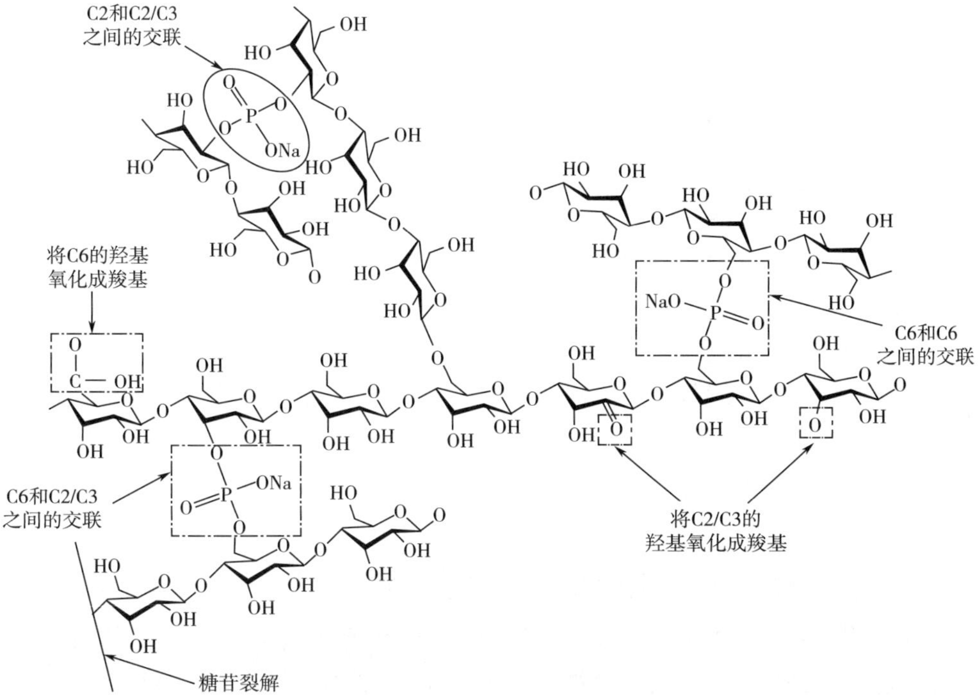

图 8.13　交联氧化淀粉的一种可能结构

（资料来源：Liu 等，2014；经 Elsevier 许可。）

Kaur et al.，2006；Koo et al.，2010；ongsagonsup et al.，2014）。

天然的、交联的和羟丙基化马铃薯淀粉在二甲基亚砜（DMSO）中的溶解度变化很大（表 8.11）。羟丙基化使马铃薯淀粉在二甲基亚砜中的溶解度显著增加（Yeh et al.，1993；Kaur et al.，2004）。Yeh 和 Yeh（1993）比较了羟丙基化的和交联大米淀粉的溶解度（在 DMSO 中）与天然大米原淀粉的溶解度，并分别观察到羟丙基化的大米淀粉具有较高的溶解度，而交联大米淀粉的溶解度更低。据报道，天然原淀粉和改性马铃薯淀粉的颗粒形态、直链淀粉含量和 DS 差异分别影响其在 DMSO 中的溶解度（Kaur et al.，2004）。Sahai 和 Jackson（1996）报道，淀粉在 DMSO 中的溶解度随颗粒大小而变化，大概反映了颗粒内部固有的结构异质性。

表 8.11　　几种植物源改性淀粉在二甲基亚砜中的溶解度　　单位：%

淀粉来源	Sb[①]（4h）	SB（8h）	SB（16h）	SB（24h）
普通马铃薯（羟丙基化）[②④]	约为 76（原淀粉约为 57）[③]	约为 83（原淀粉约为 60）	约为 95（原淀粉约为 65）	约为 99（原淀粉约为 75）
普通玉米（羟丙基化）[⑤]	约为 35（原淀粉约为 10）	约为 80（原淀粉约为 20）	约为 95（原淀粉约为 35）	约为 98（原淀粉约为 55）

续表

淀粉来源	Sb[①]（4h）	SB（8h）	SB（16h）	SB（24h）
普通大米（交联）[⑥]	约为 8（原淀粉约为 10）	约为 10（原淀粉约为 20）	约为 20（原淀粉约为 35）	约为 26（原淀粉约为 55）

注：①在二甲基亚砜中的溶解度；

②该值以二甲基亚砜的透光率百分比报告；

③相应的天然原淀粉（未改性）的性质在括号中给出；

④不同马铃薯品种的淀粉；

⑤使用两个水平的羟丙基化；

⑥使用不同程度的交联。

（资料来源：Singh 等，2007；经 Elsevier 许可。）

8.3.3.5 马铃薯淀粉衍生物的糊化/流变特性研究

衍生化导致马铃薯淀粉的流变性和糊化特性发生显著变化（表 8.12）。通过适当的化学改性，可以提高或降低马铃薯淀粉糊的黏度。同样，改性方法、反应条件和淀粉来源是影响马铃薯淀粉糊流变/糊化特性的关键因素。

表 8.12 几种植物源变性淀粉的转变温度

淀粉来源	T/℃乙酰化	T/℃羟丙基化	T/℃交联
普通马铃薯	48~67（原淀粉 57~69）[①,③]	51~62（原淀粉 57~68）[②]	60~68（原淀粉 57~68）[⑧]
普通马铃薯	55~64（原淀粉 59~70）[②]	ND	59~68（原淀粉 57~68）[⑨]
普通玉米	65~77（原淀粉 69~77）[⑨]	59~75（原淀粉 65~81）[⑤]	ND
普通玉米	66~75（原淀粉 70~78）[②]	ND	ND
蜡质玉米	64~69（原淀粉 68~72）	61~79（原淀粉 63~84）[⑤]	65~75（原淀粉 62~76）[⑩]
蜡质玉米	ND	ND	67~72（原淀粉 68~73）[⑪]
杂交普通玉米	71~84（原淀粉 60~78）	ND	ND
高直链玉米	ND	66~95（原淀粉 67~105）[⑤]	ND
普通小麦	ND	55~71（原淀粉 63~84）[⑥]	63~76（原淀粉 63~84）[⑪]
普通小麦	ND	46~55（原淀粉 55~67）[⑦]	61~72（原淀粉 57~58）[⑫]
糯小麦	ND	ND	62~66（原淀粉 61~66）[⑪]
普通大米	60~72（原淀粉 66~78）[④]	64~83（原淀粉 63~84）[⑤]	70~87（原淀粉 71~87）[⑬]
普通大米	ND	57~92（原淀粉 63~92）[⑥]	ND

续表

淀粉来源	T/℃乙酰化	T/℃羟丙基化	T/℃交联
蜡质大米	60~78（原淀粉 60~78）	ND	61~78（原淀粉 60~78）
蜡质大米	ND	ND	55~66（原淀粉 53~67）⑩

注：①不同程度的乙酰化；

②不同马铃薯品种的淀粉；

③相应的天然原淀粉（未改性）的性质在括号中给出；

④不同水稻品种的淀粉；

⑤两个水平的羟丙基化；

⑥三个水平的羟丙基化；

⑦两个小麦淀粉颗粒群体；

⑧不同马铃薯品种的淀粉，用 $POCl_3$ 交联；

⑨不同马铃薯品种的淀粉，用 EPI 进行交联；

⑩使用 EPI 进行交联；

⑪使用 $POCl_3$ 进行交联；

⑫使用 $POCl_3$ 进行三个水平的交联，仅起始转变温度；

⑬使用 $POCl_3$ 进行不同水平的交联；

表中 T 是指各种淀粉的转变温度（℃）；ND 是指未检测到。

（资料来源：Singh 等，2007；经 Elsevier 许可。）

控制反应条件，如乙酰化过程中的 pH，可以减少二次水解反应和促进乙酰基的引入。这样的改性增强了淀粉基体的持水能力，并形成更有组织性的结构，使其具有更高的抗变形能力，因此可以获得更高的峰值黏度（Betancur-Ancona et al.，1997）。乙酰化通过空间位阻影响马铃薯淀粉链间的相互作用，从而改变淀粉的亲水性和氢键，也因此导致较低的糊化温度和较大的颗粒溶胀，而颗粒溶胀性的增加导致峰值黏度增加（Liu et al.，1997；Singh et al.，2004a、b；Colussi et al.，2014）。乙酰化后糊化黏度变化的主要决定因素是直链淀粉/支链淀粉比率（Colussi et al.，2014）。取代基限制了淀粉分子在冷却后重组的趋势，从而有助于降低黏度回冷值（Betancur-Ancona et al.，1997）。观察到乙酰化淀粉的 HPV 和冷糊黏度（CPV）高于未改性的淀粉。这可能是归因于更膨胀且较弱的颗粒之间的物理相互作用（Gonzalez et al.，2002）。

羟丙基化可以通过不同的可能的机制影响马铃薯淀粉链间的相互作用：①通过位阻，阻止链的紧密结合并限制链间氢键的形成；②通过改变淀粉分子的亲水性，从而改变与水分子的结合。观察到的羟丙基化作用与淀粉链间键合的整体减少以及随之而来的淀粉颗粒水合容易性的增加保持一致。因此，糊化可以在较低的温度下开始，并且颗粒的更大溶胀将导致峰值黏度增加（Liu et al.，1999a）。Kim 等（1992）报道了随着 MS 的增加，马铃薯羟丙基淀粉的糊化温度降低，其峰值 Brabender 黏度增加。淀粉羟丙基化后其功能性质的变化程度也受到直链淀粉含量和淀粉粒径分布的影响。

淀粉颗粒的更高的交联强度，限制了剪切力下的黏度的破坏，从而使膨胀的马铃薯淀粉颗粒具有更高的 HPV 和持久性，或抗分解性，并且导致冷却时更高的 CPV。Gluck-Hirsch 和 Kokini（2002）研究了各种交联剂对淀粉物理性质的相对影响，并报道了 $POCl_3$ 比其他交联剂改性的淀粉具有更高的黏度。$POCl_3$ 处理的颗粒比 STMP 和 EPI 处理的颗粒具有更坚硬的外表面，这是因为颗粒表面的交联物浓度较高。

在动态流变仪上采用加热和冷却循环进行温度扫描测试时，改性马铃薯淀粉的流变特性与天然原淀粉有显著差异（Singh et al.，2004b；Kaur et al.，2004）。不同来源的乙酰化淀粉，羟丙基化淀粉和交联淀粉的参数（如 G' 和 G''）加热过程中增加到最大值，然后下降，从而验证了这些淀粉与天然原淀粉具有相同的流变模式。最大 G' 温度在乙酰化或羟丙基化时显著下降，而交联后升高（Singh et al.，2004b；Kaur et al.，2004、2006）。这些改变可以通过与改性引起的热力学和糊化性质的变化相同的原理来进行解释。

玉米和马铃薯淀粉的乙酰化使 G' 和 G'' 最大值增大，$\tan\delta$ 最大值减小。DS 较高的乙酰化淀粉在加热过程中 G' 和 G'' 最大值相应增加，发生这些变化的原因与乙酰化导致峰值糊化黏度增加的原因相同（Betancur-Ancona et al.，1997；Singh et al.，2004a）。

乙酰化玉米淀粉和马铃薯淀粉在流变仪上加热淀粉糊的冷却循环过程中，G' 和 G'' 比它们的天然原淀粉凝胶稍低。这证实了这些改性淀粉的回生趋势较低（Betancur-Ancona et al.，1997；Singh et al.，2004a）。类似的，在加热过程中羟丙基化马铃薯淀粉 G' 和 G' 的峰值出现增加是因为引入羟丙基基团使得淀粉颗粒结合力的降低。这种引入导致更大的水渗透和溶胀，并因此增加了 G'。与天然淀粉相比，具有较高 MS 和大颗粒的羟丙基马铃薯淀粉在加热过程中表现出更高的 G' 和 G'' 峰值（Kaur et al.，2004）。淀粉的交联导致其动态流变学特性发生显著变化。较高程度的交联导致 G' 峰值较低，这是由于溶胀程度较低使得颗粒间相互作用程度较低。与相对应的天然原淀粉相比，用较低浓度的 $POCl_3$ 处理的马铃薯淀粉显示出更高的最大 G' 值和较低的 $\tan\delta$ 最大值，而用较高浓度处理，则呈现相反的效果（Kaur et al.，2006）。交联增强淀粉链间的结合力，增加颗粒对溶胀的抵抗力，导致淀粉的糊化黏度降低，这表明交联剂的浓度可能通过影响引入交联的分布而影响颗粒内部的结构。交联位置对交联马铃薯淀粉的不同性质也有不同的影响（Muhrbeck et al.，1991；Muhrbeck et al.，1991；Yoneya et al.，2003）。交联后淀粉流变学性质的变化程度也因不同来源的淀粉粒径分布而显著不同。不规则大颗粒淀粉含量较高的马铃薯品种有较高敏感性，在交联后，其功能性质发生了更大的变化（Kaur et al.，2006）。这些特征也可以根据大颗粒和小颗粒之间的直链淀粉与支链淀粉比率、支链链长和结晶度的差异来解释（Singh et al.，2004；Noda et al.，2005）。

与天然淀粉糊相比，双重改性使淀粉糊具有更高的峰值黏度和更高的稳定性（Wu et al.，1990）。然而，双重改性的效果取决于制备过程。据报道，在交联后进行羟丙基化得到的淀粉在剪切和加热学方面比天然淀粉更稳定。这个可能是由于颗粒在第一次改性（交联）后发生结构变化。交联降低了随后的羟丙基化的程度，但是先前的羟丙基化增加了随后的交联的程度。此外，先交联后羟丙基化（XL-HP）的淀粉显示出比先羟丙基化后交联（HP-XL）的淀粉样品更低的糊化温度和粘度，表明这两种类型的交联的位置不同。还发现 XL-HP 淀粉中的交联更耐酶和化学物质的攻击（Reddy et al.，2000）。在双重改性过程中，改性剂的反应活性因淀粉来源的不同而变化。交联羟丙基蜡质小麦淀粉的糊化曲线显示出比交联羟丙基蜡质玉米淀粉更高的粘度（Reddy et al.，2000）。因此，通过将天然淀粉源（马铃薯、玉米、小麦等），化学改性类型和改性试剂的浓度的适当的选择，可以获得具有非常有用的流变性能改性淀粉（Dubois et al.，2001；Singh et al.，2004a，b；Kaur et al.，2004）。

8.3.3.6 衍生化马铃薯淀粉的糊化和回生（热力学性质）

DSC 研究表明，改性改变了热转变温度和与糊化相关的总焓（ΔH_{gel}）（表 8.13 和表 8.14）。在羟丙基化后，引入淀粉链的反应活性基团能够破坏分子间和分子内的氢键，导致水的可接触性的增加，从而降低糊化温度。在马铃薯淀粉中，增加 MS 水平会导致 ΔH_{gel}、T_o、T_p 和 T_c 的降低，并使糊化温度范围变宽（$T_c \sim T_o$）（Perera et al.，1997；Lee et al.，2011）。Kaur 等（2004）已经报道了在各种马铃薯淀粉进行羟丙基化后糊化温度范围的增加，这可能归因于淀粉颗粒无定形和结晶区域内均一性的增加。羟丙基化大米淀粉的双相糊化吸热逐渐向低温移动，并且随着 MS 的增加，糊化吸热逐渐变宽和缩短，表明颗粒无定形区域的内部塑化和不稳定性增加（Seow et al.，1993；Woggum et al.，2015）。

表 8.13 几种植物源改性淀粉的糊化焓

淀粉来源	ΔH_{gel}/（J/g）（乙酰化）	ΔH_{gel}/（J/g）（羟丙基化）	ΔH_{gel}/（J/g）（交联）
普通马铃薯	10.1~11.4 （原淀粉 12.1）①,③	10~11 （原淀粉 11.7~12.9）②	12.7~14.7 （原淀粉 11.7~12.9）⑧
普通马铃薯	10.1~11.8 （原淀粉 12.8~13.2）②	ND	12.7~14.4 （原淀粉 11.7~12.9）⑨
普通玉米	08.52 （原淀粉 10.9）①	ND	ND
普通玉米	08.9~09.7 （原淀粉 10.6）②	07.1~8.4（天然的 11）⑤	ND
杂交普通玉米	09.8~10.6 （原淀粉 14.3）	ND	ND
高直链玉米	ND	6.4~8.4 （原淀粉 13.7）⑤	ND

续表

淀粉来源	ΔH_{gel}/（J/g）（乙酰化）	ΔH_{gel}/（J/g）（羟丙基化）	ΔH_{gel}/（J/g）（交联）
糯玉米	14.8 （原淀粉 15.6）	08~8.7 （原淀粉 13.6）⑤	15.2 （原淀粉 15.3）
普通小麦	ND	04.7~05 （原淀粉 6.8）⑥	6.6~7.4 （原淀粉 06.8）⑪
普通小麦	ND	02.2 （原淀粉 06.2）⑦	—
糯小麦	ND	ND	12.8 （原淀粉 13.2）⑩
普通大米	08.1~11.4 （原淀粉 08.1~11.9）④	08~09 （原淀粉 10.4）⑤	11~13 （原淀粉 10.4）⑫
糯大米	08.5 （原淀粉 09.8）	ND	10.3 （原淀粉 09.8）

注：①不同程度的乙酰化；

②不同马铃薯品种的淀粉；

③相应的天然原淀粉（未改性）淀粉的性质在括号中给出；

④不同水稻品种的淀粉；

⑤两个水平的羟丙基化；

⑥三个水平的羟丙基化；

⑦两个小麦淀粉颗粒群体；

⑧不同马铃薯品种的淀粉，用 $POCl_3$ 交联；

⑨不同马铃薯品种的淀粉，用 EPI 进行交联；

⑩使用 $POCl_3$ 进行交联；

⑪使用 $POCl_3$ 进行三个水平的交联；

⑫使用 $POCl_3$ 进行不同水平的交联；

表中 ΔH_{gel} 是指不同淀粉的糊化焓/(J/g)；ND 是指未检出。

（资料来源：Singh 等，2007；经 Elsevier 许可。）

表 8.14 使用动态流变仪研究了从 30℃到 75℃加热过程中某些变性马铃薯淀粉的流变特性①

改性类型	TG'/℃	G'峰/Pa	G''峰/Pa	Tan δ 峰
羟丙基化③，④（使用 10%环氧丙烷）	—	5951（3288）	1083（693）	0.182（0.211）
乙酰化②，⑤（使用 10%乙酸酐）	54.9（55.2）	90220（85790）	53726（49529）	0.596（0.591）
交联的③，⑥（使用 0.1%$POCl_3$）	62.2（63.6）	4450（3288）	850（693）	0.191（0.211）

续表

改性类型	*TG′*/℃	*G′*峰/Pa	*G″*峰/Pa	Tan *δ* 峰
交联的③，⑥（使用0.2%$POCl_3$）	64.8（63.6）	2750（3288）	616（693）	0.224（0.211）
交联③，⑥（使用0.25%EPI）	63.9（63.6）	3120（3288）	660（693）	0.211（0.211）
交联③，⑥（使用1%EPI）	64.9（63.6）	2800（3288）	630（693）	0.225（0.211）

注：①括号中给出了相应的天然（未改性）原淀粉的性质；

②淀粉浓度为20%；

③淀粉浓度为15%；

④Kaur 等，2004；

⑤Singh 等，2004b；

⑥Kaur 等，2006。

羟丙基化时 ΔH_{gel} 的减少表明，羟丙基破坏了马铃薯淀粉颗粒无定形区内的双螺旋（由于这些柔性基团的旋转）。因此，与未改性淀粉相比，羟丙基化淀粉在糊化过程中解开和熔化的双螺旋的数量少（Perera et al.，1997）。羟丙基化后，直链淀粉延伸突变体（*ae*）、蜡质突变体（*wx*）和正常玉米淀粉的糊化温度和糊化焓均下降（Liu et al.，1999a）。与高蜡质玉米淀粉（3.3%直链淀粉）相比，高直链玉米淀粉（66%直链淀粉）糊化温度和糊化焓下降的更多。颗粒状淀粉的取代主要发生在无定形区域，这会促进这些区域的溶胀，从而破坏结晶相，使熔融温度低于未改性淀粉的熔融温度。

研究发现，乙酰化程度较高的马铃薯、玉米和大米淀粉在转变温度和糊化焓方面下降幅度更大（Luo et al.，2012；Colussi et al.，2014）。由于乙酰化作用使淀粉颗粒变弱，导致支链淀粉双螺旋提前断裂，导致 T_o 值、T_p 值和 T_c 值较低（Adebowale et al.，2003；Wotton et al.，1979）。热力学参数的降低与改性后存在的晶体减少（由于乙酰化过程中对晶体的破坏）以及通过增加溶胀而增强的协同熔化过程是一致的（Singh et al.，2004b）。对于不同来源的淀粉，乙酰化的转变温度和 ΔH_{gel} 降低的程度不同。与玉米和大米淀粉相比，马铃薯淀粉乙酰化后的热参数下降幅度更大（Singh et al.，2004a、b；Sodhi et al.，2005）。这些淀粉之间的颗粒硬度、是否存在脂质、DS 以及直链淀粉与支链淀粉比率的差异会影响热参数变化的程度。

交联还会改变淀粉的热转变特性，其影响取决于交联剂的浓度和类型，反应条件以及淀粉的植物来源。已证实，对于交联的马铃薯淀粉糊化温度升高。这些现象与淀粉颗粒中无定形链的分子间键桥形成导致可移动性降低有关。磷酸盐交联程度对淀粉的 DSC 性能有很大的影响。Choi 和 Kerr（2004）认为使用相对较低浓度的 $POCl_3$ 制备的交联淀粉的糊化参数与天然淀粉相似，而使用较高试剂浓度制备的交联淀粉的 T_c 值和 ΔH_{gel} 值明显更高。较低水平的交联会降低可糊化淀粉的比例，从而导致 ΔH_{gel} 值降低（Yook et al.，1993；Majzoobi et al.，2015）。Yoneya 等（2003）则报道称与其他试剂处理过的样品（40～

5000mg/kg）相比，用 100mg/kg $POCl_3$ 处理的马铃薯淀粉具有明显更低的糊化温度和更低的 ΔH_{gel}。与 100mg/kg 处理的样品这些特性值相比，降低或增加磷酸盐交联度会导致交联马铃薯淀粉样品的 T_o、T_p 和 ΔH_{gel} 逐渐增加。

Chatakanonda 等（2000）对交联大米淀粉（试剂用 STMP 和 STPP 的混合物）进行了研究，显示出该淀粉具有深而尖的吸热性，温度变化范围约 30℃。此外，随着交联程度的增加，糊化温度显著升高（最高可达 5℃），而焓值没有显著变化（减少约 15%），同时也表明尽管存在交联，但结晶区域完全熔融。仅通过 STMP 将磷酸交联引入淀粉中，使分子结构更加紧密，导致糊化温度升高（Chatakanonda et al.，2000）。常规大米交联淀粉的焓值降低，而蜡质米淀粉交联后焓值增加（Liu et al.，1999b）。这些结果表明，试剂的种类和浓度以及交联过程中淀粉的直链淀粉/支链淀粉的比例对热力学性能的变化程度有显著影响。具有不同程度的羟丙基化和交联作用的双重改性（取代和交联）的普通马铃薯淀粉可通过商业途径买到。双重改性（羟丙基化/交联或乙酰化/交联）淀粉的糊化温度和焓通常低于未改性淀粉的（Reddy et al.，2000；Liu et al.，2014）。

淀粉颗粒的结晶度在衍生化过程中被破坏（Saroja et al.，2000），这导致改性淀粉中相邻支链淀粉链簇的外侧支之间的分离程度比天然原淀粉大。因此，由于在化学修饰时引入了官能团，在改性淀粉的相邻支链淀粉链之间的双螺旋形成（在贮藏过程中）要慢得多且分布范围较小。通过使用 STMP 和 STPP 混合物交联抑制了淀粉的回生，从它们贮藏后的回生焓较低看出，这可能是由于存在磷酸基团限制了交联支链淀粉分支的移动性（Chung at al.，2004）。与羟丙基磷酸盐交联马铃薯淀粉（HPS）分散物相比，贮藏的天然淀粉凝胶在 DSC 加热过程中的热力学性能也更为明显，因为即使使用高浓度淀粉（33%）时，通过 DSC 测量也很少观察到 HPS 分散物的回生现象（Morikawa et al.，2000b）。此外，据报道，磷酸盐交联对淀粉的回生的影响比羟丙基化的影响更明显。Yook 等（1993）得出结论，羟丙基化和交联都大大降低了回生的趋势，并且它们在延缓糊化大米淀粉凝胶回生方面具有协同作用。与 XL-HP 淀粉相比，HP-XL 淀粉具有更高的起始和峰值糊化温度、糊化焓和较低的回生，这证实了先前的假设：两种改性淀粉的交联位置不同（Yook et al.，1993）。羟丙基化后再交联使淀粉在食品应用中具有更好的贮藏稳定性。

Liu 等（2014）研究了交联氧化玉米淀粉的功能、理化性质和结构。研究表明，氧化和交联氧化淀粉的糊化温度随着氧化过程的增加而升高，但糊化温度范围（$T_c \sim T_o$）减小。在淀粉中引入羧基稳定了淀粉的结构，增加了淀粉糊化所需的能量。与天然淀粉相比，交联淀粉的回生速度慢。根据回生机理，这可能归因于磷酸基团的引入，该磷酸基团能够与水结合并与淀粉酶的羟基形成氢键，从而导致氢键无法重排和再结合（Chatakanonda et al.，2000）。

8.4 营养和毒理学方面

食品加工工业对具有特殊性质的淀粉的需求促使了变性淀粉的出现。尽管文献提供了大量有关淀粉化学变性的信息，但有关所得淀粉的营养特性及其对人体健康的影响的数据有限。用于食品用途的许多变性淀粉仅包含少量取代基，并已被看作安全的食品成分。在食用级淀粉的乙酰化和羟丙基化过程中，引入的单取代基水平相对较低。根据 FDA (2015)、(英国) 食品咨询委员会 (Food Advisory Committee, FAC, 1980) 对淀粉醋酸盐、磷酸淀粉和羟丙基淀粉的最大允许替代量分别为 2.5%、0.4%和 10%。同样，包含每 1000 个葡萄糖单元有一个取代基交联基团或更多个脱水葡萄糖单元的交联食用淀粉被认为是安全的 (Wurzburg, 1986c)。在加工的食品配方使用新型淀粉衍生物的立法许可仍然存在争议，但也有一些具有多种修饰的特制淀粉衍生物正在制备和表征中 (Tharanathan, 2005)。一些淀粉衍生物正越来越多地用作脂肪替代品或脂肪替补品。这些衍生物部分的或完全的不能被消化，因此对消费的食物的能量贡献是 0kcal (Tharanathan, 1995)。许多研究表明，化学变性淀粉的生理作用受变性类型的影响 (Ebihara et al., 1998)。通过乙酰化对淀粉进行化学改性，可以改善膳食的饱腹、血糖和胰岛素性质 (Raben et al., 1997; Kalpeko et al., 2012)。磷酸化/交联淀粉可被缓慢消化，可为人类提供营养益处 (Sang et al., 2006; Sang et al., 2010; Shukri et al., 2015; Shukri et al., 2015)。同样，缓慢消化的变性淀粉可用于治疗某些医学疾病 (例如糖原贮积病和糖尿病) (Wolf et al., 1999)。

8.5 结论

对于化学变性淀粉高价值方面认知的提高促进了淀粉工业使用各种变性试剂和不同来源的淀粉原料生产变性淀粉。在乙酰化、羟丙基化和交联等化学改性过程中，淀粉的组成、试剂的浓度和种类、反应条件等因素都会影响淀粉的反应性。单一淀粉源中颗粒群体的异质性也会影响改性程度。虽然化学改性在食品和非食品工业中得到了广泛的认识和应用，但关系到新兴的绿色技术概念，因此淀粉的物理改性对于环保友好应用而成为首选。改性后淀粉的形态、物理化学和糊化/流变性质以及糊化和回生 (热) 性质的变化可能为认识工业规模淀粉改性过程的效率提供重要依据。目前正在进行各种物理改性及其与化学改性的结合，创造出新的淀粉特性，以满足具有提升功能和营养特性需求的新食品。

参考文献

Adebowale K. O, Lawal O. S. Functional properties and retrogradation behaviour of native and chemically modified starch of mucuna bean (*Mucuna pruriens*). *Journal of the Science of Food and Agriculture*. 2003;83:1541-1546.

Ahmed J, Singh A, Ramaswamy H. S, Pandey P. K, Raghavan G. S. V. Effect of high-pressure on calorimetric, rheological and dielectric properties of selected starch dispersions. *Carbohydrate Polymers*. 2014;103:12-21.

AiY, Jane J. Gelatinization and rheological properties of starch. *Starch*. 2015;67:213-224.

Ao Z, Jane J. L. Characterization and modeling of the A-and B-granule starches of wheat, triticale, and barley. *Carbohydrate Polymers*. 2007;67:46-55.

Arisz P. W, Kauw H. J. J, Boon J. J. Substituent distribution along the cellulose backbone on O-methylcelluloses using GC and FAB-MS for monomer and oligimer analysis. *Carbohydrate Research*. 1995;271:1-14.

Baker L. A, Rayas-Duarte P. Freeze-thaw stability of amaranth starch and the effects of salt and sugars. *Cereal Chemistry*. 1998;75:301-303.

Barichello V, Yada R. Y, Coffin R. H, Stanley D. W. Low temperature sweetening in susceptible and resistant potatoes: starch structure and composition. *Journal of Food Science*. 1990;54:1054-1059.

Bello-Pérez L. A, Agama-Acevedo E, Zamudio-Flores P. B, Mendez-Montealvo G, Rodriguez-Ambriz S. L. Effect of low and high acetylation degree in the the morphological, physicochemical and structural characteristics of barley starch. *LWT-Food Science and Technology*. 2010;43:1434-1440.

Bemiller J. N. Starch modification: challenges and prospects. *Starch*. 1997;49:127-131.

Bertolini A. C, Souza E, Nelson J. E, Huber K. C. Composition and reactivity of A-and B-type starch granules of normal, partial waxy and waxy wheat. *Cereal Chemistry*. 2003;80:544-549.

Betancur-Ancona D, Chel-Guerrero L, Canizares-Hernandez E. Acetylation and characterization of *Canavalia ensiformis* starch. *Journal of Agricultural and Food Chemistry*. 1997;45:378-382.

Błaszczak W, Valverde S, Fornal J. Effect of high pressure on the structure of potato starch. *Carbohydrate Polymers*. 2005;59:377-383.

Blennow A, Engelsen S. B, Nielsen T. H, Baunsgaard L, Mikkelsen R. Starch phosphorylation: a new front line in starch research. *Trends in Plant Science*. 2002;17:445-450.

van der Burgt Y. E. M, Bergsma J, Bleeker I. P, Mijland P. J. H. C, van der Kerk-van Hoof A, Kamerling J. P, Vliegenthart J. F. G. Distribution of methyl substituents over branched and linear regions in methylated starches. *Carbohydrate Research*. 1998;312:201-208.

Cai C, Wei C. In situ observation of crystallinity disruption patterns during starch gelatinization. *Carbohydrate Polymers*. 2013;92:469-478.

Chandrapala J, Oliver C, Kentish S, Ashokkumar M. Ultrasonics in food processing -food quality assurance and food safety. *Trends in Food Science & Technology*. 2012;26:88-98.

Chatakanonda P, Varavinit S, Chinachoti P. Effect of cross-linking on thermal and microscopic transitions of rice starch. *LWT-Food Science and Technology*. 2000;33:276-284.

Chen Z, Schols H. A, Voragen A. J. G. Differently sized granules from acetylated potato and sweet potato starches differ in the acetyl substitution pattern of their amylose populations. *Carbohydrate Polymers*. 2004;56:219-226.

Chilton W. G, Collison R. Hydration and gelation of modified potato starches. *Food Technology*. 1974;9:

87-93.

Choi S. -G, Kerr W. L. Swelling characteristics of native and chemically modified wheat starches as a function of heating temperature and time. *Starch*. 2004;56:181-189.

Chuenkamol B, Puttanlek C, Rungsardthong V, Uttapap D. Characterization of the low-substituted hydroxypropylated cannna starch. *Food Hydrocolloids*. 2007;21:1123-1132.

Chung H. -J, Woo K. -S, Lim S. -T. Glass transition and enthalpy relaxation of cross-linked corn starches. *Carbohydrate Polymers*. 2004;55:9-15.

Collado L. S, Corke H. Heat-moisture treatment effects on sweetpotato starches differing in amylose content. *Food Chemistry*. 1999;65:339-346.

Colussi R, El Halal S. L. M, Pinto V. Z, Bartz J, Gutkoski L. C, Zavareze E. R, Dias A. R. G. Acetylation of rice starch in an aqueous medium for use in food. *LWT-Food Science and Technology*. 2015;62:1076-1082.

Colussi R, Pinto V. Z, Halal S. L. M, Vanier N. L, Villanova F. A, Silva R. M, Zavareze E. R, Dias A. R. G. Structural, morphological, and physicochemical properties of acetylated high-, medium-, and low-amylose rice starches. *Carbohydrate Polymers*. 2014;103:405-413.

Cooke D, Gidley M. J. Loss of crystalline and molecular order during starch gelatinization: origin of the enthalpic transition. *Carbohydrate Research*. 1992;227:103-112.

Craig S. A. S, Maningat C. C, Seib P. A, Hoseney R. C. Starch paste clarity. *Cereal Chemistry*. 1989;66:173-182.

Cui B, Lu Y, Tan C, Wang G, Li G. Effect of cross-linked acetylated starch content on the structure and stability of set yoghurt. *Food Hydrocolloids*. 2014;35:576-582.

Czechowska-Biskup R, Rokita B, Lotfy S, Ulanski P, Rosiak J. M. Degradation of hitosan and starch by 360-kHz ultrasound. *Carbohydrate Polymers*. 2005;60:175-184.

Dubois I, Picton L, Muller G, Audibert-Hayet A, Doublier J. L. Structure/rheological properties relations of cross-linked potato starch suspensions. *The Journal of Applied Polymer Science*. 2001;81:2480-2489.

Ebihara K, Shiraishi R, Okuma K. Hydroxypropyl-modified potato starch increases fecal bile acid excretion in rats. *Journal of Nutrition*. 1998;128:848-854.

Eliasson A. C. Viscoelastic behaviour during the gelatinization of starch. I. Comparison of wheat, maize, potato and waxy-barley starches. *Journal of Texture Studies*. 1986;17:253-265.

FAC. *Food Additives and Contaminants Committee Report on Modified Starches* Report 31. London, UK: Ministry of Agriculture, Fishries and Food; 1980.

Fan J, Marks B. P. Retrogradation kinetics of rice flasks as influenced by cultivor. *Cereal Chemistry*. 1998;75:53-155.

FDA. US Food and Drug Administration. 2015. https://www. accessdata. fda. gov/scripts/cdrh/cfdocs/cfCFR/CFRSearch. cfm? fr=172. 892 (accessed 08. 11. 15.).

Felton, G. E. , Schopmeyer, H. H. , 1943. Thick Bodied Starch and Method of Making. U. S. Patent 2, 328,537.

Ferry J. D. *Viscoelastic Properties of Polymers*. third ed. New York: John Wiley and Sons; 1980.

Flipse E, Keetels C. J. A. M, Jacobson E, Visser R. G. F. The dosage effect of the wildtype GBSS allele is linear for GBSS activity, but not for amylose content: absence of amylose has a distinct influence on thew physico-chemical properties of starch. *Theoretical and Applied Genetics*. 1996;92:121-127.

Fonseca L. M, Gonçalves J. R, El Halal S. L. M, Pinto V. Z, Dias A. R. G, Jacques A. C, Zavareze E. R. Oxidation of potato starch with different sodium hypochlorite concentrations and its effect on biodegradable film. *LWT-Food Science and Technology*. 2015;60:714-720.

Fortuna I, Juszczak L, Palasinski M. Changes in granule porosity on modification of starch. *Food Science*

Technology Quality. 1999;5:124-130.

Freitas R. A, Paula R. C, Feitosa J. P. A, Rocha S, Sierakowski M. -R. Amylose contents, rheological properties and gelatinization kinetics of yam (*Dioscorea alata*) and cassava (*Manihot utilissima*) starches. *Carbohydrate Polymers*. 2004;55:3-8.

French D. Organization of starch granules. In: Whistler R. L, et al., ed. *Starch Chemistry and Technology*. New York: Academic Press; 1984:183-247.

French D, Levine M. L, Norberg E, Nordin P, Pazur J. H, Wild G. M. Studies on the Schardinger dextrins. VII. Co-substrate specificity in coupling reactions of *Macrerans* amylase. *Journal of the American Chemical Society*. 1954;26:2387-2391.

Fulton D. C, Edwards A, Pilling E, Robinson H. L, Fahy B, Seale R, Kato L, Donald A. M, Geigenberger P, Martin C, Smith A. M. of granule-bound starch synthase in determination of amylopectin structure and starch granule morphology in potato. *Journal of Biological Chemistry*. 2002;29:10834-10841.

Gernat C, Radosta S, Anger H, Damaschun G. Crystalline parts of three different conformations detected in native and enzymatically degraded starches. *Starch*. 1993;45:309-314.

Gluck-Hirsch J. B, Kokini J. L. Understanding the mechanism of cross-linking agents (POCl3, STMP, and EPI) through swelling behaviour and pasting properties of cross-linked waxy maize starches. *Cereal Chemistry*. 2002;79:102-107.

Gluck-Hirsch J, Kokini J. L. Determination of the molecular weight between cross-links of waxy maize starches using the theory of rubber elasticity. *Journal of Rheology*. 1997;41:129-139.

Gonzalez Z, Perez E. Effect of acetylation on some properties of rice starch. *Starch*. 2002;54:148-154.

Gui-Jie M, Peng W, Xiang-Sheng M, Xing Z, Tong Z. Crosslinking of corn starch with sodium trimetaphosphate in solid state by microwave irradiation. *The Journal of Applied Polymer Science*. 2006; 102: 5854-5860.

Haase N. U, Plate J. Properties of potato starch in relation to varieties and environmental factors. *Starch*. 1996;48:167-171.

Heins D, Kulicke W. -M, Kauper P, Thielking H. Characterization of acetyl starch by means of NMR spectroscopy and SEC/MALLS in composition with hydroxyethyl starch. *Starch*. 1998;50:431-437.

Hermansson A. M, Svegmark K. Developments in the understanding of starch functionality. *Trends in Food Science & Technology*. 1996;7:345-353.

Hoover R. Composition, molecular structure, and physico-chemical properties of tuber and root starches: a review. *Carbohydrate Polymers*. 2001;45:253-267.

Hovenkamp-Hermelink J. H. M, Jacobson E, Ponstein A. S, Visser R. G. F, Vos-Scheperkeuter G. H, Bijmolt E. W, DeVries J. N, Witholt B, Feenstra W. J. Isolation of an amylose-free starch mutant of the potato (*Solanum tuberosum* L.). *Theoretical and Applied Genetics*. 1987;75:217-221.

Huber K. C, BeMiller J. N. Location of sites of reaction within starch granules. *Cereal Chemistry*. 2001; 78:173-180.

Hung P. V, Morita N. Physicochemical properties of hydroxypropylated and cross-linked starches from A-type and B-type wheat starch granules-review. *Carbohydrate Polymers*. 2005;59:239-246.

Inagaki T, Seib P. A. Firming of bread crumb with cross-linked waxy barley starch substituted for wheat starch. *Cereal Chemistry*. 1992;69:321-325.

Jacobs H, Delcour J. A. Hydrothermal modifications of granular starch, with retention of the granular structure: a review. *Journal of Agricultural and Food Chemistry*. 1998;46:2895-2905.

Jane J. L, Kasemsuwan T, Leas S, Ia A, Zobel H, Il D. Anthology of starch granule morphology by scanning electron microscopy. *Starch*. 1994;46:121-129.

Jane J, Chen Y. Y, Lee L. F, McPherson A. E, Wong K. S, Radosavljevic M, Kasemsuwan T. Effects of amylopectin branch chain length and amylose content on the gelatinization and pasting properties of starch. *Cereal Chemistry*. 1999;76:629-637.

Jane J, Kasemsuwan T, Chen J. F, Juliano B. O. Phosphorus in rice and other starches. *Cereal Foods World*. 1996;41:827-832.

Jane J. L, Robyt J. F. Structure studies of amylose V complexes and retrogradaded amylose by action of alpha amylase, a new method for preparing amylodextrine. *Carbohydrate Research*. 1984;132:105-110.

Juszczak L. Surface of triticale starch granules -NC-AFM observations. *Electronic Journal of Polish Agricultural Universities. Series Food Science and Technology*. 2003;6.

Jyothi A. N, Moorthy S. N, Rajasekharan K. N. Studies on the synthesis and hydroxypropyl derivatives of cassava (*Manihot esculenta Crantz*) starch. *Journal of the Science of Food and Agriculture*. 2007; 87: 1964-1972.

Kalpeko C, Zieba T, Michalski A. Effect of the production method on the properties of RS3/RS4 type resistant starch. Part 2. Effect of a degree of substitution on the selected properties of acetylated retrograded starch. *Food Chemistry*. 2012;135:2035-2042.

Karim A. A, Norziah M. H, Seow C. C. Methods for the study of starch retrogradation. *Food Chemistry*. 2000;71:9-36.

Kaur L, Singh J, Singh N. Effect of cross-linking on some properties of potato (*Solanum tuberosum* L.) starches. *Journal of the Science of Food and Agriculture*. 2006;86:1945-1954.

Kaur L, Singh J, McCarthy O. J, Singh H. Physico-chemical, rheological and structural properties of fractionated potato starches. *Journal of Food Engineering*. 2007;82:383-394.

Kaur L, Singh J, Singh N, Ezekiel R. Textural and pasting properties of potatoes as affected by storage temperature. *Journal of the Science of Food and Agriculture*. 2007;87:520-526.

Kaur L, Singh N, Singh J. Factors influencing the properties of hydroxypropylated potato starches. *Carbohydrate Polymers*. 2004;55:211-223.

Kaur L, Singh N, Sodhi N. S. Some properties of potatoes and their starches II. Morphological, thermal and rheological properties of starches. *Food Chemistry*. 2002;79:183-192.

Kavitha R, BeMiller J. N. Characterization of hydroxypropylated potato starch. *Carbohydrate Polymers*. 1998;37:115-121.

Kennedy J. F, Knill C. J, Taylor D. W. Maltodextrins. In: Kearsley M. W, Dziedzic S. Z, eds. *Handbook of Starch Hydrolysis Products and their Derivatives*. London, Glasgow, Weinheim, New York, Tokyo, Melbourne, Madras: Blackie Academic & Professional; 1995:65-82.

Kerr, R. W., Cleveland, Jr., F. C., 1962. Thickening Agent and Method of Making the Same. U. S. Patent 3,021,222.

Kim H. R, Hermansson A. M, Eriksson C. E. Structural characteristics of hydroxypropyl potato starch granules depending on their molar substitution. *Starch*. 1992;44:111-116.

Kim S. Y, Wiesenborn D. P, Orr P. H, Grant L. A. Screening potato starch for novel properties using differential scanning calorimetry. *Journal of Food Science*. 1995;60:1060-1065.

Koch V. H, Bommer H. D, Koppers J. Analytical investigations on phosphate cross-linked starches. *Starch*. 1982;34:16-21.

Kong X, Zhu P, Sui Z, Bao J. Physicochemical properties of starches from diverse rice cultivars varying in apparent amylose content and gelatinisation temperature combinations. *Food Chemistry*. 2015;172:433-440.

Koo S. H, Lee K. Y, Lee H. G. Effect of cross-linking on the physicochemical and physiological properties of corn starch. *Food Hydrocolloids*. 2010;24:619-625.

Kossmann J, Lloyd J. Understanding and influencing starch biochemistry. *Critical Reviews in Biochemistry and Molecular Biology*. 2000;35:141-196.

Krueger B. R, Knutson C. A, Inglett G. E, Walker C. E. A differential scanning calorimetry study on the effect of annealing on gelatinization behaviour of corn starch. *Journal of Food Science*. 1987;52:715-718.

Kudla E, Tomasik P. The modification of starch by high pressure. Part II. Compression of starch with additives. *Starch*. 1992;44:253-259.

Kurkov S. V, Loftsson T. Cyclodextrinas. *International Journal of Pharmaceutics*. 2013;453:167-180.

Lawal O. S. Succinyl and acetyl starch derivatives of a hybrid maize: physicochemical characteristics and retrogradation properties monitored by differential scanning calorimetry. *Carbohydrate Research*. 2004;339:2673-2682.

Lawal O. S. Hydroxypropylation of pigeon pea (*Cajanus cajan*) starch: preparation, functional characterizations and enzymatic digestibility. *LWT-Food Science and Technology*. 2011;44:771-778.

Lee L, Yoo B. Effect of hydroxypropylation on physical and rheological properties of sweet potato starch. *LWT-Food Science and Technology*. 2011;44:765-770.

Lewandowicz G, Soral-Śmietana M. Starch modification by iterated syneresis. *Carbohydrate Polymers*. 2004;56:403-413.

Lewandowicz G, JankowskiT, Fornal J. Effect of microwave radiation on physico-chemical properties and structure of cereal starches. *Carbohydrate Polymers*. 2000;42:193-199.

Li J. H, Vasanthan T, Rossnagel B, Hoover R. Starch from hull-less barley: I. Granule morphology, composition and amylopectin structure. *Food Chemistry*. 2001;74:395-405.

Lim S. T, Lee J. H, Shin D. H, Lim H. S. Comparison of protein extraction solutions for rice starch isolation and effects of residual protein content on starch pasting properties. *Starch*. 1999;51:120-125.

Lim S. -T, Kasemsuwan T, Jane J. -L. Characterization of phosphorus in starch by ^{31}P-nuclear magnetic resosance spectroscopy. *Analytical Techniques and Instrumentation*. 1994;71:488-493.

Lindebooma N, Chang P. R, Tylera R. T. Analytical, biochemical and physicochemical aspects of starch granule size, with emphasis on small granule starches: a review. *Starch*. 2004;56:89-99.

Liu H, Ramsden L, Corke H. Physical properties and enzymatic digestibility of acetylated ae, wx, and normal maize starch. *Carbohydrate Polymers*. 1997;34:283-289.

Liu H, Ramsden L, Corke H. Physical properties and enzymatic digestibility of hydroxypropylated ae, wx and normal maize starch. *Carbohydrate Polymers*. 1999;40:175-182.

Liu H, Ramsden L, Corke H. Physical properties of cross-linked and acetylated normal and waxy rice starch. *Starch*. 1999;51:249-252.

Liu J, Wang B, Lin L, Zhang J, Liu W, Xie J, Ding Y. Functional, physicochemical properties and structure of cross-linked oxidized maize starch. *Food Hydrocolloids*. 2014;36:45-52.

Luo Z, Fu X, He X, Luo F, Gao Q, Yu S. Effect of ultrasonic treatment on the physicochemical properties of maize starches differing in amylose content. *Starch*. 2008;60:646-653.

Luo Z. -G, Shi Y. -C. Preparation of acetylated waxy, normal, and high-amylose maize starches with intermediate degrees of substitution in aqueous solution and their properties. *Journal of Agricultural and Food Chemistry*. 2012;60:9468-9475.

van der Maarel M. J, van der Veen B. A, Euverlink G. J. W, Dijkhuizen L. Exploring and exploiting starch-modifying amylomaltases from hyperthermophiles. *Biochemical Society Transactions*. 2002;32:279-282.

van der Maarel M. J. E. C, Capron I, Euverlink G. -J. W, Bos H. T, Kaper T, Binnema D. J, Steeneken P. A. M. A novel thermoreversible gelling product made by enzymatic modification of starch. *Starch*. 2005;57:465-472.

Majzoobi M, Seifzadeh N, Farahnaky A, Mesbahi G. Effects of sonication on physical properties of native and cross-linked wheat starches. *Journal of Texture Studies*. 2015;46:105-112.

Mason W. R. In: BeMiller J, Whistler R, eds. *Starch: Chemistry and Technology*. New York: Academic

Press; 2009:745-795.

Mischnick P, Kuhn G. Model studies on methyl amyloses: correlation between reaction conditions and primary structure. *Carbohydrate Research*. 1996;290:199-207.

Morikawa K, Nishinari K. Rheological and DSC studies of gelatinization of chemically modified starch heated at various temperatures. *Carbohydrate Polymers*. 2000;43:241-247.

Morikawa K, Nishinari K. Effects of concentration dependence of retrogradation behaviour of dispersions for native and chemically modified potato starch. *Food Hydrocolloids*. 2000;14:395-401.

Muhrbeck P, Eliasson A. -C. Influence of the naturally occurring phosphate esters on the crystallinity of potato starch. *Journal of the Science of Food and Agriculture*. 1991;55:13-18.

Muhrbeck P, Tellier C. Determination of the phosphorylation of starch from native potato varieties by 31P NMR. *Starch*. 1991;43:25-27.

Nierle W. The influence of the manufacturing conditions on the properties of phosphated corn starch and their applications. *Starch*. 1969;21:13-15.

Noda T, Takigawa S, Matsuura-Endo C, Kim S. J, Hashimoto N, Yamauchi H, Hanashiro I, Takeda Y. Physicochemical properties and amylopectin structures of large, small, and extremely small potato starch granules. *Carbohydrate Polymers*. 2005;60:245-251.

Nordmark T. S, Ziegler G. R. Spherulitic crystallization of gelatinized maize starch and its fractions. *Carbohydrate Polymers*. 2002;49:439-448.

Nurul I. M, Azemi B. M. N. M, Manan D. M. A. Rheological behaviour of sago (*Metroxylon sagu*) starch paste. *Food Chemistry*. 1999;64:501-505.

Ortega-Ojeda F. E, Larsson H, Eliasson A. -C. Gel formation in mixtures of hydrophobically modified potato and high amylopectin potato starch. *Carbohydrate Polymers*. 2005;59:313-327.

Paschall E. F. Phosphorylation with inorganic phosphate salts. *Methods in Carbohydrate Chemistry*. 1964; 4:296-298.

Perera C, Hoover R, Martin A. M. The effect of hydroxypropylation on the structure and physicochemical properties of native, defatted and heat-moisture treated potato starches. *Food Research International*. 1997;30: 235-247.

Phillips D. L, Liu H. L, Pan D, Corke H. General application of Raman spectroscopy for the determination of level of acetylation in modified starches. *Cereal Chemistry*. 1999;76:439-443.

Prochaska K, Konowal E, Sulej-Chojnacka J, Lewandowicz G. Physicochemical properties of cross-linked and acetylated starches and products of their hydrolysis in continuous recycle membrane reactor. *Colloids and Surfaces B: Biointerfaces*. 2009;74:238-243.

Pukkahuta C, Shobsngob S, Varavinit S. Effect of osmotic pressure on starch: new method of physical modification of starch. *Starch*. 2007;58:78-90.

Qin F, Man J, Cai C, Xu B, Gu M, Zhu L. Physicochemical properties of high-amylose rice starches during kernel development. *Carbohydrate Polymers*. 2012;88:690-698.

Raben A, Andersen K, Karberg M. A, Holst J. J, Astrup A. Acetylation of or β -cyclodextrin addition to potato starch: beneficial effect on glucose metabolism and appetite sensations. *The American Journal of Clinical Nutrition*. 1997;66:304-314.

Rajagopalan S, Seib P. A. Properties of granular cold-water soluble starches prepared at atmospheric pressure. *Journal of Cereal Science*. 1992;16:29-40.

Ratnayake W. S, Jackson D. S. Phase transition of cross-linked and hydroxypropylated corn (*Zea mays* L.) starches. *LWT-Food Science and Technology*. 2008;41:346-358.

Reddy I, Seib P. A. Modified waxy wheat starch compared to modified waxy corn starch. *Journal of Cereal Science*. 2000;31:25-39.

Richardson P. H, Jeffcoat R, Shi Y. C. High-amylose starches: from biosynthesis to their use as food ingredients. *MRS Bulletin*. 2000;25:20-24.

Richardson S, Nilsson G. S, Bergquist K, Gorton L, Mischnick P. Characterisation of the substituent distribution in hydroxypropylated potato amylopectin starch. *Carbohydrate Research*. 2000;328:365-373.

Richardson S, Gorton L, Cohen A. S. High-performance anion-exchange chromatography-electrospray mass spectrometry for investigation of the substituent distribution in hydroxypropylated potato amylopectin starch. *Journal of Chromatography A*. 2001;917:111-121.

Richardson S, Nilsson G, Cohen A, Momcilovic D, Brinkmalm G, Gorton L. Enzyme-aided investigation of the substituent distribution in cationic potato amylopectin starch. *Analytical Chemistry*. 2003;75:6499-6508.

Ring S. G, Collona P, Panson K. J, Kalicheversky M. T, Miles M. J, Morris V. J, Oxford P. D. The gelation and crystallization of amylopectin. *Carbohydrate Research*. 1987;162:277-293.

Rutenberg M. W, Solarek D. Starch derivatives: production and uses. In: Whistler R. L, et al., ed. *Starch: Chemistry and Technology*. London: Academic Press; 1984:312-388.

Sahai D, Jackson D. S. Structural and chemical properties of native corn starch granules. *Starch*. 1996; 48:249-255.

Sang Y, Seib P. A. Resistant starches from amylose mutants of corn by simultaneous heat-moisture treatment and phosphorylation. *Carbohydrate Polymers*. 2006;63:167-175.

Sang Y, Seib P. A, Herrera A. I, Prakash O, Shi Y. -C. Effects of alkaline treatment on the structure of phosphorylated wheat starch and its digestibility. *Food Chemistry*. 2010;118:323-327.

Saroja N, Shamala T. R, Tharanathan R. N. Biodegration of starch-g-polyacrylonitrile, a packaging material, by *Bacillus cereus*. *Process Biochemistry*. 2000;36:119-125.

Schmitz C. S, de Simas K. N, Santos K, Joao J. J, de Mello Castanho Amboni R. D, Amante E. R. Cassava starch functional properties by etherification-hydroxypropylation. *International Journal of Food Science & Technology*. 2006;41:681-687.

Schoch T. J. Non-carbohydrate substance in the cereal starches. *Journal of the American Chemical Society*. 1942;64:2954.

Seow C. C, Thevamalar K. Internal plasticization of granular rice starch by hydroxypropylation: effects on phase transitions associated with gelatinization. *Starch*. 1993;45:85-88.

Sha X. S, Xiang Z. J, Bin L, Jing L, Bin Z, Jiao Y. J, Kun S. R. Preparation and physical characteristics of resistant starch (type 4) in acetylated indica rice. *Food Chemistry*. 2012;134:149-154.

Shewmaker C. K, Boyer C. D, Wiesenborn D. P, Thompson D. B, Boersig M. R, Oakes J. V, Stalker D. M. Expression of *Escherichia coli* glycogen synthase in the tubers of transgenic potatoes (*Solanum tuberosum*) results in a highly branched starch. *Plant Physiology*. 1994;104:1159-1166.

Shifeng Y, Ying M, Da-Wen S. Impact of amylose content on starch retrogradation and texture of cooked milled rice during storage. *Journal of Cereal Science*. 2009;50:139-144.

Shiftan D, Ravanelle F, Alexandre Mateescu M, Marchessault R. H. Change in V/B polymorphratioand T1 relaxation of epichlorohydrin cross-liked high amylose starch excipient. *Starch*. 2000;52:186-195.

Shukri R, Shi Y. -C. Physiochemical properties of highly cross-linked maize starches and their enzymatic digestibilities by three analytical methods. *Journal of Cereal Science*. 2015;63:72-80.

Shukri R, Zhu L, Seib P. A, Maningat C, Shi Y. -C. Direct *in-vitro* assay of resistant starch in phosphorylated cross-linked starch. *Bioactive Carbohydrates and Dietary Fibre*. 2015;5:1-9.

Sinah V, Ali S. Z. Acid degradation of starch. The effect of acid and starch type. *Carbohydrate Polymers*. 2000;41:191-195.

Singh J, Singh N. Studies on the morphological, thermal and rheological properties of starch separated from some Indian potato cultivars. *Food Chemistry*. 2001;75:67-77.

Singh J, Singh N. Studies on the morphological and rheological properties of granular cold water soluble corn and potato starches. *Food Hydrocolloids*. 2003;17:63-72.

Singh J, Kaur L, McCarthy O. J. Factors influencing the physico-chemical, morphological, thermal and rheological properties of some chemically modified starches for food applications-a review. *Food Hydrocolloids*. 2007;21:1-22.

Singh J, Kaur L, Singh N. Effect of acetylation on some properties of corn and potato starches. *Starch*. 2004;56:586-601.

Singh J, McCarthy O. J, Singh H. Physico-chemical and morphological characteristics of New Zealand Taewa (Maori potato) starches. *Carbohydrate Polymers*. 2006;64:569-581.

Singh J, McCarthy O. J, Singh H, Moughan P. J. Low temperature post-harvest storage of New Zealand Taewa (Maori potato): effects on starch physico-chemical and functional characteristics. *Food Chemistry*. 2008;106:583-596.

Singh J, Singh N, Saxena S. K. Effect of fatty acids on the rheological properties of corn and potato starch. *Journal of Food Engineering*. 2002;52:9-16.

Singh N, Kaur L. Morphological, thermal and rheological properties of potato starch fractions varying in granule size. *Journal of the Science of Food and Agriculture*. 2004;84:1241-1252.

Singh N, Chawla D, Singh J. Influence of acetic anhydride on physicochemical, morphological and thermal properties of corn and potato starch. *Food Chemistry*. 2004;86:601-608.

Singh N, Singh J, Kaur L, Sodhi N. S, Gill B. S. Morphological, thermal and rheological properties of starches from different botanical sources: a review. *Food Chemistry*. 2003;81:219-231.

Sitohi M. Z, Ramadan M. F. Granular properties of different starch phosphate monoesters. *Starch*. 2001; 53:27-34.

Sodhi N. S, Singh N. Characteristics of acetylated starches prepared using starches separated from different rice cultivars. *Journal of Food Engineering*. 2005;70:117-127.

Steeneken P. A. M, Smith E. Topochemical effects in the methylation of starch. *Carbohydrate Research*. 1991;209:239-249.

Steeneken P. A. M, Woortman A. J. J. Substitution pattern in methylated starch as studied by enzymic degradation. *Carbohydrate Research*. 1994;258:207-221.

Stute R, Klinger R. W, Boguslawski S, Knorr D. Effects of high pressures treatment on starches. *Starch*. 1996;48:399-408.

Sujka M, Jamroz J. Ultrasound-treated starch: SEM and TEM imaging, and functional behaviour. *Food Hydrocolloids*. 2013;31:413-419.

Svegmark K, Helmersson K, Nilsson G, Nilsson P.-O, Andersson R, Svensson E. Comparison of potato amylopectin starches and potato starches-influence of year and variety. *Carbohydrate Polymers*. 2002; 47: 331-340.

Tessler, M. M., 1975. Hydroxypropylated, Inhibited High Amylose Retort Starches. U. S. Patent 3,904, 601.

Tester R. F. Starch: the polysaccharide fractions. In: Frazier P. J, et al., ed. *Starch, Structure and Functionality*. UK: Royal Society of Chemistry; 1997:163-171.

Tester R. F, Debon S. J. J. Annealing of starch—a review. *International Journal of Biological Macromolecules*. 2000;27:1-12.

Tester R. F, Morrison W. R. Swelling and gelatinization of cereal starches. *Cereal Chemistry*. 1990;67: 558-563.

Tharanathan R. N. Fat substitutes-a new approach. *CFTRI Annual Conference Proceedings*. 1995:63.

Tharanathan R. N. Starch-value addition by modification. *Critical Reviews in Food Science and Nutrition*.

2005;45:371-384.

Vamadevan V, Bertoft E. Structure-function relationships of starch components. *Starch*. 2015;26:55-68.

Wang L, Wang Y. -J. Structures and physico-chemical properties of acid-thinned corn, potato and rice starches. *Starch*. 2001;53:570-576.

Wattanchant S, Muhammad K, Hashim D, Rahman R. A. Effect of cross-linking reagents and hydroxypropylation levels on dual-modified sago starch properties. *Food Chemistry*. 2003;80:463-471.

Whistler R. L, BeMiller J. N. Starch. In: Whistler R. L, BeMiller J. N, eds. *Carbohydrate Chemistry for Food Scientists*. St. Paul, MN: Eagan Press; 1996:117-151.

Wiesenborn D. P, Orr P. H, Casper H. H, Tacke B. K. Potato starch paste behaviour as related to some physical/chemical properties. *Journal of Food Science*. 1994;59:644-648.

deWilligen A. H. A. The rheology of starch. In: Radley J. A, ed. *Examination and Analysis of Starch and Starch Products*. London: Applied Science Publishers Ltd; 1976:61-90.

Wilke O, Mischnick P. Determination of the substitution pattern of cationic starch ethers. *Starch*. 1997; 49:453-458.

Woggum T, Sirivongpaisal P, Wittaya T. Characteristics and properties of hydroxypropylated rice starch based biodegradable films. *Food Hydrocolloids*. 2015;50:54-64.

Wolf W. B, Bauer L. L, Fahey Jr. G. C. Effects of chemical modification invitro rate and extent of food starch digestion: an attempt to discover a slowly digested starch. *Journal of Food and Agricultural Chemistry*. 1999;47:4178-4183.

Wongsagonsup R, Pujchakarn T, Jitrakbumrung S, Chaiwat W, Fuongfuchat A, Varavinit S, Dangtip S, Suphantharika M. Effect of cross-linking on physicochemical properties of tapioca starch and its application in soup product. *Carbohydrate Polymers*. 2014;101:656-665.

Woo K. S, Seib P. A. Cross-linking of wheat starch and hydroxypropylated wheat starch in alkaline slurry with sodium trimetaphosphate. *Carbohydrate Polymers*. 1997;33:263-271.

Woo K. S. *Cross-linked, RS4 Type Resistant Starch: Preparation and Properties* (Ph. D. thesis). Kansas State: University Manhattan, KS; 1999.

Wotton M, Bamunuarachchi A. Application of DSC to starch gelatinization. *Starch*. 1979;31:201-204.

Wu Y, Seib P. A. Acetylated and hydroxypropylated distarch phosphates from waxy barley: paste properties and freeze-thaw stability. *Cereal Chemistry*. 1990;67:202-208.

Wurzburg O. B. Converted starches. In: Wurzburg O. B, ed. *Modified Starches: Properties and Uses*. Florida: CRC Press; 1986:17-41.

Wurzburg O. B. Cross-linked starches. In: Wurzburg O. B, ed. *Modified Starches: Properties and Uses*. Boca Raton, Florida: CRC Press; 1986:41-53.

Wurzburg O. B. Nutritional aspects and safety of modified food starches. *Nutrition Reviews*. 1986;44: 74-79.

Xu A, Seib P. A. Determination of the level and position of substitution in hydroxypropylated starch by high-resolution 1H-NMR spectroscopy of alpha-limit dextrins. *Journal of Cereal Science*. 1997;25:17-26.

Yamin F. F, Lee M, Pollak L. M, White P. J. Thermal properties of starch in corn variants isolated after chemical mutagenesis of inbred line B73. *Cereal Chemistry*. 1999;76:175-181.

Yeh A. I, Yeh S. L. Property differences between cross-linked and hydroxypropylated rice starches. *Cereal Chemistry*. 1993;70:596.

Yoneya T, Ishibashi K, Hironaka K, Yamamoto K. Influence of cross-linked potato starch treated with $POCl_3$ on DSC, rheological properties and granule size. *Carbohydrate Polymers*. 2003;53:447-457.

Yook C, Pek U. H, Park K. H. Gelatinization and retrogradation characteristics of hydroxypropylated cross-linked rices. *Journal of Food Science*. 1993;58:405-407.

Yuan R. C, Thompson D. B, Boyer C. D. Fine structure of amylopectin in relation to gelatinization and retrogradation behaviour of maize starches from three wax-containing genotypes in two inbred lines. *Cereal Chemistry*. 1993;70:81-89.

Zallie J. Benefits of quick setting starches. *Manufacturing Confectioner*. 1988;66:41-43.

Zhao J, Chen Z, Jin Z, Buwalda P, Gruppen H, Schols H. A. Effects of granule size of cross-linked and hydroxypropylated sweet potato starches on their physicochemical properties. *Journal of Agricultural and Food Chemistry*. 2015;63:4646-4654.

Zhao J, Schols H. A, Chen Z, Jin Z, Buwalda P, Gruppen H. Substituent distribution within cross-linked and hydroxypropylated sweet potato starch and potato starch. *Food Chemistry*. 2012;133:1333-1340.

Zheng G. H, Han H. L, Bhatty R. S. Functional properties of cross-linked and hydroxypropylation waxy hull-less barley starches. *Cereal Chemistry*. 1999;76:182-188.

Zhu J, Li L, Chen L, Li X. Study on supramolecular structural changes of ultrasonic treated potato starch granules. *Food Hydrocolloids*. 2012;29:116-122.

9 彩色马铃薯

Lachman Jaromír[1], Hamouz Karel[2], Orsák Matyáš[1]

[1]*Department of Chemistry, Faculty of Agrobiology, Food and Natural Resources, Czech University of Life Sciences, Prague, Czech Republic*

[2]*Department of Plant Production, Faculty of Agrobiology, Food and Natural Resources, Czech University of Life Sciences, Prague, Czech Republic*

9.1 引言

紫色马铃薯品种起源于秘鲁安第斯山脉上的西班牙殖民城市——库斯科，在其附近的教皇公园（马铃薯公园）发现了数百个马铃薯品种，紫色马铃薯是其中之一，在教皇公园，种植了大约700个原产于该地区的品种，用于食品、改进、研究、生物多样性保护和保存。这些品种中的大多数从未进入市场销售，只在社区之间交换或作为礼物赠送。紫色马铃薯原产于秘鲁和玻利维亚的高平原和山坡内的喀喀湖地区，是在秘鲁、玻利维亚和厄瓜多尔的安第斯地区种植了近8000年的数千个品种中的一个。紫色马铃薯品种的多样性、抵抗病虫害和经受恶劣条件的能力，使它们经过数千年的进化成为21世纪的粮食作物。目前，紫色马铃薯种植于南美、北美和欧洲，学名 *Solanum andigenum*，是数十种紫色马铃薯原种的统一名称，这些品种的常用名包括 Purple Peruvian、All Blue、Blue Congo、Lion's Paw、Vitilette、Purple Viking、Purple Majesty 及其他品种。紫色马铃薯有深紫色或墨色的皮和肉。根据具体品种的不同，果肉的颜色可能是不透明的或大理石花纹的。Purple Majesty 在所有紫色品种中颜色最深，并因此而得名。紫色马铃薯既可以用来做新鲜的市售马铃薯，也可以用来做马铃薯片。它们全年都有供应，通常是干的和淀粉质的，带有轻微的泥土和坚果的味道。如果让它们长到成熟，它们会变得又大又长，适合烘焙和捣碎。与白肉马铃薯不同，紫色和红色马铃薯富含具有抗氧化特性的天然色素花青素。这些色素通常存在于蓝色、红色和紫色的浆果和石榴中，已被证明具有提高免疫力的功能，并在一定程度上有助于预防某些癌症。紫色马铃薯因其营养物质和能量丰富，已成为20世纪末和21世纪初广受欢迎的食物，它可以为人类提供大量的维生素、蛋白质和抗氧化剂，可作为衡量粮食安全的重要标志。一般来说，水果和蔬菜的颜色越深往往越有营养，因此紫色马铃薯也不例外。此外，这些深颜色的抗氧化剂在保护DNA结构的完整性、促进细胞因子产生等方面具有较大的前景，这对正常的免疫反应起重要作用。紫色马铃薯还表现出一定的抗炎特性，有助于保护毛细血管的健康和完整性，增加细胞膜的弹性，并可起到调节雌激素活性的作用，可帮助降低与激素相关疾病产生的风险。

9.2 红色和紫色果肉的马铃薯

紫皮、白肉或黄肉的马铃薯品种其花青素含量比全紫色品种低，这种马铃薯的皮是紫色的，但果肉有纯白到奶油黄到金色等各种颜色。还有一些亲缘关系很近的品种，果皮呈蓝色，果肉呈白色或黄色。紫皮白肉马铃薯的品种如 AC Domino、Bleue D'Auvergne、Brigus、Caribe、Cowhorn、Lion's Paw 和 OAC Royal Gold 等。果肉为紫色、蓝色的品种含有更高浓度的花青素，这种马铃薯的果皮和果肉都是紫色，果肉可能出现紫色和白色相间的“斑点”或纯紫色。一些品种在靠近果皮的位置可能出现白色或奶油色的“环”，甚至在横切时显示白色和紫色的“环”。除了紫色或白色，也有蓝皮蓝肉的品种，它们与紫色品种有密切的亲缘关系，通常很难划清应该用蓝色还是紫色来表示。目前，紫皮紫肉（有时称为蓝色）的马铃薯品种逐渐被消费者接受，如 Vitelette、Purple Peruvian、All Purple、Purple Majesty、Purple Viking、Davis Purple、Eureka Purple、Fenton Blue、Purple Mountain、Blue Tomcat 及其他品种。在欧洲，如 Blaue St. Galler、Rote Emma、Highland Burgundy Red（Red Cardinal）、Violette、Vitelotte、Blue Congo、Blaue Ludiano、Salad Blue、Blaue Hindel Bank、Blaue Schweden、Farbe Kartoffel、Salad Red、Shetland Black、British Columbia Blue、Hafija、Blaue Mauritius 和 Valfi 等变得越来越受欢迎，特别是在瑞士、德国、英国、瑞典和捷克。紫色马铃薯的特征见表 9.1。

表 9.1　　彩色选育马铃薯品种和黄肉 Agria 品种的特征

马铃薯品种	种薯起源（国家或地区）	成熟期	果皮颜色	薯肉颜色	根茎形状	产量/（t/hm^2）	市场份额/%	烹饪后的类型①②
Blaue St. Galler	瑞士	中早期	紫色	紫色；部分有色	椭圆形到长椭圆形	47.1	85.0	B
Rote Emma	德国	早期到中早期	红色	红色	长椭圆形	65.7	63.4	B
Highland Burgundy Red（Red Cardinal）	德国	中早期	红色	红色带白边	椭圆形到长椭圆形	43.0	72.4	BC
Valfi	捷克	中早期到中晚期	紫色	紫色；部分有色	椭圆形	50.4	90.4	C
Violette	捷克（基因库）	中晚期	紫色	紫黑色	椭圆形，长条形	8.9	44.3	BC
Agria	荷兰	中早期到中晚期	黄色	黄色	长椭圆形	56.4	95.5	CB
Russet Burbank	捷克（基因库）	晚期	中等赤褐色	白色	长条形	51.0	95.0	CB

注：①2010 年田间试验或感官评定的结果；

②A 是指坚硬，B 是指相当坚硬，C 是指粉质，D 是指非常粉质。

（资料来源：Lachman 等，2012。）

9.3 马铃薯抗氧化成分

马铃薯富含某些抗氧化剂，如多酚（酚羧酸）、维生素 C、类胡萝卜素和硒（Lachman et al. 2006）。

9.3.1 多酚

马铃薯块茎含有次生代谢物——多酚类化合物，是马铃薯酶促褐变的底物，通常发生在马铃薯削皮、切割或切碎过程中（Jang et al.，2004）。L-酪氨酸（$1\sim2\times10^{-3}$ mol）和绿原酸（$2\sim6\times10^{-4}$ mol）（Dao et al.，1992）是马铃薯多酚的主要成分（Matheis，1987、1989；Leja，1989；Niggeweg et al.，2004；Burlingame et al.，2009）。马铃薯块茎中最常见的酚类化合物包括有酪氨酸（770~3900mg/kg），咖啡酸（280mg/kg）、莨菪碱（98mg/kg）、绿原酸（16~71mg/kg）、阿魏酸（28mg/kg）和隐绿原酸（11mg/kg）。咖啡酸可能是绿原酸水解的产物（图 9.1），它及其相关的羟基肉桂酸化合物均显示出很强的抗氧化活性（AOA）（Chen et al.，1997）。

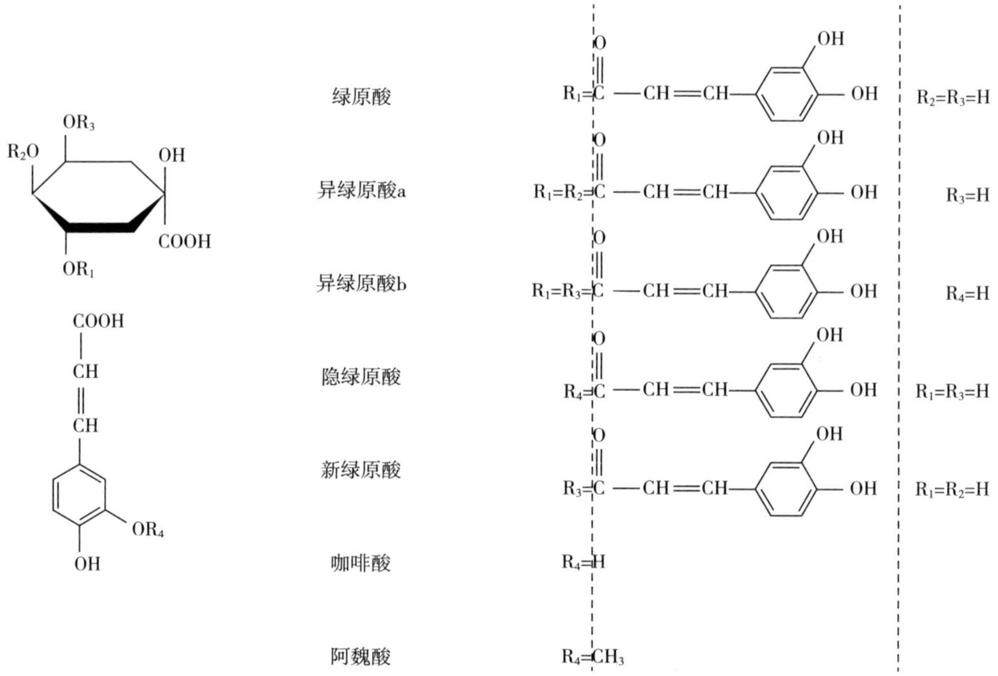

图 9.1 马铃薯中主要的酚酸

Yamamoto等（1997）发现马铃薯可食用部分的咖啡酸含量高达0.2~3.2mg/kg；总多酚含量为422~834mg/kg。通常情况下，果皮中多酚含量是果肉中的两倍，有些多酚化合物在马铃薯中的含量较低，如新绿原酸（7mg/kg）、对香豆酸（4mg/kg）、芥子酸（3mg/kg）和3,4-二咖啡酰奎宁酸（3mg/kg）。3,5-双咖啡酰奎宁酸、东莨菪素和转铁蛋白的含量很低。Negrel等（1996）在天然和受伤的已木栓化的马铃薯块茎表皮中发现了醚键连接的阿魏酸酰胺（阿魏酰酪胺或阿魏内酯），醚键主要存在于酰胺的阿魏酸部分，在整个植株中还鉴定出飞燕草苷（3-*O*-芦丁糖苷）、槲皮素（3-*O*-葡萄糖苷或芦丁苷）、山柰酚（3-*O*-二葡萄糖苷-7-*O*-鼠李糖苷、3-*O*-三葡萄糖苷-7-*O*-鼠李糖苷）和花生素（3-*O*-芦丁糖苷）。(+)-儿茶素也是马铃薯中的一种游离酚（Mendez et al.，2004）。在不同基因型的马铃薯品种中，芦丁和山柰酚-3-*O*-芦丁苷是最丰富的黄酮醇（Navarre et al.，2011）。多酚类化合物（特别是黄酮类化合物）能够清除脂肪酸和氧自由基（Good，1994），是有效的抗氧化剂（Bors et al.，1987）。

9.3.2 花青素色素

研究发现，有色马铃薯品种富含花色苷，特别是酰化衍生物（Eichhorn et al.，2005），这些植物化学物质具有很高的清除自由基活性，有助于降低慢性病和与年龄相关的神经退化的风险。紫色和红色肉质的马铃薯是花青素的天然来源，可促进人体健康。新鲜和加工的水果和蔬菜中也含有花青素，它们有两方面的功能，一方面可以改善食品的整体外观，另一方面有助于消费者的健康和福祉（Stintzing et al.，2004），最重要的是这些色素在饮食中是有效的抗氧化剂（Brown et al.，2003；Brown，2004），人类摄入花青素的每日需要量约为180mg/d（Galvano et al.，2004）。在红色马铃薯和紫色马铃薯中，花青素主要存在于块茎的皮和肉中（Lachman et al.，2005；Lachman et al.，2005），可保护人体免受氧化剂、自由基和低密度脂蛋白胆固醇的侵害（Hung et al.，1997）。栽培马铃薯因发生自然变异使果皮和果肉中出现花青素（苷元结构见图9.2）而形成红色和紫色马铃薯品种（Brown et al.，2003）。红色马铃薯块茎中含有天竺葵苷-3-*O*-对瓜萎酰芦丁苷-5-*O*-葡萄糖苷（200~2000mg/kg FW），少量含有芍药苷-*p*-香豆酰芦丁苷-5-*O*-葡萄糖苷（20~200mg/kg FW）（Lewis et al.，1998）。紫色马铃薯块茎中含有相似含量的牵牛花色苷-3-*O*-对香豆酰芦丁苷-5-*O*-葡萄糖苷，而3-*O*-对香豆酰芦丁糖苷-5-*O*-葡萄糖苷（2000~5000mg/kg FW）的含量相对较高。红肉马铃薯的花色苷总量为69~350mg/kg FW，紫肉马铃薯为55~171mg/kg FW（Brown et al.，2003）。马铃薯中的花青素主要为酰化色素，占总花青素含量的98%以上，不同酸类型的糖苷其酰化模式不同，如咖啡酸包含在芍药苷3-*O*-[6-*O*-(4-*O*-*E*-咖啡酰-*O*-α-鼠李糖基)-β-吡喃葡萄糖苷] -5-*O*-β-吡喃葡萄糖苷（花青素含量为10%）和牵牛花色素（6%）中。Naito等（1998）发现天竺葵糖苷是红皮马铃薯特有的酰化糖苷。

通过化学和光学方法测定可知，马铃薯花青素的主要色素物质为天竺葵色素-3-*O*-

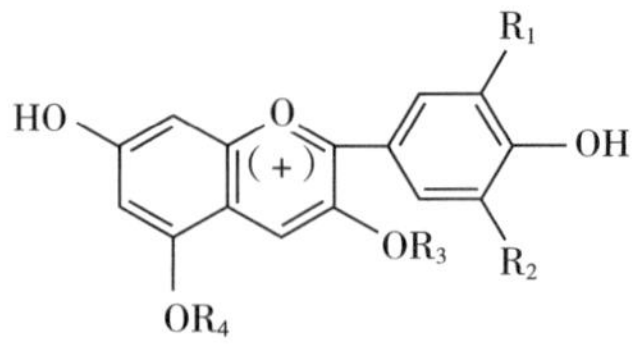

$R_1=R_2=R_3=R_4=H$ 花葵素

$R_1=OH$，$R_2=R_3=R_4=H$ 花青素

$R_1=R_2=OH$，$R_3=R_4=H$ 花翠素

$R_1=OCH_3$，$R_2=R_3=R_4=H$ 甲基花青素

$R_1=OCH_3$，$R_2=OH$，$R_3=R_4=H$ 3′-甲花翠素

$R_1=R_2=OCH_3$，$R_3=R_4=H$ 锦葵色素

图 9.2 紫肉和红肉马铃薯的主要花色苷苷元

[4″-*O*-(反式-对-香豆酰)-α-L-6″-鼠李糖基-β-D-吡喃葡萄糖苷]-5-*O*-[β-D-吡喃葡萄糖苷]，次要色素为天竺葵色素-3-*O*-[4″-*O*-(反式阿魏酰基)-α-L-6″-鼠李糖基-β-D-吡喃葡萄糖苷]-*O*-[β-D-吡喃葡萄糖苷]。在其他糖苷中，*p*-香豆酸以结合态存在，如芍药苷中含 25%的 *p*-香豆酸、佩塔宁中含 37%的 *p*-香豆酸。紫色马铃薯果肉中含有相同的花青素，但比例不同（4%、54%和 32%）。另一种酰化酸是阿魏酸，如在紫色品种 Blue Congo 中存在牵牛花色素和锦葵（色）素的 3-*O*-[6-(4″-阿魏酰基-*O*-鼠李糖基)-β-*O*-吡喃葡萄糖苷]-5-*O*-吡喃葡萄糖苷，这一品种的块茎中花色苷的含量高达 20~400mg/kg（Rodriguez-Saona et al.，1998）。在红色马铃薯中，经对香豆酸酰化的天竺葵素 3-*O*-芸香苷-5-葡萄糖苷约占总花青素的 70%，因此红色马铃薯含有的主要花色苷为酰化天竺葵苷，约占总量的 80%，而蓝色马铃薯除了含有酰化天竺葵苷外，还含有酰化牵牛花色苷，且两者的比例约为 2∶1（Browt et al.，2005）。主要花青素糖苷的结构如表 9.2 所示。芍药苷、牵牛花色苷和锦葵花色苷是彩色马铃薯块茎中具有抗氧化性能的主要花青素糖苷。在整个植株中，还鉴定出飞燕草苷（3-芦丁苷）、槲皮素（3-*O*-葡萄糖苷或芦丁苷）、山柰酚（3-*O*-二葡萄糖苷-7-芦丁苷、3-*O*-三葡萄糖苷-7-*O*-鼠李糖苷）和牵牛花色素（3-*O*-芦丁苷）。

酚类物质主要存在于马铃薯块茎的表皮中（de Sotillo et al.，1994a、b）。Hung 等（1997）以红薯品种 Norland 为材料，观察了块茎发育过程中花色苷含量和块茎表皮颜色变化的关系，结果表明随着块茎重量的增大，单位表面积的红色强度和花色苷含量下降。高压液相色谱分析表明，块茎表周皮中的花青素主要为天竺葵苷和芍药苷。大量研究表明，不同品种马铃薯中的花青素主要为 *p*-香豆酰基-5-葡萄糖苷-3-鼠李糖苷酰化的天竺葵苷、花青素、芍药苷、飞燕草素、牵牛花色素和锦葵色素。但有些研究表明，马铃薯中的花青素未发生酰化，或 *p*-香豆酰基部分被阿魏酰基取代（Fossen et al.，2003）。Fossen 和 Andersen（2000）研究表明马铃薯中的酰化色素占块茎和地上部分中总花青素的 98%以上。

表9.2 紫色马铃薯和红色马铃薯中花色苷的结构

R_1^*	R_2^*	R_3^*	R_4^*	花青素苷
H	H	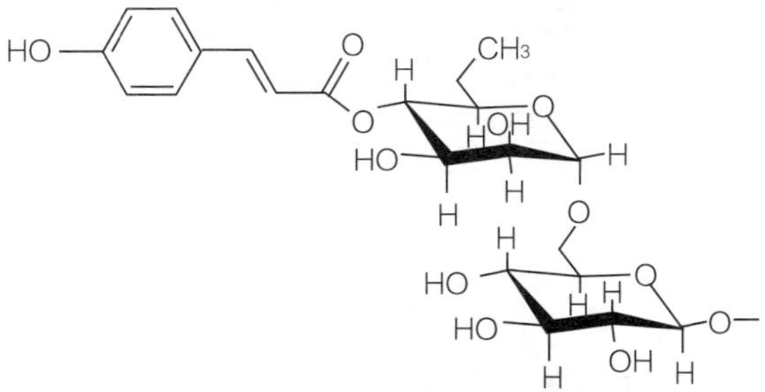	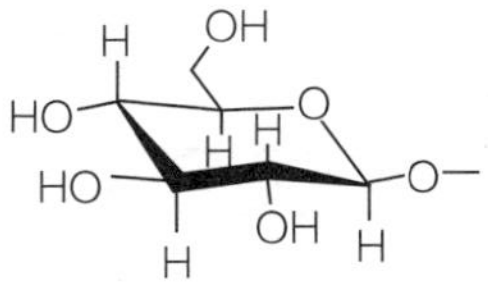	花葵素3-[6-*O*-(4-*O*-*E*-*p*-酰基-*O*-α-α-L鼠李糖基)-β-D-吡喃葡萄糖苷]-5-*O*-β-D-吡喃葡萄糖苷
OCH_3	H	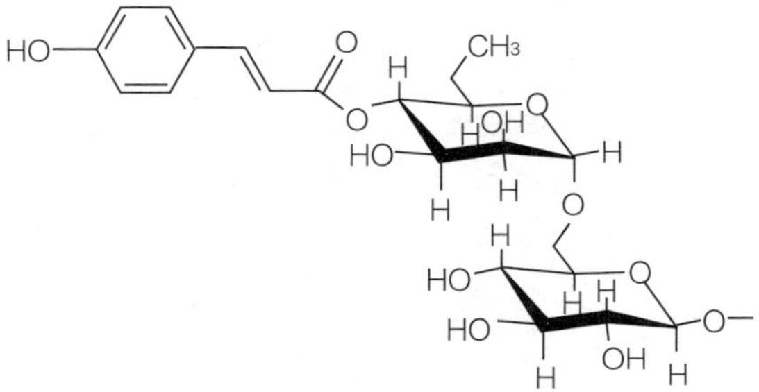	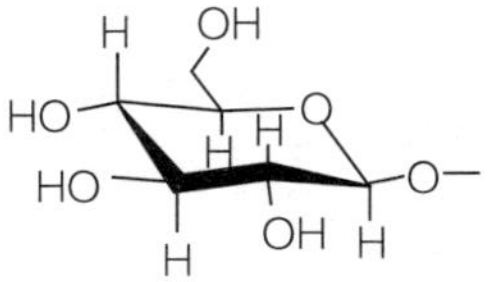	皮诺林，i.e.，甲基花青素3-[6-*O*-(4-*O*-*E*-p-酰基-*O*-α-L鼠李糖基)-β-D-吡喃葡萄糖苷]-5-*O*-β-D-吡喃葡萄糖苷
OCH_3	H	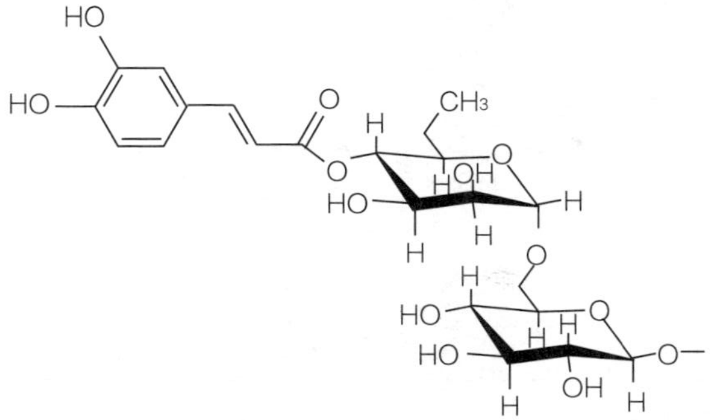	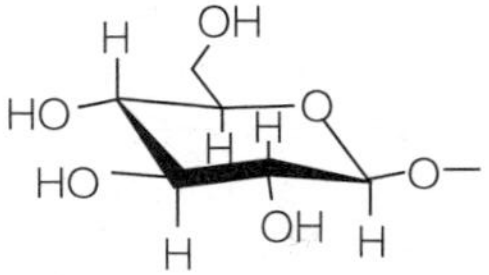	甲基花青素3-[6-*O*-(4-*O*-*E*-咖啡酰基-*O*-α-L鼠李糖基)-β-D-吡喃葡萄糖苷]-5-*O*-β-D-吡喃葡萄糖苷

续表

R_1^*	R_2^*	R_3^*	R_4^*	花青素苷
OCH_3	OH	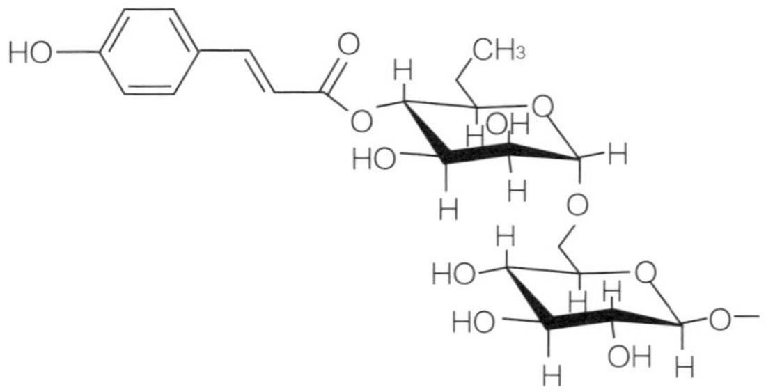	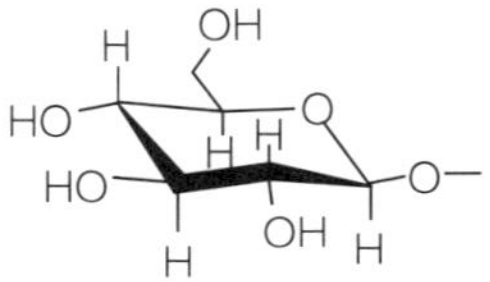	丹皮素，i.e.，3′-甲花翠素-[6-*O*-(4-*O*-*E*-p-酰基-*O*-α-L鼠李糖基)-β-D-吡喃葡萄糖苷]-5-*O*-β-D-吡喃葡萄糖苷
OCH_3	OH	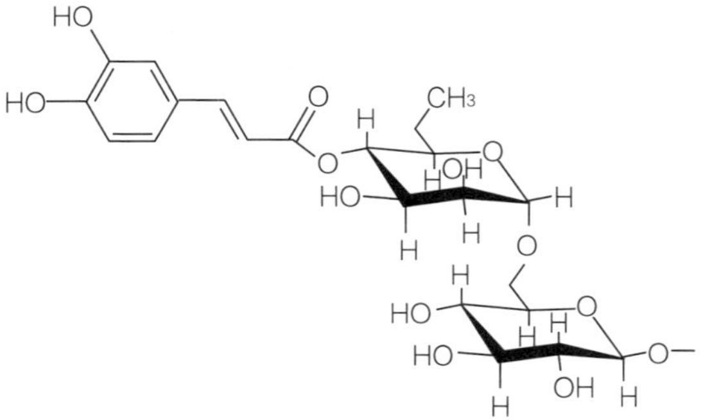	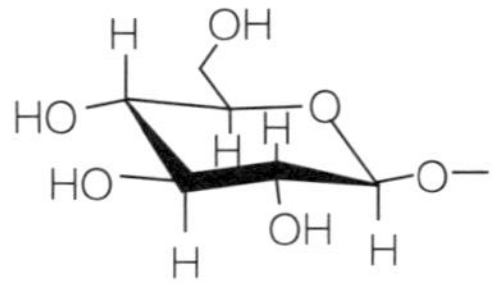	3′-甲花翠素-[6-*O*-(4-*O*-*E*-咖啡酰基-*O*-α-L鼠李糖基)-β-D-吡喃葡萄糖苷]-5-*O*-β-D-吡喃葡萄糖苷
OCH_3	OH	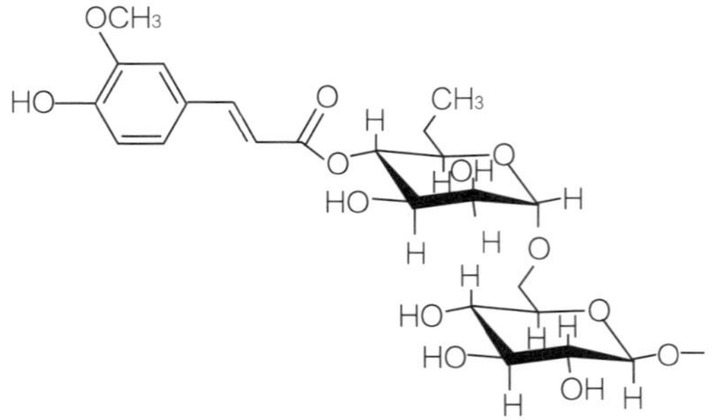	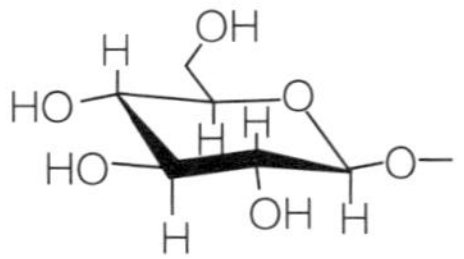	3′-甲花翠素-[6-*O*-(4-*O*-*E*-阿魏酰-*O*-α-α-L鼠李糖基)-β-D-吡喃葡萄糖苷]-5-*O*-β-D-吡喃葡萄糖苷

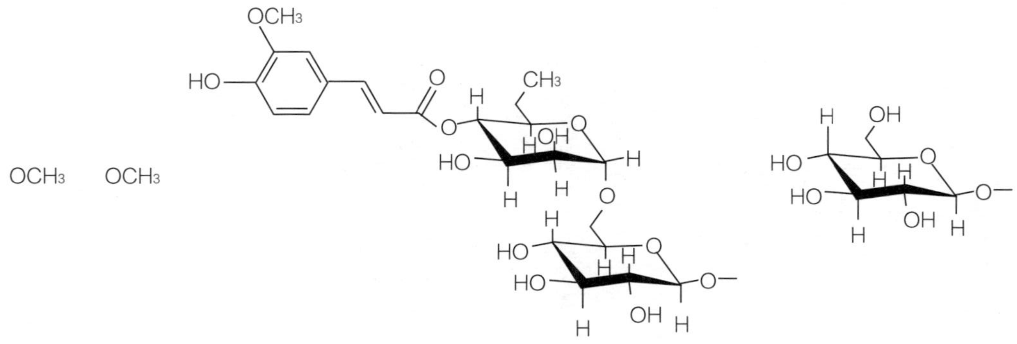

锦葵色素3-[6-*O*-(4-*O*-*E*-p-酰基-*O*-α-α-L鼠李糖基)-β-D-吡喃葡萄糖苷]-5-*O*-β-D-吡喃葡萄糖苷

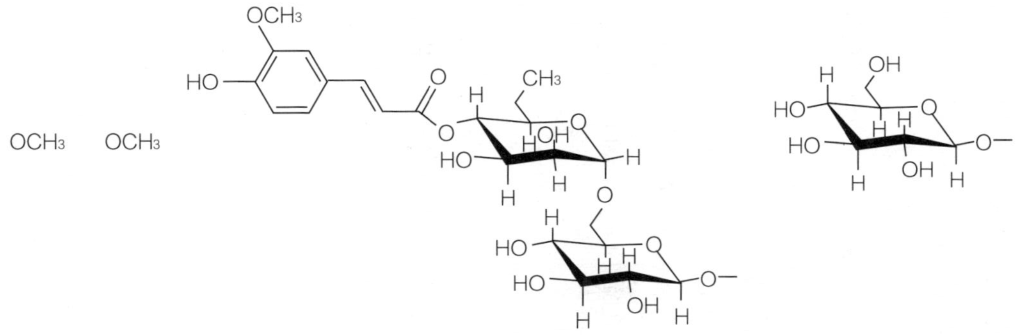

锦葵色素3-[6-*O*-(4-*O*-*E*-阿魏酰-*O*-α-α-L鼠李糖基)-β-D-吡喃葡萄糖苷]-5-*O*-β-D-吡喃葡萄糖苷

彩色马铃薯是一种低成本的作物，可作为天然花青素色素的潜在来源（Jansen et al.，2006），也可作为抗氧化微量营养素的重要来源（André et al.，2007）。因此，紫色和红色肉质的马铃薯在食品工业上增加了新的作用，那就是为人类健康提供天然的着色剂和抗氧化剂（Reyes et al.，2007）。红肉和紫肉马铃薯含有酰化的天竺葵糖苷，而紫色马铃薯还含有乙酰化的锦葵花色苷、牵牛花色苷、芍药苷和飞燕草苷（Brown，2005；Lachman et al.，2005）。酰化花青素具有更高的稳定性，可以赋予理想的食品特性。在萝卜、红色马铃薯、红色卷心菜、黑胡萝卜和紫薯中，红色马铃薯代表了一种抗氧化花青素的潜在来源（Reyes et al.，2003）。氧自由基吸收能力（ORAC）和铁还原/抗氧化能力（FRAP）测定结果表明，红肉或紫肉马铃薯的抗氧化水平是白色或黄色肉质马铃薯的 2~3 倍。目前有色马铃薯育种研究的一个重要目标是提高花青素含量（Hayashi et al.，2003）。由于马铃薯花青素的抗氧化和抗病毒活性来自每种花青素色素的协同作用（Lukaszewicz et al.，2004），现在评估各种色素马铃薯品种的单个花青素含量以及花青素组成对其 AOA 的贡献很重要。研究的主要目标是培育酚类化合物和花青素（主要在表皮细胞的细胞液泡中）含量更高的马铃薯品种，从而使马铃薯改良并提高其抗氧化能力（Kosieradzka et al.，2004；Lukaszewicz et al.，2005；Stobiecki et al.，2003）。Han 等（2006）研究发现编码 4-二氢黄酮醇还原酶的 DNA 过表达，可导致块茎花青素含量的增加，其中牵牛花色素和天竺葵素的含量增加了四倍。Andersen 等（2002）研究发现紫色马铃薯的不同花青素组分的抗氧化能力与马铃薯品种和其含有的主要花色素有关。Naito 等（1998）对不同品种马铃薯块茎表皮的酚类物质含量进行了研究，结果表明不同品种红色马铃薯的颜色差异显著。马铃薯表皮中酚类物质含量越高、花青素含量越低的品种，块茎的颜色越深。ORAC 和 FRAP 分析表明，红肉或紫肉马铃薯的抗氧化剂含量是白肉或黄肉马铃薯的 2~3 倍。目前正在进行有色马铃薯和转基因马铃薯植株系的育种研究（Stobiecki et al.，2003；Lukaszewicz et al.，2004；Kosieradzka et al.，2004；Lukaszewicz et al.，2005），目的是获得含有高水平花青素的克隆体（Brown et al.，2003；Andersen et al.，2002）。由于马铃薯花青素的抗氧化活性和抗病毒活性是每一种花青素协同作用的结果（Lukaszewicz et al.，2004），因此评估各种有色马铃薯的花青素含量和组成对其抗氧化活性具有重要的作用。紫色马铃薯色素部分抗氧化能力与所分析的马铃薯品种及主要花青素有关（Han et al，2006）。在其他马铃薯酚类抗氧化剂中，如绿原酸、没食子酸、儿茶素和咖啡酸，特别是在紫肉马铃薯品种中，锦葵素-3-(*p*-香豆蔻酰)-5-半乳糖苷是影响抗氧化活性的主要因素（Reddivari et al.，2007）。

9.3.3 类胡萝卜素

类胡萝卜素也是一种高效的抗氧化剂（Canfiel et al.，1993；Järvinen，1995；Mayne，1996）。在黄色马铃薯中，类胡萝卜素的平均含量为 4mg/kg。Mader（1998）研究发现在 35 个黄肉马铃薯品种中，总类胡萝卜素含量为 0.16~6.36mg/kg，平均值为 1.94mg/kg。而 van

Dokkum et al.（1990）研究所用的马铃薯中类胡萝卜素的平均含量为 0. 75mg/kg。根据 Duke（1992a）的报道，马铃薯中最常见的是β-胡萝卜素（1mg/kg）及其衍生物β-胡萝卜素-5,6-单环氧化物，但是 Ong 和 Tee（1992）报道指出马铃薯中最常见的是叶黄素（0. 13~0. 60mg/kg）和β-胡萝卜素（0. 03~0. 40mg/kg）。Granado 等（1992）研究发现早期的马铃薯品种中主要成分是叶黄素（0. 12mg/kg）、玉米黄质（0. 04mg/kg）和β-胡萝卜素（0. 01mg/kg）（图 9. 3）。一般来说，马铃薯中的总类胡萝卜素含量可达 2. 7mg/100g（Burlingame et al.，2009）。

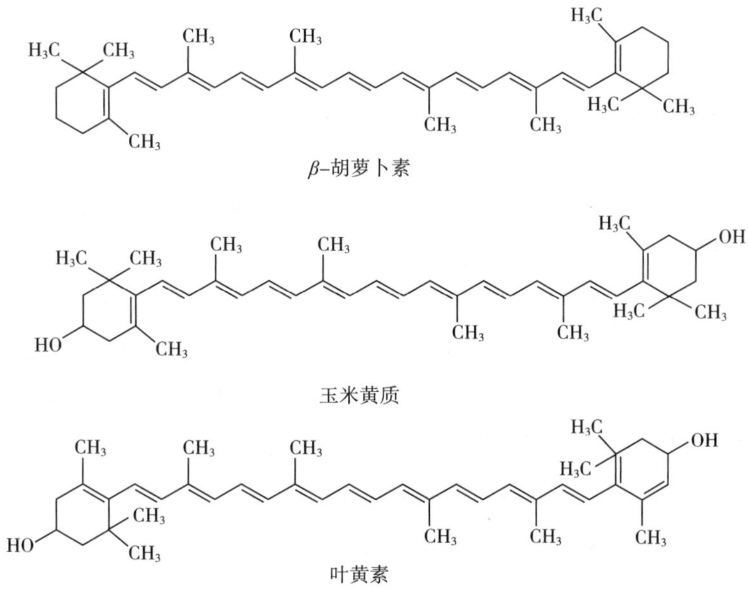

图 9. 3　马铃薯中的主要类胡萝卜素

Heinonen 等（1989）研究指出，马铃薯中的类胡萝卜素是叶黄素和玉米黄质（0. 13~0. 60mg/kg）和β-胡萝卜素（0. 032~0. 077mg/kg），且贮藏的旧马铃薯块茎（3 月）的类胡萝卜素含量比新马铃薯块茎的高（8 月），这可能与含水量的变化有关。其他类胡萝卜素含量相对较少，如α-胡萝卜素、顺式环氧黄质-5，6-单环氧化物、顺式新黄质、顺式紫黄质、隐黄质、隐黄质-5,6-二环氧化物、次黄质、番茄红素和转玉米素（Bergthaller et al.，1986；Duke，1992a、b）。Müller（1997）发现马铃薯块茎中类胡萝卜素的总含量为 4. 5mg/kg，由紫黄素（1. 8mg/kg）、黄嘌呤（玉米黄质-5,6-环氧化物，1. 3mg/kg）、叶黄素（1. 0mg/kg）、玉米黄质（0. 16mg/kg）、新黄质（0. 14mg/kg）、β-胡萝卜素（0. 05mg/kg）和β-隐黄质（0. 03mg/kg）组成。Mader（1998）的研究表明，马铃薯中总类胡萝卜素含量依赖于马铃薯品种（含量最高的品种是 Agria、Lipta、Albína、Svatava、Zlata、Korela、Tara、Nikola、Lukava 和 Karin），同时，类胡萝卜素的含量受到栽培年份的影响较大，与早期品种相比，半早期品种更依赖于栽培年份。在此研究中，鉴定出的叶黄素和玉米黄质含量最高（峰面积的 42%~66%），β-胡萝卜素含量较低（峰面积的 1. 1%~3%）。

9.3.4 其他马铃薯抗氧化成分

抗坏血酸（ascor acid，AA）是马铃薯酶促褐变的主要天然抑制剂（Almeida et al.，1995），可将最初的氧化产物醌还原为邻苯二酚，直到定量氧化为脱氢抗坏血酸。AA 还可通过还原多酚氧化酶活性位点的铜元素，抑制马铃薯褐变。由于维生素 C 是人类的主要营养素，因此马铃薯块茎中的 AA 含量和消化吸收也是人们的关注点。马铃薯中 AA 含量丰富，约为 170~990mg/kg（Duke，1992a），在煮熟的马铃薯根茎中，平均残留量为 130mg/kg，微波马铃薯块茎的残留量为 151mg/kg。AA 含量受外在和内在因素的共同影响，如品种、种植年份、种植方式、环境条件、成熟阶段、贮存条件等（Hamouz et al.，1999a、b；Orsák et al.，2001；Lachman et al.，2006）。Dipierrohe et al.（1997）研究了马铃薯块茎在 30℃ 和 90℃ 贮藏 40 周期间抗坏血酸-谷胱甘肽系统的组成变化与脂质过氧化的关系。块茎的 AA 含量在 30℃ 和 90℃ 贮藏期间均呈下降趋势，脱氢抗坏血酸含量在约 8 周后达到最大值，且在 30℃ 贮藏中含量更高。抗坏血酸自由基还原酶、脱氢抗坏血酸还原酶和谷胱甘肽还原酶（参与氨基酸再生的酶）不受温度影响，在整个贮藏过程中保持不变。由此可以得出，在马铃薯低温和贮藏的第一阶段中，抗坏血酸-谷胱甘肽系统参与了清除脂质过氧化自由基的反应。马铃薯块茎还富含 α-生育酚（0.5~2.8mg/kg）（Packer，1994）和硒元素（0.01mg/kg）。Djujic 等（2000）指出硒的日平均膳食摄入量为 29.72μg/d，其中蔬菜和马铃薯可提供 6.5%。马铃薯块茎中的另一种类似维生素的抗氧化剂是 α-硫辛酸，它被称为马铃薯生长因子。在细胞内，α-硫辛酸极易被还原为二氢硫辛酸，可以中和自由基（Packer et al.，1995），可直接破坏有害的超氧化物自由基、过氧化氢自由基和羟基自由基。

9.4 彩色马铃薯的抗氧化性

在蔬菜中，紫色和红色马铃薯是抗氧化剂花青素的潜在来源（Lachman et al.，2000；Reyes et al.，2003）。ORAC 和 FRAP 的分析显示，红色或紫色果肉的马铃薯的抗氧化水平比白色或黄色果肉的马铃薯高 2~3 倍。目前，已对彩色马铃薯进行了高水平花青素的育种克隆研究（Hayashi et al.，2003）。由于马铃薯花青素的抗氧化和抗病毒活性来自于每种花色苷的协同作用（Lukaszewicz et al.，2004），有必要评估不同彩色马铃薯品种中花青素的组成及各组成的含量对抗氧化活性的作用。目前，大多数研究集中于增加马铃薯块茎的酚类化合物和花青素的水平，从而改良和提高马铃薯的抗氧化能力（Kosieradzka et al.，2004；Lukaszewicz et al.，2005；Stobiecki et al.，2003）。Han 等（2006）研究发现编码 4-二氢黄酮醇还原酶的 DNA 过表达可导致块茎花青素含量的增加，其中牵牛花色素和天竺葵素的含量可增加 4 倍。Andersen 等（2002）研究发现紫色马铃薯中不同花青素组分的抗氧化能力与马铃薯品种和其含有的主要花青素成分有关。Lachman 等（2009）通过研究不同品种马铃薯的抗氧化试验可知，2,2′-联氮双（3-乙基苯并噻唑啉-6-磺酸）二铵盐（ABTS）和FRAP的实验结果与2,2-二苯基-1-苦基肼（DPPH）的实验结果显著不同。以DPPH/TAC、ABTS/TAC和FRAP/TAC值表示AOA/TAC，其中Blue Congo、Shetland Black、Highland Burgundy Red和British Columbia Blue品种的马铃薯抗氧化活性最高。通过绘制AOA/TAC×AN（AN代表每一种花青素的含量）的结果图可知，芍药色素（Pn）、飞燕草色素（Dp）、锦葵色素（Mv）、矢车菊色素（Cy）的抗氧化活性最强，牵牛花色素（Pt）、天竺葵色素（Pg）次之，特别是Blue Congo、Highland Burgundy Red和Shetland Black品种（Pn>Dp>Mv>Cy>Pt>Pg）。通过结构分析可知，这些花青素具有高度羟基化和甲氧基化的芳香环，对发挥抗氧化活性有较大的贡献。Stushnoff等（2008）和Im等（2008）研究发现红色和紫色马铃薯比非彩色马铃薯含有较高含量的绿原酸异构体，因此高含量的酚酸（尤其是CGA及其异构体和咖啡酸）是导致红色和紫色马铃薯抗氧化性高的主要原因。Reddivari等（2007）研究发现在所选择的彩色马铃薯品种中，绿原酸、没食子酸、儿茶素、咖啡酸锦葵素-3-（*p*-香豆蔻酰）-5-半乳糖苷是主要多酚，且绿原酸对抗氧化能力的贡献达28%~45%。

根据Brown（2005）和Brown等（2005）的研究结果可知，花色苷、酚酸和其他酚类物质和类胡萝卜素都有助于提升彩色马铃薯的抗氧化活性，Lachman等（2009）也证实了这一结果。然而，花青素超氧阴离子清除活性与酰化酚酸（咖啡酸）含量有关，且酰化花青素的活性主要由未酰化花青素的活性决定（Moriyama et al.，2003）。

Reyes等（2005）研究了不同紫肉和红肉马铃薯中花色苷和总酚含量，结果表明矢车菊素-3-葡萄糖含量为110~1740mg/kg FW，绿原酸含量为760~1810mg/kg FW，抗氧化性相关性结果表明，这些酚类化合物是彩色马铃薯具有抗氧化活性的主要原因。Lachman等（2008a、b）也发现，紫色马铃薯的抗氧化活性明显高于黄色果肉的品种，抗氧化活性和总多酚含量呈线性相关，总多酚含量与清除羟自由基活性的相关性最大（$r^2=0.912$，$P<0.01$），花青素含量与抗氧化活性也有一定的相关性（$r^2=0.789$）。

9.5 影响彩色马铃薯植物化学物质、抗氧化性和抗营养因子水平的因素

基因型、农艺因素、采后贮藏、烹饪和加工方法是影响马铃薯中植物化学物质和抗营养因子含量及其稳定性和抗氧化性的主要因素（Ezekiel et al.，2013）。

9.5.1 马铃薯品种和栽培品种

彩色马铃薯品种的主要优点是花青素含量高。由于花青素的存在，彩肉马铃薯汁的抗

氧化活性是黄色马铃薯肉的数倍。大多数彩色马铃薯的类胡萝卜素含量与黄肉品种相当（Hejtmánková et al.，2013）。此外，彩色品种 Highland Burgundy Red 和 Blaue Annelise 的 β-胡萝卜素含量相对较高，是马铃薯中唯一的维生素原。马铃薯中主要的类胡萝卜素是叶黄素（54%～93%）；此外，在所分析样品中还鉴定出紫黄素、新黄素、玉米黄素和 β-胡萝卜素，这些样品中的总类胡萝卜素含量为 0.779～13.3mg/kg DM。

在不同的彩色马铃薯品种中，总花青素含量和每种花色苷的含量显著不同，可作为它们的指纹图谱（Lachman，2012）。由图 9.4 可知，矢车菊色素（Cy）含量表示所分析品种的总花色苷含量为 0.7mg/100g（Blue Congo）～74.3mg/100g（Blaue Ludiano）之间（图 9.4），与 Brown et al.（2005）报告的以矢车菊素-3-葡萄糖苷表示马铃薯育种品种中总花色苷含量的变化一致。Brown 等（2007）分析了南美洲不同分类群的 38 个本地马铃薯品种，总花色苷含量为 0～23mg Cy 当量/400g FW。在 Highland Burgundy Red 品种中，天竺葵色素（Pg）是特征性的一种花色苷，其含量高达 98.7%$_{rel}$；因此，该品种与其他研究的品种有显著差异（Lachman et al.，2009）。同样，British Columbia Blue 品种几乎只含有花青素（Cy），Blaue Schweden、Farbe Kartoffel、Blaue Mauritius 和 Shetland Black 品种也含有一定量的 Cy。在 3 个试验地点的 The Violette 和 Vitelotte cultivars 品种都显示出相对较高的锦葵色素（Mv）含量（Violette 平均相对含量为 85.2%$_{rel}$，Vitelotte 平均相对含量为 81.7%$_{rel}$），Hafija 和 Blaue Ludiano 品种 Mv 含量也相对较高。与其他品种不同，Shetland Black 品种中的芍药苷（Pn）含量较高（平均相对含量为 36.7%$_{rel}$），同时较高含量的牵牛花色素（Pt）也出现在该品种。而 Valfi、Blue Congo、Salad Blue、Blaue St. Galler、Blaue Hindel Bank、Blaue Ludiano、Blaue Schweden、Farbe Kartoffel 和 Salad Red 品种中的 Pt 含量较高。

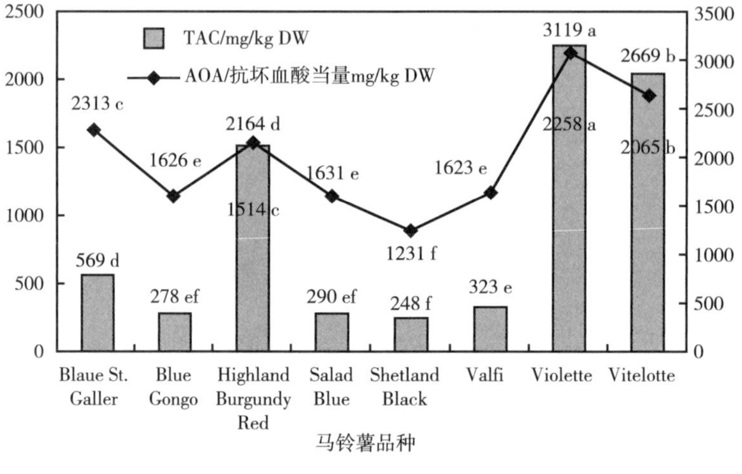

图 9.4 彩色马铃薯的 TAC 值和 AOA 值

虽然花色苷在单个品种中的丰度有显著差异，但可以推断，在红肉和紫肉的马铃薯中，最常见的花色苷为 Pt（46.9%），Mv（22.8%）和 Pg（22.1%）> Cy（5.38%）> Pn

（2.74%）> Dp（0.15%）。不同品种间花青素的相对含量存在显著差异，其含量对特定品种表现出一定的特异性（图 9.5）。Violette 和 Vitelotte 品种的 AOA 值和 TAC 值较低，特征花色苷是 Mv（分别占总花青素的 74%和 52%）；Highland Burgundy Red 品种的不同之处为 Pg 是其特征花色苷（98%），也是 Salad Blue、Blaue St. Galler、Valfi 和 Blue Congo 品种的主要花色苷（分别为 96%、91%、90%和 89%）。对于 Shetland Black 品种，它的果皮是深蓝的，果肉是黄色的且具有小的紫色维管环，其主要花色苷是 Pt 和 Pn（52%和 38%）。

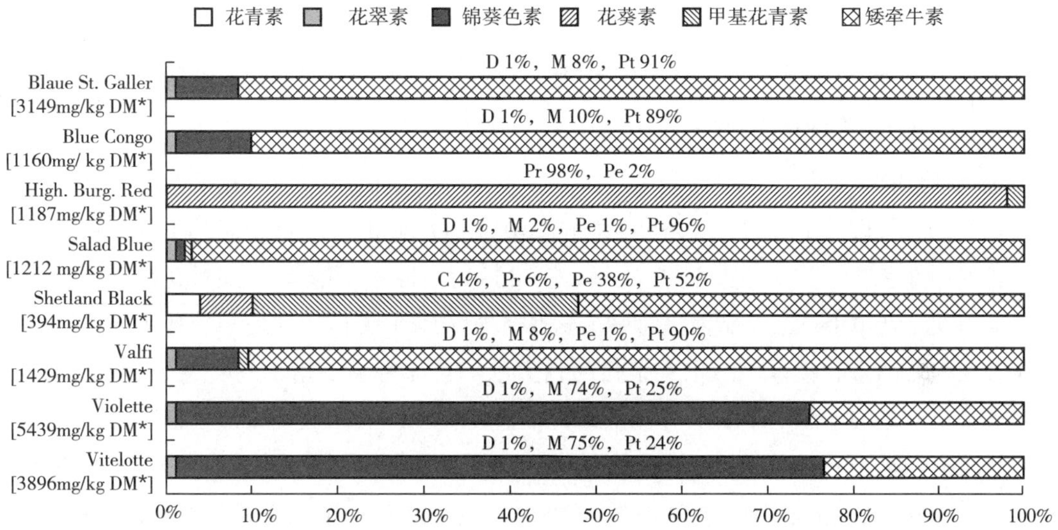

图 9.5 分析品种中单个花色素的相对分布

注：单个花色素的含量 mg/kg DW。

主成分分析不能用于酚酸的聚类，而花色苷定性-定量图谱可将马铃薯品种分为 5 个不同的类群（Ieri et et al.，2011）。法国品种 Vitelotte Noire 中花色苷含量为 500mg/kg，与其他品种有较大的差异，如 Bamberger Hornchen、Shetland Black and Skerry Blue、Highland Burgundy Red、Rossa di Cetica 和 Desirée；Blauer Schwede、Hermanns Blaue、Odenwalder Blaue、Viola Calabrese、Quarantina Prugnona 等。Eichhorn 和 Winterhalter（2005）的研究结果表明，早期的紫红色马铃薯具有大量的酚酸类物质，尤其是酰化的花色苷含量较高。在 Hermanns Blaue、Shetland Black 和 Vitelotte 品种中，Pt 衍生物的含量较高，Highland Burgundy Red 中 Pg 含量较高，而 Mv 是 Vitelotte 品质的主要苷元，Pn 衍生物是 Shetland Black 品种的主要苷元。

导致花青素含量变化的最重要因素是基因型。在 Kita 等（2015）的研究中，紫肉块茎的彩色马铃薯中的花青素含量为 6.7mg/100g（Valfi 品种）~13.0mg/100g（Vitelotte 品种），其他品种中的花青素含量为 3.4mg/100g（Rosalinde 品种）~6.8mg/100g（Herbie 26 品种）。紫色马铃薯品种比红色马铃薯品种的多酚含量更高。在紫色品种中，Vitelotte 具有最高的没食子酸当量（135.2mg/100g FW），其次是 Blaue St. Galler、Blue Congo 和 Blaue Elise（分别为 101.2、95.8、84.1mg/100g FW）。在卢森堡种植的马铃薯品种中，Vitelotte 和 Luminella 的外果肉中多酚含量最高（5202、572mg/kg DW）（Deußer et al., 2012）。多酚含量从果皮到果肉由外到内呈下降趋势，同时紫肉马铃薯的 AOA 值也有显著差异，最高值为 10.7mmol TE/100g DW（Blaue St. Galler 品种），最低值为 4.4mmol TE/100g DW（Valfi 品种）。红肉马铃薯品种也有类似的抗氧化能力，AOA 值在 3.6～3.9mmol TE/100g DW（Kita et al., 2015）。

9.5.2 种植地点、气候条件和栽培方式对马铃薯主要抗氧化成分和抗氧化活性的影响

生物活性化合物如花青素、多酚、类胡萝卜素和氨基酸以及抗氧化活性也受马铃薯块茎生长地点、气候、生长和贮存条件的影响。Murniece et al.（2014）对有机栽培和常规栽培马铃薯中花色苷与颜色的关系进行了研究，结果表明，不同栽培方式对花色苷的含量没有显著影响（$P>0.05$），而品种之间存在显著差异（$P<0.001$）。即使马铃薯中花色苷的量很少，花色苷的量和颜色之间也有很强的相关性。目前有关硒增加马铃薯中碳水化合物、有机硒、总氨基酸、AOA 和光合作用的研究报道较多（Cuderman et al., 2008；Germ et al., 2007）。2014 年，Lei 等（2014）研究了紫马铃薯中的主要酚类成分（绿原酸、咖啡酸、锦葵素、咖啡酸-乙酰鼠李糖脂和咖啡酸-异戊烯基鼠李糖脂）随硒含量的增加而显著增加，且硒可显著增加块茎的总重量（$r^2=0.964$，$P=0.002$），原因可能是块茎数量越多，块茎个头越小。硒能增加紫薯块茎的数量，但会抑制块茎的膨大。

花青素和总酚含量随着块茎的膨大、成熟而降低（Reyes et al., 2004）。生长周期长和低生长温度有利于花青素和酚类物质的积累，分别可增加 2.5 倍和 1.4 倍。在平均辐射较高的高海拔地区，彩色马铃薯中含有较高含量的总类胡萝卜素以及单个类胡萝卜素和花青素（Kotíková et al., 2007；Hejtmánková et al., 2013）；然而，在统计学上这些差异并不显著。在每个生长季，日照时间长的暖期会显著增加类胡萝卜素和花青素的含量。Hamouz 等（2013）研究发现，基因型对不同果肉颜色的马铃薯绿原酸含量有显著的影响。Hamouz 等（2011）报道在干旱频繁的温暖地区，马铃薯中的绿原酸含量较高。与常规种植相比，有机种植的马铃薯中 CGA 含量明显较高。据报道，在极端气候条件下，如在沙化的温暖土地和干旱胁迫的山区，各种肉色的马铃薯中总多酚含量都较高（Hamouzet et al., 2010）。同样，在平均温度最高的地方，黄、紫和红肉品种的马铃薯中抗坏血酸含量也呈明显上升趋势（Hamouzet et al., 2009）。

9.5.3 去皮和烹饪方法对彩色马铃薯生物活性物质的影响

世界上马铃薯消费量越来越多，烹饪方式也多种多样。马铃薯中的生物活性化合物的

浓度和稳定性虽较低，但对人们的日常饮食非常重要。然而，这些生物活性物质的含量会受到家庭烹饪或工业加工过程中热处理的影响。除了所用的加热方式，马铃薯去皮与不去皮处理也是关键因素。马铃薯中的生物活性化合物包括维生素、类胡萝卜素、花青素和具有抗氧化活性的酚类物质，也包括不利的糖苷生物碱。Santos 等（2015）研究表明，烹饪前后的去皮处理会影响煮、蒸、炸、烤或微波马铃薯中生物活性物质的含量。

Lachman 等（2013）研究发现去皮处理对减少不健康的甾体生物碱（SGAs）、α-茄碱和 α-卡茄碱有较好的作用。与未去皮的块茎相比，去皮处理使 SGAs 平均降低到 34.7%、α-茄碱降低到 43.6%、α-卡茄碱降低到 30.5%，并且在红色品种（降低到 42.8%，56.6% 和 36.6%）和紫色品种（降低到 39.2%，46.9% 和 35.7%）中发现了类似的趋势。这些结果与那些报道的 SGAs 在剥皮后的损失是煮沸后损失的两倍是一致的（Tajner-Czopek et al.，2008；Rytel，2012）。然而，Lachman 等（2013）研究发现，与蒸煮处理相比，去皮处理导致的 α-卡茄碱损失比 α-茄碱高，而煮沸导致的 α-茄碱损失的更多。在不同的马铃薯品种中，去皮处理导致的 SGAs 的残留水平也不同，Blaue St. Galler 品种去皮后，SGAs 残留量为未处理的 57%，Agria 品种经去皮处理后 SGAs 残留量仅为未处理的 5%。

去皮处理对马铃薯中 AA 含量的影响较小，与未处理的相比，去皮处理后平均氨基酸含量增加到 103.2%，红色和紫色品种分别增加到 106.2% 和 106.1%。Deußer 等（2012）证实去皮处理对块茎中绿原酸含量的影响较大（平均下降到 65.7%，红肉马铃薯下降到 61.3%，紫肉马铃薯下降到 69.6%），这一结果也证实了 CGA 主要集中在块茎的皮层中。

去皮处理对不同品种马铃薯的总花色苷的影响不同。例如，在 purple Violette 品种中发现总花色苷下降到原来的 58.2%，这表明花色苷主要集中在马铃薯果皮和外果肉中，而在 red Rote Emma 和 HB Red cultivars 中花色苷含量增加到原来的 286.4% 和 127.2%。

在所有烹饪处理中，AA 含量均有所降低，其中烤马铃薯的下降幅度最大，蒸煮马铃薯的下降幅度最小，蒸煮处理对氨基酸的影响似乎与品种相关度更高。

研究发现，新鲜的未去皮的马铃薯 AA 含量在 296.7～593.0mg/kg DW，而新鲜去皮的马铃薯 AA 含量为 304.5～552.4mg/kg DW。值得注意的是，黄肉 Agria 的 AA 含量最高，而传统的白肉 Russet Burbank 品种的 AA 含量次之。彩色果肉品种中，新鲜的未去皮的块茎中 AA 含量为 296.7（Violette）～521.6mg/kg DW（Highland Burgundy Red），新鲜的去皮的块茎中 AA 含量为 304.5～552.4mg/kg DW。

与未去皮马铃薯 AA 含量相比，烹饪处理使所有品种的氨基酸含量均下降，如去皮马铃薯经蒸煮处理后 AA 含量可下降到原来的 69%、微波处理后下降到 67%，烘烤处理后下降到 37%。在这些烹饪方式中，烘烤的效果最差，对 AA 的损失量最大。然而，微波加热对红肉和紫肉马铃薯品种中的 AA 含量无显著影响，特别是 Highland Burgundy Red 和 Russet Burbank 品种，与蒸煮处理相比，微波对其 AA 的损失较少。

研究表明，处理方式对 AA 含量的影响与马铃薯品种的基因型有关。传统的 Agria 和

Russet Burbank 品种经煮沸和去皮后，氨基酸含量分别下降到其原始值的 70%和 65%，而彩色品种 Highland Burgundy Red 的 AA 含量下降到原始值的 59%，和 Blaue St. Galler 品种下降到 92%。微波处理后，Valfi 品种的 AA 水平最低，而 Russet Burbank 的 AA 水平最高（分别为原始值的 55%和 82%）。烘烤后，未去皮的 Highland Burgundy Red 品种的 AA 含量下降至 23%，Agria 品种下降至 56%。

对新鲜马铃薯 AA 含量的评价表明，黄色 Agria 品种和红色 High Burgundy Red、Rote Emma cultivars 品种有较高的 AA 含量，且与其他品种差异显著。

一些研究者已经证明在烹饪过程中维生素 C 损失取决于马铃薯品种和烹饪方法（Murniece et al.，2011）。与新鲜的马铃薯相比，每种烹饪方法得到的结果都有显著差异。Burgos 等（2009）研究发现，烹饪方法和贮存时间对 AA 含量的影响显著，且与基因型对这些指标的影响间无交互作用。结果表明，在 6 个供试品种中，蒸煮块茎中 AA 含量均高于焙烤和微波处理的 AA 含量。

与新鲜的未去皮的块茎相比，所有烹饪方法均可降低绿原酸（CGA）含量，其中下降最大的烹饪方式是微波处理。Lachman 等（2013）研究表明品种的影响差异也较显著，红色或紫色品种 High Burgundy Red 和 Violette cultivars 的 CGA 保持率最高，而黄色品种 Agria 的下降幅度最大。CGA 在新鲜未去皮的块茎中的含量为 314.9~2401mg/kg DW，在去皮块茎中的含量为 102.1~1845mg/kg DW。在对照黄色果肉 Agria 品种中 CGA 的含量最低，而彩色果肉的品种含有 5.0 倍（红色果肉 Emma Rote 品种）~7.6 倍（深紫色果肉 Violette 品种）的 CGA 水平。CGA 在品种之间的显著差异可能与其含有的花色苷含量有关。此外，Deußer 等（2012）研究发现，彩色品种 Vitelotte 和 Luminella 的外层果肉中多酚含量最高（分别为 5202mg/kg DW 和 572mg/kg DW），CGA 及其异构体新绿原酸和隐绿原酸是主要的多酚，在果皮或外层中含量最高。

由图 9.6 可知，蒸煮去皮的马铃薯 CGA 含量下降至 52%，微波处理下降至 28%，烘烤处理下降到原始值的 37%。

由图 9.6 可知，在蒸煮处理时，马铃薯虽已去皮，但这种方式是对绿原酸含量保持最佳的烹饪方式（除 Highland Burgundy Red 品种外，运用的是烘烤处理），微波处理对 CGA 的影响最大。就烹饪处理的影响而言，彩色品种的 CGA 与总体结果存在一些差异。虽然烹饪处理对红肉品种 CGA 的影响趋势与总体结果一致，但由于组内变异较大，变异之间的差异是不确定的。在紫色果肉的品种组中，微波处理和烘烤处理之间的差异是不确定的。由此可知，除了烹饪方式的影响外，品种类型对 CGA 的影响也较大。蒸煮和去皮处理显著降低了黄肉 Agria 品种的 CGA 含量（下降至 21%），而对于彩色品种，仅下降至原来的 47%（Vitelotte）和 73%（Highland Burgundy Red）。此外，微波处理和烘烤处理后，Agria 品种中的 CGA 含量下降值最大（分别下降至原始值的 16%和 24%）在彩色品种中，微波处理后 CGA 下降至 14%（Valfi）和 50%（Highland Burgundy Red），烘烤处理后下降至 23%

（Valfi）和 81%（Highland Burgundy Red）。

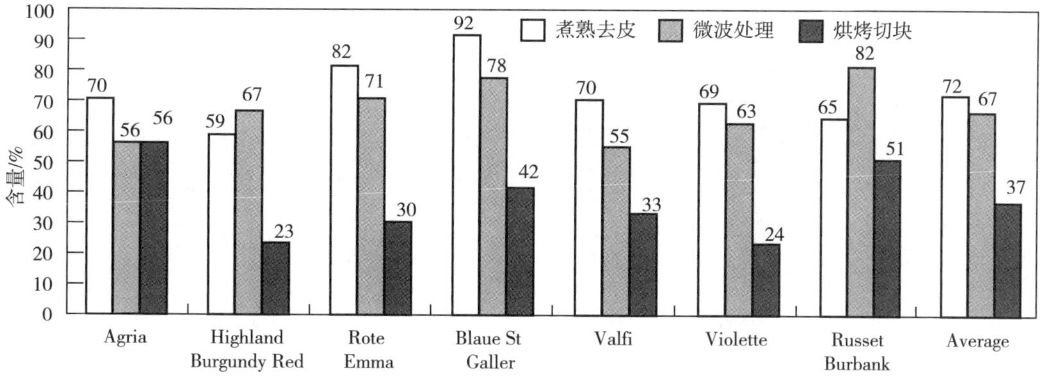

（1）抗坏血酸

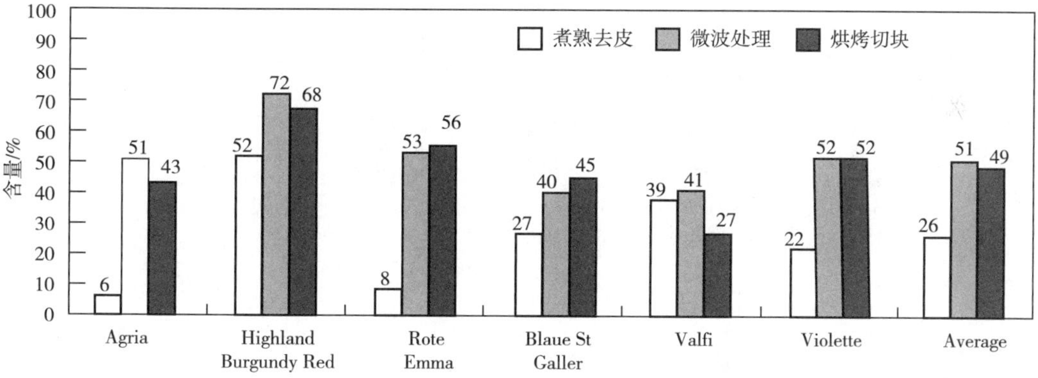

（2）总糖苷生物碱

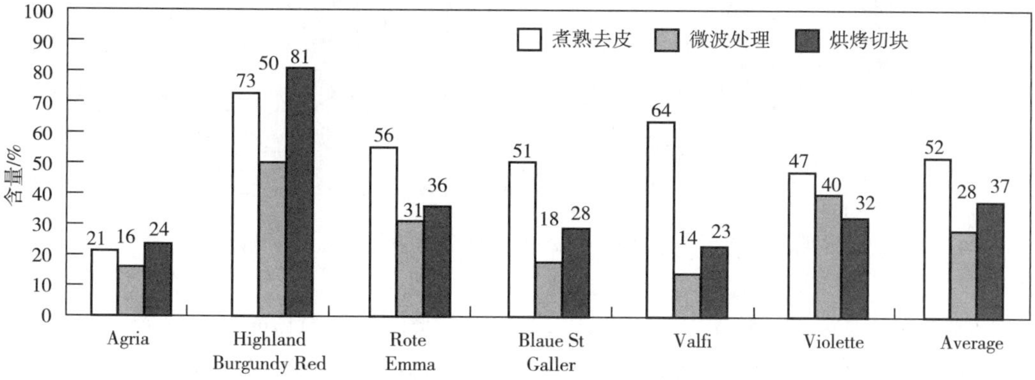

（3）绿原酸

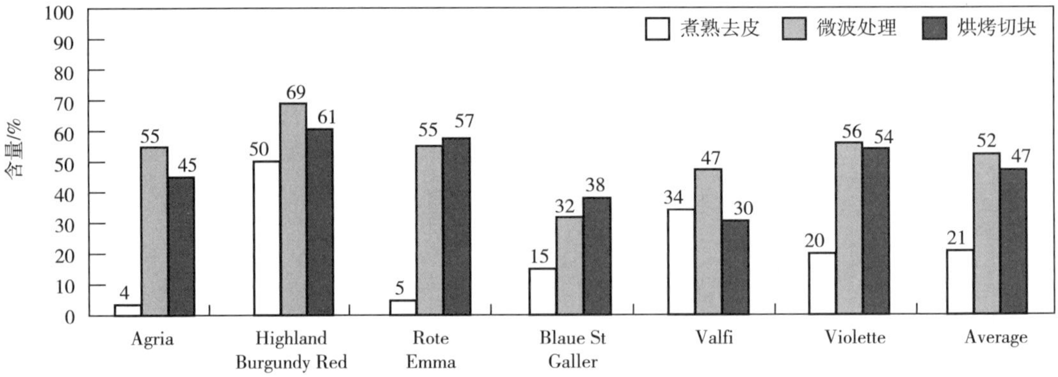

（4）α-卡茄碱

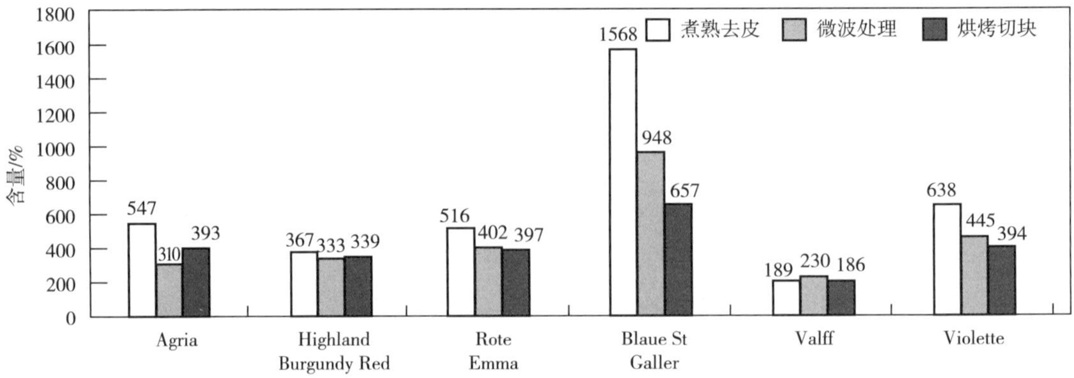

（5）总花青素

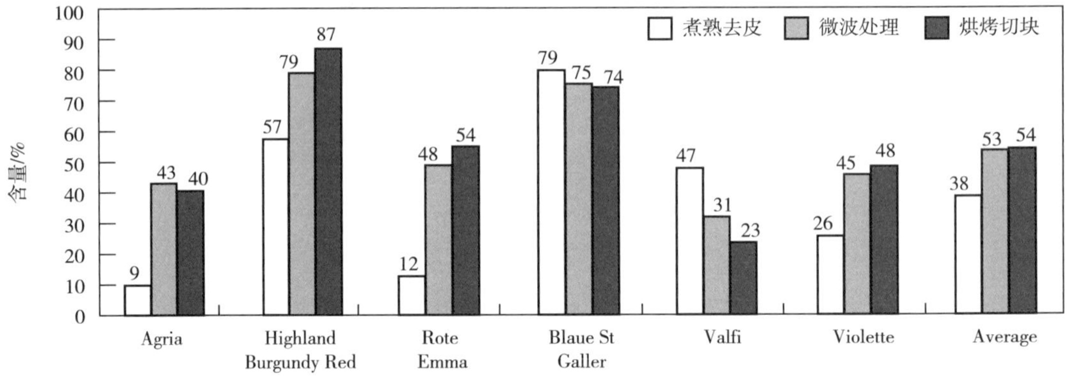

（6）α-茄碱

图 9.6 去皮/蒸煮、微波和烘焙处理对马铃薯各成分变化的影响

马铃薯块茎通常煮熟后食用；然而，关于煮熟对不同果肉颜色品种中成分（AA 除外）特性影响的研究非常有限。新鲜果肉含有 30～900mg/kg CGA 和少量的其他酚酸（0～30mg/kg），但果皮中 CGA 含量高达 1000～4000mg/kg（Ieriet et al.，2011）。Navarre 等（2011）研究了马铃薯中的主要酚酸 CGA，其含量范围为 270～4730mg/kg DW；它约占总酚的 80%（Brown，2005）。Perla 等（2012）研究发现，蒸煮、微波和烘烤处理可分别将总酚

含量降低到54%、46.5%和46%。红肉型优良品种CO97226-2r/R和CO97222-1r/R的总酚含量最高（分别为2100~2300mg/kg和1300~2200mg/kg）。尽管新鲜马铃薯块茎中的总酚含量较高，但蒸煮处理后，Purple Majesty可损失60%~70%，其他品种损失大约40%~60%。

Peñarrieta等（2011）对玻利维亚马铃薯品种在传统的冻融干燥（称为chuños）之前、期间和之后的CGA含量以及总多酚也进行了评估，结果表明，晒干可导致抗氧化剂和酚类化合物轻微或中度损失，而CGA几乎没有改变。

Lachman等（2013）研究指出，蒸煮处理，尤其是削皮后蒸煮可显著降低SGA含量，而微波处理的影响最小。Friedman和Levin（2009）研究发现品种对糖苷生物碱的影响也较显著，马铃薯经蒸煮和去皮处理后，Rote Emma和Blaue ST. Galler品种的糖苷生物碱含量最低，Rote Emma品种为（14.73±0.21）mg/kg DW SGAs，（8.07±0.42）mg/kg DW α-茄碱，（6.67±0.55）mg/kg DW α-卡茄碱，Blaue ST. Galler品种为（36.83±1.1）mg/kg DW SGAs，（19.7±0.82）mg/kg DW α-茄碱，（17±0.78）mg/kg DW α-卡茄碱，相反，High Burgundy Red品种的SGAs保存率最高。与去皮马铃薯的果肉相比，果皮中α-卡茄碱/α-茄碱的值更高，因此，当马铃薯块茎在烹饪前去皮时，α-卡茄碱/α-茄碱的比例会有所下降。

Lachman等（2013）研究了烹饪过程对SGA含量的影响，试验品种的总糖苷生物碱含量为137.9mg/kg DW（紫肉品种Blaue St. Galler）~474.6mg/kg DW（红肉品种Highland Burgundy Red）。黄肉品种Agria的糖生物碱含量（282.6mg/kg DW）略高于彩色果肉品种的平均含量。三种烹饪方法SGA水平都明显降低。如图9.6所示，在所有品种中，蒸煮去皮的马铃薯SGA下降最多（至26%），其次是烘烤处理（至49%），微波处理使SGA下降最少（至新鲜块茎的51%）。蒸煮和去皮处理中，去皮对马铃薯的SGA含量的影响更大，尤其是High Burgundy Red、Agria和Valfi品种。在所有的热处理中，SGA的变化都受到品种的显著影响，取决于每个品种的基因型，而果肉颜色对其无明显的影响。蒸煮处理最大程度地降低了黄肉品种Agria（至初始值的6%）和红肉品种Emma Rote（至初始值的8%）的SGA水平，而另一个红肉品种Highland Burgundy Red的降低值最小（至初始值的52%）。当微波处理时，除了Highland Burgundy Red品种的SGAs下降到初始值的72%外，其他品种的SGAs下降到初始值的40%~53%。烘烤使生块茎中SGA含量降低到68%和27%（Valfi）之间。在所有品种中，新鲜块茎中α-茄碱与α-卡茄碱的比例平均为1∶2.2。对于单个品种，其范围为1/1.7（Valfi）至1/4.5（Blaue St. Galler），与果肉颜色间无相关性。在所有处理中，α-茄碱与α-卡茄碱的比值都发生了变化，并且在大多数情况下α-卡茄碱的含量下降幅度较大。由图9.5可知，与未去皮的马铃薯块茎的α-茄碱（38%）相比，去皮块茎经煮沸处理后，α-茄碱含量显著下降（至21%），α-茄碱与α-卡茄碱的比例为1∶1.6。α-茄碱/α-卡茄碱均表现出相同的下降趋势。焙烤处理后，α-茄碱由初始值的54%下降到至47%，α-茄碱/α-茄碱的比值为1∶2.0。

Burgos 等（2013）以安第斯山四个紫色肉质马铃薯属为对象，研究了蒸煮处理对其总多酚、总花色苷、CGA 含量和 AOA 的影响。结果表明经蒸煮处理后，总酚含量、CGA 含量和 AOA 均有所增加，而 *Chalina* 属的 TAC 含量与生块茎中相同，*Leona* 属和 *Bolona* 属中含量增加，*Guincho* 属含量减少。Tajner-Czopek 等（2012）研究发现，与新鲜马铃薯相比，去皮过程使块茎中 SGA 含量平均降低了 20%左右，而与所研究的马铃薯品种无关。未去皮马铃薯的蒸煮处理使 SGA 含量降低了 8%左右，去皮马铃薯的蒸煮处理使 SGA 含量降低了 39%左右。Deußer 等（2012）报道糖苷生物碱主要集中于果皮，而在果肉中含量较低。Rytel（2012）研究发现，在油炸产品中，SGA 的下降幅度更大（薯片中的平均值约为 83%，油炸第一阶段后的薯条中的平均值约为 92%，成品薯条中的平均值约为 94%）。糖苷生物碱含量下降幅度最大的是去皮（50%）和热烫处理（63%），在干马铃薯丁产品中，下降幅度分别为 33%和 17%。Pęksa 等（2006）研究发现，在薯片生产过程中，糖苷生物碱（尤其是 α-茄碱）和硝酸盐含量显著下降。而 α-卡茄碱与 α-茄碱的比例在整个加工过程中几乎不变，约为 2.5∶1。削皮、切片、洗涤和油炸处理后对糖苷生物碱的去除量最大，因此通过精心挑选品种，并采取一定的煮制加工方法（如去皮、蒸煮），为消费者提供 SGA 含量少于 100mg/kg FW 的马铃薯产品完全是有可能的。

在加工过的红肉和紫肉马铃薯中，TAC 比新鲜未去皮或去皮的块茎要高。煮马铃薯的增幅最高，但品种间存在差异。Valfi 品种的 TAC 含量最低，但增幅最大（15.68 倍），而 Violette 品种的 TAC 含量最高度，增幅较小（1.89 倍）。新鲜的未去皮的五个彩色马铃薯品种中，TAC 含量为 161（Valfi）~2420mg Cy/kg DW（Violette），与品种间浅肉质大理石纹的强度、颜色和范围有明显的对应关系。

与新鲜马铃薯块茎相比，蒸煮处理使所有品种的 TAC 显著增加。在所有品种中，蒸煮块茎的 TAC 增加幅度最大，是新鲜块茎的 3.79 倍，其次是微波处理（3.06 倍），而烘烤块茎的增加量最小（2.94 倍）。除 Violette 外，所有栽培品种都观察到蒸煮对 TAC 增加的影响最大，而微波对 TAC 增加的影响仅出现在 5 个栽培品种中的 3 个。

在所有的烹饪处理中，TAC 含量的增加还受品种的影响。与新鲜块茎相比，蒸煮使 Valfi 品种的 TAC 增加量最大（15.7 倍），而使 Violette 品种的增加最小（1.86 倍），即使 Violette 品种本身含有较高的 TCA。在微波处理中，TAC 增加量为 2.30（Violette）~9.48 倍（Valfi），在焙烤处理中，TAC 增加量为 1.86~6.57 倍。在蒸煮过程中，TAC 增加量最大的品种是 Valfi，增加量最小的品种是 Violette。

花色苷受热损失是一个普遍的共识。然而，Mulinacci 等（2008）研究发现，对于彩色马铃薯，加热处理并不引起酚酸含量的任何变化，经蒸煮、煮沸和微波处理后，不同品种的马铃薯花色苷含量表现一定的下降（16%~29%）。Brown 等（2008）研究表明，与新鲜的生马铃薯相比，三种富含花青素的红色和紫色果肉马铃薯经煮沸和微波加热相同时间后，均使 TAC 的含量增加或得以保留。Perla 等（2012）在可见光波长下测定了不同样品的 TAC

的吸收光谱图，结果表明烹饪会导致吸收光谱的下降，即花青素含量的变化受烹饪方式的影响。由光谱图可知，与煮沸相比，烘烤和微波处理的吸收光谱下降幅度更大，这些变化可归因于干燥温度、干燥过程中氧气的存在时间和干燥时间。而与烘烤和微波处理相比，由于水有一定的热容量，因此煮沸对块茎中各种化合物的影响较小。花青素是一种非常不稳定的化合物，它们的稳定性会受到温度、pH、氧气和光等多种因素的影响，并且花青素通常以不同的形式存在。众所周知，烹饪过程会对产品中花青素的含量产生不利影响，Lachman 等（2012），Navarre 等（2011）已使用彩色马铃薯进行研究，并证实了这一现象。然而，Lemos 等（2012）研究了微波提取对 Purple Majesty 品种花青素含量的影响，结果表明，微波法是一种很有前途的花青素提取方法，可显著增加花青素的提取率。微波处理对紫色马铃薯中主要花青素 petanin 的结构没有影响，但影响了各形态之间的相对比例。

9.6 彩色马铃薯的健康益处、营养和用途

紫肉和红肉马铃薯的功能特性以及对其毒理学安全性和抗氧化作用的日益受到关注，在营养产业中，紫肉和红肉马铃薯具有潜在的应用前景。因此，筛选有用的基因型和品种对满足高 AOA 的需求是非常必要的。

以彩色马铃薯为原料制作的产品将是传统马铃薯产品的有效替代品，消费者将对彩色马铃薯产生极大的兴趣，如将其用于制作沙拉，或生产彩色马铃薯片和炸薯条（Tajner-Czopek et al.，2012）。由于彩色马铃薯具有诱人的颜色、味道、并含有有益健康成分，目前许多欧美国家的消费者和食品生产商对彩色马铃薯品种越来越感兴趣。Rytel 等（2014）报道彩色马铃薯中的总酚含量是传统黄肉马铃薯的 3 倍。马铃薯提取物有较高的自由基清除活性，可显著诱导其对 THP-1 细胞的抗增殖活性（Jang et al.，2012）。此外，有研究发现，紫色马铃薯片可降低喂养高胆固醇饮食的大鼠的血脂水平，这种降胆固醇作用可能与盲肠发酵和由磷和多酚（包括花青素）引起的类固醇排泄有关（Han et al.，2013）。

马铃薯中主要的酚酸是绿原酸及其异构体——隐绿原酸、新绿原酸和异绿原酸，它们约占块茎中总酚含量的 90%。然而，块茎中酚酸的含量并不是恒定不变的，可通过改变加工方法或工艺参数对其进行改变。Rytel 等（2014）研究表明，去皮后，紫肉马铃薯的酚酸含量下降 80%左右，而黄肉马铃薯的酚酸含量下降 60%。然而，由浅色肉质马铃薯制成的干马铃薯丁不含酚酸，而由彩色肉质马铃薯制成的干马铃薯丁含有约 4%的原始酚酸。Pęksa 等（2013）研究表明马铃薯品种间的干物质、淀粉、蛋白质含量、氨基酸含量和蛋白质质量存在差异，但与果肉颜色无关。Blaue Annelise、Highland Burgundy Red、Blue Congo 和 Salad Blue 品种具有相似的蛋白质质量，亮氨酸限制了大多数彩色马铃薯的品质。通过化学评分和 EAA 指数值可知，紫色品种 Vitelotte 和 Blaue Annelise，红色品种 Herbie 26、

Highland Burgundy Red 和 Rosemarie，黄色品种 Verdi 具有最佳的氨基酸组成和优质蛋白质。彩色马铃薯的另一个特点是糖苷生物碱含量低（5.47mg/100g）。Rytel 等（2013）研究发现，脱水马铃薯片中的糖苷生物碱含量较低，这些化合物在去皮（70%）和预煮（29%）过程中即可被去除，且热烫处理比预干燥过程更能影响糖生物碱含量的降低。Tajner-Czopek 等（2012）所研究的彩色马铃薯中糖苷生物碱的含量少于 300mg/kg DW。红肉品种具有相对较高的糖苷生物碱含量，比蓝肉马铃薯品种著高出 8%。在蒸煮过程中，去皮处理使总生物碱含量平均降低 20%左右。与新鲜马铃薯相比，未去皮马铃薯的蒸煮损失率约为 8%，去皮马铃薯的蒸煮损失率约为 39%。油炸食品中总糖苷生物碱含量的下降幅度更大，如油炸薯片中下降 83%、经过一段烹饪后的薯条中下降 92%，现成炸薯条中下降 94%。Nayak（2011）、Nayak 等（2011a、b）研究发现，马铃薯片经不同的干燥方法处理后，总抗氧化能力或总酚含量无显著不同。然而，在滚筒干燥和折射窗干燥后，马铃薯片中的总酚损失分别为 41%和 23%。最重要的是，滚筒干燥主要用于工业生产马铃薯片，它保留了大部分酚类抗氧化成分，因此，彩色马铃薯粉可用于生产富含抗氧化剂和有诱人的天然颜色的休闲食品等产品。近年来，由于花青素的颜色种类繁多，其作为天然染料的应用前景以及作为膳食抗氧化剂对健康潜在益处，令人们对花青素的兴趣与日俱增。Puértolas 等（2013）研究发现紫色马铃薯中花青素的含量与蓝莓、黑莓、小红莓或葡萄等中的含量类似，因此，紫色马铃薯是天然花青素的一个潜在来源，工业上可采用脉冲电场辅助提取。Lemos 等（2012）研究发现，与生马铃薯相比，从微波紫马铃薯中提取的花青素（富含花青素，主要是 petanin）数量显著增加。因此，微波处理（以及微波辐射提取）对花青素的分布和形式有一定的影响。时间分辨荧光技术和荧光寿命成像技术是两种可体外表征或原位表征马铃薯花青素的技术，在获得相关信息方面具有潜在的应用价值。薯片是最受欢迎的油炸小吃之一。传统上，薯片是由白色和黄色的马铃薯制成的，最终形成金黄色的产品，具有独特的味道和风味，质地细腻。目前，用彩色马铃薯制作薯片也是一个被证实的有发展前景的替代品。Kita 等（2013）研究了油炸对彩色薯片花青素稳定性的影响，所用材料包括红肉马铃薯（Rosalinde、Herbie 26、Highland Burgundy Red）和紫肉马铃薯（Salad Blue、Vitelotte、Valfi 和 Blue Congo），结果表明生马铃薯块茎中含有较高含量的总多酚（227~845mg/100g DW）和花青素（21~109mg/100g DW），油炸处理会导致花青素化合物降解（38%~70%）。高效液相色谱-串联质谱分析显示 Pg 和 Mv 衍生物在油炸过程中比 Pt 衍生物更稳定。尽管油炸会影响马铃薯中的花青素和多酚含量，但油炸马铃薯脆片仍显示明亮的颜色和良好的抗氧化能力。Kita 等（2015）研究表明油炸导致花青素类化合物几乎完全降解，而多酚类物质则表现出良好的稳定性，尤其是红肉马铃薯制作的薯片。紫肉马铃薯片的抗氧化活性显著降低，而红肉马铃薯和由其制作的薯片表现出更好的稳定性和品质。在红肉马铃薯品种中，油炸对总多酚含量的破坏作用较小，油炸后其抗氧化活性未发生显著变化。Valfi 品种油炸后抗氧化活性发生微小变化，而 Blaue St. Galler 和 Vitelotte 品种中的自由基清除活性显著降低（分别约为75%和50%）。油炸过程中还会形成与褐变有关的一些化合物，它们可能是美拉德反应、焦糖化或酚类化合物氧化的产物，具有很强的抗氧化活性。在美拉德反应的情况下，高抗氧化活性通常与棕色类黑色素的形成有关。Kalita等（2013）研究发现，在油炸产品中，天冬酰胺和还原糖的含量与马铃薯块茎肉色无显著相关性，与丙烯酰胺的形成呈正相关，而与总酚和绿原酸呈负相关。Nems等（2015）研究发现，马铃薯品种对全粉和产品的特性有显著影响，研究结果显示具有最高抗氧化活性的全粉品种是Salad Blue和Herbie 26，总多酚和花青素含量较高的品种是Blue Congo。彩色全粉制作的休闲食品具有2~3倍高的抗氧化活性，更高含量的多酚、诱人的颜色和更好的膨胀性。

马铃薯工业加工中产生的大量果皮渣副产物是有益功能成分（包括抗氧化多酚）的优良来源（Singh et al.，2004）。与其他品种相比，红肉马铃薯Siècle和Purple Majesty品种的抗氧化能力、总多酚含量、绿原酸和咖啡酸含量最高（Al-Weshahy et al.，2009）。结合酚和酯化酚对果皮抗氧化活性的贡献与游离酚相当甚至更大；在4个马铃薯品种（Purple、Innovator、Russet和Yellow）中，紫色品种的提取物表现出最高的活性（Albishi et al.，2013）。各品种果皮的酚类物质含量和抗氧化活性均显著高于果肉（$P<0.05$）。因此，彩色马铃薯工业副产物可用于食品加工，其提取物可作为食品系统抗氧化剂的有效来源。

9.7 总结

红色、紫色和蓝色肉质的马铃薯及其相关产品是一种新型的，可替代传统白色或黄色马铃薯的品种。彩色马铃薯富含有健康功能的抗氧化成分，如多酚（绿原酸及其异构体、咖啡酸和类黄酮）、花色苷、AA和类胡萝卜素，具有很强的抗氧化性、抗癌和降胆固醇等生理活性。红色或紫色马铃薯的抗氧化成分含量是白色或黄色马铃薯的2~3倍。抗氧化剂的含量主要受品种的影响（对于彩色马铃薯，主要的抗氧化成分是矮牵牛苷、芍药苷、天竺葵苷、花青素、锦葵素和飞燕草糖苷），但产地、气候、栽培方式、贮藏、去皮以及不同的烹调方法也会影响马铃薯糖苷生物碱的含量。添加彩色马铃薯的沙拉是另一种充满吸引力的马铃薯产品，彩色薯片和薯条也可作为传统产品的新选择。

科学家致力于研究马铃薯花色苷药理和营养活性的主要目的是研究具有特定着色模式的彩色马铃薯花色苷活性，如红色或紫色果皮马铃薯（Zhao et al.，2009）。不同颜色的马铃薯含有不同含量、不同种类的花青素，需要进一步研究的是不同品种的彩色马铃薯中，每一种花青素的药理和营养特征，以及它们在抗氧化活性中的相互作用（Wegener et al.，2009）。一个普遍的观点是长期摄入马铃薯抗氧化成分，包括花青素，对人类健康有积极的影响，这意味着马铃薯花青素在马铃薯和食品工业有新的发展趋势。目前，马铃薯育种工作者正致力于开发高花青素含量的马铃薯新品种，以提高马铃薯和马铃薯加工食品的营养价值。此外，与合成色素相比，彩色马铃薯可能是天然色素的重要替代来源。

致谢

本章中某些结果受捷克共和国农业部资助项目 NAZV QI101A184 支持。

参考文献

Albishi T, John J. A, Al-Khalifa A. S, Shahidi F. Phenolic content and antioxidant activities of selected potato varieties and their processing by-products. *Journal of Functional Foods*. 2013;5:590-600.

Almeida M. E. M, Nogueira J. N. The control of polyphenoloxidase activity in fruits and vegetables: a study of the interactions between the chemical compounds used and heat treatment. *Plant Foods for Human Nutrition*. 1995;47:245-256.

Al-Weshahy A, Rao A. V. Isolation and characterization of functional components from peel samples of six potatoes varieties growing in Ontario. *Food Research International*. 2009;42:1062-1066.

Andersen A. W, Tong C. B. S, Krueger D. E. Comparison of periderm color and anthocyanins of four red potato varieties. *American Journal of Potato Research*. 2002;79:249-253.

André C. M, Ghislain M, Bertin P, Oufir M, Herrera Del Rosario M, Hoffman L, Hausman J. F, Larondelle Y, Evers D. Andean potato cultivars (*Solanum tuberosum* L.) as a source of antioxidant and mineral micronutrients. *Journal of Agricultural and Food Chemistry*. 2007;55:366-378.

Bergthaller W, Tegge G, Hoffmann W. Effect of storage temperature on color changes and content of carotenoids of dehydrated diced potatoes. In: Carghill B. F, ed. *Engineering for Potatoes*. St. Joseph, MI, USA: ASAE; 1986:456-475.

Bors W, Saran M. Radical scavenging by flavonoid antioxidants. *Free Radical Research Communication*. 1987;2:289-294.

Brown C. R. Nutrient status of potato: assessment of future trends. In: *Proceedings of the Washington State Potato Conference*. 2004:11-17.

Brown C. R. Antioxidants in potato. *American Journal of Potato Research*. 2005;82:163-172.

Brown C. R, Wrolstadt R, Durst R, Yang C. P, Clevidence B. Breeding studies in potatoes containing high concentrations of anthocyanins. *American Journal of Potato Research*. 2003;80:241-249.

Brown C. R, Culley D, Yang C. P, Durst R, Wrolstad R. Variation of anthocyanin and carotenoid contents and associated antioxidant values in potato breeding lines. *Journal of the American Society for Horticultural Science*. 2005;130:174-180.

Brown C. R, Culley D, Bonierbale M, Amoros W. Anthocyanin, carotenoid content, and antioxidant values in native South American potato cultivars. *Hortscience*. 2007;42:1733-1736.

Brown C. R, Durst R. W, Wrolstad R, De Jong W. Variability of phytonutrient content of potato in relation to growing location and cooking method. *Potato Research*. 2008;51:259-270.

Burgos G, Amoros W, Muñoa L, Sosa P, Cayhualla E, Sanchez C, Díaz C, Bonierbale M. Total phenolic, total anthocyanin and phenolic acid concentrations and antioxidant activity of purple-fleshed potatoes as affected by boiling. *Journal of Food Composition and Analysis*. 2013;30:6-12.

Burgos G, Auqui S, Amoros W, Salas E, Bonierbale M. Ascorbic acid concentration of native Andean potato cultivars as affected by environment, cooking and storage. *Journal of Food Composition and Analysis*. 2009;22:533-538.

Burlingame B, Mouillé B, Charrondière R. Nutrients, bioactive non-nutrients and anti-nutrients in potatoes. *Journal of Food Composition and Analysis*. 2009;22:494-502.

Canfield L. M, Valenzuela J. G. Cooxidations: significance to carotenoid action invivo. In: Canfield L. M, Krinsky N. I, Olson J. A, eds. Canfield L. M, Krinsky N. I, Olson J. A, eds. *Carotenoids in Human Health*. vol. 691. New York: Annals of the New York Academy of Sciences; 1993:192-199.

Chen J. H, Ho C. T. Antioxidant activities of caffeic acid and its related hydroxycinnamic acid compounds. *Journal of Agricultural and Food Chemistry*. 1997;45:2374-2378.

Cuderman P, Kreft I, Germ M, Kovacevic M, Stibilj V. Selenium species in selenium-enriched and drought-exposed potatoes. *Journal of Agricultural and Food Chemistry*. 2008;19:9114-9120.

Dao L, Friedman M. Chlorogenic acid content of fresh and processed potatoes determined by ultraviolet spectrophotometry. *Journal of Agricultural and Food Chemistry*. 1992;40:2152-2156.

De Sotillo R. D, Hadley M, Holm E. T. Phenolics in aqueous potato peel extract: extraction, identification and degradation. *Journal of Food Sciences*. 1994;59:649-651.

De Sotillo R. D, Hadley M, Holm E. T. Potato peel waste: stability and antioxidant activity of a freeze-dried extract. *Journal of Food Sciences*. 1994;59:1031-1033.

Deuß er H, Guignard C, Hoffmann L, Evers D. Polyphenol and glycoalkaloid contents in potato cultivars grown in Luxembourg. *Food Chemistry*. 2012;135:2814-2824.

Dipierro S, De Leonardis S. The ascorbate system and lipid peroxidation in stored potato (*Solanum tuberosum* L.) tubers. *Journal of Experimental Botany*. 1997;48:779-783.

Djujic I. S, Jozanov-Stankov O. N, Milovac M, Jankovic V, Djermanovic V. Bioavailability and possible benefits of wheat intake naturally enriched with selenium and its products. *Biological Trace Element Research*. 2000;77:273-285.

Duke J. A. *Handbook of Phytochemical Constituents of Grass Herbs and Other Economic Plants*. Boca Raton, FL: CRC Press; 1992.

Duke J. A. *Handbook of Biologically Active Phytochemicals and Their Activities*. Boca Raton, FL: CRC Press; 1992.

Eichhorn S, Winterhalter P. Anthocyanins from pigmented potato (*Solanum tuberosum* L.) cultivars. *Food Research International*. 2005;38:943-948.

Ezekiel R, Singh N, Sharma S, Kaur A. Beneficial phytochemicals in potato-a review. *Food Research International*. 2013;50:487-496.

Fossen T, Andersen Ø. M. Anthocyanins from tubers and shoots of the purple potato, Solanum tuberosum. *Journal of Horticultural Sciences & Biotechnology*. 2000;75:360-363.

Fossen T, Øvstedal D. G, Slimestad R, Andersen Ø M. Anthocyanins from a Norwegian potato cultivar. *Food Chemistry*. 2003;81:433-437.

Friedman M, Levin C. E. Analysis and biological activities of potato glycoalkaloids, calystegine alkaloids, phenolic compounds, and anthocyanins. In: Singh J, Kaur L, eds. *Advances in Potato Chemistry and Technology*. Burlington: Academic Press; 2009:127-162.

Galvano F, La Fauci L, Lazzarino G, Fogliano V, Ritieni A, Ciappellano S, Battistini N. C, Tavazzi B, Galvano G. Cyanidins: metabolism and biological properties. *Journal of Nutritional Biochemistry*. 2004;15:2-11.

Germ M, Kreft I, Stibilj V, Urbanc-Berčič O. Combined effects of selenium and drought on photosynthesis and mitochondrial respiration in potato. *Plant Physiology and Biochemistry*. 2007;2:162-167.

Good D. The role of antioxidant vitamins. *American Journal of Medicine*. 1994;96:5-12.

Granado F, Olmedilla B, Blanco I, Rojas-Hidalgo E. Carotenoid composition in raw and cooked Spanish vegetables. *Journal of Agricultural and Food Chemistry*. 1992;40:2135-2140.

Hamouz K, Lachman J, Vokál B, Pivec V. Influence of environmental conditions and type of cultivation on the polyphenol and ascorbic acid content in potato tubers. *Rostlinna Vyroba*. 1999;45:293-298.

Hamouz K, Čepl J, Vokál B, Lachman J. Influence of locality and way of cultivation on the nitrate and glycoalkaloid content in potato tubers. *Rostlinna Vyroba*. 1999;45:495-501.

Hamouz K, Lachman J, Pazderů K, Hejtmánková K, Cimr J, Musilová J, Pivec V, Orsák M, Svobodová A. Effect of cultivar, location and method of cultivation on the content of chlorogenic acid in potatoes with different flesh colour. *Plant, Soil and Environment*. 2013;59:465-471.

Hamouz K, Lachman J, Pazderů K, Tomášek J, Hejtmánková K, Pivec V. Differences in anthocyanin content and antioxidant activity of potato tubers with different flesh colour. *Plant, Soil and Environment*. 2011;57:478-485.

Hamouz K, Lachman J, Hejtmánková K, Pazderů K, Čížek M, Dvořák P. Effect of natural and growing conditions on the content of phenolics in potatoes with different flesh colour. *Plant, Soil and Environment*. 2010;56:368-374.

Hamouz K, Lachman J, Dvořák P, Orsák M, Hejtmánková K, Čížek M. Effect of selected factors on the content of ascorbic acid in potatoes with different tuber flesh colour. *Plant, Soil and Environment*. 2009;55:281-287.

Han K. H, Sekikawa M, Shimada K, Hashimoto M, Noda T, Tanaka H, Fukushima M. Anthocyanin-rich purple potato flake extract has antioxidant capacity and improves antioxidant potential in rats. *British Journal of Nutrition*. 2006;96:1125-1133.

Han K. H, Kim S. J, Shimada K. I, Hashimoto N, Yamauchi H, Fukushima M. Purple potato flake reduces serum lipid profile in rats fed a cholesterol-rich diet. *Journal of Functional Food*. 2013;5:974-980.

Hayashi K, Mori M, Knox Y. M, Suzutan T, Ogasawara M, Yoshida I, Hosokawa K, Tsukui A, Azuma M. Anti influenza virus activity of a red-fleshed potato anthocyanin. *Food Science and Technology Research*. 2003;9:242-244.

Heinonen M. I, Ollilainen V, Linkola E. K, Varo P. T, Koivistoinen P. E. Carotenoids in Finnish foods: vegetables, fruits, and berries. *Journal of Agricultural and Food Chemistry*. 1989;37:655-659.

Hejtmánková K, Kotíková Z, Hamouz K, Pivec V, Vacek J, Lachman J. Influence of flesh colour, year and growing area on carotenoid and anthocyanin content in potato tubers. *Journal of Food Composition and Analysis*. 2013;32:20-27.

Hung C. -Y, Murray J. R, Ohmann S. M, Tong C. B. S. Anthocyanin accumulation during potato tuber development. *Journal of the American Society for Horticultural Science*. 1997;122:20-23.

Ieri F, Innocenti M, Andrenelli L, Vecchio V, Mulinacci N. Rapid HPLC/DAD/MS method to determine phenolic acids, glycoalkaloids and anthocyanins in pigmented potatoes (*Solanum tuberosum* L.) and correlations with variety and geographical origin. *Food Chemistry*. 2011;125:750-759.

Im H. W, Suh B. S, Lee S. U, Kozukue N, Ohnisi-Kameyama M, Levin C. E, Friedman M. Analysis of phenolic compounds by high-performance liquid chromatography and liquid chromatography/mass spectrometry in potato plant flowers, leaves, stems, and tubers and in home-processed potatoes. *Journal of Agricultural and Food Chemistry*. 2008;56:3341-3349.

Jang J, Song K. B. Purification of polyphenoloxidase from the purple-fleshed potato (*Solanum tuberosum* Jasim) and its secondary structure. *Journal of Food Science*. 2004;69:C648-C651.

Jang H. L, Yoon K. Y. Cultivar differences in phenolic contents/biological activities of color-fleshed potatoes and their relationships. *Horticulture Environment and Biotechnology*. 2012;53:175-181.

Jansen G, Flamme W. Coloured potatoes (*Solanum tuberosum* L.)-anthocyanin content and tuber quality. *Genetic Research and Crop Evolution*. 2006;53:1321-1331.

Järvinen R. Carotenoids, retinoids, tocopherols and tocotrienols in the diet, the Finnish Mobile Clinic Health Examination Survey. *International Journal for Vitamin and Nutrition Research*. 1995;65:24-30.

Kalita D, Holm D. G, Jayanty S. S. Role of polyphenols in acrylamide formation in the fried products of potato tubers with coloured flesh. *Food Research International*. 2013;54:753-759.

Kita A, Bakowska-Barczak A, Hamouz K, Kułakowska K, Lisińska G. The effect of frying on anthocyanin stability and antioxidant activity of crisps from red-and purple-fleshed potatoes (*Solanum tuberosum* L.). *Journal of Food Composition and Analysis*. 2013;32:169-175.

Kita A, Bakowska-Barczak A, Lisińska G, Hamouz K, Kułakowska K. Antioxidant activity and quality of red and purple flesh potato chips. *LWT-Food Science and Technology*. 2015;62:525-531.

Kosieradzka I, Borucki W, Matysiak-Kata I, Szopa J, Sawosz E. Transgenic potato tubers as a source of phenolic compounds. Localization of anthocyanins in the peridermis. *Journal of Animal and Feed Sciences*. 2004;13:87-92.

Kotíková Z, Hejtmánková A, Lachman J, Hamouz K, Trnková E, Dvořák P. Effect of selected factors on total carotenoid content in potato tubers (*Solanum tuberosum* L.). *Plant, Soil and Environment*. 2007;53:355-360.

Lachman J, Hamouz K, Orsák M, Pivec V. Potato tubers as a significant source of antioxidants in human nutrition. *Rostlinná Výroba*. 2000;46:231-236.

Lachman J, Hamouz K. Red and purple coloured potatoes as a significant antioxidant source in human nutrition-a review. *Plant, Soil and Environment*. 2005;51:477-482.

Lachman J, Hamouz K, Orsák M. Red and purple potatoes-a significant antioxidant source in human nutrition. *Chemické Listy*. 2005;99:474-482.

Lachman J, Hamouz K, Čepl J, Pivec V, Šulc M, Dvořák P. The effect of selected factors on polyphenol content and antioxidant activity in potato tubers. *Chemické Listy*. 2006;100:522-527.

Lachman J, Hamouz K, Orsák M, Pivec V, Hejtmánková K, Pazderů K, Dvořák P, ČeplJ. Impact of selected factors-cultivar, storage, cooking and baking on the content of anthocyanins in coloured-flesh potatoes. *Food Chemistry*. 2012;133:1107-1116.

Lachman J, Hamouz K, Musilová J, Hejtmánková K, Kotíková Z, Pazderů K, Domkářová J, Pivec V, Cimr J. Effect of peeling and three cooking methods on the content of selected phytochemicals in potato tubers with various colour of flesh. *Food Chemistry*. 2013;138:1189-1197.

Lachman J, Hamouz K, Šulc M, Orsák M, Pivec V, Hejtmánková A, Dvořák P, Čepl J. Cultivar differences of total anthocyanins and anthocyanidins in red and purple-fleshed potatoes and their relation to antioxidant activity. *Food Chemistry*. 2009;114:836-843.

Lachman J, Hamouz K, Orsák M, Pivec V, Dvořák P. The influence of flesh colour and growing locality on polyphenolic content and antioxidant activity in potatoes. *Scientia Horticulturae-Amsterdam*. 2008;117:109-114.

Lachman J, Hamouz K, Šulc M, Orsák M, Dvořák P. Differences in phenolic content and antioxidant activity in yellow and purple-fleshed potatoes grown in the Czech Republic. *Plant, Soil and Environment*. 2008;54:1-6.

Lei C, Ma Q, Tang Q. Y, AiX. R, Zhou Z, Yao L, Wang Y, Wang Q, Dong J. Z. Sodium selenite regulates phenolics accumulation and tuber development of purple potatoes. *Scientia Horticulturae*. 2014;165:142-147.

Leja M. Chlorogenic acid as the main phenolic compound of mature and immature potato tubers stored at low and high temperature. *Acta Physio logiae Plantarum*. 1989;11:201-206.

Lemos M. A, Aliyu M. M, Hungerford G. Observation of the location and form of anthocyanin in purple potato using time-resolved fluorescence. *Innovative Food Science and Emerging Technologies*. 2012;16:61-68.

Lewis C. E, Walker J. R. L, Lancaster J. E, Sutton K. H. Determination of anthocyanins, flavonoids and phenolic acids in potatoes. I: coloured cultivars of *Solanum tuberosum* L. *Journal of Science of Food and Agriculture*. 1998;77:45-57.

Lukaszewicz M, Matysiak-Kata I, Skala J, Fecka I, Cisowski W, Szopa J. Antioxidant capacity manipulation in transgenic potato tuber by changes in phenolic compounds content. *Journal of Agricultural and Food Chemistry*. 2004;52:1526-1533.

Lukaszewicz M, Szopa J. Pleiotropic effect of flavonoid biosynthesis manipulation in transgenic potato plants. *Acta Physiologia Plantarum*. 2005;27:221-228.

Mader P. Carotenoids in potato tubers of selected varieties of the Czech assortment. In: *Book of Abstracts of XXIX. Symposium on New Trends of Production and Evaluation of Foods. Skalský Dvů r, Czech Republic*. 1998:8.

Matheis G. Polyphenol oxidase and enzymatic browning of potatoes (*Solanum tuberosum*). II. Enzymatic browning and potato constituents. *Chemie, Mikrobio logie, Technologie der Lebensmittel*. 1987;11:33-41.

Matheis G. Polyphenol oxidase and enzymatic browning of potatoes (*Solanum tuberosum*). III. Recent progress. *Chemie, Mikrobiologie, Technologie der Lebensmittel*. 1989;12:86-95.

Mayne S. T. Beta-carotene, carotenoids, and disease prevention in humans. *FASEB Journal*. 1996;10:690-701.

Mendez C. D. V, Delgado M. A. R, Rodriguez E. M. R, Romero C. D. Content of free compounds in cultivars of potatoes harvested in Tenerife (Canary Islands). *Journal of Agricultural and Food Chemistry*. 2004;52:1323-1327.

Moriyama H, Morita Y, Ukeda H, Sawamura M, Terahara N. Superoxide anion-scavenging activity of anthocyanin pigments. *Journal of the Japanese Society for Food Science and Technology-Nippon Shokuhin Kagaku Kogaku Kaishi*. 2003;50:499-505.

Mulinacci N, Ieri F, Giaccherini C, Innocenti M, Andrenelli L, Canova G, Saracchi M, Casiraghi M. C. Effect of cooking on the anthocyanins, phenolic acids, glycoalkaloids and resistant starch content in two pigmented cultivars of *Solanum tuberosum* L. *Journal of Agricultural and Food Chemistry*. 2008;56:11830-11837.

Müller H. Determination of the carotenoid content in selected vegetables and fruits by HPLC and photodiode array detection. *Food Research and Technology*. 1997;204:88-94.

Murniece I, Karklina D, Galoburda R, Santare D, Skrabule I, Costa H. S. Nutritional composition of freshly harvested and stored Latvian potato (*Solanum tuberosum* L.) cultivars depending on traditional cooking methods. *Journal of Food Composition and Analysis*. 2011;24:699-710.

Murniece I, Tomsone L, Skrabule I, Vaivode A. The relationship of anthocyanins with color of organically and conventionally cultivated potatoes. *International Journal of Biological, Veterinary, Agricultural and Food Engineering*. 2014;8:330-334.

Naito K, Umemura Y, Mori M, Sumida T, Okada T, Takamatsu N, Okawa Y, Hayashi K, Saito N, Honda T. Acylated pelargonidin glycosides from red potato. *Phytochemistry*. 1998;47:109-112.

Navarre D. A, Pillai S. S, Shakya R, Holden M. J. HPLC profiling of phenolics in diverse potato genotypes. *Food Chemistry*. 2011;127:34-41.

Nayak B. *Effect of Thermal Processing on the Phenolic Antioxidants of Coloured Potatoes* (Ph. D. dissertation thesis). Department of Biological Systems Engineering, Washington State University; 2011.

Nayak B, Berrios J. J, Powers J. R, Tang J, Ji Y. Coloured potatoes (*Solanum tuberosum* L.) dried for antioxidant-rich value-added foods. *Journal of Food Processing and Preservation*. 2011;35:571-580.

Nayak B, Liu R. H, Berrios J. D, Tang J. M, Derito C. Bioactivity of antioxidants in extruded products prepared from purple potato and dry pea flours. *Journal of Agricultural and Food Chemistry*. 2011; 589: 8233-8243.

Negrel J, Pollet B, Lapierre C. Ether-linked ferulic acid amides in natural and wound periderms of potato tuber. *Phytochemistry*. 1996;43:1195-1199.

Nemś A, Pęksa A, Kucharska A. Z, Sokół-Łętowska A, Kita A, Drożdż W, Hamouz K. Anthocyanin and antioxidant activity of snacks with coloured potato. *Food Chemistry*. 2015;172:175-182.

Niggeweg R, Michael A. J, Martin C. Engineering plants with increased levels of the antioxidant chlorogenic acid. *Nature Biotechnology*. 2004;22:746-754.

Ong A. S. H, Tee E. S. Natural sources of carotenoids from plants and oils. In: Packer L, ed. Packer L, ed. *Methods in Enzymology*. vol. 213. New York: Academic Press Inc. ; 1992:142-167.

Orsák M, Lachman J, Vejdová M, Pivec V, Hamouz K. Changes of selected secondary metabolites in potatoes and buckwheat caused by UV, γ-and microwave irradiation. *Rostlinna Vyroba*. 2001;47:493-500.

Packer L. Vitamin E is natures' master antioxidant. *Science and Medicine*. 1994;1:54-63.

Packer L, Witt E. H, Tritschler H. J. Alpha-Lipoic acid as a biological antioxidant. *Free Radical Biology and Medicine*. 1995;19:227-250.

Pęksa A, Gołubowska G, Aniołowski K, Lisińska G, Rytel E. Changes of glycoalkaloids and nitrate contents in potatoes during chip processing. *Food Chemistry*. 2006;97:151-156.

Pęksa A, Kita A, Kułakowska K, Aniołowska M, Hamouz K, Nemś A. The quality of protein of coloured fleshed potatoes. *Food Chemistry*. 2013;14:2960-2966.

Peñarrieta J. M, Salluca T, Tejeda L, Alvarado J. A, Bergenståhl B. Changes in phenolic antioxidants during chuño production (traditional Andean freeze and sun-dried potato). *Journal of Food Composition and Analysis*. 2011;24:580-587.

Perla V, Holm D. G, Jayanty S. S. Effect of cooking methods on polyphenols, pigments and antioxidant activity in potato tubers. *LWT-Food Science and Technology*. 2012;45:161-171.

Puértolas E, Cregenzán O, Luengo E, Álvarez I, Raso J. Pulsed-electric-field-assisted extraction of anthocyanins from purple-fleshed potato. *Food Chemistry*. 2013;136:1330-1336.

Reddivari L, Hale A. L, Miller J. C. Determination of phenolic content, composition and their contribution to antioxidant activity in specialty potato selections. *American Journal of Potato Research*. 2007;84:275-282.

Reyes L. F, Cisneros-Zevallos L, Brown C. R, Wrolstad R, Durst R, Yang C. P, Clevidence B. Breeding studies in potatoes containing high concentrations of anthocyanins. *American Journal of Potato Research*. 2003; 80:241-250.

Reyes L. F, Miller J. C, Cisneros-Zevallos L. Environmental conditions influence the content and yield of anthocyanins and total phenolics in purple-and red-flesh potatoes during tuber development. *American Journal of Potato Research*. 2004;81:187-193.

Reyes L. F, Miller J. C, Cisneros-Zevallos L. Antioxidant capacity, anthocyanins and total phenolics in purple-and red-fleshed potato (Solanum tuberosum L.) genotypes. *American Journal of Potato Research*. 2005; 82:271-277.

Reyes L. F, Cisneros-Zevallos L. Degradation kinetics and colour of anthocyanins in aqueous extracts of purple-and red-flesh potatoes (*Solanum tuberosum* L.). *Food Chemistry*. 2007;100:885-894.

Rodriguez-Saona L. E, Giusti M. M, Wrolstad R. E. Anthocyanin pigment composition of red-fleshed potatoes. *Journal of Food Science*. 1998;63:458-465.

Rytel E. Changes in glycoalkaloid and nitrate content in potatoes during dehydrated dice processing. *Food Control*. 2012;25:349-354.

Rytel E, Tajner-Czopek A, Kita A, Aniołowska M, Kucharska A. Z, Sokol-Letowska A, Hamouz K. Content of polyphenols in coloured and yellow fleshed potatoes during dices processing. *Food Chemistry*. 2014;161:224-229.

Rytel E, Tajner-Czopek A, Aniołowska M, Hamouz K. The influence of dehydrated potatoes processing on the glycoalkaloids content in coloured-fleshed potato. *Food Chemistry*. 2013;141:2495-2500.

Santos C. S. P, Cunha S, Casal S. Chapter 14. Bioactive components in potatoes as influenced by thermal processing. In: Preedy V. R, ed. *Processing and Impact on Active Components in Food*. Amsterdam: Academic Press, Elsevier; 2015:111-119.

Singh N, Rajini P. S. Free radical scavenging activity of an aqueous extracts of potato peel. *Food Chemistry*. 2004;85:611-616.

Stintzing F. C, Carle R. Functional properties of anthocyanins and betalains in plants, food, and human nutrition. *Trends in Food Science and Technology*. 2004;15:19-38.

Stobiecki M, Matysiak-Kata I, Frański R, Skała J, Szopa J. Monitoring changes in anthocyanin and steroid alkaloid glycoside content in lines of transgenic potato plants using liquid chromatography/mass spectrometry. *Phytochemistry*. 2003;62:959-969.

Stushnoff C, Holm D, Thompson M. D, Jiang W, Thompson H. J, Joyce N. I, Wilson P. Antioxidant properties of cultivars and selections from the Colorado potato breeding program. *American Journal of Potato Research*. 2008;85:267-276.

Tajner-Czopek A, Jarych-Szyszka M, Lisińska G. Changes in glycoalkaloids content of potatoes destined for consumption. *Food Chemistry*. 2008;106:706-711.

Tajner-Czopek A, Rytel E, Kita A, Pęksa A, Hamouz K. The influence of thermal process of coloured potatoes on the content of glycoalkaloids in the potato products. *Food Chemistry*. 2012;133:1117-1122.

Van Dokkum W, De Vos R. H, Schrijver J. Retinol, total carotenoids, beta-carotene, and tocopherols in total diets of male adolescents in the Netherlands. *Journal of Agricultural and Food Chemistry*. 1990;38:211-216.

Wegener C. B, Jansen G, Jürgens H. U, Schütze W. Special quality traits of coloured potato breeding clones: anthocyanins, soluble phenols and antioxidant capacity. *Journal of the Science of Food and Agriculture*. 2009;89:206-215.

Yamamoto I, Takano K, Sato H, Kamoi I, Miamoto T. Natural toxic substances polyphenols, limonene, and allyl isothiocyanate, in several edible crops. *Journal of Agricultural Science*. 1997;41:239-245.

Zhao L. C, Guo H. C, Dong Z. Y, Zhao Q. Pharmacological and nutritional activities of potato anthocyanins. *African Journal of Pharmacy and Pharmacology*. 2009;2:463-468.

10 马铃薯的采后贮藏

Reena Grittle Pinhero[1], Rickey Y. Yada[1,2]

[1]*Department of Food Science, University of Guelph, Guelph, Ontario, Canada*

[2]*Food, Nutrition, and Health Program, Faculty of Land and Food Systems, University of British Columbia, Vancouver, British Columbia, Canada*

10.1 引言

马铃薯是世界第四大重要蔬菜作物，在全球温带和热带地区被广泛种植。马铃薯消费主要包括餐桌烹饪食材（31%）、冷冻薯条（30%）、现炸薯条（12%）以及脱水产品（12%）等形式（Miranda et al.，2006）。据FAO统计数据显示，从1996年到2005年，马铃薯种植面积呈大幅度增长趋势，特别是在发展中国家，其种植面积增加了3.8%，而发达国家则减少了1.8%（FAOSTAT，2014）。然而，马铃薯在贮藏过程中新陈代谢活跃，容易腐烂生芽，必须加大其采后贮藏研究。在马铃薯贮藏期间，通过环境风冷、冷藏或使用抑芽剂可以抑制幼芽的生长，减少病害的发生，从而实现马铃薯周年供应。马铃薯块茎主要用于种薯、鲜食、薯片和薯条等各种产品加工，由于其水分含量较高、新陈代谢活跃，所以需要更为严格的控制和管理。除了生长条件外，收获期间的作物生理和预处理也会影响马铃薯的最终质量。因此，从良种挑选到栽培管理、收获和贮存过程中的各种操作策略对于保持马铃薯的贮存品质至关重要（图10.1）。本章主要讨论了影响马铃薯采后贮藏质量的各种因素，如作物的成熟期（早/晚）及预期用途（贮藏/加工/种子）、作物收获前的管理、收获和装卸条件、作物健康、生理变化、贮藏前预处理和贮藏条件、贮藏环境管理、马铃薯的加工品质和营养品质等。

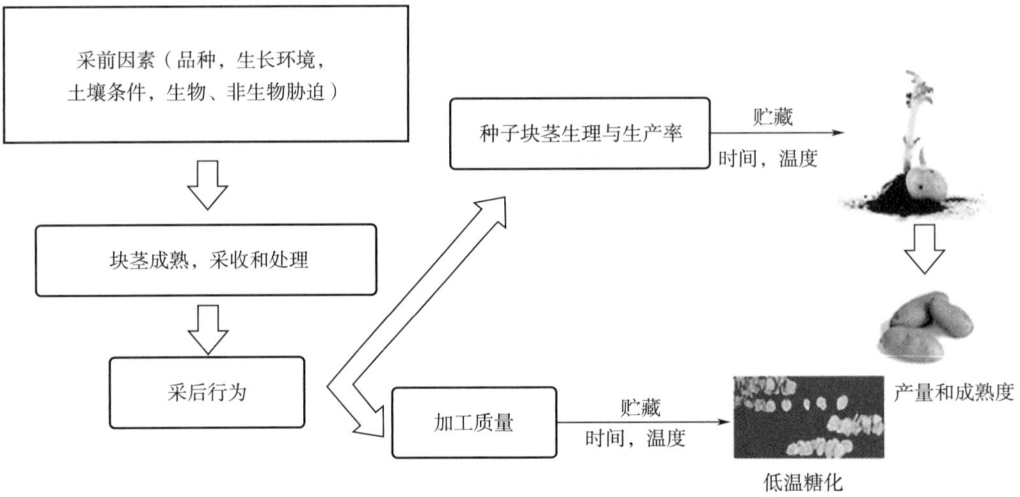

图10.1 影响贮藏块茎采后行为和品质的因素

（资料来源：Knowles等，2008。）

10.2 块茎成熟度

一般来说，不同品种的马铃薯具有特定的用途，如作为烹饪食材、沙拉、产品加工和种薯等。在马铃薯种植环节，要选择高质量的种薯，并在收获过程进行标准化管理。马铃薯成熟是复杂的生理和形态学变化过程，受品种、气候条件（如温度、降雨、光照）以及生物和环境等多种因素的影响。马铃薯的成熟度可以通过生长时间和生理年龄来定义，其中生长时间是以月为单位，而生理年龄是则是根据块茎物理状态进行判断（详细研究参见 Bishop et al.，2009）。块茎的生理成熟除了达到合适的大小外，还表现为可溶性糖含量降低，淀粉含量升高，以及表皮下周皮层的发育完全，这些变化可以提高块茎表皮抗磨损能力（Brecht，2003）。通过调控块茎的生理状态，可以实现出苗早、高产量，获得高成熟度，表皮更加紧实的块茎（Bishop et al.，2009）。对于加工用马铃薯，一般采用订单式种植，指定特定的马铃薯品种，市售的品种相对种植比较广泛，而加工和市场鲜售的两用品种市场很大。从商业角度来看，马铃薯尚未完全成熟时采收上市，可以获得高利润。但此时马铃薯含水量高且外皮尚未发育完全，很容易擦伤或破损，加上此时马铃薯呼吸速率大约是成熟时期的四五倍，因此，有时为了满足生鲜市场或薯片加工的需求，会尽早采收马铃薯，但这一阶段的马铃薯表皮很容易损伤，通常贮存时间也很短。如果其表面没有严重的损伤和腐烂，在 12~18℃放置 4~5d 或更长时间可以在贮存前恢复伤口；并在 4℃保存 4~5 个月仍可食用。如果用于切片加工，马铃薯采收后应立即加工，因为即使在 10~12℃冷藏较短时间，也会导致马铃薯片糖分含量急剧减少和变黑。

作物的成熟度会影响块茎贮存期间的呼吸、休眠和糖化过程（Knowles et al.，2008）。为了获得高品质，最大限度地提升贮藏性，以及减小收获和搬运操作过程中的机械损伤，马铃薯应在生长成熟后再收获。作物的相对成熟度可以通过监测评估生长期间蔗糖和葡萄糖水平计算，同时作为调整贮存期间的温度参考。收获时马铃薯块茎的蔗糖含量如果超过 0.15%，在贮藏过程中则容易过早产生葡萄糖和果糖等还原糖，导致块茎变黑。

10.3 影响采后贮藏的条件

贮藏期马铃薯的质量主要取决于其在贮藏前的健康状况和块茎品质。如果块茎在收获前损伤，即使良好的贮存管理也无法提高出库时马铃薯的质量。马铃薯的贮藏除了受生产管理和实际操作的影响外，也受生物因素（如病虫害）和非生物因素（土壤、水分、温度）等生长条件的影响。

10.3.1 水分

马铃薯能适应大多数类型的土壤，但其最适合的生长环境是排水良好的轻到中等硬度的深层土壤中。马铃薯在整个生长过程中都需要水分供应，但即使轻度的水分胁迫也会影响块茎不同阶段的发育以及后续贮藏。无论是用于鲜食还是贮存加工，马铃薯的需水量都根据土壤类型、块茎成熟度、马铃薯品种和预期用途而不同。收获期间缺水容易导致块茎损伤，甚至可能导致病害发生和贮藏后产生黑斑（内部损伤，由物理破坏造成）。块茎生长期间，特别是发育早期阶段的水分胁迫，与某些品种（如 Russet Burbank）的糖量有关（Iritani et al.，1973；Iritani，1981；Eldredge et al.，1996）。块茎应该保持足够的水分，如果块茎脱水，在贮存过程中可能会发芽或被压扁，这一情况在中长期贮存的块茎中较为常见（personal communication，Dr. Michael D. Lewis）。过多的水分会使晚疫病和白霉病等叶部病害发生概率增大，而这将严重影响马铃薯的贮藏品质（Gudmestad，2008）。土壤含水量高（超过 90%可利用水）会导致贮藏腐烂，粉红腐烂病以及皮孔扩大所造成的表皮裂缝（Gudmestad，2008）。

10.3.2 养分状况

养分管理对马铃薯的生长情况和加工质量至关重要。在生长季节中的马铃薯，其养分状况和水分管理对生长发育和贮藏品质有很大的影响。例如，高氮肥可以增加马铃薯产量，但通常会降低贮存质量（Booth et al.，1981）。高氮或过量氮刺激会使植物冠层过大生长，并可能会推迟马铃薯的成熟时间，降低块茎的干物质含量，导致表皮质量变差。氮肥对块茎的大小和生长的促进有一定的影响。在季节后期施用氮肥可以延缓块茎成熟，降低相对密度，增加还原糖含量。氮肥的施用量不应超过作物的生长需要量，并且在杀秧后的 4~6 周内不宜施用（Knowles et al.，2008）。一些研究表明，在块茎生长起始阶段施用氮肥会增加块茎空心和褐心的发生概率（Hiller et al.，1993）。另外一些研究表明，在块茎生长晚期施用氮肥也会增加其空心概率（Miller et al.，2005）。在为期 2 年的氮肥施用效果试验中发现，未经 *N*-(3-氯苯基）氨基甲酸异丙酯（CIPC，一种发芽抑制剂）处理的块茎和低氮量处理的块茎比高氮处理的块茎萌芽早且重量更大。在 CIPC 处理的块茎中，发芽情况与施氮量密切相关，低施氮量的块茎发芽更早，芽重更高（Thornton et al.，1994）。温室沙培试验结果表明，钾（K）（2mEq/I、4mEq/I、8mEq/I、12mEq/I）、硫（S）（1mEq/I、2mEq/I、4mEq/I、6mEq/I）的施用对马铃薯产量、品质和贮藏均有显著影响：除了增加块茎内干物质和蛋白质含量等品质参数外，增施硫和钾还可以延长块茎的保质期（通过在室温下贮藏 4 周后块茎的失重率来判定），增加产量。在 12mEq/I K×6mEq/I S 的协同作用下，块茎失水率最低（Moinuddin et al.，2004）。干物质含量与内部损伤有直接关系，通常干物质含量超过 22%的马铃薯块茎更易碎裂及产生损伤。

10.4 影响采后贮藏的采收与处理条件

采收时间、块茎状态和土壤状况等采收条件都会显著影响马铃薯块茎的质量。然而在收获过程中，块茎对外界损害的敏感性因品种、成熟度、土壤和天气条件、采摘方式以及设备的不同而有所差异。通常，用于长期贮藏的马铃薯在藤蔓枯死 10~14d 后才可采收。收获时的土壤湿度是可能造成块茎损伤的一个重要因素。马铃薯的最佳收获条件为 60%~65%的土壤水分和 10~18℃的块茎温度。足够潮湿的土壤（水分含量在 60%~75%）有利于将采收后的马铃薯运送到收获机的传送带上，表皮黏附的土壤与块茎在此完全分离。在温度较高的条件下，采收处于太湿或太干的土壤中尚未成熟的块茎，其质量将会受到一定的影响。过于温暖的采收环境会使块茎的呼吸速率增加，在温暖的土壤条件（块茎内温度达到 21℃及以上）下收割块茎时，会由腐霉真菌引起的漏损率上升，感染细菌的风险也会增加。因此，天气温暖时，马铃薯的采收应该在清晨进行，从而避免天气炎热对其带来的不利影响。当块茎在非常湿润的条件下收获时，其患粉红腐烂病的概率也会增加，粉腐病是致病疫霉菌（*Phytophthora EthroSeptica*）引起的一种病害，常侵染生长于湿润土壤中的块茎。此外，湿润土壤中生长的块茎也可能因缺氧导致皮孔变大，从而增加黑心病和腐烂病的易感性（Knowles et al., 2008）。但是，过于干燥的土壤会导致块茎脱水，会使其在贮存过程中干瘪或内部发芽（图 10.2）。确定收获日期需要考虑土壤条件、作物生长情况、天气和长期天气状况等多方面。由于块茎上使用的发芽抑制剂浓度通常较低，因此马铃薯块茎更容易内部发芽。同一品种块茎的干物质含量、成熟度和膨压对外皮的易受伤害程度都会产生影响。在块茎未成熟阶段进行采收会导致块茎的脱皮（图 10.3）。内部损伤的发生率与干物质含量有直接关系：干物质含量高会导致较高的损伤发生率，而干物质含量受马铃薯的生长条件和品种的影响。品种、土壤类型和温度也会影响块茎的形状和表皮韧性，进而对外皮的损伤产生较大影响。马铃薯周皮的形态和对损伤的敏感性也可能影响表皮耐受损程度和抵抗受病原体侵害程度。其中，马铃薯晚疫病菌（*Phytophthora Infestans*）、干腐病菌（*Fusarium solani var. caeruleum*）和皮斑病菌（*Oospora pustulans*）等感染均会受马铃薯表皮厚度的影响，但孢子不能穿透完整的周皮（Scott et al., 1978）。表皮松弛或柔软的马铃薯块茎更容易产生损伤。因此，对损伤的敏感性随着马铃薯块茎贮存时间的延长而增加（Booth et al., 1981）。未成熟的块茎容易擦伤，并增加干腐病的发生概率。块茎在收割、运输、分级过程中，或在设备调整不当的情况下，都会受到机械损伤。其中，设备调整不当，如下降高度过高、过快的皮带传输速度过快，以及没有橡胶覆盖的分级装备，都会导致块茎产生更多的损伤或黏附过多的泥土。块茎上的土壤阻止了块茎表面的空气循环，从而增加了块茎腐烂、黑心和脱水的风险。蓝变（内部损伤）或黑斑通常只有在去皮后才能辨认出来，因此，除非发生直观可见的外部损害，否则不可能从未去皮的马铃薯中有效去除内部发生劣变的块茎。在薯片、薯条和去皮马铃薯加工过程中，去除损坏的块茎和变色的薯片、薯条会产生额外的生产成本。马铃薯块茎在抬高后需要立即干洗（刷洗），但不能造成机械损伤。块茎在收获后直接暴露在阳光下可能会抑制马铃薯绿化和糖类生物碱的增加。同时也要减少块茎的温度：在严重情况下，过热会导致细胞死亡和变黑。机械损坏也可能发生在搬运操作期间，如分级、包装和运输过程。尽管每次处理块茎时都会发生严重的损伤，但高达3/4的块茎损伤均发生在收获期间。马铃薯在5℃左右的低温下更容易受到机械伤害。在一定条件下，在分级前提高易感病块茎的温度可以减轻损伤。周皮表面的损伤会加速水分流失，并使块茎内部暴露在病原体面前，这可能会导致贮藏过程中块茎干燥和软腐。愈伤处理是一种贮藏前处理方法，在减少重量损失和防止微生物侵染方面具有作用。

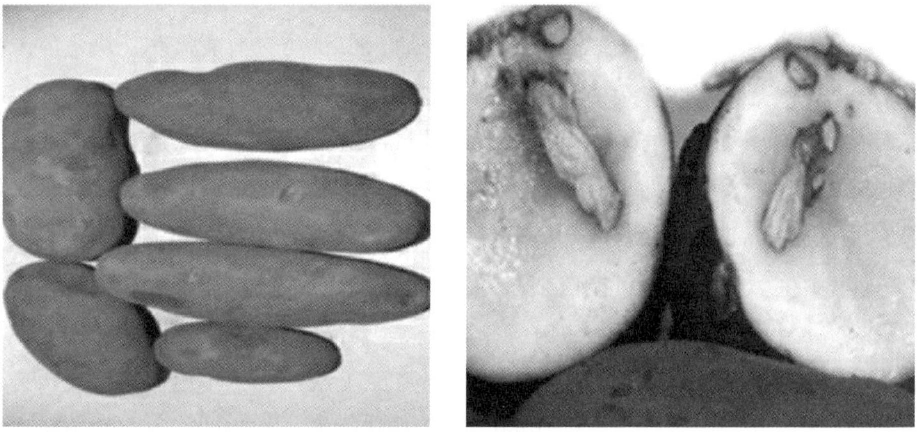

（1）压扁　　（2）内部发芽

图 10.2　因受压/脱水块茎中长期贮藏后的压扁和内部发芽情况

（资料来源：Lewis，2007。）

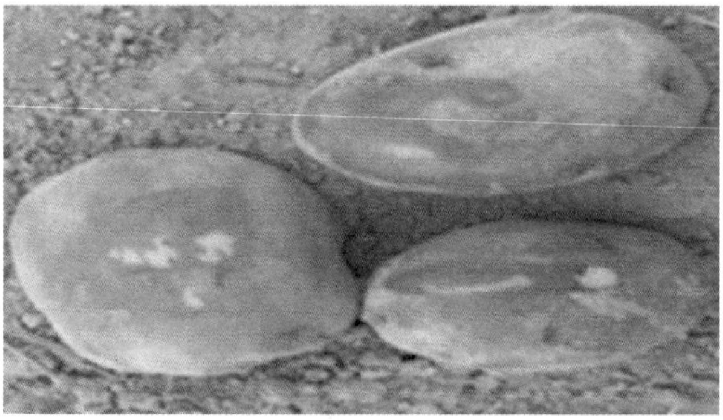

图 10.3　由于机械伤害和未发育成熟，收获过程中去皮块茎的发育情况

（资料来源：Lewis，2007。）

10.5 病虫害

由于暴力搬运、运输和温度控制不当等导致机械损坏后，病虫害则成为造成采后损失的重要因素。块茎最初在田间感染霉菌孢子，即使是少量患病的块茎也可能导致疾病的传播，并在贮存过程中使整批块茎都受到损害。主要的细菌性感染和大量的真菌病原体感染是造成严重采后损失的原因。造成采后运输、贮藏损失和消费者损失的细菌和真菌主要是细菌软腐菌（*Pectobacterium atrosepticum*、*Pectobacterium carotovorum subsp. carotovorum*）、晚疫病（*P. infestans*）、干腐病（*Fusarium* spp.）、粉腐病（*Phytophthora* spp.）和水腐病（*Pythium* spp.）。在贮藏前对块茎进行分级，以消除病害或除去感染的块茎是必要的，因此建议在贮藏前对块茎进行病虫害检查。如果在收割过程中发现大量块茎病害，则在入库时应在入库管理中采取一定的预防措施，如控制入库温度、相对湿度和通风。在块茎贮藏后应立即进行消毒，如高湿度（95%）、10～12℃的最佳温度和良好的通风（换算成 0.7m^3/min/t），可以最大限度地减少 Fusarium、Pythium 和 Phytophthora 的感染。如果要贮藏的块茎出现大量的粉红色腐烂或表皮开裂情况，应借助风扇加快空气流动，将贮藏温度降至 10℃以下，并根据需要使用外部空气尽快冷却作物（Booth et al.，1981；Meijers，1987a；Burton，1989；Gottschalk et al.，2006；Powelson et al.，2008）。

10.6 块茎贮藏过程中的生化变化

生化过程、病虫害以及温度等因素都会影响块茎的贮藏质量。但即使是在最佳的贮藏条件，也只是保持贮藏期间块茎的质量。

10.6.1 呼吸

作为一种活的有机体，马铃薯块茎在贮藏过程中的呼吸作用会继续。淀粉水解过程中产生的糖用于呼吸作用，同时干物质损失，导致重量减轻。呼吸速率受温度的影响，因此会根据贮存条件和块茎的最终用途对贮藏温度进行调控。例如，大多数薯片和炸薯条的加工品种不宜在 9℃以下的低温环境贮存（Burton，1968、1978）。呼吸速率在 5℃左右最慢，在 15℃左右速率变化比较平缓，超过 15℃后呼吸速率开始急剧增加。当温度降低到 3℃时，由于淀粉分解形成的还原糖浓度较高，因此会导致呼吸速率的急剧增加。蔗糖转化酶在较低的贮存温度下活性很高，可以将蔗糖水解成葡萄糖和果糖。在 0℃时，块茎呼吸速率与 20℃时相同；10℃时，在第一个月，呼吸损失的干物质约占 FW 的 1%～2%，此后每月损失量约为0.8%，但当发芽速率较快时，干物质损失量每月约为1.5%。要保持较低的呼吸速率，最好将马铃薯贮存在5℃左右的温度，然而这对于易患LTS的加工品种来说是不切实际的（Burton，1963；Booth et al.，1981；Rastovski，1987a；van Es et al.，1987a）。贮藏过程中呼吸产生的热量会提高贮藏温度。为了将马铃薯的温度保持在特定的水平，其在呼吸过程中放出的热量必须通过冷却排出。在贮存期间保持稳定的新鲜空气供应，以提供呼吸所需的氧气，并清除呼吸过程中释放的CO_2，这一点也很重要。在商业贮藏中，块茎呼吸导致CO_2水平在0.1%到4%~6%。当CO_2的积累量高达4%时，可能会导致黑心，造成腐烂，还会改变块茎的颜色从而影响贮藏马铃薯的加工质量。如果CO_2含量保持在3%~4%，块茎内葡萄糖和果糖含量可能增加，然而，CO_2诱导的甜化是可逆的，并且与品种有关。虽然室外的CO_2浓度通常为360~380mg/L，但在管理良好的马铃薯贮藏库中，CO_2浓度通常在1200~1500mg/L。如果仓库内CO_2浓度保持在5000mg/L以上，可能是因为贮存过程中块茎发生腐烂或仓库内空气交换不足。据报道，在密封良好且CO_2积累高达3%的仓库中贮存的马铃薯经油炸后会产生消费者不可接受颜色。因此，建议仓库每天定期通风2~4h（Gottschalk et al.，2006；personal communication，Dr Coffin）。

呼吸熵，即每小时吸收的O_2体积与每小时释放的CO_2体积之比，当氧气供应不受限制时，理想情况下是1。据报道，在贮藏初期，CO_2与O_2的比值约为0.8，当块茎萌芽并开始生长时，CO_2与O_2的比值约为1.3（Isherwood et al.，1975；Burton，1989；Gottschalk et al.，2006）。

10.6.2 水分流失

块茎在贮存过程中98%的水分是通过其表皮蒸发而损失的。只有2.4%的水分随着呼吸作用产生的二氧化碳通过皮孔散失（Burton，1989）。块茎的大量失水会容易造成机械损伤，如产生损伤或蓝、黑变色，使烹饪质量下降，最终导致经济损失。如果块茎失水率超过10%，其外观质量将下降，并影响马铃薯的销售。马铃薯贮存过程中的水分损失取决于马铃薯的产热量、温度、相对湿度（RH）、表皮质量、品种、幼苗生长和通风时间（Booth et al.，1981；Rastovski，1987a）。在贮藏期间，作物的失水率与马铃薯表皮细胞内的水蒸气压（water vapor pressure，WVP）和组织空隙中空气的水蒸气压成正比。这种差异通常被称为水汽压差（water vapor pressure deficit，WVPD）。通风空气相对湿度越低，WVPD越大，块茎蒸发失水越多。另外，与块茎温度相比，通风空气越冷，WVPD越大。用比作物更冷的空气对作物进行通风，无论空气多么潮湿，都会导致水分通过蒸发流失。当块茎表皮细胞内的压力和块茎周围空隙中空气的蒸汽压相同时，水分不会蒸发，要做到这一点，块茎之间空隙中空气的相对湿度必须达到97.8%（Pringle et al.，2009）。假设马铃薯周围的空气温度与块茎的内部温度相同，成熟未受损块茎的平均失水率约为块茎质量的0.14%~0.17%，受损块茎的失水率将增加到每周0.5%~0.8%（Booth et al.，1981）。据报道，去掉块茎表皮，会立即使块茎水分蒸发量增加 300~500 倍（Burton，1989）。块茎在不同时期（成熟期和发芽期）的水分蒸发率也会不同。新收获的未成熟块茎比成熟块茎失水更快，因为未成熟块茎的表皮对水蒸气的渗透性更强。块茎发芽过程中水分蒸发量增加是因为在单位面积和时间内，发芽表面对水蒸气的渗透性是普通块茎表皮的 100~150 倍（van Es et al.，1987b）。不同品种在蒸发失水方面的差异归因于不同品种的采收成熟度、伤口愈合率、表皮厚度和发芽特性（Booth et al.，1981；van Es et al.，1987b；Burton，1989；Gottschalk et al.，2006）。

10.6.3 发芽

自然或先天休眠通常被定义为“即使在激素、环境和生理等有利控制条件下，作物也无法发育”（Sonnewald et al.，2014）。发芽是打破休眠的过程，在贮藏过程中会使贮藏物质（主要是淀粉和蛋白质）重新活化，并使块茎因失水而收缩，从而影响其品质。发芽会增加呼吸作用和水分损失，并降低作物的质量和价值，因为有毒的糖苷生物碱水平增加及淀粉分解加速，同时伴随着还原糖的积累、维生素含量减少，会加快生理衰老，从而影响块茎的外观。发芽的块茎阻碍在贮藏马铃薯堆中的空气流动（Burton，1958）。根据品种、成熟度、土壤和天气条件的不同，马铃薯在收获后保持休眠 5~9 周（Burton，1978），极端寒冷和潮湿的天气会延长休眠时间，而极端干燥和温暖的天气会缩短休眠时间。例如，夏波蒂的休眠时间比布尔班克（Russet Burbank）短。在 5℃ 以下，萌芽生长缓慢，超过 20℃，生长速率下降。因此，20℃ 是最适宜块茎萌芽的温度。相对湿度较高时有利于新芽生长，温度越高，生长越迅速。较高的 CO_2 浓度也有利于新芽生长，2.2%~9.1%的 CO_2 含量会刺激马铃薯发芽且不受休眠阶段的影响（Burton，1958）。Burton（1978）观察到，刺激马铃薯生长发芽的最佳 CO_2 含量为 2%~4%，较高浓度时刺激效果减小，浓度 7%~10%的作用结果与正常贮存条件下相同。最佳发芽生长所需的氧气含量取决于马铃薯的生理年龄。在季节开始时，在 10~20℃ 的贮藏温度下，发芽所需的最适 O_2 含量为 4%~5%，而在 6 月左右则增加到 17%~20%（Burton，1968）。为了在贮藏过程中合理地管理块茎的质量，需要使用发芽抑制剂或采用其他抑制措施，如低温或气调（CA）贮藏。虽然化学处理被广泛用于发芽控制，但随着对环境和健康问题的认识不断提高，人们更多地使用非化学或有机方法来控制发芽。各种化学试剂包括乙烯、壬醇、氯丙胺、马来酰肼、香芹酮、脱落酸、吲哚乙酸、丁香油、薄荷油、过氧化氢和 1,4-二甲基萘（Buitelaar，1987；Rastovski，1987a；van Es et al.，1987d；Kleinkopf et al.，2003）。

然而，世界上主要使用的发芽抑制剂是 *N*-苯基氨基甲酸异丙酯（IPC）和 CIPC（氯-IPC，氯丙胺）。CIPC 的有效性取决于贮存条件、应用技术和品种特性（NBuitelaar，1987；Kleinkopf et al.，2003）。*N*-苯基氨基甲酸异丙酯和 CIPC 不能用于种薯，因为它们阻止细胞分裂，对细胞分裂有不可逆转的影响。根据美国《食品质量保护法》（Food Quality Protection Act, FQPA）的要求，2002年，美国国家环境保护局（U. S. Environmental Protection Agency, EPA）重新规定美国新鲜马铃薯上允许的 CIPC 残留量从 50mg/kg 减少到 30mg/kg。这一改变与世界其他地区对 CIPC 使用的严格限制不谋而合（Kleinkopf et al. , 2003）。顺丁烯二酰肼（Buitelaar, 1987），天然存在于单、双、三甲基萘，苯噻吩、2,6-二异丙基萘、香芹酮和乙烯等挥发性化合物中，研究人员发现与 CIPC 相比，顺丁烯二酰肼在较低的温度（7~10℃）和较高的浓度下对抑制马铃薯发芽更有效（Lewis et al. , 1997; Kalt et al. , 1999）。乙烯是一种有效的发芽抑制剂，但它的使用可能导致油炸时颜色变黑（Daniels Lake et al. , 2007）。关于 CO_2 和乙烯作为发芽抑制剂的协同作用的研究表明，乙烯对所有品种马铃薯的油炸色泽都有影响，而 CO_2 的影响则根据品种的差别有所不同（Daniels Lake, 2013）。

控制发芽的非化学方法：通过育种培育休眠时间更长的品种，低温贮藏，气调，辐照（Buitelaar, 1987; Kleinkopf et al. , 2003）。低温贮藏是一种有效控制发芽的方法，因为块茎在低于4℃的温度下不会发芽。然而，低温也会导致其他不利因素。例如，在加工品种的马铃薯中，会出现一种称为低温甜化（LTS）的情况，这取决于品种的抗性（Burton, 1978）。对于鲜食马铃薯和种薯来说，则不存在此类问题。低温的其他优点包括自然控制真菌和细菌的死亡，减少化学物质（另见低温技术一节）的影响。其他控制发芽的非化学方法包括气调贮藏、降低 O_2 和增加 CO_2 浓度（Thompson, 1998），以及用于防止细胞分裂的辐射。在22℃贮藏期间，采用不同剂量的γ辐照（0. 04kGy、0. 08kGy、0. 12kGy 和 1kGy，分别在采后 5d 和 30d）后，对马铃薯的质构、显微结构、还原糖、总糖和质量损失进行研究。Kufri Sindhuri 的研究表明，最低辐射量（0. 04kGy）足以抑制 5d 马铃薯发芽，但不能抑制 30d 后的块茎发芽（Mahto et al. , 2014）。辐照过未发芽的马铃薯在贮存期间保持了它们的外观。早期受辐照的马铃薯对辐射表现出更高的敏感性，导致块茎在 1kGy 时品质损失过大，但低剂量（0. 12kGy）并不增加块茎腐烂的概率。120d 后，对照块茎和低剂量辐照块茎的还原糖和总糖含量，两者无显著差异。高剂量（1kGy）诱导芽组织变黑，腐烂率增加，质构变差。增加低剂量（0. 12kgy）处理可逐渐减少贮藏期间块茎的质地劣变。在两个处理时间点中，与收货后期（第30天）辐照相比，在收获后早期（第5天）以 0. 08~0. 12kGy 剂量照射保持了较好的结构品质（Mahto et al. , 2014）。在γ辐照、挥发油类（香菜、丁香、香芹酮、丁香酚）和碘蒸气3种方法中，对马铃薯品种的发芽进行了有效的抑制试验。γ辐照和香精油保持了马铃薯在贮藏期间的品质并抑制了马铃薯发芽（时长9周）；而碘蒸气仅在6周内有效地保持了马铃薯的品质并抑制了马铃薯的发芽（Afify et al. , 2012）。

10. 6. 4 病虫害

由真菌和细菌引起的几种病害会影响块茎在贮藏过程中的品质，造成重大经济损失。

大多数贮藏病原菌来源于处于生长时期的植物种子或块茎感染，这些疾病已在前文中讨论过。选择无病害的种子，适当的农艺管理，彻底清洁收割设备和贮存设施都有助于减少疾病的发生。常见的赤霉病、粉状疮痂病、黑痣病、银屑病等致病性病害都会影响马铃薯的外观，进而影响其市场价值。诸如晚疫病、粉腐病、干腐病和细菌性软腐病等主要病害造成的质量损失是由土壤和种子间传播的病原菌引起的，这些病原菌会影响作物的生长和贮藏，导致种植者更大的经济损失（Gachango et al.，2012）。块茎软腐病是导致贮藏损失的最常见原因之一（图 10.4），可以通过在干燥、凉爽的条件下不与湿块茎一起贮存，防止产生冷凝条件和厌氧条件。当预计出现软腐时，最好避免熟化期，因为熟化也有利于软腐的发展（Booth et al.，1981；Meijers，1987a）。块茎受到皮肤斑点和根瘤菌的影响，它们会杀死芽眼（有关病虫害的具体讨论，请参阅 Booth et al.，1981；Rastovski，1987a；Banks，2006）。从种植马铃薯的地点选择到场地准备、使用抗病虫害的品种、小心收割并使用改进的后处理方法以避免机械损伤、遵循贮存设施、采用适当的干燥处理和腌制处理、遵循良好的植物检疫措施，如去除受病害感染的块茎。必要时，可以根据生产者的要求使用杀虫剂（Booth et al.，1981；Meijers，1987a），每一步对马铃薯的品质的提高都有重要作用。同样重要的是要避免贮存过程中有利于微生物生长的条件，如过高的温度和湿度。

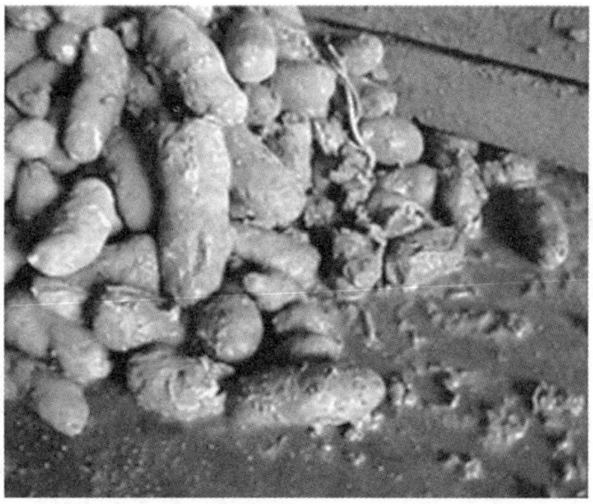

图 10.4 马铃薯在贮藏过程中由于潮湿、水汽冷凝和厌氧条件而患软腐病

10.6.5 温度

控制贮藏质量的一个关键因素是温度，温度对所有生物的生长都会产生影响，如呼吸、蒸发散热、发芽、低温、冷冻效应、成熟，机械损伤和病虫害的发生（Burton，1978；Booth et al.，1981；Rastovski，1987a；Brook et al.，1995；Gottschalk et al.，2006），这在本章中已经讨论过。

10.6.6 低温糖化（LTS）

对于加工者和消费者来说，色泽是产品最重要的品质特征。马铃薯块茎在低于 9~10℃ 的温度下贮藏，会产生高浓度的还原糖，如葡萄糖和果糖，即低温糖化（low temperature sweeting，LTS）（Burton，1978；van Es et al.，1987c）。这些还原糖在油炸过程中与游离氨基酸发生美拉德褐变反应，使产品变为深褐色并可能导致大量致癌物丙烯酰胺的产生，而消费者不可接受变黑的薯条（Chuda et al.，2003；Hogervorst et al.，2007）。含有0.1%还原糖的块茎是理想的加工材料，超过0.33%时则是不利于加工的（Dale et al.，1994）。块茎收获后，4~7℃的低温贮藏可以延长休眠期，减少块茎失水萎缩和病害；但是，低于9℃的贮藏温度会生成高浓度的还原糖。马铃薯的基因型和生长环境也会影响其贮藏和加工品质。Affleck等（2012）研究了8种不同基因型的马铃薯在种植105d和120d，8℃下贮藏60d和120d后糖水平的稳定性。采用基因型（G）和基因型×环境（GE）双点分析（GGE）来衡量品质性状的稳定性和相关性以及含糖量变化。结果表明，块茎在收获后的120d和105d之间的颜色变化是稳定的，颜色评分和葡萄糖含量存在基因型差异。

经鉴定，在两个贮藏期间，炸薯条颜色稳定的基因型表明，GE的相互作用较低，采用GGE双标图确定了包含一组具有相似属性的环境片区。Rak等（2013）评估了47个四倍体克隆育种品种的耐冻性（5.5℃和8.3℃贮藏，分别持续3个月、5个月、6个月、9个月），这些克隆品种来自威斯康星州马铃薯育种计划中的6个特征良好的品种杂交后代，包括Atlantic、Dakota Pearl、Mega Chip、Pike、Snowden和White Pearl。他们的研究结果证实了贮藏环境对油炸马铃薯的色泽有重要影响，且不同基因型对贮藏方式的适应性也不同。基因型和贮藏环境的交互作用对马铃薯切片品质有较大影响。某些品系在一系列贮存时间和温度范围内表现出颜色稳定性，而其他品系的质量在贮存条件下变化很大（Rak et al.，2013）。另一项涉及LTS抗性品种的研究，从易感品种（Defender和Russet-Burbank）到中等抗性（Gemstar Russet）再到高抗性（Premier Russet），研究结果表明块茎呼吸对低温条件有可预测的呼吸—气候反应（respiratory acclimation response，RAR），这种反应的程度与4℃块茎还原糖积累有关。这还表明，还原糖含量反映了酸性转化酶及其抑制剂的活性，果糖与葡萄糖的比例表明了cold sweetening的程度。本研究通过糖、转化酶和RARs的变化来表征LTS（Zommick et al.，2014a）。据报道，马铃薯成熟过程中的高土壤温度会改变采后碳水化合物的含量，从而减弱了对冷诱导甜味的基因型抗性并加速了块茎质量的损失（Zommick et al.，2014b）。基于确定LTS的致病途径和基因方面的研究，目前已经成功地培育出抗LTS的品种（Sowokinos，2001a、b；Pinhero et al.，2007）。

基因工程可成功用于提高马铃薯耐LTS的能力（Rommens et al.，2006；Pinhero et al.，2011，2012；Li et al.，2013）。据报道，使马铃薯中表达磷酸化酶-L基因（PhL）的沉默会导致*PhL*基因表达概率降低，并减少冷藏过程中块茎内葡萄糖积累（Yan et al.，2006；Rommens et al.，2006）。除了通过降低淀粉相关*R1*基因或*PhL*基因的表达而降低葡萄糖积累外，Ranger Russet改良马铃薯的炸薯条显示出更好的视觉外观和香味，同时丙烯酰胺的含量也更低（Rommens et al.，2006）。过度表达丙酮酸脱羧酶的转基因马铃薯表现出LTS耐受性降低和生成丙烯酰胺的含量减少（Pinhero et al.，2011、2012）。为减轻LTS效应，利用人工合成的特异性冷诱导启动子，结合反义表达的马铃薯液泡酸性转化酶基因，构建了转基因马铃薯。转基因马铃薯在低温贮藏过程中的还原糖含量降低，而非转基因株系和转基因株系之间的植株形态和块茎生长没有显著差异（Li et al.，2013）。

10.7 贮藏准备和贮藏条件

贮藏方法的选择取决于生产系统，如采收频率、需求和最终用途。在多种作物可行的国家，马铃薯贮藏期不需要太长（如3~4个月）。另一种贮藏方法的选择是在收获时根据市场需求贮存盈余。在一种主要作物种植可行的国家，贮存是保障全年需求供应的必要条件。因此，关于生产模式、营销体系和块茎需求的信息，无论是用于新鲜市场、选种，还是加工或出口，都将影响贮藏期的持续时间和所需设施数（Booth，1981；Schouten，1987；Sparenberg，1987）。田间贮存包括延迟收获、地面贮存或贮存于各种覆盖稻草、土壤的坑。贮藏室可以是多用途的，也可以是专门为长期贮存通风条件下的大量马铃薯贮藏所建造的（Shaw et al.，1981；Sparenberg，1987）。在加拿大和美国，大多数马铃薯都是“散装”贮存的，在这种情况下，大型建筑物通常单独存放几百万公斤的马铃薯。在欧洲，用可移动的托盘箱贮存土豆，每个箱子可装约700~1000kg的马铃薯，再统一贮存在仓库中。

根据块茎的最终用途，有非冷藏和冷藏以及CA贮存方法。贮存所需的最佳温度主要取决于最终用途。高质量的块茎可以贮存2~12个月，这取决于收获时块茎的质量，贮存设施的质量，良好的贮存管理和品种，以及是否使用了发芽抑制剂。块茎的呼吸速率在2~3℃时最低，这将减少脱水造成的重量减少。然而，在0~2℃贮存会增加冰冻或冷害的风险。通常情况下，冷冻的马铃薯在从低温中取出时看起来是正常的。然而，在温度较高情况下保存几天后，冷害的症状会变得明显（Chourasia et al.，2001）。在4~5℃以上的贮藏温度下，块茎发芽率增加。因此，在4℃以上的温度下，块茎需要进行抑制发芽处理。新鲜的块茎贮存在7~10℃可以最大限度的减少淀粉中还原糖（如葡萄糖和果糖）的形成，还原糖会导致烹饪过程中块茎变黑。许多品种如果贮存在9~10℃以下，会积累过量的还原糖，这一过程称为LTS。这些方法在之前进行了描述（Pinhero et al.，2009）。对CIPC处理后堆藏（17~31℃；54%~91% RH）、窖藏（17~27℃；67%~95% RH），冷藏（2~4℃和10~12℃）和非冷藏（17~31℃；54%~91% RH）的薯条和薯片加工品种的适宜性进行了测试，此外，还研究了5个印度品种和2个用来加工成薯条和薯片品种的适宜性（Mehta et al.，2014）。研究发现，初始还原糖含量较低，在2~4℃和10~12℃贮藏90d后呈上升趋势，但是在两种贮藏方式下均呈下降趋势。蔗糖含量在贮藏过程中呈上升趋势，在2~4℃范围内上升幅度较大。除Kenenbec外，其余马铃薯品种在10~12℃和堆窖贮藏前后的颜色变化都是可接受的，而在2~4℃贮藏后马铃薯的颜色变化大，令人无法接受。颜色可以接受的炸薯条是用2~4℃下Kenenbec以外的马铃薯品种加工制成的，堆藏和窖藏马铃薯的硬度最高，由地窖贮存的马铃薯制成的薯片也创下最高脆性纪录。除 Kenenbec 外，所有品种都认为适合加工，而堆藏和窖藏则是加工马铃薯短期贮藏最经济的选择。

因为鲜切农产品其营养质量高，方便食用，以及有大约 2 周的保质期，近年来需求稳步增长。虽然鲜切农产品通常被认为是安全的，但因为传统的洗涤和消毒处理对农产品表面的病原体灭活方面无效，近年来发生了许多食源性疾病（FDA，2009；Sapers et al.，2006）。在这方面，热水漂白（先在 60℃ 低温漂 10min 或 20min，然后在 98℃ 左右高温漂 1min、5min、10min）和无菌包装对冷藏马铃薯条保质期的影响研究显示，在第一次漂烫 10min 或 20min，第二次漂烫 5min 或 10min 后冷藏 28d 内，没有微生物生长。与未经加工的薯条（既不漂白也未无菌包装）相比，由无菌包装的冷藏马铃薯条加工的产品颜色明显更浅、质地更好。无菌包装马铃薯条在（7±1）℃贮藏 28d 内，品质无明显变化。热烫与无菌包装相结合是较好延长马铃薯条保质期的非化学替代方法（Onera et al.，2011）。采用酸性浸渍结合臭氧水溶液处理，鲜切薯片可以在 4℃ 下贮藏 28d（Calder et al.，2011）。不考虑臭氧处理情况下，天然密封（NS）和酸性硫酸钠（SAS）处理是抑制褐变最有效的方法。在冷藏第 0 天和第 28 天，自然密封和酸性硫酸钠处理的多酚氧化酶活性也显著低于其他处理，并且显著降低了冷藏条件下的 APC（不超过 2.00 lgCFU/g）。SAS 处理与 NS 处理相当，作为一种有效的防褐变措施，可以减少新鲜马铃薯产品的褐变和变质。

CA 贮存是指对气密贮存或容器内的 CO_2 和 O_2 水平进行持续监测和调整。当与温度控制相结合时，控制是最有效的。人们对 CA 贮藏用于新鲜马铃薯、加工马铃薯和播种马铃薯产生了极大兴趣（Butchbaker et al.，1967；van Es et al.，1987c；Khanbari et al.，1994）。Fellows（1988）建议将 10%的 CO_2 和 10%的 O_2 作为马铃薯的最佳气调贮藏。马铃薯贮藏室空气中 O_2 和 CO_2 的含量会影响块茎的发芽、腐烂、生理功能紊乱、呼吸速率，以及含糖量和加工质量（表 10.1）。

表 10.1 3 种马铃薯块茎在 5℃和 10℃的温度下贮藏 25 周，20℃下复温 2 周后，块茎中的糖含量（g/100g DW）变化

品种	气体组合		5℃			10℃		
	CO_2/%	O_2/%	蔗糖	RS	TS	蔗糖	RS①	TS②
Record	9.4	3.6	0.757	0.216	0.973	0.910	0.490	1.400
	6.4	3.6	0.761	0.348	1.109	1.385	1.138	2.523
	3.6	3.6	0.622	0.534	1.156	1.600	0.749	2.349
	0.4	3.6	0.789	0.510	1.299	0.652	0.523	1.175
	0.5	21.0	0.323	0.730	1.053	0.998	0.634	1.632
			0.650	0.488	1.138	1.109	0.707	1.816

续表

品种	气体组合		5℃			10℃		
	CO_2/%	O_2/%	蔗糖	RS	TS	蔗糖	RS①	TS②
Satuma	9.4	3.6	0.897	0.324	1.221	0.685	0.233	0.918
	6.4	3.6	0.327	0.612	0.993	0.643	0.240	0.883
	3.6	3.6	0.440	0.382	0.822	0.725	0.358	1.083
	0.4	3.6	0.291	0.220	0.511	0.803	0.117	0.920
	0.5	21.0	0.216	0.615	0.831	0.789	0.405	1.194
			0.434	**0.473**	**0.907**	**0.729**	**0.271**	**1.000**
Hermes	9.4	3.6	0.371	0.480	0.851	0.256	0.219	0.475
	6.4	3.6	0.215	0.332	0.547	1.364	0.472	1.836
	3.6	3.6	0.494	0.735	1.229	0.882	0.267	1.149
	0.4	3.6	0.287	0.428	0.715	0.585	0.303	0.888
	0.5	21.0	0.695	0.932	1.627	0.617	0.510	1.127
			0.412	**0.682**	**1.094**	**0.741**	**0.354**	**1.095**

注：①还原糖；
②总糖；
表中粗体数字代表平均值。
（资料来源：Thompson，1998。）

10.8 贮藏过程

为了保持最终的使用质量、高效贮存马铃薯需要仔细监测和调整的因素包括采收前贮存准备、贮存、设备、填料、养护、冷却和监测、保持所需的温度和相对湿度、堆料预热、卸料。这些因素还根据块茎的最终用途而有所不同，如用于餐桌加工食用、薯片或薯条加工或选种（关于贮存设计和管理的详细描述，请参考 Brook 等和 Pringle 等的研究）。

10.8.1 采前贮藏准备工作

为了获得最佳的贮存条件，在收获之前，应该对存贮库进行检查，采取防止块茎腐烂的措施：密封好库门，保持保温层完好、干燥以及清洁墙面（Meijers，1987b；Brook et al.，1995；Lewis，2007）。同时应对所有空气设备系统进行检查和维修。重量损失，发芽或疾病问题往往是由于设计不当或气流不稳定的系统所致。同样需要注意的是，仓库和用于贮存的设备在贮存前应进行检查、清洁和维修。检查风扇、风管和风门、加湿系统（操作加湿器和水流加湿器）、通风系统、隔热系统、风机和制冷系统并进行整修，温度记录设备也应充分应用（Meijers，1987b；Brook et al.，1995；Lewis，2007）。

10.8.2 贮藏环境

收获和贮藏装载是种植者在贮存过程中为确保其良好的价格和避免病害而进行的两项关键操作。用于销售的马铃薯应该没有黏附泥土、石头或其他异物，以保证空气的正常流通。根据需要、方便性和人工成本，可以散装贮存，也可以贮存在箱子或麻袋中。当劳动力成本较低时，马铃薯会贮存在黄麻袋或聚丙烯袋中。但在散装仓库中存储时，不同品种或来自不同农场的产品不应混合，除非建立了临时贮存隔板，才允许临时贮存另一种品种。只贮存一种品种时，散装贮存是合适的，但贮存高度必须限制在3~3.5m，因为质量过大会导致更严重的损伤（Booth et al.，1981；Meijers，1987b；Gottschalk et al.，2006）。加拿大东部的许多商业贮存设施堆叠高达5m（Dr. Coffi）。马铃薯也可以用堆料箱堆放，高度最高可达4m，但由于上层对下层施加的压力，可能会造成损伤或压斑，而贮存在高度为1~1.5m的仓储箱中将在一定程度上避免损伤或压斑。使用仓储箱的优点：有助于不同品种、不同来源、不同用途的马铃薯分开存放；便于干燥和冷却；可以有效的使用抑芽剂；卸货方便（Meijers，1987b；Gottschalk et al.，2006）。中间贮仓式系统的缺点是成本相对较高，难以保持箱温度和相对湿度的均匀性。但目前已经对此进行了许多改进，如通过正确放置空气交换管道和风量更大的风扇来确保气流的平衡。如果马铃薯感染了疫霉，应特别注意分开贮存。如果管理得当，使受感染的块茎迅速风干，那么5%受疫霉菌影响的块茎也可以得到较好的贮藏。在存在软腐病和冻伤的情况下，则允许入库的限度是小于1%，并且应该迅速风干以保证成功贮存（Meijers，1987b）。

10.8.3 均化阶段和干燥阶段

在湿润土壤条件下收获的马铃薯应立即晾干。干燥包括去除马铃薯外部和土壤中的水分，目的是降低有利于微生物繁殖的条件，防止腐烂和其他贮藏疾病的传播（Sijbring，1987）。马铃薯可以收获后在田地附近有自然风的地方使用自然风或风扇进行批量干燥。使用自然风的批量干燥只能在开阔、多风的场所进行，因为不需要额外的成本，因此更为经济，但缺点是无法控制温度，如果遇到霜冻则必须迅速转移块茎，而在较暖的环境下表皮会发生冷凝（Pringle et al.，2009）。在此阶段，通风机应持续运行，同时使马铃薯堆的平均温度在入库时稳定在块茎内部平均温度的2℃以内。通风应在最短的时间内以最快的速度进行。去除表面水分后进行过度通风可能会使贮存作物脱水和软化，因此仔细控制相对湿度也很重要。在干燥期间经常检查马铃薯也很重要（Sijbring，1987；Brook et al.，1995）。

10.8.4 损伤愈合

块茎在贮存过程中度过了不同的生理期，如收割造成的伤口愈合期，果肉温度降低到适合块茎预期水平的冷却期，以及呼吸速率较低、块茎处于休眠状态至休眠结束期，能够萌发的保存期（Knowles et al.，2008）。尽管在采收过程和搬运过程中采取了预防措施，但在机械收获、搬运、运输以及分级过程中，块茎仍可能会受到伤害，如质量减轻，微生物通过受伤的表皮进入块茎内部，导致贮存过程中块茎疾病和腐烂。木质化、韧皮化和周皮的形成有利于块茎的机械损伤恢复（Booth et al.，1981；Meijers，1987c；Brook et al.，1995）。熟化是一种贮藏前处理，对于防止重量损失和微生物渗透非常重要。在适宜条件下，块茎组织在受损区域形成保护性的周皮。温度、大气湿度、氧气和二氧化碳浓度、品种，块茎的生理年龄和使用发芽抑制剂等因素对块茎的愈合和生长均有很大的影响。然而，决定熟化速度的主要因素是温度和相对湿度。通常推荐的马铃薯块茎熟化方法是在12~16℃的温度和90%~95%的相对湿度下处理2周，在此期间块茎组织易在受损区域形成一层保护层（伤口周皮）（Booth et al.，1981；Meijers，1987c）。马铃薯在熟化期间应该保证充足的通风，以避免温度和湿度的上升，并将氧气浓度保持在20%左右。马铃薯块茎首先在受损区域沉积一层栓化的薄细胞，然后在其下继续沉积形成软木层（木栓层），从内到外形成致密的、无细胞间隙的新细胞网络，使受损区迅速恢复。熟化在较低的温度下很慢，在2℃时即停止。为了防止额外的呼吸损失和产生有利于其他马铃薯疾病传播的条件，熟化过程的温度不应超过20℃，并且在熟化后应尽快降低到必要的贮藏温度（Burton，1978；Meijers，1987c；Gottschalk et al.，2006）。

10.8.5 预处理

预处理技术大多被应用于商业薯片加工，以补偿加工品种的不可预测性，并实现市场的灵活性（Brook et al.，1995）。在这一阶段，贮存环境保持在与创伤愈合阶段相似的条件（12~16℃），并需要积极控制块茎内部温度以防止加工过程中马铃薯的还原糖积累。这一阶段的持续时间取决于马铃薯的加工质量，这通常用糖分含量和薯片颜色来衡量（Brook et al.，1995）。

10.8.6 冷却

冷却阶段在干燥和伤口愈合后开始。温度是影响马铃薯贮藏过程中呼吸、发芽、甜化等过程中的品质变化以及病害传播的主要因素。一般来说，冷却速度应限制在0.5~3℃/周，但会因马铃薯最终用途的不同而有所差异。对于加工品种，应该是1℃/周，而对于生鲜市场流通，应该尽可能快速冷却，同一堆从上到下保持1~2℃的温差。主通风机应在冷却阶段持续运行，以保持均匀的堆温。冷却期间，从底到顶的温度为-17.5~-16.6℃，相对湿度为95%~99%。由于水分流失，冷却过程会使块茎质量减轻，但这一影响可以通过潮湿空气快速冷却马铃薯去除（Booth et al.，1981；Rastovski，1987b；Brook et al.，1995；Gottschalk et al.，2006；Lewis，2007）。

10.8.7 保存

贮藏温度的选择受保存期、最终用途和品种的影响。加工马铃薯通常贮存在6~10℃，而新鲜市场块茎可以在4~10℃条件下贮存，种植用块茎通常贮存在3~4℃的温度下。一旦达到所需的贮藏温度，应将通风降至最低，将堆温保持在所需水平的±1℃内，尽可能保持低的堆积温差，同时供应O_2，并去除CO_2。存放期间，相对湿度应保持在90%~95%，以尽量减少因蒸发造成的水分损失（Booth et al.，1981；Brook et al.，1995）。

10.8.8 调控

马铃薯在低温下容易受到机械碰撞而变色。根据最终用途不同，马铃薯块茎的贮藏调理很重要。如果块茎在低温下贮存并经过低温处理，则可以通过调控来改善油炸薯片的颜色并减少卸货过程中的机械损伤。调控的另一个目的是通过缓慢升温来刺激马铃薯种子发芽，产生的热量使马铃薯可以在高达12~15℃的温度下保存2~3周。在此期间，游离糖将转化为淀粉，使块茎内游离糖含量降低。在对Pentland Dell品种进行长达4年多的一系列试验中发现，当贮藏温度从5℃提高到20℃时，Agtron值上升了16个点（Pringle et al.，2009）。然而，块茎创伤修复通常是不完全且不均匀的；衰老造成的块茎变甜是无法逆转的（Burton，1978；Booth et al.，1981；Brook et al.，1995；Gottschalk et al.，2006）。为避免在贮藏阶段气体冷凝，建议使用低于正常相对湿度的通风空气，其他防止冷凝的预防措施：露点时停止通风；密封贮藏室，防止暖空气进入；将入口空气与贮存空气混合，以避免温差过大；如果芽苗开始伸长，则强制通风或冷藏（Burton，1978；Booth et al.，1981；Brook et al.，1995；Pringle，1996；Gottschalk et al.，2006）。在卸载马铃薯之前，将贮存在低温下的马铃薯升温至12~15℃非常重要，可以最大限度的减少搬运和加工造成的损坏（de Haan，1987；Gottschalk et al.，2006）。

10.9 贮存环境管理

贮存管理应包括检查堆放顶部的块茎是否有水汽冷凝和病害，这一检查需要从特定的箱子或区域抽取样本进行评估，并每天记录温度。有效管理贮藏和换气系统的温度、相对湿度、CO_2水平，并进行日常监测，是保持贮藏块茎质量的关键（Burton，1978；Booth et al.，1981；Kleinkopf，1995）。贮存设施内和外部环境空气的温度可以用一个简单的温度计测量，该温度计应远离室外环境，特别是阳光直射。马铃薯周围的空气温度可以通过直接读数仪器或远程指示器来测量。马铃薯堆最热的部分通常在表面以下 400~500mm，应该对此处进行监测。多个水平的温度测量有助于确定温度梯度和定位热点。温度的显著升高可能是细菌性软腐病的征兆，及早发现可以采取适当的措施，如通过增加通风或将块茎从贮藏中取出以防止腐烂的扩散（Booth et al.，1981）。相对湿度应使用悬挂式湿度计或电池供电型的干湿球温度计对其进行监测。便携式 CO_2 测定仪是种植者监测马铃薯贮藏状态的常用工具。虽然自动化监测已经取得了很大进展，但种植者如果每天记录并调控马铃薯贮存温度，检测块茎上的水分，检查是否有果蝇或氨气等"预警"信号，就能保证块茎贮藏更为有效。爱德华王子岛的 Robert Coffin 博士建立了一份被称为"储存适合性测试"的核对表。其中的一些检查要点如下：通过马铃薯堆的平衡气流；堆内温度梯度；绝缘层老化情况；仓门密封以及是否漏风情况；准确评估相对湿度；马铃薯的游离水分；二氧化碳浓度是否超标；果蝇；氨气异味；控制面板和监控设备的准确性和精密度［科芬博士（Dr. Coffin)，个人通讯］。

10.10 马铃薯采后贮藏对加工和营养品质的影响

对质量最恰当的定义是马铃薯是否符合其预期用途。种植者和加工者必须根据最终用途来确保马铃薯的质量。薯条和薯片是食品工业中马铃薯的两大主要加工产品，冷冻薯条的生产则是加工业中最主要的部分。其他加工产品有脱水的薄片或颗粒，以及各种形式的马铃薯罐头食品（Sinha et al.，2011）。块茎的化学成分在生长和贮藏过程中受环境的影响，并对块茎的品质有很大影响（Mazza，1983；Salunkheet et al.，1989）。块茎在加工前贮存过程中发生的生化变化对成品色泽有重要影响，如低温糖化。影响马铃薯贮藏和市场品质的两个最重要生理过程是休眠、发芽和伤口愈合、结皮。外部品质，如病虫害、发芽和表面损伤造成的表面瑕疵的程度，以及内在品质，如营养品质、熟品的颜色（烹调后发黑、酶和非酶褐变）、食用品质（质地、手感和脆度），决定了块茎最终的质量和消费者的接受度。

马铃薯含有丰富的碳水化合物、矿物质、维生素和植物化学物质，贮存条件会影响营养质量。马铃薯在 8℃的环境下贮藏 5 个月后，经 γ-射线辐照和 CIPC 处理，能有效地抑制发芽。γ 辐照提高了总游离糖含量，辐照后快消化淀粉和慢消化淀粉含量略有增加，抗性淀粉含量显著下降。然而，在对照组、CIPC 处理组和 γ 辐照处理组处理 3 个月后，淀粉的体外消化率没有明显的变化（Lu et al.，2012）。

马铃薯是北美饮食中抗氧化物质的第三大来源（Chun et al.，2005）。抗氧化性是由酚类、花青素和类胡萝卜素等物质产生的，且在彩色马铃薯中含量丰富。贮藏通常会增加马铃薯中的总酚含量，但一些研究也报道了贮藏后酚含量几乎没有变化或减少（Ezekiel et al.，2013）。对 12 个科罗拉多州种植的克隆马铃薯在 4℃下分别冷藏 2 个月、4 个月、6 个月和 7 个月，结果表明，天然颜色的马铃薯具有高的总酚含量和抗氧化活性，而黄肉马铃薯品种“育空之金”的维生素 C 含量明显较高。所有克隆马铃薯在冷藏期间维生素 C 含量均下降，总酚含量和抗氧化活性在冷藏期间发生波动，在冷藏 7 个月后，这一水平略高于收获时的水平（Külen et al.，2013）。Blessington 等（2010）研究了 4℃和 20℃贮藏 110 天对马铃薯酚类物质含量的影响，总酚含量、绿原酸，咖啡酸和香草酸在 4℃和 20℃贮藏后差异不显著，维生素 P、对香豆酸和槲皮素脱水物含量在 4℃和 20℃贮藏后增加。在所研究的 8 个基因型品种中，三种贮藏处理均导致类胡萝卜素含量增加，但对酚类物质含量和抗氧化活性没有显著影响。在一项研究中，彩色马铃薯在 4℃的温度下贮藏 6 个月，观察到总花青素含量（TAC）有显著差异。维奥莱特和高地勃艮第红花的 TAC 则分别比新鲜采收的提高了 16.8%和 20.3%，然而 Valfi 品种的 TAC 则下降了 35.9%，而 Blaue St. Galler 和 Blue-Congo 的 TAC 没有差异（Lachman et al.，2012）。对 6 个商品马铃薯品种（Somogyi Kifli、Hopehely、Katica、Lorett、Venusz 和 White Lady）在 20~22℃下从采收到发芽的 5 个发育阶段进行了气相色谱-质谱代谢组学研究，结果表明，马铃薯中果糖和蔗糖的含量在贮藏过程中降低，脯氨酸含量有所提高。除 Somogyi Kifli 外，无论休眠时间长短，每个品种在贮藏任一时间的代谢物组成都有很大的差异（Uri et al.，2014）。在一项评估 10 个高级无性系品种维生素 C 含量的研究中发现，新鲜块茎的维生素 C 含量高于成熟块茎，而在所有被研究的无性系中，其维生素 C 含量在贮藏过程中都显著下降（Cho et al.，2013）。

马铃薯的贮藏还可以改变糖类生物碱的组成和丙烯酰胺的含量。块茎短时间内暴露于低于 3~11W/m^2 光照下 24h 会发生绿化，此过程受品种、成熟期和温度的影响（Salunkhe et al.，1989）。在 5℃时，没有观察到绿化发生，而在 20℃时，马铃薯块茎的绿色生长面积很广（Salunkhe et al.，1989）。绿化会影响块茎的营养品质。马铃薯的绿化是由块茎周皮层中叶绿素在光照下合成的，这通常与糖类生物碱的形成有关（Salunkhe et al.，1989）。糖苷生物碱主要是苷元、茄啶的糖苷类化合物。在烹调时，茄啶的浓度为 15~20mg/100g 时会产生异味。由于糖苷生物碱有苦味，超过阈值可能有毒，因此在许多国家和地区，官方推荐的标准是低于 200mg/kg FW（Friedman et al.，1997）。马铃薯糖碱中毒的症状包括胃肠紊乱、出现幻觉和由于乙酰胆碱酯酶活性被抑制而导致的部分瘫痪（Smith et al.，1996；Friedman，2006）。据报道，在 10℃贮存过程中糖生物碱含量的增加低于在 4℃贮存时含量的增加量（Cieslik et al.，1998）。Nitithamyong 等（1999）研究发现，与光照强度、日长，二氧化碳浓度和湿度相比，温度对糖苷生物碱含量的影响更大。在没有发芽抑制剂的情况下，长期贮藏期间温度升高（10℃）会导致所研究的 3 个品种（Cilena、Lolita 和 Marabel）中 Cilena 和 Lolita 的糖类生物碱含量增加（高达 518mg SGA/kg 干物质），但这与发芽水平无关。冷藏（4℃）略微提高了 Lolita 中糖类生物碱的含量。控制发芽会导致另外三个参试品种（Agria、Karlena 和 Tomensa）的糖生物碱含量大幅下降。此外，生长地点、雨季和冷季对其中生物碱含量也有影响。适度光照导致糖苷生物碱在秋季有所增加，但在春季下降

(Haase, 2010)。在制定将鲜食马铃薯中的SGA水平降至最低的策略时，应考虑以上这些因素。控制块茎的绿化和贮藏中糖类生物碱含量有多种方法，如使用化学控制方法、控制和改变大气条件、电离辐射等，本章在控制发芽或贮藏方法下对这些方法进行了讨论。通过培育茄子来降低块茎中糖生物碱含量的遗传改良已有报道。

已经报道通过培育茄属（Sanford et al., 1995），以及在Lenape和Desiree品系中使用带有茄尼定UDP-葡萄糖转移酶基因的反义技术来降低块茎中糖生物碱含量的遗传改良方法(Moehs et al., 1997)。

由于丙烯酰胺具有潜在的致癌特性，人们越来越关注马铃薯加工产品中丙烯酰胺的产生（Chuda et al., 2003; Hogervorst et al., 2007）。丙烯酰胺已被国际癌症研究机构（International Agency for Research on Cancer, IARC）列为潜在人类致癌物（IARC, 1994）。食品中的丙烯酰胺是由还原糖与天冬酰胺在120℃以上的美拉德褐变反应形成的（Zhang et al., 2007），当加热温度从120℃增加到170℃，该反应速率也会随之剧烈增加。因此，天冬酰胺、葡萄糖和果糖被认为是主要的前体，天冬酰胺及其酰胺基团提供丙烯酰胺分子的主体。马铃薯含有大量的葡萄糖、果糖和天冬酰胺，低温贮存已被证明可以增加还原糖的含量。一项涉及来自8个国家的16个商业马铃薯品种的研究表明，果糖（$r=0.956$）、葡萄糖（$r=0.826$）和天冬酰胺（$r=0.842$）与丙烯酰胺的形成呈正相关（Zhu et al., 2010）。用2℃贮存的马铃薯制成的薯片含有的丙烯酰胺是20℃贮存加工薯片的10倍，并且与块茎中的葡萄糖和果糖水平高度相关（Chuda et al., 2003）。所有这些研究都表明丙烯酰胺的形成与还原糖浓度有很强的相关性。因此，通过育种或基因工程培育抗LTS的品种，可以在减少油炸薯条中丙烯酰胺的形成方面取得实质性的改进。在一项研究中，报道了10个马铃薯品种（在8.5℃下和在9.5℃下贮存8个月的薯条）在游离氨基酸、葡萄糖、果糖与贮存时间和丙烯酰胺形成之间的显著交互作用（Halford et al., 2012）。其中两个品种的葡萄糖或总还原糖浓度与丙烯酰胺的形成均存在显著的相关性，但与果糖的相关性在加工薯片品种中要比炸薯条品种强得多。在炸薯条品种中，游离氨基酸总量和游离天冬酰胺浓度都与丙烯酰胺的形成有显著的相关性（Halford et al., 2012; Muttucumaru et al., 2014）。这些研究强调了品种选择在防止马铃薯产品中形成丙烯酰胺的潜力，以及长期贮存对丙烯酰胺产生的影响（Halford et al., 2012）。此外还研究了各种加工方法和利用基因工程减少加工食品中丙烯酰胺的形成，并取得了不同程度的成功。特异性沉默酸性转化酶基因大大降低了5.5℃贮存2个月后块茎内还原糖的形成，并使炸薯条品种的丙烯酰胺形成量减少了8倍(Ye et al., 2010)。本实验室对丙酮酸脱羧酶基因和冷诱导启动子过表达的转基因马铃薯进行了研究，结果表明在5℃下贮藏的转基因马铃薯比相应的非转基因马铃薯产生的丙烯酰胺少69%（Pinhero et al., 2012）。观察到丙烯酰胺含量与葡萄糖、果糖和还原糖呈高度正相关（$P\leq0.05$），与蔗糖呈较低正相关（$P\leq0.05$）（图10.5），炸薯条品质与丙烯酰胺也呈高度负相关（图10.6）。有关丙烯酰胺的更详细研究，请参阅Foot等的研究（2007）。

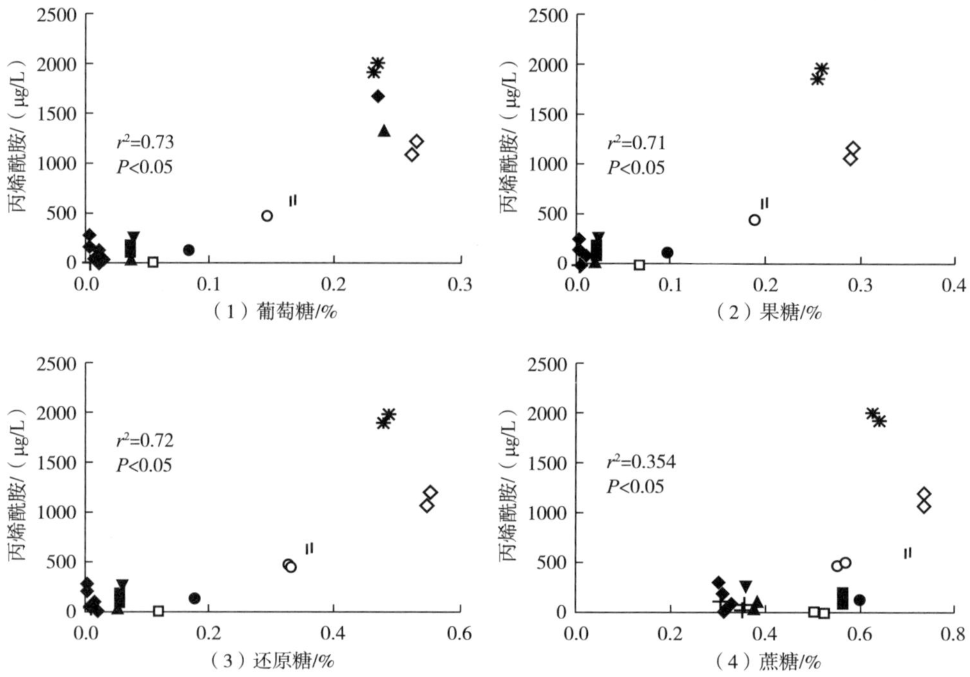

图 10.5 12℃和 5℃贮藏前后，丙烯酰胺与葡萄糖、果糖、总还原糖和蔗糖相关性

注：S0，未转化，未贮藏（■）；S12，14（未转化，12℃贮藏 14d，◆）；S12，28（未转化，12℃贮藏 28d）；S12，42（未转化，12℃贮藏 42d，X）；S5，14（未转化，5℃贮藏 14d，▼）；S5，28（未转化，5℃贮存 28d，▲）；S5，42（未转化，5℃贮存 42d，●）；T0（转基因，未贮存，□）；T12，14（转基因，12℃贮存 14d，◇）；T12，28，（转基因，12℃贮存 28d）；T12，42（转基因，12℃贮存 42d，+）；T5，14，（转基因，5℃贮存 14d）；T5，28（转基因，5℃贮存 28d，△）；T5，42（转基因，5℃贮存 42d，○）。

（资料来源 Pinhero 等，2012。）

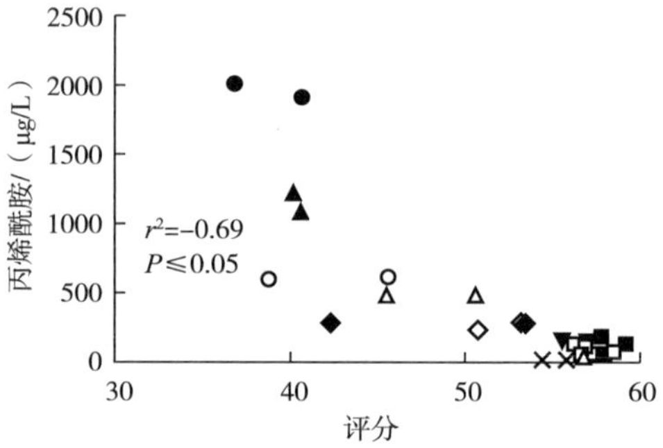

图 10.6 未转化 S（对照组）和转基因 T 块茎在 12℃和 5℃下贮藏前后丙烯酰胺与切片评分的相关性

注：S0，未转化，未贮藏（■）；S12，14（未转化，12℃贮藏 14d，◆）；S12，28（未转化，12℃贮藏 28d）；S12，42（未转化，12℃贮藏 42d，X）；S5，14（未转化，5℃贮藏 14d，▼）；S5，28（未转化，5℃贮藏 28d，▲）；S5，42（未转化，5℃贮藏 42d，●）；T0（转基因，未贮藏，□）；T12，14（转基因，12℃贮藏 14d，◇）；T12，28，（转基因，12℃贮藏 28d）；T12，42（转基因，12℃贮藏 42d，+）；T5，14（转基因，5℃贮藏 14d）；T5，28（转基因，5℃贮藏 28d，△）；T5，42（转基因，5℃贮藏 42d，○）。

（资料来源：Pinhero 等，2012。）

有关马铃薯采后贮藏的其他读物，读者可参考 Booth 等（1981）、Rastovski（1987a）、Banks（2006）、Gottschalk 等（2006）、Knowles 等（2008）、Phero（2009）和 Pringle（2009）等的研究。

参考文献

Affleck I, Sullivan J. A, Tarn R, Yada R. Stability of eight potato genotypes for sugar content and french fry quality at harvest and after storage. *Canadian Journal of Plant Science*. 2012;92(1):87-96.

Afify A. E. M. R, El-Beltagi H. S, Aly A. A, El-Ansary A. E. The impact of γ -irradiation, essential oils and iodine on biochemical components and metabolism of potato tubers during storage. *Notulae Botanicae Horti Agrobotanici*. 2012;40(2):129-139.

Banks E. Potato Field Guide, Insects, Diseases and Defects. *Ontario Ministry of Publication*. 2006;823:170.

Bishop C. F. H, Clayton R. C. Physiology. In: Pringle R. T, Bishop C. F. H, Clayton R. C, eds. *Potato Postharvest*. 2009:1-29.

Blessington T, Nzaramba M. N, Scheuring D. C, Hale A. L, Reddivari L, Miller Jr. J. C. Cooking methods and storage treatments of potato: effects on carotenoids, antioxidant activity and phenolics. *American Journal of Potato Research*. 2010;87:479-491.

Booth R. H, Shaw R. L. *Principles of Potato Storage*. Lima, Peru: International Potato Centre; 1981:105.

Brecht J. K. Underground storage organs. In: Bartz J. A, Brecht J. K, eds. *Postharvest Physiology and Pathology of Vegetables*. second ed. Marcel Dekker, Inc.; 2003:625-647.

Brook R. C, Fick R. J, Forbush T. D. Potato storage design and management. *American Potato Journal*. 1995;72:463-479.

Buitelaar N. Sprout inhibition in ware potato storage. In: Rastovski A, van Es A, et al., eds. *Storage of Potatoes*. Wageningen, The Netherlands: PUDOC; 1987:331-341.

Burton W. G. The effect of the concentrations of carbon dioxide and oxygen in the storage atmosphere upon the sprouting of potatoes at 10℃. *European Potato Journal*. 1958;1(2):47-57.

Burton W. G. The basic principles of potato storage as practiced in Great Britain. *European Potato Journal*. 1963;6:77-92.

Burton W. G. The effect of oxygen concentration upon sprout growth on the potato tuber. *European Potato Journal*. 1968;11:249-265.

Burton W. G. The physics and physiology of storage. In: Harris P. M, ed. *The Potato Crop. The Scientific Basis for Improvement*. New York: London Chapman and Hall, A Halsted Press Book, John Wiley and Sons; 1978:545-606.

Burton W. G. *The Potato*. third ed. New York, USA: Wiley; 1989.

Butchbaker A. F, Nelson D. C, Shaw R. Controlled-atmosphere storage of potatoes. *Transactions of the American Society of Agricultural Engineers*. 1967;10:534-538.

Calder B. L, Skonberg D. I, Davis-Dentici K, Hughes B. H, Bolton J. C. The effectiveness of ozone and acidulant treatments in extending the refrigerated shelf life of fresh-cut potatoes. *Journal of Food Science*. 2011;76(8):S492-S498.

Cho K. -S, Jeong H. -J, Cho J. -H, Park Y. -E, Hong S. -Y, Won H. -S, Kim H. -J. Vitamin C content of potato clones from Korean breeding lines and compositional changes during growth and after storage, horticulture. *Environment and Biotechnology*. 2013;54(1):70-75.

Chourasia M. K, Goswami T. K. Losses of potatoes in cold storage vis-à -vis types, mechanism and influential factors. *Journal of Food Science and Technology*. 2001;38(4):301-313.

Chuda Y, Ono H, Yada H, Takada A. O, Endo C. M, Mori M. Effects of physiological changes in potato tubers (*Solanum tuberosum* L.) after low temperature storage on the level of acrylamide formed in potato chips. *Bioscience, Biotechnology, and Biochemistry*. 2003;67(5):1188-1190.

Cieslik E, Praznik W. Changes of glycoalkaloid content in potato tubers of selected varieties during vegetation and storage. *Polish Journal of Food and Nutrition Sciences*. 1998;7:417-422.

Chun O. K, Kim D. O, Smith N, Schroeder D, Han j. t, Lee C. Y. Daily consumption of phenolics and total antioxidant capacity from fruits and vegetables in the American diet. *Journal of Science, Food and Agriculture*. 2005;85:1715-1724.

Dale M. F. B, Mackay G. R. Inheritance of table and processing quality. In: Bradshaw J. E, Mackay G. R, eds. *Potato Genetics*. Wallingford, Oxon: CAB International; 1994:285-315.

Daniels-Lake B. J. The combined effect of CO_2 and ethylene sprout inhibitors on the fry color of stored potatoes (*Solanum tuberosum* L.). *Potato Research*. 2013;56:115-126. doi: 10. 1007/s11540-013-9234-0.

Daniels-Lake B. J, Prange R. K, Kalt W, Walsh J. R. Methods to minimize the effect of ethylene sprout inhibitor on potato fry color. *Potato Research*. 2007;49:303-326.

Eldredge E. P, Holmes Z. A, Mosley A. R, Shock C. C, Stieber T. D. Effects of transitory water stress on potato tuber stem-end reducing sugar and fry color. *American Potato Journal*. 1996;73:517-530.

EPA. Report of FQPA Tolerance Reassessment Progress and Interim Risk Management Decision (TRED) for Chlorpropham. 2002. http://www. epa. gov/oppsrrd1/REDs/chlorpropham_tred. pdf.

van Es A, Hartmans K. J. Respiration. In: Rastovski A, van Es A, et al., eds. *Storage of Potatoes*. Wageningen, The Netherlands: PUDOC; 1987:133-140.

van Es A, Hartmans K. J. Water balance of the potato tuber. In: Rastovski A, van Es A, et al., eds. *Storage of Potatoes*. Wageningen, The Netherlands: PUDOC; 1987:133-140.

van Es A, Hartmans K. J. Starch and sugars during tuberization, storage and sprouting. In: Rastovski A, van Es A, et al., eds. *Storage of Potatoes*. Wageningen, The Netherlands: PUDOC; 1987:141-147.

van Es A, Hartmans K. J. Dormancy, sprouting and sprout inhibition. In: Rastovski A, van Es A, et al., eds. *Storage of Potatoes*. Wageningen, The Netherlands: PUDOC; 1987:114-132.

Ezekiel R, Singh N, Sharma S, Kaur A. Beneficial phytochemicals in potato—a review. *Food Research International*. 2013;50:487-496.

FAOSTAT, 2014. http://www. potatopro. com/world/potato-statistics.

FDA. United States Food and Drug Administration. Analysis and Evaluation of Preventive Control Measures for the Control and Reduction/Elimination of Microbial Hazards on Fresh and Fresh-Cut Produce. MD: Silver Spring; 2009. http://www. fda. gov/Food/ScienceResearch/ResearchAreas/SafePracticesforFoodProcesses/ucm091270. htm (a 28. 12. 09.).

Fellows P. J. *Food Processing Technology*. London: Ellis, Horwood; 1988.

Foot R. J, Haase N. U, Grob K, Gondé P. Acrylamide in fried and roasted potato products. A review on progress in mitigation. *Food Additives and Contaminants*. 2007;24(Suppl. 1):37-46.

Friedman M. Potato glycoalkaloids and metabolites: roles in the plant and in the diet. *Journal of Agricultural Food Chemistry*. 2006;54:8655-8681.

Friedman M, McDonald G. M. Potato glycoalkaloids: chemistry, analysis, safety and plant physiology. *Critical Reviews in Plant Science*. 1997;16:55-132.

Gachango E, Kirk W, Schafer R, Wharton P. Evaluation and comparison of biocontrol and conventional fungicides for control of postharvest potato tuber diseases. *Biological Control*. 2012;63:115-120.

Gottschalk K, Ezekiel R. Storage. In: Gopal J, Khurana S. M. P, eds. *Handbook of Potato Production, Improvement, and Postharvest Management*. Binghamton, NY, USA: Food Products Press; 2006:489-522.

Gudmestad N. C. Potato health from sprouting to harvest. In: Johnson D. A, ed. *Potato Health Management*. second ed. APS Press; 2008:67-77.

de Haan P. H. Unloading of potato stores. In: Rastovski A, van Es A, et al., eds. *Storage of Potatoes*. Wageningen, The Netherlands: PUDOC; 1987:331-341.

Haase N. U. Glycoalkaloid concentration in potato tubers related to storage and consumer offering. *Potato Research*. 2010;53(4):297-307.

Halford N. G, Muttucumaru N, Powers S. J, Gillatt P. N, Hartley L, Elmore J. S, Mottram D. S. Concentrations of free amino acids and sugars in nine potato varieties: effects of storage and relationship with acrylamide formation. *Journal of Agricultural Food Chemistry*. 2012;60:12044-12055.

Hiller L. K, Thornton R. E. Management of physiological disorders. In: Rowe R. C, ed. *Potato Health Management*. St. Paul, MN: APS Press; 1993:87-94.

Hogervorst J. G, Schouten L. J, Konings E. J, Goldbohm R. A, van den Brandt P. A. A prospective study of dietary acrylamide intake and the risk of endometrial, ovarian, and breast cancer. *Cancer Epidemiology Biomarkers Prevention*. 2007;16(11):2304-2313.

International Agency for Research on Cancer (IARC). *Monograph on the Evaluation of Carcinogenic Risk to Humans*. vol. 61. WHO; 1994:243.

Iritani W. M. Growth and preharvest stress and processing quality of potatoes. *American Potato Journal*. 1981;58:71-80.

Iritani W. M, Weller L. D. The development of translucent end potatoes. *American Potato Journal*. 1973; 50:223-233.

Isherwood F. A, Burton W. G. The effect of senescence, handling, sprouting and chemical sprout suppression upon the respiratory quotient of stored potato tubers. *Potato Research*. 1975;18:98-104.

Kalt W, Prange R. K, Daniels-Lake B. J, Walsh J, Dean P, Coffin R. Alternative compounds for the maintenance of processing quality of stored potatoes (*Solanum tuberosum*). *Journal of Food Processing and Preservation*. 1999;23:71-81.

Khanbari O. S, Thompson A. K. The effect of controlled atmosphere storage at 4℃ on crisp color and on sprout growth, rotting and weight loss of potato tubers. *Potato Research*. 1994;37:291-300.

Külen O, Stushnoff C, Holm D. G. Effect of cold storage on total phenolics content, antioxidant activity and vitamin C level of selected potato clones. *Journal of Science, Food and Agriculture*. 2013;93(10):2437-2444. doi: 10.1002/jsfa.6053.

Kleinkopf G. E. Early season storage. *American Potato Journal*. 1995;72:449-462.

Kleinkopf G. E, Oberg N. A, Olsen N. L. Sprout inhibition in storage: current status, new chemistries and natural compounds. *American Journal of Potato Research*. 2003;80:317-327.

Knowles N. R, Plissey E. S. Maintaining tuber health during harvest, storage, and post-storage handling. In: Johnson D. A, ed. *Potato Health Management*. St. Paul, Minnesota: APS Press; 2008:79-99.

Lachman J, Hamouz K, Orsak M, Pivec V, Hejtmankova K. Impact of selected factors-cultivar, storage, cooking and baking on the content of anthocyanins in coloured-flesh potatoes. *Food Chemistry*. 2012;133:1107-1116.

Lewis M. D. Practical aspects of potato storage management. In: *International Potato Processing and Storage Convention, October* 10-12, *Calgary, Alberta, Canada*. 2007.

Lewis M. D, Kleinkopf G. E, Shetty K. K. Dimethylnaphthalene and diisopropylnaphthalene for potato sprout control in storage: 1. Application methodology and efficacy. *American Potato Journal*. 1997; 74:

183-197.

Li M, Song B, Zhang Q, Liu X, Lin Y, Ou Y, Zhang H, Liu J. A synthetic tuber-specific and cold-induced promoter is applicable in controlling potato cold-induced sweetening. *Plant Physiology and Biochemistry*. 2013;67:41-47.

Lu Z. -H, Donner E, Yada R, Liu Q. Impact of γ -irradiation, CIPC treatment, and storage conditions on physicochemical and nutritional properties of potato starches. *Food Chemistry*. 2012;133:1188-1195.

Mahto R, Das M. Effect of gamma irradiation on the physico-mechanical and chemical properties of potato (*Solanum tuberosum* L.), cv. ' Kufri Sindhuri ', in non-refrigerated storage conditions. *Postharvest Biology and Technology*. 2014;92:37-45. doi: 10. 1016/j. postharvbio. 2014. 01. 011.

Mazza G. Processing/nutritional quality changes in potato tubers during growth and long term storage. *Canadian Institute of Food Science Technology Journal*. 1983;16(1):39-44.

Mehta A, Singh B, Ezekiel R, Minhas J. S. Processing quality comparisons in potatoes stored under refrigerated and non-refrigerated conditions. *Indian Journal of Plant Physiology*. 2014;19(2):149-155.

Meijers C. P. Diseases and defects liable to affect potatoes during storage. In: Rastovski A, van Es A, et al., eds. *Storage of Potatoes*. Wageningen, The Netherlands: PUDOC; 1987:148-174.

Meijers C. P. Inspection of store and arrival of potatoes. In: Rastovski A, van Es A, et al., eds. *Storage of Potatoes*. Wageningen, The Netherlands: PUDOC; 1987:319-321.

Meijers C. P. Wound healing. In: Rastovski A, van Es A, eds. *Storage of Potatoes*. Wageningen, The Netherlands: PUDOC; 1987:328-330.

Miller J. S, Rosen C. J. Interactive effects of fungicide programs and nitrogen management on potato yield and quality. *American Journal of Potato Research*. 2005;82:399-409.

Miranda M. L, Aguilera J. M. Structure and texture properties of fried potato products. *Food Reviews International*. 2006;22(2):173-201. doi: 10. 1080/87559120600574584.

Moehs C. P, Allen P. V, Friedman M, Bellknap W. R. Cloning and expression of solanidine UDP-glucose glucosyltransferase from potato. *The Plant Journal*. 1997;11:227-236.

Moinuddin, Umar S. Influence of combined application of potassium and sulfur on yield, quality, and storage behavior of potato. *Communication in Soil Science and Plant Analysis*. 2004;35(7-8):1047-1060.

Muttucumaru N, Powers S. J, Elmore J. S, Briddon A, Mottram D. S, Halford N. G. Evidence for the complex relationship between free amino acid and sugar concentration and acrylamide-forming potential in potato. *Annals of Applied Biology*. 2014;164:286-300. doi: 10. 1111/aab. 12101.

Nitithamyong A, Vonelbe J. H, Wheeler R. M, Tibbitts T. W. Glycoalkaloids in potato tubers grown under controlled environments. *American Journal of Potato Research*. 1999;76:337-343.

Onera M. E, Walkerb P. N. Shelf-life of near-aseptically packaged refrigerated potato strips. *LWT-Food Science and Technology*. 2011;44(7):1616-1620.

Pinhero R, Pazhekattu R, Whitfield K, Marangoni A. G, Liu Q, Yada R. Y. Effect of genetic modification and storage on the physico-chemical properties of potato dry matter and acrylamide content of potato chips. *Food Research International*. 2012;49:7-14.

Pinhero R, Pazhekattu R, MarangoniA. G, Liu Q, Yada R. Y. Alleviation of low temperature sweetening in potato by expressing Arabidopsis pyruvate decarboxylase gene and stress-inducible rd29A: a preliminary study. *Physiology and Molecular Biology of Plants*. 2011;17(2):105-114.

Pinhero R. G, Coffin R, Yada R. Y. Post-harvest storage of potatoes. In: Singh J, Kaur L, eds. *Advances in Potato Chemistry and Technology*. 2009:339-370.

Pinhero R. G, Copp L. J, Amaya C. -L, Marangoni A. G, Yada R. Y. Roles of alcohol dehydrogenase, lactate dehydrogenase and pyruvate decarboxylase in low temperature sweetening in a tolerant and susceptible varieties of potato (*Solanum tuberosum*). *Physiologia Plantarum*. 2007;130(2):230-239.

Powelson M. L, Rowe H. C. Managing diseases caused by seedborne and soilborne fungi and fungus-like pathogens. In: Johnson D. A, ed. *Potato Health Management*. St. Paul, Minnesota: APS Press; 2008: 183-195.

Pringle B, Bishop C, Clayton R. *Potatoes Postharvest*. Cambridge, MA, USA: CAB International; 2009: 448.

Pringle R. T. Storage of seed potatoes in pallet boxes. 2. Causes of tuber surface wetting. *Potato Research*. 1996;39:223-240.

Rak K, Navarro F. M, Palta J. P. Genotype × storage environment interaction and stability of potato chip color: implications in breeding for cold storage chip quality. *Crop Science*. 2013;53(5):1944-1952.

Rastovski A. Storage losses. In: Rastovski A, van Es A, eds. *Storage of Potatoes*. Wageningen, The Netherlands: PUDOC; 1987:177-180.

Rastovski A. Cooling of potatoes and water loss. In: Rastovski A, van Es A, et al., eds. *Storage of Potatoes*. Wageningen, The Netherlands: PUDOC; 1987:183-211.

Rommens C. M, Ye J, Richael C, Swords K. Improving potato storage and processing characteristics through all-native DNA transformation. *Journal of Agricultural and Food Chemistry*. 2006;54(26):9882-9887.

Salunkhe D. K, Desai B. B, Chavan J. K. Potatoes. In: Michael N. A, ed. *Quality and Preservation of Vegetables*. Boca Raton, Florida: CRC Press Inc.; 1989:1-52.

Sanford L. L, Deahl K. L, Sinden S. L, Kobayashi R. S. Glycoalkaloid content in tubers of hybrid and backcross populations from a *Solanum tuberosum* x *S. chacoense* cross. *American Potato Journal*. 1995;72:261-271.

Sapers G. M, James R. G, Yousef A. E. *Microbiology of Fruits and Vegetables*. Boca Raton, FL: CRC Press Inc.; 2006.

Schouten S. P. Bulbs and tubers. In: Weichmann J, ed. *Postharvest Physiology of Vegetables*. New York and Basel: Marcel Dekker, Inc.; 1987:555-581.

Scott R. K, Wilcockson S. J. Application of physiological and agronomic principles to the development of the potato industry. In: Harris P. M, ed. *The Potato Crop. The Scientific Basis for Improvement*. New York: London Chapman and Hall, A Halsted Press Book, John Wiley and Sons; 1978:678-704.

Shaw R. L, Booth R. H. *Introduction to Potato Storage*. Lima, Peru: International Potato Centre; 1981:10.

Sijbring P. H. Drying of potatoes. In: Rastovski A, van Es A, et al., eds. *Storage of Potatoes*. Wageningen, The Netherlands: PUDOC; 1987:322-327.

Sinha N. K, Hui Y. H. *Handbook of Vegetables and Vegetable Processing*. Ames, Iowa: Blackwell Pub.; 2011:772.

Smith D. B, Roddick J. G, Jones J. L. Potato glycoalkaloids: some unanswered questions. *Trends in Food Science and Technology*. 1996;7:126-131.

Sonnewald S, Sonnewald U. Regulation of potato sprouting. *Planta*. 2014;239:27-38. doi: 10.1007/s00425-013-1968-z.

Sowokinos J. R. Pyrophosphorylase in *Solanum tuberosum* L.: allelic and isozyme patterns of UDP-glucose pyrophosphorylase as a marker for cold-sweetening resistance in potatoes. *American Journal of Potato Research*. 2001;78:57-64.

Sowokinos J. R. Biochemical and molecular control of cold-induced sweetening in potatoes. *American Journal of Potato Research*. 2001;78:221-236.

Sparenberg H. Storage of potatoes at high temperatures. In: Rastovski A, van Es A, et al., eds. *Storage of Potatoes*. Wageningen, The Netherlands: PUDOC; 1987:429-440.

Thompson A. K. *Controlled Atmosphere Storage of Fruits and Vegetables*. UK: CAB International, Biddles

Ltd, Guildford and King's Lynn; 1998:201-203.

Thornton M. K, Lewis M. D, Barta J. L, Kleinkopf G. E. Effect of nitrogen management on Russet Burbank tuber dormancy and response to CIPC. *American Potato Journal*. 1994;71:705.

Uri C, Juhasz Z, Banfalvi Z. A GC-MS-based metabolomics study on the tubers of commercial potato cultivars upon storage. *Food Chemistry*. 2014;159:287-292.

Yan H, Chretien R, Ye J, Rommens C. M. New construct approaches for efficient gene silencing in plants. *Plant Physiology*. 2006;141:1508-1518.

Ye J, Shakya R, Shrestha P, Rommens C. M. Tuber-specific silencing of the acid invertase gene substantially lowers the acrylamide-forming potential of potato. *Journal of Agricultural and Food Chemistry*. 2010;58:12162-12167.

Zommick D. H, Knowles L. O, Knowles N. R. Tuber respiratory profiles during low temperature sweetening (LTS) and reconditioning of LTS-resistant and susceptible potato (*Solanum tuberosum* L.) cultivars. *Postharvest Biology and Technology*. 2014;92:128-138.

Zommick D. H, Knowles L. O, Pavek M. J, Knowles N. R. In-season heat stress compromises postharvest quality and low-temperature sweetening resistance in potato (*Solanum tuberosum* L.). *Planta*. 2014;239:1243-1263. doi: 10.1007/s00425-014-2048-8.

Zhang Y, Zhang Y. Formation and reduction of acrylamide in Maillard reaction: a review based on the current state of knowledge. *Critical Reviews in Food Science and Nutrition*. 2007;47:521-542.

Zhu F, Cai Y.-Z, Ke J, Corke H. Composition of phenolic compounds, aminoacids and reducing sugars in commercial potato varieties and their effects on acrylamide formation. *Journal of the Science of Food and Agriculture*. 2010;90:2254-2262.

11 有机马铃薯

Vaiva Bražinskienė[1], Kristina Gaivelytė[2]

[1]*Faculty of Business and Technologies, Utena University of Applied Sciences, Utena, Lithuania,*

[2]*Department of Pharmacognosy, Lithuanian University of Health Science, Kaunas, Lithuania*

11.1 引言

马铃薯易于适应不同的生长条件，它们产量高、营养价值高，并因此被广泛传播，被认为是世界上最重要的非谷物农作物之一。根据联合国粮食及农业组织（Food and Agriculture Organization of the United Nations，FAO）的数据（图 11.1），马铃薯的产量（t）仅次于大米、小麦和玉米，位居第四。

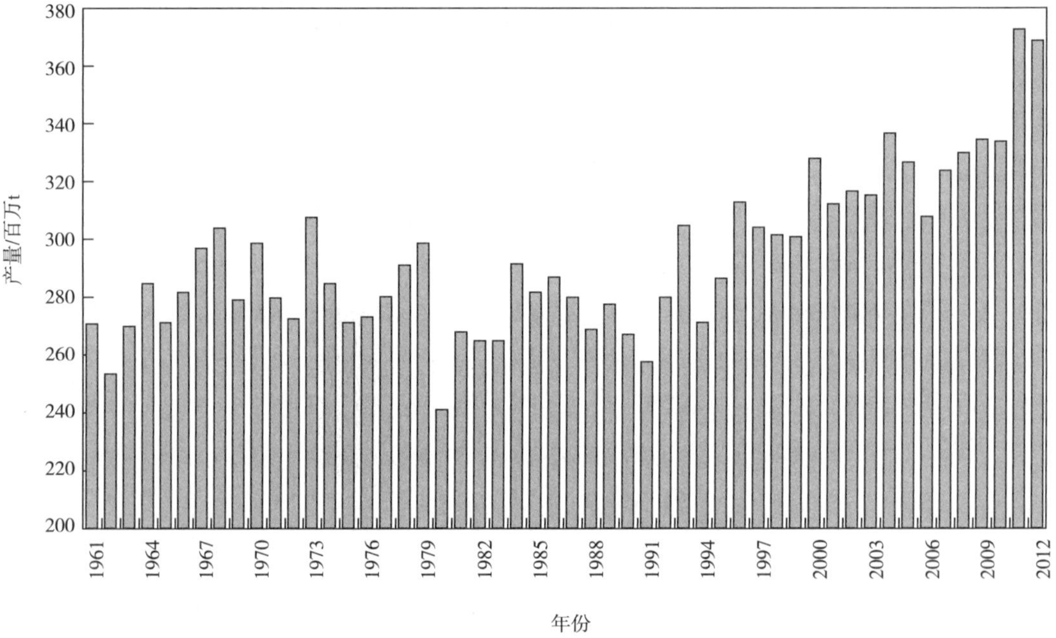

图 11.1　1961—2012 年世界马铃薯产量

目前主要有两种马铃薯生产方法：传统的和有机的。世界上大部分食用马铃薯都是通过常规耕种方式种植的。尽管有机耕作变得越来越普遍，但由于与传统方式种植的马铃薯相比，其生产力较低，因此有机耕种在马铃薯生产上的应用却很少。有机耕种还缺乏加工质量，使得原材料成本很高，产品品质较低（Sultana et al.，2014）。

有机食品的流行可能归因于人们认为有机食品比传统种植食品更健康、更安全、更美味（Hajšlová et al.，2005；Gilsenan et al.，2010）。但其实很难回答这是不是正确的，因为我们在试图回答这个问题时，面临着许多相互矛盾的结果和结论。

Dangour 等（2009）对有机耕种和传统种植的食品进行了一项重要的质量研究。该小组的科学家查阅了 150 多份出版物，并得出结论：没有证据表明有机耕种和传统种植食物在积累不同物质和积累的含量上有所不同。根据 Dangour 等（2009）的研究，有机种植和传统种植的作物和牲畜生产之间的差异在生物学上是合理的，并且可能与农业动植物的不同生产条件以及土壤质量有关。然而，正如研究人员所说，研究结果的分散性如此之大，他们强烈建议在这一领域开展更为全面的研究。

几年后，Brandt 等（2011）的研究发表。该研究分析了有机耕种和传统培育的水果和蔬菜的营养价值，并指出，现有数据并不能证明有机耕种和传统培育条件下生长的果蔬在成分上的差异具有统计学意义，并且也无法计算这些差异大小的近似值。作者认为，对有机和传统培育下的水果中的次生代谢物和维生素含量的元分析结果表明：有机耕种的水果中次生代谢物的含量比传统培育下的高 12%（$P<0.0001$）。这种差异很大程度上取决于次级代谢物的亚组，包括从与植物防御机制有关的高浓度（16%）的化合物到可忽略不计的低浓度（2%）的胡萝卜素。

正如大量的研究事例所显示，对有机耕种和传统培育的食物的质量的总体评价的尝试，总是以没有事实根据或相互矛盾的结论而告终。如果我们试着不把所有食品放到一起检测，只检测马铃薯的话，将会得到什么样的结果？有机耕种的和传统培育的马铃薯真的不一样吗？

11.2 宏量元素（氮、磷、钾、镁、硫、钙）

11.2.1 氮

氮是所有生物的必需元素。氮以多种形式存在于土壤中，最常见的三种形式是硝酸盐、铵和氨基酸（Miller et al.，2005）（图 11.2）。

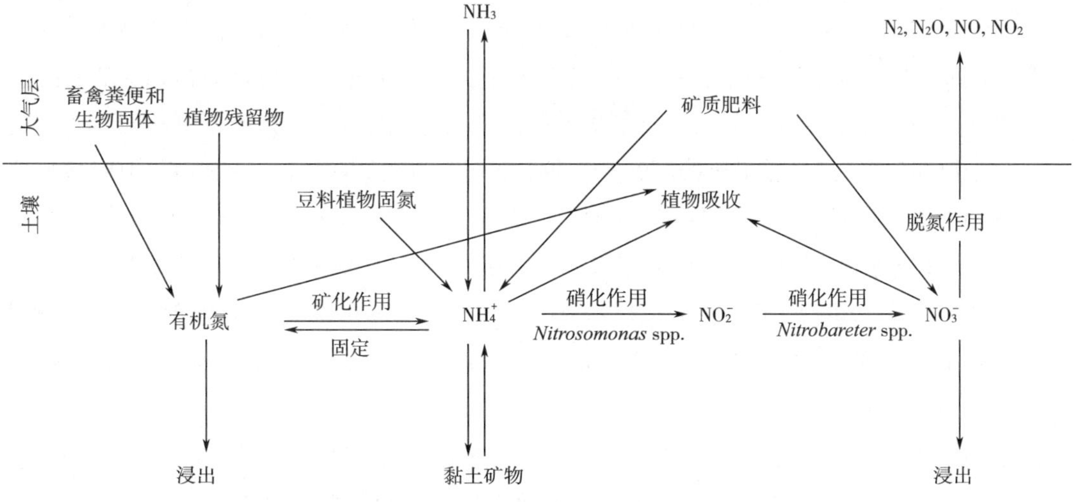

图 11.2 土壤中氮的形式及循环

在传统农业中，马铃薯施用矿物质肥料，其中的氮常以 NH_4^+ 和 NO_3^- 的形式存在，因此与有机化肥中的氮相比，植物更易吸收矿物质肥料中的氮。植物的残余物和绿肥中几乎保留了所有的氮，而在动物粪便中发现的氮几乎一半是有机的，不能直接被植物所利用。在这些形式下，氮的缓慢释放取决于土壤的正在进行的矿化、固定化和硝化过程。在这些过程中，土壤中的微生物起着重要作用。有机氮不易吸收，但是马铃薯可以缓慢吸收，而且能降低多功能 NO_3^- 被淋溶的风险。

蔬菜往往会积累 NO_3^- 的储量，这可能会对食用这些蔬菜的人的身体健康产生负面影响。硝酸盐对于婴儿来说尤其危险，因为硝酸盐会引起高铁血红蛋白血症，这往往会导致婴儿死亡。有关硝酸盐对癌症发展的影响以及致畸作用的讨论有很多（Santamaria，2006）。由于硝酸盐对人体健康会造成负面影响，果蔬中的硝酸盐含量受到了严格的法律限定。然而，这并不能说明硝酸盐是绝对有害的，因为关于饮食摄入硝酸盐对心血管疾病患者健康的益处，甚至预防心血管疾病并发症的讨论越来越多（Bryan et al.，2011）。

对马铃薯生产来说，确保马铃薯能获得足够数量的氮是有必要的。这种化学元素对很多生化反应是必不可少的，它的缺乏会导致显著的生理变化。氮被包含于氨基酸的组成中，在核苷酸的合成中是必需的，它是核酸结构中的重要组分，具有许多能量代谢所必需的重要功能［包括在三磷酸腺苷（ATP）结构中］，并参与信号转导。氮也是叶绿素分子结构中的一部分。它的缺乏会干扰光合作用，从而进一步导致有机化合物的合成发生改变，即马铃薯中的淀粉会发生变化。

在传统耕种的情况下，加上矿物质化肥，马铃薯能获得大量的有效氮。当土壤中的氮增加时，马铃薯（Eppendorfer et al.，1994）和其他蔬菜（Zhang et al.，2007；Staugaitis et al.，2008）中的氮和 NO_3^- 的总量也随之增加。也许这就是传统培育的马铃薯硝酸盐含量水平高于有机耕种的马铃薯的主要决定因素。许多科学家通过实验证明了这一点（Lairon et al.，1985；Rembialkowska，1999；Guziur et al.，2000；Hajšlová et al.，2005；Lombard et al.，2010）。通过一些实验获得的有机耕种和传统培育马铃薯中的硝酸盐含量显著不同的样品：Lairon 等（1985）发现有机耕种马铃薯的硝酸盐含量比传统培育马铃薯中的硝酸盐少 46%，Lombardo 等（2012）发现有机耕种马铃薯的硝酸盐含量比传统培育的少 34%。此外，也可以找到其他观点：Hamouz 等（1999a）分析了农业体系对马铃薯块茎中硝酸盐含量的影响，得出的结论是其差异不具备统计学意义。

马铃薯中的硝酸盐的含量很可能取决于土壤中的矿物质氮的含量和有机化肥（尤其是堆肥）中的低或中等的速效氮含量，与化学肥料相比，有机化肥使蔬菜中的硝酸盐的累积降低（Lairon，2010）。研究表明马铃薯中的硝酸盐含量在一定程度上取决于它们的品种（Hajšlová et al.，2005）。

11.2.2 磷

磷和氮一样，对所有生物体都是必不可少的。磷是 ATP 和其他核苷的组成部分。它是核酸中不可缺少的组成部分，也是构成细胞膜结构基础的磷脂成分的一部分。植物种子中蕴藏大量的磷，它对胚胎发育、发芽和幼苗生长很重要（Marschner，1995）。因为在光合作用的中间阶段，磷酸糖被用于碳固定，所以磷的缺乏会导致光合速率的突然下降（Maathuis，2009）。

土壤中超过 90%的磷是不溶性的，植物无法吸收。土壤溶液中磷的形态取决于 pH；然后，土壤中的磷通常以 $H_2PO_4^-$ 的形式存在，这种形式的磷可以被植物吸收（Maathuis，2009）。

与植物中的氮不同，磷以氧化的形式存在。在植物中，一部分磷以无机形式存在，另一部分组成了各种有机化合物（磷脂、核酸、糖和磷酸盐）的结构，或与其他磷酸盐通过高能焦磷酸键结合（如 ATP 的形成）（Marschner，2012）。

关于有机肥料和矿物质肥料对马铃薯块茎中磷含量影响的文献反映了不同的观点。1974 年发表的一篇文章中，总结了研究人员 12 年的工作，并比较了这两种不同的施肥方法对生长在德国的土豆、胡萝卜和卷心菜中的磷含量的影响发现，有机种植的蔬菜能多吸收大约 13%的磷（Schuphan，1974）。有机种植的马铃薯中磷含量较高，Warman 等（1998）、Colla 等（2002）、Pieper 等（2009）、Wszelaki 等（2005）和 Herencia 等（2011）也持有同样的观点。根据 Lombardo 等（2014）的研究，有机马铃薯比传统种植条件下的马铃薯能多积累 60%的磷。然而，Phillips 等（2002）和 Hargreaves 等（2008）认为农业系统对磷的含量没有影响，而 Warman（2005）认为，传统种植的植物积累了更多的磷。

研究表明，磷矿肥的施用能够使马铃薯块茎中的磷含量略有降低（Antanaitis et al.，2000；Janušauskaitė et al.，2008），并且增加磷矿肥的施肥量对马铃薯块茎中的磷含量没有显著影响（Alvarez-Sanchez et al.，1999）。各种研究结果表明，有机磷肥料可能比无机磷肥更有效（Nziguheba et al.，1998），因为有机肥料的使用促进了土壤磷的矿化（Kwabiah et al.，2003），增加了溶解度，从而提高了磷在植物中的可用性（Nziguheba et al.，1998；Andrews et al.，2002；Herencia et al.，2007）。

磷可以促进根系生长，在磷缺乏的情况下，植物利用液泡中积累的磷资源，将贮存的磷从较老的叶片转移到根，这样就扩大了根系表面积，增加了磷的吸收面。但是，与之相反的是，如果土壤中有足够数量的这种大量元素，各种保护机制就会启动（如将多余的磷转化为有机化合物并减少其吸收）；这些会阻碍磷酸盐毒性浓度的积累（Schachtman et al.，1998）。淀粉也参与了磷酸盐的结合。在马铃薯块茎中，甚至总磷的 40%可以纳入淀粉组成中（Marschner，2012）。Jacobsen 等（1998）发现由于磷肥的施用，马铃薯块茎中磷酸化淀粉含量增加，而通过叶片施磷肥不会导致这一结果。这表明土壤中植物可利用的较高水平的磷促进了马铃薯块茎中磷的积累。众所周知，菌根真菌极大地促进了植物对磷的吸收（Schachtman et al.，1998）。

由于以上这些原因，可以假设，当用有机肥料给马铃薯施肥时，土壤中易于利用的磷增加，与传统耕作条件下种植的马铃薯相比，马铃薯可以积累更多的磷。

11.2.3 钾

与其他农作物相比，马铃薯需要更多的钾（Westermann et al.，1994）。钾以选择性连接的形式激活许多酶。因此，它对植物的新陈代谢尤为重要。钾依赖性酶包括参与C代谢的丙酮酸激酶、磷酸果糖激酶和磷酸腺苷葡萄糖淀粉合酶。在诸如木质部和韧皮部中压力驱动的溶质运输，液泡中钾离子的高水平积累以及介导植物运动的钾离子的大通量等过程中，钾离子在提供养分和水分动态平衡中起着主导作用。高浓度钾对核糖体介导的蛋白质合成很重要（Maathuis，2009）。在所有这些功能中，钾对于马铃薯而言特别重要，因为它是一种参与渗透调节、糖通量和淀粉合成的元素。

在土壤中，大多数钾离子会脱水并与不能被植物利用的氧原子配位（Maathuis，2009）。植物只能吸收溶解状态的钾离子；因此，马铃薯被施用各种钾盐（KCl、K_2SO_4 等）。

马铃薯块茎中的钾含量随着有机肥料（Baniūnienė et al.，2007）和矿物质肥料（Janušauskaitė et al.，2008）的施肥而增加；因此，当土壤中钾含量增加时，马铃薯中的钾浓度也会随之增加（Antanaitis et al.，2000）。比较有机和传统种植的马铃薯块茎中积累的钾量，Schuphan（1974）发现有机种植的马铃薯中钾含量高18%，Smith（1993）则发现高30%。Wszelaki 等（2005）和 Rembiałkowska（2007）也认为，有机马铃薯比在传统耕作条件下种植的马铃薯积累更多的钾。

还有一些其他观点。Warman 和 Havard（1998）发现，有机马铃薯块茎中的钾含量高于常规栽培的马铃薯，但其差异在统计学上并没有意义。Hoefkens 等（2009）发现传统种植的马铃薯钾含量更高。Lombardo 等（2014）比较了2年来有机马铃薯和传统种植马铃薯块茎中的钾含量；其中一年在有机种植的马铃薯块茎中发现了更多的钾，而另一年，传统种植的马铃薯块茎中钾的含量较高。

在传统农业中，传统种植的马铃薯块茎中钾含量的增加可能反映了土壤中这种元素含量较高；在其他情况下，土壤与块茎中矿物质元素的组成之间没有明确的联系。虽然这两种体系中的肥料数量是相同的，但元素的吸收和在植物中的积累取决于肥料的类型（有机或无机）和肥料在水中的溶解度（Härdter et al.，2005）。分析耕作制度对马铃薯块茎中钾积累的影响的另一个重要方面是马铃薯中的钾随着土壤磷的增加而增加（Antanaitis et al.，2000）。目前已知，根土壤中的某些钾离子载体是通过酸性土壤pH活化的；有些通过细胞质中pH的降低而被激活（Chen et al.，2008）。磷酸根离子的特征是具有酸性，可能会降低pH，从而激活钾在根皮细胞中的转运。基于这一假设，有机种植马铃薯的块茎更有可能积累相对多的钾。

11.2.4 镁

确保土壤中含有足够量的镁对于植物来讲很重要，因为该元素对于许多酶的活性都是必需的。它有助于维持核糖核酸的二级结构；因此，基因的转录和翻译取决于细胞中镁的含量（Misra et al.，2000）。镁对光合作用特别重要，因为它是叶绿素分子的中心原子。此外，由于镁在叶绿体中的浓度可以通过主要的光合酶进行控制。镁参与通过叶绿体和液泡膜的离子流的调节，从而调节细胞质和气孔开口中离子的浓度（Shaul，2002）。

镁在土壤胶体中的吸收相对较弱，因此相对容易浸出，造成土壤普遍缺乏（Deng et al.，2006）镁，特别是在酸性和轻型颗粒组成的土壤中。

比较有机马铃薯和传统马铃薯中积累的镁含量，大多数学者发现有机马铃薯中的镁含量更高。Smith（1993）发现有机种植的马铃薯中的镁比传统种植的马铃薯多50%。根据Warman和Havard（1998）的资料，Wszelaki等（2005）、Lairon（2010）和Lombardo等（2014）的研究表明有机马铃薯积累了更多镁元素。根据Wszelaki等（2005）和Lombardo等（2014）发现，马铃薯块茎中钾和镁的含量之间存在直接相关性。

有机种植的马铃薯块茎可能比传统种植的块茎积累更多的镁，因为镁存在于有机肥料中，而矿物质氮-磷-钾（NPK）肥料不能补充土壤中的镁资源。土壤中的镁含量与土壤微生物的数量直接相关，在有机耕作案例中土壤微生物的活性更高（Bulluck et al.，2002）。这两个原因都增加了有机耕作情况下土壤中植物可利用的镁浓度。众所周知，镁更容易被植物以一种质外体的形式吸收（Shaul，2002）；因此，土壤中较高的浓度很可能决定了这种元素在马铃薯块茎中的更多的积累。

11.2.5 硫

在土壤中，硫可能具有无机形态和有机形态。在有氧条件下，无机硫一般以硫酸盐（SO_4^{2-}）的形式存在。硫酸盐大多被植物吸收。除了土壤中的硫，植物还可以从大气中吸收以SO_4^{2-}和H_2S形式存在的硫元素（Maathuis，2009）。

硫通常以还原形式存在于氨基酸（半胱氨酸和蛋氨酸）的组成中（Maathuis，2009）。它包括在谷胱甘肽的组成中，谷胱甘肽是细胞抗氧化系统的重要组成部分（Foyer et al.，2007）。此外，硫是在类囊体膜中发现的硫脂成分的一部分。人们认为，它们对稳定光系统的成分很重要（Ramani et al.，2004）。

关于有机和传统种植马铃薯块茎中硫含量的信息比较缺乏。众所周知，在自然界中，硫的代谢是由微生物支持的，由于它们的活性，硫化物被氧化成硫酸盐。有机耕作更有利于微生物活动，而在传统农业中，并不总是使用含硫肥料，因此，可以假定有机栽培的马铃薯具有更多的硫。Smith（1993）的研究证实了这一说法，该研究指出，有机种植的马铃薯比传统种植的马铃薯含硫量高160%。Wszelaki等（2005）指出，有机种植的马铃薯在其果肉和薯皮中积累了更多的硫。

11.2.6 钙

只有当土壤中的钙溶解成 Ca^{2+}形式时，才能被马铃薯吸收；然而，土壤中游离钙离子的数量并不高，因为它们倾向于吸附在胶体上，或与磷酸盐、碳酸盐和其他离子形成不溶性或几乎不溶性的化合物（Maathuis，2009）。

钙对植物很重要。在细胞中，钙具有结构功能。它是细胞壁结构的一部分，它连接果胶分子的负电荷羧基，从而赋予细胞壁一定的强度。钙离子作为细胞信号递质很重要（Maathuis，2009）。细胞质中 Ca^{2+}浓度的变化决定了植物对非生物和生物胁迫和机械损伤的反应（Demidchik et al.，2007）。

关于有机和传统耕作对马铃薯块茎中钙含量的影响，目前尚未达成共识。Smith（1993）发现在有机种植的土豆中，钙含量比传统耕作条件下生长的土豆多 50%。Worthington（2001）指出，有机蔬菜的钙含量比传统种植的蔬菜高 30%。根据 Wszelaki 等（2005）的说法，有机和传统栽培马铃薯的钙水平差异不显著。Hoefkens 等（2009）和 Lombardo 等（2014）认为，在传统耕作条件下种植的马铃薯块茎积累了更多的钙。

Bulluck 等（2002）认为，由于施用有机肥料，在两年内，土壤中钙的浓度增加了一倍，但合成肥料对土壤中钙的浓度没有影响。他们认为，与矿物质肥料相比，有机肥料增加了土壤中钙离子的浓度。Mader（2002）等也支持同样的观点。但马铃薯块茎中钙的浓度不仅取决于土壤中有效的 Ca^{2+}含量，而且也取决于土壤中其他离子的浓度。例如，随着土壤中 K^{+}浓度的增加，马铃薯块茎中 Ca^{2+}的积累被抑制（CaO et al.，1991）。Islam 和 Nahar（2013）证实了这一说法。他们进行了一项实验，在该实验中，他们用有机肥料、NPK 肥料以及有机和矿物质 NPK 肥料的混合物对马铃薯进行施肥。结果表明，用有机肥施肥的马铃薯吸收的钙最多，而用矿物质肥料施肥的马铃薯吸收的钙最少。

11.3 酚类化合物

根据 Schieber 和 Saldana（2009）对马铃薯皮中发现的具有营养和药理价值的化合物进行的一项调查发现，在马铃薯皮中可发现 20 多种不同的酚类化合物（表 11.1）。众所周知，酚类化合物被认为是一种强大的抗氧化剂，对人类健康有着各种积极的影响。因此，研究人员对酚类化合物特别感兴趣，广泛研究酚类化合物在植物中的合成以及这些化合物数量增加或减少的原因。

很少有研究对有机种植和传统种植的马铃薯块茎中的酚类化合物的定性和定量差异进行分析。Søltoft 等（2010）研究了农业系统、年份和生长地点对马铃薯块茎中酚类化合物含量的影响，发现用蔬菜肥料施肥的植物比在传统耕作条件下种植的马铃薯积累的新绿原酸更多。Hajšlová 等（2005）分析了农业系统对绿原酸含量的影响，并得出结论，有机种植的马铃薯积累了更多的绿原酸。根据 Lombard 等（2012）的研究结果，有机种植马铃薯中酚类化合物的总含量比传统种植条件下高出 18%。当然，也有相互矛盾的结果：Hamouz 等（2013）指出，根据品种不同，有机种植的马铃薯可能比传统种植条件下的马铃薯积累更多、等量甚至更少的绿原酸。Brazinskiene 等（2014）也提出了类似的发现，但根据他们的数据，酚酸的含量不仅取决于品种和农业系统，还取决于气象条件。这一年，可以在有机种植的马铃薯中发现更多的酚酸；另一年，情况又正好相反。那么，是什么原因造成了这样的结果呢？

表 11.1 马铃薯中的酚类化合物

羟基肉桂酸	5-*O*-咖啡酰奎宁酸（绿原酸） 4-*O*-咖啡酰奎宁酸（隐氯生成酸） 3-*O*-咖啡酰奎宁酸（新氯原酸） 咖啡酸 对羟基肉桂酸 阿魏酸
羟基苯甲酸	没食子酸 原儿茶酸 香草酸 水杨酸
非花青素类黄酮	儿茶素 表儿茶素 哌啶醇 柚皮素 山柰酚苷 槲皮素苷
花青素	矮牵牛配基苷 二甲花翠素苷 天竺葵色素苷 芍药苷
二氢咖啡酰多胺	N_1，N_{12}双（二氢咖啡酰） 精胺（kukoamine A） N_1，N_8双（二氢咖啡酰）亚精胺 N_1，N_4，N_{12}三（二氢咖啡酰）精胺 N_1，N_4，N_8三（二氢咖啡酰）亚精胺

（资料来源：Schieber 等，2009）

Koricheva 等（1998）对决定木本植物次生代谢物合成的因素的研究表明，施用含氮肥料抑制了植物次生代谢物的合成。Brandt 和 Mølgaard（2001）证实了这种说法，并补充：植物中氮的减少会促进具有保护功能的酚类化合物的合成，这会增加植物对病虫害的抗性，但会降低其生长速度和产量。Musilová 等（2013）通过实验研究了氮含量对马铃薯块茎中酚类化合物（施蠕虫药）积累量的影响，证实了土壤中氮含量的增加对马铃薯块茎中酚类化合物的含量有不利影响。

Brandt 和 Mølgaard（2001）基于在 20 世纪 80 年代出现的 C/N 平衡理论（Bryant et al.，1983；Coley et al.，1985），解释了氮对次生代谢物合成的影响，这个理论部分解释了氮对酚类化合物合成的影响。该研究称，当土壤富含易于获取的氮时，植物首先合成需要大量氮的化合物，如生长所需的蛋白质和含氮衍生物，还有生物碱。然而，当氮资源减少时，合成过程转向碳和不需要氮的化合物（淀粉、纤维素和不含氮的次生代谢物，如酚类化合物和萜类化合物）的合成。

Lehesranta 等（2007）和 Rempelos 等（2013）研究了农业系统对马铃薯蛋白表达的影响，并证实了 Brandt 和 Mølgaard（2001）的观点。传统种植的马铃薯和有机马铃薯的蛋白质表达是不同的。有机种植的马铃薯有许多蛋白质，可应对压力。传统种植的马铃薯含有大量蛋白质，这些蛋白质负责光合作用和有机化合物的合成。Lehesranta 等（2007）和 Rempelos 等（2013）发现施肥对这一结果有决定性影响。易于从矿物质氮磷钾肥中获得氮源的植物，倾向于将更多的资源用于促进有机氮化合物合成，因此，它们的产量较高。而氮资源较少的植物（通过有机肥进入土壤的氮不易被植物吸收）将为应对非生物和生物的胁迫影响作准备。因此，一些氮被用来形成负责次级代谢产物合成的蛋白质。因此，有机种植的马铃薯可能合成更多的酚类化合物，但其吸收率较低。

酚类化合物是由植物在各种生物和非生物胁迫下合成的（Dixon et al.，1995），因此可以假设，未使用农药保护的有机种植作物比使用化学产品保护的植物所积累的酚类化合物更多。Lehesranta 等（2007）和 Rempelos 等（2013）发现农药的使用对马铃薯蛋白表达没有影响。蛋白质组成在农药使用过程中保持稳定，这表明农药的使用不会引起马铃薯代谢方式的显著变化。Zhao 等（2009）对白菜（*Brassica rapa var. glabra* Regel）的研究试验中也证实了这一点。在实验中，白菜在有机和传统耕作条件下的温室中生长，并喷洒农药。结果表明，在这两种条件下施用农药对大白菜酚类化合物的累积量均无显著影响。

在 Daško 等（2012）关于传统和有机种植的马铃薯对非生物胁迫（马铃薯块茎感染了疫霉）的反应的研究中，观察到在有机和传统种植的马铃薯块茎中，病原体的污染增加了绿原酸的含量。其中，有机马铃薯中绿原酸的含量增加了 1.3 倍，而传统种植马铃薯中绿原酸的含量增加了 3 倍。因此，生长条件影响马铃薯对病原体的反应和整个植物的免疫力。用传统方法种植的马铃薯对病原体的反应特别强烈，因此将其命名为植物过敏。

11.4 类胡萝卜素

根据 Ezekiel 等（2013）的研究，叶黄素、玉米黄质、紫黄质和新黄质是土豆中主要的类胡萝卜素，β-胡萝卜素中的含量很低（图 11.3）。

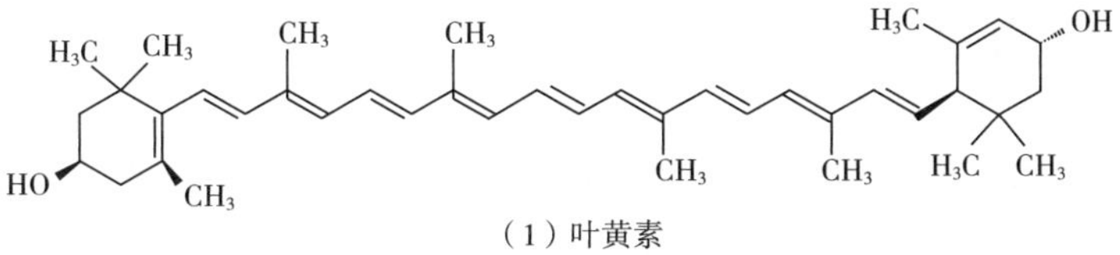

（1）叶黄素

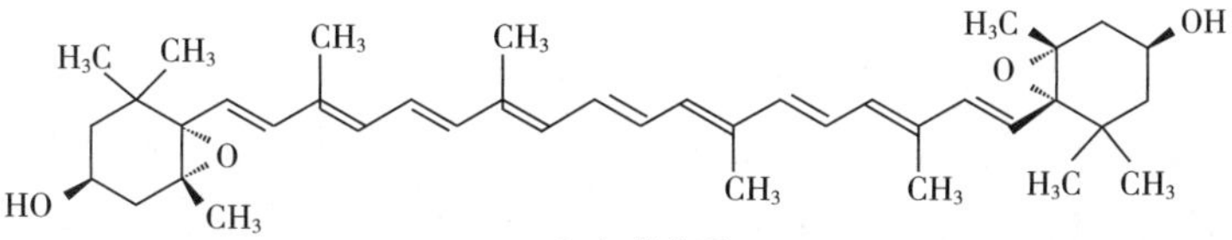

（2）紫黄质

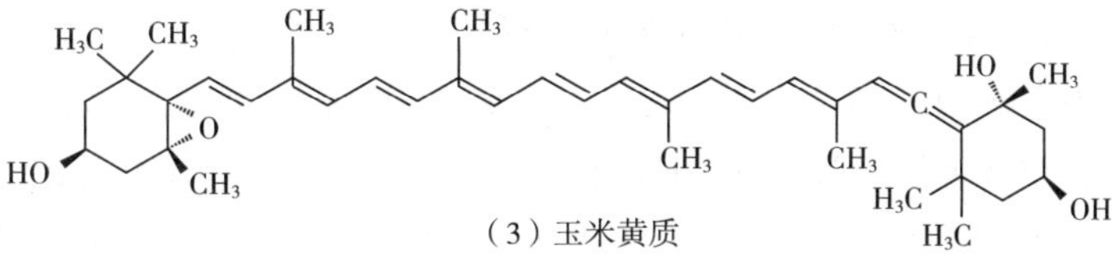

（3）玉米黄质

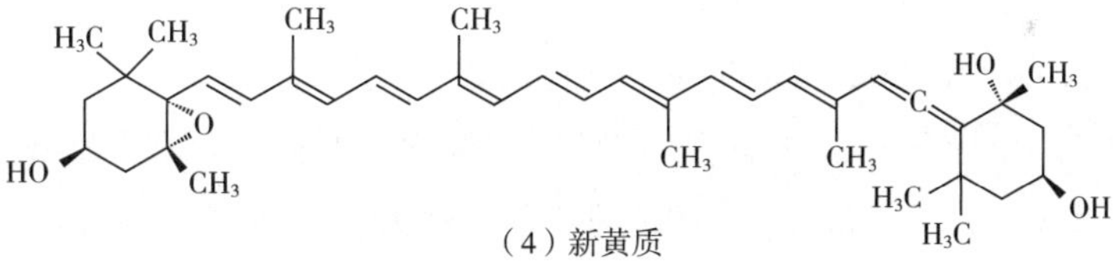

（4）新黄质

图 11.3 马铃薯中主要的类胡萝卜素

类胡萝卜素在植物中具有两个最重要的功能：光保护和光收集（Demmig-Adams et al.，1996）。尽管类胡萝卜素与光合作用是分不开的，但它们可以积聚在不进行光合作用的植物器官中（种子、果实、花朵和根部），它们在其中起着重要的引诱剂和抗氧化剂的作用，并且可以作为生产激素的底物，包括脱落酸和松果内酯等植物激素以及其他信号分子（如布鲁曼宁和 mycorradicin）（Howitt et al.，2006；Cazzonelli，2011）。参与类胡萝卜素合成的酶被编码在核基因中（Bartley et al.，1995）。

在评估不同农业体系对蔬菜中类胡萝卜素含量的影响时，一些作者认为，有机种植的蔬菜和传统种植的蔬菜中类胡萝卜素含量没有显著差异（Warman et al.，1997；Bourn et al.，2002）。其他人则表示，在传统农业条件下种植的蔬菜积累更多类胡萝卜素（Rembiałkowska，

2007)。根据 Mozafar（1993）研究发现氮肥增加了蔬菜中 β-胡萝卜素的含量。这一发现与 C/N 理论是一致的：当容易获得的氮的数量增加时，有机化合物的合成就会加剧。作为光合作用所必需的色素的类胡萝卜素的合成很可能也加强了。

此外，很少有研究考察农业系统对马铃薯积累的类胡萝卜素数量的影响。

11.5 糖苷生物碱

在考察了 300 多种茄属植物后，至少鉴定出 90 种不同的甾体生物碱。然而，在商业化马铃薯品种中，只有一种形式存在：茄碱苷、α-茄碱和 α-卡茄碱（Friedman et al.，1997），这些化合物都对人体有害。众所周知，这些糖苷生物碱能与乙酰胆碱酯酶和丁酰胆碱酯酶的活性中心结合并抑制它们，以这种方式干扰突触中乙酰胆碱的降解，引起胆碱能综合征，可能导致昏迷甚至死亡（Friedman，2006）。它们的结构与胆固醇类似，可以破坏细胞膜的完整性，并对消化系统和其他器官造成损害（Ginzberg et al.，2009）。Morris 和 Lee（1984）估计马铃薯所积累的糖苷生物碱的毒性量约为 2~5mg/kg，人体致死量约为 3~6mg/kg。在商业种植的马铃薯中，其含量为 1~35mg/100g FW，而在野生马铃薯中糖生物碱的量可能达到 100mg/100g FW，甚至高出许多倍（Sinden et al.，1984）。

虽然马铃薯积累的糖苷生物碱大剂量使用对人体有毒性，但它也有积极作用，如抗过敏、解热、抗炎作用，潜在的降胆固醇作用，以及对抗致病细菌、病毒、原生动物和真菌的抗生素活性，从而在一定程度上抑制癌细胞的生长（Friedman，2006）。

以往的研究表明，糖生物碱水平的差异导致风味特征的差异（Sinden et al.，1976；Savage et al.，2000）。尽管 Skrabule 等（2013）没有确定糖苷生物碱含量和煮过的块茎的味道之间的联系。根据 Haase（2008），大量的糖苷生物碱会导致煮过的块茎有苦味，但少量的糖苷生物碱对块茎的味道有积极的影响（Haase，2010）。

植物的所有部分都合成糖苷类生物碱，其中在代谢活性最强的器官，即嫩叶、果实、花朵和花蕾中浓度最高（Friedman et al.，1997）。没有证据表明糖苷生物碱从一个器官转移到另一个器官。因此，可以认为它们的合成和分解代谢是在器官或组织水平上受到调控的（Arif，2013）。在马铃薯块茎中，块茎的外层约 1mm 厚处糖苷生物碱的含量最多；越靠近块茎中心，其含量越少（Kozukue et al.，1987；Friedman et al.，2003）。因此，大部分的糖苷生物碱是在土豆去皮过程中去除的。然而，了解这类有毒化合物能在马铃薯块茎中积累多少，以及不同的耕作系统如何影响这些化合物的含量，同样至关重要。

马铃薯块茎中甾体生物碱的含量是由基因决定的，而且因马铃薯品种的不同有很大差异，但是马铃薯生长条件和马铃薯块茎贮存的条件也对其积累有很大影响（Ginzberg et al.，2009）。众所周知，光照、机械损伤、高温、长时间贮藏和发芽对块茎中糖苷类生物碱的含量有积极影响（Friedman et al.，1997；Petersson et al.，2013）。植物合成糖苷生物碱以防止害虫和恶劣环境条件（Friedman et al.，1997；Friedman，2006；Ginzberg et al.，2009；Arif，2013），因此，有机种植的马铃薯很可能会积累更多，因为没有使用化学防腐剂，它们会经历更多的非生物和生物胁迫。

不同的研究人员已经证实，有机种植的马铃薯比传统种植的马铃薯积累了更多的糖苷生物碱。据 Hajšlová 等（2005）研究，有机种植的马铃薯块茎中糖类生物碱的平均总量［所有品种合计平均为（80.8±44.5）mg/kg］高于常规种植的马铃薯块茎［（58.5±44.1）mg/kg］，他们也测定了年份、生长地点和品种对糖苷生物碱积累量的显著影响。在 Hajšlová 等（2005）的研究中，未发现新鲜收获和贮存的马铃薯块茎中糖类生物碱总量的显著变化。

Hoefkens 等（2009）发现有机种植的马铃薯块茎中的生物碱含量明显更高。Skrabule 等（2013）比较了两年来有机种植和传统种植马铃薯中糖苷生物碱的积累量。在该研究中，仅用一年时间就确定了相同地理区域、相似气象条件下的农业耕种系统对马铃薯糖类生物碱含量的显著影响。糖类生物碱的总量未超过人体健康限值（小于 20mg/100g）。

Wszelaki 等（2005）指出，传统种植的马铃薯果肉中的茄碱浓度是有机种植马铃薯的一半。传统种植马铃薯的块茎皮中茄碱含量最低，有机种植和施用堆肥的马铃薯中含量居中，有机种植和未施肥的马铃薯中含量最高，几乎是传统农业种植地区马铃薯的 2 倍。这说明施肥对马铃薯块茎中糖苷生物碱的含量有很大影响。在 Maga（1994）中引用的 Nowacki 等（1975）发现氮和糖苷生物碱的数量呈负相关。研究发现，随着氮肥施肥率的降低，糖苷生物碱的含量随之增加。在传统、有机堆肥和有机不堆肥条件下种植的马铃薯中，氮含量分别是最高、平均和最低。另一方面，Cronk 等（1974）观察到，与正常施氮相比，过量的施氮增加了糖苷生物碱的含量。

马铃薯块茎的加工也会影响糖苷类生物碱的含量。在马铃薯块茎中，糖苷生物碱主要集中在 1.5mm 厚的表皮层中，表皮层下有大约 100 层果皮和贮存组织细胞。剥皮会去除大约 60%~96%的糖苷生物碱（Maga，1994）。煮沸后的糖苷生物碱会进入果肉或从块茎中被冲洗出来（Mondy et al.，1988）。

在评估农业系统对马铃薯块茎中糖苷类生物碱含量的影响时，可以假设有机种植的马铃薯积累了更多的糖苷类生物碱。造成这种情况的原因有两个：第一是有机耕作时土壤中容易获得的矿物质氮含量较低（C/N 平衡理论），第二是生物和非生物胁迫的影响。

11.6 抗坏血酸

抗坏血酸（维生素 C）对于植物和动物都是必需的。在植物中，这种有机化合物具有许多不同的功能，是重要的抗氧化剂、多种酶的辅助因子和氧化还原缓冲剂（Smirnoff et al.，2000；Gallie，2013）。抗坏血酸对光合作用特别重要，特别是作为一种抗氧化剂，可中和光系统Ⅰ在氧光还原过程中形成的过氧化氢。此外，抗坏血酸在抗坏血酸过氧化酶作用下形成的单脱氢抗坏血酸，也是光系统Ⅰ的电子受体。此外，抗坏血酸是参与合成玉米黄质酶的辅因子，玉米黄质起光保护剂的作用（Smirnoff，1996）。抗坏血酸调节细胞分裂和生长、细胞周期和开花时间，参与信号转导，调节对非生物和生物胁迫的反应，参与细胞壁扩张、乙烯合成、赤霉素、花青素和羟脯氨酸（Love et al.，2008；Gallie，2013）。抗坏血酸与超氧化物、单线态氧、臭氧和过氧化氢反应迅速。它们参与中和有氧代谢过程中及接触某些污染物和农药时产生的活性氧。抗坏血酸对于从 α-色氨酸自由基中再生亲油性抗氧化剂 α-生育酚（维生素 E）也很重要（Smirnoff，1996）。

Gallie（2013）在一篇综述中讨论了植物中抗坏血酸的合成。然而，Wheeler 等（1998）提出利用 L-半乳糖合成抗坏血酸，与马铃薯中其他可能的合成方法相比是重要的，甚至是占主导地位的。Tedone 等（2004）进行的一项实验证明了这一点，与对照组相比，在接受额外 L-半乳糖-1,4-内酯或 L-半乳糖的马铃薯叶片中，抗坏血酸的含量显著增加。Tedone 等（2004）发现，叶子中抗坏血酸合成的活性决定了韧皮部渗出液和块茎中抗坏血酸的含量。众所周知，抗坏血酸最好是从植物的叶子转移到贮存或者活跃使用碳水化合物的器官中（如芽、种子、根和块茎）（Smirnoff，2011）。

有证据表明抗坏血酸对生长很重要，大量的这种化合物存在于密集发育的组织中。当生长减速时，抗坏血酸的数量减少，其积累的储备被用于保护或其他生理过程（Chen et al.，2006）。

对于农业系统对抗坏血酸水平的影响，目前还没有达成共识。Hajšlová 等（2005）指出，与传统种植的马铃薯相比，有机种植的马铃薯倾向于积累更多的抗坏血酸。然而，这种趋势在统计学上并不显著。Hoefkens 等（2009）也认为有机种植的马铃薯倾向于积累更多的抗坏血酸，Lombardo 等（2012）则反对这一说法。他们发现，在传统种植的马铃薯块茎中，抗坏血酸的含量比有机栽培的马铃薯高 23%。Svec 等（1976）、Warman et al.（1998）、Hamouz 等（1999b）和 Rembiałkowska（1999）发现，在有机农业和传统农业系统中生长的马铃薯块茎中抗坏血酸的含量没有显著差异。Hajšlová 等（2005）和 Skrabule 等（2013）认为，块茎中抗坏血酸的含量显著取决于基因型，栽培体系的影响在统计学上并不显著。Lombardo 等（2012）证实了品种对抗坏血酸用量的影响。Camin 等（2007）研究表明，抗坏血酸的含量变化很大，并且栽培地点比农业系统的影响更大。

植物中抗坏血酸的含量受多种因素的影响。Mozafar（1993）回顾了有关氮肥对植物维生素含量的影响的相关研究，并得出结论，氮肥降低了马铃薯块茎中抗坏血酸的含量。Hamouz 等（2009）证实了氮的增加对抗坏血酸用量的负面影响。尽管如此，Augustin（1975）指出，氮含量的增加只会降低某些品种马铃薯块茎中抗坏血酸的含量。氮肥对抗坏血酸含量的这种影响可能与许多蔬菜中硝酸盐驱动的草酸积累有关（Liu et al.，2014）。众所周知，抗坏血酸是合成草酸盐和酒石酸盐的原料（Smirnoff，1996），草酸参与维持细胞 pH 的稳态和中和硝酸盐同化过程中释放的 OH^-离子（Raven et al.，1976）。马铃薯块茎和菠菜块茎中硝酸盐和草酸的含量之间是否存在一定关系，只能通过实验来证明。

一些学者认为，氮素的增加会降低马铃薯块茎中抗坏血酸的含量，但氮素的缺乏可能不会对这种有机化合物的含量产生重大影响。Kovčik 等（2014）表明，与大麦（*Hordeum vulgare* L.）获得足够数量的氮相比，氮的缺乏使根中的抗坏血酸含量增加或保持不变，而芽中的抗坏血酸含量显著降低。

影响抗坏血酸含量的另一个因素是光合作用的效率。尽管光不是抗坏血酸合成所必需的，但一定数量的光对光合作用过程中通过糖的合成具有间接影响（Lee et al.，2000）。土壤中大量的氮可以促进叶片的生长，增加光合速率，从而增加合成抗坏血酸所需的糖量（Lombardo et al.，2012）。

各种农药的使用可能对抗坏血酸的含量产生影响。Zarzecka 和 Gugala（2003）证明，块茎中抗坏血酸的含量随着农药的使用而增加。Gugała 和 Zarzecka（2012）发现，马铃薯块茎中抗坏血酸的含量与农药处理、品种和天气条件密切相关。与不使用农药的对照相比，使用农药的马铃薯块茎中抗坏血酸的含量更高。在使用农药时，所有试验年份都观察到同样的趋势，其他科学家的研究也证实了这一点（Fidalgo et al.，2000；Marwaha，1988）。另一方面，Antonious 等（2001）没有发现农药对抗坏血酸的含量有显著影响。农药的使用增加了抗坏血酸的含量，这可以解释两个假设：首先，农药可以防止害虫和杂草，这可以保存更高的叶面积，光合作用也更活跃；其次，植物以农药作为压力源并作出反应，并通过激活抗氧化剂系统来保护自己免受农药侵害。

抗坏血酸是一种强抗氧化剂，其在植物中的含量受到生物和非生物胁迫的影响。在一些研究中，发现了有机种植的马铃薯中含有更高含量的抗坏血酸，这可以解释为有机作物接触了更多的病原体。这有助于形成具有保护作用的抗氧化剂。人们认为，抗坏血酸的增加是对各种压力源的反应，这些压力源对有机农业的影响更大（Lee et al.，2000）。C/N 平衡理论也可以激活无氮抗坏血酸的合成。

11.7 结论

在许多情况下，马铃薯块茎中宏量营养素的含量取决于植物能从土壤中吸收多少。在有机耕作中更活跃的土壤微生物提高了作物中常量营养素的利用率。氮是个例外，传统栽培的马铃薯由于使用合成肥料而积累了更多的这种化合物，因为它们具有更丰富的易于获得的矿物质氮源。

有机种植的马铃薯相较于传统种植方式，往往能够积累更丰富的酚类化合物和糖类生物碱，这主要有两个原因：一是在有机耕作的情况下（C/N 平衡理论），土壤中容易获得的氮量相对有限，促进了马铃薯的自我防御机制；二是在有机种植过程中，马铃薯面临更多的非生物胁迫（如气候变化、土壤变化）和生物胁迫（如病虫害），这些外界压力进一步激发马铃薯产生更多酚类化合物和糖类生物碱作为自然防御手段。由于密集的光合作用，在常规耕作条件下种植的马铃薯应积累更多的类胡萝卜素。

农业耕种系统对抗坏血酸含量的影响尚不明确，但传统种植的马铃薯中很可能会积累更多这种化合物。众所周知，抗坏血酸是以几种不同的方式合成的，因此，很难评估不同因素对该化合物含量的影响，其通常很复杂，并且取决于各种因素的强度。

参考文献

Alvarez-Sánchez E, Etchers J. D, Ortiz J, Nunez R, Volke V, Tijerina L, Martinez A. Biomass production and phosphorus accumulation of potato as affected by phosphorus nutrition. *Journal of Plant Nutrition*. 1999;22(1):205-217.

Antonious G. F, Lee C. M, Snyder J. C. Sustainable soil management practices and quality of potato grown on erodible lands. *Journal of Environmental Science and Health*, *Part B*. 2001;36(4):435-444.

Andrews S. S, Mitchell J. P, Mancinelli R, Karlen D. L, Hartz T. K, HorwathW. R, Pettygrove G. S, Scow K. M, Munk D. S. On- farm assessment of soil quality in California's central valley. *Agronomy Journal*. 2002;94(1):12-23.

Antanaitis Š, Švedas A. The relationship between potato yield and concentration of chemical elements in tubers, and soil agrochemical properties. *Žemdirbystė*, *Mok slo Darbai*. 2000;70:33-47.

Arif U. Effect of wounding and light exposure on sterol, glycoalkaloid, and calystegine levels in potato plants (*Solanum tuberosum* L. group Tuberosum). *Acta Universitatis Agriculturae Sueciae*. 2013;2013(45):1652-6880.

Augustin J. Variations in the nutritional composition of fresh potatoes. *Journal of Food Science*. 1975;40(6):1295-1299.

Baniūnienė A, Žėkaitė V. Organinių trąšų įtaka augalams bulvių sideracinėje grandyje įprastinės ir tausojamosios žemdirbystės sąlygomis. *Žemės ūkio mok slai*. 2007;14(2):1-10.

Bartley G. E, Scolnik P. A. Plant carotenoids: pigments for photoprotection, visual attraction, and human health. *The Plant Cell*. 1995;7(7):1027.

Bourn D, Prescott J. A comparison of the nutritional value, sensory qualities, and food safety of organically and conventionally produced foods. *Critical Reviews in Food Science and Nutrition*. 2002;42(1):1-34.

Brandt K, Mølgaard J. P. Organic agriculture: does it enhance or reduce the nutritional value of plant foods? *Journal of the Science of Food and Agriculture*. 2001;81(9):924-931.

Brandt K, Leifert C, Sanderson R, Seal C. J. Agroecosystem management and nutritional quality of plant foods: the case of organic fruits and vegetables. *Critical Reviews in Plant Sciences*. 2011;30(1-2):177-197.

Brazinskiene V, Asakaviciute R, Miezeliene A, Alencikiene G, Ivanauskas L, Jakstas V, Viskelis P, Razukas A. Effect of farming systems on the yield, quality parameters and sensory properties of conventionally and organically grown potato (*Solanum tuberosum* L.) tubers. *Food Chemistry*. 2014;145:903-909.

Bryan N. S, Loscalzo J. *Nitrite and Nitrate in Human Health and Disease*. New York: Humana

Press; 2011.

Bryant J. P, Chapin Ⅲ. F. S, Klein D. R. Carbon/nutrient balance of boreal plants in relation to vertebrate herbivory. *Oikos*. 1983:357-368.

Bulluck L. R, Brosius M, Evanylo G. K, Ristaino J. B. Organic and synthetic fertility amendments influence soil microbial, physical and chemical properties on organic and conventional farms. *Applied Soil Ecology*. 2002;19(2):147-160.

Camin F, Moschella A, Miselli F, Parisi B, Versini G, Ranalli P, Bagnaresi P. Evaluation of markers for the traceability of potato tubers grown in an organic versus conventional regime. *Journal of the Science of Food and Agriculture*. 2007;87(7):1330-1336.

Cao W, Tibbitts T. W. Potassium concentration effect on growth, gas exchange and mineral accumulation in potatoes. *Journal of Plant Nutrition*. 1991;14(6):525-537.

Cazzonelli C. I. Goldacre review: carotenoids in nature: insights from plants and beyond. *Functional Plant Biology*. 2011;38(11):833-847.

Chen Z, Gallie D. R. Dehydroascorbate reductase affects leaf growth, development, and function. *Plant Physiology*. 2006;142(2):775-787.

Chen Y. F, Wang Y, Wu W. H. Membrane transporters for nitrogen, phosphate and potassium uptake in plants. *Journal of Integrative Plant Biology*. 2008;50(7):835-848.

Coley P. D, Bryant J. P, Chapin Ⅲ. F. S. Resource availability and plant antiherbivore defense. *Science (Washington)*. 1985;230(4728):895-899.

Colla G, Mitchell J. P, Poudel D. D, Temple S. R. Changes of tomato yield and fruit elemental composition in conventional, low input, and organic systems. *Journal of Sustainable Agriculture*. 2002;20(2):53-67.

Cronk T. C, Kuhn G. D, McArdle F. J. The influence of stage of maturity, level of nitrogen fertilization and storage on the concentration of solanine in tubers of three potato cultivars. *Bulletin of Environmental Contamination and Toxicology*. 1974;11(2):163-168.

Dangour A, Dodhia M. S, Hayter A, Aikenhead M. A, Allen E, Lock K, Uauy R. *Comparison of Composition (Nutrients and Other Substances) of Organically and Conventionally Produced Foodstuffs: A Systematic Review of the Available Literature* Report for Food Standard Agency. London: London School of Hygiene & Tropical Medicine; 2009.

Daško L', Drímal J, Klimeková M, Ürgeová E. Response of organically and conventionally produced potatoes to a controlled attack of a pathogen. *Journal of Food and Nutrition Research (Slovak Republic)*. 2012;51(2):89-95.

Demidchik V, Maathuis F. J. Physiological roles of nonselective cation channels in plants: from salt stress to signalling and development. *New Phytologist*. 2007;175(3):387-404.

Demmig-Adams B, Gilmore A. M, Adams W. Carotenoids 3: in vivo function of carotenoids in higher plants. *The FASEB Journal*. 1996;10(4):403-412.

Deng W, Luo K, Li D, Zheng X, Wei X, Smith W, Thammina C, Lu L, Li Y, Pei Y. Overexpression of an Arabidopsis magnesium transport gene, AtMGT1, in *Nicotiana benthamiana* confers Al tolerance. *Journal of Experimental Botany*. 2006;57(15):4235-4243.

Dixon R. A, Paiva N. L. Stress-induced phenylpropanoid metabolism. *The Plant Cell*. 1995;7(7):1085.

Eppendorfer W. H, Eggum B. O. Effects of sulphur, nitrogen, phosphorus, potassium, and water stress on dietary fibre fractions, starch, amino acids and on the biological value of potato protein. *Plant Foods for Human Nutrition*. 1994;45(4):299-313.

Ezekiel R, Singh N, Sharma S, Kaur A. Beneficial phytochemicals in potato -a review. *Food Research International*. 2013;50(2):487-496.

FAO. FAO Statistical Databases. http://faostat3.fao.org/download/Q/QC/E.

Fidalgo F, Santos I, Salema R. Nutritional value of potato tubers from field grown plants treated with deltamethrin. *Potato Research*. 2000;43(1):43-48.

Foyer C. H, Noctor G, van Emden H. F. An evaluation of the costs of making specific secondary metabolites: does the yield penalty incurred by host plant resistance to insects result from competition for resources? *International Journal of Pest Management*. 2007;53(3):175-182.

Friedman M, McDonald G. M, Filadelfi-Keszi M. Potato glycoalkaloids: chemistry, analysis, safety, and plant physiology. *Critical Reviews in Plant Sciences*. 1997;16(1):55-132.

Friedman M, Roitman J. N, Kozukue N. Glycoalkaloid and calystegine contents of eight potato cultivars. *Journal of Agricultural and Food Chemistry*. 2003;51(10):2964-2973.

Friedman M. Potato glycoalkaloids and metabolites: roles in the plant and in the diet. *Journal of Agricultural and Food Chemistry*. 2006;54(23):8655-8681.

Gallie D. R. L-Ascorbic acid: a multifunctional molecule supporting plant growth and development. *Scientifica*. 2013;2013:1-24. Gilsenan C, Burke R. M, Barry-Ryan C. A study of the physicochemical and sensory properties of organic and conventional potatoes (*Solanum tuberosum*) before and after baking. *International Journal of Food Science & Technology*. 2010;45(3):475-481.

Ginzberg I, Tokuhisa J. G, Veilleux R. E. Potato steroidal glycoalkaloids: biosynthesis and genetic manipulation. *Potato Research*. 2009;52(1):1-15.

Gugała M, Zarzecka K. Vitamin C content in potato tubers as influenced by insecticide application. *Polish Journal of Environmental Studies*. 2012;21(4):1101-1105.

Guziur J, Schulzová V, Hajšlová J. Vliv lokality a způsobu pěstování na chemické složení hlíz brambor. *Bramborářství*. 2000;8(1):6-7.

Haase N. U. Healthy aspects of potatoes as part of the human diet. *Potato Research*. 2008;51(3-4):239-258.

Haase N. U. Glycoalkaloid concentration in potato tubers related to storage and consumer offering. *Potato Research*. 2010;53(4):297-307.

Hajšlová J, Schulzova V, Slanina P, Janne K, Hellenäs K. E, Andersson C. Quality of organically and conventionally grown potatoes: four-year study of micronutrients, metals, secondary metabolites, enzymic browning and organoleptic properties. *Food Additives and Contaminants*. 2005;22(6):514-534.

Hamouz K, Lachman J, Cepl J, Vokal B. Influence of locality and way of cultivation on the nitrate and glycoalkaloid content in potato tubers. *Rostlinna Vyroba*. 1999;45:293-298.

Hamouz K, Lachman J, Pivec V, Vokal B. Influence of environmental conditions and way of cultivation on the polyphenol and ascorbic acid content in potato tubers. *Rostlinna Vyroba*. 1999;45(7):293-298.

Hamouz K, Lachman J, Dvorak P, Orsak M, Hejtmankova K, Cizek M. Effect of selected factors on the content of ascorbic acid in potatoes with different tuber flesh colour. *Plant, Soil and Environment*. 2009;55(7):281-287.

Hamouz K, Lachman J, Pazderů K, Hejtmánková K, Cimr J, Musilová J, Pivec V, Orsák M, Svobodová A. Effect of cultivar, location and method of cultivation on the content of chlorogenic acid in potatoes with different flesh colour. *Plant, Soil and Environment*. 2013;59(10):465-471.

Härdter R, Rex M, Orlovius K. Effects of different Mg fertilizer sources on the magnesium availability in soils. *Nutrient Cycling in Agroecosystems*. 2005;70(3):249-259.

Hargreaves J, Adl M. S, Warman P. R, Rupasinghe H. V. The effects of organic amendments on mineral element uptake and fruit quality of raspberries. *Plant and Soil*. 2008;308(1-2):213-226.

Herencia J. F, García-Galavís P. A, Dorado J. A. R, Maqueda C. Comparison of nutritional quality of the crops grown in an organic and conventional fertilized soil. *Scientia Horticulturae*. 2011;129(4):882-888.

Herencia J. F, Ruiz-Porras J. C, Melero S, Garcia-Galavis P. A, Morillo E, Maqueda C. Comparison between organic and mineral fertilization for soil fertility levels, crop macronutrient concentrations, and yield. *Agronomy Journal*. 2007;99(4):973-983.

Hoefkens C, Vandekinderen I, De Meulenaer B, Devlieghere F, Baert K, Sioen I, De Henauw S, Verbeke W, Van Camp J. A literature-based comparison of nutrient and contaminant contents between organic and conventional vegetables and potatoes. *British Food Journal*. 2009;111(10):1078-1097.

Howitt C. A, Pogson B. J. Carotenoid accumulation and function in seeds and non-green tissues. *Plant, Cell and Environment*. 2006;29(3):435-445.

Islam M. R, Nahar B. S. Effect of organic farming on nutrient uptake and quality of potato. *Journal of Environmental Science and Natural Resources*. 2013;5(2):219-224.

Jacobsen H. B, Madsen M. H, Christiansen J, Nielsen T. H. The degree of starch phosphorylation as influenced by phosphate deprivation of potato (*Solanum tuberosum* L.) plants. *Potato Research*. 1998;41(2):109-116.

Janušauskaitė D, Žėkaitė V. Bulvi Ч cheminės sudėties kitimas vegetacijos metu bei jo ryšys su gumb Ч derliumi. *Žemės ūkio mokslai*. 2008;15(4):53-59.

Koricheva J, Larsson S, Haukioja E, Keinänen M. Regulation of woody plant secondary metabolism by resource availability: hypothesis testing by means of meta-analysis. *Oikos*. 1998;83(2):212-226.

Kováčik J, Klejdus B, Babula P, Jarošová M. Variation of antioxidants and secondary metabolites in nitrogen-deficient barley plants. *Journal of Plant Physiology*. 2014;171(3):260-268.

Kozukue N, Kozukue E, Mizuno S. Glycoalkaloids in potato plants and tubers. *Hort Science*. 1987;22(2):294-296.

Kwabiah A. B, Stoskopf N. C, Palm C. A, Voroney R. P, Rao M. R, Gacheru E. Phosphorus availability and maize response to organic and inorganic fertilizer inputs in a short term study in western Kenya. *Agriculture, Ecosystems & Environment*. 2003;95(1):49-59.

Lairon D. Nutritional quality and safety of organic food. A review. *Agronomy for Sustainable Development*. 2010;30(1):33-41.

Lairon D, Termine E, Gauthier S, Lafont H. Teneurs en nitrates des productions maraîchères obtenues par des méthodes de l'agriculture biologique. *Sciences des Aliments*. 1985;5:337-343.

Lee S. K, Kader A. A. Preharvest and postharvest factors influencing vitamin C content of horticultural crops. *Postharvest Biology and Technology*. 2000;20(3):207-220.

Lehesranta S. J, Koistinen K. M, Massat N, Davies H. V, Shepherd L. V, McNicol J. W, Cakmak I, Cooper J, Lück L, Kärenlampi of agricultural production systems and their components on protein profiles of potato tubers. *Proteomics*. 2007;7(4):597-604.

Liu X. X, Zhou K, Hu Y, Jin R, Lu L. L, Jin C. W, Lin X. Y. Oxalate synthesis in leaves is associated with root uptake of nitrate and its assimilation in spinach (*Spinacia oleracea* L.) plants. *Journal of the Science of Food and Agriculture*. 2014 doi: 10.1002/jsfa.6926.

Lombardo S, Pandino G, Mauromicale G. Nutritional and sensory characteristics of "early" potato cultivars under organic and conventional cultivation systems. *Food Chemistry*. 2012;133(4):1249-1254.

Lombardo S, Pandino G, Mauromicale G. The mineral profile in organically and conventionally grown "early" crop potato tubers. *Scientia Horticulturae*. 2014;167:169-173.

Love S. L, Pavek J. J. Positioning the potato as a primary food source of vitamin C. *American Journal of Potato Research*. 2008;85(4):277-285.

Maathuis F. J. Physiological functions of mineral macronutrients. *Current Opinion in Plant Biology*. 2009;12(3):250-258.

Mäder P, Fliessbach A, Dubois D, Gunst L, Fried P, NiggliU. Soil fertility and biodiversity in organic farming. *Science*. 2002;296(5573):1694-1697.

Maga J. A. Glycoalkaloids in solanaceae. *Food Reviews International*. 1994;10(4):385-418.

Marschner H. *Mineral Nutrition of Higher Plants*. London: Academic Press; 1995:265-270.

Marschner H. In: Marschner P, ed. *Marschner's Mineral Nutrition of Higher Plants*. Academic Press; 2012:158-165.

Marwaha R. S. Nematicides induced changes in the chemical constituents of potato tubers. *Plant Foods for Human Nutrition*. 1988;38(2):95-103.

Maynard D. N, Barker A. V, Minotti P. L, Peck N. H. Nitrate accumulation in vegetables. *Advances in Agronomy*. 1976;28:71-118.

Miller A. J, Cramer M. D. Root nitrogen acquisition and assimilation. In: *Root Physiology: From Gene to Function*. Netherlands: Springer; 2005:1-36.

Misra V. K, Draper D. E. Mg^{2+} binding to tRNA revisited: the nonlinear Poisson-Boltzmann model. *Journal of Molecular Biology*. 2000;299(3):813-825.

Mondy N. I, Gosselin B. Effect of peeling on total phenols, total glycoalkaloids, discoloration and flavor of cooked potatoes. *Journal of Food Science*. 1988;53(3):756-759.

Morris S. C, Lee T. H. The toxicity and teratogenicity of Solanaceae glycoalkaloids, particularly those of the potato (*Solanum tuberosum*): a review. *Food Technology in Australia*. 1984;36:118-124.

Mozafar A. Nitrogen fertilizers and the amount of vitamins in plants: a review. *Journal of Plant Nutrition*. 1993;16(12):2479-2506.

Musilová J, Lachman J, Bystrická J, Poláková Z, Kováčik P, Hrabovská D. The changes of the polyphenol content and antioxidant activity in potato tubers (*Solanum tuberosum* L.) due to nitrogen fertilization. *Potravinarstvo*. 2013;7(1):164-170.

Nowacki E, Jurzysta M, Gorski P. Effect of availability of nitrogen on alkaloid synthesis in Solanaceae. *Bulletin. Serie des sciences bio logiques*. 1975;23:219.

Nziguheba G, Palm C. A, Buresh R. J, Smithson P. C. Soil phosphorus fractions and adsorption as affected by organic and inorganic sources. *Plant and Soil*. 1998;198(2):159-168.

Petersson E. V, Arif U, Schulzova V, Krtková V, Hajslova J, Meijer J, Andersson H. C, Jonsson L, Sitbon F. Glycoalkaloid and calystegine levels in table potato cultivars subjected to wounding, light, and heat treatments. *Journal of Agricultural and Food Chemistry*. 2013;61(24):5893-5902.

Phillips S. B, Mullins G. L, Donohue S. J. Changes in snap bean yield, nutrient composition, and soil chemical characteristics when using broiler litter as fertilizer source. *Journal of Plant Nutrition*. 2002;25(8):1607-1620.

Pieper J. R, Barrett D. M. Effects of organic and conventional production systems on quality and nutritional parameters of processing tomatoes. *Journal of the Science of Food and Agriculture*. 2009;89(2):177-194.

Ramani B, Zorn H, Papenbrock J. Quantification and fatty acid profiles of sulfolipids in two halophytes and a glycophyte grown under different salt concentrations. *Zeitschrift fur Naturforschung*. 2004;59c:835-842.

Raven J. A, Smith F. A. Nitrogen assimilation and transport in vascular land plants in relation to intracellular pH regulation. *New Phytologist*. 1976;76(3):415-431.

Rembiałkowska E. Comparison of the contents of nitrates, nitrites, lead, cadmium and vitamin C in potatoes from conventional and ecological farms. *Polish Journal of Food and Nutrition Sciences*. 1999;8(4):17-26.

Rembiałkowska E. Quality of plant products from organic agriculture. *Journal of the Science of Food and Agriculture*. 2007;87(15):2757-2762.

Rempelos L, Cooper J, Wilcockson S, Eyre M, Shotton P, Volakakis N, Orr C. H, Leifert C, Gatehouse A. M. R, Tétard- Jones C. Quantitative proteomics to study the response of potato to contrasting fertilisation regimes. *Molecular Breeding*. 2013;31(2):363-378.

Santamaria P. Nitrate in vegetables: toxicity, content, intake and EC regulation. *Journal of the Science of Food and Agriculture*. 2006;86(1):10-17.

Savage G. P, Searle B. P, Hellenäs K. E. Glycoalkaloid content, cooking quality and sensory evaluation of early introductions of potatoes into New Zealand. *Potato Research*. 2000;43(1):1-7.

Schachtman D. P, Reid R. J, Ayling S. M. Phosphorus uptake by plants: from soil to cell. *Plant Physiology*. 1998;116(2):447-453.

Schieber A, Saldana M. A. Potato peels: a source of nutritionally and pharmacologically interesting compounds-a review. *Food*. 2009;3(2):23-29.

Schuphan W. Nutritional value of crops as influenced by organic and inorganic fertilizer treatments. *Qualitas Plantarum*. 1974;23(4):333-358.

Shaul O. Magnesium transport and function in plants: the tip of the iceberg. *Biometals*. 2002;15(3):307-321.

Sinden S. L, Deahl K. L, Aulenbach B. B. Effect of glycoalkaloids and phenolics on potato flavor. *Journal of Food Science*. 1976;41(3):520-523.

Sinden S. L, Sanford L. L, Webb R. E. Genetic and environmental control of potato glycoalkaloids. *American Potato Journal*. 1984;61(3):141-156.

Skrabule I, Muceniece R, Kirhnere I. Evaluation of vitamins and glycoalkaloids in potato genotypes grown under organic and conventional farming systems. *Potato Research*. 2013;56(4):259-276.

Smirnoff N, Wheeler G. L. Ascorbic acid in plants: biosynthesis and function. *Critical Reviews in Biochemistry and Molecular Biology*. 2000;35(4):291-314.

Smirnoff N. Botanical briefing: the function and metabolism of ascorbic acid in plants. *Annals of Botany*. 1996;78(6):661-669.

Smirnoff N. Vitamin C: the metabolism and functions of ascorbic acid in plants. *Advances in Botanical Research*. 2011;59:107-177.

Smith B. L. Organic foods vs. supermarket foods: element levels. *Journal of Applied Nutrition*. 1993;45(1):35-39.

Søltoft M, Nielsen J, Holst Laursen K, Husted S, Halekoh U, Knuthsen P. Effects of organic and conventional growth systems on the content of flavonoids in onions and phenolic acids in carrots and potatoes. *Journal of Agricultural and Food Chemistry*. 2010;58(19):10323-10329.

Staugaitis G, Viškelis P, Rimantas Venskutonis P. Optimization of application of nitrogen fertilizers to increase the yield and improve the quality of Chinese cabbage heads. *Acta Agriculturae Scandinavica Section B-Soil and Plant Science*. 2008;58(2):176-181.

Sultana J, Siddique M. N. E. A. Organic potato processing status, problem and potentials in the Netherlands: a review. *Journal of Science, Technology & Environments Informatics*. 2014;01(01):36-44.

Svec L. V, Thoroughgood C. A, Mok H. C. S. Chemical evaluation of vegetables grown with conventional or organic soil amendments. *Communications in Soil Science & Plant Analysis*. 1976;7(2):213-228.

Tedone L, Hancock R. D, Alberino S, Haupt S, Viola R. Long-distance transport of L-ascorbic acid in potato. *BMC Plant Biology*. 2004;4(1):16.

Warman P. R. Soil fertility, yield and nutrient contents of vegetable crops after 12 years of compost or fertilizer amendments. *Biological Agriculture & Horticulture*. 2005;23(1):85-96.

Warman P. R, Havard K. A. Yield, vitamin and mineral contents of organically and conventionally grown carrots and cabbage. *Agriculture, Ecosystems & Environment*. 1997;61(2):155-162.

Warman P. R, Havard K. A. Yield, vitamin and mineral contents of organically and conventionally grown potatoes and sweet corn. *Agriculture, Ecosystems & Environment*. 1998;68(3):207-216.

Westermann D. T, Tindall T. A, James D. W, Hurst R. L. Nitrogen and potassium fertilization of potatoes:

yield and specific gravity. *American Potato Journal*. 1994;71(7):417-431.

Wheeler G. L, Jones M. A, Smirnoff N. The biosynthetic pathway of vitamin C in higher plants. *Nature*. 1998;393(6683):365-369.

Worthington V. Nutritional quality of organic versus conventional fruits, vegetables, and grains. *The Journal of Alternative & Complementary Medicine*. 2001;7(2):161-173.

Wszelaki A. L, Delwiche J. F, Walker S. D, Liggett R. E, Scheerens J. C, Kleinhenz M. D. Sensory quality and mineral and glycoalkaloid concentrations in organically and conventionally grown redskin potatoes (*Solanum tuberosum*). *Journal of the Science of Food and Agriculture*. 2005;85(5):720-726.

Zarzecka K, Gugala M. The effect of herbicide applications on the content of ascorbic acid and glycoalkaloids in potato tubers. *Plant, Soil and Environment*. 2003;49(5):237-240.

Zhang F. C, Kang S. Z, LiF. S, Zhang J. H. Growth and major nutrient concentrations in *Brassica campestris* supplied with different NH_4^+/NO_3^- ratios. *Journal of Integrative Plant Biology*. 2007;49(4):455-462.

Zhao X, Nechols J. R, Williams K. A, Wang W, Carey E. E. Comparison of phenolic acids in organically and conventionally grown pac choi (*Brassica rapa* L. *chinensis*). *Journal of the Science of Food and Agriculture*. 2009;89(6):940-946.

12 马铃薯风味

Marian McKenzie, Virginia Corrigan
The New Zealand Institute for Plant & Food Research Ltd, Palmerston North, New Zealand

12.1 引言

全世界有超过 10 亿人食用马铃薯。据估计，全球每年马铃薯产量约为 3.7 亿 t，这使它们成为国际上第四大粮食作物和重要的非粮食作物（Cipotato. org，2024；FAOSTAT，2024）。此外，在传统食用大米等其他淀粉的国家，人们对马铃薯的兴趣日益增加。中国和印度现在是最大的马铃薯生产国，2022 年分别收获 9557 万 t 和 9617.6 万 t（FAOSTAT，2014）。

马铃薯风味对马铃薯成为一种食品做出了重要的贡献，目前正在开发的具有偏好性或不寻常风味的马铃薯品种为进一步增加消费提供了机会。然而，农业科学家之间关于风味的讨论常常令人困惑，只是因为他们使用了独特的、通常可以互换的关于风味、气味和味道的定义。风味通常是在吃或喝的时候人类感知和享受食物和饮料的背景下讨论的。然而，人类个体感觉特定化合物的生物能力各不相同（Jaeger et al.，2014；McRae et al.，2013），且影响消费者选择食物的心理因素是复杂的（Costell et al.，2010；Lau et al.，1984）。诸如用餐的环境和消费者的饮食文化背景等因素也会影响人们的享受程度（King et al.，2007；Meiselman et al.，2000；Prescott et al.，2002）。

从形式上来看，风味是由不同味觉（甜味、酸味、盐味、苦味和鲜味）的结合来定义的，味觉是在舌头上感知到的，以及当挥发物与位于鼻腔的感受器接触时的嗅觉感知到的，2008 年 Auvray 和 Spence 对此进行了综述。这些挥发物可以通过嗅闻食物或饮料来感知，这一过程正式描述为鼻腔对气味或香味的感知，但也指咀嚼时挥发物通过鼻后通道到达鼻内感受器。简单的测试方法是捏住鼻子，这会阻塞鼻后通道，仅感知到味道，然后松开手指，这样就可以感知到味道和气味的综合体验。味道和气味信号在大脑的同一区域被处理和解读，未经训练的消费者通常很难将两种体验分开；因此，味道和气味具有协同作用和拮抗作用并不奇怪（Prescott，1999）。换句话说，整体风味不仅仅是各个部分（即味道和气味）的总和。

生马铃薯块茎有一种独特的香味，在烹饪过程中准备块茎，从切下或损坏的肉质中释放出挥发物时，人们可以感知到这种香味。相比之下，烹饪马铃薯块茎会释放出多种挥发性化合物，而烹饪方法有烘烤、蒸、煮、烘焙、油炸，这些烹饪方法决定了产生香味反应类型和反应程度，因此对感知风味有着深远的影响。煮马铃薯有一种微弱但是特有的香味，这是由烹饪过程中风味前体分子的化学转化产生的（Ulrich et al.，2000），尤其是脂肪氧化和氨基酸的 Strecker 降解（Petersen et al.，1998）。在烘烤和油炸过程中，温度越高，产生的特定挥发物的范围就越广，从而形成烘烤和油炸马铃薯的味道。例如，在烘烤马铃薯中，来自脂质和 Maillard 反应/糖降解的化合物在数量上占主导地位（Duckham et al.，2002）。

经过高温加工成薯条或薯片的马铃薯产品的风味还受到使用食用油种类及烹饪时间的影响。此外，用于块茎生产和采后贮藏的生产系统和农艺方法也会影响马铃薯风味。例如，为维持全年的马铃薯块茎供应，长期冷藏就显得尤其重要，因为它是淀粉分解和还原糖积累的关键因素，而淀粉分解和还原糖积累可以改变块茎的风味。

一系列的技术已用来确定和定量有助于马铃薯风味的关键代谢物。这些技术包括气相色谱-质谱（GC-MS）、具有特定磷-氮检测器的 GC（GC-PND）和 GC 嗅觉测定（GC-O），这使得对一系列马铃薯品种、各种烹饪方法和农艺实践后的风味特征进行了灵敏检测。利用品尝小组来尝试测定人类对马铃薯中风味化合物的反应，特别是测定高度变异的种质 *Solanum phureja* 和 *Solanum tuberosum* 之间的风味差异。然而，利用品尝小组成员测定是一个固有的缓慢过程，并且从育种项目中快速筛选出大量的品系来确定风味并不常见，据我们所知，迄今为止还没有用此方法测试过马铃薯。很明显，对有助于马铃薯风味形成的代谢产物及其遗传控制，加之传统的品鉴以及消费者小组同时测试，可以帮助马铃薯育种计划的制定，最终目的是充分了解代谢物的产生和人类对风味的感知之间的关系，从而提高对理想风味特征的选择。

在这一章中，我们回顾了影响马铃薯风味、香味、味道和质地的主要因素，形成这些因素的代谢物，以及识别它们的方法；讨论了各种烹饪方法、贮藏和生产系统对马铃薯风味的影响。最后，我们考虑了最近几组通过结合感官小组、代谢组学和分子分析来确定关键的代谢组学或基因组因素对感知马铃薯风味的影响。

目前，关于这些领域已有几篇综述，读者可以通过这些综述来获得更多信息（Comandini et al. , 2011；Dresow et al. , 2009；Jansky, 2010；Maga, 1994；Taylor et al. , 2007）。

12.2 香味和风味

尽管“味道”和“风味”这两个词经常互换使用，但严格地说，味道是指通过刺激舌头上的味觉感受器而引起的甜味、酸味、咸味、苦味和鲜味。我们所认为的风味是由味觉、口腔通过后鼻（即“口中”）嗅觉感知到的香味挥发物以及三叉神经输入的结合而体验到的，并且三叉神经可以通过鼻的嗅觉或“嗅闻”进一步增强（Spence, 2013）。对风味的感知是食物成分与食用者之间一系列复杂的相互作用的结果。例如，薯条中的淀粉和脂肪成分可能会影响口中的风味感知。直链淀粉/支链淀粉比率影响淀粉基质中淀粉糊化过程中香味化合物的保留和感知（Arvisenet et al. , 2002），在口腔研究中，脂肪的存在可减少来自乳状液的挥发性物质的释放（Doyen et al. , 2001）。

在本节中，我们将探讨挥发性化合物对马铃薯风味的影响。尽管已经在食品中发现了 7000 多种挥发性化合物，但只有相对较少的一部分（300~400 种）会产生其特有的气味

（Dresow et al.，2009）。此外，香味通常不是以一种独特的特征化合物而存在的，而是由一些特殊而平衡地混合几种芳香化合物而成的（Dresow et al.，2009）。在马铃薯中，这些化合物的种类包括脂类、醛类、醇类、酮类、酸类、酯类、烃类、胺类、呋喃类和含硫化合物（表 12.1）。一些风味化合物存在于生马铃薯块茎中，但许多是由风味前体代谢物，如糖类、脂类和氨基酸通过一系列酶和非酶促反应形成的。与水果，尤其是成熟期的水果会释放出高浓度的挥发性物质不同的是，马铃薯在块茎发育或成熟期不会释放出可察觉的挥发性化合物，除非它们因腐烂（Dresow et al.，2009）或被切割（Galliard et al.，1971）而发生组织降解。

表 12.1 马铃薯风味形成中涉及的关键化合物及其感官品质

物质	感官品质（粗体代表显著相关）	参考文献（粗体代表定义为关键化合物）
（*E*）-2-癸烯醛	脂肪	Mutti 等(1999)
（*E*）-2-庚醛	脂肪，杏仁膏	Petersen 等(1998)，Thybo 等(2006)
（*E*）-2-己烯醛	**腐臭**	Thybo 等(2006)
（*E*）-2-壬醛	黄瓜、纸板、脂肪、青草味、图书馆、天鹅绒的、甜的，**马铃薯风味**	Oruna - Concha 等（2001），Mutti 等(1999)，Petersen 等（1999），Thybo 等(2006)
（*E*）-2-辛烯醛	烤马铃薯、面包房、煮的、薯条、脂肪、**腐臭**	Petersen 等（1998，1999），Thybo 等(2006)，Mutti 等(1999)
（*E*）-2-戊烯醛	烤的，橡胶的，难闻的	Ulrich 等(2000)
（*E*）-*β*-大马烯酮	果味，甜味	Mutti 等(1999)
（*E*，*E*）-2,4-癸烯醛	洋葱、薯条、热马铃薯、甘草、油腻、深度油炸、脂肪、石蜡	Petersen 等（1999），Oruna - Concha 等(2001)，Mutti 等(1999)
（*E*，*E*）-2,4-庚二烯醛	**腐臭，异味**	Thybo 等(2006)
（*E*，*E*）-2,6-壬二酸	脂肪，黄瓜	Ulrich 等(2000)，Mutti 等(1999)
（*E*，*E*）-3,5-辛二烯酮	坚果	Ulrich 等(2000)
（*E*，*Z*）-2,4-癸二烯醛	脂肪、石蜡、腐臭	Thybo 等(2006)，Mutti 等(1999)
（*E*，*Z*）-2,6-壬二酸	草地，青草味，醋，黄瓜、豌豆、油漆	Petersen 等(1998，1999)，Mutti 等(1999)
（*Z*）-1,5-辛二烯-3-酮	天竺葵	Mutti 等(1999)
（*Z*）-2-癸烯	脂肪	Mutti 等(1999)

续表

物质	感官品质 （粗体代表显著相关）	参考文献 （粗体代表定义为关键化合物）
（Z）-2-壬醛	青草味，油腻	Mutti 等(1999)
（Z）-3-壬醛	脂肪	Mutti 等(1999)
1, 2-乙二醇	咖啡，烧焦的	Petersen 等(1999)
正己醇	热纸，脚臭	Petersen 等(1999)
1-辛烯-3-醇	泥土味，蘑菇，腐臭	Oruna－Concha 等（2001），Thybo 等(2006)，**Duckham 等(2001，2002)**
1-辛烯-3-酮	像蘑菇的	Mutti 等(1999)
1-戊醇	**腐臭，强烈，美味的**	Thybo 等(2006)，Morris 等(2010)
1-戊烯-3-醇	**强烈，美味的**	Morris 等(2010)
1-戊烯-3-酮	**甜的**	Morris 等(2010)
2, 3-丁二酮	黄油状的	Mutti 等(1999)
2, 3-二乙基-5-甲基吡嗪	泥土味，烧焦的	Mutti 等(1999)
2, 3-戊二酮		**Duckham 等(2001，2002)**
2, 4-癸二烯醛	泥土味，脂肪	Oruna-Concha 等(2001)
2, 4-七烯醛	**腐臭，异味，甜的**	Thybo 等(2006)，Morris 等(2010)
2, 4-甲酰胺醛	脂肪，难闻的	Ulrich 等(2000)
2, 4-壬二酸	**腐臭**	Thybo 等(2006)
2, 6-二甲基吡嗪	坚果味，温暖的	Ulrich 等(2000)
2-乙酰基-1-吡咯啉	烤的，爆米花	Mutti 等(1999)
2-丁基呋喃	**甜的**	Morris 等(2010)
2-癸烯	纸板样异味	Blanda 等(2010)
2-乙基-3, 5-二甲基吡嗪	坚果味，烘烤，烤的，咖啡味	Ulrich 等（2000），Oruna－Concha 等(2001)，**Duckham 等(2001)**
2-乙基-3, 6-二甲基吡嗪	坚果味、烤的、泥土味、烤马铃薯味	Oruna-Concha 等(2001)
2-乙基呋喃	**美味的，腐臭，异味**	Thybo 等(2006)，Morris 等(2010)
2-庚醛	**强烈**	Morris 等(2010)
2-己烯醛	纸板样异味，**异味**	Morris 等(2010)，Blanda 等(2010)
2-异丁基-3-甲氧基吡嗪		**Duckham 等(2001，2002)**

续表

物质	感官品质 （粗体代表显著相关）	参考文献 （粗体代表定义为关键化合物）
2-异丙基-3-甲氧基吡嗪	泥土味，生马铃薯，马铃薯风味	Oruna－Concha 等（2001），**Duckham 等 (2001，2002)**
2-甲氧基-3-异丁基吡嗪	发芽，豌豆，青草味，甜椒，煮马铃薯	Petersen 等(1999)
2-甲氧基-3-异丙基吡嗪	泥土味、青草味、豌豆、生马铃薯、干的	Petersen 等(1999)
2-甲基-1-丁醇		**Duckham 等(2002)**
2-甲基-5-异丙基吡嗪	坚果味，温暖的，化学药品	Ulrich 等(2000)
2-甲基丁醛	果味、**香味**	Morris 等（2010），**Duckham 等 (2001，2002)**
2-甲基丁醇	难闻的，汗水	Ulrich 等(2000)
2-甲基呋喃	**强烈，美味的**	Morris 等(2010)
2-甲基丙醛	香味	Morris 等(2010)
2-戊烯醛	纸板状异味和不良风味，**强烈，奶油味**	Morris 等(2010)，Blanda 等(2010)
2-戊基呋喃	难闻的，绿豆，煮熟的，橡胶/纸板状异味和不良风味、**甜味、异味**	Ulrich 等(2000)，Petersen 等(1998)，Thybo 等(2006)，Morris 等(2010)，Blanda 等(2010)，**Duckham 等(2001，2002)**
2-丙酮	**香味**	Morris 等(2010)
2-丙基呋喃	**强烈，美味的**	Morris 等(2010)
3-（甲硫基）丙醛		**Duckham 等(2001，2002)**
3-乙基-2，5-二甲基吡嗪	坚果味，泥土味，草本味	Ulrich 等(2000)
3-乙基-2-甲基-1，3-己二烯	**强烈、风味、奶油味**	Morris 等(2010)
3-异丁基-2-甲氧基吡嗪	胡椒味，青草味	Mutti 等(1999)
3-甲基-1-丁醇		**Duckham 等(2002)**
3-甲基-1-戊醇	烧焦、不愉快、脂肪、薯条、刺激性的	Petersen 等(1999)

续表

物质	感官品质 （粗体代表显著相关）	参考文献 （粗体代表定义为关键化合物）
3 -甲基丁醛	麦芽香，果味，香味	Morris 等(2010)，Mutti 和 Grosch (1999)，Duckham 等(2001，2002)
3-或-2-二甲基丁烯酸	**强烈、风味、奶油味**	Morris 等(2010)
4-庚烯醛	**甜味**	Morris 等(2010)
6-甲基-5-庚烯-2-酮		**Duckham 等(2001)**
醋酸	醋	Petersen 等(1998)
烷基吡嗪	泥土味，烤的，坚果味，黄油状的	Maga 等(1992)，Coleman 等(1980)，Buttery 等(1971)，Oruna-Concha 等(2001)
苯甲醛	**香味**	Morris 等（2010），**Duckham 等 (2001，2002)**
苯甲醇	花、柑橘、水果	Petersen 等(1999)
β -环柠檬醛		**Duckham 等(2001)**
β -大马烯酮		**Duckham 等(2001)**
丁二醇		**Duckham 等(2002)**
C4-庚醛	煮马铃薯、不新鲜、泥土味	Josephson 等(1987)
癸醛	果味，脂肪，花香，焦塑料，**腐臭**	Petersen 等（1999），Thybo 等 (2006)，**Duckham 等(2001，2002)**
双乙酰	黄油状的，甜的，焦糖的	Ulrich 等(2000)
二甲基二硫化物	洋葱状、煮熟的卷心菜、**香味**	Oruna - Concha 等（2001），Morris 等(2010)，**Duckham 等(2001，2002)**
二甲基硫醚	**异味**	Morris 等(2010)
二甲基亚砜	**腐臭**	Thybo 等(2006)
三硫化二甲酯	卷心菜，**香味**	Morris 等(2010)，Mutti 等(1999)，**Duckham 等(2001，2002)**
三硫化二甲酯，二甲基二硫化物	煮熟的洋葱	Duckham 等(2002)，Oruna - Concha 等(2001)，**Duckham 等(2001)**
E-（或 *Z*）-2-（1-戊烯基）呋喃	**甜味**	Morris 等(2010)

续表

物质	感官品质 （粗体代表显著相关）	参考文献 （粗体代表定义为关键化合物）
E-（或 *Z*）-2-(2-戊烯基）呋喃	**甜味**	Morris 等(2010)
呋喃	**香味，甜味**	Morris 等(2010)
呋喃甲醛	**香味**	Morris 等(2010)
γ-癸内酯	甜的，像桃子一样	Mutti 等(1999)
γ-壬内酯（原文错误）	甜的，像椰子一样	Mutti 等(1999)
γ-辛内酯	甜的，像椰子一样	Mutti 等(1999)
香叶基丙酮		**Duckham 等(2001)**
正庚醛	青草味	Petersen 等(1998)，**Duckham 等(2001，2002)**
己醛	青草味，草地，**强烈，味美的，奶油味，腐臭**	Ulrich 等(2000)，Petersen 等(1999)，Thybo 等(2006)，Morris 等(2010)，Mutti 等(1999)，**Duckham 等(2001，2002)**
己酸	预加工食品、汤、蛋糕、生马铃薯	Petersen 等(1999)
芳樟醇	**马铃薯风味**	Thybo 等(2006)，**Duckham 等(2001)**
甲硫基丙醛	熟马铃薯，煮马铃薯，**马铃薯风味**	Duckham 等(2002)，Ulrich 等(2000)，Petersen 等(1998，1999)，Thybo 等(2006)，Oruna-Concha 等(2001)，Mutti 等(1999)
甲氧基吡嗪	霉味，泥土味	Duckham 等(2002)
甲基丙醛	麦芽香	Mutti 等(1999)，**Duckham 等(2002)**
甲基吡嗪	坚果味，强烈的	Ulrich 等(2000)
甲基水杨酸	**强烈，美味的，奶油味**	Morris 等(2010)
壬醛	变质的，臭氧，煮马铃薯，**腐臭**	Petersen 等(1999)，Thybo 等(2006)，**Duckham 等(2001，2002)**
辛醛	脂肪，柑橘类，**强烈**	Morris 等(2010)，Mutti 等(1999)，**Duckham 等(2001)**
仲辛酮（原文错误）	蘑菇，泥土味	Ulrich 等(2000)

续表

物质	感官品质 （粗体代表显著相关）	参考文献 （粗体代表定义为关键化合物）
4 -异丙基甲苯	**异味**	Thybo 等(2006)
正戊醛	青草味、杏仁、杏仁膏、**强烈、味美的、奶油味、腐臭**	Petersen 等(1999)，Thybo 等(2006)，Morris 等(2010)，**Duckham 等(2001，2002)**
苯乙醛	青草味，鲜花，泥土味，蜂蜜，花香，玫瑰，甜的	Ulrich 等（2000），Petersen 等（1998），Oruna-Concha 等(2001)，Mutti 等(1999)，**Duckham 等(2001，2002)**
丙醛	**异味**	Morris 等(2010)
吡咯	坚果味，烤的	Ulrich 等(2000)
萜烯类（α-黄连烯、β-大马烯酮、其他）	果味，花香	**Duckham 等(2001)**
反式-4，5-环氧-（*E*）-2-癸烯醛	金属味	Mutti 等(1999)
反式-4，5-环氧-（*E*）-2-壬醛	金属味	Mutti 等(1999)
十一醛		**Duckham 等(2001)**
Z-（或 *E*）-2-(2-戊烯基）呋喃	**强烈，味美的，奶油味**	Morris 等(2010)

注:表中感官品质是需要联想的,如“黄瓜”指黄瓜的气味,“面包房”指进入面包房所闻到的气味。

12.2.1 生马铃薯

根据 2009 年 Dresow 和 Boehm 的总结，在生马铃薯中发现了大约 159 种挥发性物质。这些挥发性物质包括那些生马铃薯中存在的，但更多的是块茎在准备烹饪时产生的。去皮和切片等活动会破坏细胞膜，促进脂肪酸被原组织中的脂氧合酶氧化（Galliard et al.，1971）。这会导致己醛、辛烯醛的同质异构体和 2,4-癸二烯醛的浓度大幅增加（Josephson et al.，1987；Petersen et al.，1998）。不饱和脂肪酸通过脂肪氧化产生的重要化合物包括 2-辛烯醛、庚醛、戊醇、2-戊基呋喃、2-甲基丁醇和 3-甲基丁醇（Josephson et al.，1987；Petersen et al.，1998）。其他脂氧合酶启动反应的产物包括 1-戊烯-3-酮、1-戊醇、2,4-庚二烯醛和 2,6-壬二烯醛（Gardner，1996；Ho et al.，1994；Josephson et al.，1987；Petersen et al.，1998；Schieberle et al.，1981；Sok et al.，1994）。一些研究报道了在生马铃薯中发现甲氧基吡嗪（Buttery et al.，1973；Murray et al.，1975），特别是 2-甲氧基-3-异丙基吡嗪

(Murray et al., 1975)。还有一些讨论关于这些物质是由块茎本身产生还是由土壤细菌产生并随后被马铃薯块茎吸收（Buttery et al., 1973)。2009 年 Dresow 和 Boehm 得出结论，尽管生马铃薯含有许多有效的挥发物，但没有单一成分能够代表生马铃薯的典型香味。

12.2.2 烹饪对马铃薯风味的影响

在煮马铃薯中发现的挥发性化合物是由烹饪条件产生的，这些条件包括温度、时间和水分含量，以及这些因素对酶和非酶反应的影响。

产生的挥发性化合物的类型和浓度也高度依赖于原材料中可用的代谢物（即风味前体物质)。这些代谢物来源于马铃薯的基本营养素，包括碳水化合物（特别是单糖和二糖)、蛋白质和游离氨基酸、脂肪、甘油三酯或其衍生物、以及一系列维生素和矿物质（Dresow et al., 2009)。产生的化合物的数量和浓度随着烹饪时间和温度的增加而增加，从煮马铃薯中鉴定出 182 种化合物，烤马铃薯中鉴定出近 400 种化合物（Dresow et al., 2009)，在法式炸薯条的挥发性成分中鉴定出了 500 多种化合物（Maga, 1994)。这些化合物中哪 1 种有助于马铃薯的特殊香味的形成还未完全研究清楚，尽管人们普遍认为煮马铃薯的典型香味主要是由甲硫基丙醛和一系列吡嗪类化合物产生的（Ulrich et al., 2000)。

马铃薯在烹饪过程中会发生一些化学反应，这些化学反应是产生和/或降解关键风味化合物的原因。熟食和加工食品中，涉及蛋白质、糖和脂肪降解的热反应是挥发性化合物形成过程中最重要的反应（Dresow et al., 2009; Whitfield et al., 1992)。在马铃薯中，这些反应包括脂肪氧化和热降解反应，如 Maillard 反应和 Strecker 降解反应。这些反应的产物中脂质降解产物和糖降解和/或 Maillard 反应产物分别占所监测化合物总产量的 22%～69% 和 28%～77%，具体占比多少取决于马铃薯品种（Duckham et al., 2001、2002)，而含硫化合物、萜烯和甲氧基吡嗪的浓度相对较低（Duckham et al., 2001)。

Maillard 反应发生在羰基之间，通常是还原糖和游离氨基酸之间的羰基，可以在相当低的温度下发生，在正常烹饪温度下反应速率显著增加（Duckham et al., 2002; Taylor et al., 2007; Whitfield et al., 1992)。值得注意的是，通过这个反应过程可以生成蛋氨酸（Duckham et al., 2002; O'Connor et al., 2001; Lindsay, 1996)。

Strecker 降解反应通常与 Maillard 反应有关，因为它们涉及 α-氨基酸与同时发生的 Maillard 反应途径衍生的 α-二羰基化合物的反应。α-氨基酸经过脱羧并转化为相关结构的醛（Rizzi, 2008)，产生支链羰基和醇类挥发性物质，这对马铃薯风味有显著影响（Duckham et al., 2002)。虽然主要反应物是蛋白质和碳水化合物，但也包括到脂类和多酚类化合物，从而产生新的风味化合物（Rizzi, 2008)。然后，Maillard 反应和 Strecker 降解的产物进行进一步反应，形成一系列化合物，包括吡嗪、噁唑和噻吩（Whitfield et al., 1992)。吡嗪类在 Maillard 和 Strecker 反应中由氨基酸和糖组成，具有典型的泥土味的“类似马铃薯味”风味，而与吡嗪生成有关的天门冬酰胺和谷氨酰胺在马铃薯中大量存在（Martin et al.,

2001b)。

酶促反应有助于风味前体化合物的形成，如蛋白质中的氨基酸，然后这些前体化合物通过非酶反应形成风味化合物。这些反应程度受到加热过程中酶变性的限制，但很大程度上依赖于烹饪条件，如加热模式和样品大小。

脂类和脂肪酸的降解是通过热降解反应以及不饱和脂肪酸中亚油酸、α-亚麻酸的酶促和自氧化来实现的（Dobson et al.，2004）。脂肪酶通过催化不饱和脂肪酸氧化形成脂肪酸氢过氧化物来促进风味化合物的形成，也可能产生异味（Baysal et al.，2007）。脂类氧化和酶降解的最终产物包括许多不饱和的、饱和的醛类、酮类和醇类。

一些化合物在马铃薯中的量很少。尽管它们对风味的影响尚不清楚，但有些物质的量可能高于人类感知阈值的浓度，因此很可能对风味产生重大影响（Duckham et al.，2002；Petersen et al.，1998）。

12.2.3 煮马铃薯

在煮马铃薯中发现了140~182种挥发性化合物（Ulrich et al.，2000；Maga，1994；Salinas et al.，1994；Dresow et al.，2009）。鉴定的挥发物数量和类型因制备方法（如去皮与不去皮）、烹饪条件和所用分析方法等因素而存在差异，但已鉴定出的挥发物主要是由于脂质氧化化合物的形成，以及氨基酸的 Strecker 降解形成相应的醛类化合物（Petersen et al.，1998）。特别的是，煮马铃薯有利于己醛和2-庚醛，以及脂衍生化合物2-甲基呋喃、2-戊基呋喃、3-己酮和1-辛烯-3-醇（Oruna-Concha et al.，2002）的生成。未去皮马铃薯通常含有更多的芳香化合物，尤其萜烯在未去皮马铃薯中的比例高于去皮马铃薯（Nursten et al.，1974）。

Ulrich 等（2000）确定了包括甲硫基丙醛、双乙酰和至少5种不同取代的吡嗪类化合物作为煮马铃薯的特征性风味化合物，这与早期研究的结果一致（Salinas et al.，1994；Whitfield et al.，1991），在煮马铃薯中，其他的化合物如己醛、水杨酸甲酯、2-甲基丁酸与马铃薯风味强度、奶油味和芳香密切相关（Morris et al.，2010）。含硫化合物甲硫基丙醛是煮马铃薯风味的关键成分（Lindsay，1996；Petersen et al.，1998；Ulrich et al.，2000、1998）。Mutti 和 Grosch（1999）报道，甲硫基丙醛是他们所测试的最具气味活性的化合物之一，也是煮马铃薯中最有效的风味成分之一。2011年 Duckham 等在分析的11个马铃薯品种中发现只有不到一半的品种中检测到了甲硫基丙醛。据报道，另一种具有高气味活性的化合物是2,3-二乙基-5-甲基吡嗪，有助于煮马铃薯风味的形成（Mutti et al.，1999）。顺式-4-庚烯醛在马铃薯中提供了一种像类似煮马铃薯的特征香味和风味。当以低浓度（0.1~0.4μg/kg）添加到新鲜煮土豆泥中时，马铃薯风味会增强，但当添加到7μg/kg以上时，会产生一种不受欢迎的陈腐味（Josephson et al.，1987）。在煮马铃薯中发现的其他异味化合物包括2,6-壬二酸（脂肪、黄瓜）、2,4-癸二烯醛（脂肪、难闻）和2-戊基呋喃（难闻，绿豆，熟的）（Ulrich et al.，2000）。

12.2.4 烤马铃薯

烤马铃薯的风味非常温和但极其复杂（Coleman et al.，1980），有报告检测到超过150种化合物（Duckham et al.，2002），而2009年Dresow和Boehm的研究显示共鉴定出392种化合物。在未去皮的烤马铃薯中形成化合物的条件不同于其他烹饪方法，因为挥发性风味物质是在一个基本上封闭的系统中形成的，而风味前体物质仅来自块茎内部。它与水或油炸脂肪等其他化合物没有相互作用，而且通常也不含由于去皮和切碎过程中组织破裂发生氧化反应生成的化合物。烤马铃薯中的主要风味化合物是由于Maillard反应和/或Strecker降解、脂质降解和含硫氨基酸降解而形成的（Duckham et al.，2002）。

与其他烹饪方法相比，烤马铃薯的风味也不是单一化合物的结果，而是由几种特征性风味物质的关键化合物共同导致的，尽管其种类比较少。研究者普遍认为吡嗪类化合物可能是烤马铃薯中最重要的风味化合物。这些吡嗪类化合物包括2-乙基-3,6-二甲基吡嗪，2-异丁基-3-甲基-甲氧基吡嗪、2-异丙基-3-甲氧基吡嗪、2-乙基-3,5-二甲基吡嗪、2-异丁基-3-甲基吡嗪、2,3-二乙基-5-甲基吡嗪、3,5-二乙基-2-甲基吡嗪、2-乙基-6-乙烯基-吡嗪和2-乙基-3-甲基吡嗪（Buttery et al.，1973；Coleman et al.，1980；Coleman et al.，1981；Dresow et al.，2009；Duckham et al.，2001；Pareles et al.，1974）。特别是，Pareles和Chang（1974）发现，2-异丁基-3-甲基吡嗪、2,3-二乙基-5-甲基吡嗪和3,5-二乙基-2-甲基吡嗪的组合会产生比任何这些单一化合物更具特色的烤马铃薯香味。

用于描述烤马铃薯中各种吡嗪类化合物的香味的描述词包括特征性、甜味、泥土味、坚果味、烘烤的、黄油的、好闻的、类似马铃薯风味的（Coleman et al.，1980；Coleman et al.，1981）、发霉的和泥土味（Duckham et al.，2002）。吡嗪类化合物作为典型的烤马铃薯风味化合物具有重要意义的一个原因是，它们在未去皮的烤马铃薯中比在其他方法烹饪的马铃薯中的浓度相对较高。由于烹饪过程中温度和湿度条件不同，发现与整个烤马铃薯相比，马铃薯薯皮中的吡嗪与醛比率更高（Coleman et al.，1980）。

其他潜在重要的化合物包括甲硫基丙醛（Buttery et al.，1973；Dresow et al.，2009；Pareles et al.，1974）；β-大马烯酮、二甲基三硫化物、癸醛和3-甲基丁醛（Duckham et al.，2001）；以及己醛和1-辛烯-3-醇（Oruna-Concha et al.，2002）。

12.2.5 微波烤马铃薯

在微波炉中烤马铃薯比在传统烤箱中烤得更快（Wilson et al.，2002），但在各种烹饪方法中，这种方法烤的马铃薯风味最差。这反映在从微波烤马铃薯中提取的挥发性分离物比传统烘烤和煮马铃薯中提取的挥发性分离物相对较弱（Oruna-Concha et al.，2002）。尽管训练有素的专家组成员的评分和风味评分低于煮或烘烤的马铃薯（Brittin et al.，1980；Maga et al., 1977)，但消费者的辨别力较低，在烤箱烤马铃薯和微波炉烤马铃薯的偏好或可接受程度方面没有差异（Brittin et al., 1980）。

传统和微波烤马铃薯的总水分流失量相似，但微波炉烤马铃薯块不会形成硬皮，因此与传统的烤马铃薯相比，微波炉烤马铃薯的水分损失均匀。共蒸馏可能会使风味挥发物损失更大（Oruna-Concha et al., 2002），因为烹饪过程中水从块茎表面蒸发（Jansky, 2010），导致马铃薯的风味变差。虽然蒸发冷却意味着微波烤马铃薯表面温度比其他烘烤方法要低，但 Maillard 反应产物的数量仍然高于煮马铃薯，这可能是因为烹饪过程中的水分损失为这一过程创造了有利条件（van Eijk, 1994）。

12.2.6 炸薯条

法式炸薯条的 122 种化合物中的大多数（85%）是由 van Loon 等鉴定的，这些化合物源于糖降解和（或）美拉德反应，其余来自脂质降解。在这些化合物中，感官分析所感知的 41 种气味大约由 50 种气味活性化合物组成。吡嗪已被确定为炸薯条中的炸土豆味的主要风味物质（Duckham et al., 2002），其中关键成分是 2-乙基-3,5-二甲基吡嗪、3-乙基-2,5-二甲基吡嗪、2,3-二乙基-5-甲基吡嗪和 3-异丁基-2-甲基氧基吡嗪。其他重要的炸薯条风味化合物包括 2,4-癸二烯醛（*E*，*E*-和 *E*，*Z*-）、反式-4,5-环氧-(*E*)-2-癸醛，4-羟基-2,5-二甲基-3（2*H*）-呋喃酮、甲基丙醇、2-和 3-甲基丁醛以及甲硫醇（Wagner et al., 1998）。油炸温度和时间对吡嗪的形成有显著影响（Martin et al., 2001b），因此这些因素对油炸食品的风味有很大影响。食用油的类型（Martin et al., 2001a）和油的重复使用导致风味进一步复杂化，这有利于脂肪氧化产物的生产，如己醛（Brewer et al., 1999），并且可能会产生一定的不良风味。

12.3 识别风味化合物

理想情况下，用于鉴定和定量分析挥发性化合物的方法应该将所有化合物都进行提取，并保持它们原始的状态，确保不会带入人为因素增加的化合物。用于从煮马铃薯中提取挥发性化合物的方法包括同时蒸馏和萃取（Nickerson et al., 1966；Oruna-Concha et al., 2001；Ulrich et al., 2000），溶剂辅助风味蒸发（Engel et al., 1999），静态顶空萃取（Sides et al., 2000；Wagner et al., 1998）、动态顶空萃取（DH）（Duckham et al., 2001；Oruna-Concha et al., 2002；Thybo et al., 2006）和固相微萃取（SPME）（Arthur et al., 1990；Morris et al., 2010）。

用于马铃薯风味物质的分离和鉴定技术包括 GC-MS（Duckham et al., 2001；Oruna-Concha et al., 2001；Thybo et al., 2006；Ulrich et al., 2000）、GC-PND（Ulrich et al., 2000）

和 GC-O，其中挥发性化合物通过 GC 分离，人的鼻子作为“嗅探端口”用来描述各种从 GC 柱分离出来的香味。其中一部分同时进入质谱进行分子结构鉴定（Majcher et al.，2009；Ulrich et al.，2000）。

Petersen 等（1998）使用 GC-O 和 GC-MS 来确定生马铃薯和煮马铃薯之间的主要挥发性化合物差异。在生块茎和煮块茎中都含有 20 种化合物，但它们的浓度差异很大，并且通常随着烹饪过程而降低。

2005 年 van Loon 等使用吹扫-捕集 GC-MS 来识别薯条在“口腔条件”下释放的挥发性化合物，以模拟挥发性化合物从食物中释放到鼻上皮细胞。通过一个训练有素的感官评价小组帮助确定哪些化合物与炸薯条风味有关。用稳定同位素稀释法对已鉴定为法式炸薯条气味的有效化合物进行了定量分析，并将其溶解在葵花籽油中以便检验其风味特征。使用这种方法，van Loon 等确定了大约 50 种气味活性化合物，这些化合物与感官小组感知到的 41 种气味有关。

尽管许多研究小组已经使用了这种灵敏的化合物检测技术，但必须注意的是，检测到的化合物、未检测到的化合物，甚至化合物的绝对浓度并不一定能准确反映其对典型马铃薯香味和风味特征的贡献，这是芳香挥发物和基本味觉物质复杂混合的结果。

哪些化合物是马铃薯关键的特征性风味物质仍在研究当中，如果一种化合物在单独评估时具有较高的相对感知强度，并且其特征与食品的香味品质非常相似，则可以将其视为关键风味物质（Bult et al.，2002）。气味的感知强度和典型性越高，这种成分在混合香味中对性状的影响越大（Buttery et al.，1998）。特征性化合物和非特征性化合物分别是指对马铃薯风味具有积极贡献、无关或消极贡献的化合物。

早期使用的一种方法是通过计算“香气值”（Patton et al.，1957；Rothe et al.，1963），即相对香气影响值（RAV），其定义为化合物的浓度除以其气味阈值。RAV 大于 1.0 的化合物应该可以检测到，而 RAV<1.0 的化合物则不能被检测到，尽管也会有例外。虽然这是一个有意义的开始，但后来文献中引用的阈值范围揭示了这种方法的不足。正如引言中所概述的，人们探测气味的能力在生物学上各不相同，而且这一点会受到检测和计算气味阈值的各种方法的影响。2001 年，Duckham 等通过将在烤马铃薯中检测到的几种化合物的相对 GC 峰值除以它们在水中的气味阈值来计算 RAV，利用 DH 收集和 GC-MS 鉴定了 11 个马铃薯品种烤薯肉中的 81 种挥发性化合物，发现包括 2-异丁基-3-甲氧基吡嗪、2-异丙基-3-甲氧基吡嗪、β-大马士革酮、二甲基三硫醚、癸醛，3-甲基丁醛在内的化合物对烤马铃薯香味影响最大。

使用这样的方法时，应考虑到关键气味化合物，如有较低的阈值的吡嗪类化合物。例如，甲氧基吡嗪 2-甲氧基-3-异丙基吡嗪在水中的气味阈值为 2×10^{-12}（Duckham et al.，2002）。因此，尽管在某些分析中可能检测不到，但甲氧基吡嗪浓度的变化可能对马铃薯的整体风味有很大的影响。

另一个变化是气味活性值，它是由样品中已测量的化合物浓度与该化合物感觉阈值的比值决定的。化合物在一系列的连续稀释后仍可被检测到，被认为具有较高的气味活性值和它们对样品香味可能有显著的贡献。这种方法的应用通常可以将一种复杂的混合物分解成对整个样品香味最重要的10~20种化合物（Grosch，2001）。

还应考虑化合物之间的风味协同作用，尤其是在使用GC-O鉴定化合物时，GC-O通过色谱将组成混合物分解为一系列化合物，这些化合物可由GC柱排出物确定。使用这种方法，化合物之间协同和拮抗相互作用的影响无法估计，但众所周知，气味剂对混合物的影响不是线性的，因为会发生感官交叉作用，与低影响力成分相关的属性的强度可以通过高影响力化合物的存在而被抑制（Bult et al.，2002）。或者，那些看起来对香味和风味特征不重要的化合物，因为它们似乎没有气味，或者具有“无味”或“无关”的香味，实际上可能会影响对其他化合物的感知。的确，诸如3-甲基丁醛、己醛、苯乙醛、(*E*/*E*)-2,4-庚二烯醛、(*E*/*E*)-2/4-辛二烯醛、(*E*/*Z*)-2,6-壬二烯醛和β-大马士烯酮等具有相对较低风味稀释因子的化合物，仍可能通过与高影响力化合物的相互作用来促进马铃薯的整体香味（Ulrich et al.，2000）。

12.4 味道

味道是口腔中的可溶性物质与舌头上的味觉感受细胞发生化学反应时产生的感官印象。人类五个基本味觉：甜味、酸味、咸味、苦味和鲜味都是天然存在于马铃薯中的，尽管咸味并不是非常明显。

12.4.1 苦味

产生苦味的马铃薯化合物包括糖苷生物碱、酚类化合物和有机酸。

马铃薯中主要的糖苷生物碱是α-茄碱和α-卡茄碱，它们约占总糖苷生物碱含量的95%（Slanina，1990）。这些可能是植物用来阻止草食动物摄食的“手段”，尽管植物的驯化过程中会很大程度上选择或者抵制其合成，但是所有的品种仍然保留着在皮肤内和皮肤下产生这些化合物的能力，历史上食用的几种野生物种都存在潜在的有毒总糖生物碱含量高的问题（Johns et al.，1990）。摄入这些化合物会引起一系列症状，包括胃部不适，并在口腔中引起灼热感（Sinden et al.，1976）。糖苷生物碱含量因品种而异（Ramsay et al.，2004），也取决于马铃薯的生长和贮藏管理方法（Sengul et al.，2004）。当块茎暴露在阳光下时，会产生过量的糖苷生物碱，由于此过程也会产生叶绿素，因此，糖苷生物碱的合成与马铃薯组织变绿呈现了一定的相关性。消费者通常认为绿色马铃薯是有害的，但根本原因是糖苷生物碱的合成。通常认为，马铃薯中总的糖苷生物碱可以被人类食用的含量为

2.5~15mg/100g，超过20mg/100g FW的量则被认为影响口感，不宜食用且具有潜在的毒性（Johns et al.，1986；Osman，1983）。然而，这些化合物也可能对马铃薯的整体风味/感官特性有影响。人类可以在低至14mg/100g FW的浓度下检测到糖苷生物碱，尽管不同马铃薯中这个能被检测到的阈值可能有所不同。当由感官小组评定时，马铃薯苦味与糖苷生物碱含量之间存在显著的相关性（Sinden et al.，1976），但在较低浓度下糖苷生物碱可能起到重要作用，其可改善马铃薯的风味（Valkonen et al.，1996）。2010年Morris等报道称，糖苷生物碱茄碱的含量与香味强度呈正相关，但与风味强度、风味绵密度和风味芳香性呈负相关。食用苦叶蔬菜时发现，个人偏好、品尝苦味化合物（如6-*n*-丙基硫氧嘧啶）的遗传能力和食用量之间存在一定关系（Dinehart et al.，2006）。其中，对苦味的遗传敏感性在食用马铃薯时同样适用。

酚类化合物通常存在于薯皮中，是导致马铃薯苦味的原因之一（Mondy et al.，1988），尽管通过感官小组评估，苦味与马铃薯中酚类物质的含量之间的关系似乎没有那么密切（Sinden et al.，1976）。

12.4.2 酸味

有机酸，如绿原酸、苹果酸和柠檬酸，是不完全糖氧化和氨基酸脱氨的产物（Lisinska et al.，1990）。马铃薯块茎中总有机酸含量在0.4%到1.0%之间，其中柠檬酸含量最高，其次是苹果酸和吡咯烷酮羧酸，它们的浓度取决于块茎的发育和成熟度。这些化合物被认为是产生酸味的原因，但它们并不是产生马铃薯风味的主要原因（Vainionpaa et al.，2000）。然而，一些品尝小组成员认为绿原酸含量为120mg/100g FW的马铃薯略带酸味（Sinden et al.，1976）。

12.4.3 甜味

与水果相比，甜度对马铃薯块茎的风味影响不大。事实上，马铃薯的甜味曾经被认为是一种不受欢迎的品质（Burton，1965）。由于葡萄糖和果糖在低温贮藏过程中会产生不利的影响，因此在马铃薯育种工程中，尤其是在那些准备进一步加工成薯片或薯条的马铃薯品种中，不会选择葡萄糖和果糖含量高的品种（Sowokinos，2001）。油炸或烘烤过程中所需的高温会导致游离氨基酸，尤其是天冬酰胺，与Maillard反应中的还原糖发生非酶反应。如果还原糖含量过高，会导致不可接受的褐变率和丙烯酰胺的产生。因此，这不仅是一个产品质量问题，更是一个人类健康问题（Medeiros et al.，2012）。具有讽刺意味的是，随着发达国家糖消费量的增加，消费者对甜食的偏好也越来越多，即使对那些原本就味道鲜美的食物，比如马铃薯，也更加追求其甜度。其实，烤马铃薯的甜度与理想的马铃薯风味相关（Jansky，2008；Jitsuyama et al.，2009），添加糖的薯片更受消费者的喜爱（Maier et al.，2007）。此外，一些消费者特别喜欢深色的马铃薯制品，大概是其对风味和气味的偏好

(Maga, 1973)。然而，这些颜色较深的马铃薯产品也往往含有很高的丙烯酰胺（McKenzie et al., 2013），从人体健康的角度来看，这是不能被接受的。

12.4.4 鲜味

“Umami”是日语单词，意为“美味”或“可口”。Umami似乎独立于其他四种“基本”口味，在食物中起到增强风味和口感的作用，给美味菜肴带来奶油般绵密和黏性的感觉（Halpern, 2000）。第一个被确定的鲜味因子是谷氨酸，于1908年在日本海藻中发现。鲜味现在被定义为品尝谷氨酸钠（MSG）和5′-核糖核苷酸，如5′-单磷酸腺苷（AMP）、5′-肌苷酸和5′-鸟苷酸（GMP）的钠盐的味道（Fuke et al., 1993）。事实上，感官小组已经发现AMP和GMP与马铃薯的风味强度、奶油味绵密度和风味可口性密切相关（Morris et al., 2010）。谷氨酸是产生鲜味的最有效的氨基酸，与此相比，天冬氨酸只有7%的味觉活性。通过添加盐，包括钠、钾和镁盐来增加鲜味（Ugawa et al., 1994）。目前还没有任何关于鲜味成分能有效增加甜味、水果味或清淡食物风味的报道。

鲜味在确定马铃薯风味方面非常重要，它通常被认为是决定消费者对马铃薯可接受性的关键因素。早期的研究表明，煮马铃薯特有的味道几乎完全是由烹饪过程中释放的氨基酸和5′-核糖核苷酸相互作用的结果（Halpern, 2000; Solms, 1971）。在生马铃薯中，5′-核糖核酸含量相对较低，但在烹饪过程中，RNA的酶解会释放大量核糖核酸，尤其是在内部温度较低（大约40~60℃）且核酸酶更活跃的烹饪的早期阶段（Solms et al., 1979）。5′-核苷酸浓度在*S. tuberosum*和*S. phureja*品种中分别增加到12~15nmol/g FW和25~30nmol/g FW（Morris et al., 2007），并且在*Phureja*马铃薯株系中发现了一种增强表达的核糖核酸酶（Ducreux et al., 2008）。

尽管鲜味在马铃薯风味中起着至关重要的作用，但对煮马铃薯的鲜味感官效应的研究却很少。一个18人的味觉小组报告认为，单独添加谷氨酰胺或混合添加谷氨酸/核苷酸会增加煮马铃薯的风味，混合添加谷氨酸/核苷酸最大程度地增加了马铃薯的风味（Solms, 1971）。然而，对添加不同量MSG和肌酸二钠/鸟嘌呤酸二钠的多种食物基质的研究表明，与其他测试食品的适口性相比，在15种处理中，土豆泥的适口性仅在其中一种中出现显著的提高（Barylko-Pikielna et al., 2007）。

2007年Morris等比较了*S. phureja*品种和*S. tuberosum*品种的煮马铃薯块茎中氨基酸浓度和具有鲜味的核糖核苷酸。*S. phureja*栽培品种中谷氨酸和5′-核苷酸含量均显著高于*S. tuberosum*品种。此外，由一个训练有素的评估小组判断，这些品种中的等效鲜味浓度与风味属性和人们的可接受性密切相关，表明鲜味对马铃薯风味有重要影响。然而，谷氨酸、天冬氨酸、GMP和AMP浓度不仅随品种而变化，而且还随贮藏温度和时间而变化（Morris et al., 2010）。因此，这些化合物含量不是静态的，一旦块茎成熟，会随采后处理而变化。

12.5 质地

质地是马铃薯极为重要的感官属性，因为它直接影响消费者的喜好，也影响咀嚼过程中挥发性化合物的释放（Lucas et al.，2002）。然而，消费者对每种食物的最佳质地有着不同的偏好，这些偏好因消费者而异，这使得质地成为一种复杂的特征（更多的审评见 Taylor et al. 2007）。

训练有素的专家利用质地属性，如硬度、坚固性、弹性、黏性、颗粒性、粉性、潮湿性和咀嚼性来描述马铃薯（Martens et al.，2000）。这些性状受许多因素的控制，如干物质、淀粉含量与其分布、淀粉酶/支链淀粉含量、细胞大小、细胞壁结构和组成、糖和蛋白质含量以及氮含量（Taylor et al.，2007）。这些因素都有助于粉性/蜡质程度的评定，这是一个连续的统一体，是感官评价员最容易描述的质地特性之一。

一般来说，粉性马铃薯在口腔中有一种干、柔软、颗粒状的感觉，而蜡质马铃薯又湿又硬，有黏性的口感。粉性通常与高干物质有关（Van Dijk et al.，2002），蜡质与低含量的干物质有关（Bordoloi et al.，2012）。粉性马铃薯也与较高的淀粉酶含量、以及具有更大比例的大尺寸细胞和淀粉颗粒有关（Barrios et al.，1963）。

据报道，细胞紧密堆积和淀粉含量高的马铃薯品种比细胞松散和细胞大的马铃薯品种具有更大的脆性和硬度（Bordoloi et al.，2012；Singh et al.，2005）。淀粉粒的结构和数量在决定马铃薯质地方面也起着重要作用（Ridley et al.，1976）。烹饪期间糊化过程会使淀粉颗粒膨胀，这会对细胞壁施加不同的压力，具体程度取决于马铃薯中淀粉的含量。这甚至可能导致细胞“变圆”，并在细胞内施加高达 100kPa 的压力（Jarvis et al.，1992）。与蜡质品种相比，糊化淀粉量大的品种与粉性质地有关，导致淀粉糊化程度低，水分含量高（Martens et al.，2000；McComber et al.，1994）。利用扫描电子显微镜和共焦扫描激光显微镜可以直观地可视化观察到熟和生马铃薯的表面来分析其质构特性，如粉性、颗粒度和湿度等品质，相应的结果还可以与其他仪器检测和感官评价分析的马铃薯质地进行对比（Bordoloi et al.，2012；Martens et al.，2000）。

此外，淀粉的物理状态在决定烹饪过程中香味化合物的释放方面起着重要作用，挥发性小分子与直链淀粉/支链淀粉比率之间的物理相互作用至关重要（Arvisenet et al.，2002）。挥发性化合物与淀粉的结合分为两类：一类是形成淀粉包合物，即通过疏水键在直链淀粉螺旋结构中包裹挥发性分子（Nuessli et al.，1997）；另一类是芳香化合物与淀粉羟基之间发生极性相互作用形成结合物（Maier，1972）。在玉米淀粉的糊化过程中，会逐渐保留芳香化合物（Boutboul et al.，2002），同样在马铃薯淀粉中，最多的芳香物质的释放出现在烹饪的前 10min，在淀粉完全糊化之前（Descours et al.，2013）。

细胞壁结构也对质地有重要的影响（Jarvis et al.，1992；Martens et al.，2000；McComber et al.，1994；van Marle et al.，1997），而且细胞壁对烹饪的反应因品种而异（Bordoloi et al.，2012）。在马铃薯中，果胶占细胞壁多糖的55%左右，果胶甲基化程度、果胶甲基酯酶（PME）活性和煮块茎质地之间存在着密切的联系（Ross et al.，2011b）。PME通过去除果胶中的甲基，增加相邻链的游离酸基团之间形成钙桥的可能性等，在果蔬细胞壁的强化中起着重要作用（Ng et al.，1997）。最近，发现一种编码PME的基因在*Phureja*马铃薯基因组中表达，其PME的浓度仅为常见的较硬块茎组中观察到的浓度的10%（Ducreux et al.，2008）。此外，在Desiree块茎中PME基因的过表达导致果胶甲基化水平降低，这与马铃薯质地更坚硬有关（Ross et al.，2011a）。

与蜡质的“Red Pontiac”相比，“Russet Burbank”的细胞壁和胞间层较厚（McComber et al.，1994）。这些细胞壁的差异可能会导致更大的抗剪切性，从而产生更硬、更多的颗粒感。这一点在法式炸薯条品种中尤为重要，因为在炸薯条的品种选择中，我们想要的是一层松脆的外皮包裹着蓬松、粉性的内部。对马铃薯细胞壁主要成分果胶的进一步研究也发现品种间的差异。有研究发现“Irene”是一种粉性品种，比含有更多支链的果胶的“Nicola”（一种被认为不是粉性的品种），有更多或更长的侧链（van Marle et al.，1997）。此外，“Irene”的单个细胞的细胞壁物质明显多于“Nicola”，这意味着与“Russet Burbank”细胞一样，它们的细胞壁更厚。

12.6 生长和贮藏环境对风味的影响

生长环境和随后的贮藏对马铃薯风味的形成也很重要。例如，给作物施硫肥和钾肥会影响块茎中的甲硫醇和对鲜味有作用的化合物含量（Duckham et al.，2002；Morris et al.，2007）。相比之下，氮肥可能会影响酰胺和胺的产生，而酰胺和胺与异味有关（Cieslik，1997；Jansky，2008），尽管其他研究小组已经报告了在高施氮肥的情况下谷氨酸含量增加（Burton，1989）。2001年在加拿大收获的几百万千克马铃薯中检测到发霉的异味，并发现了2,4,6-三氯苯甲醚的存在。目前还不知道这种化合物是否是由马铃薯产生的，但也可能是温暖生长季节杀虫剂处理后的副产品（Daniels-Lake et al.，2007）。在胁迫条件下生长的块茎，生长期间或收获后暴露在强光下（Valkonen et al.，1996），或收获时受到损伤（Dale等，1998），都可以产生苦味的糖苷生物碱。

为了保持马铃薯的全年供应，需要在10℃或更低温度下进行采后贮藏。尽管在这些条件下块茎的代谢反应减慢，但预计会影响风味的化合物仍会发生变化，尤其是脂肪酸（Cherif et al.，1970；Mondy et al.，1963）、糖和氨基酸（Finglas et al.，1984）。在烹饪过程中，糖和氨基酸形成大多数风味化合物的前体，而从贮藏中取出的块茎具有更甜、更具粉性且整体风味更佳（Jansky，2008）。尤其在10℃贮藏期时，贮藏马铃薯的可溶性蛋白质和氨基酸含量会发生变化，10℃贮藏25周后，马铃薯中谷氨酸和天冬酰胺含量从占氨基酸总量的34%增加到90%（Brierley et al.，1997）。因此可以预期在烹饪后可以最大限度地提高鲜味。2010年Morris等比较了收获时和10℃下贮存3个月后，Phureja和Tuberosum样品中的主要鲜味化合物。收获时，Phureja的谷氨酸和天冬氨酸含量最高，但是与1997年Brierley等的研究结果不一致。Morris等观察到这些化合物在贮存过程中损失高达68%。Tuberosum样品中谷氨酸和天冬氨酸含量也略微下降。在贮藏期结束时，两组等效鲜味物浓度相似。贮藏表明，*S. tuberosum*"Montrose"块茎在4℃贮藏后，主要的两种糖苷生物碱，茄碱和卡茄碱的含量分别增加了13倍和12倍（Morris et al.，2010）。

贮藏温度会影响糖苷生物碱的含量，较低的温度比较高的温度（4℃）使得糖苷生物碱含量的增加更快（Griffiths et al.，1998）。相比之下，光诱导的叶绿素积累不受贮藏温度的影响，但随着贮藏时间的延长，光诱导的叶绿素积累量略有下降。

一些挥发性化合物在贮存后也会增加，包括醛类化合物丙醛、5-甲基己醛和2-己烯醛（Morris et al.，2010），它们都来自脂肪酸的代谢。Dobson等（2004）的研究表明，Phureja块茎的脂肪酸含量高于Tuberosum块茎，并且这些脂肪酸含量在贮藏过程中会逐渐增加。已有研究表明马铃薯冷藏过程中，异味会减少（Jansky，2008；Thybo et al.，2006）。

抑芽剂是马铃薯贮藏过程中很常用，因此，还应考虑其对风味的影响。风味评定小组似乎没有在马铃薯中检测到主要抑芽剂异丙基-*N*-氯苯。然而，这种化合物作为马铃薯抑芽剂的使用，目前逐渐在世界范围内被淘汰，而块茎则用两种替代的抑芽剂1，8-桉叶素和水杨醛进行处理后均检测出与未处理的对照组不同。目前尚不清楚可检测到的差异是由于抑芽剂本身的风味差异还是由于抑芽剂对块茎代谢的影响造成的（Boylston et al.，2001）。

贮藏对质地的影响主要与淀粉的变化有关，淀粉在贮藏过程中会被降解和发生胞间层破裂（Martens et al.，2000），这是导致贮藏期间块茎粉性降低的原因。此外，贮藏块茎的失水也可能导致粉性降低（Shetty et al.，1992）。

马铃薯采后处理对风味形成的影响也需要仔细考虑。例如，冷藏后的煮马铃薯在贮藏开始后不久就会出现一种"类似硬纸板"的不良风味变化。这种风味是脂肪氧合酶使得马铃薯在蒸煮过程中释放出亚油酸和亚麻酸所导致的，随后在贮存过程中分解为醛类（Petersen et al.，1999）。然而，另一项研究中，类似条件下典型的异味氧化化合物的产生，如醛类，与脂肪氧合酶活性的增加没有密切的相关性（Petersen et al.，2003）。预煮真空包装马铃薯产生类似的异味化合物，包括2,4-壬二烯醛和2,4-癸二烯醛，以及己烯醛、2-辛烯醛和2-壬醛。这些化合物的数量也受生长地的影响（Jensen et al.，1999）。对于预去皮、真空包装的马铃薯块茎，原材料的质量、马铃薯品种和块茎的生理成熟度都是至关重要的，用这种方法加工的马铃薯块茎的感官质量下降是由于酸败、异味物质和表面硬度的增加引起的（Thybo et al.，2006）。以这种方式处理和贮存不同时间的马铃薯品种之间的特征的芳香族化合物不同，具体包括甲硫基丙醛、芳樟醇、对甲苯、壬醛和癸醛（Thybo et al.，2006）。相比之下，未贮藏的熟马铃薯块茎含有高浓度的甲硫基丙醛、芳樟醇和对-氰基烯，而壬醛和癸醛的浓度较低，马铃薯风味的感官评分较高，酸败的评分较低。

2011 年，Comandini 等对深加工的马铃薯制品，如脱水马铃薯片、挤压膨化马铃薯制品和发酵马铃薯片等深加工马铃薯制品的风味特征进行了深入的研究。

12.7 将感官评分与分子、代谢组学结合起来

尽管许多先前的马铃薯研究已经确定了一系列可能与风味感知有关的挥发性和非挥发性成分，但将这些成分与经过训练的风味评定小组的描述性的分析数据进行关联性的对比尝试是有限的（Morris et al.，2010；Ulrich et al.，2000）。目前尚不清楚为什么没有更多的研究使用这种方法来鉴定马铃薯的风味和异味的关键成分（以及哪些风味因素可以增加消费者接受度）。然而，这可能是因为对感官评定科学家来说，所评定的所有马铃薯与水果相比，风味都是大致相同的，这也是因为用这种方法鉴定和确认关键化合物存在困难。如前所述，问题还包括复合气味阈值、气味影响以及重要的风味化合物之间的协同/拮抗相互作用。表 12.2 总结了在这一领域中，与感官分析一起使用的化合物分离和鉴定方法。

表 12.2 马铃薯代谢组分含量与感官分析的比较研究

样品	萃取法	化合物分离/鉴定	感官分析	参考文献
S. tuberosum，煮和捣碎的三个马铃薯品种	SDE①	GC-MS②，GC-PND③，GC-O④	训练有素的专家组，关注味道和鼻后气味	Ulrich 等（2000）
S. phureja 和 *S. tuberosum* 煮熟前在 4℃下保存 6 周以进行鲜味相关化合物分析，或在 2℃（不确定时间）下保存以进行感官分析	仅针对核苷酸和氨基酸的技术	HPAEC⑥，HPLC⑦	经过训练的小组，关注 4 个属性，其中 3 个与鲜味类型描述符有关	Morris 等（2007）
在不同温度和时间下，将 *S. phureja* 和 *S. tuberosum* 两个不同品种进行水煮和捣碎	SPME⑤	GC-MS	经过训练的小组，评定六种感官属性	Morris 等（2010）

续表

样品	萃取法	化合物分离/鉴定	感官分析	参考文献
微波和煮条件下 *S. tuberosum* 品种马铃薯，该马铃薯包含来自于 *S. phureja* 的 α-古巴烯合成酶基因的过表达	SPME	GC-MS	未经训练的小组，关注香气，评定 5 种普通的感官属性	Morris 等（2011）

注：①指同时蒸馏萃取；
②指气相色谱-质谱；
③指氮特异性检测气相色谱法；
④指气相色谱嗅觉测定；
⑤指固相微萃取；
⑥指高效液相色谱；
⑦指高效阴离子交换色谱。

Ulrich 等（2000）让 15 名训练有素的专家评估煮熟和捣碎后的 3 种马铃薯基因型样本，重点关注的是香味。感官属性仅限于 8 个描述词：甜味、泥土味、焦味、草料味、非典型的、发霉、水果味和典型的。这些样品还通过 GC-PND、GC-MS 和 GC-O 进行了分析。他们报道，所测试的基因型以影响特征的化合物的基本模式为特征，并认为这种基本模式，带有数量差异，可能在其他马铃薯品种中出现。GC-MS 和 GC-O 联用鉴定出了 19 种对香气有影响的化合物，这些化合物是典型的煮马铃薯风味和异味物质，其中包括甲硫醇、双乙酰和至少 5 种取代吡嗪类化合物。这与其他人的研究结果一致（Buttery et al.，1973；Salinas et al.，1994）。这一类人认为“泥土味”是一种积极的风味属性，使马铃薯成为与甜菜根（Mottram，1998）和块茎藜（Busch et al.，2000）等少数几种独特的食物一样，在这些食物中，泥土味是特色风味的一部分，而不是像“泥土味”在饮用水、鱼和葡萄酒中那样被认为是不良风味（Darriet et al.，2000；Robertson et al.，2005；Young et al.，1996）。

2010 年，Morris 等通过训练有素的感官评价小组对收获时和 10℃ 下贮存 3 个月后的四个马铃薯品种的煮熟样品进行了描述性分析。评定小组的感官反应（香气、强度、甜度、风味，乳脂度）与用 SPME-GC-MS 测定的代谢物浓度相关，并绘制出了与感官属性相关化合物的热图。AMP 和 GMP、己醛、戊醛和 3-乙基-2-甲基-1,3-己二烯等一系列特定代谢物与风味强度、风味乳脂度和风味呈显著正相关。这 3 种风味属性与一组不同的代谢物呈显著的负相关，如甲硫基丙醛、4-庚烷醛、苯乙醛、卡茄碱和茄碱。当考虑香味和甜味的感官属性时，与代谢产物的相关性相反，也就是说与风味强度、风味乳脂度、风味呈显著正相关的代谢物与香气、甜度呈负相关，反之亦然。他们还利用数据库的主成分分析来研究有香味的 Phureja 组和通常有淡淡味道的 Tuberosum 组之间的差异。研究发现，与 *S. tuberosum* 品种相比，*S. phureja* 品种具有很浓的风味且风味极佳（Morris et al.，2010）。

早期的研究表明在 *S. phureja* 和 *S. tuberosum* 基因型间的甲基丁酸甲酯、水杨酸甲酯和 10 种其他挥发物的浓度存在显著差异（Winfield et al.，2005）。这项工作提出了一个重要的尝试，将感官分析的结果与化学化合物的鉴定直接结合起来，感官描述使用的是较为宽泛描述词汇中的一小部分：香味、强度、甜度、风味、奶油味和异味。

在另一个方法中，通过 44000 个微阵列芯片，比较了 *S. phureja* 和 *S. tuberosum* 两个马铃薯品种块茎的基因表达模式，观察到了明显的差异。在 Phureja 马铃薯品种中发现了 α-古巴烯合成酶基因表达增加，α-古巴烯是一种倍半萜类物质，由 α-古巴烯合成酶负责合成（Ducreux et al.，2008）。两组间与风味相关的其他基因表达包括一些与支链氨基酸转氨酶和一种核糖核酸酶有关的基因表达，这表明 Phureja 组马铃薯块茎在烹饪过程中形成 5′-核糖核酸的可能性更大。

利用转基因方法，Morris 等（2011）将来自于 *S. phureja* 的基因转入 *S. tuberosum* 马铃薯品种，实现了 α-古巴烯合成酶的过表达，并发现 α-古巴烯的浓度是对照组的 15 倍。然而，感官评价人员在转基因马铃薯品系中未检测到任何芳香或味道差异，这表明 α-古巴烯实际上并不是马铃薯风味的主要成分。

在具有多种风味特征的马铃薯群体中应用数量性状位点图谱，还可以提供重要的线索，说明哪些化合物是影响风味偏好的关键因素。例如，由 *S. phureja* 和 *S. tuberosum* 两个关键品种杂交而成的新品种在这方面很受关注。

12.8 结论

煮熟的马铃薯风味对消费者的可接受性和扩大这一重要粮食作物的市场占比具有重要意义。马铃薯的感官风味是特定挥发性香味物质和味道成分相互作用的结果，并在不同程度上受到质构的影响。马铃薯风味还很大程度受到烹饪方法、农艺生产和贮藏方法的影响。然而，传统马铃薯育种的重点是产量、外观、抗病性和加工品质等特性，这可能导致在考虑感官特征之前，某些具有潜在前景的感官特征的候选基因被忽略。尽管消费者对马铃薯品种风味的兴趣增加了，马铃薯品种的开发商也将此视为一个市场机会，但关于马铃薯风味，以及在煮熟的块茎中鉴定出的多种化合物是如何影响马铃薯风味的，还有许多亟待研究的问题。将代谢组学和基因表达分析、感官评价相结合，可能是一种有效的方法，可以用来识别与感知到的马铃薯风味有关的关键挥发性化合物，同时助推育种工作，生产出风味受消费者喜欢的马铃薯品种。

参考文献

Arthur C. L, Pawliszyn J. Solid-phase microextraction with thermal-desorption using fused-silica optical fibers. *Analytical Chemistry*. 1990;62:2145-2148.

Arvisenet G, Le Bail P, Voilley A, Cayot N. Influence of physicochemical interactions between amylose and aroma compounds on the retention of aroma in food-like matrices. *Journal of Agricultural and Food Chemistry*. 2002;50:7088-7093.

Auvray M, Spence C. The multisensory perception of flavor. *Consciousness and Cognition*. 2008;17:1016-1031.

Barrios E. P, Newsom D, Miller J. Some factors influencing the culinary quality of Irish potatoes II. Physical characters. *American Journal of Potato Research*. 1963;40:200-208.

Barylko-Pikielna N, Kostyra E. Sensory interaction of umami substances with model food matrices and its hedonic effect. *Food Quality and Preference*. 2007;18:751-758.

Baysal T, Demirdöven A. Lipoxygenase in fruits and vegetables: a review. *Enzyme and Microbial Technology*. 2007;40:491-496.

Blanda G, Cerretani L, Comandini P, Toschi T. G, Lercker G. Investigation of off-odour and off-flavour development in boiled potatoes. *Food Chemistry*. 2010;118:283-290.

Bordoloi A, Kaur L, Singh J. Parenchyma cell microstructure and textural characteristics of raw and cooked potatoes. *Food Chemistry*. 2012;133:1092-1100.

Boutboul A, Giampaoli P, Feigenbaum A, Ducruet V. Influence of the nature and treatment of starch on aroma retention. *Carbohydrate Polymers*. 2002;47:73-82.

Boylston T. D, Powers J. R, Weller K. M, Yang J. Comparison of sensory differences of stored Russet Burbank potatoes treated with CIPC and alternative sprout inhibitors. *American Journal of Potato Research*. 2001; 78:99-107.

Brewer M. S, Vega J. D, Perkins E. G. Volatile compounds and sensory characteristics of frying fats. *Journal of Food Lipids*. 1999;6:47-61.

Brierley E. R, Bonner P. L. R, Cobb A. H. Aspects of amino acid metabolism in stored potato tubers (cv. Pentland Dell). *Plant Science*. 1997;127:17-24.

Brittin H. C, Trevino J. E. Acceptability of microwave and conventionally baked potatoes. *Journal of Food Science*. 1980;45:1425-1427.

Bult J. H. F, Schifferstein H. N. J, Roozen J. P, Boronat E. D, Voragen A. G. J, Kroeze J. H. A. Sensory evaluation of character impact components in an apple model mixture. *Chemical Senses*. 2002;27:485-494.

Burton W. G. The sugar balance in some British potato varieties during storage. I. Preliminary observations. *European Potato Journal*. 1965;8:80-91.

Burton W. G. *The Potato*. 1989.

Busch J. M, Sangketkit C, Savage G. P, Martin R. J, Halloy S, Deo B. Nutritional analysis and sensory evaluation of ulluco (Ullucus tuberosus Loz) grown in New Zealand. *Journal of the Science of Food and Agriculture*. 2000;80:2232-2240.

Buttery R. G, Guadagni D. G, Ling L. C. Volatile components of baked potatoes. *Journal of the Science of Food and Agriculture*. 1973;24:1125-1131.

Buttery R. G, Ling L. C. Earthy aroma of potatoes. *Journal of Agricultural and Food Chemistry*. 1973;21: 745-746.

Buttery R. G, Ling L. C. Additional studies on flavor components of corn tortilla chips. *Journal of Agricultural and Food Chemistry*. 1998;46:2764-2769.

Buttery R. G, Seifert R. M, Guadagni D. G, Ling L. C. Characterization of volatile pyrazine and pyridine components of potato chips. *Journal of Agricultural and Food Chemistry*. 1971;19:969-971.

Cherif A, Abdelkader A. B. Quantitative analysis of fatty acids present in different parts of the potato tuber; variation during storage at 10℃. *Potato Research*. 1970;13:284-295.

Cieslik E. Effect of the levels of nitrates and nitrites on the nutritional and sensory quality of potato tubers. *Hygiene and Nutrition in Foodservice and Catering*. 1997;1:225-230.

Coleman E. C, Ho C. T. Chemistry of baked potato flavor. 1. Pyrazines and thiazoles identified in the volatile flavor of baked potato. *Journal of Agricultural and Food Chemistry*. 1980;28:66-68.

Coleman E. C, Ho C. T, Chang S. S. Isolation and identification of volatile compounds from baked potatoes. *Journal of Agricultural and Food Chemistry*. 1981;29:42-48.

Comandini P, Cerretani L, Blanda G, Bendini A, Toschi T. G. Characterization of potato flavours: an overview of volatile profiles and analytical procedures. *Food*. 2011;5:1-14.

Costell E, Tárrega A, Bayarri S. Food acceptance: the role of consumer perception and attitudes. *Chemosensory Perception*. 2010;3:42-50.

Dale M. F. B, Griffiths D. W, Bain H. Effect of bruising on the total glycoalkaloid and chlorogenic acid content of potato(*Solanum tuberosum*) tubers of five cultivars. *Journal of the Science of Food and Agriculture*. 1998;77:499-505.

Daniels-Lake B. J, Prange R. K, Gaul S. O, McRae K. B, de Antueno R. A musty "off" flavor in Nova Scotia potatoes is associated with 2,4,6-trichloroanisole released from pesticide-treated soils and high soil temperature. *Journal of the American Society for Horticultural Science*. 2007;132:112-119.

Darriet P, Pons M, Lamy S, Dubourdieu D. Identification and quantification of geosmin, an earthy odorant contaminating wines. *Journal of Agricultural and Food Chemistry*. 2000;48:4835-4838.

Descours E, Hambleton A, Kurek M, Debeaufort F, Voilley A, Seuvre A. -M. Aroma behaviour during steam cooking within a potato starch-based model matrix. *Carbohydrate Polymers*. 2013;95:560-568.

Dinehart M. E, Hayes J. E, Bartoshuk L. M, Lanier S. L, Duffy V. B. Bitter taste markers explain variability in vegetable sweetness, bitterness, and intake. *Physiology & Behavior*. 2006;87:304-313.

Dobson G, Griffiths D. W, Davies H. V, McNicol J. W. Comparison of fatty acid and polar lipid contents of tubers from two potato species, *Solanum tuberosum* and *Solanum phureja*. *Journal of Agricultural and Food Chemistry*. 2004;52:6306-6314.

Doyen K, Carey M, Linforth R. S. T, Marin M, Taylor A. J. Volatile release from an emulsion: headspace and in-mouth studies. *Journal of Agricultural and Food Chemistry*. 2001;49:804-810.

Dresow J. F, Boehm H. The influence of volatile compounds of the flavour of raw, boiled and baked potatoes: impact of agricultural measures on the volatile components. *Landbauforschung Volkenrode*. 2009;59:309-337.

Duckham S. C, Dodson A. T, Bakker J, Ames J. M. Volatile flavour components of baked potato flesh. A comparison of eleven potato cultivars. *Nahrung -Food*. 2001;45:317-323.

Duckham S. C, Dodson A. T, Bakker J, Ames J. M. Effect of cultivar and storage time on the volatile flavor components of baked potato. *Journal of Agricultural and Food Chemistry*. 2002;50:5640-5648.

Ducreux L. J. M, Morris W. L, Prosser I. M, Morris J. A, Beale M. H, Wright F, Shepherd T, Bryan G. J, Hedley P. E, Taylor M. A. E profiling of potato germplasm differentiated in quality traits leads to the identification of candidate flavour and texture genes. *Journal of Experimental Botany*. 2008;59:4219-4231.

Engel W, Bahr W, Schieberle P. Solvent assisted flavour evaporation -a new and versatile technique for the careful and direct isolation of aroma compounds from complex food matrices. *European Food Research and*

Technology. 1999;209:237-241.

FAOSTAT. Food and Agriculture Organization of the United Nations. 2014. http://faostat3. fao. org/home/E.

Finglas P. M, Faulks R. M. The HPLC analysis of thiamin and riboflavin in potatoes. *Food Chemistry*. 1984;15:37-44.

Fuke S, Shimizu T. Sensory and preference aspects of umami. *Trends in Food Science & Technology*. 1993;4:246-251.

Galliard T, Phillips D. R. Lipoxygenase from potato tubers. Partial purification and properties of an enzyme that specifically oxygenates the 9-position of linoleic acid. *The Biochemical Journal*. 1971;124:431-438.

Gardner H. Lipoxygenase as a versatile biocatalyst. *Journal of the American Oil Chemists' Society*. 1996; 73:1347-1357.

Griffiths D. W, Bain H, Dale M. F. B. Effect of storage temperature on potato (*Solanum tuberosum* L.) tuber glycoalkaloid content and the subsequent accumulation of glycoalkaloids and chlorophyll in response to light exposure. *Journal of Agricultural and Food Chemistry*. 1998;46:5262-5268.

Grosch W. Evaluation of the key odorants of foods by dilution experiments, aroma models and omission. *Chemical Senses*. 2001;26:533-545.

Halpern B. P. Glutamate and the flavor of foods. *Journal of Nutrition*. 2000;130:910S-914S.

Ho C. T, Chen Q. Y. Lipids in food flavors -an overview. In: Ho C. T, Hartman T. G, eds. *Lipids in Food Flavors*. 1994:2-14.

Jaeger S. R, de Silva H. N, Lawless H. T. Detection thresholds of 10 odor-active compounds naturally occurring in food using a replicated forced-choice ascending method of limits. *Journal of Sensory Studies*. 2014; 29:43-55.

Jansky S. H. Genotypic and environmental contributions to baked potato flavor. *American Journal of Potato Research*. 2008;85:455-465.

Jansky S. H. Potato flavor. *American Journal of Potato Research*. 2010;87:209-217.

Jarvis M. C, Duncan H. J. The textural analysis of cooked potato. 1. Physical principles of the separate measurement of softness and dryness. *Potato Research*. 1992;35:83-91.

Jarvis M. C, Mackenzie E, Duncan H. J. The textural analysis of cooked potato. 2. Swelling pressure of starch during gelatinization. *Potato Research*. 1992;35:93-102.

Jensen K, Petersen M. A, Poll L, Brockhoff P. B. Influence of variety and growing location on the development of off-flavor in precooked vacuum-packed potatoes. *Journal of Agricultural and Food Chemistry*. 1999; 47:1145-1149.

Jitsuyama Y, Tago A, Mizukami C, Iwama K, Ichikawa S. Endogenous components and tissue cell morphological traits of fresh potato tubers affect the flavor of steamed tubers. *American Journal of Potato Research*. 2009;86:430-441.

Johns T, Alonso J. G. Glycoalkaloid change during the domestication of the potato, *Solanum* section *Petota*. *Euphytica*. 1990;50:203-210.

Johns T, Keen S. L. Taste evaluation of potato glycoalkaloids by the Aymara: a case study in human chemical ecology. *Human Ecology*. 1986;14:437-452.

Josephson D. B, Lindsay R. C. C4-heptenal -an influential volatile compound in boiled potato flavor. *Journal of Food Science*. 1987;52:328-331.

King S. C, Meiselman H. L, Hottenstein A. W, Work T. M, Cronk V. The effects of contextual variables on food acceptability: a confirmatory study. *Food Quality and Preference*. 2007;18:58-65.

Lau D, Krondl M, Coleman P. Psycological factors affecting food selection. In: Galler J, ed. *Nutrition and Behavior*. first ed. New York: Plenum Press; 1984:397-414.

Lindsay R. C. Flavors. In: Fennema O. R, ed. *Food Chemistry*. New York, NY: Marcel Dekker, Inc. ; 1996:723-762.

Lisinska G, Aniolowski K. Organic-acids in potato-tubers. 1. The effect of storage temperatures and time on citric and malic-acid contents of potato-tubers. *Food Chemistry*. 1990;38:255-261.

Lucas P. W, Prinz J. F, Agrawal K. R, Bruce I. C. Food physics and oral physiology. *Food Quality and Preference*. 2002;13:203-213.

van Loon W. A. M, Linssen J. P. H, Legger A, Posthumus M. A, Voragen A. G. J. Identification and olfactometry of French fries flavour extracted at mouth conditions. *Food Chemistry*. 2005;90:417-425.

Maga J. A. Influence of freshness and color on potato chip sensory preferences. *Journal of Food Science*. 1973;38:1251-1252.

Maga J. A. Potato flavor. *Food Reviews International*. 1994;10:1-48.

Maga J. A, Holm D. G. Subjective and objective comparison of baked potato aroma as influenced by variety/clone. In: Charalambous G, ed. *Food Science and Human Nutrition*. Amsterdam: Elsevier Science Publishers; 1992:537-541.

Maga J. A, Twomey J. A. Sensory comparison of four potato varieties baked conventionally and by microwaves. *Journal of Food Science*. 1977;42:541-542.

Maier A, Vickers Z, Inman J. J. Sensory-specific satiety, its crossovers, and subsequent choice of potato chip flavors. *Appetite*. 2007;49:419-428.

Maier H. G. Binding of volatile aroma compounds in foods. *Lebensmittel-Wissenschaft und-Technologie*. 1972;5:1-6.

Majcher M, Jelen H. H. Comparison of suitability of SPME, SAFE and SDE methods for isolation of flavor compounds from extruded potato snacks. *Journal of Food Composition and Analysis*. 2009;22:606-612.

Martens H. J, Thybo A. K. An integrated microstructural, sensory and instrumental approach to describe potato texture. *Lebensmittel-Wissenschaft und-Technologie -Food Science and Technology*. 2000;33:471-482.

Martin F. L, Ames J. M. Comparison of flavor compounds of potato chips fried in palmolein and silicone fluid. *Journal of the American Oil Chemists' Society*. 2001;78:863-866.

Martin F. L, Ames J. M. Formation of Strecker aldehydes and pyrazines in a fried potato model system. *Journal of Agricultural and Food Chemistry*. 2001;49:3885-3892.

McComber D. R, Horner H. T, Chamberlin M. A, Cox D. F. Potato cultivar differences associated with mealiness. *Journal of Agricultural and Food Chemistry*. 1994;42:2433-2439.

McKenzie M. J, Chen R. K. Y, Harris J. C, Ashworth M. J, Brummell D. A. Post-translational regulation of acid invertase activity by vacuolar invertase inhibitor affects resistance to cold-induced sweetening of potato tubers. *Plant Cell and Environment*. 2013;36:176-185.

McRae J. F, Jaeger S. R, Bava C. M, Beresford M. K, Hunter D, Jia Y. L, Chheang S. L, Jin D, Peng M, Gamble J. C, Atkinson K. R of regions associated with variation in sensitivity to food-related odors in the human genome. *Current Biology*. 2013;23:1596-1600.

Medeiros Vinci R, Mestdagh F, de Meulenaer B. Acrylamide formation in fried potato products -present and future, a critical review on mitigation strategies. *Food Chemistry*. 2012;133:1138-1154.

Meiselman H. L, JohnsonJ. L, Reeve W, Crouch J. E. Demonstrations of the influence of the eating environment on food acceptance. *Appetite*. 2000;35:231-237.

Mondy N. I, Gosselin B. Effect of peeling on total phenols, total glycoalkaloids, discoloration and flavor of cooked potatoes. *Journal of Food Science*. 1988;53:756-759.

Mondy N. I, Owens E, Mattick L. R. Effect of storage on total lipides and fatty acid composition of potatoes. *Journal of Agricultural and Food Chemistry*. 1963;11:328.

Morris W. L, Ducreux L. J. M, Shepherd T, Lewinsohn E, Davidovich-Rikanati R, Sitrit Y, Taylor M. A.

Utilisation of the MVA pathway to produce elevated levels of the sesquiterpene alpha-copaene in potato tubers. *Phytochemistry*. 2011;72:2288-2293.

Morris W. L, Ross H. A, Ducreux L. J. M, Bradshaw J. E, Bryan G. J, Taylor M. A. Umami compounds are a determinant of the flavor of potato (*Solanum tuberosum* L.). *Journal of Agricultural and Food Chemistry*. 2007;55:9627-9633.

Morris W. L, Shepherd T, Verrall S. R, McNicol J. W, Taylor M. A. Relationships between volatile and non-volatile metabolites and attributes of processed potato flavour. *Phytochemistry*. 2010;71:1765-1773.

Mottram D. S. Chemical tainting of foods. *International Journal of Food Science & Technology*. 1998;33:19-29.

Murray K. E, Whitfield F. B. The occurrence of 3-alkyl-2-methoxypyrazines in raw vegetables. *Journal of the Science of Food and Agriculture*. 1975;26:973-986.

Mutti B, Grosch W. Potent odorants of boiled potatoes. *Nahrung -Food*. 1999;43:302-306.

van Marle J. T, Recourt K, van Dijk C, Schols H. A, Voragen A. G. J. Structural features of cell walls from potato (*Solanum tuberosum* L.) cultivars Irene and Nicola. *Journal of Agricultural and Food Chemistry*. 1997;45:1686-1693.

Ng A, Waldron K. W. Effect of steaming on cell wall chemistry of potatoes (*Solanum tuberosum* cv. Bintje) in relation to firmness. *Journal of Agricultural and Food Chemistry*. 1997;45:3411-3418.

Nickerson G. B, Likens S. T. Gas chromatographic evidence for the occurrence of hop oil components in beer. *Journal of Chromatography*. 1966;21:1-5.

Nuessli J, Sigg B, Conde Petit B, Escher F. Characterization of amylose-flavour complexes by DSC and X-ray diffraction. *Food Hydrocolloids*. 1997;11:27-34.

Nursten H. E, Sheen M. R. Volatile flavour components of cooked potato. *Journal of the Science of Food and Agriculture*. 1974;25:643-663.

O'Connor C. J, Fisk K. J, Smith B. G, Melton L. D. Fat uptake in French fries as affected by different potato varieties and processing. *Journal of Food Science*. 2001;66:903-908.

Oruna-Concha M. J, Bakker J, Ames J. M. Comparison of the volatile components of two cultivars of potato cooked by boiling, conventional baking and microwave baking. *Journal of the Science of Food and Agriculture*. 2002;82:1080-1087.

Oruna-Concha M. J, Duckham S. C, Ames J. H. Comparison of volatile compounds isolated from the skin and flesh of four potato cultivars after baking. *Journal of Agricultural and Food Chemistry*. 2001; 49: 2414-2421.

Osman S. F. Glycoalkaloids in potatoes. *Food Chemistry*. 1983;11:235-247.

Pareles S. R, Chang S. S. Identification of compounds responsible for baked potato flavor. *Journal of Agricultural and Food Chemistry*. 1974;22:339-340.

Patton S, Josephson D. V. A method for determining significance of volatile flavor compounds in foods. *Journal of Food Science*. 1957;22:316-318.

Petersen M. A, Poll L, Larsen L. M. Comparison of volatiles in raw and boiled potatoes using a mild extraction technique combined with GC odour profiling and GC-MS. *Food Chemistry*. 1998;61:461-466.

Petersen M. A, Poll L, Larsen L. M. Identification of compounds contributing to boiled potato off-flavour ('POF'). *LWT -Food Science and Technology*. 1999;32:32-40.

Petersen M. A, Poll L, Larsen L. M. Changes in flavor-affecting aroma compounds during potato storage are not associated with lipoxygenase activity. *American Journal of Potato Research*. 2003;80:397-402.

Prescott J. Flavour as a psychological construct: implications for perceiving and measuring the sensory qualities of foods. *Food Quality and Preference*. 1999;10:349-356.

Prescott J, Young O, O'Neill L, Yau N. J. N, Stevens R. Motives for food choice: a comparison of consumers from Japan, Taiwan, Malaysia and New Zealand. *Food Quality and Preference*. 2002;13:489-495.

Ramsay G, Griffiths D. W, Deighton N. Patterns of solanidine glycoalkaloid variation in four gene pools of the cultivated potato. *Genetic Resources and Crop Evolution*. 2004;51:805-813.

Ridley S. C, Hogan J. M. Effect of storage temperature on tuber composition, extrusion force, and Brabender viscosity. *American Potato Journal*. 1976;53:343-353.

Rizzi G. P. The Strecker degradation of amino acids: newer avenues for flavor formation. *Food Reviews International*. 2008;24:416-435.

Robertson R, Jauncey K, Beveridge M, Lawton L. Depuration rates and the sensory threshold concentration of geosmin responsible for earthy-musty taint in rainbow trout, Onchorhynchus mykiss. *Aquaculture*. 2005; 245:89-99.

Ross H. A, Morris W. L, Ducreux L. J. M, Hancock R. D, Verrall S. R, Morris J. A, Tucker G. A, Stewart D, Hedley P. E, McDougal engineering to modify product quality in potato. *Plant Biotechnology Journal*. 2011;9:848-856.

Ross H. A, Wright K. M, McDougall G. J, Roberts A. G, Chapman S. N, Morris W. L, Hancock R. D, Stewart D, Tucker G. A, Jame tuber pectin structure is influenced by pectin methyl esterase activity and impacts on cooked potato texture. *Journal of Experimental Botany*. 2011;62:371-381.

Rothe M, Thomas B. Aromastoffe des Brotes. *Zeitschrift für Lebensmittel-Untersuch ung und Forschung*. 1963;119:302-310.

Salinas J. P, Hartman T. G, Karmas K, Lech J, Rosen R. T. Lipid-derived aroma compounds in cooked potatoes and reconstituted dehydrated potato granules. In: Ho C. T, Hartman T. G, eds. *Lipids in Food Flavors*. 1994:108-129.

Schieberle P, Grosch W. Model experiments about the formation of volatile carbonyl compounds. *Journal of the American Oil Chemists' Society*. 1981;58:602-607.

Sengul M, Keles F, Keles M. S. The effect of storage conditions (temperature, light, time) and variety on the glycoalkaloid content of potato tubers and sprouts. *Food Control*. 2004;15:281-286.

Shetty K. K, Dwelle R. B, Fellman J. K. Sensory and cooking quality of individually film wrapped potatoes. *American Potato Journal*. 1992;69:275-286.

Sides A, Robards K, Helliwell S. Developments in extraction techniques and their application to analysis of volatiles in foods. *TrAC -Trends in Analytical Chemistry*. 2000;19:322-329.

Sinden S. L, Deahl K. L, Aulenbach B. B. Effect of glycoalkaloids and phenolics on potato flavor. *Journal of Food Science*. 1976;41:520-523.

Singh N, Kaur L, Ezekiel R, Guraya H. S. Microstructural, cooking and textural characteristics of potato (*Solanum tuberosum* L.) tubers in relation to physicochemical and functional properties of their flours. *Journal of the Science of Food and Agriculture*. 2005;85:1275-1284.

Slanina P. Solanine (glycoalkaloids) in potatoes -toxicological evaluation. *Food and Chemical Toxicology*. 1990;28:759-761.

Sok D. -E, Kim M. R. Conversion of alpha-linolenic acid to dihydro(pero)xyoctadecatrienoic acid isomers by soybean and potato lipoxygenases. *Journal of Agricultural and Food Chemistry*. 1994;42:2703-2708.

Solms J. *Nonvolatile Compounds and Flavour*. London, UK: Academic Press; 1971.

Solms J, Wyler R. *Taste Components of Potatoes*. 1979.

Sowokinos J. R. Biochemical and molecular control of cold-induced sweetening in potatoes. *American Journal of Potato Research*. 2001;78:221-236.

Spence C. Multisensory flavour perception. *Current Biology*. 2013;23:R365-R369.

Taylor M, McDougall G, Stewart D. Potato flavour and texture. *Potato Biology and Biotechnology: Advances and Perspectives*. 2007:525-540.

Thybo A. K, Christiansen J, Kaack K, Petersen M. A. Effect of cultivars, wound healing and storage on sensory quality and chemical components in pre-peeled potatoes. *LWT -Food Science and Technology*. 2006;39:166-176.

Ugawa T, Kurihara K. Enhancement of canine taste responses to umami substances by salts. *American Journal of Physiology*. 1994;266:R944-R949.

Ulrich D, Hoberg E, Neugebauer W, Tiemann H, Darsow U. Investigation of the boiled potato flavor by human sensory and instrumental methods. *American Journal of Potato Research*. 2000;77:111-117.

Ulrich D, Hoberg E, Tiemann H. The aroma of cooked potatoes. *Beitrage zur Zuch tungsforschung-Bundesanstalt fur Zuchtungsforschung an Kulturpflanzen*. 1998;4:204-209.

Vainionpaa J, Kervinen R, de Prado M, Laurila E, Kari M, Mustonen L, Ahvenainen R. Exploration of storage and process tolerance of different potato cultivars using principal component and canonical correlation analyses. *Journal of Food Engineering*. 2000;44:47-61.

Valkonen J. P. T, Keskitalo M, Vasara T, Pietila L. Potato glycoalkaloids: a burden or a blessing? *Critical Reviews in Plant Sciences*. 1996;15:1-20.

Van Dijk C, Fischer M, Holm J, Beekhuizen J. G, Stolle-Smits T, Boeriu C. Texture of cooked potatoes (*Solanum tuberosum*). 1. Relationships between dry matter content, sensory-perceived texture, and near-infrared spectroscopy. *Journal of Agricultural and Food Chemistry*. 2002;50:5082-5088.

Van Eijk T. Flavor and flavorings in microwave foods: an overview. In: Parliament T. H, Morello M. J, McGorrin R. J, eds. *Thermally Generated Flavors*. Washington, DC: American Chemical Society; 1994:395-404.

Wagner R. K, Grosch W. Key odorants of French fries. *Journal of the American Oil Chemists' Society*. 1998;75:1385-1392.

Whitfield F, Last J. In: Maarse H, ed. *Vegetables in Volatile Compounds in Foods and Beverages*. New York, NY: Marcel Dekker, Inc; 1991.

Whitfield F. B, Mottram D. S. Volatiles from interactions of Maillard reactions and lipids. *Critical Reviews in Food Science and Nutrition*. 1992;31:1-58.

Wilson W. D, MacKinnon I. M, Jarvis M. C. Transfer of heat and moisture during microwave baking of potatoes. *Journal of the Science of Food and Agriculture*. 2002;82:1070-1073.

Winfield M, Lloyd D, Griffiths W, Bradshaw J, Muir D, Nevison I, Bryan G. Assessing organoleptic attributes of *Solanum tuberosum* and *S. phureja* potatoes. *Aspects of Applied Biology*. 2005:127-135.

Young W, Horth H, Crane R, Ogden T, Arnott M. Taste and odour threshold concentrations of potential potable water contaminants. *Water Research*. 1996;30:331-340.

13 马铃薯的微观结构、淀粉消化和血糖指数

Lovedeep Kaur, Jaspreet Singh

Riddet Institute and Massey Institute of Food Science and Technology, Massey University, Palmerston North, New Zealand

13.1 引言

淀粉是植物中贮存的主要碳水化合物，由两种分子组成：直链淀粉（通过 α-1,4 糖苷键连接的 α-D-葡萄糖单元的线性聚合物）和支链淀粉（由 α-1,4 糖苷键和 α-1,6 糖苷键连接的 α-D-葡萄糖单元的分支聚合物）。淀粉可根据其消化率进行分类，淀粉的消化率通常由血糖反应的速率和持续时间来表征（Singh et al.，2010、2013）。大多数淀粉包含快速消化的一部分（快速消化淀粉，RDS），慢速消化的部分（慢速消化淀粉，SDS）以及未被小肠中的酶水解并传递到大肠的部分，因此被认为具有抗消化能力（抗性淀粉，RS）（Englyst et al.，1999）。Englyst 等（1992）提出了最广泛使用的淀粉分类方法之一，并基于体外淀粉消化的动力学，方法是模拟胃和小肠条件（环境）并测量不同时间的葡萄糖释放。含有较高 RDS 的饮食比含有 SDS 和 RS 的饮食提高血液中的葡萄糖水平的速度更快（Lehmann et al.，2007）。

血糖指数（GI）是衡量某种食物升高血糖水平的程度和速度的指标（Gagné，2008）。葡萄糖的得分为 100，并用作参考食物。认为 GI 超过 70 的食品是高 GI 食品，GI 为 56~69 的食品是中等 GI 食品，而 GI 小于等于 55 的食品是低 GI 食品（ISO 26642，2010）。血糖负荷（GL）是与 GI 相关的度量，它是一份食物中可用碳水化合物的量与该食物的 GI 的乘积。GL 越高，预期的血糖升高和食物的胰岛素效应就越高（Foster-Powell et al.，2002）。GL 为 20 或以上为高，GL 为 11~19 为中，GL 为 10 或以下为低（Gagné，2008）。

食品的微观结构高度依赖于组成、加工和后期贮存，并且在决定各种食品的淀粉消化率方面起着至关重要的作用（Bjorck，1996；Tester et al.，2004；Singh et al.，2010）。天然食物，如马铃薯的细胞壁聚合物（果胶材料的性质等）的微观结构和特性是影响其加工性能、淀粉消化率和 GI 的两个重要因素（Waldron et al.，1997；Singh et al.，2010）。食物的物理质地也影响淀粉的消化及其水解产物的吸收。据报道，食品基质的黏度是影响淀粉的酶消化率和血糖反应的主要因素之一（Dartois et al.，2010；Singh et al.，2010）。某些食品成分，如多糖基的口香糖，即使在非常低的聚合物浓度下也能显著提高食品基质的黏度，因此会改变食糜的黏度。这可能会降低淀粉类食物摄入后碳水化合物的吸收。另外，高黏度食品基质可能会影响作为酶促反应的重要条件的水的利用率，这是酶促反应的重要条件。脂质和蛋白质有时存在于淀粉颗粒中，或者作为其组成的一部分存在于食物基质中。这两种成分在加工过程中均与淀粉相互作用，并影响淀粉消化过程中葡萄糖形成的速率。

本章对上述因素进行详细讨论，这些因素控制着烹饪过的马铃薯中淀粉的消化率。其中包括对马铃薯微观结构、黏度、食品成分、加工技术及其与淀粉消化关系的信息的综述。

13.2 马铃薯的淀粉消化和血糖指数

淀粉主要被哺乳动物的淀粉分解酶经过几个步骤水解为葡萄糖。唾液中的 α-淀粉酶对口腔中的淀粉非常有效，但在胃的酸性环境中会迅速失活并降解，因此在淀粉消化过程中起着非常小的作用。消化液中以及小肠的刷状边缘中都存在淀粉降解酶（Smith et al.，2001）。大部分淀粉水解是通过胰淀粉酶进行的，该淀粉酶通过胰管在小肠中释放。α-淀粉酶催化淀粉的直链淀粉和支链淀粉中 α-1,4 糖苷键的水解（内切酶解）（Lehmann et al.，2007）。淀粉的直链和支链（直链淀粉和支链淀粉）聚合物均由于其与末端还原葡萄糖单元相邻的五个葡萄糖残基与 α-淀粉酶的特定催化亚位点的结合而被水解，然后在第二个和第三个 α-1,4 糖苷键连接的葡糖基残基之间裂解（Gray，1992）。直链淀粉消化的最终水解产物主要是麦芽糖、麦芽三糖和麦芽四糖。但是，某些微生物来源的 α-淀粉酶可能与麦芽三糖一起产生麦芽六糖和麦芽七糖（Yook et al.，2002）。α-淀粉酶对支链淀粉中的 α-1,6 支链没有特异性，因此破坏分支点附近的 α-1,4 键的能力主要是由于空间位阻而降低。通过分析人体肠道内容物获得的结果表明，支链淀粉的水解产物主要由糊精或支链低聚糖组成。已经观察到 α-淀粉酶-淀粉水解产物具有 α-异构化的底物结构（Kuriki et al.，1999）。所产生的低聚糖（麦芽糖，麦芽三糖和 α-糊精）通过刷状缘酶的作用进一步有效地水解。人体中存在的酶难以提取且成本高，因此，通常使用来自于其他哺乳动物或微生物的酶在体外系统中进行人体胃肠道消化过程模拟。哺乳动物酶与人类酶非常相似，而来自微生物的酶即使分类相似，也可能有不同的作用。

马铃薯通常比其他食物具有更高的淀粉消化率和血糖指数（GI）值（表 13.1 和表 13.2）。一般建议糖尿病患者减少马铃薯的食用量（图 13.1）。Holt 等（1995）通过测试食物的饱腹感曲线（AUC）下的面积除以白面包组平均饱腹感 AUC 并乘以 100，计算出各种食物的饱腹指数（SI）得分。他们报道，SI 分数最高的是蒸煮马铃薯（323%±51%，白面包为 100%），是低 GI 食品（烤豆和棕色的意大利面）的两倍。大多数食物（76%）的 SI 分数均大于或等于白面包。这表明尽管煮马铃薯是众所周知的高 GI 食品，但它们具有出色的充饥能力，还可以作为富含维生素和矿物质的减肥食品食用。

表 13.1　来自不同实验室的多项研究得出的 62 种常见食品的平均 GI[①]

高热量食物	平均 GI 值	早餐谷物	平均 GI 值	水果和水果制品	平均 GI 值	蔬菜	平均 GI 值
白面包[②]	75±2	玉米片	81±6	苹果，原材料[③]	36±2	煮马铃薯	78±4
全麦面包	74±2	小麦片饼干	69±2	橙汁，原材料[③]	43±3	速成土豆泥	87±3

续表

高热量食物	平均GI值	早餐谷物	平均GI值	水果和水果制品	平均GI值	蔬菜	平均GI值
特制谷物面包	53±2	麦片粥，燕麦片	55±2	香蕉，原材料③	51±3	法式炸薯条	63±5
未发酵小麦面包	70±5	速溶燕麦片	79±3	菠萝，原材料	59±8	煮胡萝卜	39±4
印度小麦卷饼	62±3	大米粥	78±9	芒果，原材料③	51±5	煮甘薯	63±6
薄饼	52±4	小米粥	67±5	西瓜，原材料	76±4	煮南瓜	64±7
玉米饼	46±4	什锦早餐	57±2	枣子，原材料	42±4	香蕉	55±6
煮白米饭②	73±4			桃子，罐装的③	43±5	煮芋头	53±2
煮糙米饭	68±4			草莓酱	49±3	蔬菜汤	48±5
大麦	28±2			苹果汁	41±2		
甜玉米	52±5			橘子汁	50±2		
白意大利面	49±2						
粗粉意大利面	48±5						
米粉③	53±7						
乌冬面	55±7						
蒸粗麦粉③	65±4						
乳制品及替代品	**平均GI值**	**豆类**	**平均GI值**	**快餐食品**	**平均GI值**	**糖**	**平均GI值**
牛乳，全脂	39±3	鹰嘴豆	28±9	巧克力	40±3	果糖	15±4
牛乳，脱脂	37±4	豆角	24±4	爆米花	65±5	蔗糖	65±4
冰淇淋	51±3	扁豆	32±5	马铃薯片	56±3	葡萄糖	103±3
酸奶，水果	41±2	大豆	16±1	软饮料/苏打	59±3	蜂蜜	61±3
豆乳	34±4			米饼	87±2		
米乳	86±7						

注：①数据表达为平均值±SEM；

②确定了的低GI的品种；

③所有可用数据的平均值。

（资料来源：Fiona等，2008。）

表13.2 各种淀粉和淀粉类食品的消化率

来源	淀粉消化率	参考文献和方法
煮熟的马铃薯	80~95①	Bordoloi等（2012②）；胃蛋白酶的体外消化，胰酶和淀粉葡糖苷酶的小肠消化

续表

来源	淀粉消化率	参考文献和方法
高粱面	60~85②和40~47③	Wong等（2009）；使用和不使用来自猪胃黏膜的胃蛋白酶但经胃蛋白酶前处理的体外淀粉消化 α-淀粉酶（来源于细菌、猪胰腺、人唾液）的体外淀分消化
米粉面团	43④和33④	Koh等（2009）；米曲霉 α-淀粉酶的体外消化
糯玉米淀粉	100⑤	Han等（2007）；通过Englyst等（1999）的方法进行体外消化。使用胃蛋白酶，胰酶和淀粉葡萄糖苷酶
化学改性糯玉米淀粉	76~87⑤	
普通玉米淀粉	99⑤	
化学改性普通玉米淀粉	71~96⑤	
马铃薯淀粉	96⑤	
化学改性马铃薯淀粉	67~76⑤	
小麦粉	72⑥	Englyst等（1999）；使用胃蛋白酶，胰酶和淀粉葡萄糖苷酶进行体外消化
玉米片	81⑥	
煮米饭	70~80⑦	Frei等（2003）；通过Goni等（1997）的方法进行体外消化。使用胃蛋白酶，α-淀粉酶和来自黑曲酶的淀粉葡萄糖苷酶
挤压苋属植物种子	93⑧	Capriles等（2008）；通过Goni等（1997）的方法进行体外消化。使用胃蛋白酶，α-淀粉酶和淀粉葡萄糖苷酶
直链淀粉脂质复合物	48~71⑨	Crowe等（2000）；α-淀粉酶和淀粉葡萄糖苷酶的体外消化
豆类淀粉	80~90⑩	Hoover等（2003）；猪胰 α-淀粉酶治疗
挤压大豆	290~306⑪	Alonso等（2000）；胰淀粉酶体外消化
热压处理过的豆类	87~89⑫	Rehman等（2005）；胰 α-淀粉酶体外消化

注：①以快速消化淀粉和慢速消化淀粉表示（%）；
②表示为mg还原糖/h（使用胃蛋白酶预处理）；
③表示为mg还原糖/h（未经胃蛋白酶预处理）；
④以麦芽糖当量释放mg/生面团的g表示；
⑤表示为消化率（%）；
⑥酶解120min后以总葡萄糖表示；
⑦表示可消化淀粉（%）；
⑧表示水解指数；
⑨表示转化成葡萄糖（%）；
⑩表示水解度（%）；
⑪以淀粉消化率表示（麦芽糖mg/g）；
⑫以淀粉消化率表示（%）。

（资料来源：Singh等，2010；经Elsevier许可。）

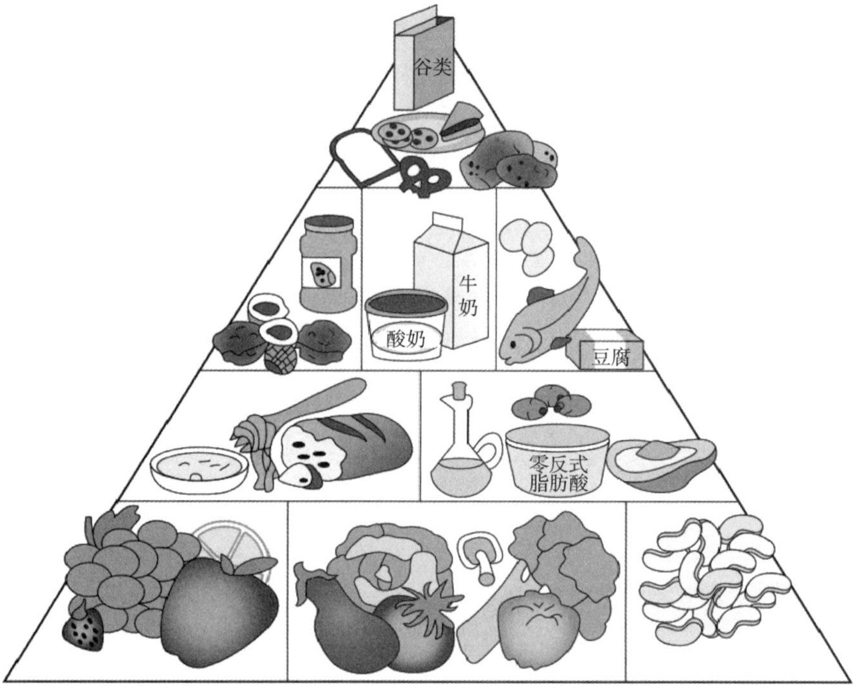

图 13.1　血糖指数金字塔（从塔尖到塔底血糖指数值依次降低）

（资料来源：Ludwig，2007；经 Elsevier 许可。）

马铃薯或马铃薯产品的淀粉消化率和 GI 值的差异归因于不同因素，包括品种和成熟度、烹饪方法（食品加工和制备方法）、烹饪后冷却过程、淀粉的性质（特别是支链淀粉的数量，淀粉的改性）、食物基质的组成（Henry et al.，2005；Fernandes et al.，2005；Soh et al.，1999；Singh et al.，2010；Xavier et al.，2002）。不同马铃薯品种的 GI 值存在很大差异，从极低（未指定类型的食物中的为 23）到极高（Baked Russets 为 111）（Foster-Powell et al.，2002）。Henry 等（2005）研究了 8 个英国马铃薯品种，并根据 GI 的高低进行了分类。Ramdath 等（2014）报道了紫色马铃薯品种的 GI 较低，这表明有色马铃薯的 GI 与它们的多酚含量显著相关，这可能是由花色苷对肠道 α-葡萄糖苷酶的抑制作用所调节的。一些研究还表明，由于未成熟的马铃薯的淀粉结构不同，其 GI 比成熟马铃薯低（Soh et al.，1999）。

加热方式、用水量和烹饪时间都对 GI 有重要影响（Vaaler et al.，1984；Collings et al.，1981；Xavier et al.，2002）。Najjar 等（2004）和 Tahvonen 等（2006）报道了马铃薯 GI 的显著差异，跟食用时的温度关系很大。烹饪后冷却的马铃薯，其 GI 值要比热马铃薯低得多，这可能与直链淀粉的回生和冷却过程中 RS 含量的增加有关。Fernandez 等（2005）同样报道，提前煮熟食用前再加热的或食用冷马铃薯（如马铃薯沙拉）可能会降低血糖反应。据报道，反复加热和冷却循环会导致 RS 含量增加（Kingman et al.，1994）。

淀粉还可以与蛋白质形成不溶性复合物，如发生褐变（Maillard）反应，使其无法消化和吸收。Xavier 和 Sunyer（2002）报道，对含淀粉的食物进行加热、加水、研磨或挤压的操作越多，其越易于水解和消化，生成的不溶性复合物的部分除外。不同的烹饪方法，如煮、烘烤、微波炉烹饪、油炸和挤压，会导致马铃薯中淀粉糊化程度和淀粉的结晶度不同（表 13. 3）。

表 13. 3 由 12 名受试者测试的 50g 白面包和 7 个马铃薯当中可利用碳水化合物的 AUC 和平均 GI 值

测试的马铃薯	AUC（mmol×min/L）	平均 GI 值	
		白面包=100	葡萄糖=100①
		平均值±平均值的标准误差③	
白面包	174±18	100	71
烤 Russet 马铃薯	178±25	107.7±12.3	76.5±8.7
速成土豆泥	206±23	123.5±11.3	87.7±8.0
烤加利福尼亚白色马铃薯	165±20	101.8±11.6	72.3±8.2
烤 PEI②白色马铃薯	178±21	102.5±6.4	72.8±4.5
煮红色马铃薯（热的）	208±20	125.9±10.1	89.4±7.2
煮红色马铃薯（冷的）	135±18	79.2±7.4	56.2±5.3
法式炸薯条	155±19	89.6±7.7	63.6±5.5

注：①GI 分类（美国农业部，2002），低级为小于 55，中级为 55~69，高级为 70~100；

②指爱德华王子岛（Prince Edward Island），即产自该地区的马铃薯；

③同一列中不同上标字母表示差异显著（$P<0.05$）。

（资料来源：Fernandez 等，2005，经 Elsevier 许可。）

Tahvonen 等（2006）报道说，尽管煮后冷却降低了加工过的马铃薯产品的 GI，但去皮、切块、切片和捣泥对其的影响很小。蒸煮或在烤箱中加水烘烤不会显著地影响血糖反应。Heacock 等（2002）报道，与立即食用土豆泥（即食）或食用前不摄入果糖相比，在食用土豆泥 30min 或 60min 之前先食用少量果糖（可通过水果等饮食轻松获得）能降低了血糖反应。Giacco 等（2001）评估并比较了 2 型糖尿病患者对 50g 白面包和意大利经常食用的其他 3 种淀粉食物（比萨饼，马铃薯饺子和薯片）等碳水化合物的血糖反应。作为一种典型的马铃薯—面粉混合食物，马铃薯饺子通常用作意大利面的替代品，其 GI 显著低于其他测试的食品（GI 为 74%，而比萨饼和面包脆片的 GI 为 114%和 104%；以白面包的 100 为参照）。马铃薯饺子的 GI 比以前报道的用相同品种新鲜煮熟马铃薯的 GI 要低，这表明在面团制备过程中将马铃薯与小麦淀粉混合会影响其 GI。作者通过扫描电子显微镜观察发现，与比萨饼、白面包和面包脆片的多孔结构相比，面团的结构更紧凑，这可能限制了消化酶的作用，从而降低了 GI（Giacco et al.，2001；Riccardi et al.，2008）。据报道，通过乙酰化和添加β-环糊精来稳定碳水化合物，对马铃薯淀粉进行化学改性能够降低 GI（Raben et al.，1997）。

13.3 马铃薯的微观结构和淀粉消化

据报道，诸如马铃薯等天然食品的微观结构及其细胞壁材料的性质可能是影响咀嚼或机械加工过程中发生变形的重要因素（Waldron et al.，1997）。淀粉以大颗粒形式存在于碳水化合物食品中。必须通过加工破坏这些颗粒，使直链淀粉或支链淀粉大分子可水解。据报道，研磨、揉面、挤压甚至彻底咀嚼淀粉类食物会破坏淀粉颗粒（Xavier et al.，2002）。

根据薄壁组织的中间薄层特性，细胞可以在最小阻力点分离或破裂（Singh et al.，2005）。生的食品通常会出现细胞破裂，而熟的食品会出现细胞分离，这是由于果胶材料在热加工过程中的不稳定性导致的（Aguilera et al.，1990）。

生长期内肉质组织的原生细胞壁具有保守的纤维素、半纤维素和果胶等常规组分（Chanda，2005）。非纤维素材料起着将纤维素微纤维保持在一起的“胶水”的作用，从而维持细胞壁的稳定性（Carpita et al.，1993）。豆子中的淀粉颗粒存在于子叶细胞中，并嵌入细胞内含物的蛋白质基质中（Daussant et al.，1983）。空间位阻和其他限制作用，包括有限的水的可利用性限制了糊化过程中淀粉的完全溶胀。Wursch 等（1986）指出豆类中子叶细胞壁的厚实和机械抗性阻止了糊化过程中淀粉颗粒的完全溶胀，这可能限制了淀粉颗粒与消化酶的相互作用。

根据植物的来源，理化特性和加工类型的不同，淀粉基碳水化合物在体外和体内的水解速率和程度不同（Cummings et al.，1997；Singh et al.，2010）。淀粉加工过程中的烹饪或热处理会导致淀粉糊化，从而增加水解速率，使淀粉在消化过程中更易于酶解。

13.3.1 马铃薯的微观结构特征

微观和流变学技术提供了有关食物结构组织的重要信息，一些研究人员已将这些技术用于研究马铃薯的微观结构和流变特性（Singh et al.，2005、2008a、2009a、2009b）。在 2012 年对各种马铃薯品种进行的研究中，使用光学显微镜揭示了块茎薄壁组织的明显差异（Bordoloi et al.，2012a；图 13.2）。Red Rascal 块茎薄壁组织细胞呈细长形和六边形，而来自 Agria 的大致呈球形。Agria 和 Nadine 块茎薄壁组织细胞大小通常大于其他两个马铃薯品种。与 Agria 相比，Moonlight 和 Red Rascal 薄壁组织显示出非常规则且清晰的细胞排列，而 Agria 的细胞排列则不规则。原始薄壁组织细胞室通常填充各种形状和大小的淀粉颗粒。每个细胞还显示出很少的成熟淀粉颗粒和许多微小结构［图 13.2（1）（3）和（7）］，类似于 Singh 等（2005）报道的“未成熟淀粉颗粒”。每个细胞中成熟淀粉颗粒的数量和大小因品种而异。据报道，与黏质栽培品种的马铃薯相比，粉质马铃薯含有更高的淀粉和直链淀粉含量，以及大形颗粒淀粉的（直径> 50μm）的百分比更高（Barrios et al.，1963）。具有较大细胞的马铃薯显示出较大的平均淀粉颗粒大小，反之亦然（Singh et al.，2005）。

蒸煮过程中淀粉颗粒的溶胀和糊化作用对细胞壁产生压力，因此对蒸煮后马铃薯质地方面的检测结果起着重要作用。马铃薯的烹煮也会影响非纤维素基质，不同品种的细胞壁变形和完整性的程度也有所不同。马铃薯块茎薄壁组织在蒸煮后保留了细胞壁的轮廓，并且在细胞中充满了糊化的淀粉基质，这在品种 Moonlight 以及在某种程度上在 Agria 中都可以观察到［图 13.2（4）和（6）］。然而，在某些品种中，煮熟的马铃薯薄壁组织也显示出分解的结构［图 13.2（2）和（8）］。

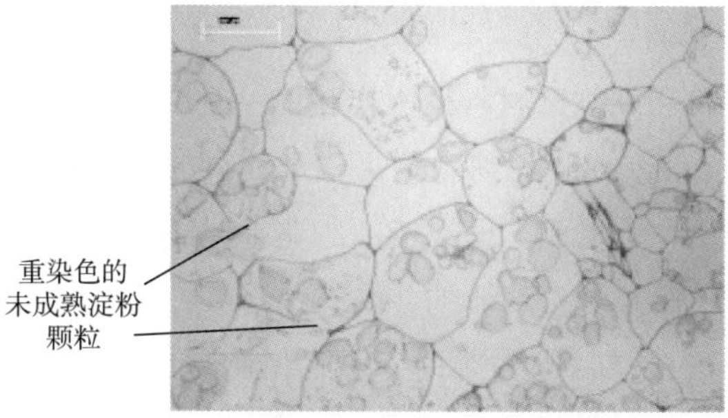

（1）Nadine生块茎薄壁组织光学显微图

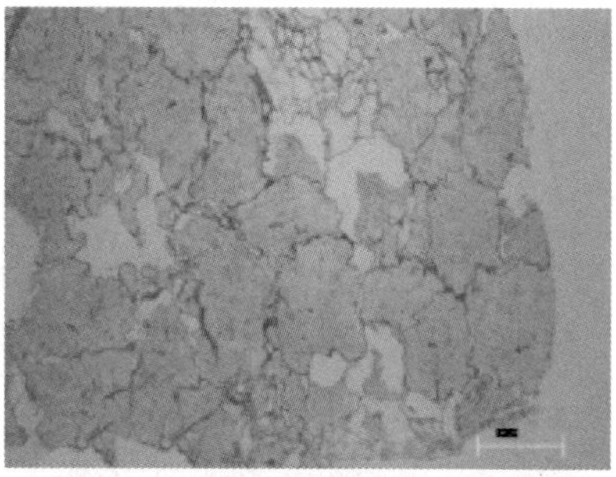
（2）Nadine熟块茎薄壁组织光学显微图

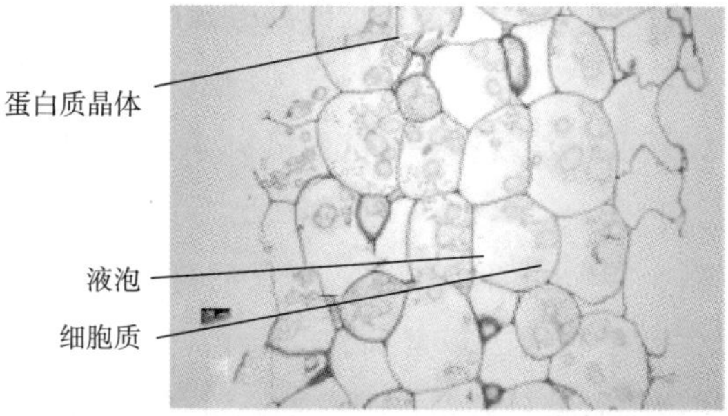

（3）Moonlight生块茎薄壁组织光学显微图

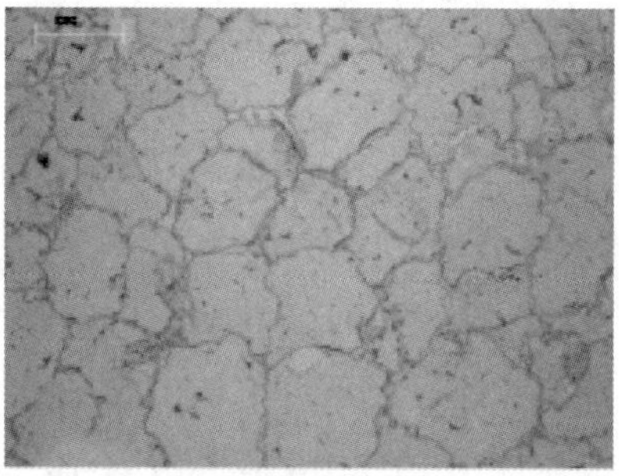
（4）Moonlight熟块茎薄壁组织光学显微图

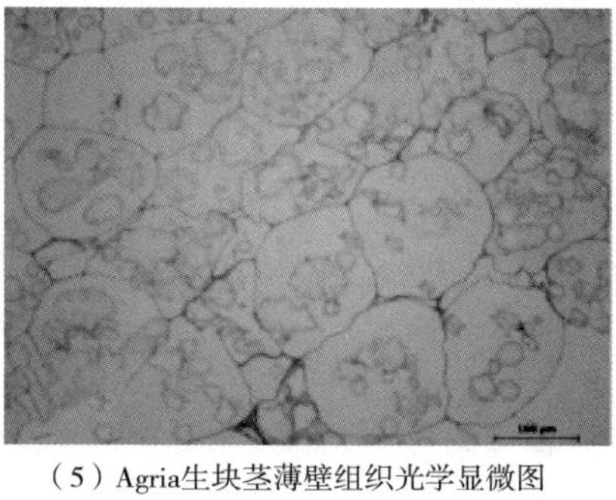
（5）Agria生块茎薄壁组织光学显微图

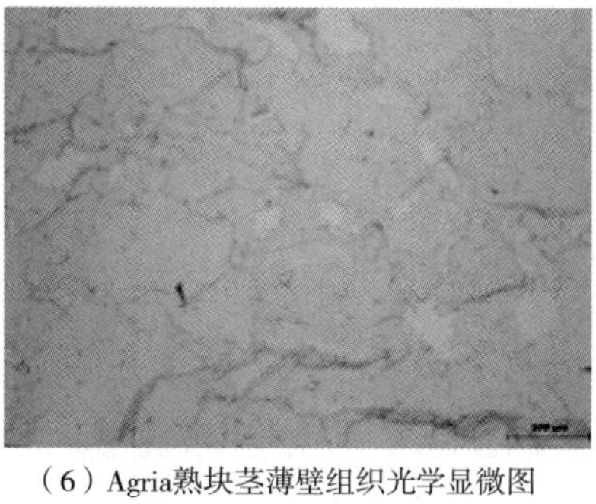
（6）Agria熟块茎薄壁组织光学显微图

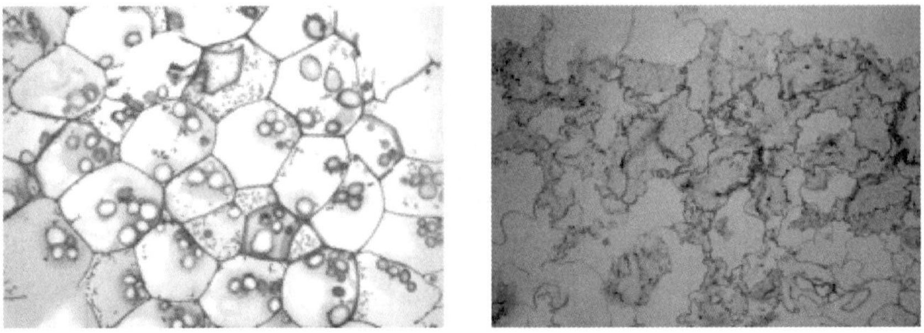

（7）Red Rascal生块茎薄壁组织光学显微图　（8）Red Rascal熟块茎薄壁组织光学显微图

图 13.2 从 Nadine、Moonlight、Agria 和 Red Rascal 品种马铃薯中获取的生和熟块茎薄壁组织的光学显微图

（资料来源：Bordoloi 等，2012a；经 Elsevier 允许。）

透射电子显微镜是了解蒸煮过程中淀粉和细胞壁材料发生变化的一种非常有用的技术（图 13.3 和图 13.4）。观察到未加工的块茎薄壁细胞的细胞壁由中层薄层和原细胞壁组成［图 13.3（1）和（4）］。中间层主要由果胶物质组成，据报道原细胞壁是由纤维素分子组成的，这些纤维素分子排列成细毛状的细纤维，称为微纤维。微纤维与其他成分（如半纤维素、聚糖和果胶）以网状排列，将它们连接在一起并有助于增强细胞壁（Raven et al.，2005）。生马铃薯的薄壁细胞中有许多细胞质细胞器，如淀粉颗粒、线粒体、高尔基体、淀粉体、生殖细胞和脂滴等［图 13.3（1）］。细胞壁内可见胞间连丝和纹孔场，在液泡膜周围可以看到染了色的密集的物质［图 13.3（2）和（3）］。一些大的淀粉颗粒周围有高电子密度的放射状“通道”，在某些情况下穿过整个淀粉颗粒［图 13.3（1）］。部分淀粉颗粒表面也有破碎的淀粉体薄膜（图中未显示）。类似的淀粉颗粒在其他植物源上也有报道，证明淀粉的降解（Appenroth et al.，2011）。

在加工马铃薯时，细胞壁材料部分降解，导致微纤维松弛。蒸煮后薄壁组织细胞壁厚度减少，这可能是由于初生细胞壁的损失程度较大。观察到胞间层和初生细胞壁的一些残留物［图 13.3（1）~（3）］。观察到初生细胞壁的残留以及一些高电子密度的颗粒结构漂浮在细胞质淀粉状基质中［图 13.3（4）］。据报道，果胶物质在烹饪过程中会降解，并部分溶解在烹饪介质中（Hughes et al.，1975a、b；van Marle et al.，1997）。这种降解极大地影响了细胞间的黏附和剩余细胞壁的结构等重要的质地参数（van Marle et al.，1992、1997）。

13.3.2 淀粉的体外消化和消化物（食糜）的微观结构研究

Bordoloi 等（2012b）在体外消化过程中研究了上述品种的煮熟马铃薯中的淀粉水解率（%），如图 13.5 所示。水解前 30min 为 pH=1.2 的胃部条件，在此期间观察到一定比例的水解，可能是由于酸水解所致。当将模拟肠液（SIF；pH=6.8）添加到反应混合物中时，

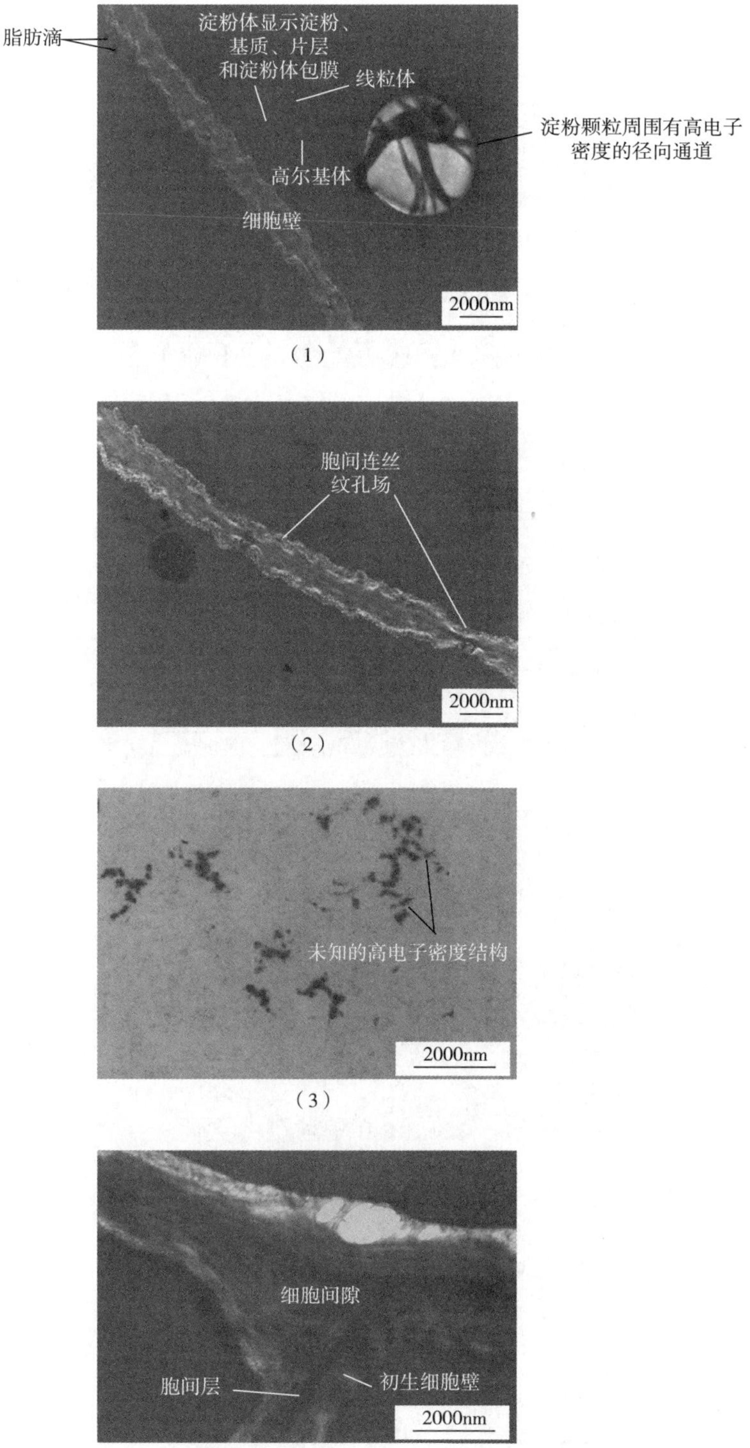

图 13. 3　Nadine 马铃薯品种的块茎薄壁细胞的透射电子显微照片

（资料来源：Bordoloi 等，2012a；经 Elsevier 许可。）

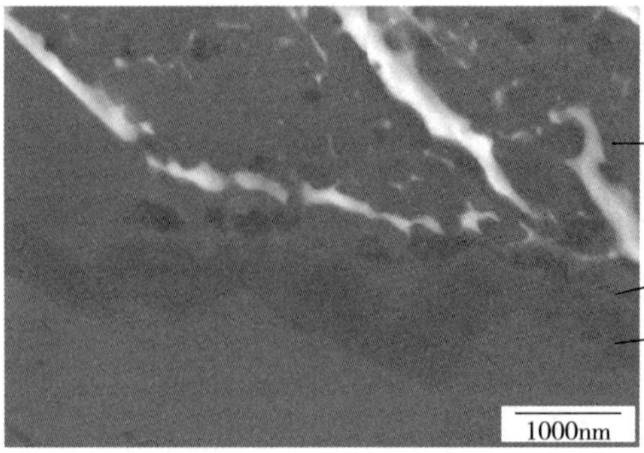
淀粉基质与其他
细胞残骸
细胞壁残留物
细胞壁微纤维疏松
1000nm

（1）

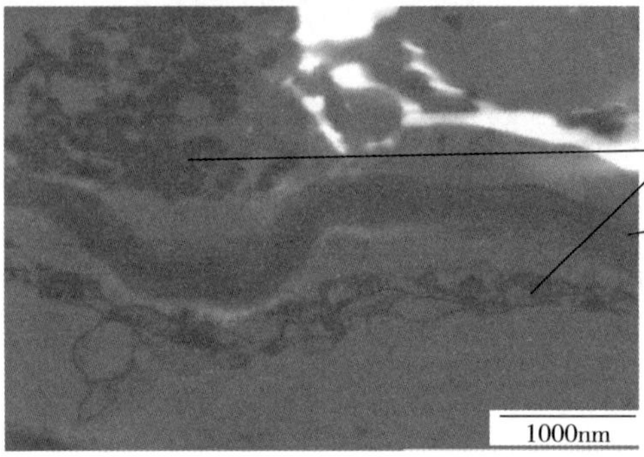
细胞壁残留物
细胞壁松动
1000nm

（2）

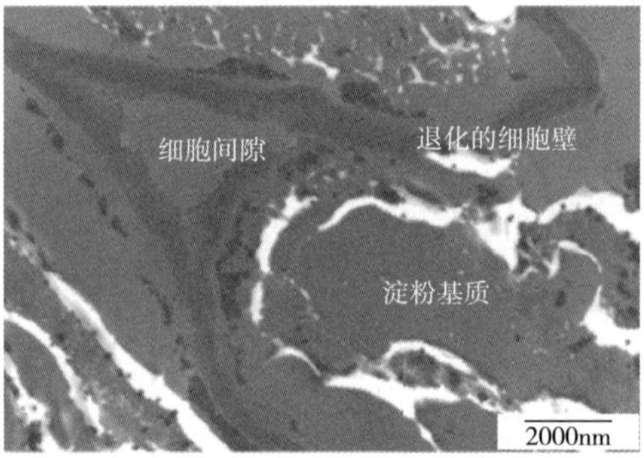
细胞间隙
退化的细胞壁
淀粉基质
2000nm

（3）

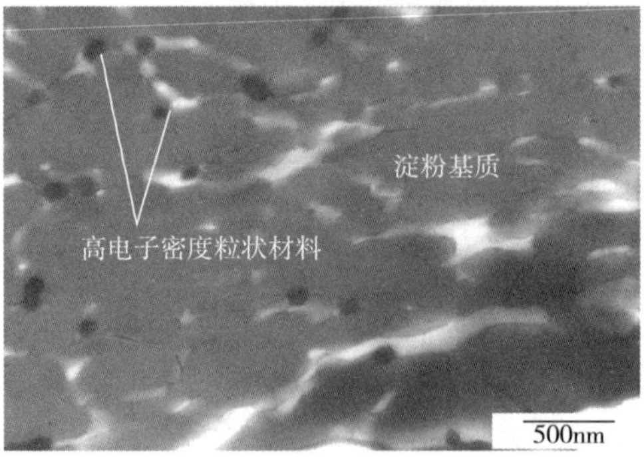
淀粉基质
高电子密度粒状材料
500nm

（4）

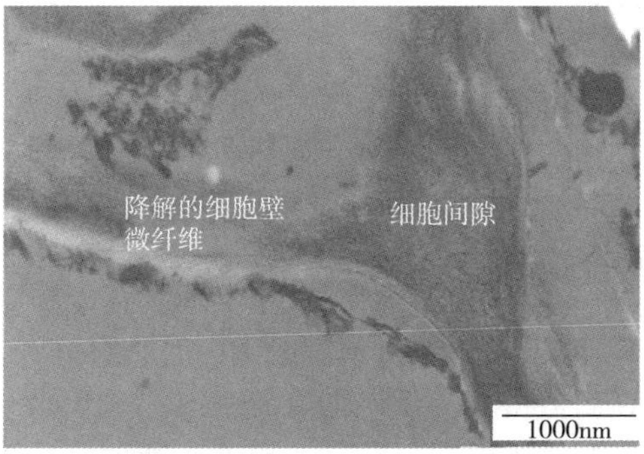

（5）

图 13.4 Nadine 马铃薯栽培品种的块茎薄壁细胞的透射电子显微照片

注：显示蒸煮后细胞壁的完整性受到破坏，明显观察到细胞壁厚度的减少和细胞壁微纤维的松散。细胞质由糊化的淀粉状基质以及细胞壁残留物和一些其他颗粒结构组成。

（资料来源：Bordoloi 等，2012a；经 Elsevier 许可。）

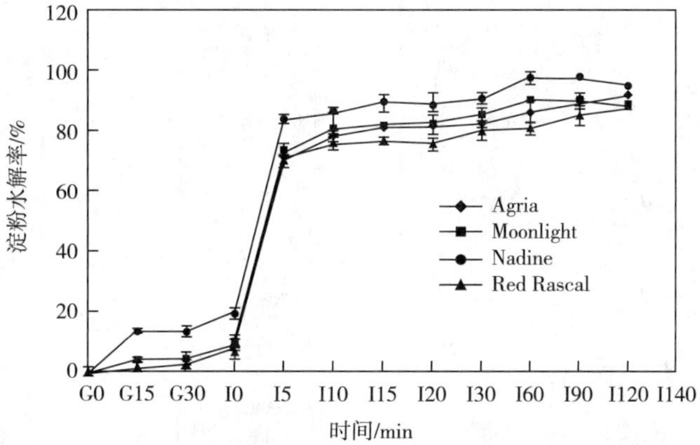

图 13.5 模拟小肠消化过程中各种品种煮熟马铃薯的淀粉水解率

注：横坐标中 G0、G15、G30 分别表示在胃部（gastric）消化 0min、15min、30min；I0、I5 等则表示在小肠（intestinal）消化 0min、5min 等。

（资料来源：Bordoloi 等，2012b；经 Elsevier 许可。）

淀粉被胰淀粉酶快速消化。在模拟小肠消化的前 10min 内，煮熟的马铃薯中约 70%的淀粉被消化。在小肠消化结束时，不同品种的淀粉水解水平在 80%~95%。但是，由于水解过程的复杂性，该百分比不能解释为煮熟的马铃薯在体内的水解百分比。

观察到的煮熟马铃薯品种淀粉水解之间的差异可能归因于许多因素的相互作用，例如淀粉特性、食品的微观结构、淀粉对水解的敏感性、淀粉糊化程度以及淀粉成分之间的分子结合（Snow et al.，1981；Hoover et al.，1985；Tester et al.，2004；Singh et al.，2010；Berg et al.，2012）。在模拟的小肠条件下，煮熟马铃薯中的淀粉以类似于先前研究中观察到的纯淀粉的方式水解（Dartois et al.，2010）。然而，在整个小肠的体外消化过程中，煮熟马铃薯中的淀粉水解率（%）值略低于纯淀粉。较早的研究报道（Singh et al.，2010），水解水平较低的原因可能是马铃薯中细胞壁和其他成分的存在。食物基质中存在的其他成分，例如细胞壁材料、膳食纤维、多糖、蛋白质，和食物基质的黏度已显示出对淀粉水解的抑制作用（Jenkins et al.，1987；Timothy et al.，2000；Rehman et al.，2005；Singh et al.，2010）。

图 13.6（1）~（4）显示在模拟小肠条件下煮熟马铃薯中淀粉水解的静态图像。由于马铃薯块茎中的淀粉很容易被煮熟，因此在蒸煮过程中大多数颗粒都溶解了，在未消化的马铃薯块茎细胞中仅观察到淀粉颗粒残留物［图 13.6（1）］。然而，蒸煮至最佳水平后，细胞壁似乎完整无缺，并保持其正常形态。含 SIF 的胰淀粉酶对淀粉的水解作用导致淀粉及其残渣的消化逐步进行，这一点可以通过空细胞的同质的背景来证明［图 13.6（2）］。经过 45min 的模拟小肠消化，大多数块茎细胞出现了空腔，这是由于淀粉被消化酶水解而形成的［图 13.6（3）和（4）］。消化过程中和消化后细胞壁保持完整，这表明 SIF 对煮熟马铃薯块茎的细胞壁没有影响，后者通常由纤维素和半纤维素材料组成。

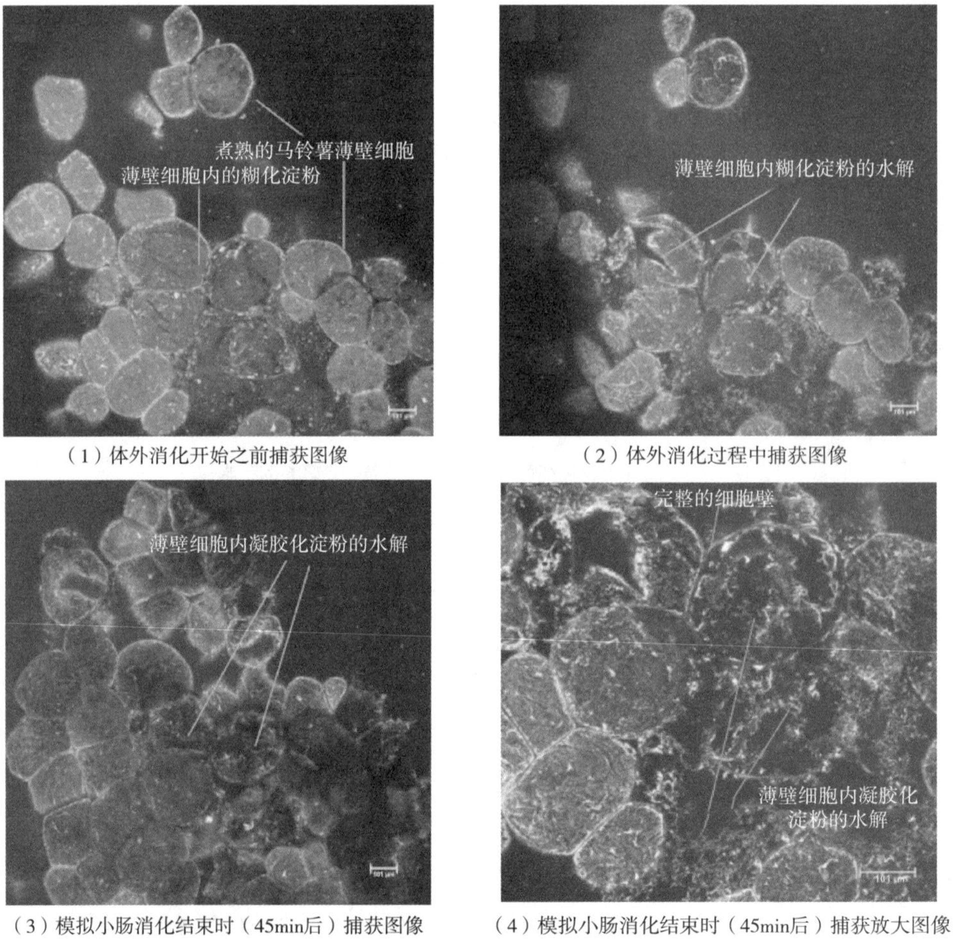

（1）体外消化开始之前捕获图像

（2）体外消化过程中捕获图像

（3）模拟小肠消化结束时（45min后）捕获图像

（4）模拟小肠消化结束时（45min后）捕获放大图像

图 13.6 在煮熟的 Agria 马铃薯上进行实时体外小肠消化的共聚焦激光扫描显微镜图像

（资料来源：Bordoloi 等，2012b；经 Elsevier 许可。）

图 13.7（1）~（4）和图 13.8（1）~（4）显示了新鲜煮熟马铃薯的体外小肠消化过程中采集的冻干样品的扫描电子显微照片。煮熟马铃薯块茎的规则微孔结构似乎在蒸煮期间和之后都维持得很好。在所有样品中均观察到了良好的细胞完整性。块茎细胞似乎略有收缩，并在其表面显示出压痕和褶皱。与进行小肠消化的样品相比，未消化样品的细胞壁褶皱更少。淀粉在体外消化过程中的水解作用以及冷冻干燥过程中的水分去除可能会留下一个空的空间，在冷冻干燥过程中细胞壁和一些未消化的成分可能会在其中折叠，从而导致更多的褶皱和压痕。这种现象在经历了完整的 120min 模拟肠消化过程的细胞中尤为明显［图 13.8（4）］。但是，不能排除冷冻干燥过程中人为造成的可能性。在长达 30min 的酶解作用期间，细胞基本保持完整（图 13.7）。图 13.7（2）为块茎细胞的内部结构，看起来像一个蜂窝，这可能是在模拟小肠消化过程中淀粉被消化的位置。

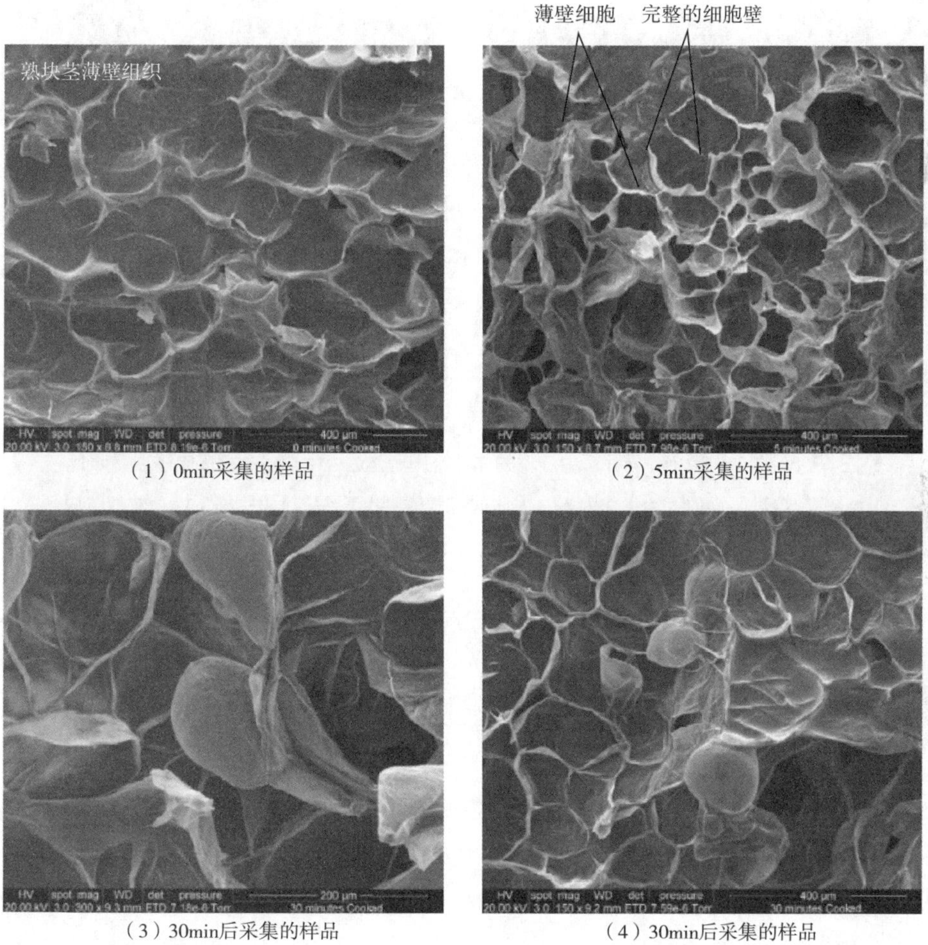

（1）0min采集的样品　（2）5min采集的样品

（3）30min后采集的样品　（4）30min后采集的样品

图 13.7　煮熟的 Agria 马铃薯中淀粉的体外小肠消化过程中拍摄的扫描电子显微照片

注：由于冷冻干燥的人为操作因素，因此这些显微照片不一定代表冷冻干燥之前的结构。

（资料来源：Bordoloi 等，2012b；经 Elsevier 许可。）

（1）60min后采集的样品

（2）60min后采集的样品

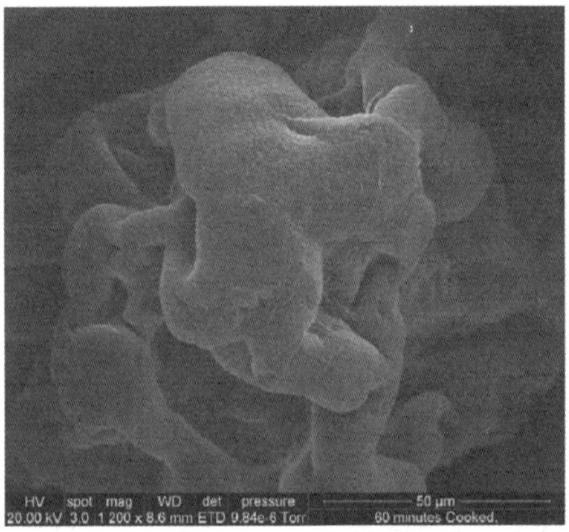

（3）60min后采集的样品

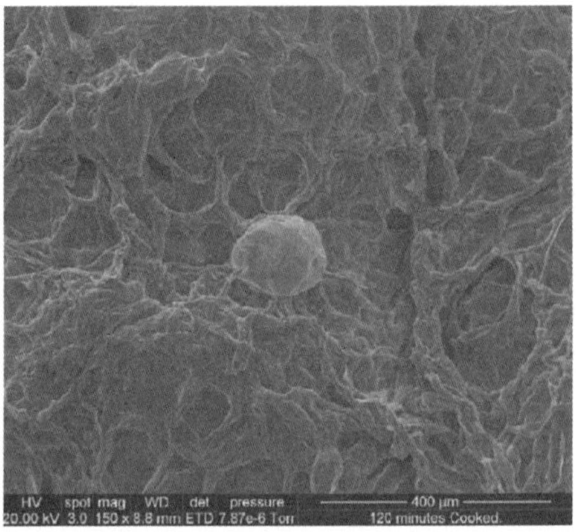

（4）120min后采集的样品

图 13.8 煮熟的 Agria 马铃薯中淀粉的体外小肠消化过程中拍摄的扫描电子显微照片

注：由于冷冻干燥的人为操作因素，因此这些显微照片不一定代表冷冻干燥之前的结构。

（资料来源：Bordoloi 等，2012b；经 Elsevier 许可。）

13.4 食物基质的淀粉消化和流变学

据报道，食物基质的黏度是影响淀粉酶消化率和血糖反应的主要因素之一（Lightowler et al.，2009；Dartois et al.，2010；Singh et al.，2010）。食物的物理质地可能会影响淀粉的消化和水解产物的吸收。植物来源的多糖（如树胶）在食品中用作增稠剂、乳化剂和稳定剂，并且还可以作为可溶性膳食纤维（Williams et al.，2003）。瓜尔胶等可溶性膳食纤维能够产生高黏度（低浓度），从而显著影响营养吸收和餐后血浆中的营养水平（Cherbut et al.，1990；Eastwood et al.，1992；Ellis et al.，1996；Edwards et al.，1998）。由于半乳甘露聚糖胶限制了水分子的可利用性以及淀粉颗粒的溶胀或糊化，如果将半乳甘露聚糖胶和淀粉一起煮，则可减小淀粉糊中颗粒残余物的大小（Kaur et al.，2008）。

Bordoloi 等（2012b）报道，在煮熟的马铃薯基质中加入瓜尔胶（0.5%）导致最终淀粉水解的速率和程度均显著降低（图 13.9）。加入瓜尔胶后，在模拟肠道条件下水解的第一个 15min 后，观察到整个淀粉水解过程的总水解下降约 20%（相对于对照而言）。瓜尔胶还显著影响淀粉的最终水解（$P<0.05$），在模拟消化期结束时水解下降约 15%。小肠中淀粉水解的速率和程度取决于几个内在和外在因素（Englyst et al.，1992）。据报道，胶体会增加肠腔的黏度，进而影响营养吸收和餐后血浆的营养水平（Edwards，2003）。在瓜尔胶存在下，淀粉水解速度较慢的原因可能是瓜尔胶中完全水合的半乳甘露聚糖链增加而导致的消化液黏度增加（Ellis et al.，1995）。Dartois 等（2010）报道淀粉颗粒周围的胶层可能限制酶进入淀粉，因此减少酶促淀粉水解。据报道，水胶体通过将淀粉基质悬浮在一个连贯的凝胶中形成一个连续的网络，成为酶与淀粉接触的障碍（Koh et al.，2009）。因此，瓜尔胶可充当消化酶和淀粉相互作用和/或水解产物释放到消化液水相中的物理“屏障”。在 Bordoloi 等（2012b）的研究中，添加模拟肠液后立即观察到的水解程度也证明了这一点。纯马铃薯样品的水解程度接近 70%，而在体外肠道消化 5min 后，含瓜尔胶的样品的水解程度约为 55%（图 13.9）。Gularte 和 Rosell（2011）报道，含有瓜尔胶的纯马铃薯淀粉糊的组分被缓慢水解，导致体外条件下葡萄糖的释放降低。据报道，瓜尔胶还可以通过抑制淀粉成分从淀粉颗粒中浸出来减少淀粉糊中残留的颗粒（或 ghosts）的含量（Nagano et al.，2008）。瓜尔胶极大地增加了熟马铃薯体系的黏度，这不仅可能影响分子（糖和酶）的传质，而且还影响酶的底物反应和水解动力学（Bordoloi et al.，2012b；Gularte et al.，2011）。

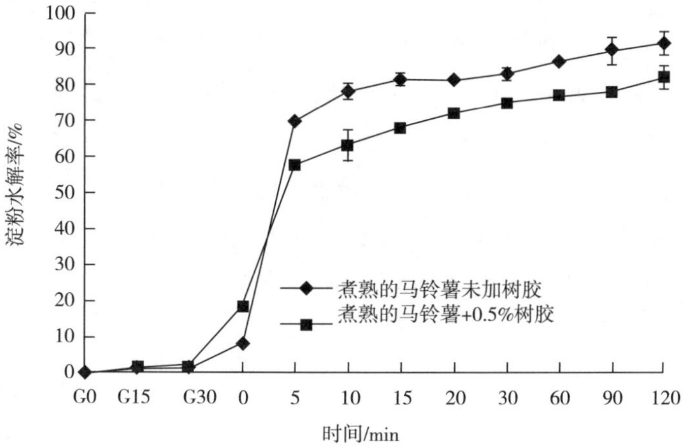

图 13.9　在模拟胃（持续 30min）、小肠消化（持续 2h）期间，添加瓜尔胶（0.5%）对煮熟的 Agria 马铃薯的淀粉水解率的影响

（资料来源：Bordoloi 等，2012b；经 Elsevier 许可。）

在淀粉水解过程中，水的可获得性起着重要的作用。瓜尔胶的亲水性也限制了酶与底物反应的水的可利用性，从而降低了淀粉水解的总速率。半乳甘露聚糖胶在淀粉糊化过程中对颗粒溶胀的限制，导致淀粉胶糊的微观结构和流变性的改变（Kaur et al.，2008）。

在生长期猪的体内研究也已报道了添加瓜尔胶（不同浓度）对净葡萄糖表观吸收的影响（Ellis et al.，1995）。用含瓜尔胶的猪饲料喂养空肠消化物的零剪切黏度增加，同时葡萄糖吸收速率显著降低。瓜尔胶的餐后作用是由其能增加胃肠道内消化物黏度而造成的，这归因于完全水合的半乳甘露聚糖链的增加。从而最终降低了碳水化合物的消化和吸收速率，因此降低了餐后血糖升高。半乳甘露聚糖在淀粉混合物中的存在限制了淀粉颗粒在糊化过程中的膨胀，导致煮熟的淀粉糊中淀粉颗粒残留物的尺寸减小，而一些淀粉颗粒也可能由于接触不到水分子从而未糊化（Kaur et al.，2008）。淀粉颗粒的这种不完全糊化也可能增加其对酶促水解的抗性。即使在食品基质中的聚合物浓度相对较低时，源自瓜尔胶或黄芪胶等胶体的黏性纤维也会增加黏度，这可能会增加胃肠道消化道的总体黏度。最终摄入淀粉类食物后碳水化合物吸收减少。

Brennan（1996）研究了在白面包中的添加瓜尔胶，并研究了其微结构以及体外和体内消化率。他们观察到瓜尔胶的降血糖作用是由于它可以作为淀粉消化的物理屏障，同时还具有增加消化液黏度的作用。来源于瓜尔豆的半乳甘露聚糖和淀粉之间的关联也已通过猪消化物的微观结构分析得到证实。

Lightowler 和 Henry（2009）研究了含有1%、2%或3%高黏度羟丙基甲基纤维素含量的土豆泥，与未添加纤维的马铃薯泥相比，所有样品的血糖反应均显著降低。各种植物来源的非淀粉多糖的存在可能影响消化道所有部位消化物的物理特性。高黏度会减慢许多与食物消化和营养吸收有关的生理过程，因此有助于改善对葡萄糖不耐症和肥胖症的治疗。饮食中补充果胶和瓜尔胶等水溶性非淀粉多糖的降血糖效果也取决于它们增加胃和小肠消化液黏度的能力（Johansen et al.，1996）。胃对膳食黏度增加的反应已通过诸如回波平面磁共振成像等技术进行了评估（Marciani et al.，2000）。

Bordoloi 等（2012b）使用动态流变仪记录了体外小肠消化过程中煮熟的马铃薯（添加或不添加树胶）的黏度的详细测量结果（图 13. 10 和图 13. 11）。添加 SIF 后，煮熟的马铃薯的黏度会大大降低，这是由于 SIF 中存在的消化酶将马铃薯中的高黏性淀粉转化为低黏度糖的原因（图 13. 11）。但是，在整个模拟马铃薯煮熟的小肠消化过程中，黏度随后保持稳定。

瓜尔胶的添加导致煮熟的马铃薯的黏度增加，这主要是由于来自于瓜尔豆的半乳甘露聚糖赋予的稳定结构（图 13. 10）。在时间扫描实验中，煮熟的马铃薯-瓜尔胶混合物的黏度超过 1 Pa。黏度的增加会影响胃功能，并可能抑制体内消化过程中由蠕动产生的推进和混合作用（Ellis et al.，1995）。添加 SIF（含酶）后，煮熟的马铃薯-瓜尔胶混合物的黏度降低（图 13. 11）。但是，黏度降低的程度远小于仅煮熟的马铃薯样品中所观察到的。对照煮熟的马铃薯样品和煮熟的马铃薯-瓜尔胶样品（含酶的 SIF），曲线是重叠的（图 13. 11）。

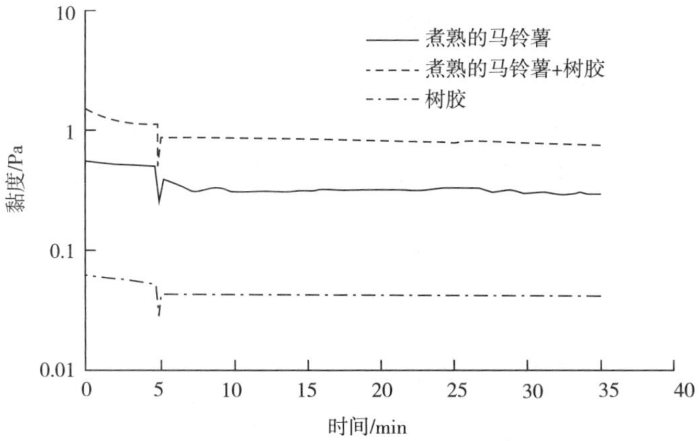

图 13.10 在不添加肠酶、37℃和 1Hz 的条件下，熟 Agria 马铃薯和熟马铃薯+树胶和树胶的动态流变特性变化

（资料来源：Bordoloi 等，2012b；经 Elsevier 许可。）

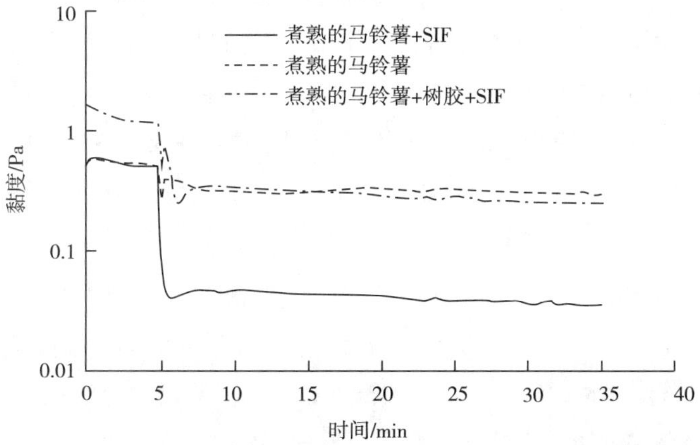

图 13.11 在添加或不添加肠酶、37℃和 1Hz 的条件下，熟 Agria 马铃薯和熟马铃薯+树胶的动态流变特性变化

（资料来源：Bordoloi 等，2012b；经 Elsevier 许可。）

只含有煮熟的马铃薯的样品在消化过程中黏度的显著下降是由于胶的存起到了平衡作用，该胶有助于基质保持黏度稳定。同样，在胶的存在下，底物与消化酶之间的相互作用不那么频繁，这可能是黏度降低较小的另一个原因。这可能会导致淀粉消化速率降低，并最终导致水解产物（如麦芽糖、α-极限糊精）吸收更慢。据报道，溶液黏度也会影响酶的动力学（Uribe et al.，2003）。

淀粉和胶之间的离子相互作用在黏度和黏弹性特性中起重要作用。阳离子淀粉和阴离子胶之间的强静电相互作用会导致颗粒的瞬时聚集，而非离子胶则形成片状结构并松散地包裹颗粒（Chaisawang et al.，2005）。这些观察与流变参数的变化有关，如淀粉-黄原胶和淀粉-瓜尔胶体系的储能模量（G′）和损失模量（G″）（Chaisawang et al.，2005）。然而，据我们所知，关于体外淀粉水解过程中胶离子相互作用影响的尚无报道。膳食中添加一些谷物基黏性纤维也会在很大程度上影响碳水化合物的消化吸收。但是，餐后葡萄糖反应可能略有不同，因为黏性纤维在物理和功能上与黏性胶不同。

另外，可能难以区分这两种作用，水解速率的降低是由于酶的抑制作用，还是胃肠道内容物的黏度增加引起的（作用于传质）。Slaughter 等（2002）通过一定浓度的糊化淀粉观察到极少量（0.5%）的半乳甘露聚糖添加物对淀粉酶具有抑制作用。

13.5 配方食品和淀粉消化

13.5.1 食物基质组成对淀粉消化的影响

食物基质的组成对淀粉的消化有显著影响（Singh et al.，2010）。因此，淀粉的消化率随食物组分的不同而不同。食物基质中蛋白质的存在可能会影响淀粉的消化率。淀粉和蛋白质在各种食品中的消化率受彼此之间相互作用的影响很大。已经证实，食物中少量存在的蛋白会影响淀粉的功能特性和淀粉消化率（Ezeogu et al.，2008）。蛋白质部分（例如白蛋白、球蛋白和谷蛋白）有助于将蛋白质体粘合到周围的淀粉颗粒的基质中，这可能会阻碍淀粉的消化率（Hamaker et al.，2003）。烹饪或加工有时可能会降低淀粉的消化率，因为可能发生蛋白质构象变化，从而促进二硫键连接的聚合物的形成（Oria et al.，1995）。通过添加链霉蛋白酶来水解蛋白质基质，确定了围绕淀粉颗粒的蛋白质屏障的存在，在淀粉酶和淀粉葡糖苷酶（与底物接触）的通道畅通以后，体外淀粉的消化率得到了显著提高（Rooney et al.，1986）。Wong 等（2009）的报告显示，二硫键结合的蛋白质，非蜡质淀粉和结合态淀粉合酶的存在可能会影响淀粉和蛋白质的消化率。Choi 等（2008）的另一项研究，报道了在蒸煮糯高粱粉时加入亚硫酸钠可提高体外淀粉的消化率。还原剂，如亚硫酸钠或亚硫酸氢钠，可防止形成具有酶抗性的二硫键连接的植物聚合物，可促进淀粉分解酶轻松进入淀粉颗粒。已经报道了蛋白质基质对加工淀粉产品（如意大利面）的体外淀粉消化率的影响（Kim et al.，2008）。Jenkins 等（1987）研究了淀粉-蛋白质相互作用对淀粉消化率的影响。他们的报告表明，淀粉蛋白相互作用的发生可能导致血糖反应降低和消化率降低。随后的研究证实，大量淀粉确实可以进入结肠（Wolever et al.，1986）。已观察到从小麦粉中除去面筋可以消除淀粉吸收不良，但是随后通过将面筋重新添加到无面筋的面粉中并不能逆转这种效果。这就提出了新的一个课题，即天然淀粉与蛋白质的相互作用是否导致淀粉的消化率降低（Jenkins et al.，1987）。蛋白质网络可能会抑制小肠内腔的水解速率（Jenkins et al.，1987）。据报道，添加含有白干酪、烤豆和金枪鱼的浇头或馅料可降低以马铃薯、意大利面和吐司为基础的餐点的 GI（Henry et al.，2006）。

直链淀粉链为自然扭曲的螺旋构象，每转一圈具有 6 个脱水葡萄糖单元（Zobel，

1988)。葡萄糖残基的羟基存在于螺旋的外表面，而内部空腔是疏水管（Zhou et al.，2007)。疏水络合剂可以在直链淀粉螺旋内停留或络合，通过范德华力和直链淀粉的C-氢键达到稳定作用。(Godet et al.，1993；Zhou et al.，2007)。Crowe等（2000）的文献报道了游离脂肪酸（月桂酸、肉豆蔻酸、棕榈酸、硬脂酸和油酸；溶血卵磷脂和胆固醇）对使用α-淀粉酶和淀粉葡糖苷酶的淀粉，直链淀粉和支链淀粉水解的影响。大约60%的直链淀粉在1h内转化为葡萄糖，并在6h后达到90%。月桂酸、肉豆蔻酸、棕榈酸和油酸的添加使直链淀粉的酶水解降低了35%。但是，硬脂酸和胆固醇都没有抑制作用。月桂酸对支链淀粉的酶促分解没有影响，而整个淀粉的分解被月桂酸抑制了12%。这些实验表明，只有直链淀粉部分的水解（占整个淀粉的31%）受到了月桂酸的影响。直链淀粉呈螺旋构象，可与疏水小分子形成包合物。脂肪酸（如月桂酸和直链淀粉）之间的复合物在生理条件下可以快速形成，这有助于RS的形成（Seligman et al.，1998)。此类与脂质的复合物的形成可能导致淀粉性质发生重大变化，包括溶解度降低，糊化温度升高以及回生延迟和对消化酶作用的抵抗力降低。直链淀粉中葡萄糖链中每20个葡萄糖单元中就可以结合一个月桂酸分子，但是相反，在相同条件下，月桂酸与支链淀粉和其他支链葡聚糖的结合却很少（Crowe et al.，2000)。

文献中也报道了纯直链淀粉和脂质复合物的酶抗性（Holm et al.，1983；Gelders et al.，2005)。Holm等（1983）利用直链淀粉-脂质复合物的体外和体内消化率研究表明，复杂的直链淀粉是在胃肠道中水解和吸收的程度与游离直链淀粉的相同，但前者反应速度较慢。在研究了酶促作用对各种平均链长（聚合度）的直链淀粉和二十二烷酸/单硬脂酸甘油酯之间形成的复合物的消化率的影响后，Gelders等（2005）报道，随着直链淀粉的聚合度，脂质链长度和络合温度的增加，络合物的抗酶活性增加。他们进一步报道，这些复合物的酶水解产生了两个或多个糊精亚群，这些糊精亚群源于一系列具有相互连接的无定形直链淀粉链的层状单元。据报道，饱和、单不饱和或多不饱和脂肪酸含量高的脂肪可降低面包的GI，而脂肪类型之间无显著差异（Henry et al.，2008)。据报道，法式炸马铃薯中的RS含量高于煮土豆泥（Garica-Alonso et al.，2000；Nayak et al.，2014)，部分原因是前者中直链淀粉-脂质复合物的形成。

常见的α-淀粉酶为蛋白质或糖蛋白，是非竞争性的，不可透析，且通常不耐热（Dreher et al.，1984)。植物来源中存在的许多分子都能够抑制α-淀粉酶的活性。据报道，多酚，特别是花色苷，可以抑制煮熟马铃薯中淀粉的消化（Ramdath et al.，2014)。还观察到一些低分子质量植物来源的分子，如木犀草素、草莓提取物和绿茶多酚可抑制α-淀粉酶或降低餐后高血糖（McDougall et al.，2005；He et al.，2006)。

自20世纪40年代早期以来，就已经生产了多种商用淀粉阻断剂产品，但许多临床研究证明它们在体内不起作用，也有一些研究报告了它们在体外实验中的积极作用。已经发现α-淀粉酶抑制剂在胃中是不稳定的，只有在没有淀粉的情况下与淀粉酶预孵育后才有活性。(Lajolo et al. , 2002)。

膳食纤维被认为是通过其高黏度而造成食品中葡萄糖释放速度减慢的主要因素，这会减慢小肠中消化产物的胃排空物吸收。然而，淀粉的消化率不能仅凭纤维的量来衡量(Jenkins et al. , 1980)。

植酸是许多植物中最重要的磷酸盐储备化合物。它可以与蛋白质和/或金属离子形成复合物，从而降低其生物利用度。Yoon 等（1983）报道，将食物与唾液进行预反应后添加植酸可显著降低糖的释放，而同时添加几乎看不到任何影响。植酸可能会通过与淀粉酶蛋白相互作用和/或与唾液矿物质（如钙）结合而影响淀粉的消化率，已知钙会促进淀粉酶的活性。加工过程中抗营养物质（植酸、缩合单宁等）对淀粉消化率的影响也很重要（Alonso et al. , 2000; Rehman et al. , 2005)。

13.5.2 食品加工对淀粉消化的影响

工业界正在使用各种各样的技术来加工各种食品原料。加工会导致食物结构发生变化，并且还会影响食物的营养特性，包括淀粉的消化率。当淀粉分子在过量的水中加热时，晶体结构被破坏，水分子通过氢键与直链淀粉和支链淀粉的暴露羟基键合，从而导致颗粒溶胀和溶解度增加。因此，水的活度或水的可利用性是决定淀粉通过酶水解的可消化程度的重要因素。已观察到加工会导致淀粉水解度增加，达到高于 90%的值（用胰酶进行水解结束时）(Anguita et al. , 2006)。马铃薯等块茎中的淀粉特别容易受到管腔液体极性环境的保护，即使是小麦等谷类食品也可能无法在肠腔中获得 α-淀粉酶，除非它们经过加工而发生物理变化。

促进淀粉中水的渗透和随后 α-淀粉酶作用的主要过程是物理加工和加热到 100℃几分钟的烹饪。烹饪会通过淀粉糊化来提高水解速度，并使淀粉更易于酶水解。挤压蒸煮显著地提高了淀粉的体外消化率（Alonso et al. , 2000; Altan et al. , 2009)。淀粉消化率的增加可以解释为，由于挤压机筒内剪切作用和揉捏作用增加，淀粉颗粒失去了结构完整性，最终增加了它们对酶水解的敏感性。挤压蒸煮的淀粉或含淀粉的食品的消化率有时也较低，这可能是由于直链淀粉-脂质复合物的形成、淀粉-蛋白质相互作用和有限的水分利用率造成的，这延长了酶水解过程中淀粉的消化率（Guha et al. , 1997)。颗粒粒径分布的减小导致表面积的增加。结果，诸如研磨的过程导致更高的水解率。Anguita 等（2006）观察到，与原始样品相比，挤压引起了颗粒粒径的减小并影响了消化率。将传统和常规加工方法与挤压蒸煮进行比较，Alonso 等（2000）研究了加工方式对豆类淀粉消化率的影响。与其他加工方法相比，挤压可提高淀粉的消化率。同样，也有文献比较了使用常压沸水或在 121℃下高压蒸煮 90min 的豆类对淀粉消化率的影响（Rehman et al. , 2005)。高压蒸煮的消化率值较高，这可以归因于高压蒸煮后淀粉糊化程度和抗营养成分的破坏程度更高。

淀粉类食品的加工可能会由于植酸、单宁和多酚的流失而导致消化率提高，因为这些

成分通常会抑制 α-淀粉酶的活性，从而降低淀粉的消化率。已经有报道，单宁酸和植酸的去除在食品基质内会产生了很大的空间，这增加了对酶水解的敏感性，因此改善了淀粉的消化率（Rehman et al.，2005）。Rehman 报道，与挤压相比，爆裂、烘烤和剥落可显著提高淀粉的水解速率。同样，Roopa 和 Premavalli（2008）报道了一系列加工方式对淀粉体外消化率的影响。在常压蒸煮、高压蒸煮和膨化以及随后的加压蒸煮和焖制过程中，淀粉的消化率提高了 35%~40%。他们还报道，烘烤、油炸和浅度油炸会降低 RDS 含量，而烘焙和加压蒸煮会使 RDS 增至约 23%，蒸煮、高压蒸煮和膨化都会导致 RDS 增加。

可以通过食品加工中使用的一系列过程来增强淀粉的同化作用，这些过程可促进淀粉有效地进入管腔的极性溶液与 α-淀粉酶相互作用（Goni et al.，1997）。有文献比较了葛根淀粉和玉米淀粉的微波加热和其他加热方法（如蒸煮和加压蒸煮）对水解速率和 GI 的影响（Geng et al.，2003）。两种淀粉的水解速率在热处理后均增加，并且在微波蒸煮后更大程度地水解，这可能归因于微波加热期间热的渗透更大。淀粉对酶解敏感性的变化与微波加热过程引起淀粉晶体结构变化的程度有关（Anderson et al.，2006）。Zhang 等（2009）报道了微波处理时间对美人蕉淀粉消化率的影响。他们的结果表明低微波功率（400W）和高微波功率（1000W）都有利于 RS 的形成。辐射已被用来延长食品的保质期和安全性，目前在许多国家已经允许使用辐射。γ-射线辐射使淀粉聚合物降解，可能导致直链淀粉和支链淀粉的分子质量降低，黏度降低和酸度升高（Bao et al.，2005；Abu et al.，2006）。Chung 和 Liu（2009）研究了 γ-射线辐射对玉米淀粉酶消化率的影响，并报道了较低的剂量率会降低 RDS 和 SDS 含量并增加 RS 含量。

在淀粉糊化过程中，支链淀粉的晶体结构解体，多糖链呈无规则构型，从而导致淀粉颗粒膨胀和破裂（Singh et al.，2007）。将煮熟以后糊化的淀粉进行冷却，淀粉链开始重结晶。据报道，煮熟的淀粉糊中的直链淀粉聚集和结晶在最初的几个小时内就完成了，而支链淀粉的聚集和结晶则发生在冷藏过程的后期（Singh et al.，2008b）。直链淀粉的直链通过氢键促进交联，而支链淀粉的支链延迟其重结晶。淀粉的回生特性还受到未糊化颗粒的无定形和结晶区域内淀粉链结构排列的影响，因为这种结构排列影响糊化过程中颗粒分解的程度，并且还影响贮存过程中淀粉链之间发生的相互作用（Singh et al.，2004）。在冷藏温度下贮存的煮熟淀粉中的 RS 形成受回生程度的影响很大。马铃薯中的回生直链淀粉具有很高的抗酶水解性。据观察，将煮熟的马铃薯在冷藏温度下贮存可能会导致其消化率和 GI 降低。2008 年 Mishra 等将马铃薯煮熟，然后在冷藏温度下冷却 2d，并将其淀粉消化率与新鲜煮熟的马铃薯进行比较。他们报道称，冷藏马铃薯中 RDS 的比例从新鲜烹制的 95%降至 45%，这可能归因于淀粉的回生和 RS 的形成。另一项研究报告说，将马铃薯冷却或贮存 24h 后，煮马铃薯中的初始 RS 量（1.18%）增加到 4.63%（Garcia-Alonso et al.，2000；Nayak et al.，2014）。对于冷却的炸薯条和回生的马铃薯粉，观察到类似的效果。研究发现，糊化淀粉聚合物在冷藏过程中发生了回生，导致形成了抵抗淀粉酶消化的半结晶结构。

13.6 结论

淀粉是植物中最常见的碳水化合物，也是人类食物中碳水化合物的最大来源。淀粉可根据其消化性分为快速消化、慢速消化和耐消化淀粉。马铃薯的微结构，无论是天然的还是在加工（贮存）过程中产生的，其在消化道中的淀粉消化过程中都起着重要作用，并影响着胃肠道。无论是食品本来的还是通过添加食品成分获得的食品的流变特性都可能通过影响水的可利用性而影响淀粉的消化。食物基质的其他成分，如蛋白质、脂质、多糖和添加的成分，在加工过程中起着重要作用，因此有助于形成典型的食物微观结构，从而可能影响淀粉的消化率，进而影响消化的碳水化合物在胃肠道的吸收。尽管已经有几篇有关淀粉消化率的研究报告，但是关于马铃薯中淀粉消化率的文献仍然很少。马铃薯中淀粉的消化率可以通过体外消化模型进行研究，该模型显示出与体内模型非常强的相关性。利用电子显微镜和共焦显微镜、流变仪等先进技术，可深入了解淀粉消化过程中和消化后的食品微观结构和消化特性。这一关于马铃薯微观结构及其对淀粉消化影响的新认识，可能有助于制造新的以马铃薯为基础的淀粉消化率可控的和低 GI 食品。

致谢

非常感谢 Elsevier 允许引用文章（Singh et al.，2013、2010）。

参考文献

Abu J. O，Duodu K. G，Minnaar A. Effect of γ -irradiation on some physicochemical and thermal properties of cowpea（*Vigna unguiculata* L. Walp）starch. *Food Chemistry*. 2006;95:386-393.

Aguilera J. M，Stanley D. W. *Microstructural Principles of Food Processing and Engineering*. second ed. New York：Elsevier Applied Science；1990:175-329.

Alonso R，Aguirre A，Marzo F. Effect of extrusion and traditional processing methods on antinutrients and in vitro digestibility of protein and starch in faba and kidney beans. *Food Chemistry*. 2000;68:159-165.

Altan A，McCarthy K. L，Maskan M. Effect of extrusion cooking on functional properties and in vitro starch digestibility of barley-based extrudates from fruit and vegetable by-products. *Journal of Food Science*. 2009;74:E77-E86.

Anderson A. K，Guraya H. S. Effects of microwave heat-moisture treatment on properties of waxy and non-waxy rice starches. *Food Chemistry*. 2006;97:318-323.

Anguita M，Gasa J，Martín-Orúe S. M，Pérez J. F. Study of the effect of technological processes on starch hydrolysis, non-starch polysaccharides solubilization and physicochemical properties of different ingredients using a two-step in vitro system. *Animal Feed Science and Technology*. 2006;129:99-115.

Appenroth K. J, Keresztes A, Krzysztofiwicz E, Gabrys H. Light induced degradation of starch granules in turions of *Spirodela polyrhiza* studied by electron microscopy. *Plant Cell Physiology*. 2011;52:384-391.

Bao J, Ao Z, Jane J. L. Characterization of physical properties of flour and starch obtained from gamma-irradiated white rice. *Starch*. 2005;57:480-487.

Barrios E. P, Newson D. W, Miller J. C. Some factors influencing the culinary quality of Irish potatoes. II. Physical characters. *American Potato Journal*. 1963;40:200-206.

Berg T, Singh J, Hardacre A, Boland M. J. The role of cotyledon cell structure during in vitro digestion of starch in navy beans. *Carbohydrate Polymers*. 2012;87:1678-1688.

Björck I. Starch: nutritional aspects. In: Eliasson A. C, ed. *Carbohydrate in Foods*. Sweden: Lund University; 1996:505-553.

Bordoloi A, Kaur L, Singh J. Parenchyma cell microstructure and textural characteristics of raw and cooked potatoes. *Food Chemistry*. 2012;133:1092-1100.

Bordoloi A, Singh J, Kaur L, Singh H. In vitro digestibility of starch in cooked potatoes as affected by guar gum: microstructural and rheological characteristics. *Food Chemistry*. 2012;133:1206-1213.

Brennan C. S, Blake D. E, Ellis P. R, Schofield J. D. Effects of guar galactomannan on wheat bread microstructure and on the in vitro and in vivo digestibility of starch in bread. *Journal of Cereal Science*. 1996;24:151-160.

Capriles V. D, Coelho K. D, Guerra-Matias A. C, Areas J. A. G. Effects of processing methods on amaranth starch digestibility and predicted GI. *Journal of Food Science*. 2008;73:H160-H164.

Carpita N. C, Gibeaut D. M. Structural models of primary-cell walls in flowering plants—consistency of molecular-structure with the physical-properties of the walls during growth. *Plant Journal*. 1993;3:1-30.

Chaisawang M, Suphantharika M. Effects of guar gum and xanthan gum additions on physical and rheological properties of cationic tapioca starch. *Carbohydrate Polymers*. 2005;61:288-295.

Chanda S. V. Evaluation of effectiveness of the methods for isolation of cell wall polysaccharides during cell elongation in *Phaseolus vulgaris* seedlings. *Acta Physio logiae Plantarum*. 2005;27:371-378.

Cherbut C, Albina E, Champ M, Doublier J. L, Lecannu G. Action of guar gum on viscosity of digestive contents and on gastrointestinal motor function in pigs. *Digestion*. 1990;4:205-213.

Choi S. J, Woo H. D, Ko S. H, Moon T. W. Confocal scanning laser microscopy to investigate the effect of sodium bisulfite on in vitro digestibility of waxy sorghum flour. *Cereal Chemistry*. 2008;85:65-69.

Chung H. -J, Liu Q. Effect of gamma irradiation on molecular structure and physicochemical properties of corn starch. *Journal of Food Science*. 2009;74:C353-C361.

Collings P, Williams C, MacDonald I. Effect of cooking on serum glucose and insulin responses to starch. *British Medical Journal*. 1981;282:1032-1033.

Crowe T. C, Seligman S. A, Copeland L. Inhibition of enzymic digestion of amylose by free fatty acids in vitro contributes to resistant starch formation. *Journal of Nutrition*. 2000;130:2006-2008.

Cummings J. H, Roberfroid M. B, Members of the Paris Carbohydrate Group. A new look at dietary carbohydrates: chemistry, physiology and health. *European Journal of Clinical Nutrition*. 1997;51:417-423.

Dartois A, Singh J, Kaur L, Singh H. The influence of guar gum on the starch digestibility in vitro-rheological and microstructural characteristics. *Food Biophysics*. 2010;5:149-160.

Daussant J, Mosse J, Vaughan J. G. *Seed Proteins*. Academic Press; 1983.

Dreher M. L, Dreher C. J, Berry J. W. Starch digestibility of foods: a nutritional perspective. *Critical Reviews in Food Science and Nutrition*. 1984;20:47-71.

Eastwood M. A, Morris E. R. Physical properties of dietary fiber that influence physiological function: a model for polymers along the gastrointestinal tract. *American Journal of Clinical Nutrition*. 1992;55:436-442.

Edwards C. A, Johnson I. T, Read N. W. Do viscous polysaccharides slow absorption by inhibiting diffusion or convection. *European Journal of Clinical Nutrition*. 1998;42:307-312.

Edwards C. A. Gums: dietary importance. In: Caballero B, et al., ed. *Encyclopedia of Food Sciences and Nutrition*. San Diego: Academic Press; 2003:3007-3012.

Ellis P. R, Rayment P, Wang Q. A. Physico-chemical perspective of plant polysaccharides in relation to glucose absorption, insulin secretion and the entero-insular axis. *Proceedings of the Nutrition Society*. 1996;55:881-898.

Ellis P. R, Roberts F. G, Low A. G, Morgan L. M. The effect of high-molecular-weight guar gum on net apparent glucose absorption and net apparent insulin and gastric inhibitory polypeptide production in the growing pig: relationship to rheological changes in jejunal digesta. *British Journal of Nutrition*. 1995;74:539-556.

Englyst H. N, Kingman S. M, Cummings J. H. Classification and measurement of nutritionally important starch fractions. *European Journal of Clinical Nutrition*. 1992;46:S33-S50.

Englyst K. N, Englyst H. N, Hudson G. J, Cole T. J, Cummings J. H. Rapidly available glucose in foods: an in vitro measurement that reflects the glycemic response. *American Journal of Clinical Nutrition*. 1999;69:448-454.

Ezeogu L. I, Duodu K. G, Emmanbux M. N, Taylor J. R. N. Influence of cooking conditions on the protein matrix of sorghum and maize endosperm flours. *Cereal Chemistry*. 2008;85:397-402.

Fernandes G, Velangi A, Wolever T. M. Glycemic index of potatoes commonly consumed in North America. *Journal of American Dietetic Association*. 2005;105:557-562.

Fiona S, Atkinson R. D, Kaye Foster-Powell R. D, Brand-Miller J. C. International tables of glycemic index and glycemic load values: 2008. *Diabetes Care*. 2008;31:2281-2283.

Foster-Powell K, Holt S. H, Brand-Miller J. C. International table of glycemic index and glycemic load values. *American Journal of Clinical Nutrition*. 2002;76:5-56.

Frei M, Siddhuraju P, Becker K. Studies on the in vitro starch digestibility and the glycemic index of six different indigenous rice cultivars from the Philippines. *Food Chemistry*. 2003;83:395-402.

Gagné L. The glycemic index and glycemic load in clinical practice. *Explore: The Journal of Science and Healing*. 2008;4:66-69.

Garcia-Alonso A, GoniI. Effect of processing on potato starch: in vitro availability and glycemic index. *Starch*. 2000;52:81-84.

Gelders G. G, Duyck J. P, Goesaert F, Delcour J. A. Enzyme and acid resistance of amylose-lipid complexes differing in amylose chain length, lipid and complexation temperature. *Carbohydrate Polymers*. 2005;60:379-389.

Geng Z, Zongdao C, Toledo R. Effects of different processing methods on the glycemic index of kudzu starch. *Journal of Chinese Cereals and Oils Association*. 2003;18:5.

Giacco R, Brighenti F, Parillo M, et al. Characteristics of some wheat based foods of the Italian diet in relation to their influence on postprandial glucose metabolism in type 2 diabetic patients. *British Journal of Nutrition*. 2001;85:33-40.

Godet M. C, Tran V, Delagw M. M. Molecular modelling of the specific interactions in amylose complexation by fatty acids. *International Journal of Biological Macromolecules*. 1993;15:11-16.

Goni I, Garcia-Alonso A, Saura-Calixto F. A starch hydrolysis procedure to estimate glycemic index. *Nutrition Research*. 1997;17:427-437.

Gray G. M. Starch digestion and absorption in nonruminants. *Journal of Nutrition*. 1992;122:172-177.

Guha M, Ali S. Z, Bhattacharya S. Twin-screw extrusion of rice flour without die: effect of barrel temperature and screw speed on extrusion and extrudate characteristics. *Journal of Food Engineering*. 1997; 32:

251-267.

Gularte M. A, Rosell C. M. Physicochemical properties and enzymatic hydrolysis of different starches in the presence of hydrocolloids. *Carbohydrate Polymers*. 2011;85:237-244.

Hamaker B. R, Bugusu B. A. Overview: sorghum proteins and food quality. In: *Paper Presented at: Workshop on the Proteins of Sorghum and Millets: Enhancing Nutritional and Functional Properties for Africa (CD), Pretoria, South Africa*. 2003.

Han J. -A, BeMiller J. N. Preparation and physical properties of slowly digesting modified food starches. *Carbohydrate Polymers*. 2007;67:366-374.

He Q, Lv Y, Yao K. Effects of tea polyphenols on the activities of R-amylase, pepsin, trypsin and lipase. *Food Chemistry*. 2006;101:1178-1182.

Heacock P. M, Hertzler S. R, Wolf B. W. Fructose prefeeding reduces the glycemic response to a high-glycemic index, starchy food in humans. *Journal of Nutrition*. 2002;132:2601-2604.

Henry C. J. K, Lightowler H. J, Newens K. J, Pata N. The influence of adding fats of varying saturation on the glycaemic response of white bread. *International Journal of Food Sciences and Nutrition*. 2008;59:61-69.

Henry C. J. K, Lightowler H. J, Kendall F. L, Storey M. The impact of the addition of toppings/fillings on the glycaemic response to commonly consumed carbohydrate foods. *European Journal of Clinical Nutrition*. 2006;60:763-769.

Henry C. J, Lightowler H. J, Strik C. M, Storey M. Glycaemic index values for commercially available potatoes in Great Britain. *British Journal of Nutrition*. 2005;94:917-921.

Holm J, Bjorck I, Ostrowska S, Eliasson A, Asp N, Larsson K, Lundquist I. Digestibility of amylose-lipid complexes in vitro and in vivo. *Starch*. 1983;35:294-297.

Holt S. H, Miller J. C, Petocz P, Farmakalidis E. A satiety index of common foods. *European Journal of Clinical Nutrition*. 1995;49:675-690.

Hoover R, Sosulski F. Studies on the functional characteristics and digestibility of starches from *Phaseolus vulgaris* biotypes. *Starch*. 1985;37:181-191.

Hoover R, Zhou Y. In vitro and in vivo hydrolysis of legume starches by α-amylase and resistant starch formation in legumes— a review. *Carbohydrate Polymers*. 2003;54:401-417.

Hughes J. C, Faulks R. M, Grant A. Texture of cooked potatoes. relationship between compressive strength, pectic substances and cell size of redskin tubers of different maturity. *Potato Research*. 1975;18:495-514.

Hughes J. C, Faulks R. M, Grant A. Texture of cooked potatoes: relationship between the compressive strength of cooked potato disks and release of pectic substances. *Journal of the Science of Food and Agriculture*. 1975;26:731-738.

International Standards Organisation ISO 26642. *Food Products—Determination of the Glycemic Index (GI) and Recommendation for Food Classification*. International Standards Organisation; 2010.

Jenkins D. J. A, Thorne M. J, Wolever T. M. S, Jenkins A. L, Rao A. V, Thompson L. U. The effect of starch-protein interaction in wheat on the glycemic response and rate of in vitro digestion. *American Journal of Clinical Nutrition*. 1987;45:946-951.

Jenkins D. J. A, Wolever T. M. S, Taylor R. H, et al. Rate of digestion and postprandial glycemia of foods in normal and diabetic subjects. *British Medical Journal*. 1980;281:14-17.

Johansen H. N, Knudsen K. E. B, Sandström B, Skjøth F. Effects of varying content of soluble dietary fibre from wheat flour and oat milling fractions on gastric emptying in pigs. *British Journal of Nutrition*. 1996;75:339-351.

Kaur L, Singh J. The role of galactomannan seed gums in diet and health—a review. In: Govil J. N, Singh V. K, eds. Govil J. N, Singh V. K, eds. *Recent Progress in Medicinal Plants. Standardization of Herbal/*

Ayurvedic Formulations. vol. 24. Houston, TX: Stadium Press LLC; 2009:429-467.

Kaur L, Singh J, Singh H, McCarthy O. J. Starch-Cassia gum interactions: a microstructure-rheology study. *Food Chemistry*. 2008;111:1-10.

Kim E. H. -J, Petrie J. R, MotoiL. M, Morgenstern M. P, Sutton K. V, Mishra S, Simmons L. D. Effect of structural and physicochemical characteristics of the protein matrix in pasta on in vitro starch digestibility. *Food Biophysics*. 2008;3:229-234.

Kingman S. M, Englyst H. M. The influence of food preparation methods on the in vitro digestibility of starch in potatoes. *Food Chemistry*. 1994;49:181-186.

Koh L. W, Kasapis S, Lim K. M, Foo C. W. Structural enhancement leading to retardation of in vitro digestion of rice dough in the presence of alginate. *Food Hydrocolloids*. 2009;23:1458-1464.

KurikiT, Imanka I. The concept of the α-amylase family: structural similarity and common catalytic mechanism. *Journal of Biosciences and Bioengineering*. 1999;87:557-565.

Lajolo F. M, Genovese M. I. Nutritional significance of lectins and enzyme inhibitors from legumes. *Journal of Agricultural and Food Chemistry*. 2002;50:6592-6598.

Lehmann U, Robin F. Slowly digestible starch—its structure and health implications: a review. *Trends in Food Science and Technology*. 2007;18:346-355.

Lightowler H. J, Henry C. J. K. Glycemic response of mashed potato containing high-viscosity hydroxypropylmethyl cellulose. *Nutrition Research*. 2009;29:551-557.

Ludwig D. S. Clinical update: the low-glycaemic-index diet. *The Lancet*. 2007;369:890-892.

Marciani L, Gowland P. A, Spiller R. C, Manoj P. R, Moore R. J, Young P, Al-Sahab S, Bush D, Wright J, Fillery-Travis A. J. Gastric response to increased meal viscosity assessed by echo-planar magnetic resonance imaging in humans. *Journal of Nutrition*. 2000;130:122-127.

McDougall G. J, Shpiro F, Dobson P, Smith P, Blake A, Stewart D. Different polyphenolic components of soft fruits inhibit alphaamylase and alpha-glucosidase. *Journal of Agricultural and Food Chemistry*. 2005;53:2760-2766.

Mishra S, Monro J, Hedderley D. Effect of processing on slowly digestible starch and resistant starch in potato. *Starch*. 2008;60:500-507.

Nagano T, Tamaki E, Funami T. Influence of guar gum on granule morphologies and rheological properties of maize starch. *Carbohydrate Polymers*. 2008;72:95-101.

Najjar N, Adra N, Hwalla N. Glycemic and insulinemic responses to hot versus cooled potato in males with varied insulin sensitivity. *Nutrition Research*. 2004;24:993-1004.

Nayak B, Berrios J. de J, Tang J. Impact of food processing on the glycemic index (GI) of potato products. *Food Research International*. 2014;56:35-46.

Oria M. P, Hamaker B. R, Shull J. M. In vitro protein digestibility of developing and mature sorghum grain in relation to a-, b-and g-kafirin disulfide crosslinking. *Journal of Cereal Science*. 1995;22:85-93.

Raben A, Andersen K, Karberg M. A, Holst J. J, Astrup A. Acetylation of or beta-cyclodextrin addition to potato starch: beneficial effect on glucose metabolism and appetite sensations. *American Journal of Clinical Nutrition*. 1997;66:304-314.

Ramdath D. D, Padhi P, Hawke A, Sivaramalingam T, Tsao R. The glycemic index of pigmented potatoes is related to their polyphenol content. *Food and Function*. 2014;5:909-915.

Raven P. H, Evert R. F, Eichhorn S. E. *Biology of Plants*. seventh ed. New York: W. H. Freeman and Company; 2005.

Rehman Z. -U, Shah W. R. Thermal heat processing effects on antinutrients, protein and starch digestibility of food legumes. *Food Chemistry*. 2005;91:327-331.

Riccardi G, Rivellese A. A, Giacco R. Role of glycemic index and glycemic load in the healthy state, in prediabetes, and in diabetes. *American Journal of Clinical Nutrition*. 2008;87(Suppl. 1):269S-274S.

Rooney L. W, P flugfelder R. L. Factors affecting starch digestibility with special emphasis on sorghum and corn. *Journal of Animal Science*. 1986;63:1607-1623.

Roopa S, Premavalli K. S. Effect of processing on starch fractions in different varieties of finger millet. *Food Chemistry*. 2008;106:875-882.

Seligman S. A, Copeland L, Appels R, Morell M. K. Analysis of lipid binding to starch. In: O'Brien L, Blakeney A. B, Ross A. S, Wrigley C. W, eds. *Cereals*. North Melbourne, Australia: Royal Australian Chemical Institute; 1998:87-90.

Singh J, Dartois A, Kaur L. Starch digestibility in food matrix: a review. *Trends in Food Science and Technology*. 2010;21:168-180.

Singh J, Kaur L, McCarthy O. J. Factors influencing the physico-chemical, morphological, thermal and rheological properties of some chemically modified starches for food applications—a review. *Food Hydrocolloids*. 2007;21:1-22.

Singh J, Kaur L, McCarthy O. J. Potato starch and its modification. In: Singh J, Kaur L, eds. *Advances in Potato Chemistry and Technology*. USA: Elsevier Academic Press; 2009:273-318.

Singh J, Kaur L, Singh H. Food microstructure and starch digestion. In: Henry J, ed. Henry J, ed. *Advances in Food and Nutrition Research*. vol. 70. Academic Press; 2013:137-179.

Singh J, Kaur L, McCarthy O. J, Moughan P. J, Singh H. Rheological and textural characteristics of raw and par-cooked Taewa (Maori potatoes) of New Zealand. *Journal of Texture Studies*. 2008;39:210-230.

Singh J, Kaur L, McCarthy O. J, Moughan P. J, Singh H. Development and characterization of extruded snacks from New Zealand Taewa (Maori potato) flours. *Food Research International*. 2009;42:666-673.

Singh J, McCarthy O. J, Singh H, Moughan P. J. Low temperature post-harvest storage of New Zealand Taewa (Maori potato): effects on starch physico-chemical and functional characteristics. *Food Chemistry*. 2008;106:583-596.

Singh N, Kaur L, Ezekiel R, Gurraya H. S. Microstructural, cooking and textural characteristics of potato (*Solanum tuberosum* L.) tubers in relation to physico-chemical and functional properties of their flours. *Journal of the Science of Food and Agriculture*. 2005;85:1275-1284.

Singh N, Kaur L, Singh J. Relationships between various physicochemical, thermal and rheological properties of starches separated from different potato cultivars. *Journal of the Science of Food and Agriculture*. 2004;84:714-720.

Slaughter S. L, Ellis P. R, Jackson E. C, Butterworth P. J. The effect of guar galactomannan and water availability during hydrothermal processing on the hydrolysis of starch catalysed by pancreatic α-amylase. *Biochimica et Biophysica Acta*. 2002;1571:55-63.

Smith M. E, Morton D. G. *The Digestive System*. Edinburgh: Churchill Livingstone; 2001.

Snow P, O'Dea K. Factors affecting the rate of hydrolysis of starch in food. *American Journal of Clinical Nutrition*. 1981;34:2721-2727.

Soh N. L, Brand-Miller J. The glycaemic index of potatoes: the effect of variety, cooking method and maturity. *European Journal of Clinical Nutrition*. 1999;53:249-254.

Tahvonen R, Hietanen R. M, Sihvonen J, Salmine E. Influence of different processing methods on the glycemic index of potato (Nicola). *Journal of Food Composition and Analysis*. 2006;19:372-378.

Tester R. F, Karkalas J, Qi X. Starch structure and digestibility enzyme-substrate relationship. *World's Poultry Science Journal*. 2004;60:186-195.

Timothy C, Crowe C, Seligman S. A, Copeland L. Inhibition of enzymic digestion of amylose by free fatty acids in vitro contributes to resistant starch formation. *Journal of Nutrition*. 2000;130:2006-2008.

US Department of Agriculture. Agricultural Research Service. USDA National Nutrient Database for Standard Reference. 2002 Release 15, 2002. Nutrient Data Laboratory Home Page. http://www. nal. usda. gov/fnic/foodcomp (accessed 30. 05. 04.).

Uribe S, Sampedro J. G. Measuring solution viscosity and its effect on enzyme activity. *Biological Procedures Online*. 2003;5:108-115.

Vaaler S, Hanssen K. E, Aagenaes O. The effect of cooking upon the blood glucose response to ingested carrots and potatoes. *Diabetes Care*. 1984;7:221-223.

van Marle J. T, Clerkx A. C. M, Boekestein A. Cryo-scanning electron microscopy investigation of the texture of cooked potatoes. *Food Structure*. 1992;11:209-216.

van Marle J. T, Recourt K, van Dijk C, Schols H. A, Voragen A. G. J. Structural features of cell walls from potato (*Solanum tuberosum* L.) cultivars Irene and Nicola. *Journal of Agriculture and Food Chemistry*. 1997;45:1686-1693.

Waldron K. W, Smith A. C, Parr A. J, Ng A, Parker M. L. New approaches to understanding and controlling cell separation in relation to fruit and vegetable texture. *Trends in Food Science and Technology*. 1997;8:213-220.

Williams P. A, Phillips G. O. Gums: properties of individual gums. In: Caballero B, et al. , ed. *Encyclopedia of Food Sciences and Nutrition*. San Diego: Academic; 2003:2992-3001.

Wolever T. M. S, Cohen Z, Thompson L. U, Thorne M. J, Jenkins M. J. A, Prokipchuk E. J, Jenkins D. J. A. Ileal loss of available carbohydrate in man: comparison of a breath hydrogen method with direct measurement using a human ileostomy model. *American Journal of Gastroenterology*. 1986;81:115-122.

Wong J. H, Lau T, Cai N, Singh J, Pedersen J. F, Vensel W. H, Hurkman W. J, Wilson J. D, Lemaux P. G, Buchanan B. B. Digestibili of protein and starch from sorghum (*Sorghum bicolor*) is linked to biochemical and structural features of grain endosperm. *Journal of Cereal Science*. 2009;49:73-82.

Wursch P, Delvedovo S, Koellreutter B. Cell structure and starch nature as key determinants of the digestion rate of starch in legume. *American Journal of Clinical Nutrition*. 1986;43:25-29.

Xavier F, Sunyer P. Glycemic index and disease. *American Journal of Clinical Nutrition*. 2002;76(Suppl. 1):290S-298S.

Yook C, Robyt J. F. Reactions of alpha amylases with starch granules in aqueous suspension giving products in solution and in a minimum amount of water giving products inside the granule. *Carbohydrate Research*. 2002;337:1113-1117.

Yoon J. H, Thompson L. U, Jenkins D. J. A. The effect of phytic acid on in vitro rate of starch digestibility and blood glucose response. *American Journal of Clinical Nutrition*. 1983;38:835-842.

Zhang J, Wang Z. -W, Shi X. -M. Effect of microwave heat/moisture treatment on physicochemical properties of *Canna ed ulis* Ker starch. *Journal of the Science of Food and Agriculture*. 2009;89:653-664.

Zhou Z, Robards K, Helliwell S, Blanchard C. Effect of the addition of fatty acids on rice starch properties. *Food Research International*. 2007;40:209-214.

Zobel H. F. Molecules to granules: a comprehensive starch review. *Starch*. 1988;40:44-50.

14 马铃薯的热处理

María Dolores Álvarez Torres, Wenceslao Canet Parreño

Department of Characterization, Quality, and Safety, Institute of Food Science, Technology and Nutrition (ICTAN-CSIC), Madrid, Spain

14.1 引言

马铃薯是当今世界上主要的粮食作物之一。在不同土壤和气候条件下，马铃薯可以以相对低廉的成本获得高产，它是世界上许多地区人们饮食的主要组成部分。

2013 年，欧盟 28 个国家（EU28）的马铃薯总产量达到 6333.1 万 t，种植面积为 174.8 万 hm^2，单产 362.2（$100kg/hm^2$）（欧盟统计局，2013）。因此，马铃薯加工和马铃薯产品在整个欧洲广受欢迎和接受。图 14.1 显示了 2013 年欧盟（28 个国家）加工马铃薯的产量和对外贸易情况。主要产品是冷冻马铃薯，包括预炸马铃薯，共 4385214t；其次是加工马铃薯或制成薯片和薯条保存的马铃薯，共 180 万 t；冷冻马铃薯，生鲜、蒸煮或水煮，共 399090t；马铃薯干制品，以马铃薯粉、马铃薯粗粉、马铃薯雪花粉、马铃薯颗粒粉和马铃薯小球的形式加工的，无论是未切制的，或切成薄片但未进一步加工的，共 398003t；以马铃薯粉、马铃薯粗粉或马铃薯雪花粉形式加工或保存的马铃薯（不包括冷冻、干燥、用醋或醋酸制成的薯片），共 119911t（欧盟统计局，2013）。马铃薯冷冻制品占加工马铃薯总量的 67.36%以上，薯片占 25.34%，马铃薯干制品占 5.60%，以马铃薯粉、马铃薯粗粉或马铃薯雪花粉形式存在的其他产品占 1.69%。2013 年欧盟（28 个国家）加工马铃薯的产品销售量总出口量及总进口量见图 14.1。Alvarez and Canet（2009）将 2013 年欧洲市场（欧盟

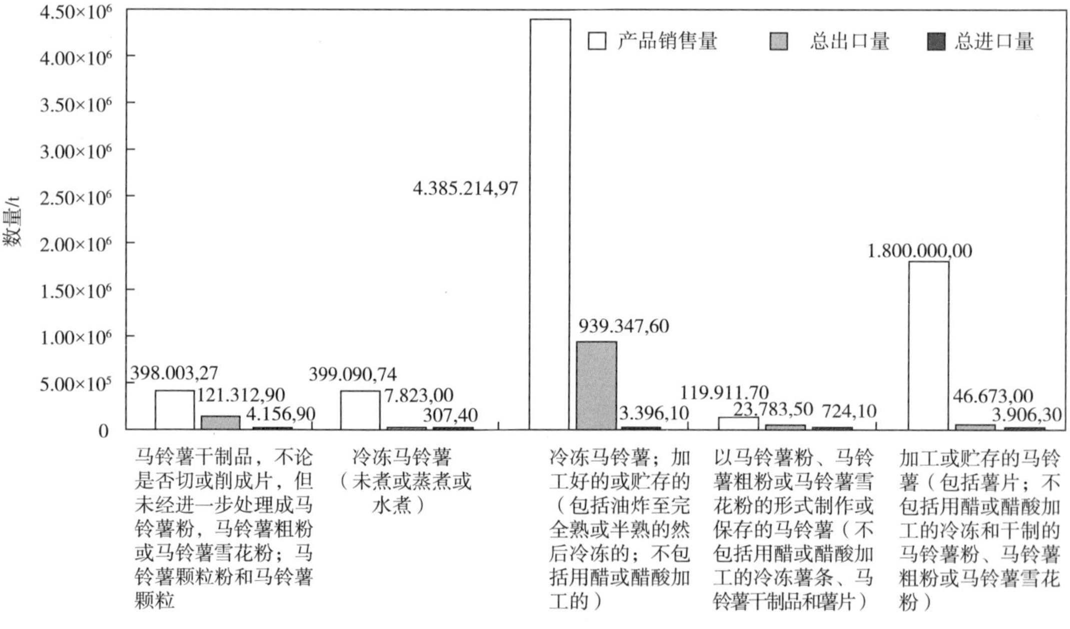

图 14.1 2013 年欧盟（28 个国家）加工马铃薯的产品销售量总出口量及总进口量

（数据来源：欧盟统计局，2013）

28 个国家）的加工马铃薯生产数据与 2005 年的数据（EU25）进行了比较，脱水马铃薯增加了 32.9%，冷冻马铃薯增加了 40%，薯片增加了 9.2%，马铃薯粉、马铃薯粗粉或马铃薯雪花粉等其他产品下降了 43%。将 2013 年欧洲进出口贸易（欧盟 28 国）的数据与 2005 年的数据（欧盟 25 国）进行比较，发现加工马铃薯的出口量和进口量分别大幅下降至 28%和 2.5%。

任何食物，不论是否冷冻，只要符合以下要求，即被认为是优质食品：必须完全不含对人体有害的病原体和化合物（卫生和健康品质）；必须易于消化，具有良好的营养价值，意味着维生素、宏量营养素和矿物质的含量高，以及适当的热量（营养品质）；其感官属性、外观、风味、香气和质地必须是稳定的，冷冻产品要尽可能与新鲜产品相接近（感官品质）；以及产品的外观和加工方法必须符合消费者的喜好（商业品质）（Canet et al.，2011）。

蔬菜采收后立即冷冻可以保证其对消费者营养价值的损失最小，维生素 C 含量比其他任何形式的保存和分发都要高。此外，如果在冷冻前处理得当，并正确加工和分装，就不会有微生物污染物生长的可能性，这也保证了卫生和健康品质。

马铃薯块茎的品质不仅取决于遗传、气候、生物、化学、土壤因素，还取决于品种特性、降水、温度和日照条件、与其他植物的竞争情况、化学药品的使用以及土壤的物理、化学和生物特性，这些因素影响作物吸收所必需的水分和养分的能力，从而确保作物成功生长。

优质马铃薯产品的生产取决于块茎原有的品质、采收和加工之间的条件和时间间隔、以及清洗、削皮、整理和切割等准备操作；对于冷冻马铃薯产品，其品质取决于如漂烫或预炸的预冷冻处理、冷冻过程、贮存温度和时间以及冷冻贮存的耐受性；还有最后的准备程序，如煮沸、烹饪或微波炉加热。正是这组被称为产品—加工（P-P）因素，以及它们之间最佳相互作用的实现，定义了品质。不利的贮存时间和温度，即时间—温度—耐受性（T-T-T）因素，会明显降低品质。影响马铃薯品质的因素很多，首先优化最终品质非常困难，其次评估和量化贮存过程中品质的损失也非常困难。

冷冻蔬菜中的卫生品质、营养品质和感官品质如颜色和质地等方面可以被客观地评估和控制；同样的，在冷冻马铃薯产品中，由于热处理影响质地、颜色和营养价值，因此必须对热处理过程的效果进行评估。然而，在感官品质的整体评估中，只有消费者能够感知和处理整体感官品质，并导致消费者偏爱、接受或拒绝产品。

鉴于冷冻马铃薯产品的重要性与日俱增，在处理了与加工和质量有关的原料成分、工艺产品因素和加工品种的适宜性以及原材料和加工材料的质量评估之后，我们回顾了马铃薯的最终质量是如何受到洗涤、削皮和切割等准备操作影响的。在这里，我们着重强调热处理过程中所涉及的方法，即漂烫和预炸、逐步漂烫、冷冻和解冻循环、冷冻贮存条件、解冻、烹饪，其影响马铃薯结构和质地（这被认为是马铃薯品质的主要特性），并影响其优化方法。

14.2 产品与产品质量

制备冷冻马铃薯产品所用的原材料是影响最终产品质量和营养价值的一个重要因素。产品的加工适宜性取决于其成分、农业技术做法和条件、品种（栽培品种）以及成熟度和收获后至加工时间之间的长短等技术因素。

14.2.1 成分

前一节中简要提到的产品因素构成了一个重要的研究领域，因为这些因素对马铃薯产品的最终质量有着相当大的影响，其他章节对这一话题进行了全面的论述，这里只讨论与冷冻马铃薯产品质量相关的问题。目前，对马铃薯成分有一个广泛的研究，这些成分取决于品种、种植面积、栽培方法、贮藏历史和所用的分析方法。

冷冻马铃薯产品的主要成分是淀粉、糖、非淀粉多糖、酚及相关物质。淀粉占马铃薯块茎干重的65%~80%，是马铃薯块茎最重要的营养成分。淀粉在薄壁组织细胞内呈微小的椭球状颗粒，纵轴上平均长约100×60μm。最大的淀粉颗粒出现在维管区域，淀粉颗粒尺寸小是因为气候干旱、块茎小、成熟度不够、缺钾、采摘后贮藏时间长。马铃薯的淀粉颗粒大小和分布决定了马铃薯产品的质量。淀粉含量是公认的品种特性。当马铃薯组织的温度上升到50℃时，淀粉颗粒吸收细胞水分并膨胀；在64~71℃范围内，淀粉开始糊化，细胞趋向于分裂并变圆。过度的细胞分裂会导致细胞脱落，这一趋势不仅在马铃薯的烹饪过程中很重要，而且在使用烫漂和碱液热烫去皮的商业去皮方法中也很重要，在加工过的马铃薯产品中，细胞过度破裂和溢出的胶凝淀粉会产生胶状结构。淀粉细胞和细胞壁成分，尤其是果胶物质，在决定冷冻马铃薯产品的最终质地方面起着非常重要的作用，后面将进行讨论。

影响马铃薯采后贮藏含糖量的主要因素是品种和温度：相对密度低的品种比相对密度高的品种更容易积累糖，新鲜成熟的块茎可能只含有微量的糖，而成熟前收获的块茎可能含有1.5%的糖，小块茎通常比大块茎含糖量高。在低于10℃的贮藏温度下，总糖和还原糖增加，温度越低，其增长速率越快，直至温度下降至冰点。马铃薯块茎在低温贮藏和高温恢复过程中其含糖量在3~4周内逐渐降低，淀粉含量逐渐增加。烹饪后质地变差与低淀粉和高糖含量有关。马铃薯含有超过2%的还原糖（干重）是不能加工的。通常做法是，将糖分累积较慢的马铃薯贮藏起来，在其含糖量水平较低且未发芽的情况下进行加工，或在室温下（2~3周）贮藏马铃薯块茎，或在10℃下冷藏保存。

马铃薯含有非淀粉多糖，它构成了细胞壁和细胞间的胶结物质，其中我们可以区分粗纤维、纤维素、果胶物质、半纤维素和其他多糖。粗纤维（干重的1%）通常认为是除去所有可溶性淀粉和含氮成分后的干物质（DM），其中包括细胞壁成分、木质素和木栓质。纤维素是细胞壁支撑膜的一部分，是葡萄糖残基的高分子质量聚合物与半纤维素和其他多糖（非淀粉马铃薯多糖的10%~20%）的混合物。

果胶物质是半乳糖醛酸的聚合物，其羧基或多或少被甲基化，通常分为原果胶、可溶性果胶和果胶酸。原果胶是一种与细胞壁结构有关的不溶性的、高度聚合的果胶。水溶性果胶是原果胶部分解聚的产物。新鲜收获的马铃薯原果胶含量较高，在贮藏期间，原果胶含量降低，可溶性果胶含量增加。马铃薯组织中层的胶结物质是以钙、镁盐形式存在的果胶酸。在马铃薯产品质地的形成过程中，糊化淀粉的膨胀是引起细胞变圆和分裂的主要因素，这是一种与胞间层和细胞壁中果胶物质的分子大小和钙含量相反的趋势。在70℃下加热，会使胞间层的果胶物质发生变化，而钙的加入则会使煮熟的马铃薯更加坚硬。糊化淀粉的膨胀和果胶物质在细胞壁上的沉淀，这两种机制均是由热处理引起的，是使冷冻马铃薯产品最终质量达到最优的关键。

酚类化合物与生马铃薯的颜色和加工马铃薯产品中的某些颜色变化有关。当马铃薯块茎受到擦伤、切割或削皮的伤害时，酚类化合物被酚酶氧化而迅速转化为黑色素，这取决于酪氨酸的浓度，因为酪氨酸是控制酶促褐变引起的色素沉着程度的最重要因素。用较高浓度的钾处理植物时，植物的酶褐变、酪氨酸和酚酶活性降低。

14.2.2 品种加工的适宜性

用于加工的马铃薯必须符合一定的品质特性，因此，马铃薯品种被开发出来专门用于加工。2014年，由Pieterse和Judd（2014）编写的《世界马铃薯品种目录》（第6版）出版。该目录包含了全世界100多个国家栽培的4500多个马铃薯品种的描述，还包括大约1900种野生马铃薯的描述。如前所述，生化成分，尤其是DM含量、碳水化合物（还原糖和非还原糖）、质地特征和与颜色相关的变化（生肉变色、褐变和烹饪后发黑）是加工的关键质量参数（Kadam et al.，1991）。DM含量是影响马铃薯加工品质的一个重要因素，在实际应用中，它对马铃薯的质地和马铃薯加工的适宜性有着重要的影响。加工薯片和炸薯条对马铃薯品种的具体要求是有中等偏高的DM含量、低还原糖和大而长的椭圆形块茎。对于薯片，高DM含量和低还原糖是必不可少的，因此中等大小的椭圆形块茎是首选。加工马铃薯罐头时对马铃薯的本质要求是适度低的DM含量和小块茎。最后，中等硬度、不会分解的适中粉状马铃薯最适合多用途和家庭食用。

14.2.3 农业技术实践和条件

在生长季节，有许多种植和环境条件对马铃薯的加工品质有很大的影响，例如气候、降雨、灌溉、土壤湿度、土壤类型、种植、收获时间、肥料的种类和用量以及病虫害防治。

影响马铃薯产量的气候因子有温度、光照强度、周期、降雨量和生长季长短。马铃薯是一种“冷凉作物”。温度不仅影响植物对养分的吸收和在植株内部的运输的速率以及呼吸速率，而且也促进马铃薯的早期生长。温度在很大程度上决定了生长期的长短、块茎收获后的成熟度，以及它们的相对密度。低温条件下，呼吸速率小于光合速率，有利于块茎中碳水化合物积累的因素较多，使块茎的相对密度增大。在生长期，低温和中等温度会有利于马铃薯具有较高的产量和较高的相对密度。虽然还涉及温度以外的其他因素，但光照对生长和产量的影响取决于光照强度、质量和日照时长。在马铃薯块茎形成阶段，植株将光合作用产生的大量碳水化合物用于块茎的生长，很少用于植株生长。降雨、灌溉和土壤类型导致的土壤水分差异会影响马铃薯的 DM 含量及其加工品质。对于需水量而言，最关键的时期是块茎膨大初期。在生长期，土壤中应始终提供均匀的水分。当土壤含水量为田间持水量的 60%左右时能获得最佳产量。

由于土壤的保水性、排水性、通气性、结构、温度和肥力不同，种植马铃薯的土壤类型可能会影响其块茎的相对密度。马铃薯植株在有 50% 或更多孔隙或空气空间充足的土壤中生长良好；富含有机质的砂壤土和壤土最适合马铃薯种植。马铃薯适宜的土壤 pH = 5.0~5.5，有利于抑制马铃薯赤疮病的发生，碱性土壤易发马铃薯疮痂病。

马铃薯需要大量的矿物质营养才能最大限度地生长。氮、磷和钾的建议比例为 1∶2∶1、1∶2∶2、2∶3∶3 和 1∶1∶1（Sawant et al.，1991）。高产马铃薯品种的生长发育需要大量的钾，推荐使用硫酸钾（K_2SO_4），因为与氯化钾（KCl）和氧化钾（K_2O）相比，硫酸钾导致相对密度下降的情况较少。微量营养元素也会影响马铃薯的品质和产量，施用 B、Mn 和 Zn 会增加淀粉粒径，而施用碘或钼酸铵则会增加 DM 含量和淀粉含量。

14.2.4 技术因素

马铃薯加工行业需要连续的原料供应，这意味着必须对所使用的品种、种植时间、种植区域、机械收割、运输和搬运进行适当的组织规划，以避免收获后品质迅速下降。

加工会导致马铃薯组织的彻底死亡，所以要加工的马铃薯需要在成熟时收获。蔗糖或化学成熟度监测（Gould，1999a）能够优化收获时间选择，并确定贮藏温度。Stark 等（2003）对生产和贮存期间的品质维护提出了以下建议。

用于薯片生产的马铃薯在收获时的还原糖含量应低于块茎重量的 0.35mg/g FW（或 0.035%）。用于薯条加工的马铃薯块茎应低于 1.2mg/g FW（或 0.12%）。在这两种情况下，蔗糖含量应低于块茎重量的 1.5mg/g FW（或 0.15%）。

如果蔗糖低于规定的水平，就可以进行采收，块茎可以在适合该品种和预期市场的最终保温温度下以常规方式贮存。用于薯片加工的马铃薯通常存放在 10~12.7℃，炸薯条加工的温度为 8.3~10℃，鲜食马铃薯的贮藏温度为 5.5~7.2℃，种子贮藏温度为 2.7~4.4℃。

如果马铃薯块茎从地里收获的时候蔗糖含量超过了规定的水平，那么它们在烹饪之后就会出现颜色问题。贮藏管理者可以参考 Alvarez 和 Canet（2009）所提出的一种基于早期贮藏温度控制的策略。

糖在贮藏过程中的积累通常是因为温度过低、堆放过程中空气供应不足或老化变甜引起的。这些情况通常在质量出现明显下降之前可以通过糖监测来检测。

低温糖化的问题通常可以通过在 12.7~15.5℃进行 2~4 周的升温调整来解决，然后缓慢恢复到所需的温度并保持。

贮存中空气流动不畅也会导致蔗糖含量缓慢上升。早期检测到蔗糖含量的上升这个问题，可以通过增加通风频率或增加通风时长来解决。

经过 5~8 个月的贮藏，在接下来的几个月里蔗糖含量缓慢增加可能是老化变甜的一种迹象。这是一种永久性的状况，而且随着时间的推移只会变得更严重。如果从贮藏室取出的马铃薯样本对再次处理没有反应，那么马铃薯应该尽快上市。关于马铃薯块茎贮藏期间品质更详细的讨论可以在《马铃薯生产系统》（Stark et al.，2003）一书的第 16 章和本书关于马铃薯采后贮藏的章节中找到。

14.2.5 新鲜马铃薯和加工马铃薯的质量评估

只有高营养、高安全性和高感官品质的马铃薯原料才可用于加工。在工厂，加工者可以选择接受或拒绝马铃薯加工原料。该决定是在对每批货物的样品与原料规格进行比对后做出的，原料规格应准确的说明需要什么以及在被拒收前质量可能偏离标准的程度（Arthey，1993）。

马铃薯块茎样品应随机挑选，并能反映整个批次的问题。应评估样品的相对密度，并根据大小和是否存在外部和内部缺陷进行分级。对子样本进行油炸，如果油炸颜色不能达到要求，则应进行还原糖检测，并遵循上述建议制定贮存和最终使用策略。块茎的尺寸对于一定量马铃薯的加工应用非常重要，中—大型的圆马铃薯块茎是薯片行业的较好的选择，因为它们的形状有利于去皮，损失最小。长椭圆形的马铃薯是薯条行业的首选，在所有情况下，尺寸一致性是十分必要的，可以避免加工前需要进行尺寸分级、块茎丢弃或对尺寸大的块茎进行切割。

Gould（1999b）设计并提出了一份马铃薯进货检验报告，包括用于评估生产薯片的马铃薯的质量和等级的方法和用于薯片市场的马铃薯规格。他还引用了美国关于加工用马铃薯等级的标准，包括白马铃薯罐头、冷冻法式炸薯条和冻土豆泥。对于一般的冷冻蔬菜（包括马铃薯产品），Canet 和 Alvarez（2011）引用了行业自身质量控制实验室制定的或公共或私营机构生产的质量指标或规格。

各种各样的方法和仪器用来控制新鲜马铃薯和加工马铃薯的质量。马铃薯加工的关键参数是 DM 含量、还原糖含量、颜色、大小和缺陷。PotatoPro（Potatopro.com）是全球马铃薯产业的在线信息来源，提供了全球马铃薯产业的供应商、制造商、品牌和产品目录。此外，Martin Lishman 是提供所有这些马铃薯质量参数评价设备的生产和经销商。直接测定糖含量的仪器是以葡萄糖氧化酶对马铃薯汁中葡萄糖的作用为基础的，葡萄糖被氧化成葡萄糖酸，邻甲苯胺指示剂根据汁液中葡萄糖的浓度从黄色变为深浅不同的绿色的变化值（Kadam et al.，1991）。这种有效方法，因为测定的葡萄糖和马铃薯产品的颜色之间有很高的相关性。用仪器测量预炸或完成油炸的薯条的颜色的工业标准是 Agtron-E30，这是一种直读反射式滤色分光光度计，设计用于检测产品在近红外和绿色两种光谱模式下的反射率比率。对于薯片，Agtron M 系列配备大面积（26in^2，1in^2 = 6.4516cm^2）反射分光光度计，用于不需要或很少对样品进行前处理的情况下，对不规则食品的颜色和过程相关的变化的测量。与使用比色卡相比，仪器测量的好处在于其客观性，因此，Agtron 设备是满足产品技术参数更好的方法（Agtron，Inc，Reno，NV，USA）。为了控制马铃薯损伤和擦伤，一个模拟马铃薯的无线监控设备（智能定位桩），减少了马铃薯的贮藏病害，并允许用户在几秒钟内看到收获机、堆料机、分级、清洗和包装设施是如何造成马铃薯损坏的。Sensor Wireless 公司生产的 Smart Spud（Sensor Wireless，Inc.，Charlottetown，PEI，Canada）能将马铃薯的碰伤和损坏降低至少 10%，并通过冲击、振动和温度分析来确定损坏发生的位置，从而提高质量控制程序和记录的保存。

质地是决定马铃薯产品质量和适口性的关键因素，一般通过测量产品对作用力的阻力来量化。许多流变学参数可以用来评价马铃薯块茎的坚实度、硬度、柔软性、黏性、断裂性等一系列特性。关于客观测量马铃薯和马铃薯产品质地的方法以及相关的化学和感官参数的文献相当多。由于篇幅所限，这里仅参考被常引用的那些。为了评估冷冻过程中包括诸如烫漂、冷冻、解冻等的各种热处理的影响，Canet（1980）使用 Instron 1140 型食品测试仪（Instron，Norwood，MA，USA）对圆柱形马铃薯样品进行了压缩、剪切和应力松弛实验（cv，Jaerla）（Canet et al.，1982a、b）。Alvarez（1996）描述了马铃薯组织的流变行为并通过压缩、剪切试验（Alvarez et al.，1997、1999；Alvarez et al.，1997、1998a、b）建立了马铃薯组织的柔软度动力学（cv. Monalisa），并使用 Instron 4501 型食品试验仪（Alvarez et al.，1998b；Alvarez et al.，1999）进行蠕变试验（Alvarez et al.，1998）和拉伸试验。此外，使用 TA. HDi 公司质构分析仪（Stable Micro Systems Ltd，Godalming，UK）进行了应力松弛试验和质地剖面分析（TPAs）。一项国际技术规范描述了一种在恒定位移速率下，通过单轴压缩试验测定流变性能的方法［ISO/TS 17996/IDF/RM 205：2006（E）］。它是为硬乳酪和半硬乳酪而设计的，但也完全适用于马铃薯组织。Canet 等（2005c）以圆柱形马铃薯（cv. Kennebec）为样品，进行了单轴压缩试验，优化了低温烫漂来保持马铃薯硬度的方法。

土豆泥、TPA、CP 和反挤压试验也用 TA. HDi 公司质构分析仪进行。在试验过程中，土豆泥通过可控制温度的 Peltier cabinet（XT/PC）保持在 55℃。为了进行 TPAs 实验，将直径为 35mm 的铝制圆柱形探头（P/35）打入直径为 60mm 的不锈钢容器中，容器内装有 50±1g 样品（Alvarez et al.，2009；Fernández et al.，2009a、b；Jiménez et al.，2013）。以 3mm/s 的压缩速度将样品压缩至初始高度的 33%，循环之间的休息时间为 5s。Canet 等（2011）的研究表明，这些条件就是正确模仿了下巴的动作。CP 试验使用了一个覆盖性钻机，包括一个 45°锥形有机玻璃探针（P/45C），该探针能够穿透含有（7±0.1）g 土豆泥的锥形样品架（Alvarez et al.，2005、2009、2011a、2012a、b；Canet et al.，2005b；Fernández et al.，2006）。为了进行反挤压试验，使用了 1 台试验台（Model A/BE，Stable Micro Systems），该试验台由直径为 45mm 的扁平有机玻璃圆盘柱塞组成，该柱塞在内径为 50mm 的有机玻璃圆筒样品架内移动，样品架内可容纳有（50±1）g 土豆泥。产品以 2mm/s 的压缩速率挤出 20mm 的距离（Alvarez et al.，2011a、b，2012a、b，2013a）。

为了更详细地讨论马铃薯产品的质量评估和保证，《食品工业的全面质量保证》（Gould，2001）这本书是必不可少的读物，对于冷冻法式炸薯条，我们特别推荐《蔬菜保存和加工手册》中由 Hui 撰写的第一章（Hui，2004）。

14.3 加工和质量

加工包括从工厂接收产品到最终发货的一系列阶段。第一个阶段主要包括为随后的油炸、干燥、罐装或冷冻而准备产品的一系列初步操作。这些操作包括吹干清洗、清除石块、清洗、检查、选择、分类、削皮，以及根据品种和最终用途进行的切碎和切片。尤其是对于冷冻马铃薯来说，第二个阶段包括烫漂（短时间加热使在冷冻贮存过程中产生异味和风味以及颜色变化的酶系统失活），以及其他预冻处理（在油炸或预干燥前使用加工助剂改善烫漂作用），最后冷却和沥干，以防止冷冻过程中产量和能量的损失。第三阶段和第四阶段分别是冷冻和冷藏。马铃薯产品通常是单独冷冻的，指马铃薯产品单独速冻，然后冷冻贮藏，包装在重量从 400g 到几千克的小包装中直接运送，或散装在聚乙烯内衬托盘箱中，该托盘箱可以容纳几百千克的产品，这有助于提高贮藏空间的利用率（Canet et al.，2000）。

14.3.1 主要预备程序

这些程序的目的是从加工厂收到的新鲜马铃薯中制成一种产品，经加工和冷冻后，消费者只需做很少的最后准备的“即食食品”。为了达到所需的质量标准进行初步原料选择之后，通过振动或空气吹扫来清除不需要的材料（如树叶、外壳等），然后用刷子刷掉泥土、石头和多余的污垢。

14.3.1.1 清洗和削皮

清洗可以清除马铃薯上的污垢和杂质（土壤和废物）、残留的农药以及高达 90%的微生物。有各种类型的清洗器可以使用（旋转和高压喷雾）。通过添加气态氯或次氯酸钠进行的轻度加氯消毒可增强水的清洗作用，防止设备中污泥携带细菌和出现难闻的气味。游离氯含量在 5~10mg/kg 范围内不会对产品风味或设备腐蚀产生不利影响。

去皮是最精细的预处理方法之一，工业上可通过摩擦、高压蒸汽、氢氧化钠溶液处理或机械处理来实现。磨擦是由粗糙的移动表面来完成的，磨擦将产品的外表面去除，但它的缺点是会造成大量原材料损失。蒸汽去皮是将产品加热到高达 80℃，并将其放置在 392~686kPa 的压力下 30 s~3min。氢氧化钠去皮，首先是对产品进行预热，然后根据产品类型，在温度为 60~90℃的 10%~20%溶液中浸泡 1~5min。使用带有红外线加热，可以减少 80%的氢氧化钠溶液消耗，减少 95%的水消耗（Canet et al.，2011）。

14.3.1.2 切割

在清洗和去皮后，根据最终产品的种类和类型，产品可能要进行多种操作程序中的任何一个（如分拣、人工削皮、修整、切割和制浆）。有各种各样的设备，以实现高产量性能。各种切割马铃薯的加工机器可在相关网站中查找（2015，Urschel Laboratories，Inc.）。

图 14.2 描述了 Urschel Laboratories，Inc. 的 dicer 2110® Dicker 的操作。该设备产能高，适用于马铃薯的均匀切丁、切条和切片，可以制作各种宽度（1.6~25.4mm）的扁平条和皱褶条（去掉横切刀主轴或圆形刀主轴），以及最小扁平条，如 3.2mm×3.2mm×产品长度；波纹条，如 7.1mm×7.1mm×产品长度；或最大扁条，如 25.4mm×25.4mm×产品长度。切分刀、圆刀主轴、横切刀主轴用于切丁。通过使用所需的切割主轴和调整切片厚度来改变马

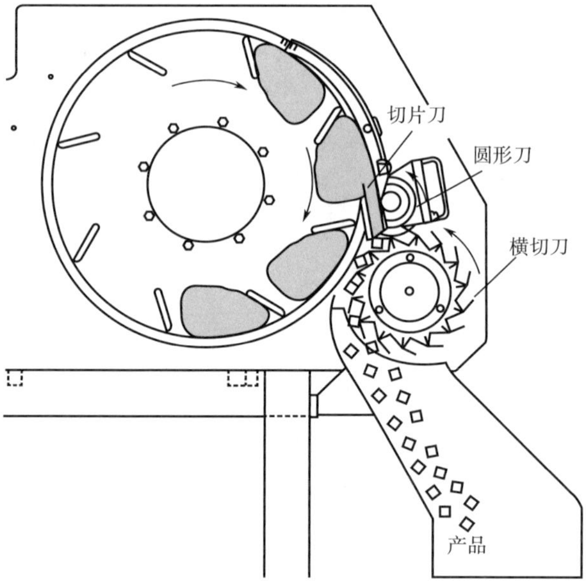

图 14.2 Urschel Laboratories*，Inc 的 Urschel Laboratories DiversaCut 2110 的操作模式图

注：该设备能将各种蔬菜均匀切丁、条状、切片。

（资料来源：匿名 How to cut fruits and vegetable products. Urschel Laboratories，Inc.，Valparaiso，Indiana，USA；已获得许可。）

铃薯丁的大小。另外几种选择包括圆形切刀（3.2~76.2mm）、横切刀（3.2~38.1mm）和横切波纹刀（7.1~15.9mm）。

在准备操作程序之后、烫漂之前，或者在烫漂、冷却和沥干之后立即进行全面检查是有必要的。如果采用人工检查，那么会减少生产线的产量，或者需要大量的人力。现在利用可见光、红外光或X-射线探测器或电视图像的计算机检查系统，有助于提高产量。现在，检查更快、更精确、更经济，而且只有非常小的一部分检查过程是手工的（Canet et al.，2011）。

14.3.2 热处理效果

如上所述，冷冻马铃薯的生产有多个阶段，在此期间产品品质可能会出现很大的损失：冷冻前的初始加工和准备、冷冻过程本身以及冷冻后的冷冻贮藏。例如，众所周知，烫漂会导致营养成分和其他产品品质特性的损失（如质地、风味和颜色）。蔬菜产品冷冻贮藏过程中温度波动会加速再结晶和表面干燥（Alvarez et al.，1998a、2000b）。此外，冷冻的效果取决于组织是否变白。过度烫漂会增加由冷冻造成的冷害，产生的结构变化即使在烹饪后也可以检测到（Canet，1980；Alvarez，1996）。冷冻过程本身会对细胞结构造成损伤，但可以使用更合适的方法来优化品质。Alvarez 等（1997）的研究表明，当马铃薯组织冷冻前在低温（3℃）下较长时间（30min）冷却时，在不同的冷冻速率下，组织的机械强度都有所增加。Laszty 等（1992）报道说，当马铃薯组织经过烫漂后进行冷冻处理，由于细胞壁的损伤，马铃薯组织不再能维持细胞的内外浓度差和压力差。

所有那些在冷冻过程中可能影响最终品质的过程都应该单独考虑，但必须认识到它们之间存在着重要的相互作用。例如，马铃薯长时间低温烫漂（LTLT）（cv. Kennebec），既不需要进一步加工，也不需要提前烹饪或冷冻+烹饪，从测量的压缩参数来看，显著提高了硬度保持率（Canet et al.，2005c）。图 14.3 显示了各种烫漂处理过后未经进一步蒸煮、烫漂处理后煮熟的样品、烫漂后进行冷冻和煮熟的马铃薯样品的流变特性。马铃薯组织 60℃烫漂 60min 后的工程应力仅比原始值增加约 6%［图 14.3（1）］。当烫漂过的组织被煮熟、或冷冻再煮熟时，相对于烫漂过的组织硬度降低。然而，在 60℃下，硬度随着烫漂时间的增加而显著增加。

当 60℃烫漂 60min 的组织被煮熟时，工程应力［图 14.3（2）］增加约为初始值的 270%（相对于未经烫漂的对照品）。当组织在 60℃烫漂 60min 后被冷冻再煮熟［图 14.3（3）］，工程应力与其原始值相比增加约 85%（相对于未经烫漂、直接冷冻再煮熟的对照品）。马铃薯在 60℃烫漂后会形成一种很强的“凝胶”，这在进一步加工后尤其明显。这一结果表明，考虑冷冻马铃薯生产过程中的所有不同阶段，以确定 LTLT 对其质地的影响是很重要的。

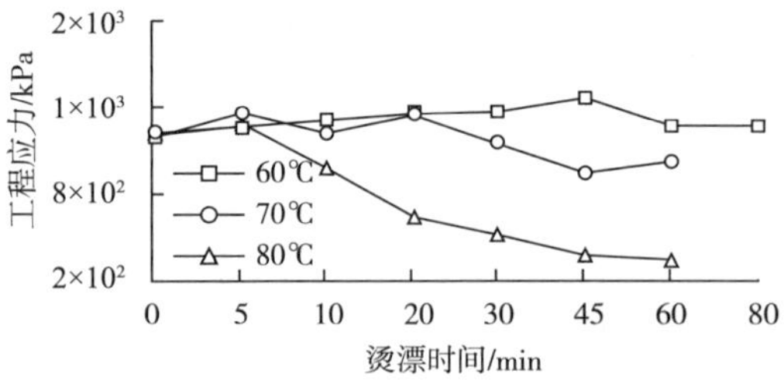

（1）烫漂马铃薯样品的工程应力

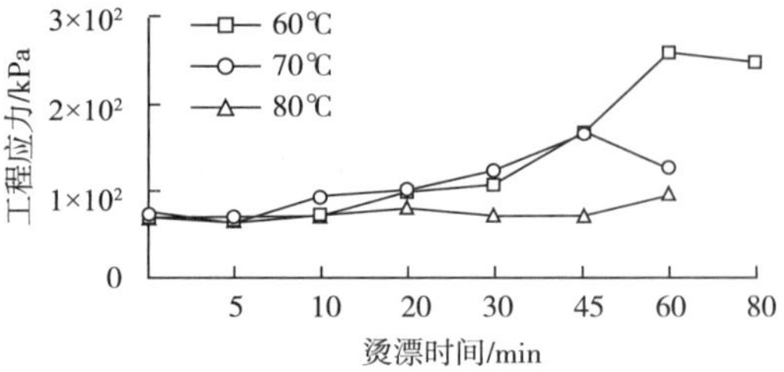

（2）烫漂后煮熟马铃薯样品的工程应力

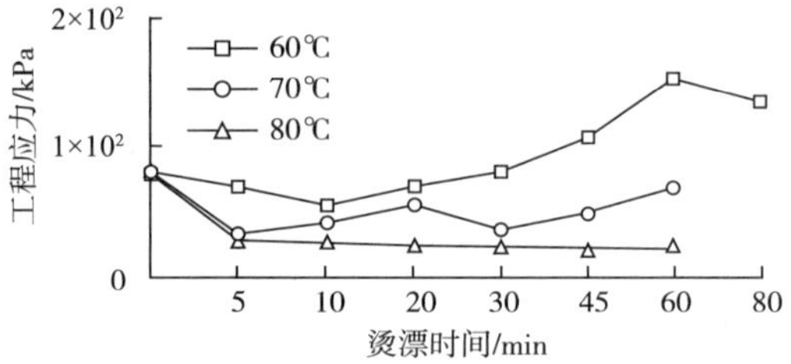

（3）烫漂后先冷冻再煮熟马铃薯样品的工程应力

图 14.3 低温烫漂对马铃薯样品工程应力的影响

14.3.2.1 烫漂和/或干燥方法

烫漂是一种常用于各种蔬菜保鲜处理的热处理方法，在冷冻过程中尤其重要，它对品质也有很大影响（Canet et al.，2011）。加热产品通常是在 85～100℃的水中短暂浸泡或在 100℃下蒸煮。主要目的是灭活在贮藏期间引起感官品质（异味）和营养价值（维生素损失）变化的酶。影响加工时间的主要因素是烫漂温度。烫漂过程中氧化酶、过氧化物酶、过氧化氢酶和脂肪酶都被破坏，由于过氧化物酶的高耐热，因此通常通过测量过氧化物酶活性来监测烫漂效果（Canet，1989）。

一些作者研究了在 60℃、65℃、70℃、75℃、80℃、90℃、100℃温度下进行低温烫漂（low-temperature blanching，LTB），处理时长 1h（Abu-Ghannam et al.，2006），以提高全新马铃薯块茎与结构有关的品质（在本例中为硬度）的可能性。测定了全新马铃薯的果胶甲基酯酶（pectin methylesterase，PME）最佳活性 2.92μmol/(min·g) 是在 65℃温度下处理 15min 。处理方法是在 90℃或 100℃的恒温控制水浴中浸泡 25min，在 65℃或 75℃下烫漂 15min 或未经烫漂 15min。在 65℃烫漂过的马铃薯硬度显著高于 95℃或 100℃下烫漂过的马铃薯硬度（$P<0.05$）。

蒸汽蒸煮前甘薯的 LTB 也显示出组织硬度和细胞壁强化显著增加（He et al.，2014）。60℃水烫漂 30min 后，PME 活性下降 87.8%，相同条件下，多聚半乳糖醛酸酶和 β-淀粉酶活性分别下降 69.4%和 7.44%。PME 和 β-淀粉酶都在组织硬度中起重要作用。

LTLT 烫漂可作为冷冻、脱水、罐装、杀菌和干燥等各种加工操作前的热预处理。马铃薯是最受欢迎的用作零食的脱水蔬菜之一。Huang 和 Zhang（2012）综述了马铃薯脱水零食的生产进展，并对今后的研究提出了建议。

针对不同的马铃薯加工工艺，文献给出了不同的最佳烫漂条件。研究发现，在200℃油炸4min前进行LTB处理，可以改善炸薯条的质地，这表明PME对果胶物质产生的变化做出了更强的细胞间反应（Aguilera，1997）。

Pedreschi和Moyano（2005）研究了预干燥对薯片质地和油脂吸收的影响。烫漂后，将薯片在60℃下风干，直到最终含水量达到60%（以湿重计［wb］）。以烫漂薯片为对照，预干燥显著降低油炸后薯片的吸油率，并显著提高油炸后薯片的脆度。

在目前的冷冻法式炸薯条生产实践中，要想从烫漂机中获得薯条的目标质地，就需要生产线操作人员在反复试验的基础上进行“试吃”来加以评估。Liu和Scanlon（2007）提出了一种薯条受烫漂条件（温度和时间）的影响其力学性能方面质构变化的定量描述方法。从每个分选的块茎的中央平面上切下薯条，在62.8~90.6℃的蒸锅中烫漂2~20min。使用压痕法对烫漂的薯条进行了质地评估。作者发现，在较低的温度（小于74℃）下，烫漂时间对烫漂薯条的质地影响不大。然而，在较高的温度（74℃及以上）下，随着温度和时间的增加，质地逐渐变软。

为了响应食品质量和安全要求，开发了SAFES（食品工程系统的系统方法）方法来精确描述和量化发生在整个食品加工操作中所涉及的变化（Barrera et al.，2007）。SAFES方法在炸薯条生产中的应用已被证明是一种有用的工具，可以用来描述由水和油含量、淀粉的体积和聚集状态的定量变化所产生的一些质地属性。这项研究还表明，在某些知识领域需要获得更多信息，如催化、氧化的酶的失活速率和烫漂过程中还原碳水化合物的提取率方面。

由于具有健康意识的消费者的需求日益增加，人们更加重视研究替代传统油炸食品的技术，以生产包括薯片在内的健康友好的零食产品。如果低压过热蒸汽干燥（LPSSD）与适当的预干燥处理相结合，被证明具有生产无脂肪薯片的潜力（Pimpaporn et al.，2007）。从干燥性能和干燥产品质量来看，90℃下LPSSD与烫漂和冷冻联合预处理被认为是最有利于薯片干燥的组合。

2002年4月，瑞典研究人员宣布他们在许多不同的食品中检测到丙烯酰胺，这一消息在世界各地引发了大量的科学出版物的报道。Masson等（2007）综述了在油炸、烘焙、烤和挤压等工业操作中热处理的食品中丙烯酰胺的产生情况，并考虑了马铃薯预处理的应用，如清洗、烫漂和酸溶液浸泡。特别强调了常压油炸和真空油炸的区别，以及通过普通食品摄入丙烯酰胺相关的健康风险。还讨论了预干燥薯片在油炸过程中的颜色形成和最终薯片中丙烯酰胺的形成（Pedreschi et al.，2007a）。在180℃油炸时，预干燥的薯片比对照样品的丙烯酰胺含量低44%。Pedreschi等（2007b）采用一阶动力学方法研究了烫漂和烫漂-NaCl浸渍薯片在油炸过程中的显色动力学，并评估了NaCl对降低薯片中丙烯酰胺生成的影响。

一种通过基因工程降低丙烯酰胺含量的马铃薯已被批准在美国进行商业种植。马铃薯的 DNA 已经被改变了，这样在油炸马铃薯时产生的丙烯酰胺更少，这种新鲜马铃薯还可以抵抗擦伤，避免在收获、运输或贮藏过程中的损失。这种转基因块茎是由 J. R. Simplot Co. 开发的。这种马铃薯是新一波转基因作物中的一种，旨在造福消费者，而不仅仅是农民。一些消费者质疑转基因作物的安全性，并要求用转基因作物制成的食品贴上标签。现在的问题是，这些马铃薯是否会被食品公司和连锁餐厅采用。转基因马铃薯曾经失败过一次。20 世纪 90 年代末，孟山都公司开始销售转基因马铃薯，以抵抗科罗拉多州的马铃薯甲虫，但由于马铃薯大客户担心消费者会抵制，要求农民不要种植该品种后，市场崩溃了。但这一次的情况可能会有所不同，因为辛普劳（Simplot）公司的这种被称为“天然马铃薯”的这个产品不像许多其他生物技术作物一样，它不包含来自其他物种的基因，比如细菌，而且有望给消费者带来潜在的健康益处。代表马铃薯种植者的美国国家马铃薯委员会（U. S. National Potato Council）对这项批准表示欢迎，尽管有保留意见。种植者希望获得新技术，但他们担心那些尚未批准转基因马铃薯品种的国家会禁止出口（Polak，2014）。

14. 3. 2. 2 逐步烫漂与 PME 活性

减轻烫漂对质地负面影响的方法之一是采用逐步烫漂。以往的研究包括逐步烫漂，研究了温度和时间变量对马铃薯 PME 活性和质地变化的影响（Canet et al.，1982b；Alvarez et al.，1999；Alvarez et al.，1999b）。文献中给出了不同马铃薯加工操作和不同马铃薯品种的最佳烫漂条件。Brown 和 Morales（1970）建议在油炸前，第一步将马铃薯在 80℃ 烫漂 15min，第二步 95℃ 烫漂 1min。Canet 等（1982b）比较了圆柱形马铃薯样品在沸点（97℃，2min）的烫漂，同时包括第一步烫漂（80℃，6min）和 50℃、60℃ 和 70℃ 时的逐步烫漂，然后冷却，并在沸点（97℃，2min）下进行第二步烫漂。他们得出的结论是，逐步烫漂包括 LTLT 预处理（70℃，10~15min），然后冷却和高温短时烫漂（97℃）（HTST）可减少对组织结构的损伤。这种逐步烫漂使马铃薯品种 Jaerla（Canet et al.，1982b）、Monalisa（Alvarez，1996；Alvarez et al.，1999b；Alvarez et al.，1999）和 Kennebec（Canet et al.，2005c），包括冷冻和最终制备（Canet et al.，1982a、2005c；Canet et al.，1984）的最终产品质地有了显著改善（Canet et al.，1982a、2005c；Canet et al.，1984；Alvarez et al.，1999b；Alvarez et al.，1999）。

文献（Andersson et al.，1994）中提出了几种理论来解释马铃薯的这种紧实效应：淀粉的回生、直链淀粉的浸出以及 PME 酶激活后中间薄片和细胞壁的稳定，这种酶的作用是将果胶多糖链的羧甲基基团脱甲基。减少甲基化的程度反过来又可能引起与质地和硬度有关的各种过程，如 Ca^{2+} 离子交联、增加去甲基化位点的水合作用、降低对热诱导 β-降解果胶的敏感性、利用细胞壁中生物聚合物基质中的电荷来增强屏蔽力和排斥力。因此，长期以来，PME 对观测到的硬度的影响有很多互相矛盾的记录。

与未经烫漂的马铃薯样品相比，硬度的增加按以下顺序依次减少：在 60℃ 下烫漂 60min 再煮熟，在 60℃ 下烫漂 60min 后先冷冻再煮熟，在 60℃ 下烫漂 60min（Canet et al.，2005c）。对甘薯来说，导致其硬度增加的烫漂温度也在 60℃ 范围内（Truong et al.，1998）。与未煮熟的甘薯相比，在 60℃ 和 70℃ 下烫漂 45~150min 的蒸煮甘薯样品的硬度分别为未经烫漂的 4.2~13.6 倍和 3.8~6.2 倍。内源性 PME 使果胶脱酯化作用对硬度的影响只有在高温加热后才变得明显，比如在杀菌和烹饪中，有各种各样的结果证实了以前的研究结果。脱酯化果胶对随后的 β-消除性降解不太敏感，因此具有良好的热稳定性。后处理会导致果胶不溶性增强，这通常被认为是增加细胞-细胞间的黏性（Stolle-Smits et al.，1998）。

有研究指出，不同研究者提出的逐步烫漂最佳条件的差异，是由于所用不同马铃薯品种的 PME 酶活性水平不同造成的，而这一差异又受马铃薯成熟度和季节的影响。Canet 等（2005c）用冷冻贮存来保存马铃薯块茎（cv. Kennebec），在 80d 时间内，定期取样测定硬度和 PME 活性。测定在 60℃、70℃ 和 80℃ 温度下不同时间内马铃薯组织的 PME 活性[图 14.4（1）]。新鲜块茎中 PME 活性在 60℃ 下 20min 后增加了约 65%，但 60min 后下降到原来的 40%左右。在 60℃ 时，马铃薯组织中的 PME 失活时间相对较短，其最适活化温度可能小于 60℃。70℃ 下 5min 后 PME 活性下降到初始值的 10%以下，延长此温度下的时间后，完全没有检测到 PME 活性变化。同样，在 80℃ 烫漂的样品中也未检测到 PME 活性。在马铃薯块茎中（cvs Nicola and Irene），Van Dijk 等（2002）发现 PME 活性在 60℃ 预热 60min 时趋于恒定。

贮藏时间对新鲜组织 PME 活性的影响如图 14.4（2）所示。在贮藏 35d 后，PME 活性比其初始活性（0d）高出约 95%，但在贮藏 50d 后，PME 活性下降到原始活性的 42%左右。此外，贮藏 65d 和 80d 后，新鲜马铃薯组织中均未检测到 PME 活性。例如 Tijskens 等（1997）指出，测得的 PME 活性与观测到的硬度之间的关系本质上是复杂的。新鲜马铃薯的果胶聚合物在贮藏期间发生了实质性的成分变化（Van Dijk et al.，2002）。似乎可以合理地假设，35d 后 PME 活性的增加会导致果胶聚合物发生变化，从而导致质地更加坚硬。

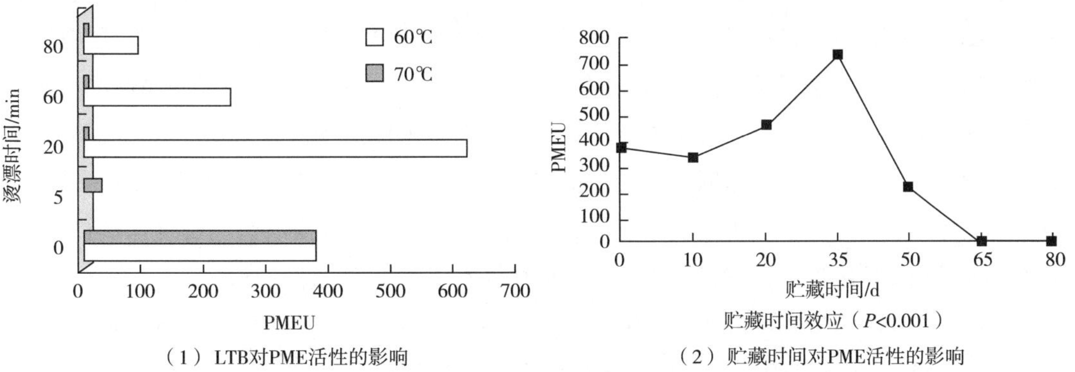

图 14.4 PME 活性

编码 PME 亚型（PEST1）的基因表达与煮熟的马铃薯块茎组织特性相关，并采用转基因方法进一步研究 PEST1 基因的影响（Ross et al.，2011）。现已获得了反义表达和过表达的马铃薯株系。在过表达株系中，块茎的 PME 活性提高了 2.3 倍，而在反义株系中，PME 活性下降了 62%。PME 亚型分析表明，PEST1 基因编码了 PME 的一个亚型。对过表达株系块茎细胞壁的分析表明，PME 活性的变化导致果胶甲基化的降低。

14.3.2.3 冷冻、冻融循环和解冻-烹饪

冷冻过程包括在热中心将产品温度降低到-18℃，导致大部分水和一些溶质结晶。冰结晶仅在过冷之后发生，即在几秒钟内温度降低至-9～-5℃。在冷冻阶段，产品中的大部分水都会经过相变变成冰，直到热中心的最终温度至少低于贮藏温度时，这种变化才算完成。

冷冻过程的持续时长取决于冷冻速率（℃/h）。国际制冷学会（2006）将其定义为初始温度与最终温度之差除以冷冻时间，冷冻时间是指从预冷冻阶段开始至达到最终温度所经过的时间。这将受到产品尺寸（特别是厚度）和形状、传热过程的参数和冷却介质温度的影响。

快速冷冻速率和逐步烫漂对最终结构和质地具有有利影响，甚至在烹饪后，也反映在对马铃薯研究中通过各种方法（组织学的、感官的、模拟的和客观的）进行的质地分析的结果中（Canet，1980；Canet et al.，1982a；Alvarez et al.，1995；Alvarez，1996）。冷冻过程中真正对质地品质产生不可逆负面影响的是结晶（Canet，1989），因此，冷冻速率在最大程度冰晶形成阶段尤为重要。冷冻速率现在可以在不同的加工阶段使用程序化冷冻进行调节。这是食品工业应该认真考虑的一种可能性。虽然从理论上讲，蔬菜所受的温度波动很少达到完全解冻和随后再冷冻的程度，但可以有效地检查这种波动在不同速率下的影响，以评估对组织结构造成的机械损伤和累积效应。

Alvarez 等研究了冷冻速率和程序冷冻对马铃薯（cv. Monalisa）流变学参数和组织结构的影响。他们特别分析了三种不同的冷冻速率（0.5℃/min、1.25℃/min 和 2℃/min）降到-18℃，以相同速率解冻到+20℃，并连续进行 1 次、2 次、3 次或 4 次冻融循环（freezing and thawing cycles，FTCs）。此外，还考察了冷冻速率对最大结晶区的影响，以及程序化冷冻的各种组合，并评估了预先冷却的效果。通过预冷（3℃，30min）、最大冰晶期前后的缓慢冷却（0.5℃/min）和快速冷冻（2℃/min），可以最大限度地降低慢解冻马铃薯组织流变学特性的变化。这被认为是因为预冷缩短了从表面冷冻到产品热中心冷冻之间的时间间隔，因此冷冻引起的膨胀发生在表面上形成过硬的结壳之前。扫描电镜（SEM）检查显示，组织结构受到不同程度的机械损伤，组织的机械强度因预冷而呈线性增加。

4 次 FTCs 作用下的样品的结构刚度小于仅经历一次循环的样品的一半（Alvarez et al.，1995）。因此得出以下结论：第一，在最大冰晶形成阶段的预冷和高冷冻速率对马铃薯的质地和组织结构有积极的影响；第二，缓慢解冻有积极作用；第三，一定不要让马铃薯进行

超过一次的 FTC。

Alvarez 和 Canet（1999a）将脱水马铃薯雪花粉制成冷冻土豆泥，以确定细胞结构发生的变化。冷冻破坏了细胞壁，降低了振荡流变学特性，发现冻融土豆泥由膨胀和破裂的细胞内淀粉颗粒组成。淀粉糊的黏弹性行为可能与它们所含膨胀颗粒的容积率、数量和大小分布有关，并且这些因素随着雪花粉添加量的增加而增加。

土豆泥的冷冻包括初加工、冷冻、冷藏和解冻。由于细胞或细胞成分的物理破坏（Jul，1984）或某些大分子结构的变化（Suzuki et al.，1994），食物的冷冻会对它们的感官和保水性能产生不利影响。为使冷冻的影响最小化而采用包括使用快速冷冻方法的技术解决方案。O′Leary 等（2000）和 Redmond（2002）等研究了冷冻条件对冷冻复原土豆泥品质的影响。与冷冻产品相比，冷冻导致产品颜色明显变暗、更坚硬（探针穿透力更高），离心滴水损失（DL）增加。

由雪花粉制成的商业土豆泥的结构和质量也会受到冷冻的不利影响（Alvarez et al.，2005；Canet et al.，2005b），因此不建议冷冻或冷冻贮藏此类土豆泥。而且，冷冻温度（-80℃、-40℃或-24℃）和解冻模式（微波炉或 4℃过夜）对新鲜马铃薯块茎制备的土豆泥的品质参数的影响（cv. Kennebec），也在引用的这篇研究论文中进行了分析。在 4℃下解冻的样品的 TPA 硬度和振荡参数均低于微波解冻的样品，这可能是由于受损细胞释放的淀粉发生糊化所致。结果表明，以 Kennebec 马铃薯为原料制成的土豆泥应在上述条件下快速冷冻和微波解冻，以获得更新鲜的土豆泥产品。

另一个减少冷冻和解冻损害的策略是加入与水相互作用的化合物，以防止解冻的有害影响，特别是冷冻保护剂（Downey，2003）。食品技术人员使用亲水胶体和蛋白质这两种生物聚合物来控制结构、质地和稳定性（Dickinson，1998），两者都具有低温保护剂的特性。此外，亲水胶体以其水溶性而闻名，并被用于淀粉制品中，以影响淀粉的糊化和流变特性。

人们普遍认为，每种亲水胶体以不同的方式影响淀粉基系统如土豆泥的糊化和流变特性（Chaisawang et al.，2006）。这其中有许多可能的因素，最重要的是水胶体的分子结构和/或淀粉和水胶体的离子电荷（Shi et al.，2002；Chaisawang et al.，2005）。淀粉在食品工业中也被广泛用作增稠剂、稳定剂和凝胶剂（Morikawa et al.，2000；Mandala et al.，2004），但由于糊状物存在回生、合成和抗剪切处理缓慢等问题，天然淀粉的应用受到限制（Korus et al.，2004）。为了改善这些糊状物的物理和化学性质，对淀粉进行化学改性，如酸水解、氧化、醚化和交联。

Downey（2002）研究了添加亲水胶体［黄原胶（XG）、瓜尔胶、果胶、卡拉胶、乳蛋白（酪蛋白酸钠，SC）、乳清蛋白（WP）浓缩物］对冷冻和解冻、煮熟蔬菜［马铃薯（cv. Rooster）、胡萝卜和萝卜］DL 和最大阻力穿透力的影响。然而，冷冻保护剂的混合物可以在改变食品成分的物理性质方面起到特殊的作用。这可能是由协同作用或相分离现象引起的（Doublier，1997）。

消费者在家里通常使用微波炉来解冻和加热冷冻食品。鉴于温度变化对产品功能和感官特性的重要性，很显然获得此类热效应的信息是至关重要的（Downey，2003）。与温度相关的介电和热特性可用于微波传热模型中，以提高家用微波炉中土豆泥的加热性能（Chen et al.，2013）。

添加冷冻保护剂，如亲水胶体［酰胺化低甲氧基（ALM）和高甲氧基果胶］、κ-卡拉胶和 ii-卡拉胶（κ-C 和 ii-C）、XG 和乳蛋白（WP、SC）到土豆泥中，以研究如何使用家用微波炉提高冷冻和解冻效果（Alvarez et al.，2008）。研究发现，每一种亲水胶体和蛋白质，根据不同的添加量，都会以不同方式对机械性能［仪器质构剖面分析（ITPA）、静力触探（CP）测试］、新鲜制备对照样品的总色差（ΔE^*），以及新鲜的（F）和冻融（F/T）的土豆泥的感官特性造成影响。在 F/T 样品中，添加 5g/kg 和 8g/kg ALM；3g/kg、5g/kg 和 8g/kg κ-C；1.5g/kg、3g/kg、5g/kg 和 8g/kg ii-C；以及 1.5g/kg、5g/kg 和 15g/kg WP 显著提高了 ITPA 结果的一致性。此外，添加 2.5g/kg 和 5g/kg XG 可显著提高 F/T 产品 ITPA 结果的一致性。在 F 和 F/T 样品中，κ-C 产生了最高的 ITPA 结果的一致性和较高的 CP 平均力；这表明在 κ-C/变性乳蛋白系统中具有更强的协同作用，尽管专家认为其产生的过度稠化和黏性是不可取的。

Fernández 等（2008）通过稳定剪切测量方法表征了上述添加生物聚合物的土豆泥的流变行为。F 和 F/T 土豆泥在屈服应力下呈现剪切稀化（Canet et al.，2005a），动态剪切数据显示土豆泥（PPs）中存在弱凝胶状行为（Alvarez et al.，2004、2010b）。添加 κ-C 和 ii-C 的 F 和 F/T 样品结构更清晰。冷冻和解冻对添加卡拉胶和黄原胶的产品的稳定数据没有显著影响，这突出了与 F 对照产品相比，这些胶在稳定冷冻和微波解冻土豆泥质地方面具有潜力。图 14.5 和图 14.6 显示的雷达图，用来表示富含各种冷冻保护剂的 F 和 F/T 土豆泥中感知的感官质地属性。在 F 和 F/T 这两种样品中，黄原胶产生的产品比未添加冷冻保护剂的对照产品柔软，但添加 0.5g/kg 和 1.5g/kg 黄原胶的样品比 FC 更可接受，因为它产生了乳脂状的口感（Alvarez et al.，2010b）。随后，作者建议对不同浓度的混合物进行研究，以达到最佳效果，如下文所示。

添加功能性成分对 F 和 F/T 土豆泥流变行为和质地的影响已进行了研究（Alvarez et al.，2010a、b，2011a、b、d，2012a、b，2013a、b）。本应用研究的主要目的是开发、流变学特征和优化以马铃薯为原料制备的 F 和 F/T 酱泥的质地，从而为个人消费者和酱菜餐饮从业者提供可快速制备（微波炉）而无需繁琐的常规制备方法，并结合消费者所需的各种功能特性。

特级初榨橄榄油（extra virgin olive oil，EVOO）具有很好的营养特性，这与它的生物酚含量有关，具有非常重要的抗氧化特性。有相关报道研究了添加 EVOO 对未添加和添加冷冻保护剂的 F 和 F/T 土豆泥的质构、流变学、物理和感官特性的影响（Alvarez et al.，2011a、d）。由于整体光散射和色素含量的增加，添加的 EVOO 导致系统结构不完整和颜色

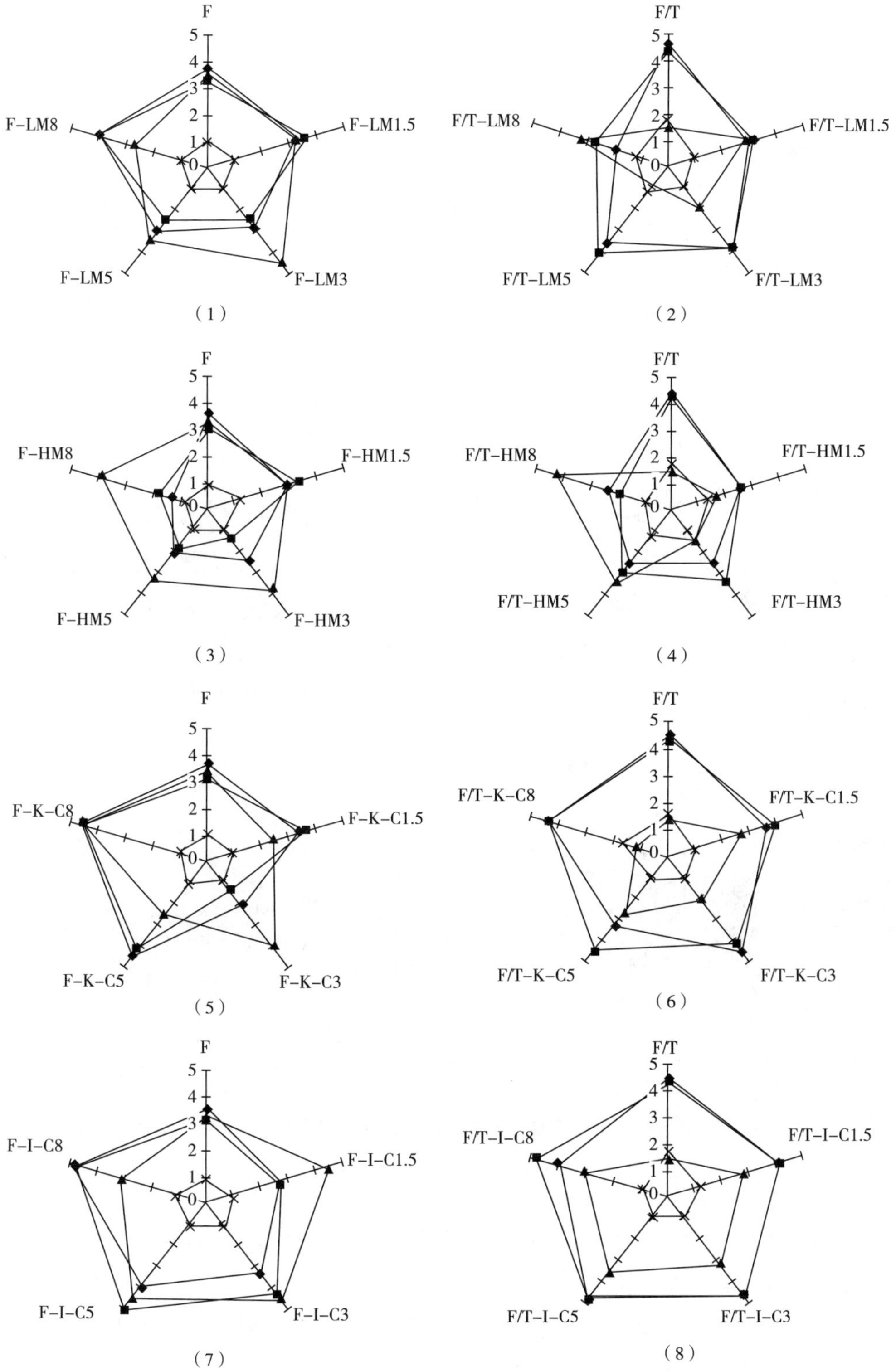

图 14.5 生物高聚物浓度和冻融工艺对添加果胶和卡拉胶的土豆泥质构感官特性的影响

（文本中有系统符号的标识）

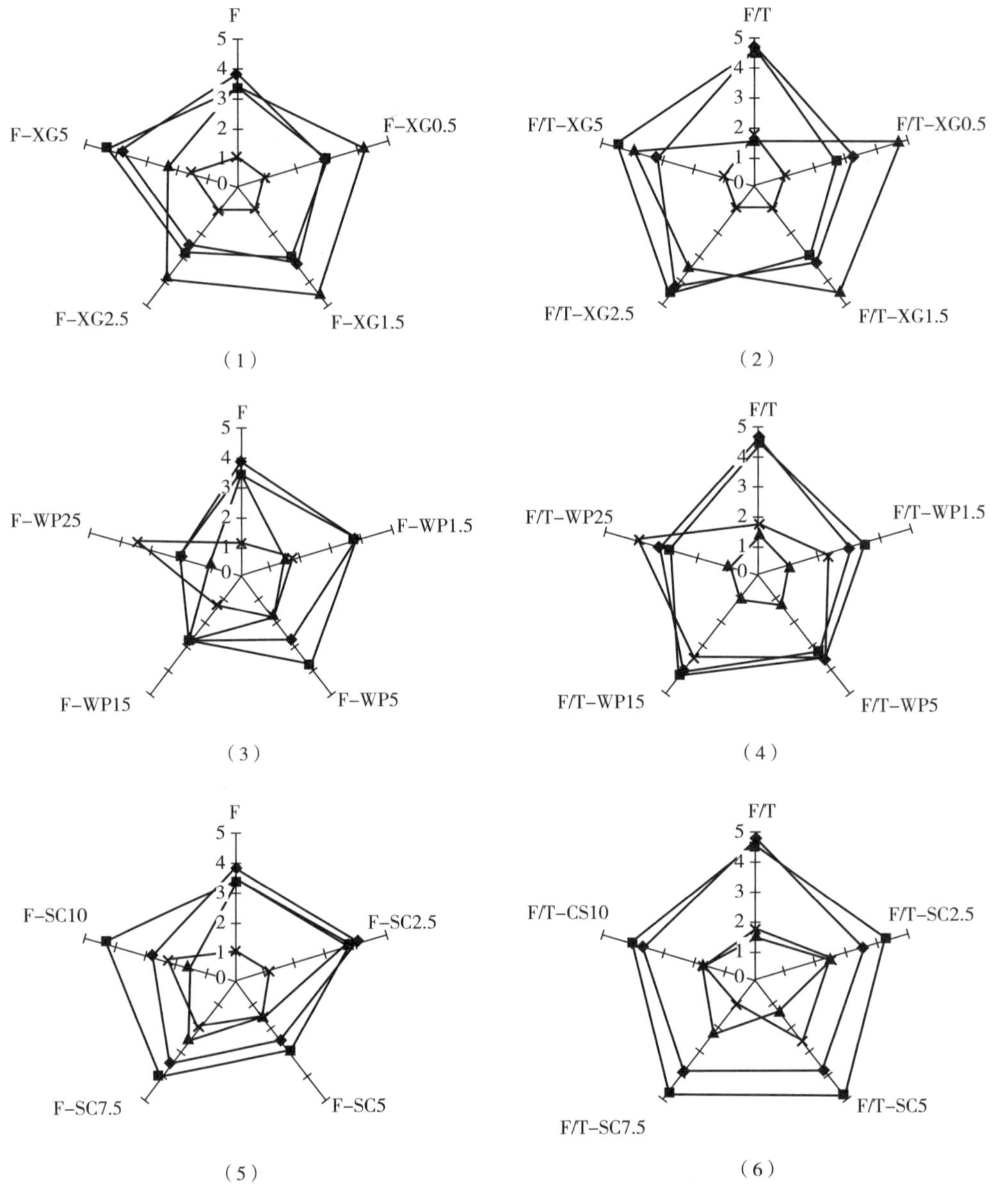

图 14.6 生物高聚物添加量和冻融工艺对添加 XG 和乳蛋白的土豆泥质构感官特性的影响
（文本中有系统符号的标识）

增强。在提高添加量的情况下，EVOO 可提高土豆泥的感官质量，降低土豆泥的颗粒感、致密性、黏结性、黏着性和纤维度，增加同质性、易于吞咽和上颚覆盖。乳脂度是影响产品整体可接受性（OA）最关键的因素，可通过微观结构分析观察到的 EVOO 聚集体的存在来解释。以 50g/kg 为标准添加 EVOO 的样品为最佳。

菊粉（inulin，INL）及其水解产物（低聚果糖）均被公认为功能性食品成分，对追求健康饮食的人尤其具有吸引力（Tseng et al.，2009）。特别是，长链 INL 可以作为一种脂肪模拟物，因为它可以形成微晶体，它们相互作用形成小的聚集体，包埋大量的水，这会产生一种细腻的奶油质感，给人一种类似于脂肪的口感（Villegas et al.，2007）。未添加或添加 κ-C 和 XG 以及添加了 INL（1.5%、3%、4.5%和6%）的 F 和 F/T 土豆泥被认为比不添加 INL 的样品更软（更光滑）和乳脂状更明显（Alvarez et al.，2011b）。

随后，对不同 INL/EVOO 比例（0/0、0/60、15/45、30/30、45/15、60/0、30/45 和 45/30）下添加 INL 和 EVOO 混合物对未添加和添加冷冻保护剂的 F 和 F/T 土豆泥的流变学、物理、感官和结构特性的影响进行分析和比较（Alvarez et al.，2010a、2013a）。添加 INL 和 EVOO（单独或混合）降低了表观黏度和假塑性，产生了更软的体系，这表明这两种成分分别作为软填料被截留和悬浮在刚性直链淀粉/支链淀粉基质中。在冻融过程中观察到了 INL 土豆泥体系凝胶化特性的变化，这与更小的 INL 颗粒的形成有关。

商业纤维（豌豆纤维，INL 及其混合物）作为纤维强化剂在 F/T 土豆泥中的潜在用途也有报道（Alvarez et al.，2012b）。强烈推荐将低浓度的豌豆纤维（小于 15g/kg 土豆泥）与高浓度的 INL（大于 45g/kg）联系在一起作为一种对土豆泥起到营养强化作用，且不影响 F/T 土豆泥的质地、流变学特性、颜色和 OA 的措施。

有报道研究了添加大豆分离蛋白（SPI）（0g/kg、15g/kg、30g/kg、45g/kg 和 60g/kg）对 F 和 F/T 土豆泥的黏弹性特性、大变形测量值和微观结构的影响（Alvarez et al.，2012a）。流变学数据表明，未添加和添加 SPI 的 F 和 F/T 土豆泥的凝胶行为都很弱，随着 SPI 体积分数的增加，系统黏弹性（G′和 G″）显著降低，主要原因是直链淀粉/支链淀粉基质与分散的 SPI 颗粒或聚集体之间缺乏相互作用。

SPI 和/或 INL 的添加量为 1.5%~6%时，1 份 200g 的土豆泥（PP）分别能提供 3~12g SPI 和/或 INL（Alvarez et al.，2012c、2014）。SPI 的添加是 PP 在口感、几何属性（视觉颗粒度和纤维度）以及后感属性（口腔涂层）方面的质地感知的主导因素，而 INL 微晶是影响乳脂度最重要的特征。图 14.7 显示了由训练组和未训练组评定的 6 个 F/T 样本之间的形态学差异。很明显，在 0/6 的比例下［图 14.7（2）］，INL 微晶分散在直链淀粉/支链淀粉基质中，形成具有单相体系特性的强凝胶。当 SPI 单独添加到 6%时，蛋白质形成了一个主要由丝状 SPI 聚集体组成的网络［图 14.7（4）］。添加少量的 SPI（1.5%）和大于 3%的 INL 会增加感知油脂度的强度，这是实验过程中发现的最重要的特性。综上所述，添加了 SPI 和 INL 的 PP 是一种很有前途的食品加工原料，可以融入到饮食中，甚至可以改善产品结构。

带有脉冲安培检测（HPAEC-PAD）的阴离子交换高效液相色谱（HPLC）分析也表明，FTC 不会影响 INL 的聚合度（Alvarez et al.，2013b）。SPI 富集对 INL 的化学结构没有影响。因此，添加 SPI/INL 混合比例的 F/T 土豆泥保留了 INL 益生元效应。然而，SPI 显著增加了 F 样品与其对应的 F/T 样品之间的流变行为差异，因此降低了 XG 和 κ-C 所赋予的冻融稳定性。根据个人的需要，可以通过在冷冻和解冻的产品中添加 0/60、15/45、45/15、

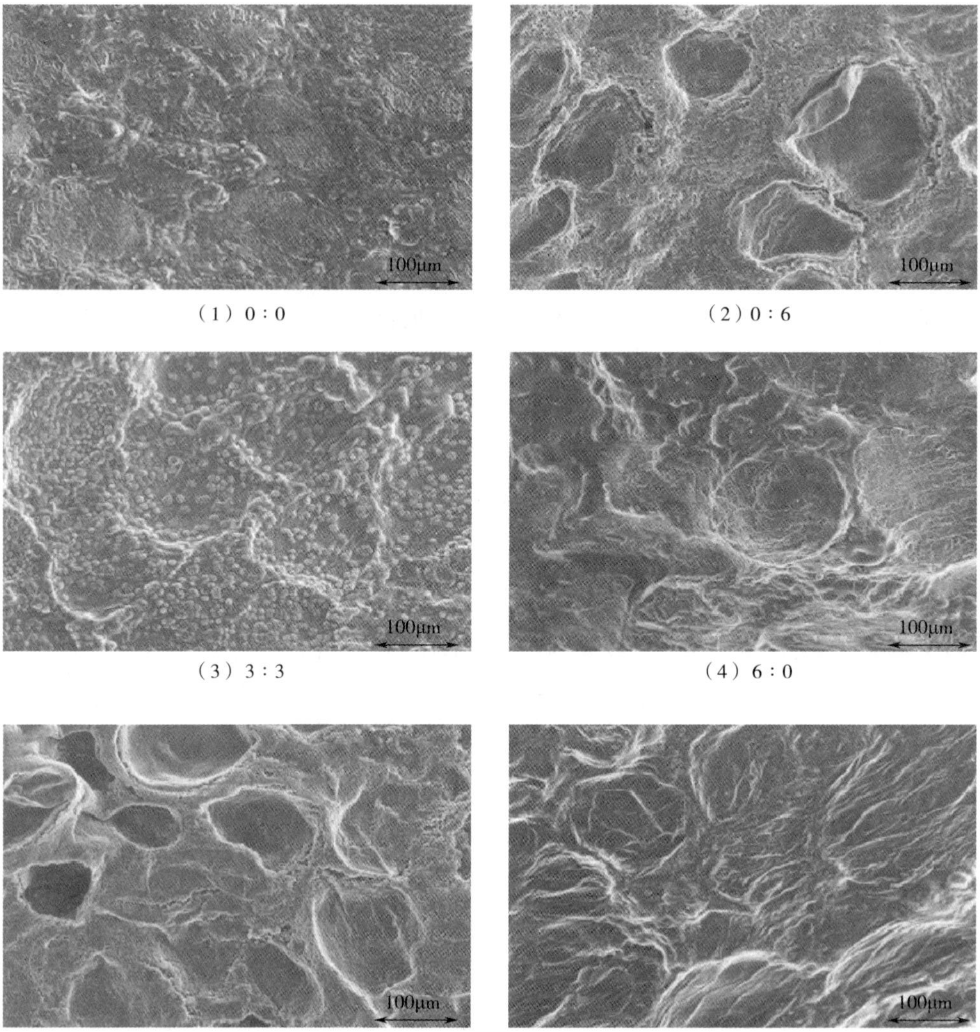

（1）0∶0　（2）0∶6　（3）3∶3　（4）6∶0　（5）1.5∶6　（6）4.5∶3

图 14.7　在 6 个选定的 SPI/INL 比率下，添加了 SPI 和 INL 混合物的 F/T PP 的显微照片

注：放大倍数为 200（1bar=100mm）。

45/30、60/15 和 60/60 的混合比例来增加可溶纤维和/或大豆蛋白的日摄入量，形成一个能防止 FTC 之后黏弹性值升高的结构化较低的食品体系。

此外，一项研究使用定量描述分析（QDA）、快速轮廓分析（FP）和投影映射（PM）对 7 个冷冻 PP 样品经过训练、半训练和未训练的感官特征评价结果进行了比较（Jiménez et al.，2013）。QDA、FP 和 PM 的数据分析方法有主成分分析、广义对齐算法和多因素分析（MFA）。在这 3 种分析方法中，应用层次聚类分析法，根据 PPs 的感官特征对其进行分组。通过 MFA 和相关系数对评价员的共识进行了分析。对于每种技术，MFA 还可以对感官评价结果和仪器分析结果之间的相关性进行分析。结果表明，FP 和 PM 方法都能识别 PPs 的感官特征差异，提供了非常相似的感官图谱。然而，经过半训练的评价员和受过训练的评价员所评估的感官属性之间存在很高的相关性，这表明对于趁热食用的 PPs，相较于 QDA，最好是使用 FP 进行分析。

这些研究的结果扩展了基础知识和技术诀窍——添加各种功能性成分对最终产品质感的影响，同时确定了马铃薯加工行业可应用于生产具有给定功能特性和最终质地符合最佳标准的新鲜和冷冻 PP 的方法和规范。

在欧洲，由蔬菜混合物（含马铃薯）制成的冷冻酱泥有很好的潜在市场。在制造这些冷冻蔬菜酱泥时，在冷冻前加入马铃薯。因此，这些产品可能被认为是淀粉类食品，也可能会出现一些质量问题，如脱水、感官和质地的改变，特别是如果它们受到 FTCs 的影响。这些问题已被归结为马铃薯羟丙基淀粉糊中由于淀粉的回生而引起的相分离（Eliasson et al.，1992；Kim et al.，1993；Kim et al.，1993）。

Alvarez 和 Canet（2001c）分析了冻融循环（最多 6 次）对三种商用冷冻蔬菜酱泥的黏弹性特性的影响，这些蔬菜酱泥是由马铃薯和其他蔬菜（花椰菜-马铃薯，胡萝卜-马铃薯，芹菜-马铃薯）的混合物制成的。本研究的目的是确定在加热（20～90℃）和冷却至 20℃期间，冷冻酱泥的动态属性发生的变化。尽管循环对流变行为的影响取决于测量温度，但反复循环会导致溶解淀粉成分的浓度以及蔬菜成分的细胞和组织结构的变化。当 FTCs 数量增加时，相角（δ）峰值出现的时间较短（80℃时为 1000s），这可能表明在这些体系中，随着连续冷冻和融化，弛豫过程减慢。无定形支链淀粉的这种动态特性也有类似的报道（Kalichevsky et al.，1992）。在冷却时，无论 FTC 的数量如何，结构重排可能涉及局部聚集现象，从而导致相分离程度的增加和/或更大的聚集系统，随着凝胶变得更加不均匀，相角会增加（Hermansson，1997）。很明显，连续 FTC 对聚氨酯流变行为的影响取决于测量温度或产品类型，因此，如果产品经过加热和/或冷却，室温下循环所产生的效果会发生变化。

Zhang 等（2014）对板栗、马铃薯和山药淀粉在反复冻融处理后的理化性质进行了比较研究。冻融淀粉形成蜂窝状网状结构，海绵状结构在 FTT 第 5 个循环周期后断裂。冻融淀粉的结晶度在第一次循环时被破坏，然后随着 FTT 循环次数的增加而增加，这可能与应力和低温的影响有关。冻融淀粉的热力学参数（T_0、T_p、T_c 和 ΔH）随 FTCs 的增加而增大。马铃薯淀粉的抗性淀粉（RS）含量在 FTT 第五周期后最高，可能是生产 RS 的良好资源。

此外，还通过 SEM、差示扫描量热法和质构分析仪研究了重复 FTCs（多达 7 次）对马铃薯淀粉凝胶微观结构、热性能和质构特性的影响（Wang et al.，2013）。研究了马铃薯淀粉的化学组成和分子结构。7 次 FTCs 之后，马铃薯淀粉凝胶形成蜂窝状结构。与天然淀粉相比，7 次 FTCs 降低了马铃薯淀粉的转变温度和焓值，其回生率为 23.6%。7 次 FTCs 提高了马铃薯淀粉凝胶的硬度，降低了淀粉的弹性和黏着性。

对于天然淀粉而言，其冻融稳定性是决定其在冷冻食品中作为清洁标签成分使用的关键因素之一。天然淀粉的冻融稳定性可根据其结构特征进行预测（Srichuwong et al.，2012）。据报道，玉米和马铃薯淀粉的直链淀粉含量越高，脱水收缩作用越大（Singh et al.，2004）。

一项关于转基因马铃薯的研究表明，支链较短的蜡质淀粉具有更强的协同抗性（Jobling et al.，2002）。在第1次、第3次和第5次FTC后，测定了马铃薯淀粉凝胶的冻融稳定性，分别达到了60%、72%和76%（Srichuwong et al.，2012）。因此，这种不稳定性将限制马铃薯淀粉在冷冻食品中的应用。

在食品或工业应用中使用淀粉时，需要考虑的一个关键因素是，淀粉必须在适当的浓度下适当烹调，因为淀粉糊的流变特性高度依赖于浓度和烹饪条件（Kim et al.，1993）。Alvarez和Canet（2001b）还研究了连续FTCs和不同最终冷冻条件对冷冻蔬菜酱泥流变特性的影响。FTCs的数量从0（即仅解冻）到4，并将其应用于含有马铃薯的3种商业产品中（花椰菜-马铃薯、胡萝卜-马铃薯和芹菜-马铃薯）。在FTCs后，在3种不同的环境下或在平底锅中通过微波炉在室温下解冻。流变性能受解冻条件的影响比循环次数的影响大。平底锅解冻提高了这些特性的值，显然是由于在加热过程中大量失水造成的。经过一次或两次循环后（取决于解冻条件），西兰花-马铃薯表现出更大的弹性和明显的冻融稳定性，芹菜-马铃薯酱泥表现出最高的流动性。最终解冻对产品的动态性能起着重要的作用。

14.3.2.4 贮存和温度振荡

冷冻蔬菜组织在贮藏过程中是不稳定的，其质量会因产品类型和贮藏温度的不同而发生不同程度的恶化（Canet，1989）。质量损失仅仅是由于水的再结晶和升华而在产品内部发生的物理和化学变化造成的。在贮藏过程中，冰晶的数量、大小、形状和方向都会发生变化，导致小冰晶表面连续融化，大冰晶表面再结晶。如果保持恒定的低温，长期冷冻贮藏不一定有害。例如，Canet（1980）报道，在-24℃温度下贮藏不会影响烫漂和冷冻马铃薯的各种力学特性。冷冻贮藏时间的长短对3个马铃薯品种制备的冷冻-冷藏的土豆泥和一直冷冻的土豆泥的DL、硬度/黏着性、维生素C含量、活菌总数或感官评分没有影响（Redmond et al.，2003）。

Alvarez和Canet（1998a，2000a、b）研究了不同温度波动范围（-24～-18℃、-18～-12℃、-12～-6℃、-24～-12℃和-18～-6℃）对包装和未包装冷冻马铃薯组织的压缩、剪切和张力参数的影响。初始温度、持续时间和波动次数（0、2、4、8、16、24和32）是多样的。图14.8显示了产品的温度变化，以及在-18℃和-6℃之间对未包装马铃薯进行的两个不同次数循环处理的空气温度波动。最高参数值出现在-24℃和-18℃之间波动的样品中，最低值在-18～-6℃范围内。冷冻组织的机械强度随着波动次数的增加而降低，在大多数情况下，包装样品的机械强度较低。在-12～-6℃和-18～-6℃时，组织达到的温度非常接近最大冰晶形成区。高达-6℃的温度波动加速了小冰晶的融化，从而增加了可用水量；融化的水会立即重新冷冻，导致冰晶尺寸增加，但数量减少。

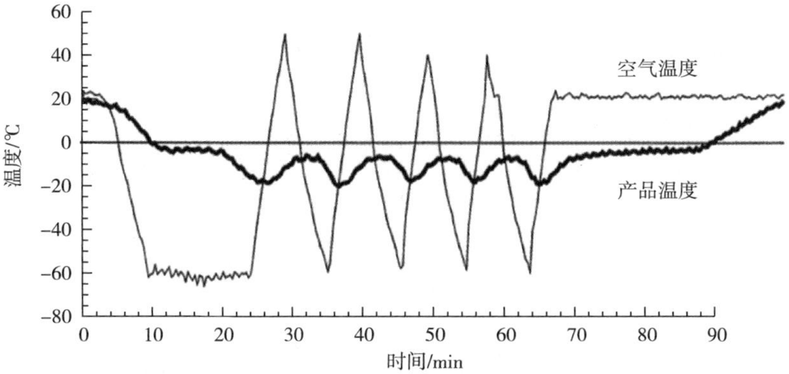

（1）-18~-6℃4次温度波动

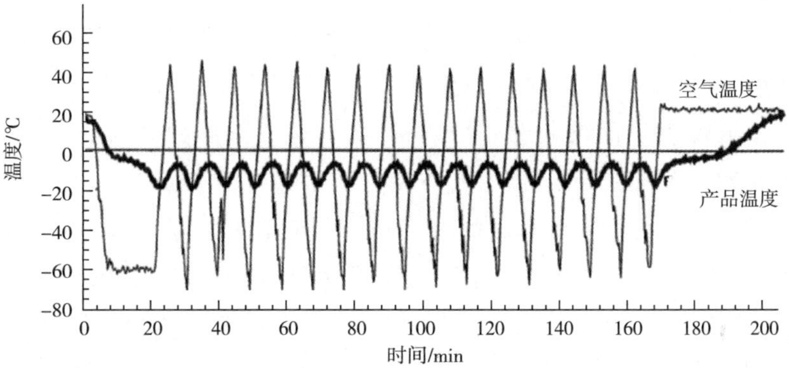

（2）-18~-6℃16次温度波动

图 14.8 在-18~-6℃条件下经受 4 次和 16 次波动的未包装样品中产品和空气温度的温度变化

在-24~-18℃和-18~-6℃范围内，对数值（流变参数和含水量）与温度波动次数的曲线图显示出了两个不同的区域：第一个区域是直线图，有高达四个波动的陡峭负斜率；第二个也是直线图，在四次波动之后有一个平缓的负斜率（Alvarez et al.，2000a）。图 14.9 显示了未包装和预包装样品在两个温度范围内进行温度波动，将剪切力取对数以后绘图得到马铃薯组织软化的曲线。这些由两段组成的马铃薯组织软化速率曲线符合双相模型，定性来看与蔬菜的热软化曲线相似。作者发现，在冷冻过程中和冷冻贮藏条件下，S_a 和 S_b 这两种基质可能与增强马铃薯组织的硬度有关。此外，主成分分析将-18~-6℃下的样品与温度为-24~-18℃的样品明显地分开（Alvarez et al.，2000b）。经受 4 次波动的冷冻样品与经历更多波动的样品形成了一个单独的集群。在模拟冷冻贮藏过程中，经过四次温度波动之后，波动次数的再增加几乎没有引起马铃薯硬度的进一步恶化，这个研究结果非常具有实际意义。

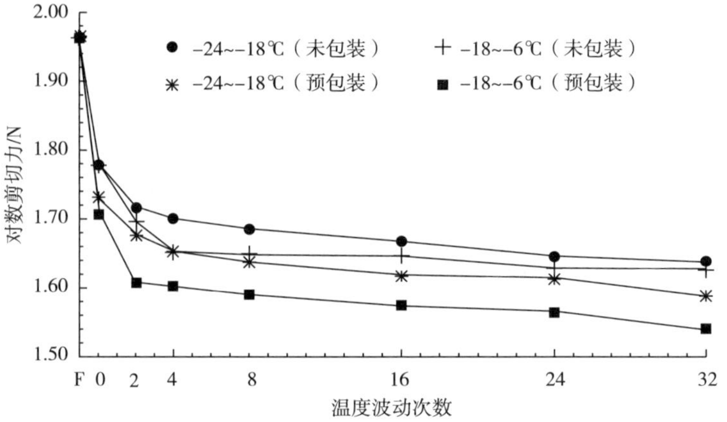

图 14-9 对数剪切力与未包装和预包装冷冻马铃薯组织在-24~-18℃和-18~-6℃条件下温度波动次数的关系

有文献报道了以 ALM 果胶和 XG、κ-C 和 XG、SC 和 XG 的形式向 F/T 土豆泥中添加冷冻保护剂混合物，并检查长期冷冻贮藏（0、3、6、9、12 个月）的效果（Fernández et al.，2009a）。用于表示每个样品的符号：F/T——不添加生物聚合物的土豆泥；ALM1.5/XG1.5、κ-C1.5/XG1.5 和 SC1.5/XG1.5——F/T 土豆泥，分别添加 1.5g/kg ALM 果胶、κ-C 或 SC 当中的 1 种，再添加 1.5g/kg 的 XG。ALM1.5/XG1.5、κ-C1.5/XG1.5 和 SC1.5/XG1.5 混合物对稳定土豆泥的抗冻性、长期冷冻贮藏和解冻处理都是有效的，防止了直链淀粉的回生和脱水缩合。一些分子间的相互作用（在不同的水胶体和蛋白质之间）和物理变化引起冰的再结晶和升华能够提高冻存 1 年后土豆泥的流变学和质地特性，虽然感官评价人员不认为贮存后土豆泥的硬化是不利的。可以根据冷冻保护剂混合物在土豆泥中的效果建立一个优先排序：κ-C1.5/XG1.5>SC1.5/XG1.5>ALM1.5/XG1.5。这些结果对改良感官质量和冻融稳定性后的 F/T 土豆泥的生产具有重要的指导意义。

14.4 软化动力学

最佳的热工艺设计依赖于与之相关的精确的动力学数据的可靠性（Van Loey et al.，1995）。冷冻马铃薯生产过程中所涉及的各种热处理过程以不同的方式影响着产品的整体结构质量。组织软化以不同的速率发生，并由不同的物理化学机制控制。在不同介质中热处理引起的组织软化取决于加热介质中产品的热中心达到的温度和获得的加热速率。这两个参数决定了组织软化曲线的形状，从而决定了相关的动力学参数。

研究发现，将化学动力学理论应用于蔬菜组织的热软化速率，可以为研究蔬菜组织的软化机制提供有益的见解，还可以为开发生产质地更加紧实的加工产品的技术指明道路，并为开发生产质地更坚硬加工产品的技术指明方向，尽管反应的进程是通过物理测试（硬度）而不是化学测试来衡量的（Huang et al.，1983；Bourne，1987、1989）。

在大多数对硬度损失进行量化的研究中，蔬菜组织的热软化都是通过一个或两个一级动力学过程来描述的（Kozempel，1988；Rahardjo et al.，1993）。不同作者使用了不同的力学试验，通常只有一个流变参数作为产品质地的指标。Huang、Bourne（1983、1987）和Kozempel（1988）使用反挤压试验，以最大力读数作为质地测量结果。Harada等（1985a、b）、Harada和Paulus（1986）使用最大剪切力来表征马铃薯特性和在烹饪期间其他3种低淀粉块茎的特性。Verlinden等（1995）采用单轴压缩试验，以断裂力作为质地指标。

加工过程中发生的质地变化是细胞壁和胞间层亲水性聚合物材料化学变化的结果，这些变化会影响物理性能（Canet，1980；Bourne，1989）。然而，在马铃薯组织中，淀粉是DM的主要成分，可以假定与淀粉糊化有关的现象跟烹饪过程中发生的质地变化有关（Pravisani et al.，1985；Verlinden et al.，1995）。

Alvarez等（2001）通过在水中加热，确定了表征马铃薯组织软化的动力学参数（cv. Monalisa）。他们使用压缩、剪切、拉伸和应力松弛流变参数来表示组织的硬度，并确定哪些结构成分和这些成分的变化可能在水加热过程中对马铃薯组织的硬度起作用。马铃薯组织的热软化动力学也与各种加热和烹饪方法有关（Alvarez et al.，2001a、2002）。例如，在50℃、90℃和100℃水处理的马铃薯组织的热软化速率符合一个准一级动力学机制，而在70℃和80℃下，软化速率符合两个同步的准一级动力学机制。

动力学理论已经成功地应用于检测60℃下加热（主要是在20~40min）引起的硬度增加，这可能是由于PME活化引起的（Alvarez et al.，2001）。图14.10显示了在所研究的温度范围内，通过绘制lg F_c（最大压缩力）、lg G_s（刚度模量）、lg F_t（最大拉力）和lg S_r（松弛梯度）进行的每次力学测试，得出流变参数的软化曲线。比较这些图发现，在70℃和80℃下，S_a和S_b这两种基质可能与马铃薯组织硬度有关。在这些温度下，机制1更可能是由于糊化和轻煮，而机制2更可能代表细胞壁和胞间层区域果胶物质的变化。在90℃和100℃下，糊化过程很快，因此，拟合的简单机制可能反映了果胶物质的溶解程度。在50℃和60℃下，几乎没有糊化，因此，所拟合的简单机制可能代表了初期果胶材料的溶解。

图14.11显示了每个力学试验的流变参数的典型Arrhenius图。第一种机制在60℃（$3\times10^{-3}\cdot K^{-1}$）下的速率常数线性最小；这种效应主要表现在最大压缩力和最大拉力图上（在图中，圈出了60℃下的速率常数）。这可能是实验马铃薯品种中PME酶活化的最适温度接近60℃的另一个结果和证据。这些结果与其他研究的结果一致。PME活性最高的第一步逐步漂烫稳态点的临界温度和时间分别为64.39℃和冷冻蒸煮后28.02min（Alvarez et al.，1999）。此外，Moledina等（1981）报道，用60℃水烫漂30min能保留83%的PME活性，在75℃条件下10min没有保留PME活性。

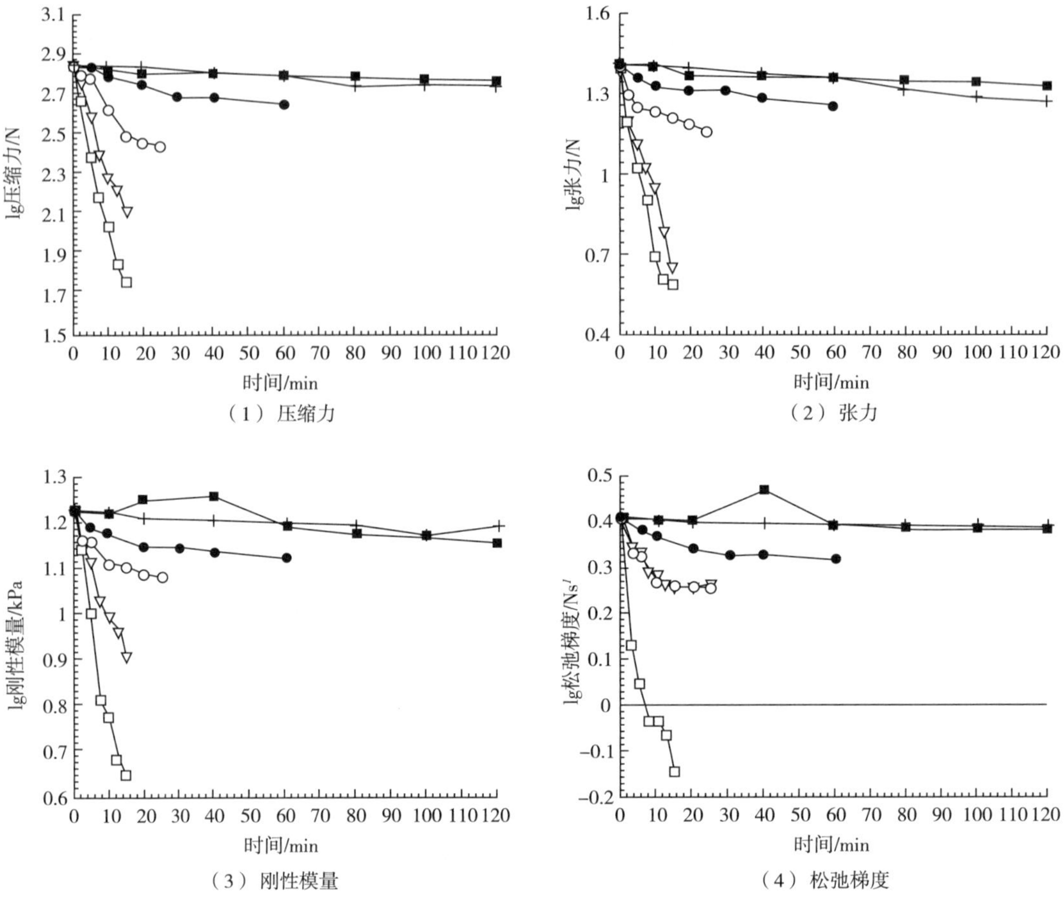

图 14.10 水加热时流变参数的软化曲线

另一项研究比较了 3 种不同加热处理（Alvarez et al.，2001a）对马铃薯组织软化速率（cv. Monalisa）的影响。在化学动力学的基础上，以 4 种客观方法的流变学特性为硬度指标，研究了马铃薯组织在蒸汽、蒸汽+热风加热和微波辐照对热软化动力学进行评价。在 3 种热处理中，组织的热软化速率可以用 2 种同时存在的一级动力学机制来描述。动力学参数的比较表明，蒸汽加热比其他两种加热方法产生的软化程度更大。剪切力的硬度比表明，蒸汽处理后新鲜马铃薯的硬度保持在 16%左右，而蒸汽+热风和微波处理分别为 46%和 36%。通过这些加热方法，糊化对马铃薯组织软化的贡献小于细胞壁结构，这是由动力学参数或显微观察确定的。

颜色作为煮熟马铃薯的一种品质属性，在热处理过程中受加热的程度和性质的影响。对动力学数据的分析使加工者能够使不必要的变化最小化，并优化颜色保持。Nourian 和 Ramaswamy（2003a）对马铃薯蒸煮过程中颜色变化的动力学进行了评估。马铃薯被切成圆筒状，在 80~100℃的恒温水浴中煮一定时间。在 L、a 和 b 模式下使用三色源色度计评估煮熟马铃薯的颜色变化。每种烹饪温度下，L 值和 b 值随时间降低，而 ΔE 值和 a 值随时间

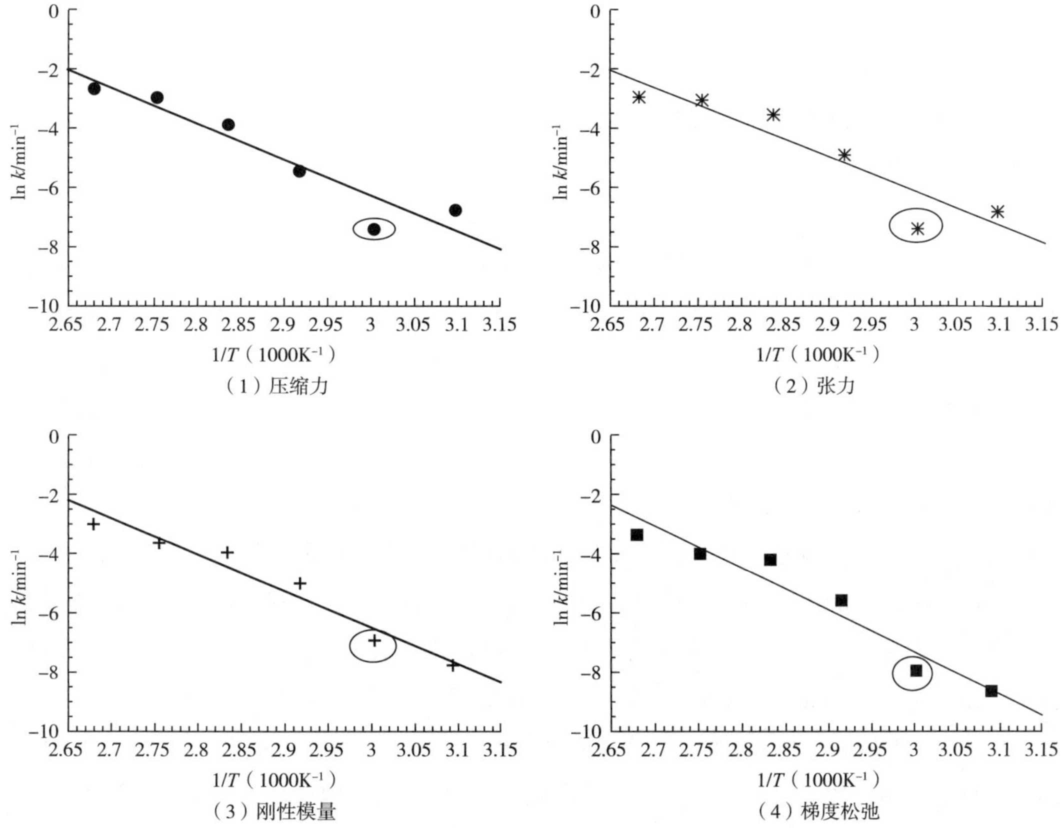

图 14. 11　水处理马铃薯组织 ln 表观速率常数与绝对温度的倒数 Arrhenius 曲线

增加。根据初始值与最大值或最小值之间发生的变化，使用改进的一阶模型来表征颜色变化动力学。反应速率常数的温度敏感性可用 Arrhenius 和 z 值模型充分的描述。此外，对试样进行了压缩试验和由此产生的力-变形曲线导出 3 种织构特性（硬度、刚度和硬度）(Nourian et al.，2003b)。随着烹调时间的延长，熟马铃薯的质构参数逐渐下降，而每种质地参数的变化率受温度的影响是符合两个准一级动力学机制，且前者的变化速度快于后者。Arrhenius 模型和 z 值模型也充分描述了速率常数的温度敏感性。

有报道通过使用各种数学模型发现的马铃薯片对流干燥过程中质构变化的动力学 (Troncoso et al.，2007)。提出了 4 个模型来验证质构实验数据：①两个不可逆的连续化学反应；②$k_2=0$ 两个不可逆的连续化学反应，即只考虑组织软化阶段；③分数转换；④一级动力学。这些模型将无量纲质地参数、最大力（F^*_{MAX}）与干燥时间联系起来。在不同的空气温度（50℃、60℃、70℃和 80℃）下干燥马铃薯片时，观察了马铃薯切片的质地变化。无论干燥温度如何，F^*_{MAX} 随干燥时间的变化趋势基本相同，随着干燥时间的增加，其值呈现出逐渐显著降低。然而，干燥过程中，马铃薯片的 F^*_{MAX} 的值随着水分含量和温度的降低而降低，反映出马铃薯组织明显软化。对于两个不可逆的连续化学反应，实验值与预测值具有较好的一致性，而 $k_2 \neq 0$，$k_2 = 0$ 和分数转化模型的均方根误差分别在 4.0%~9.1%，3.0%~7.4%和 2.0%~7.3%。

Blahovec 等（2007）报道了利用振动技术测定马铃薯块茎的蒸煮动力学。采用无损检测分析了整个马铃薯块茎在蒸汽蒸煮前、蒸煮过程中和蒸煮后的特征共振频率（模态 M-1 和 M-2），建立了 4 个不同马铃薯品种的蒸煮动力学系数。结果表明，该方法只适用于较小的块茎，较长的蒸煮时间会导致较大块茎的脱落和开裂，这使测量结果不准确。

进而，Blahovec 和 Hejlova（2010）基于马铃薯软化动力学理论对马铃薯烹饪进行了分析。这一理论的应用使得把烹饪时间，即马铃薯开始解体前的烹饪时间，与一些动力学理论的术语，主要是胞内键的动力学系数和临界浓度，联系起来成为可能。根据蒸煮部分的参数，建立了简单的模型来描述解体部分。对 3 个不同品种（其中一个品种在六种不同栽培模式下）的两年数据分析发现，非沙拉品种的参数与沙拉品种 Nicola 的参数之间存在很大的差异，且这些参数之间存在相关性。

另一项关于不同质地、流变学和糊化特性的研究表明，不同木薯品种之间存在显著差异（Sajeev et al.，2010）。应用双机理一级动力学模型解释块茎蒸煮过程中硬度降低的原因，并根据速率常数，对块茎蒸煮品质进行客观比较，将其分组为第Ⅰ组——Sree Rekha、Koliakodan、H740、Adukkumuttan 和 Venjaramodan；第Ⅱ组——H152、Narayanakappa、Kaliamanja 和 Sree Prabha。蒸煮程度可以用蒸煮度和相对硬度之间的线性模型来预测。质地轮廓的主要分析利用参数、动态力学光谱、差示扫描量热性能、糊化性质和理化性质对品种进行分类，该方法所得到的分组与双机理一级动力学模型得到的分组基本一致。

Adhikari 等（2010）研究了 3 个马铃薯品种（Russet Burbank、Desiree 和 Sebago）的质地属性（硬度、咀嚼力和软化率）的变化。将均匀的圆柱形样品进行在各种热处理，包括在 85℃或 95℃水加热和蒸汽加热（100.2℃），也使用不同的盐浓度（15g/kg、30g/kg、60g/kg。蒸汽加热后的质地属性变化与 95℃水中加热的变化差异不大。低浓度的盐（1%~3%）会加速这些品种的质地变软，特别是在较低的温度下，这可能是由于渗透压的增加和钠离子的存在以及它们在淀粉颗粒膨胀和开裂中的作用。采用双参数反应动力学模型对质地属性进行建模，在有盐和无盐的情况下，所有热处理工艺制备的质地属性与模型结果有合理的一致性（平均绝对误差为 1.9%~7%）。

14.5 质量优化

由于冷冻过程中涉及到不同的变量和上述提到的相互作用，因此，在确定最佳冻结条件时，应使用一种考虑到这些变量的统计技术。其中一种特别适合这种应用的技术是响应面方法（RSM），它将计划有效的实验设计方法与最小二乘法建模相结合，以确定过程响应的最佳条件。RSM 是解决多变量问题和在多种类型实验中优化多个响应的常用而有效方法（Montgomery，1991；Myers et al.，1995），因为它可以在少量实验的基础上，同时考虑许多不同层次上的几个因素，以及这些因素之间相应的相互作用。Nwabueze（2010）通过多元回归分析和解释得到的多项式方程和响应面等高线图，识别关键工艺变量，建立模型并寻找解，作为调整中心组合设计以实现工艺优化的基本步骤。

14.5.1 冷冻马铃薯

F/T 马铃薯组织（cv. Monalisa）逐步烫漂的优化中，Alvarez 和 Canet（1999b）利用 RSM 比较了烫漂第一步温度和时间（LTLT）对 F/T 马铃薯组织压缩、剪切、拉伸和应力松弛参数的影响。叠加了压缩时表观弹性模量（E_c）、最大拉力（F_t）和第一周期松弛力（F_{r1}）的等高线图（图 14.12）。通过对这些参数拟合的二阶模型的显著性，选择这些力学性能来缩小最佳区域。E_c和 F_{r1} 对研究的重要性决定了最佳区域的限制，而 F_t 可以在其他两个参数限定的波段内进行优化。阴影区域则为烫漂温度（60~65℃）和时间（25~35min）的最佳范围。

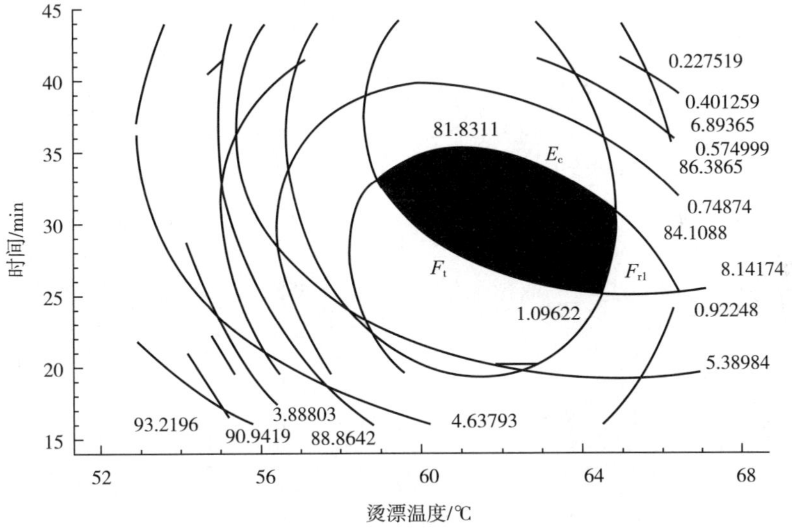

图 14.12 表观弹性模量（E_c）、最大拉力（F_t）和第一周期松弛力（F_{r1}）等高线图*

注：图中阴影区域表示最佳条件。

RSM 还用于确定相同马铃薯组织中 PME 活性、流变参数和质地特性的最佳冷冻条件（Alvarez et al.，1999）。采用中心复合旋转设计研究了第一步烫漂中温度（57.93~72.07℃）和时间（15.86~44.14min）的变化对 PME 活性的影响。然后，采用 Box-Behnken 析因设计，研究第一步漂烫温度（60~70℃）、时间（20~40min）和蒸煮温度（112~122℃）、时间（1~3min）同时变化对流变参数和质构特性的影响。PME 活力用比活力（每毫克蛋白质的 PME 活性单位）来表示，并在第一步烫漂后冷却（PME_1），用之前解冻的样品冷冻后测定（PME_2）。PME_2 小于 PME_1。在 65℃下处理 30min 的样品在冷冻前后检测到最高水平的活力。比较对照样品（97℃，2min）冷冻前后的活力表明，冷冻过程导致几乎 55%的 PME 活性损失，其余损失是由第二次烫漂造成的。与新鲜马铃薯组织中测定的活力值相比，保留的酶活力为每毫克蛋白质 15. 33 个活性单位。在 65℃下处理 30min 后，活力比新鲜组织高 30%，与冷冻后的活力非常接近。

显示最大 PME 活力的固定点的临界温度和时间值：冷冻前是 64. 22℃和 29. 37min，冷冻和蒸汽后是 64. 39℃和 28. 02min（图 14. 13），非常接近某些力学和质地特性的值，证实了早期的研究（Alvarez et al.，1999b）。结果表明，在最佳冷冻条件下，马铃薯组织中 PME 活力的增加与组织的硬度有很高的相关性，说明酶是决定冷冻马铃薯组织（cv. Monalisa）质地品质的主要因素之一。

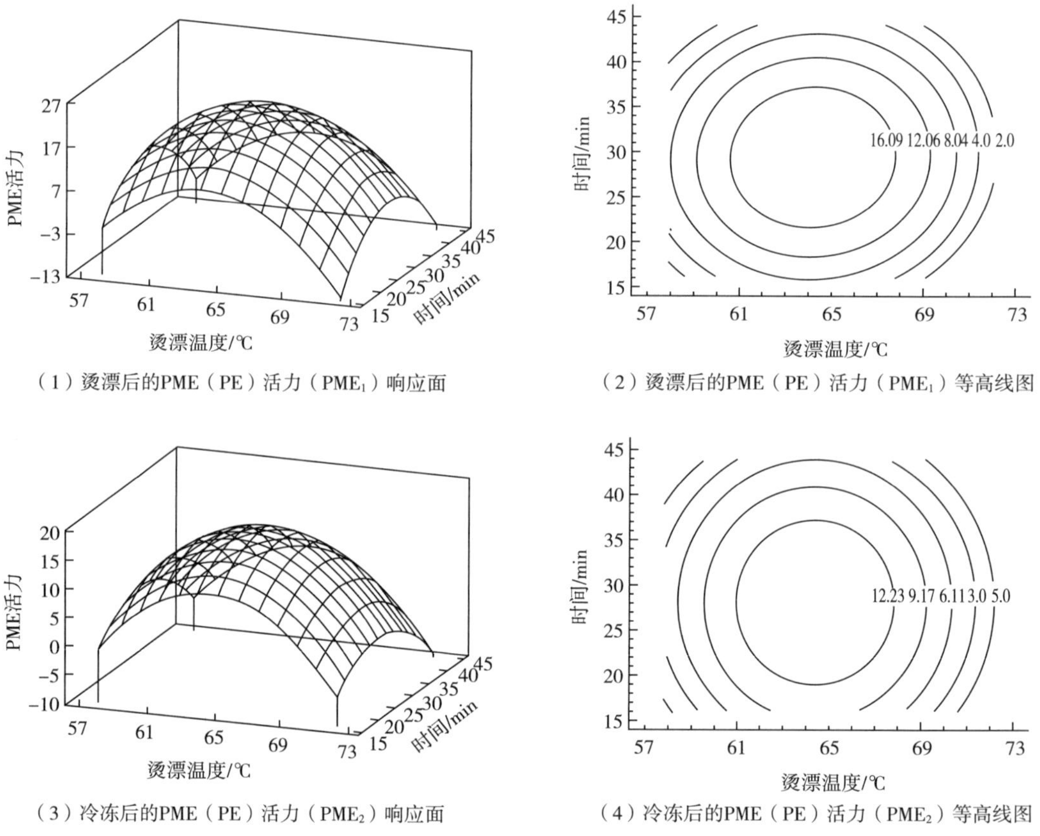

（1）烫漂后的PME（PE）活力（PME_1）响应面

（2）烫漂后的PME（PE）活力（PME_1）等高线图

（3）冷冻后的PME（PE）活力（PME_2）响应面

（4）冷冻后的PME（PE）活力（PME_2）等高线图

图 14. 13 烫漂后、冷冻后的活力响应面及等高线图 PME（PE）
活力响应面、漂烫温度和时间函数的等高线图

在此基础上，采用 RSM 法对冷冻+蒸煮前的低温烫漂工艺进行了优化研究，以找出该工艺对另一品种马铃薯（cv. Kennebec）的影响（Canet et al.，2005c）。采用中心复合旋转

设计用于研究低温处理温度（52.93~67.07℃）和时间（31.72~88.28min）变化对压缩参数和 PME 活性的影响。在复制的中心点（60℃，60min）和烫漂样品的轴向点（60℃，88.28min）出现了最高的压缩值，而在 55℃下烫漂 80min 的样品中出现了最高的 PME 活力；但是，在复制中心点（60℃，60min）和 55℃下烫漂 40min 后的样品中 PME 活力也很高。显示最大机械阻力的固定点的临界温度和时间范围分别为 58~60℃和 66~75min。从曲线图的形状来看，似乎可以合理地假设 PME 活力的增加和坚硬的质地之间存在关系（图 14.14）。

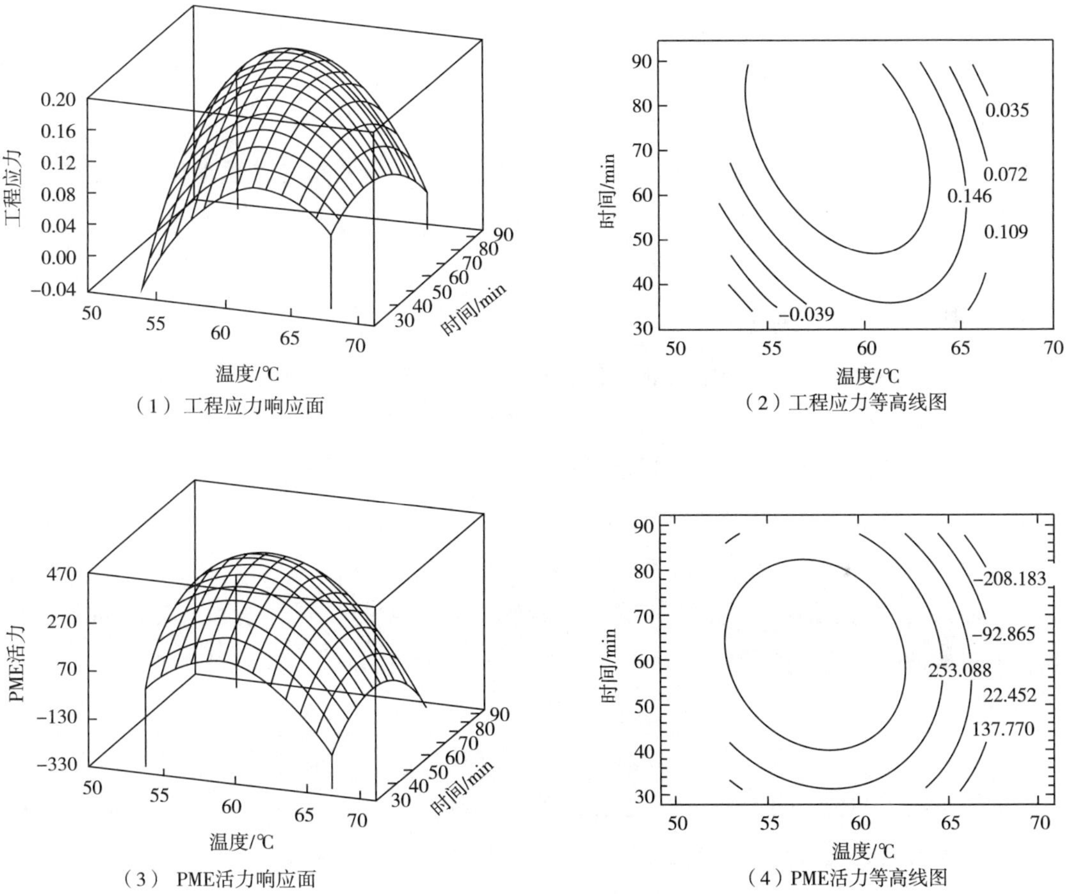

图 14.14 工程应力、 PME 活力响应面及等高线图

Severini 等（2004a）利用 RSM 研究了影响烫漂薯片硬度的变量，如烫漂类型、处理时间、NaCl 或 $CaCl_2$ 浓度以及乳酸浓度。结果表明，所建立的数学模型能较好地反映个体因素和交互因素对马铃薯加工过程中硬度保持的影响。将切片浸泡在氯化钙溶液中用微波烫漂可获得最佳效果。RSM 还用于研究处理时间、氯化钠或氯化钙浓度以及乳酸浓度等变量对浸泡在这些溶液中的马铃薯片微波烫漂的影响（Severini et al.，2004b）。通过设计两个三因子五水平二阶中心组合来分析目标变量。

2014 年，Shahraki 等（2014）利用 RSM 从质量属性方面优化薯条的微波和油炸条件。预处理后的样品含油量显著降低。对于干燥的样品，油炸前降低初始含水量会降低吸油量。用线性模型描述了各种因素对颜色参数变化的影响。研究表明，在 400~500W 微波预炸 3~4min 后，在 180℃下炸 6~7min，可以获得质量指标合格的薯条，用遗传算法优化的模型并没有得到显著改善。数字成像方法可以测量和分析食品表面的颜色，这对于食品工程研究来说是足够的。

食品加工工业的目标是在热加工的有利和有害影响之间取得平衡。因此，在设计热处理工艺时，选择时间-温度组合达到所需的效果，以确保微生物安全，同时减少热对颜色、质地和营养属性的损害程度。颜色和质地的优化变得更加重要，因为大多数食物是否被消费者接受主要取决于口感和外观（Singh Rattan et al.，2014）。为此，研究了马铃薯在蒸馏过程中的色泽特性和质构特性，确定了制备马铃薯罐头的最佳条件。结果表明，在自由轴向模式下，在 125℃和 20r/min 下的加工是马铃薯最大程度保持颜色和质地品质的最佳条件（cv. Goldrush）。

14.5.2 冷冻土豆泥

Downey（2003）研究了低温保护剂混合物对冷冻和解冻的煮熟的土豆泥物理特性的影响（cv. Rooster）。将这些成分混合为瓜尔胶、果胶、WP 浓缩物，还有黄原胶、卡拉胶和 SC，采用实验设计技术设计实验并评估结果。两种成分的混合物都显著降低了最大渗透阻力和离心阻力 DL。抗渗透性建模非常成功，实验方法有可能将这些物理特性调整到预定水平，以满足一系列食物产品的特定消费者期望。

Fernández 等（2006）研究了烹饪前低温烫漂对土豆泥颜色、质地、硬度和振荡参数，感官属性的影响；并采用 RSM 法优化了 F 或 F/T 的 OA，以确定两种土豆泥的最佳烫漂温度和时间。中心复合旋转设计用于确定烫漂温度（57.93~72.07℃）和时间（15.86~44.14min）对质量参数的影响。在烹饪前进行 LTLT 烫漂与直接进行烹饪相比，生产的 F 土豆泥颜色更浅（L^*：b^* 比值更高）。F 和 F/T 土豆泥中，在 65℃下烫漂 30min 可使土豆泥变稠，这可能是 PME 酶激活导致细胞内的物质不易被降解的结果。F/T 烫漂土豆泥的 OA 评分高于 F/T 烫漂土豆泥，这突出了烫漂对于提高冷冻和解冻土豆泥品质的潜力。

将 ALM 果胶和 XG 的混合物添加到 F 和 F/T 土豆泥中（Canet et al.，2011）。产品通过 ITPA、颜色、可榨出的水（E_W）和感官分析进行测试。采用中心复合旋转实验设计研究 ALM 果胶（1.5~4.5g/kg）和 XG（0.5~2.5g/kg）添加量的变化对其影响。虽然 XG 对土豆泥的力学行为、色泽和保水性能的影响大于 ALM 果胶，但其效果与 ALM 和 XG 的添加量密切相关。图 14.15 显示了 F 和 F/T 土豆泥中的绿色度［图 14.15（1）和图 14.15（5）］随着 ALM 和 XG 的添加量达到一定水平而降低，超过一定水平后自变量增加，从而确定了一个明显的最优区域。相比之下，F 产品的 OA［图 14.15（2）］和 F/T 产品的黏着性［图 14.15（3）］、黏性［图 14.15（4）］和黄色度［图 14.15（6）］随着 ALM 和 XG 添加量达到一定水平而增加，超过该值，自变量随之减小，最后确定了最佳区域。在此基础上，计算值（固定点）以给出这些响应的最佳组合。仪器和感官测试表明，当配方中添加 3g/kg ALM 果胶和 1.5g/kg XG 时，F/T 产品的力学性能和功能性能易于接受，几乎没有可检测到的颜色属性变化，并且非常好的 OA 与 XG 赋予的明显的奶油感相关。

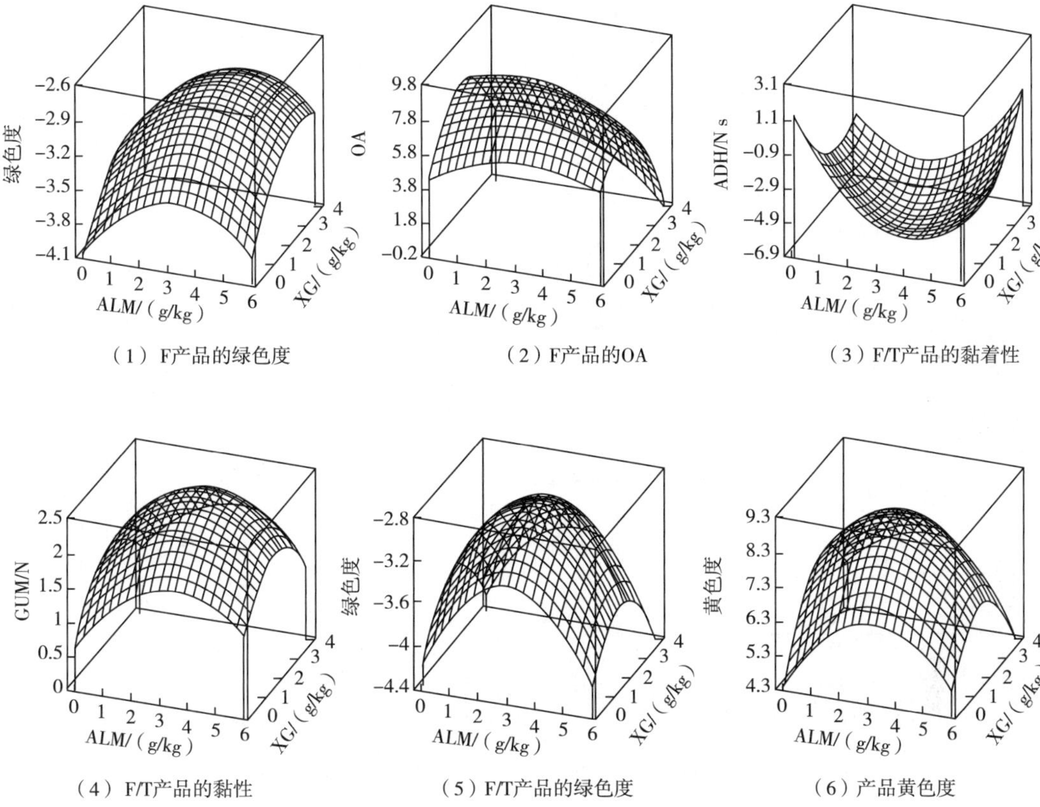

（1）F产品的绿色度　（2）F产品的OA　（3）F/T产品的黏着性

（4）F/T产品的黏性　（5）F/T产品的绿色度　（6）产品黄色度

图 14.15　F 和 F/T 土豆泥中 ALM-果胶和 XG 的添加量对力学、颜色参数和 OA 响应面的影响

在此基础上，用 SC 和 XG 混合物制成的 F 和 F/T 土豆泥进行流变特性评估，通过两种变形试验：大变形试验（ITPA 和 CP）和小变形试验（振荡测量）对颜色、DL、pH 和两种不同的感官进行分析（Fernández et al.，2010）。采用中心复合旋转实验设计，以 SC 浓度 2.5~7.5g/kg，XG 浓度 0.5~2.5g/kg 为自变量，用 RSM 方法研究了 SC 浓度和 XG 浓度对流变特性和质量特性的影响。使用适合响应变量的模型生成等高线图，以确定 SC 添加量和 XG 添加量的主要影响（图 14.16）。添加生物高聚物混合物的土豆泥表现出较弱的凝胶结构，这是由于马铃薯淀粉颗粒上带负电的磷酸盐基团与 XG 分子上的负电荷之间的排斥力引起的。加工过程显著降低了 SC 和 XG 混合物对土豆泥凝胶强度和黏弹性行为的影响，这

是由于高浓度的局部淀粉以及直链淀粉和支链淀粉的回生引起的。DL 值表明，添加浓度为 1.5g/kg 或更高的 XG，单独或与 SC 混合，可以有效地稳定防止土豆泥脱水收缩。

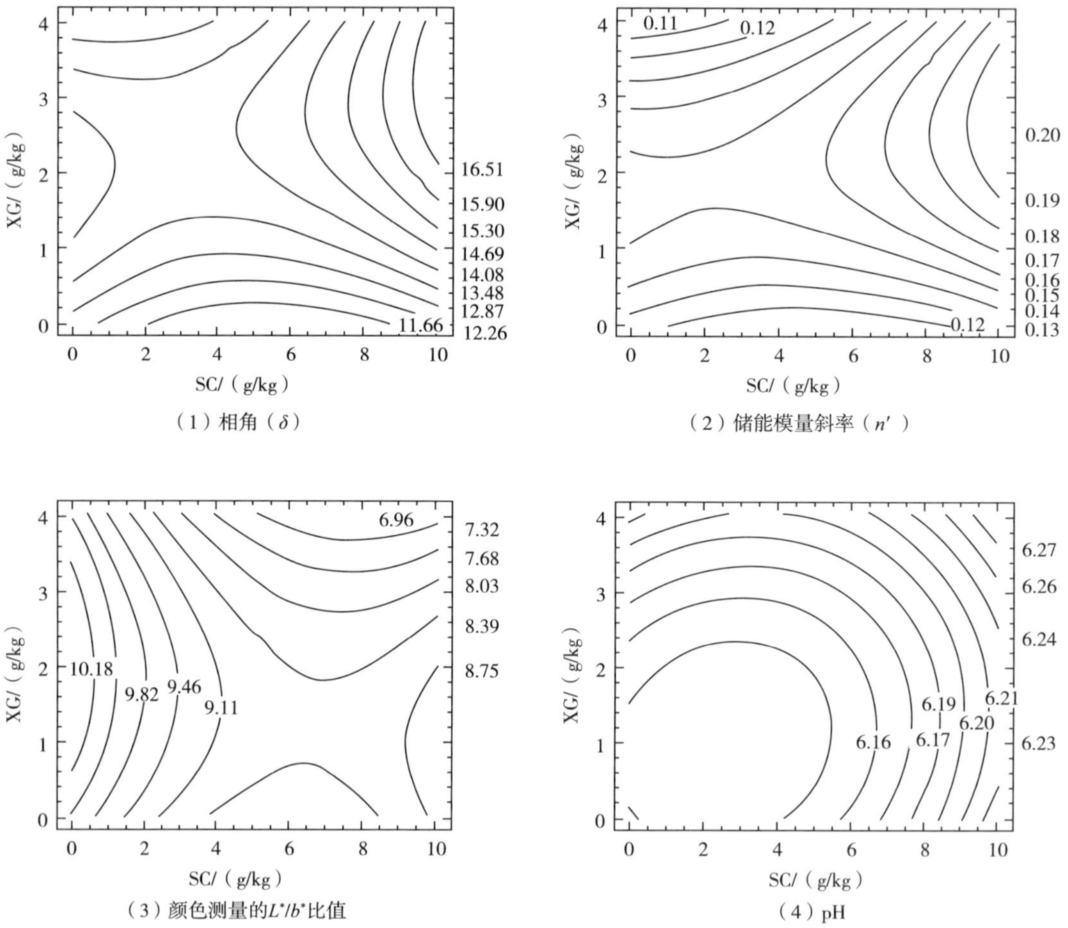

图 14.16　F/T 土豆泥中 SC 添加量和 XG 添加量与品质参数等高线图

接下来，通过稳定性试验将 κ-C 和 XG 的混合物添加到土豆泥中（Fernández et al.，2009b）。产品通过 ITPA 和 CP 测试、振荡和稳定流变学、颜色、DL、总可溶性固形物和感官分析进行测试。采用中心复合旋转设计，研究了 κ-C（1.5～4.5g/kg）和 XG（0.5～2.5g/kg）水平变化的影响。添加 κ-C 对凝胶强度、黏弹性特点、感官属性和 OA 有重要影响，而添加 XG 则影响质地、稳定性和颜色。主要是在含直链淀粉的土豆泥中，弹性模量（G′）强烈依赖于 κ-C 浓度。与添加 1.5g/kg XG 的土豆泥相比，添加 5.12g/kg κ-C 使 G′增加约两倍，这可能是因为膨胀淀粉颗粒的排斥作用、κ-C 的协同效应与变性蛋白质的影响。κ-C 提供了适当的质地，XG 再次赋予产品乳脂状和口感。

下一个目标是确定 κ-C 和 XG 混合物对 F/T 土豆泥质量参数的功能性（Alvarez et al.，2009）。主要目的是研究添加 κ-C（阴离子多糖）和 XG（阴离子胶）混合物对含阴离子马铃薯淀粉（含阴离子磷酸酯基）的 F/T 土豆泥的质构、流变学和感官特性的影响。用 RSM 对实验数据进行了解释。一旦建立了与响应面相关的回归方程，就可以为两个变量（κ-C 和 XG 浓度）绘制对变量输入发生响应的可视化图（图 14.17）。冷冻保护剂的加入主要提高了 F/T 土豆泥的 OA，因为冷冻保护剂可以通过延缓淀粉老化来改善 F/T 土豆泥的质地，增加持水性能，以及增强决定消费者接受程度的主要特征。乳脂度是影响产品 OA 的最关键因素。另一方面，剪切应力-剪切速率数据表明，以 XG 为主，单独或与 κ-C 一起添加对土豆泥抗冻融性和稳定性有积极作用（Alvarez et al.，2011c）。

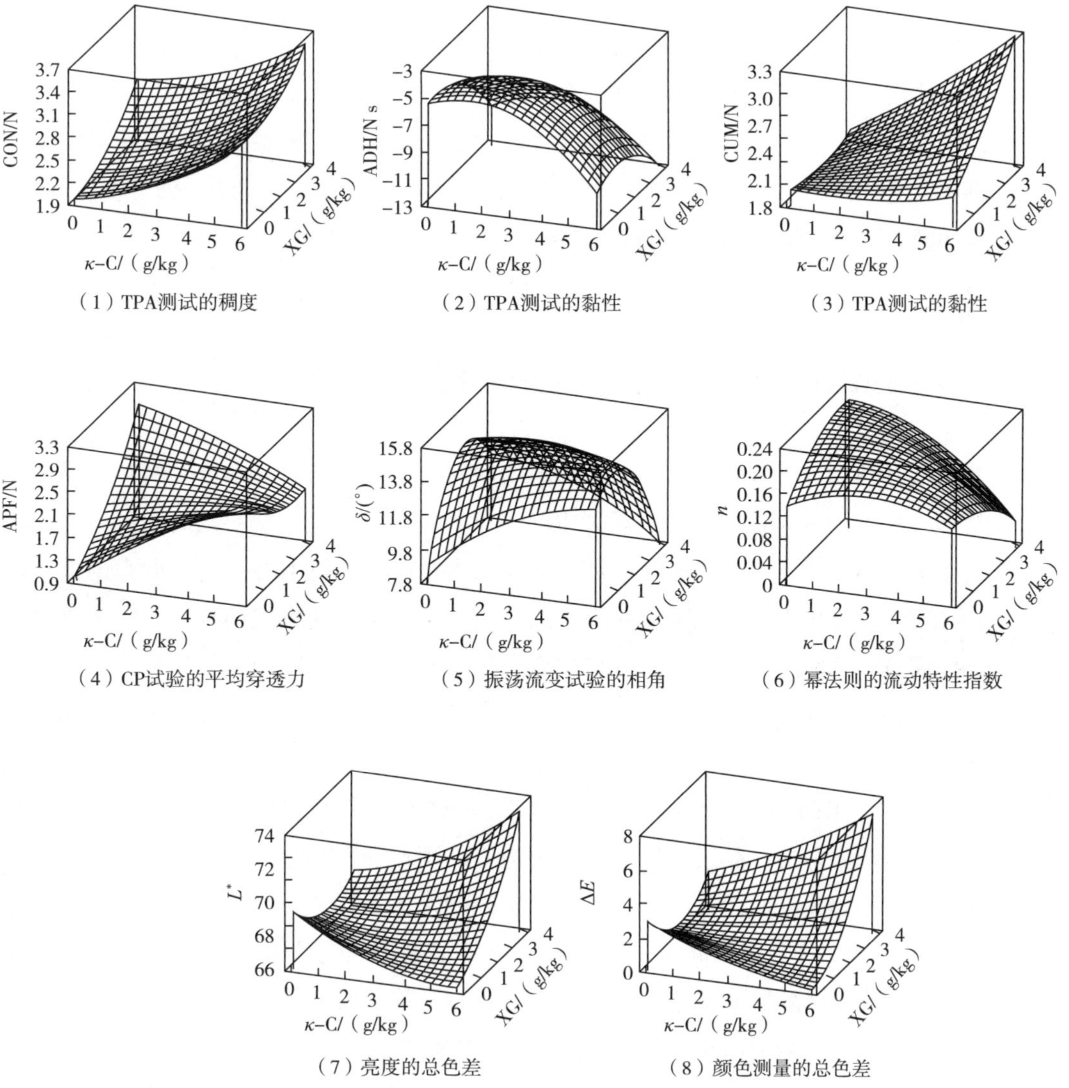

（1）TPA测试的稠度　（2）TPA测试的黏性　（3）TPA测试的黏性

（4）CP试验的平均穿透力　（5）振荡流变试验的相角　（6）幂法则的流动特性指数

（7）亮度的总色差　（8）颜色测量的总色差

图 14.17　F/T 土豆泥中 κ-C 和 XG 添加量的仪器测量响应面函数

这些研究结果对于提高 F/T 土豆泥的感官品质和冻融稳定性具有重要意义。建议将这两种多糖以低浓度（每一种冷冻保护剂用量为 1.5g/kg）添加到后续研究的拟冷冻的土豆泥配方中。

14.5.3 其他热处理马铃薯

Nath 和 Chattopadhayay（2008）研究了 HTST 空气膨化生产即食马铃薯-大豆零食。马铃薯去皮、煮熟、切片、晒干、切碎，大豆晒干并磨碎。添加所需量的冷冻水（5℃）和普通盐，将马铃薯粉与大豆粉（5%~25%）混合制成样品，研究了干燥工艺参数和大豆粉添加量对大豆品质性状和微观结构的影响。RSM 用于确定最佳工艺条件，最佳条件如下：大豆粉 10.3%，膨化温度为 230℃，膨化时间 25.5s，最大膨化率（3.7），最小硬度（2754g），最大 OA 指数（7.3）。当在 230℃下膨化 20s 时，由于在马铃薯-大豆零食中形成大的空气泡和高度膨胀的淀粉颗粒，观察到了多孔结构。Nath 和 Chattopadhayy（2007）在 HTST 空气膨化 20 s 后采用烤箱烘烤，以改善酥脆度和其他品质。在 104℃温度和 28min 干燥时间下，得到了最佳的产品质量：脆度（38.7%）、含水量（3.35%，db）、抗坏血酸损失（20.9%，db）、*L* 值（52）、ΔE（8.60）和 OA（7.8）。

14.6 新的或新兴的方法和对未来的展望

消费者偏好的趋势刺激了新概念驱动技术的发展，这些技术通过非热或温和热方式提供所需处理（Welti-Chanes et al.，2005）。因此，食品工业最近的许多科学研究都集中在非热加工技术上，其中高压加工（HPP）是少数被认为在商业环境中具有真正潜力的项目之一（Sun，2005）。HPP 是一种可能解决食品工业面临的许多最新挑战的技术。它可以促进食品产品的制备，这些产品具有新鲜食品的质量，但方便性和盈利能力与延长保质期有关（McClements et al.，2001）。Norton 和 Sun（2008）综述了在食品工业中将高压作为加工方法的许多方面。

早在 1994 年，Eshtiaghi 等在流化床中干燥高压预处理的马铃薯块，并将其与未处理、压力处理或水烫漂干燥的样品进行比较。干燥速率随预处理而变化，冷冻产生最高的干燥速率，压力处理和水烫漂的样品保留了高度可接受的颜色。冷冻、热水烫漂或高压预处理，然后冷冻，可以很好地复水。高压处理导致复水不完全，但与冷冻相结合时，吸水率在 2.1~4.8mL/g。冷冻样品在干燥过程中细胞壁结构的保留被认为是更有效传质的原因。压力处理后的样品具有最接近原材料的质地，但没有观察到明显的颜色差异。

Luscher 等（2005）发表了压力支撑的冻结和零度以下冷却的研究。他们根据力-变形曲线计算了经过处理的马铃薯的真实压缩应力和张力，结果表明，冻结在冰Ⅲ亚稳定区增强了马铃薯的质地。他们还报道，虽然变压冷冻（PSF，即样品在冷冻过程中释放压力冷冻，造成冰的瞬间结晶，均匀分布在整个样品中）保存了组织的骨骼细胞结构，促进了细胞的通透性。在压力为200MPa的FTCs过程中，体积变化对膜的渗透性有不利影响。在低温冷却过程中，膜的渗透性也受到膜内相变的不利影响，从而导致细胞溶解。

在水和含水食品的相图中，液相和固相亚稳定相的存在证明了在PSF和压力诱导的马铃薯解冻（PIT，即通过在冰Ⅰ的融化曲线上施加压力，可以迫使冻结冷冻的样品从冰到液态水进行相变）过程中新的可能性范围。（Urrutia Benet et al.，2007）。由于温度梯度的增加（在食品材料中，压力释放前后，在PSF处理的情况下，以及在PIT处理时样品和加热介质之间），亚稳态区域（压力高于200MPa，温度低于-20℃）的处理时间有所减少。选择多酚氧化酶（polyphenol oxidase，PPO）的酶活性来评价PSF和PIT在食品保存中的有效性，因为PPO依赖于冷冻过程中冰核对细胞的破坏以及贮藏和解冻过程中晶体的生长。实验室和中试实验结果表明，当施加压力时，冻融过程中PPO的活性并没有增加，在亚稳区甚至略有降低。此外，对关键质量相关参数（颜色、DL、质地和微观结构）的中试评估显示，PSF和PIT的响应比大气冻融更好。然而，通过使用相对破坏应力和应变值，研究发现，在亚稳区（即低于三相点12℃左右）使用过冷与传统PSF相比，在样品的质地或DL方面没有额外的好处——即先采用200MPa和20℃，然后在200MPa下进行PIT处理。事实上这种传统的压力—温度组合，有利于冰Ⅰ的形成，总体样品质地优于采用240MPa/-28℃、280MPa/-20℃和280MPa/-28℃压力-温度组合处理的样品。除了更好的保色性和轻微的酶失活外，亚稳区过冷带来的明显好处是由于小冰晶的形成马铃薯组织中的细胞溶胀减少了。

然而，正如Schluter等（2004）所建议的，在冷冻到其他冰改性或冷却到冰Ⅲ亚稳区之前，必须考虑一些因素，如体积变化、总冷冻时间和相变时间。在工艺效率方面，由于预冷时间过长，冷却到冰Ⅲ区不利于PSF，使用PIT可提高效率。

Park等（2013）表明，原位电导率测量是记录HPP期间质地变化程度的有用工具。这些作者研究了压力对所选蔬菜（胡萝卜、马铃薯和红萝卜）质地变化的影响。在高压（25℃，200、400、600MPa）下，使用定制的实验装置，原位记录了蔬菜的电导率；测定了生的、加工和F/T样品的组织崩解指数（Z），用仪器质地分析仪测定了试样的硬度和刚度。这些信息与脆度指数（CI）有关。压力处理使所有样品的电导率值随压力和保温时间的变化而增加。超过一定的保压时间阈值后，电导率没有进一步变化。经验模型拟合表明马铃薯的Z值与CI呈反比关系。

与常规回温相比，欧姆回温法成功地缩短了冷冻PP的回温时间（Seyhun et al.，2013），从而提高盐浓度或频率可缩短冷冻PP样品的回温时间。当盐浓度为0.50%，频率为10 kHz时，样品内部的温差较小。欧姆加热可成功地用于冷冻食品的回温，使传统的回温时间缩短90%，但影响电导率参数应谨慎控制。

Ignat等（2015）研究了脉冲电场（PEF）预处理对薯条品质的影响。采用0.75kV/cm电场下9000个脉冲或2.50kV/cm电场810个脉冲，对马铃薯块进行18.9kJ/kg PEF处理。

无论采用何种工艺条件，PEF 处理都能增加水分，软化马铃薯块，而不改变其新鲜外观。与烫漂和浸水对照组相比，PEF 处理的马铃薯块在油炸时的油摄取量也较低。这些效应是由于 PEF 诱导的电穿孔对马铃薯组织结构的改变，这也有利于还原糖从马铃薯块表面的淋失，从而降低油炸过程中的褐变倾向。

虽然油炸蔬菜制品含有大量的油脂，不如干制品那么健康，但由于其味道和质地而受到欢迎。真空油炸可以生产出高质量的产品，但成本比传统油炸要高一些。然而，由于真空油炸的显著优势，在未来将被广泛应用于生产高品质的油炸蔬菜/水果产品（包括马铃薯干制品）（Huang et al.，2012）。

已经有报道证明利用微波加热代替传统的传导或辐射加热可以提供更好的传热和传质速率。对于微波辅助干燥而言，进一步研究和开发微波辅助干燥过程中的不均匀性是大规模应用的必要条件，微波设备的资金和运营成本也需要改进。冷冻马铃薯产品的发展趋势包括开发改良的微波产品、更灵活的制造技术、提高缺陷消除技术和降低快餐食品的脂肪含量。

参考文献

Abu-Ghannam N, Crowley H. The effect of low temperature blanching on the texture of whole processed new potatoes. *Journal of Food Engineering*. 2006;74:335-344.

Adhikari B. P, Purcell T, Ristrom A, Chaudhary D. S. Effect of cultivars and thermal processing with salt solutions on the textural attributes (hardness, chewiness and rate of softening) of potatoes (*Solanum Tuberosum* L.). *International Journal of Food Properties*. 2010;13:1161-1177.

Aguilera J. M. Fritura de alimentos. In: Aguilera J. M, ed. *Temas en tecnología de alimentos*. México, DF: Instituto Politécnico Nacional; 1997:187-215.

Alvarez M. D, Canet W. Efecto de las velocidades de congelación, descongelación y congelaciones y descongelaciones sucesivas en distintos parámetros reológicos definitorios de la textura de patata (cv. Monalisa). In: Gallegos C, Guerrero A, Muñoz J, eds. *Reología y textura de productos alimentarios de interés industrial*. Sevilla: Grupo Especializado de Reología. Real Sociedad Española de Química; 1995:3-14.

Alvarez M. D. *Caracterización reológica de tejidos de patata tratados térmicamente. Cinéticas de ablandamiento* Ph. D. dissertation. Universidad Politécnica de Madrid; 1996.

Alvarez M. D, Canet W, Tortosa M. E. Effect of freezing rate and programmed freezing on rheological parameters and tissue structure of potato (cv. Monalisa). *Zeitschrift für Lebensmittel-Untersuch ung und-Forschung A*. 1997;204:356-364.

Alvarez M. D, Canet W. Effect of pre-cooling and freezing rate on mechanical strength of potato tissues (cv *Monalisa*) at freezing temperatures. *Zeitschrift für Lebensmittel-Untersuch ung und-Forschung A*. 1997; 205:282-289.

Alvarez M. D, Canet W. Effect of temperature fluctuations during frozen storage on the quality of potato tissues (cv. Monalisa). *Zeitschrift für Lebensmittel-Untersuch ung und-Forschung A*. 1998;206:52-57.

Alvarez M. D, Canet W. Rheological characterization of fresh and cooked potato tissues (cv. *Monalisa*). *Zeitschrift für Lebensmittel-Untersuch ung und-Forschung A*. 1998;207:55-65.

Alvarez M. D, Canet W, Cuesta F, Lamúa M. Viscoelastic characterization of solid foods from creep compliance data: application to potato tissues. *Zeitschrift für Lebensmittel-Untersuch ung und-Forschung A*. 1998; 207:356-362.

Alvarez M. D, Morillo M. J, Canet W. Optimisation of freezing process with pressure steaming of potato tissues (cv *Monalisa*). *Journal of the Science of Food and Agriculture*. 1999;79:1237-1248.

Alvarez M. D, Canet W. Rheological properties of mashed potatoes made from dehydrated flakes: effect of ingredients and freezing. *European Food Research and Technology*. 1999;209:335-342.

Alvarez M. D, Canet W. Optimization of stepwise blanching of frozen-thawed potato tissues (cv. Monalisa). *European Food Research and Technology*. 1999;210:102-108.

Alvarez M. D, Canet W. Kinetics of softening of potato tissue by temperature fluctuations in frozen storage. *European Food Research and Technology*. 2000;210:273-279.

Alvarez M. D, Canet W. Principal component analysis to study the effect of temperature fluctuations during storage of frozen potato. *European Food Research and Technology*. 2000;211:415-421.

Alvarez M. D, Canet W, Tortosa M. E. Kinetics of thermal softening of potato tissue (cv. Monalisa) by water heating. *European Food Research and Technology*. 2001;212:588-596.

Alvarez M. D, Canet W. Kinetics of thermal softening of potato tissue heated by different methods. *European Food Research and Technology*. 2001;212:454-464.

Alvarez M. D, Canet W. Rheological properties of frozen vegetable purees. Effect of freeze-thaw cycles and thawing conditions. *European Food Research and Technology*. 2001;213:30-37.

Alvarez M. D, Canet W. Influence of cooking and freeze-thaw cycles on viscoelastic properties of vegetable purees. *LWT-Food Science and Technology*. 2001;34:549-555.

Alvarez M. D, Canet W. A comparison of various rheological properties for modelling the kinetics of thermal softening of potato tissue (cv. Monalisa) by water cooking and pressure steaming. *International Journal of Food Science and Technology*. 2002;37:41-55.

Alvarez M. D, Fernández C, Canet W. Rheological behaviour of fresh and frozen potato puree in steady and dynamic shear at different temperatures. *European Food Research and Technology*. 2004;218:544-553.

Alvarez M. D, Fernández C, Canet W. Effect of freezing/thawing conditions and long-term frozen storage on the quality of mashed potatoes. *Journal of the Science of Food and Agriculture*. 2005;85:2327-2340.

Alvarez M. D, Canet W, Fernández C. Effect of addition of cryoprotectants on the mechanical properties, colour and sensory attributes of fresh and frozen/thawed mashed. *European Food Research and Technology*. 2008;226:1525-1544.

Alvarez M. D, Fernández C, Canet W. Enhancement of freezing stability in mashed potatoes by the incorporation of kappa-carrageenan and xanthan gum blends. *Journal of the Science of Food and Agriculture*. 2009; 89:2115-2127.

Alvarez M. D, Canet W. Thermal processing and quality optimization. In: Singh J, Kaur L, eds. *Advances in Potato Chemistry and Technology*. Burlington: Academic Press; 2009:163-219 (Chapter 7).

Alvarez M. D, Fernández C, Olivares M. D, Canet W. Rheological behaviour and functionality of inulin-extra virgin olive oil-based mashed potatoes. *International Journal of Food Science and Technology*. 2010;45: 2108-2118.

Alvarez M. D, Fernández C, Canet W. Oscillatory rheological properties of fresh and frozen/thawed mashed potatoes as modified by different cryoprotectants. *Food and Bioprocess Technology*. 2010;3:55-70.

Alvarez M. D, Fernández C, Jiménez M. J, Canet W. Texture of extra virgin olive oil-enriched mashed potatoes: sensory, instrumental and structural relationships. *Journal of Texture Studies*. 2011;42:413-429.

Alvarez M. D, Fernández C, Solas M. T, Canet W. Viscoelasticity and microstructure of inulin-enriched mashed potatoes: influence of freezing and cryoprotectants. *Journal of Food Engineering*. 2011;102:66-76.

Alvarez M. D, Fernández C, Canet W. Effect of cryoprotectant mixtures on rheological properties of fresh and frozen/thawed mashed potatoes. *Journal of Food Process Engineering*. 2011;34:224-250.

Alvarez M. D, Fernández C, Canet W. Flow behaviour and sensory properties of extra virgin olive oil-enriched mashed potatoes: influence of cryoprotectants and freezing. Benkeblia N, ed. *Potato VIFood*. 2011;5 (Special Issue 1):27-39 Global Science Books (GSB), UK.

Alvarez M. D, Fernández C, Olivares M. D, Canet W. A rheological characterisation of mashed potatoes enriched with soy protein isolate. *Food Chemistry*. 2012;133:1274-1282.

Alvarez M. D, Fernández C, Olivares M. D, Canet W. Comparative characterization of dietary fibre enriched frozen/thawed mashed potatoes. *International Journal of Food Properties*. 2012;15:1022-1041.

Alvarez M. D, Jiménez M. J, Olivares M. D, Barrios L, Canet W. Texture perception determined by soy protein isolate and inulin addition in potato puree: links with mechanical and microstructural features. *Journal of Texture Studies*. 2012;43:361-374.

Alvarez M. D, Fernández C, Olivares M. D, Jiménez M. J, Canet W. Sensory and texture properties of mashed potatoes incorporated withinulin and olive oil blends. *International Journal of Food Properties*. 2013; 16:1-21.

Alvarez M. D, Olivares M. D, Blanch M, Canet W. Mashed potatoes enriched with soy protein isolate and inulin: chemical, rheological and structural basis. *Food Science and Technology International*. 2013; 19: 447-460.

Alvarez M. D, Canet W, Jiménez M. J. Rheology, texture and functionality of soy protein isolate-based potato puree: instrumental, sensory and structural relationships. In: Casamides J. M, Gonzalez H, eds. *Soy Protein: Production Methods, Functional Properties and Food Sources*. NY, USA: Nova Science Publishers, Inc; 2014:1-46.

Andersson A, Gekas V, Lind I, Oliveira F, Östel R. Effect of preheating on potato texture. *Critical Reviews in Food Science and Nutrition*. 1994;34:229-251.

Arthey D. Freezing of vegetables and fruits. In: Mallet C. P, ed. *Frozen Food Technology*. London: Blackie Academic and Professional; 1993:237-269.

Barrera C, Chenoll C, Andres A, Fito P. Application of SAFES (systematic approach to food engineering systems) methodology to French fries manufacture. *Journal of Food Engineering*. 2007;83:201-210.

Blahovec J, Kuroki S, Sakurai N. Cooking kinetics of potato tubers determined by vibration techniques. *Food Research International*. 2007;40:576-584.

Blahovec J, Hejlova A. Simple kinetic models of potato sloughing. *International Journal of Food Properties*. 2010;13:51-64.

Bourne M. C. Effect of blanch temperature on kinetics of thermal softening of carrots and green beans. *Journal of Food Science*. 1987;52:667-668 690.

Bourne M. C. Applications of chemical kinetic theory to the rate of thermal softening of vegetable tissue. In: Jen J. J, ed. *Quality Factors of Fruits and Vegetables. Chemistry and Technology*. Washington: American Chemical Society; 1989:98-110 (Chapter 9).

Brown A. M, Morales J. A. W. Determination of blanching conditions for frozen parfried potatoes. *American Potato Journal*. 1970;47:321-325.

Canet W. *Estudio de la influencia de los tratamientos térmicos de escaldado, congelación y descongelación en la textura y estructura de patata* Ph. D. dissertation. Universidad Politécnica de Madrid; 1980.

Canet W, Espinosa J, Ruiz-Altisent M. Effects of blanching and rate of freezing on the texture of potatoes measured by mechanical tests. *Refrigeration Science and Technology*. 1982;4:277-283.

Canet W, Espinosa J, Ruiz-Altisent M. Effects of the stepwise blanching on the texture of frozen potatoes measured by mechanical tests. *Refrigeration Science Technology*. 1982;4:284-289.

Canet W, Espinosa J. The effect of blanching and freezing rate on the texture of potatoes, carrots and peas, measured by mechanical tests. In: Zeuthen P, Cheftel J. C, Eriksson C, JulM, Leniger H, Linko P, Varela G, eds. *Thermal Processing and Quality of Foods*. London: Elsevier Applied Science; 1984:678-683.

Canet W. Quality and stability of frozen vegetables. In: Thorne S, ed. *Developments in Food Preservation*. London & New York: Elsevier Applied Science Ltd; 1989:1-50 (Chapter 5).

Canet W, Alvarez M. D. Congelación de alimentos vegetales. In: Madrid Vicente A, ed. *Aplicaciones del frío a los alimentos*. Madrid: AMV y Mundi Prensa; 2000:201-258.

Canet W, Alvarez M. D, Fernández C, Luna P. Comparisons of methods for measuring yield stresses in potato puree: effect of temperature and freezing. *Journal of Food Engineering*. 2005;68:143-153.

Canet W, Alvarez M. D, Fernández C, Tortosa M. E. The effect of sample temperature on instrumental and sensory properties of mashed potato products. *International Journal of Food Science and Technology*. 2005;40: 481-493.

Canet W, Alvarez M. D, Fernández C. Optimization of low-temperature blanching for retention of potato firmness: effect of previous storage on compression properties. *European Food Research and Technology*. 2005; 221:423-433.

Canet W, Alvarez M. D. Quality and safety of frozen vegetables. In: Sun D. -W, ed. *Handbook of Frozen Food Processing and Packaging*. second ed. Boca Raton, London, New York: CRC Taylor & Francis Group; 2011:387-434 (Chapter 17).

Canet W, Alvarez M. D, Fernández C. Functionality of amidated low methoxyl pectin and xanthan gum blends on the texture and color of mashed potatoes. *Journal of Food Process Engineering*. 2011;34:746-776.

Chaisawang M, Suphantharika M. Effect of guar gum and xanthan gum additions on physical and rheological properties of cationic tapioca starch. *Carbohydrate Polymers*. 2005;61:288-295.

Chaisawang M, Suphantharika M. Pasting and rheological properties of native and anionic tapioca starches as modified by guar gum and xanthan gum. *Food Hydrocolloids*. 2006;20:641-649.

Chen J, Pitchai K, Birla S, Gonzalez R, Jones D, Subbiah J. Temperature-dependent dielectric and thermal properties of whey protein gel and mashed potato. *Transactions of the ASAE*. 2013;56:1457-1467.

Dickinson E. Stability and rheological implications of electrostatic milk protein-polysaccharide interactions. *Trends in Food Science and Technology*. 1998;9:347-354.

Doublier J. L. Rheological properties of mixed biopolymer systems. In: UPM, ed. *Fundamentos de Reología. Los materiales viscoelásticos-3*. Valencia, Spain: Universidad Internacional Menéndez Pelayo; 1997.

Downey G. Quality changes in frozen and thawed, cooked puréed vegetables containing hydrocolloids, gums and dairy powders. *International Journal of Food Science and Technology*. 2002;37:869-877.

Downey G. Effects of cryoprotectant mixtures on physical properties of frozen and thawed puréed cooked potatoes: some introductory studies. *International Journal of Food Science and Technology*. 2003;38:857-868.

Eliasson A. C, Kim H. R. Changes in rheological properties of hydroxypropyl potato starch pastes during freeze-thaw treatments I. A rheological approach for evaluation of freeze-thaw stability. *Journal of Texture Studies*. 1992;23:279-295.

Eurostat, 2013. http://ec. europa. eu/eurostat (Copyright © Eurostat).

Fernández C, Alvarez M. D, Canet W. The effect of low-temperature blanching on the quality of fresh and frozen/thawed mashed potatoes. *International Journal of Food Science and Technology*. 2006;41:577-595.

Fernández C, Alvarez M. D, Canet W. Steady shear and yield stress data of fresh and frozen/thawed mashed potatoes: effect of biopolymers addition. *Food Hydrocolloids*. 2008;22:1381-1395.

Fernández C, Canet W, Alvarez M. D. The effect of long-term frozen storage on the quality of frozen and thawed mashed potatoes with added cryoprotectant mixtures. *International Journal of Food Science and Technology*. 2009;44:1373-1387.

Fernández C, Canet W, Alvarez M. D. Quality of mashed potatoes: effect of adding blends of kappa-carrageenan and xanthan gum. *European Food Research and Technology*. 2009;229:205-222.

Fernández C, Canet W, Alvarez M. D. Rheological properties and sensory attributes of mashed potatoes made with mixtures of sodium caseinate and xanthan gum. In: Hollingworth C. S, ed. *Food Hydrocolloids: Characteristics, Properties and Structures*. New York: Nova Science Publishers, Inc; 2010:81-117.

Gould W. A. Potato production. In: Gould W. A, ed. *Potato Production, Processing and Technology*. Timonium, Maryland, USA: CTI Publications, Inc.; 1999:11-27.

Gould W. A. Receiving and grading for quality. In: Gould W. A, ed. *Potato Production, Processing and Technology*. Timonium, Maryland, USA: CTI Publications, Inc.; 1999:42-49.

Gould W. A. *Total Quality Assurance for the Food Industries*. Timonium, MD: CTI Publications Inc.; 2001.

Harada T, Tirtohusodo H, Paulus K. Influence of temperature and time on cooking kinetics of potatoes. *Journal of Food Science*. 1985;50:459-462;472.

Harada T, Tirtohusodo H, Paulus K. Influence of the composition of potatoes on their kinetics. *Journal of Food Science*. 1985;50:463-468.

Harada T, Paulus K. Analytical methods to characterize the cooking behaviour of potatoes. *LWT-Food Science and Technology*. 1986;19:39-43.

He J, Cheng L, Gu Z, Hong Y, Li Z. Effects of low-temperature blanching on tissue firmness and cell wall strengthening during sweet potato flour processing. *International Journal of Food Science and Technology*. 2014;49:1360-1366.

Hermansson A. M. Biopolymer microstructure and rheology. In: Windhab E, ed. *Proceedings of the 1st International Symposium on Food Rheology and Structure*. Hanover, Zurich: Vincentz; 1997:18-26.

Huang Y. C, Bourne M. C. Kinetics of thermal softening of vegetables. *Journal of Texture Studies*. 1983;14:1-9.

Huang L. L, Zhang M. Trends in development of dried vegetable products as snacks. *Drying Technology*. 2012;30:448-461.

Hui Y. H. Frozen French fried potatoes and quality assurance. In: Hui Y. H, Ghazala S, Graham D. M, Murrel K. D, Nip W. K, eds. *Handbook of Vegetable Preservation and Processing*. New York: Marcel Dekker Inc.; 2004:309-324 (Chapter 19).

Ignat A, Manzocco L, Brunton N. P, Nicoli M. C, Lyng J. G. The effect of pulsed electric field pre-treatments prior to deep-fat frying on quality aspects of potato fries. *Innovative Food Science and Emerging Technologies*. 2015;29:65-69.

International Institute of Refrigeration. In: International Institute of Refrigeration, ed. *Recommendations for the Processing and Handling of Frozen Foods*. fourth ed. 2006:10 Paris.

ISO. TS 17996 IDF. RM 205. *Cheese-determination of Rheological Properties by Uniaxial Compression at Constant Displacement Rate*. Geneva, Switzerland: ISO; 2006(E).

Jiménez M. J, Canet W, Alvarez M. D. Sensory description of potato puree enriched with individual functional ingredients and their blends. *Journal of Texture Studies*. 2013;44:301-316.

Jobling A, Westcott R. J, Tayal A, Jeffcoat R, Schwall G. P. Production of a freeze-thaw-stable potato starch by antisense inhibition of three starch synthase genes. *Nature Biotechnology*. 2002;20:295-299.

Jul L. M. *The Quality of Frozen Foods*. London: Academic Press; 1984:1-80.

Kadam S. S, Wankier B. N, Adsule R. N. Processing. In: Salunkhe D. K, Kadam S. S, Jadhav S. J, eds. *Potato: Production, Processing, and Products*. Boca Raton, Ann Arbor, Boston, USA: CRC Press; 1991:112-147.

Kalichevsky M. T, Jaroszkiewicz E. M, Ablett S, Blanshard J. M. V, Lillford P. J. The glass transition of amylopectin measured by DSC, DMTA and NMR. *Carbohydrate Polymers*. 1992;18:77-88.

Kim H. R, Eliasson A. C. Changes in rheological properties of hydroxypropyl potato starch pastes during freeze-thaw treatments II. Effect of molar substitution and cross-linking. *Journal of Texture Studies*. 1993;24:199-213.

Kim M. H. R, Muhrbeck P, Eliasson A. C. Changes in rheological properties of hydroxypropyl potato starch pastes during freeze-thaw treatments III. Effect of cooking conditions and concentration of the starch paste. *Journal of the Science of Food and Agriculture*. 1993;61:109-116.

Korus J, Juszczak L, Witczak M, Achremowicz B. Influence of selected hydrocolloids on triticale starch rheological properties. *International Journal of Food Science and Technology*. 2004;39:641-652.

Kozempel M. F. Modeling the kinetics of cooking and precooking potatoes. *Journal of Food Science*. 1988;53:753-755.

Lasztity R, Sebök A, Major J. Textural properties of fruits and vegetables and their changes during freezing and storage at low temperature. *Periodica Polytechnica Chemical Engineering*. 1992;36:225-238.

Liu E. Z, Scanlon M. G. Modeling the effect of blanching conditions on the texture of potato strips. *Journal of Food Engineering*. 2007;81:292-297.

Luscher C, Schluter O, Knorr D. High pressure-low temperature processing of foods: impact on cell membranes, texture, color and visual appearance of potato tissue. *Innovative Food Science and Emerging Technologies*. 2005;6:59-71.

Mandala I, Michon C, Launay B. Phase and rheological behaviors of xanthan/amylose and xanthan/starch mixed systems. *Carbohydrate Polymers*. 2004;58:285-292.

Masson L, Munoz J. R, Romero N, Camilo C, Encina C, Hernandez L, Castro J, Robert P. Acrylamide in fried potatoes: an updated review. *Grasas y aceites*. 2007;58:185-193.

McClements J. M. J, Patterson M. F, Linton M. The effect of growth stage and growth temperature on high hydrostatic pressure inactivation of some psychrotrophic bacteria in milk. *Journal of Food Protection*. 2001;64:514-522.

Moledina K. H, Haydar M, Ooraikul B, Hadziyev D. Pectin changes in the precooking step of dehydrated mashed potato production. *Journal of the Science of Food and Agriculture*. 1981;32:1091-1102.

Montgomery D. C. *Diseño y Análisis de Experimentos*. Mexico: Grupo Editorial Iberoamérica; 1991:467-509.

Morikawa K, Nishinari K. Effects of concentration dependence of retrogradation behaviour of dispersions for native and chemically modified potato starch. *Food Hydrocolloids*. 2000;14:395-401.

Myers R. H, Montgomery D. C. *Response Surface Methodology: Process and Product Optimization Using Designed Experiments*. New York: Wiley; 1995.

Nath A, Chattopadhyay P. K. Optimization of oven toasting for improving crispness and other quality attributes of ready to eat potato-soy snack using response surface methodology. *Journal of Food Engineering*. 2007;80:1282-1292.

Nath A, Chattopadhyay P. K. Effect of process parameters and soy flour concentration on quality attributes and microstructural changes in ready-to-eat potato-soy snack using high-temperature short time air puffing. *LWT-Food Science and Technology*. 2008;41:707-715.

Norton T, Sun D. -W. Recent advances in the use of high pressure as an effective processing technique in the food industry. *Food and Bioprocess Technology*. 2008;1:2-34.

Nourian F, Ramaswamy H. S. Kinetics of quality change during cooking and frying of potatoes: Part II. Colour. *Journal of Food Process Engineering*. 2003;26:395-411.

Nourian F, Ramaswamy H. S. Kinetics of quality change during cooking and frying of potatoes: Part I. Texture. *Journal of Food Process Engineering*. 2003;26:377-394.

Nwabueze T. U. Basic steps in adapting response surface methodology as mathematical modelling for bioprocess optimisation in the food systems. *International Journal of Food Science and Technology*. 2010;45:1768-1776.

O'Leary E, Gormley T. R, Butler F, Shilton N. The effect of freeze-chilling on the quality of ready-meal components. *LWT-Food Science and Technology*. 2000;33:217-224.

Park S. H, Balasubramaniam V. M, Sastry S. K. Estimating pressure induced changes in vegetable tissue using in situ electrical conductivity measurement and instrumental analysis. *Journal of Food Engineering*. 2013;114:47-56.

Pedreschi F, Moyano P. Effect of pre-drying on texture and oil uptake of potato chips. *LWT-Food Science and Technology*. 2005;38:599-604.

Pedreschi F, Leon J, Mery D, Moyano P, Pedreschi R, Kaack K, Granby K. Color development and acrylamide content of pre-dried potato chips. *Journal of Food Engineering*. 2007;79:786-793.

Pedreschi F, Bustos O, Mery D, Moyano P, Kaack K, Granby K. Color kinetics and acrylamide formation in NaCl soaked potato chips. *Journal of Food Engineering*. 2007;79:989-997.

Pimpaporn P, Devahastin S, Chiewchan N. Effects of combined pretreatments on drying kinetics and quality of potato chips undergoing low-pressure superheated steam drying. *Journal of Food Engineering*. 2007;81:318-329.

Polak A. Concern after US approves GM potato. *Deccan Herald*. November 17, 2014. http://www.deccanherald.com/content/442200/concern-us-approves-gm-potato.html.

Pravisani C. I, Califano A. N, Calvelo A. Kinetics of starch gelatinization in potato. *Journal of Food Science*. 1985;50:657-660.

Pieterse L, Judd J, eds. *World Catalogue of Potato Varieties*. sixth ed. Germany: Agrimedia Gmbh; 2014:430.

Rahardjo B, Sastry K. Kinetics of softening of potato tissue during thermal treatment. *Transactions of IChemE*. 1993;71:235-241.

Redmond G. A, Butler F, Gormley T. R. The effect of freezing conditions on the quality of freeze-chilled reconstituted mashed potato. *LWT-Food Science and Technology*. 2002;35:201-204.

Redmond G. A, Gormley T. R, Butler F. The effect of short and long-term freeze-chilling on the quality of mashed potato. *Innovative Food Science and Emerging Technologies*. 2003;4:85-97.

Ross H. A, Morris W. L, Ducreux L. J. M, Hancock R. D, Verrall S. R, Morris J. A, Tucker G. A, Stewart D, Hedley P. E, McDougal engineering to modify product quality in potato. *Plant Biotechnology Journal*. 2011;9:848-856.

Sajeev M. S, Sreekumar J, Unnikrishnan M, Moorthy S. N, Shanavas S. Kinetics of thermal softening of cassava tubers and rheological modeling of the starch. *Journal of Food Science and Technology*. 2010;47:507-518.

Sawant D. M, Dhumal S. S, Kadam S. S. Production. In: Salunkhe D. K, Kadam S. S, Jadhav S. J, eds. *Potato: Production, Processing, and Products*. Boca Raton, Ann Arbor, Boston, USA: CRC Press; 1991:37-68.

Schluter O, Urrutia-Benet G. U, Heinz V, Knorr D. Metastable states of water and ice during pressure-supported freezing of potato tissue. *Biotechnology Progress*. 2004;20:799-810.

Severini C, Baiano A, Del Nobile M. A, Mocci G, De Pilli T. Effects of blanching on firmness of sliced potatoes. *Italian Journal of Food Science*. 2004;16:31-44.

Severini C, Baiano A, De Pilli T, Romaniello R, Derossi A. Microwave blanching of sliced potatoes dipped in saline solutions to prevent enzymatic browning. *Journal of Food Biochemistry*. 2004;28:75-89.

Seyhun N, Ramaswamy H. S, Zhu S. M, Sumnu G, Sahin S. Ohmic tempering of frozen potato puree.

Food and Bioprocess Technology. 2013;6:3200-3205.

Shahraki M. H, Ziaiifar A. M, Kashaninejadi S. M, Ghorbani M. Optimization of pre-fry microwave drying of French fries using response surface methodology and genetic algorithms. *Journal of Food Processing and Preservation*. 2014;38:535-550.

Shi X. H, BeMiller J. M. Effects of food gums on viscosities of starch suspensions during pasting. *Carbohydrate Polymers*. 2002;50:7-18.

Singh N, Kaur L, Singh J. Relationships between physicochemical, thermal and rheological properties of starches separated from different potato cultivars. *Journal of the Science of Food and Agriculture*. 2004;84:714-720.

Singh Rattan N, Ramaswamy H. S. Quality optimization of canned potatoes during rotary autoclaving. *Journal of Food Quality*. 2014;37:168-176.

Srichuwong S, Isonoa N, Jiangb H, Mishimaa T, Hisamatsua M. Freeze-thaw stability of starches from different botanical sources: correlation with structural features. *Carbohydrate Polymers*. 2012;87:1275-1279.

Stark J. C, Olsen N, Kleinkopf G. E, Love S. L. Tuber Quality. 2003. www. ag. uidaho. edu/potato/production/files/TUBERQUALITY-web. pdf.

Stark J. C, Love S. L. Tuber quality. In: Stark J. C, Love S. L, eds. *Potato Production Systems*. Moscow, Idaho, USA: Educational Communications, University of Idaho; 2003:329-342 (Chapter 16).

Stolle-Smits T, Donkers J, Van Dijk C, Derksen J, Sassen M. M. A. An electron microscopy study on the texture of fresh, blanched and sterilized green bean pods (*Phaseolus vulgaris* L.). *LWT-Food Science and Technology*. 1998;31:237-244.

Sun D. W. In: Sun D. W, ed. *Emerging Technologies for Food Processing*. London: Elsevier; 2005.

Suzuki A, Shibanuma K, Takeda Y, Abe J, Hizukuri S. Structures and pasting properties of potato starches from Jaga Kids Purple '90 and Red '90. *Journal of Applied Glycoscience*. 1994;41:425-432.

Tijskens L. M. M, Waldron K. W, Ng A, Ingham L, Van Dijk C. The kinetics of pectin methyl esterase in potatoes and carrots during blanching. *Journal of Food Engineering*. 1997;34:371-385.

Troncoso E, Pedreschi F. Modeling of textural changes during drying of potato slices. *Journal of Food Engineering*. 2007;82:577-584.

Truong V. D, Walter W. M, Bett K. L. Textural properties and sensory quality of processed sweet potatoes as affected by low temperature blanching. *Journal of Food Science*. 1998;63:739-743.

Tseng Y. C, Xiong Y. L. Effect of inulin on the rheological properties of silken tofu coagulated with glucono-δ-lactone. *Journal of Food Engineering*. 2009;90:511-516.

Urrutia-Benet G, Balogh T, Schneider J, Knorr D. Metastable phases during high-pressure-low-temperature processing of potatoes and their impact on quality-related parameters. *Journal of Food Engineering*. 2007;78:375-389.

van Dijk C, Fisher M, Beekhuizen J. G, Boeriu C, Stolle-Smiths T. Texture of cooked potatoes (*Solanum tuberosum*). 3. Preheating and the consequences for the texture and cell wall chemistry. *Journal of Agricultural and Food Chemistry*. 2002;50:5098-5106.

van Loey A, Fransis A, Hendrickx M, Maesmans G, Tobback P. Kinetics of quality changes of green peas and white beans during thermal processing. *Journal of Food Engineering*. 1995;24:361-377.

Verlinden B. E, Nicola B. M, De Baerdemaeker J. The starch gelatinization in potatoes during cooking in relation to the modelling of texture kinetics. *Journal of Food Engineering*. 1995;24:165-179.

Villegas B, Carbonell I, Costell E. Inulin milk beverages: sensory differences in thickness and creaminess using r-index analysis of the ranking data. *Journal of Sensory Studies*. 2007;22:377-393.

Wang L, Xie B. J, Xiong G. Q, Wu W. J, Wang J, Qiao Y, Liao L. The effect of freeze-thaw cycles on microstructure and physicochemical properties of four starch gels. *Food Hydrocolloids*. 2013;31:61-67.

Welti-Chanes J, Lopez-Malo A, Palou E, Bermudez D, Guerrero-Beltran J. A, Barbosa-Canovas G. V. Fundamentals and applications of high pressure processing to foods. In: Barbosa-Canovas G. V, Tapia M. S, Cano P. M, eds. *Novel Food Processing Technologies*. Boca Raton, FL, USA: CRC Press LLC; 2005:157-181 (Chapter 8).

Zhang W. J, Chen H. X, Wang J, Wang Y. W, Xing L. S, Zhang H. Physicochemical properties of three starches derived from potato, chestnut, and yam as affected by freeze-thaw treatment. *Starch/Stärke*. 2014; 66:353-360.

15 油炸和脱水马铃薯制品

Franco Pedreschi, María Salomé Mariotti, Pablo Cortés
Department of Chemical Engineering and Bioprocesses, Pontificia Universidad Católica de Chile, Santiago, Chile

15.1 引言

全球马铃薯消费体系中正从生马铃薯转向高附加值加工食品。从这个意义上说，马铃薯在全世界110多个国家种植，是人类饮食中最重要的主食之一（Bradshaw et al.，2005）。马铃薯被加工成各种各样的产品，包括熟的马铃薯、炸马铃薯条、薯条、薯片、马铃薯淀粉、马铃薯颗粒、马铃薯片和脱水马铃薯丁等（Pedreschi，2012）。

最重要的马铃薯衍生产品之一是冷冻马铃薯产品，其中包括世界各地餐馆和快餐连锁店供应的大多数薯条。另一种加工过的马铃薯制品——薯片，是许多发达国家长期以来的休闲食品之王（Pedreschi，2012）。另一方面，脱水马铃薯片被用于零售马铃薯泥产品，作为零食的配料，甚至作为食品辅助剂。马铃薯粉是另一种脱水产品，被食品工业用来黏合肉类混合物，并使肉汁和汤变稠。马铃薯淀粉提供比小麦和玉米淀粉更高的黏度，并提供更美味的产品（Bouchon et al.，2005）。

炸薯条传统上是从新鲜马铃薯上切下马铃薯条（横截面高为4~7cm，底面为1cm×1cm的平行六面体），然后油炸而成。商业规模生产的薯片主要有3种：①速冻完全油炸薯条，只需要烤箱加热；②速冻部分油炸薯条，需要在食用前再油炸；③冷藏部分油炸薯条，保质期短，需要再油炸（Bouchon et al.，2004；Lisińska et al.，1989）。

另一方面，休闲食品制造商生产两种薯片：一种是将新鲜马铃薯切成薄片制成的传统薯片，另一种是将马铃薯面团加工成薯片形状。重组后的薯片可能没有新鲜薯片那样的风味和质地特征，然而，它们具有均匀性和无缺陷的优点，因为它们是由马铃薯面团制成的，通常基于含有淀粉的成分，如薯片、面粉、淀粉、研磨片、颗粒或混合物（Bouchon et al.，2004）。

马铃薯热处理生产的产品具有独特的感官属性，这使得它们对消费者具有吸引力，并有助于延长马铃薯产品的保质期。从这个意义上来说，马铃薯组织在加工过程中的化学、物理和微观结构变化是衍生马铃薯产品，如油炸马铃薯（薯条）、普通油炸马铃薯和熟马铃薯最终具有诱人感官属性的原因（Pedreschi，2012）。热处理还会引起酶的失活和微生物的破坏，从而延长了热处理马铃薯产品的保质期。然而，由于加热，在120℃以上的温度下烹调的马铃薯产品中可能会产生一些不良的有毒污染物，如丙烯酰胺。马铃薯加工业面临的挑战是为消费者生产具有吸引力的产品，如果可能的话，可以减少或避免一些可能对人体健康产生负面影响的化合物的形成。本章提供了一些最重要的马铃薯衍生产品的概述，考虑到在使用常见的操作单元，如烹饪、烘焙、油炸、漂白和冷冻等加工过程中，其微观结构和化学成分变化的重要性。

15.2 化学成分在马铃薯加工中的影响

马铃薯化学成分，如淀粉、非淀粉多糖和矿物质在很大程度上影响马铃薯及其衍生产品的质量，了解马铃薯成分的化学结构是开发独特或新颖的马铃薯衍生产品的主要问题（Pedreschi，2012）。马铃薯的化学成分随品种、生长地点、农业实践、收获时的成熟度和随后的贮存历史等因素的变化而变化（Andersson et al.，1994）。马铃薯的化学成分和显微结构特征不仅在块茎之间有很大差异，而且在块茎内部也有很大差异，一些学者发现，还原糖和总干物质等成分的含量从块茎中心向外部薄壁区域逐渐增加（Lamberg et al.，1990）。表 15.1 显示了 Miranda 和 Aguera（2006）报告的马铃薯块茎组织的平均化学成分。

表 15.1 马铃薯块茎的化学成分

物质	含量/%		物质	含量/%	
	平均值	范围		平均值	范围
水	77.5	63.2~86.9	粗纤维	0.6	0.17~3.48
总固体物	22.5	13.1~36.8	蛋白质	2.0	0.7~4.6
干物质	21.5	20~23	脂肪	0.1	0.02~0.96
总碳水化合物	19.4	13.3~30.53	灰分	1.0	0.44~1.9

（资料来源：Miranda 等，2006；得到 Taylor 和 Francis 的许可。）

马铃薯是碳水化合物（还原糖、淀粉和果胶等）和其他营养素的重要来源，包括在发展中国家和发达国家广泛消费的维生素和矿物质（Bordoloi et al.，2012）。马铃薯块茎含有 70%~80%的水分，16%~24%的淀粉，以及微量（小于4%）的蛋白质、脂肪、花青素和矿物质（Huang et al.，2005）。马铃薯淀粉占马铃薯块茎干物质含量的 65%~80%，是最重要的营养成分，其组成约为 21%直链淀粉，75%支链淀粉，0.1%蛋白质，0.08%磷（Lisińska et al.，1989）。马铃薯块茎的脂肪含量很低（按 FW 计算约为 0.1%），但仍足以引起氧化，降低马铃薯干制品的质量。另一方面，马铃薯块茎的矿物质含量很高，因为它们含有铁、磷、钾、钙、镁和硫（Lamberg et al.，1990）。果胶物质是半乳糖醛酸的聚合物，其中的羧基或多或少是甲基化的，约占干物质含量的 1%。在马铃薯组织中，果胶物质位于细胞壁中，与细胞间的相互作用有关。

生马铃薯中还原糖的含量与烤马铃薯和油炸马铃薯的最终颜色密切相关（Pedreschi，2012）。块茎的含糖量变化范围很大，最高可达干重的 10%，并且受采后因素（如贮藏温度）的影响很大。还原糖通过 Maillard 反应影响热加工马铃薯产品的质量（Becalski et al.，

2003)，该反应不仅对高温马铃薯产品的最终颜色有很大影响，而且对丙烯酰胺和呋喃等有毒成分的存在和含量也有很大影响（Mariotti et al.，2015；Pedreschi et al.，2014）。

最后，马铃薯是一种商品，有时需要在低温下贮存长达 10 个月，以保证全年的薯片供应（McCann et al.，2010）。低温贮存（2~5℃）可最大限度地减少病原体活性、水分损失和发芽（Blenkinsop et al.，2002；McCann et al.，2010）。然而，低于 10℃的温度会刺激一种称为冷诱导甜化的现象，其特征是块茎中还原糖的积累（Blenkinsop et al.，2002；Sowokinos，2001）。块茎中的游离氨基酸在通过美拉德反应加工成薯条和薯片时与还原糖发生反应。这种反应会产生深色且带有苦味的化合物，这使消费者不愿意接受产品。此外，还会在该反应中产生一种已知的神经毒素和潜在致癌物，丙烯酰胺（Friedman，2003；Rommens et al.，2008）。在这方面，有必要开发早期质量预测指标，以便对特定批次的去向作出决定，从而减少粮食损失。由于马铃薯块茎收获后立即的生理状态将反映在基因表达模式中，黑盒转录组方法有助于寻找冷诱导甜味易感性的基因预测因子。

15.3 马铃薯加工中显微结构的重要性

从形态学上看，马铃薯块茎通常是椭圆形或圆形，果肉白色，皮肤浅棕色，尽管经常会遇到大小、形状和肉色的变化（Bordoloi et al.，2012）。马铃薯组织的微观结构和细胞壁聚合物的性质（实质细胞大小和果胶材料的性质）是影响咀嚼过程中发生的变形的两个重要因素（Kaur et al.，2002；Waldron et al.，1997），以及煮熟的马铃薯是粉状还是蜡质质地的决定因素（Kaur et al.，2002；van Marle et al.，1997）。从这个意义上说，马铃薯细胞壁可以表现为嵌入果胶基质中的纤维素-木聚糖网络（Tucker et al.，1993）。细胞壁的强度是由纤维素微纤维确定的，果胶基质起胶水的作用，将细胞周围的微纤维和细胞之间的微纤维黏合在一起。

马铃薯淀粉是马铃薯组织中干物质的主要成分，人们认为与糊化相关的现象与马铃薯在烹饪过程中机械性质的变化有关（Pravisani et al.，1986；Salisbury et al.，1992）。马铃薯淀粉颗粒是由具有径向对称性的无定形和结晶区组成的椭圆形或球形单元，通常表现出明确的环状或片状结构（Andersson et al.，1994；Van Marle et al.，1997）。据报道，再生的和热加工的马铃薯中，细胞中淀粉的丰富度以及淀粉颗粒的形状和大小强烈影响新鲜马铃薯和马铃薯衍生产品的质地（Marten et al.，2000；McComber et al.，1994）。

根据马铃薯组织的中层特性，细胞可以在最小阻力点分离或破裂（Kaur et al.，2002）。生马铃薯通常表现为细胞破裂，而熟制马铃薯则表现为细胞分离，这是由于热加工过程中果胶物质不稳定造成的（Aguera et al.，1999）。因此，要很好地理解马铃薯的质地，需要充分了解细胞的形态、组成和大小以及细胞壁特征等微观结构特征。先进的显微技术，如激光共聚焦扫描显微镜（confocal laser scanning microscope，CSLM）和扫描电子显微镜，已被不同的研究人员用来研究包括生马铃薯和加工马铃薯在内的食品的微观结构特征（Kaur et al.，2002；McComber et al.，1994；Pedreschi et al.，2002；van de Velde et al.，2002）。如图 15.1 所示，CSLM 在生马铃薯切片表面获得的三维表面微结构重建揭示了马铃薯细胞大小和形状的高度异质性，这些细胞由细胞壁清晰地定义。

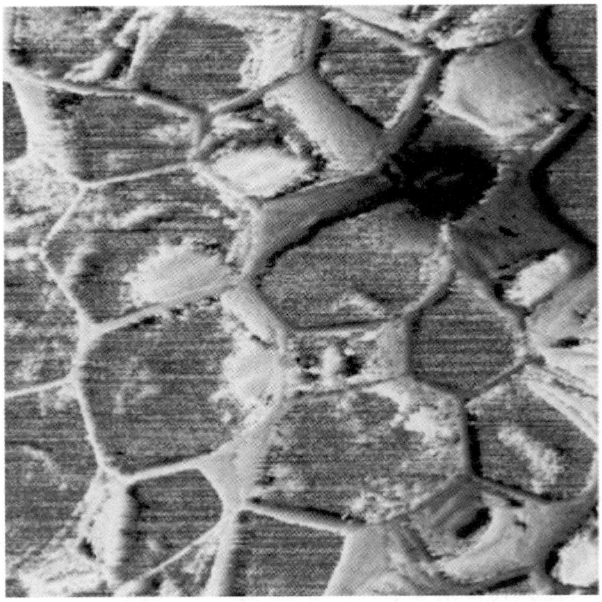

图 15.1　用共聚焦激光扫描显微镜（10×；1mm×1mm×0.1mm）在反射模式下重建的生马铃薯切片的表面形貌

15.4　马铃薯加工：重要的衍生产品

马铃薯加工产业化程度高、技术先进、以市场为导向。例如，一些马铃薯加工产品，如马铃薯粉，在制造方便食品方面具有很高的通用性，其功能特性可能取决于块茎的类型，加工方法，以及其他因素（Singh et al.，2005）。

油炸是用于烹饪食物，最古老且最常见的操作之一，方法是将食物浸入高于沸点的食用油或脂肪中（Farkas et al.，1996），这一复杂的单元操作涉及重大的微观结构变化。事实上，油炸食品的大多数所需特征都源于复合结构的形成：干燥、多孔、脆和油腻的外层或外壳，以及在此过程中形成的微结构的潮湿煮熟的内部或核心（Bouchon et al.，2001）。高温（约 160℃和 180℃）导致水分蒸发，水分从食物转移到周围的油中，而油被食物吸收，取代了部分释放的水。这一过程使产品具有独特的风味-质地组合（Mellema，2003）。另一方面，干燥是一种被广泛使用的果蔬保鲜方法，水被去除到最终浓度，这确保了产品微生物的稳定性，并最大限度地减少了化学和物理变化（Lewicki et al.，2005）。如今，干燥不仅被作为是一种保存过程，而且还被视为增加食品附加值的一种方法（Ramos et al.，2003）。植物原料的加工会使水果和蔬菜的组织发生不可逆转的变化，这些变化在热处理后更加明显（Lisińska et al.，2005）。

马铃薯在收获、清洗、分拣和包装、运输过程中，块茎受到机械应力，可能导致表面细胞层破碎（Galindo et al.，2007）。马铃薯块茎的处理在生产链的所有步骤中非常重要，因为它可能对最终马铃薯衍生产品的质量有很大的影响。在新鲜马铃薯的收获和处理过程中，各种物理刺激施加在植物细胞上的机械压力诱导了广泛的细胞反应，如呼吸速率增加、乙烯产生，以及对病原体攻击具有更高的敏感性（Charron et al.，1995；Galindo et al.，2007）。

马铃薯特别容易受到机械压力的影响，因为物理压力下的块茎组织会产生以黑色素q为基础的色素，导致皮下组织变成蓝黑色，如黑斑瘀伤，这是收获、处理和贮存期间马铃薯产品质量中的一个严重农艺问题，并导致马铃薯严重拒收（Johnson et al.，2008）。最后，通过使用不同的马铃薯去皮方法演示的机械冲击也显示了细胞壁面积的变化，因为砖状细胞和卷曲的薄壁细胞壁在硬组织中发育（Kaaber et al.，2007；Kaack et al.，2002）。这些细胞层的厚度对应于硬组织的深度以及增加的纤维素和Suberin的量（Kaack et al.，2002）。因此，从食品质量的角度来看，由于剥皮、分级或粉碎，保质期为几周或几个月的相对稳定的农产品将转变为迅速变质的农产品（Galindo et al.，2007）。

15.4.1 烫漂的马铃薯

漂白是马铃薯加工业中用来去除马铃薯组织中空气的一种单元操作。这会增加累积糖的浸出，以控制后续油炸过程中的美拉德反应，避免薯片或薯条过度变黑，使植物组织中存在的淀粉糊化并使酶失活（Pedreschi et al.，2004）。热烫是在最后一次油炸之前将马铃薯片浸入热水中；淀粉糊化是马铃薯组织中关键的微观结构变化，在最后一次油炸之前将强烈影响一些重要溶质的浸出，如还原糖、抗坏血酸和天冬酰胺（Aguera et al.，2001；Pedreschi et al.，2004）。

马铃薯片漂白的通常水温范围为60～80℃，停留时间可在5～20min（Califano et al.，1988）。之前的研究表明，有必要优化热烫工艺条件，以减少丙烯酰胺和呋喃等一些热毒污染物的形成，并控制薯片在最终油炸过程中的吸油量（Mariotti et al.，2015）。从这个意义上来说，图15.2显示了不同的温度-时间热烫处理对某些呋喃前体（还原糖和抗坏血酸）的提取以及这些在170℃下油炸直至达到2%的最终水分含量的热烫马铃薯片的最终油含量和呋喃含量的影响。

在油炸前切片中还原糖和抗坏血酸的含量与油炸过程中产生的呋喃含量有明显的关系。

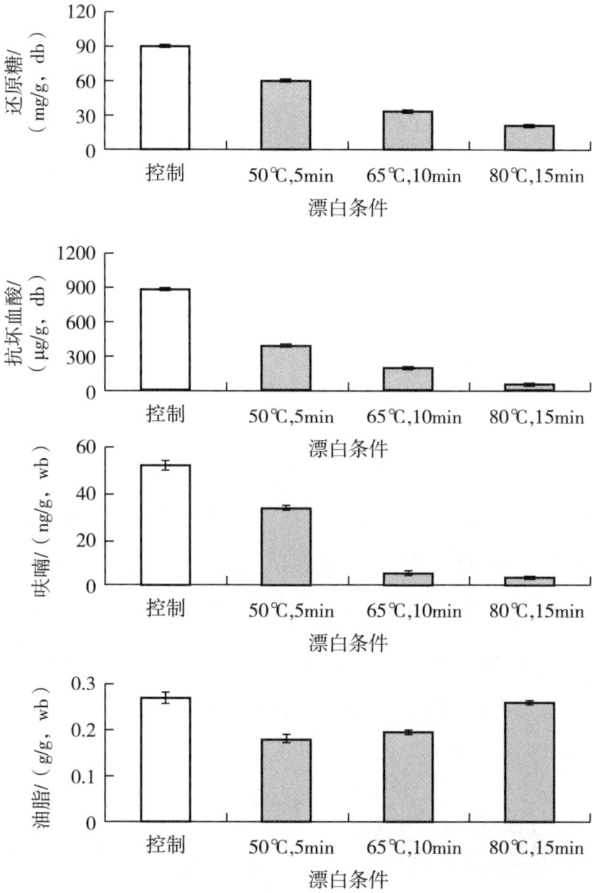

图 15.2 烫漂条件对生马铃薯片中呋喃前体（还原糖和抗坏血酸）及其相应的呋喃和油含量的影响，在 170℃下油炸直至最终水分达到 2%

在未来的研究中，阐明哪一种是薯片油炸过程中呋喃形成的关键前提（还原糖或天冬酰胺）将是新的趋势。另一方面，在相同的油炸条件下，不同热烫处理的呋喃生成量与吸油量之间没有明显的关系。

15.4.2 煮熟的马铃薯

熟制马铃薯的质地是最重要的品质属性之一，主要由加热（温度在 100℃左右）和淀粉糊化引起的细胞壁和中间片层的降解决定（Andersson et al.，1994；Jarvis et al.，1992）。煮熟的马铃薯的理想品质包括奶油白色、适度干燥和粉状的质地以及良好的自然马铃薯味道。不正常的色泽和过度软化或硬化会导致煮熟的马铃薯制品经常被消费者拒之门外（Andersson et al.，1994）。

在马铃薯的烹饪过程中，马铃薯块茎中会发生一些微观结构和化学变化，这些变化的大小影响着煮熟的马铃薯的品质。例如，某些烹调条件可能会由于果胶等细胞物质的分解而导致过多的品质损失（Ibarz et al.，1999；Lozano et al.，1997）。同时，马铃薯块茎中的淀粉可以吸收热水而膨胀，因此可以产生内部压力，导致细胞分离，降低凝聚力，软化组织（Binner et al.，2000；Jarvis et al.，1992）。

最后，在冷冻薯条、薯片、白块、马铃薯泥和许多其他熟食的工业化生产过程中，原始原料要经过各种热处理。有时，烹调后贮存的去皮马铃薯可能会变成不理想的硬度。这个问题在收获后的头 1~2 个月内在块茎中尤为明显，在煮熟的块茎组织中表现为表面硬度或硬块，导致块茎不可能完全煮熟和软化（Kaaber et al.，2001；Sapers et al.，1995）。

15.4.3 油炸马铃薯

马铃薯的油炸是一个涉及热和质传递的非稳态过程，在这个过程中，暴露在热油中会引起生马铃薯的主要显微结构变化（Aguilera et al.，1999）。宏观上，水以蒸汽泡的形式蒸发，外部干燥的壳通过脱水和油的渗透逐渐形成一种动态集合。在这一动态集合中，水以蒸汽气泡的形式蒸发，外层干燥的壳逐渐脱水和油渗透而形成。在水存在的情况下，马铃薯淀粉在 65℃以上糊化，导致细胞内部的水合、膨胀和填充（Aguilera et al.，2001）。马铃薯组织在油炸过程中发生的最重要的物理、化学和结构变化如图 15.3 所示。

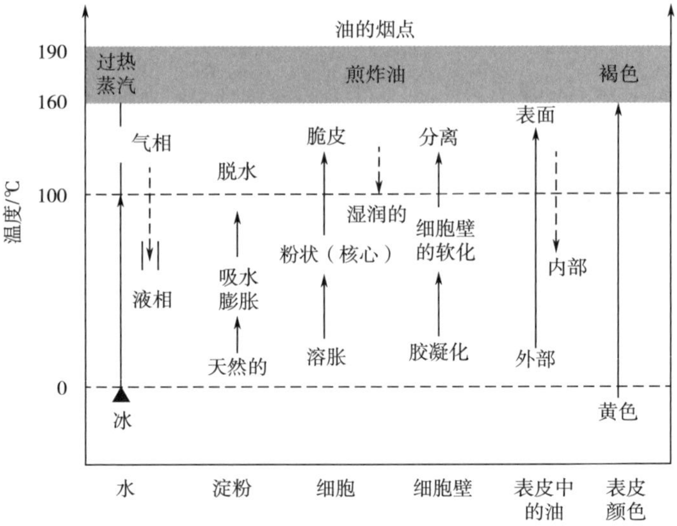

图 15.3 油炸马铃薯在油炸过程中发生的物理、化学和结构变化

（资料来源：Miranda 等，2006；得到 Taylor 和 Francis 的许可。）

在远高于沸点的温度下炸马铃薯片的过程中，外层细胞脱水，因为水分以蒸汽的形式从细胞间隙中释放出来。马铃薯组织经历的主要变化与快速脱水、淀粉糊化、细胞壁软化和结皮有关（Bouchon et al.，2001）。在油炸过程中，油不会大量渗透到马铃薯片中；在薯片从油炸锅中取出后冷却之前，大部分油都留在表面上（Aguilera et al.，2000；Pedreschi et al.，1999；Ufheil et al.，1996）。

Bouchon 等（2003）解释由于油炸筒状马铃薯的吸收机制不同，3 种不同的油组分可以识别出来：（1）结构性油，代表油炸过程中吸收的油；（2）渗透性表面油，代表从油炸机取出后在冷却过程中吸入食物的油；（3）表面油，即残留在表面上的油（图 15.4）。作者表明，这些在油炸过程中有少量的油渗透，因为大部分的油是在油炸过程结束时被吸走的，这表明吸油和除水不是同步现象。这些发现得到了 Pedreschi 等（2008）的证实和 Durán 等（2007）使用 Cortés 等（2014）的玻璃微观模型。

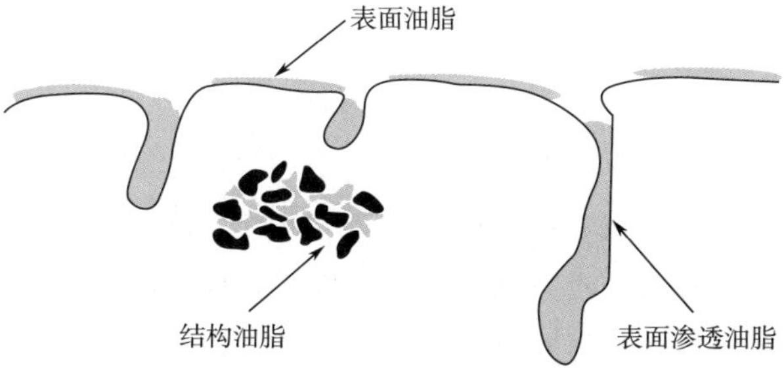

图 15.4 油炸产品中可以识别的油类型

（资料来源：Bouchon 等，2003。）

油炸马铃薯可以使马铃薯的表面色泽和力学特性得到更好的评价；还原糖的加热还会影响一组称为焦糖化的复杂反应，导致最终产品颜色的褐变（Arabhosseini et al.，2011）。此外，在这一过程中还会形成丙烯酰胺和呋喃等热致有毒化合物，它们的形成主要与美拉德反应有关（Gökman et al.，2008；Mariotti et al.，2013；Pedreschi et al.，2004）。

在油炸过程中可能形成其他的热诱导毒物，如氨基甲酸乙酯、杂环胺、5-羟甲基糠醛（HMF）、多环芳香族碳氢化合物和亚硝胺。油炸马铃薯过程中形成的有毒化合物，如 HMF、丙烯酰胺、呋喃，以及各种美拉德反应物和脂质氧化产物，可能会增加消费者的癌症风险（Pedreschi，2012）。

在油炸过程中由于持续高温和暴露在氧气中会产生一些不良影响，包括重要营养化合物的降解和食品或煎炸油本身有毒分子的产生。从这个意义上说，真空油炸是传统油炸的一个很好的替代品，与在常压下油炸相比，具有可以获得更健康更高质量的产品等显著优势（Troncoso et al.，2009）。由于压力的降低，食品中油和水分的沸点都降低了，这可以降低油炸产品中油和丙烯酰胺的含量，由于在加工过程中温度和氧气含量较低，它可以保持产品的自然颜色和风味，并且对油质量的不利影响较小（Dueik et al.，2010；Garayo et al.，2002；Granda et al.，2004；Yagua et al.，2011）。

炸薯条是世界上最畅销的马铃薯产品之一，传统上是将新鲜马铃薯切成薯条，然后再油炸。商业规模生产的主要有 3 种：速冻全油条，只需要烤箱加热；速冻半油条，食用前需要额外油炸；冷冻半油条，保质期短，需要额外油炸（Lisińska et al.，1989）。

为了制作商业炸薯条，生马铃薯条首先要漂白，达到一般的半透明状态。薯条一旦被漂白，就会通过加热气流进行脱水，以降低水分含量，从而损失初始重量的 20%~30%。然后，在大约 190℃的油温下，将部分干燥的薯条在深度油炸锅中浸泡一小段时间，在此期间，水分进一步降低，部分薯条被油炸。之后将薯条直接放入冰箱中冷冻，或者先冷却薯条，冷冻温度约-18℃。它们可以在冷冻状态下保存数月，以备必要时食用。此外，要按照需要包装的，当消费者准备使用马铃薯时，他们只需将冷冻马铃薯条在 190℃左右的深油或油浴中浸泡小段时间，这取决于油锅的大小、薯条的数量和大小、以及它们的初始温度和对本领域技术人员明显的其他因素（Somsen et al.，2004）。

由马铃薯面团制成的马铃薯片通常是以含有淀粉的成分为基础，如马铃薯片、面粉、淀粉、磨碎的切片、面粉、颗粒或混合物。干性配料是混合的，通常之后再加入液体配料。此后，混合物被引入薄板生产线，在那里形成离散的碎片，随后，产品在连续的油炸锅中油炸。最后，重组后的薯片可能没有新鲜薯片那样的风味和质地特征，但它们具有一致性和无缺陷的优点（Bouchon et al.，2004）。

15.4.4 脱水马铃薯

众所周知，脱水马铃薯干燥会对马铃薯组织造成物理和结构上的改变（Troncoso et al.，2009）。最明显的宏观变化是食品的收缩和变形。瞬时温度和水分梯度会产生张应力和压应力，在干燥过程中会导致组织断裂（Lewicki et al.，2005）。Wang 和 Brennan（1995）指出，空气对流会使干燥的马铃薯片的表层在短时间内受到严重破坏，而内部结构看起来完好无损。进一步干燥会导致裂缝的形成，内部组织被撕裂，并产生许多孔洞（Lewicki et al.，2005）。干燥过程中发生的水分损失和成分分离可能导致细胞壁僵硬、破坏，甚至细胞组织的崩溃，导致最终产品体积的减少（Troncoso et al.，2009）。

脱水马铃薯产品，包括马铃薯片和马铃薯颗粒，是由生马铃薯经过清洗、去皮、切片、预煮、冷却、煮熟、捣碎，然后转鼓干燥成片状或风干成颗粒制成的加工产品。主要脱水产品如图 15.5 所示，包括标准薄片［图 15.5（1）］、颗粒和细粉［图 15.5（2）］、切片/切块/切丝［图 15.5（3）］。可以加入添加剂来改善质地、颜色和保质期（Troncoso et al.，2009）。将马铃薯切成薄片的过程包括许多阶段，最终是马铃薯浆的转鼓干燥，马铃薯浆散布在加热的转鼓表面，转鼓内的蒸汽冷凝。热量通过转鼓的金属传递，水分通常通过适当的刮除装置从粘在转鼓上的干燥泥浆中蒸发出来。马铃薯片一般有 5%~10%的水分，马铃薯细胞基本上完好无损，含有最少的游离淀粉（Kakade et al.，2011）。低浸出的马铃薯片被选为重组薯片配方的主要成分，因为它的黏性很高，经常被用来制造颗粒或模切片状零食。此外，它还是一种理想的配料，因为它的成品具有蓬松的质地和快速的味觉清除，主要是因为马铃薯片中的淀粉是完全糊化的（Bouchon et al.，2004）。

（1）标准薄片　（2）颗粒和细粉　（3）切片/切块/切丝

图 15.5 主要脱水产品

15.5 结论

在全球发达地区，相当一部分马铃薯，即 1/3～2/3，不再作为新鲜马铃薯或食用马铃薯消费，而是以加工形式消费，如炸薯条或薯片。马铃薯加工是高度工业化、技术先进和市场驱动的。然而，它的产品质量和这个行业的经济成功在很大程度上依赖于可用的原材料：马铃薯。这意味着合适的品种、马铃薯产量、生长季节、各方面的品质以及保持良好的采后（贮藏）性能对马铃薯加工业至关重要。与马铃薯块茎相关的因素，如显微结构、化学成分和成熟度等，显著影响最终马铃薯产品的加工和品质属性。在高温下加工的马铃薯，如用于油炸、烹饪和烘焙的马铃薯，会导致表面颜色和机械特性受到破坏，并导致一些有毒化合物的形成，如丙烯酰胺，它的产生与美拉德反应密切相关。油炸是一项复杂的单元操作，会导致马铃薯组织发生显著的微观结构变化。事实上，油炸食品的大多数理想特征都来自于复合结构的形成：干燥、多孔、脆且油腻的外层或外壳，以及在此过程中形成潮湿的、煮熟的内部或核心的微结构。另一方面，当马铃薯在热水（温度≤100℃）中煮熟时，没有结皮，主要是马铃薯组织的微观结构变化，如淀粉糊化和片层介质溶解，最终形成与薯条核心（潮湿的熟食内部）相似的最终微结构。最后，漂白是一个重要的单元操作，因为它有助于去除丙烯酰胺前体，如还原糖和天冬酰胺，还能以这种方式避免油炸马铃薯的最终色泽过深和在油炸过程中产生过量的丙烯酰胺。

参考文献

Aguilera J. M, Cadoche L, Lopez C, Gutierrez G. Microstructural changes of potato cells and starch granules heated in oil. *Food Research International*. 2001;34:939-947.

Aguilera J. M, Gloria-Hernandez H. Oil absorption during frying of frozen parfried potatoes. *Journal of Food Science*. 2000;65:476-479.

Aguilera J. M, Stanley D. W. *Microstructural Principles of Food Processing and Engineering*. second ed. Gaithersburg, Maryland: Aspen Publishers, Inc.; 1999.

Andersson A, Gekas V, Lind I, Oliveira F, Öste R, Aguilfra J. M. Effect of preheating on potato texture. *Critical Reviews in Food Science and Nutrition*. 1994;34:229-251.

Arabhosseini A, Padhye S, Huisman W, van Boxtel A, Müller J. Effect of drying on the color of Tarragon (*Artemisia dracunculus* L.) leaves. *Food Bioprocess Technology*. 2011;4:1281-1287.

Becalski A, Lau B. P. Y, Lewis D, Seaman S. W. Acrylamide in foods: occurrence, sources, and modeling. *Journal of Agricultural and Food Chemistry*. 2003;51:802-808.

Binner S, Jardine W. G, Renard C. M. C. G, Jarvis M. C. Cell wall modifications during cooking of potatoes and sweet potatoes. *Journal of the Science of Food and Agriculture*. 2000;80:216-218.

Blenkinsop R. W, Copp L. J, Yada R. Y, Marangoni A. G. Changes in compositional parameters of tubers of potato (*Solanum tuberosum*) during low-temperature storage and their relationship to chip processing quality. *Journal of Agricultural and Food Chemistry*. 2002;50:4545-4553.

Bordoloi A, Kaur L, Singh J. Parenchyma cell microstructure and textural characteristics of raw and cooked potatoes. *Food Chemistry*. 2012;133:1092-1100.

Bouchon P, Aguilera J. A. Microstructural analysis of frying potatoes. *International Journal of Food Science and Technology*. 2001;36:669-676.

Bouchon P, Aguilera J. M, Pyle D. L. Structure oil-absorption relationships during deep-fat frying. *Journal of Food Science*. 2003;68:2711-2716.

Bouchon P, Hollins P, Pearson M, Pyle D. L, Tobin M. J. Oil distribution in fried potatoes monitored by infrared microspectroscopy. *Journal of Food Science*. 2001;66:918-923.

Bouchon P, Pyle D. L. Studying oil absorption in restructured potato chips. *Journal of Food Science*. 2004;69:E115-E122.

Bouchon P, Pyle D. L. Modelling oil absorption during post-frying cooling: I: model development. *Food and Bioproducts Processing*. 2005;83:253-260.

Bradshaw J, Ramsay G. Utilisation of the commonwealth potato collection in potato breeding. *Euphytica*. 2005;146:9-19.

Califano A. N, Calvelo A. Adjustment of surface concentration of reducing sugars before frying of potato strips. *Journal of Food Processing and Preservation*. 1988;12:1-9.

Cortés P, Badillo G, Segura L. A, Bouchon P. Experimental evidence of water loss and oil-uptake during simulated deep-frying process using glass micromodels. *Journal of Food Engineering*. 2014;140:19-27.

Charron C. S, Cantliffe D. J. Volatile emissions from plants. *Horticultural Reviews*. 1995:43-71.

Dueik V, Robert P, Bouchon P. Vacuum frying reduces oil uptake and improves the quality parameters of carrot crisps. *Food Chemistry*. 2010;119:1143-1149.

Durán M, Pedreschi F, Moyano P, Troncoso E. Oil partition in pre-treated potato slices during frying and cooling. *Journal of Food Engineering*. 2007;81:257-265.

Farkas B. E, Singh R. P, Rumsey T. R. Modeling heat and mass transfer in immersion frying. 1. Model development. *Journal of Food Engineering*. 1996;29:211-226.

Friedman M. Chemistry, biochemistry, and safety of acrylamide. A review. *Journal of Agricultural and Food Chemistry*. 2003;51:4504-4526.

Galindo F. G, Sjöholm I, Rasmusson A. G, Widell S, Kaack K. Plant stress physiology: opportunities and challenges for the food industry. *Critical Reviews in Food Science and Nutrition*. 2007;47:749-763.

Garayo J, Moreira R. Vacuum frying of potato chips. *Journal of Food Engineering*. 2002;55:181-191.

Gökmen V, Palazoğlu T. Acrylamide formation in foods during thermal processing with a focus on frying. *Food and Bioprocess Technology*. 2008;1:35-42.

Granda C, Moreira R. G, Tichy S. E. Reduction of acrylamide formation in potato chips by low-temperature vacuum frying. *Journal of Food Science*. 2004;69:E405-E411.

Huang D, Ou B, Prior R. L. The chemistry behind antioxidant capacity assays. *Journal of Agricultural and Food Chemistry*. 2005;53:1841-1856.

Ibarz A, Pagán J, Garza S. Kinetic models for colour changes in pear puree during heating at relatively high temperatures. *Journal of Food Engineering*. 1999;39:415-422.

Jarvis M. C, Mackenzie E, Duncan H. J. The textural analysis of cooked potato. 2. Swelling pressure of starch during gelatinisation. *Potato Research*. 1992;35:93-102.

Johnson S. N, Anderson E. A, Dawson G, Griffiths D. W. Varietal susceptibility of potatoes to wireworm herbivory. *Agricultural and Forest Entomology*. 2008;10:167-174.

Kaaber L, Bråthen E, Martinsen B, Shomer I. The effect of storage conditions on chemical content of raw potatoes and texture of cooked potatoes. *Potato Research*. 2001;44:153-163.

Kaaber L, Kaack K, Kriznik T, Bråthen E, Knutsen S. H. Structure of pectin in relation to abnormal hardness after cooking in pre-peeled, cool-stored potatoes. *LWT—Food Science and Technology*. 2007;40:921-929.

Kaack K, Larsen E, Thybo A. K. The influence of mechanical impact and storage conditions on subsurface hardening in pre-peeled potatoes (*Solanum tuberosum* L.). *Potato Research*. 2002;45:1-8.

Kakade R. H, Das H, Ali S. Performance evaluation of a double drum dryer for potato flake production. *Journal of Food Science and Technology*. 2011;48:432-439.

Kaur L, Singh N, Sodhi N. S. Some properties of potatoes and their starches II. Morphological, thermal and rheological properties of starches. *Food Chemistry*. 2002;79:183-192.

Lamberg I, Hallström B, Olsson H. Fat uptake in a potato drying/frying process. *Lebensmittel-Wissenschaft und -Technologie*. 1990;23:295-300.

Lewicki P. P, Pawlak G. Effect of mode of drying on microstructure of potato. *Drying Technology*. 2005;23:847-869.

Lisińska G, Gołubowska G. Structural changes of potato tissue during french fries production. *Food Chemistry*. 2005;93:681-687.

Lisińska G, Leszczyński W. *Potato Science and Technology*. London: Elsevier Applied Science; 1989.

Lozano J. E, Ibarz A. Colour changes in concentrated fruit pulp during heating at high temperatures. *Journal of Food Engineering*. 1997;31:365-373.

Mariotti M, Cortés P, Fromberg A, Bysted A, Pedreschi F, Granby K. Heat toxicant contaminant mitigation in potato chips. *LWT —Food Science and Technology*. 2015;60:860-866.

Mariotti M. S, Granby K, Rozowski J, Pedreschi F. Furan: a critical heat induced dietary contaminant. *Food and Function*. 2013;4:1001-1015.

Martens H. J, Thybo A. K. An integrated microstructural, sensory and instrumental approach to describe potato texture. *LWT— Food Science and Technology*. 2000;33:471-482.

McCann L. C, Bethke P. C, Simon P. W. Extensive variation in fried chip color and tuber composition in cold-stored tubers of wild potato (Solanum) germplasm. *Journal of Agricultural and Food Chemistry*. 2010;58:2368-2376.

McComber D. R, Horner H. T, Chamberlin M. A, Cox D. F. Potato cultivar differences associated with mealiness. *Journal of Agricultural and Food Chemistry*. 1994;42:2433-2439.

Mellema M. Mechanism and reduction of fat uptake in deep-fat fried foods. *Trends in Food Science and Technology*. 2003;14:364-373.

Miranda M. L, Aguilera J. M. Structure and texture properties of fried potato products. *Food Reviews International*. 2006;22:173-201.

Pedreschi F. Frying of potatoes: physical, chemical, and microstructural changes. *Drying Technology*. 2012;30:707-725.

Pedreschi F, Aguilera J. Some changes in potato chips during frying observed by confocal laser scanning microscopy (CLSM). *Food Science and Technology International*. 2002;8:197-201.

Pedreschi F, Aguilera J. M, Arbildua J. J. CLSM study of oil location in fried potato slices. *Microscopy and Analysis*. 1999:21-22.

Pedreschi F, Kaack K, Granby K. Reduction of acrylamide formation in potato slices during frying. *LWT—Food Science and Technology*. 2004;37:679-685.

Pedreschi F, Kaack K, Granby K. The effect of asparaginase on acrylamide formation in french fries. *Food Chemistry*. 2008;109:386-392.

Pedreschi F, Mariotti M. S, Granby K. Current issues in dietary acrylamide: formation, mitigation and risk assessment. *Journal of the Science of Food and Agriculture*. 2014;94:9-20.

Pravisani C. I, Calvelo A. Minimum cooking time for potato strip frying. *Journal of Food Science*. 1986; 51:614-617.

Ramos I, Brandao T, Silva C. Structural changes during air drying of fruits and vegetables. *Food Science and Technology International*. 2003;9:201-206.

Rommens C. M, Yan H, Swords K, Richael C, Ye J. Low-acrylamide french fries and potato chips. *Plant Biotechnology Journal*. 2008;6:843-853.

Salisbury F. B, Ross C. W. *Plant Physiology*. fourth ed. Belmont, CA: Wadsworth Publishing Co.; 1992.

Sapers G. M, Miller R. L, Choi S. Prevention of enzymatic browning in pre-peeled potatoes and minimally processed mushrooms. In: Lee C. Y, Whitaker J. R, eds. *Enzymatic Browning and Its Prevention*. Washington, DC: American Chemical Society; 1995.

Singh N, Kaur L, Ezekiel R, Singh Guraya H. Microstructural, cooking and textural characteristics of potato (*Solanum tuberosum*L.) tubers in relation to physicochemical and functional properties of their flours. *Journal of the Science of Food and Agriculture*. 2005;85:1275-1284.

Somsen R. J, Jennings J. R, Van der Molen M. W. The cardiac cycle time effect revisited: temporal dynamics of the central-vagal modulation of heart rate in human reaction time tasks. *Psychophysiology*. 2004;41: 941-953.

Sowokinos J. R. Pyrophosphorylase in *Solanum tuberosum* L.: allelic and isozyme patterns of UDP-Glucose pyrophosphorylase as a marker for cold-sweetening resistance in potatoes. *American Journal of Potato Research*. 2001:57-64.

Troncoso E, Pedreschi F. Modeling water loss and oil uptake during vacuum frying of pre-treated potato slices. *LWT—Food Science and Technology*. 2009;42:1164-1173.

Troncoso E, Pedreschi F, Zúñiga R. N. Comparative study of physical and sensory properties of pre-treated potato slices during vacuum and atmospheric frying. *LWT—Food Science and Technology*. 2009;42:187-195.

Tucker G. A, Mitchell J. Cell walls, structure, utilization and manipulation. In: Grierson D, ed. *Biosynthesis and Manipulation of Plant Products*. London, UK: Blackie Academic and Professional; 1993.

Ufheil G, Escher F. Dynamics of oil uptake during deep-fat frying of potato slices. *LWT—Food Science and Technology*. 1996;29:640-644.

van de Velde F, van Riel J, Tromp R. H. Visualisation of starch granule morphologies using confocal scanning laser microscopy (CSLM). *Journal of the Science of Food and Agriculture*. 2002;82:1528-1536.

van Marle J. T, de Vries R, Wilkinson E. C, Yuksel D. Sensory evaluation of the texture of steam-cooked table potatoes. *Potato Research*. 1997;40:79-90.

Waldron K. W, Smith A. C, Parr A. J, Ng A, Parker M. L. New approaches to understanding and controlling cell separation in relation to fruit and vegetable texture. *Trends in Food Science and Technology*. 1997;8:213-221.

Wang N, Brennan J. G. A mathematical model of simultaneous heat and moisture transfer during drying of potato. *Journal of Food Engineering*. 1995;24:47-60.

Yagua C. V, Moreira R. G. Physical and thermal properties of potato chips during vacuum frying. *Journal of Food Engineering*. 2011;104:272-283.

16 生、熟马铃薯的质构特性

Jaspreet Singh[1], Lovedeep Kaur[1], M. A. Rao[2]

[1] *Riddet Institute and Massey Institute of Food Science and Technology, Massey University, Palmerston North, New Zealand*

[2] *Cornell University, Geneva, NY, USA*

16.1 引言

马铃薯是碳水化合物的一种重要来源，在发展中国家和发达国家被广泛食用（Bordoloi et al.，2012）。薯类作物含水量 70%～80%、淀粉 16%～24%、蛋白质、脂类、花青素、矿物质等微量物质小于 4%（Huang et al.，2006）。淀粉是干物质的主要成分，约占总固形物的 70%。虽然市场上马铃薯的大小、形状、果肉颜色有多种形式，但其形状主要是椭圆形到圆形，果肉是白色，皮是浅棕色。颜色、大小和蒸煮特性是消费者评估马铃薯可接受性的主要质量属性，而工业用马铃薯的主要质量指标是干物质含量、淀粉含量、淀粉特性、采后处理和加工产品的稳定性等。栽培品种、理化组成和采后贮藏是影响马铃薯和马铃薯制品烹饪特性的重要因素（Burton，1989；Singh et al.，2002、2003、2008a、b；Kaur et al.，2007；Liu et al.，2007；Bordoloi et al.，2012）。

质构与马铃薯块茎抵抗应力的作用有关（Kaur et al.，2007；Nourian et al.，2003），是马铃薯的结构属性（Abu-Ghannam et al.，2006）。当力作用于马铃薯时，其相互连接的细胞网络结构就会在最小阻力点发生破裂，Aguilera 和 Stanley（1990）、Kaur 等（2004）研究发现在这种力对结构的破坏中，不管是细胞间分开还是单个细胞破裂，都与中胶层的强度有关。马铃薯果肉的微观结构、细胞壁物质的特性、细胞中淀粉含量、淀粉颗粒形状和大小都会影响马铃薯的质构有关（Linehan et al.，1969；Andersson et al.，1994；McComber et al.，1994；van Marle et al.，1997；Martens et al.，2000），这些也是影响马铃薯咀嚼和加工特性的重要因素。

在马铃薯加工时，马铃薯需经过各种热处理。在热处理时，马铃薯质构的变化与淀粉的糊化和老化行为（Linehan et al.，1969；Alvarez et al.，2001；Kaur et al.，2002；Shomer，1995；Shomer et al.，1995；Ormerod et al.，2002）、细胞壁和中胶层的结构组成（Ormerod et al.，2002；Alvarez et al.，1998；van Marle et al.，1997）有关。因此，工业工艺的优化需要对马铃薯淀粉糊化、细胞形状、大小和细胞壁特性有很好的理解。目前，先进的微观技术已经被很多学者用来研究生食品（包括生、熟马铃薯）的微观结构，如激光共聚焦扫描显微术和电子显微技术（McComber et al.，1994；Pedreschi et al.，2002；van Velde et al.，2002；Kaur，2004；Bordoloi et al.，2012）。

采后贮藏也会影响马铃薯和马铃薯制品的蒸煮和质构特性（Herrman et al.，1996；Cottrell et al.，1995；Spychalla et al.，1990；Kazami et al.，2000；Nourian et al.，2003；Singh et al.，2008a）。低温贮藏会导致马铃薯淀粉与糖的比例变化。据报道，在贮藏过程中，马铃薯块茎的物理和生化特性与其质构、淀粉和还原糖有显著的关系（Barichello et al.，1990；Kaur et al.，2002）。各种测量质构参数和流变特性的方法都可为食品形变行为的研究提供工具，而最佳方法的选择要根据食品的类型和测量目的而定。根据松弛和蠕变实验，大量学者研究指出水果和蔬菜还有一定的黏弹性（Canet，1980；Alvarez et al.，1998；Kaur et al.，2002）。

本章详细概述了影响马铃薯蒸煮特性、质构特性和流变特性的因素。

16.2 蒸煮特性和感官特征

不管是鲜食还是加工，蒸煮特性和感官特性都是马铃薯的重要特征。工业上，马铃薯的蒸煮特性已被用于选择加工用马铃薯品种的重要指标，如蒸煮时间、煮熟马铃薯的质量和蒸煮损失等。蒸煮时间是指将未削皮的马铃薯在沸水中蒸煮，直至叉子很容易插入为止的用时。Nguyen Do Trong 等（2011）采用高光谱成像、化学计量学和图像处理相结合的方法，对马铃薯蒸煮前进行了非接触式检测研究（表 16.1），构建了马铃薯随蒸煮随时间变化的模型，通过该模型可以预测最佳蒸煮时间，相对误差小于 10%。通过质构仪可预测马铃薯的蒸煮时间，或用英斯特朗万能材料试验机精确测量马铃薯的蒸煮时间。运用质构仪评价蒸煮时间时，样品前处理是一个重要的因素。块茎需洗净、削皮、切成相等的两半，去掉心部后用软木钻孔器打出圆柱状小段，修剪成一定高度，放入沸水中蒸煮，每 2~3min 取出一个圆柱小块用平探头或其他合适的压力传感器进行质构分析，当形变达到 50%时所用的最低压缩力即为最佳蒸煮时间（Kaur et al.，2002）。生马铃薯和完全煮熟的马铃薯的偏最小二乘判别分析模型的验证结果见图 16.1。通常情况下，马铃薯在水中的蒸煮时间为 20~30min，压缩力为 0.15~0.25N 时即可达到最佳蒸煮时间。蒸煮马铃薯压缩力对蒸煮时间的影响如图 16.2 所示。

表 16.1　不同品种马铃薯的干物质含量、淀粉含量、相对密度和马铃薯蒸煮质构

品种	干物质含量/%	淀粉含量/%	相对密度	蒸煮质构
Nadine	14.63 ±0.29	6.40 ±0.26	1.057 ±0.002	蜡质
Karuparera	19.03 ±0.44	10.32 ±0.39	1.059 ±0.001	蜡质
Tutaekuri	21.57 ±0.38	12.58 ±0.33	1.074 ±0.003	粉质
Huakaroro	20.97 ±0.26	12.05 ±0.23	1.062 ±0.003	轻微粉质
Moemoe	21.97 ±0.27	12.94 ±0.24	1.069 ±0.004	中等粉质

马铃薯的蒸煮时间主要取决于干物质含量、淀粉含量和相对密度 3 个因素。这 3 个指标间是相互关联的，其中淀粉特性对蒸煮时间的影响最大，研究发现淀粉的糊化温度越低蒸煮时间越短。由表 16.1 可知，不同品种的马铃薯干物质、淀粉含量和相对密度不同。

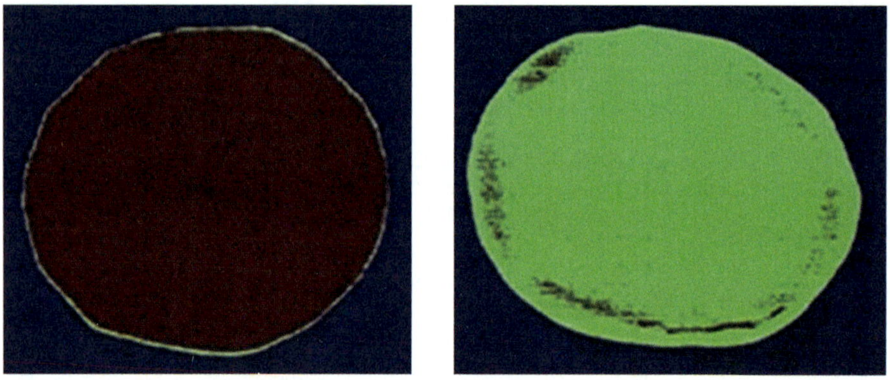

（1）煮熟时间为0min　　（2）蒸煮时间为30min

图 16.1　生马铃薯和完全煮熟的马铃薯的偏最小二乘判别分析模型的验证结果

注：图中棕色表示生马铃薯；绿色代表完全煮熟的马铃薯。

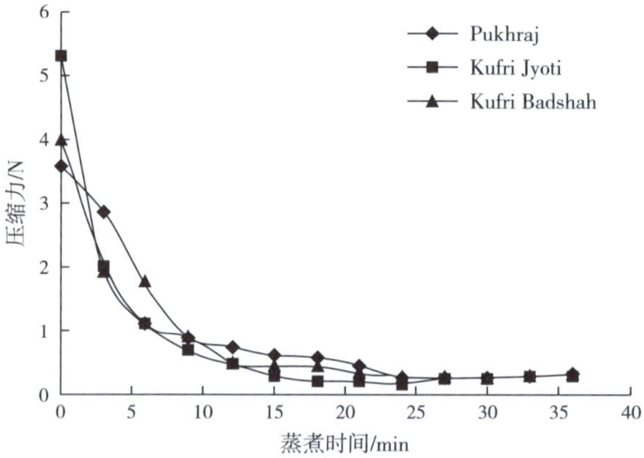

图 16.2　蒸煮时间对熟马铃薯压缩力的影响

（资料来源：Kaur 等，2002；经 Elsevier 许可。）

Bu-Contreras 和 Rao（2001）、Kaur 等（2002）、Bordoloi 等（2012）研究发现干物质和淀粉含量在不同品种的马铃薯间有显著的差异。影响干物质和相对密度的主要因素有种植日期、土壤类型，所使用的肥料、收获期和采后贮藏条件（Toolangi，1995）。Singh 等（2008b）报道指出干物质含量高的品种马铃薯的蒸煮时间较短。此外，马铃薯的粉质度越高，蒸煮时间也越短。为了确定蒸煮过程中马铃薯的吸水率和总固形物损失率，称量一定的圆柱形马铃薯片在少量沸水中蒸煮约 30min 左右，冲洗沥干后，称重，计算吸水率（%）。把冲洗过的水收集起来干燥，估算出总固形物损失量（圆柱形马铃薯片的重量百分比）。淀粉含量和干物质含量越高的马铃薯在蒸煮过程中的吸水率和总固形物损失率越高。马铃薯的粉质特性和蜡质特性可通过感官评价确定，将蒸煮后的马铃薯块茎切成两半，通过质构评分将马铃薯分为蜡质、轻微粉质、中等粉质或粉质品种。O' Beirne 等（1985）研究发现马铃薯的干物质含量和粉质特性间存在显著的相关性。Mc Comber 等（1988）报道指出粉质马铃薯的淀粉颗粒在较低温度下即可糊化。

16.3 质构特性

van Marle 等（1997）研究发现细胞结构对马铃薯的质构有相当大的影响（粉质、蜡质等），如薄壁细胞的大小和细胞壁的组成和厚度等。马铃薯细胞的刚性结构主要由果胶、纤维素和半纤维素决定。果胶主要位于中胶层，在粘连细胞和提供细胞壁机械强度上有重要的作用。在马铃薯蒸煮过程中，连续不断地加热会导致其微观结构和质构发生变化，这些变化主要与淀粉的糊化行为有关（van Marle et al.，1997；Alvarez et al.，1998；Ormerod et al.，2002；Bordoloi et al.，2012），也与细胞壁中胶层的组成有一定的关系。在马铃薯加工过程中，细胞膜和细胞壁的破裂会导致细胞膨压破坏，果胶物质溶解，致使其质构下降（Abu-Ghannam et al.，2006）。

Bordoloi 等（2012）用激光共聚焦显微技术（confocal laser scanning microscope，CLSM）和电子扫描显微技术（scanning electron microscope，SEM）研究了不同品种生薯和熟薯的微观结构。激光共聚焦显微技术可直接观察马铃薯的组织结构，图 16.3 为同一品种生薯和熟薯的细胞微观结构图。不同品种的细胞大小、形状、成熟淀粉颗粒的大小和数量不同，图 16.4 为阿格里亚马铃薯薄壁组织的切面扫描电镜图，细胞破裂后，熟薯中观察到的是淀粉基质［图 16.4（4）］，而生薯中观察到的是淀粉颗粒［图 16.4（1）和图 16.4（2）］，生薯的淀粉颗粒表面有空洞、小孔和细胞壁残余物［图 16.4（3）］。由 CLSM 结果可知，熟薯的薄壁组织出现了细胞的分离和淀粉糊化形成的凝胶块。

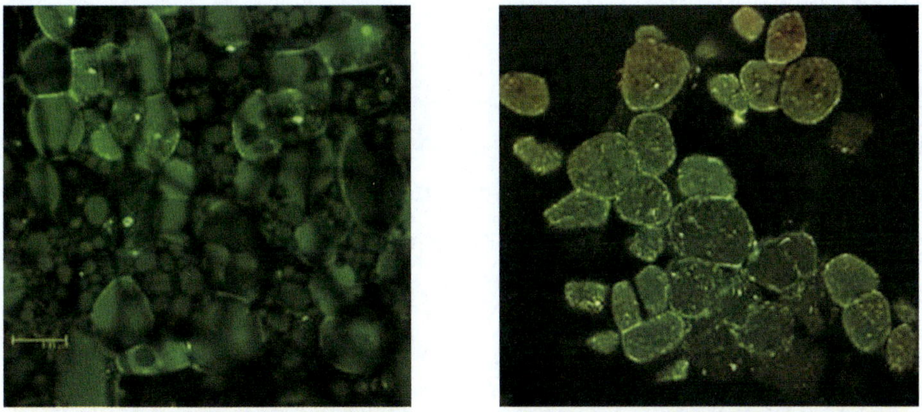

（1）生的阿格里亚马铃薯块茎薄壁组织的共聚焦显微图　（2）熟的阿格里亚马铃薯块茎薄壁组织的共聚焦显微图

图 16.3　生的和熟的阿格里亚马铃薯块茎薄壁组织的激光共聚焦显微图

（资料来源：Bordoloi 等，2012。）

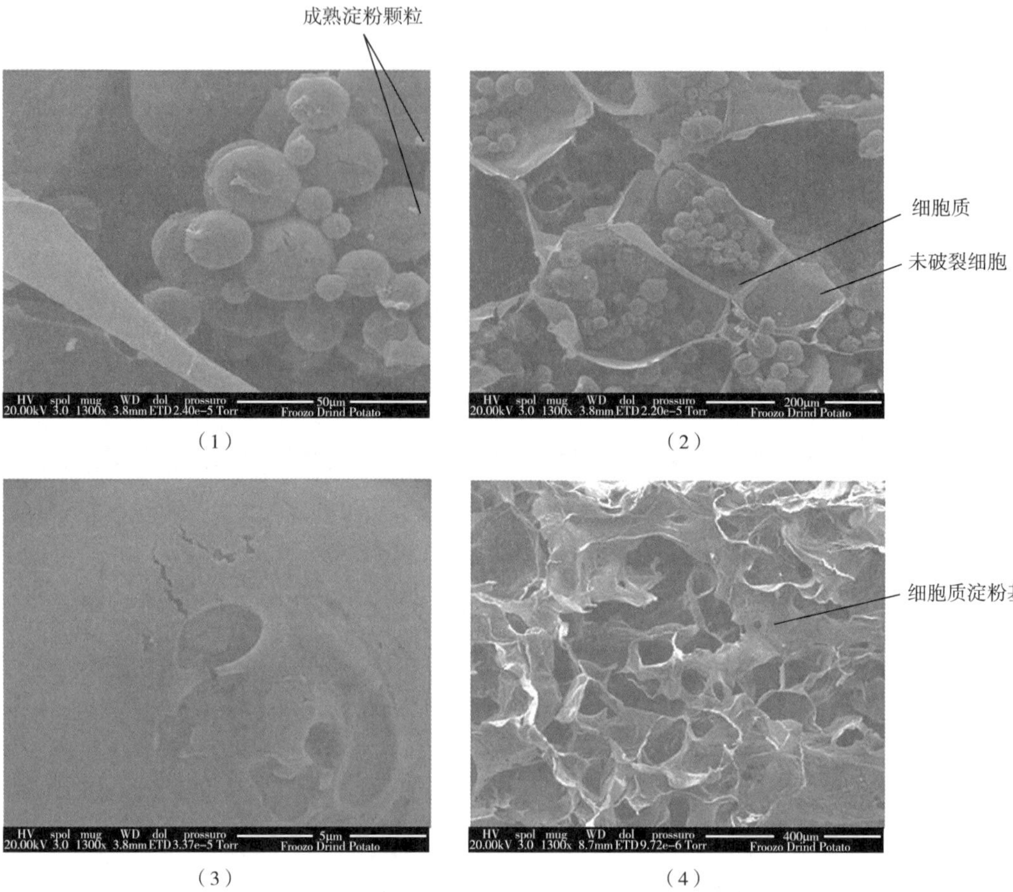

图 16.4　Agria 马铃薯生［图（1）~图（3）］和熟［图（4）］块茎的扫描电镜图

注：由生薯薄壁组织的显微图可知，淀粉颗粒出现在细胞质中，其表面可清楚的观察到凹痕和孔隙以及细胞残留物和类似未成熟淀粉的微小颗粒结构，如 Singh 等（2005）所报道，淀粉颗粒上的裂纹也可能是样品电镜前处理时形成。

（资料来源：Bordoloi 等，2012。）

16.3.1　TPA 分析

Kaur 等（2007）介绍了一种生薯和熟薯质构分析（texture profile analysis，TPA）的详细方法。按第二部分介绍的方法将马铃薯切成圆柱形小片，每个样品在一定压力下用平面探头进行压缩，前压力为总压力的 0.5%，前速较慢，最大形变为样品长度的 75%，由计算机软件得到质构曲线图来确定马铃薯的质构（脆度、硬度、黏着性、黏聚性、黏性和弹性）。由表 16.2 可知，不同品种的马铃薯其质构有很大的差异。干物质含量高的马铃薯硬度和脆度更高，具有小而不规则的薄壁细胞，干物质和淀粉含量较高的马铃薯品种，其硬度和粘聚性较大。相反，具有大的松散的细胞的马铃薯品种，其硬度较小（Kaur，2004；Singh et al.，2005）。同样，Bordoloi 等（2012）也报道了相似的结果。

表 16.2 不同品种马铃薯的 TPA 参数

品种	脆度/N	硬度/N	黏聚性	弹性/m	胶着性/N	咀嚼性/J
Kufri Chipsona-II	91±2	132±3	0.073±0.002	0.0028±0.0001	9.64±0.05	0.027±0.002
Kufri Chipsona-I	76±2	105±4	0.063±0.001	0.0027±0.0001	6.62±0.35	0.018±0.002
Kufri Lalima	91±1	124±2	0.072±0.004	0.0033±0.0003	8.93±0.64	0.029±0.004
Kufri Sindhuri	89±2	115±2	0.068±0.002	0.0038±0.0003	7.83±0.37	0.030±0.003
Kufri Anand	73±1	99±3	0.056±0.001	0.0031±0.0001	5.54±0.27	0.017±0.001

（资料来源：Kaur，2004；Kaur 等，2007。）

图 16.5 是煮熟马铃薯的典型 TPA 图，不同品种马铃薯的 TPA 参数见表 16.3。据报道，蒸煮马铃薯的质构特性主要取决于马铃薯的品种。干物质含量和淀粉含量高的品种，其脆度、硬度、黏聚性较大，而弹性和咀嚼性较小。蒸煮马铃薯中与粉性、吸水性、黏性或胶着性相关的质构参数由马铃薯的淀粉含量、果胶物质和细胞形状等因素决定（表 16.4），也与干物质含量、相对密度、直链淀粉、糖类、蛋白质和总氮含量有关。很多研究已证明，蒸煮马铃薯的质构与淀粉理化特性有较大的关系，淀粉是马铃薯中含量较大的一类物质。Kirkpatrick 等（1951）、Unrau 等（1957）研究发现，马铃薯中的淀粉含量与马铃薯的粉性、黏稠度、去皮性和吸水性相关。淀粉的特性及在蒸煮过程中的变化可解释蒸煮马铃薯的不同质构特性，如糊化后的淀粉膨胀在细胞内形成内压，导致块茎细胞轻微膨胀变成圆形，从而彼此分离。淀粉颗粒大小与蒸煮马铃薯的质构的相关性也在一些文献中有报道（Briant et al.，1945；Bu-Contreras et al.，2002）。粉质马铃薯比蜡质马铃薯有较大的相对密度、淀粉和直链淀粉含量，且大颗粒淀粉占比较大（Barrios et al.，1963；Kaur et al.，2002）。Bordoloi 等（2012）研究发现粉质马铃薯的淀粉和干物质含量高，其质构参数（如脆性、硬度和黏聚性）更高，且蒸煮过程中细胞结构不被破坏。相反，蜡质马铃薯的淀粉含量低，蒸

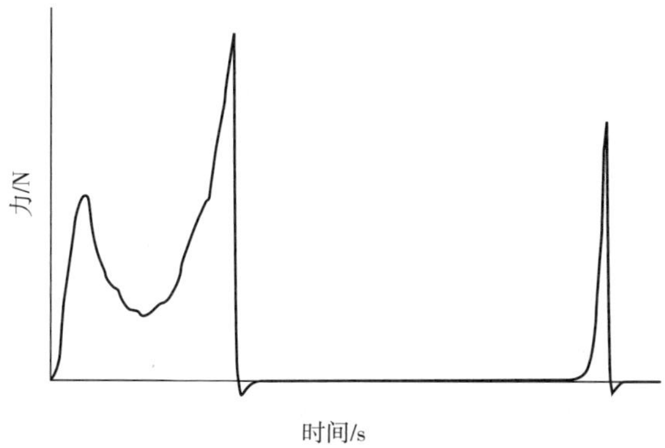

图 16.5 煮熟的马铃薯典型的力-时间 TPA 图

（资料来源：Singh 等，2008。）

煮过程中细胞结构破坏，质构下降。

表 16.3　　不同品种熟薯的质构参数

品种	脆度/N	硬度/N	黏聚性	弹性/m	黏着性①/ ×10⁻⁴J	胶着性/N	咀嚼性/J
Kufri Chipsona-II	3.2±0.08	3.9±0.22	0.088±0.002	0.0011	2.14±0.02	0.34±0.02	0.0004
Kufri Chipsona-I	2.2±0.12	3.3±0.09	0.088±0.003	0.0014	1.55±0.06	0.29±0.02	0.0004
Kufri Lalima	3.2±0.15	4.7±0.21	0.18±0.003	0.002	1.98±0.02	0.84±0.05	0.0017
Kufri Sindhuri	3.4±0.08	4.4±0.25	0.12±0.001	0.0019	2.22±0.02	0.52±0.04	0.001
Kufri Anand	2.7±0.06	3.9±0.20	0.065±0.002	0.0014	1.76±0.01	0.25±0.02	0.0003

（资料来源：Kaur，2004；Kaur 等，2007。）

表 16.4　　流变性和所选的质构特性的 Pearson 相关系数

	FrRaw	HdRaw	G'_{heat}	G'_{cool}	G'_{fraq}
FrRaw③					
HdRaw④	0.968②				
G'_{heat}⑤	0.955②	0.973②			
G'_{cool}⑥	0.971②	0.958②	0.993②		
G'_{fraq}⑦	0.962②	0.970②	0.988②	0.986②	
淀粉含量	0.903①	0.977②	0.915①	0.879①	0.912①
干物质含量	0.901①	0.978②	0.922①	0.885①	0.916①

注：①$P \leq 0.05$；
②$P \leq 0.01$；
③指马铃薯的脆度；
④指马铃薯的硬度；
⑤指加热循环到凝胶温度时的储能模量；
⑥指冷却循环到 25℃时的储能模量；
⑦指在 20Hz 频率扫描时的储能模量。

（资料来源：Singh 等，2008b。）

Mc Comber 等（1987）报道指出美国的粉质马铃薯有较高的黏聚性，这可能与高含量的直链淀粉有关，Kaur 等（2002）研究发现直链淀粉含量高的品种黏着性更大。Linehan 和 Hughes（1969）在研究蒸煮马铃薯质构中发现，细胞间黏附与直链淀粉含量之间有一定的关系，蒸煮过程中，直链淀粉从破裂的细胞壁中渗出，并作为细胞间的黏结剂将马铃薯块茎的细胞粘合到一起，导致相邻细胞的黏着性增加，而煮熟后的马铃薯在冷藏时出现脆度先增大后下降的现象。Singh 等（2008b）对新西兰马铃薯做了相关实验，研究发现在整个贮藏过程中，硬度并未出现脆度类似的变化，而是无规则的变化。Kaaber 等（2007）报道指出将马铃薯削皮后进行蒸煮，硬度出现增大，这可能是由于果胶侧链中半乳糖和阿拉伯糖在蒸煮时发生了水解，水解后的果胶空间位阻降低，增加了 Ca^{2+}桥的形成。按照这一机理，阿拉伯糖和半乳糖降解酶也可增加马铃薯的硬度（Kaaber et al.，2007；Van Buggenhout et al.，2009）。

Sadowska 等（2008）分析了马铃薯不同组织的机械阻力，从形态学角度研究了马铃薯的质构特性，研究指出皮质区的穿刺力最高，其次是髓和髓周区。此外，在靠近茎端的穿刺力较高，而且垂直于长轴的穿刺力总是低于平行于长轴的穿刺力。

蒸煮时以脆度变化为基础计算的软化度是另一个重要的质构参数，它在马铃薯品种之间有很大的不同（Bordoloi et al.，2012）。粉质马铃薯比蜡质和轻度粉质的马铃薯软化度更低。蒸煮过程中的淀粉特性也会影响软化度，如支链淀粉和支链淀粉的比例、细胞分离度、细胞壁软化等（Singh et al.，2008b；Jarvis et al.，1992）。

Fuentes 等（2014）报道了不同加热温度对马铃薯质构特性和微观结构的影响。在 30℃和 40℃蒸煮 30min 后，马铃薯的微观结构和质构未发生变化。而经过 70℃蒸煮后，组织硬度显著下降，这主要是因为在较高温度下，淀粉发生糊化，果胶物质发生溶解、钙交联（Garcia-Segovia et al.，2008；aLvarez et al.，2001）（图 16.6）。Fuentes 等（2014）运用实时阻抗光谱学技术研究了马铃薯在不同处理温度下的微观结构和质构变化，研究发现，60℃和 70℃处理的马铃薯与 50℃处理的样品有显著不同的阻抗模量和相变值（图 16.7）。

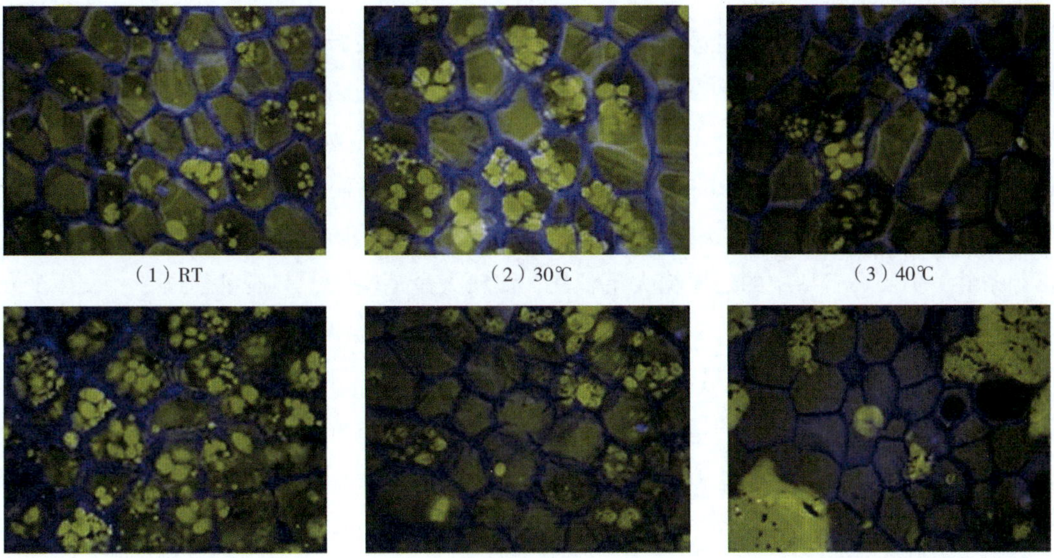

（1）RT （2）30℃ （3）40℃

（4）50℃ （5）60℃ （6）70℃

图 16.6 不同热处理下马铃薯样品的激光共聚焦显微图

（资料来源：Fuentes 等，2014。）

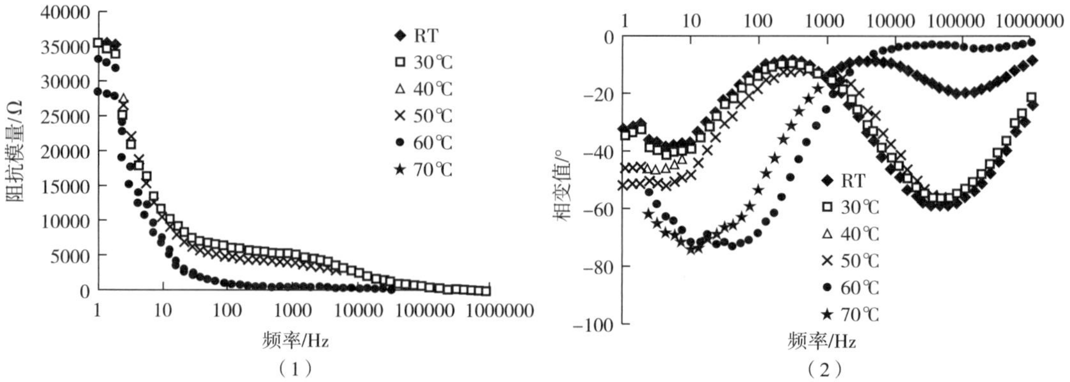

图 16.7 不同热处理下马铃薯样品的阻抗模具和相变值

（资料来源：Fuentes 等，2014。）

Abu-Ghannam 和 Crowley（2006）研究发现，与无烫漂前处理相比，低温 65℃ 处理后再在高温如 95~100℃ 下蒸煮，会导致整个土豆的剪切力增加。此外，在 65℃ 下处理的果胶甲酯酶活性也会增加，这可能会导致在进一步加工过程中马铃薯的质构增大。低温预热对质构的保持作用也与细胞间黏附性增强有关（Canet et al.，2005），低温处理后基质键合显著改变，水溶性果胶转变为不溶性果胶（Sila et al.，2006；van Buggenhout et al.，2009）。

高压前处理也可显著降低热软化速率，是热加工果蔬保持质构的一种有效的替代方式（Sila et al.，2004；Shahidul Islam et al.，2007），其主要原因是当与 400MPa 的高压相结合时，预热的正效应增加，PME 的活性增大，最终导致果胶物质发生变化（Sila et al.，2004；Van Buggenhout et al.，2009）。

马铃薯在进入市场前通常贮藏在一定条件下。因此，采后贮藏条件的选择对马铃薯化学组成和产品质量也有一定的影响（Spychalla et al.，1990；McCay et al.，1987）。糖和淀粉是马铃薯采后代谢、影响产品质构、感官和蒸煮特性的两种重要物质。Sowokinos 等（1987）、kAzami 等（2000）、Bentini 等（2009）研究表明不同品种，不同贮藏温度，不同贮藏期的马铃薯的质构特性会有相当大的变化。低温贮藏是防止失重、腐烂、发芽的一个必须条件，但当马铃薯中的还原糖大量积累，淀粉大量消耗时，其质量会进一步发生变化（Bourne，1982；Nourian et al.，2003）。据报道，低温贮藏也会改变马铃薯的力学性能（Bentini et al.，2009）。还原糖的累积速率主要与马铃薯品种、贮藏温度有关，冰点条件下此反应速率加大。随着贮藏温度的增大，马铃薯的硬度、黏聚性和黏着性显著下降，在 12℃ 以上，质构下降最为显著，而在 16℃ 和 20℃ 下其质构变化并不明显（Kaur et al.，2007）。高温贮藏对马铃薯质构的不利影响主要是因为马铃薯在高温下会发生固形物和水分的损失，从而导致萎蔫软化。Mahto 和 Das（2015）研究发现低剂量 γ 辐照（0.05~0.15 Kgy）可保持马铃薯质构，可降低 12℃ 下的贮藏损失和还原糖累积。

随着贮藏温度的增大，马铃薯的弹性和咀嚼性也会下降。采后低温（4℃）贮藏的马铃薯，蒸煮后的质构特性有较大的变化，这些变化主要与淀粉含量有关。Smith（1987）报道指出在低温条件下，由于淀粉和还原糖的相互转变，贮藏过程中马铃薯的淀粉含量会有所下降；Nourian 等（2003）报道指出马铃薯长期贮藏于4℃条件下，其淀粉含量会显著下降。因此，淀粉和还原糖的相互转变是不同温度下蒸煮马铃薯质构变化的主要因素。

16.3.2 应力松弛模型

Davis 等（1983）利用3个弹性因素和2个黏性因素构建了 Maxwell 模型，用来表示蒸煮马铃薯的应力松弛响应。Leung 等（1983）研究了蒸煮马铃薯的质构和流变特性，并通过感官评价将蒸煮马铃薯的硬度和应力松弛模型的脆度、硬度和弹性建立起联系。Madsen et al.（1996）、Taguchi 等（1991）、Briant 等（1945）研究了热处理对马铃薯流变特性的影响，进行了不同品种和不同成熟度对马铃薯质构和淀粉性质的影响试验。在应力松弛试验中，如热处理特性和 TPA 试验所述，将圆柱形马铃薯片煮熟，运用英斯特朗万能材料试验机或质构分析仪对煮熟的土豆片进行压力松弛试验。样品两端的不均匀性用载荷的 0.5%的前载压力进行补偿。图 16.8 为质构仪得到的蒸煮马铃薯样品的应力松弛曲线，由平衡应力和两个指数衰减项组成的方程进行拟合（Leung et al.，1983）。式（16.1）表示煮熟样品的应力松弛行为：

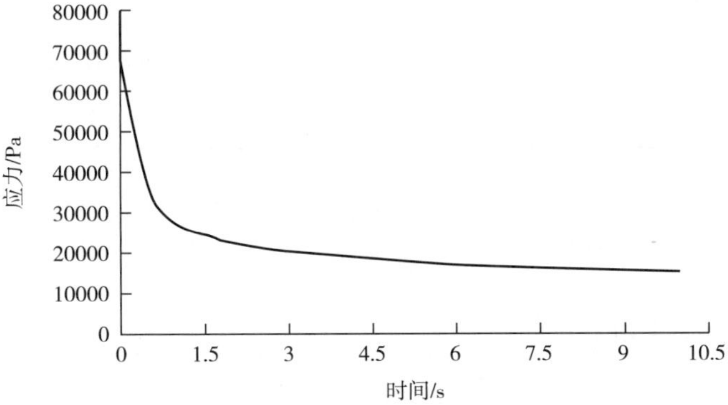

图 16.8 煮熟马铃薯的典型应力松弛曲线

（资料来源：Kaur 等，2002。）

$$\sigma(t) = \varepsilon_0(E_0 + E_1 e^{-t/T_1} + E_2 e^{-t/T_2} + E_3 e^{-t/T_3}) \tag{16.1}$$

其中，σ=压力；t=时间；E_0=恒定应变；$T_1=\eta_1/E_1$；$T_2=\eta_2/E_2$；和 $T_3=\eta_3/E_3$；η_1，η_2 和 η_3=黏度；E_0，E_1，E_2 和 E_3=弹性模量。

式（16.1）可以用麦克斯韦模型（Mohsenin，1970）表示，该模型由4个弹性元素和3个 Mx 元素组成，如图 16.9 所示。每个 Mx 元素由一系列弹簧和缓冲器组成，对应于式（16.1）的3个指数项。单独的弹性元素对应于在无穷大时间下的平衡模量（E_0）。Kaur 等

（2002）报道了3个不同马铃薯品种的应力松弛行为（表16.5），这与Davis等（1983）和Leung等（1983）的研究结果一致，弹性模量越大表示马铃薯的硬度越大。

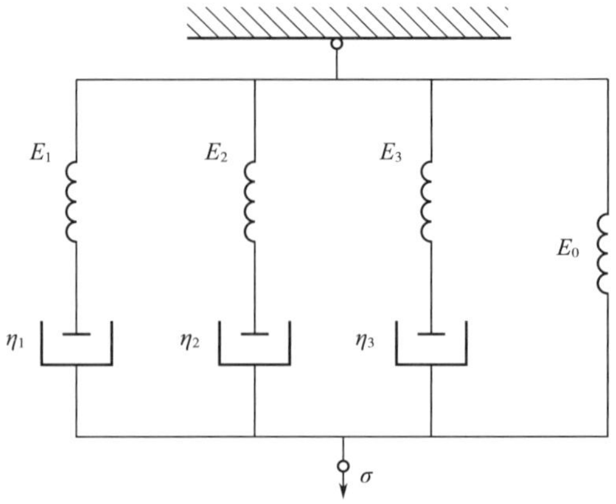

图16.9 煮熟马铃薯的7个要素的麦克斯韦模型

（资料来源：Kaur等，2002。）

表16.5 不同品种熟薯应力松弛试验参数

品种	E_0/Pa	E_1/Pa	E_2/Pa	E_3/Pa	η_1/Pa·s	η_2/Pa·s	η_3/Pa·s
Pukhraj	1.612×10^4	1.715×10^5	1.476×10^6	1.185×10^5	1.011×10^6	0.078×10^5	0.00978×10^8
Kufri yoti	6.481×10^5	1.858×10^5	2.247×10^5	2.138×10^5	8.835×10^5	2.967×10^5	0.2605×10^5
Kufri Badshah	5.172×10^4	2.013×10^5	0.94×10^5	2.013×10^5	1.263×10^6	0.078×10^6	0.05×10^6

（资料来源：Kaur等，2002。）

16.4 流变和热特性

16.4.1 马铃薯的流变学

食品的流变特性通过基础实验研究，质构特性基于经验和模仿实验来测定。基础实验的优点是不依赖样品的物理尺寸、测量程序和测量装置即可测定材料的性质（Rao，2007）。动态力学分析是一种在较短时间内对样品施加较小应力的分析方法（小于0.1%），因此，固态食品的性能可通过理化特性的微小变化而得到。此外，动态测试可在不同频率下研究材料的流变特性。动态分析的另一个优点是可以检测交联、相位分离，聚合物链的分子聚集（Bu-Contreras，2001；Rao，2007）。

动态力学分析也被称为小振幅振荡测试，是以压力或应变为振动形式（正弦）作用于样品时，通过测量正弦响应而进行分析的一种方法。材料对所施加的形变应力会产生不同的响应。当刺激与响应之间的角度处于相位时，响应可能是弹性的。如果响应的相位角度是 90℃，则表现纯黏度响应（也被认为是牛顿流体）。大多数材料的相位角度是 0~90℃，既包括黏性也包括弹性，因此这种响应是黏弹性的。对于压缩伸长形变，E 代表模数。在线性黏弹范围内产生的应力可用储能模量 E（Pa）和损失模量 E''（Pa）表示；E'是存储在材料中的能量大小的量度，E''是每个形变周期内黏性耗散损失的能量量度（Bu-Contreras et al.，2002）。Bu-Contreras et al.（2001）研究了美国 Russet Burbank（RB）和 Yukon Gold（YG）马铃薯的淀粉含量和流变特性。以干基重为基础，RB 中的淀粉含量为 7.0%，YG 淀粉含量为 11.7%。用钻孔机将马铃薯从中部打成圆柱形，再将其切成直径 13.3mm，高 4.5mm 的薄片进行流变特性研究，试验结果表明 E'的值高于 E''，因此，在这里仅讨论了 E'。未处理样品的储能模量记为 E'_0，在水加入潜水杯之前常温下测得，用于校正加热后马铃薯的 E'值（式 16.2）：

$$校正储能模量 = (E'/E'_0) \tag{16.2}$$

校正储能模量曲线（图 16.10）中，Rnsset Burbank 马铃薯片的 E'_0 为 1.87MPa，YG 的 E'_0 为 2.01MPa。淀粉颗粒溶胀影响蒸煮马铃薯的储能模量，反过来，储能模量的变化又会影响加热温度和加热时间。所有处理温度下，样品立即浸入水中，修正的储能模量在第一个 5min 内下降，接下来随着加热温度和时间的变化又会增大。样品浸水后的储能模量下降由马铃薯吸水引起，导致细胞分离，硬度下降（Bu-Contreras et al.，2001）。

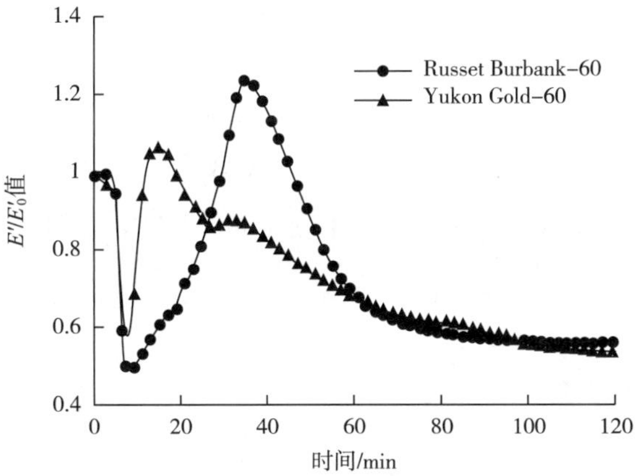

图 16.10 校正储能模量曲线

（资料来源：Bu Contreras，2001。）

当样品在 40℃和 50℃下加热时，淀粉颗粒不发生溶胀，RB 和 YG 的储能模量都没有增大。在 60℃下，YG 样品的修正储能模量增大，在第一个 10min 内达到峰值 1.1，而 RB 样品在 35min 后才达到峰值 1.25。60min 后，两个品种的修正储能模量几乎相等，且模量温度曲线相似。在 70℃和 80℃下，RB 的储能模量增大，而 YG 的储能模量显著下降。例如，在 80℃下，RB 的 E'/E'_0 值比 YG 的高 30%（Bu-Contreras et al.，2001）。

据报道，加热马铃薯块茎的典型 DMA 峰值取决于马铃薯密度和品种。蜡质品种 Nicola

（菜用）的 DMA 峰和峰值温度通常低于粉质品种 Saturna（工业用），这是由于后者具有更强烈的膨胀能力（Blahovec et al.，2011）。

运用流变仪测定马铃薯样品在加热和冷却循环过程中的动态流变变化可为研究马铃薯淀粉的糊化和老化行为提供至关重要的基础。淀粉基食品中与相变相关的结构转变可通过流变参数的变化进行反应，用 G'，G''和 $\tan\delta$（$=G''/G'$）表示。Singh 等（2008b）用可控应力流变仪小幅振荡、三步法流变测量（加热和冷却过程中的温度扫描，以及冷却样品上的频率扫描）研究了生马铃薯片的流变特性，测定了 G'，G''和 $\tan\delta$ 与温度和频率的关系。组织软化、淀粉颗粒膨胀影响马铃薯的流变参数，进而影响加热时间和温度。图 16.11～图 16.14 为新西兰不同马铃薯品种的流变参数。当流变仪开始加热时，马铃薯块茎的 G'下降，到某一温度或时间后继续加热，G'值增大到最大值，而后下降。这是因为在初始加热时，马铃薯由于热软化而失去刚性或硬度，储能模量下降（Bu-Contreras et al.，2001）。随着温度的进一步增大，淀粉颗粒溶胀形成空间网络结构（糊化），G'会迅速增大并达到最大值［图 16.11（1）］。而随着温度的继续增大 G'又会下降，这表明温度的进一步增大使淀粉凝胶结构破坏（Hsu et al.，2000）。而蜡质马铃薯的流变特性并未显示明显且清晰的糊化曲线，因为这种品种的干物质和淀粉含量较低。不同的品种 G'达到最大值的温度不同，粉质品种比蜡质品种的 G'峰值更高，而且在加热过程中，粉质品种需要的糊化温度更低（Bu-Contreras et al.，2001）。图 16.11（1）为粉质品种 Tutaekuri 和蜡质品种 Karuparera 的比较图。在这个图中可以看到高蜡品种 Nadine 的糊化曲线在所研究的温度/时间范围内并不尖锐和明显，这可能是由于该品种的淀粉含量很低，糊化过程未能显著改变组织的弹性。与 Nadine 相似，另一个蜡质品种 Karuparera 也表现出相对较小的峰值，同样是因为其具有较小的干物质和淀粉含量。一般情况下，G'峰值与干物质和淀粉含量直接相关（图 16.13）。当样

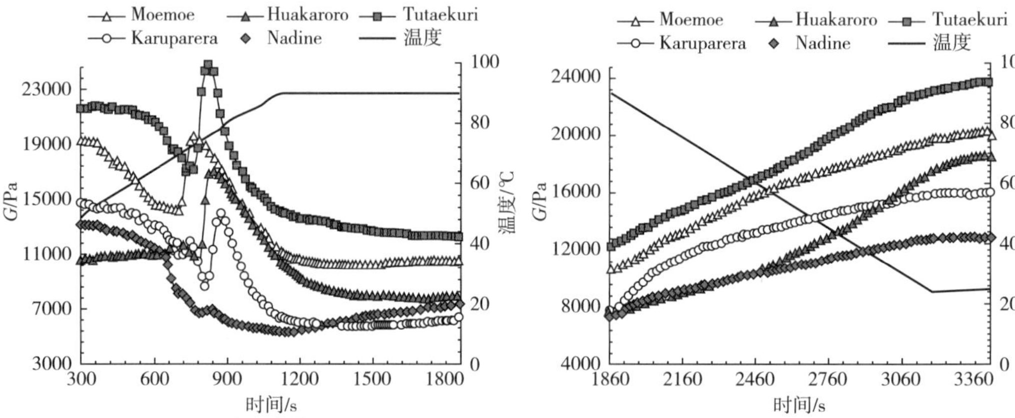

图 16.11 温度扫描加热和冷却时马铃薯块茎的储能模量（G'）

（资料来源：Singh 等，2008b。）

品维持在95℃时，G'值稳定在一个常数，而温度从90℃下降到25℃时，G'值又会呈增大的趋势［图16.11（2）］，且粉质马铃薯比蜡质马铃薯的G'更大。冷却过程中G'的持续增大说明块茎组织中糊化的淀粉从颗粒中浸出回生，残留在颗粒内部的淀粉在冷却过程中产生相互作用，增强了凝胶结构（Hsu et al.，2000）。

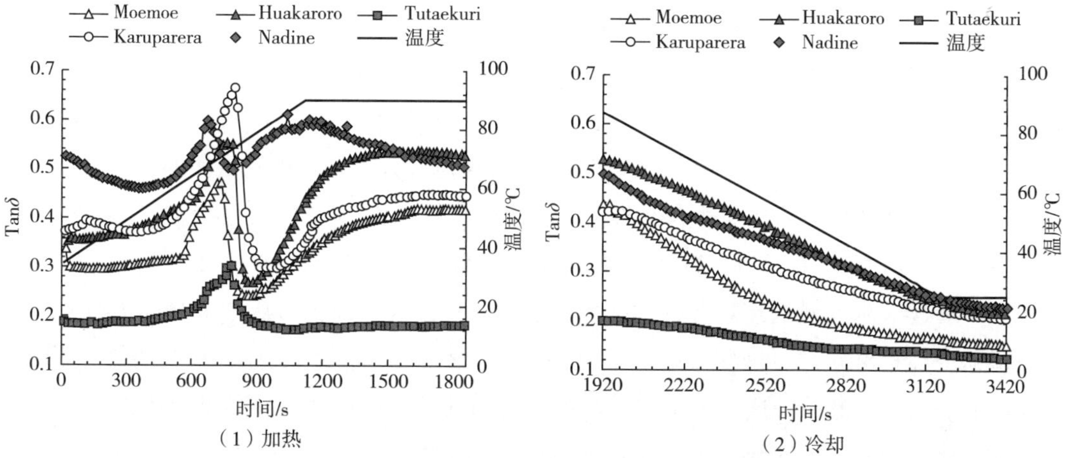

图16.12 温度扫描加热和冷却过程中马铃薯块茎的损失切线（tan δ）

（资料来源：Singh等，2008b。）

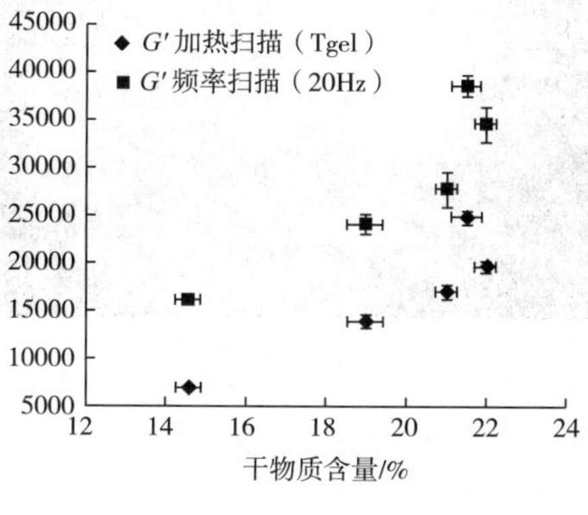

图16.13 温度（加热）扫描和频率扫描过程中干物质含量（%）对马铃薯块茎储能模量（G'）的影响

（资料来源：Singh等，2008b。）

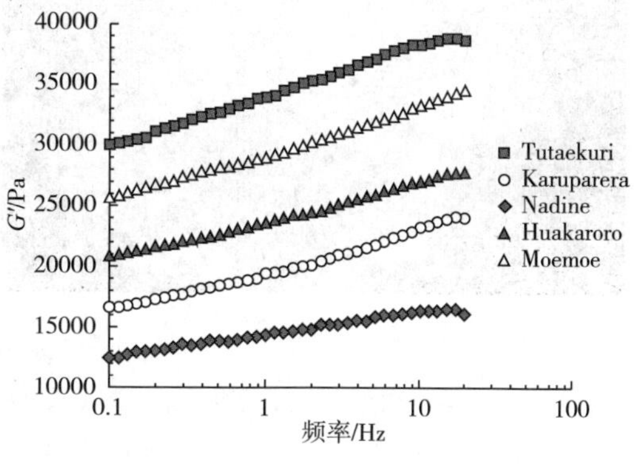

图16.14 频率扫描过程中马铃薯块茎的储能模量（G'）

（资料来源：Singh等，2008b。）

频率扫描过程中马铃薯块茎的储能模量G'的变化（图16.14）也可为马铃薯结构的研究提供一定的参考。在较大范围内频率不变的材料大多是固体状态，凝胶体系就是这样一种材料。相反，随频率变化而变化的G'代表的是一种分子交联的材料，这种材料在较高频率下表现为固态，在较低频率下表现为液态（Ross-Murphy，1984）。马铃薯块茎的G'随频率的增大而增大，但频率依赖性不明显，表明冷却的糊化的块茎组织主要呈固体状（图 16.14）。马铃薯的储能模量 G' 受淀粉膨胀的影响，对蒸煮马铃薯的硬度有至关重要的作用（Bu-Contreras et al.，2002）。在加热和有水存在的条件下，淀粉颗粒膨胀并使马铃薯细胞受压，导致储能模量增大。由表 16.4 可知，加热、冷却和扫频过程中储能模量等流变参数与淀粉含量、干物质含量、脆度和硬度呈显著正相关。这些相关性意味着马铃薯的动态流变学可以为预测马铃薯的质构特性提供有用的工具。

脉冲电场（pulsed electric field，PEF）是一种日益流行的非热加工技术，可用于植物原食品的加工，减少营养物质的损失（Knorr et al.，2008；Vorobiev et al.，2010；Lebovka et al.，2014）。Janositz et al.，（2011）研究报道脉冲电场在处理具有细胞结构的材料时，会导致细胞膜中的孔的形成，从而改变细胞内外介质的扩散（图 16.15）。一些研究也表明与高渗处理类似，PEF 处理后马铃薯组织的硬度下降（Fincan et al.，2003）。Pereira 等（2009）报道了 PEF 会引起马铃薯组织黏性、弹性的快速变化，这与细胞膨压的部分损失有关。同时，该研究还指出 tanδ 可恢复到与脉冲处理前相似的值，说明细胞膜和膨压发生了恢复，细胞具有可逆的通透性。这也表明进一步探索复杂的细胞应激生理学是非常有必要的，如对影响组织物理特性的细胞膜功能特性和细胞壁结构的研究（Pereira et al.，2009）。

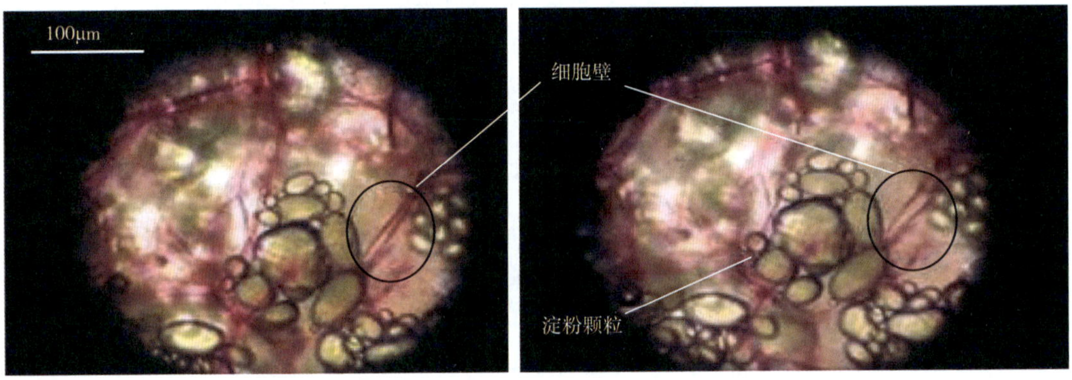

（1）未处理　　（2）PEF处理

图 16.15 未处理和 PEF 处理的用钌红染色（深灰色）的马铃薯组织（E=5kV/cm，n=20，处理后 5min）

（资料来源：Janositz 等，2011。）

16.4.2 马铃薯差示扫描量热法

差示扫描量热法可提供食品的热转变信息。然而，食品物理结构的变化也会影响流变参数的变化。在含有淀粉的食品中，如马铃薯，淀粉颗粒的状态和淀粉含量对流变学的变化有很强的影响。DSC 图显示，美国 RB 马铃薯样品的吸热转变温度为 68～74℃，70.4℃达到峰值，这是由于此温度范围内淀粉发生糊化，而 YG 样品在 70.1～75.1℃上才有吸热转变，峰值为 72.3℃（表 16.6）（Bu-Contreras，2001）。

表 16.6 不同温度下 RB 和 YG 马铃薯在水中加热 120min 的淀粉凝胶化温度

T_m[①]/℃	T_0[②]/℃		T_P[③]/℃	T_m[①]/℃	T_0[②]/℃		T_P[③]/℃
样品 RB				样品 YG			
生马铃薯	68.0	70.4	73.9	生马铃薯	70.1	72.3	75.1
40	67.3	69.8	73.1	40	70.2	72.2	74.5
50	69.2	71.7	75.0	50	72.8	75.2	77.7
60	71.5	73.0	76.1	60	73.8	75.4	77.8
70	nd	nd	nd	70	76.5	78.6	80.9
80	nd	nd	nd	80	nd	nd	nd

注：①指最高强度；

②指糊化起始；

③指峰值。

（资料来源：Bu-Contreras 等，2001。）

16.4.3 马铃薯硬度变化的动力学

建模是预测食物质构的一种有效方法。经验、半经验、统计模型为食品质构研究带来了巨大的动力（Chen et al.，2013）。因为马铃薯的硬度在温度大于 70℃ 条件下会迅速下降，所以在大多数研究中马铃薯的质构变化用一级动力学模拟。将 P 定义为食品的质构，其一级动力学公式（式 16.3）可写成（Rao et al.，1986）：

$$\frac{dP}{dt} = -k_f P \tag{16.3}$$

速率常数随温度的变化可用 Arrhenius 方程（式 16.4）表示：

$$k_f = k_o \exp(E_a/RT) \tag{16.4}$$

当用一个简单的动力学模型不能进行很好的模拟时，可用两个单独的一级动力学模型分别模拟快速和缓慢的降解过程。在蒸煮过程中，很难定义质构快速终止时间和缓慢开始时间（Lee et al.，2007）。然而，Rizvi 等（1997）研究指出分数转换可为蔬菜质构的降解动力学提供更好的准确性和可靠性。分数转换模型由一阶模型导出，将杨氏模量作为质构特性，分数转换 f 定义（式 16.5）：

$$f = \frac{E_o - E}{E_o - E_\infty} \tag{16.5}$$

其中 E_o 是初始模量，E 是 t 时间下的模量，E_∞ 是长时间后得到的模量，是一个非零值。E_∞ 是温度的函数。

用这个分数写出的一次方程（式 16.6、式 16.7）：

$$\frac{d(1-f)}{dt} = -k_f(1-f) \tag{16.6}$$

$$E_{\infty}(T) = c_4 + \frac{c_1}{1+\left(\frac{T}{c_3}\right)^{c_2}} \tag{16.7}$$

其中 c_1-c_4 是用实验数据拟合的方程的参数。表 16.7 为一级动力学和分数转换模型的反应速率常数和活化能值（Lee et al.，2007）。

表 16.7 马铃薯软化的分数和一级动力学参数

变量	值	参考资料
分数转换动力学		
k_o（每分钟）	1.1×10^{8}	Alvarez 等（2001）
E_a/（kJ/mol）	64.18	
E_{∞}（c_1-c_4）	0.53，21.97，63.78，0.47	Nourian 等（2003）
k_o（每分钟）	1.29×10^{10}	
E_a/（kJ/mol）	77.86	
E_{∞}（c_1-c_4）	0.80，8.35，73.76，0.20	
一级动力学		
100℃ k_f（每分钟）	0.387	Harada 等（1985）中最大的力相关内容
E_a/（kJ/mol）	145	
100℃ k_f（每分钟）	0.069	Solomon 等（2003）中切线模量相关内容
E_a/（kJ/mol）	51.1	

注：在马铃薯软化阶段，溶液代表动力学效应，而不扩散；扩散系数值为 $d_{eff}=10^{-10}\,m^2/s$。

（资料来源：Lee 等，2007。）

16.5 结论

生、熟马铃薯的结构和流变特性主要取决于其淀粉含量和干物质含量，但采后贮藏温度、马铃薯组织的微观结构、细胞壁性质、直链淀粉含量和加工温度也会影响其质构特性。据报道，由于高压或低温预处理可使果胶发生改性和 PME 活化，因此是保持或改善热加工马铃薯质构的一种有效方法。然而，内源性酶对其质构的影响尚不清楚。非热处理技术也是马铃薯加工的一种替代方法，如 PEF，可有效保持马铃薯中的营养成分，了解这些加工技术如何影响马铃薯细胞的生理变化是非常有必要的，因为细胞特性决定组织的物理特性。

参考文献

Abu-Ghannam N, Crowley H. The effect of low temperature blanching on the texture of whole processed new potatoes. *Journal of Food Engineering*. 2006;74:335-344.

Aguilera J. M, Stanley D. W. *Microstructural Principles of Food Processing and Engineering*. second ed. New York: Elsevier Applied Science; 1990:175-329.

Alvarez M. D, Canet W, Tortosa M. E. Kinetics of thermal softening of potato tissue (cv. Monalisa) by water heating. *European Food Research and Technology*. 2001;212:588-596.

Alvarez M. D, Canet W. Rheological characterization of fresh and cooked potato tissues (cv. Monalisa). *Zeitschrift für Lebensmittel-Untersuch ung und -Forschung*. 1998;207:55-65.

Andersson A, Gekas V, Lind I, Oliveira F, Oste R. Effect of preheating on potato texture. *Critical Reviews in Food Science and Nutrition*. 1994;34:229-251.

Barichello V, Yada R. Y, Coffin R. H, Stanley D. W. Low temperature sweetening in susceptible and resistant potatoes: starch structure and composition. *Journal of Food Science*. 1990;54:1054-1059.

Barrios E. P, Newson D. W, Miller J. C. Some factors influencing the culinary quality of Irish potatoes. II. Physical characters. *American Potato Journal*. 1963;40:200-206.

Bentini M, Caprara C, Martelli R. Physico-mechanical properties of potato tubers during cold storage. *Biosystems Engineering*. 2009;104:25-32.

Blahovec J, Lahodová M. DMA peaks in potato cork tissue of different mealiness. *Journal of Food Engineering*. 2011;103:273-278.

Bordoloi A, Kaur L, Singh J. Parenchyma cell microstructure and textural characteristics of raw and cooked potatoes. *Food Chemistry*. 2012;133:1092-1110.

Bourne M. C. Effect of temperature on firmness of raw fruits and vegetables. *Journal of Food Science*. 1982;47:440-444.

Briant A. M, Personius C. J, Grawemeyer-Cassel E. Physical properties of starches from potatoes of different culinary quality. *Food Research*. 1945;10:437-444.

Bu-Contreras R. *Influence of Physico-chemical Factors on the Firmness of Potatoes and Apples* (Ph. D. thesis). Ithaca, New York, USA: Cornell University; 2001.

Bu-Contreras R, Rao M. A. Influence of heating conditions and starch on the storage modulus of Russet Burbank and Yukon Gold potatoes. *Journal of the Science of Food and Agriculture*. 2001;81:1504-1511.

Bu-Contreras R, Rao M. A. Review: dynamic rheological behavior of heated potatoes. *Food Science and Technology International*. 2002;8:3-10.

Burton W. G. *The Potato*. third ed. Essex, UK: Longman Scientific & Technical; 1989.

Canet W. *Estudio de la influencia de los tratamientos termicos de escaldado, congelacion y descongelacion en la textura y estructura de patata (Solanum tubersoum, L.)* (Ph. D. thesis). Madrid: Univsidad Politecnica de Madrid; 1980.

Canet W, Alvarez M. D, Fernandez C. Optimization of low-temperature blanching for retention of potato firmness: effect of previous storage time on compression properties. *European Food Research and Technology*. 2005;221:423-433.

Chen L, Opara U. L. Approaches to analysis and modeling texture in fresh and processed foods -a review. *Journal of Food Engineering*. 2013;119:497-507.

Cottrell J. E, Duffus C. M, Paterson L, George R. M. Properties of potato starch: effects of genotype and growing conditions. *Phytochemistry*. 1995;40:1057-1064.

Davis D. C, McMahan P. F, Leung H. K. Rheological modeling of cooked potatoes. *Transactions of the ASABE*. 1983;26:630-634.

Fincan M, Dejmek P. Effect of osmotic pre-treatment and pulsed electric field on the viscoelastic properties of potato tissue. *Journal of Food Engineering*. 2003;59:169-175.

Fuentes A, Vázquez-Gutiérrez J. L, Pérez-Gago M. B, Vonasek E, Nitin N, Barrett D. M. Application of nondestructive impedance spectroscopy to determination of the effect of temperature on potato microstructure and texture. *Journal of Food Engineering*. 2014;133:16-22.

García-Segovia P, Andrés-Bello A, Martínez-Monzo J. Textural properties of potatoes (*Solanum tuberosum* L., cv. Monalisa) as affected by different cooking processes. *Journal of Food Engineering*. 2008;88:28-35.

Harada T, Tirtohusodo H, Paulus K. Influence of temperature and time on cooking kinetics of potatoes. *Journal of Food Engineering*. 1985;50:459-462 472.

Herrman T. J, Love S. L, Shafaii B, Dwelle R. B. Chipping performance of three processing potato cultivars during long-term storage at two temperature regimes. *American Potato Journal*. 1996;73:411-425.

Hsu S, Lu S, Huang C. Viscoelastic changes of rice starch suspensions during gelatinization. *Journal of Food Science*. 2000;65:215-220.

Huang C. C, Lin M. C, Wang C. R. Changes in morphological, thermal and pasting properties of yam (*Dioscorea alata*) starch during growth. *Carbohydrate Polymers*. 2006;64:524-531.

Janositz A, Noack A. -K, Knorr D. Pulsed electric fields and their impact on the diffusion characteristics of potato slices. *LWT -Food Science and Technology*. 2011;44:1939-1945.

Jarvis M. C, Duncan H. J. The textural analysis of cooked potato. 1. Physical principles of the separate measurements of softness and dryness. *Potato Research*. 1992;35:83-91.

Kaaber L, Kaack K, Kriznik T, Bråthen E, Knutsen S. H. Structure of pectin in relation to abnormal hardness after cooking in pre-peeled, cool-stored potatoes. *LWT -Food Science and Technology*. 2007;40:921-929.

Kaur L. *Physico-chemical Properties of Potatoes in Relation to Thermal and Functional Properties of Their Starches* (Ph. D. dissertation). Amritsar: Guru Nanak Dev University; 2004.

Kaur L, Singh J, Singh N, Ezekiel R. Textural and pasting properties of potatoes (*Solanum tuberosum* L.) as affected by storage temperature. *Journal of the Science of Food and Agriculture*. 2007;87:520-526.

Kaur L, Singh N, Sodhi N. S, Gujral H. S. Some properties of potatoes and their starches I. Cooking, textural and rheological properties of potatoes. *Food Chemistry*. 2002;79:177-181.

Kazami D, Tsuchiya T, Kobayashi Y, Ogura N. Effect of storage temperature on quality of potato tubers. *Journal of the Japanese Society for Food Science and Technology-Nippon Shokuhin Kagaku Kagaku Kaishi*. 2000;47:851-856.

Kirkpatrick M. E, Mountjoy B. M, Albright B. C, Heinze P. H. Cooking quality, specific gravity and reducing sugar content of early-cropped potatoes. *USDA Circular*. 1951;872.

Knorr D, Engel K. -H, Vogel R, Kochte-Clemens B, Eisenbrand G. Statement on the treatment of food using a pulsed electric field. *Molecular Nutrition & Food Research*. 2008;52:1539-1542.

Lebovka N. I, Mhemdi H, Grimi N, Bals O, Vorobiev E. Treatment of potato tissue by pulsed electric fields with time-variable strength: theoretical and experimental analysis. *Journal of Food Engineering*. 2014;137:23-31.

Lee S. H, Datta A. K, Rao M. A. 4. How does cooking time scale with size? A numerical modeling approach. *Journal of Food Science*. 2007;72:E001-E010.

Leung H. K, Barron F. M, Davis D. C. Textural and rheological properties of cooked potatoes. *Journal of Food Science*. 1983;48:1470-1474.

Linehan D. J, Hughes J. C. Texture of cooked potatoes. I. Introduction. *Journal of the Science of Food and Agriculture*. 1969;20:110-112.

Liu Q, Tarn R, Lynch D, Skjodt N. M. Physicochemical properties of dry matter and starch from potatoes grown in Canada. *Food Chemistry*. 2007;105:897-907.

Madsen M. H, Christensen D. H. Changes in viscosity properties of potato starch during growth. *Starch*. 1996;48:245-249.

Mahto R, Das M. Effect of γ irradiation on the physico-mechanical and chemical properties of potato (*Solanum tuberosum* L), cv. 'Kufri Chandramukhi' and 'Kufri Jyoti', during storage at 12℃. *Radiation Physics and Chemistry*. 2015;107:12-18.

Martens H. J, Thybo A. K. An integrated microstructural, sensory and instrumental approach to describe potato texture. *Lebensmittel-Wissenschaft & Technologie*. 2000;33:471-482.

McCay C. M, McCay J. B, Smith O. The nutritive value of potatoes. In: Talburt W. F, Smith O, eds. *Potato Processing*. New York: Van Nostrand Reinhold Company Inc.; 1987:287-332.

McComber D. R, Horner H. T, Chamberlin M. A, Cox D. F. Potato cultivar differences associated with mealiness. *Journal of Agricultural and Food Chemistry*. 1994;42:2433-2439.

McComber D. R, Lohnes R. A, Osman E. M. Double direct shear test for potato texture. *Journal of Food Science*. 1987;52:1302-1304.

McComber D. R, Osman E. M, Lohnes R. A. Factors related to potato mealiness. *Journal of Food Science*. 1988;53:1423-1426.

Mohsenin N. N. Rheology and texture of food materials. In: Mohsenin N. N, ed. *Physical Properties of Plant and Animal Materials*. New York: Gordon and Breach Science Publishers; 1970:309.

van Marle J. T, Stollesmits T, Donkers J, VanDijk C, Voragen A. G. J, Recourt K. Chemical and microscopic characterization of potato (*Solanum tuberosum* L.) cell walls during cooking. *Journal of Agricultural and Food Chemistry*. 1997;45:50-58.

Nguyen Do Trong N, Tsuta M, Nicolaï B. M, De Baerdemaeker J, Saeys W. Prediction of optimal cooking time for boiled potatoes by hyperspectral imaging. *Journal of Food Engineering*. 2011;105:617-624.

Nourian F, Ramaswamy H. S. Kinetics of quality changes during cooking and frying of potatoes: Part I. Texture. *Journal of Food Process Engineering*. 2003;26:377-394.

Nourian F, Ramaswamy H. S, Kushalappa A. C. Kinetics changes in cooking quality of potatoes stored at different temperatures. *Journal of Food Engineering*. 2003;60:257-266.

O'Beirne D, Walshe D, Egan S. Searching for quality in cooked and processed potatoes. *Farm & Food Research*. 1985;16:71-73.

Ormerod A, Ralfs J, Jobling S, Gidley M. J. The influence of starch swelling on the material properties of cooked potatoes. *Journal of Materials Science*. 2002;37:1667-1673.

Pedreschi F, Aguilera J. M. Some changes in potato chips during frying observed by confocal laser scanning microscopy (CLSM). *Food Science and Technology International*. 2002;8:197-201.

Pereira R. N, Galindo F. G, Vicente A. A, Dejmek P. Effects of pulsed electric field on the viscoelastic properties of potato tissue. *Food Biophysics*. 2009;4:229-239.

Rao M. A. *Rheology of Fluid and Semisolid Foods: Principles and Applications*. second ed. New York: Springer; 2007:483.

Rao M. A, Lund D. B. Kinetics of thermal softening of foods-a review. *Journal of Food Processing and Preservation*. 1986;10:311-329.

Rizvi A. F, Tong C. H. Fractional conversion for determining texture degradation kinetics of vegetables. *Journal of Food Science*. 1997;62:1-7.

Ross-Murphy S. B. Rheological methods. In: Chan H. W. -S, ed. *Biophysical Methods in Food Research*.

Blackwell Publishers; 1984:138-199.

Sadowska J, Fornal J, Zgorska K. The distribution of mechanical resistance in potato tuber tissues. *Postharvest Biology and Technology*. 2008;48:70-76.

Shahidul Islam M, Igura N, Shimoda M, Hayakawa I. The synergistic effect of moderate heat and pressure on the physical properties and pectic substances of potato tissue. *International Journal of Food Science & Technology*. 2007;42:434-440.

Shomer I. Swelling behaviour of cell-wall and starch in potato (*Solanum tuberosum* L.) tuber cells. 1. Starch leakage and structure of single cells. *Carbohydrate Polymers*. 1995;26:47-54.

Shomer I, Vasiliver R, Lindner P. Swelling behaviour of cell-wall and starch in potato (*Solanum tuberosum* L.) tuber cells. 2. Permeability and swelling in macerates. *Carbohydrate Polymers*. 1995;26:55-59.

Sila D. N, Smout C, Vu T. S, Hendrickx M. Effects of high-pressure pretreatment and calcium soaking on the texture degradation kinetics of carrots during thermal processing. *Journal of Food Science*. 2004; 69: 205-211.

Sila D, Doungla E, Smout C, Van Loey A, Hendrickx M. Pectin fractions interconversions: insight into understanding texture evolution of thermally processed carrot. *Journal of Agricultural and Food Chemistry*. 2006;54:8471-8479.

Singh J, Kaur L, Mccarthy O. J, Moughan P. J, Singh H. Rheological and textural characteristics of raw and par-cooked Taewa (Maori potatoes) of New Zealand. *Journal of Texture Studies*. 2008;39:210-230.

Singh J, McCarthy O. J, Singh H, Moughan P. J. Low temperature post-harvest storage of New Zealand Taewa (Maori potato): effects on starch physico-chemical and functional characteristics. *Food Chemistry*. 2008;106(583):596.

Singh J, Singh N, Sharma T. R, Saxena S. K. Physicochemical, rheological and cookie making properties of corn and potato flours. *Food Chemistry*. 2003;83:387-393.

Singh N, Kaur L, Ezekiel R, Gurraya H. S. Microstructural, cooking and textural characteristics of potato (*Solanum tuberosum* L.) tubers in relation to physico-chemical and functional properties of their flours. *Journal of the Science of Food and Agriculture*. 2005;85:1275-1284.

Singh N, Singh J, Sodhi N. S. Morphological, thermal, rheological and noodle-making properties of potato and corn starch. *Journal of the Science of Food and Agriculture*. 2002;82:1376-1383.

Smith O. Effect of cultural and environmental conditions on potatoes for processing. In: Talburt W. F, Smith O, eds. *Potato Processing*. New York: Van Nostrand Reinhold Company Inc.; 1987:73-148.

Solomon W. K, Jindal V. K. Modeling thermal softening kinetics of potatoes using fractional conversion of rheological parameters. *Journal of Texture Studies*. 2003;34:231-247.

Sowokinos J. R, Orr P. H, Knoper J. A, Varns J. L. Influence of potato storage and handling stress, sugars, chip quality and integrity of the starch (amyloplast) membrane. *American Potato Journal*. 1987; 64: 213-225.

Spychalla N. P, Desborough S. L. Fatty acids, membrane permeability, and sugars of stored potato tubers. *Plant Physiology*. 1990;94:1207-1213.

Taguchi M, Schafer H. W, Breene W. M. Influence of cultivar and prewarming on texture retention of thermally processed potatoes. *Potato Research*. 1991;34:29-39.

Toolangi T. K. Potatoes: factors affecting dry matter. *Agriculture Notes*. 1995, 1329-8062 State of Victoria, Department of Primary Industries.

Unrau A, Nylund R. The relation of physical and chemical composition to mealiness in the potato I. Physical properties. *American Potato Journal*. 1957;34:245-249.

van Buggenhout S, Sila D. N, Duvetter T, van Loey A, Hendrickx M. Pectins in processed fruits and vegetables: Part III— Texture Engineering. *Comprehensive Reviews in Food Science and Food Safety*. 2009;8:105-

117.

van Velde F, Riel J. V, Tromp R. H. Visualisation of starch granule morphologies using confocal scanning laser microscopy (CSLM). *Journal of the Science of Food and Agriculture*. 2002;82:1528-1536.

Vorobiev E, Lebovka N. Enhanced extraction from solid foods and biosuspensions by pulsed electrical energy. *Food Engineering Reviews*. 2010;2:95-108.

Waldron K. W, Smith A. C, Parr A. J, Ng A, Parker M. L. New approaches to understanding and controlling cell separation in relation to fruit and vegetable texture. *Trends in Food Science and Technology*. 1997;8:213-220.

17 炸薯条吸油的机制

Anna Patsioura[1,2], Jean-Michaël Vauvre[1,2,3], Régis Kesteloot[4], Paul Smith[5], Gilles Trystram[6], Olivier Vitrac[1,2]

[1] *INRA, UMR 1145 Ingénierie Procédés Alimentaires, Group Interaction between Materials and Media in Contact, Massy, France*

[2] *AgroParisTech, UMR 1145 Ingénierie Procédés Alimentaires, Massy, France*

[3] *McCain Alimentaire S. A. S., Parc d' entreprises de la Motte du Bois, Harnes, France*

[4] *Régis Kesteloot conseil, Lambersart, France*

[5] *Cargill R&D Centre Europe, Vilvoorde, Belgium*

[6] *AgroParisTech, UMR 1145 Ingénierie Procédés Alimentaires, Group Interaction between Materials and Media in Contact, Massy, France*

17.1 前言

深度油炸是一种重要的食品加工操作（Achir et al.，2009），由于大多数油炸食品被归为“垃圾食品”，因此不受欢迎。超重和肥胖已成为一种全球性的“流行病”，在发达国家（Guallar-Castillon et al.，2007；Sassi，2010）和发展中国家中（Shi et al.，2008；Sichieri，2002）呈现蔓延趋势，主要与缺乏运动（Fair et al.，2009）、高热量饮食（Swinburn etal.，2004）和儿童摄入超过营养需求的食物有关（Ello-Martin et al.，2005）。例如，炸薯条中含有丰富的淀粉和脂肪（Zaheer et al.，2014），脂肪在食品干基中的含量为 0.25~0.52kg/kg，对应食品中脂肪的含量为 0.10~0.23kg/kg（Aguilera et al.，2000；Al-Khusaibi et al.，2012）。同时，油炸的过程中产生极性化合物和低聚化合物（Mendonc Freire et al.，2013），杂环胺（Burenjargal et al.，2009），多环芳烃（Gertz et al.，2002；Mottram et al.，2002），反式脂肪酸（Dalainas et al.，2008）等有害产物。

从加工过程来看，深度油炸是将湿润的产品加入到具有高沸点的溶液中。产品表面的沸腾以及产品表面附近高速的油脂蒸发速率在传统的烹饪和干燥食品的加工单元中产生了最快速的对流热交换（Vitrac et al.，2005）。木薯片在 160℃ 油炸时的热流密度为 $150kW/m^2$（Vitrac et al.，2003），而马铃薯片在 180℃ 油炸时的热流密度为 $230kW/m^2$（Lioumbas et al.，2012），对流传热系数为 $2kW/(m^2 \cdot K)$（Costa et al.，1999；Hubbard et al.，2000；Vitrac et al.，2005）。Achir 等（2009）和 Moreira 等（1999）综述了油炸和冷却过程中的热量和质量传递。早期的研究主要针对食品油炸的现象进行描述（Gamble et al.，1987），而近年来的研究分析了不同模拟油炸过程中热量和质量传递的过程。一些模型将油炸过程描述为移动的蒸发平面（Farkas et al.，1996a、b；Vitrac et al.，2002），或者是伴随相变的多孔介质中热量和质量的传递方程（Achir et al.，2008；Halder et al.，2007a、b、2011；Ni et al.，1999）。研究者在深度油炸食品中开展模拟反应试验（Achir et al.，2008；Bassama et al.，2011）和质构改变（Thussu et al.，2012）。相对而言，相关研究对于吸油机制没有展开广泛的论述和讨论（Dana et al.，2006；Mehta et al.，2001；Saguy et al.，1998；Ziaiifar et al.，2008）。目前，广泛认可的吸油机制主要来自于 Ufheil 和 Escher（1996）具有启发性的在非染色和染色油中连续的油炸试验，以及 Moreira 等（1997）关于表面油脂清洗的作用机制。食品油炸后从油浴中取出冷却后（Aguilera et al.，2000），发生吸油的现象（Achir et al.，2010；Bouchon et al.，2001；Gamble et al.，1987）。实际上，当最大气化率下测量的内部超压值为 5~50kPa 时（Vitrac et al.，2000），可以在油浴阶段有效地抑制油脂渗透到食品内部。然而，油脂吸收的作用机制还没有被彻底地解析。目前，油炸食品在冷却过程中对油脂的吸附过程被描述为受到毛细作用力的影响（Bouchon et al.，2003；Pedreschi et al.，

2002)，或者蒸汽凝结导致强制排水（He et al.，2012；Vitrac et al.，2000）。

尽管与质量平衡的考虑相一致，多数关于油脂吸收的描述是机械的、不切实际的，对于降低油炸食品含油率的帮助很少。实际上，油脂吸收的多项特征容易被忽略，油和气的概念容易被混淆。而且，油脂在油炸食品中渗透的路径以及它们与破损细胞的相关性缺乏相关论述。本章介绍了基于油脂渗透路径的微观形态观察理解油脂吸收的作用机制（Achir et al.，2010；Patsioura et al.，2015；Vauvre et al.，2014），气相被油脂取代（Vauvre et al.，2015），过热蒸汽在油炸食品外部结构中一致的热动力学的相关研究（Achir et al.，2008）。新的研究结果与预期不同，为降低油炸食品的含油率提供创新的方法：细胞壁对于油脂有很好的阻碍作用。

如果细胞没有破坏，油脂可以通过细胞中微小的通信渠道从一个细胞运输到另一个细胞中，称为包间连丝通道而空气可以阻止这种现象发生，在不同的研究对象中发现油脂吸收的时间从几秒延长至几小时（Cortés et al.，2014；Kalogianni et al.，2014；Patsioura et al.，2015）。

本章主要包括以下几个部分。17.2 介绍了吸湿材料中处于平衡状态的蒸汽的热动力学，以及在冷却过程中与吸油之间的关系。这些概念对于理解冷却过程中蒸汽凝结的动力学，控制模仿油炸过程和冷却的热力学平衡的条件十分重要。17.3 详细介绍了马铃薯薄壁细胞的结构特性，特别是油脂从一个细胞转移到另外一个细胞的作用通路。17.4 介绍了油脂吸收的多量程模型，以及该模型在产品水平的总结。17.5 对于不同的油脂吸收机制进行了讨论。

17.2 冷却过程中冷却和吸油的物理性质

17.2.1 油脂吸收是与压力有关的问题

17.2.1.1 在产品水平对于油炸的初步描述

等温曲线 T_{sat} 可以将产品分离为吸湿性的外壳（T_{sat} 以上）和内部的内心（低于 T_{sat}），具有吸湿性的外壳只有残留的水分存在，而内部的外壳具有毛细水。最初的判断，产品内部的蒸汽的蒸发可以描述为向产品中心移动的干燥平面。这个预判被命名为史蒂芬难题，首先由 Mittelman 等（1984）提出，随后由 Farkas 等（1996a）进一步展开研究，更多详细的模型采用连续力学方法进行了验证（Halder et al.，2007a；Yamsaengsung et al.，2002）。

Achir 等（2008）验证了产品中吸湿组分中水分蒸发和解吸的热动力学。油炸薯条中水分，压力和温度变化如图 17.1 所示。由于非平衡的作用（液态水可以快速的穿过食物的外部结构，而没有被蒸发），淀粉基材料试验证实油炸食品内部水分的运输（Achir et al.，

2008、2009；Vitra et al.，2003）不仅存在于内部结构，还存在于外部结构，主要与内部压力上升有关（Vitrac et al.，2000）。

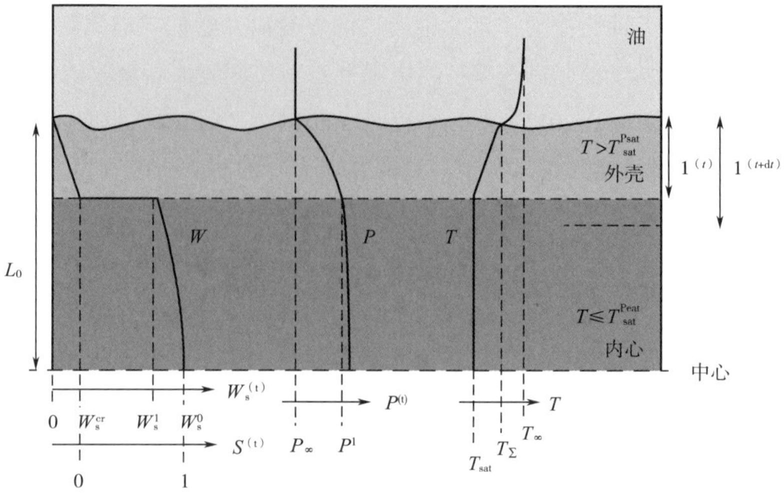

图 17.1 油炸食品模型中的水分浓度的模拟度

（资料来源：Achir 等，2008、2009；Vitrac 等，2000。）

17.2.1.2 油脂的毛细管压力

在油炸过程中，相对于大气压力所产生的正向的内部压力主要与蒸汽穿过食物致密的外部结构时导致摩擦损失有关。这种现象是导致油炸过程中抑制油脂渗透穿过食物外部结构的主要原因，通过反向的毛细管压力，ΔP_C 主要与接触角 θ_C 和发散角 ϕ 有关，如图 17.2 及式（17.1）所示［见 Dullien（1979）方程（2.3.1）或 Kaviany（1997）方程（8.148）］：

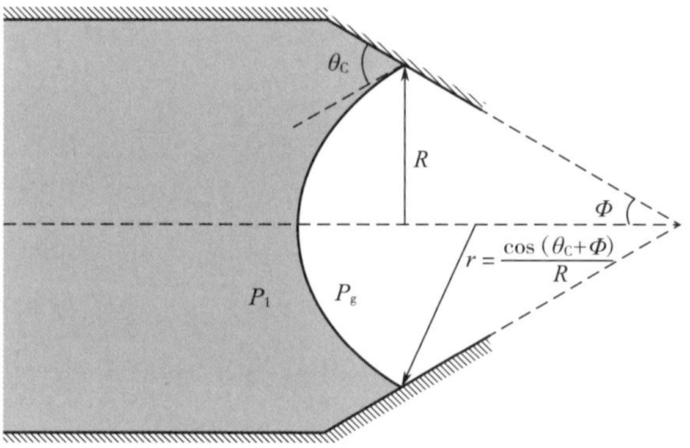

图 17.2 马铃薯细胞内部管道吸附液体的示意图

注：P_1 为液相压力，P_g 为气相压力。

$$\Delta P_C = \frac{2\sigma}{r}\cos(\theta_C + \phi) \xrightarrow{\theta_C - \phi \rightarrow 0} \frac{2\sigma}{r}\left(1 - \frac{(\theta_C - \phi)^2}{2}\right) \quad (17.1)$$

r 是接触线的孔隙半径。当 $\phi=0$ 时在马铃薯的细胞结构中形成通道，通道与马铃薯薄壁细胞的大小相一致，毛细管的压力平均为500Pa（Vauvre et al.，2015），当 $P<\Delta P_C$ 油脂开始吸收。

17.2.2 在油炸过程和油炸后冷却过程中总压力的变化

17.2.2.1 油炸和冷却过程中压力的测量

总压力定义为产品和气相中总的压力值。有一些研究报道了食品核心区域在油炸过程和油炸后压力的变化。可以通过在无线自主传感器附近浇铸淀粉基海藻酸凝胶材料，通过油炸整个系统进行直接的压力测量（Vitrac et al.，2000）。压力随着随凝胶的固体含量（含有或不含有淀粉）而改变，其作用机制如图 17.3 所示。蒸汽摩擦损失导致油炸过程中正压力逐渐增加。在冷却期间，压力急剧下降，并低于大气压力，而食品核心区域的温度下降（但是仍高于饱和温度，T_{sat}）。He 等（2012）和 Sandhu 等（2013）（图 17.3）同样发现油炸食品在冷却过程中压力降低。这些研究结果对理解油脂吸收的机制有重要的指导意义，特别是对于油脂吸收的动力学过程和油脂渗透程度的理解。在油炸过程中，正压值可以达到几十千帕，超过油脂毛细管压力，从而抑制油脂渗透进入产品内部，除非是处在低压的环境中。相反，在冷却过程中负压是导致油脂吸收的主要原因。

17.2.2.2 正压抑制油炸过程中油脂进入产品内部

如式 17.1 所示，当 $\theta_C=\phi$ 时毛细管压力最大。Bouchon 和 Pyle（2005）和 Pinthus 和 Saguy（1994）发现在 120℃ 油-气表面张力，$\gamma=2.35\times10^{-2}$ N/m，蒸气、油脂和马铃薯介质的接触角为 $\theta_C=0.66$ rad。可以计算孔隙的几何形状（d 和 ϕ），在油炸的过程使内部过压力达到理论上的平衡。Vitra 等（2000）报道了基于 p_g 值的变化，淀粉和含水凝胶分别油炸 1500 s 和 200 s 后，油压 $p_{油}$ 分别高于 10kPa 和 2kPa 可以导致油脂吸收。对于圆柱形的毛细管（$\phi=0$），式 17.1 显示当直径小于 17μm 和 87μm，压力达到油脂吸收的要求。对于收缩的管道 $\theta_C=\phi$，最初的直径分别增加到 22μm 和 11μm，压力达到油脂吸收的要求。对比而言，马铃薯的薄壁细胞的直径为 200μm（Reeve et al.，1971），比上述模型的临界直径都要大。因此，在油炸的过程中，油脂浸透通过空的细胞（不含有淀粉）可能不容易穿过首个细胞层。相反，在炸薯条的边缘可能在油炸阶段开始油脂吸收，没有显著的过压存在。由于缺少细胞结构，墨西哥炸玉米片的微孔比马铃薯的薄壁细胞要小。Moreira 等（1997）通过发现墨西哥炸玉米片中 20%的油脂是在油炸阶段吸收的，从而对上述理论进行了验证。

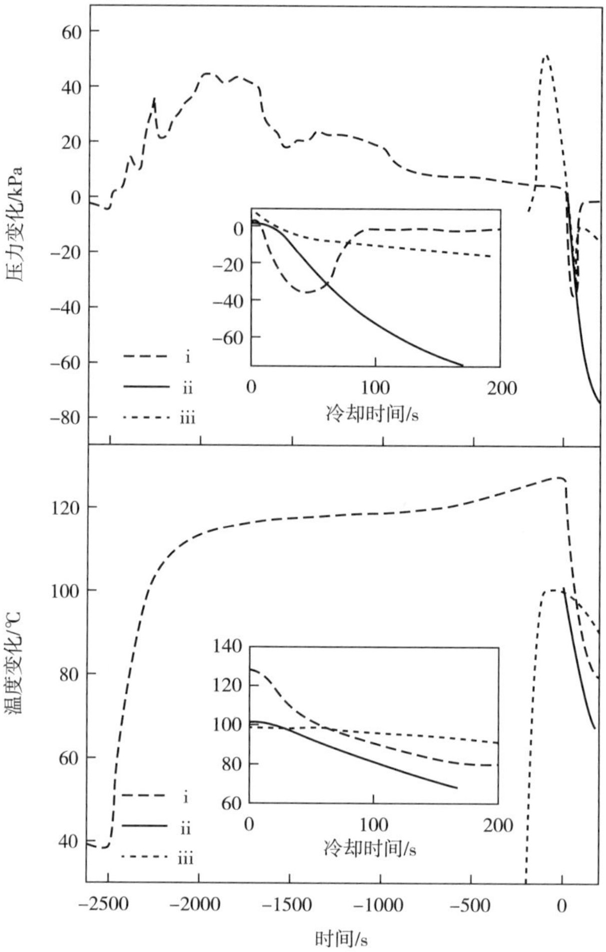

图 17.3　淀粉基产品在油炸和冷却过程中的压力和温度变化

注：图中 i 表示淀粉基海藻酸盐柱体直径为 34mm，长度为 150mm（油炸温度 160℃）；ii 表示马铃薯柱体直径 10mm，长度 50mm（油炸温度 170℃）；iii 表示马铃薯薄片厚度 8mm，直径为 48mm（油炸温度 175℃）。

17.2.3　压力梯度导致油脂运输

17.2.3.1　油脂运输的连续介质：将油脂和气体认定为混合相

早期对于油脂吸收的描述指出在油炸过程中水分损失和油脂的吸收有明显的相关性（Moyano et al.，2002；Rice et al.，1989；Vitrac et al.，2001、2002）。这可能是与油炸过程中物料产生孔洞，在冷却过程中油脂填入孔洞中有关。但是，悖论在于：研究发现在油炸前进行干燥，可以减少最终油脂的吸收（Vitrac et al.，2002）。两个模型中水分移除对于油脂吸收影响的不同可能与对流干燥对细胞连通性的改变有关。Achir 等（2010）证实了只有表层细胞可以填入油脂，而3/4的油脂位于首个细胞表面，由于物料在切割过程中表层结构被破坏，剩下的1/4的油脂位于细胞的第三层结构中。

Halder等（2007a）对于油炸过程中和油炸后物料中油脂的吸收展开系统的描述。由于早期模型忽略了在油炸后冷却过程中的热量和质量传递，由此导致对于油脂吸收的不准确的预测，Halder在此基础上进行了改进。例如，Bouchon和Pyle（2005）预测了当炸薯条中油脂快速的毛细迁移距离为30s内达到0.15m，而这一距离大于产品本身的尺寸。物料中局部油脂的饱和度可以很好的解释油脂的质量传递，定义为油脂填满孔洞的程度，命名为S_o。在适合的最初和边界的条件下，作者通过油脂质量平衡的保守公式（式17.2）计算S_o：

$$\frac{\partial}{\partial t}(\varepsilon\rho_o^{(T)}S_o)+\nabla\cdot(u_o\rho_o^{(T)})=\nabla\cdot[D_{o,\ cap}^{(T,\ S_o)}\nabla(\varepsilon\rho_o^{(T)}S_o)] \tag{17.2}$$

ρ_o是内部油脂的密度。平均的油脂的速度为u_o从广义达西方程（式17.3）中获得：

$$u_o=-\frac{k_{in,\ o}^{p}k_{r,\ o}^{p}}{\mu_o}\nabla P \tag{17.3}$$

有效的扩散系数是从饱和梯度和毛细管作用力的梯度的关系（式17.4）推断出来的：

$$D_{o,\ cap}^{(T,\ S_o)}=-\frac{k_{in,\ o}^{p}k_{r,\ o}^{p(T,\ S_o)}}{\varepsilon\mu_o^{(T)}}\left.\frac{\partial p_{cap}(S_o)}{\partial S_o}\right|_T \tag{17.4}$$

在式17.3和式17.4中$k_{in,\ o}^{p}$和$k_{r,\ o}^{p}$是微孔结构内部的渗透率和油脂相对的渗透率。相对渗透率的概念首次由Muskat和Meres（1936）提出，可以解释为黏性阻力中相位分布的作用。

而且，因为空气可以合并进入多孔结构，同样的转运方程应该用于描述空气和蒸汽的特性。由于不同组成的复杂性，基于Ni和Datta（1999）早期的建议，研究者采用了与温度无关的经验模型（式17.5）进行验证：

$$D_{o,\ cap}^{(S_o)}=D_o\exp\left(-2.8+2.0\frac{\varepsilon}{1-\varepsilon}\frac{\rho_o}{\rho_s}S_o\right) \tag{17.5}$$

ρ_s是固体基质的固有密度。

据报道在油炸和冷却的阶段准指数因子D_o范围为$1.22\times10^{-9}\sim1.22\times10^{-7}m^2/s$（Halder et al.，2007a；Warning et al.，2012）可以导致油脂渗透的深度从若干毫米到若干厘米范围。同时，在油炸和冷却的过程中忽视了特定的总压力驱动油脂流动对于最终油脂吸收的特殊作用（Halder et al.，2007b），导致油炸和冷却过程中油脂连续的渗透。在试验过程中的非连续的行为，在不同压力条件的冷却过程的实验中得到验证（He et al.，2012）。

17.2.3.2 油脂和气体作为互不相融相

Halder等（2007a）的方程加入到平流的概念（式17.2、式17.3），以一种平均场的方式解释了油-空气界面被取代。Bucklet和Leverett（1942）提出的连续性方程和流量方程对于上述理论可以进一步理解，Dullien（1979）和Kaviany（1997）提出了更多的细节。

通过假设对于气体的相对渗透率（水蒸气和空气的混合体系）$k_{r,g}^{p}$，和对于油脂的相对渗透率 $k_{r,o}^{p}$ 与 S_o 没有显著的不同，Bucklet-Leverett 方程（式 17.6）提供了 iso-饱和线 z 的位置变化：

$$\left.\frac{dz}{dt}\right|_{S_o}=\frac{\langle u_t\rangle}{\varepsilon}\frac{df_o}{dS_o} \tag{17.6}$$

f_o 是相对的体积油脂流速，$\langle u_t\rangle$ 是基于物料外部结构的平均的一个表征单元体积的总的表浅（Darcy）流速。忽略空气柱和浮力的重量，可以得到式（17.7）：

$$\langle u_t\rangle=\langle u_o\rangle+\langle u_g\rangle=-\frac{k_{in}^{p}k_{r,o}^{p}}{\mu_o}\left(\frac{\partial p_o}{\partial z}+\rho_o g\sin(\theta_u)\right)-\frac{k_{in}^{p}k_{r,g}^{p}}{\mu_g}\left(\frac{\partial p_g}{\partial z}\right) \tag{17.7}$$

$\langle u_o\rangle$ 和 $\langle u_g\rangle$ 分别是油和气的局部速度，θ_u 是水平面的极角，$\theta_u=\pi/2$ 对应重力矢量。考虑到油脂是油-气系统中的湿润相，毛细管压力被定义为超压，通过非湿润相（气体）$P_c=P_g-P_o$。在油炸产品中，表面速度是通过两个驱动力的叠加进行控制：毛细管力的梯度和气压的梯度可以通过 Vitrac 等（2000）和 Sandhu 等（2013）的方程（式 17.8）计算：

$$\langle u_t\rangle=\frac{k_{in}^{p}k_{r,o}^{p}}{\mu_o}\frac{\partial p_c}{\partial z}-\left(\frac{k_{in}^{p}k_{r,o}^{p}}{\mu_o}+\frac{k_{in}^{p}k_{r,g}^{p}}{\mu_g}\right)\frac{\partial p_g}{\partial z}-k_{in}^{p}g\sin(\theta_u)\left(\frac{k_{r,o}^{p}}{\mu_o}\rho_0\right) \tag{17.8}$$

有 3 个限制的因素有特别的意义（Vauvreet 等，2014）：

$\frac{\partial p_g}{\partial z}=0$ 时，油脂的自吸（如没有蒸汽凝结）；$\frac{\partial p_g}{\partial z}<0$ 时，空气朝着一个方向被推动或拉动，气-油在方向 z 并流（如蒸汽凝结的情况）；$\frac{\partial p_g}{\partial z}>0$ 时，气-油逆向流动（如空气被油脂取代，然后被压缩在样品中）。

17.2.3.3 单一马铃薯细胞中压力的变化：非凝结相的作用

当内部超过压力达到一定程度，最少量的油脂渗透是通过油-气体的逆流作用产生的。在油炸阶段和冷却阶段这些条件自然满足，只有当最初的内部气流产生可以维持。另一方面，当正压梯度存在于材料中时，达到最高的渗透率。当快速冷却速率发生，引起蒸汽冷凝。当空气可以弥补部分或全部由于压缩所导致的压力降低时，渗透率一般处于中间的程度。在没有压力下降的情况下，Kalogianni 和 Papastergiadis（2014）的吸水试验显示了缓慢的渗透速率发生在物料外壳中的正切方向。这个试验解释了气泡捕捉-释放可以剧烈的减慢自发油脂的吸入。Patsioura 等（2015）和 Vauvre 等（2015）特别证实了油脂的吸入主要是由于微观细节所控制，通过连续的机械描述很难正确的捕获。

图 17.4 显示了依据水蒸气部分压力的组成理论气体的压力，认为在冷却的过程中残留的蒸汽没有逃离产品内部结构组织。结果压力下降呈现为真实值的上限值。在油炸后的阶段，平衡曲线证实了压力降低可以发生远低于 T_{sat}。通过 Vitrac 等（2000）、He 等（2012）和 Sandhu 等（2013）研究发现预测的负压在空气组成为 10%～20%的试验数值范围内。

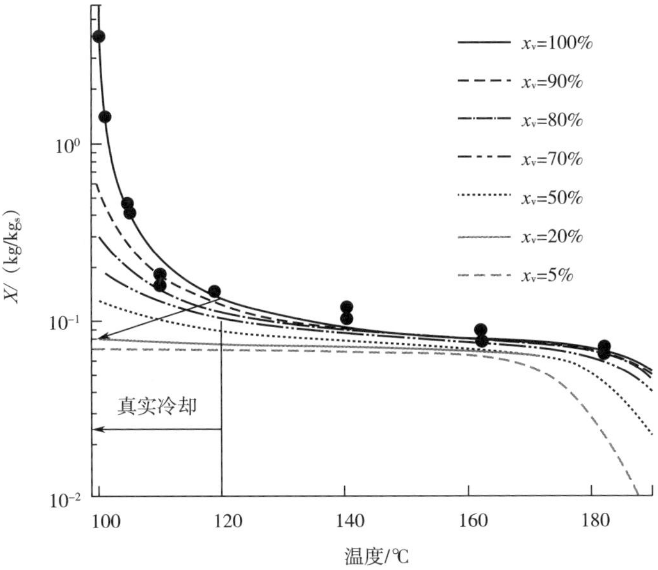

（1）残留的水分含量（*X*，solid basis）与热力学平衡条件下的*T*

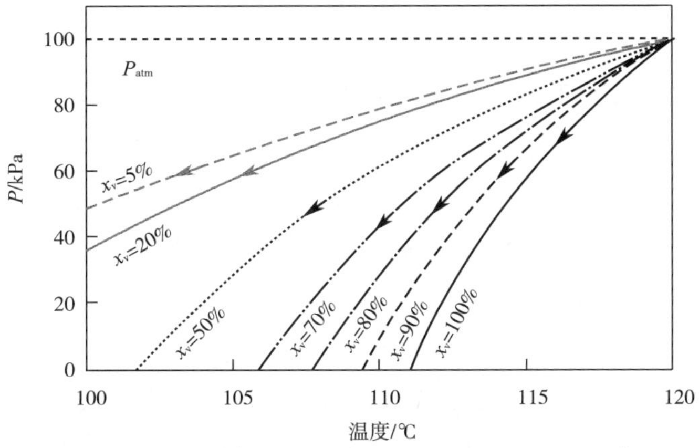

（2）对等的总气体压力（*P*）

图 17.4 油炸和冷却条件下细胞壁的热力学平衡（依据水蒸气的体积的部分 x_v）

17.3 油脂吸收缺点的类型学

Achir 等（2010）发现采用新鲜马铃薯制作的油炸马铃薯片中油脂的浸透在物料空间中是高度不同的。细胞中蜂巢组织结构通过不同细胞层中薄壁细胞的连通性和细胞破损的分布产生特定的油脂运输的路线，从而抑制了油脂浸透。如图 17.5 所示，这个部分介绍了毛细管组织（如贮存处和连接处）促使炸薯条油脂吸收的尺寸。

17.3.1 细胞组织天然的不利因素

在没有破损的马铃薯组织中，细胞或含有淀粉的细胞都具有毛细管终点的特性。因此，油脂可以在半径为几十微米的细胞连通孔隙处流动（Mauseth，2008），或在直径为 100nm 的适度分布的细胞连接通道称为胞间连丝流动（Michalski et al.，2000）。两种通道都是在 120℃持续了 2h 时间内，在没有破损的马铃薯薄壁组织中开展研究（Patsiour et al.，2015）。为了观察油脂在最小的马铃薯破损组织中渗透，试验的时间要比油炸和冷却长得多。

此外，油滴只能够从表面面积的 2.6% 到 13.5% 进行收集，这个结果与 Achir 等（2010）报道的未破损的薄壁细胞的极低的连通性相一致。一半的油滴溢出具有圆形的形状，可以合理的判断为球形的盖子。理论上油脂渗透通过细胞破损结构形成了这些盖子，通过单独的分析可以判定这些破损的分布。Patsioura 等（2015）报道了这些通过反向推演建立的模型，分析表观的破损，如图 17.5（1）中所示这些圆柱形，范围在 7.8~100nm，中值为 40nm。它们的小粒径与油脂在细胞间连丝中的流动消耗相一致。根据 Robards（1975），细胞间的数量在 10^3~10^5，分子可以在这些细胞的连接和活细胞中相互运转。但是，对于它们受到过热蒸汽后结构的变化了解的并不多。

17.3.2 细胞破损半径分布和典型的油脂渗透的形态

在细胞水平上，细胞间较大程度的破损可以通过油脂吸收动力学测定。Patsioura 等（2015）将深度的紫外同步加速器源和具有照相功能电荷耦合的仪器结合针对细胞壁的辐射荧光和染色油脂进行拍照。特定的图像分析软件用于密集相和三维排列去卷积。填充的时间可以通过 Vauvre 等（2015）的反向油脂吸收模型测定，推断破损细胞的半径分布。如图 17.5（2）所示，半径几乎对称分布，并集中在 3.8μm。

空的马铃薯细胞是较大的毛细管，可以被油脂填充。通过 Patsioura 等（2015）的方法可以对细胞进行数字化分析。通过假设流速守恒，它们的表观半径可以通过近似的横截面积圆盘计算。在这个结构体系下，细胞半径通常在平均 100μm 范围内分布（Vauvre et al.，2015），如图 17.5（3）所示，与 Reeve（1967）综述报道相 100μm 的平均半径相一致。在深度油炸条件下，细胞破损导致了比细胞更大的孔洞的产生，1mm 甚至更多，如 MacMillan 等（2008）和 Vauvre 等（2014）的研究中观察到的。

17.3.3 细胞破损导致油脂渗透的通道形成

天然的油脂转运通道由细胞和它们的连接组成（如小于 1μm 的胞间连丝），在过程中较大的破损导致细胞分裂甚至产生孔洞（Patsiourae et al.，2015；Vauvre et al.，2014、2015）。来自细胞连接处的水利半径或细胞破损或孔洞引起了毛细管压力更大的变化。表 17.1 列举了细胞尺寸、细胞破损和对应的毛细管压力导致油脂的同步吸收。Vauvre 等

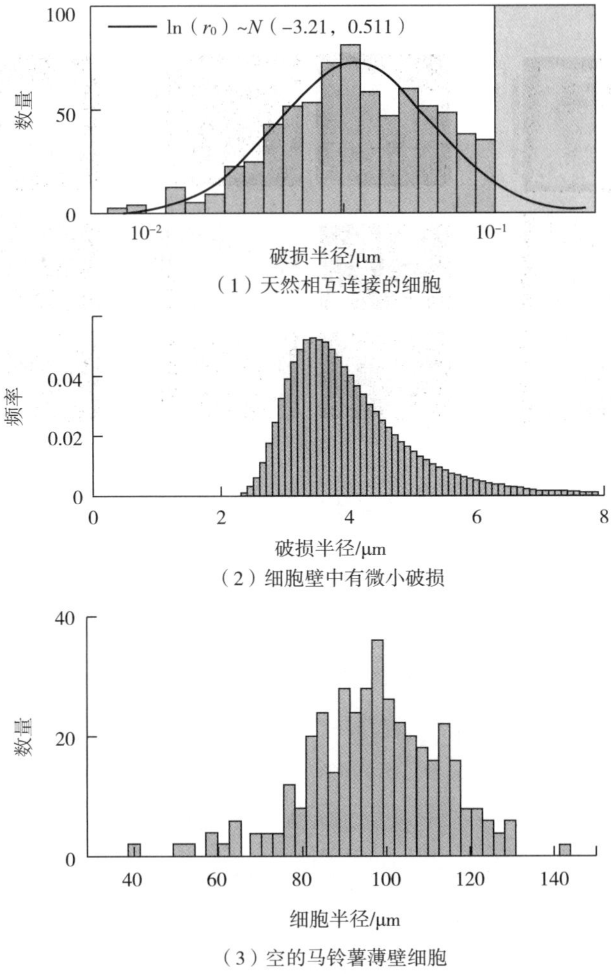

图 17.5　不同油脂转运通道半径的测定

（2014）的微观观察揭示了在工业化的油炸马铃薯条中油脂以从外部的表面到中心的方式，在孔洞逐渐变大的网络中进行渗透。如图 17.6 所示，尽管在较大的孔洞中组织油脂吸收相对容易，但是它们仍然填满了油脂。

表 17.1　　油脂途径和相对的油脂毛细管压力

油脂路径的类型	胞间连丝	过程中导致的损失	薄壁细胞淀粉部分填充路径	空的薄壁细胞	空腔
平均半径/μm	4.0×10^{-2}	3.8	20	10^2	10^3
毛细管压力/Pa	1.2×10^6	1.2×10	2.4×10^3	4.7×10^2	47

注：通过计算油脂温度 $T=120$℃，油脂表面张力 $\gamma=0.03$N/m（Bouchonand Pyle，2005），在油脂和空气之间的接触角，重组的马铃薯产品 $\theta_C=38°$。

（资料来源：Pinthus 等，1994。）

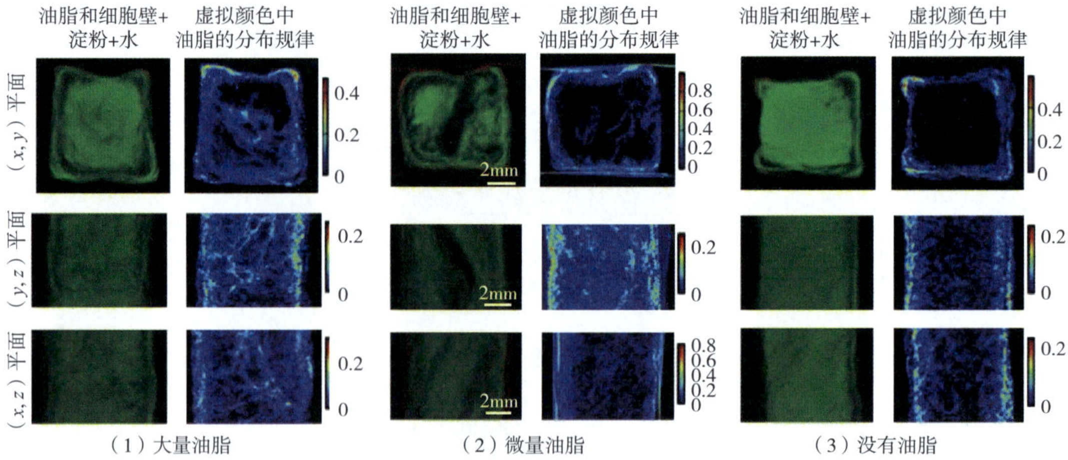

图 17.6　工业化炸薯条油炸后 300s 后致密组分的二维特征

注：通过虚拟颜色体现致密的结构组成，绿色用于表征固体和水分，红色用于表征油脂，在（x，y），（y，z）和（x，z）平面投射。

17.4　油脂吸收的多量程模型

通过总的和灵活的框架可以设计模拟油脂在任意细胞排列（例如，基于 3D 真实的数字化结构）和基础物理（有或没有空气，有压力或没有压力）条件下油脂的吸收。这个部分报道了简单情况下的原则：①所有细胞具有相近似的几何形状，总体呈现蜂窝状结构；②油脂通过与表面相平行的端面渗透；③油脂在单独细胞中渗透，被描述为一个粗略颗粒的水平。这个部分的主要目标是在马铃薯薄壁细胞中所有的时间范围（从 10^{-4} 到 10^{4}s）和空间范围（细胞内部组成到 10^{6} 细胞），通过建立与时间分辨的 3D 描述的框架结构。特别的是，通过建立一个双尺度模型方法用于在含有或没有总的压力梯度条件下模拟油脂渗透。它包括了一个有效的动力学 Monte-Carlo（KMC）方法，通过毛细管力驱动的流动（微尺度）呈现油脂在细胞间大尺度范围的运输。

17.4.1　细胞水平空气运输机制

Vauvre 等（2015）报道了整合细胞破损和细胞水平的模型用于模拟整体的马铃薯组织中油-空气两相流动，采用了 Patsioura 等（2015）的 KMC 配方参数通过显微观察。图 17.7 呈现了从一个细胞层到下一个细胞层典型的油脂流动结构，伴随气相取代和在细胞水平相关的油脂吸收动力学。图 17.7（3）的动力学呈现了油脂通过收缩作用在两个细胞间的流动。没有气相的条件下，在和细胞壁一样厚度内的收缩下，弯月面的速度显著在增加。但是，当弯月面进入到下一个细胞时，黏度显著降低。Erickson 等（2002）和 Liou 等（2009）

在一个收缩膨胀的结构模型中描述了同样的作用。基于油脂平衡守恒定律，油脂在第二个细胞中的流速降低，导致该细胞由一个细管（如收缩）供应，而当最初的细胞由细胞大小的管道提供（细胞被切割）。图 17.7（4）描述了当下一个细胞 2%的空间被填满时，空气泡阻碍了 25%的空间。残存气泡减少了水力直径和降低了油脂流速，在第二个细胞的入口处冻结了流动。Dawson 等（2013）报道了图 17.4 和图 17.5 中同样的动力学。图 17.7（4）中的动力学可以在首个细胞填满后增加残存空气时间的滞后时间获得。这个动力学与 Patsioura 等（2015）的试验观察高度一致，其试验的模型细胞由两个细胞层组成，L_1 和 L_2，总的厚度平均为 250，细胞最初都填满了空气。

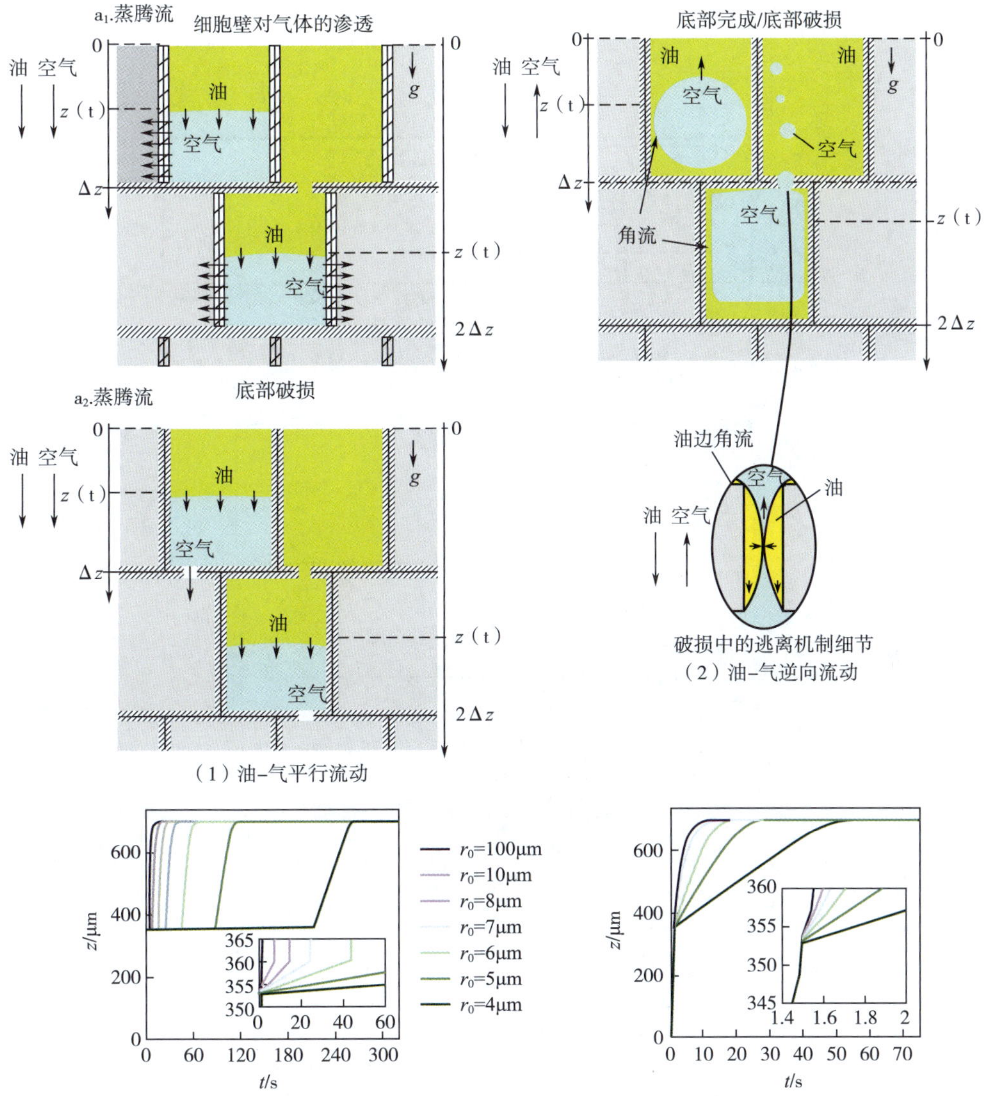

（1）油–气平行流动

（2）油–气逆向流动

（3）没有残留空气的油脂在细胞间的流动

（4）有残留空气的油脂流动

图 17.7 油–气在油炸产品外部结构（没有淀粉）中的取代

注：$z/\Delta z$ 表示细胞平均体积的填充率，$r = 100\mu m$，$\Delta z = 350\mu m$。

17.4.2 试验的渗透动力学

典型的动力学如图 17.8 所示，Vauvre 等（2015）报道了细胞填充和滞后时间的分布。L_1 的所有细胞与细胞接触，在几秒中填满，只有少数的 L_2 细胞填充了油脂，而在试验结束时仍然没有完全填充。如 Patsioura 等（2015）所描述，这个结果与 1 cm^2 的马铃薯组织相一致。在两个最初细胞层中的填充时间和滞后时间的分布对于不能凝缩的气相的存在是关键的参数，决定了破损细胞的尺寸［图 17.5（2）］，在试验观察条件下模型油脂在更大的范围内吸收。

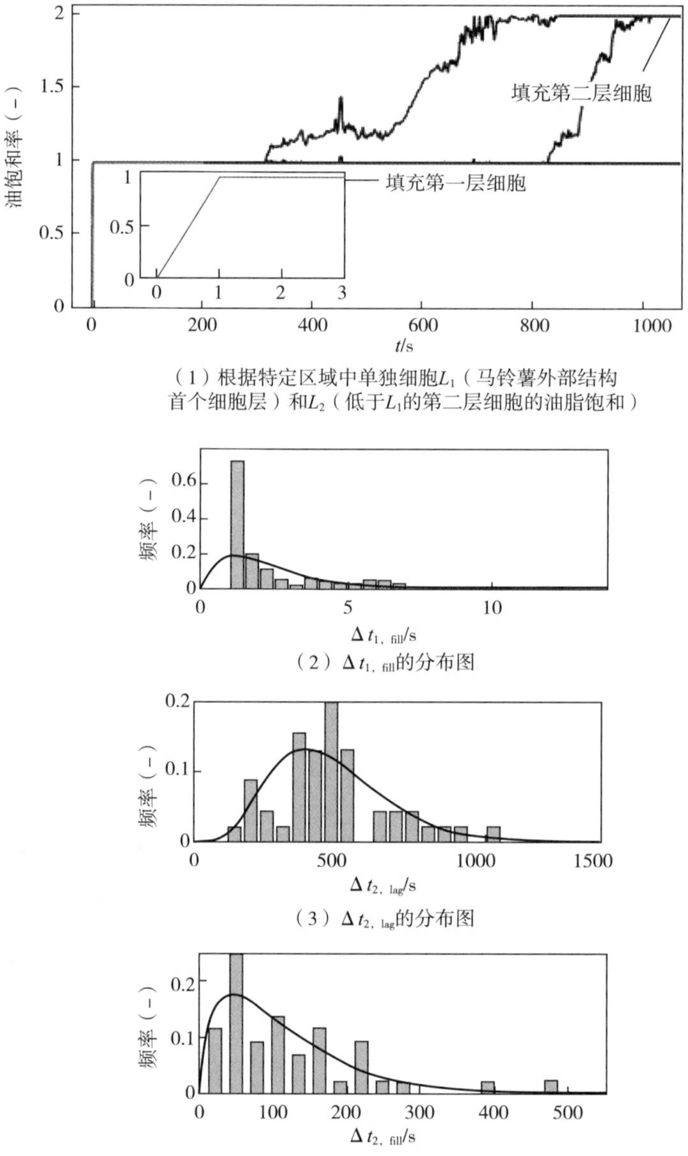

（1）根据特定区域中单独细胞L_1（马铃薯外部结构首个细胞层）和L_2（低于L_1的第二层细胞的油脂饱和）

（2）$\Delta t_{1,\ \mathrm{fill}}$的分布图

（3）$\Delta t_{2,\ \mathrm{lag}}$的分布图

（4）$\Delta t_{2,\ \mathrm{fill}}$的分布图

图 17.8 马铃薯细胞层中特定区域中细胞的油脂渗透的动力学

17.4.3 KMC 方法的延伸

Vauvre 等（2015）提出的 KMC 框架的结合在微观尺度上整合油脂的动量方程，可以推断更多的总体配制。渗流通道以贝叶斯方程的方式实施，接着 3D 蜂窝细胞。在这个背景下，可主要呈现 3 个应用。首先，KMC 在分离细胞的水平到整个组织的水平模拟了均匀稀疏动态方程。其次，可以研究细胞破损对油脂吸收的影响。最后，总的 KMC 方案可以与 Halder 等（2007b）提出的油脂吸收扩散模型进行比较。来自少量的观察或总体假设，所有数量（动力学和结构参数）的分布参数设置的全面规则进行了讨论。

17.5 不同于广泛接受的油脂吸收机制

与这些油脂吸收的方法相反，这个部分详细说明了与传统的描述不同的现象。通常认为油脂吸收发生在油炸后的冷却，但是相关研究只对新鲜马铃薯制作的油炸薯条进行了研究。结果发现油脂渗透也可能发生在油炸阶段，这个结论是在工业化生产的部分油炸的马铃薯条试验中得出的。Vauvre 等（2014）证实了马铃薯在油炸之后产生了更多破损和破裂。特别是在冷冻油炸的产品中，内部的汽化和内部的超压足够延迟，使得油脂渗透在油炸的早期阶段能够渗透。但是，在部分油炸的作用机制在完全油炸的试验中没有进行验证。Vauvre（2014）已经对这个问题进行了探讨和报道。

17.5.1 实验设置

在两个不同的油炸阶段中对油脂吸收进行比较：部分油炸（例如从当地的市场购买了新鲜的马铃薯，横切面积为 9mm×9mm）和完全油炸（如从工业伙伴提供的工业化的部分油炸的冷冻油炸薯条，同样的横切面积）。采用 Ufheil 和 Escher（1996）染色的方法进行改进后，对不同油炸次数，不同油炸阶段的样品进行检测。三个连续的油炸锅整合在一起，中间没有冷却的时间。油炸锅包括没有染色的，还有通过苏丹兰（蓝色染色的锅）或苏丹红（红色染色的锅）进行染色。因为油脂在不同的油炸阶段被染为蓝色或红色，该试验设计促进了在部分油炸或油炸结束时油脂吸收的不同。报道的油炸装置如图 17.9 所示。新鲜的或是部分油炸的冷冻薯条首先在没有染色的油脂中炸 t_0，然后，在蓝色的染锅里炸 t_1，最终在红色的染锅里炸 t_2。总持续时间 $t_0+t_1+t_2$ 为 5min，最后将产品浸渍在液氮中，贮存在-80℃，随后在冷冻的条件下进行观察。冷冻的阶段（液氮）引起了油脂强收缩。因此，在连续的观察中油脂的体积低于油炸温度下的体积。最初的试验证实将红色染色和蓝色染色的顺序颠倒不会改变最终的结论。但是，油炸锅的顺序不是随机的；染蓝色的油炸锅在染红色的油炸锅之前被选择，因为它促进了油脂的吸收和鉴定，通过图像分析进行定量（产品和油脂是天然的黄色，也有部分红色）。

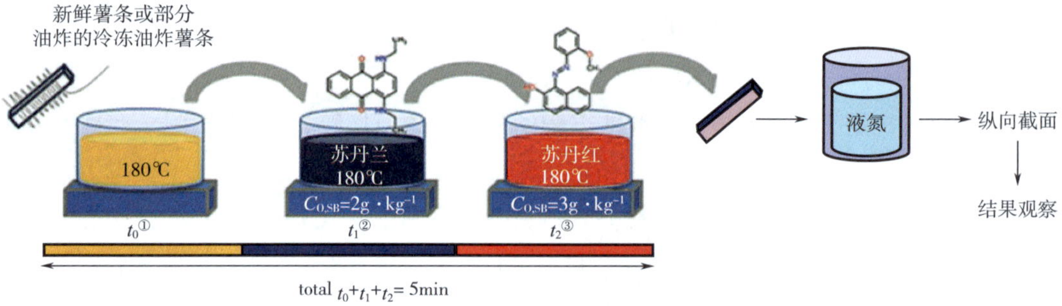

图 17.9　油脂的试验设置鉴定油脂吸收的阶段

注：①没有染色油炸锅，油炸时间为 t_0；

②苏丹兰油炸染蓝色，油炸时间为 t_1；

③苏丹红染红色，油炸时间为 t_2。

试验采用高油酸葵花油在 180℃进行实施，总的时间为 $t_0+t_1+t_2=5$min 应用于每个油炸的试验。新鲜和冷冻的部分油炸的马铃薯条进行测试，每个油炸试验单独进行。

17.5.2　典型的结果 $t_0=0$ 和 $t_1=1$min

当产品浸入到染蓝色的油炸锅时，在油炸的初始阶段出现了令人惊讶的结果（图 17.9）。新鲜的马铃薯油炸和冷冻马铃薯油炸的详细试验结果如图 17.10 所示。另一方面，在新鲜的和工业化的部分油炸的马铃薯条的样品中，红色的油脂可以在产品的外表面

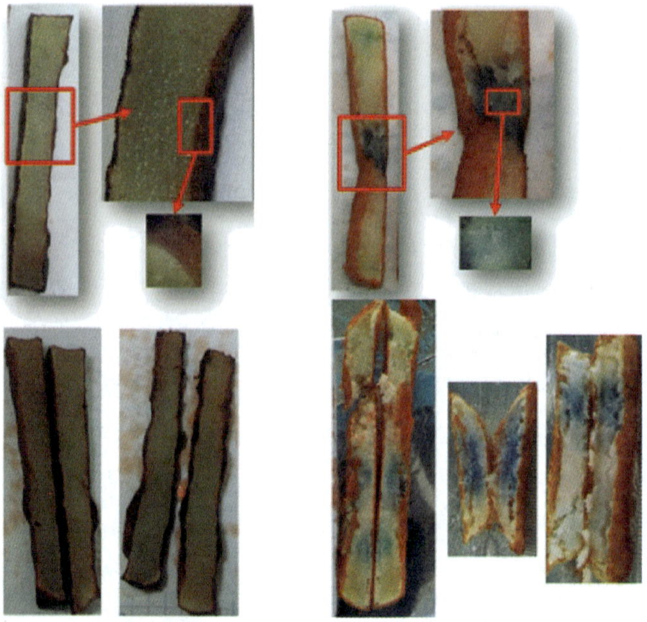

（1）在部分油炸阶段（表面为微红色油脂）　（2）在油炸结束阶段（表面为红色油脂，中心区域为蓝色油脂斑点）

图 17.10　处理时间为 $t_0=0$ 和 $t_1=1$min 时油脂吸收的对比

观察到。这个外表面对应了部分油炸产品中约两个细胞层的厚度。在油炸过程中，红色油脂浸入到产品的更深层（0.5~1mm），在核心区域没有显著的红色油脂含量。这种描述与冷却阶段对于表面油脂吸收的广泛接受的机制是一致的。新鲜马铃薯制作的马铃薯条中在油炸的初始阶段没有发现蓝色油脂，但是，在工业化油炸马铃薯条中发现了蓝色油脂。特别的是，在核心区域发现蓝色油脂在产品中的渗透。

如图 17.11 所示，其他的微观细节可以通过组合 30~55 张图片以分辨率为 2048×1532 像素（3.2μm/像素）进行观察。这些插图证实了油脂从物料表面到内部区域的通路，在通路中的细胞失去了凝聚性，油脂甚至可以穿过对称面。如图 17.6 所示，这些观察的结果与油脂和空腔的呈现相一致。报道的油炸试验包含了首个部分油炸和油炸终止过程中油脂渗透机制的清晰的证据。实际上，在油炸终止和油炸的初始阶段的条件下，油脂渗透进入油炸薯条的核心区域。

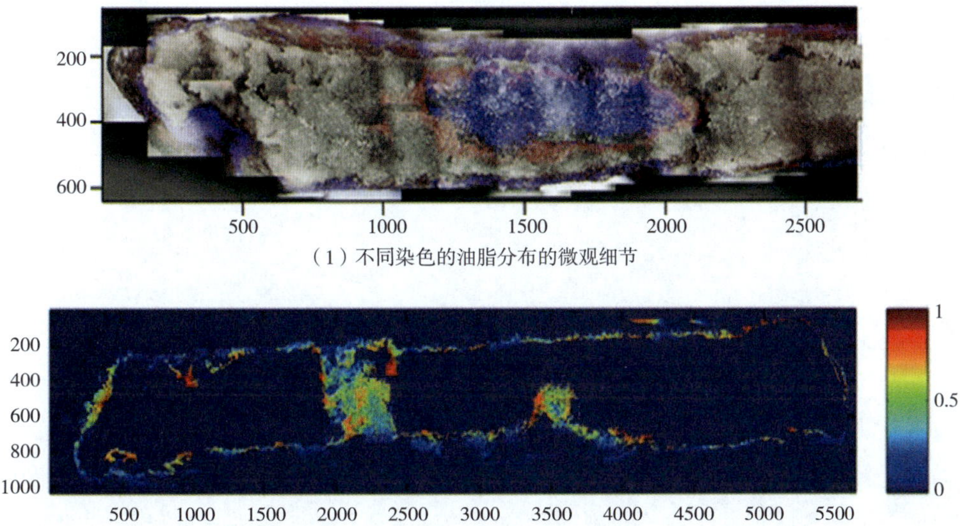

（1）不同染色的油脂分布的微观细节

（2）蓝色油脂渗透进入马铃薯产品的亮度照片（横向分辨率为3.2μm）

图 17.11　在马铃薯产品的外部和内部发现油炸马铃薯条横截面中含有染料的油脂

17.5.3　当 $t_0>0$ 和 $t_1=1\text{min}$ 时的概括总结

这个部分介绍了对于之前试验的总结，通过转换在含有蓝色染料炸锅中油炸的阶段，提高 1min（t_0）的时间。在图 17.12 中的总结可以得到一致的结论。只有在油炸的最初的阶段，染有蓝色的油脂渗透进入到部分油炸马铃薯条中。除此之外，没有发现蓝色的油脂。只有在条件为 $t_0=4\text{min}$ 和 $t_1=1\text{min}$ 时，证实了红色油脂的结论，表明蓝色油脂的渗透受到马铃薯表面结构的限制。这个实验证实了油脂吸收发生在两个油炸的阶段：在油炸初始阶段（根据我们的条件为第一分钟），与油炸或冷却的结束阶段相一致。该描述证实了与普遍接受的油炸马铃薯机制的不同，和对于部分油炸薯条的观察，很难转换到油炸完成的马铃薯条。

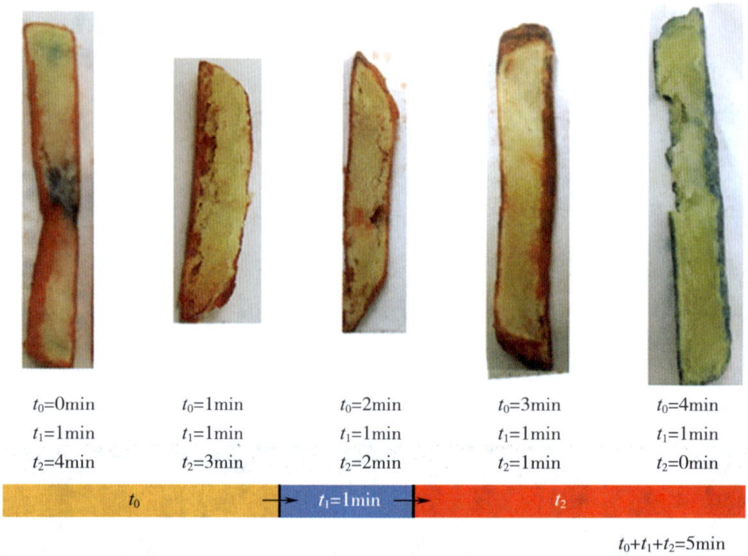

图 17.12　不同时段油炸冷冻薯条油脂吸收的鉴定

17.6　结论

在本章中油脂吸收机制为理解油炸食品在油炸之后的条件下细胞结构对于油脂吸收的作用提供了新的试验路径的背景。此外，还提供了不能凝缩的阶段在油脂渗透减慢中作用的最初证据。微观的观察体现了控制油脂的渗透的主要因素。油脂吸收动力学的证据可以通过两层厚的薄壁组织（不含有淀粉，只有在一段细胞开放）进行证实与直觉相反。细胞壁对于油脂有很高的阻隔作用。第二个细胞层的填充的动力学非常慢，从几分钟到 1h，而大多数情况下首个细胞层在少于 1s 中被填满。

对于当前结果的更多延伸的机械学的解释，以及对于含有更多数量细胞和不同程度细胞损伤的组织都是基于动力学的蒙特卡罗模拟油脂吸收的多尺度模型的总结。这个总的框架设计出来用于在细胞网络水平中在（或不在）不能凝缩阶段，使用填充和滞后的时间取代传统有效的运输特性用于描述油脂吸收。在参考的研究中 KMC 方法用于模拟 3D 数字化组织所有相关的动力学和取代阶段。发现最终油脂的收集不是马铃薯组织多孔性的直接功能，而是以一种复杂的方式在物料表面获得一定量的油脂，并且与破损细胞的连续性和通道部分的尺寸有关。油脂从一个细胞渗透到另一个细胞主要是通过空气渗透或离散和蒸汽凝结的动力学的时间常数分布所控制的。结果表明物料表面油脂的吸收是一个快速的过程，主要与细胞的大开孔和相对较短的长度有关，但是通过一系列微小破损的连接的细胞，填充的时间随着由渗透所导致的深度的增加而增加。另外，在细胞水平上的分析方法导致在成千上万的细胞规模上模拟油脂黏附和渗透。

考虑到油脂吸收发生在油炸后的冷却过程中，结果表明油炸终止和部分油炸有显著差异，这与普遍接受的油脂吸附机制不同。首先，油炸薯条在冻结状态下深度油炸，在油炸后产生了很大的内部空腔；然后，油脂的吸收同样发生在油炸终止的初始阶段。通过这种方式可以优化当前的过程，进而在实际应用中控制油脂吸收。限制油脂吸收的一个简单的方法是在解冻的马铃薯深度油炸开始的时候限制沸腾阻止。然而，这样的预防措施并不能解决从表面到核心区域的油脂转运通路的问题。当产品从油锅中移出，通过加热或降低环境压力，而过压会导致力的产生，抑制油脂吸收。在油脂吸收发生前，在家用或饭店中的油炸工具在吸油前适应滴油时，这种方法才是可行的。

致谢

作者感谢同步加速器 SOLEIL 的 DISCO 光束团队支持这项研究（提案 20110137）和“国家研究和技术协会”（ANRT）机构共同资助这项研究。作者感谢麦凯恩小组，该小组对于油脂吸收机制做出可能的更新。

参考文献

Achir N, Vitrac O, Trystram G. Simulation and ability to control the surface thermal history and reactions during deep fat frying. *Chemical Engineering and Processing*. 2008;47:1953-1967.

Achir N, Vitrac O, Trystram G. Heat and mass transfer during frying. In: Sahin S, Sumunu S. G, eds. *Advances in Deep-fat Frying*. Boca-Raton: CRC Press; 2009:5-32.

Achir N, Vitrac O, Trystram G. Direct observation of the surface structure of french fries by UV-VIS confocal laser scanning microscopy. *Food Research International*. 2010;43:307-314.

Aguilera J. M, Gloria-Hernandez H. Oil absorption during frying of frozen par-fried potatoes. *Journal of Food Science*. 2000;65:476-479.

Al-Khusaibi M, Gordon M. H, Lovegrove J. A, Niranjan K. Provenance of the oil in par-fried french fries after finish frying. *Journal of Food Science*. 2012;77:E32-E36.

Bassama J, Brat P, Bohuon P, Hocine B, Boulanger R, Guenata Z. Acrylamide kinetic in plantain during heating process: precursors and effect of water activity. *Food Research International*. 2011;44:1452-1458.

Bouchon P, Pyle D. L. Modelling oil absorption during post-frying cooling-II: solution of the mathematical model, model testing and simulations. *Food and Bioproducts Processing*. 2005;83:261-272.

Bouchon P, Hollins P, Pearson M, Pyle D. L, Tobin M. J. Oil distribution in fried potatoes monitored by infrared microspectroscopy. *Journal of Food Science*. 2001;66:918-923.

Bouchon P, Aguilera J. M, Pyle D. L. Structure oil-absorption relationships during deep-fat frying. *Journal of Food Science*. 2003;68:2711-2716.

Bucklet S. E, Leverett M. C. Mechanism of fluid displacement in sands. *Transactions of the AIME*. 1942;146:107-116.

Burenjargal M, Totani N. Cytotoxic compounds generated in heated oil and assimilation of oil in Wistar rats. *Journal of Oleo Science*. 2009;58:1-7.

Cortés P, Badillo G, Segura L, Bouchon P. Experimental evidence of water loss and oil uptake during simulated deep-fat frying using glass micromodels. *Journal of Food Engineering*. 2014;140:19-27.

Costa R. M, Oliveira F. A. R, Delaney O, Gekas V. Analysis of the heat transfer coefficient during potato frying. *Journal of Food Engineering*. 1999;39:293-299.

Dalainas I, Ioannou H. P. The role of trans fatty acids in atherosclerosis, cardiovascular disease and infant development. *International Angiology*. 2008;27:146-156.

Dana D, Saguy I. S. Review: mechanism of oil uptake during deep-fat frying and the surfactant effect-theory and myth. *Advances in Colloid and Interface Science*. 2006;128:267-272.

Dawson G, Lee S, Juel A. The trapping and release of bubbles from a linear pore. *Journal of Fluid Mechanics*. 2013;722:437-460.

Dullien F. A. L. *Porous Media: Fluid Transport and Pore Structure*. New-York: Academic Press; 1979.

Ello-Martin J. A, Ledikwe J. H, Rolls B. J. The influence of food portion size and energy density on energy intake: implications for weight management. *American Journal of Clinical Nutrition*. 2005;82:S236-S241.

Erickson D, Li D, Park C. B. Numerical simulations of capillary-driven flows in nonuniform cross-sectional capillaries. *Journal of Colloid and Interface Science*. 2002;250:422-430.

Fair A. M, Montgomery K. Energy balance, physical activity, and cancer risk. *Methods in Molecular Biology*. 2009;472:57-88.

Farkas B. E, Singh R. P, Rumsey T. R. Modeling heat and mass transfer in immersion frying. 1. Model development. *Journal of Food Engineering*. 1996;29:211-226.

Farkas B. E, Singh R. P, Rumsey T. R. Modeling heat and mass transfer in immersion frying. II. Model solution and verification. *Journal of Food Engineering*. 1996;29:227-248.

Gamble M. H, Rice P. Effect of pre-fry drying of oil uptake and distribution in potato crisp manufacture. *International Journal of Food Science and Technology*. 1987;22:535-548.

Gertz C, Klostermann S. Analysis of acrylamide and mechanisms of its formation in deep-fried products. *European Journal of Lipid Science and Technology*. 2002;104:762-771.

Guallar-Castillon P, Rodriguez-Artalejo F, Fornes N. S, Banegas J. R, Etxezarreta P. A, Ardanaz E, Barricarte A, Chirlaque M. -D, Iraeta M. D, Larranaga N. L, Losada A, Mendez M, Martinez C, Quiros J. R, Navarro C, Jakszyn P, Sanchez M. J, Tormo M of fried foods is associated with obesity in the cohort of Spanish adults from the European Prospective Investigation into Cancer and Nutrition. *American Journal of Clinical Nutrition*. 2007;86:198-205.

Halder A, Dhall A, Datta A. K. An improved, easily implementable, porous media based model for deep-fat frying-Part Ⅰ: Model development and input parameters. *Food and Bioproducts Processing*. 2007;85:209-219.

Halder A, Dhall A, Datta A. K. An improved, easily implementable, porous media based model for deep-fat frying-Part Ⅱ: Results, validation and sensitivity analysis. *Food and Bioproducts Processing*. 2007;85:220-230.

Halder A, Dhall A, Datta A. K. Modeling transport in porous media with phase change: applications to food processing. *Journal of Heat Transfer-Transactions of the ASME*. 2011;133:031010 (031013 pp.).

He D. -B, Xu F, Hua T. -C, Song X. -Y. Oil absorption mechanism of fried food during cooling process.

Journal of Food Process Engineering. 2013;36(4):412-417.

Hubbard L. J, Farkas B. E. Influence of oil temperature on convective heat transfer during immersion frying. *Journal of Food Processing and Preservation*. 2000;24:143-162.

Kalogianni E. P, Papastergiadis E. Crust pore characteristics and their development during frying of french-fries. *Journal of Food Engineering*. 2014;120:175-182.

Kaviany M. *Principles of Heat Transfer in Porous Media*. second ed. Berlin, Germany: Springer-Verlag; 1997.

Liou W. W, Peng Y, Parker P. E. Analytical modeling of capillary flow in tubes of nonuniform cross section. *Journal of Colloid and Interface Science*. 2009;333:389-399.

Lioumbas J. S, Kostoglou M, Karapantsios T. D. Surface water evaporation and energy components analysis during potato deep fat frying. *Food Research International*. 2012;48:307-315.

MacMillan B, Hickey H, Newling B, Ramesh M, Balcom B. Magnetic resonance measurements of french fries to determine spatially resolved oil and water content. *Food Research International*. 2008;41:676-681.

Mauseth J. D. *Plant Anatomy*. Caldwell, NJ: Blackburn Press; 2008.

Mehta U, Swinburn B. A review of factors affecting fat absorption in hot chips. *Critical Reviews in Food Science and Nutrition*. 2001;41:133-154.

Mendonca Freire P. C, Mancini-Filho J, Pinto de Castro Ferreira T. A. Major physical and chemical changes in oils and fats used for deep frying: regulation and effects on health. *Revista De Nutricao-Brazilian Journal of Nutrition*. 2013;26.

Michalski M. C, Saramago B. J. V. Static and dynamic wetting behavior of triglycerides on solid surfaces. *Journal of Colloid and Interface Science*. 2000;227:380-389.

Mittelman N, Mizrahi S, Berk Z. Heat and mass transfer in frying. In: McKenna B. M, ed. *Engineering and Food*. London: Elsevier Applied Science Publisher; 1984:109-116.

Moreira R. G, Sun X. Z, Chen Y. H. Factors affecting oil uptake in tortilla chips in deep-fat frying. *Journal of Food Engineering*. 1997;31:485-498.

Moreira R. G, Castell Perez M. E, Barrufet M. A. *Deep-Fat Frying: Fundamentals and Applications*. MD 20878, USA: Aspen Publishers Inc.; 1999.

Mottram D. S, Wedzicha B. L, Dodson A. T. Acrylamide is formed in the Maillard reaction. *Nature*. 2002;419:448-449.

Moyano P. C, Berna A. Z. Modeling water loss during frying of potato strips: effect of solute impregnation. *Drying Technology*. 2002;20:1303-1318.

Muskat M, Meres M. W. The flow of heterogeneous fluids through porous media. *Physics*. 1936;7:346-363.

NiH, Datta A. K. Moisture, oil and energy transport during deep-fat frying of food materials. *Food and Bioproducts Processing*. 1999;77:194-204.

Patsioura A, Vauvre J. M, Kesteloot R, Jamme F, Hume P, Vitrac O. Microscopic imaging of biphasic air-oil flow in french-fries using synchrotron radiation. *AIChE Journal*. 2015;61(4):1427-1446.

Pedreschi F, Aguilera J. M. Some changes in potato chips during frying observed by confocal laser scanning microscopy (CLSM). *Food Science and Technology International*. 2002;8:197-201.

Pinthus E. J, Saguy I. S. Initial interfacial tension and oil uptake by deep-fat fried foods. *Journal of Food Science*. 1994;59:804-807.

Reeve R. M, Timm H, Weaver M. L. Cell size in Russet Burbank potato tubers with various levels of nitrogen and soil moisture tensions. *American Potato Journal*. 1971;48:450-456.

Reeve R. M. A review of cellular structure, starch, and texture qualities of processed potatoes. *Economic Botany*. 1967;21:294-308.

Rice P, Gamble M. H. Modeling moisture loss during potato slice frying. *International Journal of Food Science and Technology*. 1989;24:183-187.

Robards A. W. Plasmodesmata. *Annual Review of Plant Physiology and Plant Molecular Biology*. 1975; 26:13-29.

Saguy I. S, Ufheil G, Livings S. Oil uptake in deep-fat frying: review. *OCL-Oleagineux Corps Gras Lipides*. 1998;5:30-35.

Sandhu J, Bansal H, Takhar P. S. Experimental measurement of physical pressure in foods during frying. *Journal of Food Engineering*. 2013;115:272-277.

Sassi F. *Obesity and the Economics of Prevention: Fit Not Fat*. Paris: OECD Publishing; 2010.

Shi Z, Hu X, Yuan B, Hu G, Pan X, Dai Y, Byles J. E, Holmboe-Ottesen G. Vegetable-rich food pattern is related to obesity in China. *International Journal of Obesity (London)*. 2008;32:975-984.

Sichieri R. Dietary patterns and their associations with obesity in the Brazilian city of Rio de Janeiro. *Obesity Research*. 2002;10:42-48.

Swinburn B. A, Caterson I, Seidell J. C, James W. P. T. Diet, nutrition and the prevention of excess weight gain and obesity. *Public Health Nutrition*. 2004;7:123-146.

Thussu S, Datta A. K. Texture prediction during deep frying: a mechanistic approach. *Journal of Food Engineering*. 2012;108:111-121.

Ufheil G, Escher F. Dynamics of oil uptake during deep-fat frying of potato slices. *Food Science and Technology-Lebensmittel-Wissenschaft & Technologie*. 1996;29:640-644.

Vauvre J. M, Kesteloot R, Patsioura A, Vitrac O. Microscopic oil uptake mechanisms in fried products. *European Journal of Lipid Science and Technology*. 2014;116:741-755.

Vauvre J. M, Patsioura A, Kesteloot R, Vitrac O. Multiscale modeling of oil uptake in fried products. *AIChE Journal*. 2015;61(7):2329-2353.

Vauvre J. M. *Oil Uptake Mechanisms in French-Fry Type Products*. Massy: UMR 1145 Food Process and Engineering, AgroParisTech; 2014:389.

Vitrac O, Trystram G. A method for time and spatially resolved measurement of convective heat transfer coefficient (h) in complex flows. *Chemical Engineering Science*. 2005;60:1219-1236.

Vitrac O, Trystram G, Raoult-Wack A. L. Deep-fat frying of food: heat and mass transfer, transformations and reactions inside the frying material. *European Journal of Lipid Science and Technology*. 2000; 102: 529-538.

Vitrac O, Dufour D, Trystram G, Raoult-Wack A. L. Deep-fat frying of cassava: influence of raw material properties on chip quality. *Journal of the Science of Food and Agriculture*. 2001;81:227-236.

Vitrac O, Dufour D, Trystram G, Raoult-Wack A. L. Characterization of heat and mass transfer during deep-fat frying and its effect on cassava chip quality. *Journal of Food Engineering*. 2002;53:161-176.

Vitrac O, Trystram G, Raoult-Wack A. L. Continuous measurement of convective heat flux during deep-frying: validation and application to inverse modeling. *Journal of Food Engineering*. 2003;60:111-124.

Warning A, Dhall A, Mitrea D, Datta A. K. Porous media based model for deep-fat vacuum frying potato chips. *Journal of Food Engineering*. 2012;110:428-440.

Yamsaengsung R, Moreira R. G. Modeling the transport phenomena and structural changes during deep fat frying-Part 1: Model development. *Journal of Food Engineering*. 2002;53:1-10.

Zaheer K, Akhtar M. H. Recent advances in potato production, usage, nutrition-a Review. *Critical Reviews in Food Science and Nutrition*. 2014 doi: 10.1080/10408398.2012.724479.

Ziaiifar A. M, Achir N, Courtois F, TrezzaniI, Trystram G. Review of mechanisms, conditions, and factors involved in the oil uptake phenomenon during the deep-fat frying process. *International Journal of Food Science and Technology*. 2008;43:1410-1423.

18 马铃薯加工产品中的丙烯酰胺

Bruno De Meulenaer, Raquel Medeiros, Frédéric Mestdagh

NutriFOODchem Unit, Department of Food Safety and Food Quality,

Faculty of Bioscience Engineering, Ghent University Ghent, Belgium

18.1 引言

自 20 世纪 50 年代以来，丙烯酰胺在化工行业一直被用作生产聚丙烯酰胺聚合物和共聚物的中间体，以提高聚合物的黏附力和交联度。聚丙烯酰胺作为絮凝剂广泛应用于废水处理和造纸、纺织等行业。它的应用还扩展到坝基、下水道和隧道施工的灌浆剂、化妆品制造和凝胶电泳方面。然而，不完全聚合可能导致最终产品中丙烯酰胺单体的残留（Shipp et al.，2006），其被允许的最大残留浓度是 5mg/kg（Cosmetic Ingredient Review，2009）。此外，丙烯酰胺还被发现存在于香烟的过滤后的主要成分中（Smith et al.，2000）。

在瑞典 Hallandsås 隧道施工中发生丙烯酰胺泄漏（Reynolds，2002）之后，出乎意料地在没有职业接触的对照组受试者（非吸烟者）的血液中发现了高水平的丙烯酰胺。因此可以猜想丙烯酰胺是来自于饮食接触（Tareke et al.，2000）。2002 年，瑞典国家食品管理局报道了高温烘焙的几种富含碳水化合物的食物中的丙烯酰胺的含量（Swedish National Food Administration，2002）。这些报道很快得到其他研究小组和跟丙酰胺相关的食品加工行业从业者的证实，并且他们一起对丙烯酰胺在食品中的形成机理、与消费者相关的风险以及降低食品中丙烯酰胺含量的措施的研究做出了贡献。

这一章主要基于 2012 年 Medeiros 等的早期综述，此综述在之后的补充材料的发表中做出了一些延伸。

18.1.1 丙烯酰胺形成途径

在热加工食品中发现丙烯酰胺后不久，一些研究者就报道称丙烯酰胺是在美拉德反应过程中形成的（Mottram et al.，2002；Stadler et al.，2002）（图 18.1）。

这种非酶褐变影响食品品质的几个方面，如风味、色泽和香气形成。用 ^{15}N 标记的天冬酰胺和 ^{13}C 标记的葡萄糖进行质谱研究，证实酰胺基的 3 个碳原子和氮都来自天冬酰胺。尽管天冬酰胺可通过热引发的脱羧和脱氨作用释放丙烯酰胺，但在存在还原糖的情况下，由天冬酰胺形成的丙烯酰胺显著增加（Yaylayan et al.，2003）。因此，丙烯酰胺主要的形成机理包括羰基化合物（尤其是 α-羟基羰基）与天冬酰胺的反应导致相应的 N-糖基共轭和脱羧基席夫碱的形成（高温脱水后）（Zyzak et al.，2003；Stadler et al.，2004）。这种与不同高反应活性中间体的级联反应导致食品中丙烯酰胺的形成。其涉及到的中间产物（图 18.1）：①席夫碱的脱羧反应，在分解后可直接生成丙烯酰胺和亚胺，或随后水解成 3-氨基丙酰胺（3-APA）和羰基化合物；值得注意的是 3-APA 本来也可能存在于马铃薯中（Granvogl et al.，2006）；②3-APA 脱氨产生丙烯酰胺（Granvogl et al.，2006）；③产生 Strecker 醛（3-氧代丙酰胺）的亚胺水解过程也可能生成丙烯酰胺，尽管程度有限（Stadler et al.，2004；

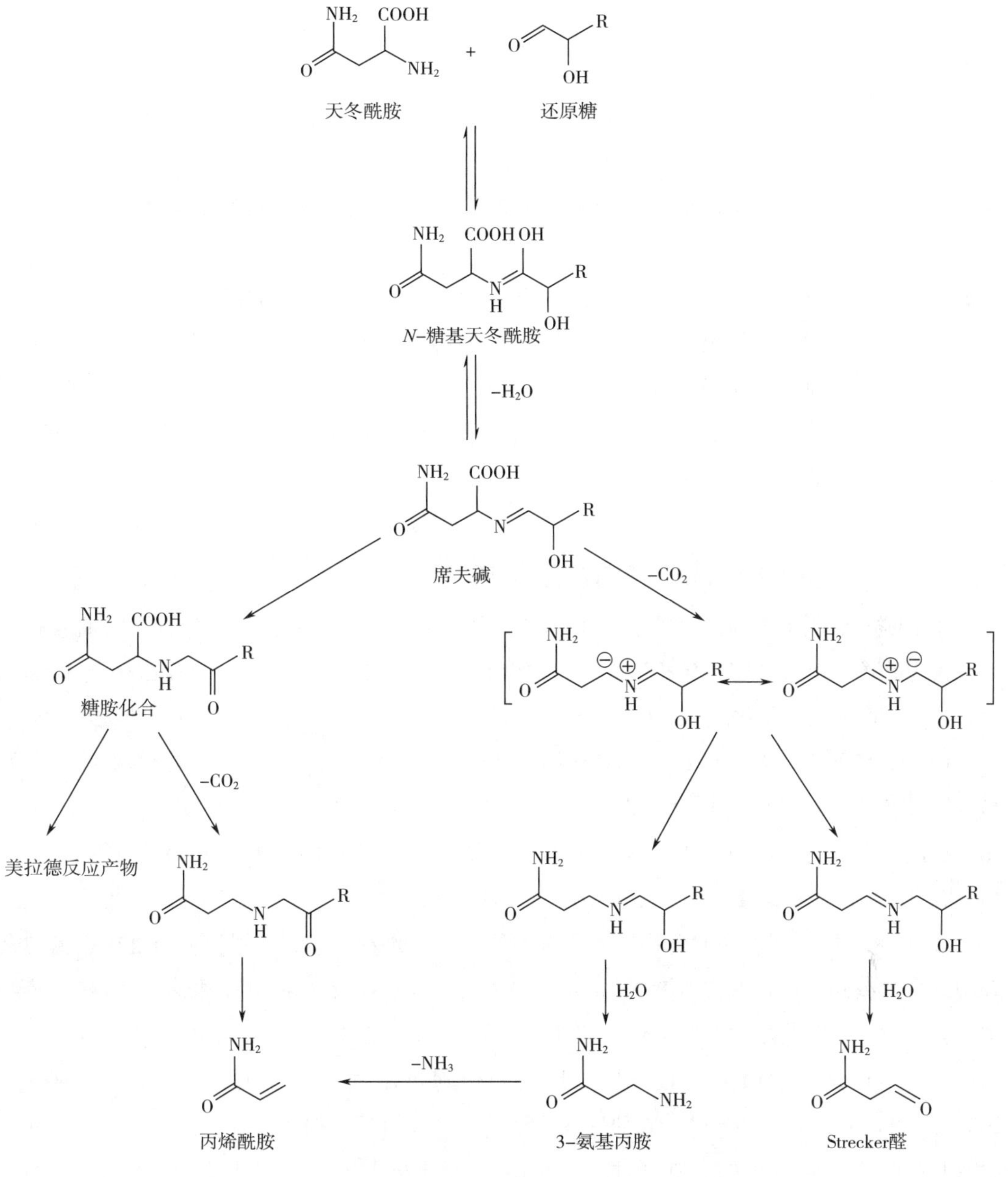

图 18.1 作为美拉德反应的副反应中丙烯酰胺的形成机理

（资料来源：Mottram 等，2002；Stadler 等，2004；Granvogl；2006。）

Blank et al.，2005）。基于这种被广泛接受的反应机理，Parker 等（2012）提出了一种数学模型，该模型根据马铃薯的成分，可以准确预测在特定时间和温度的油炸后的土中的丙烯酰胺的浓度。

丙烯酰胺形成的次要反应途径：丙烯酰胺也可以在缺乏天冬酰胺的条件下由氨和丙烯醛生成，这条途径主要发生于富含油脂的食物（Yasuhara et al.，2003）。丙烯醛可以通过氧化脂质降解或甘油生成丙烯酸。丙烯酸能与氨反应生成丙烯酰胺（Yaylayan et al.，2005）。然而，这条途径并不包括油炸马铃薯中丙烯酰胺的形成（Becalski et al.，2003）。据报道，油脂降解的产物，如甘油、单甘酯和二酰甘油对马铃薯模拟系统和油炸马铃薯没有显著的影响（Mestdagh et al.，2007a）。尽管如此，研究表明，一些氧化脂质可能会促进天冬酰胺酶的脱羧和其产生的 3-APA 的脱氨（Zamora et al.，2008；Zamora et al.，2009；Hidalgo et al.，2010）。2014 年 Urbančič 等用相同的油脂进行了一个连续的油炸实验，发现随着油脂氧化程度的增加，最终油炸薯条中的丙烯酰胺的含量会翻倍增加。在油脂中添加几种抗氧化剂不仅减缓了极性脂质的生成，而且还导致油脂逐渐降解，丙烯酰胺的生成量减少。然而，正如 2013 年 Jin 等提出抗氧化剂在丙烯酰胺形成中的作用可能要复杂得多，因此也相当令人困惑。此外，Claus 等发现在热加工时小麦面筋蛋白的热分解过程也能形成丙烯酰胺（Claus et al.，2006）。尽管如此，人们已经达成了一个普遍的共识，即马铃薯中的丙烯酰胺主要是通过天冬酰胺途径形成的。

18.1.2 食品中丙烯酰胺的产生与膳食评价

丙烯酰胺形成于多种富含碳水化合物的食物的高温（>120℃）烹饪过程，如油炸和烘烤。欧盟开始推荐成员国每年检测一些指定食品的丙烯酰胺含量，2007 年和 2008 年检测结果如表 18.1 所示（EFSA，2010）。联合国粮食及农业组织（FAO）和世界卫生组织（WHO）专家委员会公布了 2004—2009 年来自于 31 个国家 12582 份食品的丙烯酰胺含量的检测结果，薯片的丙烯酰胺含量为 399～1202μg/kg，法式炸薯条的丙烯酰胺含量为 159～963μg/kg，饼干的含量为 169～518μg/kg，薄脆饼干和咸饼干的含量为 87～459μg/kg，咖啡（可直接饮用的）的含量为 3～68μg/kg（FAO 和 WHO，2011）。

如表 18.1 所示，不同的食物种类中丙烯酰胺含量的差别很大，同种不同批次检测的食物中其含量差别也比较明显（Roach et al.，2003；Sanny et al.，2010）。原料中丙烯酰胺前体、食品成分、工艺参数以及最终烘焙条件等因素都可能是最终产品中丙烯酰胺含量的影响因素。加热食品中丙烯酰胺含量是形成和消除机制同时存在的结果（Claeys et al.，2005b；Gökmen et al.，2006a）。在研究丙烯酰胺在饮食过程中摄入及评价丙烯酰胺可能的风险控制措施的时候，考虑食品中丙烯酰胺的含量变化很大显得尤为重要，这将在后面的章节讨论。

2011 年，联合国粮食及农业组织（FAO）和世界卫生组织（WHO）食品添加剂专家委员会（JECFA）评估了普通人群平均饮食摄入的丙烯酰胺含量，包括儿童，为 1～4μg/kg 体重/d。按体重来计算，儿童摄入的丙烯酰胺至少是成年人消费者的两倍（FAO 和 WHO，2011）。对饮食摄入贡献最大的食物因国而异，受到不同饮食文化和不同的食品加工方式的影响。然而，很多关于丙烯酰胺摄入量的研究结果表明油炸马铃薯食品（法式炸薯条和薯片），面包和焙烤产品，咖啡和谷物类早餐是食品中丙烯酰胺的主要来源，其他食品对丙烯酰胺总摄入量的贡献低于 10%（Konings et al.，2003；Svensson et al.，2003；Boon et al.，2005；Dybing et al.，2005；Wilson et al.，2006；Mestdagh et al.，2007b；Claeys et al.，2010；Mojska et al.，2010；FAO/WHO，2011）。

表 18.1　2007 年和 2008 年欧洲食品安全局发布的食品中丙烯酰胺含量[①]　单位：μg/kg

食品种类	2007 年				2008 年			
	样本数[②]	平均值	方差[③]	最大值	样本数	平均值	方差	最大值
饼干类								
薄脆饼干	66	284	315	1526	131	204	178	1042
婴儿饼干	97	204	352	2300	88	110	147	1200
未标明的种类	291	303	433	4200	260	209	247	1940
威化饼	38	210	256	1378	48	252	416	2353
面包								
酥面包	153	228	328	2430	90	235	273	1538
软面包	123	70	116	910	191	49	56	528
未标明的种类	54	190	424	2565	17	23	19	86
咖啡								
速溶咖啡	51	357	327	1047	58	502	285	1373
未标明的种类	41	261	268	1158	10	241	215	720
烘焙咖啡	151	253	203	958	253	208	182	1524
其他产品								
姜饼	357	425	494	3615	246	437	545	3307
什锦燕麦和粥	47	215	183	805	18	43	27	112
未标明的种类	378	271	355	2529	445	198	309	2592
咖啡代用品	59	800	1062	4700	73	1124	1138	7095
早点用谷物片	132	152	184	1600	120	170	247	2072
婴儿类谷物食品	92	69	72	353	96	45	81	660
罐装婴儿食品	87	44	35	162	128	35	39	297
家庭制作类马铃薯产品								
深度油炸	54	354	413	1661	39	228	253	1220
未标明的种类	82	277	392	2175	100	192	402	3025
烤箱煎炸	8	385	342	941	94	235	268	1439

续表

食品种类	2007 年				2008 年			
	样本数②	平均值	方差③	最大值	样本数	平均值	方差	最大值
法式薯条	647	357	382	2668	521	280	279	2466
薯片	273	565	259	4180	435	616	634	4382

注：①代表上限值（低于 LOD 的值和 LOD 与 LOQ 之间的值分别设置为 LOD 值或 LOQ 值）；

②每种食品种类分析的单个样本数量；

③上限的标准误差。

（资料来源：EFSA，2010。）

欧洲食品安全局（European Food Safety Authority，EFSA）在 2010 年发布的 2007 年和 2008 年的丙烯酰胺的含量报告未进行接触评估。评估将于 2015 年末进行，届时将收集三个监测年的丙烯酰胺含量数据。通过比较检测的数据，相比于 2007 年，2008 年薯片、速溶咖啡和咖啡代用品中丙烯酰胺的含量明显较高，而其他食品，包括法式炸薯条和家庭油炸马铃薯产品中丙烯酰胺的含量明显低于 2007 年的检测数据。这些差异究竟是巧合还是仅仅因为食品工业对丙烯酰胺问题日益认识的结果，需要从接下来的研究中加以证实。

18.1.3 健康风险和风险评估

丙烯酰胺包含亲电双键，它可以与亲核基团发生反应。因此，在体内会跟细胞亲核物质相互作用，如还原性谷胱甘肽和蛋白质中的巯基，部分氨基酸的氨基（Dybing et al.，2005）。丙烯酰胺具有神经毒性，一些毒理学研究已证明其对动物具有遗传毒性，因此接触丙烯酰胺存在潜在的人类健康风险（Johnson et al.，1986；Friedman et al.，1995；Rice，2005）。1994 年，国际癌症研究机构（IARC）基于丙烯酰胺对啮齿类动物致癌的实验结果，将丙烯酰胺列为可能的人类致癌物质（第 2A 组）（IARC，1994）。

根据动物实验研究结果，如果丙烯酰胺被吸入则可很快地被皮肤和呼吸道黏膜吸收，如果通过口腔进入，丙烯酰胺将会吸收并分布于各个组织，甚至可以传递到孕妇体内的胎儿（Friedman，2003）。据推测，丙烯酰胺是通过基因毒性途径（Dybing et al.，2005）在转化为环氧丙酰胺（一种 DNA 反应性环氧化合物）后致癌的。研究表明，丙烯酰胺诱发的致癌性也可能受到激素的调节（Besaratinia et al.，2007；Wilson et al.，2010；Pedersen et al.，2010）。人类由激素调节的某些特定的器官发生癌症的相对风险比通过动物模型线性外推法（Dybing et al.，2003）预测得出的结果要大（Hogervorst et al.，2007；Wilson et al.，2010）。由流行病学确定的这一风险和其他疾病的发生的相对风险比动物研究预期高出 10 到 100 倍，这就表明啮齿类动物可能不是所有类型癌症研究的最佳模型（Hogervorst et al.，2010）。大量病例对照和具有前瞻性的研究已经表明，饮食中丙烯酰胺摄入量与几种人类癌症之间可能有联系。然而，迄今为止进行的大多数乳腺癌研究并未发现其发病率与饮食中丙烯酰胺接触有关联（Mucci et al.，2005；Pelucchi et al.，2006；Hogervorst et al.，2007；Wilson et al.，2009b；Larsson et al.，2009b；Pedersen et al.，2010；Wilson et al.，2010；Burley et al.，2010）。Burley 等（Burley et al.，2010）发现绝经前乳腺癌的发生与丙烯酰胺摄入量的有一定的相关性。此外，2011 年发表的一项细胞培养研究表明，丙烯酰胺对已知与乳腺癌发生有关的前期分子变化的影响（Lyn-Cook et al.，2011）。因此，丙烯酰胺对人类癌症的发生存在的影响仍需进一步研究。

目前，还没有任何证据表明丙烯酰胺会导致人类大脑、膀胱、前列腺、肺、甲状腺、胃肠癌的发生（Pelucchi et al.，2006；Hogervorst et al.，2008a、b，2009a、b；Schouten et al.，2009；Larsson et al.，2009a；Wilson et al.，2009a）。已经有报道称丙烯酰胺会增加卵巢和子宫内膜癌的发病风险（Hogervorst et al.，2007；Wilson et al.，2010），尽管也有其他报道认为这些癌症与丙烯酰胺摄入并无关系（Pelucchi et al.，2006；Larsson et al.，2009c、d）。也有报道认为丙烯酰胺与肾癌（Hogervorst et al.，2008a）、口腔癌（Schouten et al.，2009）和食管癌（Lin et al.，2011）有正向关联性。2010 年，一篇综述性论文总结了截至 2010 年关于饮食中丙烯酰胺摄入致癌作用的动物和流行病学研究（Hogervorst et al.，2010）。许多人类癌症研究表明，基于食物消费数据库或食物频率调查问卷的计算，由于丙烯酰胺的摄入量的测定的不准确，关于癌症的发生与丙烯酰胺之间的关联的研究结果也就存在一定的不确定性。此外，这些研究的局限在于未考虑个别食物之间的巨大差异性，致使高水平和低水平的丙烯酰胺的摄入量的实验结果之间存在的差别很小，因此，缺乏强有力的证据证明丙烯酰胺的摄入对癌症发生率存在影响（Mills et al.，2009）。

通常认为，致癌物的遗传毒性是没有剂量限制的，意味着一个致癌物质的分子也能引发癌症。由于丙烯酰胺在很多日常消费的食物中的含量很高，欧洲食品安全局和联合国粮农组织/世界卫生组织联合委员会推荐暴露限值（margin of exposure，MOE）是丙烯酰胺引发的风险评估的最佳方法（EFSA，2005；FAO/WHO，2005）。MOE 值的范围表示为实验中动物导致肿瘤发生的剂量-响应曲线中特定的点的数值与人类的饮食摄入量之间的比值。因此，这一数值表明了对协助风险管理人员确定实施保护公共健康措施的优先次序的关注程度。MOE 值越高，丙烯酰胺诱发的健康风险越低，丙烯酰胺的 MOE 值范围为 50~200，从高到低分别代表一般人群和丙烯酰胺摄入量比较高的人群。较低的 MOE 值不仅仅揭示了丙烯酰胺具有遗传毒性和致癌性进而影响人体健康（FAO/WHO，2011），也表明丙烯酰胺与其他有毒物质（如苯并芘，MOE 值为 10000~25000）相比毒性更强。因此，各国政府部门食品管理部门和食品行业从业者都迫切希望找到食品中丙烯酰胺形成问题的解决方案。本章重点讨论油炸马铃薯制品中丙烯酰胺的形成和缓解措施，因为这对膳食中丙烯酰胺的总摄入量非常重要。

18.2 影响油炸马铃薯制品中丙烯酰胺形成的因素和可能的缓解策略

马铃薯制品极易形成丙烯酰胺。一方面，这种食品含有丙烯酰胺前体（天冬酰胺和还原糖），另一方面，传统的烘焙条件（温度>120℃），如油炸和烘焙常发生与丙烯酰胺形成相关的美拉德反应（图 18.1）。因此，防止丙烯酰胺形成主要有两种方法，即去除丙烯酰胺前体或干扰美拉德反应过程（表 18.2）。然而，由于美拉德反应对于马铃薯产品的特色风味和颜色的形成至关重要，这对研究者构成了第一个挑战：如何在不影响最终产品特色和质量的情况下减少丙烯酰胺的形成。在撰写本文时所进行的研究，以及本节所述的研究内容，证明了减少油炸马铃薯制品中丙烯酰胺的必要性。表 18.2 列出了在法式薯条和其他马铃薯产品的商业生产的不同阶段中丙烯酰胺形成的几个相关方面。

表 18.2 法式炸薯条和薯片的工业生产过程以及可能影响最终产品中丙烯酰胺形成的因素[①]

法式炸薯条和薯片的工业生产过程	前体	美拉德反应
原料 生产过程 收获前		
种类	×	
肥料	×	
气候	×	
成熟度	×	
收获后		
贮存（时间和温度）	×	
原料的质量控制	×	
种类	相关的颜色	
去皮/清洗	×	
切片		
漂烫（时间和温度）		×
浸渍（葡萄糖，SAPP[②]和其他添加剂）	×	表面积/体积比
干燥处理		×
油炸[③]		×
冷冻[③]		×

续表

法式炸薯条和薯片的工业生产过程	前体	美拉德反应
包装		
最终油炸		×
		颜色形成

注：①参考于丙烯酰胺形成的主要反应机制对前体或美拉德反应的影响；
②指酸式焦磷酸钠；
③不适用于薯片制作工艺。

18.2.1 马铃薯品种对块茎中丙烯酰胺含量的影响

马铃薯的成分因品种而异，但通常包括63%~87%的水分、13%~37%的干物质、13%~30%的碳水化合物、0.7%~4.6%的蛋白质、0.02%~0.96%的脂类，0.2%~3.5%纤维，0.4%~2%灰分（Torres et al.，2009）。在马铃薯中，天冬酰胺的浓度比还原糖的含量相对较高。因此，天冬酰胺是限制和决定马铃薯制品丙烯酰胺形成的主要因素（Amrein et al.，2003、2004；Becalski et al.，2004；de Wilde et al.，2005）。

有些品种比其他品种更适合生产法式炸薯条。这些品种的块茎通常大、长、呈椭圆形，块茎干物质含量较高，还原糖含量较低。在薯片生产方面，还原糖含量更低、干物质含量更高、块茎大小适中的品种是首选（Torres et al.，2009）。2006年，de Wilde研究了来自16个不同品种的油炸马铃薯中的丙烯酰胺含量与其中还原糖含量的相关性（$R^2=0.82$，$n=96$）（de Wilde et al.，2006a）。还原糖和丙烯酰胺形成之间的相关性已在其他几项研究中得到证实，而蔗糖和天冬酰胺之间则不存在相关性（Biedermann et al.，2002；Amrein et al.，2003，2004；de Wilde et al.，2005；Mestdagh et al.，2008a；Medeiros et al.，2010）。

18.2.2 土壤和施肥对丙烯酰胺的影响

土壤类型可能会影响马铃薯块茎的相对密度，因为不同的土壤的持水能力、排水能力、通风、结构、温度和肥沃程度都不一样（Torres et al.，2009）。但2006年de Wilde等针对16个不同品种分别种植在沙地和黏土土壤的研究结果表明，丙烯酰胺的含量差别不大（de Wilde et al.，2006a）。2010年的一项研究考察了土壤中矿物质元素组成（受矿物质含量和土壤pH的影响）对马铃薯块茎中天冬酰胺和还原糖含量的影响，结果表明：栽培地点对块茎的矿物质组成有显著影响，块茎中还原糖含量与钾和钙的含量呈负相关，与锌和铜的含量呈正相关（Whittaker et al.，2010）。

氮肥影响马铃薯块茎中天冬酰胺和还原糖的含量。减施氮肥会增加还原糖含量，从而有助于丙烯酰胺的生成（de Wilde et al.，2006b）。适当的氮肥施用量配合充足的钾肥有利于降低块茎中游离天冬酰胺和还原糖的含量（Heuser et al.，2005）。施用高水平磷肥配合较少量的钾肥将会增加马铃薯中天冬酰胺和还原糖的含量（Gerendas et al.，2007）。以上结果表明，土壤矿物质元素组成影响马铃薯加工产品的丙烯酰胺形成过程中的前体物质。因此，在考虑施肥对环境的影响，以及符合施肥相关的法律法规要求的同时，还需要考虑不同肥料的合理搭配和使用以减少马铃薯加工产品中丙烯酰胺的含量（de Wilde et al.，2006b）。

18.2.3 气候条件和块茎成熟度对块茎中丙烯酰胺含量的影响

在块茎发育和接近收获时期的气候条件可能会对马铃薯块茎中丙烯酰胺形成的难易程度有影响。2008年，de Meulenaer等研究了季节变化对四个马铃薯品种（用于法式炸薯条和薯片生产）在9个月贮藏期内的化学成分的影响（de Meulenaer et al.，2008）。结果表明，不同气候条件对块茎还原糖、干物质、游离氨基酸总量和游离天冬酰胺含量有显著影响。在温度非常高的夏季还原糖含量很低，因此加工出来的薯条丙烯酰胺含量很低。

在块茎成熟过程中，营养物质从叶子转移到块茎，在薯藤衰老过程中马铃薯块茎收获之前，还原糖含量降低是常见的。还原糖含量的下降预示着马铃薯块茎已经成熟，这个时候收获能够确保贮藏过程中的马铃薯块茎拥有最好的品质（Torres et al.，2009）。收获未成熟的马铃薯块茎或者是个头小的马铃薯块茎，导致其还原糖含量会很高，因此最终油炸出来的马铃薯加工产品丙烯酰胺含量高（de Wilde et al.，2006a）。马铃薯收获时期的成熟度不仅会影响块茎中的还原糖含量，还会影响整个马铃薯块茎里控制低温糖化的酶系统（Hertog et al.，1997）。因此，农艺性状与块茎贮藏行为密切相关，这部分将会在后面进行讨论。

18.2.4 贮藏对丙烯酰胺的影响

通常在马铃薯块茎采收以后会进行数个月的贮藏，以确保全年都可以为马铃薯加工厂供应原料。贮藏过程会导致马铃薯块茎糖分增加，甚至达到不符合薯条和薯片加工要求的程度，虽然刚采收后进冷库时的马铃薯块茎其糖分是适合用于薯条和薯片加工的。贮藏过程中马铃薯块茎的自然衰老和低温是糖分积累的两个主要原因。衰老过程的糖化主要是由于贮藏温度高于8℃，这是块茎中酶的活性增加引起的，这也与休眠期过后开始发芽生长有很大关系（Amrein et al.，2004）。化学抑芽剂可用于马铃薯块茎抑芽，但是化学抑芽剂在满足顾客的需求的时候并不总是一个好的选择。另外一种控制马铃薯发芽且使块茎不易得病的解决方案就是采用低于8℃的低温贮藏（Burton et al.，1978；Blenkinsop et al.，2002）。然而，这种方法会影响还原糖的积累以及随后影响油炸马铃薯制品中丙烯酰胺的形成（图18.2）。（Biedermann et al.，2002；Noti et al.，2003；Olsson et al.，2004；de Wilde et al.，2005；Ohara-Takada et al.，2005；Matsuura-Endo et al.，2006；Viklund et al.，2008；Knutsen et al.，2009；Viklund et al.，2010）。

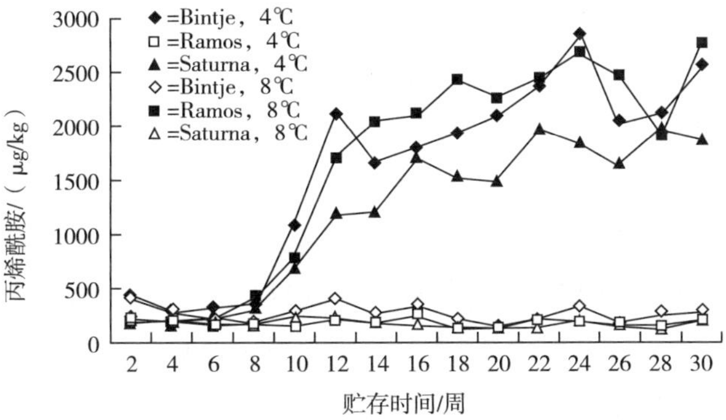

图 18.2 贮藏时间和温度对在 4℃和 8℃条件下贮藏 30 周的三种马铃薯品种的油炸过程中的丙烯酰胺形成的影响

[资料来源：de Wilde 等，2005；经美国化学学会许可（© 2005）。]

低温糖化是马铃薯块茎抵御霜冻的一种防御机制，在低于 8℃的温度条件下马铃薯块茎会自动将淀粉转化为糖（Blenkinsop et al.，2002）。天冬酰胺含量受贮藏过程中的温度和贮藏时间长短影响不大（de Wilde et al.，2005）。当贮藏温度为 8℃时，马铃薯块茎中还原糖的含量变化不大，因此马铃薯块茎的最佳贮藏温度为大约 8℃（Kumar et al.，2004）。并且，冬季的低温环境是不可避免的。衰老糖化是不可逆的，只会随着时间延长结果变得更严重，也许低温糖化是部分可逆的（Burton，1989）。将马铃薯块茎 15℃贮藏 3 周可能会降低可逆部分的还原糖含量（Blenkinsop et al.，2002；Biedermann et al.，2002；de Wilde et al.，2005）。这个解决方法可能会影响马铃薯加工产品的产量，因为马铃薯块茎中干物质含量降低了。对于衰老糖化过程，是没有办法来进行修复的，因为升高温度只会加速马铃薯块茎的衰老过程，因此使得问题变得更加严重和棘手（Torres et al.，2009）。

18.2.5 马铃薯原料的质量控制对丙烯酰胺的影响

品种、土壤、施肥、气候、成熟度和贮藏等农艺学因素都会不可避免的对来自不同贮藏时期或者同一贮藏时期的马铃薯原料的化学组成造成影响。还原糖是对马铃薯加工产品原料质量控制的一个非常重要的指标，不仅仅是因为其对丙烯酰胺含量造成影响（Biedermann et al.，2002；Amrein et al.，2004；De Wilde et al.，2005），还会对油炸产品的颜色造成影响（Márquez et al.，1986；Pedreschi et al.，2005；Pedreschi et al.，2007b；Mestdagh et al.，2008a）。当前对马铃薯原料进行质量控制的方法：①在进行工业化加工之前，根据块茎大小进行分级，因为小个头马铃薯块茎的还原糖含量比大个头的高；②检测干物质含量；③采用美国农业部/蒙赛尔色卡对短时间油炸加工产品的颜色进行分析（通常油炸温度为 180℃，油炸时间为 3min）（EUPPA，2007）。客户对马铃薯油炸加工产品的颜色是有要求的，将油炸加工产品的颜色与原料的品质联系起来，马铃薯加工厂就能做出拒绝收购相应批次的马铃薯原料或者进行适当的调整以满足加工需求（如优化热烫漂条件）。通过有效的控制马铃薯原料就可以知道哪些批次的马铃薯更容易形成丙烯酰胺，据此在加工一开始就可以防止丙烯酰胺的形成。2010 年的一项研究评价了是否可以采用颜色定量检测评价方法（CIE $L^*a^*b^*$）和还原糖含量测定方法较好地测定法式炸薯条最终的油炸过程中丙烯酰胺的含量（Medeiros et al.，2010）。为了进一步研究马铃薯不同的贮藏时期对法式炸薯条最终的油炸过程中丙烯酰胺含量的影响，Medeiros 等反复进行了对不同贮藏时期的马铃薯的研究（Medeiros et al.，2012），结果表明有效的控制马铃薯原料的确是一种可行的方法，此外，由于不同的贮藏时期带来的马铃薯原料的品质不同的确会影响最终油炸薯条中丙烯酰胺的含量。运用 CIE 方法进行马铃薯原料颜色和还原糖含量的测定比当前的原料的质量控制方法能够更好地确认容易形成丙烯酰胺的马铃薯，因此，采用这些措施可以使得马铃薯加工厂采取预防性措施来最大限度地降低最终产品中丙烯酰胺的形成带来的风险。从方法实施的观点来看，运用 CIE 方法预测马铃薯中丙烯酰胺的含量可能要比分析还原糖含量的方法更加实用，而且颜色是消费者最为关注的马铃薯油炸加工产品的品质。

18.2.6 切分对丙烯酰胺的影响

丙烯酰胺是在马铃薯加工产品的表层生成的，因此尺寸和切分的形状（面积与体积的比值）将会影响最终产品的丙烯酰胺含量。基本规律为形状呈现出薄、小的马铃薯，其最终产品通常含有较高的丙烯酰胺（Matthäus et al.，2004）。此外，由于块茎的外围区域具有较高的还原糖含量，这些从块茎外层切下的细小部分在油炸时往往会过热。因此，去除这些细小部分可能有助于丙烯酰胺的减少（Foot et al.，2007）。

18.2.7 漂烫对丙烯酰胺的影响

漂烫是工业化生产法式炸薯条的一个非常重要的单元操作，并且不同的生产线间漂烫工艺的复杂程度不同，例如，不同的生产线可能会采取一级漂烫、二级漂烫或者三级漂烫。在漂烫过程中，酶被灭活，表层淀粉发生糊化，可以限制油炸过程中脂肪进入薯条提高薯条的质构特性（Moreira et al.，1999）。另外，漂烫同样对油炸后薯条颜色的均一性有一定作用。在这个过程中，漂烫还有一个作用，就是将生成丙烯酰胺的前体物质清洗下来，从而降低最终的产品丙烯酰胺含量（Pedreschi et al.，2004；Pedreschi et al.，2007c；Mestdagh et al.，2008b；Pedreschi et al.，2009；Medeiros et al.，2010；Viklund et al.，2010）。可以通过控制漂烫的条件（时间和温度）来实现最佳的还原糖去除。为了获得品质一致的马铃薯油炸产品，在生产季的后阶段，生产商往往会增加漂烫的强度，以控制马铃薯块茎由于自然衰老导致的还原糖含量高的问题。当然，极端的漂烫条件是不可取的，这会造成质构的改变和营养物质的流失，因此漂烫只能在一定限度的条件下进行。2008 年 Mestdagh 等发现 70℃漂烫薯条和薯片 10~15min，丙烯酰胺含量分别降低了 65%和 96%。除了时间和温度，连续漂烫过程中从切分好的马铃薯块茎上萃取出来的可溶性物质的含量也会影响糖类物质的析出，从而进一步影响油炸产品中丙烯酰胺的生成量。相对于新鲜水，长时间使用的漂烫水中还原糖的提取率降低了10%（Mestdagh et al.，2008b）。另外，从环保和经济角度来考虑，频繁地用新鲜水替换漂烫水也是不可取的。另外，因为右旋糖将在随后的步骤中添加，因此，右旋糖与最终产品的丙烯酰胺含量基本是不相关的。

18.2.8 添加剂或加工助剂对丙烯酰胺的影响

酸式焦磷酸钠（$Na_2H_2P_2O_7$，简称SAPP，E450）和葡萄糖是法式炸薯条加工过程中两种常见的加工助剂。添加SAPP的目的是为了减少已漂烫的马铃薯切分产品的颜色变暗（加工和暴露在空气中生成的二氯铁酸络合物），葡萄糖的添加是为了最终产品获得能够满足消费者的均一的标准化的颜色。葡萄糖溶液浸泡处理可能会影响最终马铃薯加工产品中丙烯酰胺的生成。在北美，使用色素如焦糖和胭脂树红代替葡萄糖用于加工马铃薯是允许的。两个美国的专利指出使用焦糖和胭脂树红代替葡萄糖可以分别降低86%和93%的丙烯酰胺的生成（U.S. 2005/0214411 A1，2005；U.S. 2010/0080872 A1，2010），然而，这些色素在欧洲是被限制应用于马铃薯产品加工的商品的。除此之外，在模拟系统中（表18.3）和马铃薯制品中（表18.4）其他的一些食品添加剂对丙烯酰胺的形成的影响在一些研究中被讨论。有机酸降低丙烯酰胺含量是在低pH条件下，天冬酰胺的氨基基团的质子化作用，由此阻断天冬酰胺与羰基化合物的亲核加成反应，阻断相应的席夫碱的生成，席夫碱是美拉德反应过程生成丙烯酰胺非常关键的中间产物（Jung et al.，2003；Rydberg et al.，2003；Kita et al.，2004；Gama－Baumgartner et al.，2004；Pedreschi et al.，2004、2007c；Low et al.，2006；Mestdagh et al.，2008c、d）。

表18.3 在马铃薯模拟系统中试验的丙烯酰胺形成的缓解策略的研究结果

基质	添加剂	控制样品条件	结论	感官评价	参考文献
土豆饼	谷氨酰胺甘氨酸；4－氨基丁酸；赖氨酸钠谷氨酸；丙氨酸和抗坏血酸钠（pH=5.72～6.16）	pH=5.7～5.9；丙烯酰胺浓度439～488μg/kg	不同添加剂，丙烯酰胺的减少分别为92%，91%，86%，88%，54%，50%和46%	N/A	Rydberg等（2003）
	柠檬酸和甘氨酸		添加柠檬酸和甘氨酸，丙烯酰胺分别减少20%和70%	N/A	Low等（2006）

续表

基质	添加剂	控制样品条件	结论	感官评价	参考文献
土豆饼	天冬酰胺酶		丙烯酰胺减少达97%	N/A	Ciesarova 等（2006）
	柠檬酸、醋酸和L-乳酸（pH = 3.7~4.5）	pH=5.4	丙烯酰胺分别减少78%、46%、62%	N/A	
马铃薯粉（果糖和葡萄糖（0.03g/100g 粉）和天冬酰胺0.9g/100g 粉）	L-半胱氨酸，L-甘氨酸，L-赖氨酸和谷氨酰胺		添加半胱氨酸，甘氨酸和赖氨酸，丙烯酰胺分别减少92%、24%、39%；添加谷氨酰胺，丙烯酰胺增加50%		Mestdagh 等（2008c）
	NaCl，SAPP，$MgCl_2$ 和 $CaCl_2$		丙烯酰胺分别减少5%、10%、25%、58%、82%		
土豆饼	初榨橄榄油，牛至酚类化合物		用初榨橄榄油处理的样品的丙烯酰胺含量增加了45%；用牛至酚化合物处理的样品中丙烯酰胺减少30%	N/A	Kotsiou 等（2010）

表 18.4　实验室试验的马铃薯制品中丙烯酰胺形成的缓解策略的研究结果

基质	添加剂	控制样品的条件	结论	感官评价	参考文献
法式炸薯条	柠檬酸	在蒸馏水中浸泡1h（pH =6.2）丙烯酰胺的浓度为645μg/kg	丙烯酰胺减少75%	1%的柠檬酸溶液与对照组之间没有差异；2%的柠檬酸溶液会使薯条变酸变硬	Jung等（2003）
薯片	抗氧化剂	丙烯酰胺的浓度为2160μg/kg	丙烯酰胺减少50%		

续表

基质	添加剂	控制样品的条件	结论	感官评价	参考文献
法式炸薯条	柠檬酸（pH=4.54）	pH=5.8；丙烯酰胺的浓度为275 μg/kg	丙烯酰胺减少46%		Rydberg等（2003）
法式炸薯条	柠檬酸	在60℃的自来水中浸泡15min；丙烯酰胺的浓度为290 μg/kg	丙烯酰胺减少14%	处理会影响感官特性	Gama Baumgartner等（2004）
薯片	柠檬酸和乙酸	在70℃的水中烫3min；丙烯酰胺的浓度为428 μg/kg	两种处理，丙烯酰胺都减少32%	柠檬酸处理的样品出现酸味	Kita等（2004）
薯片	柠檬酸	用蒸馏水洗涤；丙烯酰胺的浓度为356 μg/kg	丙烯酰胺减少70%		Pedreschi等（2004）
薯片	赖氨酸和甘氨酸	在65℃的水中浸泡5min；丙烯酰胺的浓度约为1048 μg/kg	丙烯酰胺减少94%		Kim等（2005）
薯片	甘氨酸和谷氨酰胺	在80℃的水中烫2min；丙烯酰胺的浓度为4127 μg/kg	丙烯酰胺分别减少55%、25%		Brathen等（2005）
法式炸薯条	甘氨酸和谷氨酰胺	在70~90℃的水中烫10~15min丙烯酰胺的浓度为211~404 μg/kg	对丙烯酰胺含量没有影响		
法式炸薯条	NaCl和APP	切，洗，立即油炸；丙烯酰胺的浓度为489 μg/kg	分别在80℃和70℃下热烫30min，然后在NaCl和SAPP中浸泡处理，丙烯酰胺分别减少71%和95%		Lindsay等（2005）

续表

基质	添加剂	控制样品的条件	结论	感官评价	参考文献
法式炸薯条	乳酸发酵	在80℃的水中烫5min；pH=5.7；丙烯酰胺的浓度约为1000μg/kg	发酵120min，丙烯酰胺减少达86%	与对照组没有差异	Baardseth等（2006）
法式炸薯条	NaCl和$CaCl_2$	室温下蒸馏水中浸泡60min；丙烯酰胺的浓度为(589±41)μg/kg	丙烯酰胺分别减少49%、93%	对最终产品没有影响	Gökmen等（2007a）
薯片	竹叶提取物作为抗氧化剂	丙烯酰胺的含量约为3743μg/kg	丙烯酰胺减少约为74%	与对照组没有差异	Zhang等（2007）
法式炸薯条		商品油炸薯条，清洗去除表面脂质；丙烯酰胺的浓度约为580μg/kg	丙烯酰胺减少约为76%		
法式炸薯条	柠檬酸和SAPP	用水冲洗；3种油炸条件下丙烯酰胺含量分别为1180μg/kg、3427μg/kg和4028μg/kg	柠檬酸和SAPP处理时，丙烯酰胺分别减少53%、17%（3种油炸条件下结果的平均值）		Pedreschi等（2007c）
薯片	NaCl	在85℃的蒸馏水中烫3.5min三种油炸条件下丙烯酰胺含量分别为800μg/kg、930μg/kg和3860μg/kg	3种油炸条件下丙烯酰胺分别减少为97%、92%、82%		Pedreschi等（2007a）
法式炸薯条	天冬酰胺酶	在75℃的水中烫10min；丙烯酰胺的浓度约为1264μg/kg	丙烯酰胺减少62%		Pedreschi等（2008）

续表

基质	添加剂	控制样品的条件	结论	感官评价	参考文献
薯片	柠檬酸、乙酸和L-乳酸	在65℃的水中烫5min	所有的酸进行处理，丙烯酰胺减少达100%	柠檬酸处理的薯片是酸的，而其他酸处理的薯片与对照组无显著差异	Mestdagh 等（2008d）
	甘氨酸和L-赖氨酸		丙烯酰胺分别减少68%、85%	甘氨酸处理的薯片与对照组没有显著差异，而赖氨酸会产生类似于爆米花的味道	
	NaCl、SAPP、$CaCl_2$和乳酸钙		丙烯酰胺分别减少43%、90%、93%、82%	处理后的样品对口感方面没有显著影响，但增加了“咔嚓声/啪嗒声”和“嘎吱声”	
薯片	$NaHSO_3$ (5g/L)	用蒸馏水洗涤1min;	丙烯酰胺减少47%	产生难闻的气味	Ou等（2008）
	$CaCl_2$ (5g/L)	烯酰胺浓度为5433 μg/kg	丙烯酰胺减少达100%	脆性增加	
	半胱氨酸 (5g/L)		丙烯酰胺减少达100%	产生难闻的气味	
土豆块	甘氨酸、乳酸发酵以及甘氨酸-乳酸发酵（pH=5.32~5.83）	在37℃的蒸馏水中浸泡75min（pH=5.9）；丙烯酰胺浓度为5000 μg/kg	丙烯酰胺分别减少35%、50%、70%	所有处理对口感无影响，乳酸处理使最终产品颜色变浅	Anese等（2009）

续表

基质	添加剂	控制样品的条件	结论	感官评价	参考文献
法式炸薯条	天冬酰胺酶	浇90~95℃的热水进行热烫处理并在70℃的水中保持20min（pH=6.5~5.5）丙烯酰胺浓度600~1900μg/kg	丙烯酰胺减少60%~85%		Hendriksen等（2009）
薯片		在80℃的水中烫1min；丙烯酰胺的浓度为1750μg/kg	丙烯酰胺减少60%		
薯片	水果提取物		丙烯酰胺减少26%		Cheng等（2010）
法式炸薯条	亲水胶体	在室温下，蒸馏水中分别浸泡1h和5h	丙烯酰胺减少60%		Zeng等（2010）
薯片	NaCl	在90℃的水中烫5min；丙烯酰胺的浓度约为2600μg/kg	丙烯酰胺减少约为62%		Pedreschi等（2010）
冷冻预炸薯条	乙酸、柠檬酸、乳酸、L-抗坏血酸和琥珀酸（pH 2.6~3.4）	预先热烫的土豆条，SAPP处理，并在4℃下贮存；在60℃的蒸馏水中浸泡1min	丙烯酰胺分别减少45%、64%、30%、25%和7%	可接受	Medeiros等（2011）
	氯化钙、乳酸钙、氯化镁、乳酸镁、氯化钾和氯化钠		丙烯酰胺分别减少44%、12%、32%、18%、23%和49%		
冷冻预炸薯条	甘氨酸		丙烯酰胺减少7%	可接受	Medeiros等（2011）

续表

基质	添加剂	控制样品的条件	结论	感官评价	参考文献
	天冬酰胺酶	预先热烫的薯条，SAPP处理，并在4℃下贮存；在60℃的蒸馏水中浸泡5min	丙烯酰胺减少65%		
薯片	天冬酰胺酶	在85℃的蒸馏水中热烫3.5min，然后在50℃的水中浸泡20min；丙烯酰胺含量为800μg/kg	丙烯酰胺减少80%		Pedreschi等（2011）

一价和二价阳离子（如 Na^+ 和 Ca^{2+}）对抑制丙烯酰胺生成是有效的，这些离子可能与天冬酰胺反应阻碍席夫碱的生成（Park et al.，2005；Lindsay et al.，2005；Pedreschi et al.，2007a；Gökmen et al.，2007b；Mestdagh et al.，2008c、d；Ou et al.，2008；Pedreschi et al.，2010）。钙离子的添加会降低pH，因为可离子化的功能基团（包含氧、氮或硫原子）的质子发生竞争性位移，跟氢原子分享电子（Clydesdale，1988）。通过模拟体系，发现NaCl同样能降低丙烯酰胺的生成（Kolek et al.，2006）。

游离氨基酸如甘氨酸、半胱氨酸和赖氨酸同样可以降低丙烯酰胺的生成，能与天冬酰胺竞争跟还原糖发生反应，或者通过迈克尔型加成反应能与丙烯酰胺发生共价结合（Rydberg et al.，2003；Brathen et al.，2005；Kim et al.，2005；Hanley et al.，2005；Claeys et al.，2005a；Low et al.，2006；Mestdagh et al.，2008c、d；Ou et al.，2008；Anese et al.，2009）。因此，除了天冬酰胺，其他的氨基酸对生成或者消除天冬酰胺都会起到一定的作用。

凝胶作为一种涂层用于油炸马铃薯产品和小吃食品能够非常有效地降低脂肪吸收，也有关于各种凝胶涂层降低薯片中丙烯酰胺含量的报道（Khalil，1999；Garcia et al.，2004；Kowalczyk et al.，2009）。Zeng等（2010）的研究结果表明海藻酸和果胶能降低丙烯酰胺的生成，而槐树豆角、角叉菜胶、羟丙基二淀粉磷酸酯和黄原胶却能促进丙烯酰胺的生成（Zeng et al.，2010）。

抗氧化剂能够影响美拉德反应，因此会对丙烯酰胺的生成造成正向或者负向的影响（Becalski et al.，2003；Zhang et al.，2007；Zhu et al.，2009、2010；Bassama et al.，2010；Ou et al.，2010；Cheng，2010），然而机制尚不明确。在Jin等的综述中，提出了7种不同的机制，得出使用抗氧化剂的缓解丙烯酰胺生成的研究中有时结果相互矛盾的结论（Jin et al.，2013）。实际上，抗氧化剂可以对丙烯酰胺形成的复杂化学过程产生各种不同影响。

一方面，一些抗氧化剂如绿原酸能够促进蔗糖分解，增加羰基化合物的浓度，与天冬酰胺发生反应生成丙烯酰胺；另一方面，抗氧化剂可能诱捕美拉德反应中间产物（如表儿茶素）。考虑到丙烯酰胺本身的活性，一些抗氧化剂也可能与丙烯酰胺发生反应。可以看出，抗氧化剂可能延缓脂肪的氧化，因此降低丙烯酰胺的生成。用竹叶提取物（Zhang et al.，2007）和牛至酚提取物（Kotsiou et al.，2010）都能减少马铃薯切片中丙烯酰胺的生成。Kotsiou 等认为不含醛基的酚类化合物更有利于降低丙烯酰胺的生成。将 16 个商品马铃薯品种制成的粉末在 185℃下烘焙 25min，发现较高浓度的酚类物质使得生成的丙烯酰胺含量较低（Zhu et al.，2010），遗憾的是并没有进行真实的马铃薯加工产品焙烤实验。另外，也有报道称抗氧化剂与丙烯酰胺的含量呈正相关或者没有相关性（Rydberg et al.，2003；Ehling et al.，2005；Serpen et al.，2009；Bassama et al.，2010；Becalski et al.，2010）。当然，除了抗氧化剂，也需要考虑添加以后 pH 发生变化或者提取物中含有氨基酸，影响丙烯酰胺的含量，对实验结果的比较造成干扰（Mestdagh et al.，2009）。

天冬酰胺酶是一种将天冬酰胺水解为天冬氨酸和氨的酶，它可以通过去除前体天冬酰胺减少食品中丙烯酰胺的形成（Ciesarova et al.，2006；Pedreschi et al.，2008；Hendriksen et al.，2009；Pedreschi et al.，2011）。因此，在面团制品中添加该酶可成功地减少丙烯酰胺的形成，因为天冬酰胺很容易被天冬酰胺酶转化为天冬氨酸。同时，由于酶和底物之间的最佳接触表面较少，天冬酰胺酶在由固体切片组成的马铃薯产品上的应用更为复杂（Hendriksen et al.，2009）。因此，为了使天冬酰胺酶能更好地接触天冬酰胺，需要在使用该酶之前进行热烫处理（Pedreschi et al.，2008）。

用植物乳杆菌（*Lactobacillus plantarum*）进行乳酸发酵也能降低油炸马铃薯制品的最终产品中丙烯酰胺的含量（Baardseth et al.，2006；Anese et al.，2009）。葡萄糖在乳酸产生过程中也会被消耗掉一部分（Baardseth et al.，2006）。

18.2.9 干燥处理对丙烯酰胺含量的影响

在最后油炸前将烫过或浸泡过的土豆片烘干可减少脂肪吸收和油脂水解（Krokida et al.，2001；Choe et al.，2007）。此外，由于需要缩短成品煎炸时间，以获得均一的产品质量，干燥处理还减少了薯条中丙烯酰胺的形成（Franke et al.，2005；Gökmen et al.，2006）。

18.2.10 油炸对丙烯酰胺含量的影响

最后，油炸条件会显著影响食品的丙烯酰胺含量，因为，丙烯酰胺才会真正形成。在丙烯酰胺生成的同时，油炸产品的色泽、质构和风味在油炸过程中由于美拉德反应都会发生改变。丙烯酰胺的生成与颜色的深浅程度是呈正相关的，两者都与美拉德反应相关，油炸温度和时间会以相似的方式影响着丙烯酰胺的生成与颜色的改变。长时间的高温深度油炸会形成颜色较深和丙烯酰胺含量较高的马铃薯加工产品（Pedreschi et al.，2005、2006、

2007b；Gökmen et al.，2006b；Viklund et al.，2007；Mestdagh et al.，2008a；Gökmen et al.，2010）。另外，采用低于 140℃ 的低温长时间油炸会增加油炸产品中油脂的含量（Foot et al.，2007）。因此，油炸时间和油温应当得到控制以避免较高含量的丙烯酰胺的生成，油炸温度不宜超过 170~175℃，其他因素如薯条/油脂比例，可能会使最初的油炸温度降低，因此需要较长的油炸时间，最终导致产品的丙烯酰胺含量较高。

运用马铃薯模拟系统和油炸薯条研究不同种类的油脂在油炸过程中对丙烯酰胺的影响，其中一些研究结果表明，棕榈油油炸出来的产品比菜籽油和葵花籽油油炸出来的产品丙烯酰胺含量高（Gertz et al.，2002）。橄榄油油炸出来的产品丙烯酰胺含量比玉米油油炸出来产品的丙烯酰胺含量高（Becalski et al.，2003），也有一些报道称油脂的种类对最终产品丙烯酰胺含量没有影响（Matthäus et al.，2004；Mestdagh et al.，2005）。另外，脂肪氧化和水解产物是生成丙烯酰胺的前体物质，但是似乎对最终马铃薯油炸产品的丙烯酰胺含量的影响是微不足道的（Becalski et al.，2003；Mestdagh et al.，2007b）。

采用减压真空油炸是降低丙烯酰胺含量非常有效的方式，有报道称能使丙烯酰胺降低 94%的含量（Granda et al.，2005）。这是由于真空油炸可以采用很低的温度。然而，这种油炸方法实际上只适用于薯片的生产。

2010 年，一项研究比较了油炸和烘焙过程对薯片中丙烯酰胺形成的影响（Palazoglu et al.，2010）。结果显示，与相同温度下的油炸相比，在 170℃下烘烤可使丙烯酰胺的含量增加一倍以上。然而，在 180℃和 190℃下，烘烤制备的薯片的丙烯酰胺含量低于其在油炸切片中的含量。

18.3 从实验室测试到工业规模的添加剂或加工助剂

文献中提出了各种丙烯酰胺的缓解方案（表 18.3 和表 18.4）。然而，大多数方法仅在实验室进行了测试，因此在将这些可能的处理方法应用于工厂环境之前，进行进一步深入的研究是至关重要的。从食品安全和产业可行性的角度来看，丙烯酰胺缓解策略的成功与否的主要标准应该是在不影响最终产品的整体质量的同时有效减少丙烯酰胺的形成。在撰写本章时，仅有两项研究描述了关于添加剂或加工助剂在马铃薯加工实际工业环境中的应用（表 18.5）。其中一项研究调查了各种添加剂或加工助剂对薯条工业生产的影响（Medeiros et al.，2011）。研究了醋酸、柠檬酸、乳酸钙和天冬酰胺酶在冷冻油炸薯条生产中的应用，考察了它们对减少丙烯酰胺含量的影响，以及对最终产品感官特性的影响。尽管作者在初步的实验室研究中发现丙烯酰胺显著地减少了，但这些处理并没有与工业生产中的四个不同的试验中的结果一致。当在极低的 pH（如 pH=3.2 以及标准生产工艺要求 pH=4.7）条件下应用时，才能有效地减少丙烯酰胺形成（可减少 39%）。但是极低的 pH 显然对薯条的感官特性产生了负面影响。因此，在薯条工业生产中，pH 低于 4.7（标准工艺条件）的酸处理对于降低丙烯酰胺的影响是不可行的。在3个乳酸钙处理的试验中，丙烯酰胺的含量呈现出不一致的结果，且只有在高浓度的乳酸钙的应用试验中，丙烯酰胺才会减少（高达36%，这种高浓度的乳酸钙的处理也会对薯条的感官特性造成不利的影响。此外，该添加剂在存在SAPP的情况下会沉淀，这可能代表生产中的一些问题（如生产线的清洁）。即使在高浓度的天门冬酰胺酶的作用下，冷冻薯条中的丙烯酰胺也未能减少。在冷冻薯条生产过程中，标准工艺的pH条件下酶活性不是最佳的，浸渍处理的温度也不是最适的，达到预炸步骤之前反应的时间也不够等都可能是影响酶性能的关键因素。Medeiros等（2011）在冷冻薯条（非预炸薯条）生产中研究了天冬酰胺酶，该酶在薯条的生产中应用较少。在薯条的生产中，天冬酰胺酶在4℃下贮存3d后使用能使丙烯酰胺的生成量减少了90%。由于本产品不存在任何会使酶失活的煎炸步骤或任何其他工艺步骤，因此，天冬酰胺酶在产品保质期内可保持活性。

表18.5 工业试验马铃薯制品中的丙烯酰胺形成的缓解策略的研究结果

产品	添加剂	样品的控制条件	结果	感官评价	参考文献
薯片	$CaCl_2$（5g/L）		丙烯酰胺减少85%~96%		Ou等（2008）
冷冻预炸法式薯条	柠檬酸（pH=4.0~2.0） 醋酸（pH=3.6~3.3）	SAPP处理，pH=4.7；丙烯酰胺浓度（111±33）~（289±36）μg/kg	丙烯酰胺减少39%（pH=3.0） 3次试验均无一致结果（与对照组无显著差异，可增加和减少丙烯酰胺的形成）		Medeiros等（2011）
	乳酸钙（6~36g/L）		丙烯酰胺减少36%（pH=3.0）	对感官品质产生负面的影响	
	天冬酰胺酶（5000~20000 ASNU/L）	SAPP处理，pH=4.7；丙烯酰胺浓度（247±40）~（298±11）μg/kg	丙烯酰胺减少66%		
冷冻（非预炸）法式薯条	天冬酰胺酶（625~2500 ASNU/L）	SAPP处理，pH=4.7；丙烯酰胺浓度（90±9.1）~（124±21.5）μg/kg	丙烯酰胺减少达100%	没有检测到相关的影响	Medeiros等（2011）

第二项研究中，Ou 等报道了在薯片工业生产的过程中添加一种可以减少丙烯酰胺生成的添加剂（Ou et al.，2008）（表 18.5），声称在漂烫过程中添加 5g/L $CaCl_2$ 时，薯片中的丙烯酰胺减少 85%~96%，但这只是 Ou 等（2000）描述的唯一研究结果，并未设置进行对照样品和其他的处理样品的对比研究，最终产品的感官特性也没有记录。此外，$CaCl_2$ 还会带来其他一些问题，如与 SAPP 不相容、与废水中氯化物含量有关的局限性以及油炸时可能形成 3-一氯丙二醇酯等。尽管油炸时可能形成 3-一氯丙二醇酯这一说法到目前还未得到证实。

虽然有许多潜在有用的可以减少丙烯酰胺生成的加工助剂，但当考虑在工业生产中应用的可能性时，应特别注意反应的机理。在大多数研究报道（表 18.3 和表 18.4）中，马铃薯产品中添加剂的使用没有考虑到最终产品的感官特性；因此，尽管使用各种添加剂可以显著地减少丙烯酰胺的生成，但其使用的浓度是合理的。还有一点经常被忽略以及在实验报告中不会被考虑，那就是由于添加了焦磷酸盐，马铃薯加工厂在生产过程的某个阶段使用的 pH 通常已经是酸性的（pH≈4.7）。实验室研究中直接将较高含量丙烯酰胺的样品浸入到蒸馏水中，因此获得的丙烯酰胺的减少量就会较高。此外，实验室实验通常反映标准化的“工艺条件”，实验条件和原材料的可变性得到了控制。然而，在实际工业生产中，存在马铃薯原材料品质的不稳定性，在工业规模上实施缓解策略时可能会成为一个障碍。以薯片或马铃薯粉为基础的模拟体系，用于测试添加剂对丙烯酰胺形成的影响，其结果值得特别关注。在模拟体系中，添加剂均匀地分布在整个土豆饼中，而标准薯片和薯条是实心切块，添加剂只能与其表层接触。薯片或薯条的表面暴露于添加剂的时间受到生产过程的限制，这说明模拟体系并不能很好地解释工业环境中丙烯酰胺生成减少过程中的另一个限制。

因此我们可以得出：在本文撰写之时，尽管许多添加剂已在实验室规模上被证明可以防止马铃薯产品中丙烯酰胺的形成，但这些添加剂仍没有在工业规模上得到证实，因此需要进一步的研究。最近，Atlantic Canada Opportunities Agency（ACOA）向 Functional Technologies 公司和 Phyterra Yeast 公司投入了 250 万美元，以支持酵母 AcryleEast™ 在马铃薯加工行业的开发和商业化应用。这种酵母能够通过降低面团制品中天冬酰胺的含量来防止丙烯酰胺的形成，这项投资旨在将其应用扩展到马铃薯产品（Functional Technologies Corp.，2011）。

18.4 风险管理的评估

迄今为止，全世界范围内还没有关于食品中丙烯酰胺含量的法律法规。因此，许多当局通过与工业界密切合作采取了最小化战略，重点是跟踪这些战略措施是否得到应用以及其实施的有效性。联合国粮农组织/世界卫生组织联合委员会强调有必要进一步努力制定和实施对饮食接触具有重要意义的食品中丙烯酰胺的缓解方法（FAO/WHO，2011）。政府机构和工业界迄今采取的主要举措概述如下。

2002 年，德国联邦国家当局与联邦消费者保护和食品安全办公室（Federal Office of Consumer Protection and Food Safety，BVF）、工业和联邦食品农业和消费者保护部一起，开发了一种针对食品中丙烯酰胺的风险管理工具（Göbel et al.，2007）。这个管理工具被称为“德国信号值”即采用每一种食品商品中检测到丙烯酰胺含量最低的 10%的产品数值。作为使用丙烯酰胺的最高限量一旦检测值超过这个值时，德国联邦政府将鼓励食品生产商采取适当措施降低丙烯酰胺含量。运用这个信号值评估了 2002 年到 2005 年食品商品中丙烯酰胺的含量，最新的数据显示薯条和薯片中丙烯酰胺的数值分别为 530 和 1333μg/kg（Göbel et al.，2007）。然而，自 2007 年以来，没有其他德国信号值被公布。最近，欧盟委员会采取了某种替代方法，并在欧盟委员会健康与消费者保护总司（Directorate General for Health and Consumer Policy，DG SANCO）的网站上发布了一份关于调查食品中丙烯酰胺含量的推荐值（EC，2011）。据此，建议各成员国调查最终产品中丙烯酰胺含量超过规定的丙烯酰胺推荐值的情况。结果显示，薯条和薯片的指示值分别为 600μg/kg 和 1000μg/kg，并且建议成员国在 2012 年 12 月之前将结果报告给委员会，以供进一步评估，并在必要时决定采取其他措施。

其他国家的政府对消费者信息采取了行动。例如，美国加利福尼亚州规定要求生产商或企业必须向有意使个人接触大量丙烯酰胺的人员提供明确和合理的提醒警告。基于此，加利福尼亚州政府于 2008 年与多家炸薯条生产商和一些快餐连锁店达成了一项法庭协议，以大幅降低其产品中的丙烯酰胺含量。在检测有丙烯酰胺存在时，这些生产商和快餐店除了被要求支付罚款外，还被要求在包装袋上上贴上有关该污染物存在的警告标签（Mills et al.，2009）。另外，加拿大卫生部通过在其网站上公布 2002 年至 2008 年丙烯酰胺监测结果，包括产品的品牌名称来告知消费者（Health Canada，2009）。

瑞士联邦当局选择对市场上某些丙烯酰胺含量高的食品采取直接行动。2005 年，一种丙烯酰胺含量超过 1000μg/kg 的婴儿饼干被从市场上撤下（Grob，2007），大约 2 年后，对瑞士市场上一种含有高达 7000μg/kg 丙烯酰胺的薯片品牌采取了“硬措施”（Biedermann et al.，2010）。

2009 年食品法典委员会通过了减少食品中丙烯酰胺的实施规程。本规范旨在为当局、制造商和其他相关机构提供指导，以防止和减少马铃薯和谷类产品中丙烯酰胺的形成。

自从在食品中发现丙烯酰胺以来，食品行业已经主动采取行动，通过支持和资助多项研究计划，了解食品中丙烯酰胺的形成机理和可能的缓解策略。欧洲食品和饮料联合会（Food Drink Europe）于 2003 年成立了丙烯酰胺技术专家组，并创建了丙烯酰胺 toolbox，可在线获取（http://www.fooddrinkeurope.eu/uploads/publications documents/Toolboxfinal260911.pdf）。

此 toolbox 定期更新对丙烯酰胺可能的缓解策略，以可用于降低对丙烯酰胺摄入量贡献最大的食品中的丙烯酰胺水平。Toobox 的缓解策略涉及农业、烹饪、加工和最终生产过程中有与关丙烯酰胺形成有关的各个方面。欧盟委员会网站上还以 22 种不同的语言发布了

toolbox 中关于薯条和薯片最重要信息的小册子（EC，2015）。Toolbox 允许公开交流，并致力于减少大多数相关食品中的丙烯酰胺问题。因此，通常研发资源有限的中小型企业可以获得最新信息。此外，Food Drink Europe 还为重要的食品检验组提供了运用 23 种欧洲语言的关于丙烯酰胺问题的小册子。

18.5 结论

丙烯酰胺形成于工业加工、零售、餐饮和家庭制备马铃薯产品的过程中。在本章对马铃薯产品中丙烯酰胺含量的可能的降低措施进行了概括，其中大多数措施也都在 2011 年被 Food Drink Europe 网站（译者注：网址 https://www.fooddrinkeurope.eu/）收录在丙烯酰胺工具箱（acrylamide toolbox）中。

目前马铃薯加工行业已经考虑选择还原糖含量较低的马铃薯品种，以及采用 8℃左右的马铃薯的贮藏温度。然而，零售企业和消费者可能仍然没有意识到马铃薯品种选择和最佳贮存条件对丙烯酰胺形成的重要性。因此，食品安全当局和媒体可在这方面发挥关键作用，在确保零售市场上用于油炸和烘焙的马铃薯含有较低的还原糖含量的同时开展有关理想贮存条件和适宜烘焙条件的宣传活动。然而，从农艺学的角度来看，通过育种或基因工程培育抗低温糖化和天冬酰胺含量较低的品种，在减少马铃薯产品中丙烯酰胺的形成方面仍需很大的改进。2006 年和 2008 年 Rommens 等已经证明，利用基因工程确实有可能改善马铃薯的贮藏条件和营养特性，从而降低丙烯酰胺的含量。然而，由于法律的限制和公众的接受度，目前在欧盟国家不可能使用转基因产品。

从工艺角度看，漂烫条件和添加焦磷酸盐的酸化作用大大减少了薯条中丙烯酰胺的生成。通过避免使用葡萄糖作为褐变剂，或者使用焦糖和胭脂树红作为替代物，可进一步降低丙烯酰胺的含量。值得一提的是，胭脂树红的每日可接受摄入量比焦糖低得多，而且这些食品添加剂在欧洲还没有规定用于马铃薯产品加工。

关于在工业生产过程中使用加工助剂的问题，尽管天门冬酰胺酶处理未能成功地减少预炸法式薯条中丙烯酰胺的形成，但这种处理将丙烯酰胺降低到低于“冷冻”法式炸薯条（非预炸）中检测限值（LOD）的水平，从而呈现了其作为缓解策略的潜力。然而，在有可能应用天门冬酰胺酶之前，仍然需要对过程中的某些限制进行评估。酶活性的最佳 pH 和温度、工艺路线的改进以及产品中残余酶活性的监管状态的确定仍然是需要解决的问题。因此，需要找到一种酶活更高（更快反应）、抗高温和低 pH 的酶，或者探索除浸渍以外的工艺处理，例如在封闭系统中喷涂。

到目前为止，在实验室规模上研究的丙烯酰胺抑制剂还没有一种可以用于马铃薯产品的工业加工过程中；因此，有必要进一步研究对其在实验室研究的成果在工业环境中的应用的可能性。任何减少丙烯酰胺形成的措施都必须确保最终产品的感官特性不会受到负面影响。此外，在工业范围内实施丙烯酰胺缓解策略时，应考虑原材料的季节性变化、原材料特性（漂烫前后）、烫漂步骤的复杂性（漂烫过程中运用一个、两个或三个热烫机）、浸槽参数（温度、pH 和持续时间）以及其他变量以确保消费者预期的产品质量。其他一些考虑因素，如可行性、食品法规、成本、废水处理、员工的安全性和舒适性、控制剂量的能力等，在考虑对工业过程进行任何变更时也同样重要。最后，就薯条而言，工业界采取的任何缓解丙烯酰胺策略的成功与否，在很大程度上取决于家庭消费或餐饮业所的最终焙烤条件。为了降低丙烯酰胺含量，建议油炸温度为 160~170℃ 炸至薯条呈浅黄色。为了更好地控制油炸温度，有必要提高油炸设备温度控制的可靠性和准确性。这部分根据 2007 年 Grob 等的建议，通过改变油炸锅的技术规格是可能实现的。然而，至关重要的是，消费者/餐饮行业从业者应清楚，通常深色薯条的丙烯酰胺含量较高。

最后，任何有希望的缓解策略和监管决议都应对消费者暴露的可能影响进行评估，几位作者举例说明了这一点（Boon et al.，2005；Claeys et al.，2010；Seal et al.，2008）。例如第 3 节所述，如果薯条中丙烯酰胺的生成量降低到 LOD 以下，比利时人口的 P50 和 P95 丙烯酰胺总摄入量将分别减少到 12% 和 25%（Claeys et al.，2010）。这个例子表明，除了要降低马铃薯产品中丙烯酰胺的含量外，还必须控制其他食品中的丙烯酰胺含量，确保有效减少丙烯酰胺的摄入量。

可见，在保证马铃薯产品其他的品质的同时降低产品中丙烯酰胺的含量仍然是一个挑战。

参考文献

Amrein T. M, Bachmann S, Noti A, Biedermann M, Barbosa M. F, Biedermann-Brem S, et al. Potential of acrylamide formation, sugars, and free asparagine in potatoes: a comparison of cultivars and farming systems. *Journal of Agricultural and Food Chemistry*. 2003;51:5556-5560.

Amrein T. M, Schönbächler B, Rohner F, Lukac H, Schneider H, Keiser A, et al. Potential for acrylamide formation in potatoes: data from the 2003 harvest. *European Food Research and Technology*. 2004;219:572-578.

Anese M, Bortolomeazzi R, Manzocco L, Manzano M, Giusto C, NicoliM. C. Effect of chemical and biological dipping on acrylamide formation and sensory properties in deep-fried potatoes. *Food Research International*. 2009;42:142-147.

Baardseth P, Blom H, Skrede G, Mydland L. T, Skrede A, Slinde E. Lactic acid fermentation reduces acrylamide formation and other Maillard reactions in french fries. *Journal of Food Science*. 2006;71:C28-C33.

Bassama J, Brat P, Bohuon P, Boulanger R, Gunata Z. Study of acrylamide mitigation in model system: effect of pure phenolic compounds. *Food Chemistry*. 2010;123:558-562.

Becalski A, Lau B. P. Y, Lewis D, Seaman S. W. Acrylamide in foods: occurrence, sources, and modeling. *Journal of Agricultural and Food Chemistry*. 2003;51:802-808.

Becalski A, Lau B. P. Y, Lewis D, Seaman S. W, Hayward S, Sahagian M, et al. Acrylamide in french fries: influence of free amino acids and sugars. *Journal of Agricultural and Food Chemistry*. 2004; 52: 3801-3806.

Becalski A, Stadler R, Hayward S, Kotello S, Krakalovich T, Lau B. P. Y, et al. Antioxidant capacity of potato chips and snapshot trends in acrylamide content in potato chips and cereals on the Canadian market. *Food Additives and Contaminants Part A-Chemistry Analysis Control Exposure & Risk Assessment*. 2010; 27: 1193-1198.

Besaratinia A, P feifer G. P. A review of mechanisms of acrylamide carcinogenicity. *Carcinogenesis*. 2007;28:519-528.

Biedermann M, Grundbock F, Fiselier K, Biedermann S, BurgiC, Grob K. Acrylamide monitoring in Switzerland, 2007-2009: results and conclusions. *Food Additives and Contaminants Part A-Chemistry Analysis Control Exposure & Risk Assessment*. 2010;27:1352-1362.

Biedermann M, Noti A, Beidermann-Brem S, Mozzetti V, Grob K. Experiments on acrylamide formation and possibilities to decrease the potential of acrylamide formation in potatoes. *Mitteilungen aus Lebensmittel-untersuch ung und Hygiene*. 2002;93:668-687.

Blank I, Robert F, Goldmann T, Pollien P, Varga N, Devaud S, et al. Mechanisms of acrylamide formation-Maillard-induced transformation of asparagine. In: Friedman M, Mottram D, eds. *Chemistry and Safety of Acrylamide in Food*. 561 ed. New York: Springer; 2005:171-189.

Blenkinsop R. W, Copp L. J, Yada R. Y, MarangoniA. G. Changes in compositional parameters of tubers of potato (*Solanum tuberosum*) during low-temperature storage and their relationship to chip processing quality. *Journal of Agricultural and Food Chemistry*. 2002;50:4545-4553.

Boon P. E, de Mul A, van der Voet H, van Donkersgoed G, Brette M, van Klaveren J. D. Calculations of dietary exposure to acrylamide. *Mutation Research-Genetic Toxicology and Environmental Mutagenesis*. 2005; 580:143-155.

Brathen E. B, Kita A, Knutsen S. H, Wicklund T. Addition of glycine reduces the content of acrylamide in cereal and potato products. *Journal of Agricultural and Food Chemistry*. 2005;53:3259-3264.

Burley V. J, Greenwood D. C, Hepworth S. J, Fraser L. K, de Kok T. M, van Breda S. G, et al. Dietary acrylamide intake and risk of breast cancer in the UK women's cohort. *British Journal of Cancer*. 2010;103: 1749-1754.

Burton W. G. Post-harvest physiology. In: Burton W. G, ed. *The Potato*. third ed. Harlow, UK: Longman Scientific & Technical; 1989:423-522.

Burton W. G, Wilson A. R. Sugar content and sprout growth of tubers of potato cultivar record, grown in different localities, when stored at 10, 2 and 20 ℃. *Potato Research*. 1978;21:145-162.

Cheng K. W, Shi J. J, Ou S. Y, Wang M. F, Jiang Y. Effects of fruit extracts on the formation of acrylamide in model reactions and fried potato crisps. *Journal of Agricultural and Food Chemistry*. 2010;58:309-312.

Choe E, Min D. B. Chemistry of deep-fat frying oils. *Journal of Food Science*. 2007;72:R77-R86.

Ciesarova Z, Kiss E, Boegl P. Impact of L-asparaginase on acrylamide content in potato products. *Journal of Food and Nutrition Research*. 2006;45:141-146.

Claeys W, Baert K, Mestdagh F, Vercammen J, Daenens P, De Meulenaer B, et al. Assessment of the acrylamide intake of the Belgian population and the effect of mitigation strategies. *Food Additives and Contaminants Part A-Chemistry Analysis Control Exposure & Risk Assessment*. 2010;27:1199-1207.

Claeys W, De Vleeschouwer K, Hendrickx M. E. Effect of amino acids on acrylamide formation and elimination kinetics. *Biotechnology Progress*. 2005;21:1525-1530.

Claeys W, De Vleeschouwer K, Hendrickx M. E. Kinetics of acrylamide formation and elimination during heating of an asparagine-sugar model system. *Journal of Agricultural and Food Chemistry*. 2005; 53:

9999-10005.

Claus A, Weisz G. M, Schieber A, Carle R. Pyrolytic acrylamide formation from purified wheat gluten and gluten-supplemented wheat bread rolls. *Molecular Nutrition & Food Research*. 2006;50:87-93.

Clydesdale F. M. Minerals: their chemistry and fate in food. In: Smith K, ed. *Trace Minerals in Food*. New York: Marcel Dekker; 1988:57-94.

Codex Alimentarius Commission. *Code of Practice for the Reduction of Acrylamide in Foods* (CAC/RCP 67-2009). 2009:1-8.

Cosmetic Ingredient Review. *Cosmetic Ingredients Review Reports through June* 2010-*Reference Table*. 2009.

De Meulenaer B, De Wilde T, Mestdagh F, Govaert Y, Ooghe W, Fraselle S, et al. Comparison of potato varieties between seasons and their potential for acrylamide formation. *Journal of the Science of Food and Agriculture*. 2008;88:313-318.

De Wilde T, De Meulenaer B, Mestdagh F, Govaert Y, Ooghe W, Fraselle S, et al. Selection criteria for potato tubers to minimize acrylamide formation during frying. *Journal of Agricultural and Food Chemistry*. 2006;54:2199-2205.

De Wilde T, De Meulenaer B, Mestdagh F, Govaert Y, Vandeburie S, Ooghe W, et al. Influence of storage practices on acrylamide formation during potato frying. *Journal of Agricultural and Food Chemistry*. 2005; 53:6550-6557.

De Wilde T, De Meulenaer B, Mestdagh F, Govaert Y, Vandeburie S, Ooghe W, et al. Influence of fertilization on acrylamide formation during frying of potatoes harvested in 2003. *Journal of Agricultural and Food Chemistry*. 2006;54:404-408.

Dybing E, Farmer P. B, Andersen M, FennellT. R, Lalljle S. P. D, Muller D. J. G, et al. Human exposure and internal dose assessments of acrylamide in food. *Food and Chemical Toxicology*. 2005;43:365-410.

Dybing E, Sanner T. Risk assessment of acrylamide in foods. *Toxicological Sciences*. 2003;75:7-15.

EC. European Commission Recommendation of 3 May 2007 on the monitoring of acrylamide levels in food 2007/331/EC. *Official Journal of the European Union*. 2007;L123:33-40.

EC, 2011. European Commission Recommendation of 10 January 2011 on investigations into the levels of acrylamide in food. http://ec. europa. eu/food/food/chemicalsafety/contaminants/acrylamide_en. htm

EC, 2015. http://ec. europa. eu/food/food/chemicalsafety/contaminants/acrylamide_en. htm

European Food Safety Authority (EFSA). Opinion of the scientific committee on a request from EFSA related to a harmonised approach for risk assessment of substances which are both genotoxic and carcinogenic (Request No. EFSA-Q-2004-020, adopted on 18. 10. 05.). *The EFSA Journal*. 2005;282:1-31.

EFSA. Results on acrylamide levels in food from monitoring year. *Scientific Report of EFSA*. 2010;8(5): 1599.

Ehling S, Shibamoto T. Correlation of acrylamide generation in thermally processed model systems of asparagine and glucose with color formation, amounts of pyrazines formed, and antioxidative properties of extracts. *Journal of Agricultural and Food Chemistry*. 2005;53:4813-4819.

EUPPA. Entrance control for raw material (potatoes) currently used in the french fries industry. www. euppa. eu, 2007.

FAO/WHO. *Joint FAO/WHO Expert Committee on Food Additives: Summary and Conclusions Report from Sixty-fourth Meeting, Rome, 8-17 February* 2005. 2005 (Rep. No. JECFA/64/SC).

FAO/WHO. *Joint FAO/WHO Expert Committee on Food Additives: Evaluation of Certain Contaminants in Food Report from Sevety-second Meeting*. 2011 (Rep. No. WHO technical report series; no. 959).

Food Drink Europe. *Food Drink Europe Acrylamide Toolbox* 2011. 2011.

Foot R. J, Haase N. U, Grob K, Gondé P. Acrylamide in fried and roasted potato products: a review on progress in mitigation. *Food Additives and Contaminants*. 2007;24:37-46.

Franke K, Sell M, Reimerdes E. H. Quality related minimization of acrylamide formation-an integrated approach. In: Friedman M, Mottram D, eds. *Chemistry and Safety of Acrylamide in Food*. 561 ed. New York: Springer; 2005:357-369.

Friedman M. Chemistry, biochemistry, and safety of acrylamide. A review. *Journal of Agricultural and Food Chemistry*. 2003;51:4504-4526.

Friedman M. A, Dulak L. H, Stedham M. A. Alifetime oncogenicity study in rats with acrylamide. *Fundamental and Applied Toxicology*. 1995;27:95-105.

Functional Technologies Corp. http://www.functionaltechcorp.com/s/Phyterra_Yeast.asp, 2011.

Gama-Baumgartner F, Grob K, Biedermann M. Citric acid to reduce acrylamide formation in french fries and roasted potatoes. *Mitteilungen aus Lebensmitteluntersuch ung und Hygiene*. 2004;95:110-117.

Garcia M. A, Ferrero C, Campana A, Bertola N, Martino M, Zaritzky N. Methylcellulose coatings applied to reduce oil uptake in fried products. *Food Science and Technology International*. 2004;10:339-346.

Gerendas J, Heuser F, Sattelmacher B. Influence of nitrogen and potassium supply on contents of acrylamide precursors in potato trubers and on acrylamide accumulation in french fries. *Journal of Plant Nutrition*. 2007;30:1499-1516.

Gertz C, Klostermann S. Analysis of acrylamide and mechanisms of its formation in deep-fried products. *European Journal of Lipid Science and Technology*. 2002;104:762-771.

Göbel A, Kliemant A. The German minimization concept for acrylamide. *Food Additives and Contaminants*. 2007;24:82-90.

Gökmen V, Mogol B. A. Computer vision-based image analysis for rapid detection of acrylamide in heated foods. *Quality Assurance and Safety of Crops & Foods*. 2010;2:203-207.

Gökmen V, Palazoglu T. K, Senyuva H. Z. Relation between the acrylamide formation and time-temperature history of surface and core regions of french fries. *Journal of Food Engineering*. 2006;77:972-976.

Gökmen V, Senyuva H. Z. A simplified approach for the kinetic characterization of acrylamide formation in fructose-asparagine model system. *Food Additives and Contaminants*. 2006;23:348-354.

Gökmen V, Senyuva H. Z. Study of colour and acrylamide formation in coffee, wheat flour and potato chips during heating. *Food Chemistry*. 2006;99:238-243.

Gökmen V, Senyuva H. Z. Acrylamide formation is prevented by divalent cations during the Maillard reaction. *Food Chemistry*. 2007;103:196-203.

Gökmen V, Senyuva H. Z. Effects of some cations on the formation of acrylamide and furfurals in glucose-asparagine model system. *European Food Research and Technology*. 2007;225:815-820.

Granda C, Moreira R. G. Kinetics of acrylamide formation during traditional and vacuum frying of potato chips. *Journal of Food Process Engineering*. 2005;28:478-493.

Granvogl M, Schieberle P. Thermally generated 3-aminopropionamide as a transient intermediate in the formation of acrylamide. *Journal of Agricultural and Food Chemistry*. 2006;54:5933-5938.

Grob K. Options for legal measures to reduce acrylamide contents in the most relevant foods. *Food Additives and Contaminants*. 2007;24:71-81.

Hanley A. B, Offen C, Clarke M, Ing B, Roberts M, Burch R. Acrylamide reduction in processed foods. In: Friedman M, Mottram D, eds. *Chemistry and Safety of Acrylamide in Food*. 561 ed. New York: Springer; 2005:387-392.

Health Canada. Acrylamide Levels in Selected Canadian Foods. 2009. http://www.hc-sc.gc.ca/fn-an/securit/chem-chim/food-aliment/acrylamide/acrylamide_level-acrylamide_niveau_table-eng.php (On-line).

Hendriksen H. V, Kornbrust B. A, Ostergaard P. R, Stringer M. A. Evaluating the potential for enzymatic acrylamide mitigation in a range of food products using an asparaginase from *Aspergillus oryzae*. *Journal of Agri-*

cultural and Food Chemistry. 2009;57:4168-4176.

Hertog M. L. A. T, Putz B, Tijskens L. M. M. The effect of harvest time on the accumulation of reducing sugars during storage of potato (*Solanum tuberosum* L.) tubers: experimental data described, using a physiological based, mathematical model. *Potato Research*. 1997;40:69-78.

Heuser H, Gerendás J, Sattelmacher B. Einfluss der N-und K-Dünung auf die Gehalte an reduzierenden Zuckern und freien Aminosäuren. *Kartoffelbau*. 2005;56:308-313.

Hidalgo F. J, Delgado R. M, Navarro J. L, Zamora R. Asparagine decarboxylation by lipid oxidation products in model systems. *Journal of Agricultural and Food Chemistry*. 2010;58:10512-10517.

Hogervorst J. G, Schouten L. J, Konings E. J, Goldbohm R. A, van den Brandt P. A. A prospective study of dietary acrylamide intake and the risk of endometrial ovarian, and breast cancer. *Cancer Epidemiology Biomarkers & Prevention*. 2007;16:2304-2313.

Hogervorst J. G, Schouten L. J, Konings E. J, Goldbohm R. A, van den Brandt P. A. Dietary acrylamide intake and the risk of renal cell, bladder, and prostate cancer. *American Journal of Clinical Nutrition*. 2008;87:1428-1438.

Hogervorst J. G. F, Baars B. J, Schouten L. J, Konings E. J. M, Goldbohm R. A, van den Brandt P. A. The carcinogenicity of dietary acrylamide intake: a comparative discussion of epidemiological and experimental animal research. *Critical Reviews in Toxicology*. 2010;40:485-512.

Hogervorst J. G. F, Schouten L, Konings E. J. M, Goldbohm R. A, van den Brandt P. A. Dietary acrylamide intake is not associated with gastrointestinal cancer risk. *Journal of Nutrition*. 2008;138:2229-2236.

Hogervorst J. G. F, Schouten L. J, Konings E. J. M, Goldbohm R. A, van den Brandt P. A. Dietary acrylamide intake and brain cancer risk. *Cancer Epidemiology Biomarkers & Prevention*. 2009;18:1663-1666.

Hogervorst J. G. F, Schouten L. J, Konings E. J. M, Goldbohm R. A, van den Brandt P. A. Lung cancer risk in relation to dietary acrylamide intake. *Journal of the National Cancer Institute*. 2009;101:651-662.

IARC. *Acrylamide*. Lyon, France: International Agency for Research on Cancer; 1994.

Jin C, Wu X, Zhang Y. Relationship between antioxidants and acrylamide formation: a review. *Food Research International*. 2013;51:611-620.

Johnson K. A, Gorzinski S. J, Bodner K. M, Campbell R. A, Wolf C. H, Friedman M. A, et al. Chronic toxicity and oncogenicity study on acrylamide incorporated in the drinking water of Fischer 344 rats. *Toxicology and Applied Pharmacology*. 1986;85:154-168.

Jung M. Y, Choi D. S, Ju J. W. A novel technique for limitation of acrylamide formation in fried and baked corn chips and in french fries. *Journal of Food Science*. 2003;68:1287-1290.

Khalil A. H. Quality of french fried potatoes as influenced by coating with hydrocolloids. *Food Chemistry*. 1999;66:201-208.

Kim C. T, Hwang E. S, Lee H. J. Reducing acrylamide in fried snack products by adding amino acids. *Journal of Food Science*. 2005;70:C354-C358.

Kita A, Brathen E, Knutsen S. H, Wicklund T. Effective ways of decreasing acrylamide content in potato crisps during processing. *Journal of Agricultural and Food Chemistry*. 2004;52:7011-7016.

Knutsen S. H, Dimitrijevic S, Molteberg E. L, Segtnan V. H, Kaaber L, Wicklund T. The influence of variety, agronomical factors and storage on the potential for acrylamide formation in potatoes grown in Norway. *Lwt-Food Science and Technology*. 2009;42:550-556.

Kolek E, Simko P, Simon P. Effect of NaCl on the decrease of acrylamide content in a heat-treated model food matrix. *Journal of Food and Nutrition Research*. 2006;45:17-20.

Konings E. J. M, Baars A. J, van Klaveren J. D, Spanjer M. C, Rensen P. M, Hiemstra M, et al. Acrylamide exposure from foods of the Dutch population and an assessment of the consequent risks. *Food and Chemical Toxicology*. 2003;41:1569-1579.

Kotsiou K, Tasioula-Margari M, Kukurova K, Ciesarova Z. Impact of oregano and virgin olive oil phenolic compounds on acrylamide content in a model system and fresh potatoes. *Food Chemistry*. 2010; 123: 1149-1155.

Kowalczyk D, GustKaw W. Effect of hydrocolloid coatings on quality parameters of french fries. *Zywnosc-Nauk a Technologia Jak osc*. 2009;16:72-80.

Krokida M. K, Oreopoulou V, Maroulis Z. B, Marinos-Kouris D. Effect of pre-drying on quality of french fries. *Journal of Food Engineering*. 2001;49:347-354.

Kumar D, Singh B. P, Kumar P. An overview of the factors affecting sugar content of potatoes. *Annals of Applied Biology*. 2004;145:247-256.

Larsson S. C, Akesson A, Wolk A. Dietary acrylamide intake and prostate cancer risk in a prospective cohort of Swedish men. *Cancer Epidemiology Biomarkers & Prevention*. 2009;18:1939-1941.

Larsson S. C, Akesson A, Wolk A. Long-term dietary acrylamide intake and breast cancer risk in a prospective cohort of Swedish women. *American Journal of Epidemiology*. 2009;169:376-381.

Larsson S. C, Akesson A, Wolk A. Long-Term dietary acrylamide intake and risk of epithelial ovarian cancer in a prospective cohort of Swedish women. *Cancer Epidemiology Biomarkers & Prevention*. 2009;18:994-997.

Larsson S. C, Hakansson N, Akesson A, Wolk A. Long-term dietary acrylamide intake and risk of endometrial cancer in a prospective cohort of Swedish women. *International Journal of Cancer*. 2009;124:1196-1199.

Levine R. A, Ryan S. M. Determining the effect of calcium cations on acrylamide formation in cooked wheat products using a model system. *Journal of Agricultural and Food Chemistry*. 2009;57:6823-6829.

Lin Y. L, Lagergren J, Lu Y. X. Dietary acrylamide intake and risk of esophageal cancer in a population-based case-control study in Sweden. *International Journal of Cancer*. 2011;128:676-681.

Lindsay R. C, Jang S. J. Chemical intervention strategies for substantial suppression of acrylamide formation in fried potato products. In: Friedman M, Mottram D, eds. *Chemistry and Safety of Acrylamide in Food*. 561 ed. New York: Springer; 2005:393-404.

Low M. Y, Koutsidis G, Parker J. K, Elmore J. S, Dodson A. T, Mottram D. S. Effect of citric acid and glycine addition on acrylamide and flavor in a potato model system. *Journal of Agricultural and Food Chemistry*. 2006;54:5976-5983.

Lyn-Cook L. E, Tareke E, Word B, Starlard-Davenport A, Lyn-Cook B. D, Hammons G. J. Food contaminant acrylamide increases expression of Cox-2 and nitric oxide synthase in breast epithelial cells. *Toxicology and Industrial Health*. 2011;27:11-18.

Márquez G, Añón M. C. Influence of reducing sugars and amino acids in the color development of fried potatoes. *Journal of Food Science*. 1986;51:157-160.

Matsuura-Endo C, Ohara-Takada A, Chuda Y, Ono H, Yada H, Yoshida M, et al. Effects of storage temperature on the contents of sugars and free amino acids in tubers from different potato cultivars and acrylamide in chips. *Bioscience Biotechnology and Biochemistry*. 2006;70:1173-1180.

Matthäus B, Haase N. U, Vosmann K. Factors affecting the concentration of acrylamide during deep-fat frying of potatoes. *European Journal of Lipid Science and Technology*. 2004;106:793-801.

Medeiros R, Mestdagh F, Van Poucke C, Van Peteghem C, De Meulenaer B. A two-year investigation towards an effective quality control of incoming potatoes and acrylamide mitigation strategy in French fries. *Food Additives and Contaminants: Part A*. 2012;29(3):362-370.

Medeiros R, Mestdagh F, De Muer N, Van Peteghem C, De Meulenaer B. Effective quality control of incoming potatoes as an acrylamide mitigation strategy for the french fries industry. *Food Additives and Contaminants Part A-Chemistry Analysis Control Exposure & Risk Assessment*. 2010;27:417-425.

Medeiros R, Mestdagh F, Van Poucke C, Kerkaert B, De Muer N, Denon Q, et al. Implementation of acrylamide mitigation strategies on industrial production of french fries: challenges and pitfalls. *Journal of Agricultural and Food Chemistry*. 2011;59:898-906.

Medeiros R, Mestdagh F, De Meulenaer B. Acrylamide formation in fried potato products-present and future, a critical review on mitigation strategies. *Food Chemistry*. 2012;133:1138-1154.

Mestdagh F, De Meulenaer B, Van Peteghem C. Influence of oil degradation on the amounts of acrylamide generated in a model system and in french fries. *Food Chemistry*. 2007;100:1153-1159.

Mestdagh F, De Wilde T, Castelein P, Németh O, Van Peteghem C, De Meulenaer B. Impact of the reducing sugars on the relationship between acrylamide and Maillard browning in french fries. *European Food Research and Technology*. 2008;227:69-76.

Mestdagh F, De Wilde T, Fraselle S, Govaert Y, Ooghe W, Degroodt J. M, et al. Optimization of the blanching process to reduce acrylamide in fried potatoes. *Lwt-Food Science and Technology*. 2008; 41: 1648-1654.

Mestdagh F, Lachat C, Baert K, Moons E, Kolsteren P, Van Peteghem C, et al. Importance of a canteen lunch on the dietary intake of acrylamide. *Molecular Nutrition & Food Research*. 2007;51:509-516.

Mestdagh F, Maertens J, Cucu T, Delporte K, Van Peteghem C, De Meulenaer B. Impact of additives to lower the formation of acrylamide in a potato model system through pH reduction and other mechanisms. *Food Chemistry*. 2008;107:26-31.

Mestdagh F, De Wilde T, Delporte K, Van Peteghem C, De Meulenaer B. Impact of chemical pre-treatments on the acrylamide formation and sensorial quality of potato crisps. *Food Chemistry*. 2008;106:914-922.

Mestdagh F, Van Peteghem C, De Meulenaer B. A farm-to-fork approach to lower acrylamide in fried potatoes. In: Yee N, Bussel W. T, eds. *IV Potatoes*. Global Science Books; 2009 (Food 3, Special issue Second ed., pp. 66-75).

Mestdagh F. J, De Meulenaer B, Van Poucke C, Detavernier C, Cromphout C, Van Peteghem C. Influence of oil type on the amounts of acrylamide generated in a model system and in french fries. *Journal of Agricultural and Food Chemistry*. 2005;53:6170-6174.

Mills C, Mottram D. S, Wedzicha B. L. Acrylamide. In: Stadler R. H, Lineback D. R, eds. *Process-Induced Food Contaminants-Occurrence, Formation, Mitigation, and Health Risks*. Wiley; 2009:23-50.

Mojska H, Gielecinska I, Szponar L, Oltarzewski M. Estimation of the dietary acrylamide exposure of the Polish population. *Food and Chemical Toxicology*. 2010;48:2090-2096.

Moreira R. G, Castell-Perez M, Barrufet M. A. *Deep-Fat Frying: Fundamentals and Applications*. Gaithersburg, MD: Aspen Publishers; 1999.

Mottram D. S, Wedzicha B. L, Dodson A. T. Acrylamide is formed in the Maillard reaction. *Nature*. 2002;419:448-449.

Mucci L. A, Sandin S, Balter K, Adami H. O, Magnusson C, Weiderpass E. Acrylamide intake and breast cancer risk in Swedish women. *Jama-Journal of the American Medical Association*. 2005; 293: 1326-1327.

Noti A, Biedermann-Brem S, Biedermann M, Grob K, Albisser P, Realini P. Storage of potatoes at low temperature should be avoided to prevent increased acrylamide formation during frying and roasting. *Mitteilungen aus Lebensmitteluntersuch ung und Hygiene*. 2003;94:167-180.

Ohara-Takada A, Matsuura-Endo C, Chuda Y, Ono H, Yada H, Yoshida M, et al. Change in content of sugars and free amino acids in potato tubers under short-term storage at low temperature and the effect on acrylamide level after frying. *Bioscience Biotechnology and Biochemistry*. 2005;69:1232-1238.

Olsson K, Svensson R, Roslund C. A. Tuber components affecting acrylamide formation and colour in fried potato: variation by variety, year, storage temperature and storage time. *Journal of the Science of Food and Agriculture*. 2004;84:447-458.

Ou S. Y, Lin Q, Zhang Y. P, Huang C. H, Sun X, Fu L. Reduction of acrylamide formation by selected agents in fried potato crisps on industrial scale. *Innovative Food Science & Emerging Technologies*. 2008;9:116-121.

Ou S. Y, Shi J. J, Huang C. H, Zhang G. W, Teng J. W, Jiang Y, et al. Effect of antioxidants on elimination and formation of acrylamide in model reaction systems. *Journal of Hazardous Materials*. 2010; 182: 863-868.

Palazoglu T. K, Savran D, Gokmen V. Effect of cooking method (Baking compared with frying) on acrylamide level of potato chips. *Journal of Food Science*. 2010;75:E25-E29.

Park Y. W, Yang H. W, Storkson J. M, Albright K. J, Liu W, Lindsay R. C, et al. Controlling acrylamide in french fry and potato chip models and a mathematical model of acrylamide formation-acrylamide: acidulants, phytate and calcium. In: Friedman M, Mottram D, eds. *Chemistry and Safety of Acrylamide in Food*. 561 ed. New York: Springer; 2005:343-356.

Parker J. K, Balagiannis D. P, Higley J, Smith G, Wedzicha B. L, Mottram D. S. Kinetic model for the formation of acrylamide during the finish-frying of commercial french fries. *Journal of Agricultural and Food Chemistry*. 2012;60:9321-9331.

Pedersen G. S, Hogervorst J. G. F, Schouten L. J, Konings E. J. M, Goldbohm R. A, van den Brandt P. A. Dietary acrylamide intake and estrogen and progesterone receptor-defined postmenopausal breast cancer risk. *Breast Cancer Research and Treatment*. 2010;122:199-210.

Pedreschi F, Bustos O, Mery D, Moyano P, Kaack K, Granby K. Color kinetics and acrylamide formation in NaCl soaked potato chips. *Journal of Food Engineering*. 2007;79:989-997.

Pedreschi F, Granby K, Risum J. Acrylamide mitigation in potato chips by using NaCl. *Food and Bioprocess Technology*. 2010;3:917-921.

Pedreschi F, Kaack K, Granby K. Reduction of acrylamide formation in potato slices during frying. *LWT-Food Science and Technology*. 2004;37:679-685.

Pedreschi F, Kaack K, Granby K. Acrylamide content and color development in fried potato strips. *Food Research International*. 2006;39:40-46.

Pedreschi F, Kaack K, Granby K. The effect of asparaginase on acrylamide formation in french fries. *Food Chemistry*. 2008;109:386-392.

Pedreschi F, Leon J, Mery D, Moyano P, PedreschiR, Kaack K, et al. Color development and acrylamide content of pre-dried potato chips. *Journal of Food Engineering*. 2007;79:786-793.

Pedreschi F, Kaack K, Granby K, Troncoso E. Acrylamide reduction under different pre-treatments in french fries. *Journal of Food Engineering*. 2007;79:1287-1294.

Pedreschi F, Mariotti S, Granby K, Risum J. Acrylamide reduction in potato chips by using commercial asparaginase in combination with conventional blanching. *LWT -Food Science and Technology*. July 2011;44(6):1473-1476.

Pedreschi F, Moyano P, Kaack K, Granby K. Color changes and acrylamide formation in fried potato slices. *Food Research International*. 2005;38:1-9.

Pedreschi F, Travisany X, Reyes C, Troncoso E, PedreschiR. Kinetics of extraction of reducing sugar during blanching of potato slices. *Journal of Food Engineering*. 2009;91:443-447.

Pelucchi C, Galeone C, LeviF, NegriE, Franceschi S, Talamini R, et al. Dietary acrylamide and human cancer. *International Journal of Cancer*. 2006;118:467-471.

Reynolds T. Acrylamide and cancer: tunnel leak in Sweden prompted studies. *Journal of the National Cancer Institute*. 2002;94:876-878.

Rice J. M. The carcinogenicity of acrylamide. *Mutation Research-Genetic Toxicology and Environmental Mutagenesis*. 2005;580:3-20.

Roach J. A. G, AndrzejewskiD, Gay M. L, Nortrup D, Musser S. M. Rugged LC-MS/MS survey analysis for acrylamide in foods. *Journal of Agricultural and Food Chemistry*. 2003;51:7547-7554.

Rommens C. M, Yan H, Swords K, Richael C, Ye J. S. Low-acrylamide french fries and potato chips. *Plant Biotechnology Journal*. 2008;6:843-853.

Rommens C. M, Ye J, Richael C, Swords K. Improving potato storage and processing characteristics through all-native DNA transformation. *Journal of Agricultural and Food Chemistry*. 2006;54:9882-9887.

Rydberg P, Eriksson S, Tareke E, Karlsson P, Ehrenberg L, Törnqvist M. Investigations of factors that influence the acrylamide content of heated foodstuffs. *Journal of Agricultural and Food Chemistry*. 2003;51:7012-7018.

Sanny M, Luning P. A, Marcelis W. J, Jinap S, van Boekel M. A. J. S. Impact of control behaviour on unacceptable variation in acrylamide in french fries. *Trends in Food Science & Technology*. 2010;21:256-267.

Schouten L. J, Hogervorst J. G. F, Konings E. J. M, Goldbohm R. A, van den Brandt P. A. Dietary acrylamide intake and the risk of head-neck and thyroid cancers: results from the Netherlands cohort study. *American Journal of Epidemiology*. 2009;170:873-884.

Seal C. J, de Mul A, Eisenbrand G, Haverkort A. J, Franke K, Lalljie S. P. D, et al. Risk-benefit considerations of mitigation measures on acrylamide content of foods-a case study on potatoes, cereals and coffee. *British Journal of Nutrition*. 2008;99:S1-+.

Serpen A, Gokmen V. Evaluation of the Maillard reaction in potato crisps by acrylamide, antioxidant capacity and color. *Journal of Food Composition and Analysis*. 2009;22:589-595.

Shipp A, Lawrence G, Gentry R, McDonald T, Bartow H, Bounds J, et al. Acrylamide: review of toxicity data and dose-response analyses for cancer and noncancer effects. *Critical Reviews in Toxicology*. 2006;36:481-608.

Smith C. J, Perfetti T. R, Rumple M. A, Rodgman A, Doolittle D. J. "IARC group 2A Carcinogens" reported in cigarette mainstream smoke. *Food and Chemical Toxicology*. 2000;38:371-383.

Stadler R. H, Blank I, Varga N, Robert F, Hau J, Guy P. A, et al. Acrylamide from Maillard reaction products. *Nature*. 2002;419:449-450.

Stadler R. H, Robert F, Riediker S, Varga N, Davidek T, Devaud S, et al. In-depth mechanistic study on the formation of acrylamide and other vinylogous compounds by the Maillard reaction. *Journal of Agricultural and Food Chemistry*. 2004;52:5550-5558.

Stadler R. H, Scholz G. Acrylamide: an update on current knowledge in analysis, levels in food, mechanisms of formation, and potential strategies of control. *Nutrition Reviews*. 2004;62:449-467.

Svensson K, Abramsson L, Becker W, Glynn A, Hellenäs K. E, Lind Y, et al. Dietary intake of acrylamide in Sweden. *Food and Chemical Toxicology*. 2003;41:1581-1586.

Swedish National Food Administration. Swedish National Food Administration: Analysis of Acrylamide in Food. 2002. http://www.slv.se/acrylamide.

Tareke E, Rydberg P, Karlsson P, Eriksson S, Törnqvist M. Acrylamide: a cooking carcinogen? *Chemical Research in Toxicology*. 2000;13:517-522.

Torres M. D. A, Parreño W. C. Thermal processing and quality optimization. In: Singh J, Kaur L, eds. *Advances in Potato Chemistry and Technology*. first ed. Elsevier; 2009:163-219.

Urbancic S, Kolar M. H, Dimitrijevic D, Demsar L, Vidrih R. Stabilisation of sunflower oil and reduction of acrylamide formation of potato with rosemary extract during deep-fat frying. *LWT-Food Science and Technology*. 2014;57:671-678.

US 2005/0214411 A1. *Methods for Surpressing Acrylamide Formation and Restoring Browned Color and Flavor* (United States). 2005.

US 2010/0080872 A1. *Low Acrylamide French Fry and Preparation Process* (United States). 2010.

Viklund G, Mendoza F, Sjöholm I, Skog K. An experimental set-up for studying acrylamide formation in potato crisps. *LWT-Food Science and Technology*. 2007;40:1066-1071.

Viklund G, Olsson K, Sjoholm I, Skog K. Variety and storage conditions affect the percursor content and amount of acrylamide in potato crisps. *Journal of the Science of Food and Agriculture*. 2008;88:305-312.

Viklund G. A. I, Olsson K. M, Sjoholm I. M, Skog K. I. Acrylamide in crisps: effect of blanching studied on long-term stored potato clones. *Journal of Food Composition and Analysis*. 2010;23:194-198.

Whittaker A, Marotti I, Dinelli G, Calamai L, Romagnoli S, Manzelli M, et al. The influence of tuber mineral element composition as a function of geographical location on acrylamide formation in different Italian potato genotypes. *Journal of the Science of Food and Agriculture*. 2010;90:1968-1976.

Wilson K, Rimm E, Thompson K, Mucci L. Dietary acrylamide and cancer risk in humans: a review. *Journal für Verb raucherschutz und Lebensmittelsicherheit*. 2006;1:19-27.

Wilson K. M, Balter K, Adami H. O, Gronberg H, Vikstrom A. C, Paulsson B, et al. Acrylamide exposure measured by food frequency questionnaire and hemoglobin adduct levels and prostate cancer risk in the Cancer of the Prostate in Sweden Study. *International Journal of Cancer*. 2009;124:2384-2390.

Wilson K. M, Mucci L. A, Cho E, Hunter D. J, Chen W. Y, Willett W. C. Dietary acrylamide intake and risk of premenopausal breast cancer. *American Journal of Epidemiology*. 2009;169:954-961.

Wilson K. M, Mucci L. A, Rosner B. A, Willett W. C. A prospective study on dietary acrylamide intake and the risk for breast, endometrial, and ovarian cancers. *Cancer Epidemiology Biomarkers & Prevention*. 2010;19:2503-2515.

Yasuhara A, Tanaka Y, Hengel M, Shibamoto T. Gas chromatographic investigation of acrylamide formation in browning model systems. *Journal of Agricultural and Food Chemistry*. 2003;51:3999-4003.

Yaylayan V. A, Locas C. P, Wnorowski A, O'Brien J. Mechanistic pathways of formation of acrylamide from different amino acids. In: Friedman M, Mottram D, eds. *Chemistry and Safety of Acrylamide in Food*. 561 ed. New York: Springer; 2005:191-203.

Yaylayan V. A, Wnorowski A, Locas C. P. Why asparagine needs carbohydrates to generate acrylamide. *Journal of Agricultural and Food Chemistry*. 2003;51:1753-1757.

Zamora R, Delgado R. M, Hidalgo F. J. Conversion of 3-aminopropionamide and 3-alkylaminopropionamides into acrylamide in model systems. *Molecular Nutrition & Food Research*. 2009;53:1512-1520.

Zamora R, Hidalgo F. J. Contribution of lipid oxidation products to acrylamide formation in model systems. *Journal of Agricultural and Food Chemistry*. 2008;56:6075-6080.

Zeng X. H, Cheng K. W, Du Y. G, Kong R, Lo C, Chu I. K, et al. Activities of hydrocolloids as inhibitors of acrylamide formation in model systems and fried potato strips. *Food Chemistry*. 2010;121:424-428.

Zhang Y, Chen J, Zhang X, Wu X, Zhang Y. Addition of antioxidant of bamboo leaves (AOB) effectively reduces acrylamide formation in potato crisps and french fries. *Journal of Agricultural and Food Chemistry*. 2007;55:523-528.

Zhu F, Cai Y. Z, Ke J, Corke H. Compositions of phenolic compounds, amino acids and reducing sugars in commercial potato varieties and their effects on acrylamide formation. *Journal of the Science of Food and Agriculture*. 2010;90:2254-2262.

Zhu F, Cai Y. Z, Ke J. X, Corke H. Evaluation of the effect of plant extracts and phenolic compounds on reduction of acrylamide in an asparagine/glucose model system by RP-HPLC-DAD. *Journal of the Science of Food and Agriculture*. 2009;89:1674-1681.

Zyzak D. V, Sanders R. A, Stojanovic M, Tallmadge D. H, Eberhart B. L, Ewald D. K, et al. Acrylamide formation mechanism in heated foods. *Journal of Agricultural and Food Chemistry*. 2003;51:4782-4787.

19 评估马铃薯及其相关产品质量的先进分析技术

Carmen Jarén, Ainara López, Silvia Arazuri

Department of Agricultural Projects and Engineering,

Universidad Pública de Navarra, Pamplona, Navarra, Spain

19.1 引言

马铃薯（*Solanum tuberosum* L.）被认为是世界上主要的食品之一。据联合国粮农组织（FAO，2013）统计，2013 年，其产量超过 3.68 亿 t，此外，还是当今世界许多国家的主要作物（Alva et al.，2011）。

收获的新鲜马铃薯块茎约含有 80%的水分和 20%的干物质。大约 60%～80%的干物质是淀粉，这种淀粉是一种主要提供能量的碳水化合物。在干重的基础上，马铃薯的蛋白质含量与谷类相似，与其他根和块茎作物相比，马铃薯的蛋白质含量非常高。马铃薯块茎还富含钙、钾和维生素 C，并且具有稳定的氨基酸模式。

马铃薯是一种在全世界广受欢迎的多用途食品，其生产和供应方式多种多样：煮、油炸、脱水或作为工业加工食品的原料。由于马铃薯产品在全球范围内消费量很大，因此食品行业面临着很大的挑战，需要满足当前消费者和全球标准对优质产品的需求。为了迎接这一挑战，马铃薯产业越来越依赖于先进的、可持续的生产技术来确保马铃薯产品的质量。相关技术领域的发展，如计算机、光学设备和微型化设备，加上价格的大幅下降，使实际生产的改进成为可能。

在本章中，详细介绍了评估马铃薯和马铃薯产品的质量的先进分析技术。

19.2 分析技术

19.2.1 干物质和相对密度

干物质（dry matter，DM）约占马铃薯块茎的 20%。有学者认为，DM 是适用于测定马铃薯品质的指标。

通常用来估算马铃薯块茎 DM 的方法是间接地通过计算特定的相对密度（Storey et al.，1992）。SG 是确定 DM 的一种最常用的方法，因为这两个参数是高度相关的（Wilson et al.，1969）。有学者认为，由于相对密度直接关系到烹饪马铃薯块茎的质量，因此它可以用来直接测定马铃薯的品质特性（Bewell，1937；Clark et al.，1940；Smith et al.，1940）。相对密度可使用式（19.1）计算：

$$\text{相对密度}=\text{空气中的质量}/(\text{空气中的质量}-\text{水中的质量}) \tag{19.1}$$

在该方法中，样品悬浮在重量传感器上，首先在空气中称量，然后浸泡在水中称量。在这些测量之后，DM 可使用式（19.2）计算（Lunden，1956）：

$$DM=215.73\,(SG-0.9825) \tag{19.2}$$

液体密度计也是测定马铃薯中干物质含量的有效方法。然而，这种方法有一个缺点，需要将马铃薯块茎调整到特定的质量。然后，将已知质量的块茎放入一个装有液体密度计的篮子中，并悬浮在水中。水位越过的液体密度计刻度的那个值就是 DM 的测量值。

一些研究者阐述了一种基于计算机的测定马铃薯相对密度的方法（Tai et al., 1985）。这种方法被称为“grav-o-tater”，由于它能够评估整个马铃薯块茎的质量，显示出液体密度计使用的优势。

另一种测定马铃薯 DM 含量的方法是通过分析样品在冷冻干燥前后的质量差来实现的。为了完成样品的冷冻干燥，块茎应纵向切割，以获得不同组织的代表性样品。然后，样品必须放入冻干机中，如 Alpha d1-4（Christ，Osterode，Germany），在-50℃ 和 0 atm 的冷冻干燥机直到获得 250g FW。最后，当样品的水分全部流失时，用液氮研磨成粉末状，-20℃ 贮存用于接下来的分析（López et al., 2013b）。

在过去的几年里，由于需要一种无损检测技术来测定马铃薯中的 DM 含量，因此使用近红外光谱（near-infrared，NIR）技术进行了大量的研究。一些学者利用近红外光谱技术对马铃薯块茎（Haase，2003；Hartmann et al., 1998；Helgerud et al., 2012）和马铃薯薯片（Pedreschi et al., 2010）中的 DM 含量进行了测试。

19.2.2 淀粉

淀粉是马铃薯中主要的碳水化合物，约占马铃薯块茎干物质的 60%～80%（Anon，2008）。淀粉在人类营养中起着重要作用，因为它能够提供很高的能量（Woolfe et al., 1987）。它主要由两种葡萄糖聚合物组成：一种为直链淀粉——一种线性组分，另一种为支链淀粉——一种高度分支的组分（Ellis et al., 1998）。根据淀粉在体外消化的速率，淀粉可分为 3 类：快速消化淀粉（RDS）、慢速消化淀粉（SDS）和抗性淀粉（RS）（Rosin et al., 2002）。RDS 在摄入后会引起血糖水平增加，SDS 在小肠内消化较慢，而 RS 在小肠内不能被消化，而是在大肠中发酵。有研究表明，SDS 和 RS 对人类健康具有重要意义（Englyst et al., 1992；Lehmann et al., 2007）。因此，研究马铃薯淀粉的物理化学性质和结构特性以及直链淀粉/支链淀粉的比值对淀粉回生的影响（Sievert et al., 1989），对马铃薯及马铃薯产品的质量控制具有重要意义。

为了研究其结构和性质，必须从马铃薯中提取淀粉。马铃薯淀粉的分离方法是先用蒸馏水浸泡马铃薯，然后在离心式果汁机中粉碎，再通过离心或过滤得到（Liu et al., 2002）。直链淀粉的含量可以用多种方法测定。有学者采用比色法通过蓝值测定直链淀粉的含量（Morrison et al., 1983），蓝值定义为 10mg 无水淀粉在 100mL 的 I_2-KI 稀溶液中于 635nm 波长处的吸光度。直链淀粉百分比根据式（19.3）计算。

$$\text{直链淀粉}(\%) = (28.414 \times \text{蓝值}) - 6.218 \tag{19.3}$$

其他方法包括差示扫描量热法（DSC）和空间排阻色谱法（SEC）（Colonna et al.,

1984）。对于支链淀粉，通常采用两种技术来检测多糖的链长和分布：SEC 和高效离子交换色谱配合脉冲安培检测器使用。

2012 年，Lu 等研究了直链淀粉和磷对马铃薯淀粉凝胶特性和淀粉体外消化率的协同作用。这些研究者选择了直链淀粉和磷含量不同的马铃薯淀粉。马铃薯块茎在 20mmol/L 亚硫酸氢钠和 10mmol/L 柠檬酸的蒸馏水中浸泡 2h，用离心式果汁机粉碎，收集淀粉乳。将淀粉乳静置 30min 后，淀粉乳沉淀下去，倾去上清液，将淀粉沉淀用蒸馏水重新悬浮。淀粉颗粒经真空过滤来收集，常温干燥。然后用密封塑料袋包装淀粉，室温保存。根据 1970 年 Williams 等的方法，用碘比色法测定淀粉的直链淀粉含量，用 Varia Vista Pro ICP-OES（inductively coupled plasma-optical emission spectrometer; Mississauga, ON, Canada）来测定总磷含量。利用差示扫描量热仪（2920 Modulated DSC, TA Instruments, New Castle, DE, USA）对淀粉的糊化和回生进行了热分析。用配备了热电冷却氘化三甘氨酸硫酸盐（DTGS）检测器，扫描的分辨率为 $4cm^{-1}\times128$ 的 Digilab FTS 7000 的光谱仪（Digilab USA, R&olph, MA, USA）分析了马铃薯淀粉和干凝胶粉的红外光谱。

研究发现，马铃薯淀粉中磷和直链淀粉含量与马铃薯淀粉及其浓缩淀粉凝胶的流变学、热学、结构和营养特性密切相关。在直链淀粉含量较高的情况下，马铃薯淀粉中较高的磷含量促进了淀粉回生过程中支链淀粉的重结晶。磷含量与原淀粉中 RS 含量及淀粉凝胶中 SDS 含量呈正相关。另一方面，直链淀粉含量的增加对马铃薯淀粉凝胶化及 RS、RDS 和 SDS 组分的影响小于磷。

最近，Schimer 等（2013）为了表征和比较谷物和马铃薯块茎中淀粉的形态和物理化学性质开展了一项研究。他们研究了直链淀粉/支链淀粉（AM/AP）含量对各种淀粉特性的影响。Tester 等（2014）的研究结果表明普通淀粉含有大约 70%~80%的 AP 和 20%~30%的 AM，蜡状淀粉的 AM 低于 10%，高-AM 淀粉的 AM 含量超过 40%。这一项研究他们采用的是 Megazyme 试剂盒（Megazyme International Ireland Ltd）测定 AM 和 AP 的含量。该方法是基于 AP-伴刀豆球蛋白 A 复合物的特殊形成和沉淀，该复合物在样品溶解 RS 和去除脂类和游离 D-葡萄糖之后形成的。淀粉样品的糊化特性利用快速黏度计（Newport Scientific Pty Ltd, Warriewood, Australia）来测定。最后，用 DSC 分析了淀粉的热力学特性。结果表明，不同 AM/AP 含量的淀粉，其形态和物理化学性质存在显著性差异。蜡质淀粉具有较高的糊化温度和融化焓，表明其具有较高的结晶度和分子有序体。

19.2.3 蛋白质

马铃薯的蛋白质含量明显地低于 DM 和淀粉，仅为 FW 的 0.5%~2%（López et al., 2013a）。通常使用凯氏定氮仪（Kjeldahl method）测定蛋白质含量，凯氏定氮仪是测定粗蛋白（CP）的官方参考方法。凯氏定氮仪首先通过以下 3 个基本步骤来计算样品中的总氮含量。

①消化 这一步包括在有催化剂的硫酸中消化样品，这有助于将胺态氮转化为铵离子。

②蒸馏 从消化混合物中分离出氨（氮）。在该步骤中，经加热和蒸馏后，将铵离子转化成氨气。然后将氨气导入到捕集溶液中进行溶解，使其再次转变为铵离子。

③滴定 最后一步是用标准溶液滴定法测定氨的含量。

一旦计算出样品中的总氮，就可以使用式（19.4）确定 CP 含量：

$$CP(\%) = 氮(\%) \times 6.25 \quad (19.4)$$

其中，换算系数用于将氮的百分比转换为 CP 的百分比。由于大多数蛋白质通常含有16%的氮，因此使用的换算系数为6.25（100/16 = 6.5）。

一些作者使用了氮分析仪如 Thermoquest CE（NA2100 Protein，ThermoQuest Italia S.P.A.，Ann Arbor，MI，USA）来计算马铃薯干物质中的蛋白质含量（Chung et al.，2014；Lu et al.，2011）。

一些作者研究了用 NIRS 法测定马铃薯蛋白质含量的方法。他们意识到这是一项具有挑战性的任务，因为马铃薯中该化合物的含量较低，并且参考方法的测量误差很大（Fernández-Ahumada et al.，2006）。尽管如此，絮凝蛋白的预测已经完成（Brunt et al.，2010），并且有研究者发现粗蛋白和可回收蛋白的相关性较低（Brunt et al.，2010；Haase，2006）。

19.2.4 糖

马铃薯中的主要糖类是蔗糖、果糖和葡萄糖。它们在马铃薯块茎中以大约1%的低浓度存在（López et al.，2013a）。然而，糖在马铃薯加工过程中起主要作用，因为高含量的还原糖（果糖和葡萄糖）会导致块茎在油炸过程中发生褐变，这是消费者不想看到的特性（Mehrubeoglu et al.，1997）。此外，还原糖与天冬酰胺在高温下通过 Maillard 反应生成丙烯酰胺（Chen et al.，2010）。贮藏和降低温度会影响块茎中糖类积累的增加。

薯片生产中所要求的还原糖的含量的上限值尚不明确，但 2009 年 CIAA 推荐使用还原糖的含量应小于 3g/kg FW 的马铃薯品种。尽管如此，一些国家的薯片生产商对还原糖的可接受的上限值已降至 0.5g/kg（Foot et al.，2007）。

传统的马铃薯含糖量的分析方法一般采用高效液相色谱法（HPLC）。采用高效液相色谱法测定还原糖含量时，将新鲜的马铃薯块茎样品切碎或用搅拌机搅碎。混合液在 3000r/min 条件下离心 30min，加入蒸馏水按 1∶5 稀释，然后通过 0.45μm 孔径的微孔过滤膜过滤。过滤液用于接下来的糖分析。采用配备折射率检测器（Shimadzu，RID10A）的高效液相色谱装置（Shimadzu，SCL-10A VP）对马铃薯汁中的糖组成（果糖、葡萄糖、山梨醇、蔗糖）进行分析，10μL 样品混合物（10μL）在 40℃的 Shodex Asahipak NH2P-50 4A 柱上分离，洗脱液为乙腈/水（3∶1，*V/V*）溶液（Chen et al.，2010）。

正如之前对其他马铃薯成分的描述，一些研究者采用优于传统技术的一种无损检测的替代方法-NIRS 来其测定马铃薯中的糖含量。1997 年，Mehrubeoglu 和 Cote 通过近红外光谱准确预测近红外光谱法测定单个马铃薯片中的还原糖总量。后来，Scanlon 等（1999）进行的一项类似研究中，用近红外光谱法无法测定马铃薯样品中的糖含量。最近，陈等（2010）完成的一项研究，通过 NIRS 在 400~1100nm 波长范围内，对整个马铃薯的果糖和葡萄糖进行了测定，且得到了良好的相关系数。

19.2.5 丙烯酰胺

丙烯酰胺是一种被国际癌症研究机构（IARC，1994）列为可能的人类致癌的化合物。2002 年，公众对这种化合物的认识明显提高，因为许多油炸和烹饪产品中的这种化合物的存在逐渐地被报道出来了（Rufián-Henares et al.，2006）。在薯片和法式炸薯条（Amrein et al.，2003）中发现了较高浓度的丙烯酰胺。还原糖与天冬酰胺在温度高于 120℃时，发生美拉德反应的过程中形成了丙烯酰胺。

许多研究人员认为，食品中丙烯酰胺的含量不易检测（Jezussek et al.，2003），主要是因为其水溶性和反应活性高（Mottram et al.，2002）。在本文撰写时，测定食品中丙烯酰胺的可行性分析方法是基于高效液相色谱或气相色谱（GC）技术与质谱分析（MS）相结合（Ahn et al.，2002；Gertz et al.，2002；Roach et al.，2003；Rosén et al.，2002）的检测方法。

一些研究者报道了这些技术在时间消耗和执行难度方面的一些缺点（Fern&es et al.，2007），因此，他们在不断寻找其他替代方法来测定马铃薯制品中的丙烯酰胺。2007 年 Fernandes 和 Soares 提出了一种基于基质固相分散（matrix solid-phase dispersion，MSPD）的样品制备技术，用于测定薯片中的丙烯酰胺。首先，将 0.5g 之前研磨好的薯片样品、2g C18 吸附剂和 0.25μg 标准液（丙烯酰胺-$^{13}C_3$，纯度 99%）混合，直到样品在固体载体中被完全破坏和分散。然后，将样品填充到两个聚乙烯熔块之间的 MSPD 柱中，置于真空歧管中，并用 20mL 正己烷脱脂处理。然后应用真空抽吸干燥，用 4mL 水提取丙烯酸酰胺两次。所得提取物经溴化后，采用气相色谱-质谱联用技术（GC-MS）进行分析，并与液相萃取-GC-MS 技术进行了比较，得到了相似的结果。他们称这种新方法更简单，更容易实现。

其他研究者（Gökmen，2005）研究了一种使用 LC 耦合二极管阵列检测（diode array detection，DAD）测定低浓度下薯片和法式炸薯条中丙烯酰胺含量的方法。在该方法中，将薯片样品研磨，悬浮于 10mL 甲醇中，并摇匀。然后将悬浮液离心，得到上清液，并用 Carrez Ⅰ和Ⅱ溶液处理上清液来共萃取沉淀。将澄清的上清液置于 40℃的水浴中使其干燥。剩下的残渣溶解在水中。通过改变溶剂，将丙烯酰胺残渣完全溶解到水中。然后，进行固相萃取净化，将 1mL 提取物注入滤筒（1 滴/s）。最后，使用 20μL 最终溶液定量丙烯酰胺。通过配备 DAD 的高效液相色谱系统和 LC-MS 进行定量分析。有研究者报道称，用这种低成本的新技术取得了良好效果。

有作者则致力于通过添加氨基酸（Kim et al.，2005）、竹叶提取物的抗氧化剂（Zhang

et al. , 2007）或甘氨酸（Bråthen et al. , 2005）来降低薯片和法式炸薯条中的丙烯酰胺含量。出于同样的目的，Granda 和 Moreira 研究了真空油炸薯片时丙烯酰胺的形成，并与传统油炸方法进行了比较。当样品在真空下油炸时，丙烯酰胺含量降低了 94%（Granda et al. , 2005）。

19. 2. 6 酚类化合物和类胡萝卜素

类胡萝卜素是由类异戊二烯在质体中合成的亲脂化合物（DellaPenna et al. , 2006）。这些化合物因与人体的抗氧化活性有关而备受关注（Fraser et al. , 2004）。目前，马铃薯中存在的主要类胡萝卜素是叶黄素、玉米黄素、紫黄素和新叶黄素，以及微量的β-胡萝卜素（Brown，2008）。马铃薯，尤其是深颜色的马铃薯，是人类饮食中类胡萝卜素的重要来源（Lu et al. , 2001）。

酚类化合物也越来越受到人们的关注，主要是因为它们具有抗氧化活性，报道称抗氧化活性有利于人类健康（Manach et al. , 2004）。马铃薯中含有高浓度的这些化合物（Al Saikhan et al. , 1995）。不同品种马铃薯的酚类化合物含量差异很大。因此，红肉和紫肉品种的酚酸浓度是白肉品种的两倍（Ezekiel et al. , 2013）。

目前测定马铃薯中多酚的分析方法有气相-液相色谱法、薄层色谱法、高效液相色谱法（HPLC）和紫外可见分光光度法（Friedman，1997）。

在用这些方法进行分析之前，酚类化合物需要经过提取和纯化。根据 Voigt 和 Noske（1964）的方法，马铃薯中绿原酸的最佳提取分别是在甲醇、乙醇和丙酮中进行的。Tisza 等（1996）利用 GC-MS 方法，对冷冻干燥马铃薯样品中的绿原酸、柠檬酸、苹果酸和咖啡酸进行了测定，他们发现绿原酸的含量与紫外光谱检测到的值相关。后来，Kvasnička 等（2008）的研究采用 HPLC 和毛细管区带电泳（capillary zone electrophoresis，CZE）分离和测定马铃薯中 12 种酚酸含量。将 50g 马铃薯、150mL 甲醇与 0. 02%丁基羟基甲苯的混合物置于超声浴中 15min，并在 20℃下冷却，然后加入甲醇溶液。滤液经 HPLC 和 CZE 分析。CZE 是在流体动力开放系统中使用 365mm 熔融石英毛细管进行的。HPLC 是使用 Eclipse XBD C8 柱（150mm×4. 6mm，3. 5μm，Agilent Technologies，Santa Clara，CA，USA）在 30℃下进行色谱分析。这两种方法得出的结果相似，研究指出，CZE 比 HPLC 消耗的水基电解液更少，运行成本也更低。

Im 等（2008）通过高效液相色谱和液相色谱-质谱联用技术分析了在家栽种的马铃薯中植物花、茎和块茎中的酚类物质含量，HPLC 分析用配备紫外可见检测器（SPD-10Avp，Kyoto，Japan）的日立 665-Ⅱ型液相色谱仪完成，检测器设置在 280nm 和 340nm。LC-MS 分析用离子阱质谱仪（LCQ，Thermo Fisher Scientific，Waltham，MA，USA）进行，该光谱仪配备有与 DAD 相连的 HPLC 系统。作者测定了马铃薯植物花、叶和块茎中酚类化合物的含量和分布。

2008 年，Barba 等研究了不同烘焙处理（煮熟和微波）对马铃薯品种 Agria 中酚类标记物和色氨酸残留量的影响。采用高效液相色谱法和 DAD 对酚类化合物和色氨酸进行了定性和定量分析。烘焙处理包括将去皮和未去皮的块茎放入水中煮熟，以及在 300~1000W 范围内以不同功率微波加热。研究了辐射后样品的介电特性，以探讨微波处理在营养因子保存方面的可行性。根据该研究的结果，500W 的微波烘焙时间短、水分少、酚类物质损失少，是最佳的微波烘焙温度。对马铃薯介电特性的研究表明，水分在保持马铃薯的易损特征、避免热损伤和促进淀粉糊化方面起着至关重要的作用。

近红外光谱法测定水果和蔬菜中的酚类化合物已得到广泛的研究，而在马铃薯中的研究却很少。López 等（2014）研究了近红外光谱法预测马铃薯中总酚（TPHEN）含量。用一种适用于快蓝 BB 分光光度法的微尺度法测定 TPHEN（Lester et al.，2012；Medina，2011），以没食子酸作为标准。研究所涉及的样本范围包括黄肉、红肉和紫肉马铃薯。结果发现二者之间存在很高的相关性，这表明近红外光谱技术能够很好地预测马铃薯中 TPHEN 含量。

除酚类物质的含量之外，马铃薯类中胡萝卜素的含量也得到了广泛研究。Murniece 等（2014）进行了一项研究，以确定马铃薯 TPHEN 和类胡萝卜素含量与有机和传统种植的不同薯肉颜色之间的关系。用紫外分光光度计（Jenway 6705）分析类胡萝卜素在 440nm 处的紫外-可见分光光度值。Folin-Ciocalteu 分光光度法也可以用来测定 TPHEN，并进行了改进（Singleton et al.，1999）。样品的颜色是使用一个 Color Tec-PCM 设备（USA）进行测定的，至少在样品上 7 个不同位置进行了测定。他们发现 TPHEN 和类胡萝卜素含量与颜色之间存在相关性 L^*（$R>0.8$）。品种是影响 TPHEN 和类胡萝卜素含量变化的最主要因素。他们还研究了有机栽培和常规栽培的品种在贮藏前后的 TPHEN 和类胡萝卜素含量。他们发现，有机块茎和传统块茎以及各品种间，贮藏条件对类胡萝卜素含量都有显著影响。不同品种间和不同贮藏条件下，TPHEN 含量存在显著性差异。

19.3 质量评估

质量是满足人体外在和内心需求特性（产品、服务、加工流程、活动、系统、组织、人体）的总和（ISO 9000：2000《质量管理体系　基础和术语》）。

马铃薯的质量评估可以通过质地分析或感官评价来完成。马铃薯的结构特性是最重要的感官性质之一，也会影响其他性质，如外观和风味。颜色也被认为是一个重要的属性，因为它是消费者在评价许多产品质量时考虑的第一个特征。毫无疑问，当马铃薯呈现出的最佳质地和颜色时会使消费者对产品有更好的接受度。然而，在培训评定小组尽可能客观地评估食物的过程中，花费了大量的时间、费用和资源。另一方面，感官评价在确保质量方面被认为是一种低效的质地评价方法（Essex，1969；Ross et al.，2004；Ross et al.，1969）。这种情况促进了与马铃薯质地感官分析相关的经验力学试验的发展和广泛应用。多年来，各种仪器测试被用于研究和工业生产中评估马铃薯的质地。通常，对任何特定仪器或分析程序的选择取决于成本和组织内专业人员。

19.3.1 马铃薯质地

质地和外观、风味及营养一样，是食品的4个主要品质因素之一（Bourne，2002；Chen et al.，2013）。Bourne将食物的质地定义为一种食物的特性，即由食物的质构要素所产生的一些物理特性，主要通过触觉来感知，与食物在外力作用下的变形、分解和流动有关，并通过质量、时间和距离的函数客观地进行测量。马铃薯是人类饮食中最重要的食物之一，我们可以假设Bourne的这种定义对于马铃薯的质地及其产品是适用的。一般来说，质地是消费者对马铃薯质量感知的一个重要因素（García-Segovia et al.，2008）。

马铃薯的质地是由几个相互依赖的因素决定的。这些因素包括新鲜产品的遗传特性（Ducreux et al.，2008）、块茎组织的结构和生化特性、化学成分（干物质含量、SG、淀粉、AM、糖、蛋白质和总氮）以及农艺和贮藏条件（Kaur et al.，2002；Liu et al.，2009）。

马铃薯加工产品包括：餐桌薯块（31%）、冷冻薯条（30%）、薯片（12%）和脱水产品（12%）（Mir et al.，2006）。因此，马铃薯及加工产品（煮马铃薯、薯条、脱水的且干燥的淀粉）的质地一直是许多研究论文的研究主题，尽管研究目的各不相同。马铃薯质地的研究报道包括不同品种（Kaur et al.，2002）和栽培品种（Sadowska et al.，2008）、比较栽培技术、评估机械损伤（Singh et al.，2013）、管理瘀伤（Baritelle et al.，2001）、研究如何适应机械化收割（Geyer et al.，2009）、收获损伤（Bentini et al.，2006）、贮藏技术（Amaral et al.，2014；Kumar et al.，2007；Mahto et al.，2014、2015）、贮藏时间（Bentini et al.，2009）、几种高压处理后的马铃薯组织的贮藏（Luscher et al.，2005）、高压-低温处理过程（Nath et al.，2007；Urrutia-Benet et al.，2007）等。

薯条在质地各方面的特性是研究最多的产品之一。坚固性（Sundara et al.，2001）、不同油炸时间表面的断裂特性（Ross et al.，2004）、吸油率及其动力学特性（Pedreschi et al.，2005）、不同预处理方式和干燥温度对低压过热蒸汽干燥的影响（Pimpaporn et al.，2007）、干燥动力学（Leeratanarak et al.，2006）、以及油炸介质和温度对脂肪含量（Kita et al.，2007）的影响都进行了一些研究。

许多食品科学家、工程师和技术人员通过评估薯片的质地，来研究真空微波炉的效果（Song et al.，2007）、商业薯片类型对品质的影响（Salvador et al.，2009）、薯片的脆度（Srisawas et al.，2003；Taniwaki et al.，2012；Taniwaki et al.，2010）、各种加工条件的影响（Troncoso et al.，2009）、油炸红肉和紫肉马铃薯薯片如何影响酚类物质的稳定性，尤其是花青素，以及成品的抗氧化活性（Kita et al.，2015）。

关于煮马铃薯，Garcia-Segovia 等（2008）研究了各种热处理和压力蒸煮处理对马铃薯质地和蒸煮损失物质（cv. Monalisa）的影响。Alvarez 和 Canet（2002）通过水煮和压力蒸汽蒸煮，模拟了马铃薯组织的热软化动力学。Abu-Ghannam 和 Crowley（2006）研究了在95℃和100℃温度下加工前后烫漂温度对全新马铃薯块茎的影响。Chiavaro（2006）比较了不同烹饪方法对煮马铃薯的物理化学性质的影响，以评估在烹饪过程中各个步骤引入蒸汽的重要性，从而确定家庭和食品服务操作的最佳烹饪条件。

一些研究者进行了复水方法的研究（Rojo et al.，2008；Setiady et al.，2009），例如在高压、干燥处理后马铃薯产品的复水，以及新鲜马铃薯样品（Al-Khuseibi et al.，2005）和破碎处理后（Alvarez et al.，2012、2011；Fernández et al.，2009a、2009b、2006）马铃薯产品的复水及在干燥条件下马铃薯产品的复水（Bondaruk et al.，2007）。

评价质地的客观方法需要对食品中与质地相关的机械属性进行客观的基本工程定义（Mohsenin，1986）。这些基本的力学参数包括断裂应力（Rojo et al.，2008）和张力（Nath et al.，2007），屈服应力（Fernández et al.，2008），弹性系数（Thussu et al.，2012），泊松比（Baritelle et al.，2001）、应力松弛（Lebovka et al.，2005），摩擦系数（Bishop et al.，2012），还有断裂韧性。并且已经使用了各种方法，如单轴压缩（Alvarez et al.，2002；Bentini et al.，2009；Bondaruk et al.，2007；Luscher et al.，2005；Thybo et al.，2002；Urrutia-Benet et al.，2007），拉伸试验（Alvarez et al.，1998；Scanlon et al.，1995），渗透或穿刺试验（Anzaldúa-Morales et al.，1992；Kumar et al.，2007；Sadowska et al.，2008；Song et al.，2007），三点弯曲试验台（Moyano et al.，2007；Pedreschi et al.，2005；Pedreschi et al.，2007）、小变形试验（Scanlon et al.，1998）、冲击（Geyer et al.，2009），切割探针测试（图 19.1）（Jarén et al.，2004；Sanmartín，2003）、反挤压（Wischmann et al.，2007）和破裂试验（Salvador et al.，2009）。反挤压法已经应用于评价生马铃薯和处理过的马铃薯块茎的

（1）甲基丙烯酸酯切割探针　（2）质构分析仪执行切割测试　（3）切割测试结果

图 19.1　质构分析仪对马铃薯块茎的切割测试及切割测试结果

质地参数。其中，穿刺试验通常用于描述各种植物源性食品的结构特性，因为穿刺可以用一个小的穿孔机精确地对准块茎所需的测试点来进行。这些优点有利于穿刺法的使用（Sadowska et al.，2008）。其中，质地剖面分析最为突出，Alvarez 等（2002）对此也进行了广泛的研究。图 19.2 为一个质构分析仪进行于马铃薯压缩测试［图 19.2（1）］和压缩测试的结果［图 19.2（2）］。

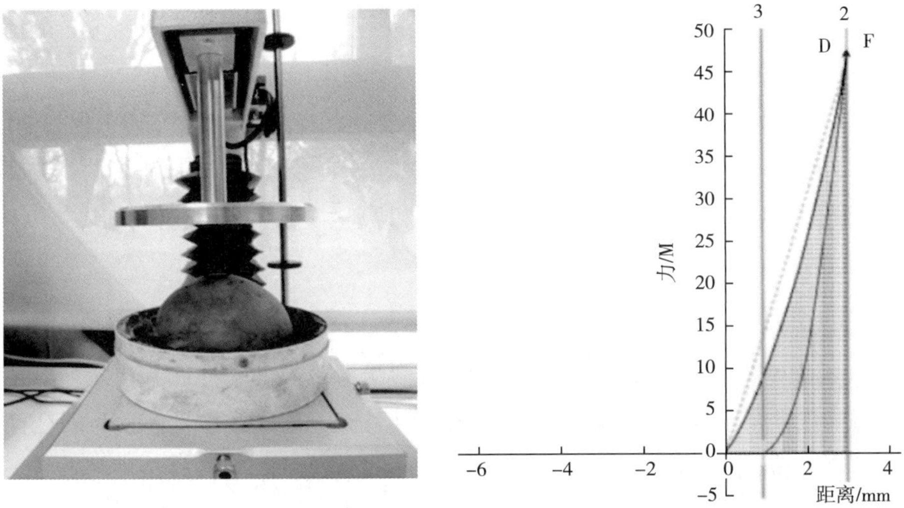

（1）质构分析仪执行压缩测试　　（2）压缩测试结果

图 19.2　质构分析仪执行对马铃薯块茎的压缩测试及压缩测试结果

机械设备在食品质地测量中仍占主导地位（Chen et al.，2013）。用于固体和半固体食品质地研究的仪器主要有 3 种：Stable Micro Systems Ltd. 的质构分析仪（TA）（Abu-Ghannam et al.，2006；Amaral et al.，2014；García-Segovia et al.，2008；Luscher et al.，2005；Pedreschi et al.，2005；Pimpaporn et al.，2007；Troncoso et al.，2009；Urrutia-Benet et al.，2007）、Lloyd 分析仪（Liu et al.，2007；Ross et al.，2004；Zdunek et al.，2006）和 Instron Ltd 测试机（Alvarez et al.，2002；Kita et al.，2015、2007；Leeratanarak et al.，2006；Mahto et al.，2014；Sadowska et al.，2008；Singh et al.，2014）。在 TA 系列的模型中，TA-XT2i、TA-XT2 和 TA. XT Plus 似乎是食品质地研究中最受欢迎的。与 Instron 相比，TA 更侧重于食品质地的测量，方便用于学术和工业应用过程。然而，Instron 才是研究各种材料力学性能的通用专业仪器。现在，大多数研究人员将这些仪器与其他测量技术相结合，以便在实验中获取更多信息。例如，相关研究人员已经将 TA 与声学包络装置结合在一起（alvador et al.，2009；Sanz et al.，2007；Taniwaki et al.，2012；Taniwaki et al.，2010）。

19.3.2　感官评价

对煮熟的马铃薯的感官评价通常是由接受过培训和未接受过培训的评价员组成的小组

来完成的，基于马铃薯的外观、气味、味道和质地进行评价。根据实验测量不同的属性，包括黄度、反光度、表面硬度、硬度、粉性、黏性、湿度、马铃薯风味、异味和酸败度（Thybo et al.，2006）。这些属性通常通过定量分析来评价（Thybo et al.，1998）。

一些研究对去皮煮熟的马铃薯、雪花粉（Neilson et al.，2006）、深度油炸马铃薯（Anese et al.，2009）和薯片（Mestdagh et al.，2008）的感官特性进行了分析。Thybo 等研究了品种和贮藏对煮熟的马铃薯感官性质的影响。先将马铃薯在沸水中煮 20～25min，并在贮存 0 个月、1.5 个月、6 个月后由感官评价小组进行分析。结果表明，所分析的部分品种出现了表面硬化和不良风味，因此品种的选择是一个基本因素。

在一项比较有特色的研究中，Neilson 等对罐装脱水马铃薯薯片在室温下保存 30 年的感官质量进行了研究。从各种罐中收集样品，打开并重新包装，并在-18℃下贮存，直到进行感官分析。研究发现，80%的薯片初始感官质量维持了 16 年，然后显著下降。

19.3.3 颜色

根据 Kays（1999）的报道，食品的外观直接影响消费者的最终购买决定。颜色是一个至关重要的感官属性，因为它与消费者认为的产品的新鲜度、中意性、食品安全性和其他质量因素有关（McCaig，2002）。因此，在食品进入市场之前，对其颜色进行有效、客观的评价就显得尤为重要（Wu et al.，2013）。

对于马铃薯颜色的视觉检验，一般配以相应的参考图表，如美国农业部冷冻法式油炸马铃薯的颜色标准（Munsell Color Co.，Baltimore，MD，USA）和薯片颜色标准参考表（Snack Food Association）。

然而，也采用色度计和分光光度计来分析马铃薯的颜色，如美能达色度计（Minolta Corp.，Ramsey，NJ，USA）和亨特立色度计（HunterLab，Inc.，Reston，VA，USA）（Krokida et al.，2001）。这些测量方法简单、快速，不过色度计在测量前必须根据标准白色参考板进行校准（Oliveira et al.，2006）。即使这些系统提供了一个简单的测量颜色的方法，但它们有一些缺点（Balaban et al.，2006），因为它们只能测量马铃薯的一个微小的表面的颜色，对于不均匀的表面，必须进行多次测量。因此，许多研究者选择了比传统方法更可靠的计算机视觉系统作为马铃薯颜色的测量技术。

Scanlon 等（1994）利用计算机视觉来描述薯片的颜色。他们使用视频图像分析和软件来分析薯片特定区域的平均灰度值。他们研究了平均灰度等测量的颜色与两个色度计（Agtron 和 HunterLab）测量的颜色之间的相关性，得到了一个很好的值。Segnini（1999）开发了一个基于计算机的视频图像分析系统，用于在 $L^*a^*b^*$ 颜色空间中测量薯片的颜色。他们发现系统分离 L^*、a^* 或 b^* 的能力与人眼的能力有紧密的相关性。在另一项研究中，Segnini 也调查了先前开发的基于计算机的视频图像分析系统与感官分析相比测量商品薯片颜色的能力（Segnini et al.，1999b），并发现 L^* 与大多数感官颜色属性有很好的相关性，

a^*与“烧焦”也高度相关，而b^*与任何感官参数均无相关性。最近的一项研究，Pedreschi等（2011）研究了计算机视觉在商品薯片自动分类中的应用。11名评估员使用标准比色卡（Belgapom，Brussels，Belgium）将薯片分为7种颜色，同时用计算机视觉系统以L^*、a^*、b^*为单位对同一样品的颜色进行客观测量。在感官小组测量的颜色和计算机视觉系统测定的颜色之间观察到很高的相关性。

19.3.4 血糖指数

血糖指数（GI）是由Jenkins等（1981）首次提出的，用于对含碳水化合物的食物进行分类。GI根据含碳水化合物食物增加血糖水平的能力建立了一个等级（Hätönen et al.，2006）。血糖指数的定义：从试验食物中摄取50g碳水化合物后血糖曲线下面积与参照食物（白面包或葡萄糖）中摄入50g碳水化合物后血糖曲线下面积之间的商乘以100（Ludwig，2000）所得的值。联合国粮农组织和世界卫生组织为血糖指数的测量提供了建议（Anon，1998）。建议指出：可在进食后0min、15min、30min、45min、60min、90min和120min时分别测定毛细血管或静脉血样中血糖的含量，至少有6名受试者参加试验，并对每名受试者至少测量3次对标准食物的反应。

相关文献已经报道了各种马铃薯的GI值，然而，由于不同的品种、不同的烹饪方法的GI值不同，因此很难进行比较。总体来讲，与其他食物相比，马铃薯的GI值最高。

许多研究者进行了不同烹饪方法制作的马铃薯的GI值的研究。在所有的研究中，受试者在实验前都进行了一夜的禁食。Leeman等（2007）在两项研究中研究了马铃薯的血糖和饱腹特性。第1项研究是由13名健康受试者（9名男性和4名女性）随机组成，而14名受试者（6名男性和8名女性）参加了第2项研究。第1项研究包括4种能量等效的膳食（1000kJ），有煮马铃薯、法式炸薯条和土豆泥。第2项研究包括4种碳水化合物等效的膳食（50g的可用碳水化合物），有法式炸薯条、油炸和无油煎炸的马铃薯，并且以白面包作为参考。饱腹感是根据主观评定量级来测量的。在这两项研究中，分别在进食前20min、45min、70min、180min和进食后240min（仅在第一项研究中）进行毛细血管血样采集。结果显示，在同等能量的基础上，煮马铃薯比炸薯条更容易让人感受到饱腹性，而在同等碳水化合物的基础上，没有观察到这种差异。

一项类似的研究是为了测定北美地区经常食用的马铃薯的GI值。调查分为研究1和研究2。随机抽取4名男性和6名女性参与了“研究1”，11名男性和1名女性参与“研究2”。在研究1中，受试者食用了200g经过预煮、冷藏、再次煮熟或刚刚煮熟的Russet马铃薯。在研究2中，受试者食用了50g白面包或用两种不同的方法烹制的6种不同品种马铃薯。所有受试者在饭前和饭后每隔2h测量一次毛细血管血糖含量。研究者指出，马铃薯的血糖指数随品种和烹饪方法的不同而变化，血糖指数值最低的是进食冷的红色煮马铃薯。Russet品种的血糖指数处于中等水平（Fernandes et al.，2005）。

19.3.5 损伤

马铃薯收获过程中块茎受损是马铃薯品质和价值下降的重要原因之一，并增加了贮藏过程中马铃薯损伤和病害的发生率（Bentini et al.，2006）。从收获到包装，马铃薯沿着收割机和加工机器的生产链条以不同的速度移动。马铃薯会互相碰撞，碰到土块或者机器的机械部件。在这个过程中，势能和动能结合在一起，根据吸收或消耗的总能量，马铃薯或多或少都会受到损伤（van Kempen et al.，1999）。内部和外部两种类型的损害，通常都发生在收获时和之后处理马铃薯块茎的过程中（Baritelle et al.，2000），因此可以通过降低潜在的微生物感染的可能性来减少这些损伤以提高食品安全性。与这些损伤相关的马铃薯外观、修整和废弃处理等也可以通过减少损伤来解决（Baritelle et al.，2001）。

关于马铃薯品种特性或质量管理，如在收获和加工过程中，注意几个因素可以减少损害。马铃薯对损伤的敏感性与干物质、加工过程中的低温或低钾含量等因素有关。

Cárdenas 和 Lema（2006）指出，干物质含量超过 21%～22%会增加加工过程中内部变色的风险。van Canneyt 等（2004）以变色指数（I_D）评估了马铃薯对损伤的反应，得出结论：DM 含量与加工过程中马铃薯的 I_D 和温度呈正相关。Capurro 等（2004）发现由于贮藏温度不同，4 个品种之间存在差异。

钾肥对 DM 含量有很大的影响，能够降低其含量，从而降低对损伤的敏感性。这与 Baritelle 和 Hyde（2003）的研究结果一致，后者表明，相对密度较高的块茎对损伤更敏感，随着相对密度的增加，块茎抗擦伤能力和碰伤阈值就会降低。DM 含量与 SG 成正比（van Canneyt et al.，2004）。

除了栽培品种或种类特性以外，对收获机和采后加工流程的控制可能是通过降低块茎管理这些阶段产生的影响来减少损伤的一个重要因素。虽然这不是一项简单的工作，但在本文撰写之时，已有几位研究者对其进行了研究。电子产品是最有用的设备，随着评估产生损伤的关键点的目的而发展。电子产品记录通过处理系统的负荷和影响，并且在世界各地已经开发出几种类型的这种产品。最广泛使用的是美国的测量球（IS）（Techmark，Inc.，Lansing，MI，USA），它由安装在一个直径几厘米的塑料球模型上的一个三轴加速度器组成。一个为数据采集而设计的微处理器装置、一个内部计时器和一个可充电镍镉电池，提供了收集和分析最大加速度、速度变化（即加速度-时间曲线下的面积）和每个事件的时间的可能性。输出（加速度和速度变化）必须根据对实际产品造成的损伤来计算（Studman，2001）。该产品的最新款被称为 IRD 电子果实（Opara et al.，2014）。

Arazuri 等（2010）建立了一种评估番茄收获机的测试方法：将 IRD 安装在收获机上，并且与切割和提升系统相连，IRD 沿着番茄的种植路线运行，采收到的番茄输送到拖车里。采用这种方法，Salar（2009）分析了纳瓦拉地区（西班牙）4 种不同马铃薯收割机和两条马铃薯包装加工线。尽管收获过程中的所有操作都被记录了下来，但只是在 3 个区域都收集到了马铃薯样本的测量值：对照组（手工收获的马铃薯）、1 区（分离器后）和 2 区（料仓处)。最大加速度值是在 1 区中包含的各部件中获得的值，其中一台收割机的加速度值达到了 607.6m/s^2。记录到的碰撞造成约 50%的块茎在收获后受损，并从控制区到 2 区坚实度逐渐丧失。关于加工线方面，记录的碰撞呈现出了相似的数据。最关键的是筛分机，其最大碰撞水平为 605.6m/s^2。Bentini 等（2006）也进行了类似的试验，并获得了更高的加速度峰值。在这种情况下，研究了马铃薯收获机前进速度和土壤含水量对冲击强度的影响以及对块茎的损伤。在土壤湿润的条件下，由于较快的前进速度，加快了土壤在机器里的流动速度，降低了碰撞强度和损伤程度。在干燥的土壤中收割时，会导致更大的碰撞强度和对块茎的损害。

除了 IRD，还有其他电子果实产品，如 PTR-200 和 Smart Spud。PTR-200 或数字马铃薯，是由 SM Engineering 公司（Denmark）制造，由测量系统、发送单元（传感器）和接收器组成。该传感器为一个细长的半椭球形，尺寸为 53mm×53mm×83mm，相当于圆柱体连接的两个相等的半球。与 IS 的球形相比，PTR-200 的加长半椭球形状可被看作是在实际测量条件下传感器动态性能的改进（van Canneyt et al.，2003）。在 Smart Spud（Sensor Wireless，Canada）中，制造商提供了选择不同的聚氨酯外壳，传感器嵌入其中，用于测量冲击加速度。这种电子产品由用户可更换的锂电池供电。数据测量可以在随手可携带的无线计算机上进行监控（Jarén et al.，2008；Praeger et al.，2013）。

Salar（2009）比较了 IRD、PTR-200 和 Smart Spud 记录的撞击数据，得出结论为 IRD 和 Smart Spud 比 PTR-200 对低强度的碰撞更为敏感。但是，相对于其他产品的记录数据，PTR-200 记录的数据与实际损伤有更好的相关性。图 19.3 为所描述的 3 种类型的电子产品。

图 19.3 一个马铃薯块茎与三个电子果实对比（从左到右，分别为 IRD、PTR-200 和 Smart Spud）

从寻找形状类似于马铃薯块茎的设备的角度来看，TuberLog（ESYS GmbH，Berlin，Germany）可以是一种选择。它由三轴冲击加速度器嵌入一个 90mm 长的人造马铃薯形装置组成。与记录器的通信，以启动测量或数据读取，是通过 USB 无线蓝牙接口完成的。

目前，有研究集中在新型电子果实的开发上。Roa 等（2013）提出了一种新的解决方案，即无线仪器球（wireless instrument sphere，WIS）。该装置与一个实时分析软件相连，该软件能够获取、处理和可视化 WIS 的三轴加速度，从而能够实时识别和测量旋转、振动和碰撞。WIS 包括加速度传感器、微控制器、射频模块、电池和给电池充电的连接器，使用直径为 63mm 的球形模制外壳进行包装。与其他产品一样，得到的结果是加速度数据和碰撞次数。该设备的额外的价值在于安装和同步由软件控制的摄像机，以可视化元件和设备记录碰撞的模式。这为包装生产线的快速评估提供了可能。

随着预测马铃薯损伤的新型电子产品被开发出来，加速度测量单元（AMU）和 Mikras 可以被引用。这些设备放置到真实的果实中就可以运行了。因此，预期记录的碰撞比仿制产品获得的碰撞更真实。

Mikras 是一种小型的三轴加速度测量装置，它被植入到一个足够大小的真实农产品中。该装置包括一个可充电的镍氢电池、一个数据采集系统和一个三轴加速度传感器。部件被环氧树脂和陶瓷涂层包裹。测量后，存储的数据（加速过程和碰撞峰值）通过 PC-USB 适配器传输（Praeger et al.，2013）。Praeger 等（2013）进行的研究中，真实马铃薯中的 Mikras 单元测量的峰值加速度值远低于 IRD 和 TuberLog 的测量的峰值加速度值，这是由材料的质地不同造成的。AMU 是另一种小型三轴加速度测量装置。AMU 的尺寸为 42mm×13mm×13mm，质量为 15g。该装置包括一个充电电池作为电源、一个三轴加速传感器、一个数据处理器和一个无线数据发射器。所有部件均采用环氧树脂浇铸而成以确保防水和防酸性。对两个马铃薯品种的研究表明，AMU 能够检测出组织特性的具体差异，紧密地反映了用跌落模拟装置测量碰撞力的结果（Geyer et al.，2009）。

此外，马铃薯损伤的另一个损伤源，即块茎在收获机散装或贮存过程中承受的压缩力。为了检测它们，已经开发了第二种类型的仪器。它们的优点是可以同时测量碰撞和压缩。PMS-60 就是其中之一。PMS-60 是由 ATB Bornim（Potsdam，Germany）制造的压力或受力测量装置，能够测量超过预设阈值的静态和动态负载。外层是 4mm 厚的橡胶皮，内部 42mm 直径的电子装置是由 16 个锥形钢弹簧连接的，内外球之间的空间里充满了硅油，内球包含了所有的电子部件，油将外部压力载荷传递给内置电子压力传感器（Shahbazi et al.，2011）。Müller（Müller et al.，2009、2012）等开发了一种低成本的压电式换能器。它能够量化所有的压缩力，包括散装产品运输中的错位所产生的力。这个装置由 6 个传感器组成，每个半球有 3 个传感器，每个坐标传感器是完全耦合的。这种安排允许对每一对传感器进行单独的监测，因而在一定程度上存在检测偏差。

有很多方法可以用来评估马铃薯从田间到市场所经历的所有过程（收获机、包装线、贮存）。只有充分利用它们，才能尽可能地减少巨大的经济损失，提高马铃薯的质量。

19.4 先进的技术

19.4.1 显微镜分析

显微镜技术常用于研究马铃薯淀粉的结构和形态。马铃薯淀粉颗粒通常较大，在 30~50μm（Šimková et al.，2013）与其他淀粉相比，具有均匀的圆形形状（Park et al.，2011）。在过去的几年里，先进的显微镜技术如扫描电子显微镜（scanning electron microscopy，SEM）、原子力显微镜（atomic force microscopy，AFM）和透射电子显微镜（transmission electron microscopy，TEM）被用于淀粉观测。扫描电子显微镜和原子力显微镜能够获得外部结构，而内部结构则需要使用高分辨率的电子显微镜（Gallant et al.，1997）。

Park 等（2011）研究并比较了 AFM 在不同湿度条件下在玉米淀粉和马铃薯淀粉中的应用。AFM 成像是在 Agilent 5500 AFM 中使用轻敲模式完成的。通过在箱底放置温水来改变环境条件；所要求的碘是通过在试验箱底部放置一个装有碘晶体（2g）的托盘，放在装有水的盘子旁边；在移除水和碘盘时通过在底部放置一个装有 10g 的干燥剂来脱水；最后用水盘代替干燥板实现再湿化。研究表明，马铃薯淀粉颗粒比玉米淀粉颗粒分布更均匀。此外，当淀粉在潮湿环境下暴露于碘蒸汽中，可以观察到颗粒状淀粉表面的毛发状结构。他们认为这项研究显示了 AFM 在鉴定淀粉颗粒形态方面的优势。同年，Alvani 等（2011）发表了一篇用 SEM、核磁共振波谱法（nuclear magnetic resonance spectroscopy，NMR）、高性能 SEC 等多种方法测定马铃薯淀粉理化性质的研究报告。从 10 个马铃薯品种的鲜薯中提取淀粉，并在分析前进行纯化，用 SEM（Zeiss EVO 50，Peabody，MA，USA）对淀粉样品的结构表面特征进行了观察。作者发现，在相同条件下生长的不同品种之间，淀粉的理化性质并没有发生预期的变化。

19.4.2 X-射线分析和 DSC

X 射线衍射仪（XRD）是一种 X 射线分析方法，用于研究淀粉的物理化学性质（Dündar et al.，2009）。马铃薯淀粉结晶区的 AP 分子，可以通过包括 X-射线在内的各种技术进行分析。半结晶的淀粉颗粒不溶于冷水（Steeneken et al.，2009）。然而，水浴加热会引起颗粒结构的破坏，称为糊化或熔化（Parker et al.，2001）。水分含量低时发生熔化（Steeneken et al.，2009）。在温度高于 130℃ 时，整个分子溶解，这将导致显著的分子降解（Hanselmann et al.，1996）。通常用差示扫描量热法（DSC）研究熔化转变的温度范围。

许多研究者用 X-射线、广角 X-射线散射、小角 X-射线散射，以及 DSC 等方法研究了马铃薯淀粉在不同温度和压力下的变化。

Liu 等（2008）利用 XRD 和 DSC 研究了高压对马铃薯淀粉某些理化性质的影响。淀粉样品经受 3 种类型的高压：第一种用 10～12t 的质量将 0.5g 的淀粉样品压制 5min～2h；第二种用 13～15t 的质量压制 24h；第三种在真空下将 2g 淀粉用 1500MPa 的压力压制 24h。用差示扫描量热仪（Mettler-Toledo DSC822^{e}，Switzerland）进行了 DSC 测量。称取 5mg 淀粉样品，与 20μL 蒸馏水混合，在盘中放置 2h。之后，将样品盘从 30℃加热至 110℃，直到淀粉完全糊化。用衍射仪（Siemens D5005）完成了 XRD 测量。样品从 5℃升温到 40℃，每隔 0.02℃进行扫描。根据 DSC 结果，高压后淀粉的糊化温度降低了 3.3～6.6℃。另一方面，天然淀粉和高压处理淀粉的 X-射线衍射图谱是相似的。

随后，Han 等（2009）利用 XRD 和 DSC 研究了脉冲电场（PEF）处理对淀粉理化性质的影响。对于 PEF 处理，马铃薯淀粉悬浮液受到 30、40、50 kV/cm 的电压。XRD 分析在 D/Max 2200 X 射线衍射仪（Tokyo，Japan）上进行，DSC 采用 PerkinElmer DSC－7（PerkinElmer Corp.，Norwalk，CT，USA）。X-射线衍射图显示，在 50kV/cm 的 PEF 后，晶体线结构消失。DSC 分析表明，随着 PEF 处理的增加，糊化温度降低。

Carlstedt 等（2014）利用 X-射线散射和 DSC 研究了酸水解马铃薯淀粉的水合作用，并首次建立了酸水解淀粉水的第一相图。

19.4.3 核磁共振

核磁共振（nuclear magnetic resonance，NMR）是一种基于某些原子核磁性的光谱技术。作为一种研究食品结构和成分的实用工具，核磁共振已进入了食品工业（Spyros et al.，2009）。强磁场磁体和探针设计的先进性，促进了这项技术在食品科学中的应用。用于食品研究的主要有 3 个核子，即^{1}H、^{13}C 和^{31}P。低场强^{1}H 核磁共振弛豫和高场强磁共振成像（magnetic resonance imaging，MRI）已显示出其评估食品质量特性的潜力（Thybo et al.，2000）。核磁共振舒张是一种无创、快速测定食品中水分布的方法（Cornillon，1998；McCarthy，1994）。由于食品中的水分分布与质地特性直接相关，低场强核磁共振弛豫已被证明与许多食品的质地高度相关，如大米（Ruan et al.，1997）、面包（Seow et al.，1996）和鱼类（Steen et al.，1997）等。此外，磁共振成像技术在测定水分特性方面显示出了巨大的潜力，并已成功应用于果蔬内部结构的研究（Clark et al.，1997；Létal et al.，2003）。

关于马铃薯，Thybo 等（2000）利用低场强脉冲^{1}H NMR（LF-NMR）等不同光谱技术预测了 24 个熟马铃薯样品的感官质地。NMR 的测量是在 Maran 台式脉冲^{1}HNMR 分析仪（Resonance Instruments，Witney，UK）上进行的，测量了水质子的横向弛豫时间（T_2）。马铃薯样品在 35℃（磁铁温度）下被随机测量。在所研究的技术中，LF-NMR 能最好地预测熟马铃薯的感官质地。后来，在一项类似的研究中，Thygesen 等（2001）研究了熟马铃薯的 LF-NMR、化学成分和感官品质之间的相关性。他们发现，与化学方法相比，LF-NMR 能更好地描述黏性和弹性。2003 年，Thybo 等利用 LF-NMR 和 MRI 技术预测了马铃薯干物质含量，对 4 个马铃薯品种进行了分析。马铃薯图像由 7.0 t SISCO 扫描仪采集（SIS-300/

183, Varian)，用上述分析仪进行 LF-NMR 测量。DM 含量以冻干前后的重量差为标准。发现 LF-NMR 与 DM 含量存在相关性，而整个马铃薯的 DM 含量与 MRI 没有相关性。然而，在 2004 年，同一作者（Thybo et al.，2004b）研究了 MRI 在预测马铃薯感官品质中的应用，取得了令人满意的结果。他们发现，虽然硬度和黏性的预测具有较高的精确度，但湿度的预测并不精准，他们无法估计出粉性和颗粒状等属性。

MRI 也被用来研究马铃薯的内部损伤。Thybo 等（2004a）的一项研究，首次将 MRI 应用于鉴别 Saturna 马铃薯的内部瘀伤和 Estima 马铃薯的损伤症状。根据所得结果，MRI 能够准确地检测出这些品种马铃薯内部不可见的瘀伤和损伤症状。

19.4.4 近红外光谱分析

近红外光谱（near-infrared spectroscopy，NIRS）是一种广泛用于食品质量评价的无创技术（Osborne et al.，1993）。NIR 辐射覆盖的电磁光谱范围在 780~2500nm，即覆盖可见光和中红外之间（midinfrared，MIR）的区域。它用于研究电磁辐射与各种材料之间的相互作用。近红外光谱包括用近红外辐射照射样品并测量其反射或透射的辐射。当光谱的近红外区的辐射直接照射到样品上时，入射的辐射可以反射、吸收或透射，从而根据样品的特征的化学成分和物理参数产生一个近红外光谱（Nicolaï et al.，2007）。NIR 的特征是重叠的吸收带主要对应的泛音和振动模式的组合，涉及 C—H、O—H、N—H 和 S—H 化学键（Osborne，2000）。水果和蔬菜的近红外光谱以水吸收带为主（Palmer et al.，1974），这主要是因为水占这些产品的 80%~90%（Gómez et al.，2006）。图 19.4 为生马铃薯样品典型的反射光谱。为了从近红外光谱中提取信息，需要先进的多元统计技术（Nicolaï et al.，2007）来开发校准方程，将光谱数据与通过标准破坏性实验室方法测量的质量参数联系起来（Peiris et al.，1999）。

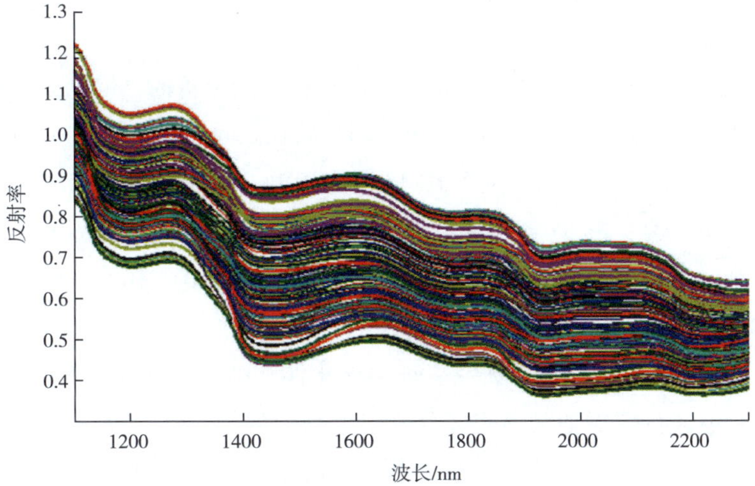

图 19.4 生马铃薯样品典型的反射光谱

近红外光谱在农业上的首次应用是在20世纪60年代完成的（Norris，1964），用于测量谷物中的水分含量。从那时起，近红外光谱用于评估各种农产品和食品中的化合物（主要是水分、蛋白质和脂肪）的应用明显增加（Davies et al.，1987；Gunasekaran et al.，2000；Nicolaï et al.，2007）。其他近红外光谱应用包括内部损伤测定（Clark et al.，2003），产品最佳收获日期预估（Jarén et al.，2006），确定产品来源（Vitale et al.，2013）和感官特性（Mehinagic et al.，2004）。近红外光谱应用于采后分析；然而，这项技术很快表示出其在线应用的潜力，因此许多生产者正在使用该技术来测量各种品质特性（Nicolaï et al.，2007）。

近红外光谱分析在不需要或很少准备样品的情况下（Niemöller et al.，2008），展示了以快速、清洁、无损和环保的方式分析样品的潜力（Jarén et al.，2001）。

近红外光谱的潜力进一步扩大，包括使用多光谱和高光谱成像系统，这些系统具有包括空间信息和光谱数据在内的优点（Lu，2003；Martinsen et al.，1998）。

近红外光谱在马铃薯上的应用始于20世纪80年代，现已广泛应用于主要和次要成分的评估、损伤评估以及其他特性的评估（López et al.，2013a）。McDermott（1988）首次成功地应用该方法准确地预测薯片中的水分含量，之后进行了类似的研究。例如，Shiroma和Rodriguez Saona（2009）采用NIR和MIR光谱技术预测市售薯片脂肪和水分含量。样品水分采用失重法测定，脂肪含量的测定采用索氏法测定。样品在分析前磨碎。在Excalibur 3500傅立叶变换红外光谱仪（Varian）上进行NIR测量，该光谱仪配有石英分束器和硒化铅探测器，所有读数的分辨率为8cm^{-1}。在1000~2500nm范围内收集光谱。对于MIR测量，利用带有Varian 3100 FT-IR Excalibur系列光谱仪（Varian）和溴化钾分束器的DTGS探测器在4 cm^{-1}分辨率下操作。在2500~14000nm的频率范围内收集光谱。对光谱数据进行偏最小二乘回归分析，建立校正模型。获得的水分相关系数R>0.97，在NIR和MIR技术中，交叉验证的标准误差（SECV）均小于0.3%。NIR和MIR的脂肪预测模型的R>0.96，SECV<1.60。尽管这两种方法都表现出很好的性能，但研究者声称，NIR可以更快地制备样品，并且更容易操作。

尽管大多数NIR在马铃薯上的应用都是用来进行定量分析的，但也有一些研究者则专注于其他不同的应用，如研究NIR与熟马铃薯质地特征之间的相关性（Boeriu et al.，1998；Van Dijk et al.，2002）。Boeriu等研究了煮马铃薯的NIRS与质地特征的相关性。在贮藏后的1个月、3个月、6个月，由16名训练有素的评判员对87份马铃薯样品的质地进行了感官评价，并在每个时期使用Bran + Luebbe InfraAlyzer500在1100~2500nm光谱范围内扫描样品。建立了基于偏最小二乘法的定量模型。结果表明湿度（R=0.91）和粉性（R=0.89）的相关系数较高。根据所得结果，研究者证实NIR能够准确地评价煮马铃薯的质地特征。Van Dijk等后来也进行了类似的研究，分析了煮马铃薯中DM含量、感官感知的质地与NIRS之间的关系，并用该方法评估了使用不同方式烹饪处理的81个马铃薯块茎样品。感官质地分析由16名训练有素的评判员组成。他们得到了所有研究属性的0.82以上的相关性，这些属性包括硬度、坚实度、颗粒度、粉形、湿度和蜡质。

如前所述，近红外光谱目前已被广泛应用，如 Jeong 等（2008）研究了马铃薯块茎的发芽能力与 NIRS 之间的相关性。以 380 个马铃薯块茎为实验材料，分为 4 组：两组连续两年收获的同一品种（优等），另一组为其他品种（Atlantic），最后一组包含所有的样本。NIR 光谱在 400~2500nm 波长范围内（包括可见光区域）以反射模式测量。对数据进行一阶导数、标准正态变量和去趋势预处理。采用改进的偏最小二乘法对相关数据与发芽率进行回归分析。交叉验证和外部验证的决定系数（R^2）在 0.69~0.93，预测的 SECV 和标准预测误差（SEP）值在 0.40~0.68。根据所得结果，Jeong 等认为利用 NIRS 预测马铃薯块茎的发芽能力是可行的，且具有相当程度的准确性。

19.4.5 微波加热

微波加热是一种常用于烹饪食品的方法，而微波加热取决于材料的介电性能。介电性能是测量食物与电磁场相互作用的一种方法（Kuang et al.，1998；Seyhun et al.，2009）。介电性能用介电常数（ε'）和介电损耗因子（ε''）表示（Wang et al.，2011）。介电常数反映了材料存储电磁能的能力，而介电损耗因子则衡量了材料消耗电能作为热能的能力。根据一些研究者的说法，介电特性和由其产生的介电热会受到许多因素的影响，例如电磁波的频率、温度或食品中的水分和盐含量（Engelder et al.，1991；Galema，1997）。

一些研究报道了马铃薯及其制品的介电性能。Regier 等（2001）进行了一项研究，以测量土豆泥的介电性能随样品温度和制备程序的变化。使用干燥的半成品制备样品（producer：Naturamyl，joint stock company，Pohledsti Dvoraci，local producer Bohdalov，Czech Republic）。将 300g 干马铃薯粉与 800g 冷水和 1200g 沸水搅拌混合。在介电性能测试之前，采用了两种不同的制备方法。在第一种方法中，样品在混合后直接进行介电测量，而在第二种方法中，样品在 10kPa 的绝对压力下真空抽提 5min 后再进行测量。第一种方法的温度范围在 10~80℃，第二种方法的温度范围在 17.7~20.7℃。介电性能通过频率为 2.45 GHz 的开口同轴线反射探头，一种利用探针与接触样品组成的系统的复反射系数来测定其复介电常数的装置。研究发现，测定值 ε' 和 ε'' 都受制备的样品和温度的影响。后来，Guan 等（2004）研究了频率、湿度和含盐量等各种因素对土豆泥介质性能的影响。介电性能是使用一个类似于前面描述的探针来测量的，因为它不需要特定的样品形状，并且测量范围广。测量系统主要由一台射频分析仪组成，该分析仪配有校准工具箱（4291B，Agilent Technologies），介电探针套件（85070B，Hewlett Packard Corp.，Palo Alto，CA，USA）和油浴。该系统能够测量样品的介电特性的频率范围为 1~1800MHz，温度范围为 10~130℃。校准后，每个样品分别在温度为 20℃、40℃、60℃、80℃、100℃、120℃ 时，1~1800MHz 的 201 个离散频率下测量介电特性。在 27MHz、40MHz、433MHz、915MHz 时，建立了温度、湿度和含盐量因子的回归方程。发现 ε' 和 ε'' 均随频率增加而减小。此外，研究发现，水分含量对土豆泥的介电特性没有显著影响。在土豆泥中添加盐可以提高介电损耗因子。还研究了电磁能在土豆泥中的渗透深度，发现土豆泥中的电磁能随温度和频率的变化而降低，而对水分的依赖性较小。

Wang 等（2011）研究了温度和水分含量对土豆泥介电特性的影响，以及盐和蔗糖含量对介电特性和微波冷冻干燥（microwave freeze-drying，MFD）的影响。用实验室规模微波冷冻干燥机（YT2S-01，Nanjing Yatai Microwave Power Technology Research Institute，China）进行了研究。介电探针套件（Agilent 85070E）用于测量连接到网络分析仪（E5062A，Agilent Technologies）的马铃薯样品的介电特性。结果与以往的研究结果相似。土豆泥的介电性能受水分、含盐量、蔗糖含量和温度的影响。冷冻和非冷冻土豆泥的介电特性存在较大差异。未冻样品的 ε' 和 ε'' 值随水分含量的增加而减小，而冻结样品的 ε' 和 ε'' 值无明显变化，低温下添加盐和蔗糖则增加了 ε' 值和 ε'' 值。MFD 实验表明盐和蔗糖含量的增加使得干燥时间缩短。

19.4.6 成像系统

仪器视觉技术在食品工业领域中获得了广泛关注，进而扩大到在许多农产品和水果产品（Cubero et al.，2011）中的应用（Sun，2011）。这些系统能够基于形状、尺寸、质地和外部缺陷为农产品质量评价和分类提供有用的空间信息（Zheng et al.，2006）。然而，由于此类视觉系统通常基于红/绿/蓝（RGB）彩色摄像头，因此它们通常无法提供有关产品的内部组成信息（Lorente et al.，2012）。为了弥补这一不足，高光谱成像应运而生并且逐渐成为食品质量评估领域的一项新兴技术（Sun，2010）。

高光谱成像提供空间和光谱信息，比视觉技术提供更多信息和更可靠的产品特征描述（Elmasry et al.，2012b）。高光谱成像是一组单色图像，这些图像组合起来形成一个三维数据块，它可以提供所检测产品的物理和化学信息，如尺寸、颜色和质地，以及水分、脂肪和其他成分（Lawrence et al.，2003）。高光谱系统通常由 CCD（电荷耦合器件）或互补金属氧化物半导体相机和一个摄谱仪，以及照明装置和图像采集软件组成（Elmasry et al.，2012b）。摄谱仪是一种光学设备，它利用探测器上的棱镜（如照相机）将入射宽带光分散成不同波长的光。这种设备通常可以扫描整个视野内的物体信息及物体的每一条线（Lorente et al.，2012）。根据探测器的类型，在电磁光谱的紫外、近红外或红外区域可以获得高光谱图像（Elmasry et al.，2012b）。图 19.5 显示了由 Vis 近红外高光谱照相机（TXG14，Baumer，Germany）获得的马铃薯样品图像，其光学灵敏度为 400~1000nm。

在过去的几年里，RGB 相机和高光谱成像系统已成功地应用于许多马铃薯的研究中。

用分辨率为 1536×1024 的 Sony DSRL-A350K 彩色摄像机对生马铃薯中的瑕疵等缺陷进行了检测，准确率为 89.6%（Barnes et al.，2010）。在类似的研究中，Jin 等利用 CCD-Olympus 摄像机（C5060WZ）对 3 个马铃薯品种的缺陷进行了检测。他们获得了比先前研究

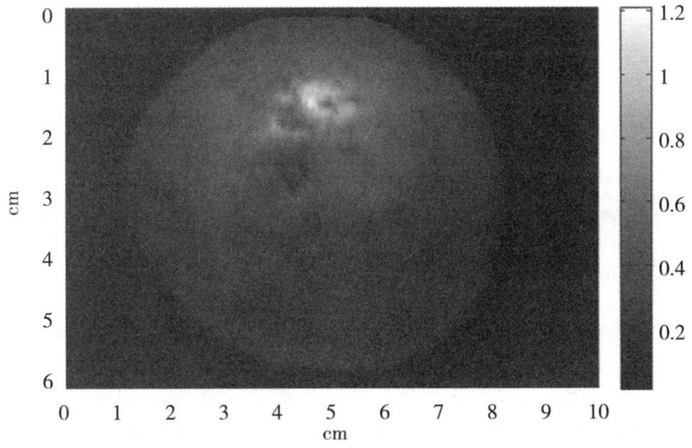

图 19.5 由 Vis 近红外高光谱照相机拍摄的马铃薯样品图像

更好的分类率，对缺陷的正确分类率达 90%以上（Jin et al.，2009）。最近，Razmjooy 等（2012）采用机器视觉系统和支持向量机（SVMs）作为分类技术，发现外部缺陷的正确分类率达到 95%。其他作者（Al-Mallahi et al.，2008）开发了一种机器视觉系统来区分马铃薯块茎和土块，取得了很好的效果，分类率超过 92%。Al-Mallahi 还开发了一种检测收割机上马铃薯块茎的系统。结果表明，块茎和土块的检出率均在 98%以上（Al-Mallahi et al.，2010）。有研究者关注于这种视觉系统的在线应用，用于检测不规则马铃薯。随着图像处理算法的发展，他们能够以 96%的整体准确率检测出不规则马铃薯（Elmasry et al.，2012a）。Noordamm 等（2005）开展了一项研究，比较了多光谱成像和 RGB 彩色成像对生的法式薯条中的缺陷和病害的识别。该系统由一台用于获取彩色图像的索尼 3-CCD 彩色摄像机和带有多光谱成像的 ImSpector V9 摄谱仪的一台单色 PMI-1400EC 摄像机组成。他们还研究了各种前处理对光谱数据的影响。SVM 分类器对多光谱图像具有最佳分类性能，k-近邻算法对 RGB 图像具有最佳分类性能。由于这类缺陷在彩色图像上是不可见的，因此只有通过多光谱图像才能成功检测出潜在的绿色缺陷。还有一些研究者已经使用计算机视觉来表征马铃薯的颜色。

高光谱成像技术在马铃薯病害识别中的应用也有很多学者研究。Dacal-Nieto（2011b）研究了红外区高光谱成像技术检测马铃薯内部疾病（空心病）的能力。利用 Xenics Xeva 1.7-320 相机与短波红外-近红外光谱仪（Specim ImSpector N17E）结合，获取 900～1700nm 光谱范围内的块茎原始图像。用高光谱成像系统对 Agria 品种的 234 个马铃薯块茎样品进行扫描，然后将块茎切开，检查是否存在空心病。尝试了 4 种分类算法，得出了相似的结果，正确分类的样本所占百分比超过 86%。使用 SVM 可获得最佳的分类效果（89.1%）。Dacal-Nieto 的一项类似研究中，研究了用高光谱成像检测普通痂病（Dacal-Nieto et al.，2011a）。采用与先前研究相同的高光谱系统，对 234 个不同程度疮痂病的生马铃薯块茎进行了扫描。采用 SVM 和随机森林分类器，两者都能实现对于分类样本非常高的准确性（>96%）。然而，在本研究中，SVM 表现较好，准确率为 97.1%。2013 年，对马铃薯损伤检测的透射和反射高光谱成像技术进行了对比研究（Gao et al.，2013）。通过高光谱系统的透射和反射性能，获得了 3 个方向（受损部位朝向摄像机的正面、背面和侧面）的马铃薯图像。通过透射信息获得的最佳分类性能，使受损部分面向正面和背面（100%），当块茎面向相机时，可以获得非常高的准确性（99.53%）。还有研究通过高光谱成像预测煮熟的马铃薯的最佳烹饪时间（Nguyen Do Trong et al.，2011）。高光谱成像装置主要由 ImSpector V10 光谱仪（Spectrum imaging Ltd，Oulu，Finl&）和单色 CCD 相机 KP-F120（Hitachi Denshi Ltd，UK）组成，波长范围为 400～1000nm。将样品煮熟 0min（生）、3min、6min、9min、12min、15min、18min、21min、24min、27min、30min，并扫描每个马铃薯的一半。采用偏最小二乘判别分析法对每个马铃薯的煮熟区和生鲜区进行了鉴别。应用图像处理技术对马铃薯的蒸煮前后进行检测，然后通过模拟蒸煮前后马铃薯品质随时间的变化，估算出马铃薯的最佳蒸煮时间

19.5 结论

本章重点介绍了目前用于马铃薯块茎和产品质量控制的各种技术。马铃薯产品有很多种形式，有煮熟的、捣碎的或油炸的，也一直是世界上许多国家或地区的主要食物来源。因此，在马铃薯生产线的每一步都要进行质量控制，以确保为消费者提供优质的产品。更好地了解马铃薯在处理和加工过程中发生的结构和物理变化，将有助于马铃薯供应商和制造商提供优质产品。此外，随着消费者对食品价值认识的不断增强，将促使食品工业寻求能够保证产品质量的技术。

现在，实现多个生产控制分析的自动化是有可能的，改进工艺、降低分析成本，提高产品质量，以符合质量标准和法规，并为客户提供满意的产品。研究表明，马铃薯质量控制的未来正朝着无损、相对便宜、易于使用的实时监测马铃薯品质参数的在线应用方向发展。这些技术已经显示出它们能够精确地满足对马铃薯的质量要求，这一点在过去几年进行的研究中得到了证实。

参考文献

Abu-Ghannam N，Crowley H. The effect of low temperature blanching on the texture of whole processed new potatoes. *Journal of Food Engineering*. 2006;74:335-344.

Ahn J，Castle L，Clarke D，Lloyd A，Philo M，Speck D. Verification of the findings of acrylamide in heated foods. *Food Additives & Contaminants*. 2002;19:1116-1124.

Al-Khuseibi M. K, Sablani S. S, Perera C. O. Comparison of water blanching and high hydrostatic pressure effects on drying kinetics and quality of potato. *Drying Technology*. 2005;23:2449-2461.

Al-Mallahi A, Kataoka T, Okamoto H. Discrimination between potato tubers and clods by detecting the significant wavebands. *Biosystems Engineering*. 2008;100:329-337.

Al-Mallahi A, Kataoka T, Okamoto H, Shibata Y. Detection of potato tubers using an ultraviolet imaging-based machine vision system. *Biosystems Engineering*. 2010;105:257-265.

Al Saikhan M, Howard L, Miller J. Antioxidant activity and total phenolics in different genotypes of potato (*Solanum tuberosum* L.). *Journal of Food Science*. 1995;60:341-343.

Alva A, Fan M, Qing C, Rosen C, Ren H. Improving nutrient-use efficiency in Chinese potato production: experiences from the United States. *Journal of Crop Improvement*. 2011;25:46-85.

Alvani K, Qi X, Tester R. F, Snape C. E. Physico-chemical properties of potato starches. *Food chemistry*. 2011;125:958-965.

Alvarez M, Canet W, López M. Influence of deformation rate and degree of compression on textural parameters of potato and apple tissues in texture profile analysis. *European Food Research and Technology*. 2002;215:13-20.

Alvarez M. D, Canet W. Rheological characterization of fresh and cooked potato tissues (cv. Monalisa). *Zeitschrift für Lebensmitteluntersuch ung und-Forschung A*. 1998;207:55-65.

Alvarez M. D, Canet W. A comparison of various rheological properties for modelling the kinetics of thermal softening of potato tissue (cv Monalisa) by water cooking and pressure steaming. *International Journal of Food Science & Technology*. 2002;37:41-55.

Alvarez M. D, Fernández C, Olivares M. D, Canet W. A rheological characterisation of mashed potatoes enriched with soy protein isolate. *Food Chemistry*. 2012;133:1274-1282.

Alvarez M. D, Fernández C, Solas M. T, Canet W. Viscoelasticity and microstructure of inulin-enriched mashed potatoes: influence of freezing and cryoprotectants. *Journal of Food Engineering*. 2011;102:66-76.

Amaral R. D. A, Benedetti B. C, Pujola M, Achaerandio I, BachelliM. L. B. Effect of ultrasound on quality of fresh-cut potatoes during refrigerated storage. *Food Engineering Reviews*. 2014:1-9.

Amrein T. M, Bachmann S, Noti A, Biedermann M, Barbosa M. F, Biedermann-Brem S, Grob K, Keiser A, Realini P, Escher F. Potential of acrylamide formation, sugars, and free asparagine in potatoes: a comparison of cultivars and farming systems. *Journal of Agricultural and Food Chemistry*. 2003;51:5556-5560.

Anese M, Bortolomeazzi R, Manzocco L, Manzano M, Giusto C, NicoliM. C. Effect of chemical and biological dipping on acrylamide formation and sensory properties in deep-fried potatoes. *Food Research International*. 2009;42:142-147.

Anon. *Carbohydrates in Human Nutrition: Report of a Joint FAO/WHO Expert Consultation*. Rome: Food and Agriculture Organization/World Health Organization; 1998.

Anon. *Potatoes, Nutrition and Diet, International Year of the Potato*. FAO; 2008.

Anzaldúa-Morales A, Bourne M, Shomer I. Cultivar, specific gravity and location in tuber affect puncture force of raw potatoes. *Journal of Food Science*. 1992;57:1353-1356.

Arazuri S, Arana I, Jaren C. Evaluation of mechanical tomato harvesting using wireless sensors. *Sensors*. 2010;10:11126-11143.

Arazuri S, Jaren C, Juanera A, Martínez F. Daños producidos por las cosechadoras de tomate. *Horticultura*. 2001;19:528-535. Balaban M. O, OdabasiA. Z. Measuring color with machine vision. *Food Technology*. 2006;60(12):32-36.

Barba A. A, Calabretti A, d'Amore M, Piccinelli A. L, Rastrelli L. Phenolic constituents levels in cv. Agria potato under microwave processing. *LWT-Food Science and Technology*. 2008;41:1919-1926.

Baritelle A, Hyde G. Specific gravity and cultivar effects on potato tuber impact sensitivity. *Postharvest Bi-*

ology and Technology. 2003;29:279-286.

Baritelle A, Hyde G, Thornton R, Bajema R. A classification system for impact-related defects in potato tubers. *American Journal of Potato Research*. 2000;77:143-148.

Baritelle A. L, Hyde G. M. Commodity conditioning to reduce impact bruising. *Postharvest Biology and Technology*. 2001;21:331-339.

Barnes M, Duckett T, Cielniak G, Stroud G, Harper G. Visual detection of blemishes in potatoes using minimalist boosted classifiers. *Journal of Food Engineering*. 2010;98:339-346.

Bentini M, Caprara C, Martelli R. Harvesting damage to potato tubers by analysis of impacts recorded with an instrumented sphere. *Biosystems engineering*. 2006;94:75-85.

Bentini M, Caprara C, Martelli R. Physico-mechanical properties of potato tubers during cold storage. *Biosystems Engineering*. 2009;104:25-32.

Bewell E. The determination of the cooking quality of potatoes. *American Potato Journal*. 1937; 14: 235-242.

Bishop C, Gash A, Heslim C, Hanney S. *The Coefficient of Friction of Individual Potatoes and Various Handling Materials-Short Communication*. Research in Agricultural Engineering-UZEI (Czech Republic); 2012.

Boeriu C, van der Vuurst de Vries Y, Stolle-Smits T, van Dijk C. Correlation between near infrared spectra and texture profiling of steam cooked potatoes. *Journal of Near Infrared Spectroscopy*. 1998;6:291-297.

Bondaruk J, Markowski M, Błaszczak W. Effect of drying conditions on the quality of vacuum-microwave dried potato cubes. *Journal of Food Engineering*. 2007;81:306-312.

Bourne M. *Food Texture and Viscosity: Concept and Measurement*. Academic Press; 2002.

Bråthen E, Kita A, Knutsen S. H, Wicklund T. Addition of glycine reduces the content of acrylamide in cereal and potato products. *Journal of Agricultural and Food Chemistry*. 2005;53:3259-3264.

Brown C. Breeding for phytonutrient enhancement of potato. *American Journal of Potato Research*. 2008; 85:298-307.

Brunt K, Smits B, Holthuis H. Design, construction, and testing of an automated NIR in-line analysis system for potatoes. Part II. Development and testing of the automated semi-industrial system within-line NIR for the characterization of potatoes. *Potato Research*. 2010;53:41-60.

Capurro J. A, Cuenca I, Exilart J. P, Nolasco M. E. Daño mecánico de cuatro cultivares de papa (*Solanum tuberosum*) a tres temperaturas de conservaci6n. *RIA*. 2004;33:41-53.

Cárdenas J. E, Lema J. B. Mecanizaci6n del cultivo de la patata. I parte. *Horticultura: Revista de industria, distribuci6n y socioeconomía hortícola: frutas, hortalizas, flores, plantas, á rboles ornamentales y viveros*. 2006:20-25.

Carlstedt J, Wojtasz J, Fyhr P, Kocherbitov V. Hydration and the phase diagram of acid hydrolyzed potato starch. *Carbohydrate Polymers*. 2014;112:569-577.

CIAA. *A "Toolbox" for the Reduction of Acrylamide in Fried Potato Products/French Fries*. Brussels: Confederation of the Food and Drink Industries of the EU; 2009.

Clark C, Hockings P, Joyce D, Mazucco R. Application of magnetic resonance imaging to pre-and postharvest studies of fruits and vegetables. *Postharvest Biology and Technology*. 1997;11:1-21.

Clark C, Lombard P, Whiteman E. F. Cooking quality of the potato as measured by specific gravity. *American Journal of Potato Research*. 1940;17:38-45.

Clark C, McGlone V, Jordan R. Detection of Brownheart in 'Braeburn' apple by transmission NIR spectroscopy. *Postharvest Biology and Technology*. 2003;28:87-96.

Colonna P, Mercier C. Macromolecular structure of wrinkled-and smooth-pea starch components. *Carbohydrate Research*. 1984;126:233-247.

Cornillon P. Applications of NMR relaxometry to food products. *Seminars in Food Analysis (Chapman and Hall)*. 1998:235-250.

Cubero S, Aleixos N, Moltó E, Gómez-Sanchis J, Blasco J. Advances in machine vision applications for automatic inspection and quality evaluation of fruits and vegetables. *Food and Bioprocess Technology*. 2011;4:487-504.

Chen J. Y, Zhang H, Yelian M, Asakura M. Nondestructive determination of sugar content in potato tubers using visible and near infrared spectroscopy. *Japan Journal of Food Engineering*. 2010;11:59-64.

Chen L, Opara U. L. Texture measurement approaches in fresh and processed foods—a review. *Food Research International*. 2013;51:823-835.

Chiavaro E, Barbanti D, VittadiniE, MassiniR. The effect of different cooking methods on the instrumental quality of potatoes (cv. Agata). *Journal of Food Engineering*. 2006;77:169-178.

Chung H. -J, Li X. -Q, Kalinga D, Lim S. -T, Yada R, Liu Q. Physicochemical properties of dry matter and isolated starch from potatoes grown in different locations in Canada. *Food Research International*. 2014;57:89-94.

Dacal-Nieto A, Formella A, Carrión P, Vazquez-Fernandez E, Fernández-Delgado M. Common scab detection on potatoes using an infrared hyperspectral imaging system. In: *Image Analysis and Processing-ICIAP* 2011. Springer; 2011:303-312.

Dacal-Nieto A, Formella A, Carrión P, Vazquez-Fernandez E, Fernández-Delgado M. Non-destructive detection of hollow heart in potatoes using hyperspectral imaging. In: *Computer Analysis of Images and Patterns*. Springer; 2011:180-187.

Davies A. M. C, Grant A. Review: near infra-red analysis of food. *International Journal of Food Science and Technology*. 1987;22:191.

DellaPenna D, Pogson B. J. Vitamin synthesis in plants: tocopherols and carotenoids. *Annual Review of Plant Biology*. 2006;57:711-738.

Ducreux L. J, Morris W. L, Prosser I. M, Morris J. A, Beale M. H, Wright F, Shepherd T, Bryan G. J, Hedley P. E, Taylor M. A. Exp profiling of potato germplasm differentiated in quality traits leads to the identification of candidate flavour and texture genes. *Journal of Experimental Botany*. 2008;59:4219-4231.

Dündar E, Turan Y, Blaurock A. E. Large scale structure of wheat, rice and potato starch revealed by ultra small angle X-ray diffraction. *International Journal of Biological Macromolecules*. 2009;45:206-212.

Elmasry G, Cubero S, Moltó E, Blasco J. In-line sorting of irregular potatoes by using automated computer-based machine vision system. *Journal of Food Engineering*. 2012;112:60-68.

Elmasry G, Kamruzzaman M, Sun D. -W, Allen P. Principles and applications of hyperspectral imaging in quality evaluation of agro-food products: a review. *Critical Reviews in Food Science and Nutrition*. 2012;52:999-1023.

Ellis R. P, Cochrane M. P, Dale M. F. B, Duffus C. M, Lynn A, Morrison I. M, Prentice R. D. M, Swanston J. S, Tiller S. A. Starch production and industrial use. *Journal of the Science of Food and Agriculture*. 1998;77:289-311.

Engelder D. S, Buffler C. R. Measuring dielectric properties of food products at microwave frequencies. *Microwave World*. 1991;12:6-15.

Englyst H. N, Kingman S, Cummings J. Classification and measurement of nutritionally important starch fractions. *European Journal of Clinical Nutrition*. 1992;46:S33-S50.

Essex E. Objective measurements for texture in foods. *Journal of Texture Studies*. 1969;1:19-37.

Ezekiel R, Singh N, Sharma S, Kaur A. Beneficial phytochemicals in potato—a review. *Food Research International*. 2013;50:487-496.

FAOSTAT. Production quantities by country, Statistics Division. *Food and Agriculture Organization of the*

United Nations. 2013 Available at. http://faostat3. fao. org/browse/Q/QC/E.

Fernandes G, Velangi A, Wolever T. Glycemic index of potatoes commonly consumed in North America. *Journal of the American Dietetic Association*. 2005;105:557-562.

Fernandes J. O, Soares C. Application of matrix solid-phase dispersion in the determination of acrylamide in potato chips. *Journal of Chromatography A*. 2007;1175:1-6.

Fernández-Ahumada E, Garrido-Varo A, Guerrero-Ginel J. E, Wubbels A, Van der Sluis C, Van der Meer J. M. Understanding factors affecting near infrared analysis of potato constituents. *Journal of Near Infrared Spectroscopy*. 2006;14:27-35.

Fernández C, Alvarez M. D, Canet W. Steady shear and yield stress data of fresh and frozen/thawed mashed potatoes: effect of biopolymers addition. *Food Hydrocolloids*. 2008;22:1381-1395.

Fernández C, Canet W, Alvarez M. D. The effect of long-term frozen storage on the quality of frozen and thawed mashed

potatoes with added cryoprotectant mixtures. *International Journal of Food Science & Technology*. 2009;44:1373-1387.

Fernández C, Canet W, Alvarez M. D. Quality of mashed potatoes: effect of adding blends of kappa-carrageenan and xanthan gum. *European Food Research and Technology*. 2009;229:205-222.

Fernández C, Dolores Alvarez M, Canet W. The effect of low-temperature blanching on the quality of fresh and frozen/thawed mashed potatoes. *International Journal of Food Science & Technology*. 2006;41:577-595.

Foot R, Haase N, Grob K, Gonde P. Acrylamide in fried and roasted potato products: a review on progress in mitigation. *Food Additives and Contaminants*. 2007;24:37-46.

Fraser P. D, Bramley P. M. The biosynthesis and nutritional uses of carotenoids. *Progress in Lipid Research*. 2004;43:228-265.

Friedman M. Chemistry, biochemistry, and dietary role of potato polyphenols. A review. *Journal of Agricultural and Food Chemistry*. 1997;45:1523-1540.

Galema S. A. Microwave chemistry. *Chemical Society Reviews*. 1997;26:233-238.

Gallant D. J, Bouchet B, Baldwin P. M. Microscopy of starch: evidence of a new level of granule organization. *Carbohydrate Polymers*. 1997;32:177-191.

Gao H, Li X, Xu S, Tao H, Li X, Sun J. Comparative study of transmission and reflection hyperspectral imaging technology for potato damage detection. *Guang Pu Xue Yu Guang Pu Fen Xi/Spectroscopy and Spectral Analysis*. 2013;33:3366-3371.

García-Segovia P, Andrés-Bello A, Martínez-Monzó J. Textural properties of potatoes (*Solanum tuberosum* L., cv. Monalisa) as affected by different cooking processes. *Journal of Food Engineering*. 2008;88:28-35.

Gertz C, Klostermann S. Analysis of acrylamide and mechanisms of its formation in deep-fried products. *European Journal of Lipid Science and Technology*. 2002;104:762-771.

Geyer M, Praeger U, Konig C, Graf A, Truppel I, Schluter O, Herold B. Measuring behavior of an acceleration measuring unit implanted in potatoes. *Transactions of the ASAE (American Society of Agricultural Engineers)*. 2009;52:1267.

Gökmen V, Şenyuva H. Z, Acar J, Sarıoğlu K. Determination of acrylamide in potato chips and crisps by high-performance liquid chromatography. *Journal of Chromatography A*. 2005;1088:193-199.

Gómez A. H, He Y, Pereira A. G. Non-destructive measurement of acidity, soluble solids and firmness of Satsuma mandarin using Vis/NIR-spectroscopy techniques. *Journal of Food Engineering*. 2006;77:313-319.

Granda C, Moreira R. G. Kinetics of acrylamide formation during traditional and vacuum frying of potato chips. *Journal of Food Process Engineering*. 2005;28:478-493.

Guan D, Cheng M, Wang Y, Tang J. Dielectric properties of mashed potatoes relevant to microwave and Radio-frequency pasteurization and sterilization processes. *Journal of Food Science*. 2004;69:30-37.

Gunasekaran S, Irudayaraj J. Optical methods: visible NIR and FTIR spectroscopy. In: *Nondestructive Food Evaluation: Techniques to Analyse Properties and Quality*. New York: Marcel Dekker Inc.; 2000.

Haase N. Estimation of dry matter and starch concentration in potatoes by determination of under-water weight and near infrared spectroscopy. *Potato Research*. 2003;46:117-127.

Haase N. U. Rapid estimation of potato tuber quality by near-infrared spectroscopy. *Starch-Stärke*. 2006; 58:268-273.

Han Z, Zeng X. A, Yu S. J, Zhang B. S, Chen X. D. Effects of pulsed electric fields (PEF) treatment on physicochemical properties of potato starch. *Innovative Food Science & Emerging Technologies*. 2009; 10: 481-485.

Hanselmann R, Burchard W, Ehrat M, Widmer H. Structural properties of fractionated starch polymers and their dependence on the dissolution process. *Macromolecules*. 1996;29:3277-3282.

Hartmann R, Büning-Pfaue H. NIR determination of potato constituents. *Potato Research*. 1998;41:327-334.

Hätönen K. A, Similä M. E, Virtamo J. R, Eriksson J. G, Hannila M.-L, Sinkko H. K, Sundvall J. E, Mykkänen H. M, Valsta L. M. Methodologic considerations in the measurement of glycemic index: glycemic response to rye bread, oatmeal porridge, and mashed potato. *The American Journal of Clinical Nutrition*. 2006; 84:1055-1061.

Helgerud T, Segtnan V. H, Wold J. P, Ballance S, Knutsen S. H, Rukke E. O, Afseth N. K. Near-infrared spectroscopy for rapid estimation of dry matter content in whole unpeeled potato tubers. *Journal of Food Research*. 2012;1:p. 55.

Henry C. J. K, Lightowler H. J, Strik C. M, Storey M. Glycaemic index values for commercially available potatoes in Great Britain. *British Journal of Nutrition*. 2005;94:917-921.

Hizukuri S. Polymodal distribution of the chain lengths of amylopectins, and its significance. *Carbohydrate Research*. 1986;147:342-347.

IARC. IARC monographs on the evaluation of carcinogenic risks to humans. In: *Monographs on the Evaluation of Carcinogenic Risks to Humans: Some Industrial Chemicals*. Lyon, France: International Agency for Research on Cancer; 1994:389-433.

Im H. W, Suh B.-S, Lee S.-U, Kozukue N, Ohnisi-Kameyama M, Levin C. E, Friedman M. Analysis of phenolic compounds by high-performance liquid chromatography and liquid chromatography/mass spectrometry in potato plant flowers, leaves, stems, and tubers and in home-processed potatoes. *Journal of Agricultural and Food Chemistry*. 2008;56:3341-3349.

Jarén C, Arazuri S, Arana I. Electronic fruits and other sensors. *Chronica Horticulturae*. 2008;48:4-6.

Jarén C, Arazuri S, García M, Arnal P, Arana J. White asparagus harvest date discrimination using NIRS technology. *International Journal of Infrared and Millimeter Waves*. 2006;27:391-401.

Jarén C, Sanmartín M. Study the main parameters for the shear stress determination by cutting probes. In: *EurAgeng* 2004, *Engineering the Future*, *Belgium*. 2004.

Jarén C, Ortuño J. C, Arazuri S, Arana J. I, Salvadores M. C. Sugar determination in grapes using NIR Technology. *International Journal of Infrared and Millimeter Waves*. 2001;22:1521-1530.

Jenkins D, Wolever T, Taylor R. H, Barker H, Fielden H, Baldwin J. M, Bowling A. C, Newman H. C, Jenkins A. L, Goff D. V. Gly index of foods: a physiological basis for carbohydrate exchange. *The American Journal of Clinical Nutrition*. 1981;34:362-366.

Jeong J.-C, Ok H.-C, Hur O.-S, Kim C.-G. Prediction of sprouting capacity using near-infrared spectroscopy in potato tubers. *American Journal of Potato Research*. 2008;85:309-314.

Jezussek M, Schieberle P. A new LC/MS-method for the quantitation of acrylamide based on a stable isotope dilution assay and derivatization with 2-mercaptobenzoic acid. Comparison with two GC/MS methods. *Jour-*

nal of Agricultural and Food Chemistry. 2003;51:7866-7871.

Jin J, Li J, Liao G, Yu X, Viray L. C. C. Methodology for potatoes defects detection with computer vision. In: *International Symposium on Information Processing*, *Huangshan*. 2009:346-351.

Kaur L, Singh N, Singh Sodhi N, Singh Gujral H. Some properties of potatoes and their starches I. Cooking, textural and rheological properties of potatoes. *Food Chemistry*. 2002;79:177-181.

Kays S. J. Preharvest factors affecting appearance. *Postharvest Biology and Technology*. 1999; 15: 233-247.

Kim C. T, Hwang E. S, Lee H. J. Reducing acrylamide in fried snack products by adding amino acids. *Journal of Food Science*. 2005;70:C354-C358.

Kita A, Bąkowska-Barczak A, Lisińska G, Hamouz K, Kułakowska K. Antioxidant activity and quality of red and purple flesh potato chips. *LWT-Food Science and Technology*. 2015;62(1):525-531.

Kita A, Lisińska G, Gołubowska G. The effects of oils and frying temperatures on the texture and fat content of potato crisps. *Food Chemistry*. 2007;102:1-5.

Krokida M. K, Maroulis Z. B, Saravacos G. D. The effect of the method of drying on the colour of dehydrated products. *International Journal of Food Science & Technology*. 2001;36:53-59.

Kuang W, Nelson S. Low-frequency dielectric properties of biological tissues: a review with some new insights. *Transactions of the ASAE*. 1998;41:173-184.

Kumar S, Khade H, Dhokane V, Behere A, Sharma A. Irradiation in combination with higher storage temperatures maintains chip-making quality of potato. *Journal of Food Science*. 2007;72:S402-S406.

Kvasnička F, Čopíková J, Ševčík R, Krátká J, Syntytsia A, Voldřich M. Determination of phenolic acids by capillary zone electrophoresis and HPLC. *Central European Journal of Chemistry*. 2008;6:410-418.

Lawrence K, Park B, Windham W, Mao C. Calibration of a pushbroom hyperspectral imaging system for agricultural inspection. *Transactions of the ASAE*. 2003;46:513-521.

Lebovka N. I, Praporscic I, Ghnimi S, Vorobiev E. Does electroporation occur during the ohmic heating of food? *Journal of Food Science*. 2005;70:E308-E311.

Leeman M, Östman E, Björck I. Glycaemic and satiating properties of potato products. *European Journal of Clinical Nutrition*. 2007;62:87-95.

Leeratanarak N, Devahastin S, Chiewchan N. Drying kinetics and quality of potato chips undergoing different drying techniques. *Journal of Food Engineering*. 2006;77:635-643.

Lehmann U, Robin F. Slowly digestible starch-its structure and health implications: a review. *Trends in Food Science & Technology*. 2007;18:346-355.

Lester G. E, Lewers K. S, Medina M. B, Saftner R. A. Comparative analysis of strawberry total phenolics via Fast Blue BB vs. Folin-Ciocalteu: assay interference by ascorbic acid. *Journal of Food Composition and Analysis*. 2012;27:102-107.

Létal J, Jirak D, Šuderlová L, Hajek M. MRI 'texture' analysis of MR images of apples during ripening and storage. *LWT-Food Science and Technology*. 2003;36:719-727.

Liu E. Z, Scanlon M. G. Modeling the effect of blanching conditions on the texture of potato strips. *Journal of Food Engineering*. 2007;81:292-297.

Liu Q, Charlet G, Yelle S, Arul J. Phase transition in potato starch-water system I. Starch gelatinization at high moisture level. *Food Research International*. 2002;35:397-407.

Liu Q, Donner E, Tarn R, Singh J, Chung H. -J. Advanced analytical techniques to evaluate the quality of potato and potato starch. In: *Advances in Potato Chemistry and Technology*. 2009:221-248.

Liu Y, Selomulyo V. O, Zhou W. Effect of high pressure on some physicochemical properties of several native starches. *Journal of Food Engineering*. 2008;88:126-136.

López A, Arazuri S, García I, Mangado J, Jarén C. A review of the application of near-infrared spectroscopy for the analysis of potatoes. *Journal of Agricultural and Food Chemistry*. 2013;61:5413-5424.

López A, Arazuri S, Jarén C, Mangado J, ArnalP, Ruiz de Galarreta J. I, Riga P, López R. Crude Protein content determination of potatoes by NIRS technology. *Procedia Technology*. 2013;8:488-492.

López A, Jarén C, Arazuri S, Mangado J, Tierno R, Ruiz de Galarreta J. I, Riga P. Estimation of the total phenolic content in potatoes by NIRS. In: *International Conference of Agricultural Engineering, Zurich*. 2014.

Lorente D, Aleixos N, Gómez-Sanchis J, Cubero S, García-Navarrete O. L, Blasco J. Recent advances and applications of hyperspectral imaging for fruit and vegetable quality assessment. *Food and Bioprocess Technology*. 2012;5:1121-1142.

Lu R. Detection of bruises on apples using near-infrared hyperspectral imaging. *Transactions-American Society of Agricultural Engineers*. 2003;46:523-530.

Lu W, Haynes K, Wiley E, Clevidence B. Carotenoid content and color in diploid potatoes. *Journal of the American Society for Horticultural Science*. 2001;126:722-726.

Lu Z. -H, Donner E, Yada R. Y, Liu Q. The synergistic effects of amylose and phosphorus on rheological, thermal and nutritional properties of potato starch and gel. *Food Chemistry*. 2012;133:1214-1221.

Lu Z. -H, Yada R. Y, Liu Q, Bizimungu B, Murphy A, De Koeyer D, Li X. -Q, Pinhero R. G. Correlation of physicochemical and nutritional properties of dry matter and starch in potatoes grown in different locations. *Food Chemistry*. 2011;126:1246-1253.

Ludwig D. S. Dietary glycemic index and obesity. *The Journal of Nutrition*. 2000;130:280S-283S.

Lunden A. Undersokelser over forholdet mellom potetenes spesifikke vekt og deres torrstoff-og stivelsesinnhold. *Forskn ing og Forsøk i Landbruket*. 1956;7:81-107.

Luscher C, Schlüter O, Knorr D. High pressure-low temperature processing of foods: impact on cell membranes, texture, color and visual appearance of potato tissue. *Innovative Food Science & Emerging Technologies*. 2005;6:59-71.

Mahto R, Das M. Effect of gamma irradiation on the physico-mechanical and chemical properties of potato (*Solanum tuberosum* L.), cv. 'Kufri Sindhuri', in non-refrigerated storage conditions. *Postharvest Biology and Technology*. 2014;92:37-45.

Mahto R, Das M. Effect of γ irradiation on the physico-mechanical and chemical properties of potato (*Solanum tuberosum* L.), cv. 'Kufri Chandramukhi' and 'Kufri Jyoti', during storage at 12 °C. *Radiation Physics and Chemistry*. 2015;107:12-18.

Manach C, Scalbert A, Morand C, Rémésy C, Jiménez L. Polyphenols: food sources and bioavailability. *The American Journal of Clinical Nutrition*. 2004;79:727-747.

Martinsen P, Schaare P. Measuring soluble solids distribution in kiwifruit using near-infrared imaging spectroscopy. *Postharvest Biology and Technology*. 1998;14:271-281.

McCaig T. Extending the use of visible/near-infrared reflectance spectrophotometers to measure colour of food and agricultural products. *Food Research International*. 2002;35:731-736.

McCarthy M. J. *Magnetic Resonance Imaging in Foods*. New York: Chapman and Hall; 1994.

McDermott L. Nar-infrared reflectance analysis of processed foods. *Cereal Foods World*. 1988; 33: 498-502.

Medina M. B. Determination of the total phenolics in juices and superfruits by a novel chemical method. *Journal of Functional Foods*. 2011;3:79-87.

Mehinagic E, Royer G, Symoneaux R, Bertrand D, Jourjon F. Prediction of the sensory quality of apples by physical measurements. *Postharvest Biology and Technology*. 2004;34:257-269.

Mehrubeoglu M, Cote G. Determination of total reducing sugars in potato samples using near-infrared spectroscopy. *Cereal Foods World (USA)*. 1997;42(5):409-413.

Mestdagh F, De Wilde T, Delporte K, Van Peteghem C, De Meulenaer B. Impact of chemical pre-treatments on the acrylamide formation and sensorial quality of potato crisps. *Food Chemistry*. 2008;106:914-922.

Miranda M. L, Aguilera J. M. Structure and texture properties of fried potato products. *Food Reviews International*. 2006;22:173-201.

Mohsenin N. N. *Physical Properties of Plant and Animal Materials*. New York: Gordon & Breach Science; 1986.

Morrison W. R, Laignelet B. An improved colorimetric procedure for determining apparent and total amylose in cereal and other starches. *Journal of Cereal Science*. 1983;1:9-20.

Mottram D. S, Wedzicha B. L, Dodson A. T. Food chemistry: acrylamide is formed in the Maillard reaction. *Nature*. 2002;419:448-449.

Moyano P, Troncoso E, Pedreschi F. Modeling texture kinetics during thermal processing of potato products. *Journal of Food Science*. 2007;72:E102-E107.

Muller I, Basso D, Brusamarello V, Pereira C. E. Three-independent axis instrumented sphere for compression measurement based on piezoelectric transducers. In: *Instrumentation and Measurement Technology Conference (I2MTC), 2012 IEEE International*. IEEE; 2012:628-632.

Müller I, de Brito R. M, Pereira C. E, Bender R. J. Wireless instrumented sphere for three-dimensional force sensing. In: *IEEE Sensors Applications Symposium (February 17-19, 2009: New Orleans, LA). IEEE SAS Proceedings*. Piscataway, NJ: IEEE; 2009.

Murniece I, Kruma Z, Skrabule I, Vaivode A. Carotenoids and phenols of organically and conventionally cultivated potato varieties. In: *9th Baltic Conference on Food Science and Technology "Food for Consumer Well-being", Latvia*. 2014.

Nath A, Chattopadhyay P. Optimization of oven toasting for improving crispness and other quality attributes of ready to eat potato-soy snack using response surface methodology. *Journal of Food Engineering*. 2007;80:1282-1292.

Nath A, Chattopadhyay P, Majumdar G. High temperature short time air puffed ready-to-eat (RTE) potato snacks: process parameter optimization. *Journal of Food Engineering*. 2007;80:770-780.

Neilson A. P, Pahulu H. F, Ogden L. V, Pike O. A. Sensory and nutritional quality of dehydrated potato flakes in long-term storage. *Journal of Food Science*. 2006;71:S461-S466.

Nguyen Do Trong N, Tsuta M, Nicolaï B, De Baerdemaeker J, Saeys W. Prediction of optimal cooking time for boiled potatoes by hyperspectral imaging. *Journal of Food Engineering*. 2011;105:617-624.

Nicolaï B. M, Beullens K, Bobelyn E, Peirs A, Saeys W, Theron K. I, Lammertyn J. Nondestructive measurement of fruit and vegetable quality by means of NIR spectroscopy: a review. *Postharvest Biology and Technology*. 2007;46:99-118.

Niemöller A, Behmer D. Use of near infrared spectroscopy in the food industry. In: Irudayaraj J, Reh C, eds. *Nondestructive Testing of Food Quality*. John Wiley & Sons; 2008.

Noordam J. C, van den Broek W. H, Buydens L. Detection and classification of latent defects and diseases on raw French fries with multispectral imaging. *Journal of the Science of Food and Agriculture*. 2005;85:2249-2259.

Norris K. H. Design and development of a new moisture meter. *Agricultural Engineering*. 1964;45:370-372.

Oliveira A, Balaban M. Comparison of a colorimeter with a machine vision system in measuring color of Gulf of Mexico sturgeon fillets. *Applied Engineering in Agriculture*. 2006;22(4):583-587.

Opara U. L, Pathare P. B. Bruise damage measurement and analysis of fresh horticultural produce—a review. *Postharvest Biology and Technology*. 2014;91:9-24.

Osborne B, Fearn T, Hindle P. H. Introduction. In: Brownin D, ed. *Practical NIR Spectroscopy with Ap-*

Wong K, Jane J. Quantitative analysis of debranched amylopectin by HPAEC-PAD with a postcolumn enzyme reactor. *Journal of Liquid Chromatography & Related Technologies*. 1997;20:297-310.

Woolfe J, Poats S. The nutritional value of the components of the tuber. *The Potato in the Human Diet*. 1987:19-51.

Wu D, Sun D. -W. Colour measurements by computer vision for food quality control-a review. *Trends in Food Science & Technology*. 2013;29:5-20.

Zdunek A, Bednarczyk J. Effect of mannitol treatment on ultrasound emission during texture profile analysis of potato and apple tissue. *Journal of Texture Studies*. 2006;37:339-359.

Zhang Y, Chen J, Zhang X, Wu X, Zhang Y. Addition of antioxidant of bamboo leaves (AOB) effectively reduces acrylamide formation in potato crisps and French fries. *Journal of Agricultural and Food Chemistry*. 2007;55:523-528.

Zheng C, Sun D. -W, Zheng L. Recent applications of image texture for evaluation of food qualities—a review. *Trends in Food Science & Technology*. 2006;17:113-128.

20 马铃薯在生物医学/制药和发酵中的应用

Shrikant A. Survase[1], Jaspreet Singh[2], Rekha S. Singhal[1]

[1]*Food Engineering and Technology Department, Institute of Chemical Technology, Mumbai, Maharashtra, India*

[2]*Riddet Institute and Massey Institute of Food Science and Technology, Massey University, Palmerston North, New Zealand*

20.1 引言

目前，人口的增长极大地影响着人类对食品的需求，马铃薯是当今欧洲国家最重要的蔬菜。从营养学上讲，马铃薯碳水化合物含量高，其中淀粉是碳水化合物的主要形式。马铃薯淀粉中含量少但很重要的淀粉叫做“抗性淀粉”，被认为具有与膳食纤维相似的生理作用和益生功能（如提高葡萄糖糖耐受性和胰岛素敏感性，降低血浆胆固醇和甘油三酯浓度，增加饱腹感等），甚至可能减少脂肪贮存量（Cummings et al.，1996；Hylla et al.，1998；Raban et al.，1994）。马铃薯含有毒性生物碱，其中最常见的是龙葵碱和木樨碱（Talburt，1987；Feustel，1987）。

马铃薯淀粉最早于17世纪末在德国生产。工业淀粉生产包括以下步骤：在旋转条形筛上进行清洁和除土；通过高速锉刀打开果肉；在旋转锥形筛上将马铃薯（果肉）分离成淀粉颗粒和薯浆；在水力旋流器上浓缩成粗淀粉乳（淀粉+薯汁），在多级水力旋流器上用水逆流洗涤，脱水后进行滤饼干燥。现代工艺的淀粉产量接近生马铃薯淀粉颗的96%。马铃薯淀粉被报道在生物医学/制药工业以及发酵生产各种生物分子方面有着广泛的应用。

马铃薯淀粉的生产过程中，会产生大量由薯液（高达质量的90%）、碎淀粉颗粒、完整淀粉颗粒、马铃薯皮颗粒或颗粒聚集物组成的物质。马铃薯浆可从颗粒组分中分离出来，它的特点是含有大量的蛋白质、游离氨基酸和盐类，这种富含蛋白质的薯浆可用于食品、生物技术和医药。由于含氮量很高，马铃薯浆主要用于蛋白质和氨基酸的富集和肥料的生产。

马铃薯果肉含有淀粉、纤维素、半纤维素、果胶、蛋白质以及一些果浆和水。干物质含有1.5%~2.5%的蛋白质，大约是马铃薯块茎中蛋白质含量的74%（Kempf，1980）。马铃薯浆的成分见表20.1。

表20.1 传统湿土豆浆的成分

成分	湿浆/（g/kg）	干物质/（g/kg）	成分	湿浆/（g/kg）	干物质/（g/kg）
干物质	13.0	—	半纤维素	1.8	14.0
灰烬	0.5	4.0	果胶	2.2	17.0
淀粉	4.9	37.0	膳食纤维（未鉴定）	0.9	7.0
纤维素	2.2	17.0	蛋白质/氨基酸	0.5	4.0

（资料来源：Mayer，1998。）

马铃薯副产品如果不及时处理会出现变质，有研究曾尝试将其脱水并用于各种生产，但是发现马铃薯副产品的高水分含量（80%）需要昂贵的干燥费用。淀粉行业试图销售更多的湿纸浆或部分干燥的牛饲料，然而农民对马铃薯浆的需求是有限的。马铃薯果肉常用于牛饲料以及固态发酵培养基的生产。马铃薯浆的常规用途见表 20.2。

表 20.2 马铃薯浆的常规应用

治疗/产品	应用
果肉添加马铃薯蛋白或其他含氮组分(湿的或部分干燥的颗粒)	牛饲料
果胶或果胶-淀粉混合物的制备	营养和技术应用
蔗糖离子与糖浆的提取	薯片和薯条的处理
发酵底物水解	酒精生产
液相中含氮组分的提取	肥料
水稀释	深井钻井中的稳定因素（润滑剂）
未经处理的、培养酵母的底物	维生素 B_{12} 生产
未经处理的生长底物组分	沼气生产

马铃薯皮是马铃薯加工工业的一种废弃副产品，它们是维生素 C、维生素 B_6、铜、钾、锰和膳食纤维的优质来源，它还含有多种植物营养素，是抗氧化剂的天然来源，有助于预防身体细胞老化。马铃薯皮和果肉中含有的植物营养素，例如多酚、类胡萝卜素、类黄酮和咖啡酸。

20.2 生物医学应用

细胞通常被植入人工结构中，通常被称为“支架”，能够支持三维组织的形成。无论是体外还是体内，这些结构对于重现体内环境和允许细胞影响自身微环境是至关重要的。支架通常具有以下目的：①允许细胞附着和迁移；②传递和保留细胞和生化因子；③促进重要的细胞营养素和表达产物扩散；④施加一定的机械和生物影响来改变细胞相的状态。支架最基本的性质是生物降解性，支架最好能被周围组织吸收而不需要手术摘除。降解速率应尽可能与组织形成速率一致；可注射性对临床应用来说同样重要。许多不同的材料（天然的和合成的，可生物降解的和永久性的）已经被研究。新的生物材料被设计成具有理想的特性和功能，如可注射性、合成制造、生物相容性、非免疫原性、透明性、纳米纤维以及低浓度和低吸收率。一种常用的合成材料聚乳酸（polylactic acid，PLA）是一种聚酯，在人体内被降解形成一种很容易从人体中清除的天然化学物质乳酸。类似的材料还有聚乙醇酸和聚己内酯。由于骨骼的特殊性，骨修复或再生是组织工程中最具挑战性的领域之一。

在骨组织工程应用中，材料具有广泛的特性，一个非常有前途的方法是使用足够的支架材料和特定部位的细胞来创造一种可以增强修复的混合材料。

淀粉基材料的使用可以通过使用PLA组成的体系的酸化现象来证明。使用天然来源材料的优势是淀粉可以通过几种酶在体内降解（Gomes et al.，2001），从而产生易于代谢（Gomes et al.，2002；Reis et al.，1996；Sousa et al.，2002）和排泄的降解产物（Marques et al.，2001；Mendes et al.，2001）。其天然来源，以及其机械性能和生物相容性支持其在生物医学领域的应用潜力。淀粉基聚合物的研究正被广泛用于骨相关治疗方面，如组织工程支架和骨水泥（Boesel et al.，2003；Elvira et al.，2002；Pereira et al.，1998）。

Silva等（2004）曾合成并评价了淀粉/生物活性胶体颗粒的新型生物活性复合材料。将淀粉基生物材料的生物可降解性、良好的控释性能和天然来源与生物活性胶体的生物活性和骨结合性能相结合。以淀粉和具有BG 45S5粉末的PLA（w∶w=50∶50）为原料，采用简单的乳化法制备了生物活性复合淀粉BG微球。通过将在培养基中提取的材料的24h浸出物与成纤维细胞系（L929）接触72h来测试这些材料的短期细胞毒性，结果表明这些材料没有任何细胞毒性。Silva等（2005a）报道了新型高分子可溶性马铃薯淀粉及其复合物（BG 45S5）微米级颗粒的合成及其生物活性。他们发现聚合物和复合粒子都能在表面形成磷酸钙层，这两种类型的试验都允许大鼠骨髓细胞在表面附着和增殖，并表达成骨标志物，如碱性磷酸酶和骨桥蛋白。研究结果表明，这些载体可以作为体外细胞培养的基质，形成可以作为组织工程策略一部分的构建物。除了开发淀粉基微粒并评估其生物活性、细胞毒性和作为细胞黏附基质的能力外，Silva等（2006）发明了其作为抗炎药或生长因子传递系统的潜力。两种淀粉基材料用于开发淀粉基颗粒系统：①淀粉与聚乳酸（SPLA）的混合物（w∶w=50∶50）；②化学改性马铃薯淀粉Paselli II（PaII）。这两种材料都能合成微粒系统，包括聚合物和复合材料。采用简单的溶剂萃取法合成了SPLA和SPLA/BG微粒，而PaII和PaII/BG微粒则发展了以三偏磷酸三钠为交联剂的乳液交联法。

以马铃薯皮为原料制备的纤维素纳米晶可以增强生物复合材料的强度和透水性。这些纳米晶的平均光纤长度为410nm，长径比为41，远大于棉制纳米晶。溶液浇铸法制备的纤维素纳米晶填充聚乙烯醇和热塑性淀粉薄膜的拉伸模量显著提高。淀粉复合材料的透水性保持不变（Chen et al.，2012）。

Torres等（2007）报道了一种新的微波处理技术，可以从各种类型的淀粉基聚合物中制备可生物降解的组织工程支架，马铃薯、甘薯、玉米淀粉、苋菜和藜麦淀粉与水和甘油一起作为增塑剂来制备多孔结构。图20.1显示了微波淀粉支架的制造过程。

聚乙烯醇（polyvinyl alcohol，PVA）与淀粉化学交联，形成结构稳定、吸水率高、支持细胞生长的3D支架。PVA-g-淀粉3D支架聚合物的吸水率高达800%，强度为4×10^{-2}MPa，孔隙率高。3D支架在28d内以高达30%～60%的速率被各种酶降解，体外检测细胞增殖和生长，并通过能量色散光谱仪分析确认生物相容性（Hsieh et al.，2013）。此外，NasriNasrabadi 等（2014）也报道了通过薄膜浇铸、盐浸和冷冻干燥等方法制备的淀粉/纤维素纳米纤维复合材料，70%的纳米纤维直径在 40~90nm，支架具有足够的机械性能，可应用于软骨组织工程。10%纤维素纳米纤维的加入显著提高了纳米复合材料的吸水率，20 多周后，支架部分被破坏。

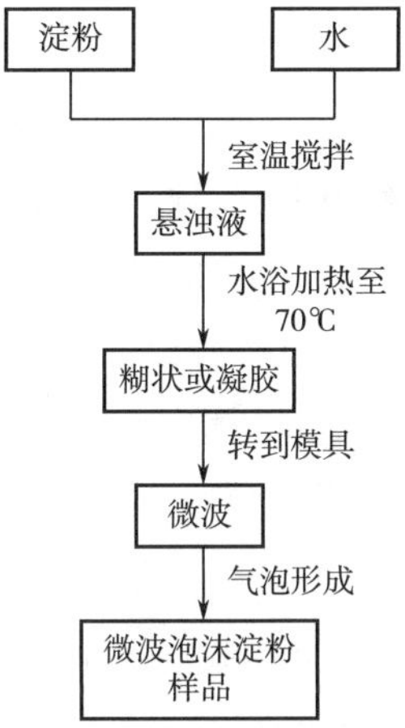

图 20.1 微波淀粉支架的制造

（资料来源：Torres 等，2007。）

Vigneshwaran 等（2006）研究表明，纳米纤维与淀粉结构的结合改善了细胞的附着和增殖，利用可溶性淀粉作为还原剂和稳定剂合成了稳定的银纳米粒子，使用环境友好和可再生的材料，如可溶性淀粉，为医药和生物医学应用提供了许多生态友好和兼容性的优点。形状记忆聚合物，如天然淀粉，现在可以考虑制造创新的可生物降解设备，用于微创手术而无需化学接枝。形状记忆挤压淀粉可在 37℃ 的水中恢复其原始形状，植入大鼠模型中的样品显示出正常的组整合和低炎症反应（Beilvert et al.，2014）。

Torres 等（2011）报道了淀粉膜可作为合成纤维细胞的基质，他们研究了 17 种来自安第斯地区农作物的新型淀粉基薄膜，经过 3d 的培养，以“屯塔”“墨罗”马铃薯和白胡萝卜淀粉制成的薄膜显示出最高水平的细胞活性，这些结果表明，安第斯地区农作物中的天然淀粉可用于生物医学应用。

20.3 药物应用

合成和天然生物可降解聚合物一直是药学研究的热点，它们用于控制肠外控释系统的药物释放速率（Asano et al.，1991）。此外，封装在可注射可生物降解微球或纳米球内的药物可直接靶向作用部位（Laakso et al.，1987）。通过预防肽和蛋白质过早失活，它们在传递肽和蛋白质方面具有巨大的潜力（Woo et al.，2001）。由于生物降解聚合物在释放治疗药物后能从体内清除，因此可生物降解聚合物是控制药物释放过程中应用最广泛的材料之一。各种淀粉及其衍生物由于其良好的成型和成膜性能、高阻氧性和良好的机械强度而受到广泛的研究（Forssell et al.，2002；Gilleland et al.，2001；Lawton，1996；Lee et al.，2000；Mali et al.，2002）。

天然淀粉用作崩解剂、稀释剂和湿黏合剂，然而，由于它们的流动性差和润滑油的高灵敏度，因此不适合直接压缩。天然淀粉的各种化学、机械和物理改性已被用于改善其直接压缩和控释特性（van Aerde et al.，1988；Sanghvi et al.，1993）。Schinzinger 和 Schmidt

(2005) 以马铃薯淀粉为赋形剂，在实验室流化床造粒机上用统计方法比较了其与 α-乳糖一水和无水磷酸氢钙的造粒行为。

Yoshizawa 和 Koishi (1990) 报道了一种用于缓释制剂的交互式粉末混合物的涂层。将药物颗粒包裹在马铃薯淀粉表面，再将其包裹在硬脂酸镁中制成缓释制剂（Nagare et al., 2004）。通过振动使粉末流态化和旋转法脉冲激光沉积，将吲哚美辛纳米粒子直接沉积在作为赋形剂粉体的马铃薯淀粉上（Nagare et al., 2007）。

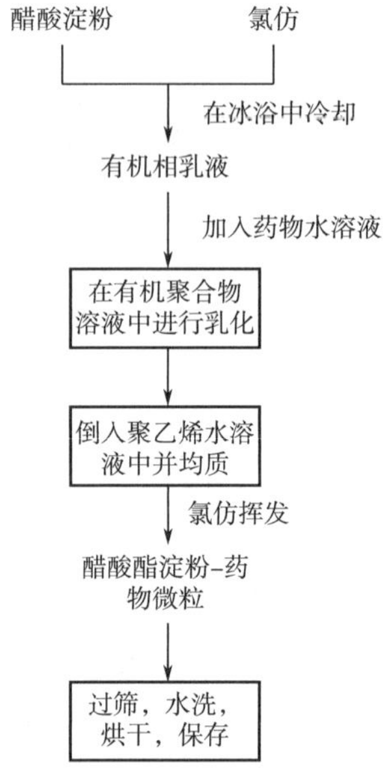

图 20.2 水包油双乳化技术制备淀粉醋酸酯微粒

Korhonen 等 (2000) 评估了淀粉醋酸盐和取代淀粉醋酸盐对物理和片剂性能的影响，并将其与商用直接压缩赋形剂，Tuovinen 等 (2003) 比较了天然淀粉和乙酰化淀粉的药物释放率。研究结果表明，马铃薯淀粉乙酰化可以显著地延缓药物的释放，释放曲线可以通过取代度来控制。他们进一步研究了淀粉醋酸盐微粒和薄膜在加入和不加入 α-淀粉酶的情况下所释放的药物（Tuovinen et al., 2004）。研究表明，与天然淀粉制剂相比，淀粉醋酸酯微粒和薄膜释放不同分子质量模型药物的速度较慢。图 20.2 为利用水包油双乳化技术制备淀粉醋酸酯微粒。Szepes 等 (2008) 研究了通过等静压超高压制备的淀粉基（马铃薯和玉米淀粉）水凝胶的药物传递行为。研究发现，作为凝胶形成聚合物的马铃薯淀粉比作为参照物的茶碱水悬浮液显示出更快的药物溶解性能，而玉米淀粉的加压使凝胶呈现出持续的药物释放性能。

Tarvainen 等 (2002) 研究了淀粉醋酸酯 (DS 2.8) 的成膜能力以及常用增塑剂对淀粉醋酸酯薄膜物理性能的影响，并与乙基纤维素薄膜进行了性能比较，采用力学研究、水蒸气和药物渗透性试验以及差示扫描量热法（differential scanning calorimetry, DSC）对淀粉醋酸酯的成膜能力和增塑剂的效率进行了表征。在相同增塑剂浓度下，淀粉醋酸酯薄膜比乙基纤维素薄膜更坚韧、更牢固。此外，在大多数情况下，淀粉醋酸酯薄膜的水蒸气透过率低于乙基纤维素薄膜。DSC 热像图支持拉伸试验的结果：含有几个酯基的增塑剂（如三醋酸甘油酯和柠檬酸三乙酯）与淀粉醋酸酯的相容性最强。淀粉醋酸酯具有良好的力学性能、较低的水蒸气和药物渗透性，是一种很有前途的药物涂料成膜剂。Tarvainen 等 (2004) 评价了马铃薯淀粉醋酸酯（取代度 2.8）的新型有机无溶剂水分散体的成膜性能及其控制包衣片药物释放的能力。结果表明，淀粉-醋酸酯分散体适合于流化床涂料的制备，形成具有完整聚结聚合物球的强膜。这些结果证明了淀粉醋酸酯分散体作为一种新型的水性缓释涂料具有较高的应用价值。

研究发现，口服控制药物释放系统越来越多地用于半衰期较短的药物，以减少峰值血药浓度和副作用，保持最佳药物浓度，并刺激患者依从性。为了在较长时间内保持血液中药物的恒定水平，需要恒定的体外药物释放速率。最流行的可控释放系统是矩阵平板电脑（Desai et al.，1965）。Te Wierik 等（1996）报道了高比表面积马铃薯淀粉制品的制备及结合性能。Te Wierik 等（1997a、b）研究了变性淀粉作为缓释骨架片的辅料，除了易于制造片剂外，它还能够维持许多具有不同物理化学性质的活性成分的释放，通过改变片剂的几何形状、载药量、水溶性赋形剂或弱酸或碱性化合物的加入，或通过两个或两个以上因素的组合，可以很容易地达到所需的释放曲线。

淀粉接枝聚丙烯酸已被认为是一种替代的方法，以生产无刺激性的片剂形式，具有良好的生物黏附性和可控的缓释性能。Geresh 等（2004）研究了接枝淀粉共聚物作为经口给药的平台，并用单价和二价阳离子的丙烯酸盐接枝淀粉；研究了接枝共聚物片剂中茶碱的释放动力学，考察了辐射时间、淀粉与丙烯酸的比例、阳离子类型、淀粉类型（玉米、大米或马铃薯）和溶解介质 pH 的函数关系；通过测定片剂的腐蚀和肿胀程度来评估片剂在口腔中的适用性。

Stepto（1997）重点研究了马铃薯淀粉的注塑成型工艺基础，定量分析了淀粉/水熔体在注射成型过程中的流变行为，给出了表观熔体黏度并且对淀粉模塑材料的力学性能和淀粉胶囊的给药行为进行了讨论。

尽管姜黄素具有很强的细胞毒性，但其在水介质中的溶解度差和在生理 pH 下的快速降解是阻碍其有效利用的常见缺点。因此，Pereira 等（2013）报告了与 N,N-亚甲基双丙烯酰胺交联的淀粉微球作为一种高效的传递系统的开发，新体系在不同姜黄素浓度下表现出较高的负载效率，由于姜黄素的缓释作用，淀粉微球可使姜黄素对 Caco-2 和 HCT-116 肿瘤细胞的毒性提高 40 倍。

淀粉微粒已被证明对甲氯芬酸（一种抗炎剂）的控制释放（Malafaya et al.，2001）和糖皮质激素制剂（如地塞米松）的释放具有良好的效果（Silva et al.，2005b）。当结合 BG45S5 优越的骨结合特性时，这些颗粒有明显的潜力用作骨作用药物或生长因子的控释系统。原则上，这些系统能够与骨骼结合，同时起到药物释放系统的作用；理论上，骨结合材料（BG）的存在将增强小缺损骨的修复，而可生物降解材料将同时作为细胞生长的支架，释放其中的生长因子。这种释放将刺激细胞增殖和分化，从而实现更快的修复。Friciu 等（2013）提出了一种结肠给药的新型赋形剂，用于预期在结肠局部作用的药物，以限制全身吸收，从而降低有效性并导致不良副作用，这种新的制剂包括羧甲基淀粉和卵磷脂之间的络合作用，卵磷脂是一种 pH 无关的给药系统，用于治疗炎症性肠病。

抑制性 RNA 疗法是一种利用小干扰 RNA（siRNA）进行序列特异性靶向基因治疗疾病

的有力工具。具有阳离子性质的改性马铃薯淀粉，如Q-淀粉，可作为能够结合siRNA的传递载体。合成的配合物直径小（约为30nm），表面带正电荷，能够保护siRNA不被酶降解。此外，在24h的研究中，Q-淀粉基复合物显示出高细胞摄取量（Amar-Lewis et al.，2014）。Janaswamy（2014）报道了设计和开发新型淀粉基稳定载体的机会，这种载体不仅改变了消化率，还可以提供促进健康和预防疾病的化合物。根淀粉（如马铃薯淀粉）的水通道可以嵌入药物、营养药品、风味化合物和维生素。

20.4 发酵应用

马铃薯的生物降解广泛应用于酵母发酵乙醇，然而，酵母不能直接发酵淀粉，需要两步酶促反应生成葡萄糖。工业废渣、劣质马铃薯、烂薯等各种马铃薯废弃物可用于丙酮/乙醇生产。Nimcevic等（1998）利用全马铃薯培养基研究*Clostridium beijerinckii* NRRL B592生产溶剂的方法，并且研究表明马铃薯可作为丙酮/丁醇发酵的优良底物。他们的研究还着眼于开发一种具有去除连续培养功能的在线产品，从而显著提高生产率和产量，减少废水问题，以实现基质的完全利用。

全球乳酸（不包括聚合物）的市场产量约为每年10万t，年增长率为15%（Akerberg et al.，2000）。由于乳酸是最重要的有机酸之一，它有可能成为一种大批量的商品，是一种可以从可再生碳水化合物中生产的化学中间体，因此乳酸生产目前正吸引着大量的研究和开发兴趣。乳酸可以用作可生物降解聚合物、含氧化合物、植物生长调节剂、环境友好的“绿色”溶剂和特殊化学中间体的原料（Datta et al.，1995；Huang et al.，2005a）。它最有前途的应用之一是用于可生物降解和生物相容的聚乳酸聚合物，一种替代石油化工产品中不可生物降解塑料的环保替代品。Jin等（2003）报道了一种新的根霉arrhizus DAR 36017菌株，用于淀粉废水的同时糖化和发酵以生产乳酸。他们发现，如果将马铃薯或玉米淀粉废水用作生产介质，则无需补充氮源。Jin等（2005）也获得了类似的报告，引用了一个单阶段同步糖化和发酵过程，使用马铃薯、玉米、小麦和菠萝废物流作为生产介质。Huang等（2005b）也报道了淀粉废水直接发酵生产乳酸的生长pH、温度和底物，通过淀粉水解、还原糖的积累、乳酸的产生和真菌的生物量来表征直接发酵的性能。

马铃薯果肉乳酸发酵的实用技术已经被研究（Oda et al.，2002）。他们筛选出38株米根霉菌株，产生乳酸或延胡索酸和乙醇，并且不同菌株之间的比率不同。Saito等（2003）研究了果胶酶对不同稻瘟病菌NRRL 395和NBRC 4707菌株发酵马铃薯果肉乳酸的影响。将果胶酶商业制剂加入接种真菌孢子的马铃薯果肉中，培养7d，两种菌株都能有效地产生大量的乳酸和乙醇。这些数据表明，马铃薯果肉的发酵依赖于NRRL 395和NBRC 4707对果胶物质的降解。Saito等（2006）发现马铃薯果肉中的果胶含量与季节有关。

在连续运行的生物反应器中，利用里氏木霉（*Trichoderma reesei* Rut C30）生产纤维素酶和半纤维素酶（Klingspohn et al.，1993）。Trojanowski 等（1995）关于担子菌利用马铃薯浆和马铃薯液生产漆酶。谷氨酰胺转氨酶（trans-glutaminase，转谷氨酰胺酶）是一种食品添加剂，用于改善含蛋白质食品的质构特性。Vázquez 和 Rodríguez（2011）利用"SuperPro Designer"软件模拟了马铃薯生产谷氨酰胺转氨酶，并对其可行性进行了评估。利用马铃薯生产转谷氨酰氨酶是一种可行的替代方案，投资回收期为 5 年。

Meyer et al.（2009）报道了利用尖曲霉（Aspergillus aculeatus）的多组分果胶酶制剂（Viscozyme® L）从无淀粉马铃薯果肉中释放出高分子质量果胶膳食纤维多糖，这表明酶改性马铃薯浆是获得新营养功能的食品添加剂用纤维可能途径（图 20.3）。

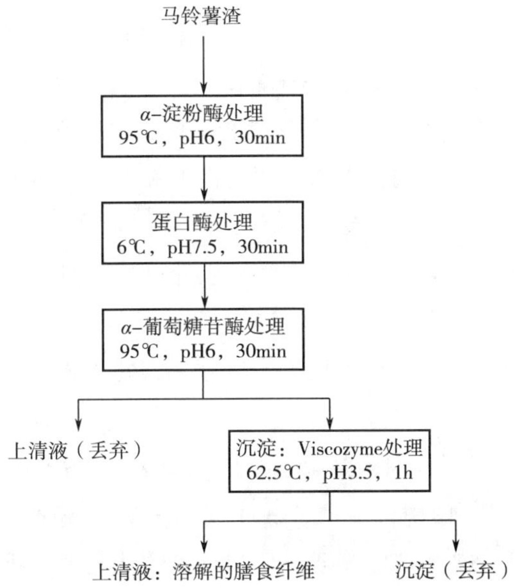

图 20.3 从生土豆浆中酶辅助释放可溶性马铃薯膳食纤维部分的流程图

注：产生上清液和沉淀物的每个分离步骤包括在 30000*g* 下离心 10min，用双蒸馏水洗涤颗粒，并在 30000*g* 下重新离心 10min。

马铃薯皮废料含有淀粉、纤维素、半纤维素和可发酵糖，可作为原料使用。Shukla 和 Kar（2006）研究了以马铃薯皮为基质，利用嗜热芽孢杆菌生产耐热 α-淀粉酶。在最佳条件下，地衣芽孢杆菌对马铃薯皮和麦麸的 α-淀粉酶产量分别为 270units/mL 和 175units/mL，枯草芽孢杆菌的 α-淀粉酶产量分别为 600units/mL 和 265units/mL。Mukherjee 等（2008）将马铃薯皮与白茅按 1∶1（*w/w*）的比例混合，最大限度地产生碱性蛋白酶。Arotupin（2007）研究了多聚半乳糖醛酸酶（polygalacturonase）的生长和产生，这些多聚半乳糖醛酸酶是从各种原始和商业碳基质上的种植土壤中分离出来的黄曲霉。多聚半乳糖醛酸酶在成熟香蕉皮的生长量最大，其次是柑桔皮、未熟车前皮和马铃薯皮，而产生多聚半乳糖醛酸酶的顺序是马铃薯>熟香蕉皮>橘蔗渣>熟车前皮>未熟车前皮>可溶性淀粉>未熟香蕉>木薯皮。Mabrouk 和 El Ahwany（2008）研究了淀粉液化芽孢杆菌 10A1 在马铃薯果皮上培养生产 β-甘露聚糖酶的条件。他们报道，以 14g/L 的马铃薯皮为碳源，硝酸铵为氮源时产生的酶活性最高（61.5 units/mg 蛋白质）。产酶的最适培养温度和 pH 分别为 35℃和 7。

以马铃薯皮渣为原料，采用 *Saccharomyces cerevisiae* var. *bayanus* 酿酒酵母发酵并生产乙醇。3 种酶组合的酶水解释放出 18.5g/L 还原糖，发酵后产生 7.6g/L 乙醇，证明了其生产乙醇的潜力（Arapoglou et al.，2010）。Khawla 等（2014）证明了利用马铃薯皮废料现场生产的酶替代商业淀粉酶的可能性及其作为生物乙醇原料的潜力。首先，以马铃薯皮为碳源，制备了芽孢杆菌 UEB-S（淀粉酶 UEBS）生产淀粉酶的经济培养基。淀粉酶产量在烧瓶规模达到 15 单位/mL，在发酵罐规模增加到 87 单位/mL。对果皮废弃物的酸水解和酶水解进行了比较研究，结果表明：在最佳条件下，淀粉酶 UEB-S 和淀粉葡萄糖苷酶联合酶处理，还原糖（69g/L）和乙醇（21g/L）的产率显著提高。

生物表面活性剂（微生物产生的表面活性分子）通常用于食品和纺织品等特殊市场，并有提高石油采收率的潜力。目前，生物表面活性剂在石油工业中的应用并不广泛，因为使用昂贵的基质和低效的产品回收方法会导致生产成本高。生物表面活性剂生产的经济性可以通过使用介质优化和使用廉价的碳基质（如农业过程残留物）来显著影响。表面活性剂和农业表面活性剂在农业生产中的应用将产生巨大的经济效益。Bala 等（2002）讨论了从基于单糖的微生物生长培养基、化学纯淀粉培养基、模拟液体和固体马铃薯加工废水介质、商业化制备的矿物盐马铃薯淀粉和马铃薯加工厂的工艺废水中生产表面活性剂的方法。Thompson 等（2001）研究了热处理、去除淀粉颗粒和酸水解等预处理对枯草芽孢杆菌从马铃薯加工废水中生产表面蛋白的影响。Thompson 等（2000）测试了高固体分和低固体分马铃薯加工废水作为表面活性剂生产的基质。他们得出的结论是，低固体分有可能在无需灭菌的情况下用于生产表面活性剂，用于环境修复或石油回收等低价值应用。Noah 等（2002）描述了枯草芽孢杆菌在气升式反应器中从低固体度马铃薯加工废水中连续生产表面蛋白。Das 和 Mukherjee（2007）利用马铃薯皮作为廉价碳源，通过发酵从枯草芽孢杆菌 DM-03 和 DM04 菌株生产粗脂肽生物表面活性剂。他们报告说，这些耐热生物表面活性剂表现出很强的乳化性能，并且可以从饱和的砂充填柱中释放出可观数量的油（Das et al.，2007）。

Govindsamy 等（2013）尝试利用马铃薯粉作为低成本碳源，并对红曲霉生产红色素的培养基（MTCC 369）进行了统计评估。以马铃薯加工废水为原料，利用高浓度固体、淀粉和营养物质，利用产油脂丝状真菌米曲霉（*Aspergillus oryzae*）生产微生物油脂，回收马铃薯加工废水用于生物柴油生产。米曲霉的微生物类脂含有棕榈酸（11.6%）、棕榈烯酸（15.6%）、硬脂酸（19.3%）、油酸（30.3%）、亚麻酸（5.5%）和亚油酸（6.5%）等主要脂肪酸，表明这些脂质适合生产第二代生物柴油（Muniraj et al.，2013）。表 20.3 列出了马铃薯淀粉作为碳源的发酵产物，如酶和有机酸。

表 20.3 以马铃薯淀粉为碳源的发酵产物

发酵产物	微生物	参考文献
耐热普鲁兰酶	*Clostridium thermosulfurogenes* SV2	Rama Mohan Reddy 等 (1999)
葡萄糖淀粉酶	*S. cerevisiae strain* C468	Pavezzi 等 (2008)
乳酸	*R. arrhizus* WEBL 0501	Zhang 等 (2007)
	Lactobacillus amylophilus GV6	Vshnu 等 (2002)
柠檬酸	*A. niger* GCB-47 (parental strain) 和 GC-MC-7 (mutant strain)	Haq 等 (2003)
胆固醇氧化酶	*Streptomyces lavendulae* NCIM 2421	vanma 等 (2003)
耐热 β-淀粉酶	*C. thermosulfurogenes* SV2	Rama Mohan Reddy 等 (2003)
淀粉酶抑制剂	*Streptomyces nigrifaciens* NTU-3314	Su 等 (1984)
乙醇	*A. niger and S. cerevisiae*	Jeon 等 (2007)

Laurinavichene 等（2010）研究了一种综合工艺，利用马铃薯匀浆进行黑暗发酵生产氢气，然后利用紫色非硫细菌光生产氢气。采用间歇式和高速厌氧反应器研究了马铃薯汁在沼气生产中的应用。他们还提出，可以通过蒸发浓缩反应器出水，使其体积最小化，然后用作肥料（Fang et al.，2011）。以丙酸丙酸杆菌和马铃薯汁为氮源和维生素源，开发了一种经济可持续的丙酸发酵工艺。琥珀酸是丙酸的 13g%，可以代表一个潜在的副产品，用来代替氮/维生素的成本（Dishisha et al.，2013）。

20.5 其他应用

20.5.1 动物饲料

青贮饲料是牛的一种重要冬季饲料，通过控制发酵来保存高水分饲料。增加马铃薯浆的使用主要是为了其可以更广泛地作为动物饲料使用（Lisinska et al.，1989）. Okine 等（2005）研究了青贮时添加鼠李糖乳杆菌和米曲霉两种菌剂对马铃薯浆青贮发酵品质、营养成分变化及营养价值的影响。他们得出结论，无论有没有细菌接种剂，马铃薯果肉都能很好的青贮。

Liu 等（2014）报道了利用两步发酵工艺将马铃薯淀粉加工废料转化为单细胞蛋白（single-cell protein，SCP）。他们在紫外线照射和乙基甲基砜诱变后选择了突变株黑曲霉 H3，以获得更多的纤维素酶。用菌株 H3 处理马铃薯废弃物，然后用地衣芽孢杆菌进行液体发酵，得到可作为动物饲料的 SCP。

20.5.2 技术应用

只有小部分马铃薯浆用于工业生产，如胶水的生产（Mayer，1998）。Mayer 和 Hillebrandt（1997）报道了马铃薯浆的微生物特性、物理改性和应用。他们鉴定了自生微生物区系（细菌、真菌），并对其进行了研究，以期微生物的降解潜力和保存马铃薯浆的方法为后续技术应用，如动物饲料和生产胶水。

Gupta 等（2011）报告了利用马铃薯工厂的农业废弃物去除纺织、造纸和皮革工业的染料污染物。以马铃薯茎粉（PSP）和马铃薯叶粉（PLP）为吸附剂，从水溶液中去除阳离子染料［亚甲基蓝（MB）和孔雀绿（MG）］（图 20.4）。他们报告说，粗糙的表面和在 PSP 和 PLP 中的官能团的存在使它们有利于这种应用。

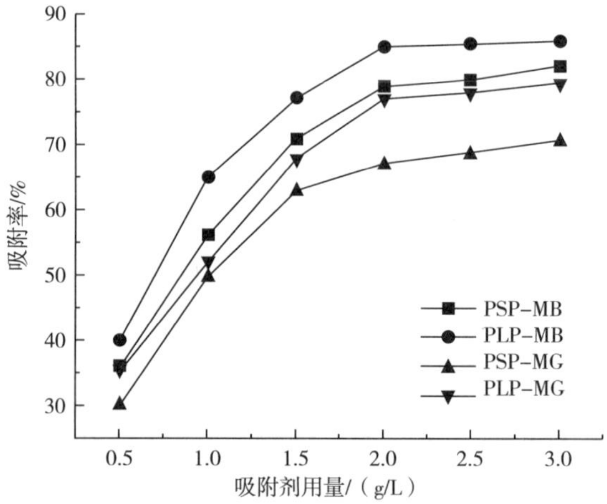

图 20.4 吸附剂用量对 PSP/PLP 吸附 MB/MG 的影响

注：初始染料浓度 10mg/L，pH=7，温度 303K，接触时间 25min。

（资料来源：Gupta 等，2011。）

20.5.3 功能性食品

塔佩是一种受欢迎的印尼美食，具有甜酸和温和的酒精味，它用糯米或木薯块茎发酵后用来做甜点或零食。在 ragi tapé 中存在的微生物中，rouxii 淀粉霉菌在 tapé 发酵中起着至关重要的作用。Arouxii 将淀粉降解为葡萄糖，葡萄糖维持其生长和一些酵母菌和细菌的生长，同时合成乳酸和乙醇。Abe 等（2004）报告称，拉吉塔佩发酵的马铃薯浆可以作为其他塔佩食用。他们通过微生物发酵将马铃薯浆转化为美味的食品，并用马铃薯浆制成的塔佩的微生物区系与用糯米制成的传统塔佩进行比较。

近年来，人们对寻找天然抗氧化剂越来越感兴趣，因为它们可以保护人体免受自由基的侵害，延缓许多慢性疾病的进展。而马铃薯皮可作为天然抗氧化剂的新来源，这是因为马铃薯皮含有酚酸（Lisinska et al.，1987）。Al-Weshahy 和 Rao（2009）分析了加拿大安大略省种植的 6 个品种马铃薯皮样品的多酚含量和抗氧化性能（图 20.5），结果显示与其他品种相比，红色马铃薯品种具有最高的抗氧化潜力。

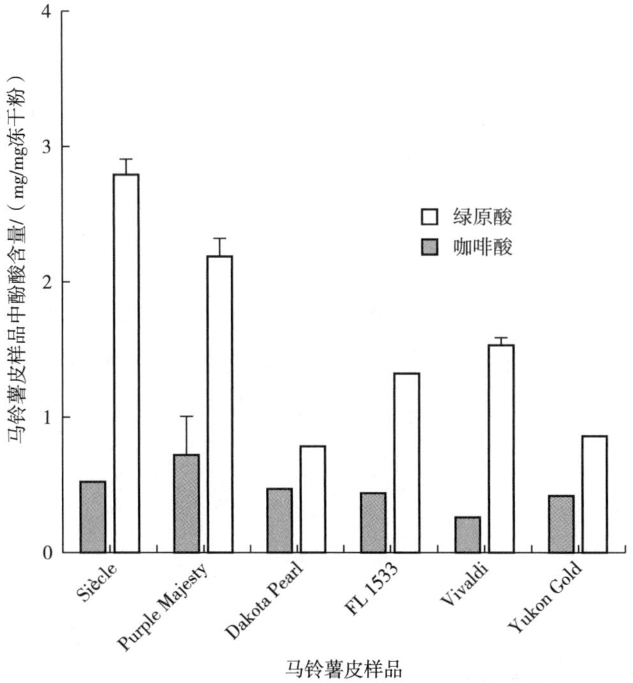

图 20.5　6 个品种马铃薯皮样品提取物的高效液相色谱分析

（资料来源：Weshahy 等，2009。）

马铃薯加工下游废弃物提取物中高含量的绿原酸和咖啡酸使其成为功能食品和营养成分的一个很有前景的候选对象（Wu et al.，2012）。马铃薯皮提取物在食物系统中的抗氧化活性已被研究（Rodriguez de Sotillo et al.，1994a、b）。Singh 等（2008）报道称，由于土豆皮提取物具有抗氧化倾向，它有可能对大鼠的急性肝损伤提供保护。Singh 和 Rajini（2008）研究了马铃薯皮提取物在体外保护红细胞免受氧化损伤的能力，对红细胞氧化损伤的抵抗力，对形态变化和膜结构改变的保护作用。

脂肪和油脂的贮存过程中，在高温下会发生明显的氧化变化，从而降低营养价值和消费者的可接受性。然而，在脂肪和油脂中添加一些合适的抗氧化剂会延缓氧化过程。合成抗氧化剂，特别是丁基羟基甲苯（BHT）和丁基羟基茴香醚（BHA），通常用于防止氧化过程（Sobedio et al.，1991），众所周知，这些合成的抗氧化剂对人体有毒性和一定致癌作用（Ito et al.，1986）。Ziaur-Rehman 等（2004）将精制大豆油在 25℃ 和 45℃ 下贮藏 60d，评价马铃薯皮提取物作为天然抗氧化剂的作用，游离脂肪酸、过氧化值和碘值被用作评估抗氧化活性的标准。他们得出结论，马铃薯皮提取物具有抗氧化活性，并几乎等同于 BHA 和 BHT。因此土豆皮提取物中的油脂等物质可以安全地用作天然抗氧化剂，抑制脂质氧化。

马铃薯皮废料是甾体生物碱的潜在来源，如 α-龙葵碱、α-茶锥碱等，它们是具有生物活性的次级代谢物，可作为具有细胞凋亡、化学预防和抗炎特性的制剂的前体（Hossain et al.，2014）。

膳食纤维来自于肠道中未被酶消化的植物部分。不同种类的植物有不同数量和种类的纤维，包括果胶、树胶、黏液、纤维素、半纤维素和木质素。不溶性纤维有助于治疗和预防便秘、痔疮和憩室病。水溶性纤维结合胆汁酸，提示高纤维饮食可能导致胆固醇排泄增加。众所周知，膳食纤维可以降低患某些癌症的风险，特别是结肠癌，同时，还具有减肥的功能。Kaack 等（2006）比较了 5 种膳食纤维成分的功能特性，分别为干马铃薯膳食纤维（一种商业马铃薯膳食纤维）、2 种由马铃薯浆通过酶水解制备的膳食纤维和一种制作面包的可溶解性膳食纤维。研究了膳食纤维的化学成分对小麦面包的质地、颜色、相对密度和体积的影响。他们得出的结论是，高浓度可溶性膳食纤维、低浓度纤维素和木质素的酶溶纤维可以代替至少 12%的小麦粉来烘烤面包，使其具有诱人的色泽、良好的质地和风味。

参考文献

Abe A, Sujaya I. -N, Sone T, Asano K, Oda Y. Microflora and selected metabolites of potato pulp fermented with an Indonesian starter *ragi tapé*. *Food Technology and Biotechnology*. 2004;42(3):169-173.

Akerberg C, Zacchi G. An economic evaluation of the fermentative production of lactic acid from wheat flour. *Bioresource Technology*. 2000;75:119-126.

Al-Weshahy A, Rao A. V. Isolation and characterization of functional components from peel samples of six potatoes varieties growing in Ontario. *Food Research International*. 2009;42:1062-1066.

Amar-Lewis E, Azagury A, Chintakunta R, Goldbart R, Traitel T, Prestwood J, Landesman-Milo D, Peer D, Kost J. Quaternized starch-based carrier for siRNA delivery: from cellular uptake to gene silencing. *Journal of Controlled Release*. 2014;185:109-120.

Arapoglou D, Varzakas T h, Vlyssides A, Israilides C. Ethanol production from potato peel waste (PPW). *Waste Management*. 2010;30(10):1898-1902.

Arotupin D. J. Effect of different carbon sources on the growth and polygalacturonase activity of *Aspergillus flavus* isolated from cropped soils. *Research Journal of Microbiology*. 2007;2(4):362-368.

Asano M, Fukuzaki H, Yoshida M, Kumakura M, Mashimo T, Yuasa H, Imai K, Yamanaka H, Kawaharada U, Suzuki K. In vivo controlled release of a luteinizing hormone-releasing hormone agonist from poly(DL-lactic acid) formulation of varying degradation pattern. *International Journal of Pharmaceutics*. 1991;67:67-77.

van Aerde P, Remon J. P. In vitro evaluation of modified starches as matrices for sustained release dosage form. *International Journal of Pharmaceutics*. 1988;45:145-152.

Bala G. A, Bruhn D. F, Fox S. L, Noah K. S, Thompson D. N. Microbiological production of surfactant from agricultural residuals for IOR application. In: *Proceedings-SPE Symposium on Improved Oil Recovery*. 2002:1003-1011.

Beilvert A, Chaubet F, Chaunier L, Guilois S, Pavon-Djavid G, Letourneur D, Meddahi-Pellé A, Lourdin D. Shape-memory starch for resorbable biomedical devices. *Carbohydrate Polymers*. 2014; 99 (2): 242-248.

Boesel L. F, Mano J. F, Elvira C, San Roman J, Reis R. L. Hydrogels and hydrophilic partially degradable bone cements based on biodegradable blends incorporating starch. In: ChielliniE, ed. *Biodegradable Polymers and Plastics*. Dordrecht: Kluwer Academic; 2003.

Chen D, Lawton D, Thompson M. R, Liu Q. Biocomposites reinforced with cellulose nanocrystals derived from potato peel waste. *Carbohydrate Polymers*. 2012;90(1):709-716.

Cummings J. H, Beatty E. R, Kingman S. M, Bingham S. A, Englyst H. N. Digestion and physiological properties of resistant starch in the human large bowel. *British Journal of Nutrition*. 1996;75:733-747.

Das K, Mukherjee A. K. Comparison of lipopeptide biosurfactants production by *Bacillus subtilis* strains in submerged and solid state fermentation systems using a cheap carbon source: some industrial applications of biosurfactants. *Process Biochemistry*. 2007;42:1191-1199.

Datta R, Tsai S. P, Bonsignor P, Moon S, Frank J. Technological and economic potential of poly(lactic acid) and lactic acid derivatives. *FEMS Microbiology Reviews*. 1995;16:221-231.

Desai S. J, Simonelli A. P, Higuchi W. I. Investigation of factors influencing release of solid drug dispersed in inert matrices. *Journal of Pharmaceutical Sciences*. 1965;54:1459-1464.

Dishisha T, Ståhl Å, Lundmark S, Hatti-KaulR. An economical biorefinery process for propionic acid production from glycerol and potato juice using high cell density fermentation. *Bioresource Technology*. 2013;135:504-512.

Elvira C, Mano J. F, San Roman J, Reis R. L. Starch-based biodegradable hydrogels with potential biomedical applications as drug delivery systems. *Biomaterials*. 2002;23(9):1955-1966.

Fang C, Boe K, Angelidaki I. Biogas production from potato-juice, a by-product from potato-starch processing, in upflow anaerobic sludge blanket (UASB) and expanded granular sludge bed (EGSB) reactors. *Bioresource Technology*. 2011;102(10):5734-5741.

Feustel I. C. Miscellaneous product from potato. In: Talburt W. F, Smith O, eds. *Potato Processing*. New York: Van Nostrand; 1987:727-746.

Friciu M. M, Le T. C, Ispas-Szabo P, Mateescu M. A. Carboxymethyl starch and lecithin complex as matrix for targeted drug delivery: I. Monolithic mesalamine forms for colon delivery. *European Journal of Pharmaceutics and Biopharmaceutics*. 2013;85(3 Part A):521-530.

Forssell P, Lahtinen R, Lahelin M, Myllarinen P. Oxygen permeability of amylose and amylopectin films. *Carbohydrate Polymers*. 2002;47:125-129.

Geresh S, Gdalevsky G. Y, Gilboa I, Voorspoels J, Remon J. P, Kost J. Bioadhesive grafted starch copolymers as platforms for peroral drug delivery: a study of theophylline release. *Journal of Controlled Release*. 2004;94(2-3):391-399.

Gilleland, G. M., Turner, J. L., Patton, P. A., Harrison, M. D., 2001. Modified starch as a replacement for gelatin in soft gel films and capsules. International Patent Number, WO 01/91721 A2.

Gomes M. E, Ribeiro A. S, Malafaya P. B, Reis R. L, Cunha A. M. A new approach based on injection moulding to produce biodegradable starch based polymeric scaffolds: morphology, mechanical, and degradation behaviour. *Biomaterials*. 2001;22:883-889.

Gomes M. E, Godinho J. S, Tchalamov D, Cunha A. M, Reis R. L. Alternative tissue engineering scaffolds based on starch: processing methodologies, morphology, degradation, mechanical properties and biological response. *Materials Science and Engineering C*. 2002;20(1-2):19-26.

Govindsamy S, Bhagat N, Chandrasekaran M. Sequential statistical optimization of red pigment production by *Monascus purpureus* (MTCC 369) using potato powder. *Industrial Crops and Products*. 2013;44:158-164.

Gupta N, Kushwaha A. K, Chattopadhyaya M. C. Application of potato (*Solanum tuberosum*) plant wastes for the removal of methylene blue and malachite green dye from aqueous solution. *Arabian Journal of Chemistry*. 2011 Available online July 30, 2011.

Haq I, Ali S, Iqbal J. Direct production of citric acid from raw starch by *Aspergillus niger*. *Process Biochemistry*. 2003;38:921-924.

Hossain M. B, TiwariB. K, Gangopadhyay N, O'Donnell C. P, Brunton N. P, RaiD. K. Ultrasonic extraction of steroidal alkaloids from potato peel waste. *Ultrasonics Sonochemistry*. 2014;21(4):1470-1476.

Hsieh W. -C, Liau J. -J. Cell culture and characterization of cross-linked poly(vinyl alcohol)-g-starch 3D scaffold for tissue engineering. *Carbohydrate Polymers*. 2013;98(1):574-580.

Huang L. P, Jin B, Lant P. Direct fermentation of potato starch wastewater to lactic acid by *Rhizopus oryzae* and *Rhizopus arrhizus*. *Bioprocess and Biosystems Engineering*. 2005;27:229-238.

Huang L. P, Jin B, Lant P, Zhou J. Simultaneous saccharification and fermentation of potato starch wastewater to lactic acid by *Rhizopus oryzae* and *Rhizopus arrhizus*. *Biochemical Engineering Journal*. 2005;23:265-276.

Hylla S, Gostner A, Dusel G, Anger H, Bartram H. P, Christl S. U, Kasper H, Scheppach W. Effects of resistant starch on the colon in healthy volunteers: possible implications for cancer prevention. *The American Journal of Clinical Nutrition*. 1998;67:136-142.

Ito N, Hiroze M, Fukushima G, Tauda H, Shira T, Tatematsu M. Studies on antioxidant; their carcinogenic and modifying effects on chemical carcinogensis. *Food and Chemical Toxicology*. 1986;24:1071-1081.

Janaswamy S. Encapsulation altered starch digestion: toward developing starch-based delivery systems. *Carbohydrate Polymers*. 2014;101:600-605.

Jeon B. Y, Kim S. J, Kim D. H, Na B. K, Park D. H, Tran H. T, Zhang R, Ahn D. H. Development of a serial bioreactor system for direct ethanol production from starch using *Aspergillus niger* and *Saccharomyces cerevisiae*. *Biotechnology and Bioprocess Engineering*. 2007;12(5):566-573.

Jin B, Huang L. P, Lant P. *Rhizopus arrhizus* -a producer for simultaneous saccharification and fermentation of starch waste materials to L(+)-lactic acid. *Biotechnology Letters*. 2003;25:1983-1987.

Jin B, Yin P, Ma Y, Zhao L. Production of lactic acid and fungal biomass by *Rhizopus* fungi from food processing waste streams. *Journal of Industrial Microbiology & Biotechnology*. 2005;32:678-686.

Kaack K, Pedersen L, Laerke H. N, Meyer A. New potato fibre for improvement of texture and colour of wheat bread. *European Food Research and Technology*. 2006;224:199-207.

Kempf W. Beitrag zur mechanischen Entwasserung von Kartoffelpulpe. *Starch/Starke*. 1980;32:14-20.

Khawla B. J, Sameh M, Imen G, Donyes F, Dhouha G, Raoudha E. G, Oumèma N. -E. Potato peel as feedstock for bioethanol production: a comparison of acidic and enzymatic hydrolysis. *Industrial Crops and Products*. 2014;52:144-149.

Klingspohn U, Schügerl K. Integrated enzyme production in continuous operation by utilization of potato pulp. *Journal of Biotechnology*. 1993;29(1-2):109-119.

Korhonen O, Raatikainen P, Harjunen P, Nakari J, Suihko E, Peltonen S, Vidgren M, Paronen P. Starch acetates— multifunctional direct compression excipients. *Pharmaceutical Research*. 2000; 17 (9): 1138-1143.

Laakso T, Stjärnkvist P, Sjöholm I. Biodegradable microspheres VI: lysosomal release of covalently bound antiparasitic drugs from starch microparticles. *Journal of Pharmaceutical Sciences*. 1987;76(2):134-140.

Laurinavichene T. V, Belokopytov B. F, Laurinavichius K. S, Tekucheva D. N, Seibert M, Tsygankov A. A. Towards the integration of dark-and photo-fermentative waste treatment. 3. Potato as substrate for sequential dark fermentation and light-driven H_2production. *International Journal of Hydrogen Energy*. 2010;35(16): 8536-8543.

Lawton J. W. Effect of starch type on the properties of starch containing films. *Carbohydrate Polymers*. 1996;29:203-208.

Lee J. J, Rhim J. W. Characteristics of edible films based with various cultivars of sweet potato starch. *Korean Journal of Food Science and Technology*. 2000;32(4):834-842.

Lisinska G, Leszczynski W. In: Lisinska G, Leszczynski W, eds. *Potato Science and Technology*. London, UK: Elsevier Applied Science; 1989.

Lisinska G, Leszczynski W. Potato tubers as raw materials for processing and nutrition. In: Lisinska G, Leszczynski W, eds. *Potato Science and Technology*. London, England: Elsevier Applied Science; 1987: 34-38.

Liu B, Li Y, Song J, Zhang L, Dong J, Yang Q. Production of single-cell protein with two-step fermentation for treatment of potato starch processing waste. *Cellulose*. 2014;21:3637-3645.

Mabrouk M. E. M, ElAhwany A. M. D. Production of β-mannanase by *Bacillus amylolequifaciens* 10A1 cultured on potato peels. *African Journal of Biotechnology*. 2008;7(8):1123-1128.

Malafaya P. B, Elvira C, Gallardo A, San Roman J, Reis R. L. Porous starch-based drug delivery systems processed by a microwave treatment. *Journal of Biomaterials Science Polymer Edition*. 2001; 12 (11): 1227-1241.

Mali S, Grossmann M. V. E, Garcia M. A, Martino M. N, Zaritzky N. E. Microstructural characterization of yam starch films. *Carbohydrate Polymers*. 2002;50:379-386.

Marques A. P, Reis R. L, Hunt J. A. In vitro evaluation of the biocompatibility of novel starch based polymeric and composite material. *Biomaterials*. 2001;21:1471-1478.

Mayer F. Potato pulp: properties, physical modification and application. *Polymer Degradation and Stability*. 1998;59:231-235.

Mayer F, Hillebrandt J. O. Potato pulp: microbiological characterization, physical modification, and application of this agricultural waste product. *Applied Microbiology and Biotechnology*. 1997;48:435-440.

Mendes S. C, BovellY. P, Reis R. L, Cunha A. M, de Bruijn J. D, van Blitterswijk C. A. Biocompatibility testing of novel starch-based materials with potential application in orthopaedic surgery. *Biomaterials*. 2001;22: 2057-2064.

Meyer A. S, Dam B. P, Lærke H. N. Enzymatic solubilization of a pectinaceous dietary fiber fraction from potato pulp: optimization of the fiber extraction process. *Biochemical Engineering Journal*. 2009;43:106-112.

Mukherjee A. K, Adhikari H, Rai S. K. Production of alkaline protease by a thermophilic *Bacillus subtilis* under solid-state fermentation (SSF) condition using *Imperata cylindrical* grass and potato peel as low-cost medium: characterization and application of enzyme in detergent formulation. *Biochemical Engineering Journal*. 2008;39:353-361.

Muniraj I. K, Xiao L, Hu Z, Zhan X, Shi J. Microbial lipid production from potato processing wastewater using oleaginous filamentous fungi *Aspergillus oryzae*. *Water Research*. 2013;47(10):3477-3483.

Nagare S, Senna M. Indomethacin nanoparticles directly deposited on the fluidized particulate excipient by pulsed laser deposition. *Journal of Nanoparticle Research*. 2004;6(6):589-593.

Nagare S, Sagawa J, Senna M. Investigation and control of the uniformity of drug nanoparticles directly deposited on the particulate surfaces of excipient by PLD. *Journal of Physics: Conference Series*. 2007;59:88-91.

Nasri-Nasrabadi B, Mehrasa M, Rafienia M, Bonakdar S, Behzad T, Gavanji S. Porous starch/cellulose nanofibers composite prepared by salt leaching technique for tissue engineering. *Carbohydrate Polymers*. 2014; 108(8):232-238.

Nimcevic D, Schuster M, Gapes J. R. Solvent production by *Clostridium beijerinckii* NRRL B592 growing on different potato media. *Applied Microbiology and Biotechnology*. 1998;50:426-428.

Noah K. S, Fox S. L, Bruhn D. F, Thompson D. N, Bala G. A. Development of continuous surfactin production from potato process effluent by *Bacillus subtilis* in an airlift reactor. *Applied Biochemistry and Biotechnology*. 2002;99(1-3):803-814.

Oda Y, Saito K, Yamauchi H, Mori M. Lactic acid fermentation of potato pulp by the fungus *Rhizopus oryzae*. *Current Microbiology*. 2002;45:1-4.

Okine A, Hanada M, Aibibula Y, Okamoto M. Ensiling of potato pulp with or without bacterial inoculants and its effect on fermentation quality, nutrient composition and nutritive value. *Animal Feed Science and Technology*. 2005;121(3-4):329-343.

Pereira A. G. B, Fajardo A. R, Nocchi S, Nakamura C. V, Rubira A. F, Muniz E. C. Starch-based microspheres for sustained-release of curcumin: preparation and cytotoxic effect on tumor cells. *Carbohydrate Polymers*. 2013;98(1):711-720.

PavezziF. C, Gomes E, da Silva R. Production and characterization of glucoamylase from fungus *Aspergillus awamori* expressed in yeast *Saccharomyces cerevisiae* using different carbon sources. *Brazilian Journal of Microbiology*. 2008;39:108-114.

Pereira C. S, Cunha A. M, Reis R. L, Vazquez B, San Roman J. New starch-based thermoplastic hydrogels for use as bone cements or drug-delivery carriers. *Journal of Materials Science: Materials in Medicine*. 1998;9(12):825-833.

Raban A, Tagliabue A, Christensen N. J, Madsen J, Host J. J, Astrup A. Resistant starch: the effect on postprandial glycemia, hormonal response, and satiety. *The American Journal of Clinical Nutrition*. 1994;60:544-551.

Rama Mohan Reddy P, Ramesh B, Mrudula S, Reddy G, Seenayya G. Production of thermostable β-amylase by *Clostridium thermosulfurogenes* SV2 in solid-state fermentation: optimization of nutrient levels using response surface methodology. *Process Biochemistry*. 2003;39:267-277.

Rama Mohan Reddy P, Reddy G, Seenayya G. Production of thermostable pullulanase by *Clostridium thermosulfurogenes* SV2 in solid-state fermentation: optimization of nutrients levels using response surface methodology. *Bioprocess Engineering*. 1999;21:497-503.

Reis R. L, Cunha A. M. Starch and starch based thermoplastics. Biological and biomimetic materials. In: Jurgen Buschow K. H, Cahn R. W, Flemings M. C, Ilschner B, Kramer E. J, Mahajan S, eds. Jurgen Buschow K. H, Cahn R. W, Flemings M. C, Ilschner B, Kramer E. J, Mahajan S, eds. *Encyclopedia of Materials Science and Technology*. vol. 11. Amsterdam: Pergamon-Elsevier Science; 2001:8810-8816.

Reis R. L, Cunha A. M, Allan P. S, Bevis M. J. Mechanical behavior of injection moulded starch based polymers. *Journal of Polymers for Advanced Technologies*. 1996;7:784-790.

Rodriguez de Sotillo D, Hadley M, Holm E. T. Phenolics in aqueous potato peel extract: extraction, identification and degradation. *Journal of Food Science*. 1994;59:649-651.

Rodriguez de Sotillo D, Hadley M, Holm E. T. Potato peel waste: stability and antioxidant activity of a freeze-dried extract. *Journal of Food Science*. 1994;59:1031-1033.

Saito K, Kawamura Y, Oda Y. Role of the pectinolytic enzyme in the lactic acid fermentation of potato pulp by *Rhizopus oryzae*. *Journal of Industrial Microbiology & Biotechnology*. 2003;30:440-444.

Saito K, Noda T, Tsuda S, Mori M, Hasa Y, Kito H, Oda Y. Effect of the dates of extraction on the quality of potato pulp. *Bioresource Technology*. 2006;97:2470-2473.

SanghviP. P, Collins C. C, Shukla A. J. Evaluation of Preflo® modified starches as new direct compression excipients I. Tabletting characteristics. *Pharmaceutical Research*. 1993;10:1597-1603.

Schinzinger O, Schmidt P. C. Comparison of the granulation behavior of three different excipients in a laboratory fluidized bed granulator using statistical methods. *Pharmaceutical Development and Technology*. 2005;10(2):175-188.

Shukla J, Kar R. Potato peel as a solid state substrate for thermostable α-amylase production by thermophilic *Bacillus* isolates. *World Journal of Microbiology & Biotechnology*. 2006;22:417-422.

Silva G. A, Costa F. J, Coutinho O. P, Radin S, Ducheyne P, Reis R. L. Synthesis and evaluation of novel bioactive composite starch/bioactive glass microparticles. *Journal of Biomedical Materials Research Part A*. 2004;70A(3):442-449.

Silva G. A, Coutinho O. P, Ducheyne P, Shapiro I. M, Reis R. L. Starch-based microparticles as a novel strategy for tissue engineering applications. *Key Engineering Materials*. 2006;309-311:907-910.

Silva G. A, Dias A. C. P, Coutinho O. P, Reis R. L. Entrapment ability and release profile of corticosteroids using starch-based microparticles. *Journal of Biomedical Materials Research*. 2005;73A:234-243.

Silva G. A, Pedro T. A, Costa F. J, Neves N. M, Coutinho O. P, Reis R. L. Soluble starch and composite starch Bioactive Glass 45S5 particles: synthesis, bioactivity, and interaction with rat bone marrow cells. *Materials Science and Engineering: C*. 2005;25:237-246.

Singh N, RajiniP. S. Antioxidant-mediated protective effect of potato peel extract in erythrocytes against oxidative damage. *Chemico-Biological Interactions*. 2008;173(2):97-104.

Singh N, Kamath V, Narasimhamurthy K, Rajini P. S. Protective effect of potato peel extracts against carbon tetrachloride-induced liver injury in rats. *Environmental Toxicology and Pharmacology*. 2008;26(2):241-246.

Sobedio J. L, Kaitaramita J, Grandgiral A, Malkkl Y. Quality assessment of industrial pre-fried french fries. *Journal of the American Oil Chemists Society*. 1991;68:299-302.

Sousa R. A, Mano J. F, Reis R. L, Cunha A. M, Bevis M. J. Mechanical performance of starch based bioactive composite biomaterials molded with preferred orientation for potential medical applications. *Polymer Engineering & Science*. 2002;42(5):1032-1045.

Stepto R. F. T. Thermoplastic starch and drug delivery capsules. *Polymer International*. 1997; 43: 155-158.

Su Y. C, Chiu R. J, Yu N, Chang W. R. The microbial production of amylase inhibitor and its application. I. Isolation and cultivation of*Streptomyces nigrifaciens* NTU-3314. *Proceedings of the National Science Council, Republic of China. Part B, Life Sciences*. 1984;8(4):292-301.

Szepes A, Makai Z, Blümer C, Mäder K, Kása Jr. P, Szabó-Révész P. Characterization and drug delivery behaviour of starch-based hydrogels prepared via isostatic ultrahigh pressure. *Carbohydrate Polymers*. 2008; 72(4):571-578.

Talburt W. F. History of potato processing. In: Talburt W. F, Smith O, eds. *Potato Processing*. New York: Van Nostrand; 1987:1-10.

Tarvainen M, Peltonen S, Mikkonen H, Elovaara M, Tuunainen M, Paronen P, Ketolainen J, Sutinen R. Aqueous starch acetate dispersion as a novel coating material for controlled release products. *Journal of Controlled Release*. 2004;96(1):179-191.

Tarvainen M, Sutinen R, Peltonen S, Tiihonen P, Paronen P. Starch acetate-a novel film-forming polymer for pharmaceutical coatings. *Journal of Pharmaceutical Sciences*. 2002;91(1):282-289.

Te Wierik G. H. P, Bergsma J, Arends A. W, Boersma T, Eissens A. C, Lerk C. F. A new generation of starch products as excipient in pharmaceutical tablets. I. Preparation and binding properties of high surface area potato starch products. *International Journal of Pharmaceutics*. 1996;134:27-36.

Te Wierik G. H. P, Eissens A. C, Bergsma J, Arends A. W, Lerk C. F. A new generation of starch products as excipient in pharmaceutical tablets. II. High surface area retrograded pregelatinized potato starch products in sustained-release tablets. *Journal of Controlled Release*. 1997;45:25-33.

Te Wierik G. H. P, Eissens A. C, Bergsma J, Arends-Scholte A. W, Bolhuis G. K. A new generation starch product as excipient in pharmaceutical tablets. III. Parameters affecting controlled drug release from tablets based on high surface area retrograded pregelatinized potato starch. *International Journal of Pharmaceutics*.

1997;157(2):181-187.

Thompson D. N, Fox S. L, Bala G. A. The effect of pretreatments on surfactin production from potato process effluent by *Bacillus subtilis*. *Applied Biochemistry and Biotechnology*. 2001;93(1-3):487-501.

Thompson D. N, Fox S. L, Bala G. A. Biosurfactants from potato process effluents. *Applied Biochemistry and Biotechnology*. 2000;84-86(1-9):917-930.

Torres F. G, Boccaccini A. R, Troncoso O. P. Microwave processing of starch-based porous structures for tissue engineering scaffolds. *Journal of Applied Polymer Science*. 2007;103(2):1332-1339.

Torres F. G, Troncoso O. P, Grande C. G, Díaz D. A. Biocompatibility of starch-based films from starch of Andean crops for biomedical applications. *Materials Science and Engineering: C*. 2011;31(8):1737-1740.

Trojanowski J, Mayer F, Hutterman A. Utilization of potato pulp and potato liquor for the production of laccase by selected basidiomycetes. *Starch/Starke*. 1995;47:116-118.

Tuovinen L, Peltonen S, Järvinen K. Drug release from starch-acetate films. *Journal of Controlled Release*. 2003;91(3, 4):345-354.

Tuovinen L, Peltonen S, Liikola M, Hotakainen M, Lahtela-Kakkonen M, Poso A, Järvinen K. Drug release from starch-acetate microparticles and films with and without incorporated α-amylase. *Biomaterials*. 2004;25(18):4355-4362.

Varma R, Nene S. Biosynthesis of cholesterol oxidase by *Streptomyces lavendu lae* NCIM 2421. *Enzyme and Microbial Technology*. 2003;33:286-291.

Vázquez M. V, Rodríguez M. E. G. Computer simulation of microbial transglutaminase production from potato wastes. *Procedia Food Science*. 2011;1:736-741 11th International Congress on Engineering and Food (ICEF11).

Vigneshwaran N, Nachane R. P, Balasubramanya R. H, Varadarajan P. V. A novel one-pot 'green' synthesis of stable silver nanoparticles using soluble starch. *Carbohydrate Research*. 2006;341(12):2012-2018.

Vishnu C, Seenayya G, Reddy G. Direct fermentation of various pure and crude starchy substrates to L(+) lactic acid using *Lactobacillus amylophilus* GV6. *World Journal of Microbiology & Biotechnology*. 2002;18:429-433.

Woo B. H, Jiang G, Jo Y. W, De Luca P. P. Preparation and characterization of a composite PLGA and poly(acryloyl hydroxyethyl starch) microsphere system for protein delivery. *Pharmaceutical Research*. 2001;18(11):1600-1606.

Wu T, Yan J, Liu R, Marcone M. F, Aisa H. A, Tsao R. Optimization of microwave-assisted extraction of phenolics from potato and its downstream waste using orthogonal array design. *Food Chemistry*. 2012;133(4):1292-1298.

Yoshizawa H, Koishi M. The coating and the encapsulation of an interactive powder mixture and its application to sustained release preparations. *Journal of Pharmacy and Pharmacology*. 1990;42(10):673-678.

Zhang Z. Y, Jin B, Kelly J. M. Production of lactic acid and byproducts from waste potato starch by *Rhizopus arrhizus*: role of nitrogen sources. *World Journal of Microbiology & Biotechnology*. 2007;23:229-236.

Zia-ur-Rehman, Habib F, Shah W. H. Utilization of potato peels extract as a natural antioxidant in soybean oil. *Food Chemistry*. 2004;85(2):215-220.

21 马铃薯的新应用

Lovedeep Kaur, Jaspreet Singh

Riddet Institute and Massey Institute of Food Science and Technology,

Massey University, Palmerston North, New Zealand

21.1 引言

纳米科学是一门制造、研究和模拟至少至一个维度为100nm或更小尺寸的器件结构和原理的科学（Ladisch, 2004）。纳米技术的目的是理解和应用原子级或分子级操纵技术来设计性能改进的新型分子。纳米技术的潜在优势已在许多领域得到验证，例如微电子、航空航天和制药工业。这些成就和发现已开始对食品和农业系统的许多方面产生影响，例如粮食安全、疾病治疗方法、环境保护以及新食品和成分的分子合成（Weiss et al., 2006）。食品纳米技术可以发挥作用的领域包括新型涂料、阻隔层、释放装置和包装材料的开发。在合成聚合物领域通过使用由各种聚合物的连续分子层产生的复合结构，正在开发新的阻隔材料。这种方法可以应用于食品领域（Morris, 2003），若用于医学或药物领域，其生物相容性表面的发展可能导致排斥或抵抗细菌黏附和生物膜形成的新型表面或涂层。胶体科学家在设计、生产纳米晶体和纳米颗粒方面正面临着新的机遇，目前新发现纳米晶体和纳米颗粒可作为非病毒基因载体和分子传递系统进行应用（Morris, 2003）。

在过去的几年中，主要出于环境问题的考虑，可再生来源的聚合物受到了极大的关注。马铃薯淀粉具有较高的水溶性，使得其降解性和降解速率提高，此外，其他一些性质如无毒、易于获取、含量丰富等使得它成为一种可用于各种食品、药物和生物医学应用的、有前途的生物聚合物。已有文献报道了淀粉在骨骼组织工程和骨固定中的作用，如作为药物和激素控制释放的载体、作为水凝胶等（Mano et al., 2004; Won et al., 1997; Lenaerts et al., 1998; Pal et al., 2006; Pereira et al., 1998; Chakraborty et al., 2005）。淀粉基的生物可降解骨骼，能够提供即时的结构支撑，除此之外，由于它们从应用部位降解，而且允许新骨向内生长，从而可以使得骨折得到完全地治愈。（Domb et al., 1996; Pereira et al., 1998）。淀粉纳米颗粒、纳米球和纳米凝胶也已被用作传感器、组织、机械设备和药物输送系统的纳米级结构的基础材料（Chakraborty et al., 2005）。Rajisha 等（2014）报道了使用马铃薯淀粉纳米晶体作为天然橡胶的增强剂。同样，马铃薯皮废料中的纤维素纳米晶体（CNC）也正在作为聚合物基复合材料制造的增强高附加值的助剂（Chen et al., 2012）。

生物可降解塑料被认为是减少塑料对环境影响和发展可持续塑料的众多策略之一（McGlashan et al., 2003）。Osés 等（2009）报道了马铃薯淀粉膜可阻隔氧气并延缓植物油酸败过程。他们还预测，这一结果可以扩展到所有多不饱和脂肪酸含量高的食品上。使用淀粉基保护性涂料和可生物降解的包装材料可以延长食品的保质期，同时解决全球环境问题（Sorrentino et al., 2007）。但是，由于淀粉的阻隔性和机械性能差，其在可生物降解食品包装中的使用受到限制。这些限制可以通过将淀粉与合成聚合物共混或对淀粉进行化学改性来克服。淀粉基可生物降解的塑料材料可以通过多种方法制备：将淀粉包埋在合成聚合物基体中，例如聚乙烯、聚丙烯、聚苯乙烯、聚氯乙烯；与亲水性聚合物［如聚乙烯醇（PVA）］共混；通过取代，共聚，氧化和水解改性淀粉；淀粉在挤压机中起泡；通过在高压和高温下熔融制备热塑性淀粉（TPS）（Kim et al.，2003）。可生物降解淀粉膜的性质取决于淀粉类型、淀粉浓度、淀粉改性类型、改性条件、所用增塑剂的类型和浓度以及干燥条件。据报道，由转基因马铃薯淀粉和小麦面筋制成的复合材料具有良好的阻气性，并可能在多层薄膜包装中得到应用（Muneer et al.，2015）。已有报道将淀粉-纳米黏土复合材料用于包装膜和其他包装材料的制备（Park et al.，2002、2003）。黏土纳米颗粒的掺入显著提高了聚合物的物理性能，例如抗剪切性、耐热性、疏水性和包装材料的力学强度。但是，淀粉-纳米颗粒系统的许多性能仍有待探索。

在本章中，我们将讨论马铃薯及其淀粉在纳米技术中的潜在作用，并重点介绍其在食品和非食品领域的一些新应用。

21.2 生物降解包装

马铃薯生产商目前的目标是生物可降解聚合物的 3 个主要领域：食品和非食品包装，个人和保健用品以及其他一次性用品。这些可生物降解材料的使用能够减缓化石燃料产生的并排放到空气的二氧化碳（Stearns et al.，1994）。马铃薯淀粉基聚合物已被用于制造花生包装、教堂蜡烛杯和高尔夫球场树木，目前已被用于食品包装和许多其他非食品用途。这些产品可以在污水处理厂或土壤堆肥中降解。

聚合物-黏土纳米复合材料（PCN）是一类由有机聚合物基体和亲有机性黏土填料组成的杂化材料，由日本丰田汽车研究人员在 1980 年代末提出（Kawasumi，2004）。他们观察到，添加少量的纳米黏土会增加尼龙的机械和热性能。这种新型聚合物由于其优越的机械强度、耐热性和阻燃性以及更高的阻隔性能，在食品和非食品领域有广泛的应用，如建筑、汽车、航空航天、军事、电子、食品包装和涂料业等（Ray et al.，2006）。

可以根据 PCN 的最终用途，通过控制在其制造过程中聚合物-黏土的相互作用来控制 PCN 的结构和性能。PCN 制备中最常用的纳米级黏土颗粒是蒙脱石，蒙脱石是一种水合氧化铝硅酸盐层状黏土，其层厚为纳米级（Weiss et al.，2006）。层状硅酸盐由于其低成本、丰富度和高纵横比，使能量从一种相转移到另一种相的可能性更大而引起人们的极大兴趣（Pandey et al.，2005）。聚合物中的固体层的分散涉及两个主要步骤：插层和剥离（图 21.1）。在插层过程中，随着延伸的聚合物链扩散到黏土通道中，黏土层之间的间距增加，但是无机层保持相互平行。另一方面，在剥离时，硅酸盐层彼此完全分开并分散在连续的聚合物基质中，而没有黏土颗粒间的相互作用。通常通过诸如 X-射线衍射（XRD）和透射电子显微镜（图 21.2）之类的技术来确认插层和剥落的程度。黏土-聚合物混合物的插层或剥落取决于聚合物基体和有机改性剂的特性。这些特征包括聚合物的性质和类型，包裹密度以及无机表面上有机改性剂的大小（Sorrentino et al. , 2007；Alexandre et al. , 2000；Pantoustier et al. , 2001）。

图 21. 1　聚合物基体材料中完全剥离（分子分散）黏土薄片的 PCN 材料示意图

（资料来源：Fischer，2003；经 Elsevier 允许。）

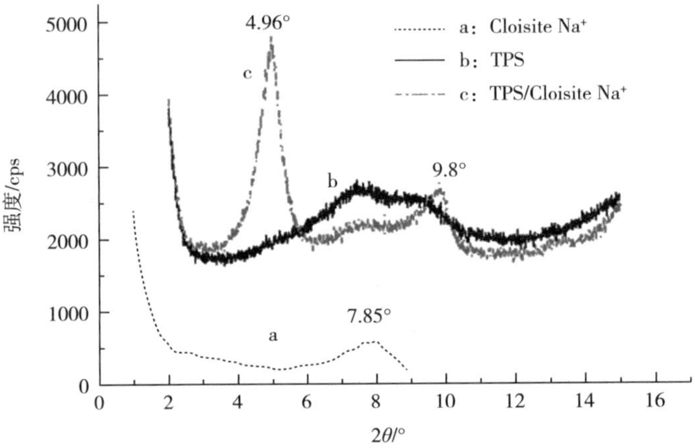

图 21. 2　Cloesite Na^{+}（a）、TPS（b）及 TPS/Cloesite Na^{+}杂化物（痕量）的 XRD 谱图

（资料来源：Park 等，2002；© Wiley-VCH Verlag GmbH & Co. KGaA。）

PCN 的制造过程涉及如下多种方法。

（1）固溶法　将黏土和聚合物溶解在极性有机溶剂中，以避免聚合物在空间的缠绕。溶剂蒸发后，通常会形成插层的纳米复合材料。

（2）原位法或层间聚合　纳米填充剂在液态单体中溶胀，在单体溶剂中完全分散后，添加固化剂，通常会导致纳米复合材料剥落。

（3）熔融插层法　将层状无机物在熔融状态与聚合物混合；这可能会导致剥离或插层纳米复合材料。但是，此过程对温度非常敏感，因为温度不应超过黏土改性剂的分解温度（Pandey et al.，2005）。不过，目前已经报道了一种制备纳米复合材料的新方法，该方法涉及使用研磨工具在室温下进行固态混合（球磨；Mangiacapra et al.，2005；Sorrentino et al.，2005）。这种方法的优点是不需要使用高温或溶剂处理（Sorrentino et al.，2007）。

埃洛石是一种纳米黏土，是一种天然硅酸铝空心圆柱体，长度为 0.5~1μm，外径和内腔分别约为 50nm 和 15nm（Ismail et al.，2008）。埃洛石能够捕获一系列具有特定尺寸的分子，由于其纳米管内部的空隙，可用作活性分子的可行纳米笼（Heet et al.，2012）。He 等（2012）通过将改性的天然埃洛石纳米管添加到马铃薯淀粉基体中来增强埃洛石/马铃薯淀粉复合材料，从而增强了马铃薯淀粉薄膜的机械性能。这些可生物降解，低成本和高强度的薄膜具有作为绿色包装材料的良好潜力（He et al.，2012）。

生物可降解聚合物是指至少有一个降解过程是通过在自然存在的生物存在下进行代谢的高分子材料（Sorrentino et al.，2007）。这些聚合材料可根据其来源分为以下几类：直接从生物质中提取的聚合物，如多糖（淀粉、纤维素）、蛋白质、多肽或多核苷酸；可再生资源通过化学合成方法生产的聚合物，如聚乳酸或生物聚酯；通过微生物生产的聚合物，如细菌纤维素、黄原胶或普鲁聚糖（Sorrentino et al.，2007）。淀粉基的生物可降解材料属于第一类。马铃薯淀粉提高了不可生物降解塑料的生物降解性，也可以与完全可生物降解的合成塑料一起使用来生产低成本的可生物降解塑料（Park et al.，2003）。淀粉基的吸收衬垫也可能是传统的肉类渗出的吸收衬垫的潜在替代品（Smith et al.，1995）。它也可用于制造水果和蔬菜，小吃和其他低水分食品/药用物品的包装膜。然而，马铃薯颗粒淀粉的主要缺点是颗粒尺寸大（5~100μm），加工性能有限。因此，难以制造有效机械和阻隔性能的用于包装的吹塑薄膜。淀粉的化学改性或淀粉的增塑可有助于改善最终产品的机械强度。

TPS 是应用最广泛的生物塑料，占生物塑料市场的 50%，通常从马铃薯或玉米中提取（Robertson，2006）。TPS 是通过在加热和加压（以及增塑剂）的情况下，6%~10%的水分下使淀粉糊化形成的，从而提供了良好的产品性能（George et al.，1994；Usuki et al.，1993）。制备 TPS 常用的增塑剂有甘油和其他低分子质量多羟基化合物、聚醚、尿素和水，添加这些增塑剂是为了减少分子内氢键，使产品性能稳定（Sorrentino et al.，2007）。然而，由于最终产品的强度低且耐水性差，TPS 仍需要与其他聚合物共混，例如聚乙烯（乙烯-共-乙烯醇）（Park et al.，2003）。据报道，添加黏土作为潜在的填料，改善了 TPS 在各种应用中的性能（Sorrentino et al.，2007；Park et al.，2003、2002；Chen et al.，2005；de Carvalho et al.，2001；McGlashan et al.，2003；Wilhelm et al.，2003；Yoon et al.，2006）（图 21.3）。但是，机械性能和热性能的改善程度取决于所用淀粉和纳米黏土的类型，以及填料在聚合物基质中的分散程度（如上所述）。Park 等（2003）利用熔融嵌入法，研究了两种不同的黏土对马铃薯 TPS-黏土纳米复合材料的拉伸，机械和热性能的影响，两种不同的黏土一种是有机改性的 Cloisite 30B，铵离子位于硅中，另一种是未经改性的 Cloisite Na^+。他们发现，与水蒸气相比，TPS-Cloisite Na^+纳米复合材料比 TPS-Cloisite 30B 纳米复合材料具有更高的拉伸强度，机械稳定性，在水蒸气阻隔性能方面，具有更好的阻隔效果（图 21.4、图 21.5、表 21.1）。另外，添加少量的纳米黏土（小于 5%）会增加降解温度，并降低 TPS 的相对水蒸气扩散系数。

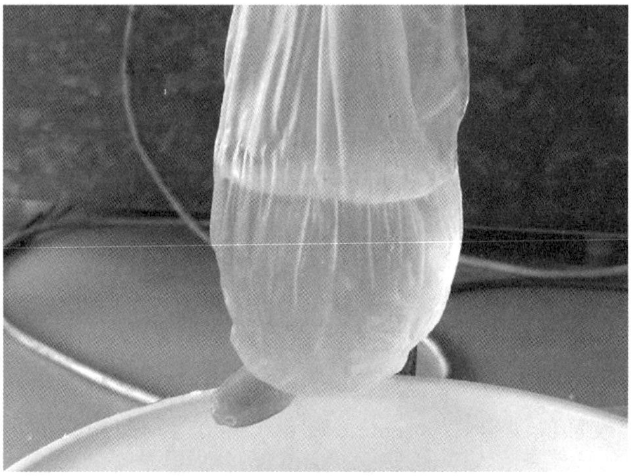

图 21.3 通过吹膜技术制成的淀粉-黏土纳米复合袋

注：该袋子装满水后存放，3 周后没有泄露或失效。

（资料来源：Fischer，2003；经 Elsevier 允许。）

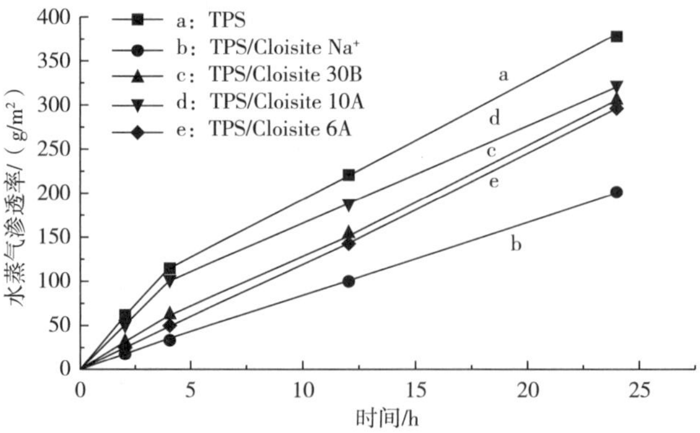

图 21.4 不同种类黏土的 TPS-黏土混合体在 24℃下的水蒸气渗透特性

（资料来源：Park 等，2002；© Wiley-VCH Verlag GmbH & Co. KGaA。）

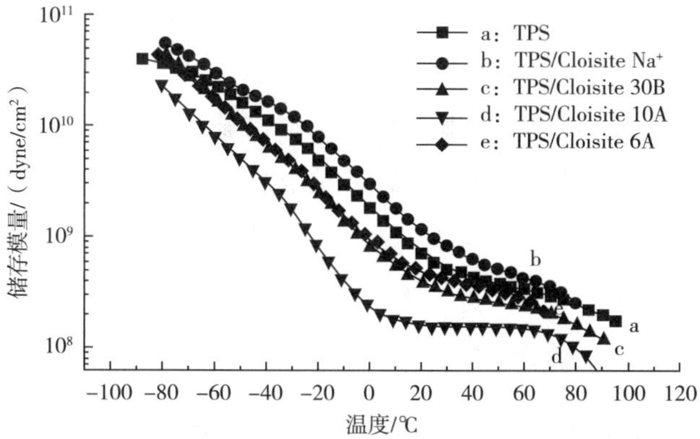

图 21.5 不同类型黏土的 TPS 混合材料的典型储存模量特性

（资料来源：Park 等，2002；© Wiley-VCH Verlag GmbH & Co. KGaA。）

表 21.1 TPS 黏土含量为 5 wt%（湿基含量）的黏土的拉伸性能

黏土类型	拉伸强度/MPa	断裂延伸率/%
Cloisite Na*	3.32	57.2
Cloisite 30B	2.80	44.5
Cloisite 10A	2.14	34.9
Cloisite 6A	2.51	38.0
空白对照/%	2.61	47.0

（资料来源：Park 等，2002；© Wiley-VCH Verlag GmbH & Co. KGaA。）

传统泡沫塑料包装的重量轻、体积大，由于其处理和运输成本高，给公司带来了一个主要的处理问题（Nabar et al.，2006）。通过使用尿素作为增塑剂进行熔融加工，可以制备出良好机械和阻隔性能的新型 TPS-黏土纳米复合泡沫材料（Chen et al.，2005）。据报道，使用尿素作为增塑剂可避免 TPS 在贮存过程中开裂，并增强铵处理过的黏土在 TPS 中的分散性。一些研究人员已经制备出了 PVA-淀粉的挤出泡沫，其性能与传统的包装泡沫相似，可以安全地在土壤中或堆肥过程中降解掉（Lacourse et al.，1991；Roesser et al.，2000）。化学改性淀粉，如羟丙基和乙酰化淀粉，也被用于这些泡沫产品的制备，起到缓冲和绝缘作用。Altieri 和 Tessler（1996）用淀粉和淀粉酯的混合物制备了耐水泡沫。一些聚合物，如聚己内酯、醋酸纤维素、聚乙烯（乙烯-乙烯醇）和聚乙烯（乙烯-丙烯酸）等被用来增加淀粉基泡沫包装的疏水性（Nabar et al.，2006）。据报道，添加纤维（>30%）可以提高淀粉基泡沫托盘的机械强度（Yu et al.，2006）。2005 年，据报道，马铃薯淀粉作为填充剂用于高密度聚乙烯复合材料（Szymanowski et al.，2005）。利用甲烷射频辉光放电改变淀粉的表面性质，然后用聚乙烯改性马铃薯淀粉制备复合材料。与未改性淀粉填充的聚乙烯样品相比，填充改性淀粉的聚乙烯样品的机械性能有所改善。

Muneer 等（2015）报道，使用经过基因修饰的马铃薯淀粉，来增加支链淀粉部分中葡聚糖链的长度和提高直链淀粉含量，用此淀粉跟小麦面筋来生产良好的机械性能和气体阻隔性能的复合材料。挤压生产的复合材料的纳米形态显示，改性马铃薯淀粉具有特征性层状排列的半晶体结构，其周期约为 100-Å，通过小角 X-射线散射和广角 X-射线分别检测时发现该样品具有 B 型晶体结构（图 21.6）。在一定的环境条件下，这些含 45%甘油的小麦面筋-马铃薯淀粉复合材料（70/30）显示出优异的阻气性，有待在多层膜包装应用中进一步研究。

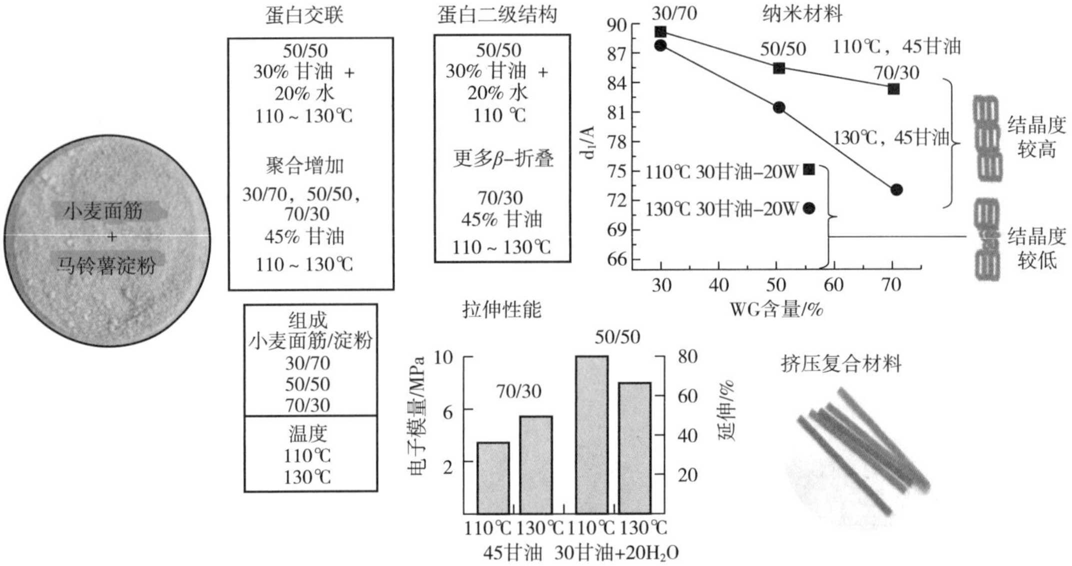

图 21.6 温度和混合物组成对小麦面筋蛋白聚合、二级结构以及挤压的小麦面筋改性马铃薯淀粉复合材料的纳米形态和力学性能的影响的示意图

（资料来源：Muneer 等，2015；Copyright，2015，American Chemical Society。）

生物塑料应用的问题不仅来自于高度发达的合成聚合物的（价格）竞争，还来自于其自身性能的不足。迄今为止，降低亲水性和增加机械性能值的可能方法有：①用疏水性材料作为加工过的生物塑料材料的涂层；②与不同的疏水性，可生物降解的合成聚合物（聚酯）共混；③天然聚合物反应挤压的新方法（接枝和共聚，挤压过程中的酯化）。在热塑性有机生物聚合物和以分子规模结合的纳米级无机颗粒的复合材料中，可以看到这一方向的新可能性（Fischer et al.，2001；Fischer，2003）。

淀粉基可生物降解塑料是全球包装行业的未来。但是，对于研究这些塑料的持久性和可降解性没有给予足够的重视。降解是由于诸如光、热、机械破坏等因素而导致聚合物性能下降的过程，结果导致材料的寿命受到限制；因此，应该对这些聚合物的降解和稳定性进行研究，以更好地了解这种现象，这将确保产品的长寿（Pandey et al., 2005）。与淀粉一起使用的合成聚合物组分，即使在淀粉被完全生物降解后，仍保持未降解状态。同样，当淀粉与某些聚合材料混合时，存在相分离的问题，会对产品的机械性能产生不良影响（Kim et al., 2003）。据报道，用短纸浆纤维增强淀粉基塑料薄膜可改善机械性能（Kim et al., 2003; Tsiapouris et al., 2000），使用天然纤维增强天然聚合物的一大优势是它们的相容性（Yu et al., 2006）。

21.3 纤维增强的生物可降解复合材料、用于航空航天、汽车及其他领域的构建部件

纤维增强的生物可降解塑料由于其优异的机械性能，如高强度和刚度，其质量轻、低成本，因此越来越流行于各领域。为此目的研究的各种植物纤维包括黄麻、亚麻、麻、油棕纤维和由再生纤维素制成的纤维。天然纤维具有出色的断裂长度的机械性能和弹性模量特性（如 E 玻璃纤维增强体），并且增强了可生物降解的聚合物（如马铃薯淀粉的机械强度）（Riedel, 1999）。这些生物复合材料是通过将这些纤维包埋入由淀粉、乳酸、纤维素等衍生物制成的生物聚合基质中制成的（Yu et al., 2006）。

配制这些材料是为了满足常用制造技术的加工要求，例如热压成型、挤压蒸煮、浇注成型等。良好的纤维基质黏合体系的基本要求是增强体系的浸渍性能（Riedel, 1999）。纤维素增强的马铃薯淀粉（通常为 TPS）是天然聚合物复合材料的一个典型示例。淀粉需要进行物理或化学改性，以适合加工为热塑性树脂。另一个常用的选择是添加共聚物，甚至可以是石油化学来源的共聚物（如 Mater-Bi; Bastioli, 1998）。然而，通过添加增塑剂或通过乙酰化将马铃薯淀粉酯化可以得到相同的效果。

除了具有连续纤维增强材料的各向异性和专门定制的结构部件外，据报道，生物复合材料还非常适合用于汽车、铁路和飞机的镶板元件，它们使用的是单纤维的各种非织造材料（Riedel, 1999）。2001 年，据报道有一种纤维增强的模制塑料零件的制造工艺，该工艺使用丙酸纤维素，热塑性马铃薯淀粉和亚麻纤维（Foelster et al., 2001）。这些模制塑料部件具有优异的稳定性和强度，并且可用作卡车、乘用车、铁路车辆或飞机的模制部件，尤其是它们的车身和/或其镶板。有人提出，生物复合材料可能适用于室内应用，如家具和电子产品包装（Riedel et al., 2003）。但是，应进一步研究开发具有阻燃性能的生物复合材料，以用于某些应用，如铁路车厢和飞机机体的内饰层。在汽车、铁路设计、家具业和休闲业中，需要探索淀粉基生物复合材料的进一步应用（Riedel, 1999）。

21.4 可食性薄膜

可食用的薄膜和涂层是一种薄的、连续的食用材料层，用作涂层或作为薄膜置于食品成分之间，以作为传质的屏障（Balasubramanian et al.，1997；Guilbert et al.，1997）。这些薄膜/涂层在某些应用中具有取代传统包装的潜力。淀粉，如马铃薯淀粉、纤维素衍生物和植物胶是在食品包装和保鲜中用作可食用涂层和薄膜的一些材料（Bertuzzi et al.，2007）。这些可食用薄膜的使用可以延长保质期，并改善食品和药品的质量和操作性能（Talja et al.，2008a）。食用薄膜可能是将诸如抗菌剂、调味剂和着色剂等物质掺入食品中的一种可能方式（Han，2002），也可用于药物的控释（Tuovinen et al.，2003），或食品和包装材料中的活性成分（Talja et al.，2008a）。

可食用的薄膜应具有良好的水蒸汽阻隔性能（低或没有水蒸气在薄膜中的渗透和扩散），阻隔水蒸气的性能不会随着相对蒸汽压的增加而增加，增加很少是可以接受的（Lawton，1996）。薄膜应能承受一定程度的机械应力和机械应变，使它们在适当的机械力下不容易破裂（Talja et al.，2008a）。因此，淀粉基薄膜的组成是影响其阻隔性能和机械性能的重要因素。同样，淀粉基的可食用薄膜可能会对食品的感官和质地特征产生影响。

可食用的涂层可通过添加液膜形成溶液或通过熔融化合物，使用刷子或通过喷涂、浸渍或流化直接施涂在食品上形成，作为食品的一个组成部分（Sorrentino et al.，2007）。另一方面，可食薄膜首先使用流延或挤压工艺形成后应用于食品。马铃薯淀粉基薄膜可以有效地阻止氧气和二氧化碳的传输，但对水蒸汽的阻断又很差。淀粉的亲水性是其在可食用薄膜中使用的主要限制，可以通过添加脂质加以改善。

据报道，可食性薄膜的功能、感官、营养和机械性能会因添加少量的增塑剂，如甘油或表面活性剂或两者都少量的添加而发生改变（Rodriguez et al.，2006）。甘油是一种与淀粉相容的增塑剂，通常用于改变薄膜的机械特性，例如薄膜的柔韧性，促进薄膜的处理并防止破裂。薄膜中甘油的存在会减慢淀粉的消化，这是一个潜在的饮食用途特点（Hernández et al.，2008）。

Talja 等（2008b）使用从不同马铃薯品种中提取的各种马铃薯淀粉，制备了由木糖醇和山梨糖醇的二元混合物增塑的马铃薯淀粉基薄膜，发现马铃薯淀粉的直链淀粉含量为11.9%~20.1%。他们报道说，薄膜的机械性能和水蒸汽渗透性不受淀粉中直链淀粉含量的影响。

表面活性剂（如 Tween 20）通过降低表面张力来改善成膜液的润湿性（Hiemenz et al.，1997；Rodriguez et al.，2006）。据报道，表面活性剂的存在可增强甘油薄膜的可塑性，并增加其水蒸汽渗透性，这可能是由于甘油与表面活性剂之间的某些相互作用使得更多的分子迁移（Rodriguez et al.，2006）。

Zavareze 等（2012）使用氧化和湿热处理的淀粉制作马铃薯淀粉薄膜。但是，他们仅用了一种改性度来生产薄膜。Fonseca 等（2015）研究了次氯酸钠浓度对薄膜形成能力、水溶性、机械性能和水蒸汽透过性的影响。他们报道称，活性氯浓度增加了马铃薯淀粉的氧化强度。同样，用氧化淀粉生产的薄膜具有不同的性质，这取决于氧化程度。与天然淀粉膜相比，无论使用多少淀粉，用活性氯含量最高（1.5g/100g）的氧化淀粉制成的膜均显示出较低的拉伸强度。但是，这些薄膜显示出较低的水溶性和水蒸汽渗透性，因此与天然淀粉薄膜相比，氧化淀粉薄膜可以在水分活度更高的产品中使用（Fonseca et al.，2015；表 21.2）。

表 21.2 不同浓度的活性氯氧化马铃薯淀粉薄膜的厚度、溶解度、颜色、拉伸强度和水蒸气透过性（WVP）

活性氯/（g/100g）	淀粉/（g/100mL）	厚度/mm	溶解度/（g/100g）	L^*	拉伸强度/MPa	WVP/（g mm/m^{2}day kPa）
0	3	0.15c	14.0d	89.6a	3.8d	9.3a
	4	0.18c	23.9b	89.2a	4.3d	9.4a
	5	0.23b	24.8ab	87.7b	6.7a	9.9a
0.5	3	0.16c	12.7e	89.3a	3.5d	8.5a
	4	0.23b	18.2c	88.3ab	3.9d	9.3a
	5	0.28a	21.7bc	87.6b	5.3c	9.5a
1.0	3	0.17c	15.3d	89.4a	4.1d	7.4ab
	4	0.23b	21.9bc	89.1a	5.8bc	7.7ab
	5	0.29a	26.0a	87.7b	6.4ab	7.6ab
1.5	3	0.16c	12.9e	89.7a	1.8e	5.8bc
	4	0.20bc	12.7e	89.4a	1.9e	4.4c
	5	0.25ab	18.3c	88.6b	2.3e	4.5c

注：同一列中的不同字母在统计学上有所差异（$P<0.05$）。

（资料来源：Fonseca 等，2015；经 Elsevier 许可。）

21.5 纺织和造纸

马铃薯淀粉在纺织工业中用于棉、精纺和人造棉纱的上浆（Stearns et al.，1994）。在上浆制作过程中，将上浆剂薄膜涂在纺织纱线上，以便将松散的纤维紧密地粘合到线的表面。这样可以加强并保护纱在编织过程中不受磨损。据报道，与其他淀粉相比，马铃薯淀粉薄膜具有更高的柔韧性和弹性，与玉米淀粉相比，马铃薯淀粉尺寸的经线可以在较低的湿度下进行编织（Stearns et al.，1994）。据报道，化学改性的（羧甲基化的）支链淀粉的马铃薯淀粉被用作天然和/或合成纺织纱线的上浆剂。这种改性淀粉具有更优异的上浆性能，可以赋予上浆纱线有利于后序步骤的织造性能和纺织布洗净性能（Huizenga et al.，1998）。马铃薯淀粉的直链淀粉成分可用于制备可溶于氧化锌的淀粉纳米复合材料（Nano-ZnO），以提供棉织物抗和防紫外线的功能（Vigneshwaran et al.，2006）。与未经处理的棉织物相比，纳米氧化锌浸渍棉织物具有更好的防紫外线性能。

天然和化学改性马铃薯淀粉是造纸工业第二大消耗淀粉，主要用作配料添加剂，仅次于玉米淀粉。淀粉在配料制备过程中用于造纸工业（用作絮凝剂、助留剂、排水助剂和碱性浆液载体），表面施胶剂（用作增强纸张强度和刚度的粘合剂），涂料（用作细颜料的粘合剂，使得颜料平滑而光泽），废水处理剂（作为阳离子聚合物以控制纤维素纤维和颜料的排放），以及在纸板转化为包装等级的过程中（作为多层板制造中的粘合剂，用于波形沟洼和层压的粘合）（Maurer et al.，1998）。

通过接枝乙烯基单体对马铃薯淀粉进行化学改性，可以在不牺牲淀粉可生物降解性的前提下，使得淀粉具有理想的性能（Athawale et al.，2000）。

马铃薯淀粉-接枝-聚丙烯腈已被用作如尿布和卫生巾中的高吸水性材料（Athawale et al.，1998；Fang et al.，2005）。Fu 等（2002）合成了接枝在马铃薯淀粉共聚物上的对丙烯基偶氮苯胺衍生物，其在重金属离子去除和造纸或纺织工业中具有潜在的应用前景。马铃薯淀粉与两性离子单体的接枝共聚在未来也有很大的发展前景，因为所得共聚物可用于纺织品、分散剂、涂料、个人护理配方和水修复等多种商业应用。此外，在电解质和表面活性剂存在的情况下，由于对柱状吸引物（columbic attractions）的屏蔽，这类共聚物保持或增加黏度的可能性变大（Zhang et al.，2002）。

纺织等行业产生的废水和印染废水一般不经进一步处理就排放到周围环境中。这些污染物除了使水变色外，还对水生生物和其他形式的生物有毒（Khan et al.，2007）。据报道，固定化马铃薯酶多酚氧化酶（与硅藻土结合）对于污染水中存在的许多活性纺织染料（如活性蓝 4 和活性橙 86）脱色而言，是一种更经济的选择。

21.6 淀粉球晶和纳米晶体

球晶具有一定程度的径向对称性的半结晶实体，在交叉偏振片之间观察时显示出“马耳他十字”消光图案（Ziegler et al.，2003）。马耳他十字的方向平行于偏振镜和检偏镜的振动方向。这些小颗粒或球晶是双折射的，通常定义为径向折射率和切向折射率之差。在合成聚合物熔体中，它们在高黏度介质中以及一些可以在生长的晶体前沿存在被排斥的杂质时，在高度的过冷（快速淬火）下形成（Ziegler et al.，2003）。另外，还可以通过在食品工业中利用纳米淀粉球粉来实现淀粉与挥发性风味化合物的结合，由于纳米淀粉球尺寸非常小，因此可以结合更多的风味（Conde-Petit et al.，2006）。马铃薯淀粉是成本低的生物聚合物，因此可以用作生产球晶的原料（Zeigler et al.，2003）。淀粉球晶还可以用作控制药物释放的密封剂，也可以用作脂肪模拟物。可以使用差示扫描量热法（differential scanning calorimetry，DSC）或蒸汽喷射蒸煮来生产淀粉球晶。蒸汽喷射蒸煮已经在商业上使用了数十年，以制备用于工业应用的淀粉水溶液。通过在足以引起淀粉颗粒溶胀的温度下将淀粉（和脂肪酸）分散在水中来制备用于蒸汽喷射蒸煮的分散体。DSC 是用于检测一阶（熔融）和二阶（玻璃）热转变的最常用技术。DSC 具有很高的灵敏度和易于使用性，是研究淀粉和球晶的有效手段。此外，使用密封的铝锅进行分析，这可以防止在加热过程中水从悬浮液中流失。天然淀粉颗粒通常表现出正双折射，因为沿链轴的折射率最大，该链轴呈放射状（Nordmark et al.，2002a、b）。但是对于淀粉球晶，有研究表明，主要为负的双折射（Nordmark et al.，2002a、b）。球晶似乎由径向取向的“纤维”组成，如果由链折叠的薄片、双螺旋或具有包含复合物且主链轴垂直于薄片表面的单螺旋组成，则会导致负双折射。

向淀粉中添加各种脂肪酸可以增强球晶的形成过程，有文献已报道了由直链淀粉与各种脂质或脂肪酸的螺旋包合物形成的球晶。通过电子显微镜和 XRD 进行的关于直链淀粉-客体复合物的多个研究表明，这些复合物形成约 100Å 厚的层状单晶，直链淀粉垂直于晶体表面呈链折叠结构（Shogren et al.，2006）。Fanta 等（2006）报道了使用淀粉和各种脂肪酸形成大的球形/裂片和小圆环状的球晶。这些球晶由链折叠的直链淀粉-脂质螺旋层（即晶体薄片）组成，厚度约为 80 Å，螺旋层呈放射状。据报道，球晶的形态取决于薄片的分支以及生长过程中单个薄片的不完全堆积，这是由于未结晶的聚合物链的一部分未被链折叠并因此从薄片表面延伸而产生的排斥力所致（Shogren et al.，2006）。此研究还表明球晶形态受球晶形成速率的影响，而球晶形成速率又取决于诸如脂肪酸的水溶性、冷却速率以及脂肪酸相对于淀粉的使用量等因素（Fanta et al.，2008）。

Singh 等（2010）对使用 DSC 处理过的各种淀粉的过热凝胶（以 5℃/min 从 10℃ 加热到 180℃，在最高温度下保持 1min，然后以 150℃/min 猝灭）进行了极化显微镜检查，以确认球晶的形成。他们观察到高直链玉米淀粉凝胶显示出双折射和较弱的结晶模式，这证明了球晶的存在。蜡质玉米淀粉凝胶没有观察到双折射，而马铃薯淀粉凝胶则有一些双折射（图 21.7）。他们的结果表明，淀粉的直链淀粉含量和加热过程中微晶的熔化在直链淀粉的重结晶过程中起着重要的作用。

有研究报道了天然淀粉经过酸水解可以形成纳米淀粉晶体。通过使天然淀粉低于其糊化温度进行酸水解，其无定形区域被水解，从而分离出结晶残留物（Song et al.，2008；Angellier et al.，2004）。在水解过程中，淀粉的无定形区域被水解掉，获得了 5~7nm 厚、长

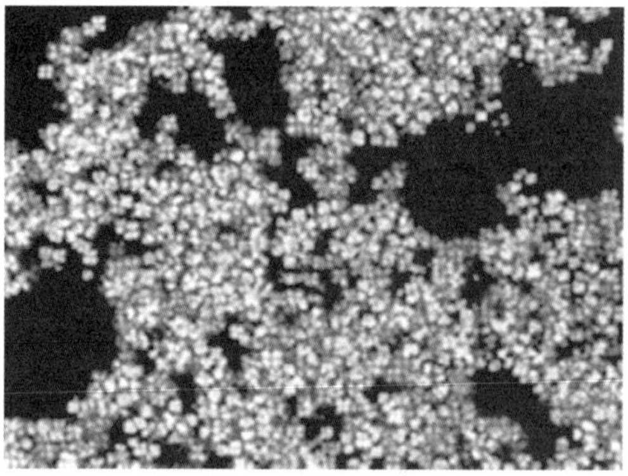

（1）高直链玉米淀粉Ⅰ

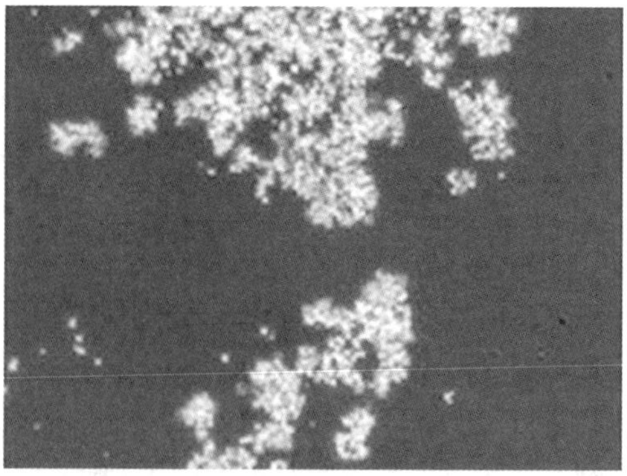

（2）高直链玉米淀粉Ⅱ

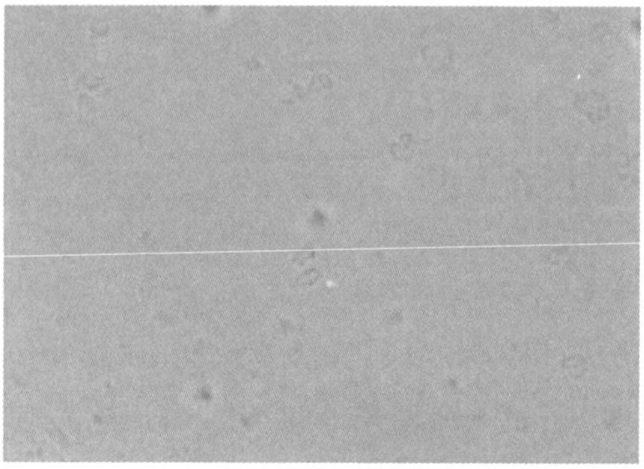

（3）蜡质玉米淀粉

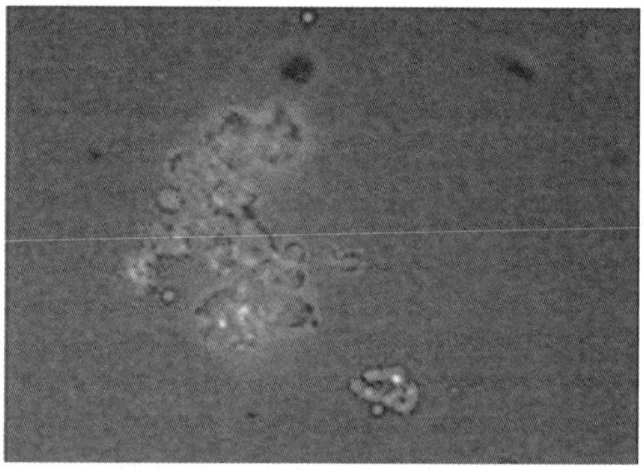

（4）马铃薯淀粉Ⅰ

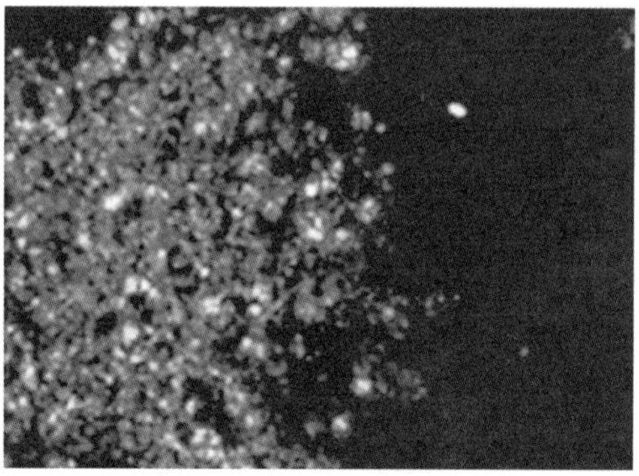

（5）马铃薯淀粉Ⅱ

图 21.7 淀粉球晶的极化显微镜图像

（资料来源：Singh 等，2010；经 Elsevier 允许。）

20~50nm、宽 15~30nm 的纳米晶体。纳米晶体具有平行六面体纳米片的形状。即使平行六面体形状是观察到的一般形状，但也可以区分许多不同的组织，比如少量的边缘朝上的纳米片堆叠。可以使用 H_2SO_4 通过酸水解从马铃薯淀粉颗粒中获得这种纳米晶体，它用作聚合物基质中的增强相，能够显著地改善机械性能。酸水解对淀粉的破坏取决于多种因素，例如植物来源，即晶体类型、直链淀粉和支链淀粉的相对比例以及颗粒形态。酸水解过程中的条件，如酸类型、酸浓度、温度和水解持续时间，也对其有显著影响（Angellier et al.，2004）。Rajisha 等（2014）报道了使用马铃薯淀粉纳米晶体作为天然橡胶的增强剂。他们通过 X-射线衍射图观察到，在天然橡胶中添加淀粉纳米晶体会导致复合材料的整体结晶度和强度增加（图 21.8、图 21.9）。结果表明，这些对环境友好的马铃薯淀粉纳米晶体增强的天然橡胶纳米复合材料具有取代常规聚合物复合材料（如炭黑）和纳米复合材料的潜力。性能的总体改善归因于在纳米复合材料网络内可能形成的淀粉纳米晶体的三维网状结构。

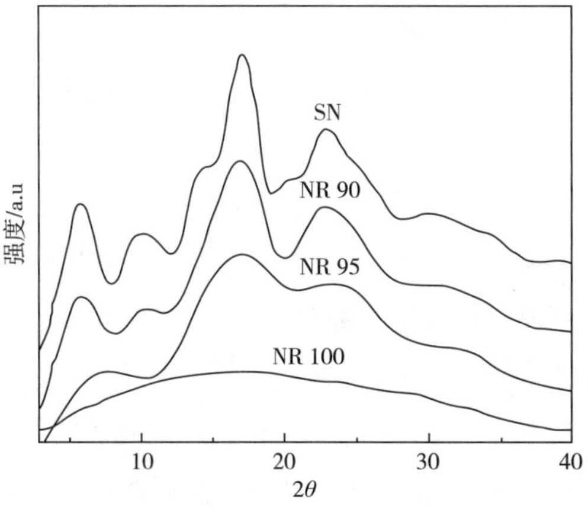

图 21.8 马铃薯淀粉纳米晶体/天然橡胶纳米复合薄膜的 XRD 图谱

注：NR 100、NR 95 和 NR 90 是分别包含 0%、5%和 10%马铃薯淀粉的薄膜；SN 是马铃薯淀粉纳米晶体。

（资料来源：Rajisha 等，2014；经 Elsevier 许可。）

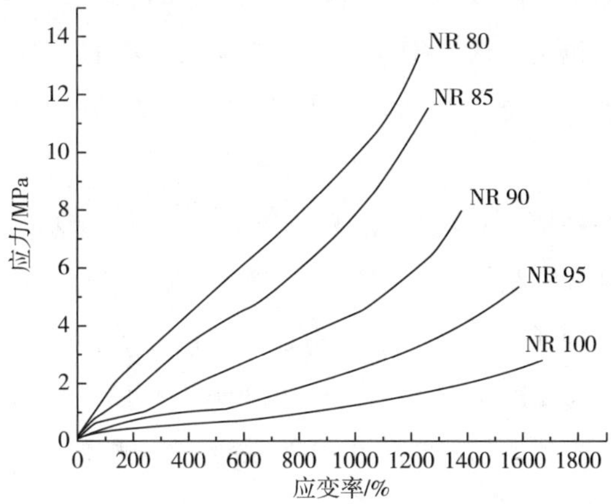

图 21.9 淀粉纳米晶体/NR 纳米复合材料的应力-应变率曲线

注：NR 100、NR 95、NR 90、NR 85 和 NR 80 是分别包含 0%、5%，10%，15%和 20%马铃薯淀粉的薄膜。

（资料来源：Rajisha 等，2014；经 Elsevier 许可。）

21.7 马铃薯废料利用及其他用途

已经引进了转基因马铃薯（Genetically modified，GM），其果糖的含量是普通马铃薯的几倍（Somasekhar，2001）。果糖通常通过工业过程中玉米淀粉的酶促转化而产生。但是，科学家已经应用基因融合技术将马铃薯中贮存的淀粉（40%~60%）转化为植物中的果糖。马铃薯加热和捣碎后会释放出果糖。通过插入两种编码酶，即α-淀粉酶和葡萄糖异构酶的基因对马铃薯进行了修饰。除了用于食品工业外，这些转基因马铃薯中的果糖还可以用于低成本乙醇生产，从而为汽车提供燃料。Thanavala 等（2005）进行了一项双盲安慰剂对照试验，以评估转基因马铃薯中表达的乙型肝炎表面抗原的免疫原性，并将其通过口服接种给先前接种过疫苗的个体。他们得出的结论是，马铃薯块茎口服疫苗可预防乙型肝炎病毒，这应该被视为全球免疫计划的可行性组成部分。

欧洲的各种研究项目正在尝试寻找一种较便宜的多羟基链烷酸酯（PHA）制造技术，该技术可通过识别造成细菌的单个基因和基因组，从而用于生产可生物降解的包装材料，在细菌中生产 PHA（如 3HB、3HV 和 4HV-PHA），然后在烟草、油菜、豌豆和马铃薯等植物中表达这些基因。这种新的制造过程作为分子农业而被熟知（Canadian Agri-Food Research Council，2003）。

据报道，来自马铃薯加工业的废料已变成可生物降解的包装托盘，这些托盘主要具有环保的优势，并与常规塑料制成的托盘有相同的性能（Storey，2003；Murphy et al.，2004）。据估计，英国马铃薯产品生产商每年会产生约 17000t 废料，这些废料可转化为可生物降解的塑料，以满足可预见的包装需求。据报道，来自加工废料的淀粉性能甚至比纯马铃薯淀粉还要好，并且已证明该包装非常适用于保质期相对较短的水果和蔬菜一次性使用（图 21.10）。

Kang 和 Min（2010）将高压均质化（138 MPa）应用于马铃薯皮匀浆，以分解溶液中的生物聚合物颗粒，使其尺寸足够小，以用于生物聚合物膜的形成。他们认为生产的马铃薯皮薄膜具有可用于低水分或中等水分的食品包装的良好潜力。此外，甘油和大豆卵磷脂的添加量被认为是马铃薯皮生产生物聚合物薄膜过程中的重要控制变量。

据报道，从马铃薯浆中提取的纤维素微纤维是有效的增强剂（Dufresne et al.，2000）。这些微纤维的直径约为 10nm，长度约为 10~100μm，这是通过碱洗、漂白和最后的机械研磨制成的。这些长纤维保留了非晶态区域，这削弱了它们的硬度（Chen et al.，2012）。Chen 等（2012）从马铃薯皮废料中制备了 CNCs，以去除这些较弱的区域，目的是为聚合物基质复合材料制造提供高附加值的增强剂。他们报道称，通过加入这些 CNCs，即使在 1%~2% 的低载荷下，CNC 填充的 PVA 和 TPS 膜的机械性能和阻隔性能也得到了改善。尽管通过在

图 21. 10 各种以马铃薯淀粉为主的包装产品（Potatopak NZ Ltd.）

测试的聚合物薄膜中加入这些 CNCs 进行改进，但考虑到制备成本，相比于其他类似商业填料（如纳米黏土或碳纳米管）的变化很小（Chen et al.，2012）。CNCs 已在结构塑料、智能涂料、化妆品、药品和太阳能收集中广泛使用（Chen et al.，2012）。

一些研究人员正在将马铃薯废料转化为一些高价值产品，例如黄原胶和聚乳酸，否则这将是一项高成本的废料管理方面的挑战（Robertson，2006）。Ansari 等（2014）使用马铃薯皮作为低成本的营养来源，用于从细菌分离物中生产生物表面活性剂。他们声称马铃薯皮提高了培养物的生长速率，并对生物表面活性剂的生产有积极影响。马铃薯淀粉通过酶水解转化为葡萄糖，这是生产乳酸的原料。然后将乳酸聚合以产生聚乳酸（polylactic acid，PLA）。与其他石油原料塑料相比，PLA 在生产过程中对能源的要求较低，因此在生产各种可降解材料（板、片、膜、纤维、油漆等）方面越来越受欢迎。纤维增强的 PLA 复合材料已用于汽车内饰件的生产中（Kawamoto，2007），但是与石油生产的塑料相比，这些塑料的生产成本非常高，因此开发一种能够更有效地利用能源且成本低的技术至关重要。

参考文献

Alexandre M, Dubois P. Polymer-layered silicate nanocomposites preparation, properties and uses of a new class of materials. *Material Science and Engineering*. 2000;28:1-11.

Altieri, P. A., Tessler, M. M., 1996. Water Humidity Resistant Starch Foams, U. S. Patent 5,554,660.

Angellier H, Choisnard L, Molina-Boisseau S, Ozil P, Dufresne A. Optimization of the preparation of aqueous suspensions of waxy maize starch nanocrystals using a response surface methodology. *Biomacromolecules*. 2004;5:1545-1551.

AnsariF. A, Hussain S, Ahmed B, Akhter J, Shoeb E. Use of potato peel as cheap carbon source for the bacterial production of biosurfactants. *International Journal of Biological Research*. 2014;2:27-31 2014.

Athawale V. D, Lele V. Graft copolymerization onto starch. II. Grafting of acrylic acid and preparation of its hydrogels. *Carbohydrate Polymers*. 1998;35:21-27.

Athawale V. D, Lele V. Syntheses and characterisation of graft copolymers of maize starch and methacrylonitrile. *Carbohydrate Polymers*. 2000;41:407-416.

Balasubramaniam V. M, Chinnan M. S, Mallikarjunan P, Philips R. D. The effect of edible film on oil uptake and moisture retention of deep-fat fried poultry product. *Journal of Food Process Engineering*. 1997;20(1):17-29.

Bastioli C. Starch based bioplastics: properties, applications and future perspectives. In: *Proceedings of the Symposium, Wurzburg*, 11/12. "*Bio logisch Abbaubare Werk stoffe (BAW)*". 1998.

Bertuzzi M. A, Castro Vidaurrea E. F, Armadaa M, Gottifredia J. C. Water vapor permeability of edible starch based films. *Journal of Food Engineering*. 2007;80:972-978.

Canadian Agri-Food Research Council. An Assessment of the Opportunities and Challenges of a Bio-based Economy for Agriculture and Food Research in Canada. 2003. http://www. agwest. sk. ca/bioproducts/documents/OpportunitiesandChallengesofaBio-BasedEconomy. pdf.

Chakraborty S, Sahoo B, Teraka I, Miller L. M, Gross R. A. Enzyme-catalyzed regioselective modification of starch nanoparticles. *Macromolecules*. 2005;38:61-68.

Chen B, Evans J. R. G. Thermoplastic starch-clay nanocomposites and their characteristics. *Carbohydrate Polymers*. 2005;61:455-463.

Chen D, Lawton D, Thompson M. R, Liu Q. Biocomposites reinforced with cellulose nanocrystals derived from potato peel waste. *Carbohydrate Polymers*. 2012;90:709-716.

Chen M, Chen B, Evans J. R. G. Novel thermoplastic starch-clay nanocomposite foams. *Nanotechnology*. 2005;16:2334-2337.

Conde-Petit B, Escher F, Nuessli J. Structural features of starch-flavor com-plexation in food model systems. *Trends in Food Science and Technology*. 2006;17:227-235.

De Carvalho A. J. F, Curvelo A. A. S, Agnelli J. A. M. A first insight on composites of thermoplastic starch and kaolin. *Carbohydrate Polymers*. 2001;45:189-194.

Domb A. J, Manor N, Elmalak O. Biodegradable bone cement compositions based on acrylate and epoxide terminated poly (propylene fumarate) oligomers and calcium salt compositions. *Biomaterials*. 1996; 17: 411-417.

Dufresne A, Dupeyre D, Vignon M. R. Cellulose microfibrils from potato tuber cells: processing and characterization of starch-cellulose microfibril composites. *Journal of Applied Polymer Science*. 2000;76:2080-2092.

Fang J. M, Fowler P. A, Hill C. A. S. Studies on the grafting of acryloylated potato starch with styrene. *Journal of Applied Polymer Science*. 2005;96:452-459.

Fanta G. F, Felker F. C, Shogren R. L, Salch J. H. Effect of fatty acid structure on the morphology of spherulites formed from jet cooked mixtures of fatty acids and defatted cornstarch. *Carbohydrate Polymers*. 2006;66:60-70.

Fanta G. F, Felker F. C, Shogren R. L, Salch J. H. Preparation of spherulites from jet cooked mixtures of high amylose starch and fatty acids. Effect of preparative conditions on spherulite morphology and yield. *Carbohydrate polymers*. 2008;71:253-262.

Fischer H. Polymer nanocomposites: from fundamental research to specific applications. *Materials Science and Engineering C*. 2003;23:763-772.

Fischer S, de Vlieger J, Kock T, Batenburgand L, Fischer H. R. "Green" nano-composite materials-new possibilities for bioplastics. *MRS Symposium Series*. 2001;2001:628.

Foelster, T., Greiner, R., Schaefer, D., 2001. Fiber-reinforced moulded plastic part and process for its manufacture. U. S. Patent 6184272.

Fonseca L. M, Gonçalves J. R, El Halal S. L. M, Pinto V. Z, Dias A. R. G, Jacques A. C, da Rosa Zavareze E. Oxidation of potato starch with different sodium hypochlorite concentrations and its effect on biodegradable films. *LWT-Food Science and Technology*. 2015;60:714-720.

Fu Z. S, Liang W. D, Yang A. M, Wang Z. G. Role and relevance of polarity and hindrance of vinyl monomers in graft copolymerization onto potato starch. *Journal of Applied Polymer Science*. 2002;85:896-899.

George E. R, Sullivan T. M, Park E. H. Thermoplastic starch blends with a poly(ethylene-co-vinyl alcohol): processability and physical properties. *Polymer Engineering and Science*. 1994;34:17-23.

Guilbert S, Cuq B, Gontard N. Recent innovations in edible and/or biodegradable packaging materials. *Food Additives and Contaminants*. 1997;14:741-751.

Han J. H. Protein-based edible films and coatings carrying antimicrobial agents. In: Gennadios A, ed. *Protein-Based Edible Films and Coatings*. Boca Raton, FL: CRC Press LCC; 2002.

He Y, Kong W, Wang W, Liu T, Liu Y, Gong Q, Gao J. Modified natural halloysite/potato starch composite films. *Carbohydrate Polymers*. 2012;87:2706-2711.

Hernández O, Emaldi U, Tovar J. In vitro digestibility of edible films from various starch sources. *Carbohydrate Polymers*. 2008;71:648-655.

Hiemenz P. C, Rajagopalan R. Surface tension and contact angle. In: Hiemenz P. C, ed. *Principles of Colloid and Surface Chemistry*. New York: Marcel Dekker; 1997:248-255.

Huizenga, R., Mantingh, J., Pomp-De Wit, F., 1998. Amylopectin potato starch products as sizing agents for textile yarns. World Intellectual Property Organization, International Patent Application PCT/NL98/00063.

Ismail H, Pasbakhsh P, Ahmad Fauzi M. N, Abu Bakar A. Morphological, thermal and tensile properties of halloysite nanotubes filled ethylene propylene diene monomer (EPDM) nanocomposites. *Polymer Testing*. 2008;27:841-850.

Kang H. J, Min S. C. Potato peel-based biopolymer film development using high-pressure homogenization, irradiation, and ultrasound. *LWT-Food Science and Technology*. 2010;43:903-909.

Kawamoto H. Trends in research and development of plastics of plant origin-from the perspective of nanocomposite polylactic acid for automobile use. *Science and Technology Trends*. 2007;22:62-75.

Kawasumi M. The discovery of polymereclay hybrids. *Journal of Polymer Science, Part A: Polymer Chemistry*. 2004;42:819-824.

Khan A. A, Husain Q. Decolorization and removal of textile and non-textile dyes from polluted wastewater and dyeing effluent by using potato (*Solanum tuberosum*) soluble and immobilized polyphenol oxidase. *Biore-*

source Technology. 2007;98:1012-1019.

Kim D. -H, Na S. -K, Park J. -S. Preparation and characterization of modified starch-based plastic film reinforced with short pulp fiber. I. Structural properties. *Journal of Applied Polymer Science*. 2003; 88: 2100-2107.

Lacourse, N. L. , Altieri, P. A. , 1991. Biodegradable packaging material and the method of preparation Thereof, U. S. Patent 4,863,655(1989); biodegradable shaped products and the method of preparation Thereof, U. S. Patent 5,043,196.

Ladisch M. R. Fundamentals of nanotechnology: relationship to food science and technology. In: *IFT Annual Meeting*, *July* 12-16-*Las Vegas*, *NV*. 2004. http://ift. confex. com/ift/2004/techprogram/paper_21360. htm.

Lawton J. W. Effect of starch type on the properties of starch containing films. *Carbohydrate Polymers*. 1996;29:203-208.

Lenaerts V, Moussa I, Dumoulin Y, Mebsout F, Chouinard F, Szabo P, Mateescu M. A, Cartilier L, Marchessault R. Cross-linked high amylose starch for controlled release of drugs: recent advances. *Journal of Controlled Release*. 1998;53:225-234.

Mangiacapra P, Gorrasi G, Sorrentino A, Vittoria V. Biodegradable nanocomposites obtained by ball milling of pectin and montmorillonites. *Carbohydrate Polymers*. 2005;64:516-523.

Mano J. F, Reis R. L. Viscoelastic monitoring of starch-based biomaterials in simulated physiological conditions. *Materials Science and Engineering A*. 2004;370:321-325.

Maurer H. W, Kearney R. L. Opportunities and challenges for starch in the paper industry. *Starch*. 1998; 50:396-402.

McGlashan S. A, Halley P. J. Preparation and characterization of biodegradable starch-based nanocomposite materials. *Polymer International*. 2003;52:1767-1773.

Morris V. J. Nanotechnology in Food. 2003. http://www. nanotec. org. uk/evidence/26aVicMorris. htm.

Muneer F, Andersson M, Koch K, Menzel C, Hedenqvist M. K. S, Gällstedt M, Plivelic T. S, Kuktaite R. Nanostructural morphology of plasticized wheat gluten and modified potato starch composites: relationship to mechanical and barrier properties. *Biomacromolecule*. 2015;16:695-705.

Murphy R, Bonin M, Hillier B. *Life Cycle Assessment* (*LCA*) *of Potato Starch Based Packaging-Strategic Industry Report STI*/3/011. UK: British Potato Council; 2004.

Nabar Y, Narayan R, Schindler M. Twin-screw extrusion production and characterization of starch foam products for use in cushioning and insulation applications. *Polymer Engineering and Science*. 2006; 46: 438-451.

Nordmark T. S, Ziegler G. R. Spherulitic crystallisation of gelatinized maize starch and its fractions. *Carbohydrate Polymers*. 2002;49:439-448.

Nordmark T. S, Ziegler G. R. Structural features of non-granular spherulitic maize starch. *Carbohydrate Research*. 2002;337:1467-1475.

Osés J, Niza S, Ziani K, Maté J. I. Potato starch edible films to control oxidative rancidity of polyunsaturated lipids: effects of film composition, thickness and water activity. *International Journal of Food Science and Technology*. 2009;44:1360-1366.

Pal K, Banthia A. K, Majumdar D. K. Starch based hydrogel with potential biomedical application as artificial skin. *African Journal of Biomedical Research*. 2006;9:23-29.

Pandey J. K, Reddy K. R, Kumar A. P, Singh R. P. An overview on the degradability of polymer nanocomposites. *Polymer Degradation and Stability*. 2005;88:234-250.

Pantoustier N, Alexandre M, Degee P, Calberg C, Jerome R, Henrist C, et al. Poly(3-caprolactone) layered silicate nanocomposites: effect of clay surface modifiers on the melt intercalation process. *e-Polymer*.

2001;9:1-9.

Park H. W, Lee W. K, Park C. Y, Cho W. J, Ha C. S. Environmentally friendly polymer hybrids: part I. Mechanical, thermal, and barrier properties of thermoplastic starch/clay nanocomposites. *Journal of Materials Science*. 2003;38:909-915.

Park H. -M, Li X, Jin C. -Z, Park C. -Y, Cho W. -J, Ha C. -S. . Preparation and properties of biodegradable thermoplastic starch/clay hybrids. *Macromolecular Materials and Engineering*. 2002;287:553-558.

Pereira C. S, Cunha A. M, Reis R. L, Vazquez B, San Roman S. J. New starch-based thermoplastic hydrogels for use as bone cements or drug-delivery carriers. *Journal of Materials Science: Materials in Medicine*. 1998;9:825-833.

Rajisha K. R, Maria H. J, Pothan L. A, Ahmad Z, Thomas S. Preparation and characterization of potato starch nanocrystal reinforced natural rubber nanocomposites. *International Journal of Biological Macromolecules*. 2014;67:147-153.

Ray S, Quek S. Y, Easteal A, Chen X. D. The potential use of polymer-clay nanocomposites in food packaging. *International Journal of Food Engineering*. 2006;2:1-11.

Riedel U. Natural fibre-reinforced biopolymers as construction materials-new discoveries. In: 2nd *International Wood and Natural Fibre Composites Symposium*, *June* 28-29, *Kassel/Germany*. 1999:1-10.

Riedel U, Nickel J. Applications of natural fiber composites for constructive parts in aerospace, automobiles, and other areas. In: SteinbüchelA, ed. SteinbüchelA, ed. *Biopolymers*. vol. 10. Wiley-VCH; 2003:1-11.

Robertson T. Study Seeks New Uses for Potato Waste. Minnesota Public Radio; 2006. http://news. minnesota. publicradio. org/features/2005/01/27_robertsont_potatowaste/.

Rodríguez M, Osés J, Ziani K, Maté J. I. Combined effect of plasticizers and surfactants on the physical properties of starch based edible films. *Food Research International*. 2006;39:840-846.

Roesser, D. S. , Nevling, J. , Rawlins, D. C. , Billmers, R. J. , 2000. Biodegradable expanded starch products and the method of preparation, U. S. Patent 6,107,371.

Shogren R. L, Fanta G. F, Felker F. C. X-ray diffraction study of crystal transformations in spherulitic amylose/lipid complexes from jet-cooked starch. *Carbohydrate Polymers*. 2006;64:444-451.

Singh J, Lelane C, Stewart R. B, Singh H. Formation of starch spherulites: role of amylose content and thermal events. *Food Chemistry*. 2010;121:980-989.

Smith J. P, Hoshino J, Abe Y. Interactive packaging involving sachet technology. In: Rooney M. L, ed. *Active Food Packaging*. Glasgow: Blackie Academic and Professional; 1995:143-173.

Somasekhar M. Potatoes to Power Cars, Make Soft Drinks. The Hindu; 2001 July 30. http://www. hinduonnet. com/businessline/2001/07/30/stories/073067b1. htm.

Song S, Wang C, Pan Z, Wang X. Preparation and characterization of amphiphilic starch nanocrystals. *Journal of Applied Polymer Science*. 2008;107:418-422.

Sorrentino A, Gorrasi G, Tortora M, Vittoria V, Costantino U, Marmottini F, et al. Incorporation of Mg-Al hydrotalcite into a biodegradable poly(3-caprolactone) by high energy ball milling. *Polymer*. 2005;46:1601-1608.

Sorrentino A, Gorrasia G, Vittoriaa V. Potential perspectives of bio-nanocomposites for food packaging applications. *Trends in Food Science and Technology*. 2007;18:84-95.

Stearns L. D, Petry T. A, Krause M. A. *Potential Food and Nonfood Utilization of Potatoes and Related Byproducts in North Dakota*. Fargo: Agricultural Experiment Station; 1994 Agricultural Economics Report Number 322.

Storey M. Biodegradable Packaging: Spuds Get Packing. Sustainable Technologies Initiative. Oakdene Hollins; 2003. http://www. ohlsti. co. uk/ohl/stipdfs/ohl_sti56. pdf.

Szymanowski H, Kaczmarek M, Gazicki-Lipman M, Klimek L, Woź niak B. New biodegradable material based on RF plasma modified starch. *Surface and Coatings Technology*. 2005;200:539-543.

Talja R. A, Helén H, Roos Y. H, Jouppila K. Effect of type and content of binary polyol mixtures on physical and mechanical properties of starch-based edible films. *Carbohydrate Polymers*. 2008;71:269-276.

Talja R. A, Peura M, Serimaa R, Jouppila K. Effect of amylose content on physical and mechanical properties of potato-starch-based edible films. *Biomacromolecules*. 2008;9:658-663.

Thanavala Y, Mahoney M, Pal S, Scott A, Richter L, Natarajan N, Goodwin P, Arntzen C. J, Mason H. S. Immunogenicity in humans of an edible vaccine for hepatitis B. *PNAS*. 2005;102:3378-3382.

Tsiapouris A, Dresden L. L. Water vapor sorption determination of starch based porous packaging materials. *Starch*. 2000;52:53-57.

Tuovinen L, Peltonen S, Järvinen K. Drug release from starch-acetate films. *Journal of Controlled Release*. 2003;91(3):345-354.

Usuki A, Kojima Y, Kawasumi M, Okada A, Fukushima Y, Kurauchi T, Kamigaito O. Synthesis of nylon6-clay hybrid. *Journal of Materials Research*. 1993;8:1179-1184.

Vigneshwaran N, Kumar S, Kathe A. A, Varadarajan P. V, Prasad V. Functional finishing of cotton fabricsusing zinc oxide-soluble starch nanocomposites. *Nanotechnology*. 2006;17:5087-5095.

Weiss J, Takhistov P, McClements J. Functional materials in food nanotechnology. *Journal of Food Science*. 2006;71:R106-R107.

Wilhelm H. M, Sierakowski M. R, Souza G. P, Wypych F. Starch film reinforced with mineral clay. *Carbohydrate Polymers*. 2003;52:101-110.

Won C. Y, Chu C. C, Yu T. J. Synthesis of starch-based drug carrier for the control/release of estrone hormone. *Carbohydrate Polymers*. 1997;32:239-244.

Yoon S. -Y, Deng Y. Clayestarch composites and their application in papermaking. *Journal of Applied Polymer Science*. 2006;100:1032-1038.

Yu L, Dean K, Li L. Polymer blends and composites from renewable sources. *Progress in Polymer Science*. 2006;31:576-602.

Zhang L. -M, Hu Z. -H. Synthesis and thermal degradation of a novel starch graft copolymer incorporating a sulpfobetaine zwitterionic monomer. *Starch*. 2002;54:290-295.

Ziegler G. R, Nordmark T. S, Woodling S. E. Spherulitic crystallisation of starch: influence of botanical origin and extent of thermal treatment. *Food Hydrocolloids*. 2003;17:487-494.

Zavareze E. D. R, Pinto V. Z, Klein B, El Halal S. L. M, Elias M. C, Prentice-Hernández C, Dias A. R. G. Development of oxidised and heat-moisture treated potato starch film. *Food Chemistry*. 2012;132:344-350.

22 马铃薯蛋白质组学——马铃薯加工业发展的新方法

Cristina Barsan

Université de Toulouse, INP-ENSA Toulouse,

Génomique et Biotechnologie des Fruits, Castanet-Tolosan, France INRA,

Génomique et Biotechnologie des Fruits, Chemin de Borde Rouge,

Castanet-Tolosan, France Led Academy, Toulon, France

22.1 引言

从古至今，食品品质一直为人们所关注。人们倾向地选择营养价值更高、外观更吸引人、香气更浓郁的食物。根据国际马铃薯中心的数据，可食用的马铃薯品种有4000多种。马铃薯在世界主要粮食作物中是独一无二的，它生产的块茎是淀粉、蛋白质、抗氧化剂和维生素的重要膳食来源（马铃薯基因组测序联盟，2011）。它本身可以用作食品，也可以为食品工业提供原料，如淀粉或蛋白质，以及巴丁半乳糖、半乳低聚糖和半乳低聚糖结合物，具有高营养质量和多种健康益处（Seo et al.，2014）。目前，有一系列新的方法可以在更短的时间内提高马铃薯的质量，并取得有针对性的结果。细胞是一个复杂的体系，细胞内所有部件都在一起工作。为了选择具有消费者或食品工业要求的特定品质的植物品种并寻找新的成分，了解这些片段是如何相互作用的，以及各种成分是如何生物合成和降解是至关重要的。2011年，马铃薯基因组测序联盟对马铃薯基因组进行了测序，为马铃薯的选择和改良提供了强有力的工具。然而，尽管基因组学功能强大，但它也有若干局限性：它不能给我们提供所有蛋白质异构体和修饰的集合，它们之间的相互作用，蛋白质及其高阶复合物的结构描述，或者几乎任何“后基因组”。蛋白质组学是对功能基因组学方法的补充，根据定义，它有望产生直接的生物学见解（Tyers et al.，2003）。它确定了蛋白质在细胞结构和不同生物学过程中的关键作用，包括信号转导和养分利用（Wang et al.，2006）。蛋白质表达是基因转录和翻译的功能产物。甚至在生物学研究的早期阶段，人们就认识到蛋白质在维持生命方面的基础作用。每个有核细胞大约有9000种特殊蛋白质类型调节从运动到有丝分裂的多变量功能（Cristea et al.，2004）。蛋白质组学方法可以用于几个方面：蛋白质组图谱，两个或多个蛋白质样本的比较表达分析，翻译后修饰的定位和识别，蛋白质-蛋白质相互作用的研究（Chandramouli et al.，2009），以及各种蛋白质组的定量比较。蛋白质组学的使用是食品工业在过程优化、质量、安全和营养评估方面的有力工具（Pedreschi et al.，2010）。在食品科学中，人们正加大努力，通过蛋白质组学相关的方法对潜在的农产品生理学进行更深入的了解（Gašo-Sokac et al.，2010）。了解果实采后病害背后的生理过程，选择与果实成熟度相关的标记，将会降低与产品退化相关的成本。

22.2 蛋白质组学技术综述

样本中的多肽含量（Garfin，2003）蛋白质组可以被定义为在特定时间在细胞内发现的蛋白质阵列。高通量蛋白质组学诞生于20世纪80年代末，发明了软电离技术、基质辅助激光解吸电离（MALDI）和电喷雾电离（ESI），以蒸发多肽和蛋白质，使其能够通过质谱（MS）进行分析（Wang et al.，2006）。任何蛋白质组学分析的第一步（图 22.1）都是细胞裂解，然后是蛋白质的纯化和分离。蛋白质制备是蛋白质组分析中的关键步骤，因为分离蛋白的质量和数量决定了研究结果的可靠性和重复性（Fuchs et al.，2005）。根据物种、组织类型、蛋白质溶解度和亚细胞定位，可采用各种蛋白质提取方案。最流行的是 Damerval 等首先采取三氯乙酸/丙酮沉淀，以及 Hurkman 和 Tanaka（1986）首次采取的苯酚提取方法。下一步是电泳分离蛋白质。最常用的是十二烷基硫酸钠-聚丙烯酰胺凝胶电泳。它可以估计蛋白质的分子质量和数量。另一种由 O'Farrell（1975）首次描述的电泳技术是二维聚丙烯酰胺凝胶电泳（2-DE）。根据蛋白质的两个独立性质（等电点和分子质量）分两步分离蛋白质，这项技术已经发展成为复杂蛋白质混合物分析的核心技术之一。2-DE 的使用越来越少，研究人员认为它烦琐、耗时，而且自动化程度低（Cristea et al.，2004）。然而，它的时代还没有结束：2-DE 是唯一可以常规用于复杂蛋白质混合物的并行定量表达谱的技术，也是目前最广泛使用的有效分离蛋白质、蛋白质变体和蛋白质修饰物的方法（Chandramouli et al.，2009）。凝胶电泳分析之后通常是蛋白质消化，这是质谱鉴定蛋白质之前的一个关键步骤。在蛋白质消化之前，大多数样品中的蛋白质需要变性、还原和烷基化，使用各种试剂使蛋白水解酶能够有效地切割蛋白质的肽链（Hustoft et al.，2012）。不同的蛋白水解剂用于蛋白质消化，包括最流行的胰蛋白酶、各种内蛋白酶（Lys-C，Arg-C，Asp-N，Glu-C）、糜蛋白酶，以及化学试剂，如羟胺或溴氰。这些试剂裂解的键的特异性使人们能够获得特定的肽，这有助于解释它们的质谱并进行数据库搜索（Martínez-Maqueda et al.，2013）。无论选择哪种特定的蛋白质组分离技术，基于凝胶还是无凝胶，质谱总是蛋白质鉴定的下一步（Chandramouli et al.，2009）。通常，质谱仪有几个组件：一个离子源、一个或几个质谱仪和一个检测器（Wang et al.，2006）。市面上有几种类型的质谱仪，它们将 ESI、MALDI 与各种质谱仪相结合。离子源中产生的气相离子被引入质量分析仪，并根据它们在电场或磁场影响下在真空中的运动情况，根据它们的质量/电荷比进行区分（Cristea et al.，2004）。如果我们用一句话来总结，可以说预测的开放阅读框的肽是用电子计算机产生的，并用来匹配 MS 导出的数据。

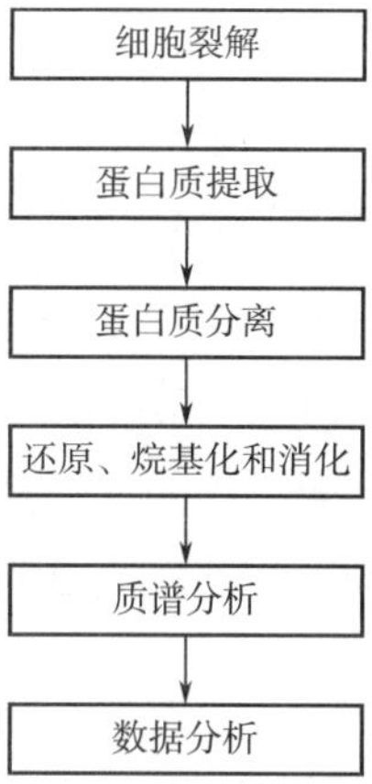

图 22.1 蛋白质组学分析的简化过程

现今可以采取几种 MS 分析的方法，这取决于期望的结果，例如靶向 MS 或使用同位素介导的方法的定量技术；在一次实验中可以识别 10000 个蛋白质（Low et al.，2013）。质谱定量蛋白质组学方法可分为“无标记”方法或肽计数方法和“稳定同位素标记”方法，通过这些方法蛋白质和/或肽由重稳定同位素代谢或化学编码（Ong et al.，2005）。植物蛋白质组学中常用的代谢标记方法包括15N稳定同位素标记（Nelson et al.，2007）和细胞培养中氨基酸稳定同位素标记（Ong et al.，2002）。稳定同位素标记的化学方法包括iTRAQ（Ross et al.，2004）和同位素编码蛋白标记（Schmidt et al.，2005）。即使无标签方法的健壮性和准确性依赖于多次重复运行和相当复杂的比较数据分析，实施起来也相当简单（Vowinckel et al.，2014）。稳定同位素标记技术的主要优点是其量化的准确性和执行多个实验的能力（Petersen et al.，2013），然后使用数据库搜索引擎和软件搜索来自MS/MS的原始数据（Noordin et al.，2013）。

22.3 蛋白质组学在食品营养与加工中的应用

每个细胞过程都依赖于在细胞、器官或整个有机体水平上表达的大量蛋白质的相互作用。通过生化途径的营养或代谢物的流量由mRNA水平的变化以及相应蛋白质水平的变化控制（Fuchs et al.，2005）。除了体内的翻译后修饰外，食品加工还会诱导蛋白质的进一步修饰，如侧链氧化、交联形成和骨架切割，从而严重影响关键的食品特性（Clerens et al.，2012）。蛋白质组学已被用于多种目的：①指出与营养相关的食品蛋白质组的差异并用于确定食品补充剂的种类（Carbonaro，2004）；②在生长、成熟、宰后或收获后以及下游处理（如烹饪）过程中，跟踪不同组织的蛋白质组成的变化（Clerens et al.，2012）；③用于确定能够预测加工产品质量的生物标志物；④用于原料的表征和标准化（Gašo-Sokac et al.，2010）。当前消费最多的一些产品，肉、乳、谷类、水果和蔬菜，在营养含量、保质期、消化率、对健康的影响和加工产品质量方面都可以从蛋白质组学中受益。

例如，西红柿因其类胡萝卜素而广受珍视。最著名的番茄类胡萝卜素是番茄红素，这是一种主要与健康益处有关的化合物（Dahan et al.，2008；Riccioni et al.，2008；Wood et al.，2008）。蛋白质组学分析表明，色素质体特异的类胡萝卜素相关蛋白可能调节类胡萝卜素的隔离和贮存，这似乎对促进高色素转基因番茄果实中类胡萝卜素的积累很重要（Kilambi et al.，2013）。类胡萝卜素和其他农产品营养和感官质量必需代谢物的生产地，即染色体，是几个物种蛋白质组研究的目标，如甜橙（*Citrus Sinensis*）（Zeng et al.，2011）、红甜椒（*Capsicum Annuum*）（Siddique et al.，2006）和番茄（*Solanum Lycopersicum*）（Barsan et al.，2010；Zeng et al.，2011），并对6种富含胡萝卜素的作物、西瓜、番茄、胡萝卜、橙花椰菜、红木瓜和红甜椒的有色体进行了蛋白质组学比较研究（Wang et al.，2013）。

质地是水果市场上另一个重要的特征，主要与细胞壁有关。Konozy等（2013）对3个质地性状不同的成熟番茄品系的细胞壁蛋白质组进行了分析，从细胞壁中分离出弱结合蛋白和可溶性蛋白。在不同品系间观察到蛋白质谱带的一些变异，为表征细胞壁蛋白质的遗传变异提供了可能性。

另一个主要的食物类别是谷物（小麦、玉米、大米和大麦）（Cordain，1999）。小松和田中（2004）提供了大米蛋白质的记录。一个较新的水稻蛋白质组数据库是 OryzaPG-DB，基于鸟枪式蛋白质基因组学（Helmy et al.，2011）。

在转基因水稻上进行了蛋白质组学研究，以检测转基因对作物的影响（Xue et al.，2010）。对 MON810（Bt maize，Monsanto），一种抗欧洲玉米螟（Ostrinia Nubilalis）的转基因玉米品种进行了安全评估，使用来自田间种植的植物（Giuliano Albo et al.，2007）和生长环境（Zolla et al.，2008）的谷物。在转基因和非转基因品种中都检测到 14 种新的过敏蛋白（Fonseca et al.，2012）。第一个玉米过敏原是由 Pastorello 等（2000）发现了一种 9kDa 的脂质转移蛋白（LTP）。利用质谱技术揭示了玉米种子更强的致敏潜力，从而鉴定出 6 种额外的过敏原（Fasoli et al.，2009）。在小麦中对过敏原的综合表征导致了低分子质量谷蛋白的 9 个亚基的鉴定。2-DE 图谱被用于小麦过敏患者的诊断和食品中小麦过敏原的鉴定（Akagawa et al.，2007）。

大麦品种对啤酒的蛋白质谱、麦芽过程和酿造酵母有重要影响。代表不同品种和麦芽类型的各种啤酒蛋白质组的二维凝胶图谱已被创建并作为啤酒质量控制的工具，检测和鉴定啤酒类型特异性蛋白质或可能代表味道、风味或质地的蛋白质异构体。从长远来看，这将潜在地使风味蛋白的操纵成为可能（Fasoli et al.，2010；Limure et al.，2010）。

22.4 马铃薯蛋白质组学与品质改良

马铃薯作为世界第四大粮食作物，不仅可供人畜食用，还可作为淀粉和酒精生产的原料。食品行业对马铃薯的需求大幅增加，如 2005 年在美国和几个欧洲国家，50%以上的块茎产量由加工业购买（Carputo et al.，2005）。这就要求马铃薯具有特定的形状，表皮的病害较小，外部损害最小。大小、形状和坑洼对于产品的外观和剥离过程中的损耗都很重要。其他重要特征是干物质（加工效率和成品质量都得益于高干物质含量）；还原糖（对油炸产品的颜色有很大影响），颜色分布（颜色分布不均匀导致薯条一端呈棕色），以及变黑（荷兰马铃薯咨询基金会）。该行业的一个主要问题是黑斑，这是由于运输、搬运和贮存条件导致组织损伤的一种情况。

马铃薯生产最重要的一个方面是块茎质量（图 22.2）。块茎含有大量的维生素 C 和必需氨基酸，它们也是至少 12 种必需维生素和矿物质的来源。影响块茎质量的几个因素（图 22.3）：品种的遗传结构、作物成熟度、农艺措施、环境条件、贮存温度以及病虫害的存在（Carputo et al.，2005）。它们具有双重功能，既是贮存器官，又是营养繁殖系统。马铃薯块茎是从来自加厚的匍匐茎的地下茎发育而来的（Sarkar，2008），经历了匍匐茎形成、

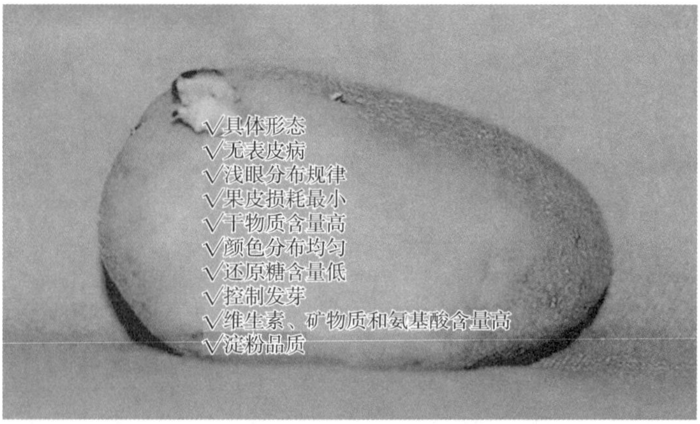

图 22.2　消费者和食品行业要求的马铃薯块茎主要品质

图 22.3　影响马铃薯块茎品质的因素*

注：既包括内因（遗传结构），又包括外因（如环境条件、农业措施等）。

块茎初始发育和块茎成熟的一系列形态变化（Yu et al.，2012）。为了了解马铃薯块茎形成的分子基础，比较蛋白质组学方法被用于监测不同发育阶段差异表达的蛋白质。一项跟踪块茎蛋白质组从块茎形成、块茎发育和贮藏到发芽阶段的研究发现，发育过程的特点是主要贮藏马铃薯糖蛋白的异构体以及参与疾病和防御反应的酶的积累。此外，参与碳水化合物、能量代谢和蛋白质加工的酶与发育有关，但在块茎成熟过程中有所下降。200 种蛋白质被发现表达出不同的丰度（Leherranta et al.，2006），并对块茎诱导、发育和成熟的比较蛋白质组学分析揭示了近 100 种蛋白质。其中一些可能与块茎细胞分化或调节不同的功能有关，如蛋白质的生物发生和贮存、生物能量和新陈代谢、以及细胞防御和拯救。活性氧分解酶在块茎的初始阶段被功能不同的蛋白质激活（Agrawal et al.，2008）。另一种可供选择的体外块茎形成模型系统被应用于使用鸟枪式蛋白质组学方法来鉴定大规模蛋白质组。251 个阶段特异性鉴定的蛋白质在不同生长阶段的表达呈现动态变化，匍匐茎阶段特异蛋白主要参与光合作用机制。每个块茎发育阶段都有其特有的蛋白质：块茎起始阶段的马铃薯糖蛋白，发育块茎阶段的6个果糖激酶、植物抗毒素缺陷型4-1、类金属硫蛋白Ⅱ蛋白和苹果酸脱氢酶。在离体块茎形成过程中发现的新的阶段特异性蛋白有铁氧还蛋白-NADP还原酶、34-kDa孔蛋白、水通道蛋白、钙调蛋白、成熟调节蛋白和淀粉合成酶。超氧化物歧化酶、脱氢抗坏血酸还原酶和过氧化氢酶Ⅰ在匍匐茎中表达最丰富，但这些蛋白的酶活性在块茎的初始阶段较强（Yu et al.，2012）。

22.4.1 转基因马铃薯——满足特定需求

遗传学、生物化学和生理学方面的基础研究是提高马铃薯质量的起点（图22.4）。重组DNA技术的引入带动了转基因植物的发展。淀粉组成、抗氧化剂含量和抗虫性等性状是创造满足特定需求的马铃薯新品种的目标。而且，在转基因作物中异位表达的杀虫蛋白随之而来的是蛋白质含量的增加（Munger et al.，2012）。通过改变淀粉生物合成途径中的各种酶，实现了改变直链支链比淀粉的生产。ADP-葡萄糖焦磷酸化酶活性的减少显著降低了直链淀粉含量，缩短了支链淀粉链，从而减小了淀粉颗粒的大小（Lloyd et al.，1999）。同时反义抑制淀粉分支酶的两种异构体（SBE A、SEB B）使转基因品系的直链淀粉含量增加，支链淀粉含量降低，磷含量增高（Schwall et al.，2000）。通过同时反义下调SSII、SSI-II和GBSS三个淀粉合成酶基因，获得了含有短链支链淀粉的无直链淀粉。结果得到了一种冻融稳定的马铃薯淀粉（Joering et al.，2002）。1996年，巴斯夫植物科学公司开发了Amflora，这是一种转基因淀粉马铃薯，只生产一种特定类型的淀粉，支链淀粉含量低，可用于工业应用，从而优化淀粉的深加工，节约能源和水，这也是欧盟委员会于2010年批准的第一种转基因作物。用苋菜AMA1基因转化的马铃薯，编码一种具有营养平衡氨基酸组成

改变淀粉组成

√ 较小的淀粉颗粒-降低直链淀粉与支链淀粉的比值（Lloyd et al.，1999）
√ 高直链淀粉，低支链淀粉，高磷水平（Schwall et al.，2000）
√ 冻融-稳定马铃薯淀粉-含有短支链淀粉的无直链淀粉（Jobling et al.，2002）
√ 工业用淀粉：低支链淀粉，Amflora-BASF植物科学

氨基酸浓度提高

√ 所有必需氨基酸含量增加1.5~8倍（Chakaborty et al., 2000）

类胡萝卜素含量提高

√ 玉米黄素含量提高4~130倍（Romer et al.，2002）
√ 类胡萝卜素总量增加7倍（Ducreux et al.，2005）
√ β-胡萝卜素水平增加14倍，总类胡萝卜素增加2.5倍（Diretto et al.，2006）
√ β-胡萝卜素水平增加3600倍，总类胡萝卜素增加20倍（Diretto et al.，2007）

图22.4 转基因马铃薯营养品质改善以更好地满足产业需求的例子

的蛋白质，与野生型相比，所有必需氨基酸的含量增加了 1.5～8 倍（Chakborty et al.，2000）。

另一个选择的目标是人类饮食中一些最有利于健康的成分：类胡萝卜素。它们具有抗氧化特性，被认为有益于预防癌症、心脏病和眼疾（Klinsky et al.，2004）。β-胡萝卜素，也被称为维生素 A 原，是一种非常重要的营养素，因为维生素 A 缺乏症影响着全世界数亿人（Giuliano et al.，2000）。栽培马铃薯中存在的主要类胡萝卜素有叶黄素、紫黄质、玉米黄质和花黄素。β-胡萝卜素只以微量存在（Nesterenko et al.，2003）。玉米黄质环氧化酶的合成通过反义技术和共抑制途径在块茎中特异性下调。这两种策略都降低了转基因块茎中玉米黄质向紫黄质的转化，玉米黄质含量相应增加了 4～130 倍（Römer et al.，2002）。通过表达编码植烯合成酶的细菌 *crtB* 基因，获得了类胡萝卜素总量增加 7 倍的马铃薯，主要是β胡萝卜素和叶黄素（Ducreux et al.，2005）。番茄红素 ε-环化酶是类胡萝卜素生物合成的β-ε 分支中的第一个专门步骤，它导致块茎中类胡萝卜素水平增加了 14 倍，类胡萝卜素总量增加了 2.5 倍（Diretto et al.，2006）。通过细菌来源的微小途径转化马铃薯，从香叶基二磷酸合成β-胡萝卜素，类胡萝卜素的含量增加了约 20 倍，β-胡萝卜素的含量增加了 3600 倍（Diretto et al.，2007）。

自 1996 年转基因作物开始商业化以来，转基因作物的面积呈指数级增长，使得转基因生物技术与常规育种一起成为改良作物农艺性状的主要途径（Gong et al.，2013）。公众对转基因作物消费安全及转基因作物对环境的影响有所担忧，这可能对农业领域的昆虫种群和生物多样性造成的影响。在转基因马铃薯的案例中，一项研究特别引起了媒体的轰动。这项研究是由 Árpád Pusztai 博士在 1998 年进行的，他声称食用转基因马铃薯对大鼠的器官发育、身体新陈代谢和免疫功能有重大影响。然而，危害是存在的：这项研究对公众舆论产生了负面影响，公众普遍反对转基因食品，特别是反对转基因马铃薯（Smyth et al.，2000）。目前，转基因马铃薯只能在美国（四个品种）、加拿大（四个品种）和欧洲国家（一个品种）种植，但在澳大利亚、墨西哥、日本、韩国和菲律宾可以用作食物或牲畜饲料。

随着对适用于评估转基因作物特性的时间和成本效益工具的需求不断增加，比较蛋白质组学被用来评估大量马铃薯基因型（包括不同品种、地方品种和转基因品系）块茎蛋白质组的变异。结果显示明显的分离，这表明广泛的基因型变异，但在转基因和非转基因品系之间没有显著差异（Leherranta et al.，2005）。其他研究发现转基因马铃薯不同组织的蛋白质组变化不一致。与非转基因马铃薯相比，表达组织蛋白酶 D 抑制剂的转基因马铃薯在块茎中没有数量蛋白质组差异（KHalf et al.，2010）。据报道，在转基因作物中异地表达的一些杀虫蛋白意外地具有多效性效应，但这种效应在植物中的性质和意义仍然知之甚少（Munger et al.，2012）。重组蛋白酶抑制剂的所谓多效性效应虽然只是反映了对植物中与胁迫相关的蛋白水解缺乏了解，但却代表了作物改良的潜在有用性状的来源（Schlüter et al.，

2010)。因此，重要的不仅是要考虑到所表达的重组蛋白的特性，而且要考虑它们对寄主植物中蛋白质积累的可能影响。利用双向电泳技术对玉米半胱氨酸蛋白酶抑制剂（C1A）在马铃薯中的表达效果进行了双向电泳分析，结果表明，C1A对病虫害的控制和抗性有明显的抑制作用。大多数上调的蛋白是非生物或生物的应激反应蛋白和致病相关蛋白（Munger et al.，2012)。在马铃薯中异地表达的番茄组织蛋白酶D抑制剂被证明对蛋白质水平有显著影响（Goulet et al.，2010)。一种临床上有用的蛋白酶抑制剂——牛抑肽酶，用于减少复杂手术中的出血量，在转基因马铃薯系中得到了表达。在转基因株系中没有观察到明显的抑肽酶表型效应，但抑肽酶在内质网中的滞留与叶片可溶性蛋白含量的显著下降有关。对对照和转基因品系的二维凝胶评估显示，这种蛋白质含量的改变与参与蛋白质合成和成熟的蛋白质的下调之间可能存在联系。这些观察结果得到了针对质外体抑肽酶的马铃薯品系的互补2-DE分析的支持，表明抑肽酶介导的植物反馈负向改变了蛋白质合成代谢（Badri et al.，2009)。

22.4.2 马铃薯病原菌与块茎品质

转基因作物的目的之一是减少农药的使用来预防疾病，从而提高产量，提供缺陷更少的产品。在马铃薯中，病害可能以多种方式影响块茎质量：通过使用杀虫剂和杀菌剂间接影响块茎质量（Burra et al.，2014)，以及直接通过缺陷（如腐烂/晚疫或作物产量低）影响块茎质量。了解防御机制并找到抗击疾病的新方法将使马铃薯产量增加。许多抗病无性系的主要缺点是成熟晚，块茎特性不能商品化，这使得块茎质量的选择成为近亲选育抗病品种的第一要素（Bisognin et al.，2002)。了解防御机制可能会发现对抗病原体的新方法，这些方法将对农业方法产生直接影响。然而，可以增强潜在的自然防御系统确实存在。马铃薯块茎周皮是一种含有一系列植物防御成分的保护性组织（Kolattukudy，1977)。对马铃薯皮的蛋白质组学分析表明，其蛋白质的主要功能类别（63%）与植物对生物和非生物胁迫的防御反应有关（Barel et al.，2008)。

马铃薯病虫害种类繁多，其中由卵菌致病疫霉（*Phytophthora Infestans*）引起的晚疫病最为严重。尽管经过了一个多世纪的抗药性培育、杀菌剂使用和其他控制措施，但它仍然是全球可持续粮食生产的主要威胁（Haverkort et al.，2009)。应用定量无标记蛋白质组学方法研究了致病疫霉与马铃薯的亲和和不亲和相互作用。测定了Desiree、Sarpo、Mira和SW93-1015 4个马铃薯无性系，其中最后一个是高抗马铃薯无性系。至少在一个时间点上，超过17000个转录本和1000个分泌蛋白的丰度发生了变化。在亲和互作过程中，发现某些质外体蛋白被病原菌抑制。在感病互作中积累的蛋白质主要是葡聚糖酶和葡萄糖苷酶。这项研究提供了大量的转录本和蛋白质，可以进一步用于理解植物与病原体的相互作用（Ali et al.，2014)。

全世界正在进行全面努力，以寻找更有效的“武器”来防治晚疫病。一种替代方案可以是将诱导抗性整合到当前的管理策略中，或者相当于在植物中接种疫苗。β-氨基丁酸（BABA）、硫胺素（维生素 B_1）、噻二唑-7-羧基硫代酸 S-甲酯、亚磷酸酯（Burra et al.，2014）和柯德兰低聚糖（CurdO）（Li et al.，2014）可以诱导植物对包括致病疫霉在内的几种病原菌产生抗性。然而，人们对它们的作用机制知之甚少。为了阐明 BABA 激活的马铃薯防御反应，在 1mmol/L 和 10mmol/L BABA 处理马铃薯叶片 2d 后，对质外体分泌体进行了全基因组转录微阵列分析和非标记定量蛋白质组学分析。在 10mmol/L 时，BABA 影响了与植物激素和氨基酸代谢相关的几个过程。观察到转录组的全球效应，大量分泌蛋白的丰度增加（Bengtsson et al.，2014）。在每周施用 BABA 之后，评估了在田间和温室条件下种植的马铃薯的块茎产量，发现其没有受到影响（Liljeroth et al.，2010）。此外，还对亚磷酸根介导的诱导抗性进行了研究。亚磷酸盐通过磷酸盐转运蛋白进入细胞，并干扰磷酸盐信号机制，因为它在空间上非常相似，这可能导致间接诱导抗性（Berkowitz et al.，2013）。亚磷酸盐诱导抗性涉及复杂的多个过程。由 Lim 等进行的广泛的蛋白质组学和显微镜研究（2013）认为亚磷酸盐触发了一种过敏性反应，这是诱导马铃薯叶片对致病疫霉产生抗性的原因。研究小组分析了亚磷酸盐产物限制处理的马铃薯叶片中的可溶性蛋白质，发现参与水杨酸（salicylic acid，SA）依赖的防御反应、活性氧（reactive oxygen species，ROS）和钙依赖途径的蛋白质上调，而涉及氨基酸和淀粉代谢的蛋白质下调。在病原菌侵袭后，亚磷酸盐处理的叶片也表现出过敏反应并伴随胼胝质的形成。

研究对马铃薯根结线虫 S. tuberosum（cv. Desiree）的转录组进行了研究，并用定量蛋白质组学方法对叶面喷施保护剂亚磷酸酯后的分泌组进行了分析。结果表明，亚磷酸盐处理迅速诱导了多条防御途径，这可能导致局部组织在病原体感染后防御能力增强，并对初级代谢和细胞壁相关的代谢过程产生影响（Burra et al.，2014），也可能导致局部组织对病原菌感染后抵抗力的增强，从而影响初级代谢和细胞壁相关的代谢过程（Burra et al.，2014）。此外，还研究了两个马铃薯品种种薯喷施亚磷酸钾（potassium phosphites，KPhi）对大田和温室条件下马铃薯出苗和早期生长过程中块茎产量的影响。施用 KPhi 缩短了播种至出苗的时间，增加了叶面积和干物质。天线和地下器官的干物质比率不受影响（Tambascio et al.，2014）。田间作物叶面施用 KPhi 可降低块茎采后对致病疫霉、茄病镰刀菌和胡萝卜欧文氏菌感染的敏感性，且没有观察到收获时马铃薯产量（以块茎总质量和干物质衡量）的负面影响（Lobato et al.，2011）。

Curdlan 是一种由农杆菌发酵产生的线性水溶性 β-1,3-葡聚糖，已被批准为一种安全的食品添加剂（Spicer et al.，1999），并开发了一种生产莪术聚糖 β-1,3-寡糖的有效工艺（Li et al.，2013）。这可以被视为当今疾病控制中使用的有毒化合物的替代品。因此，对马铃薯（*S. tuberosum* L. cv. McCain G1）叶片组织施以 CurdO 后的防御反应，从生化和蛋白质组水平对其进行了研究。研究发现，其对马铃薯叶片的早、晚防御反应均有增强作用。双向聚丙烯酰胺凝胶电泳分析表明，治疗后一些与疾病/防御、新陈代谢、转录和细胞结构有关的蛋白质上调。这种分子也可以用于预防；在感染致病疫霉的前一天用 CurdO 处理的植物叶片上的病斑较少。此外，对马铃薯产量和诱导反应的结果表明，CurdO 诱导的防御反应持续时间较短，但会逐渐消失（Li et al.，2014）。

土曲霉是对人类、动物和植物危害最大的丝状真菌病原体之一（De Lucca，2007），其可通过一种不明原因的感染过程在马铃薯上引起叶枯病（Louis et al.，2013）。为了解马铃薯根结线虫与马铃薯寄主相互作用的机制，Kufri Jyoti 进行了对于马铃薯品种叶片和块茎蛋白质的变化的研究。在块茎定殖过程中，观察到以 I 类 Patatin、脂氧合酶、过氧化氢酶-过氧化物酶复合物和半胱氨酸蛋白酶抑制剂的差异表达为特征的显著蛋白质组变化。这些蛋白通常参与致病反应中的信号转导通路和串扰（Louis et al.，2014）。

植物与昆虫的相互作用是另一个令人担忧的问题。似乎植物在草食过程中也通过伤害模式来调节它们的反应（Bricchi et al.，2010）。用 2DE/MS 方法研究了栽培马铃薯对机械伤害和食草性两种特殊昆虫——科罗拉多马铃薯甲虫 Leptinotarsa decemlineata Say 和马铃薯蚜虫 Macrosiphum euphorbiae Thomas 对机械伤害和草食的反应。在监测到的大约 500 个叶蛋白中，有 31 个与健康对照植物相比，至少受到一种胁迫处理的上调或下调。其中 29 只受到甲虫咀嚼的影响，8 只受到伤害，8 只受到蚜虫喂养的影响。调控蛋白主要是典型的防御蛋白和参与光合作用的蛋白（受马铃薯甲虫取食调控）。这些观察说明了伤害和昆虫食草性对马铃薯叶片蛋白质组防御和光合作用相关成分的不同影响，可能与对植物中不同的物理和化学线索的感知有关（Duceppe et al.，2012）。

22.4.3 马铃薯蛋白质组学与逆境适应

胁迫可以被定义为高于或低于植物生长和块茎生产的最适条件。受压力的马铃薯通常表现出高水平的内部和外部缺陷，以及低密度（Thornton，2002）。例如，高于 30℃ 的高温会减少细胞分裂，从而降低块茎可获得的碳水化合物的供应（Geigberger et al.，1998）。许多主要的外部缺陷（生长裂缝、节瘤、畸形、绿色、热芽、扩大的皮孔、象皮）和内部问题（棕色中心/空心、内部褐斑、热坏死、维管变色、半透明端、黑心）（Hiller et al.，1993）使得胁迫管理成为马铃薯研究领域的首要任务。

块茎末端的低密度通常与高水平的还原糖有关，这使得糖末薯条在食品工业中成为一个常见的问题（Thornton，2002）。紊乱的褐斑是马铃薯消费者不满的一个主要原因，它降低了马铃薯的种植利润，也是由于夜间温度升高而导致的相关压力状况（Harper，2004）。水分胁迫会导致产量下降和块茎等级的丧失（Eldredge et al.，1992）。培育抗逆性强的品种可以大大提高产品质量和作物产量、减少损失，具有明显的经济效益。

超低温保存，即将生物材料贮存在液氮中（-196℃），是对在田间或体外进行的经典保存方法的补充，允许营养繁殖植物无限制地安全贮存。这项技术的一个重要应用是获得脱毒马铃薯（Wang et al.，2006），此外还提高了超低温保存后的恢复率。更好地了解对脱水胁迫的反应可能有助于改进现有的马铃薯低温保存方案，因为经过低温保存处理的植物组织通常处于类似的体外胁迫条件下（Folgado et al.，2013）。对马铃薯进行了蛋白质组学分析，以阐明这一改良的机制。在超低温保存前和超低温保存后，分别用 0.11mol/L 山梨醇处理 21d，0.22mol/L 作为预处理。在第一种情况下，山梨醇、碳水化合物和多元醇浓度增加。当山梨醇作为预处理时，大多数糖浓度降低。由于需要较高的细胞内渗透分子浓度才能在低温保存后成功恢复，因此碳水化合物和多元醇分析的结果可以解释使用山梨醇预处理时低温保存后较高的回收率（Criel et al.，2006）。通过双向差示凝胶电泳（difference gel electrophoresis，DIGE）实验和高效阴离子交换色谱脉冲安培检测分析，研究了抗霜性较强的马铃薯品种（*S. tuberosum*）和商业马铃薯（*S. Commercial sonii*）对渗透胁迫和低温的响应。这两个物种对所有使用的胁迫处理都有碳代谢抑制和氧化动态平衡的反应。商业沙门氏菌与中国沙门氏菌的不同之处，主要体现在蛋白质代谢上。蔗糖和山梨醇处理对商业链霉菌的影响较大，而低温处理对 Desiree 的影响较大。马铃薯糖蛋白（一种脂质代谢相关蛋白）只有在渗透胁迫处理时才在商业链球菌中增加，这表明该蛋白在商业链球菌中的作用比在 Desiree 中更重要。山梨醇和蔗糖对两个物种引起的变化相似，然而，在山梨醇处理下的 Desiree 中发现了比在蔗糖处理下更多的胁迫相关蛋白，这表明两种糖在该品种中诱导了不同的途径（Folgado et al.，2013）。

植物已经进化出各种策略来适应寒冷的温度。其中之一是氨基酸、糖苷或糖的积累（Fischer et al.，2013）。在成熟的马铃薯块茎中，冷适应过程中可溶性糖的积累被称为冷诱导甜化（cold-induced sweetening，CIS）（Guy et al.，1992），这是马铃薯加工业的一个重要问题。马铃薯块茎低温长期贮藏是目前用来减少马铃薯发芽和扩大马铃薯适销性的一种策略。然而，高浓度的还原糖葡萄糖和果糖，无论是固有的还是由 CIS 引起的，都会对薯片和薯条的质量产生负面影响（Dale et al.，2003）。积累的还原糖与马铃薯细胞中的游离氨基酸反应，形成令人无法接受的棕色或黑色薯条，更有问题的是，丙烯酰胺是一种神经毒素和潜在的致癌物（Sowokinos，2001；Mottram et al.，2002）。利用双向电泳技术比较了 40 个四倍体马铃薯品种块茎蛋白质组的 CIS 差异。在发病前和冷藏过程中，耐顺式和顺式敏感品种的蛋白质表达存在显著差异。鉴定的蛋白质分为蛋白酶抑制剂、棒曲素、热休克蛋白、脂氧合酶、磷脂酶 A1 和亮氨酸氨基肽酶（leucine aminopeptidase，Lap）。基于单核苷酸多态性（single-nucleotide polymorphisms，SNPs）的关联作图支持 LAP 在数量性状、块茎淀粉和含糖量的自然变异中的作用。编码差异表达蛋白的位点的 DNA 多态性的关联进一步证实了 LAP 在芯片质量中的作用。鉴定出新的 SNPs 可提高块茎淀粉含量、淀粉产量和薯片质量，这些性状可用于选择改良的马铃薯加工品种（Fischer et al.，2013）。另一个经常接触马铃薯行业的问题是煮后变黑（after-cooking darkening，ACD）。它出现在暴露于空气中的煮熟马铃薯中，并以从灰色到蓝色、紫色到黑色的有色区域的形式出现。即使不影响产品的营养质量，也有很大的视觉冲击，令消费者不悦。其背后的机制依赖于烹调过程中绿原酸和亚铁离子之间的络合物的形成，该络合物随后在空气中以非酶反应的方式氧化成有色铁的形式（Muneta et al.，1985）。绿原酸浓度较高的马铃薯更容易出现这种现象，而且柠檬酸似乎降低了变暗的程度：变暗的程度取决于马铃薯块茎中绿原酸和柠檬酸浓度的比例（Wang-Pruski et al.，2004）。研究人员对马铃薯块茎的蛋白质组图谱进行了分析，试图找出与 ACD 相关的蛋白质。一组 30 种蛋白质被发现与 ACD 相关，包括蛋白酶抑制剂。这组中的 3 种天冬氨酸蛋白酶涉及到高 ACD 马铃薯中涉及蛋白酶抑制剂的增强的伤口反应机制。棒状菌素和脂氧合酶的丰度也有所增加。结论是伤口反应伴随着多酚（绿原酸）合成的增加，导致变暗（Murphy et al.，2010）。

农业措施对块茎质量和作物产量有很大影响。农业生产系统对马铃薯块茎蛋白质谱影响的蛋白质组学方法（Leherranta et al.，2007）表明，施肥措施（有机肥与矿物质肥料）对马铃薯块茎的蛋白质组成有显著影响，有机肥的施用会增加马铃薯块茎的逆境反应。然而，用有机肥（动物和绿肥）取代矿物质并限制使用化学合成作物保护可能会显著降低作物产量。因此，采用定量蛋白质组学方法研究了牛粪堆肥替代无机肥和免农药对马铃薯块茎产量、叶片和块茎矿物质养分含量及叶片蛋白质谱的影响。结果表明，改用有机肥对产量和蛋白质谱的影响比省略化学合成作物保护更大。叶片 N 和 P 组成是蛋白质表达变化的重要驱动因素，特别是参与光合作用的蛋白质，在无机肥条件下生长的马铃薯叶片中含量更丰富。应激反应蛋白在无机肥条件下也有上调，而两种已知参与生物胁迫的蛋白（1,3-β-D-葡聚糖水解酶和可能的库尼茨型块茎转化酶抑制剂）在堆肥条件下更为丰富。从无机肥转向有机肥降低了氮素有效性，叶片蛋白表达发生了显著变化，导致块茎产量降低。相比之下，省略化学合成作物保护投入对蛋白质表达的影响有限，对块茎产量没有显著影响（Rempelos et al.，2013）。

22.4.4 采后蛋白质组学

收获后的系统通常被认为是包括从收获时间和地点到消费时间和地点的作物交付，损失最小、效率最高，所有涉及的收益都最大的一项内容（Spurgin，1976）。在马铃薯中，物理伤害造成的损失，如割伤和瘀伤，可高达 40%，如水分损失增加、采后腐烂，块茎质量更容易受到损害（Joering，2000）。另一个问题是马铃薯块茎在贮存过程中的生理老化，这可能会通过呼吸和发芽组织生长造成的质量损失、膨胀率降低和糖浓度增加而进一步影响其质量（Burton et al.，1992；Davies，1990；van es et al.，1987）。在低温下贮存不当，会减少发芽和延长休眠，也会导致甜度下降（Burton et al.，1992）。

马铃薯块茎在 4℃（95%相对湿度，黑暗）下贮存 0d、30d、90d、150d、210d 或 270d 后分别收获并取样。基于荧光 DIGE 与串联质谱联用进行蛋白质组学研究，共获得 41 个点的表达上调或下调，其中 4 个点表现出瞬时丰度。差异表达的蛋白质主要涉及淀粉分解代谢、蛋白质构象调控、蛋白质循环和逆境反应。此外，在老化过程中，有 14 个 Patatin 分解产物增加，这表明 Patatin 蛋白水解作用增强。实际上，马铃薯块茎的采后发育似乎诱导了一种氧化挑战，这种挑战被块茎的蛋白质组和代谢反应有效地吸收了，因为即使在观察到发芽活力下降的情况下，也没有注意到对多不饱和脂肪酸或蛋白质的氧化损伤的显著积累。然而，这项研究的一些结果与萌芽表型相关，也可以被评估为潜在的衰老生物标记物（Delaplace et al.，2009）。

另一个具有很高农艺价值的特征是块茎对机械冲击下的瘀伤很敏感，这涉及到酶促褐变反应。经过对 20 个马铃薯品种进行蛋白质组学比较，发现 7 个基因或基因家族均在蛋白质水平上存在差异表达，并存在与所研究性状相关的 DNA 多态性。一个新的因素促成了瘀伤的自然变异，一种推定的Ⅲ类脂肪酶，被鉴定出来。此外，组内和组间由机械冲击引发的块茎蛋白质组变化随着时间的推移被监测，显示出依赖于时间的蛋白质变化。差异表达的蛋白质是脂肪酶、棒状蛋白和膜联蛋白（Urbany et al.，2012）。在处理和运输马铃薯块茎的过程中可能会发生伤害。一旦受损，迅速产生伤口周皮的能力对于维持块茎质量至关重要（Stark et al.，1994）。马铃薯休眠块茎的蛋白质组学实验是 Asterix 在收获马铃薯 3 个月后发现，切片触发了分化过程，导致新陈代谢、防御激活和细胞壁加固的变化。检测了与贮藏、细胞生长和分裂、细胞结构、信号转导、能量产生、疾病/防御机制和次生代谢相关的蛋白质。有一系列蛋白质组学事件导致伤口周皮的重建，这表明伤口周皮的形成过程在时间上延长了。后期切片代谢趋于与天然周皮相似。在修复过程中，发现许多棒状素和蛋白酶抑制剂在切片中形成了一组蛋白质，可能涉及细胞中主要贮存蛋白质的液泡。不同类别的蛋白酶抑制剂在采样日期检测到不同的表达模式，这表明它们在伤口愈合过程中可能扮演着复杂而显著的角色（Chaves et al.，2009）。

22.4.5 马铃薯亚细胞隔室的蛋白质组学研究

植物细胞是一个复杂的系统，由几个部分组成，称为细胞器，它们在整体的健康中扮演着特定的角色。在马铃薯细胞中，它们都有不同的功能（图 22.5）。细胞器在细胞内共同工作，由细胞骨架连接，并由细胞核指导。它们是相互依赖的，可以发送和接收信息。它们的配合影响着一个组织、一个器官，最终决定了整个有机体的性质。确定它们的功能和沟通方式对于获得更好的产品，满足特定的质量、营养和保质期要求至关重要。马铃薯基因组的完整测序（马铃薯基因组测序联盟，2011）打开了一扇通往无限可能性的大门，带来了蛋白质编码基因的准确注释等优势。根据马铃薯基因组测序联盟，马铃薯有 39031 个预测的蛋白质编码基因。即使这些数据没有告诉我们转录后修饰，我们也可以通过使用旨在识别假定的 N 末端靶向序列的预测软件，对它们在马铃薯细胞内的分布进行大致的了解。正确的亚细胞定位是准确确定蛋白质功能的前提（Gakh et al.，2002）。已经开发了许多生物信息学工具，如 TargetP（Emanuelsson et al.，2000）、MitoProt（Claros et al.，1996）、iPSORT（Bannai et al.，2002）、Predotar（Small et al.，2004）和 ngLOC（King et al.，

2007)，用于预测蛋白质在细胞内的亚细胞位置。我们今天所拥有的知识使我们能够将特定代谢物与产生它们的细胞器联系起来。在本章中，检索和分析了假定马铃薯蛋白质的列表，并使用几种蛋白质定位预测软件 NGLOC（King et al.，2007）、Predotar（Small et al.，2004）和 PredPlantPTS1（Reumann et al.，2012）进行检索和分析，以获得特定细胞器的蛋白质组大小的粗略估计。不过，这些数据还需要实验证实。

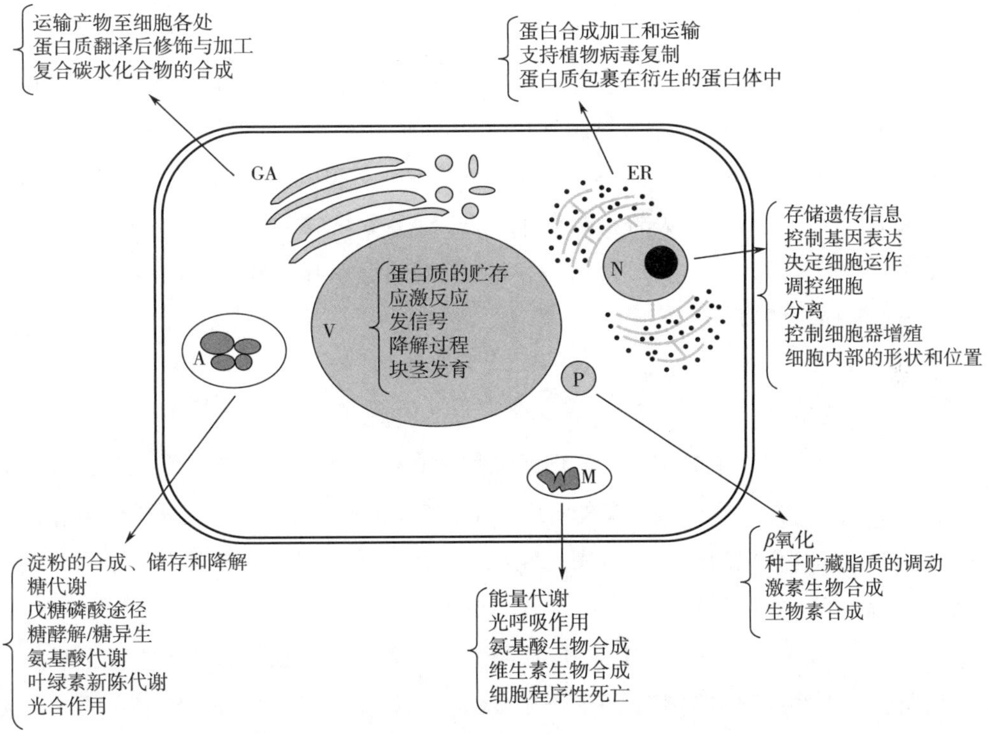

图 22.5 马铃薯块茎细胞内部细胞器的主要作用

22.4.5.1 生物质和维生素生产

一个是细胞的引擎，另一个是营养物质的生产者。这两个细胞器都有自己的基因组，但它们大约 95% 的构成蛋白是外来的，只有大约 5% 是在它们的膜边界内合成的（Soll，2002；Millar et al.，2006）。它们密切合作，如在植物呼吸方面（Kromer，1995；Raghavenra et al.，2003）。植物生物量生产最终由光合作用 CO_2 同化和呼吸 CO_2 之间的比率决定（Millenaar et al.，2003）。植物生物量生产最终由光合作用 CO_2 同化和呼吸 CO_2 之间的比率决定（Millenaar et al.，2003）。有实验证据表明，叶绿体和线粒体之间存在一个涉及活性氧和抗氧化剂的有效信号网络（Foyer et al.，2003；Noctor et al.，2007）。线粒体是细胞的动力源，但它的功能远不止这些，它的功能从能量代谢、光呼吸、氨基酸生物合成、辅酶（维生素）生物合成到细胞程序性死亡都有不同（Salvato et al.，2014）。如果我们使用特别擅长区分线粒体和质体靶向序列的 Predotar（Small et al.，2004），则 39031 个推定的马铃薯蛋白中有 2906 个被估计为线粒体，这与拟南芥的情况相同（2000~3000 个基因产物）（Cui et al.，2011）。塞尔瓦托等（2014）在从休眠马铃薯块茎中分离的高纯度线粒体的蛋白质组中鉴定出 1060 个非冗余蛋白质。研究小组在整个休眠马铃薯块茎蛋白质组中发现了广泛的翻译后修饰（posttranslational modifications，PTMs）的证据，其中参与三羧酸循环或与三羧酸循环相关的蛋白质显示出最高水平。在马铃薯休眠块茎蛋白质组中广泛发现的 PTMS 表明这可能是一种重要的功能调节方法。抗坏血酸是一种主要的抗氧化剂，也是一种很有价值的维生素。维生素 C 生物合成的最后一步涉及将 L-半乳糖基-γ-内酯转化为抗坏血酸，该反应由膜结合酶 L-半乳糖基-γ-内酯脱氢酶催化（Ostergaard et al.，1997）。GLDH 活性定位于马铃薯块茎的线粒体（Oba et al.，1994；Salvato，et al.，2014）。在块茎线粒体中发现了与主要感兴趣的辅酶生物合成有关的其他酶［嘧啶、生物素（维生素 B_8）、叶酸］（Salvato et al.，2014）。有证据表明，较高的线粒体活性与较高的淀粉呼吸降解和较少的保质期延长有关（Shukla et al.，2005）。

22.4.5.2 淀粉

淀粉主要来源于植物中的质体。它们是低等和高等植物特有的典型细胞器，被认为起源于光合原核生物蓝藻与真核藻类祖先的内共生整合（Pyke，2007）。质体的核心作用主要来自叶绿体通过光合作用向细胞提供固定碳和能量的能力。它们也是其他几个主要的植物代谢途径的所在地，如脂质和维生素的生物合成以及氨基酸的代谢（Galili，1995；Ohlroge et al.，1995），并且可以在光合作用和非光合作用的组织中找到。有各种类型的质体，它们在不同类型的植物细胞中发挥不同的作用：原生质体、叶绿体、有色体和白质体（淀粉体、弹性体、蛋白体、黄质体）（Pyke，2009）。Predotar 预测了 39031 个假定的结瘤链球菌蛋白中存在 2683 个质体蛋白，但是除了实验之外，没有其他可用的工具可以让我们区分属于特定类型的质体的确切蛋白质。

在马铃薯中，Stensballe 等用蛋白质组学的方法只研究了一种质体类型，即淀粉质体——负责淀粉的合成、贮存和降解，共鉴定出 90 种可溶性蛋白质。正如预期的那样，大多数已鉴定的蛋白质涉及碳水化合物代谢-淀粉和蔗糖代谢，戊糖磷酸途径，糖酵解/糖异生-以及氨基酸代谢。几种淀粉代谢酶（α-葡聚糖水二激酶、淀粉合成酶 II、颗粒结合淀粉合成酶 I）被分配到淀粉颗粒中。此外，还鉴定了伴侣蛋白 60 和热休克蛋白 70 的亚单位变异体。单脱氢抗坏血酸还原酶变体似乎在淀粉体和叶绿体中都扮演着重要的角色，其他被认为参与叶绿素新陈代谢和光感受器活性的酶在年轻的淀粉体中也很突出。目前还没有关于马铃薯块茎淀粉质体和马铃薯叶片叶绿体的蛋白质组学研究，但是，有证据表明马铃薯块茎淀粉质体和马铃薯叶片叶绿体的质体 DNA 本质上是相同的（Steele Scott et al.，1984）。淀粉降解是一个重要的问题，因为已经提出了几个模型。一种模式涉及膜破裂，从而使细胞的所有酶都能进入淀粉颗粒，其中 α-淀粉酶起主导作用（Ziegler，1995；Asatsuma et al.，2005）。在返青的情况下，多根螺旋藻的块茎的质膜保持完好，只有通过质酶才能获得淀粉（Appenroth et al.，2011）；我们可以假设马铃薯块茎也是如此。淀粉的另一个方面是煮熟的马铃薯的高血糖指数（GI）（Atkinson et al.，2008），这是一个不受人们欢迎的特征。健康专业人士建议，马铃薯应该用低 GI 碳水化合物代替，以降低慢性病的风险（Brand-Miller et al.，2009）。由于马铃薯是全世界饮食的重要组成部分，低 GI 马铃薯的发现和开发将给消费者、农业和食品工业带来好处。已经存在具有低和中等 GI 的品种，如 Carisma 品种（Gi1/453-Low Gi）和 Nicola 品种（Gi1/469-Medium Gi），研究表明，在相同的烹饪条件下，具有相似直链淀粉含量的马铃薯品种在体外消化和体内血糖反应方面都存在显著差异（Ek et al.，2013）。直链淀粉和支链淀粉的精细结构对于测定淀粉的消化率也很重要（Syahariza et al.，2013）。

22.4.5.3 蛋白质含量

液泡是另一个令人感兴趣的细胞器，因为它含有大多数马铃薯块茎蛋白，特别是 Patatin 和蛋白酶抑制剂变体（Pouvreau et al.，2001；Bauw et al.，2006），这对基于知识的育种以增加蛋白质含量或生产工业和医疗用蛋白质产品表现出相当大的兴趣。根据 ngLOC 软件（King et al.，2007）预测的空泡蛋白有 296 个，用 Jørgensen 等（2011）质谱测序鉴定了 450 个可能的空泡蛋白。预测的蛋白质数量与实验给出的数量之间的差异可以用以下事实来解释：一些蛋白质可能是通过自噬途径输入的，或者是非空泡杂质。通过对可溶性组分和不溶性组分进行分析得出块茎液泡是典型的蛋白质贮藏液泡，没有鉴定出蛋白水解酶或糖酵解酶。可溶性部分鉴定出贮藏和胁迫反应蛋白：库尼茨蛋白酶抑制剂、蛋白酶抑制剂 1 和 2、羧肽酶抑制剂、棒曲素和脂氧合酶。在不溶性液泡组分中，鉴定出植物蛋白酶（天冬氨酸蛋白酶）的两个变异体。

22.5 发挥马铃薯的优势——蛋白质组学在产品质量中的应用前景

到目前为止，所有的实验工作都已经完成，但在绘制马铃薯蛋白质组图之前，还需要进行很多工作（图 22.6）。过氧化物酶体、高尔基体、内质网、叶绿体、原生质体和细胞核等细胞器仍未被发现。即使线粒体和质体有自己的基因组，其余的细胞器完全依赖于细胞核，因此了解其遗传信息和结构是应用新的质量改进方法的关键一步。

22.5.1 作物和基因型特异性适应

细胞核容纳了核基因组，并为维持和复制该细胞以及潜在的整个有机体的信息提供了一个功能环境（Martins et al.，2012）。核蛋白（nuclear genome，NPs）被预测约占细胞总蛋白的10%~20%，这表明细胞核参与了许多不同的功能（Narula et al.，2013）。细胞核使遗传物质与细胞的其他活动分开（Roix 和 Misteli，2002），直接控制基因表达（Wilson et al.，2011），并在叶绿体分裂中发挥重要的形态调节作用（Cavalier-Smith，2006）。NPs 的组织控制核的形状、大小和组成：核中的可塑性允许细胞分化，而核中的刚性决定其机械刚度（Jiang et al.，2006）。细胞核起着多功能的作用，既是细胞分裂过程中的调节器和调节器，又是受精和遗传的控制者和整合者——调节细胞表型（Franklin et al.，2011）。了解蛋白质多样性和共同特征可以打开核结构和蛋白质组织的最基本知识的大门。核蛋白组学可能是理解作物和基因型特异性适应以及随表型变异而来的生化和生理过程的关键。NgLOC（King et al.，2007）预测存在 11927 个假定的马铃薯 NPs 约占细胞总蛋白的 30%。

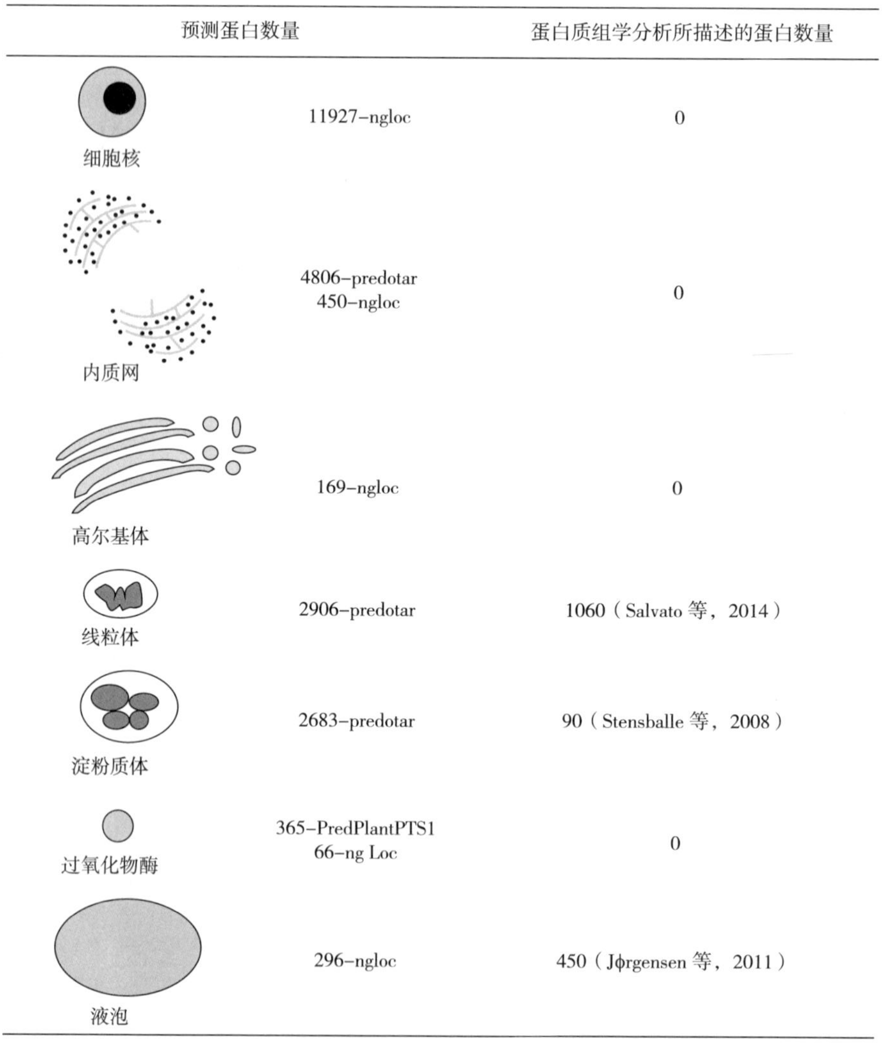

图 22.6 对马铃薯亚细胞蛋白质组学研究现状的评价

22.5.2 蛋白质合成与运输

细胞的分泌途径由高尔基体和内质网组成，然而如何运输生物合成材料这一根本问题仍然没有答案。即使目前存在其他物种的分离方案，马铃薯中也没有蛋白质组学研究来解决这一重要问题（Walter et al.，1983；Croze et al.，1984；Joseph et al.，2012）。高尔基仪体在整个细胞中穿梭于各个目的地之间。它是蛋白质翻译后修饰和加工的主要部位，在复杂碳水化合物的合成中具有重要作用，并作为内膜系统的一个连续组件存在，内膜系统包括内质网、质膜、液泡、内酶体和溶酶体（Morre et al.，2009）。NgLOC 预测了高尔基体中可能存在的 169 种马铃薯蛋白（King et al.，2007）。内质网是一种多功能的细胞内细胞器，负责合成、加工和运输多种对发育和生命维持至关重要的蛋白质（Chen et al.，2010）。对内质网蛋白质组的全面研究对了解其功能具有重要意义。通过使用预测软件，我们可以根据 Predotar（Small et al.，2004）估计其大小为 4806 个蛋白质。ER 引起了研究人员的关注，因为植物病毒使用细胞内膜系统来支持病毒复制，特别是在 RNA 病毒的情况下，病毒复制酶通常锚定在与 ER 相关的膜上（Rubino et al.，1998），从而成为病毒疾病的重要步骤。对 ER 蛋白质组的了解可以用来为获得抗病病毒（马铃薯 Y 病毒、冠状病毒、黄花病毒、杂色病毒和雀麦病毒、花叶病毒、红色或雀麦花叶病毒或 X TGBp2 病毒）的植物提供选择的标记或找到新的治疗和预防策略（Ju et al.，2005）。内质网亲密知识的另一个实际应用是使用内质网衍生蛋白体（PBS），Joseph 等（2012）研究表明，玉米贮藏蛋白 γ-Zein 的 N-末端富含脯氨酸结构域（ZERA）在与烟草中的相关蛋白融合时能够诱导内质网衍生的 PB 的形成。这种包裹使重组融合蛋白能够逃脱降解，并便于通过梯度纯化从植物生物量中回收重组融合蛋白。这将进一步优化下游重组蛋白在分子养殖应用中的纯化。对包埋过程的了解也可能有助于提高已有蛋白质的回收率和产量。

22.5.3 过氧化物酶体——激素和生物素生物合成的位点

在植物中，过氧化物酶体是参与各种代谢过程和生理功能的细胞器，包括 β 氧化（Gerhardt，1983）、种子贮存脂质的动员（Mano et al.，2005）、光呼吸（Nishimura et al.，1996）、激素生物合成-茉莉酸（Weber，2002）和生长素（Woodward et al.，2005），以及生物素的生物合成（Maruyama et al.，2012）。它们根据发育阶段和环境条件改变其功能（Fransen，2012）。在马铃薯中，根据 PredPlantPTS1（Reumann et al.，2012），365 个蛋白质被预测为过氧化物酶体，这是一个专门为预测过氧化物酶体蛋白位置而设计的软件。

22.5.4 块茎如何形成

最重要的是块茎形成过程，但目前还没有完全了解。研究表明，Ca^{2+} 通过钙调节蛋白、CaM、CDPK、CBLs 和通道蛋白影响马铃薯块茎形成（Balamani et al.，1986；Chang et al.，

2007；Nookaraju et al.，2012）。在钙信号和积累方面，有两个细胞器脱颖而出：线粒体（Rizzuto et al.，2012）和液泡（Machlon，1984）。液泡是钙的贮存库（Machlon，1984），因此在钙稳态中起着重要作用（Miller et al.，1990；Gelli et al.，1993）。线粒体就像带主一样，可以通过两种方式传播钙驱动的信号：充当钙汇以防止反馈抑制或充当钙库，向胞浆释放更多钙以放大信号（Whelan et al.，2013）。线粒体之所以能够编码和解码 Ca^{2+} 信号，是因为呼吸链为跨越线粒体内膜的质子产生了电化学梯度。通过吸收和随后释放 Ca^{2+} 离子，它可以改变胞浆钙信号的空间范围和持续时间（Poburko et al.，2012）。胞浆 Ca^{2+} 升高对线粒体 pH 的直接影响，是使其降低。细胞液 pH 的变化与线粒体 pH 的变化是平行的（Poburko et al.，2011）。

影响块茎形成过程的主要外部线索是光周期。叶绿体蛋白光敏色素 B 可以感知叶片中的光周期，导致匍匐茎亚顶端的块茎形成（Sarkar，2008）。质体并不是细胞中唯一的感光细胞器。线粒体也有被细胞色素 C 氧化酶（COX）吸收光的能力（Douce，1985），并且 COX 已被越来越多地显示为红色到近红外区域的光受体和光信号转导（Pastore et al.，2000；Karu，2010）。COX 还可以将亚硝酸盐还原为一氧化氮（Poyton et al.，2009）。低强度光促进 COX 合成一氧化氮，且不改变其还原氧气的能力（Poyton et al.，2011），但还没有研究探索马铃薯线粒体的这种惊人质量及其对块茎质量的可能影响。由于叶绿素的形成，暴露在阳光下的块茎会变绿（Salunkhe et al.，1974），这种特质的马铃薯在市场上不被接受。同时，这一现象也受马铃薯品种的影响（Zhu et al.，1984）。随着叶绿素的形成，糖类生物碱水平会增加，这会引起味觉和毒性问题（Percival，1999）。当马铃薯暴露在光谱的蓝色（475nm）和红色（675nm）区域的波长下时，马铃薯对叶绿素的积累更加敏感（Petermann et al.，1985），因此也可能对线粒体 COX 产生影响。返青可能是理解淀粉新陈代谢中最重要的参与者之一，可见质体的关键作用。淀粉质体对光照的可逆分化为叶绿体导致淀粉快速降解、类胡萝卜素积累（Zhu et al.，1984）和细胞器内部重排（Badenhuizen et al.，1976）。Preberg et al. 的研究成果（2008）引用了一些情况，在这些情况下，由于老年质体、黄质体或有色体重新分化为叶绿体，因此组织会变绿。这种现象确实是一种再分化过程，不过没有任何质体从头产生或质体分裂的证据（Thomson et al.，1967；Preberg et al.，2008）。光照可能是通过光敏色素变绿的最重要因素，此外，营养因素也参与其中（Huff，1983）。

22.6 结论

马铃薯是一种复杂的食物，因为它易于种植，对运输和贮存的要求较低，而碳水化合物、维生素和抗氧化剂含量却很高。马铃薯蛋白质组学的研究主要集中在提高作物产量、减少施肥、了解害虫防御机制和逆境适应等方面。转基因马铃薯品种的出现引发了新的研究需求，这些研究可以评估这些新来者对环境和健康的影响。蛋白质组学满足了这一需求。然而，即使已经在马铃薯上做了大量的工作，我们仍然与组建一个全面的蛋白质组学数据库相差甚远，蛋白质组学数据库对于了解农业实践的各种表型方面是必不可少的。在寻找营养品质高、抗病虫害、耐贮性好、一个或多个感兴趣分子的合成量较高的植物时，必须先绘制马铃薯蛋白质组图谱，然后再进行代谢组学分析。

22.7 致谢

首先要感谢 Jaspreet Singh 博士在撰写本章时的帮助和指导，Thomas Lingner 博士提供的 PredPlantPTS1 软件帮助，以及 Jean-Claude Pech 博士的反馈意见。

参考文献

Agrawal L, Charkraborty S, Jaiswal D. K, Gupta S, Datta A, Chakraborty N. Comparative proteomics of tuber induction, development and maturation reveal the complexity of tuberization process in potato (*Solanum tuberosum* L.). *Journal of Proteome Research*. 2008;7:3803-3817.

Akagawa M, Handoyo T, Ishii T, Kumazawa S, Morita N, Suyama K. Proteomic analysis of wheat flour allergens. *Journal of Agricultural and Food Chemistry*. 2007;55:6863-6870.

AliA, Alexandersson E, Sandin M, Resjö S, Lenman M, Hedley P, Levander F, Andreasson E. Quantitative proteomics and transcriptomics of potato in response to *Phytophthora infestans* in compatible and incompatible interactions. *BMC Genomics*. 2014;15:497.

Appenroth K. J, Keresztes A, Krzysztofowicz A, Gabrys H. Light-induced degradation of starch granules in turions of *Spirodela polyrhiza* studied by electron microscopy. *Plant Cell Physiology*. 2011;52:384-391.

Asatsuma S, Sawada C, Itoh K, Okito M, Kitajima A, MitsuiT. Involvement of alpha-amylase I-1 in starch degradation in rice chloroplasts. *Plant Cell Physiology*. 2005;46:858-869.

Atkinson F. S, Foster-Powell K, Brand-Miller J. C. International tables of glycaemic index and glycaemic load values. *Diabetes Care*. 2008;31:2281-2283.

Badenhuizen N. P, Salema R. Observations of the development of chloroamyloplasts. *Revista de Biologia* (*Lisbon*). 1976;6:139-155.

Badri M. A, Rivard D, Coenen K, Michaud D. Unintended molecular interactions in transgenic plants expressing clinically-useful proteins: the case of bovine aprotinin travelling the potato leaf cell secretory pathway. *Proteomics*. 2009;9:746-756.

Balamani V, Veluthambi K, Poovaiah B. W. Effect of calcium on tuberization in potato (*Solanum tuberosum* L.). *Plant Physiology*. 1986;80:856-858.

Bannai H, Tamada Y, Maruyama O, Nakai K, Miyano S. Extensive feature detection of N-terminal protein sorting signals. *Bioinformatics*. 2002;18:298-305.

Barel G, Ginzberg I. Potato skin proteome is enriched with plant defence components. *Journal of Experi-*

mental Botany. 2008;59(12):3347-3357.

Barsan C, Sanchez-Bel P, Rombaldi C, Egea I, Rossignol M, Kuntz M, Zouine M, Latche A, Bouzayen M, Pech J. C. Characteristics of the tomato chromoplast revealed by proteomic analysis. *Journal of Experimental Botany*. 2010;61:2413-2431.

Bauw G, Nielsen H. V, Emmersen J, Nielsen K. L, Jørgensen M, Welinder K. G. Patatins, Kunitz protease inhibitors and other major proteins in tuber of potato cv. Kuras. *FEBS Journal*. 2006;273:3569-3584.

Bengtsson T, Weighill D, Proux-Wéra E, Levander F, Resjö S, Burra D. D, Moushib L. I, Hedley P. E, Liljeroth E, Jacobson D, Alexandersson E, Andreasson E and transcriptomics of the BABA-induced resistance response in potato using a novel functional annotation approach. *BMC Genomics*. 2014;15:315.

Berkowitz O, Jost R, Kollehn D. O, Fenske R, Finnegan P. M, O'Brien P. A, Hardy G. E, Lambers H. Acclimation responses of *Arabidopsis thaliana* to sustained phosphite treatments. *Journal of Experimental Botany*. 2013;64:1731-1743.

Bisognin D. A, Douches D. S. Early generation selection for potato tuber quality in progenies of late blight resistant parents. *Euphytica*. 2002;127:1-9.

Brand-Miller J, McMillan-Price J, Steinbeck K, Caterson I. Dietary glycaemic index: health implications. *The Journal of the American College of Nutrition*. 2009;28(Suppl.):446S-449S.

BricchiI, Leitner M, Foti M, Mithöfer A, Boland W, Maffei M. E. Robotic mechanical wounding (MecWorm) versus herbivore-induced responses: early signaling and volatile emission in Lima bean (*Phaseolus lunatus* L.). *Planta*. 2010;232:719-729.

Burra D. D, Berkowitz O, Hedley P. E, Morris J, Resjö S, Levander F, Liljeroth E, Andreasson E, Alexandersson E. Phosphite-induced changes of the transcriptome and secretome in *Solanum tuberosum* leading to resistance against *Phytoph thora infestans*. *BMC Plant Biology*. 2014;14:254.

Burton W. G, van Es A, Hartmans K. J. The physics and physiology of storage. In: Harris P. M, ed. *The Potato Crop: The Scientific Basis for Improvement*. second ed. London, UK: Chapman and Hall; 1992: 608-727.

Carbonaro M. Proteomics: present and future in food quality evaluation. *Trends in Food Science and Technology*. 2004;15:209-216.

Carputo D, Aversano R, Frusciante L. Breeding potato for quality traits. *Acta Horticulturae*. 2005;684: 55-64.

Cavalier-Smith T. Cell evolution and earth history: stasis and revolution. *Philosophical Transactions of the Royal Society B: Biological Sciences*. 2006;361:969-1006.

Chakaborty S, Chakaborty N, Datta A. Increased nutritive value of transgenic potato by expressing a non-allergenic seed albumin gene from *Amaranthus hypochondriacus*. *Proceedings of the National Academy of Sciences of the United States of America*. 2000;97:3724-3729.

Chandramouli K, Qian P. Y. Proteomics: challenges, techniques and possibilities to overcome biological sample complexity. *Human Genomics and Proteomics*. 2009;2009:1-92.

Chang D. C, Park C. S, Lee J. G, Jeong J. C, Kim S. Y. Effect of pre-plant calcium application on calcium concentration, yield, and incidence of internal brown spot in potatoes (cv. Atlantic) grown under greenhouse conditions. *Acta Horticulturae (ISHS)*. 2007;761:449-455.

Chaves I, Pinheiro C, Paiva J. A. P, Planchon S, Sergeant K, Renaut J, Graça J. A, Costa G, Coelho A. V, Pinto Ricardo C. P. Proteomic evaluation of wound-healing processes in potato (*Solanum tuberosum* L.) tuber tissue. *Proteomics*. 2009;9:4154-4175.

Chen X, Karnovsky A, Sans M. D, Andrews P. C, Williams J. A. Molecular characterization of the endoplasmic reticulum: insights from proteomic studies. *Proteomics*. 2010;10:4040-4052.

Claros M. G, Vincens P. Computational method to predict mitochondrially imported proteins and their targeting sequences. *European Journal of Biochemistry*. 1996;241:779-786.

Clerens S, Plowman J. E, Dyer J. M. In: Heazlewood J. L, Petzold C. J, eds. *Food Proteomics: Mapping Modifications, Proteomic Applications in Biology*. InTech; 2012.

Cordain L. Cereal grains: humanity's double-edged sword. *World Review of Nutrition and Dietetics*. 1999; 84:19-73.

Criel B, Hausman J. F, Oufir M, Swennen R, Panis B, Renaut J. Proteome and sugar analysis of abiotic stress underlying cryopreservation in potato. *Communications in Agricultural and Applied Biological Sciences Ghent University*. 2006;71(1):3-6.

Cristea I. M, Gaskell S. J, Whetton A. D. Proteomics techniques and their application to hematology. *Blood*. 2004;103:3624-3634.

Croze E. M, Morre D. J. Isolation of plasma membrane, golgi apparatus, and endoplasmic reticulum fractions from single homogenates of mouse liver. *Journal of Cellular Physiology*. 1984;119:46-57.

Cui J. A, Liu J. H, LiY. H, Shi T. L. Integrative identification of *Arabidopsis* mitochondrial proteome and its function exploitation through protein interaction network. *PLoS One*. 2011;6(1):e16022.

Dahan K, Fennal M, Kumar N. B. Lycopene in the prevention of prostate cancer. *Journal of the Society for Integrative Oncology*. 2008;6(1):29-36.

Dale M. F, Bradshaw J. E. Progress in improving processing attributes in potato. *Trends in Plant Science*. 2003;8(7):310-312.

Damerval C, Vienne D. D, Zivy M, Thiellement H. Technical improvements in two-dimensional electrophoresis increase the level of genetic variation detected in wheat-seedling proteins. *Electrophoresis*. 1986;7(1): 52-54.

Davies H. V. Carbohydrate metabolism during sprouting. *American Potato Journal*. 1990;67:815-827.

De Lucca A. J. Harmful fungi in both agriculture and medicine. *Revista Iberoamericana de Micología*. 2007;24:3-13.

Delaplace P, Fauconnier M. L, Sergeant K, Dierick J. F, Oufir M, van der WalF, America A. H. P, Renaut J, Hausman J. F, du Jardin P. Potato (*Solanum tuberosum* L.) tuber ageing induces changes in the proteome and antioxidants associated with the sprouting pattern. *Journal of Experimental Botany*. 2009;60(4): 1273-1288.

Diretto G, Al-Babili S, Tavazza R, Papacchioli V, Beyer P, Giuliano G. Metabolic engineering of potato carotenoid content through tuber-specific overexpression of a bacterial minipathway. *PLoS One*. 2007;2:e350.

Diretto G, Tavazza R, Welsch R, PizzichiniD, Mourgues F, Papacchioli V, Beyer P, Giuliano G. Metabolic engineering of potato tuber carotenoids through tuber-specific silencing of lycopene epsilon cyclase. *BMC Plant Biology*. 2006;6:13.

Douce R. *Mitochondria in Higher Plants: Structure, Function, and Biogenesis*. Orlando, FL: Academic Press; 1985.

Duceppe M. O, Cloutier C, Michaud D. Wounding, insect chewing and phloem sap feeding differentially alter the leaf proteome of potato, *Solanum tuberosum* L. *Proteome Science*. 2012;10:73.

Ducreux L. J, Morris W. L, Hedley P. E, Shepherd T, Davies H. V, Millam S, Taylor M. A. Metabolic engineering of high carotenoid potato tubers containing enhanced levels of beta-carotene and lutein. *Journal of Experimental Botany*. 2005;56(409):81-89.

Ek K. L, Wang S, Copeland L, Brand-Miller J. C. Discovery of a low-glycaemic index potato and relationship with starch digestion in vitro. *British Journal of Nutrition*. 2013;111(4):699-705.

Eldredge E. P, Shock C. C, Stieber T. D. Plot sprinklers for irrigation research. *Agronomy Journal*. 1992; 84:1081-1084.

Emanuelsson O, Nielsen H, Brunak S, von Heijne G. Predicting subcellular localization of proteins based on their N-terminal amino acid sequence. *Journal of Molecular Biology*. 2000;300:1005-1016.

Fasoli E, Aldini G, Regazzoni L, Kravchuk A. V, Citterio A, RighettiP. G. Les maitres de l' Orge: the proteome content of your beer mug. *Journal of Proteome Research*. 2010;9:5262-5269.

Fasoli E, Pastorello E. A, Farioli L, Scibilia J, AldiniG, CariniM, Marocco A, BoschettiE, RighettiP. G. Searching for allergens in maize kernels via proteomic tools. *Journal of Proteomics*. 2009;72:501-510.

Fischer M, Schreiber L, Colby T, Kuckenberg M, Tacke E, Hofferbert H. R, Schmidt R, Gebhardt C. Novel candidate genes influencing natural variation in potato tuber cold sweetening identified by comparative proteomics and association mapping. *BMC Plant Biology*. 2013;13:113.

Folgado R, Panis B, Sergeant K, Renaut J, Swennen R, Hausman J. F. Differential protein expression in response to abiotic stress in two potato species: *Solanum commersonii* Dun and *Solanum tuberosum* L. *International Journal of Molecular Sciences*. 2013;14:4912-4933.

Fonseca C, Planchon S, Renaut J, Oliveira M. M, Batista R. Characterization of maize allergens-MON810 vs. its nontransgenic counterpart. *Journal of Proteomics*. 2012;75:2027-2037.

Foyer C. H, Noctor G. Redox sensing and signalling associated with reactive oxygen in chloroplasts, peroxisomes and mitochondria. *Physio logia Plantarum*. 2003;119:355-364.

Franklin S, Zhang M. J, Chen H, Paulsson A. K, Jordan S. S. M, Li Y, Ping P, Vondriska T. M. Specialized compartments of cardiac nuclei exhibit distinct proteomic anatomy. *Proteomics*. 2011;10:1015-1074.

Fransen M. Peroxisome dynamics: molecular players, mechanisms, and (Dys) functions. *ISRN Cell Biology*. 2012;2012 Article ID: 714192.

Fuchs D, Winkelmann I, Johnson I. T, Mariman E, Wenzel U, Daniel H. Proteomics in nutrition research: principles, technologies and applications. *British Journal of Nutrition*. 2005;94(3):302-314.

Gakh O, Cavadini P, Isaya G. Mitochondrial processing peptidases. *Biochimica et Biophysica Acta*. 2002;1592:63-77.

GaliliG. Regulation of lysine and threonine biosynthesis. *Plant Cell*. 1995;7:899-906.

Garfin D. E. Gel electrophoresis of proteins. *Essential Cell Biology*. 2003;1:197-268.

Gašo-Sokac D, Kovac S, Josic D. Application of proteomics in food technology and biotechnology: process development, quality control and product safety. *Food Technology and Biotechnology*. 2010;48:284-295.

Geigenberger P, Geiger M, Stitt M. High-temperature perturbation of starch synthesis is attributable to inhibition of ADP-glucose pyrophosphorylase by decreased levels of glycerate-3-phosphate in growing potato tubers. *Plant Physiology*. 1998;117:1307-1316.

GelliA, Blumwald E. Calcium retrieval from vacuolar pools. (Characterization of a vacuolar calcium channel). *Plant Physiology*. 1993;102:1139-1146.

Gerhardt B. Localization of β-oxidation enzymes in peroxisomes isolated from nonfatty plant tissues. *Planta*. 1983;159(3):238-246.

Giuliano Albo A, Mila S, Digilio G, Motto M, Aime S, Corpillo D. Proteomic analysis of a genetically modified maize flour carrying *cry1Ab* gene and comparison to the corresponding wild-type. *Maydica*. 2007;52:443-455.

Giuliano G, Aquilani R, Dharmapuri S. Metabolic engineering of plant carotenoids. *Trends in Plant Science*. 2000;5(10):406-409.

Gong C. Y, Wang T. Proteomic evaluation of genetically modified crops: current status and challenges. *Frontiers in Plant Science*. 2013;4:41.

Goulet C, Benchabane M, Anguenot R, Brunelle F, Khalf M, Michaud D. A companion protease inhibitor for the protection of cytosol-targeted recombinant proteins in plants. *Plant Biotechnology Journal*. 2010;8:142-154.

Guy C. L, Huber J. L. A, Huber S. C. Sucrose phosphate synthase and sucrose accumulation at low-temperature. *Plant Physiology*. 1992;100(1):502-508.

Harper S. *Potato Tuber Quality Management in Relation to Environmental and Nutritional Stress* HAL Project No. PT99052. Horticultural Australia Ltd; 2004.

Haverkort A, Struik P, Visser R, Jacobsen E. Applied biotechnology to combat late blight in potato caused by *Phytoph thora infestans*. *Potato Research*. 2009;52(3):249-264.

Helmy M, Tomita M, Ishihama Y. Oryza PG-DB: rice proteome database based on shotgun proteogenomics. *BMC Plant Biology*. 2011;11:63.

Hiller L. K, Thornton R. E. Management of physiological disorders. In: Rowe R. C, ed. *Potato Health Management*. The American Phytopathological Society Press; 1993.

Huff A. Nutritional control of regreening and degreening in citrus peel segments. *Plant Physiology*. 1983;73:243-249.

Hurkman W. J, Tanaka C. K. Solubilization of plant membrane proteins for analysis by two-dimensional gel electrophoresis. *Plant Physiology*. 1986;81(3):802-806.

Hustoft H. K, Malerod H, Wilson S. R, Reubsaet L, Lundanes E, Greibrokk T. A critical review of trypsin digestion for LC-MS based proteomics. In: Leung H. C. E, ed. *Biochemistry, Genetics and Molecular Biology*. Integrative Proteomics; 2012:73-92.

Iimure T, Nankaku N, Hirota N, Zhou T. S, HokiT, Kihara M, Katsuhiro H, Kazutoshi I, Kazuhiro S. Construction of a novel beer proteome map and its use in beer quality control. *Food Chemistry*. 2010;118:566-574.

Jiang G, Huang A. H, Cai Y, Tanase M, Sheetz M. P. Rigidity sensing at the leading edge through $\alpha_v\beta_3$ integrins and RPTPα . *Biophysical Journal*. 2006;90:1804-1809.

Jobling J. Potatoes: handle with care. *Good Fruit and Vegetables Magazine*. 2000;11(4):34-35.

Jobling S. A, Westcott R. J, Tayal A, Jeffcoat R, Schwall G. P. Production of a freeze-thaw-stable potato starch by antisense inhibition of three starch synthase genes. *Nature Biotechnology*. 2002;20:295-299.

Jørgensen M, Stensballe A, Welinder K. G. Extensive post-translational processing of potato tuber storage proteins and vacuolar targeting. *FEBS Journal*. 2011;278:4070-4087.

Joseph M, Ludevid M. D, Torrent M, Rofidal V, Tauzin M, Rossignol M, Peltier J. B. Proteomic characterisation of endoplasmic reticulum-derived protein bodies in tobacco leaves. *BMC Plant Biology*. 2012;12:36.

Ju H. J. C, Samuels T. D, Wang Y. S, Blancaflor E, Payton M, Mitra R, Krishnamurthy K, Nelson R. S, Verchot-Lubicz J. The potato virus XTGBp2 movement protein associates with endoplasmic reticulum-derived vesicles during virus infection. *Plant Physiology*. 2005;138:1877-1895.

Karu T. I. Multiple roles of cytochrome c oxidase in mammalian cells under action of red and IR-A radiation. *IUBMB Life*. 2010;62:607-610.

Khalf M, Goulet C, Vorster J, Brunelle F, Anguenot R, Fliss I, Michaud D. Tubers from potato lines expressing a tomato Kunitz protease inhibitor are substantially equivalent to parental and transgenic controls. *Plant Biotechnology Journal*. 2010;8:155-169.

Kilambi H. V, Kumar R, Sharma R, Sreelakshmi Y. Chromoplast-specific carotenoid-associated protein appears to be important for enhanced accumulation of carotenoids in *hp*1 tomato fruits. *Plant Physiology*. 2013;161:2010-2085.

King B. R, Guda C. ngLOC: an n-gram-based Bayesian method for estimating the subcellular proteomes of eukaryotes. *Genome Biology*. 2007;8(5):R68.

Kolattukudy P. E. Lipid polymers and associated phenols, their chemistry, biosynthesis and role in pathogenesis. *Recent Advances in Phytochemistry*. 1977;77:185-246.

Komatsu S, Tanaka N. Rice proteome analysis: a step toward functional analysis of the rice genome. *Proteomics*. 2004;5:938-949.

Konozy E. H, Rogniaux H, Causse M, Faurobert M. Proteomic analysis of tomato (*Solanum lycopersicum*) secretome. *Journal of Plant Research*. 2013;126(2):251-266.

Krinsky N. I, Mayne S. T, Sies H. *Carotenoids in Health and Disease*. New York: Marcel-Dekker; 2004.

Kromer S. Respiration during photosynthesis. *Annual Review of Plant Physiology and Plant Molecular Biology*. 1995;46:45-70.

Lehesranta S, Koistinen K. M, Massat N, Davies H. V, Shepherd L, Mc-Nicol J. W, Cakmak I, Cooper J, Luck L, Karenlampi S, Leifert C. Effects of agricultural production systems and their components on protein profiles of potato tubers. *Proteomics*. 2007;7:597-604.

Lehesranta S. J, Davies H. V, Shepherd L. V. T, Koistinen K. M, Massat N, Nunan N, McNicol J. W, Karenlampi S. O. Proteomic analysis of the potato tuber life cycle. *Proteomics*. 2006;6:6042-6052.

Lehesranta S. J, Davies H. V, Shepherd L. V. T, Nunan N, McNicol J. W, Auriola S, Koistinen K. M, Suomalainen S, Kokko H. I, Kä of tuber proteomes of potato varieties, land races, and genetically modified lines. *Plant Physiology*. 2005;138:1690-1699.

Li J, Zhu L, Lu G, Zhan X. B, Lin C. C, Zheng Z. Y. Curdlan b-1,3-glucooligosaccharides induce the defense responses against *Phytoph thora infestans* infection of potato (*Solanum tuberosum* L. cv. McCain G1) leaf cells. *PLoS One*. 2014;9(5):e97197.

Li J, Zhu L, Zheng Z. Y, Zhan X. B, Lin C. C,Zong Y, Li W. J. A new effective process for production of curdlan oligosaccharides based on alkali-neutralization treatment and acid hydrolysis of curdlan particles in water suspension. *Applied Microbiology and Biotechnology*. 2013;97:8495-8503.

Liljeroth E, Bengtsson T, Wiik L, Andreasson E. Induced resistance in potato to *Phytph thora infestans*-effects of BABA in greenhouse and field tests with different potato varieties. *European Journal of Plant Pathology*. 2010;127:171-183.

Lim S, Borza T, Peters R. D, Coffin R. H, Al-Mughrabi K. I, Pinto D. M, Wang-Pruski G. Proteomics analysis suggests broad functional changes in potato leaves triggered by phosphites and a complex indirect mode of action against *Phytophthora infestans*. *Journal of Proteomics*. 2013;93:207-223.

Lloyd J. R, Springer F, Buléon A, Müller-Rober B, Willmitzer L, Kossmann J. The influence of alterations in ADP glucose pyrophosphorylase activities on starch structure and composition in potato tubers. *Planta*. 1999;209:230-238.

Lobato M. C, Machinandiarena M. F, Tambascio C, Dosio G. A. A, Caldiz D. O, Daleo G. R, Andreu A. B, OlivieriF. P. Effect of foliar applications of phosphate on post-harvest potato tubers. *European Journal of Plant Pathology*. 2011;130(2):155-163.

Louis B, Roy P, Sayanika D. W, Talukdar N. C. *Aspergillus terreus* Thom a new pathogen that causes foliar blight of potato. *Plant Pathology & Quarantine*. 2013;3(1):29-33.

Louis B, Waikhom D, Roy P, Bhardwaj P. K, Singh M. W, Chandrade S. K, Talukdar N. C. Invasion of *Solanum tuberosum* L. by *Aspergillus terreus*: a microscopic and proteomics insight on pathogenicity. *BMC Research Notes*. 2014;7:350.

Low T. Y, van Heesch S, van den Toorn H, Giansanti P, Cristobal A, Toonen P, Schafer S, Hübner N, van Breukelen B, Mohammed S, Cuppen E, Heck A. J, Guryev V. Quantitative and qualitative proteome characteristics extracted from in-depth integrated genomics and proteomics analysis. *Cell Reports*. 2013;5(5):1469-1478.

Machlon A. E. S. Calcium fluxes at plasmalemma and tonoplast. *Plant, Cell & Environment*. 1984;7:423-429.

Mano S, Nishimura M. Plant peroxisomes. *Vitamins & Hormones*. 2005;72:111-154.

Martínez-Maqueda D, Hernández Ledesma B, Amigo L, Miralles B, Gómez Ruiz J. Á. Extraction/Fractionation techniques for proteins and peptides and protein digestion. In: Toldrá F, Nollet L. M. L, eds. *Pro-*

teomics in Foods: Principles and Applications. US: Springer; 2013:21-51.

Martins R. P, Finan J. D, Guilak F, Lee D. A. Mechanical regulation of nuclear structure and function. *Annual Review of Biomedical Engineering*. 2012;14:431-455.

Maruyama J, Yamaoka S, Matsuo I, TsutsumiN, Kitamoto K. A newly discovered function of peroxisomes: involvement in biotin biosynthesis. *Plant Signaling & Behavior*. 2012;7(12):1589-1593.

Millar A. H, Whelan J, Small I. Recent surprises in protein targeting to mitochondria and plastids. *Current Opinion in Plant Biology*. 2006;9:610-615.

Millenaar F. F, Lambers H. The alternative oxidase: in vivo regulation and function. *Plant Biology*. 2003;5:2-15.

Miller A. J, Vogg G, Sanders D. Cytosolic calcium homeostasis in fungi: roles of plasma membrane transport and intracellular sequestration of calcium. *Proceedings of the National Academy of Sciences of the United States of America*. 1990;87:9348-9352.

Morre J, Mollenhauer H. H. *The Golgi Apparatus: The First* 100 *Years*. New York: Springer; 2009.

Mottram D. S, Wedzicha B. L, Dodson A. T. Acrylamide is formed in the Maillard reaction. *Nature*. 2002;419:448-449.

Muneta P, Kaisaki F. Ascorbic acid-ferrous iron (Fe^{++}) complexes and after cooking darkening of potatoes. *American Potato Journal*. 1985;62(10):531-536.

Munger A, Coenen K, Cantin L, Goulet C, Vaillancourt L. -P, Goulet M. C, Tweddell R, Sainsbury F, Michaud D. Beneficial unintended effects of a cereal cystatin in transformed lines of potato, *Solanum tuberosum*. *BMC Plant Biology*. 2012;12:198.

Murphy J. P, Kong F, Pinto D. M, Wang-Pruski G. Relative quantitative proteomic analysis reveals wound response proteins correlated with after-cooking darkening. *Proteomics*. 2010;10:4258-4269.

Narula K, Datta A, Chakraborty N, Chakraborty S. Comparative analyses of nuclear proteome: extending its function. *Frontiers in Plant Science*. 2013;4:100.

Nelson C. J, Huttlin E. L, Hegeman A. D, Harms A. C, Sussman M. R. Implications of N-15-metabolic labeling for automated peptide identification in *Arabidopsis thaliana*. *Proteomics*. 2007;7:1279-1292.

Nesterenko S, Sink K. C. Carotenoid profiles of potato breeding lines and selected cultivars. *HortScience*. 2003;38:1173-1177.

Nishimura M, Hayashi M, Kato A, Yamaguchi K, Mano S. Functional transformation of microbodies in higher plant cells. *Cell Structure and Function*. 1996;21:387-393.

Noctor G, De Paepe R, Foyer C. H. Mitochondrial redox biology and homeostasis in plants. *Trends in Plant Science*. 2007;12:125-134.

Nookaraju A, Pandey S. K, Upadhyaya C. P, Heung J. J, Kim H. S, Chun S. C, Kim D. H, Park S. W. Role of Ca^{2+}-mediated signaling in potato tuberization: an overview. *Botanical Studies*. 2012;53:177-189.

Noordin R, Othman N. Proteomics technology-a powerful tool for the biomedical scientists. *Malaysian Journal of Medical Sciences*. 2013;20(2):1-2.

O' Farrell P. H. High resolution two-dimensional electrophoresis of proteins. *The Journal of Biological Chemistry*. 1975;250:4007-4021.

Oba K, Fukui M, Imai Y, Iriyama S, Nogaru K. L-Galactono-g-lactone dehydrogenase: partial characterization, induction of activity and role in synthesis of ascorbic acid in wounded white potato tuber tissue. *Plant Cell Physiology*. 1994;35:473-478.

Ohlrogge J, Browse J. Lipid biosynthesis. *Plant Cell*. 1995;7:957-970.

Ong S. E, Blagoev B, Kratchmarova I, Kristensen D. B, Steen H, Pandey A, Mann M. Stable isotope labeling by amino acids in cell culture, SILAC, as a simple and accurate approach to expression proteomics. *Molecular & Cellular Proteomics*. 2002;1:376-386.

Ong S. E, Mann M. Mass spectrometry-based proteomics turns quantitative. *Nature Chemical Biology*. 2005;1:252-262.

Ostergaard J, Persiau G, Davey M. W, Bauw G, Van Montagu M. Isolation of a cDNA coding for L-galactono-g-lactone dehydrogenase, an enzyme involved in the biosynthesis of ascorbic acid in plants. *The Journal of Biological Chemistry*. 1997;272:30009-30016.

Pastore D, Greco M, Passarella S. Specific helium-neon laser sensitivity of the purified cytochrome c oxidase. *International Journal of Radiation Biology*. 2000;76:863-870.

Pastorello E. A, Farioli L, Pravettoni V, Ispano M, Scibola E, Trambaioli C, Giuffrida M. G, Ansaloni R, Godovac-Zimmermann J, Conti A, Fortunato D, OrtolaniC. The maize major allergen, which is responsible for food induced allergic reactions, is a lipid transfer protein. *Journal of Allergy and Clinical Immunology*. 2000; 106:744-751.

Pedreschi R, Hertog M, Lilley K. S, Nicolaï B. Proteomics for the food industry: opportunities and challenges. *Critical Reviews in Food Science and Nutrition*. 2010;50(7):680-692.

Percival G. Light-induced glycoalkaloid accumulation of potato tubers (*Solanum tuberosum* L.). *Journal of the Science of Food and Agriculture*. 1999;79:1305-1310.

Petermann J. B, Morris S. C. The spectral responses of chlorophyll and glycoalkaloid synthesis in potato tubers (*Solanum tubersosum*). *Plant Science*. 1985;39:105-110.

Petersen J, Rogowska-Wrzesinska A, Jensen O. N. Functional proteomics of barley and barley chloroplasts-strategies, methods and perspectives. *Frontiers in Plant Science*. 2013;4:52.

Poburko D, Demaurex N. Regulation of the mitochondrial proton gradient by cytosolic Ca^{2+} signals. *European Journal of Physiology*. 2012;464:19-26.

Poburko D, Santo-Domingo J, Demaurex N. Dynamic regulation of the mitochondrial proton gradient during cytosolic calcium elevations. *The Journal of Biological Chemistry*. 2011;286(13):11672-11684.

Potato Genome Sequencing Consortium. Genome sequence and analysis of the tuber crop potato. *Nature*. 2011;475:189-195.

Pouvreau L, Gruppen H, Piersm S. R, van den Broek L. A. M, van Koningsveld G. A, Voragen A. G. J. Relative abundance and inhibitory distribution of protease inhibitors in potato juice from cv. Elkana. *Journal of Agricultural and Food Chemistry*. 2001;49:2864-2874.

Poyton R. O, Ball K. A. Therapeutic photobiomodulation: nitric oxide and a novel function of mitochondrial cytochrome c oxidase. *Discovery Medicine*. 2011;57:154-159.

Poyton R. O, Ball K. A, Castello P. R. Mitochondrial generation of free radicals and hypoxic signaling. *Trends in Endocrinology and Metabolism*. 2009;20:332-340.

Preberg T, Wrisher M, Fulgosi H, Ljubesic N. Ultrastructural characterization of the reversible differentiation of chloroplasts in cucumber fruit. *Journal of Plant Physiology*. 2008;51:122-131.

Pyke K. A. Plastid biogenesis and differentiation. In: Bock R, ed. *Cell and Molecular Biology of Plastids*. vol. 19. Berlin: Springer-Verlag; 2007:1-28.

Pyke K. A. *Different Types of Plastids and Their Structure, Plastid Biology*. Cambridge University Press; 2009:9-30.

Raghavendra A. S, Padmasree K. Beneficial interactions of mitochondrial metabolism with photosynthetic carbon assimilation. *Trends in Plant Science*. 2003;8:546-553.

Rempelos R, Cooper J, Wilcockson S, Eyre M, Shotton P, Volakakis N, Orr C. H, Leifert C, Gatehouse A. M. R, Tétard-Jones C. Quantitative proteomics to study the response of potato to contrasting fertilisation regimes. *Molecular Breeding*. 2013;31(2):363-378.

Reumann S, Buchwald D, Lingner T. PredPlantPTS1: a web server for the prediction of plant peroxisomal proteins. *Frontiers in Plant Science*. 2012;3:194.

RiccioniG, Mancini B, di Ilio E, BucciarelliT, D' Orazio N. Protective effect of lycopene in cardiovascular disease. *European Review for Medical and Pharmacological Sciences*. 2008;12(3):183-190.

Rizzuto R, De Stefani D, Raffaello A, MammucariC. Mitochondria as sensors and regulators of calcium signalling. *Nature Reviews Molecular Cell Biology*. 2012;13:566-578.

Roix J, Misteli T. Genomes, proteomes, and dynamic networks in the cell nucleus. *Histochemistry and Cell Biology*. 2002;118:105-116.

Römer S, Lübeck J, Kauder F, Steiger S, Adomat C, Sandman G. Genetic engineering of a zeaxanthin-rich potato by antisense inactivation and cosuppression of carotenoid epoxidation. *Metabolic Engineering*. 2002;4:263-272.

Ross P. L, Huang Y. L. N, Marchese J. N, Williamson B, Parker K, Hattan S, KhainovskiN, Pillai S, Dey S, Daniels S, Purkayasth Jones M, He F, Jacobson A, Pappin D. J. Multiplexed protein quantitation in *Saccharomyces cerevisiae* using amine-reactive isobaric tagging reagents. *Molecular and Cellular Proteomics*. 2004;3:1154-1169.

Rubino L, Russo M. Membrane targeting sequences in tombusvirus infections. *Virology*. 1998;252:431-437.

Salunkhe D. K, Salunkhe K. Chlorophyll and solanine in potato tubers: formation and control. *Acta Horticulturae (ISHS)*. 1974;38:257-276.

Salvato F, Havelund J. F, Chen M, Rao R. S, Rogowska-Wrzesinska A, Jensen O. N, Gang D. R, Thelen J. J, Møller I. M. The potato tuber mitochondrial proteome. *Plant Physiology*. 2014;164(2):637-653.

Sarkar D. The signal transduction pathways controlling in planta tuberization in potato: an emerging synthesis. *Plant Cell Reports*. 2008;27:1-8.

Schlüter U, Benchabane M, Munger A, Kiggundu A, Vorster J, Goulet M. C, Cloutier C, Michaud D. Recombinant protease inhibitors for herbivore pest control: a multitrophic perspective. *Journal of Experimental Botany*. 2010;61:4169-4183.

Schmidt A, Kellermann J, Lottspeich F. A novel strategy for quantitative proteomics using isotope-coded protein labels. *Proteomics*. 2005;5:4-15.

Schwall G. P, Safford R, Westcott R. J, Jeffcoat R, TayalA, Shi Y. C, Gidley M. J, Jobling S. A. Production of very-high-amylose potato starch by inhibition of SBE A and B. *Nature Biotechnology*. 2000;18:551-554.

Seo S, Karboune S, Archelas A. Production and characterisation of potato patatin-galactose, galactooligosaccharides, and galactan conjugates of great potential as functional ingredients. *Food Chemistry*. 2014;158:480-489.

Shukla P. K, Misra P, Bains G, Guru S. K, Shukla A, Pant R. C. Mitochondria isolation, SDH assay and protein profiling in potato (*Solanum tuberosum* L.) tubers for improving shelf life. In: Keshavachandran R, Nazeem P, Girija D, John P. S, Peter K. V, eds. *Recent Trends in Horticultural Biotechnology. ICAR National Symposium on Biotechnological Interventions for Improvement of Horticultural Crops: Issues and Strategies, Vellanikkara, Kerala, India, January*, 2005. vol. 2. 2005:941-946.

Siddique M. A, Grossmann J, Gruissem W, Baginsky S. Proteome analysis of bell pepper (*Capsicum annuum* L.) chromoplasts. *Plant and Cell Physiology*. 2006;47:1663-1673.

Small I, Peeters N, Legeai F, Lurin C. Predotar: a tool for rapidly screening proteomes for N-terminal targeting sequences. *Proteomics*. 2004;4:1581-1590.

Smyth S, Phillips P. Science and regulation: assessing the impacts of incomplete institutions and information in the global agricultural biotechnology industry. In: *Proceedings of the ICABR Conference*. University of Rome 'Tor Vergara'; 2000.

Soll J. Protein import into chloroplasts. *Current Opinion in Plant Biology*. 2002;5:529-535.

Sowokinos J. R. Biochemical and molecular control of cold-induced sweetening in potatoes. *American Journal of Potato Research*. 2001;78:221-236.

Spicer E. J. F, Goldenthal E. I, Ikeda T. A toxicological assessment of curdlan. *Food and Chemical Toxicology*. 1999;37:455-479.

Spurgeon D. *Hidden Harvest: A Systems Approach to Postharvest Technology*. Ottawa: International Development Research Centre; 1976.

Stark R. E, Sohn W, Pacchiano Jr. R. A, Al-Bashir M, Garbow J. R. Following suberization in potato wound periderm by histochemical and solid-state 13C nuclear magnetic resonance methods. *Plant Physiology*. 1994;104:527-533.

Steele Scott N, Tymms M. J, Possingham J. V. Plastid-DNA levels in the different tissues of potato. *Planta*. 1984;161(1):12-19.

Stensballe A, Hald S, Bauw G, Blennow A, Welinder K. G. The amyloplast proteome of potato tuber. *FEBS Journal*. 2008;275:1723-1741.

Syahariza Z. A, Sar S, Hasjim J, Tizzotti M. J, Gilbert R. G. The importance of amylose and amylopectin fine structures for starch digestibility in cooked rice grains. *Food Chemistry*. 2013;136:742-749.

Tambascio C, Covacevich F, Lobato M, Lasa C, Caldiz D, Dosio G, Andreu A. The Application of K Phosphites to seed tubers enhanced emergence, early growth and Mycorrhizal Colonization in potato (*Solanum tuberosum*). *American Journal of Plant Sciences*. 2014;5(1):132-137.

Thomson W. W, Lewis L. N, Coggins C. W. The reversion of chromoplasts to chloroplasts in Valencia oranges. *Cytologia*. 1967;32:117-124.

Thornton M. K. Effects of heat and water stress on the physiology of potatoes. In: *Presented at the Idaho Potato Conference*. 2002.

Tyers M, Mann M. From genomics to proteomics. *Nature*. 2003;422:193-197.

Urbany C, Colby T, Stich B, Schmidt L, Schmidt J, Gebhardt C. Analysis of natural variation of the potato tuber proteome reveals novel candidate genes for tuber bruising. *Journal of Proteome Research*. 2012;11(2): 703-716.

van Es A, Hartmans K. J. Starch and sugars during tuberization, storage and sprouting. In: Rastovski A, van Es A, eds. *Storage of Potatoes. Wageningen, Netherlands*. 1987:79-113.

Vowinckel J, Capuano F, Campbell K, Deery M. J, Lilley K. S, Ralser M. The beauty of being (label)-free: sample preparation methods for SWATH-MS and next-generation targeted proteomics. *F1000 Research*. 2014;2:272.

Walter P, Blobel G. Preparation of microsomal membranes for cotranslational protein translocation. *Methods in Enzymology*. 1983;96:84-93.

Wang Q, Liu Y, Xie Y, You M. Cryotherapy of potato shoot tips for efficient elimination of potato leafroll virus (PLRV) and potato virus Y (PVY). *Potato Research*. 2006;49:119-129.

Wang Y. Q, Yang Y, Fei Z, Yuan H, Fish T, Thannhauser T. W, Mazourek M, Kochian L. V, Wang X, LiL. Proteomic analysis of chromoplasts from six crop species reveals insights into chromoplast function and development. *Journal of Experimental Botany*. 2013;64:949-961.

Wang-Pruski G, Nowak J. Potato after-cooking darkening. *American Journal of Potato Research*. 2004; 81:7-16.

Weber H. Fatty acid-derived signals in plants. *Trends in Plant Science*. 2002;7:217-224.

Whelan S. P, Zuckerbraun B. S. Mitochondrial signaling: forwards, backwards, and in between. *Oxidative Medicine and Cellular Longevity*. 2013;2013 351613.

Wilson K. L, Dawson S. C. Functional evolution of nuclear structure. *Journal of Cell Biology*. 2011;195: 171-181.

Wood L. G, Garg M. L, Powell H, Gibson P. G. Lycopene-rich treatments modify noneosinophilic airway inflammation in asthma: proof of concept. *Free Radical Research*. 2008;42(1):94-102.

Woodward A. W, Bartel B. Auxin: regulation, action, and interaction. *Annals of Botany*. 2005;95: 707-735.

Xue K, Liu B, Yang J, Xue D. The integrated risk assessment of transgenic rice: a comparative proteomics approach. *Electronic Journal of Environmental, Agricultural and Food Chemistry*. 2010;9:1693-1700.

Yu J. W, Choi J. S, Upadhyaya C. P, Kwon S. O, Gururani M. A, Nookaraju A, Nam J. H, Choi C. W, Kim S. I, Ajappala H. A, Kim H proteomic profile of potato tuber during its in vitro development. *Plant Science*. 2012;195:1-9.

Zeng Y, Pan Z, Ding Y, Zhu A, Cao H, Xu Q, Deng X. A proteomic analysis of the chromoplasts isolated from sweet orange fruits [*Citrus sinensis* (L.) Osbeck]. *Journal of Experimental Botany*. 2011;62: 5297-5309.

Zhu Y. S, Merkle-Lehman D. L, Kung S. D. Light-induced transformation of amyloplasts into chloroplasts in potato tubers. *Plant Physiology*. 1984;75:142-145.

Ziegler P. Carbohydrate degradation during seed development. In: Kigel J, GaliliG, eds. *Seed Development and Germination*. New York: Dekker; 1995:447-474.

Zolla L, Rinalducci S, AntonioliP, RighettiP. G. Proteomics as a complementary tool for identifying unintended side effects curring in transgenic maize seeds as a result of genetic modifications. *Journal of Proteome Research*. 2008;7:1850-1861.

23 马铃薯与人类健康

Mary E. Camire

School of Food and Agricultures University of Maine, Orone, ME, USA

23.1 引言

马铃薯作为一种营养丰富、运输方便、耐贮藏的作物，在世界许多地方都有种植。然而，关于食用马铃薯对健康益处和可能的危害，研究结果却相互冲突。流行的低碳水化合物减肥饮食避开了马铃薯，因为马铃薯会引起“肥胖”。马铃薯对人类健康价值的争议，引发了关于是否应禁止对购买新鲜马铃薯进行公共补贴的争论。同时，马铃薯能够提供多种有益于健康的化合物，在美国马铃薯协会的一次会议上，我曾将其称为“植物化学宝石盒”。马铃薯是一种令人满意的、营养丰富且价格低廉的蔬菜。本章重点介绍了马铃薯自2009年以来有关健康益处综述的新发现（Camire et al.，2009）。其他相关报道包括King和Slavin（2013）、Zaheer和Akhta（2014）。有关营养成分和GI等相关信息的详细信息，请参阅本书其他章节。

23.2 营养贡献

马铃薯很少生食，表23.1比较了用不同方法制备的马铃薯中被选的营养成分含量。烹调增加了宏量营养素的可消化性，从而提高维生素和矿物质的生物利用率。烹调方法、烹调时间和温度控制着马铃薯的水分流失。随着更多水分的流失，其他成分比例可能会提高。去除薯皮会减少膳食纤维的含量。油炸马铃薯会使马铃薯脱水并增加油含量，从而显著提高马铃薯的能量。Decker和Ferruzzi（2013）建议马铃薯产业探索一种不使用浸入式油炸来保护营养成分的新的食品加工形式。马铃薯中也存在多种类型的植物化学物质（Liu，2013）（表23.2），但分布因品种类型和块茎成熟度而不同。马铃薯植物化学评论总结了这些化合物的类型和数量（Burlingame et al.，2009；Ezekiel et al.，2013）。Lovat等（2015）探讨了与马铃薯中抗氧化物合成有关的生化途径，了解这些途径可能会培育出具有抗氧化活性更高的新品种。马铃薯的营养物质和植物化学物质的损失可能是由于热降解、氧化、物理去皮如削皮、浸泡和烹饪切块、水中去皮所导致的（图23.1）。例如，抗坏血酸是热不稳定的一种氧气清除剂，并且是水溶性的。

表23.1 每100g新鲜马铃薯和熟马铃薯部分营养成分的含量

马铃薯类型	水分/g	能量/kcal	脂肪/g	膳食纤维/g	维生素K/mg	维生素C/mg	品种大小
带皮的烤黄褐色马铃薯	74.45	97	0.13	2.3	550	8.30	中，173g

续表

马铃薯类型	水分/g	能量/kcal	脂肪/g	膳食纤维/g	维生素K/mg	维生素C/mg	品种大小
含盐纯薯片	1.86	532	33.98	3.1	1275	21.6	大，28g（1-oz）
快餐薯条	36.63	323	15.47	3.9	596	5.6	中，117g
新鲜马铃薯	78.58	79	0.08	1.3	417	5.7	小，170g

（资料来源：美国农业部农业研究服务局，2013；美国农业部国家标准参考营养数据库，第26版。）

表23.2　　马铃薯含有的化学成分

化学成分	所有马铃薯	黄色马铃薯	红色、蓝色或紫色马铃薯
酚酸	+		
花青素			+
黄酮醇	+		
黄烷醇	+		
类胡萝卜素	+	++	
含糖生物碱	+		
生物碱	+		
蛋白酶抑制剂	+		

注：“+”表示含有；“++”表示含量高于其他类型马铃薯。

然而，加工的马铃薯不一定会出现营养损失。Kondo等（2014）使用一种不能合成抗坏血酸的小鼠（*SMP30/GNL*基因被敲除的小鼠）研究薯片中维生素C对体内氧化应激的作用。与饲喂不含抗坏血酸和脱氢抗坏血酸的小鼠相比，饲喂含20%或10%薯片的小鼠在多个组织中的氧化应激反应降低。显然，食用大量薯片的饮食方式不适合人类。有研究表明，在薯片生产过程中，与营养相关的抗坏血酸会保留下来。一项涉及5名健康日本年轻男性的初步研究表明，抗坏血酸可以从土豆泥和马铃薯薯片中很好地吸收，但相对于维生素水溶液，食品基质的吸收速度较慢（Kondo et al.，2012）。

家庭和餐饮服务行业烹调方法使其营养物质、植物化学物质保留和生物利用度的影响各不相同。未成熟的马铃薯，也称为新马铃薯，通过几种方法烹调后，其总酚含量和单体酚含量基于干物质的值都较高（Navarre et al.，2010）。维生素C也表现出相似的趋势（图23.2）。煮熟的深黄色肉质马铃薯在体外消化过程中会损失一些叶黄素和玉米黄质，但保留下来的营养物质足够给安第斯山脉的人提供14%～50%的类胡萝卜素（Burgos et al.，2013）。另一项研究采用体外消化法测定了*S. tuberosum* cv. Nicola和*S. tuberosum* cv. Vitelotte（花青素来源于紫色薯肉）这两种马铃薯煮熟后酚类物质的流失（Miranda et al.，2013）。

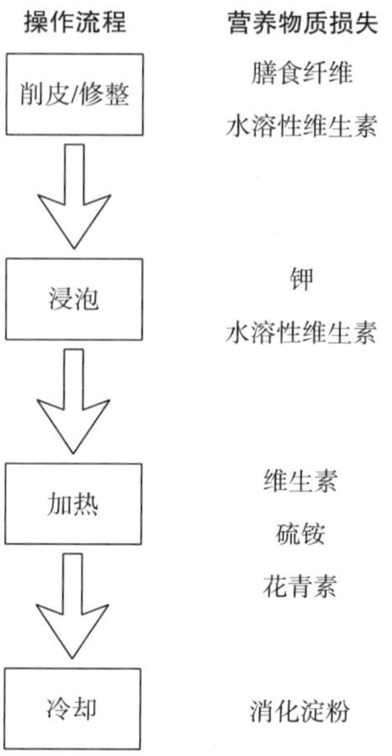

图 23.1 马铃薯加工过程中营养物质和植物化学物质的流失

模拟消化系统的过程中发现在胃和肠阶段能够释放多酚化合物，但是这些化合物也抑制了铁蛋白的合成，进而可能损害体内铁的状态。

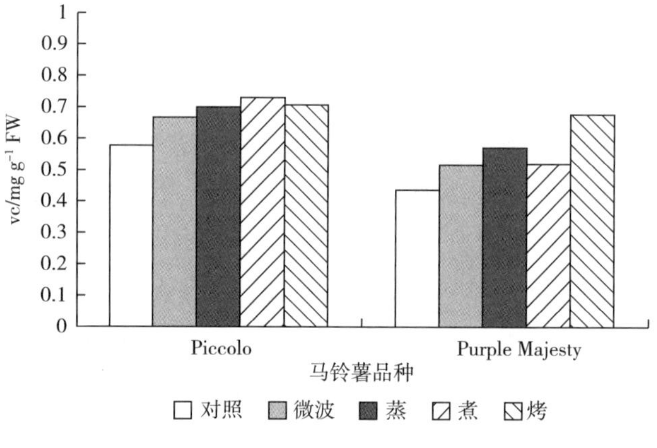

图 23.2 两个马铃薯品种在不同方法烹饪后块茎中 Vc 含量

（资料来源：Navarre 等，2010。）

马铃薯的 GI 和抗性淀粉在本书的另一章中有详细介绍，本章将总结淀粉的消化率对健康重要的影响。新鲜马铃薯淀粉颗粒不易消化，食用前必须煮熟。抗性淀粉食品，包括马铃薯，具有很多潜在的健康益处（表 23.3）。Slavin（2013）提倡食用包括马铃薯在内的白色蔬菜，因为它们的膳食纤维和抗性淀粉含量较高。一些综述讨论了食品加工对马铃薯 GI（Nayak et al.，2014）和抗性淀粉对健康的影响（Birt et al.，2013；Raigond et al.，2015）。

表 23.3 抗性淀粉对健康的潜在影响

主效应	次效应	三级效应
益生元	↑短链脂肪酸的产生	↓血清胆固醇水平
		↓血清甘油三酯
		↓结肠直肠癌风险
		↓炎症性肠病
		↓食欲
		↓腹泻
	↑矿物质吸收	
	↑免疫力	
排泄	↓淀粉消化率	↓餐后血糖
		控制体重

（资料来源：Birt 等，2013；Raigond 等，2015）

马铃薯在美国的流行影响了蔬菜对饮食的相对贡献。Freedman 和 Keast（2011）分析了 2003—2006 年美国国民健康与营养调查（NHANES）的数据，以评估 2~13 岁的儿童和 14~18 岁青少年食用的白马铃薯、烤箱烤薯条和炸薯条所提供的营养成分。与年龄较小的儿童相比，青少年吃更多的马铃薯。除薯片和零食外，马铃薯产品提供了重要的关键营养素，如膳食纤维、维生素 C、烟酸和钾（表 23.4）。Branum 和 Rossen（2014）分析了 2003—2008 年的 NHANES 数据，并得出结论，混合菜肴为儿童的饮食提供了更多的蔬菜。如果只计算天然食品，油炸马铃薯占儿童和青少年蔬菜摄入量的 1/3，但如果估算混合菜肴，那么油炸马铃薯占蔬菜摄入量的比例下降 18.7%。总计蔬菜摄入量中，全蔬菜占 57%，混合菜肴占 43%。油炸马铃薯和薯片是最常被食用的全蔬菜之一（Branum et al.，2014）。Olsho 和 Fernandes（2013）质疑减少白马铃薯，特别是油炸马铃薯的政策是否会导致儿童和青少年的饮食结构变化。

表 23.4 美国 14~18 岁青少年食用的马铃薯产品所提供的营养素与其膳食参考摄入量的比较

营养素	男性		女性	
	消耗量①	参考的百分比②, ③, ④	消耗量①	参考的百分比②, ③, ④, ⑤
膳食纤维	3.7g	9.7	2.5g	9.6
维生素 C	10.6mg	14.1	5.7mg	8.8

续表

营养素	男性		女性	
	消耗量①	参考的百分比②，③，④	消耗量①	参考的百分比②，③，④，⑤
烟酸	2.6mg	16.2	1.8mg	12.9
钾	673.3mg	14.3	483.5mg	10.3

注：①资料来源 Freedman 和 Keast，2011；

②全国科学委员会的数值，2005a；

③全国科学委员会的数值，2000；

④全国科学委员会的数值，1998；

⑤全国科学委员会的数值，2005b。

尽管与菠菜和其他蔬菜相比，马铃薯的总酚含量相对较低，但据估计，在美国饮食中，马铃薯提供了 24.9% 的酚类物质和细胞抗氧化活性物质（Song et al.，2010）。Zhang 等（2010）对中国北方城市——哈尔滨市的居民进行调查发现，马铃薯提供了每日饮食摄入量的 8% 的黄酮醇和黄酮类化合物（约 1.51mg/d），由于气候寒冷，马铃薯是该地区很受欢迎的作物。

23.3 饮食指南

King 和 Slavin（2013）指出，尽管马铃薯提供了 2010 年美国人膳食指南中强调的膳食纤维和钾这两种营养素，但是营养指南项目一直在寻找马铃薯的最佳分类，它们到底是蔬菜还是淀粉？基于颜色的分类不能轻易包括马铃薯颜色从白色到黄色再到深紫色的广度。

生活方式的改变影响了在家吃饭和在外吃饭的比例。2003—2004 年美国国家卫生与营养检查调查（National Health and Nutrition Examination Survey，NHANES）的评估结果显示，美国人每天食用 0.25 杯马铃薯（译者注："杯"为美国烹饪计量单位，1 杯 = 250mL；0.25 杯马铃薯约为 65g。），而在外用餐平均每人每天只食用 0.15 杯（约 40g）马铃薯（Lin et al.，2013）。油炸马铃薯中添加的脂质和钠，可能会使人们忽视马铃薯营养物质的有益作用，而油炸马铃薯在家庭食品中占主导地位。马铃薯的分量大小尤其难以评估，因为块茎尺寸之间存在巨大差异，从直径 2cm 到高级牛排餐厅特别挑选的烤马铃薯（直径超过 12 cm，453g）。在英国，建议食用的马铃薯为 125~240g（Lewis et al.，2012），这对外出就餐的消费者带来了额外的挑战。

23.4 肥胖

马铃薯常被评论为使人发胖的食物。一篇关于“护士健康研究”和“健康专业人员随访研究”的综述报告中指出，护士和内科医生在饮食中增加薯片摄入量时与对照组相比增加了 1.5kg 体重，而食用水煮马铃薯、土豆泥和油炸马铃薯的体重与对照组相比仅增加 0.26kg（Mozaffarian et al., 2011）。在 12 周的时间内，无论是否建议超重的成年人每天从饮食中减少 500kcal 能量，还是建议他们遵循低 GI 或高 GI 饮食，在食用马铃薯后他们体重都有轻微的减轻（Randolph et al., 2014）。几种机制可能能够通过调控马铃薯的功能来抑制肥胖。多酚含量高的 Onaway 和 Russet Burbank 这两马铃薯品种能够防止食用高脂肪食物的小鼠体重的增加（Kubow et al., 2014）。

通过延长饱腹感来抑制食欲是减少能量摄入的一种策略。食用煮马铃薯会导致体重指数（BMI）正常的、健康的青年志愿者（$n = 13$）的血糖水平升高。与法式炸薯条的测试餐相比，在摄入同等能量的饮食中，煮马铃薯和土豆泥更令人满意（Leeman et al., 2008）。研究人员给十几名没有超重或肥胖的健康年轻人喂食了含有各种碳水化合物来源的不同测试餐，然后随意提供一份午餐（Geliebter et al., 2013）。虽然喂食后的饥饿感或饱腹感没有发现差异，但 120min 后，受试者报告表明食用烤马铃薯后的进食量少于食用糙米后的进食量（$P=0.04$）。超重和肥胖的人对饱腹食物的反应可能不同，因此对 BMI 较高的人进行进一步测试将有助于确定马铃薯产品是否可以帮助他们减少每日能量消耗。

在许多国家，超重和肥胖的儿童发病率不断上升，促使人们对儿童和青少年饮食中的高能量食品进行了检测。一项针对美国 2~3 岁儿童的调查显示，炸薯条和其他炸马铃薯产品是儿童最常食用的蔬菜（Fox et al., 2010）。土豆泥或搅打过的马铃薯也是孩子们经常食用的五大蔬菜之一。Fox 等（2009）回顾了 2004—2005 年学校营养饮食评估研究，并得出结论，如果小学生就读的学校每周供应超过一次的甜点，如炸薯条、马铃薯酥和烤薯条，那么他们更有可能变得肥胖。不过，该研究的横断面特性并不一定能证明因果关系。在 20 年的时间里，国家营养调查显示，与 1994—1998 年和 2003—2004 年的饮食相比，2009—2010 年美国儿童食用油炸马铃薯的数量减少（Slining et al., 2013）。这种变化可能是由于美国饮食指南改变了学校午餐政策。沉迷于大量的电子屏幕时间（这也是导致肥胖的危险因素）的孩子，往往吃更多的炸薯条和薯片（Bornhorst et al., 2015），而这些产品产生中额外的能量和脂肪又可能会干扰睡眠。

23.5 糖尿病

2014 年，全球 2 型糖尿病的发病率占成年人的 8%以上，需要共同努力来控制这种疾病（Hu et al., 2015）。马铃薯的 GI 相对较高，使其成为糖尿病患者重点控制的一项内容。超重和肥胖的高血压成年人参与了一项研究，该研究评估了含有的低碳水化合物和高碳水化合物的 DASH 饮食对高血压的影响（Sacks et al., 2014）。4 种实验饮食中均对低 GI 和高 GI 碳水化合物做了评估。在两个为期 5 周的测试期间，受试者摄入两种不同的饮食。研究人员惊奇地发现，在高碳水化合物饮食后，低 GI 饮食比高 GI 和高碳水化合物饮食的胰岛素敏感性降低了 20%（$P=0.002$），而对于低碳水化合物饮食，低 GI 饮食的空腹血糖水平降低的更快（$P=0.007$），这导致实现正常的血糖平衡可能比以往任何时候都更具挑战性。据 Hätönen 等（2011）报道，土豆泥与鸡肉等高蛋白食品，或高脂食品如菜籽油调制的 GI 一起食用。由土豆泥、鸡胸肉、菜籽油和沙拉组成的测试餐的 GI 为 54，而土豆泥的 GI 为 108。

23.6 免疫功能和炎症

尽管马铃薯中含有许多不同类型的抗氧化剂，但育种计划并没有选择这些化合物。Lovat 等（2015）综述了所有主要类别的抗氧化剂的生物合成途径，以促进富含抗氧化剂新品种的培育开发。马铃薯中抗氧化剂的多样性还可以控制炎症的发生。在哥伦比亚 6~7 岁儿童中，食用马铃薯与哮喘（校正 OR = 0.44，$P=0.005$）和湿疹（校正 OR = 0.54，$P=0.03$）的发病率降低有关（Cepeda et al., 2015），但研究小组并未解释这种现象的原因。连续 6 周每天食用紫色马铃薯（实验栽培种 PORO4PG82-1）的男性与食用白色马铃薯（cv, Ranger Russet）的男性相比，其血浆高敏 C 反应蛋白（$P<0.05$）和白细胞介素 6（$P<0.07$）的相对水平较低（Kaspar et al., 2011）。氧化应激和炎症的其他特征在不同的马铃薯品种之间没有差异。紫色马铃薯的花青素和总抗氧化活性高于白色或黄色马铃薯。

23.7 心血管疾病

心血管健康问题是多方面的。血压（过低或过高）、血小板引起的动脉阻塞、充血性心力衰竭、梗塞、中风和其他情况都是心血管疾病（term cardiovascular disease, CVD）的一种。马铃薯中含有的钾、膳食纤维和抗氧化剂，可以减轻 CVD 的发生（McGill et al.，2013）。图 23.3 显示了马铃薯中的化合物及其可能的作用机制。虽然马铃薯含有少量的钠，但餐厅供应的马铃薯，尤其是油炸马铃薯、加工过的马铃薯产品都添加了氯化钠和其他钠盐。对钠含量过高和高血压的担忧已导致食品行业发生了一些变化。Ahuja 等（2015）比较了美国流行食品中的钠含量，并发现自 2010 年以来餐厅里炸薯条中的钠含量降低了 28%，薯片根据口味的不同钠含量降低了 14%~21%，但是土豆泥中钠含量提高了 35%。

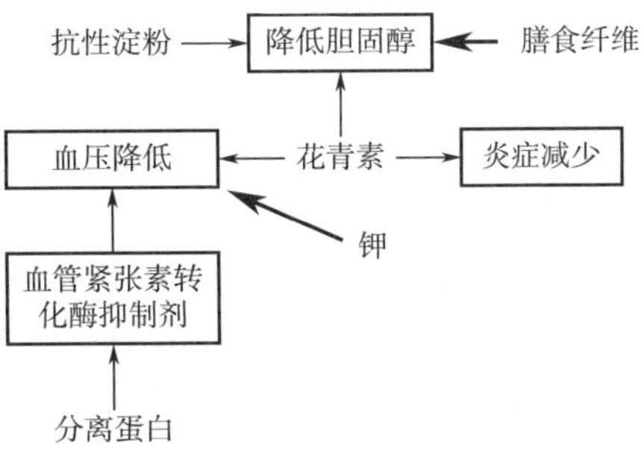

图 23.3 降低心血管疾病风险的马铃薯成分

注：图中较粗的箭头表示抑制作用更强。

18 个健康的年轻人连续 4 周食用 6~8 个小紫薯，能够适度降低舒张压 4mm Hg（Vinson et al.，2012）。其实在研究开始时，一小部分受试者的血压状态变化很大，且收缩压降低，而这些变化在统计学上并不显著。与没有食用马铃薯的研究组相比，受试者的血清脂质或体重没有变化。伊朗的一个案例对照研究是为数不多的分别评估油炸马铃薯和水煮马铃薯食用量的人体研究之一（Khosravi-Boroujeni et al.，2013）。将 195 人因中风住院的患者与其他原因住院的患者进行比较。据统计，食用马铃薯的人中有 3/4 的中风风险更高［OR = 2.2，95%CI（confidence interval）= 1.0~4.7］。不过，马铃薯消费量最大的人群中，有 1/4 的人都比较年轻、BMI 较低，并且吃水果、蔬菜、豆类和谷物，这些因素都有可能降低心血管疾病的风险。

高水平的血清胆固醇，尤其是低密度脂蛋白（LDL）胆固醇会增加动脉硬化的风险。饲喂来自淀粉厂的马铃薯残渣 4 周大鼠的高密度脂蛋白含量与对照组无显著差异，但总胆固醇、低密度脂蛋白和其他形式存在的胆固醇明显降低（Hashimoto et al.，2011）。马铃薯的益生元活性被认为是胆固醇降低的原因，因为盲肠的 pH 下降，并且食用马铃薯时益生菌的数量增加。一项对喂食添加马铃薯薯肉纤维或纤维素饲料的大鼠进行的 24 周研究报告指出，食用饲料的大鼠盲肠中的总短链脂肪酸（SCFA）较高（Pastuszewska et al.，2010）。虽然 12 周后，食用马铃薯纤维的大鼠的血清甘油三酯和极低密度脂蛋白胆固醇显著降低，但到 24 周时，各组之间唯一显著的差异是马铃薯纤维喂养的动物的血糖和睾丸激素水平较低。由于担心反式脂肪酸（trans fatty acids，TFA）的动脉硬化作用，促使许多生产商改变了产品，将这些通常与部分氢化植物油相关的脂肪排除在外。在波兰，安全水平的范围为薯片和薯条的平均摄入量约为 20g，每天产生 0.187g TFAs（Żbikowska et al.，2015）。

23.8 癌症

在美国、加拿大和许多其他国家，肉加马铃薯的饮食是一种典型的饮食模式。在芬兰成年人中，食用马铃薯量与食用红肉和加工肉制品量呈正相关（$P<0.001$）（Fogelholm et al.，2015），从而使分析某些食物和食物组对疾病和肥胖风险的作用变得复杂化。饮食习惯中主要食用肉类和马铃薯的绝经后的加拿大女性绝经后患乳腺癌的风险（$P=0.043$）比年轻的女性，或具有“健康”饮食或“民族特色”饮食习惯的女性更高（Catsburg et al.，2015），因此研究人员建议避免食用红肉和植物性食物。在日本，癌症协作研究小组的研究发现，每周食用3次淀粉类块茎（如芋头、马铃薯和甘薯）对肾癌死亡具有显著的预防作用（$P=0.03$）（Washio et al.，2014）。最近被诊断出患有乳腺癌的300多名伊朗女性完成了食物频率问卷调查，然后将其与健康女性的饮食进行了比较（Tajaddini et al.，2015）。食用烤马铃薯或煮马铃薯（一种极好的抗性淀粉来源）最多的1/3女性，调整后的OR为0.45（95%CI=0.28~0.71）。不过，食用油炸马铃薯对降低乳腺癌风险的作用机理尚不明确。与最低的1/3中的女性相比，每天吃1.8~17.1g油炸马铃薯的女性的OR较高（1.2；95%CI=0.77~2.00），但食用超过17.1g油炸马铃薯的女性OR值低于0.64（$P=0.005$，95%CI=0.39~1.05）。长期以来，膳食纤维的摄入与癌症的预防息息相关，但Cheng等（2013）发现分离的马铃薯鼠李糖半乳糖醛酸I果胶能够在体外抑制人的HT-29大肠腺癌细胞。因此，进一步研究马铃薯细胞壁成分及其在预防和减轻癌症中的作用是很有必要的。一些研究人员已经提出了几种解释马铃薯如何减少癌症风险的理论。Reddivari等（2010）报道了没食子酸和α-卡茄碱在体外抑制浓度为50%时刺激前列腺癌细胞系LNCaP和PC-3的凋亡和随后的细胞死亡。尽管新鲜马铃薯中的绿原酸提取物在体外对结肠癌（Caco-2）和肝癌（HepG2）细胞生长的抑制作用比花青素高出近10倍（Wang et al.，2011），但马铃薯各成分之间的协同作用可能发生在体内。此外，几个研究小组专注于有色薯肉马铃薯的研究。紫色Vitelotte Noire马铃薯中的花青素提取物以剂量依赖性方式降低了4种癌细胞系的活性（Ombra et al.，2015）。来自同一品种的富含花青素的提取物在体外对几种癌细胞系（宫颈癌、乳腺癌、前列腺癌和白血病）具有抗增殖活性（Bontempo et al.，2013）。尽管从新鲜马铃薯中提取花青素可能具有一定的商业属性，但了解烹调马铃薯如何影响抗癌活性对消毒者来说更有意义。Zuber等（2015）评估了13个马铃薯品种在不同成熟期和不同温度下烹调情况，带色果肉品种通常表现出较高的抗HT-29癌细胞活性，而未成熟的块茎则比成熟的块茎、贮存的样品活性更高。虽然块茎和提取物的加热降低了抗癌细胞的作用效果，但某些提取技术在药物加工方面展示出好的前景。贮存90d的马铃薯对HCT-116人结肠癌细胞的抗增殖活性轻微的降低作用，紫色薯肉马铃薯比各种白色或黄色薯肉的马铃薯

抗癌活性更高（Madi wale et al.，2012）。烘烤或切碎块茎可进一步降低潜在的健康益处。

马铃薯的糖苷生物碱也可能对癌症有一定的预防作用。Lu 等（2010a）发现 23μmol/L 的 α-茄碱溶液降低了黑色素瘤（皮肤癌）细胞培养的活力，而较低的 18.4μmol/L 浓度可有效减缓与癌扩散有关的黑色素瘤细胞的运动。糖苷生物碱损伤基质金属蛋白酶 MMP-2 和 MMP-9，阻断 c-Jun N 末端激酶、蛋白激酶 B 和磷脂酰肌醇 3-激酶的磷酸化，这些酶参与了与癌细胞扩散有关的细胞信号传导。体外试验有很多局限性，因此 Sun 等（2014）比较了 α-茄碱对胰腺癌细胞系 SW1990 和 Panc-1、以及使用无胸腺 nu/nu 裸鼠的影响。茄碱可增加癌细胞膜的通透性，并在体外促进细胞凋亡。在小鼠体内注射人胰腺癌细胞 15d 后，一半的小鼠每天按体重饲喂茄碱 5mg/kg，持续饲喂 2 周后，茄碱喂养的小鼠的肿瘤较小，并且它们的肿瘤显示出较高的 Bax 和较低的 Bcl-2 水平。Lv 等（2014）报道了类似的结果，使用 α-茄碱（$P<0.05$）后，异种移植胰腺癌的肿瘤体积减少了 61%，肿瘤重量减少了 43%。这种糖苷生物碱可能对前列腺癌也有疗效。当使用 α-茄碱，通过类似于之前在其他癌症模型中所描述的机制进行治疗时，人类前列腺癌 PC-3 细胞丧失了侵袭能力（Shen et al.，2014）。马铃薯中的另一种主要的糖苷生物碱，α-卡茄碱，抑制了 MMP-2 体外培养的牛主动脉内皮细胞血管的生成（Lu et al.，2010a）。Friedman（2015）编写了一篇以结构为重点的综述，内容是关于经常食用的茄科食品产生的糖苷生物碱以及作为癌症治疗的潜在抗癌机制。这份综述包括一些引人深思的研究需求清单。

从马铃薯淀粉生产副产物中分离出的 Patatin 通过促进细胞凋亡来抑制小鼠黑素瘤 B16 细胞的增殖，这可能与蛋白的抗氧化活性有关（Sun et al.，2013）。马铃薯中潜在的抗癌化合物的多样性值得进一步研究。由于此处讨论的研究中所使用的马铃薯化学物质的浓度可能超过通过食用马铃薯摄取的生理水平，因此需要将体外研究转化为人体临床研究。

23.9 肠胃健康

膳食纤维有助于通便，并且可以降低憩室病的风险，憩室病的特征是小肠中的小囊可能引起疼痛性炎症。摄入的纤维类型可能会影响肠胃健康。有研究通过对英国百万女性进行的食物调查研究中评估膳食纤维的摄入量和来源（Crowe et al.，2014）。马铃薯提供了约 2g 的膳食纤维（译者注：大约 100g 的马铃薯提供 2g 的膳食纤维），占膳食纤维摄入量的 2/5，占每日总纤维摄入量的 15%。总纤维摄入量减少了憩室病的相对风险，但摄入马铃薯纤维最高的组中，憩室病的相对风险上升至 1.08。马铃薯纤维摄入较高的 1/5 的女性也食用红肉，这可能与研究结果不符。

“原始饮食”不包括马铃薯，因为原始人类缺乏获取马铃薯的途径，而且高碳水化合物的食物并不是我们祖先饮食的天然组成部分。将素食主义者和狒狒的粪便依次与培养基混合（Frost et al.，2014），含有切碎的新鲜马铃薯的培养基比添加草屑的培养基产生更多的细菌菌群、短链脂肪酸（short chain fatty acid，SCFAs）和胃肠激素。一项针对西班牙老年人的小型研究（n = 32）表明，马铃薯的消耗与结肠产生的SCFAs醋酸盐、丁酸盐和丙酸盐之间存在密切联系（Cuervo et al.，2013）。该研究的负责人推测，膳食纤维（纤维素、果胶、半纤维素和木质素）的混合是酸产量增加的原因，而酸的产生被认为具有多种健康益处。富含花青素的马铃薯的抗菌作用引起了Ombra等（2015）的兴趣，进行评估紫色马铃薯品种Vitelotte Noire对大肠杆菌、蜡状芽孢杆菌和铜绿假单胞菌的体外抑制作用。经体外消化的煮熟的马铃薯提取物对大肠杆菌的抑制作用比抗生素药物氯霉素对大肠杆菌的抑制作用要强。

胃轻瘫是一种以胃消化迟缓和不舒适为特征的疾病，经常因饮食口味重和不易消化的食物而变得更严重。Wytiaz等（2015）指出，马铃薯清淡的品质特性，使胃轻瘫患者对马铃薯块茎的耐受性更好。研究人员使用两种不同的小鼠肠道炎症模型发现，油炸马铃薯的薯皮中，糖苷生物碱含量增加了结肠炎症（Iablokov et al.，2010）。荷兰成年人因克罗恩病、溃疡性结肠炎和其他胃肠道疾病接受回肠袋-肛门吻合术后发现，土豆制品增加了粪便的黏稠度，从而缓解了通常因手术而引起的腹泻（Steenhagen et al.，2006）。

23.10 慢性肾病

钾是一种在人体中具有多种功能的重要矿物质，但患有慢性肾脏疾病（chronic kidney disease，CKD）的人血清中钾含量较高，必须限制其对钾的食用，以减少肾脏的负担。糖尿病和高血压对肾脏和遗传条件造成压力，而种族倾向于使个体患上这种危及生命的疾病（Beto et al.，2014）。马铃薯通常是CKD患者最喜欢的食物。在将新鲜马铃薯放入水中煮沸之前，减小颗粒度（敲碎、切碎、切块）可显著降低钾和其他矿物质的含量（Bethke et al.，2008），而煮沸前的过滤并不会增加矿物质的损失。浸泡可使马铃薯钾含量降低16%，但在过量的水中煮沸成功地提取73%的矿物质（Picq et al.，2014）。加入一种聚苯乙烯磺酸钠树脂的离子交换药物Kayexalate®，并不会增加固体食物中钾的流失。

23.11 消费者利益

马铃薯是老年人的理想蔬菜，因为它们价格便宜，无需冷藏即可长期保存且易于制备。在挪威，煮马铃薯很受欢迎。一项具有代表性的针对74000多名挪威女性的调查中显示，年龄在41~70岁的女性中，有一半以上（56%）每天吃两个或更多马铃薯（Åsli et al.，

2015)。马铃薯的消费与年龄增长、吸烟、与他人一起生活以及较低的收入和教育水平有关，这使得研究人员得出以下结论：在评估马铃薯消费量在健康中的作用时，必须考虑社会经济因素。用移动蔬菜车以批发价向纽约的低收入老年人运输新鲜蔬菜，增加了马铃薯的消费量（P=0.013），并减少了需求者前往杂货店的次数（P=0.001）（AbuSabha et al.，2011）。在离家较近的地方出售马铃薯，可以为这些老年人购买马铃薯提供便利的条件。超市经常以4~10lb（1.8~4.5kg）的袋子出售新鲜马铃薯，这对于一些老人来说可能太重以至于无法与其他食物一起携带。与相同品种中较大的马铃薯块茎相比，未成熟或新收获的马铃薯的植物化学物质浓度更高（Payyavula et al.，2013），因此提供了一个基于更健康的市场营销机会。美味的新收获的马铃薯以较小的包装（1.5lb，0.68kg）出售，价格较高。

马铃薯的生产在全球范围内普及是由许多因素引起的，但是其低廉的成本无疑是一个重要的因素。学校食品服务项目面临更高的成本，并且联邦资金的补偿额有限。对这些机构的食品服务主管来说，选择美味、营养和受欢迎的食品是一个优先事项。Drewnowski 和 Rehm（2013）分析了美国学校午餐项目中所提供的蔬菜的营养益处。对每一种蔬菜提供6种营养素（维生素A、维生素C、维生素K、膳食纤维、钾和镁）日需求量10%的市场价格进行了计算，得到6种营养素的承受能力指数。只有豆类和豌豆的得分高于马铃薯（表23.5）。Drewnowski（2013）还通过营养丰富食物（nutrient-rich foods，NRF）指数比较了美国饮食中蔬菜的相对成本和营养价值。NRF 考虑了饮食中需要的9种营养物质（蛋白质、膳食纤维、维生素A、维生素C、维生素E以及矿物质钙、铁、镁和钾）、饱和脂肪、添加的糖以及钠。2010年美国人的饮食指南（2011）确定了美国人应从饮食中减少的最后3种营养素（即饱和脂肪、添加的糖以及钠）。马铃薯的NRF参考量通常为40.0±25.1，合理的营养指数值为233.7±204.8；这两个值均低于深绿色和深黄色蔬菜的值。然而，马铃薯每美元的NRF较高，表明马铃薯以相对较低的成本提供了大量的营养物质。

表23.5 学校午餐蔬菜每10%日需求量的中值美元成本①

蔬菜亚类	膳食纤维	钾	镁	维生素C	维生素A	维生素k	6种营养素得分②	6种营养素/成本③
马铃薯	0.19	0.14	0.29	0.10	—	6064	49.5	177.9
黄豆/豌豆	0.05	0.10	0.10	0.58	—	3.70	48.5	257.5
深绿色	0.32	0.54	0.60	0.12	0.30	0.17	67.5	108.0

注：①根据六种营养素的营养密度的中位数排名计算；

②分数范围是1~98分；

③比率较高表示用低成本获得了高营养。

（资料来源：Drewnowski 等，2013。）

23.12 结论

马铃薯是一种容易适应各种农艺条件的作物，成本相对较低，具有多种健康益处。有色薯肉的马铃薯还具有其他的健康益处，应鼓励食用。收入有限的人不应被剥夺获取新鲜马铃薯的权利，因为这些马铃薯块茎提供了大量的营养。如何在减少马铃薯产品中添加的脂肪的同时，保持营养和植物化学成分、发展有效的加工工艺，是食品加工和食品服务行业面临的挑战。

参考文献

AbuSabha R, Namjoshi D, Klein A. Increasing access and affordability of produce improves perceived consumption of vegetables in low-income seniors. *Journal of the American Dietetic Association*. 2011;111:1549-1555.

Ahuja J. K, Pehrsson P. R, Haytowitz D. B, Wasswa-Kintu S, Nickle M, Showell B, Thomas R, Roseland J, Williams J, Khan M, Nguyen Q, Hoy K, Martin C, Rhodes D, Moshfeg monitoring in commercially processed and restaurant foods. *American Journal of Clinical Nutrition*. 2015;101:622-631.

ÅsliL. A, Braaten T, Olsen A, Lund E, Skeie G. What characterises women who eat potatoes? A cross-sectional study among 74,208 women in the Norwegian Women and Cancer cohort. *Food & Nutrition Research*. 2015;59 doi: 10.3402/fnr. v3459. 25703.

Bethke P. C, Jansky S. H. The effects of boiling and leaching on the content of potassium and other minerals in potatoes. *Journal of Food Science*. 2008;73:H80-H85.

Beto J. A, Ramirez W. E, BansalV. K. Medical nutrition therapy in adults with chronic kidney disease: integrating evidence and consensus into practice for the generalist registered dietitian nutritionist. *Journal of the Academy of Nutrition and Dietetics*. 2014;114:1077-1087.

Birt D. F, Boylston T, Hendrich S, Jane J. L, Hollis J, Li L, McClelland J, Moore S, Phillips G. J, Rowling M, Schalinske K, Scott M starch: promise for improving human health. *Advances in Nutrition*. 2013; 4:587-601.

Bontempo P, Carafa V, Grassi R, Basile A, Tenore G. C, Formisano C, Rigano D, Altucci L. Antioxidant, antimicrobial and anti-proliferative activities of *Solanum tuberosum* L. var. Vitelotte. *Food & Chemical Toxicology*. 2013;55:304-312.

Bornhorst C, Wijnhoven T. M, Kunesova M, Yngve A, Rito A. I, Lissner L, Duleva V, Petrauskiene A, Breda J. WHO European Childhood Obesity Surveillance Initiative: associations between sleep duration, screen time and food consumption frequencies. *BMC Public Health*. 2015;15:442.

Branum A. M, Rossen L. M. The contribution of mixed dishes to vegetable intake among US children and adolescents. *Public Health Nutrition*. 2014;17:2053-2060.

Burgos G, Munoa L, Sosa P, Bonierbale M, zum Felde T, Diaz C. *In vitro* bioaccessibility of lutein and zeaxanthin of yellow fleshed boiled potatoes. *Plant Foods for Human Nutrition*. 2013;68:385-390.

Burlingame B, Mouillé B, Charrondière R. Nutrients, bioactive non-nutrients and anti-nutrients in potatoes. *Journal of Food Composition and Analysis*. 2009;22:494-502.

Camire M. E, Kubow S, Donnelly D. J. Potatoes and human health. *Critical Reviews in Food Science & Nutrition*. 2009;49:823-840.

Catsburg C, Kim R. S, Kirsh V. A, Soskolne C. L, Kreiger N, Rohan T. E. Dietary patterns and breast cancer risk: a study in 2 cohorts. *American Journal of Clinical Nutrition*. 2015;101:817-823.

Cepeda A, Del Giacco S, Villalba S, Tapias E, Jaller R, Segura A, Reyes G, Potts J, Garcia-Larsen V. A traditional diet is associated with a reduced risk of eczema and wheeze in Colombian children. *Nutrients*. 2015;7:5098.

Cheng H, Zhang Z, Leng J, Liu D, Hao M, Gao X, Tai G, Zhou Y. The inhibitory effects and mechanisms of rhamnogalacturonan I pectin from potato on HT-29 colon cancer cell proliferation and cell cycle progression. *International Journal of Food Science & Nutrition*. 2013;64:36-43.

Crowe F. L, Balkwill A, Cairns B. J, Appleby P. N, Green J, Reeves G. K, Key T. J, Beral V. Source of dietary fibre and diverticular disease incidence: a prospective study of UK women. *Gut*. 2014;63:1450-1456.

Cuervo A, Salazar N, Ruas-Madiedo P, Gueimonde M, Gonzάlez S. Fiber from a regular diet is directly associated with fecal short-chain fatty acid concentrations in the elderly. *Nutrition Research*. 2013;33:811-816.

Decker E. A, Ferruzzi M. G. Innovations in food chemistry and processing to enhance the nutrient profile of the white potato in all forms. *Advances in Nutrition*. 2013;4:345S-350S.

Drewnowski A. New metrics of affordable nutrition: which vegetables provide most nutrients for least cost? *Journal of the Academy of Nutrition & Dietetics*. 2013;113:1182-1187.

Drewnowski A, Rehm C. D. Vegetable cost metrics show that potatoes and beans provide most nutrients per penny. *PLoS One*. 2013;8:e63277.

Ezekiel R, Singh N, Sharma S, Kaur A. Beneficial phytochemicals in potato — a review. *Food Research International*. 2013;50:487-496.

Fogelholm M, Kanerva N, Mannisto S. Association between red and processed meat consumption and chronic diseases: the confounding role of other dietary factors. *European Journal of Clinical Nutrition*. 2015;69 doi: 10. 1038/ejcn. 2015. 63.

Fox M. K, Condon E, Briefel R. R, Reidy K. C, Deming D. M. Food consumption patterns of young preschoolers: are they starting off on the right path? *Journal of the American Dietetic Association*. 2010; 110: S52-S59.

Fox M. K, Dodd A. H, Wilson A, Gleason P. M. Association between school foodenvironment and practices and body mass index of US public school children. *Journal of the American Dietetic Association*. 2009; 109:S108-S117.

Freedman M. R, Keast D. R. White potatoes, including french fries, contribute shortfall nutrients to children's and adolescents' diets. *Nutrition Research*. 2011;31:270-277.

Friedman M. Chemistry and anticarcinogenic mechanisms of glycoalkaloids produced by eggplants, potatoes, and tomatoes. *Journal of Agricultural & Food Chemistry*. 2015;63:3323-3337.

Frost G. S, Walton G. E, Swann J. R, Psichas A, Costabile A, Johnson L. P, Sponheimer M, Gibson G. R, Barraclough T. G. Impacts of plant-based foods in ancestral hominine diets on the metabolism and function of gut microbiota *in vitro*. *MBio*. 2014;5:e00814-00853.

Geliebter A, Lee M. I, Abdillahi M, Jones J. Satiety following intake of potatoes and other carbohydrate test meals. *Annals of Nutrition & Metabolism*. 2013;62:37-43.

Hashimoto N, Nakamura Y, Noda T, Han K. -H, Fukushima M. Effects of feeding potato pulp on cholesterol metabolism and its association with cecal conditions in rats. *Plant Foods for Human Nutrition*. 2011;66: 401-407.

Hätönen K. A, Virtamo J, Eriksson J. G, Sinkko H. K, Sundvall J. E, Valsta L. M. Protein and fat modify the glycaemic and insulinaemic responses to a mashed potato-based meal. *British Journal of Nutrition*. 2011; 106:248-253.

Hu F. B, Satija A, Manson J. E. Curbing the diabetes pandemic: the need for global policy solutions. *JAMA*. 2015;313:2319-2320.

Iablokov V, Sydora B. C, Foshaug R, Meddings J, Driedger D, Churchill T, Fedorak R. N. Naturally occurring glycoalkaloids in potatoes aggravate intestinal inflammation in two mouse models of inflammatory bowel disease. *Digestive Diseases and Sciences*. 2010;55:3078-3085.

Institute of Medicine (IOM). *Review of WIC Food Packages: An Evaluation of White Potatoes in the Cash Value Voucher: Letter Report*. Washington, DC: The National Academies Press; 2015.

Kaspar K. L, Park J. S, Brown C. R, Mathison B. D, Navarre D. A, Chew B. P. Pigmented potato consumption alters oxidative stress and inflammatory damage in men. *Journal of Nutrition*. 2011;141:108-111.

Khosravi-BoroujeniH, Saadatnia M, ShakeriF, KeshteliA. H, Esmaillzadeh A. A case-control study on potato consumption and risk of stroke in central Iran. *Archives of Iranian Medicine*. 2013;16:172-176.

King J. C, Slavin J. L. White potatoes, human health, and dietary guidance. *Advances in Nutrition*. 2013; 4:393S-401S.

Kondo Y, Higashi C, Iwama M, Ishihara K, Handa S, Mugita H, Maruyama N, Koga H, Ishigami A. Bioavailability of vitamin C from mashed potatoes and potato chips after oral administration in healthy Japanese men. *British Journal of Nutrition*. 2012;107:885-892.

Kondo Y, Sakuma R, Ichisawa M, Ishihara K, Kubo M, Handa S, Mugita H, Maruyama N, Koga H, Ishigami A. Potato chip intake increases ascorbic acid levels and decreases reactive oxygen species in SMP30/GNL knockout mouse tissues. *Journal of Agricultural and Food Chemistry*. 2014;62:9286-9295.

Kubow S, Hobson L, Iskandar M. M, Sabally K, Donnelly D. J, Agellon L. B. Extract of Irish potatoes (*Solanum tuberosum* L.) decreases body weight gain and adiposity and improves glucose control in the mouse model of diet-induced obesity. *Molecular Nutrition & Food Research*. 2014;58:2235-2238.

Leeman M, Ostman E, Bjorck I. Glycaemic and satiating properties of potato products. *European Journal of Clinical Nutrition*. 2008;62:87-95.

Lewis H. B, Ahern A. L, Jebb S. A. How much should I eat? A comparison of suggested portion sizes in the UK. *Public Health Nutrition*. 2012;15:2110-2117.

Lin B. -H, Wendt M, Guthrie J. F. Impact on energy, sodium and dietary fibre intakes of vegetables prepared at home and away from home in the USA. *Public Health Nutrition*. 2013;16:1937-1943.

Liu R. H. Health-promoting components of fruits and vegetables in the diet. *Advances in Nutrition*. 2013; 4:384S-392S.

Lovat C, Nassar A. M, Kubow S, Li X. Q, Donnelly D. J. Metabolic biosynthesis of potato (*Solanum tuberosum* L.) antioxidants and implications for human health. *Critical Reviews in Food Science & Nutrition*. 2015 in press.

Lu M. K, Chen P. H, Shih Y. W, Chang Y. T, Huang E. T, Liu C. R, Chen P. S. alpha-Chaconine inhibits angiogenesis in vitro by reducing matrix metalloproteinase-2. *Biological & Pharmaceutical Bulletin*. 2010; 33:622-630.

Lu M. K, Shih Y. W, Chang Chien T. T, Fang L. H, Huang H. C, Chen P. S. alpha-Solanine inhibits human melanoma cell migration and invasion by reducing matrix metalloproteinase-2/9 activities. *Biological & Pharmaceutical Bulletin*. 2010;33:1685-1691.

Lv C, Kong H, Dong G, Liu L, Tong K, Sun H, Chen B, Zhang C, Zhou M. Antitumor efficacy of alpha-solanine against pancreatic cancer in vitro and in vivo. *PLoS One*. 2014;9:e87868.

Madiwale G. P, ReddivariL, Stone M, Holm D. G, Vanamala J. Combined effects of storage and processing on the bioactive compounds and pro-apoptotic properties of color-fleshed potatoes in human colon cancer cells. *Journal of Agricultural & Food Chemistry*. 2012;60:11088-11096.

McGill C. R, Kurilich A. C, Davignon J. The role of potatoes and potato components in cardiometabolic health: a review. *Annals of Medicine*. 2013;45:467-473.

Miranda L, Deuber H, Evers D. The impact of *in vitro* digestion on bioaccessibility of polyphenols from potatoes and sweet potatoes and their influence on iron absorption by human intestinal cells. *Food & Function*. 2013;4:1595-1601.

Mozaffarian D, Hao T, Rimm E. B, Willett W. C, Hu F. B. Changes in diet and lifestyle and long-term weight gain in women and men. *New England Journal of Medicine*. 2011;364:2392-2404.

National Research Council. *Dietary Reference Intakes for Thiamin, Riboflavin, Niacin, Vitamin B6, Folate, Vitamin B_{12}, Pantothenic Acid, Biotin, and Choline*. Washington, DC: The National Academies Press; 1998.

National Research Council. *Dietary Reference Intakes for Vitamin C, Vitamin E, Selenium, and Carotenoids*. Washington, DC: The National Academies Press; 2000.

National Research Council. *Dietary Reference Intakes for Energy, Carbohydrate, Fiber, Fat, Fatty Acids, Cholesterol, Protein, and Amino Acids (Macronutrients)*. Washington, DC: The National Academies Press; 2005.

National Research Council. *Dietary Reference Intakes for Water, Potassium, Sodium, Chloride, and Sulfate*. Washington, DC: The National Academies Press; 2005.

Navarre D, Shakya R, Holden J, Kumar S. The effect of different cooking methods on phenolics and vitamin C in developmentally young potato tubers. *American Journal of Potato Research*. 2010;87:350-359.

Nayak B, Berrios J. D. J, Tang J. Impact of food processing on the glycemic index (GI) of potato products. *Food Research International*. 2014;56:35-46.

Olsho L. E, Fernandes M. M. Relationship of white potato to other vegetable consumption by schoolchildren and adolescents in the USA: National Health and Nutrition Examination Survey, 2003-2008. *Public Health Nutrition*. 2013;16:1933-1936.

Ombra M. N, Fratianni F, Granese T, Cardinale F, Cozzolino A, Nazzaro F. *In vitro* antioxidant, antimicrobial and anti-proliferative activities of purple potato extracts (*Solanum tuberosum* cv Vitelotte noire) following simulated gastro-intestinal digestion. *Natural Products Research*. 2015;29:1087-1091.

Pastuszewska B, Taciak M, Tusnio A, MisztalT, Ochtabinska A. Physiological effects of long-term feeding diets supplemented with potato fibre or cellulose to adult rats. *Archives of Animal Nutrition*. 2010;64:155-169.

Payyavula R. S, Navarre D. A, KuhlJ, Pantoja A. Developmental effects on phenolic, flavonol, anthocyanin, and carotenoid metabolites and gene expression in potatoes. *Journal of Agricultural and Food Chemistry*. 2013;61:7357-7365.

Picq C, Asplanato M, Bernillon N, Fabre C, Roubeix M, Ricort J. M. Effects of water soaking and/or sodium polystyrene sulfonate addition on potassium content of foods. *International Journal of Food Science & Nutrition*. 2014;65:673-677.

Raigond P, Ezekiel R, Raigond B. Resistant starch in food: a review. *Journal of the Science of Food and Agriculture*. 2015;95:1968-1978.

Randolph J. M, Edirisinghe I, MasoniA. M, Kappagoda T, Burton-Freeman B. Potatoes, glycemic index, and weight loss in free-living individuals: practical implications. *Journal of the American College of Nutrition*. 2014;33:375-384.

ReddivariL, Vanamala J, Safe S. H, Miller J. C. The bioactive compounds α-chaconine and gallic acid in potato extracts decrease survival and induce apoptosis in LNCaP and PC3 prostate cancer cells. *Nutrition and Cancer*. 2010;62:601-610.

Sacks F. M, Carey V. J, Anderson C. M, Miller E. R, Copeland T, Charleston J, Harshfield B. J, Laranjo N, McCarron P, Swain J, W of high vs low glycemic index of dietary carbohydrate on cardiovascular disease risk factors and insulin sensitivity: the OmniCarb randomized clinical trial. *JAMA*. 2014;312:2531-2541.

Slavin J. L. Carbohydrates, dietary fiber, and resistant starch in white vegetables: links to health outcomes. *Advances in Nutrition*. 2013;4:351S-355S.

Slining M. M, Mathias K. C, Popkin B. M. Trends in food and beverage sources among US children and adolescents: 1989-2010. *Journal of the Academy of Nutrition and Dietetics*. 2013;113:1683-1694.

Song W, Derito C. M, Liu M. K, He X, Dong M, Liu R. H. Cellular antioxidant activity of common vegetables. *Journal of Agricultural and Food Chemistry*. 2010;58:6621-6629.

Steenhagen E, de Roos N. M, Bouwman C. A, van Laarhoven C. J, van Staveren W. A. Sources and severity of self-reported food intolerance after ileal pouch-anal anastomosis. *Journal of the American Dietetic Association*. 2006;106:1459-1462.

Sun H, Lv C, Yang L, Wang Y, Zhang Q, Yu S, Kong H, Wang M, Xie J, Zhang C, Zhou M. Solanine induces mitochondria-mediated apoptosis in human pancreatic cancer cells. *BioMed Research International*. 2014;805926:1-9.

Sun Y, Jiang L, Wei D. Partial characterization, *in vitro* antioxidant and antiproliferative activities of patatin purified from potato fruit juice. *Food & Function*. 2013;4:1502-1511.

Tajaddini A, Pourzand A, Sanaat Z, Pirouzpanah S. Dietary resistant starch contained foods and breast cancer risk: a case-control study in northwest of Iran. *Asian Pacific Journal of Cancer Prevention*. 2015;16:4185-4192.

U. S. Department of Agriculture, Agricultural Research Service. USDA National Nutrient Database for Standard Reference, Release 26. 2013. http://www.ars.usda.gov/ba/bhnrc/ndl (accessed 02. 07. 15.).

U. S. Department of Agriculture and U. S. Department of Health and Human Services. *Dietary Guidelines for Americans*, 2010. seventh ed. Washington, DC: U. S. Government Printing Office; 2010.

Vinson J. A, Demkosky C. A, Navarre D. A, Smyda M. A. High-antioxidant potatoes: acute *in vivo* antioxidant source and hypotensive agent in humans after supplementation to hypertensive subjects. *Journal of Agricultural and Food Chemistry*. 2012;60:6749-6754.

Wang Q, Chen Q, He M, Mir P, Su J, Yang Q. Inhibitory effect of antioxidant extracts from various potatoes on the proliferation of human colon and liver cancer cells. *Nutrition and Cancer*. 2011;63:1044-1052.

Washio M, Mori M, Mikami K, MikiT, Watanabe Y, Nakao M, Kubo T, Suzuki K, Ozasa K, WakaiK, Tamakoshi A. Risk factors for renal cell carcinoma in a Japanese population. *Asian Pacific Journal of Cancer Prevention*. 2014;15:9065-9070.

Wytiaz V, Homko C, Duffy F, Schey R, Parkman H. Foods provoking and alleviating symptoms in gastroparesis: patient experiences. *Digestive Diseases and Sciences*. 2015;60:1052-1058.

Zaheer K, Akhtar M. H. Recent advances in potato production, usage, nutrition-a review. *Critical Reviews in Food Science & Nutrition*. 2014 in press.

Żbikowska A, Rutkowska J, Kowalska M. Consumption safety of pastries, confectioneries, and potato products as related to fat content. *Journal of the American College of Nutrition*. 2015;34:507-514.

Zhang Y, Li Y, Cao C, Cao J, Chen W, Zhang Y, Wang C, Wang J, Zhang X, Zhao X. Dietary flavonol and flavone intakes and their major food sources in Chinese adults. *Nutrition and Cancer*. 2010;62:1120-1127.

Zuber T, Holm D, Byrne P, Ducreux L, Taylor M, Kaiser M, Stushnoff C. Optimization of *in vitro* inhibition of HT-29 colon cancer cell cultures by *Solanum tuberosum* L. extracts. *Food & Function*. 2015;6:72-83.